D1678369

Horst Kräußlich · Gottfried Brem

Tierzucht und Allgemeine Landwirtschaftslehre für Tiermediziner

Tierzucht und Allgemeine Landwirtschaftslehre für Tiermediziner

Herausgegeben von
Horst Kräußlich und Gottfried Brem

Mit Beiträgen von Gottfried Brem, Martin Förster,
Claude Gaillard, Günter Gregor, Peter Horst,
Horst Kräußlich, Wilhelm Wegner, Anne Valle Zárate

Ferdinand Enke Verlag Stuttgart 1997

em. Prof. Dr. Dr. h.c. Horst Kräußlich
Institut für Tierzucht
Ludwig-Maximilians-Universität München
Veterinärstraße 13
D-80539 München

Prof. Dr. Dr. h.c. Gottfried Brem
Institut für Tierzucht und Genetik
Veterinärmedizinische Universität Wien
Joseph-Baumann-Gasse 1
A-1210 Wien

Die Deutsche Bibliothek – CIP-Einheitsaufnahme

Tierzucht und allgemeine Landwirtschaftslehre für Tiermediziner :
91 Tabellen / hrsg. von Horst Kräußlich und Gottfried Brem.
Mit Beitr. von Gottfried Brem ...
– Stuttgart : Enke, 1997
ISBN 3-432-26621-9

Wichtiger Hinweis

Wie jede Wissenschaft ist die Medizin ständigen Entwicklungen unterworfen. Forschung und klinische Erfahrung erweitern unsere Kenntnisse, insbesondere was Behandlung und medikamentöse Therapie anbelangt. Soweit in diesem Werk eine Dosierung oder eine Applikation erwähnt wird, darf der Leser zwar darauf vertrauen, daß Autoren, Herausgeber und Verlag große Sorgfalt darauf verwandt haben, daß diese Angabe dem **Wissensstand bei Fertigstellung des Werkes** entspricht.

Für Angaben über Dosierungsanweisungen und Applikationsformen kann vom Verlag jedoch keine Gewähr übernommen werden. **Jeder Benutzer ist angehalten,** durch sorgfältige Prüfung der Beipackzettel der verwendeten Präparate und gegebenenfalls nach Konsultation eines Spezialisten, festzustellen, ob die dort gegebene Empfehlung für Dosierungen oder die Beachtung von Kontraindikationen gegenüber der Angabe in diesem Buch abweicht. Eine solche Prüfung ist besonders wichtig bei selten verwendeten Präparaten oder solchen, die neu auf den Markt gebracht worden sind. Vor der Anwendung bei Tieren, die der Lebensmittelgewinnung dienen, ist auf die in den einzelnen deutschsprachigen Ländern unterschiedlichen Zulassungen und Anwendungsbeschränkungen zu achten. **Jede Dosierung oder Applikation erfolgt auf eigene Gefahr des Benutzers.** Autoren und Verlag appellieren an jeden Benutzer, ihm etwa auffallende Ungenauigkeiten dem Verlag mitzuteilen.

Geschützte Warennamen (Warenzeichen®) werden **nicht immer** besonders kenntlich gemacht. Aus dem Fehlen eines solchen Hinweises kann also nicht geschlossen werden, daß es sich um einen freien Warennamen handelt.

Umschlaggestaltung: Schlotterer & Partner, D-80469 München

Satz: Schröders Agentur, D-14199 Berlin
Druck: betz-druck GmbH, D-64291 Darmstadt
Filmsatz: 10/12 p ZapfCalligraph, PC

6 5 4 3 2 1

Vorwort

Dieses Buch verdankt seine Entstehung dem über viele Jahre geäußerten Wunsch des Verlages, an die Stelle des 1954 erschienenen Lehrbuchs der Allgemeinen Tierzuchtlehre von Walter Koch, das dem jahrzehntelang bewährten Lehrbuch von Pusch gefolgt war, ein Tierzuchtlehrbuch für Tiermediziner zu setzen. Ähnlich wie Pusch und Koch sahen sich die Autoren vor die Aufgabe gestellt, die wissenschaftlichen Grundlagen einer Disziplin darzustellen, die in erster Linie Anwendung der Wissenschaft ist. Allerdings ist die Tierzucht in den letzten Jahrzehnten selbst viel wissenschaftlicher geworden und die Biotechnik hat eine Bedeutung gewonnen, die 1954 kaum vorstellbar war. Beispiele für diese Entwicklung sind die flächendeckende Ausbreitung der Künstlichen Besamung bei Rind und Schwein und die darauf aufbauenden Zuchtprogramme, die Etablierung von Erhaltungszuchtprogrammen für bedrohte Rassen, die züchterische Nutzung neuentwickelter Biotechniken wie Embryotransfer beim Rind, der beginnende routinemäßige Einsatz von molekulargenetischen Gendiagnosen in der Tierzucht (Beispiel Malignes Hyperthermie Syndrom [MHS]-Test beim Schwein) und die Entwicklung neuer Biotechniken wie Gentransfer. Die tierärztliche Forschung und Tätigkeit haben wesentlichen Anteil an diesen Entwicklungen und der Tierarzt in der Nutztierpraxis wird mit den Folgen täglich befaßt.

Dieses Lehrbuch vermittelt die Lehrinhalte für die Fächer Tierzucht und Allgemeine Landwirtschaftslehre gemäß der Approbationsordnung für Tierärzte in Deutschland, ist aber auch für Österreich und die Schweiz in gleicher Weise relevant. Die Autoren strebten an, den Stoff möglichst vollständig und auf dem neuesten Stand darzulegen. Aus dem Konzept ergibt sich die Gliederung in die Hauptabschnitte: Allgemeine Tierzucht, Spezielle Tierzucht und Tierbeurteilung und Allgemeine Landwirtschaftslehre. Die zunehmende Bedeutung der Genetik für die Tierzucht und darüber hinaus für die gesamte Medizin ist die augenfälligste Änderung gegenüber früheren Lehrbüchern. Um diese Entwicklung und ihre Bedeutung einzuordnen, reicht die Kenntnis der relevanten Fakten nicht aus. Es wird deshalb in den Genetikkapiteln auch kurz auf die geschichtliche Entwicklung und die Querverbindungen eingegangen.

Zunehmende Wissenschaftlichkeit führt zu zunehmender Spezialisierung, weshalb heute ein Lehrbuch für Tierzucht kaum mehr von einem Autor bewältigt werden kann. Erfreulicherweise haben sich Hochschullehrer fast aller deutschsprachigen tierärztlichen Bildungsstätten zur Mitarbeit bereit erklärt. Die Autoren bemühten sich, den Stoff mit Abbildungen, Übersichten und Tabellen anschaulich darzustellen. Nach jedem Kapitel werden wichtige Literaturquellen und weiterführende Literatur angefügt. Die Rekapitulationen sollen Prüfungsvorbereitungen erleichtern.

Das allgemein verständlich geschriebene Buch setzt keine speziellen Vorkenntnisse voraus und ist über die Studierenden der Tiermedizin hinaus, allen Tierärzten und Tierzüchtern zur Fort- und Weiterbildung zu empfehlen und auch geeignet, Fachleuten anderer Disziplinen eine Orientierung über das Fach Tierzucht zu geben.

Die Herausgeber danken den Mitautoren für die stets kollegiale Zusammenarbeit und dem Verlag für die Geduld sowie die sehr gute Ausstattung des Buches.

München und Wien im Februar 1997

Horst Kräußlich
Gottfried Brem

Autorenverzeichnis

Prof. Dr. Dr. h.c. Gottfried Brem
Institut für Tierzucht und Genetik
Veterinärmedizinische Universität
Wien
Joseph-Baumann-Gasse 1
A-1210 Wien

Prof. Dr. Martin Förster
Lehrstuhl für Tierzucht und
Allgemeine Landwirtschaftslehre
der Ludwig-Maximilians-Universität
München
Veterinärstraße 13
D-80539 München

Prof. Dr. Claude Gaillard
Institut für Tierzucht
Universität Bern
Bremgartenstraße 109a
CH-3012 Bern

Doz. Dr. Günter Gregor
Institut für Nutztierwissenschaften
der Humboldt Universität zu Berlin
Invalidenstraße 42
D-10115 Berlin

Prof. Dr. Peter Horst
Institut für Nutztierwissenschaften
der Humboldt Universität zu Berlin
Lentzeallee 75
D-14195 Berlin

em. Prof. Dr. Dr. h.c. Horst Kräußlich
Institut für Tierzucht
Ludwig-Maximilians-Universität
München
Veterinärstraße 13
D-80539 München

Prof. Dr. Wilhelm Wegner
Institut für Tierzucht und
Vererbungsforschung
Tierärztliche Hochschule Hannover
Bünteweg 17 p
D-30559 Hannover

Prof. Dr. Anne Valle Zárate
Institut für Tierzuchtwissenschaften
der Rheinischen Friedrich-Wilhelms-
Universität Bonn
Endenicher Allee 15
D-53115 Bonn

Inhalt

1 Allgemeine Tierzucht

1.1 Genetische Grundlagen und Biotechnik

1.1.1 Mendelgenetik (Transmissionsgenetik)

Die genetische Variation wird in der Tierzucht seit Beginn der Domestikation vor etwa 10 000 Jahren genutzt. Bis zum Beginn des 20. Jahrhunderts war die Vererbung in erster Linie Angelegenheit der praktischen Tier- und Pflanzenzüchter. Die Genetik als Wissenschaft wurde vom Augustinermönch Gregor Mendel begründet. Er vereinigte vorher getrennte Erfahrungs- bzw. Wissensbereiche, und zwar die Erfahrungen und das Wissen der Gärtner und Pflanzenzüchter und die wissenschaftlichen Kenntnisse der Botanik und der Statistik seiner Zeit. In Zuchtexperimenten verfolgte er das Verhalten definierter Merkmale im Verlauf mehrerer Generationen. Mendel führte folgende neuen Elemente für Züchtungsversuche ein: Sorgfältige Auswahl der Pflanzen der Parentalgeneration nach „Reinerbigkeit"; gedankliche Zerlegung des Erbgutes (Diskontinuität) in einzelne, unabhängig vererbbare Teilinformationen („Gene"); Verwendung großer Populationen, wodurch die Ergebnisse zahlenmäßig erfaßt und statistisch behandelt werden können; Verwendung eines einfachen Symbolsystems, das den Dialog zwischen Experiment und Theorie ermöglicht bzw. erleichtert.

1.1.1.1 Auswahl der Linien für die Parentalgeneration

Mendel prüft verschiedene Pflanzen, bevor er sich auf die Erbse festlegt und liest Varietäten aus, deren „Reinheit" für die ausgewählten Merkmale durch mehrere Jahre Züchtung unter strengsten Bedingungen garantiert ist („reine Linie"). Die zu kreuzenden „reinen Linien" dürfen bei den zu untersuchenden Merkmalen

Tab. 1-1 Mendels Ergebnisse für Kreuzungen mit „reinen Linien", die sich in einem Merkmal unterscheiden.

Merkmale	Phänotypen				Verhältnis
	P_1 x P_2	F_1	F_2		F_2
			n	n	
1. Samen	runde x kantige	rund	5474 rund	1850 kantig	2,96:1
2. Kotyledonen	gelbe x grüne	gelb	6022 gelb	2001 grün	3,01:1
3. Blüten	purpurne x weiße	purpurn	705 purpurn	224 weiß	3,15:1
4. Hülsen	gewölbte x geschnürte	gewölbt	882 gewölbt	229 geschnürt	2,95:1
5. Hülsen	grüne x gelbe	grün	428 grün	152 gelb	2,82:1
6. Hülsen	achsenständige x endständige	achsen-ständig	651 achsen-ständig	207 end-ständig	3,14:1
7. Blüten-Achsen	lange x kurze	lang	787 lang	227 kurz	2,84:1

keine kontinuierlichen Übergänge in der Merkmalsausprägung zeigen, sondern müssen klar unterscheidbare Merkmalsalternativen haben (**qualitative Merkmale**). Ausgeschlossen werden alle Merkmale, sagt Mendel, „die eine sichere und scharfe Trennung nicht zulassen, indem der Unterschied auf einem oft schwierig zu bestimmenden mehr oder weniger beruht". Mendel wählt sieben Merkmale mit alternativer Ausprägung aus und züchtet eine „reine Linie" für jedes Merkmal (Tab. 1.1).

1.1.1.2 Monohybride Kreuzung

1.1.1.2.1 Kreuzungsschema, Hypothese, Ergebnisse (Uniformitäts- und Reziprozitätsregel)

Die Individuen der „reinen Linien" bezeichnet Mendel als Parental-(Eltern-)generation und die Nachkommen aus der Kreuzung von reinen Linien die erste Filial-(Nachkommen-)generation (F_1). Die nachfolgenden Kreuzungsgenerationen werden mit F_2, F_3 usw. bezeichnet und die Rückkreuzungen mit R_1 und R_2, wie in Abb. 1-1 schematisch dargestellt.

Mendel führt mit Hilfe künstlicher Bestäubung in der Parentalgeneration reziproke Kreuzungen durch, zum Beispiel reziproke Kreuzungen zwischen den Linien runde Samen (A) und kantige Samen (B):

Phänotyp A♀ x Phänotyp B♂
Phänotyp B♀ x Phänotyp A♂

Er beobachtet keine phänotypischen Unterschiede zwischen den reziproken Kreuzungen. Die Hybriden der ersten Generation (F_1) sind bei allen Kreuzungen zwischen „reinen Linien" gleich (**Uniformitätsregel**) und es hat keinen Einfluß auf die Merkmalsausprägung, ob das dominante Merkmal bei der Samen- oder Pollenpflanze auftritt (**Reziprozitätsregel**). Bei der Vererbung erfolgt somit keine Vermischung der Merkmale der Parentalgeneration (Blending inheritance). Mendels entscheidende Hypothese ist: Die Individuen besitzen **zwei Erbfaktoren** (Gene), von denen einer vom Vater und einer von der Mutter stammt. Zwei

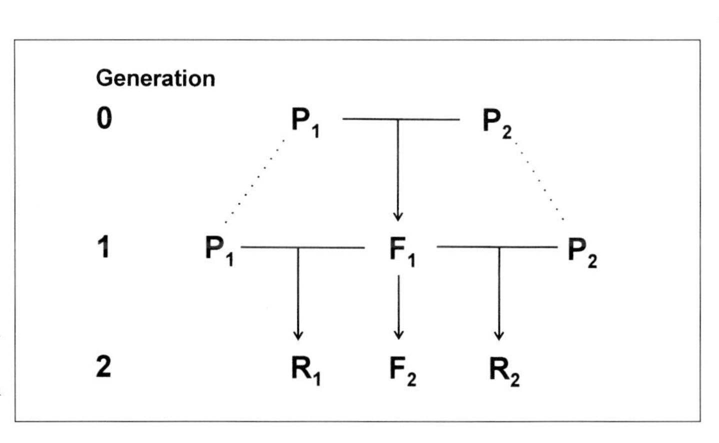

Abb. 1-1 Klassisches Kreuzungsschema

P = Parental-(Eltern)-Generation
F_1 = 1. Filial-(Nachkommen)-Generation
F_2 = 2. Filial-Generation
R = Rückkreuzungen

verschiedene Erbfaktoren beeinflussen sich in der Hybridpflanze bei der Merkmalsausprägung. Bei der Keimzellenbildung gelangt jeweils einer der beiden Erbfaktoren in eine Gamete, so daß die Nachkommen die Hälfte der Erbfaktoren vom Vater und die Hälfte der Erbfaktoren von der Mutter erhalten.

Um alle Kombinationsmöglichkeiten von Erbfaktoren zu erschöpfen, führt Mendel Kreuzungen über mehrere Generationen fort und erzeugt in jeder Kreuzungsgeneration eine große Zahl von Nachkommen. Mendels Versuchsanordnung – Auswahl alternativer Merkmale, planmäßige Kreuzungen über mehrere Generationen – ermöglicht es, jedes Individuum eindeutig einer phänotypischen Klasse zuzuordnen. Die Individuen jeder phänotypischen Klasse werden in jeder Generation gezählt und damit durch eine ganze Zahl charakterisiert. Auf Grund der großen Zahlen in den Untergruppen ist eine zuverlässige statistische Analyse möglich. Tabelle 1-1 enthält die von Mendel in der F_1- und F_2-Generation gefundenen Ergebnisse für alle Kreuzungen, in denen sich die Parentalgeneration in einem Merkmal unterscheidet. Das Auszählen der Pflanzen in der runden und der kantigen Klasse von Versuch 1 in der F_2-Generation brachte das Verhältnis von 2,96:1. Mendel wiederholte dieses Zuchtexperiment für 6 weitere Merkmale und erhielt in allen Fällen, wie Tab. 1-1 zeigt, in der F_2 ein Verhältnis von etwa 3:1 zwischen den alternativen Merkmalsausprägungen. In allen Fällen tritt somit der in der F_1 verschwundene Phänotyp in der F_2 bei 1/4 der Pflanzen wieder hervor, was bei zufälliger Verteilung der Erbfaktoren der F_1-Hybriden auf die Gameten zu erwarten ist. Die Versuche Mendels wurden ab 1900 von einer Reihe von Forschern wiederholt und bestätigt.

Mendels Hypothese von der Gesetzmäßigkeit der Vererbung beruht auf der gedanklichen Zerlegung der Erbanlagen der Hybriden in einzelne, unabhängig vererbbare Teilinformationen, die Mendel als „Faktoren" bezeichnete. Johanssen führte zu Beginn des 20. Jahrhunderts für diese Faktoren den Begriff „Gene" ein.

1.1.1.2.2 Unterscheidungen von Phänotyp und Genotyp (Spaltungsregel)

Mendel konnte nicht erklären warum z. B. der kantige Phänotyp in der mischerbigen F_1 nicht ausgeprägt wird. Er führte die Bezeichnungen dominant und rezessiv ein, um das Phänomen verschiedener Merkmalsausprägung zu beschreiben. Da der runde Phänotyp dominant über den kantigen Phänotyp ist, können runden Phänotypen zwei verschiedene Genotypen zugrunde liegen (reinerbig oder mischerbig), was sich eindeutig aus der Selbstbefruchtung der F_2-Pflanzen ergibt.

Dies soll am Beispiel der Kreuzung von „reinen Linien" mit gelben und grünen Kotyledonen erläutert werden (Tab. 1-1):

P gelb x grün
F_1 gelb

Mendel zog F_1-Pflanzen aus gelben Hybrid-Samen und führte Selbstbestäubung durch. Wie aus Tab. 1-1 hervorgeht, hatten 1/4 der F_2-Pflanzen grüne und 3/4 gelbe Kotyledonen (Spaltungsverhältnis 3:1). Mendel zog anschließend Pflanzen aus 519 gelben Samen der F_2 und führte Selbstbestäubung durch. Er fand in der

F_3 166 Pflanzen mit ausschließlich gelben Kotyledonen (F_2 reinerbig) und 353 mit gelben und grünen Kotyledonen an der gleichen Pflanze (F_2 mischerbig). Das Studium der F_3 deckte somit auf, daß dem phänotypischen 3:1 Verhältnis in der F_2 ein genotypisches 1:2:1 Verhältnis zugrunde liegt (Spaltungsregel), wie nachfolgend schematisch dargestellt wird:

Befund (F_3)	Genotyp (F_2)	Bezeichnung
gelb	AA	homozygot dominant
gelb	Aa	heterozygot
grün	aa	homozygot rezessiv
	Bezeichnung der Allele (Faktoren)	
	A	dominantes Allel
	a	rezessives Allel

Spätere Experimente zeigten, daß das 1:2:1 Verhältnis für alle von Mendel beobachteten 3:1 Verhältnisse gilt.

1.1.1.2.3 Testkreuzung

Abbildung. 1-2 enthält das Schema der monohybriden Kreuzung. Mendels Modell stimmte, wie aus Tabelle 1-1 hervorgeht, gut mit den Versuchsergebnissen überein. Da nicht ausgeschlossen werden kann, daß ein Modell trotz

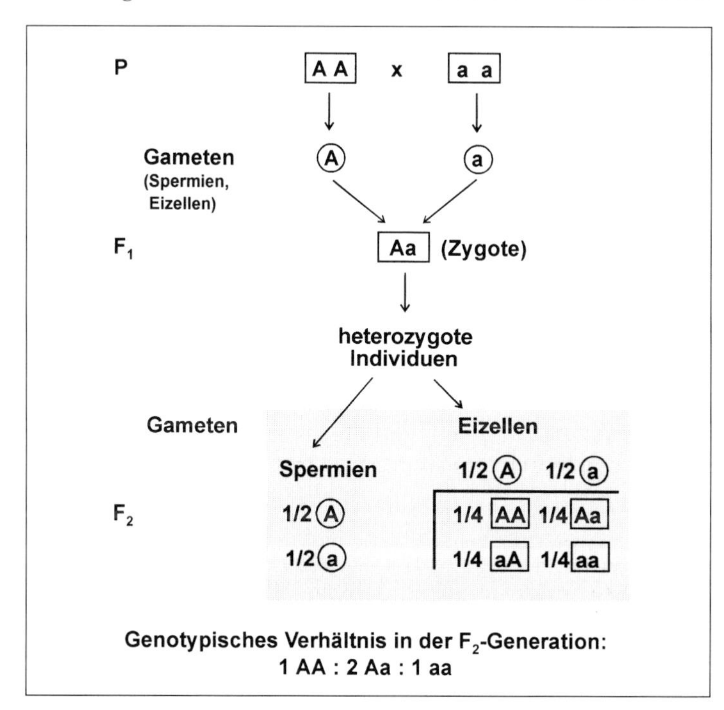

Abb. 1-2 Schema der monohybriden Kreuzung

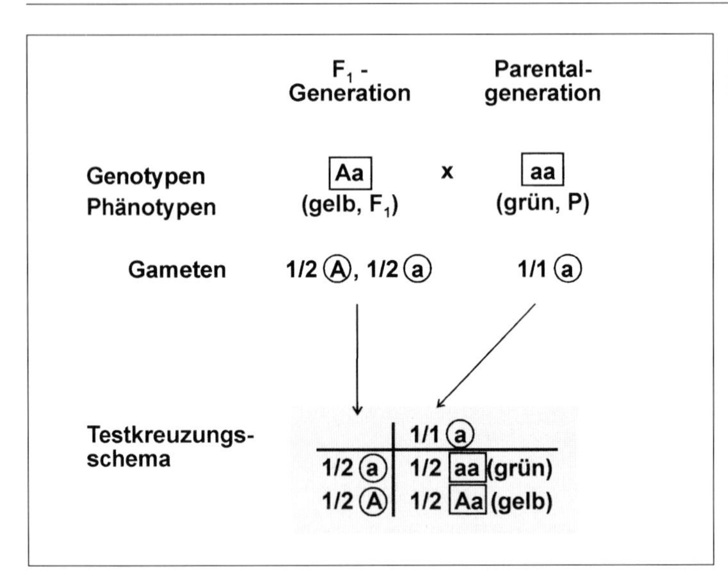

Abb. 1-3 Testkreuzung (monohybrides Schema)

anfänglicher guter Übereinstimmung weiteren Überprüfungen nicht standhält, ist ein zusätzlicher unabhängiger Test zur Absicherung der Ergebnisse notwendig. Mendel kreuzte zu diesem Zweck gelbe Erbsen der F_1-Generation (heterozygot) mit grünen Erbsen (homozygot rezessiv) der Parentalgeneration. In dieser Rückkreuzung, die als Testkreuzung bezeichnet wird, ergibt sich das erwartete 1:1 Verhältnis (Abb. 1-3). Mendel erhielt 58 gelbe und 52 grüne Erbsen und damit nahezu das erwartete 1:1 Verhältnis. Die Testkreuzung (Anpaarung an homozygot rezessive Individuen für alle untersuchten Genorte) ist nach wie vor von großer praktischer Bedeutung. Da sie nicht möglich ist, wenn der rezessiv homozygote Genotyp nicht lebensfähig bzw. nicht fortpflanzungsfähig ist, schränkt dies die Anwendung der Testkreuzung für die Erkennung von Erbfehlern (Anlageträgern) ein.

1.1.1.2.4 Qualitative Merkmale (Hauptgene), Terminologie

Tab. 1-2 stellt alle möglichen monohybriden Paarungen schematisch dar.

Mendel entwickelte ein analytisches System für die Identifikation von **Hauptgenen** (Major genes), die eine biologische Eigenschaft oder Funktion regulieren. Hauptgene haben einen klar erkennbaren Einfluß (Einzelgeneffekt von >1 phänotypische Standardabweichung) auf das Merkmal und bewirken damit qualitative Merkmalsunterschiede. Qualitative Merkmale sind z. B. runde und kantige Samen bei Erbsen, schwarze und rote Scheckung bei Schwarzbunten bzw. Rotbunten Rindern, Hörner und Hornlosigkeit beim Rind. Die verschiedenen Varianten eines Gens werden als Allele bezeichnet (alternative Formen). Für Allele wird in Mendels Terminologie der gleiche Buchstabe verwendet; treten nur zwei Allele auf, werden Großbuchstaben für das dominante Allel und Kleinbuchstaben für das rezessive Allel verwendet (neuere genetische Terminologie,

Tab. 1-2 Erwartete Segregationsraten für alle möglichen monohybriden Paarungen

Bezeichnung	Paarung	Erwartete Segregationsrate für die Genotypen		
		AA	Aa	aa
Reinzucht (dom.)	AA x AA	1	0	0
Rückkreuzung	AA x Aa	1	1	0
Kreuzung				
reiner Linien	AA x aa	0	1	0
Interkreuzung	Aa x Aa	1	2	1
Testkreuzung	Aa x aa	0	1	1
Reinzucht (rez.)	aa x aa	0	0	1

s. Brem et al. 1991). Die Bezeichnungen Allel und Gen werden häufig synonym verwendet. Die Bezeichnung „dominantes Gen" und „dominantes Allel" bezeichnen die gleiche Sache, da die verschiedenen Formen (Allele) eines jeden Gens natürlich Gene sind. Die Lokalisation der Allele auf dem Chromosom wird als Genort bzw. Genlocus bezeichnet.

1.1.1.3 Dihybride Kreuzung (Kombinationsregel)

Bei monohybriden Kreuzungen werden die Allele eines Gens (Hauptgens) betrachtet, während bei dihybriden Kreuzungen das Verhalten von zwei Genen (zwei Genorte) mit verschiedenen Allelen, die zwei verschiedene Eigenschaften beeinflussen, untersucht wird. Mendel wählte für das erste dihybride Kreuzungsexperiment als Merkmale die Farbe der Kotyledonen und die Form der Erbsen aus. Die Allele für die Farbe der Kotyledonen bezeichnete er mit den Buchstaben Y (gelb) und y (grün) und für die Erbsenform R (rund) und r (kantig). „Reine Linien" vom Genotyp RRyy produzieren bei Selbstbefruchtung nur runde, grüne Erbsen und Reinzuchtlinien vom Genotyp rrYY nur kantige, gelbe Samen. In der F_1 aus der Kreuzung dieser reinen Linien beobachtete Mendel nur runde, gelbe Samen (Abb. 1-4). In der F_2 erhielt er das Verhältnis 9:3:3:1, was sich in weiteren dihybriden Kreuzungen bestätigte. Addiert man die Anzahl runder und kantiger Erbsen aus Abb. 1-4, erhält man 315 + 108 = 423 runde und 101 + 32 = 133 kantige Samen. Das in monohybriden Kreuzungen erhaltene 3:1 Verhältnis bleibt somit bei der dihybriden Kreuzung erhalten, was auch für das Verhältnis von gelb zu grün gilt. Daraus schloß Mendel, daß die Allele der Gene für Form und Farbe des Samens unabhängig kombiniert werden.

> Daraus definierte er die **Kombinationsregel:**
> Die Segregation der Allele eines Genpaares während der Bildung der Gameten ist unabhängig von der Segregation in anderen Genpaaren. Die Gameten werden bei der Befruchtung frei kombiniert.

Eine wichtige Ausnahme von dieser Regel ist die **Genkopplung** (Linkage), die in Abschnitt 1.1.2 behandelt wird. Auch bei der dihybriden Kreuzung sicherte Mendel das Ergebnis mittels Testkreuzung und paarte dihybride F_1-Pflanzen

P
RR yy
(rund, grün)
x
rr YY
(kantig, gelb)
Gameten
Ry
rY
F_1
Rr Yy
(rund, gelb)
Verhältnis
F_2
315 rund, gelb 9
101 kantig, gelb 3
108 rund, grün 3
32 kantig, grün 1
556 Samen total 16

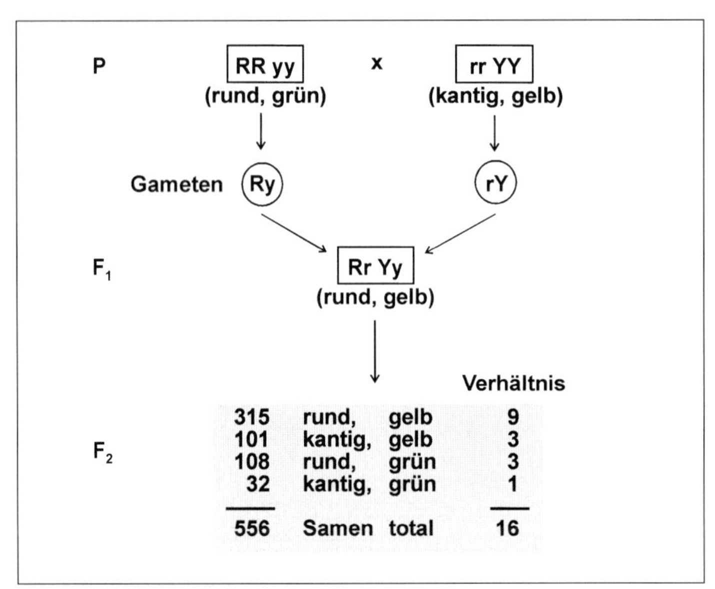

Abb. 1-4 Schema der dihybriden Kreuzung

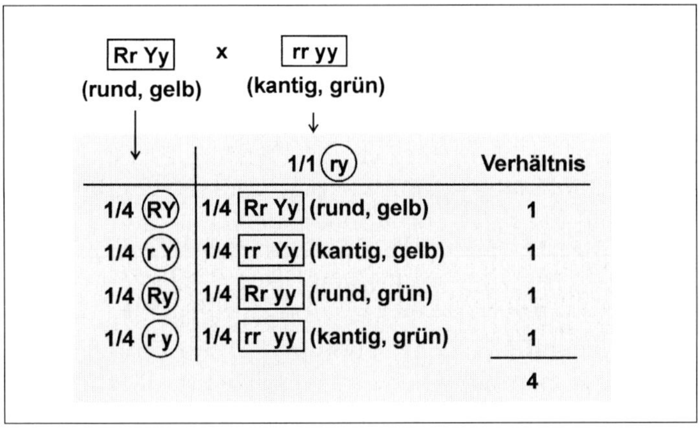

Rr Yy
x
rr yy
(rund, gelb)
(kantig, grün)
1/1 ry
Verhältnis
1/4 RY 1/4 Rr Yy (rund, gelb) 1
1/4 r Y 1/4 rr Yy (kantig, gelb) 1
1/4 Ry 1/4 Rr yy (rund, grün) 1
1/4 r y 1/4 rr yy (kantig, grün) 1
4

Abb. 1-5 Testkreuzung (dihybrides Schema)

(RrYy) mit doppelt rezessiven Pflanzen (rryy). Beim dihybriden Elter werden nach der Kombinationsregel die Gameten RY, rY, Ry, ry erwartet. Da die rryy-Pflanzen in beiden Genorten homozygot sind, produzieren sie ausschließlich den Gametentyp ry. Die Phänotypen der Nachkommen ermöglichen es, wie Abb. 1-5 zeigt, die Gametentypen des dihybriden Rr Yy Elters direkt zu erkennen. Das für die Testkreuzung erwartete Verhältnis von 1:1:1:1 wurde bestätigt.

1.1.1.4 Regeln der Wahrscheinlichkeitsrechnung

Die Mendelschen Regeln postulieren, daß die Verteilung der Allele auf die Gameten und die Neukombination in den Zygoten zufällige Ereignisse sind, was mit den Regeln der Wahrscheinlichkeitsrechnung geprüft werden kann. Bei der klassischen Definition des Begriffes Wahrscheinlichkeit wird die Wahrscheinlichkeit auf die Gleichwahrscheinlichkeit (Gleichmöglichkeit) von Ereignissen zurückgeführt. So ist beim Wurf mit einem idealen Würfel das Auftreten von 1, 2, 3, 4, 5, 6 Augen gleichwahrscheinlich; bei jedem Versuch wird mit Sicherheit eines dieser Ereignisse eintreten. Die Wahrscheinlichkeit (p), daß 4 Augen gewürfelt werden = p (eine vier) = 1/6. Allgemein kann die Wahrscheinlichkeit für das Ereignis (A) wie folgt definiert werden:

$$p(A) = \frac{\text{Zahl der erwarteten Ereignisse}}{\text{Zahl der möglichen Ereignisse}}$$

Produktregel: Die Wahrscheinlichkeit, daß zwei voneinander unabhängige Ereignisse A und B simultan eintreten (zweimal würfeln mit einem idealen Würfel), ist das Produkt ihrer Einzelwahrscheinlichkeiten:

P (A und B) = p (A) · p (B); p (eine vier und eine sechs) = 1/6 · 1/6 = 1/36.

Summenregel: Wenn die beiden Ereignisse A und B unvereinbar sind, ist die Wahrscheinlichkeit dafür, daß entweder das Ereignis A (zweimal eine vier) oder das Ereignis B (zweimal eine 5) eintritt:

p (A oder B) = p (A) + p (B); p (zweimal vier oder zweimal fünf) = 1/36 + 1/36 = 1/18.

Für die im vorhergehenden Abschnitt erläuterte dihybride Kreuzung gilt, daß das Erscheinen von R oder r in einer Gamete unabhängig von dem Erscheinen von Y oder y ist. Wählt man eine Gamete zufällig aus, kann die Wahrscheinlichkeit für eine bestimmte Kombination nach den Wahrscheinlichkeitsregeln bestimmt werden.

Aus der 1. Spaltungsregel ergibt sich für runde und gelbe F_1-Erbsen (Abb. 1-4):
Wahrscheinlichkeit (p) für Y Gameten bzw. y Gameten = p(Y) = 1/2; p(y) = 1/2
Wahrscheinlichkeit (p) für R Gameten bzw. r Gameten = p(R) = 1/2; p(r) = 1/2

Für eine RrYy-Pflanze (F_1) ergeben sich die Wahrscheinlichkeiten für die vier möglichen Gameten (Abb. 1-5) aus der Produktregel:

p (RY) = 1/2 x 1/2 = 1/4
p (Ry) = 1/2 x 1/2 = 1/4
p (ry) = 1/2 x 1/2 = 1/4
p (rY) = 1/2 x 1/2 = 1/4

Die Genotypen der F_2-Generation können in einem Schachbrettdiagramm dargestellt werden (nach dem Erfinder auch Punnetsquare genannt), wobei sich die Wahrscheinlichkeit von 1/16 für jedes Feld aus der Produktregel (Produkt der Wahrscheinlichkeiten von zwei Gameten) ergibt. So ist die Wahrscheinlichkeit (oder Häufigkeit) für eine RRYY Zygote:

p (RRYY) = p (RY) · p (RY) = 1/4 · 1/4 = 1/16.

Abb. 1-6 demonstriert, wie sich das von Mendel gefundene und in Abb. 1-4 dargestellte 9:3:3:1 Verhältnis aus den Wahrscheinlichkeitsregeln ergibt.

männliche Gameten \ weibliche Gameten	RY	Ry	ry	rY
RY	RR YY rund gelb	RR Yy rund gelb	Rr Yy rund gelb	Rr YY rund gelb
Ry	RR Yy rund gelb	RR yy rund grün	Rr yy rund grün	Rr Yy rund gelb
ry	Rr Yy rund gelb	Rr yy rund grün	rr yy kantig grün	rr Yy kantig gelb
rY	Rr YY rund gelb	Rr Yy rund gelb	rr Yy kantig gelb	rr YY kantig gelb

Summe: 9 x rund, gelb (R-, Y-)
3 x rund, grün (R-, yy)
3 x kantig, gelb (rr, Y-)
1 x kantig, grün (rr, yy)

Abb. 1-6 Schachbrettdiagramm für dihybride Kreuzung

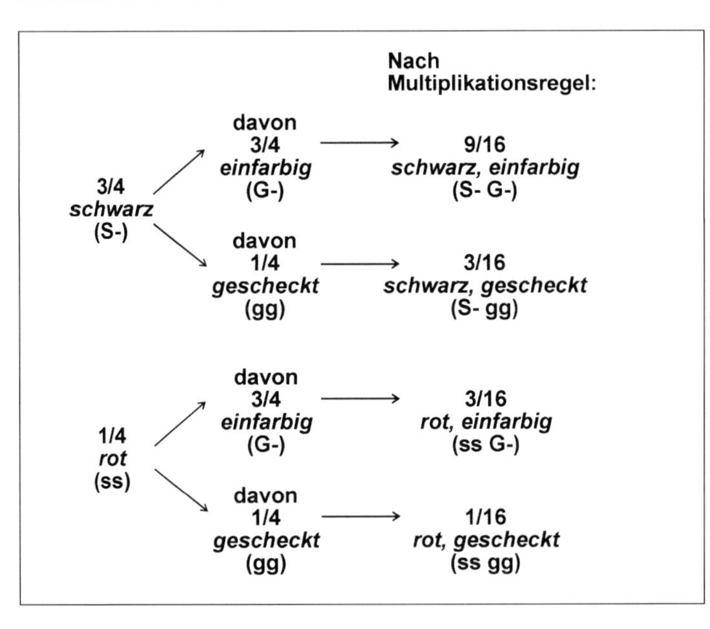

Abb. 1-7 Flußdiagramm für die dihybride Interkreuzung Ss Gg x Ss Gg (S = schwarz, dominant; G = einfarbig, dominant)

Die Kalkulation der nach den Wahrscheinlichkeitsregeln erwarteten Aufspaltung mit dem Schachbrettdiagramm ist umständlich und zeitraubend. Für die Lösung einfacher Probleme eignet sich das Flußdiagramm, das in Abb. 1-7 anhand eines Beispiels aus der Rinderzucht dargestellt wird. Es handelt sich um eine dihybride Kreuzung zwischen Schwarzbunten und einfarbig roten Rindern. Schwarz (S) dominiert über rot (s) und einfarbig (G) über gescheckte Zeichnung (g) (bis auf wenige kleine Abzeichen). Das Flußdiagramm ist auch für eine trihy-

Tab. 1-3 Anstieg der phänotypischen und genotypischen Klassen in Abhängigkeit von der Zahl der spaltenden Allelpaare.

Zahl der spaltenden Allelpaare	Zahl der phänotypischen Klassen (Dominanz)	Zahl der genotypischen Klassen
1	2	3
2	4	9
3	8	27
4	16	81
.	.	.
.	.	.
.	.	.
n	2^n	3^n

bride Kreuzung praktikabel z. B. Aa Bb Cc x Aa Bb Cc. Darüber hinaus wird aber auch das Flußdiagramm unhandlich. Es empfiehlt sich deshalb, die Wahrscheinlichkeiten direkt zu kalkulieren. Als Beispiel sei eine Kreuzung mit sechs heterozygoten Genorten unterstellt: Aa Bb Cc Dd Ee Ff x Aa Bb Cc Dd Ee Ff. Die Frage, mit welcher Häufigkeit wir z.B. den Genotyp AAbbCcDDeeFf erwarten, kann mit der Produktregel sehr einfach gelöst werden. Wir erwarten:

1/4 der Nachkommen AA, 1/4 bb, 1/2 Cc, 1/4 DD, 1/4 ee und 1/2 Ff.

Daraus ergibt sich:
p (AAbbCcDDeeFf) = 1/4 x 1/4 x 1/2 x 1/4 x 1/4 1/2 = 1/1024.

In Tab.1-3 wird gezeigt, wie die Zahl der genotypischen Klassen mit der Zahl der sich spaltenden Allelpaare ansteigt.

1.1.1.5 Erweiterung der Mendelschen Analyse

Die Mendelschen Regeln gelten für alle eukaryotischen Organismen. Sie ermöglichen die Voraussage der Ergebnisse einfacher Kreuzungen. In Wirklichkeit ist aber die Vererbung wesentlich komplexer als nach den Mendelschen Regeln zunächst erwartet wird. Ausnahmen sowie Erweiterungen sind deshalb von großer Bedeutung, erschüttern jedoch die grundsätzliche Gültigkeit der Mendelschen Regeln nicht. Nachfolgend wird an einigen Beispielen gezeigt, daß nicht alle Vererbungserscheinungen durch Segregation und Kombination von Allelen erklärt werden können.

1.1.1.5.1 Intralokale Interaktionen bzw. Interaktionen innerhalb von Allelpaaren (Dominanz)

Mendel beobachtete bei den 7 ausgewählten Merkmalen (Tab. 1-1) die von ihm definierte **Dominanz** bzw. **Rezessivität**. Vielleicht hat er bewußt Merkmale ausgewählt, bei denen die F_1-Generation (heterozygoter Genotyp) phänotypisch nicht vom dominanten Elter unterschieden werden kann. Beobachtet man in der F_1 einen intermediären Phänotyp, spricht man von **unvollständiger Dominanz** bzw. **intermediärer Vererbung**. Nach Kreuzung zwischen roten und weißen Shorthornrindern erscheint in der F_1-Generation im Fell eine Mischung von roten und weißen Haaren, dieser Phänotyp wird „roan" (Rotschimmel) bezeichnet.

Nachfolgend werden Geno- und Phänotypen einer Kreuzung zwischen roten und weißen Shorthornrindern aufgezeigt:

P	RR rote Fellfarbe	x	rr weiße Fellfarbe
F_1		Rr Rotschimmel	
F_2		1 RR : 2 Rr : 1 rr rot Rotsch. weiß	

In der F_2 entspricht somit das phänotypische Verhältnis dem genotypischen Verhältnis.

Zeigen die Heterozygoten die Phänotypen beider Homozygoten, spricht man in der Immungenetik von **Kodominanz**, obwohl keine Dominanz vorliegt. Ein Beispiel ist das MN-Blutgruppensystem beim Menschen. Die drei möglichen Blutgruppen (Phänotypen) sind M, N und MN und die dazugehörigen Genotypen $L^M L^M$, $L^N L^N$ und $L^M L^N$. Blutgruppen sind Allo-Antigene auf den Membranen der Erythrozyten. Blutgruppen bei Nutztieren und ihre Bedeutung wurden von Schmid und Buschmann (1985) ausführlich beschrieben.

In Abbildung 1-8 werden die Dominanzverhältnisse schematisch dargestellt. Vollständige Dominanz und Rezessivität sind kein essentieller Aspekt der Mendelschen Regeln, sondern der Merkmalsausprägung. Daraus folgt: **Mendel hat Regeln über die Weitergabe von Genen über mehrere Generationen entdeckt, er beschreibt aber weder die Funktion noch die Natur der Gene.**

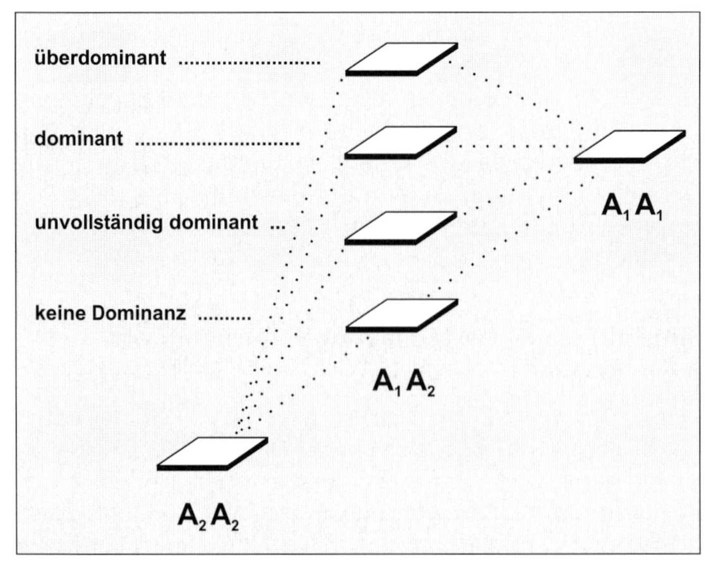

Abb. 1-8 Dominanz bei Paarung A_1A_1 x A_2A_2

1.1.1.5.2 Interlokale Interaktion, Interaktionen zwischen unabhängigen Allelpaaren (Epistasie, komplementäre Polygenie)

Der englische Biologe William Bateson wies als erster nach, daß Mendels Regeln auch für die Vererbung alternativer Eigenschaften bei Tieren gelten, wie z. B. verschiedene Kammformen und Farben der Federn bei Hühnern, Hornlosigkeit oder Behornung bei Rindern. Bateson et al. (1908) beobachteten bei Kreuzungsversuchen von Hühnerrassen mit verschiedenen Kammformen erstmals Interaktionen zwischen unabhängigen Allelpaaren. Sie fanden, daß aus der Kreuzung zwischen erbsenkämmigen Brahmas und rosenkämmigen Wyandotten F_1-Nachkommen mit walnußförmigem Kamm hervorgehen. In der F_2-Generation wurden zusätzlich Nachkommen mit einfachem Stehkamm beobachtet (Abb. 1-9). Die Ausbildung dieser Kammformen wird nach Hutt (1949) von 3 Genorten gesteuert (Tab. 1-4). Die Interaktion von nicht allelen Genen wird als **Epistasie** und in Form der komplementären Wirkung mehrerer Gene auf ein Merkmal als **komplementäre Polygenie** bezeichnet. In Abb. 1-10 wird die Kreuzung zwischen Wyandotten und Brahmas als dihybride Kreuzung dargestellt; am dritten Genort ist bei diesen Rassen der Genotyp BdBd vorhanden. Beim Genotyp Bd bd am 3. Genort sind in der F_2-Generation auch kammlose Tiere (pprrbdbd; s. Tab 1-4) zu erwarten.

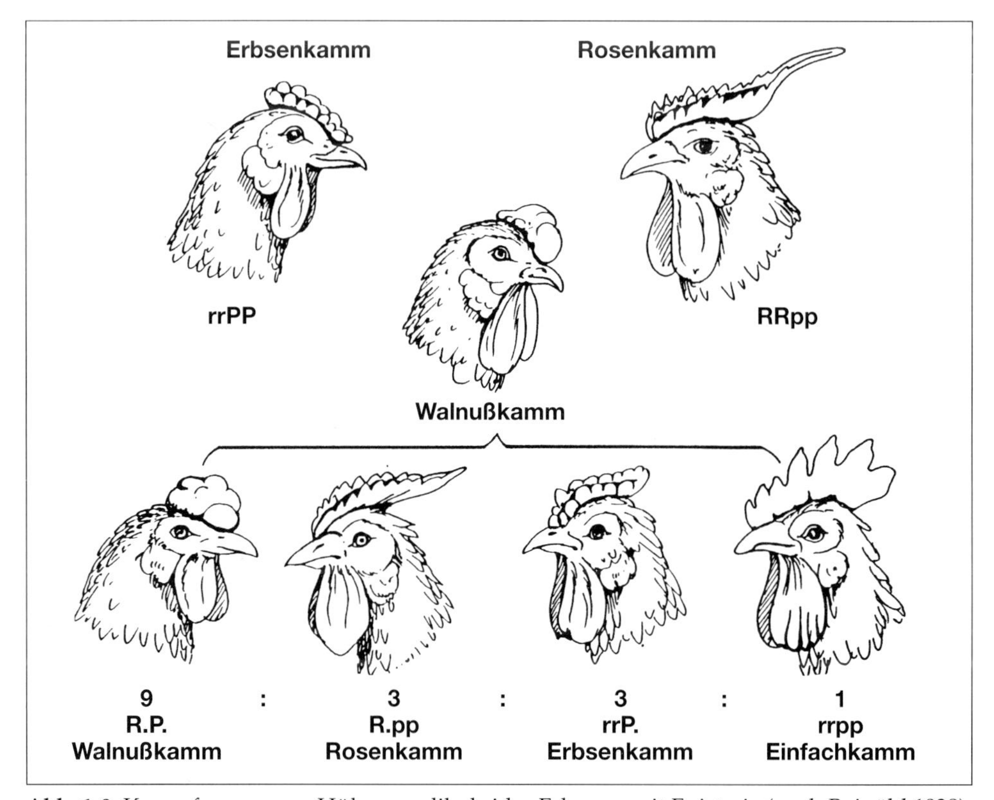

Abb. 1-9 Kammformen von Hühnern, dihybrider Erbgang mit Epistasie (nach Reinöhl 1938)

Tab. 1-4 Vererbung der Kammformen beim Huhn (nach Hutt 1949)

Kammform	Genotyp	Geninteraktion	Rasse
kammlos	pp rr bd bd	rezessiv	Bredas
Stehkamm	pp rr Bd –	Dominanz	wilde Stammform Leghorn u. a.
Rosenkamm	pp R – Bd Bd	Epistasie R über Bd	Wyandotten
Erbsenkamm	P – rr Bd Bd	Epistasie P über Bd	Brahmas
Walnußkamm	P – R – Bd Bd	komplementäre Polygenie P und R sind für Walnußkamm notwendig	

– bedeutet, der Phänotyp wird unabhängig davon ausgeprägt, welches Allel an dieser Stelle vorhanden ist. Genorte: Bd; R; P.

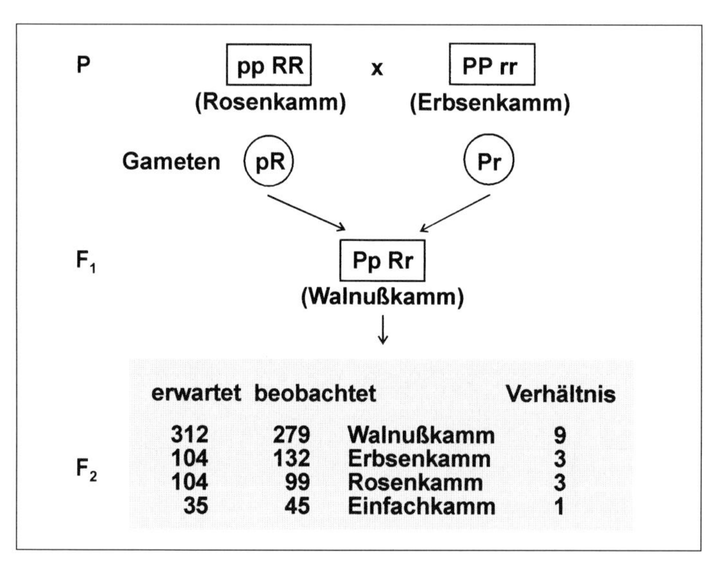

Abb. 1-10 Dihybride Kreuzung (Wyandotten x Brahmas) (nach Bateson et al. 1908)

1.1.1.5.3 Multiple Allelie

Es stellte sich sehr bald heraus, daß an einem Genort in einer Population mehr als zwei verschiedene Allele auftreten können, wobei in diploiden Zellen immer höchstens zwei Allele und in einer Gamete nur ein Allel (haploide Zelle) vorhanden sind. Bei mehr als zwei Allelen spricht man von multiplen Allelen; die Allele eines Genortes können als Allelserie angeordnet werden. Als Beispiel aus der vergleichenden Farbvererbung bei unterschiedlichen Spezies wird die Albinoserie (C-Gene) in Tab. 1-5 dargestellt. Die Farbe von Haaren, Wolle oder Federn und der Ober- und Unterhaut wird durch die Einlagerung von Melaninen verursacht. Mehrere Genloci sind für die Ausbildung, Verteilung und

Tab. 1-5 Albinoserie

Genotypen beim Kaninchen				
Fellfarbe	Genotypen	Phäomelanin	Eumelanin	Pupillenfarbe
volle Farbe	CC, Cc^{ch}, Cc^{h}, Cc	+++	++++	dunkel
Chincilla (silbergrau ohne gelb)	$c^{ch}c^{ch}$, $c^{ch}c^{h}$, $c^{ch}c$	+	+++	rötlich-schwarz
Himalaya (schwarze Extremitäten)	$c^{h}c^{h}$, $c^{h}c$	–	++	rosa
Albino (kein Pigment, rote Augen)	cc	–	–	rosa

Vergleich zwischen Arten		Allele		
Art	C	c^{ch}	c^{h}	c
Kaninchen	+	+	+	+
Maus	+	+	+	+
Katze	+	+	+	+(?)
Hund	+	+	+	+(?)
Rind	+			+
Pferd	+			+(?)
Mensch	+			+

Schaf und Schwein haben mit großer Wahrscheinlichkeit kein Albinoallel.

Konzentration Melanins in den verschiedenen Schichten der Zellformationen verantwortlich. Das Wildallel (C) am Albinolocus kodiert das Enzym Tyrosinase, das für die Melaninsynthese essentiell ist. Dieses Allel ist dominant über die Mutation Chinchilla c^{ch}, die zu silbergrauer Färbung ohne jedes Gelb führt. Das Chinchilla Allel ist wiederum dominant über die Mutation Himalaya (c^{h}), die schwarze Extremitäten zur Folge hat und das Himalaya Allel ist dominant über die Albino-Mutation (c), bei der wegen Fehlens des Enzyms Tyrosinase kein Pigment gebildet wird, so daß pigmentlose Tiere mit roten Augen entstehen. Serien multipler Allele werden in der Reihenfolge der Dominanz geordnet. Multiple Allelie ist in den Blutgruppensystemen besonders ausgeprägt, wo in der Regel Kodominanz beobachtet wird. Tab.1-6 enthält die Blutgruppensysteme beim Rind und Schwein (Grundlagen über Blutgruppen und Proteinpolymorphismen s. Brem et al. 1991).

Der **Test auf Allelismus** soll die Frage klären, ob die beobachteten Phänotypen auf der Wirkung von Genen verschiedener Genorte oder von mehreren verschiedenen Allelen eines Genortes beruhen. Der Test auf Allelismus kann bei enger Kopplung von Genorten (s. 1.1.2) sehr aufwendig sein. Zum Testen werden für alle Kombinationsmöglichkeiten Kreuzungen zwischen reinerbigen Linien durchgeführt. Werden in der F_1 und F_2 die nach den Mendelschen Regeln erwarteten Segregationsraten gefunden, handelt es sich um Allele eines Genortes. In dem nachfolgenden hypothetischen Beispiel sind in Linie 1 die Tiere

Tab 1-6 Blutgruppensysteme

Rind		Schwein	
System (Genort)	Anzahl Allele	System Genort	Anzahl Allele
A	11	A	2
B	>1200	B	2
C	>80	C	2
F	9	D	2
J	4	E	17
L	3	F	4
M	>5	G	5
S	18	H	7
Z	3	I	2
R'	3	J	3
T	3	K	6
		L	6
		M	18
		N	3
		O	2

Tab. 1-7 Anwachsen oder Abstoßen von Transplantaten, die von HLA Allelen determiniert werden.

Transplantation	Genotyp Rezipient	Donor	Ergebnis
1	A1 A2, B5 B5	A1 A1, B5 B7	Abstoßen (wegen B7)
2	A2 A3, B7 B12	A1 A2, B7 B7	Abstoßen (wegen A1)
3	A1 A2, B7 B5	A1 A2, B7 B7	Anwachsen
4	A2 A3, B7 B5	A2 A3, B5 B5	Anwachsen

einfarbig pigmentiert, in Linie 2 gescheckt und in Linie 3 unpigmentiert. Bei multipler Allelie werden folgende Ergebnisse erwartet:

Kreuzung	F_1	F_2
1 x 2	einfarbig pigmentiert	3/4 einfarbig 1/4 gescheckt
1 x 3	einfarbig pigmentiert	3/4 einfarbig 1/4 unpigmentiert
2 x 3	gescheckt	3/4 gescheckt 1/4 unpigmentiert

Die Abstoßung von Organ- oder Gewebetransplantaten durch Antigene an der Zelloberfläche wird durch Histokompatibilitätsantigene (MHC) verursacht. Die Gene des Haupthistokompatibilitätskomplexes determinieren die Histokompatibilitätsantigene. Für jeden Genort im MHC wurden multiple Allele beobachtet, was einen außergewöhnlichen Polymorphismus ermöglicht. Die drei Genorte der Klasse I Antigen-Gene beim Schwein (Swine leucocyte antigens, SLA) werden mit A, B und C und die verschiedenen Antigene determinierenden Allele mit

A 1, A 2, A 9, usw., bezeichnet. Das Immunsystem des Rezipienten erkennt ein Transplantat als „fremd", wenn ein „fremdes" Antigen auftritt. Die Abstoßung erfolgt hingegen nicht, wenn beim Donor Allele fehlen, die beim Rezipienten vorhanden sind (Tab. 1-7). Die Genorte des MHC-Komplexes sind eng gekoppelt; Allelgruppen können deshalb als Einheiten (**Haplotypen**) vererbt werden.

Zusammenfassend läßt sich feststellen, daß ein Gen in verschiedenen Formen (Allelen) auftreten kann, was als Allelie bzw. multiple Allelie bezeichnet wird. Bei den Allelen einer Allelserie (Beispiel Albinoserie Tabelle 1-5) ist jedes Dominanzverhältnis möglich.

1.1.1.5.4 Letalgene

Lucien Cuénot (1928) kreuzte Feldmäuse mit dunklem Fell mit einer hellen Fellvariante, die er als gelb bezeichnete. Bei Kreuzung gelber Mäuse mit Mäusen mit normaler Fellfarbe erzielte er ein 1:1 Verhältnis von gelb zu normaler Farbe. Daraus kann gefolgert werden, daß die Fellfarbe von einem Gen mit zwei Allelen determiniert wird, wobei das Allel für gelb dominant (und alle Tiere heterozygot sind) und das Allel für wildfarben rezessiv ist (s. Testkreuzung Kapitel 1.1.1.1).

Die Inter-Kreuzung gelber Mäuse, gleich welcher Herkunft ergab aber folgendes Spaltungsverhältnis:

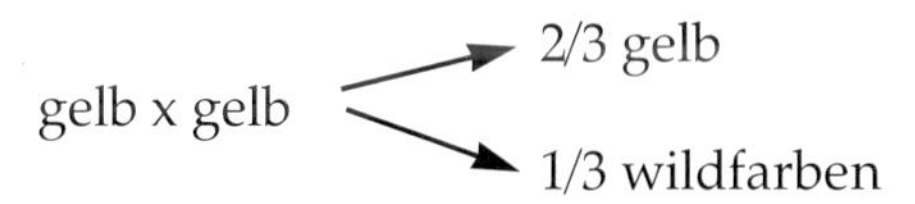

Cuénot fand in keiner Generation homozygot gelbe Mäuse, sondern immer ein 2:1 Verhältnis. Er schloß aus diesem Ergebnis folgendes: Nach der Spaltungsregel ist bei der Kreuzung von Heterozygoten ein Verhältnis von 1:2:1 zu erwarten. Nimmt man an, daß die Feten einer homozygoten Klasse vor der Geburt absterben, erwartet man bei den lebend geborenen Tieren das gefundene 2:1 Verhältnis. Daraus läßt sich folgern, daß das Allel a^Y (aus der Agouti-Serie) bezüglich Fellfarbe dominant über das Allel a^+ ist, aber rezessiv letal bezüglich Überlebensrate.

		Verhältnis
	→ 1/4 a^+a^+ wildfarben	1
a^Ya^+ x a^Ya^+	→ 2/4 a^Ya^+ gelb	2
gelb gelb	→ 1/4 a^Ya^Y Absterben vor der Geburt.	0

Diese Hypothese wurde mittels Untersuchung der Uteri von trächtigen Mäusen aus der Kreuzung gelb x gelb bestätigt; ein Viertel der Embryonen waren abgestorben.

Das a^Y Allel beeinflußt somit zwei Eigenschaften, die Fellfarbe und die Überlebensrate der Embryonen. Gene, die mehr als einen unterscheidbaren phänotypischen Effekt haben, werden als **pleiotrop** bezeichnet. Es ist durchaus möglich, daß beide Effekte des pleiotropen a^Y Allels auf der gleichen Information beruhen, die bei einfacher Dosis zur gelben Fellfarbe und bei doppelter Dosis zum Absterben führt.

Analoge Beobachtungen machten Mohr und Tuff (1939) mit der 1933 aufgetretenen Platinmutante des Farmfuchses. Die Platinfärbung beruht auf dem dominanten Allel W^P. Platinfüchse sind heterozygot und haben ein Platin-W^P und ein Silberallel (W) also W^PW. Die Paarung von Platinfüchsen (W^PW x W^PW) liefert 1/4 Silberfüche (WW), 2/4 Platinfüchse (W^PW) und 1/4 abgestorbene Feten (W^PW^P). Mohr und Tuff (1939) erhielten aus der Testpaarung Platin x Silber 96 Platin- und 88 Silberfüchse (Erwartung 1:1) und aus der Inzucht heterozygoter Platinfüchse 22 Platin- und 10 Silberfüchse (Erwartung 2:1). Eine weitere interessante Fellmutante des Farmfuchses ist „White face" (W_I). White face Füchse sind heterozygot (W_IW) und W_IW_I Genotypen ebenfalls letal. Aus der Paarung Platin x White face W^PW x W_IW entstehen Würfe mit einer um 25 % reduzierten Wurfgröße, da der Genotyp W^PW_I ebenfalls letal ist. Unter den Lebendgeborenen finden sich je 1/3 White face, Silber- und Platinfüchse (Erwartung 1:1:1). Da reziproke Paarungen dasselbe Ergebnis liefern, handelt es sich um einen autosomalen Genort mit den multiplen Allelen (W, W^P, W_I).

Pulos und Hutt (1969) fanden, daß weißgeborene Pferde das dominante Weißgen (W) tragen, das im homozygoten Genotyp (WW) zum Absterben der Feten führt. Die Nachkommen aus der Paarung von Weißgeborenen spalten im Verhältnis 2 (weißgeboren) zu 1 (farbig) auf. Dies gilt auch für die Mutation für unveränderliche Schimmelzeichnung beim Pferd (Roan = Rn). Unveränderliche Schimmel zeigen starke Einmischung von weißen Haaren im Fell mit Ausnahme von Kopf und Beinen. Das Winterfell ist meist dunkler.

1.1.1.5.5 Penetranz und Expressivität

Die Merkmalsausprägung bei qualitativen Merkmalen wird nicht immer ausschließlich durch die isolierte Wirkung eines Hauptgenes gesteuert, sondern kann auf dem Zusammenwirken von mehreren Genen (siehe Interaktionen in den vorhergehenden Abschnitten) und der Wirkung nichtgenetischer Einflüsse (**Umwelteinflüsse**) beruhen. Ordnen Genetiker einen spezifischen Phänotyp einem Allel, das sie identifiziert haben zu, so ist dies eine vereinfachte Darstellung, die die genetische Analyse erleichtert. Diese Vereinfachung beruht auf der Möglichkeit, Komponenten eines biologischen Prozesses zu trennen und die Teile isoliert zu studieren. In Analogie zur Chirurgie bezeichnet man dies auch als genetische Sektion. Obwohl die Isolation der Merkmale und ihre Zuordnung zu Genen bzw. Allelen ein essentieller Teil der Genetik ist, darf nicht vergessen werden, daß ein Gen niemals isoliert wirkt.

Stellt sich bei einem qualitativen Merkmal heraus, daß der einem bestimmten Genotyp zugeordnete Phänotyp (Merkmalsausprägung) von weiteren Faktoren beeinflußt wird, deren Natur man nicht genau kennt, spricht man von **Penetranz** oder **Expressivität**. Unter Penetranz versteht man den Anteil (meist in Prozent) der Individuen eines definierten Genotyps, der die erwartete Merkmalsausprägung zeigt (Manifestationshäufigkeit). Liegt die Penetranz für den Genotyp (z. B. aa oder A-) unter 100 %, so wird bei einem Teil der Individuen (100 % minus Penetranz [%]) das aufgrund des Genotyps erwartete Merkmal nicht ausgeprägt. Ursachen können modifizierende Gene, wie z. B. epistatische Gene, Unterdrückergene oder modifizierende Umwelteffekte sein. Die Penetranz beschreibt

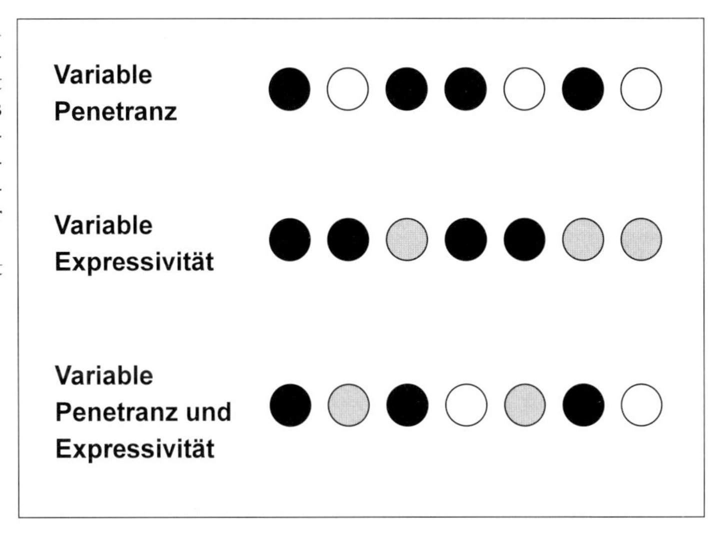

Abb. 1-11 Wirkung von Penetranz und Expressivität auf die Intensität der Ausbildung eines Pigments. Alle Individuen haben den gleichen Genotyp; hypothetisches Beispiel SS für schwarzes Haar.
Jeder Kreis repräsentiert ein Individuum
(● volle Ausbildung, ○ fehlende Ausbildung, reduzierte Ausbildung)

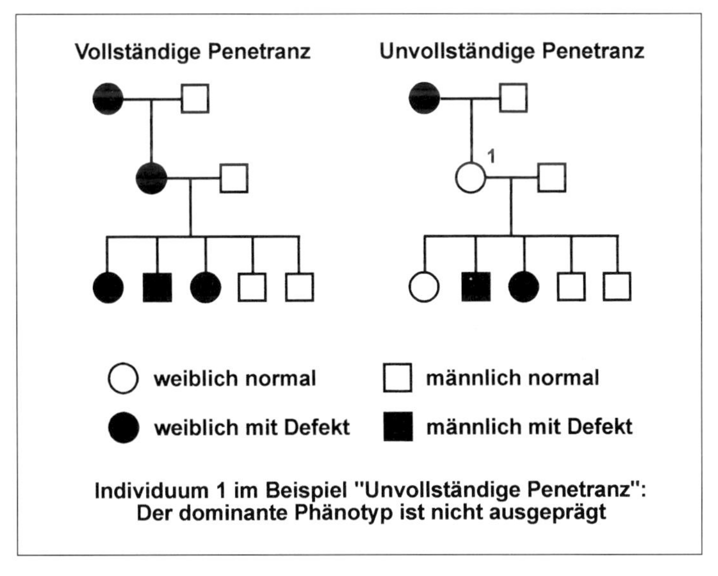

Abb. 1-12 Stammbaumanalyse (autosomal dominant)

den Einfluß dieses oder dieser Effekte, obwohl die genauen Ursachen nicht bekannt sind.

Die Expressivität beschreibt Unterschiede im Grad der Merkmalsausprägung für einen definierten Genotyp. Auch die Ursachen verschiedener Ausprägung des erwarteten Merkmals können genetischer oder nicht genetischer Natur sein. In Abb. 1-11 wird der Unterschied zwischen Penetranz und Expressivität erläutert. Penetranz und Expressivität können auch mit dem Konzept der genetischen Reaktionsnorm erklärt werden. Für die Tierzucht ist wichtig, daß unvollständige Penetranz die Aussagekraft der Stammbaumanalyse einschränkt (Abb.1-12) und damit die Interpretation erschwert.

1.1.1.5.6 Genetische Reaktionsnorm

Die genetisch bedingte Merkmalsausprägung kann nicht nur von intra- und interlokalen Interaktionen, sondern auch von Umweltfaktoren beeinflußt werden. Dies ist der Fall, wenn definierte Genotypen in verschiedenen Umwelten verschiedene Merkmalsausprägungen zeigen, was von Lewontin als genetische Reaktionsnorm bezeichnet wird. Nachfolgend ein Beispiel:

Die genetisch determinierten Varianten M und O des Enzyms Glukose-6-phosphat-Dehydrogenase unterscheiden sich in der Reaktionsgeschwindigkeit bei verschiedenen Glukose-6-phosphat-Konzentrationen in der Zelle (Abb. 1-13 oben). Bei niedrigen Konzentrationen von Glukose-6-phosphat zeigt die Variante M höhere Reaktionsgeschwindigkeit und bei hoher Konzentration die Variante O. Im unteren Teil der Abbildung 1-13 werden auf der linken Seite die Verteilungskurven der Reaktionsgeschwindigkeiten für die Varianten M und O sowie für die Gesamtpopulation bei niedrigen Konzentrationen von Glukose-6-phosphat (Bereich L in der oberen Abbildung) gezeigt und auf der rechten Seite bei hohen Konzentrationen (Bereich R in der oberen Abbildung). Während sich bei niedriger Konzentration die Kurven der Reaktionsgeschwindigkeiten der Varianten M und O nur geringfügig unterscheiden (Mittelwerte etwa gleich),

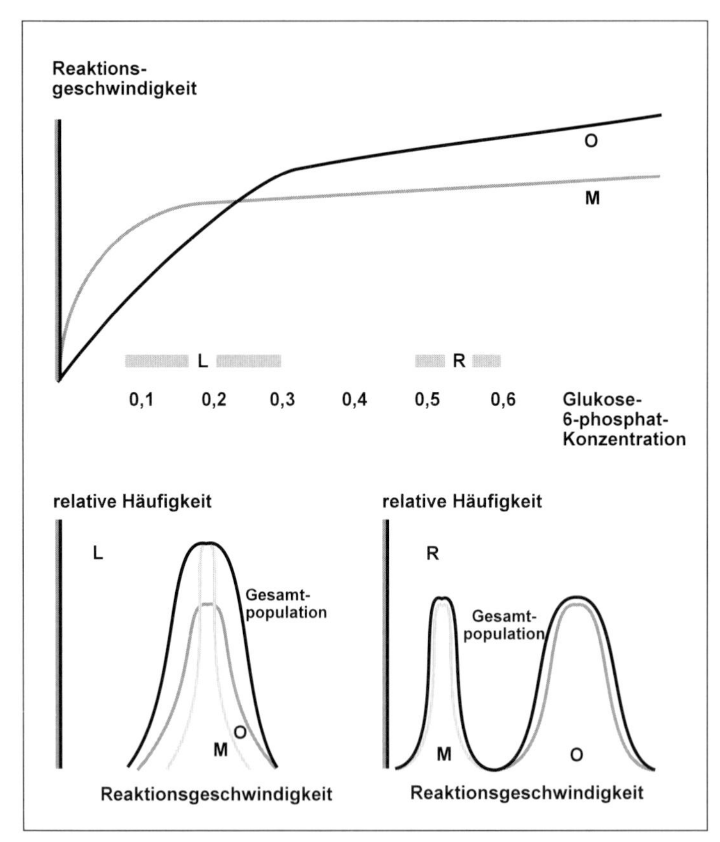

Abb. 1-13 Varianz der Reaktionsgeschwindigkeit des Enzyms Glukose-6-phosphat-Dehydrogenase als Funktion der Glukose-6-phosphat-Konzentration (nach Lewontin 1986)

wird bei hoher Konzentration die für qualitative Merkmale (Hauptgene) typische diskontinuierliche Verteilung gefunden (Kurven bimodal). Dies ist u.a. darauf zurückzuführen, daß in diesem Bereich beide Varianten relativ unempfindlich gegen Konzentrationsschwankungen sind. Die Merkmalsausprägung der Genotypen ist somit auch umweltbedingt (abhängig von der Konzentration von Glukose-6-phosphat in der Zelle). Damit ist auch die genetische Varianz in der Population abhängig von der Umwelt, in der die Analyse durchgeführt wird (s. 1.1.10.3).

1.1.1.6 Beispiele für Hauptgene in der Tierzucht

1.1.1.6.1 Farbe und Abzeichen

Die Farben von Säugetieren und Vögeln werden durch Pigmente gebildet, die im wesentlichen aus zwei Melanintypen bestehen. Die dunklen braunen bis schwarzen Eumelanine und die gelben, roten oder braunen Phäomelanine. Chemische Aktivatoren und Inhibitoren veranlassen die Melanozyten zur Produktion des Pigments, wobei die Verteilung auf die unterschiedlichen Zelltypen und Differenzierungsstadien bereits in der Embryonalentwicklung erfolgt und durch das Reaktions-Diffusionsmodell am besten erklärt wird.
Die Farbe von Haut und Haaren ist in der Tierzucht als Rassenmerkmal, als Qualitätsmerkmal und als Indikator für andere Merkmale (Marker) von Bedeutung.

• Rassenmerkmal
Abb. 1-7 enthält das Flußdiagramm zur Vererbung der schwarzen und roten Haarfarbe bei schwarzbunten und rotbunten Rinderrassen. Die Zuordnung zum rotbunten Herdbuch erfordert ein rotbuntes Fell und damit den homozygot rezessiven Genotyp für den Rotfaktor (ssgg nach Abb. 1-7), während heterozygote Tiere (Ssgg) dem schwarzbunten Herdbuch zugeordnet werden. Da bei Anpaarung heterozygoter Schwarzbunter (Rotfaktorträger) an Rotbunte die Hälfte der Nachkommen rotbunt sind, sind heterozygote schwarzbunte Spitzenbullen in der Rotbuntzucht sehr gefragt. Seit 1995 können heterozygote Schwarzbunte mit dem Rotfaktortest (s. 2.1.6.1) erkannt werden.

• Qualitätsmerkmal
Die Konsumenten bevorzugen in vielen Ländern beim Einkauf Schweinefleisch mit weißer Haut. Da sich für die Freilandhaltung von Zuchtsauen bunte Schweinerassen besser eignen (z. B. Saddleback), werden in der Freilandhaltung Deckeber bevorzugt, die homozygot für das dominante „Weiß-Gen" sind. Für dieses Gen wurde ein Gentest entwickelt.

• Marker
Langsam wachsende Masthähnchen haben bessere Fleischqualität als die üblichen schnell wachsenden Masthybriden. Eine für den Verbraucher leicht erkennbare Markierung langsam wachsender Herkünfte wird in Frankreich

für Label Rouge Hähnchen durch Verwendung braun befiederter gelbhäutiger Linien (Sasso, Red Bro u.a.) erreicht, die sich deutlich von den weiß befiederten, weißhäutigen und schnellwüchsigen Masthybriden unterscheiden.

Zur Unterscheidung von Eiern aus Käfig- und Bodenhaltung nutzt man in der Hühnerhaltung Herkünfte mit verschiedenen Eierfarben (z. B. Weißleger für Käfighaltung und Braun- bzw. Grünleger für Bodenhaltung).

- Hauptgene (Majorgene) mit direkter Relevanz beim Huhn am tropischen Standort (s. 2.4.3)

1.1.1.6.2 Hörner und Hornlosigkeit beim Rind

Man unterscheidet gehörnte, hornlose und Rinder mit Wackelhörnern.

- Hornlosigkeit mit den Allelen P (polled = hornlos) und p (kein Gen für Hornlosigkeit). P ist dominant zu p und epistatisch zu H (Hörner).
- Hornbildung mit den Allelen H und h; alle domestizierten Rinder haben den Genotyp HH; H ist epistatisch zu Sc (scurs = Wackelhörner) und wird von Ha (Afrika Horn) unterdrückt.
- Afrika-Horn mit den Allelen Ha und ha tritt nur bei Rassen mit Zebublutanteil auf.
  Das Allel Ha bildet unabhängig von H Hörner aus, d.h. Ha ist epistatisch zu P.
- Wackelhörner (Scurs) mit den Allelen Sc und sc (Abwesenheit von Sc). Sc ist in homo- und heterozygoter Form bei Bullen und nur in homozygoter Form bei weiblichen Tieren epistatisch zu P und führt zu Wackelhörnern.

1.1.1.6.3 Fruchtbarkeit Merinoschaf (Booroola) und Schwein (Meishan)

Zwei australische Schafzüchter fanden in der Schaffarm „Booroola" in New South Wales eine besonders fruchtbare Linie des Merinoschafes, die vom CSIRO (australische Forschungseinrichtung) züchterisch weiterentwickelt wurde. Die Wirkungen des Fec^BGens auf Ovulationsrate und Wurfgröße werden in Abb. 1-14 gezeigt. Fec^B Fec^B homozygote Mutterschafe haben in etwa die dreifache Ovulationsrate und die doppelte Wurfgröße als Mutterschafe, die für das „Normal Allel" homozygot sind, während heterozygote Tiere dazwischen liegen. Das Allel Fec^B ist von großem wissenschaftlichen Interesse (physiologische Ursachen von Mehrlingsgeburten) und von praktischer Bedeutung (Piper et al. 1984). Das Fecundingen wurde bisher weder isoliert noch sequenziert und auch das Genprodukt (Protein) ist noch nicht bekannt. Man weiß, daß das Allel Fec^B über den die Ovulation steuernden „Feedbackmechanismus" wirkt (Gonadotropine, Steroidhormone, Inhibin). Da in Follikeln homozygoter Fec^B Tiere die doppelte Menge der vom βA-Inhibin-Gen transkribierten mRNA gefunden wurde, wird der Inhibinlocus (INHBA) als aussichtsreichster Kandidatenlocus für das FecB-Gen angesehen.

Rothschild et al. (1994) stellten fest, daß die fruchtbare chinesische Schweine-

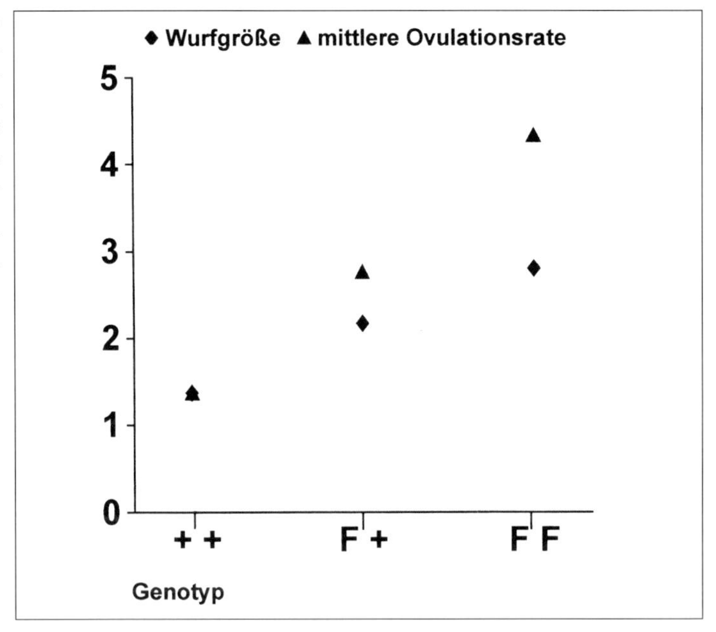

Abb. 1-14 Mittlere Ovulationsrate und Wurfgröße von Mutterschafen mit verschiedenen Genotypen am Genort Fec. Daten der Booroola Herde des CSIRO von 1973–1980.
F = Fec^B; + = Normalgen. (nach Piper et al. 1984)

rasse Meishan am Östrogenrezeptorgen-Locus ein anderes Allel trägt als die europäischen Schweinerassen. Sauen, die diese Genvariante homozygot oder heterozygot tragen, werfen durchschnittlich 1 Ferkel mehr als Vergleichstiere aus europäischen Schweinerassen (Tab. 1-13). Da Kreuzungstiere Meishan mal europäische Schweinerassen den Marktanforderungen in westlichen Industriestaaten nicht entsprechen (zu fett), ist die Introgression des günstigen Östrogenrezeptorgens durch fortgesetzte Rückkreuzungen von Interesse (markergestütze Introgression).

1.1.1.6.4 Doppellender (kongenitale Muskelhypertrophie)

Doppellender wurden erstmals 1807 von Culley beschrieben; sie zeigen ausgeprägte Muskelhypertrophie. Die Muskelmasse ist durchschnittlich um 20 % erhöht, der Gesamtfettgehalt um 50 % erniedrigt und das Bindegewebe reduziert. Aufgrund großer Nachfrage und hoher Verkaufspreise für Doppellenderkälber in Belgien wurde in der Population der Rinderrasse Weißblaue Belgier gezielt auf Doppellender selektiert. Die erheblichen Nachteile (geringere Milchleistung, verminderte Fruchtbarkeit weiblicher Tiere, erhöhte Anfälligkeit gegen respiratorische Erkrankungen, sehr hoher Anteil Kaiserschnittgeburten) wurden von Züchtern und Tierhaltern in Kauf genommen. Aufgrund der Ergebnisse der Selektion wurde ein autosomal monogener Erbgang mit den Allelen mh (Muskelhypertrophie) und + (normal) postuliert. Heterozygote Tiere (mh/+) aus der Kreuzung homozygote Bullen (mh/mh) mal Schwarzbunte Rinder (+/+) wurden mit homozygoten Bullen rückgekreuzt

(Testkreuzung, Abb. 1-3) und das erwartete 1:1-Verhältnis (53 Doppellender zu 55 normalen Kälbern) gefunden. Die anschließende molekulargenetische Analyse (Charlier et al. 1995) ermöglichte die Zuordnung des mh-Gens zu Chromosom 2 und die Entwicklung einer indirekten Gendiagnose (s. 1.6.7.5).

Rekapitulation

- Hauptgene: Einzelgeneffekte >1 phänotypische Standardabweichung.
- Allele: Alternative Formen (Varianten) eines Genortes (multiple Allele, mehr als 2 Varianten).
- Segregationsraten für Hauptgene: Kombination nach Wahrscheinlichkeitsregeln an nicht gekoppelten Genorten.
- Qualitative Merkmale: Diskontinuierliche Verteilung der Phänotypen.
- Testkreuzung: Anpaarung an homozygot rezessive Genotypen; müssen fortpflanzungsfähig sein.
- Haplotypen: Allelgruppen auf enggekoppelten Genorten, die überwiegend als Einheit vererbt werden.
- Introgression: Einführung von Einzelgenen mittels fortgesetzter Rückkreuzung.
- Merkmalsausprägung von Hauptgenen: Dominanz, Epistasie, Penetranz, Expressivität, Reaktionsnorm.

1.1.2 Chromosomentheorie der Vererbung und Genkopplung

Waldeyer gab 1888 den Erbfaktorträgern den Namen „Chromosom", gebildet aus der griechischen Wortkombination „chroma" für Farbe und „soma" für Körper. Die Chromosomenforschung entwickelte sich mit der Weiterentwicklung des Mikroskops und lange Zeit stand die Erforschung der Chromosomenzahl bei verschiedenen Arten im Vordergrund des Interesses. Von 1902 bis 1904 entdeckten der Amerikaner Walter Sutton und der Deutsche Theodor Boveri unabhängig voneinander, daß das nach den Mendelschen Gesetzen erwartete Verhalten der Gene bei der Bildung von Gameten präzise dem Verhalten der Chromosomen in der Meiose entspricht (zytogenetische Grundlagen, z. B. Meiosepräparationen, s. Brem et al. 1991). Das parallele Verhalten von Hauptgenen in Kreuzungsversuchen (nach den Mendelschen Gesetzen) und von Chromosomen legte die Hypothese nahe, daß die Gene auf den Chromosomen lokalisiert sind. Diese Hypothese wurde als Sutton-Boveri-Chromosomentheorie der Vererbung bekannt. William Bateson und R. C. Punnet fanden bei dihybrider Kreuzung von süßen Erbsen, die sich in Blütenfarbe (P, purpur; p, rot) und Form des Pollens (L, lang; l, rund) unterschieden eine deutliche Abweichung vom erwarteten 9:3:3:1 Verhältnis. Die elterlichen Gametentypen (PL und pl) überwogen deutlich, weshalb die Autoren eine prinzipielle Kopplung zwischen dominanten Allelen (P und L) und zwischen rezessiven Allelen (p und l) vermuteten; später wurden die parentalen Gametentypen als **Phase 1 (Kopplungsphase)** bezeichnet und die Gameten mit Neukombinationen (Pl oder pL) als **Phase 2 (Repulsionsphase)**. Die Chromosomentheorie der Vererbung und die Kopplung von Genorten wurde von Th. Morgan und seiner Arbeitsgruppe von 1910 bis 1920 eingehend untersucht und endgültig bestätigt.

Bei doppelt heterozygoten Genotypen (heterozygot an zwei benachbarten Genorten) wird zwischen **cis und trans-Position** unterschieden. Sind Allele verschiedener Genorte (z. B. Mutanten) auf einem der homologen Chromosomen benachbart positioniert, befinden sie sich in cis-Position. Sind sie auf gegenüberliegenden homologen Chromosomen positioniert, befinden sie sich in trans-Position. Im cis/trans-Test (Benzer 1962) wird geprüft, ob sich zwei Mutanten in cis- oder trans-Position befinden. Die Bezeichnungen cis und trans sind analog zu Phase 1 (Kopplungsphase) und Phase 2 (Repulsionsphase).

1.1.2.1 Genkopplung

Th. Morgan und seinen Schülern gelang sowohl der Nachweis vollständiger Kopplung als auch von **Faktorenaustausch** (Rekombination) bei Mutationen an zwei Genorten am Modelltier *Drosophila melanogaster* (Morgan et al. 1915). In den klassischen Experimenten wurden Träger von phänotypisch klar erkennbaren Mutationen systematisch gekreuzt. In Abb. 1-15 wird die Kreuzung von graubraunen normalflügeligen Fliegen (Wildtyp) mit einer schwarzen, stummelflü-

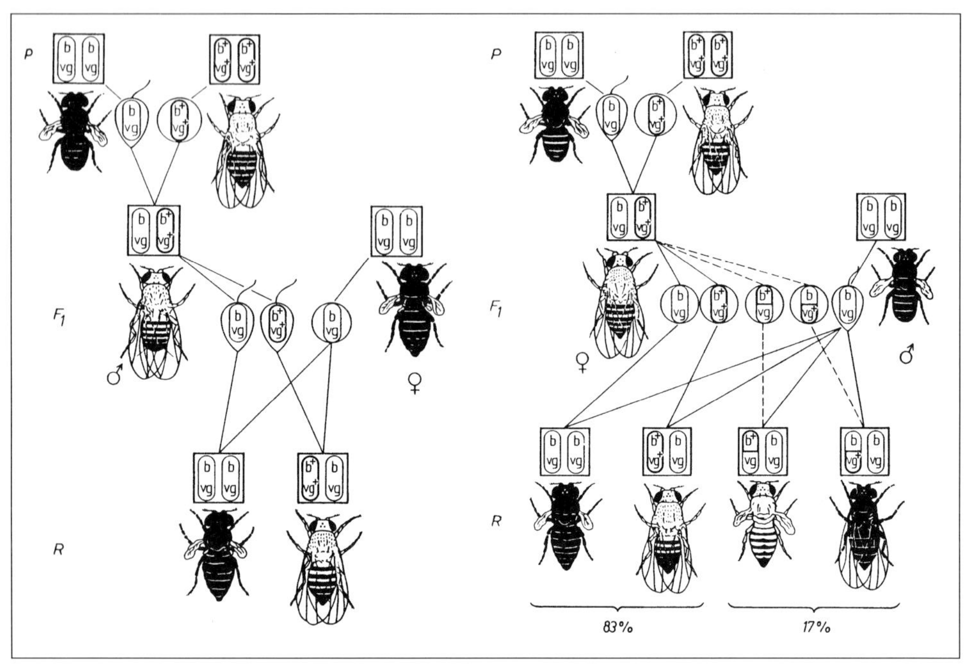

Abb. 1-15 Kopplung und Faktorenaustausch bei Drosophila melanogaster (nach Morgan et al. 1915). b = schwarz, b^+ = graubraun, vg = Stummelflügel, vg^+ = Normalflügel

geligen Mutante gezeigt. Th. Morgan verwendete den Buchstaben b (black = schwarz) für den Genort Farbe und vg (vestigial = stummelflügelig) für den Genort Flügelform. Die dominanten Wildtypallele bezeichnete er mit b+ (graubraun) und vg+ (Normalflügel) und die rezessiven Mutanten mit b (schwarz) und vg (Stummelflügel). Wie Abb. 1-15 zeigt, entspricht der Phänotyp der F_1 gemäß Uniformitätsregel phänotypisch dem Wildtyp. Das Ergebnis der Testkreuzung der F_1-Männchen mit doppelrezessiven Weibchen (bb, vg vg) (Testkreuzung) ist auf der linken Seite in Abb. 1-15 dargestellt. Es entstehen ausschließlich Parentaltypen (graubraun normalflügelig und schwarz stummelflügelig) im Verhältnis 1:1, woraus geschlossen werden kann, daß die Gene für Farbe und Flügelform auf dem gleichen Chromosom liegen und von den heterozygoten F_1-Männchen ausschließlich Gameten mit gekoppelten Allelen (Haplotypen) (b+vg+ oder b vg) weitergegeben werden. Diese **vollständige Kopplung ist äußerst selten** und ein besonderes Charakteristikum von Drosophila Männchen, was die Erforschung der Genkopplung durch die Arbeitsgruppe Th. Morgan sehr erleichterte. Bei der Testkreuzung von F_1-Weibchen mit doppeltrezessiven Männchen, (rechte Seite von Abb. 1-15) wurde bei 17 % der Gameten der F_1-Weibchen Faktorenaustausch bzw. Rekombination beobachtet; 8,5 % der Rekombinationsgameten waren vom Typ b+ vg und 8,5 % vom Typ b vg+ was aus der Häufigkeit der Phänotypen graubraun stummelflügelig und schwarz normalflügelig bei den Nachkommen hervorgeht. Das Ergebnis der Testkreuzung mit F_1-Weibchen (Abb. 1-15) ist ein Beispiel für **unvollständige Kopplung**.

Bei freier Kombination und bei vollständiger Kopplung sind folgende Verhältnisse der von F_1-Tieren (Männchen) gebildeten Gameten zu erwarten:

Gametenart	parental	$b^+ vg^+$			b vg
	rekombinant		b^+ vg	b vg^+	
Anteil	freie Kombination	1/4	1/4	1/4	1/4
	vollständige Kopplung	1/2	0	0	1/2

Der Anteil der Rekombinationsgameten (r) ist somit bei freier Kombination r = 1/2 und bei vollständiger Kopplung r = 0.

Bei unvollständiger Kopplung, die bei der Testpaarung von F_1-Weibchen gefunden wurde, ist der Anteil der Rekombinationsgameten (r) größer als 0 und kleiner als 1/2 (s. 1.1.9.6, Kopplungsungleichgewicht). In unserem Beispiel (Abb. 1-15) wurde r = 0,17 gefunden. Der Anteil der Rekombinationsgameten (r) ist somit ein Maßstab für die Stärke der Kopplung und schwankt zwischen 0 = vollständige Kopplung und 0,5 = freie Kombination. Die Rekombinationsfrequenz ist der Maßstab in genetischen Karten (s. 1.1.6.5.1); die Karteneinheit ist „centi-Morgan". Werden zwei Genorte bei einem Generationswechsel mit der Häufigkeit von 1 % getrennt, beträgt der Kartenabstand 1 „centi-Morgan" (1 cM) (s. 1.1.6.5.1).

1.1.2.2 Kopplungsbruch (Crossing over)

Als Ursachen für die unvollständige Kopplung wurden von Th. Morgan und seinen Schülern das Vorkommen von Kopplungsbrüchen an identischen Stellen homologer Chromosomen und der Austausch der Bruchstücke zwischen den homologen Chromosomen in der Meiose angenommen. Dieser Vorgang wurde von Morgan als **„Crossing over"** bezeichnet. Die durch Crossing over entstandenen Neukombinationen (Rekombinante) treten in weiteren Kreuzungen wieder als gekoppelte Einheiten und nicht als freikombinierende Allelpaare auf.

Zytologische Befunde (vertieft Brem et al. 1991) unterstützten diese „Bruch-Fusions-Hypothese". Es wurde beobachtet, daß im Pachytänstadium der Meiose Nicht-Schwester-Chromatiden im Vierstrangstadium an identischen Stellen brechen und sich anschließend an den Bruchenden kreuzweise verbinden. Die jeweilige Überkreuzungsstelle ist das im Diplotän sichtbare Chiasma (s. Abb. 1-16).

Aufgrund dieser Ergebnisse wird zwischen der **intrachromosomalen Rekombination** nach der Bruch-Fusionshypothese und der **interchromosomalen Rekombination** nach der Mendelschen Unabhängigkeitsregel unterschieden. Die intrachromosomale Rekombination wird, wie Abb. 1-17 zeigt, durch Testkreuzungen aufgedeckt. Von Kopplung spricht man, wenn signifikant (Lod-Score-Wert, s. 1.1.6.5.1) weniger als 50 % Rekombinationsgameten festgestellt werden. Werden keine Rekombinationsgameten beobachtet (r = 0), liegt vollständige Kopplung vor und bei 50 % Rekombinationsgameten (r = 0,5) kann nicht zwischen inter- und intrachromosomaler Rekombination unterschieden werden. Am gleichen Chromosom lokalisierte Genorte, die „weit" auseinanderliegen, werden frei kombiniert.

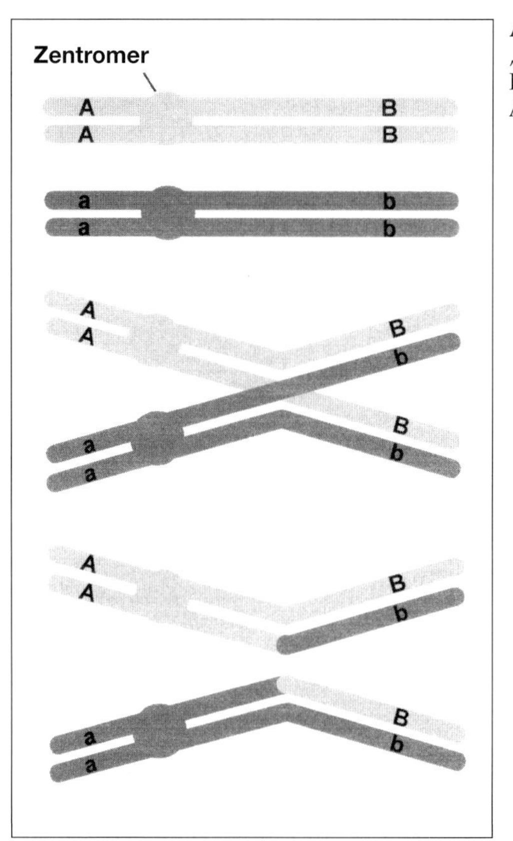

Abb. 1-16 Schematische Darstellung von „Crossing over" nach der Bruch-Fusions-Hypothese (A und a sowie B und b sind Allelpaare)

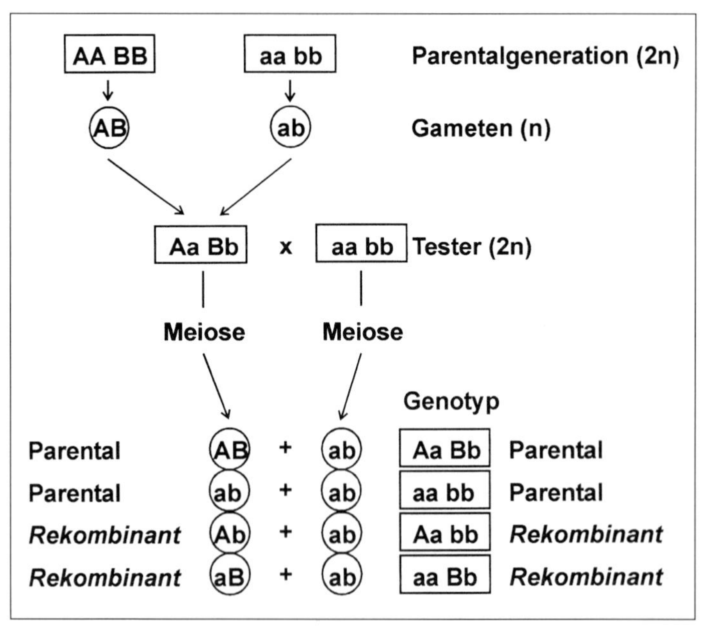

Abb. 1-17 Testkreuzung zur Feststellung der Neukombinationen in der F_1-Generation

1.1.2.3 Geschlechtschromosomen

1.1.2.3.1 Determination des Geschlechts

Correns (1907) kam aufgrund der Ergebnisse von Kreuzungsversuchen mit Zaunrüben zu der Überzeugung, daß die Bestimmung des Geschlechts ein Vererbungsvorgang ist, dem das monohybride Rückkreuzungsschema zugrunde liegt. Zytologische Befunde bei einigen Insektenarten zeigten bereits vor 1900, daß bei Weibchen die homologen Chromosomen durchwegs von gleicher Größe waren, während bei Männchen ein Chromosomenpaar von ungleicher Größe (heteromorph) beobachtet wurde. Das bei Weibchen und Männchen gefundene größere Chromosom des heteromorphen Paares wurde mit X bezeichnet und das kleinere Partnerchromosom bei Männchen mit Y. Diese Befunde waren die Grundlage der von der Arbeitsgruppe Th. Morgan aufgestellten Hypothese, daß die X- und Y-Chromosomen das Geschlecht der Fliegen determinieren. In der Meiose entstehen ausschließlich Eizellen mit X-Chromosomen (50 % mit väterlichen und 50 % mit mütterlichen X-Chromosom), hingegen 50 % Spermien mit X-Chromosom und 50 % mit Y-Chromosom. Bei der Befruchtung entstehen 50 % Zygoten mit dem Genotyp XX (Weibchen) und 50 % mit dem Genotyp XY (Männchen).

Richard Goldschmidt (1928) erkannte, daß diese Befunde bei *Drosophila* mit den früheren Ergebnissen aus Kreuzungsversuchen bei Hühnern und Motten in Einklang gebracht werden können, wenn man davon ausgeht, daß bei diesen Arten im Gegensatz zu *Drosophila* das weibliche Geschlecht heterogametisch (Gametentypen W und Z) und das männliche Geschlecht homogametisch (nur Gameten mit Z) ist. Die zytologische Bestätigung dieser Hypothese wurde 1914 von J. Seiler bei Motten geliefert. Männliche Heterogamie (XY) wurde gefunden bei Menschen und allen Säugetieren, bei einem Teil der Insekten (*Drosophila* mit XY-Männchen, andere Insekten mit XO-Männchen). Weibliche Heterogamie (ZW) wurde bei einigen Fischarten, Amphibien, Reptilien und Schmetterlingen (Seiden- und Schwammspinner) sowie bei den Vögeln gefunden.

Bei allen diploiden Organismen wird das Geschlecht der Individuen bei der Befruchtung mit der Bildung der Zygote festgelegt.

1.1.2.3.2 Geschlechts(chromosomen)gebundene Vererbung

Th. Morgan und seine Mitarbeiter erkannten, daß bei *Drosophila* die Allele für rote und weiße Augenfarbe auf dem X-Chromosom lokalisiert sind und auf dem Y-Chromosom kein homologer Genort vorhanden ist (Morgan 1910). Daraus ergibt sich, daß weibliche Tiere zwei Allele des Gens für Augenfarbe tragen (homozygoter oder heterozygoter Genotyp) und männliche Tiere nur ein Allel (**hemizygoter Genotyp**). In der Kreuzung weißäugiges Männchen (Mutante) mal rotäugiges Weibchen (Abb. 1-18 oben) wurden bei allen F_1-Nachkommen rote Augen festgestellt; das Allel für rote Augen erwies sich als dominant. Obwohl in der F_2-Generation ein Verhältnis von 75 % rotäugigen zu 25 % weißäugigen Fliegen beobachtet wurde, entsprach die Verteilung nicht dem normalen auto-

Rotäugige Weibchen x weißäugige Männchen

P	Genotyp	$X^{w+} X^{w+}$	$X^{w} Y$		
	Phänotyp	Rotäugig ♀	Weißäugig ♂		
Gameten		X^{w+}	1/2 X^{w} 1/2 Y		
F_1	Genotyp	$X^{w+} X^{w}$	$X^{w+} Y$		
	Phänotyp	Rotäugig ♀	Rotäugig ♂		
Gameten		1/2 X^{w+} 1/2 X^{w}	1/2 X^{w+} 1/2 Y		
F_2	Genotyp	1/4 $X^{w+} X^{w+}$	1/4 $X^{w} X^{w+}$	1/4 X^{w+} Y	1/4 X^{w} Y
	Phänotyp	Rotäugig ♀	Rotäugig ♀	Rotäugig ♂	Weißäugig ♂

Weißäugige Weibchen x rotäugige Männchen

P	Genotyp	$X^{w} X^{w}$	$X^{w+} Y$		
	Phänotyp	Weißäugig ♀	Rotäugig ♂		
Gameten		X^{w}	1/2 X^{w+} 1/2 Y		
F_1	Genotyp	$X^{w} X^{w+}$	$X^{w} Y$		
	Phänotyp	Rotäugig ♀	Weißäugig ♂		
Gameten		1/2 X^{w} 1/2 X^{w+}	1/2 X^{w} 1/2 Y		
F_2	Genotyp	1/4 $X^{w} X^{w}$	1/4 $X^{w+} X^{w}$	1/4 X^{w} Y	1/4 X^{w+} Y
	Phänotyp	Weißäugig ♀	Rotäugig ♀	Weißäugig ♂	Rotäugig ♂

Abb. 1-18 X-chromosomal gekoppelte Vererbung bei rot- und weißäugigen *Drosophila*

somal dominanten monohybriden Erbgang, da alle weißäugigen Fliegen der F_2 männlich waren. Nach Züchtung weißäugiger Weibchen ergab die reziproke Kreuzung weißäugige Weibchen x rotäugige Männchen (Abb. 1-18 unten), daß die Allele auf dem X-Chromosom lokalisiert sind.

Das rote Allel wurde mit w^+ bezeichnet, das weiße Allel mit w, in der Kreuzung können somit X^{w+} und X^{w}-Chromosomen unterschieden werden. Die in Abb. 1-18 unten, dargestellte Kreuzung von weißäugigen Weibchen x rotäugigen Männchen zeigt in der F_1 die **„Vererbung über Kreuz"**, d. h. es treten nur rotäugige

Weibchen ($X^{w+}X^{w}$) und weißäugige Männchen ($X^{w}Y$) auf. Dies entspricht der Verteilung der X und Y Chromosomen und unterstützt die Hypothese von der chromosomalen Lokalisation der Gene. Da es sich hier um eine korrelative Verknüpfung handelt, war dies aber kein endgültiger Beweis der Sutton-Boveri Chromosomentheorie der chromosomalen Vererbung. Der endgültige Beweis wurde von Morgans Mitarbeiter Calvin Bridges erbracht. Bridges (1916) fand unter 2 000 F_1-Nachkommen aus der Kreuzung weißäugiger Weibchen (X^{w} X^{w}) mal rotäugige Männchen (X^{w+} Y) ein weißäugiges Weibchen bzw. ein rotäugiges Männchen. Diese seltenen Ausnahmen folgten nicht der Regel der „Vererbung über Kreuz". Die rotäugigen Männchen müssen das X-Chromosom vom Vater erhalten haben, da alle Weibchen den Genotyp $X^{w}X^{w}$ hatten. Bridges stellte die Hypothese auf, daß sich die X-Chromosomen bei der Bildung der Eizellen in Ausnahmefällen in der ersten oder zweiten meiotischen Teilung nicht trennen und die Eizellen entweder zwei X-Chromosomen (X^{w} X^{w}) oder kein X-Chromosom (Nullo) enthalten. Es sind dann folgende Zygoten zu erwarten:

Eizellen	**Spermien**	
	X^{w+}	**Y**
X^{w} X^{w}	**$X^{w}X^{w}X^{w+}$** **stirbt ab**	**$X^{w}X^{w}Y$** **weißäugig ♀**
0	**X^{w+} O** **rotäugig ♀ steril**	**YO** **stirbt ab**

Diese Hypothese wurde durch zytogenetische Studien bestätigt und der Vorgang wird als **Non-disjunction** bezeichnet (Abb. 1-30).

1.1.2.3.3 Lyon-Hypothese bei Säugetieren

Bei Säugetieren verhindert die Inaktivierung eines X-Chromosoms in Zellen der weiblichen Individuen (XX) in einem frühen Entwicklungsstadium das Auftreten von „Gen-Dosis" Effekten (s. B-Mutante bei Blausperberhennen, S. 32). Die Inaktivierung eines der X-Chromosomen in weiblichen Zellen erfolgt nach der **Lyon-Hypothese** („Dosis-Kompensationseffekt") in der Regel zufällig (in 50 % der Fälle wird das vom Vater erhaltene X-Chromosom und in 50 % der Fälle das mütterliche X-Chromosom inaktiviert). Daraus folgt, daß bei weiblichen Individuen in etwa der Hälfte der Zellen das mütterliche und in der anderen Hälfte das väterliche X-Chromosom aktiv ist (funktionelles Mosaik).

1.1.2.4 Bedeutung des Genotyps der Zelle für den Phänotyp des Organismus

Die Chromosomentheorie der Vererbung wurde aufgrund von Korrelationen zwischen den Ergebnissen von Kreuzungsexperimenten und zytologischen Beobachtungen aufgestellt. Sie zeigt uns die Bedeutung des Genotyps der Zelle für die Determination des Phänotyps des gesamten Organismus. Der Phänotyp des Organismus wird vom Phänotyp der individuellen Zellen bestimmt und der

Phänotyp der Zellen wird von den auf den Chromosomen lokalisierten Genen determiniert. Wenn wir somit von einem Genotyp AA sprechen, können wir davon ausgehen, daß in der Regel alle Zellen des Organismus die Allele AA tragen.

1.1.2.5 Beispiele aus der Tierzucht

1.1.2.5.1 Geschlechtsbestimmung bei Eintagsküken

Die konventionelle Methode (Kloakensexen) der Trennung von Eintagsküken in eine männliche und eine weibliche Gruppe erfordert hochqualifizierte Fachkräfte und ist kostspielig. Es liegt nahe, die geschlechtschromosomgebundene Vererbung für die Trennung der Eintagsküken zu nutzen (s. a. 2.4.3). Wie bereits erwähnt, ist beim Huhn das männliche Geschlecht homogametisch (Genotyp ZZ) und das weibliche Geschlecht heterogametisch (ZW), so daß für die geschlechtsanzeigende Kreuzung Hähne einer homozygoten Linie für das rezessive Allel mit Hennen einer homozygoten Linie für das dominante Allel zu paaren sind. Hierfür eignen sich zwei Z-gekoppelte Genorte, der Befiederungs-Locus (2.4.3) und der Gold/Silber-Locus. Dies hat praktische Bedeutung in der Kreuzung von Weißlegerlinien (weiße Leghorn) als auch in der Hybridzucht von Broilern. Das Silber-Allel (S) unterdrückt die Produktion von Phäomelanin und ist dominant über das Gold-Allel (s^+). Der Farbunterschied ist bei Eintagsküken deutlich erkennbar und ermöglicht die Unterscheidung zwischen heterozygoten männlichen (Ss^+) und hemizygoten weiblichen Eintagsküken (s^+W) aus der geschlechtsanzeigenden Kreuzung (Colour marking). Beispiele sind die Anpaarung von Rhodeländer oder New Hampshire Hahnenlinien an Sussex oder White Rock Mutterlinien.

Die oben beschriebenen Kreuzungen bringen nur befriedigende Ergebnisse, wenn der Hahn aus einer Linie stammt, die für das rezessive Allel homozygot ist und die Henne aus einer Linie, die für das dominante Allel homozygot ist. Für geschlechtsanzeigende Kreuzungen innerhalb Linien kann das Allel für gesperbert (barred = B) genutzt werden, das bei der Rasse Barred Plymouth Rock (Blausperberhennen) auftritt (2.4.3). Das Gefieder von Hühnern mit dem B-Allel zeigt schwarze und weiße Streifen, die ein Bänderungsmuster (gesperbert) ergeben. Homozygote männliche Tiere tragen zwei Allele für „barred" (Z^BZ^B) und zeigen schmalere schwarze und breitere weiße Banden als weibliche Tiere mit nur einem Allel (Z^BW) (Abb. 2-26). Die verschiedene „Gen-Dosis" bei männlichen und weiblichen Tieren kann hier am Phänotyp erkannt werden. Beim Eintagsküken ist dieser Unterschied jedoch nur in Linien, die homozygot für das autosomal rezessives Gen „mo" (Mottling) sind, erkennbar. Die Nutzung der B-Mutante innerhalb der Linie für die Trennung der Geschlechter bei Eintagsküken erfordert deshalb die Züchtung von Populationen mit den Allelen Z^B und mo, was nicht einfach ist. Bei Anpaarung von Hähnen ohne Streifenfaktor, wie Rhodeländer oder New Hampshire, an Blausperberhennen ist „mo" nicht notwendig. Geschlechtsanzeigende Kreuzungen innerhalb und zwischen Linien werden eingehend von Silverrudd (1978) besprochen.

1.1.2.5.2 Schildpattfärbung bei Katzen

„Schildpatt" wird die orange-schwarz-Färbung weiblicher Katzen genannt. Die auf dem X-Chromosom lokalisierten Allele Nicht-Orange (o) – für die Erzeugung von schwarzen und braunen Pigment (Eumelanin) verantwortlich – und Orange (O) – für die Produktion von Phäomelanin – sind für die Schildpatt-Färbung verantwortlich. Männliche Tiere sind am Genort O hemizygot und haben entweder den Genotyp X^oY, Phänotyp schwarz bzw. schwarz weiß gefleckt (die Fleckung wird von einem autosomalen Genort gesteuert) oder den Genotyp X^OY Phänotyp einfarbig gelb bzw. gefleckt. Weibliche Tiere vom Genotyp X^oX^O zeigen ein attraktives Fellmuster von orange und schwarz gefärbten Stellen, das Schildpatt genannt wird. Nach der Lyon-Hypothese erfolgt die Inaktivierung je eines der X-Chromosomen in einem frühen Entwicklungsstadium. Wird in einer Hautzelle das X^O-Chromosom inaktiviert, so entwickeln alle Zellen, die aus dieser Zelle hervorgehen (Zellklon) schwarze Haare (X^o ist aktiv); wird das X^o-Chromosom inaktiviert, entstehen gelbe Haare (X^0 aktiv). Daraus folgt das für Schildpatt-Katzen typische schwarz-gelbe Fleckenmuster.

In sehr seltenen Fällen wurden Kater mit Schildpatt-Färbung beobachtet. Zytogenetische Untersuchungen zeigten, daß es sich um Tiere mit einer Chromosomenmutation handelt, z. B. den Genotyp X^OX^oY (Klinefelter Syndrom); zum Teil liegt ein Zellmosaik mit X^oY und X^OX^oY Genotypen vor (die Schildpattkater sind fast immer steril, (s. a. 2.7.2.2).

Rekapitulation

- Nachweis von Kopplung: Testkreuzung zwischen doppelt herterozygoten und homozygot rezessiven Individuen.
- Rekombinationsraten (r): Gekoppelt $r < 0{,}5$, nicht gekoppelt $r = 0{,}5$.
- Kopplungsphasen: Parentale Gameten = 1, Neukombination = 2 (Repulsionsphase)
- cis/trans: 2 Varianten aus 2 Genorten auf gleichem Chromosom = cis, auf verschiedenen = trans.
- Genkarte (genetisch, physikalisch): Darstellung der linearen Anordnung der Gene.
- centi Morgan (cM): Karteneinheit in genetischen Karten.
- Basenpaare (Bp): Karteneinheit in physikalischen Karten (1 cM $\sim 10^6$ Bp).
- Hemizygot: Genort fehlt auf einem Partnerchromosom (z. B. auf Y-Chromosom).

1.1.3 Mutation

Voraussetzung für die genetische Analyse ist das Auftreten von genetischen Varianten, die direkt (auf der Ebene der DNA) oder indirekt (phänotypisch) erkennbar sind. Die klassische genetische Analyse beruht auf Zuchtexperimenten für qualitative Merkmale, bei denen sich verschiedene Genotypen phänotypisch eindeutig unterscheiden (Kapitel 1.1.1).

Im nachfolgenden Abschnitt geht es um die Frage, wie die genetischen Varianten entstehen. Dieser Prozeß wird Mutation genannt. Bei der Genmutation (Punktmutation) erfolgt die Veränderung von einer allelischen Form eines Gens in eine andere, während bei der Chromosomenmutation Chromosomensegmente oder ganze Chromosomen und bei der Genommutation der gesamte Chromosomensatz verändert werden.

1.1.3.1 Genmutation

Für jede Untersuchung von Veränderungen ist ein Fixpunkt bzw. ein Standard festzulegen, der objektive Vergleiche ermöglicht. In der Drosophila-Genetik wird das Standardallel als „Wildtyp" bezeichnet, symbolisiert mit +, z. B. Allel a^+ oder D^+. Das Wildtyp-Allel stammt entweder aus der Wild-Population oder ist das häufigste Allel einer Standard-Labor-Population. Mutationen des Wildtypallels werden als „Vorwärts-Mutationen" bezeichnet und Mutationen zurück zum Wildtyp-Allel „Rückwärts-Mutationen".

a^+	→	a	**Vorwärts-Mutation**
D^+	→	D	
a	←	a^+	**Rückwärts-Mutation**
D	←	D^+	

Das Nicht-Wildtypallel wird als Mutation bezeichnet und das Individuum, das die Mutation trägt als Mutante (1.1.9.5).

1.1.3.1.1 Somatische Mutation

Eine Mutation in einer somatischen Zelle kann zu einem Zellklon führen (Zellinie aus identischen Zellen), der diese Mutation trägt. Bei der Analyse somatischer Mutationen ist sorgfältig auszuschließen, daß die Veränderung durch Rekombination verursacht wurde. Phänotypisch können sich somatische Mutationen als Mosaike zeigen. Dies wird besonders deutlich bei Farbmosaiken mit abweichenden Farbflecken demonstriert. **Mosaikindividuen** oder Zellsysteme sind Mischformen, die aus zwei oder mehreren Zelltypen bestehen und aus einer Zygote oder Stammzelle entstanden sind. In Abschnitt 1.1.2.5.2 wurde die Schildpattfärbung bei Katzen besprochen, ein Farbmosaik, das auf der X-Chromosomen-Inaktivierung (Lyon-Hypothese) beruht. Abb. 1-19 zeigt, daß der Zeitpunkt des Entstehens der somatischen Mutation den Anteil der mutierten Zellen in dem betroffenen Gewebe bestimmt.

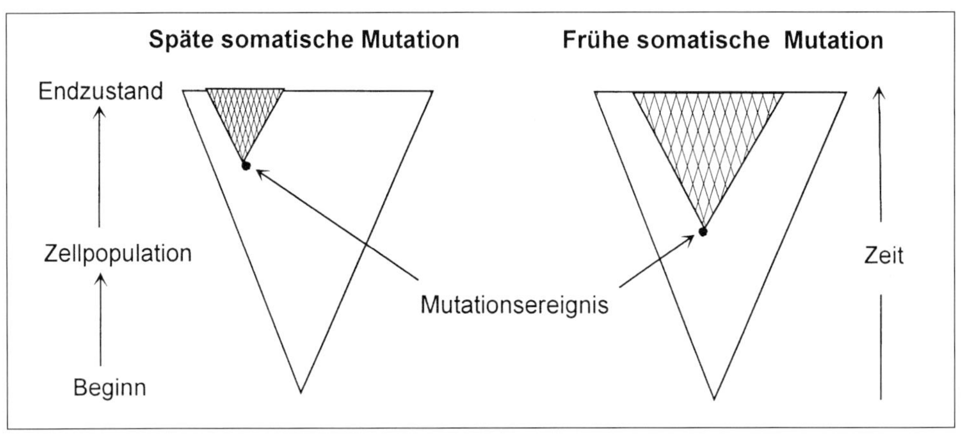

Abb. 1-19 Mosaike

Mosaike sind von Chimären zu unterscheiden. Beim Chimärismus stammen die zwei oder mehreren genetisch verschiedenen Zelltypen (Klone), die in einem Indviduum beobachtet werden von verschiedenen Zygoten bzw. Stammzellen ab (1.1.7.4.2). Bei Mosaiken gehen, wie oben dargelegt, alle Zellen des Organismus auf eine Zygote bzw. Stammzelle zurück. Beim Rind wird bei zweieiigen Zwillingen relativ häufig Chimärismus im hämatopoetischen System beobachtet. In über 90 % der Fälle erfolgt bei Zwillingen kurz nach der Implantation des Embryos ein Austausch von hämatopoetischen Stammzellen zwischen den Zwillingen. Durch Einbau von hämatopoetischen Stammzellen des Geschwisters werden bei den Zwillingen zeitlebens neben den eigenen Blutzelltypen auch Blutzelltypen des Geschwisters erzeugt. Der somatische Chimärismus ist vom Keimbahn-Chimärismus, der bei Chimären aus der Aggregation von frühen Embryonen oder Injektion von Blastomeren in Blastozyten entsteht, zu unterscheiden (s. 1.1.7.4.2).

1.1.3.1.2 Keimbahnmutation

Keimbahnmutationen sind Mutationen in Zellen, die Geschlechtszellen (Gameten) bilden. Führen mutierte Geschlechtszellen zur Befruchtung und zur Entwicklung eines fruchtbaren Individuums wird die Mutation an die nächste Generation und potentiell an weitere Generationen weitergegeben. Wichtig ist, daß bei jeder erstmals beobachteten vererbbaren Variante ausgeschlossen werden muß, daß sie durch Segregation und Rekombination entstanden ist.

1.1.3.1.3 Einteilung phänotypisch erkennbarer Mutationen

Eine wissenschaftlich befriedigende Klassifizierung der Mutationen erfordert umfangreiche genetische und biochemische Analysen. Die nachfolgende Einteilung richtet sich nach den Methoden bzw. Wegen mit denen neue Allele erkannt werden.

Abb. 1-20 Chondrodystrophischer Zwergwuchs beim Rind (Fleckviehbulle)

Morphologische Mutationen
„Morph" bedeutet Form, so daß es sich um Mutationen handelt, die mittels Adspektion erkannt werden, wie Körperform, Exterieurmerkmale, Pigmentierung, Größe. Beispiele sind Pigmentierung von Haut, Haar und Auge (Albinos); Hörner bzw. Hornlosigkeit, Zahl der Zehen, Zwergwuchs etc. (Abb. 1-20).

Letale Mutationen
Mutationen werden als letal bezeichnet, wenn bei Merkmalsträgern der Tod vor Erreichen der Fortpflanzungsfähigkeit eintritt (bei Dominanz des Wildtypallels sind Merkmalsträger homozygot rezessiv; Anlageträger sind heterozygot und von Nicht-Anlageträgern phänotypisch nicht zu unterscheiden).

Ein klassisches Beispiel für eine letale Mutation findet man in der Population der irischen Rinderrasse Kerry. Hier liegt der seltene Fall vor, daß das Normalallel rezessiv ist. Heterozygote (Kk) sind phänotypisch aufgrund der Kurzbeinigkeit leicht zu erkennen; sie werden als Dexter bezeichnet. Dominant homozygote Kälber (KK) sind mißgebildete nicht lebensfähige Frühgeburten, sogenannte Bulldogkälber. Die Reinzucht mit Dexterrindern führt zu dem bereits in Kapitel 1.1.1.5 unter Letalgenen besprochenen 2:1 Verhältnis (Dexter: Kerry) bei den lebensfähigen Tieren, wie nachfolgendes Schema zeigt:

Dexter	x	Dexter	→	1/4 Bulldog	:	1/2 Dexter	:	1/4 Kerry
Kk	x	Kk	→	1/4 KK	:	1/2 Kk	:	1/4 kk
						2	:	1

Mutationen, die die genetische Reaktionsnorm verändern
Es handelt sich um Mutationen, bei denen die phänotypische Ausprägung der Mutation von Umweltbedingungen abhängig ist. Am häufigsten wurden Mutationen untersucht, deren Expression temperaturabhängig ist. Ein Beispiel ist die dominante hitzeempfindliche letale Mutation (H) bei *Drosophila*. Heterozygote Fliegen (H^+ H) entwickeln sich bei einer Temperatur von 20 °C normal (permissive Bedingung), sterben aber ab, wenn die Temperatur auf 30 °C erhöht wird (restriktive Bedingung). Ein anderes Beispiel ist das Himalayakaninchen (Allel c^h,

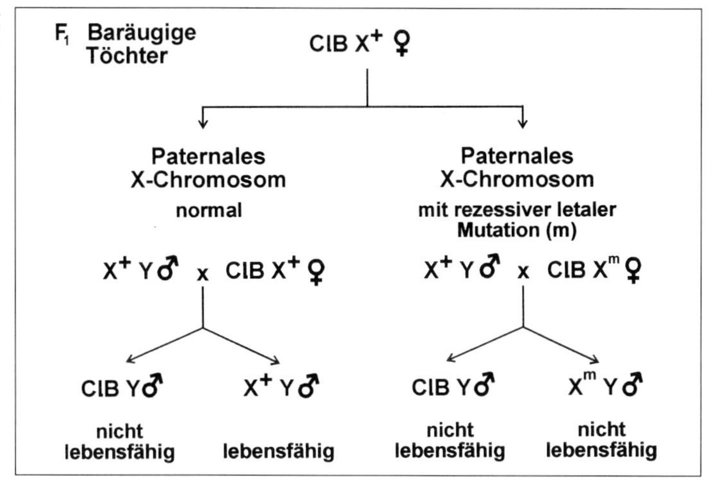

Abb. 1-21 Testkreuzung zum Auffinden von rezessiven letalen Mutationen (m) auf dem X-Chromosom

Tab. 1-5), das durch die schwarze „Spitzenausfärbung", bei ansonstem weißem Fell gekennzeichnet ist (analog bei Siamkatzen 2.7.2.2). Diese entsteht, weil die Tyrosinase streng gewebsspezifisch exprimiert wird und nur unterhalb einer kritischen Gewebetemperatur Melanin synthetisiert. Die kritischen Temperaturen betragen für die Nase 29 °C, Ohren 25 °C, Vorder- und Hinterfuß 14 °C bzw. 16 °C, Schwanz 29 °C, Seiten, Rücken und Brust 1–2 °C. Ein Beispiel aus der Tierzucht für eine Mutation (Hauptgen), deren Reaktionsnorm von Umweltfaktoren (Streß) beeinflußt wird, ist die Maligne Hyperthermie des Schweins (s. 2.2.3.5).

1.1.3.1.4 Induktion von Mutationen durch Mutagene

Hermann J. Muller (1930) aus der Arbeitsgruppe Th. Morgan entwickelte eine Testerlinie, die das Auffinden von letalen Mutationen auf dem X-Chromosom von *Drosophila* ermöglicht (Abb. 1-21). Die Testerlinie trägt ein mutiertes X-Chromosom: ClB. Die ClP-Mutation unterdrückt „Crossing over" durch das Allel C; l ist ein letales Allel und das dominante Allel „bar-Auge" (B) markiert heterozygote weiblichen Individuen.

Männliche Tiere mit dem Genotyp ClB, Y sind hemizygot und aufgrund des letalen Allels l nicht lebensfähig. Heterozygote weibliche Tiere mit dem Genotyp ClB, X^+ sind phänotypisch am „bar-Auge" (Dominantes Allel) erkennbar.

Das völlige Fehlen von männlichen Fliegen in der F_2 (Abb. 1-21, Rechte Seite unten) läßt sich relativ leicht feststellen, es zeigt das Auftreten letaler Mutationen (m) auf dem X-Chromosom der baräugigen F_1-Töchter an. Muller beobachtete mit diesem Test eine Frequenz von 1,5 x 10^{-3} Spontanmutationen auf dem X-Chromosom, eine relativ niedrige Frequenz für ein Chromosom mit vielen Genorten. Anschließend prüfte Muller verschiedene Agentien auf ihre Fähigkeit, die Mutationsrate zu erhöhen. Nach Bestrahlung der männlichen Fliegen der parentalen Generation mit Röntgenstrahlen fand er mit Hilfe des ClB-Test einen deutlichen Anstieg letaler Mutanten. Dies war der erste experimentelle Nachweis eines Mutagens. Mutagene verursachen eine signifikante Steigerung der Mutationsrate im Vergleich zu Spontanmutationen unter sonst gleichen Bedingungen. Inzwischen sind eine ganze Reihe verschiedener Strahlen (ionisierende und nicht ionisierende Strahlen) und Chemikalien als Mutagene erkannt worden. Die meisten Mutationen sind für den betroffenen Organismus schädlich. Der kleine Anteil nicht-schädlicher Mutationen ermöglicht die biologische Evolution.

1.1.3.2 Chromosomenmutation

Chromosomenmutationen lassen sich nur dann eindeutig identifizieren, wenn das „normale" Karyogramm bekannt ist und die Variabilität der Karyogramme bei einer größeren Anzahl Individuen einer Art ausreichend definiert wurde. Gen- bzw. Punktmutationen lassen sich im Karyogramm nicht erkennen. Die Methoden zur Erstellung von Karyogrammen wurden von der Zytogenetik entwickelt. Die Zytogenetik kombiniert zytologische und genetische Methoden und wird im nachfolgenden Abschnitt 1.1.4 behandelt. Eine einwandfreie Identifizierung von Chromosomenmutationen erfordert mehrere Karyogramme. Alle Chromosomen einer Metaphase werden aus einer photographischen Aufnahme ausgeschnitten und in einer bestimmten Anordnung aufgereiht, so daß deren Anzahl und Form in eindeutiger Weise zum Ausdruck kommt (Abb. 1-26).

Die mit Hilfe von Karyogrammen gefundenen strukturellen Chromosomenmutationen lassen sich wie folgt einteilen: Deletion, Duplikation, Inversion, Translokation und Fusion. Die Zentromerfusion und reziproke Translokation treten beim Nutztier am häufigsten auf (s. 1.1.4). Wie bei Punktmutationen gilt auch für Chromosomenmutationen, daß sie in der überwiegenden Zahl der Fälle letal oder zumindest schädlich sind. Die seltenen günstigen Chromosomenmutationen haben wie günstige Punktmutationen wesentlich zur biologischen Evolution beigetragen.

Deletionen zeichnen sich durch das Fehlen von Segmenten von Chromosomen aus. Gehen Segmente verloren, die für das Überleben des Individuums essentiell sind, sterben die für die Deletion homozygoten Zellen bzw. Individuen ab. Für heterozygote Individuen kann die Deletion letal oder nicht-letal sein. In heterozygoten Individuen werden die auf dem zur Deletion homologen Chromosom lokalisierten rezessiven Gene nicht von dominanten Allelen unterdrückt.

Duplikationen können zu Imbalanzen im genetischen Material führen, die phänotypisch erkennbar sind. Bei einer Reihe von Arten einschließlich des Menschen wurde nachgewiesen, daß durch Duplikationen eine Erweiterung der Variabilität der Genfunktionen ermöglicht wird. Das aufgrund der Duplikation zur Verfügung stehende zusätzliche genetische Material (DNA-Sequenzen) ermöglicht die Expression von neuen Genvarianten (durch Mutationen), die zu veränderten Funktionen führen ohne Verlust oder Störung der bestehenden Funktion, da die vorhandenen Genvarianten weiterhin normal exprimiert werden.

Inversionen werden durch die Drehung eines Chromosomensegments um 180° erzeugt. Im homozygoten Stadium ist dies in der Regel dann unproblematisch, wenn keine Heterochromatinregion betroffen wird, so daß kein Positionseffekt entsteht. Bei Heterozygoten führt die Inversion häufig zu Problemen bei der Paarung der Chromosomen in der Meiose.

Translokationen sind die Überführung von Chromosomensegmenten auf eine andere Position im Genom. Bei reziproken Translokationen entstehen in der Meiose sowohl Gameten mit Deletionen als auch Gameten mit Duplikationen, was unbalanzierte Zygoten zur Folge hat. Translokationen können zu neuen Kopplungsgruppen führen. Sowohl Translokationen als auch Inversionen bewirken häufig reduzierte Fertilität.

1.1.3.3 Genommutation

Genommutationen sind Veränderungen der für eine Art typischen Anzahl von Chromosomen im Zellkern. Sie treten ähnlich wie Punkt- und Chromosomenmutationen spontan auf und können durch Mutagene induziert werden. Genommutationen betreffen entweder den gesamten Chromosomensatz oder Teile davon.

Die Zahl der Chromosomen im einfachen Chromosomensatz (n) wird als monoploid und bei diploiden Arten, z. B. bei den Säugetieren als haploid bezeichnet. Organismen mit doppeltem oder mehrfachem einfachen Chromosomensatz (n) sind **euploid**. Euploide Arten mit mehr als 2n Chromosomen (diploid) sind polyploid (3n triploid, 4n tetraploid, 5n pentaploid, 6n hexaploid). **Polyploidie** wird in der Pflanzenzucht genutzt, da sie zu wüchsigeren und größeren Pflanzen führen kann. Ungerade Vervielfachung des Chromosomensatzes (z. B. 3n) führt zu erhöhter Sterilität, da in der Meiose „ungepaarte" Chromosomen auftreten. Allopolyploide Individuen werden in der Pflanzenzucht durch Kombination von Chromosomensätzen verschiedener Arten erstellt (Artkreuzung und Verdopplung des Chromosomensatzes durch Behandlung mit Kolchizin oder Fusion somatischer Zellen).

Im Gegensatz zur Pflanzenzucht spielt Polyploidie in der Tierzucht mit Ausnahme der Fischzucht keine Rolle, da Polyploidie bei höheren Tieren in aller Regel letal ist. Die Ursache ist nicht völlig geklärt; eine Hypothese geht davon aus, daß der komplexe Mechanismus der Geschlechtsdetermination ein Gleichgewicht in der Chromosomenzahl erfordert.

Wird nicht der einfache Chromosomensatz (n) vervielfacht, sondern werden Einzelchromosomen bzw. mehrere Chromosomen hinzugefügt oder gehen verloren, so wird dies als **Aneuploidie** bezeichnet. Bei 2n-1-Chromosomen spricht man von Monosomie, bei 2n+1-Chromosomen von Trisomie, bei 2n-2 von Nullosomie (Verlust von 2 homologen Chromosomen) und bei 2n + 1 + 1 von doppelter Trisomie. Aneuploidie wurde beim Menschen relativ häufig gefunden und eingehender untersucht als beim Nutztier. Am bekanntesten sind das Down's Syndrom (Trisomie 21), das Klinefelter's Syndrom (XXY) und Turner's Syndrom (XO). Das spontane Auftreten von Aneuploiden wird häufig durch Non-disjunction (fehlende Trennung von Chromosomen in der Meiose s. 1.1.2.3) verursacht. Bei Nutztieren werden Aneuploidien in den Geschlechtchromosomen wesentlich häufiger beobachtet als in den Autosomem. Bei konsequenter Selektion auf Fruchtbarkeit und Leistung werden Individuen mit Aneuploidien automatisch gemerzt, was der Grund sein dürfte, daß Chromosomen- und Genommutationen bei Nutztieren relativ selten vorkommen.

1.1.3.4 Bedeutung von Mutationen für Forschung und Züchtung

Forschung

In der Forschung dienen Mutationen vor allem folgenden Zwecken:

- zum Studium des **Mutationsgeschehens** an sich sind Mutationen **„genetische Marker"**. Sie werden als repräsentative Allele, deren spezifische Funktion nicht im Vordergrund der Betrachtung steht, genutzt; wichtig ist vor allem, daß sie leicht erkannt werden.
- als Hilfsmittel zur **genetischen Dissektion** sind Mutanten Sonden, die es ermöglichen, die Konstituenten einer biologischen Funktion zu trennen, um sie anschließend neu zusammensetzen zu können. Hierdurch wird das Studium von biologischen Funktionen sehr erleichtert, vor allem, wenn mehrere verschiedene Mutationen, die die relevante Funktion beeinflussen, gefunden werden. Die Suche nach Mutanten und deren Analyse war und ist von wesentlicher Bedeutung in der Genetik.
  (Dissecare naturam bedeutet nach Galilei: die Natur zerschneiden, um sie in einem neuen Bild zusammenzusetzen).

Das seltene Auftreten von Mutationen zwingt den Untersucher, Methoden zur Anhäufung interessanter Mutationen zu entwickeln. Hier sind folgende Ansätze von Bedeutung:

- Selektionssysteme
- Erhöhung der Mutationsrate durch Mutagene

Die Möglichkeiten zur Erhöhung der Mutationsrate wurden in den vorhergehenden Abschnitten dargelegt. Bei den **Selektionssystemen** handelt es sich um Techniken, die es ermöglichen, die gewünschten Mutanten aus einer großen Zahl von Individuen herauszufinden, zu isolieren und zu vermehren. Für Selektionssysteme ist das Auflösungsvermögen entscheidend mit dem die seltenen Mutanten von Nichtmutanten getrennt werden. Die für die Genetik wichtigsten Selektionssysteme wurden für Mikroorganismen entwickelt (Anreicherung durch Filtration, Anreicherung durch Penicillin, Reversion von Auxotrophie zu Prototrophie, Resistenz), was nicht bedeutet, daß die Selektion von Mutanten bei höheren Organismen von geringerer Bedeutung ist. Der Vorteil der Mikroorganismen in der genetischen Grundlagenforschung liegt vor allem in der hohen Vermehrungsrate. Eine Million Bakterienzellen läßt sich wesentlich rascher, einfacher und billiger erzeugen als eine Million Mäuse, eine Million Hunde oder gar eine Million Rinder.

Züchtung

Ein Beispiel für die Nutzung einer **Spontanmutation** in der Tierzucht ist die in Abschnitt 1.1.1.6 erwähnte Züchtung von genetisch hornlosen Rinderrassen. Das Prinzip ist die gezielte Anpaarung fortpflanzungsfähiger Mutanten und die Selektion in den folgenden Generationen, wobei Reinerbigkeit für die neue

Genvariante und je nach Zuchtziel Rassemerkmale, Leistungsmerkmale etc. von Bedeutung sind (1.1.9.5).

In der Pflanzenzucht nutzt man Mutagene, um die Mutationsrate künstlich zu erhöhen und seltene günstige Mutanten aus einer größeren Zahl von Individuen auswählen zu können, die anschließend für die Züchtung genutzt werden. In der Tierzucht hat dieses Verfahren wegen der geringen Ausbeute keine Bedeutung.

Beispiele aus der Tierzucht

Mutationszucht ist vor allem in der Pelztierzucht von großer Bedeutung, insbesondere bei der Farmzucht von Nerzen (Wenzel 1990). Der Standardnerz entstand durch Kreuzung von Tieren aus verschiedenen geographischen Regionen, insbesondere von Alaska Nerzen und Ostkanadischen Nerzen. In letzter Zeit wurde aus dem Schwarzen Nerz ein neuer Standard gezüchtet der Jet-Nerz (Jet Black), der in der Nerzzucht dominierend ist.

Seit den dreißiger Jahren dieses Jahrhunderts werden Spontan-Mutationen in der Nerzzucht genutzt. Die erste Mutation von züchterischer und wirtschaftlicher Bedeutung war der Platinum-Nerz (silberblau). 1931 wurde eine Vereinigung der Züchter von Platinum-Nerzen gegründet, die 1944 in „Vereinigung der Züchter von Mutationsnerzen" umbenannt wurde. Die Farben von Säugetieren werden von zwei Melanintypen gebildet, dunkle Farben von Eumelaninen (beim Nerz schwarz) und hellere Farben von Phäomelaninen (beim Nerz braun). Beim dunklen Standardnerz (Jet) werden beide Pigmente gebildet, bei Mutanten ist in der Regel nur ein Pigment vorhanden (schwarz oder braun), es können aber auch beide Pigmente auf der gesamten Fellfläche oder örtlich begrenzt fehlen. Die Gruppe der graublauen Nerze entstand durch Mutationen an den Genorten für das braune Pigment, während bei den rezessiven braunen Mutationen Genorte für das schwarze Pigment betroffen sind. Von wirtschaftlicher und züchterischer Bedeutung sind 17 durch rezessive Mutationen entstandene Farbtypen und 7 auf ursprünglich dominante Mutationen zurückgehende Farbtypen, hinzu kommen 7 doppelt rezessive und 4 dreifach rezessive Mutationslinien. Mutationszucht ist aufwendig, da erwünschte Farbmutanten häufig unerwünschte Nebenwirkungen, wie schwache Konstitution und verringerte Lebensfähigkeit zeigen. Diese Mängel müssen durch Züchtung geeigneter Genkombinationen beseitigt werden, was meist mühsam ist.

Rekapitulation

- Punktmutation:Übergang einer allelischen Form eines Gens in eine andere.
- Mutationsrichtung: Wildtypallel zu Mutante = Vorwärts-M.,
  Mutante zu Wildtyp = Rückwärts-M.
- Somatische Mutationen: Mosaikindividuen.
- Keimbahnmutationen: Erweitern genetische Variation (meist schädlich, z.T. letal).
- Chromosomenmutation: Deletion, Duplikation, Inversion, Translokation.
- Genommutationen: Veränderung der Zahl der Chromosomen im Kern.

1.1.4 Zytogenetik

Die Lebewesen werden nach der Struktur der Zellen der Klasse der **Eukaryoten** oder der Prokaryoten zugeordnet. Eukaryoten besitzen Zellen mit Kernen, in denen sich die Chromosomen befinden. Die Vorsilbe eu stammt aus dem Griechischen und bedeutet „gut" oder „echt". **Prokaryoten** sind einzellige Bakterien, die keinen Kern haben und bei denen ein einzelnes oder mehrere Chromosomen im Zytoplasma liegen. Von nur wenigen speziellen Ausnahmen abgesehen, besitzt im vielzelligen Organismus (immer Eukaryoten) jede Zelle den gleichen vollständigen Chromosomensatz. Eukaryotische Organismen sind komplexer als Prokaryoten und enthalten in der Regel mehr genetische Information. Außerdem können sich Eukaryoten sexuell fortpflanzen, für viele Eukaryoten sogar die einzige Möglichkeit der Fortpflanzung. Bei sexueller Fortpflanzung besitzt jeder Zellkern zwei Kopien von jedem Chromosom, die man als **homologe Chromosomen** bezeichnet. Eukaryotische Zellen mit zwei homologen Chromosomensätzen sind diploid. Organismen mit einfachem Chromosomensatz wie z. B. alle Prokaryoten werden hingegen als haploid oder monoploid bezeichnet (1.1.3.3). Unter bestimmten Umständen können auch Prokaryoten ein pseudosexuelles Verhalten zeigen, wodurch sie teilweise diploid werden.

Nachdem die Zelltheorie („omnis cellula ex cellula") im 19. Jahrhundert allgemein anerkannt war, entwickelten sich im 20. Jahrhundert folgende Forschungsansätze der Genetik: Die statistische Analyse der Vererbung (1.1.1 Mendelgenetik Transmissionsgenetik), die Untersuchung von Chromosomen (1.1.4 Zytogenetik) und die chemische Isolierung und Charakterisierung der Bausteine der Chromosomen (1.1.5 Molekulargenetik). Diese drei Disziplinen entwickelten sich weitgehend eigenständig nebeneinander, bevor es gegen Ende dieses Jahrhunderts zu einer Synthese kommt.

1.1.4.1 Zellzyklus

Bereits in der zweiten Hälfte des 19. Jahrhunderts gewann man ein anschauliches Bild vom Aussehen und Verhalten der Chromosomen. Man erkannte, daß alle Körperzellen einer Tierart eine charakteristische Anzahl von Chromosomen haben (Tab. 1-8 Chromosomenzahlen der landwirtschaftlichen Nutztiere und ihrer Artverwandten). Obwohl die mikroskopische Untersuchung von fixierten und gefärbten Zellen nur statische Momentaufnahmen lieferten, konnte man die Bilder in eine zeitliche Abfolge einordnen, die mit einer Zelle, die aus der Teilung einer anderen hervorgegangen ist beginnt und mit deren Teilung in zwei Tochterzellen endet. Im Laufe dieses Prozesses wird von jedem Chromosom eine Kopie hergestellt, wodurch die Chromosomenzahl verdoppelt wird. Bei der Teilung der Zelle trennen sich die verdoppelten Chromosomensätze (Bivalente), so daß jede der beiden Tochterzellen wie die Mutterzelle den artspezifischen Chromosomensatz erhält. Diesen Vorgang nennt man Mitose, er wird in Abb. 1-22

Tab. 1-8 Die 2n Chromosomenzahlen bei landwirtschaftlichen Nutztieren und ihren Artverwandten

Spezies	Chromosomenzahl
Rind *(Bos taurus und Bos indicus)*, Bison *(Bison bison)*	60
Wisent *(Bison bonasus)* und Yak *(Bos grunniens)*	60
Ziege *(Capra hircus)*	60
Schaf *(Ovis aries)*	54
Gayal *(Bibos frontalis)*	58
Kongobüffel *(Syncerus caffer nanus)*	54
Afrikanischer Büffel *(Syncerus caffer)*	52
Murrahbüffel *(Bubalus bubalis)*	50
Sumpfbüffel *(Bubalus bubalis)*	48
Moschusochse *(Ovibos moschatus)*	48
Ren *(Rangifer tarandus)*	70
Hauskamel *(Camelus ferus)*	74
Vicunia *(Vicunia vicunia)*	74
Pferd *(Equus caballus)*	64
Wildpferd *(Equus przewalski)*	66
Esel *(Equus asinus)*	62
Hausschwein *(Sus scrofa)*	38
Europäisches Wildschwein	36
Kaninchen *(Oryctolagus cuniculus)*	44
Katze *(Felis cattus)*	38
Hund *(Canis familiaris)*, Wolf *(Canis lupus)*	78
Huhn *(Gallus domesticus)*	78

schematisch dargestellt. Die Mitose ermöglicht es, daß aus einer befruchteten Eizelle beim Säugetier etwa 10^{14} Körperzellen entstehen, die mit wenigen Ausnahmen mit der befruchteten Eizelle genetisch identisch sind.

Den Zeitraum und die Vorgänge zwischen zwei Zellteilungen bezeichnet man als Zellzyklus (Abb. 1-23). Die mitotische Phase (M-Phase) des Zyklus umfaßt sowohl die Mitose als auch die eigentliche Zellteilung (Zytokinese). Nach der Trennung der beiden Tochterzellen in der Anaphase tritt jede Tochterzelle in eine Periode beschleunigter Biosyntheseaktivität ein, die G_1-Phase genannt wird (G steht für das englische Wort gap und bedeutet Zwischenraum). Zellen können unter bestimmten Bedingungen in der G_1-Phase verharren, diese wird dann G_O-Phase genannt. Die G_1-Phase endet mit dem Beginn der Chromosomenverdopplung (Replikation), die inzwischen auf molekularer Ebene (s. 1.1.5) eingehend untersucht wurde. Der der G_1-Phase folgende Abschnitt des Zellzyklus wird Synthesephase (S-Phase) genannt. Nach Abschluß der S-Phase treten die Zellen in die G_2-Phase mit den für die mitotische Prophase charakteristischen Vorgängen ein. Im allgemeinen benötigen die Abschnitte G_1, S und G_2, die zusammen die Interphase bilden etwa 90 % der Zeit eines normalen Zellzyklus und die Mitosephase weniger als 10 %. Die absolute Dauer eines vollständigen Zellzyklus variiert in Abhängigkeit von Differenzierungsgrad, Zelltyp und Wachstumsbedingungen beträchtlich; ein Zyklus kann wenige Stunden, aber

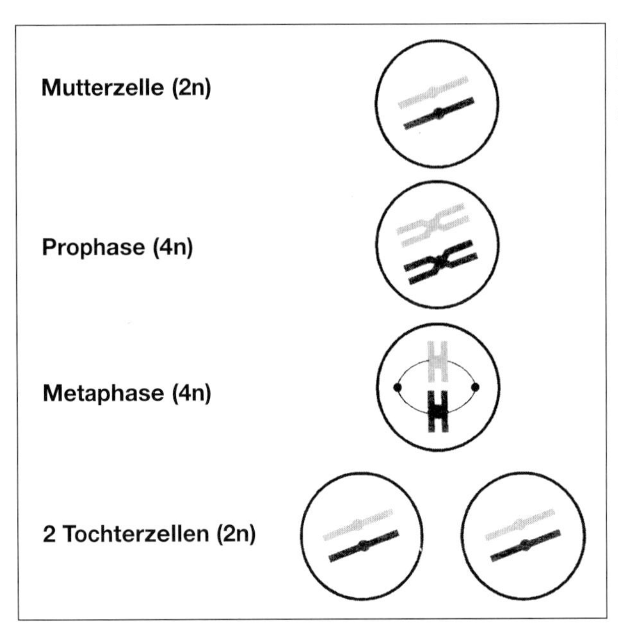

Abb. 1-22 Schematische Darstellung der Mitose bei einem Paar homologer Chromosomen (Autosomen)

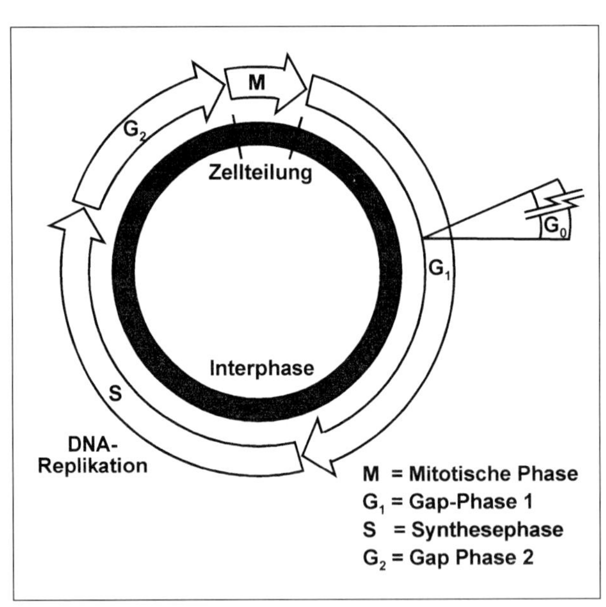

Abb. 1-23 Zellzyklus

auch Wochen dauern. Entscheidend für die Gesamtdauer ist die Dauer der G_1-Phase. Zellen, denen ein essentieller Nährstoff entzogen wurde, verharren in der G_1-Phase (G_O-Phase). Der zeitliche Ablauf des Zellzyklus ist für Wachstum und Entwicklung der Tiere entscheidend.

1.1.4.2 Meiose und Bildung von Gameten

Das Besondere bei der Bildung von Eizellen und Spermien ist die Reduktion der normalen Chromosomenzahl auf die Hälfte, die in der Reduktionsteilung während der Meiose erfolgt. Die Keimzellen bzw. Gameten erhalten jeweils ein Chromosom von jedem homologen Chromosomenpaar und sind somit haploid. Die Segregation der von Mutter und Vater stammenden homologen Chromosomen während der Meiose auf die zukünftigen Keimzellen ist zufällig (s. 1.1.1), worauf die Mendelschen Regeln beruhen.

Bei der Meiose (Abb. 1-24) folgen der Chromosomenverdopplung zwei Zellteilungen an Stelle einer Zellteilung bei der Mitose. Abb.1-24 zeigt im Interesse der Anschaulichkeit nur ein Paar homologer Chromosomen. Nach der Duplikation der DNA bleiben die Schwesterchromatiden eng miteinander verbunden und kondensieren. Die in Chromatiden unterteilten kondensierten homologen Chromosomen paaren sich (Synapsis) und bilden eine Tetrade (vier Chromatiden). Der darauf folgende Beginn der meiotischen Metaphase I ist durch weitere Kondensation der Chromosomen und durch Auflösung der Kernmembran gekennzeichnet.

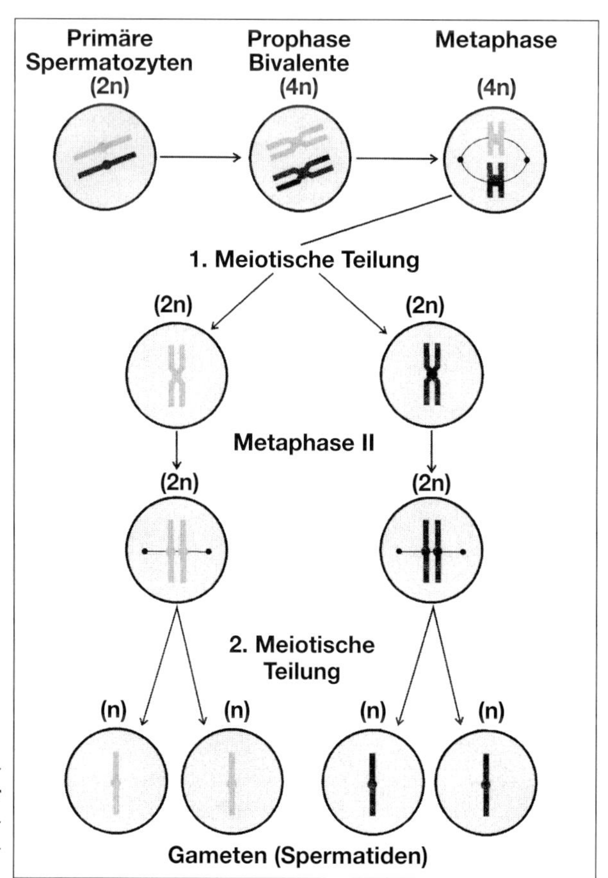

Abb. 1-24 Schematische Darstellung der Meiose bei einem Paar homologer Chromosomen (Autosomen) beim männlichen Geschlecht

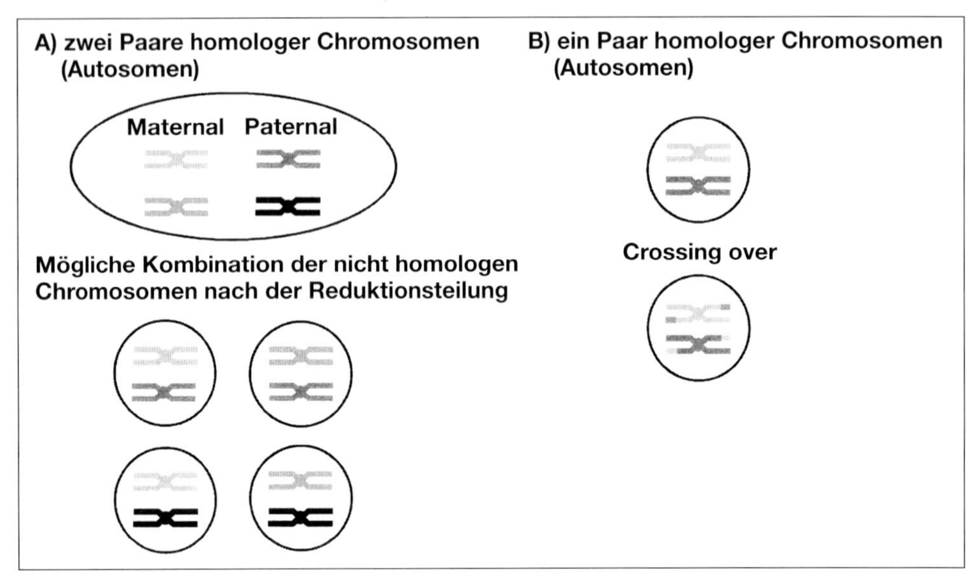

Abb 1-25 Neuverteilung des genetischen Materials in der Meiose (A Segregation, B Rekombination)

In Abb.1-25 werden die zwei Mechanismen der Neuverteilung des genetischen Materials in der Meiose schematisch dargestellt. In A) werden Segregation und Kombination der maternalen und paternalen Chromosomen während der 1. meiotischen Teilung gezeigt. Aufgrund der unabhängigen Verteilung der Chromosomen können 2^n verschiedene haploide Gameten entstehen (in Abb. 1-25 A sind dies $2^2 = 4$ Gameten), so daß beim Rind (30 Chromosomenpaare) jedes Individuum aufgrund der Neuverteilung der Chromosomen 2^{30} verschiedene Gameten produzieren kann. Unter B) wird gezeigt, wie durch „Crossing over" während der Prophase I der meiotischen Teilung (Synapsis) Segmente homologer Chromosomen ausgetauscht werden (Rekombination). Beim Menschen wurden im Durchschnitt zwei bis drei „Crossover-Ereignisse" pro Chromosomenpaar beobachtet. Homologe Chromosomen bleiben an den Stellen, an denen „Crossover" stattfand, bis zur Anaphase verbunden (diese Stellen werden Chiasma, Mehrzahl Chiasmata genannt). Chiasmata sind morphologische Marker der ansonsten unsichtbaren „Crossing-over Ereignisse". Mutationen, die die regelmäßige Paarung homologer Chromosomen und damit auch „Crossing over" verhindern, werden durch das Fehlen von Chiasmata in der Metaphase I erkannt. Obwohl keine intrachromosomale Rekombination stattfindet, erfolgt eine korrekte numerische Verteilung zum Unterschied von Non-disjunction. Die Folge ist meist verminderte Fruchtbarkeit, wie später näher ausgeführt wird (s. 1.1.4.4). Die Meiose II (Abb. 1-24) entspricht im Prinzip einer normalen mitotischen Teilung.

In der Meiose können aus einer diploiden Zelle durch zwei aufeinanderfolgende Zellteilungen vier haploide Zellen entstehen. Sowohl bei der Bildung von Eizellen als auch von Samenzellen wird die Meiose von der Prophase der 1. meiotischen Teilung zeitlich dominiert, die etwa 90 % der gesamten meiotischen Periode beansprucht. Der zeitliche Ablauf der Meiose ist bei der Spermatogenese und Oogenese sehr verschieden. Spermien werden in den Samenkanälchen des Hodens von der Pubertät bis zum Tod kontinuierlich gebildet. Nach der ersten meiotischen Teilung entstehen aus primären Spermatozyten die doppelte Anzahl sekundärer Spermatozyten. Die anschließende 2. meiotische Teilung führt zur Bildung der Spermatiden, die durch komplizierte Transformationsprozesse in reife Spermien umgewandelt werden. Von der Bildung der primären Spermatozyten bis zum Abstoßen der reifen Spermien in das Lumen der Samenkanälchen werden beim Bullen etwa 40 Tage, beim Hengst etwa 37 Tage, beim Schafbock etwa 31 Tage und beim Eber etwa 26 Tage benötigt. Für die Nebenhodenpassage sind noch weitere 8–15 Tage hinzuzurechnen.

Die Bildung der primären Oozyten in den Eierstöcken von weiblichen Tieren erfolgt bereits während der Embryonalentwicklung. Zum Zeitpunkt der Geburt ist bei den Säugetieren der gesamte Vorrat der weiblichen Germinativzellen angelegt; man schätzt die Zahl der Oozyten je nach Art und Rasse auf 60 000 bis 100 000. Die erste meiotische Teilung der primären Oozyten beginnt beim Fetus im Mutterleib kurz nach der letzten Mitose der germinativen Zellen und wird anschließend unterbrochen. Vom Diplotän der Prophase der ersten meiotischen Teilung beim ungeborenen Kalb bis zur ersten Brunst des Jungrindes verharren die Keimzellen in einem Ruhestadium, was analog für die anderen Tierarten gilt. In jeder Brunst werden je nach Tierart eine oder mehrere Keimzellen aktiviert und setzen dann die meiotische Teilung fort. Die Reifeteilungen führen aber nicht wie, bei der Spermatogenese zu vier gleichwertigen Zellen. Die sekundäre Oozyte erhält neben dem halben Chromosomensatz den größten Teil des Zytoplasmas der primären Oozyten, während die zweite Hälfte des Chromosomensatzes mit dem Rest des Zytoplasmas als Polkörperchen ausgeschleust wird. Auch bei der zweiten meiotischen Teilung des sekundären Oozyten entstehen ungleiche Zellen, die befruchtungsfähige Eizelle und ein weiteres Polkörperchen. Je nachdem, ob sich das erste Polkörperchen nochmals teilt oder nicht werden somit neben der befruchtungsfähigen Eizelle zwei oder drei Polkörperchen gebildet. Der Abschluß der ersten meiotischen Teilung und die zweite Meiose erfolgen kurz vor oder nach der Ovulation.

1.1.4.3 Chromosomenaufbau und Standardisierung der Chromosomen

Für eine aussagekräftige Chromosomenanalyse ist eine einwandfreie Darstellung der Chromosomen erforderlich, die je nach Zellsystem und Ansprüchen verschiedene Methoden erfordert. Die Voraussetzung für die Sichtbarmachung von Chromosomen ist das Vorhandensein eines teilungsfähigen Zellkerns. Die anschließende Färbung, Identifikation und Standardisierung von Chromosomen erfolgt mit zytogenetischen Methoden, die im Rahmen dieses Buches nicht behandelt werden können. Es wird auf den Abschnitt Zellgenetik in „Experimentelle Genetik in der Tierzucht“ (Brem et al. 1991) verwiesen.

1.1.4.3.1 Chromosomenaufbau

Abbildungen und Darstellungen von Chromosomen zeigen in der Regel Metaphasechromosomen (Abb. 1-26). Die Chromosomen sind in diesem Stadium hoch kondensiert und unter dem Mikroskop einzeln zu erkennen. In vielen Organismen kann man die Chromosomenpaare in diesem Stadium nach Größe und Gestalt unterscheiden. Da die Verdopplung der chromosomalen DNA bereits vor der Metaphase in der S-Phase des Zellzyklus erfolgt ist (1.1.4.1), besteht jedes Metaphasechromosom aus zwei identischen Hälften, den Schwesterchromatiden.

Abb. 1-26 Karyogramme verschiedener Nutztierarten (normalgefärbte Metaphasen) (Stranzinger 1994)

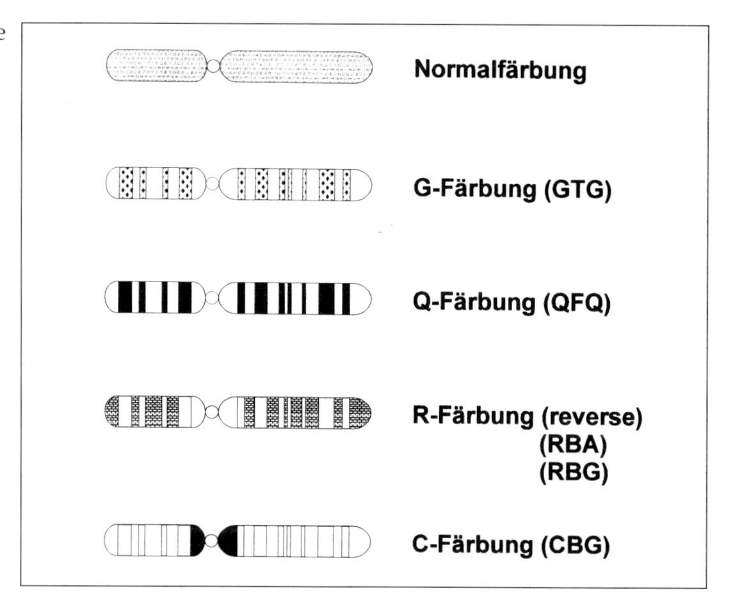

Abb. 1-27 Schematische Darstellung der Chromosomenbandstrukturen bei verschiedenen Färbeverfahren

Nach Behandlung mit Standard-Farbstoffen (Giemsa) ist in der Regel die Zentromerregion im Vergleich zu den Armen des Chromosoms dunkler gefärbt und wirkt hierdurch kompakt. Ein Chromosom läßt sich in kompakte Abschnitte (Heterochromatin) und weniger kompakte Abschnitte (Euchromatin) unterteilen. Neben der Zentromerregion sind häufig auch die Enden der Chromatiden (Telomere) heterochromatisch. Die Variation der Heterochromatinabschnitte zwischen verschiedenen Chromosomen erleichtert die Unterscheidung der Chromosomen. In den letzten Jahrzehnten wurden zusätzlich spezielle Färbetechniken entwickelt (Abb. 1-27), die die Charakterisierung und Unterscheidung von Chromosomen wesentlich verbessern. Die Chromosomen zeigen nach dem Anfärben ein je nach Methode spezifisches Muster von hellen und dunklen Banden, wobei homologe Chromosomen identische Muster aufweisen. Die Farbmuster sind in einem zytogenetischen Labor zuverlässig reproduzierbar, so daß man jedes Chromosom eines Satzes eindeutig identifizieren kann.

Beim Erstellen eines Karyogramms wird der vollständige Satz der Metaphasechromosomen eines Individuums (diploide Zelle) in geordneter Folge (nach Größe) bildlich dargestellt (Abb. 1-26; Chromosomenzahlen bei landwirtschaftlichen Nutztieren Tab. 1-8). Während der Interphase (1.1.4.1) sind die Chromosomen gestreckt und im allgemeinen nicht sichtbar, so daß Karyogramme von Nutztieren Momentaufnahmen der Metaphasechromosomen sind. Diese Karyogramme dürfen nicht mit den Präparaten von Speicheldrüsenzellen bestimmter Insektenlarven verwechselt werden (z. B. *Drosophila melanogaster*). In diesen Speicheldrüsenzellen werden viele S-Phasen ohne die normalerweise folgenden Mitosen und Zellteilungen durchlaufen, wodurch bis zu tausend Chromatiden pro Chromosom gebildet werden können. Die homologen Chromatiden liegen parallel nebeneinander, so daß dicke Bündel entstehen, die man polytäne oder

Riesenchromosomen nennt. Im Gegensatz zu den Metaphasechromosomen in Karyogrammen von Säugern handelt es sich bei diesen Präparaten um gestreckte Chromosomen in der Interphase, die nach dem Anfärben ebenfalls ein Bandenmuster bilden, das wesentlich mehr Banden enthält als Präparationen von Metaphasechromosomen (höheres Auflösungsvermögen), was für die Forschung genutzt werden kann.

1.1.4.3.2 Standardisierung von Chromosomen

- Größe der Chromosomen
  Die Variation der Größe der Chromosomen ist erheblich, wie Abb. 1-26 zeigt. Die größten Chromosomen haben in etwa die drei- bis vierfache Länge des kleinsten Autosoms. Im Karyogramm werden die Autosomen vom größten Chromosomenpaar (Nummer 1) bis zum kleinsten (in Abb. 1-26 sind die Karyogramme von Rind, Ziege, Schaf, Pferd, Schwein und Huhn dargestellt) angeordnet, am Schluß stehen die Geschlechtschromosomen.
- Position des Zentromers
  Das Zentromer, auch als primäre Konstriktion bezeichnet, ermöglicht die Bestimmung des Armlängenverhältnisses (Abb. 1-28).
- Position der nucleolusorganisierenden Regionen (NORs).
  NORs sind bei speziellen Färbungen in der Mitose auf den Chromosomen als kleine Knoten sichtbar und innerhalb der Art an charakteristischen Stellen auf einem oder mehreren Chromosomen (und deren homologen Partnern) positioniert. Bei Eintritt in die G_1-Phase vergrößern sich die Nucleolusorganisa-

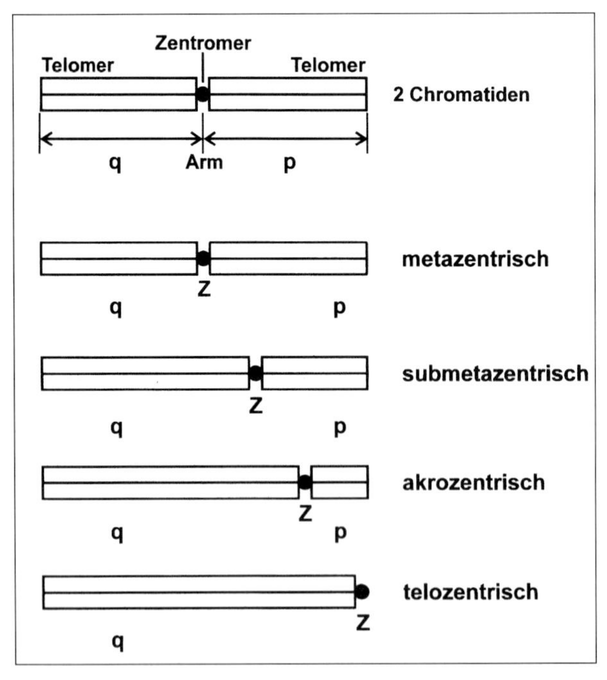

Abb. 1-28 Klassifizierung der Chromosomen nach dem Armlängenverhältnis (p/q).

toren und verschmelzen, wenn mehrere vorhanden sind, zu Nucleoli, einer kugelförmigen Struktur. Die Nucleoli sind die einzigen deutlich sichtbaren Strukturen im Interphasekern und verschwinden zu Beginn der Prophase.

- Heterochromatinmuster
  Wie bereits erläutert, werden Heterochromatin-Regionen bei bestimmten Standardfärbungen dunkler als Euchromation-Regionen angefärbt. Die Färbung reflektiert die Kompaktheit der DNA im Chromosom und ist ein weiteres Kriterium zur Unterscheidung von Chromosomen (zytogenetische Marker). Heterochromatinregionen sind zusätzlich für Untersuchungen über die Funktion der Chromosomen von Bedeutung, da in diesen Regionen keine Genexpression erfolgt.
- Bandmuster
  In Abb. 1-27 werden die gebräuchlichen Färbemethoden zur Erzeugung von Bandspezifitäten dargestellt. Die Bandfärbung erweitert die Möglichkeit zur Erkennung von Chromosomenpolymorphismen erheblich (zytogenetisches Auflösungsvermögen s. 1.1.6.2).

1.1.4.3.3 Karyogramm

Im Karyogramm wird der vollständige Satz der Metaphasechromosomen von diploiden Zellen eines Individuums geordnet nach der Größe der Autosomen bildlich dargestellt (Abb. 1-26 und Abb. 1-31). Jede Nutztierart hat einen eigenen Karyotyp, der sich von anderen Arten unterscheidet.

Die Chromosomenzahlen des Hausschweins (2n = 38) und des Hausrindes (2n = 60) wurden von Krallinger bereits um 1930 richtig angegeben, während dies beim Menschen erst 1956 (2n = 46) gelang.

1.1.4.3.4 Idiogramm

Im Idiogramm werden die Chromosomen schematisiert und standardisiert dargestellt (Abb. 1-29). Vorbild für Idiogramme von Nutztieren ist die in der Humangenetik erfolgte Standardisierung des Karyotyps des Menschen (Idiotyp).

1.1.4.4 Chromosomale Aberrationen

Hierbei handelt es sich um die in 1.1.3.2 aufgeführten Chromosomenmutationen und die in 1.1.3.3 genannten Genommutationen.

Nachfolgend einige Beispiele für chromosomale Aberrationen, die bei Nutztieren relativ häufig vorkommen.

1.1.4.4.1 Robertsonsche Translokation

Die Robertsonsche Translokation wurde 1916 von Robertson erstmals beschrieben und ist der bei Rind (Long 1985) und Schaf am häufigsten beobachtete chromosomale Aberrationstyp. Bei der Robertsonschen Translokation fusionieren die

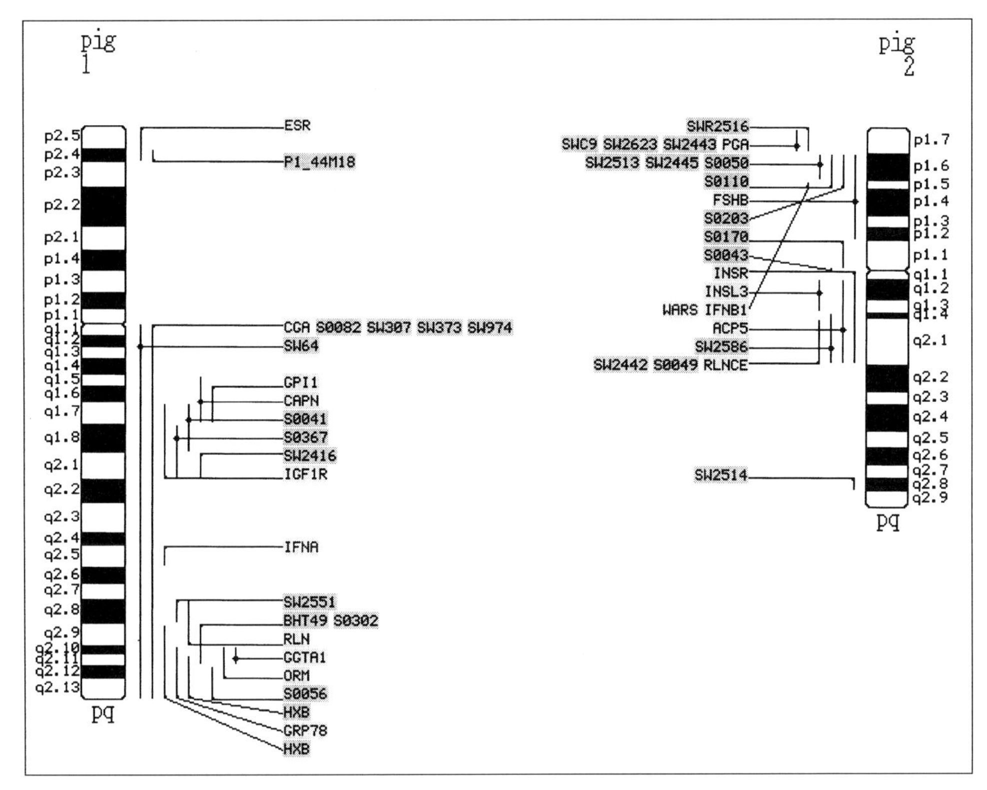

Abb. 1-29 Chromosom 1 und 2 im Standardiogramm Schwein (Stand 1995) mit sämtlichen Zuordnungen (Bandmuster: p kurzer, q langer Arm; Mikrosatelitten: Buchstaben und Nummern; Gene: Buchstaben)

Zentromere zweier telozentrischer Chromosomen und bilden so ein meta- oder submetazentrisches Chromosom, das das Genmaterial beider Ausgangschromosomen vereint. Die bei Robertsonscher Translokation mögliche Fehlverteilung bei der Trennung der Chromosomen (Abb. 1-30) wird als „Non-disjunction" bezeichnet; sie führt zu unbalanzierten Gameten, die bei Befruchtung mit normalen Spermien bzw. Eizellen Zygoten mit 2n+1 und 2n-1 Chromosomen ergeben.

Die Auswirkungen bestimmter Zentromerfusionen auf die Fruchtbarkeit sind bei Rind und Schaf verschieden (Long 1985; Nicholas 1987; Eldrige 1985). Für die Robertson'sche Translokation heterozygote Schafböcke produzieren etwa 5 % unbalanzierte Spermatozyten (Bruere et al. 1981 zitiert nach Nicholas 1987) und haben normale Reproduktionskapazität. Bei heterozygoten Kühen und Bullen wurde hingegen eine 5 % geringere „Non-Return-Rate" festgestellt (Gustavsson 1980)

Die häufigste Robertsonsche Translokation beim Rind ist die 1-25 Zentromerfusion (Abb. 1-31), deren Frequenz nach Gustavsson (1979) in der Rinderpopulation Schwedens etwa 15 % und nach Eldrige (1985) in einer geschlossenen Herde des weißen Parkrinds sogar 50 % betrug.

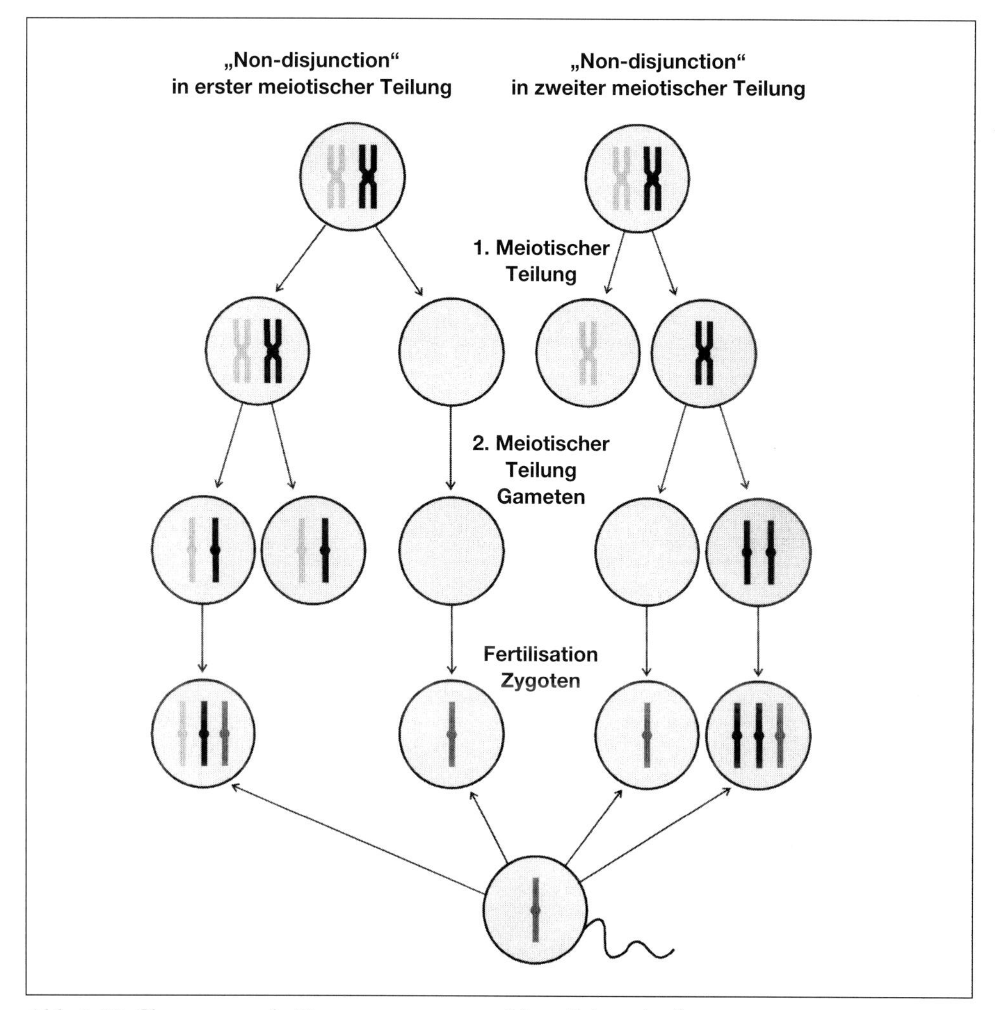

Abb. 1-30 Chromosomale Konsequenzen von „Non-disjunction“

1.1.4.4.2 Abweichungen in der Zahl der Chromosomen

Abweichungen in der Chromosomenzahl werden bei Zygoten und frühen Embryonalstadien relativ häufig festgestellt, sind jedoch bei Neugeborenen sehr selten. Fechheimer (1990) untersuchte 9216 Hühnerembryonen, die 16 bis 18 Stunden nach Inkubation gewonnen wurden und fand bei Makrochromosomen neben normalen diploiden haploide und polyploide Chromosomensätze (5,2 %). Auch bei Kaninchen, Schweinen und Schafen wurden im Embryonalstadium höhere Frequenzen chromosomaler Aberrationen festgestellt als nach der Geburt. Polyploidien werden bei den anderen Nutztierarten (Ausnahme Hühner und Fische) kaum beobachtet (Hare und Singh 1979).

Gonosomale Aneuploidien sind die häufigsten numerischen Abweichungen und deshalb am besten untersucht. Über Monosomie am X-Chromosom (XO)

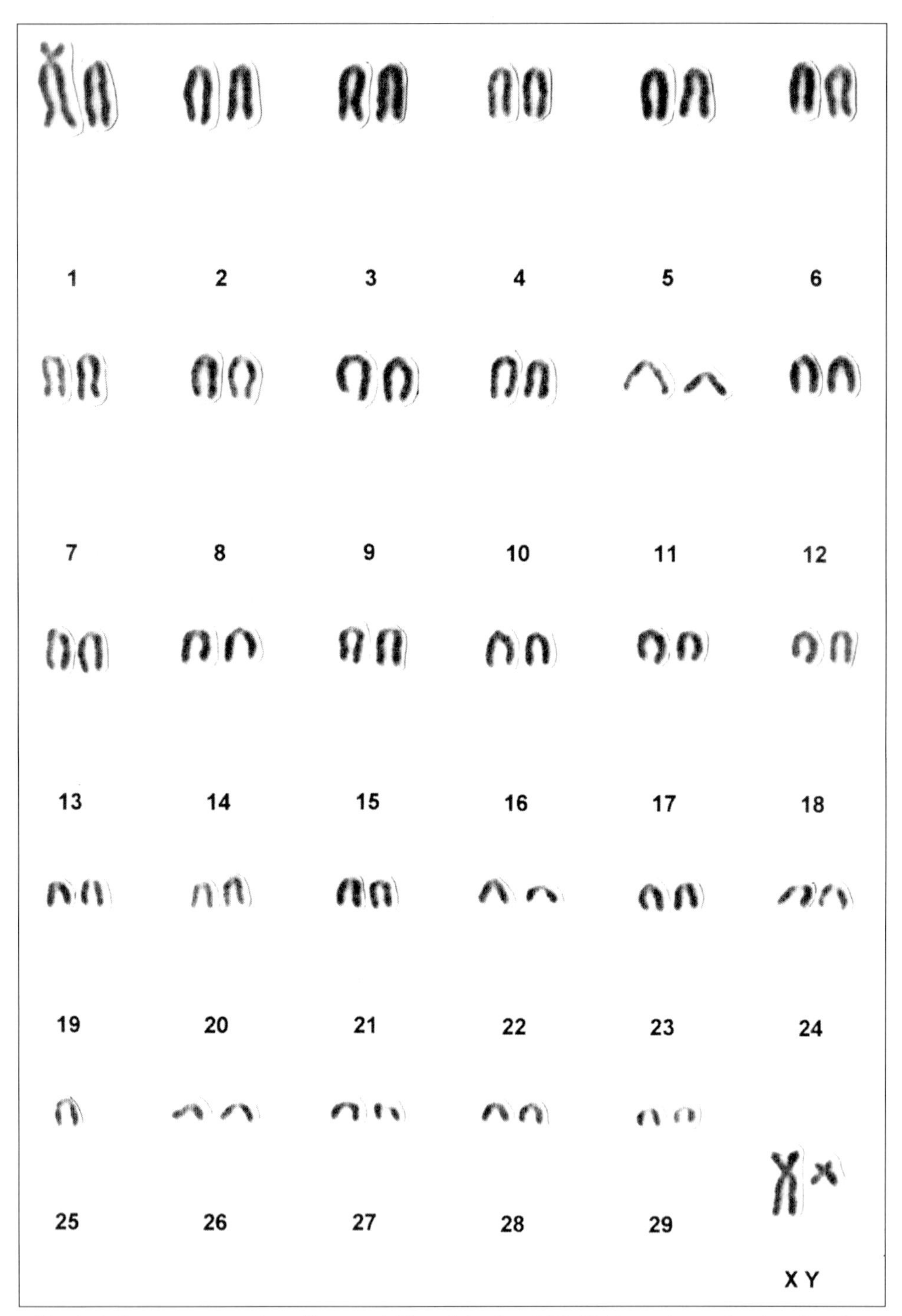

Abb. 1-31 Karyogramm eines Tieres mit Translokation 1-25 (G. Stranzinger, Institut für Nutztierwissenschaften, ETH Zürich)

Tab. 1-9 Aneuploidien der Geschlechtschromosomen bei Haustieren (nach Gustavsson 1980)

Geschlechts-chromosomen	Art	phänotypischer Effekt
XO	Schwein	Intersexualität, Hypoplasie der Eierstöcke
	Pferd	Hypoplasie der Eierstöcke
	Katze	verendete vor der Pubertät
XO/XX	Pferd	Hypoplasie der Eierstöcke
XO/XX/XY	Schwein	Intersexualität
XXX	Rind	Kein Effekt; Hypoplasie der Eierstöcke
XXY	Rind	Hypoplasie der Hoden
	Schaf	Hypoplasie der Hoden
	Schwein	Hypoplasie der Hoden
	Hund	Hypoplasie der Hoden
	Katze	Hypoplasie der Hoden
XXY/XY	Rind	Hypoplasie der Hoden
XXY/XX	Rind	Intersexualität
	Schwein	Intersexualität
	Pferd	Intersexualität
	Katze	Intersexualität
XXY/XX/XY	Rind	Hypoplasie der Hoden
XXY/XY/XO	Rind	Hypoplasie der Hoden
XXY/XY/XX/XO	Pferd	Kryptorchismus
XXXY	Pferd	Intersexualität
XXXY/XXY	Schwein	Keine Information
XYY/XY	Rind	Kein Effekt

wird bei Mäusen, Ratten, Katzen, Schweinen und Pferden berichtet (beim Menschen als Turner Syndrom beschrieben). XO-Individuen haben das Exterieur normaler weiblicher Tiere und sind mit Ausnahme junger Mäuse und Ratten steril. Trisomie am X-Locus bewirkt beim Pferd meist Sterilität; wie bei Mensch und Rind wurden jedoch auch Individuen festgestellt, die normale Nachkommen haben. Verursacht werden Monosomien (XO) und Trisomien (XXX) in der Regel durch „Non-disjunction", d. h. durch fehlende Trennung von Chromosomen bzw. Chromatiden in der Meiose (Abb. 1-30). Bei „Non-disjunction" in der zweiten meiotischen Teilung erhalten die Gameten entweder zwei identische Kopien des gleichen Chromosoms oder das betreffende Chromosom fehlt völlig. Eine Übersicht über die bei Haustieren festgestellten Aneuploidien, die durch fehlende oder überzählige Geschlechtschromosomen entstehen, enthält Tab. 1-9. In der Regel sind diese Aneuploidien mit Geschlechtsabnormalitäten gekoppelt.

1.1.4.5 Bedeutung für die Tierzucht

- Zentromerfusionen

Über Chromosomenmutationen bei Nutztieren liegen viele Berichte vor, insbesondere über den Einfluß auf die Fruchtbarkeit und auch auf die Körperproportionen. Besonders eingehend wurde der Einfluß von Zentromerfusionen auf die Fruchtbarkeit beim Rind diskutiert. In der schwedischen Population (s.1.1.4.4) stammten alle Trägerbullen von einem Bullen ab, so daß höchstwahrscheinlich in der gesamten Population die gleiche Fusion vorlag. Trotzdem ergaben sich große Unterschiede zwischen den Fruchtbarkeitsparametern der Trägerbullen. In einem Versuch in der Schweiz (G. Stranzinger 1981) wurden Kühe mit Mischsperma von normalen sowie heterozygoten und homozygoten Trägerbullen besamt. Die besten Besamungsergebnisse erzielte der heterozygote Bulle. Diese unterschiedlichen Auswirkungen auf die Fruchtbarkeit zeigen, daß grundlegende Untersuchungen über die Wirkung spezifischer Fusionstypen (z. B. Inversionen) sowie über die Genloci in der Zentromerregion und deren Bedeutung für die Fruchtbarkeit erforderlich sind. Männliche Tiere, die in der künstlichen Besamung eingesetzt werden, sollten vorher zytogenetisch untersucht werden (Abb. 1-31).

• Y-Chromosompolymorphismus (Rind)
Zeburinder (*Bos indicus*) haben telozentrische Y-Chromosomen und europäische Hausrinder (*Bos taurus*) submetazentrische.

• Erkennen von Chimären
Wie in Abschnitt 1.3.1.1 erläutert, wird bei verschieden-geschlechtlichen zweieiigen Rinderzwillingen zu über 90 % chromosomaler Chimärismus (XX/XY) beobachtet, der auf den Austausch hämatopoetischer Stammzellen beruht. Weibliche Zwillinge (Zwicken, freemartins), mit Chimärismus sind steril, da Sexualhormone vom Zwillingsbruder über choriale Gefäßanastomosen in den Organismus gelangen. Durch zytogenetische Untersuchung können weibliche Tiere erkannt werden, die keinen Chimärismus zeigen und deshalb mit hoher Wahrscheinlichkeit fruchtbar sind. Dies ist für Zuchtkälber mit sehr guter Abstammung von Interesse.

• Differenzieren von Subpopulationen
Zytogenetische Marker können für die Unterscheidung von Linien bzw. Rassen genutzt werden.

Rekapitulation

- Zellzyklus: Bedeutung für Wachstum und Entwicklung.
- Karyogramm: Bildliche Darstellung des vollständigen Satzes der Metaphasechromosomen (diploid).
- Karyotyp: Typisches Karyogramm der Art.
- Idiogramm: Schematisierte und standardisierte Darstellung der Chromosomen.
- Non-disjunction: Fehlverteilung der Chromosomen in Meiose I oder Meiose II.
- Gonosomale Aneuploidien: Monosomien und Trisomien sind die häufigsten numerischen Abweichungen.
- Zytogenetische Marker: Linien- bzw. Rassenunterschiede, Chimärismus.

1.1.5 Molekulargenetik

Die chemische Grundlage für die Molekulargenetik legte Friedrich Miescher mit der Entdeckung der Desoxyribonukleinsäure (DNA) im Jahre 1869 (Miescher, 1871). In den nachfolgenden 75 Jahren bis Oswald Avery und Mitarbeiter (1944) herausfanden, daß die DNA Träger der genetischen Information ist, was Hershey und Chase 1952 endgültig bewiesen, entwickelten Chemiker Methoden zur Isolierung von DNA, zur Aufklärung der chemischen Natur ihrer Bestandteile und der Bindung zwischen den Einzelbestandteilen der Makromoleküle.

Die Kombination der DNA-Chemie mit genetischen Analysen biochemischer Prozesse in Mikroorganismen führte in den 50er Jahren zur Entwicklung der Molekulargenetik.

• Pilze

George W. Beadle und Edward L. Tatum (1941) wählten den Brotschimmelpilz *Neurospora crassa* für genetische Untersuchungen, die sie von 1937 bis Mitte der 40er Jahre gemeinsam durchführten. Der Neurospora-Pilz läßt sich leicht im Reagenzglas im Labor vermehren. Er hat eine relativ lange haploide Entwicklungsphase (mit 7 Chromosomen) und eine kurze diploide Phase (14 Chromosomen). In der haploiden Phase sind die rezessiven Gene nicht durch dominante Allele verdeckt, was die Untersuchungen wesentlich erleichtert. Die diploide (sexuelle) Phase ermöglicht Kreuzungen zwischen Mutanten, Untersuchungen über die Segregation der Allele und über „Crossing over“ zwischen homologen Chromosomen.

Die Nahrungsansprüche des „Wildtyps“ sind sehr gering; er kann mit einigen einfachen Verbindungen, wie organischen Salzen, einer Energie- und Kohlenstoffquelle (z. B. einfache Zucker), einer Stickstoffquelle (z. B. Ammoniumsalz) und dem Vitamin Biotin kultiviert werden (Minimalnahrung). Durch Röntgenstrahlen oder andere Mutagene können Mutationen ausgelöst werden, wobei die Mutanten häufig die Fähigkeit verlieren, von der Minimalnahrung zu leben. Mutanten können jedoch kultiviert werden, wenn die Stoffe, die aufgrund der Mutation nicht mehr aus der Minimalnahrung synthetisiert werden, zusätzlich mit der Nahrung zugeführt werden. Der Stoffwechsel des Neurospora-Pilzes und seine genetische Steuerung konnte mit dieser Methode schrittweise erforscht werden. Mutationsbedingte Stoffwechselstörungen entstehen in der Regel durch das Fehlen spezifischer Enzyme. Beadle und Tatum stellten die **„Ein Gen – ein Enzym“-Hypothese** auf, die besagt, daß die Synthese eines für den Stoffwechsel benötigten aktiven Enzyms das Vorhandensein des entsprechenden Gens voraussetzt. Man wandelte diese Regel später zur „Ein Gen – Ein Polypeptid“-Hypothese ab, da Enzyme Proteine sind und diese oft aus mehr als einer Polypeptidkette bestehen.

• Bakterien und Viren

Joshua Lederberg, Pionier der Bakteriengenetik, entdeckte, daß Bakterien genetisch rekombinieren können, obwohl sie sich in der Regel durch vegetative Teilung (asexuell) vermehren. Nachkommen einer Bakterienzelle bilden bei vegetativer Teilung einen **Klon** (genetisch identische Bakterienzellen); genetisch veränderte Bakterienzellen entstehen durch **Transformation** (Mutation oder Aufnahme von Genen einer anderen Bakterienzelle).

Seit 1950 werden die Beziehungen zwischen Genen und zellulären Funktionen in Bakterienkulturen untersucht. Das Darmbakterium *Escherichia coli (E. coli)* stellt bescheidene Nahrungsansprüche und teilt sich je nach Kulturbedingungen alle 20 bis 60 Minuten; bis zu 10^9 Zellen können pro Milliliter Kulturlösung heranwachsen. Leicht zu gewinnende und gut charakterisierbare Mutanten ermöglichen die Identifizierung von Genen, die zelluläre Funktionen steuern, was genetische Analysen und das Aufstellen von Genkarten ermöglicht. Ein zusätzlicher Vorteil für genetische Experimente ist, daß *E. coli* Wirt für einige Viren ist (Bakteriophagen, Abkürzung: Phagen). **Phagen** zeigen genetische Variabilität in ihrem infektiösen Verhalten und sind noch wesentlich einfacher zu analysierende genetische Systeme als Bakterien. Phagengenome werden irreversibel in Bakterienchromosomen eingebaut und nehmen, wenn sie wieder herausgeschnitten werden, gelegentlich einen Teil des Bakteriengenoms mit, so daß Phagen Träger (Vektoren) von Bakteriengenen werden. Die hierdurch mögliche Übertragung von Genen auf Bakterien durch Phagen als Vektoren wird als **Transduktion** bezeichnet. Phagen haben ein organisiertes Genom und die Reihenfolge der einzelnen Gene läßt sich in einer Genkarte festhalten.

1.1.5.1 Struktur von DNA-Molekülen

DNA-Moleküle bestehen aus langen Ketten mit vier verschiedenen Nukleotiden. Das Rückgrat dieser Nukleotidketten bilden Desoxyribosephosphate, die durch Phosphodiesterbrücken miteinander verbunden sind (Abb. 1-32 rechts). An jeder Desoxyribose hängt eine Purin- (Adenin = A oder Guanin = G) oder Pyrimidinbase (Cytosin = C und Thymin = T). 1953 veröffentlichten Watson und Crick das Modell der Doppelhelix (Abb. 1-32 links). Chargaff und Mitarbeiter (1951) hatten vorher nachgewiesen, daß sich A immer mit T und C mit G paart und die von Wilkins erforschte Kristallstruktur der DNA zeigte, daß bei diesen Basenpaarungen (A = T; C ≡ G) effiziente Wasserstoffbrücken zwischen zwei Strängen einer Doppel-Helix zu erwarten sind (Schlüssel-Schloß-Verbindung). Im Doppelhelixmodell bestimmt die Basensequenz eines Stranges die Abfolge der Basen auf den anderen Strang, d. h. die beiden DNA-Ketten einer Doppelhelix sind **komplementär**.

Die Aufklärung der DNA-Struktur, die im Doppelhelixmodell gipfelte, führte aus folgenden Gründen zur stürmischen Entwicklung der Molekulargentik.

- Das Doppelhelix-Modell erklärt, wie identische Kopien von DNA-Makromolekülen entstehen, d.h. wie sich DNA-Moleküle selbst replizieren können. Die für genetische Moleküle notwendige Eigenschaft der identischen Selbstreplikation war bis zur Veröffentlichung des Doppelhelixmodells von Watson und Crick ein Mysterium.
- Das Doppelhelixmodell impliziert die Hypothese, daß die Sequenz der Nukleotide in der DNA die Sequenz der Aminosäuren in Polynukleotidketten von Proteinen kodiert. Die Suche nach einem genetischen Code, der die gene-

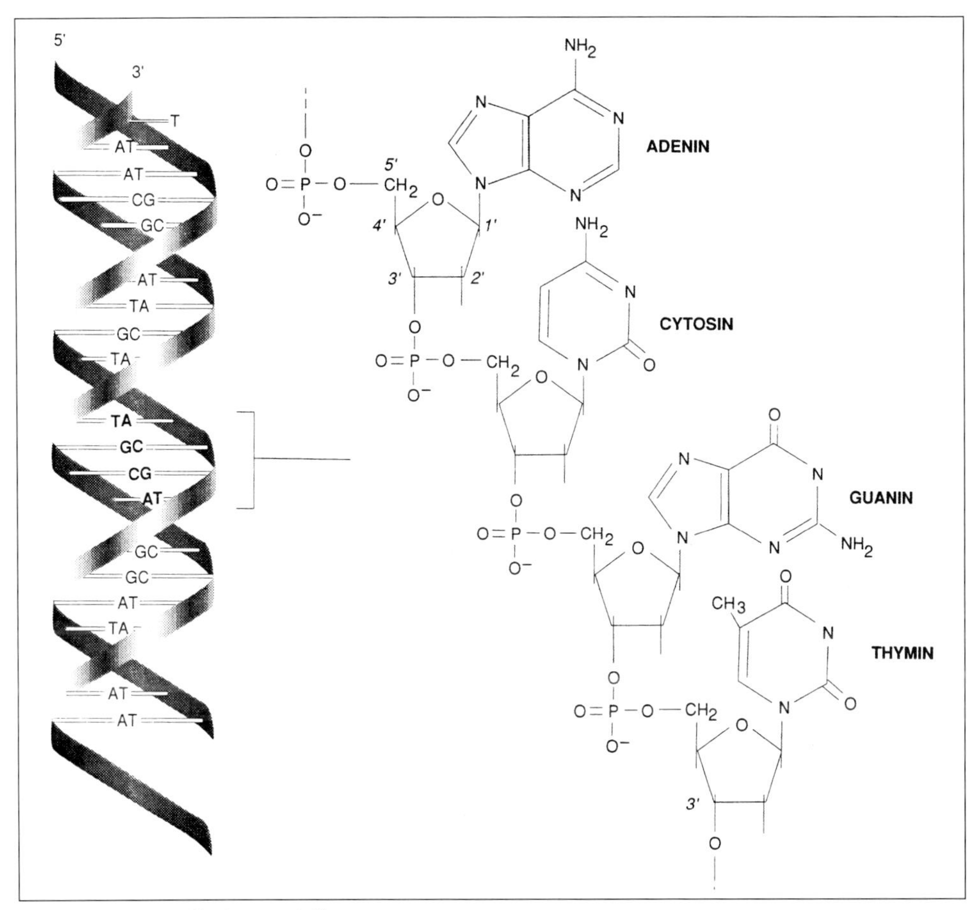

Abb 1-32 Doppelhelix-Modell

tische Information in einer Form speichert, die in eine spezifische Reihenfolge von Aminosäuren übersetzt werden kann, begann mit der Veröffentlichung des Doppelhelixmodells. Es ermutigte die Forscher, sich an die Lösung der Geheimnisse des Lebens, die Replikation der genetischen Information und die Übertragung dieser Information auf den Phänotyp, zu wagen.

1.1.5.2 Weitergabe der genetischen Information in der Zelle

Der Informationsfluß zwischen DNA, RNA und Proteinen wird in Abb. 1-33 schematisch dargestellt. Die Bildung identischer Kopien von DNA-Elternmolekülen durch Replikation sichert sowohl die genetische Kontinuität im Zellzyklus somatischer Zellen (1.1.4.1) als auch bei der Bildung von Gameten (1.1.4.2). Die Transkription (Abschrift) der DNA-Information in RNA-Information geht der Translation (Übersetzung) der genetischen Information in Aminosäuresequen-

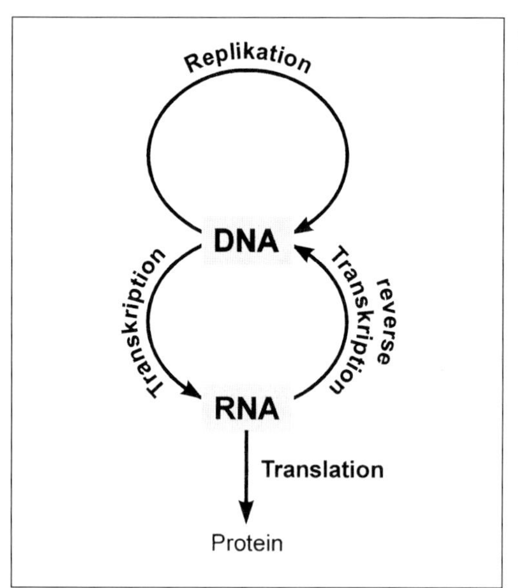

Abb. 1-33 Informationsfluß zwischen DNA, RNA und Protein

zen voraus. Die Transkriptionsmechanismen steuern sowohl die DNA-Selbstreplikation als auch die Bildung von spezifischen RNA-Molekülen (Messenger RNA = mRNA bzw. Boten RNA) sowie die Bildung der Proteine; der Phänotyp der Zelle besteht aus einer charakteristischen Mischung von Enzymen und anderen Proteinen. Die Information fließt von DNA zu RNA, kann aber, wie Abb. 1-33 zeigt, bei Eukaryotenzellen auch von RNA zu DNA fließen, was als reverse Transkription bezeichnet wird.

Der Informationstransfer in der Zelle erfolgt von DNA zu DNA, von DNA zu RNA, von RNA zu DNA und von RNA zu Protein, so daß die Matrize (Schablone) immer eine Nukleinsäure ist. Bisher ist in keinem Fall ein Informationsfluß von Proteinen zu Nukleinsäuren (**reverse Translation**) beobachtet worden. Proteine sind jedoch als Katalysatoren für den Informationstransfer in der Zelle notwendig. Im zentralen Dogma der Molekularbiologie wird festgestellt, daß keine Informationen von Proteinen zu Nukleinsäuren fließen. Die praktische Konsequenz für Evolutionsbiologie und Tierzüchtung ist der Ausschluß der Vererbung erworbener Eigenschaften. Alle genetischen Veränderungen beruhen auf Selektion, Mutation und Rekombination.

1.1.5.3 DNA-Replikation

Die Replikation der DNA (Verdopplung der DNA) beginnt mit dem Entwinden und Trennen der beiden Stränge der DNA-Doppelhelix (s. 1, Abb. 1-34). Jeder Einzelstrang (s. 2, Abb. 1-34) fungiert als Matrize bei der Bildung eines neuen komplementären Strangs. Die vorher in der Zelle gebildeten Nukleotide (s. 3, Abb. 1-34) werden nach den Regeln der Basenpaarung (A = T; C ≡ G) an die Matrizenstränge angehängt bis zwei identische Kopien der Elternhelix (s. 4,

Abb. 1-34 Schema der Replikation (nach Crick 1985)
1. Die komplementären Stränge entwinden und trennen sich.
2. Die DNA liegt in Einzelstrangform vor.
3. Die von der Zelle gebildeten Nukleotide paaren sich mit komplementären Nukleotiden der Einzelstränge, die als Matritzen dienen.
4. Es entstehen identische Kopien der Ausgangshelix.

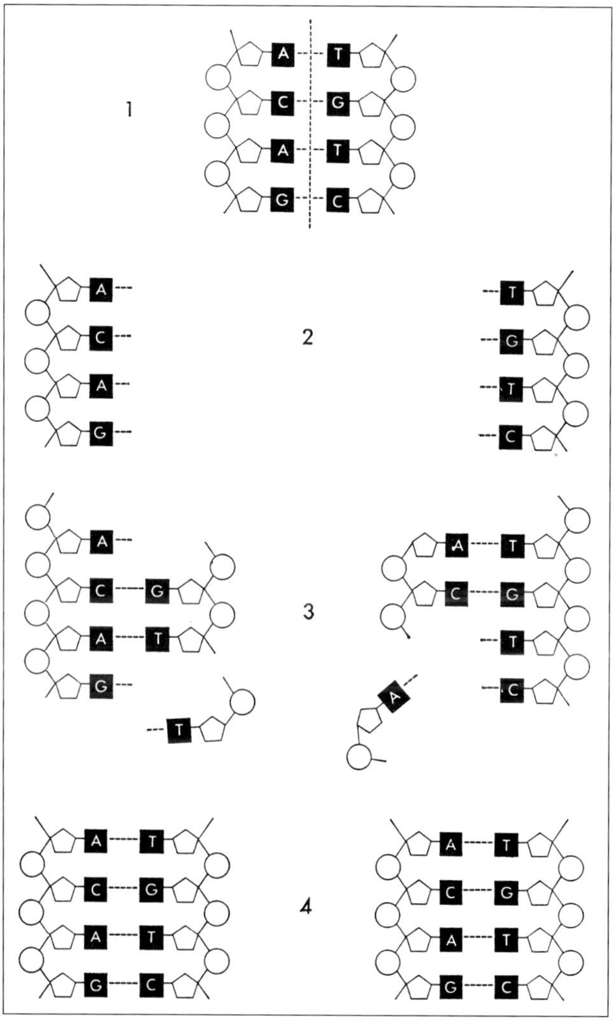

Abb. 1-34) gebildet sind. Nach einem Replikationsdurchgang sind die Tochtermoleküle aus einer der beiden Polynukleotidketten der elterlichen Doppelhelix und einer neusynthetisierten Kette zusammengesetzt (semikonservative Replikation).

Obwohl der Prozeß der DNA-Replikation einfachen Prinzipien folgt, handelt es sich um äußerst komplizierte Prozesse, für die viele spezifische Proteine benötigt werden (s. Brem et al. 1991 und Singer und Berg 1992). Eine zentrale Rolle bei der DNA-Replikation spielen DNA-Polymerasen, deren Aufgabe es ist, aus dem Pool von Mononukleotiden eine Polynukleotidkette in der richtigen Reihenfolge zusammenzusetzen (s. 3, Abb. 1-34). DNA-Polymerasen verlängern die Polynukleotidketten schrittweise um jeweils ein Nukleotid. Der Replikationsprozeß ist außerordentlich zuverlässig und garantiert eine weitgehend fehlerfreie Weitergabe der genetischen Information.

1.1.5.4 DNA-Reparatur

Schädigungen der DNA durch Chemikalien, physikalische Einflüsse und Fehler bei Replikation und Rekombination erfordern komplexe Reparaturmechanismen in der Zelle. Die DNA ist das einzige zelluläre Makromolekül, dessen Struktur bei Bedarf repariert werden kann. Komplementäre Basenpaarungen spielen, wie bei der DNA-Replikation, auch bei der Wiederherstellung der DNA-Originalstruktur eine zentrale Rolle.

DNA-Reparaturprozesse können in zwei Kategorien eingeteilt werden:

- Modifikationen der Nukleotid-Sequenz wie der Einbau eines falschen Nukleotids werden unmittelbar rückgängig gemacht und die Originalstruktur ohne Replikation wiederhergestellt.
- Nichtpassende, veränderte Basenpaare werden mit dem gesamten Nukleotid entfernt und korrekt ergänzt.

Für die DNA-Reparaturprozesse werden drei Enzymgruppen benötigt:

- Exonukleasen und Endonukleasen schneiden geschädigte DNA-Abschnitte heraus.
- Polymerasen füllen die von Exo- und Endonukleasen hinterlassenen Lücken auf.
- Ligasen schließen das DNA-Rückgrat aus Desoxyribosephosphaten.

Der Verlust von Teilen des Reparaturapparates macht Zellen besonders empfindlich gegenüber chemischen und physikalischen Mutagenen, wie das Beispiel des erblichen Defekts *Xeroderma pigmentosum*, einer extremen Empfindlichkeit gegenüber ultraviolettem Licht, die zu verschiedenen Formen von Hautkrebs führt, beim Menschen zeigt. Auch bei Hefe findet man UV empfindliche Zellen. Die Ursache ist bei Mensch und Hefe die Verhinderung der Excision von Pyrimidindimeren aus UV bestrahlter DNA. *Xeroderma pigmentosum* entsteht durch Mutationen eines der mindestens neun beteiligten Gene, was zeigt, wie komplex Reparaturmechanismen sind.

Trotz des großen Aufwandes den die Zelle betreibt, um die möglichst fehlerfreie Weitergabe der genetischen Information von einer Generation zur nächsten zu gewährleisten, werden ab und zu DNA-Veränderungen auch durch das genetische Programm gefördert. Diese DNA-Veränderungen sind in fast allen Fällen schädlich, die äußerst seltenen positiven DNA-Varianten sind jedoch die Basis der biologischen Evolution und der Tierzüchtung.

1.1.5.5 DNA-Rekombination

DNA-Rekombination umfaßt die Vorgänge, die es ermöglichen, die genetische Information in Zellen beziehungsweise Organismen neu zu kombinieren. Bei geschlechtlicher Fortpflanzung werden in der Meiose (1.1.4.2) durch „Crossing over" zwischen eng gepaarten homologen Chromosomen väterliche und mütterliche Gene auf den homologen Chromosomen in den Vorläuferzellen der Gameten neu kombiniert (Rekombination) und erst dann in den Eizellen und Spermien an die nächste Generation weitergegeben.

Auch in **somatischen Zellen** entstehen während oder nach der Replikation rekombinante Chromosomen durch Austausch von DNA zwischen Schwesterchromatiden, die aber den zellulären Genotyp oder Phänotyp nicht ändern. Darüber hinausgehende Rekombinationen innerhalb des Genoms der Zelle führen zum Neuerwerb oder zur Vervielfachung (**Amplifikation**) genetischer Information (s. 1.1.4.4 chromosomale Aberrationen) und bewirken gelegentlich den Aufbau neuer Verbindungen zwischen den vorhandenen genetischen Elementen.

Rekombinante DNA entsteht über kovalente Bindungen zwischen Nukleinsäuresequenzen unterschiedlicher Regionen desselben DNA-Moleküls oder von Sequenzen aus zwei verschiedenen DNA-Molekülen. Ein Teil der Enzyme, die für die DNA-Replikation und Reparatur benötigt werden, ist auch für die Rekombination unerläßlich, während die zusätzlich benötigten Enzyme vom Genom der Zelle für diesen Zweck programmiert werden. Die Mechanismen der DNA-Rekombination wurden zuerst an Bakterien und Viren (Phagen) untersucht und inzwischen auch bei Eukaryoten erforscht.

Genetische Rekombinationen werden unterteilt in homologe Rekombination, sequenzspezifische Rekombination und nicht homologe Rekombination. Die **homologe Rekombination** erfolgt zwischen homologen Nukleotidsequenzen und wurde im Abschnitt Zytogenetik (1.1.4) unter „Crossing-over" beschrieben. Nach dem Öffnen der in der Prophase der Meiose eng aneinanderliegenden homologen DNA-Helices (4 Chromatiden) werden die Enden von zwei Chromatiden-Segmenten so miteinander verbunden, daß die neu gebildeten Moleküle verschiedene Teile der beiden Ausgangs-Helices enthalten. Meistens sind die Stellen, an denen Bruch und Wiederverknüpfung auf jedem der Einzelstränge einer Helix erfolgen, unterschiedlich weit voneinander entfernt (Abb. 1-35 a). Bei normalem „Crossing-over" werden auf dem väterlichen bzw. mütterlichen Chromosom liegende Allele getrennt und durch Wiederverknüpfung neu kombiniert. Die Häufigkeit mit der zwei spezifische Allele an verschiedenen Genorten in der Meiose getrennt werden ist ein grobes Maß für die Entfernung zwischen diesen Allelen (Genorten). Die durch Rekombination in Meiosen ermittelten Abstände zwischen Genorten werden in genetischen Karten in **centi Morgan (cM)** angegeben; eine Bezeichnung, die an den amerikanischen Genetiker T. H. Morgan erinnert (1.1.2.1). **Zwei Genorte sind ein cM voneinander entfernt, wenn sie bei einer von 100 Meiosen getrennt werden; ein cM entspricht in etwa einer Länge von 10^6 Nukleotiden (Bp) auf der physikalischen Karte (1.1.6.5.1 und 1.1.6.5.2).**

Ausnahmen des regulären „Crossing over „ sind **„ungleiches Crossing over"** (Abb. 1-35, b) und „Genkonversion" (Abb. 1-35, c). Beim **„ungleichen Crossing over"** findet die Rekombination zwischen homologen, aber nicht allelen Segmenten statt, wobei eines der Rekombinationsprodukte genetisches Material verliert, die das andere dazu gewinnt. Wie bereits in Abschnitt 1.1.3.2 zur Duplikation von Chromosomenabschnitten erwähnt, ermöglicht Duplikation von Allelen die Konservierung von Mutationen, die ansonsten aufgrund der natürlichen Selektion gemerzt werden. Die hierdurch ermöglichte Erweiterung der genetischen Variation kann zu phänotypischen Varianten führen, die für die Züchtung von Interesse sind.

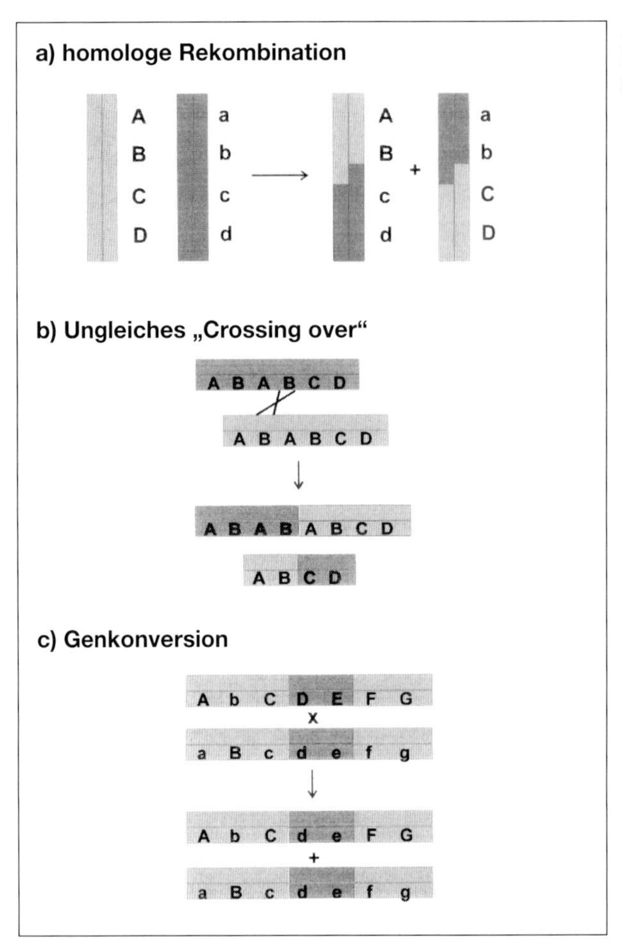

Abb. 1-35 Verschiedene Möglichkeiten der Rekombination (nach Singer und Berg 1992)

Genkonversionen sind nicht reziproke Rekombinationen, bei denen eines der Rekombinationsprodukte gleich bleibt, während das andere verändert wird (Abb. 1-35, c). Die Bedeutung der Genkonversion ist noch nicht ganz klar. Man nimmt an, daß die Genkonversion für die „Homogenisierung" von funktionell essentiellen DNA-Sequenzen, die als Mitglieder von „Genfamilien" mehrfach im Genom vorkommen von Bedeutung ist, da diese sich ansonsten aufgrund von Mutationen auseinander entwickeln würden. In „Genfamilien" werden verwandte Gene zusammengefaßt, auch wenn sie nicht auf dem gleichen Chromosom nebeneinander liegen, sondern im Genom verstreut sind (1.1.6.3.3 Genfamilien).

Von **„sequenzspezifischer Rekombination"** spricht man, wenn die Rekombinationsstellen definierte, relativ kurze homologe Sequenzen sind (meist weniger als 25 Nukleotide). Während für alle homologen Rekombinationen in der Zelle ein einziger Satz von Enzymen zuständig sein dürfte, wird wahrscheinlich für jede sequenzspezifische Rekombination ein spezielles Sortiment von Proteinen benötigt. Sequenzspezifische Rekombinationen sind an der programmierten Neuordnung der chromosomalen DNA beteiligt, wie sie bei den Veränderungen von Hefepaarungstypen (Mating types) und bei der Entstehung der Immunantwort beobachtet werden (Singer und Berg 1992).

„Nichthomologe Rekombination" kommt in Säugerzellen wesentlich häufiger vor als bei Prokaryoten und Hefe. Mit Hilfe „nichthomologer Rekombination" erfolgt der Einbau von Virus- bzw. Plasmid-DNA in tierische Zellen. Die Enden der aufgebrochenen DNA werden bei nichthomologer Rekombination auch dann korrekt verknüpft, wenn sie keine homologen Sequenzen aufweisen (Brem et al, 1991). Die „nichthomologe Rekombination" ermöglicht die Übertragung von DNA über die Artgrenzen hinweg, was in der Tierzucht beim Gentransfer (s. 1.1.8.) genutzt wird.

1.1.5.6 Genexpression

Die Umsetzung der genetischen Information in ein Genprodukt wird als Gen-Expression bezeichnet. Wie Abb. 1-33 zeigt, setzt sich die Expression aus zwei Schritten zusammen, der Transkription und der Translation.

Über die Genexpression wird der Phänotyp des Organismus vom Genotyp gesteuert. Den Phänotyp bestimmen vorrangig Proteine, die für enzymatische Prozesse des Energiehaushalts und der Biosynthese verantwortlich sind und Proteine, die regulatorische Moleküle bilden, die die Aktivitäten der Zellen als Reaktion auf endogene und exogene Reize koordinieren. Proteine sind darüber hinaus Bestandteile vieler Strukturelemente, die für Morphologie und Bewegung der Zelle von Bedeutung sind. Die von Beadle und Tatum (s. S. 57) aufgestellte „Ein Gen – Ein Enzym"-Hypothese, die zur „Ein Gen – Ein Polypeptid"-Hypothese erweitert wurde, war das erste Denkmodell, das den Genotyp mit dem Phänotyp konkret in Zusammenhang brachte. Nach der Aufklärung der Strukturen von Proteinen und von DNA in den fünfziger Jahren konnte diese Hypothese auf molekularer Ebene überprüft werden. Da jeder Polypeptidkette eine spezifische lineare Abfolge von Aminosäuren zugrunde liegt (Primärstruktur), ist eine direkte Beziehung zwischen Aminosäuresequenz und Nukleotidsequenz zu vermuten. Man konnte zeigen, daß Mutationen in der DNA der Zelle die Aminosäuresequenz der Proteine verändern und Veränderungen der Nukleotidsequenzen kolinear zu Veränderungen der Aminosäuresequenzen sind (die Veränderungen liegen an den gleichen Stellen der jeweiligen Ketten). Der nächste Schritt war die Aufdeckung des genetischen Code für die Proteinsynthese durch Komberg 1960, Nirenberg und Matthaei 1961 und Yanofsky et al. 1964. Der genetische Code enthält 64 Codons oder Tripletts, die aus drei aufeinanderfolgenden Nukleotiden einer DNA-Kette bestehen. 61 von 64 Tripletts kodieren Aminosäuren (s. Tab. 1-10). Das Triplett ATG spezifiziert die Aminosäure Methionin und markiert zusätzlich den Anfang von proteinkodierenden Abschnitten der DNA. Drei Codons signalisieren das Ende einer proteinkodierenden Sequenz. Da fast alle Aminosäuren von mehr als einem Triplett kodiert werden können, nennt man den genetischen Code degeneriert. Dies bedeutet nicht, daß der Code mehrdeutig ist. Mit Hilfe des Codewörterbuches

Tab. 1-10 Genetischer Code für DNA (Aminosäuren Abkürzungen aus drei Buchstaben und Ein-Buchstaben-Symbol [*Startcodon])

	AGA									TTA					AGT					
	AGG									TTG					AGC					
GCA	CGA						GGA			CTA				CCA	TCA	ACA			GTA	
GCG	CGG						GGG		ATA	CTG				CCA	TCG	ACG			GTG	TAA
GCT	CGT	GAT	AAT	TGT	GAA	CAA	GGT	CAT	ATT	CTT	AAA		TTT	CCT	TCT	ACT		TAT	GTT	TAG
GCC	CGC	GAC	AAC	AAC	GAG	CAG	GGC	CAC	ATC	CTC	AAG	ATG*	TTC	CCC	TCC	ACC	TGG	TAC	GTC	TGA
A	R	N	D	C	R	E	G	H	I	L	K	M	F	P	S	T	W	Y	V	Stop
Ala	Arg	Asp	Asn	Cys	Glu	Gln	Gly	His	Ile	Leu	Lys	Met	Phe	Pro	Ser	Thr	Trp	Tyr	Val	

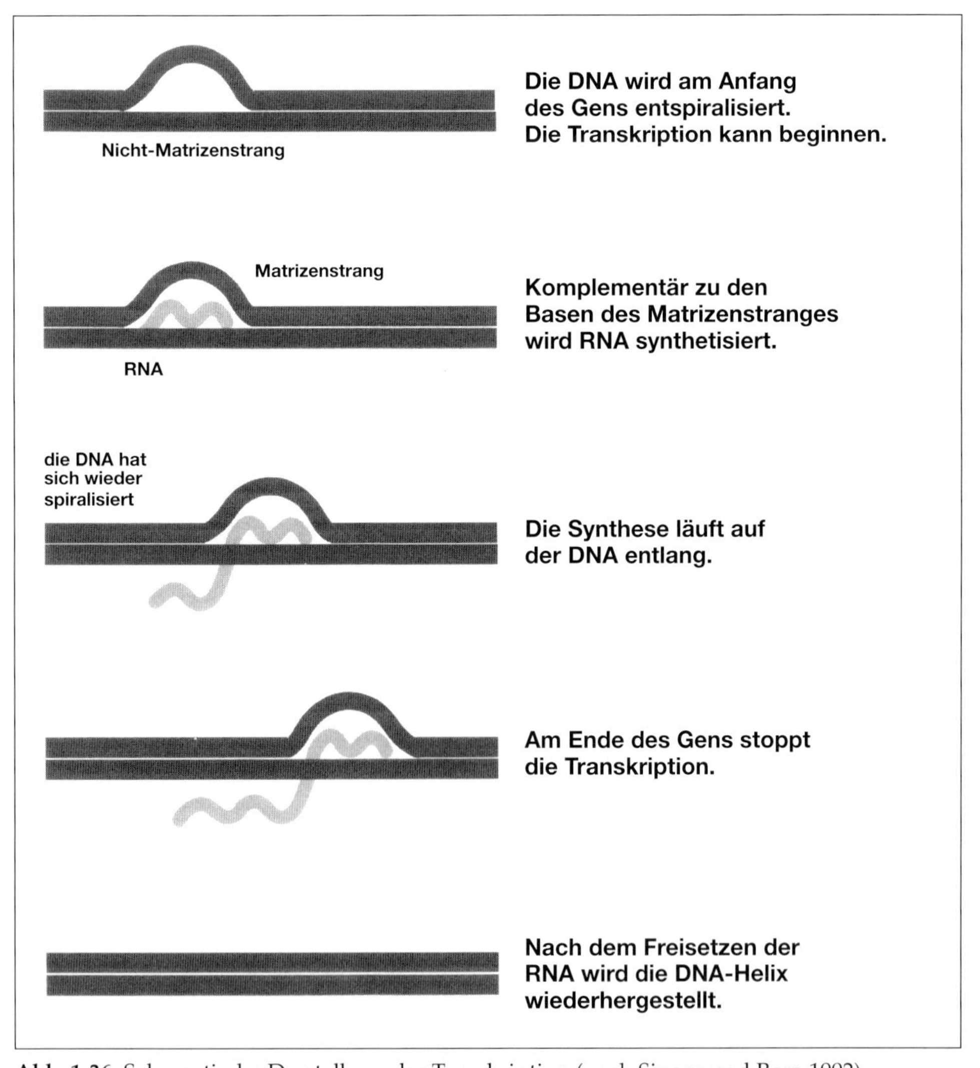

Abb. 1-36 Schematische Darstellung der Transkription (nach Singer und Berg 1992)

kann jede Gensequenz in die entsprechende Aminosäuresequenz übersetzt werden. Hingegen gibt es für eine bestimmte Aminosäuresequenz verschiedene mögliche Gensequenzen.

Transkription der DNA in RNA und Reifung der RNA
Die erste Stufe der Gen-Expression ist bei allen zellulären Organismen die Transkription der DNA in RNA. Gene, die Proteine kodieren, werden in Messenger-RNA (Boten-RNA) umgeschrieben, während spezifische Gene Ribosomale RNA oder Transfer RNA codieren. Bei der Transkription von DNA in RNA dient einer der beiden DNA-Stränge der Doppelhelix als Matrize (Matrizenstrang) für die Synthese der RNA-Kette durch komplementäre Basenpaarung. In Abb. 1-36 werden die wesentlichen Schritte der Transkription schematisch dargestellt. Für die Transkription ist das Enzym DNA-abhängige RNA-Polymerase notwendig; Eukaryoten besitzen drei verschiedene DNA-abhängige RNA-Polymerasen und zwar je eine für die Transkription von Messenger-RNA, ribosomaler-RNA und Transfer-RNA. Nach erfolgter Transkription und Reifung der RNA (RNA-processing, Entfernung der Introns durch Spleißen, s. 1.5.7) wird bei Eukaryoten die RNA aus dem Kern geschleust (Abb. 1-37). Die Ribosomale RNA (rRNA) dient dem Aufbau von Ribosomen, die aus drei unterschiedlichen RNA-Typen und mehr als 50 verschiedenen Proteinen bestehen. Transfer-RNA (tRNA) bindet die Aminosäuren und zwar ist für jede Aminosäure eine spezifische RNA zuständig.

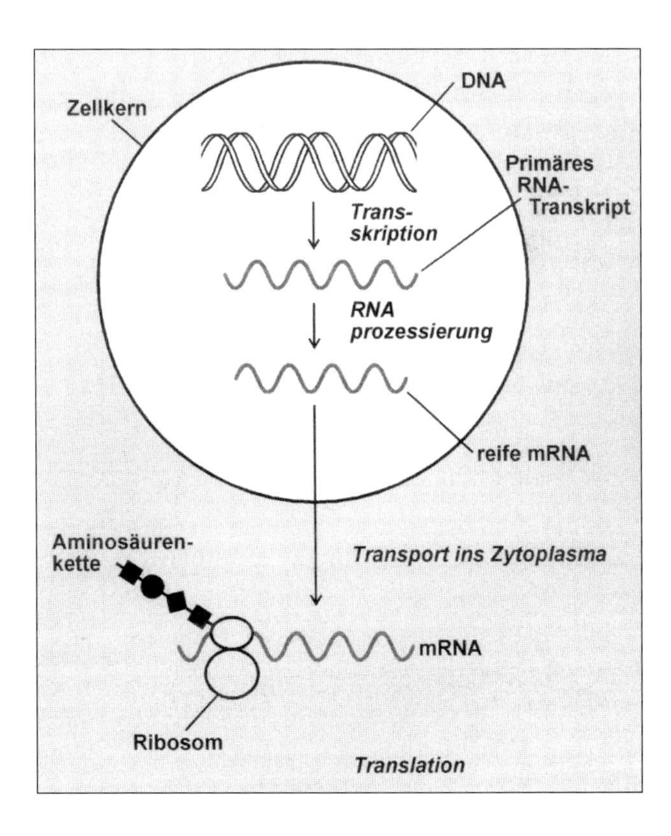

Abb. 1-37 Schematische Darstellung der Genexpression

Jede spezifische tRNA enthält ein Triplett (Anticodon), das zu dem entsprechenden Codon auf der Messenger-RNA (mRNA) komplementär ist. Die Basenpaarung zwischen Codon und Anticodon bringt die Aminosäure in die richtige Position. Anschließend wird die Aminosäure an die wachsende Polypeptidkette angehängt (Translation).

Translation
Der entscheidende Schritt der Translation ist die Umwandlung der genetischen Information der mRNA in die Aminosäuresequenz einer Polypeptidkette. Hierfür ist zuerst die Bindung der Aminosäuren an die spezifischen tRNAs erforderlich, wobei für jede Bindung ein spezifisches Enzym notwendig ist (z. B. Leucyl-tRNA-Synthetase zur Bindung von Leucin). Es folgt dann die Kontaktaufnahme der entsprechenden Aminoacyl-tRNAs mit den aufeinanderfolgenden Codons der mRNA, was zur schrittweisen Synthese der Polypeptidkette führt. Das Ribosom als partikulärer Multienzymkomplex und eine große Zahl von weiteren Enzymen und Kofaktoren katalysieren die vielen chemischen Einzelschritte, die in ihrer Gesamtheit die Proteinsynthese ausmachen.

Die Übersetzung der Nukleotidsequenz der Messenger-RNA (mRNA) in eine Proteinkette beginnt, sobald sich Ribosomen an mRNA anheften. Bewegt sich das Ribosom auf der mRNA um ein Codon weiter, so verlängert sich die Proteinkette jeweils um eine Aminosäure von der sich die tRNA ablöst, die sie in Position gebracht hat. Während das Ribosom einmal die proteinkodierende Messenger-RNA-Sequenz entlang wandert, wird eine vollständige Polypeptidkette gebildet.

Von großer Bedeutung für die Translation ist die korrekte **Initation der Translation**, die den **„Leseraster“** (Reading frame) festlegt, mit dem die aufeinanderfolgenden Nukleotidtripletts einer mRNA dekodiert werden. Bei einer spezifischen Sequenz sind prinzipiell drei verschiedene Leseraster möglich, wie am Beispiel der Nukleotidsequenz GUACGUAAGUAAUGGACG gezeigt werden kann.

Mögliche Leseraster (Triplett = Codon):

Leseraster 1		**GUA**	**CGU**	**AAG**	**UAA**	**UGG**	**ACG.......**
Leseraster 2	**.G/**	**UA**	**C/GU**	**A/AG**	**U/AA**	**U/GG**	**A/CG.....**
Leseraster 3	**.GU/**	**A**	**C G/U**	**A A/G**	**UA/A**	**UG/G**	**A C/G....**

Da nur ein Leseraster die richtige Aminosäuresequenz kodiert, muß sichergestellt werden, daß die Translation im richtigen Leseraster beginnt. Der Leseraster wird bei allen bekannten Organismen (Bakterien, Viren, Eukaryoten) durch das Erkennen des Codons für die aminoterminale Aminosäure des zu bildenden Proteins festgelegt. Proteine tragen während der Synthese in der Regel einen Methioninrest an ihrem aminoterminalen Ende und die Initiation der Translation wird vom Triplett AUG, das für Methionin kodiert, festgelegt (AUG gilt für mRNA; ATG für DNA im Gen, Tab. 1-10). Der hierdurch entstehende Methioninrest am Anfang jedes neu synthetisierten Proteins wird anschließend entfernt, so daß eine zunächst an zweiter Position des Polypeptids liegende Aminosäure zum endgültigen Aminoterminus des fertigen Proteins wird. Im dritten Leseraster des obigen Beispiels wurde das Codon AUG unterstrichen, da es die Translation initiieren könnte. Veränderungen des Leserasters werden als „Frame shift Mutationen" bezeichnet und führen meist zum Verlust der Funktion.

1.1.5.7 Struktur und Funktion eukaryotischer Gene

1.1.5.7.1 Struktur

Ende der 70er Jahre erkannte man, daß die proteinkodierenden Sequenzen eines Eukaryotengens (Struktur-Gens) nicht notwendigerweise in einem zusammenhängenden DNA-Abschnitt liegen, wie bei den Bakterien. Die codierende Region der Eukaryoten wird vielmehr häufig von nichtkodierender DNA unterbrochen. Nichtkodierende Sequenzen bezeichnet man als intervenierende Sequenzen oder **Introns** und kodierende Abschnitte, die im allgemeinen die Synthese eines Polypeptids steuern als **Exons** (Abb. 1-38). Die meisten eukaryotischen Gene werden von mindestens einem Intron unterbrochen und häufig sind es sehr viel mehr, so enthält das Gen für den Blutgerinnungfaktor VIII des Menschen 25 und das Gen für Thyreoglobulin über 40 Introns. In vielen Genen befindet sich in den Introns bis zu zehnmal mehr DNA als in den Exons, und in manchen Fällen beträgt der Unterschied sogar das Hundertfache oder mehr. Gene, die mRNA kodieren, enthalten in der Regel wesentlich mehr Introns als Gene, die funktionstragende RNA Moleküle wie tRNA oder rRNA kodieren. In Genen von Hefe und wirbellosen Tieren findet man weniger Introns als bei Wirbeltieren. Ein wichtiger Unterschied zwischen Pro- und Eukaryoten ist, daß bei Eukaryoten mRNA, tRNA und rRNA im Zellkern synthetisiert wird. Für die Translation muß die mRNA durch die Kernmembran in das umgebende Zytoplasma transportiert werden (Abb. 1-37), wo die Proteinsynthese an den Ribosomen stattfindet. Wie Abb. 1-38 zeigt, enthalten die im Kern synthetisierten RNA-Stränge sämtliche Exons und Introns. Aus den das gesamte Gen enthaltenden RNA-Transkripten (RNA Precursor) werden die Introns durch **Spleißen** entfernt. An den Nahtstellen zwischen Exons und Introns wird die RNA gespalten, die beiderseitigen Exons werden anschließend verbunden („gespleißt") und die Exons ohne intervenierende Sequenzen miteinander verbunden (Abb. 1-38). Für diesen Vorgang müssen die Introns an den richtigen Stellen herausgeschnitten und die Exons unversehrt und in der richtigen Reihenfolge verknüpft werden; es darf weder ein Nukleotid eines Exons verloren gehen noch ein Nukleotid eines Introns verbleiben. Ist dies nicht der Fall, wird der Leseraster verändert und die Information verfälscht oder sinnlos. Der Anfang und das Ende jedes Introns wird mit spezifischen Nukleotidsequenzen markiert, dem „splice donor" (z. B. GT) und dem **„Splice acceptor"** (z. B. AG). Der Spleißvorgang im Zellkern wird von den sog. „Snurps" katalysiert, kleinen Partikeln aus Proteinen und kleinen RNA-Molekülen. Beim **alternativen Spleißen** werden Exons ganz oder teilweise in bestimmten Entwicklungsstadien oder Geweben wie ein Intron behandelt und dann durch Spleißen entfernt. Hierdurch werden aus der gleichen ursprünglichen RNA-Kette verschiedene mRNAs gebildet, wie Abb. 1-39 zeigt. Die mRNA-Ketten des gleichen Gens können sich somit aus unterschiedlichen Exons zusam-

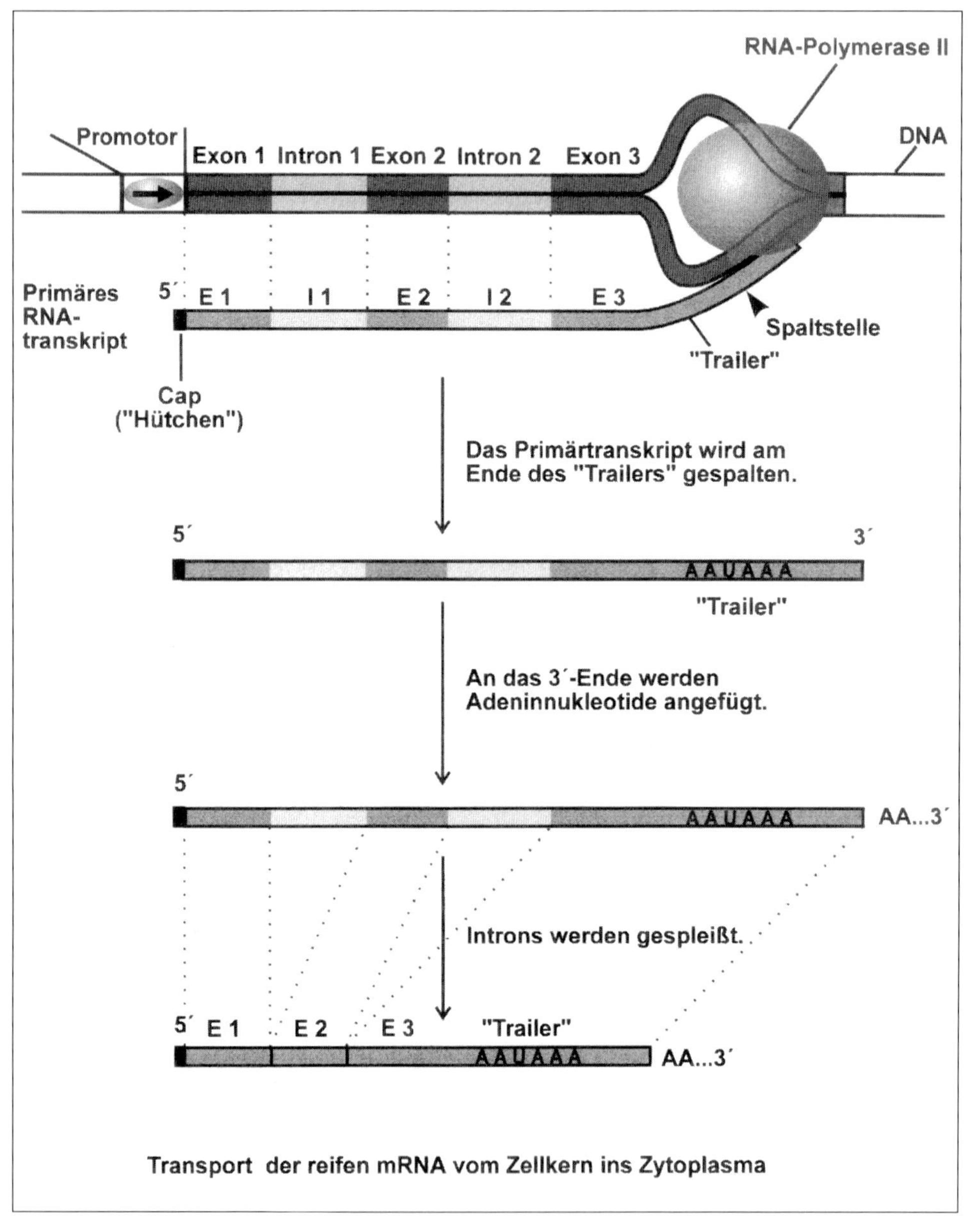

Abb. 1-38 Reifung des Primärtranskriptes bis zum Transport aus dem Zellkern (nach Berg und Singer 1993)

mensetzen und verschiedene Proteine kodieren. Alternatives Spleißen ermöglicht, daß ein Gen je nach Entwicklungsstadium oder Gewebe verschieden exprimiert wird; bei der Geschlechtsdetermination spielen „Spleiß-Regulatorgene" eine entscheidende Rolle.

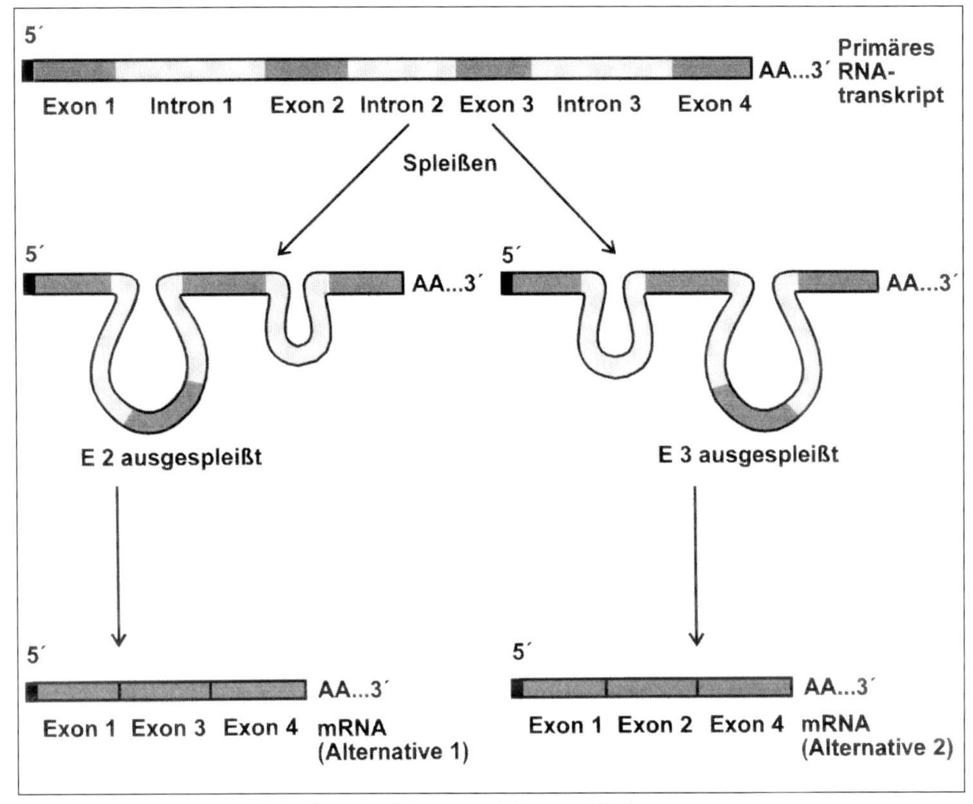

Abb. 1-39 Alternatives Spleißen (nach Berg und Singer 1993)

Die durch Spleißen bewirkten Unterschiede zwischen der Nukleotidsequenz des Gens und seiner mRNA bewirkt, daß eukaryotische Gene über cDNA Klone nicht vollständig charakterisiert werden können wie das bei Prokaryoten möglich ist. Der Strukturvergleich zwischen cDNA und Gen liefert deshalb bei Eukaryoten die Informationen über Lage und Länge der Introns.

1.1.5.7.2 Regulation und Funktion

Die Struktur- und Funktionsanalyse eukaryotischer Gene zeigte, daß die Steuerung der Transkription bei Eukaryoten wesentlich komplexer als bei Prokaryoten ist. Während Prokaryoten alle Gene mit der gleichen RNA-Polymerase transkribieren, benötigen Eukaryoten drei verschiedene RNA-Polymerasen: RNA-Polymerase I transkribiert Gene für rRNA; RNA-Polymerase II transkribiert proteinkodierende Gene und die meisten Gene für kleine RNA-Moleküle im Zellkern; Polymerase III transkribiert Gene für tRNA. Die RNA-Polymerase I ist artspezifisch und die RNA-Polymerasen II und III transkribieren die entsprechenden Gene aller eukaryotischen Organismen. Die funktionierende Regulation der Transkription ist essentielle Voraussetzung für die differenzierte

Entwicklung des Organismus und für die spezifischen Funktionen der Gewebe. Die Regulation erfolgt über Proteine, die sich an DNA binden und als **Transkriptionsfaktoren** bezeichnet werden. Es werden hier drei grundlegende DNA-Motive (kurze DNA-Sequenzen, die die Transkription regulieren) unterschieden:
- Sequenzen, die den Beginn (Initiation) der Transkription festlegen,
- Sequenzen, die das Ende (Termination) der Transkription festlegen,
- Sequenzen, die spezifische Einflüsse auf die Aktivität eines Gens ausüben (Repressoren, Aktivatoren, Enhancer u.a.)

Die Genexpression wird vor allem auf der Ebene der RNA-Synthese reguliert, insbesondere bei der Transkriptionsinitiation, die über Repressor- und/oder Aktivatorproteine kontrolliert wird. Ein Teil der Mechanismen zur Regulation der Genexpression liegt noch weitgehend im Dunklen. Die meisten Versuche über Genexpression werden in zellfreien Medien durch Zufügen von Regulatorproteinen zu Zellextrakten durchgeführt. Die Gene werden angeschaltet, sobald sich sog. Basisfaktoren (Proteine), am proximalen Promotor anlegen (Steuerregion unmittelbar stromaufwärts – entgegen der Ableserichtung – vom Gen) (Abb. 1-38). Der erste Basisfaktor bindet sich an eine spezifische Stelle des Promotors, die sog. TATA-Box, anschließend heften sich weitere Proteine an und bilden den sog. Präinitiations-Komplex. Die TATA-Box hat ihren Namen von der Nucleotidsequenz TATAAATA bzw. einer leichten Abwandlung davon. Ein wichtiges Protein des Präinitiations-Komplexes ist das Enzym RNA-Polymerase, das bei Beginn der Translation an die Transkriptionsinitiationsstelle (AUG) wandert und die mRNA-Synthese katalysiert. Zur Umwandlung des Primärtranskripts in mRNA (Abb. 1-38) sind bei Eukaryoten folgende Schritte notwendig:
- Die RNA muß gespleißt werden (s. o.), damit die Introns verschwinden.
- Die mRNA erhält am 5′ Ende ein Anhängsel, das sog. Cap („Hütchen"). Das Cap erleichtert die Bindung von mRNA an Ribosomen und steigert hierdurch die Effizienz der Translation.
- Eine weitere Abwandlung der transkribierten RNA erfolgt am 3′ Ende. Die Transkription durch RNA-Polymerase II läuft in der Regel über das 3′ Ende der proteinkodierenden Sequenz (mRNA) hinaus. Das 3′ Ende der fertigen mRNA entsteht deshalb nicht durch Abbruch der Transkription, sondern durch Spaltung der RNA etwa 20 Nukleotide hinter der Sequenz AAUAAA (Trailer), die sich am Ende des kodierenden Abschnitts befindet.
- Nach der Spaltung werden an das 3′ Ende der RNA etwa 50 bis 200 Adeninnukleotide angehängt, so daß sich ein „Poly-A-Schwanz" bildet (Abb. 1-38).

Die reife mRNA wird anschließend in das Zytoplasma ausgeschleust, wo die Ribosomen ähnlich wie ein Zug auf dem Gleis den mRNA-Strang entlangfahren und einen Polypeptidstrang synthetisieren. Die Erhöhung der Syntheserate über das Basisniveau hinaus wird über die Anheftung spezifischer Aktivatorproteine an eine Aktivierungssequenz erreicht, die außerhalb des Gens liegt und nach dem englischen Wort für Verstärker „Enhancer" genannt wird. Da in zellfreien Medien nackte DNA, d.h. nicht auf Histone aufgespulte DNA untersucht wird, sind zur völligen Aufklärung der Genregulation zusätzlich Untersuchungen in Zellen notwendig. In aktiven Zellen wurden Wechselwirkungen zwischen Aktivatorproteinen und Histonen im proximalen Promotor festgestellt, die noch nicht völlig aufgeklärt sind. Genexpressionsversuche in Hefezellen haben gezeigt, daß bei Eukaryoten die Chromosomenproteine (Histone s. 1.1.6.2) eine wichtige Rolle bei der Genregulation spielen und Gene sowohl reprimieren als auch aktivieren können. Die in Genetik und Tierzüchtung seit langem beobachteten **Positionseffekte**, wonach sich die Wirkung eines Gens ändern kann, wenn sich die Position des Gens ändert (z. B. durch Translokation, ungleiches Crossing over, Gentransfer) könnten über die Wechselwirkungen zwischen Chromatinstruktur und Genexpression zumindest teilweise erklärt werden.

Die Expression von Genen kann durch Änderungen der DNA-Struktur beeinflußt werden, bei denen sich die normale Nukleotidsequenz nicht ändert. An die Cytosinbasen in -C-G-Sequenzen nahe dem 5′ Ende des Gens wird von speziellen Methylierungsenzymen jeweils eine Methylgruppe (-CH_3) angefügt. Die verstärkte Methylierung im Bereich des 5′ Endes des Gens senkt die Expression des Gens bzw. verhindert sie völlig. Es wird angenommen, daß die Methylierung die Ursache von „Genomic imprinting" ist. **„Imprinting"** („Prägung") bewirkt unterschiedliche Expression bestimmter Allele in Abhängigkeit von der Herkunft des Chromosoms vom Vater (paternal) bzw. der Mutter (maternal). Gynogenetische bzw. parthenogenetische Mausembryonen (diploider maternaler Chromosomensatz) entwickeln normale Embryoblasten („Inner cell mass"), aber keine oder nur schwache extraembryonale Membranen (Trophoblast). Im Gegensatz hierzu entwickeln androgene Mausembryonen (diploider paternaler Chromosomensatz) normale Trophoblasten, aber keine „inner cell mass". Alle Gene, bei denen bisher „Imprinting" festgestellt wurde, sind an der Steuerung von Zellteilung, Wachstum und Entwicklung beteiligt (Beispiele IGF II, M6P/IGF II Rezeptor). Imprinting bewirkt Hemizygotie (1.1.2.3), da nur das maternale bzw. paternale Allel exprimiert wird; der rezessive Phänotyp wird in Heterozygoten ausgeprägt, wenn das dominante Allel unterdrückt wird.

1.1.5.7.3 Definition des Begriffs Gen

Ein Strukturgen besteht aus einer Anordnung von DNA-Abschnitten, die eine exprimierbare Einheit bilden, die nach Transkription zu funktionsfähigen RNA-Molekülen und nach Translation zu funktionsfähigen Polypeptidmolekülen führt. Die Transkriptionseinheit des Gens besteht aus Exons, Introns und flankierenden Sequenzen am 3′ und 5′ Ende, die zum ersten und letzten Exon gehören. Darüberhinaus gehören zum Gen Sequenzen außerhalb der transkribierenden Region, die für die Regulierung der Transkription erforderlich sind, gleichgültig ob sie nahe beim 3′ und 5′ Ende der Transkriptionseinheit liegen oder tausende von Basenpaaren entfernt (z.B. Enhancer). Als Gene werden auch DNA-Abschnitte bezeichnet, die eine spezifische Sorte tRNA oder rRNA kodieren oder von einem Regulator Protein erkannt und besetzt werden.

Funktionell unterscheiden sich Gen und Cistron (funktionelle Einheit der Genwirkung im cis/trans Test) nicht. Innerhalb eines Cistrons komplementieren sich Mutationen in Trans-Position nicht. Das Genom enthält die Gesamtheit der Gene eines Organismus. Der Begriff wurde 1926 von Johanssen geprägt (genos = Geschlecht, Gattung, Nachkommenschaft).

1.1.5.8 Bedeutung für die Tierzucht

Die wichtigsten Anwendungsgebiete von Molekulargenetik und Gentechnik in der Tierzucht sind Genomanalyse (1.1.6) und Gentransfer (1.1.8). Langfristig ist auch bei den Nutztierarten die vollständige Genkartierung zu erwarten, die zu einer direkten (auf DNA-Ebene) Bestimmung des Zuchtwertes der Tiere führen könnte. Der Gentransfer ermöglicht gezielte Einschleusung bzw. den Austausch von Einzelgenen (Introgression) und die Erweiterung der genetischen Varianz durch Transfer von artfremden Genen (Überschreitung der Artgrenzen). Die Charakterisierung der Allele auf der Ebene der Nukleotidsequenzen (Zahl der substituierten Basenpaare) ermöglicht die direkte (auf DNA-Ebene) Feststellung der genetischen Variation in Herden, Populationen, Linien, Rassen und Arten, was sowohl für die Leistungs- als auch die Erhaltungszucht von großer Bedeutung ist. Die Fragen nach Ursprung und Verwandtschaft von Rassen, Populationen und Linien, sowie nach der Erhaltungswürdigkeit bedrohter Populationen können hierdurch objektiv beantwortet werden.

Rekapitulation:

- Komplementär: DNA- oder RNA-Basen, die über Wasserstoffbrücken Basenpaare bilden können.
- Transkription: Übertragung der DNA-Information der Zelle in RNA-Information.
- Reverse Transkription: Übertragung von RNA-Information in DNA-Information.
- Translation: Dekodierung der Codons der mRNA.
- Initation der Translation: Legt den Leseraster fest.
- Rekombinante DNA: Entsteht durch kovalente Bindung von Nukleinsäuresequenzen des gleichen Moleküls (verschiedene Regionen) oder verschiedener Moleküle.
- Homologe DNA- oder Chromosomenabschnitte: Gleiche lineare Abfolge von Basenpaaren.
- Rekombination: homologe (Crossing over, ungleiches Crossing over, Genkonversion, sequenzspezifisch), nicht homologe.
- Genfamilien: Verwandte Gene, auch auf verschiedenen Chromosomen.
- Genexpression: Umsetzung genetischer Information (Genotyp) in Genprodukte (Phänotyp).
- Genetic imprinting: Unterdrückung der Expression von Allelen, abhängig von der Herkunft (paternal, maternal).
- Gen: DNA-Abschnitte, die exprimierbare Einheiten bilden.

Literatur Kapitel 1.1.1 – 1.1.5

Avery, O.T., Macleod, C.M.and M. Mc. Carty (1944): Studies on the Chemical Nature of the Substance Inducing Transformation of Pneumococcal Types. I. Induction of Transformation by a Deoxyribonucleic Acid Fraction Isolated from Pneumococcus Type III. Exp. Med., **79**, 137-158.

Bateson, W., Saunders, E.R. and R.C. Punnet (1908): Experimental studies in the physiology of heredity. Repts. Evol. Comm. Roy. Soc. London, IV.

Beadle, G.W.and E.L. Tatum (1941): Genetic Control of Biochemical Reactions in Neurospora. Proc. Natl. Acad. Sci., **27**, 499-506.

Boveri, T. (1904): Ergebnisse über die Konstitution der chromatischen Substanz des Zellkerns. Gustav Fischer, Jena.

Bridges, C.B. (1916): Non-disjunction as proof of the chromosome theory of heredity. Genetics, **1:1-52**, 107-163.

Chargaff, E. et al. (1951): The Composition of the Deoxyribonucleic Acid of Salmon Sperm. J. Biol. Chem., **192**, 223-230.

Charlier, C. et al. (1995): The mh gene causing double-muscling in cattle maps to bovine chromosome 2. Mammalian Genome, **6**, 788-792.

Correns, C. (1907): Bestimmung und Vererbung des Geschlechts nach neuen Versuchen mit höheren Pflanzen. Bomtraeger, Berlin.

Crick, F.H.C. (1985): Erbsubstanz DNA. Spektrum Akademischer Verlag, Heidelberg, Berlin, London.

Cuénot, L. (1928): Génétique des souris. Bibl. genetica, **4**, 179-242.

Culley, G.(1807): Observation on livestock, 4.Auflage. G. Woodfall, London.

Eldrige, F.E. (1985): Cytogenetics of livestock. AVI Publishing Co. Inc. Westport, Connecticut, USA.

Fechheimer, N. (1990): The domestic chicken (*Gallus domesticus*) as an organism for the study of chromosomal aberrations. In: Farm Animals in Biomedical Research. Paul Parey, Hamburg.

Frindt, A. (1980): Farmzucht von Pelztieren. In: Wenzel, U.D. (Hrsg.) (1990): Das Pelztierbuch. Eugen Ulmer, Stuttgart.

Gelehrter, D.T. and F.S. Collins (1990): Principles of Medical Genetics. Williams and Wilkins, Baltimore, Hong Kong, London, Sydney.

Goldschmidt, R. (1928): Einführung in die Vererbungswissenschaft, 5. Auflage. J. Springer, Berlin.

Gustavsson, J. (1979): Distribution and effects of the 1/29 Robertsonian translocation in cattle. J. Dairy Sci., **62**, 825-835.

Gustavsson, J. (1980): Chromosome aberrations and their influence on the reproductive performance of domestic animals – a review. Zeitschrift für Tierzüchtung und Züchtungsbiologie, **97**, 95-176.

Hare, W.C.D. and E. Singh (1979): Cytogenetics in animal reproduction. Commonwealth Agricult., Bureaux, Slough, G.B..

Hershey, A.D. and M. Chase (1952): Independent Functions of Viral Protein and Nucleic Acid in Growth of Bacteriophage. J. Gen. Physiol., **36**, 39-56.

Hutt, F.B. (1949): Genetics of the Fowl. Mc. Graw-Hill Book Comp. Inc., New York, Toronto, London.

Johannssen, W. (1926): Elemente der exakten Erblichkeitslehre, 3. dt. Auflage. Gustav Fischer, Jena.

Kornberg, A. (1960): Biological Synthesis of Deoxyribonucleic Acid. Science, **131**, 1503-1508.

Lewontin, R. (1986): Menschen. Spektrum, Heidelberg.

Long, S.E. (1985): Centric fusion translocations in cattle: a review. Veterinary Record, **116**, 18-516.

Mendel, G. (1866): Versuche über Pflanzen-Hybriden. In: Ostwalds Klassiker der exakten Wissenschaften N.F. Bd. 6, Neudruck 1970, komment. v. F. Weiling. Vieweg und Sohn, Braunschweig.

Miescher, F. (1871): Über die chemische Zusammensetzung der Eiterzellen. Hoppe-Seyler's medizinisch chemische Untersuchungen, **4**, 441-460.
Mohr, O.L. and P. Tuff (1939): The norwegian platinum fox. J. Hered., **30**, 266-234.
Morgan, T.H. et al. (1915): The Mechanism of Mendelian Heredity. Holt, Rinehart and Winston, New York.
Morgan, T.H. (1910): Sex-Linked Inheritance in Drosophila. Sience, **32**, 120-122.
Muller, H.J. (1930): Mutation. American Naturalist, **64**, 220.
Nirenberg, M.W. and H.J. Matthaei (1961): The Dependence of Cell Free Protein Synthesis in E. coli upon Naturally Occuring or Synthetic Polyribonucleotides. Proc. Natl. Acad. Sci., **47**, 1588-1602.
Piper, L.R., Bindon, B.M. and G.W. Davis (1984): The single gene inheritance of the prolifacy of the Booroola Merino. In: Land, R.B. und D.W. Robinson (Hrsg.): The genetics of reproduction in sheep. Butterworths, London, 115-125.
Pulos, N. und F.B. Hutt (1969): Lethal dominant white in horses. J. Heredity, **60**, 59.
Reinöhl, F. (1938): Tierzüchtung. Rau, Oeringen.
Rothschild, M.F. et al. (1994): A major gene for litter size in pigs. Proceedings of the 5th World Congress on Genetics Applied to Livestock Production, **21**, 225-228.
Searle, A.G. (1968): Comparative genetics of coat colours in mammals. Logos, Academic Press, London, New York.
Silverrudd, M. (1978): Genetic basis of sexing automation in the fowl. Acta Agriculturae Scandinavica, **28**, 169-195.
Spillmann, W.J. (1906): Mendel's law in relation to animal breeding. Proc. Am. Breeder's Assoc., **1**, 171-177.
Stern, C. (1968): Grundlagen der Humangenetik, 2. Auflage. Fischer, Jena.
Stranzinger, G. (1994): Zytogenetik: Karyogramme verschiedener Nutztierrassen. In: Kräußlich, H. (Hrsg.): Tierzüchtungslehre, 4. Auflage. Eugen Ulmer, Stuttgart, 84-99.
Stranzinger, G. et al. (1981): Konzeptionsergebnisse bei Mischsperma-Einsatz verschiedener Rassen und Chromosomen. Zuchthygiene, **16**, 49-53.
Sutton, W.S. (1903): The Chromosome in Heredity. Biol. Bull., **4**, 231-251.
Waldeyer, W. (1888): Über Karyogene und ihre Beziehung zu den Befruchtungsvorgängen. Archiv Mikroskopische Anatomie, **32**, 1-181.
Watson, J.D. and F.H.C. Crick (1953): General Implications of the Structure of Deoxyribonucleic Acid. Nature, **171**, 964-967.
White, W.T. and H.L. Ibsen (1936): Horn inheritance in Galloway-Holstein Cattle crosses. J. of Genetics, **32**, 33-49.
Yanofsky, C. et al. (1964): On the Colinearity of Gene Structure and Protein Structure. Proc. Natl. Acad. Sci., **51**, 266-272.

Weiterführende Literatur:

Berg, P. und M. Singer (1993): Die Sprache der Gene. Spektrum Akademischer Verlag, Heidelberg, Berlin, New York.
Brem, G., Kräußlich, H. und G. Stranzinger (1991): Experimentelle Genetik in der Tierzucht. Eugen Ulmer, Stuttgart.
Kräußlich, H. (1994): Tierzüchtungslehre, 4. Auflage. Eugen Ulmer, Stuttgart.
Leibenguth, F. (1982): Züchtungsgenetik. Georg Thieme, Stuttgart.
Nicholas, F.W. (1987): Veterinary Genetics. Clarendon Press, Oxford.
Schmid, D.O. und H.G. Buschmann (1985): Blutgruppen bei Tieren. Ferdinand Enke, Stuttgart.
Singer; M. und P. Berg (1992): Gene und Genome. Spektrum Akademischer Verlag, Heidelberg, Berlin, New York.
Suzuki, D.T. et al. (1986): Mendelian analysis. In: An Introduction to Genetic Analysis, 3. Auflage. W.H. Freeman & Company, New York.

1.1.6 Genomanalyse

Das Genom stellt in einem klassischen Sinne die Summe aller Erbinformationen dar. Unter dem Gesichtspunkt der Genomanalyse muß dieser Begriff jedoch dahingehend erweitert werden, daß das Genom die Summe aller DNA umfaßt. Molekulargenetische Untersuchungen haben offengelegt, daß ein wesentlicher Teil der DNA keine Gene repräsentiert. Teil der Genomanalyse ist es jedoch auch diese nicht kodierenden DNA-Strukturen offenzulegen. In der Genomanalyse ist der Versuch zu sehen, Struktur und Funktion des gesamten Erbmaterials möglichst umfassend zu beschreiben. Die damit verknüpfte Erwartung besteht in dem Streben nach einem verbesserten Wissen und Verständnis der vom Erbmaterial abhängigen Lebensprozesse. Mit der Durchführung der Genomanalyse bei landwirtschaftlichen Nutztieren ist deswegen die berechtigte Hoffnung verbunden, die erblichen Grundbedingungen für vielfältige Reaktionsnormen und Belastungsgrenzen immer besser verstehen zu können. Ein umfangreiches, derartiges Wissen bieten die neuen und dringender denn je benötigten Chancen, die Auswirkungen von Züchtungsmaßnahmen künftig besser verstehen zu können. In diesem Zusammenhang sind die Möglichkeiten der Genomanalyse eine wertvolle Hilfe zur Verbesserung der Tiergerechtheit von Züchtungsverfahren.

1.1.6.1 Genomgröße

Während niedere Organismen ohne Zellkern (Prokaryoten) nur ein Genom haben, ist den Vertretern der höheren Organismen mit Zellkernen (Eukaryoten) gemeinsam, daß sie zwei sehr unterschiedliche Genome haben: Das sehr kleine **mitochondriale Genom**, das sich in diesen zytoplasmatischen Zellorganellen befindet und das sehr große **Kerngenom** als wesentlicher Bestandteil des Zellkerninneren.

Das mitochondriale Genom ähnelt mit seiner Ringstruktur einem Bakteriengenom. Das mitochondriale Genom erscheint sehr alt und zeigt deswegen im Vergleich zwischen den Vertebraten in seiner Grundstruktur eine große Ähnlichkeit (Homologie). Es enthält 15 proteinkodierende Regionen und 22 t RNA Gene. Bereits 1982 konnte von Anderson et al. das gesamte mitochondriale Ringgenom des Rindes analysiert werden. Das heißt, die Sequenz von 16363 Basenpaaren ist seitdem vollständig bekannt. Gleiches erfolgte bereits für das 16775 Basenpaare lange mitochondriale Genom des Haushuhnes (Desjardins und Morais 1990) und inzwischen auch für das Hausschwein (Hecht 1995). Wegen seiner hohen Evolutionsstabilität, seiner Überschaubarkeit und seiner maternalen Vererblichkeit wird die mitochondriale DNA gerne für Evolutionsstudien eingesetzt.

Der sehr viel größere Umfang des Kerngenoms erlaubt bei keiner Art derzeit eine genaue Größenbestimmung. Es müssen hierzu Schätzungen erfolgen. Diese Schätzungen erfolgen über Crossing-over-Häufigkeiten, die in Rekombinationseinheiten ausgedrückt werden können. Größenschätzungen von Kerngenomen sind somit genetische und keine physikalischen Schätzgrößen und werden in cM

Tab. 1-11 Genom einiger Säugetierarten

Tierart	Genomgrößen DNA, Basenpaare	Chromosomenzahl, haploid
Huhn	$1{,}2 \times 10^9$	39
Maus	2×10^9	20
Rind	$3{,}5 \times 10,^9$	30
Schwein	$2{,}3 \times 10,^9$	19
Mensch	$3{,}0 \times 10,^9$	23

(centi Morgan, s. 1.1.2.1) angegeben. Das durchschnittliche Säugergenom wird mit etwa 2 300 bis 3 000 cM angegeben, wobei in einer überschlägigen Kalkulation 1 cM mit 10^6 Basenpaaren veranschlagt wird, so daß das durchschnittliche Säugergenom ca. zwischen 2,3 und 3×10^9 Basenpaare umfaßt (Tab. 1-11). Damit liegt die Größenrelation des mitochondrialen Genoms zum Kerngenom im ungefähren Verhältnis von 1:18 000. Dabei ist das Erbmaterial des Kerngenoms auf eine unterschiedliche Zahl von Chromosomenpaaren bei den einzelnen Arten verteilt, während das mitochondriale Genom aus einem einzigen Ringchromosom besteht.

Die Schätzung der Anzahl der Gene einer Art ist immer noch sehr schwierig. Für das am besten untersuchte Säugergenom, das des Menschen, kann man einige empirische Erfahrungswerte zugrunde legen. Der durchschnittliche Abstand zwischen zwei Genen dürfte etwa bei 40 000 Bp liegen. Dies ergäbe etwa 75 000 Gene für das menschliche Genom. Weil es schwierig ist, Gene, Pseudogene und Gencluster rechnerisch richtig einzuschätzen, unterliegen die Angaben der Genzahl im Genom immer noch großen Schwankungen.

1.1.6.2 Genomaufbau

Dem einfachen Ringaufbau des mitochondrialen Genoms steht eine hochkomplexe Struktur im Aufbau des Kerngenoms gegenüber. Grundelement des Kerngenoms ist die Chromatinfaser. Ihr liegt gewissermaßen als „roter Faden“ die DNA zugrunde. Jedes Chromosom wird durch ein derartiges DNA-Doppelhelix-Molekül (1.1.5.1) und die sich anlagernden chromosomalen Proteine gebildet. Vom menschlichen Genom glaubt man zu wissen, daß die Aneinanderknüpfung der DNA-Doppelhelix-Moleküle aller Chromosomen des haploiden Chromosomensatzes eine Länge von ca. 180 cm ergäbe. Der Durchmesser dieser Elementarfaser mißt jedoch lediglich 10 Nanometer. Die Verpackung muß die Unterbringung einer derart langen Einheit im Innern eines Zellkerns, der einen Durchmesser von etwa 30 μm hat, sicherstellen. Dabei ist die Unversehrtheit der enthaltenen DNA-Fadenmoleküle von grundlegender Bedeutung. Diese Verpackung der DNA-Moleküle erfolgt über verschiedene Spiralisierungsstrukturen über die primäre Doppelhelixstruktur hinaus unter wesentlicher Beteiligung der chromosomalen Proteine. Unter ihnen haben die basischen Histonproteine eine zentrale Strukturbedeutung. Jeweils zwei H_2B, H_2A, H_3 und

H_4 Histonmoleküle bilden über eine Selbstassoziation eine oktamere Kompaktstruktur, in der Weise, daß ihre basischen Reaktionsgruppen vorzugsweise am Außenrand zu liegen kommen. Dies sind die Reaktionsstellen für die sauren funktionellen Gruppen der DNA, die sich auf diese Weise um diese Histonoktamere herumwickelt. Dazu benötigt die DNA 2 Windungen mit einer Länge von 146 Basenpaaren. Diese Untereinheit heißt **Nukleosom**. So entsteht eine Struktur, die der an einer Schnur aufgereihten Perlen ähnelt. Über die Bildung weiterer Hohlschraubstrukturen kommt es zu einer Faserverkürzung um etwa den Faktor 5 000. Dadurch verstärkt sich der Faserdurchmesser. Weil die Fadenstruktur des DNA-Moleküls die materielle Grundlage für die lineare Anordnung der Gene im Genom ist und derartig große Längen im submikroskopischen Bereich funktional organisiert werden müssen, sind effiziente Chromatinordnungsstrukturen unentbehrlich. Sie sind als die Aufteilung des Gesamtgenoms auf die verschiedenen Chromosomentypen einer Art realisiert. Damit stellen die Chromosomen eine wesentliche Ordnungsstruktur eines Genoms dar. Die Chromosomengrößen variieren auch innerhalb der Nutztierkaryotypen und können derzeit nur grob im Größenbereich zwischen ca. 30 und 210 cM geschätzt werden. Diese Größenstrukturen des Genoms sind der zytogenetischen Analyse zugänglich (1.1.4.3. und 1.1.4.4). Das zytogenetische Auflösungsvermögen liegt innerhalb der Chromosomenbandmusterstrukturen (1.1.4.3). Die zytogenetische Analyse findet damit ihre Grenze in Genomstrukturen, die kleiner als 5–10 cM sind.

1.1.6.3 Organisation der DNA

Die Nukleotidsequenz bestimmt die informative Funktion der DNA (1.1.5.2). Das Fortschreiten der Genomanalyse bei verschiedenen Vertebraten-Arten erlaubt einen zunehmenden Einblick in die Organisation der DNA. Hierbei werden grundsätzliche Organisationsstrukturen erkennbar, die sich auch in entsprechenden Haustiergenomen wiederfinden.

1.1.6.3.1 Sequenzwiederholungen

Im Gegensatz zu prokaryotischen Chromosomen ist das eukaryotische Genom in Abhängigkeit von der evolutiven Entwicklungsstufe durch das Auftreten von Sequenzwiederholungen charakterisiert. Seit langem sind schwach-, mittel- und hochrepetitive Sequenzen in höher entwickelten Genomen bekannt. Vielfach konnte ihre bevorzugte Lokalisation in den Zentromer- und Telomerregionen der Chromosomen beschrieben werden. Ob solchen Sequenzen eine Funktion zugeschrieben werden kann, läßt sich noch nicht abklären. Meist sind die Sequenzen solcher DNA-Abschnitte nicht einmal beschrieben.

Verschiedene Typen anderer Sequenzwiederholungen sind jedoch sehr gut untersucht und sind teilweise zu wertvollen Hilfsmitteln bei der Genomanalyse geworden. Sequenzwiederholungen sind häufig in einer **Tandemanordnung** organisiert. Das heißt, spezifische Folgen von Nukleotiden kommen in mehreren

Wiederholungen hintereinander vor („Tandem repeat"). Die Anzahl der Wiederholungen solcher Kopien können variieren. Deswegen werden sie als VNTRs (Variable numbered tandem repeats) bezeichnet. Die Zahl der Nukleotide innerhalb des Sequenzmotives (Core sequenz) kann von einem bis zu mehreren Dutzend reichen. Die unterschiedliche Kopiezahl der Wiederholungseinheit an einem definierten Genort kann im Sinne einer multiplen Allelie (1.1.1.5) eines monogenen Mendelfaktors variieren. Dadurch bekommen diese „Genorte" einen hypervariablen Charakter und eignen sich besonders gut als hochpolymorphe DNA-Marker. Wenn solche Wiederholungseinheiten ein Dutzend oder mehr Nukleotide zählen, spricht man von Minisatelliten (Jeffreys et al. 1985). Von **Mikrosatelliten** spricht man, wenn meist mehr als 8 Wiederholungen sehr kurzer Grundmotive vorkommen (Tautz 1989). Unter Berücksichtigung ihrer Komplemente sind so Mono-, Di-, Tri-, Tetranukleotide u.s.w. (z.B. A_n/T_n; GT_n/CA_n; TA_n/CG_n; CAG_n/GTC_n; $AGAT_n/TCTA_n$) festzustellen. Mikrosatelliten-Loci stellen multiple Allelsituationen dar, weil sie aufgrund der unterschiedlichen Wiederholungszahl unterschiedliche Längenfragmente ergeben, so daß sich richtiggehende Allelleitern darstellen lassen (Abb. 1-40).

Neben der Tandem-repeat-Struktur von Sequenzwiederholungen gibt es auch solche DNA-Elemente, die gewissermaßen dazwischengeschoben mit hohen Wiederholungszahlen im Gesamtgenom verstreut vorkommen. Singer (1982) konnte hierbei SINES (Short interspersed elements) von LINES (Long interspersed elements) unterscheiden. SINES sind nur wenige hundert Nukleotide lang, während LINES einige tausend Nukleotide lang sein können. Beispiele aus dem Humangenom sind die Alu-Sequenz-Familie als Vertreter der SINES und die L1-Sequenz-Familie mit etwa 6,4 KB Länge (Hwu et al. 1986). SINES und LINES kön-

Genort	Allele					
L1	095	097	099	103	105	107
L2	125	127	129	131	133	135
L3	091	103	105	107	109	111
L4	172	174	176	178	182	186
L5	157	159	161	163	165	167
L6	157	159	161	163	165	167
L7	149	151	153	155	157	159
L8	126	128	130	132	134	136
L9	214	220	222	224	228	230
L10	176	178	180	182	184	186
L11	094	096	098	100	102	104
L12	113	117	119	121	123	-

Abb. 1-40 Allele polymorpher DNA-Marker in Anzahl der Basenpaare

nen bis zu 5 % der Gesamt DNA eines Genoms ausmachen. SINES werden inzwischen als mobile Retrogene bei Säugern diskutiert (Oberbäumer 1994). Im Zusammenhang mit der Evolution der Genome erringen sie zunehmend Interesse. Inzwischen sind auch aktive SINE-Integrationen in aktive Gene bei Maus und Mensch beschrieben worden (Steinmeyer et al. 1991; Wallace et al. 1991). In beiden Fällen kam es durch Geninaktivierungen zu Erbdefekten. Frengen et al. (1991) und Alexander et al. (1995) beschreiben eine SINE-Sequenz beim Schwein.

1.1.6.3.2 Einzelkopiesequenzen

Das Gegenstück von Wiederholungssequenzen unterschiedlichster struktureller Organisation sind Einzelkopiesequenzen. Diese sind durch das einmalige Vorliegen einer spezifischen Nukleotidsequenz im Genom gekennzeichnet.

Die wichtigsten Vertreter von Einzelkopiesequenzen sind die Strukturgene. Bis auf wenige Ausnahmen, wie die Histongene oder rDNA-Gene sind die heute bekannten Strukturgene der Haustiere Einzelkopiegene. Bei den Eukaryoten sind diese durch eine Exon-Intronstruktur gekennzeichnet (1.1.5.7). Die Exons stellen dabei kodierende Sequenzabschnitte dar und werden abwechselnd von nichtkodierenden Intronsequenzen unterbrochen. Diese Exon-Intronstruktur wird beidseitig durch regulationswirksame Sequenzen flankiert. Flankierende Regulatorsequenzen unterschiedlichster Länge und die Exon-Intronstruktur bilden zusammen ein Strukturgen (Abb. 1-38). Allerdings können regulationswirksame DNA-Elemente für eine kodierende Gensequenz auch in trans-Stellung (1.1.2) an einem anderen Genort im Genom vorkommen.

Die Länge von Strukturgenen variiert sehr stark. Beim α-Laktalbumingen des Rindes verteilen sich 725 Basenpaare kodierender Sequenz unter Aufteilung in 4 Exons auf etwa 3 KB des Strukturgenes (Vilotte et al. 1987). Rezeptorgene sind dagegen in der Regel einige hundert KB lang. Am Gen für den menschlichen Erbfehler zystische Fibrose, einem Transmembrangen mit einer ungefähren Länge von 250 KB, einer für 1480 Aminosäuren kodierenden Sequenz und 24 involvierten Exons, läßt sich dies verdeutlichen (Zielenski et al. 1991).

1.1.6.3.3 Genfamilien

Genomanalyse ist immer eine Momentaufnahme eines Genoms zu einem bestimmten Evolutionszeitpunkt. Genome haben sich entwickelt und wie oben am Beispiel der SINES dargestellt, läßt sich das Andauern dieses dynamischen Prozesses als weiter fortlaufend darstellen. Die zeitlichen Größenordnungen sind bei derartigen Betrachtungen naturgemäß sehr grob. Mit dem Fortschreiten der Sequenzierung von Genomen können DNA-Sequenzen in einem Genom gefunden werden, die zwar nicht identisch, aber mehr oder wenig ähnlich sind. In vielen solchen Fällen spricht man von **Genfamilien**. Gene, die einer gemeinsamen Genfamilie zugeordnet werden, stammen von einem gemeinsamen Vorfahrengen ab. Die Mechanismen der Genomevolution haben diese Ursprungssequenzen modifiziert, nicht selten auch innerhalb des Genoms transloziiert, so daß ihre Genorte heute nicht immer in enger Nachbarschaft (in einem Gencluster) liegen müssen, sondern über das Genom verteilt sein können. Bei derartigen Umbauten des Genoms können sich sowohl die nichtkodierenden Regulationselemente als auch die kodierenden Sequenzen mutativ mehr oder weniger verändert und damit das biologische Wirkungsmuster der Ursprungsgene erweitert haben. Ebenso kann dies jedoch zu einem genetischen Funktionsverlust geführt haben. Die dann funktionslosen DNA-Sequenzen werden als **Pseudogene** bezeichnet, weil noch immer auf ihre ursprüngliche Funktion wegen der Sequenzähnlichkeit mit intakten Genen geschlossen werden kann. Pseudogene können demnach als evolutive Sackgassen verstanden werden. Die größte Genfamilie mit mehreren Dutzend Genen sind die Histokompatibilitätsgene bei den Säugern.

1.1.6.3.4 Kodierende und nichtkodierende Sequenzen

Grobe Schätzungen lassen vermuten, daß weniger als 10 % der DNA eines Säuger-Kerngenoms proteinkodierende Sequenzen enthält. Den Anteil funktionell unverzichtbarer regulationswirksamer Sequenzen anzugeben, ist derzeit nicht möglich. Dennoch ist deutlich geworden, daß der größere Anteil der DNA keine heute ausreichend erkennbare Funktion hat. Repetitive DNA-Sequenzen haben einen sehr hohen Anteil an dieser funktionell bisher nicht definierbaren DNA. Dies führt zwangsläufig dazu, daß die nicht repetitiven funktionalen Gensequenzen vielfach zwischen repititiven Sequenzfolgen unterschiedlichster Redundanz eingebettet sind. Dabei werden Anzeichen dafür deutlich, daß Euchromatin-Chromatinbereiche (1.1.4.3) eine dichtere Besetzung mit Strukturgenen haben und daß Gengruppen in funktionalen Domänen als Cluster vorkommen können.

1.1.6.4 Genetischer Polymorphismus

Der genetische Polymorphismus ist die Grundlage der erblichen Variabilität der verschiedensten biologischen Lebensformen. Die erbliche Variabilität ist die Basis des Evolutionsgeschehens, auf der sich Art-, Populations- und Individualdifferenzierungen gründen. Aus der phänotypischen Vielgestaltigkeit und ihrer Erblichkeit ist der Begriff des genetischen Polymorphismus abgeleitet. Hierunter wurden ursprünglich monogen bedingte Eigenschaften verstanden, bei denen in der Population mindestens zwei verschiedene Phänotypen beobachtet werden (1.1.1 Mendelgenetik). Der seltenere Phänotyp muß jedoch vereinbarungsgemäß mit einer Frequenz von > 1 % vertreten sein. Diese Begriffbestimmung macht deutlich, daß sich ein bestimmter genetischer Polymorphismus immer auf einen Genort bezieht und dieser Genort in mindestens zwei erblichen Ausprägungsformen (Allelen) vorkommt. Der polymorphe Charakter eines Genortes steigt demzufolge mit der Anzahl seiner Allele. Die verbindliche Bezugsgröße für Betrachtungen des genetischen Polymorphismus ist deshalb immer ein definierter Genort. Neben den DNA- und Protein Polymorphismen gibt es auch einen chromosomalen Polymorphismus.

1.1.6.4.1 Darstellbarkeit

Seit langem wird mit den klassischen Methoden der Tierzüchtung an Hand phänotypischer oder biochemisch physiologisch erkennbarer Merkmalsvarianten auf den Polymorphiegrad des ursächlichen Genes geschlossen. In solchen Fällen konnte zwar das Gen nur als Wirkursache eines Erbmerkmales postuliert werden, dennoch lassen sich auch so heute noch gültige genetische Polymorphismen beschreiben und nutzen, wie dies am Beispiel der polymorphen Farbloci augenfällig ist (1.1.1.6). Entscheidend für eine zuverlässige Beschreibung genetischer Polymorphismen ist die sichere Erfassung aller möglicherweise involvierten Allele. Die individuelle Erfassung verschiedener Allele setzt eine diskrete Verteilung voraus (Qualitative Merkmale, Hauptgene 1.1.1.2).

• Phänotypisch
Der phänotypischen Erkennung von genetischen Polymorphismen liegt die Vorstellung zugrunde, daß spezifische Genwirkungen der unterschiedlichen Allele am ursächlichen Genort in ihrer phänotypischen Merkmalsausprägung erkannt werden können. Solche klassischen Merkmale sind vielfach Exterieurmerkmale. Farb- und Scheckungsmerkmale, Behornung oder Kammformen bei Hühnern gelten als Paradebeispiele für phänotypisch erkennbare, genetische Polymorphismen (s. 1.1.1.6).

• Biochemisch
Die Darstellbarkeit der Variabilität von Proteinen und vor allem von Blutgruppen hat eine große tierzüchterische Tradition. Einzelne Blutgruppensysteme (1.1.1.5) gehören derzeit zu den komplexesten Beispielen genetischer Polymorphismen in der Tierzucht. Die biochemische Darstellung genetischer Polymorphismen berücksichtigt die Variabilität der Genprodukte, nicht jedoch die Variabilität des genetischen Materials selbst. Weil in kodierenden DNA-Abschnitten Punktmutationen im Rahmen des degenerierten Triplettkodes vorkommen können, die sich als stille Mutationen nicht auf der Ebene der Genprodukte auswirken, zeigt die DNA eine höhere Variabilität.

• Chromosomal
Chromosomale Variation kann bereits am Erbmaterial auf dem Analyseniveau der Chromosomenstrukturen direkt erfaßt werden (1.1.4.3 und 1.1.4.4). Bei chromosomalen Polymorphismen ist auf die diskontinuierliche Merkmalsstruktur besonders zu achten, weil es auch kontinuierliche chromosomale Variation gibt, deren Darstellbarkeit in bezug auf ihre eindeutige und exakt wiederholbare Ansprechbarkeit erhebliche Zweifel entstehen läßt. Bei fließenden Übergängen chromosomaler Variation mit kontinuierlicher Merkmalsverteilung können eben einzelne Varianten nicht sinnvoll voneinander unterschieden werden.

• Molekular
Molekulargenetische Variabilität ist die direkte Darstellung von DNA-Varianten. Sie erfaßt die eindeutige Definition der Molekularstruktur der verschiedenen Allele eines definierten „Genortes“. Auf diesem Untersuchungsniveau lassen sich auch die Ursachen der multiplen Allelie und der genetischen Polymorphismen

am sichersten beschreiben. Bei diesen Ursachen handelt es sich um Mutationen der DNA. Dies sind, wie bereits weiter oben dargestellt, die Mutationstypen Punktmutation als Basenaustausch, Deletionen und Insertionen von einer bis zu beliebig vielen Nukleotiden (1.1.3).

• Anonyme DNA-Sequenzen

Da der größere Teil der DNA eines Nutztiergenoms ohne heute erkennbare Funktion ist, können diese DNA-Abschnitte als anonyme DNA-Sequenzen bezeichnet werden. Mit ihrem DNA-typischen Aufbau unterliegen diese Sequenzen dem gleichen Mutationsgeschehen wie Strukturgene. Entscheidende Ursachen des genetischen Polymorphismus ist immer eine Veränderung der DNA-Sequenz. Sofern der Informationsgehalt unberücksichtigt bleiben kann, ergeben sich bei gleichbleibener Länge Sequenzänderungen durch Nukleotidaustausch oder Längenveränderungen durch Insertionen oder Deletionen unterschiedlichster Größe durch Hinzufügung weiterer oder Verlust vorhandener Sequenzabschnitte. Ungleiches Crossing-Over ist bei derartigen Längenveränderungen häufig die Ursache (1.1.5.5).

Sequenzänderungen können immer mit DNA-Sequenzierungen festgestellt werden. Solche Sequenzänderungen, die in einer Erkennungssequenz eines Restriktionsenzyms liegen, können über einen sogenannten Schnittstellenpolymorphismus dargestellt werden. Im letzteren Fall kommt es zu unterschiedlichen Längenfragmenten, woraus sich der Begriff des **Restriktionsfragmentlängenpolymorphismus** (RFLP) ableitet. Unterschiedliche DNA-Fragmentlängen werden über elektrophoretische Trennverfahren dargestellt (Abb. 1-41). Wenn in einen Einzelkopie-Abschnitt Sequenzwiederholungsmotive eingelagert sind, so verändert die Kopiezahl der Wiederholungseinheit die Länge des durch die beiden unveränderten flankierenden DNA-Sequenzen definierten DNA-Fragmentes. Die unterschiedliche Länge eines solchen DNA-Fragmentes wird als spezifisches Allel definiert. Die Berücksichtigung von **Minisatelliten** als polymorphe DNA-Abschnitte führt unter praktischen Analysedurchführungen mit der Southern-Blott-Technik zu DNA-Fragmentlängen von wenigen KB bis zu ca. 20–30 KB. Die Verwendung von DNA-Minisatelliten ist grundsätzlich zur Dar-

ungeschnitten: U

BLAD-F = frei

BLAD-A = Anlageträger

BLAD-M = Merkmalsträger

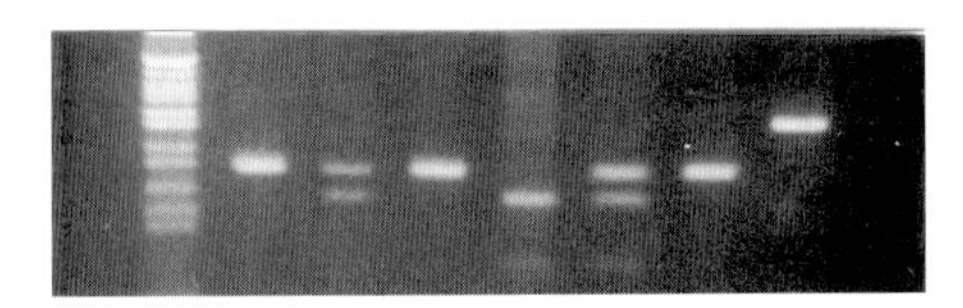

MG F A F M A F U

Abb. 1-41 Gendiagnose für BLAD

stellung von DNA-Polymorphismen geeignet. Sie finden ihren Niederschlag in dem sogenannten DNA-Fingerprint-Verfahren. Ihr schwerwiegender Nachteil ist jedoch die mangelnde Exaktheit mit der Allele über verschiedene Elektrophoreseläufe hinweg definiert und zweifelsfrei wiedergefunden werden können. Dieser Nachteil ergibt sich aus der Tatsache, daß beim Southern-Blott-Verfahren ein spezifisches DNA-Fragment nur durch seine Länge und die allen analysierbaren DNA-Fragmenten gemeinsame Wiederholungssequenz dargestellt wird. Dies bedeutet, daß DNA-Fragmente gleicher Länge, mit gleicher Wiederholungssequenz und zufällig gleicher Kopiezahl, aber unterschiedlichen flankierenden Sequenzen zwar eindeutig verschiedene Genorte repräsentieren, aber mit diesem Verfahren nicht voneinander unterschieden werden können. Diese Tatsache schränkt die Nutzbarkeit von DNA-Minisatelliten als genetische Polymorphismen zumindest in der Tierzucht erheblich ein. Sehr viel höher ist die Eignung von **Mikrosatelliten** zur Darstellung von genetischen Polymorphismen einzuschätzen. Auch bei ihnen entsteht die DNA-Fragmentlängenvariation durch unterschiedliche Kopiezahlen der allerdings sehr kurzen Wiederholungssequenzmotive innerhalb von flankierenden Einzelkopiesequenzen. Insgesamt handelt es sich bei Mikrosatelliten aber nur um DNA-Fragmentlängen von meist weniger als 350 Bp. Diese DNA-Fragmente werden jedoch mit der Polymerase-Ketten-Reaktion (PCR) amplifiziert und mit einer nachfolgenden Elektrophorese dargestellt. Entscheidend für die PCR-Amplifikation sind in diesem Falle einmalige Primärsequenzen aus den flankierenden unverwechselbaren DNA-Teilen, mit denen eindeutig die entstehenden DNA-Fragmente auf ihren unverwechselbaren Genort bezogen werden können. Bei fachgerechter Verwendung können demnach die unterschiedlichen Allele einer Mikrosatellitensequenz eindeutig definiert werden, während dies bei Minisatelliten nicht zweifelsfrei gelingen kann.

• Gene

Genvarianten sind der Ansatzpunkt für jede Art natürlicher und künstlicher Selektion. Die Mutationsursachen auf der DNA-Ebene unterscheiden sich nicht von denen anonymer DNA-Sequenzen. Da die Gene enthaltenden DNA-Abschnitte informative Funktionsbedeutung haben, können Sequenzänderungen die genetische Informationsvermittlung, also Unterschiede in den Genwirkungen, verursachen. In Folge von Punktmutationen auf der DNA-Ebene kann es zu Veränderungen der Aminosäuresequenz des kodierten Proteins kommen. Im Falle der mutativen Entstehung des Stopkodons TGA (Tab. 1.10) kommt es zum Abbruch des Transkriptionsvorganges und damit zur Bildung eines unvollständigen Proteinbruchstücks mit entsprechender Funktionsstörung. Letztgenanntes Phänomen ist ebenfalls dann zu beobachten, wenn durch Insertion und Deletion geringeren Umfangs das Leseraster (1.1.5.6) der codierten Information verschoben wird oder durch Umlagerung oder Verlust größeren Umfangs entweder ebenfalls Proteinbruchstücke oder vielleicht sogar ganz neue Proteintypen entstehen, wie sich dies scheinbar beim Vergleich zwischen dem α-Laktalbumingen der Ratte mit dem Lysozymgen des Huhnes andeutet. Genvarianten werden, wie bei den anonymen-DNA-Sequenzen, vor allem über

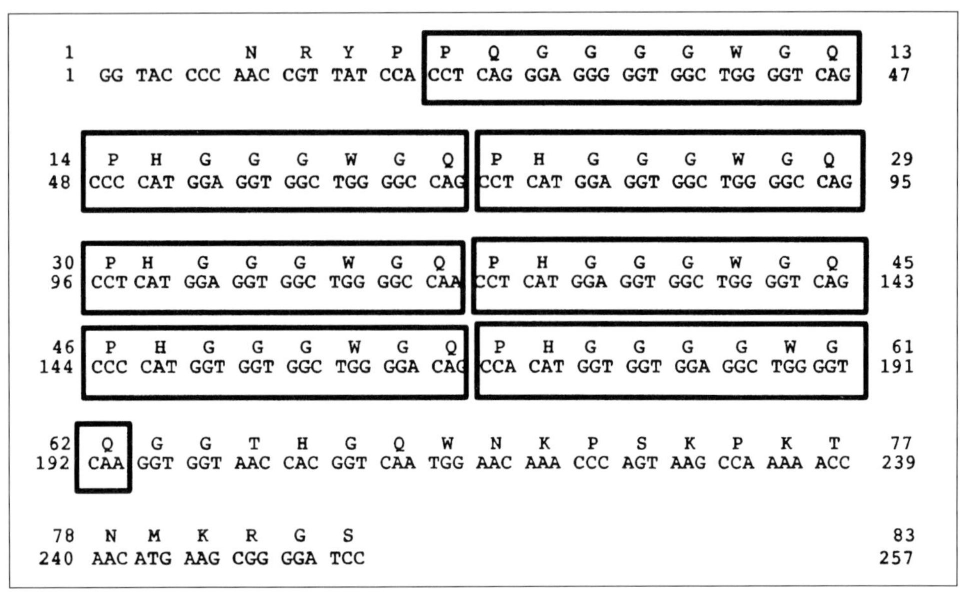

Abb 1-42 Repeatstruktur mit 7 Oktapeptid-Kopien des Priongenes beim Rind

RFLP's, Sequenzierungen, SSCP (Single strand conformational polymorphisms) und gelegentlich über spezifische Oligonukleotidhybridisierungen dargestellt. Sequenzwiederholungen kommen auch innerhalb von Strukturgenbereichen vor, sind meist jedoch auf nichtkodierende Sequenzabschnitte, wie beispielsweise Introns oder flankierende Sequenzen beschränkt. Eine seltene Ausnahme stellt das Prionproteingen dar, das ursächlich am Auftreten der Prionkrankheiten beteiligt ist, zu dem auch die Bovine spongioforme Enzephalopathie (BSE) zählt. Dort findet sich eine 24 oder 27 Bp lange Wiederholungssequenz im proteinkodierenden Bereich, die mit 5–7 Kopien auftreten kann (Abb. 1-42). Ob diese Repeatstruktur, die sich auf der Proteinebene als Oktapeptidvariabilität darstellt im Zusammenhang mit BSE zu sehen ist, wird gegenwärtig diskutiert.

1.1.6.4.2 Polymorphe Marker

Bei genetischen Markern handelt es sich um eindeutig erkennbare Merkmale unterschiedlichster Qualität. Farbmarker sind als auffällige Farbzeichen (z.B. weiße Haflingermähne, Rotfaktor bei Rindern, 1.1.1.6) ein Beispiel für phänotypische Merkmale. Spezifische Chromosomenmutationen können als chromosomale Marker genutzt werden und DNA-Varianten als molekulare Marker. Chromosomale oder DNA-Marker sind nicht an einer eigenen Merkmalsausprägung beteiligt, sondern ihre Bedeutung ist die eines Hilfsmerkmales zur Erfassung eines spezifischen, selbst noch nicht oder schwer erfaßbaren, Merkmals. Der Marker hat somit eine spezifische Signalwirkung im Hinblick auf das nicht selbst erfaßbare Merkmal, ohne selbst am Zustandekommen des eigentlich interessierenden Merkmals beteiligt zu sein. Ein traditioneller phänotypischer

Marker ist die dominante Weißfärbung des Kopfes beim Fleckvieh als Farbmarker für eine entsprechende Muskelfülle und damit einen erhöhten Schlachtwert eines weißköpfigen Tieres. Rinderkreuzungstiere mit weißem Kopf werden deswegen vom Erfassungshandel bevorzugt abgenommen (2.1.6.1). In diesem Falle liegt ein dimorpher Marker, weiß oder nicht weiß, vor. Wenn biochemische oder DNA-Marker züchterisch ausgenutzt werden, dann ist der Grund hierfür in der Regel ein ausreichend enger Kopplungszusammenhang zum eigentlichen Zielmerkmal. Für das Aufdecken solcher Kopplungszusammenhänge ist es von großem Vorteil, wenn der entsprechende Marker durch eine multiple Allelie charakterisiert ist. Je größer die Anzahl der Allele eines „Marker-Genortes" ist, desto höher ist der Polymorphiegrad (1.1.2.3, Testkreuzung Abb. 1-17). Wenn dann die Frequenz dieser Allele in einer Population etwa gleich ist, sind solche Marker von besonderem Interesse, weil in diesen Fällen bei Kopplung eine gute Möglichkeit besteht, die Varianten des Zielmerkmals indirekt, aber ausreichend genau zu erfassen. Die derzeit tierzüchterisch interessantesten polymorphen Marker sind die DNA-Mikrosatelliten. Sie sind in sehr großer Zahl flächendeckend über das Genom verteilt, die einzelnen Allele können sicher identifiziert werden und ihre methodische Darstellbarkeit erlaubt einen vielfältigen Einsatz für genomanalytische Fragestellungen.

1.1.6.5 Genkartierung

In einer Genkarte finden sich alle bekannten DNA-Loci. Weil Genkarten das Genom repräsentieren und die zugrunde liegenden DNA-Moleküle eine lineare Struktur haben, ist die lineare Anordnung der Loci in diesen Genkarten wiedergegeben. Dabei stellen die Genkarten der einzelnen Chromosomen Teilausschnitte des Gesamtgenoms dar. Genorte im Sinne der Genkartierung sind auch die Lokalisationen von DNA-Markern. Die Lokalisationen von Genmarkern übersteigen die Eintragungen von eigentlichen Genen in den neueren Genkarten zahlenmäßig deutlich. Es gibt zwei verschiedene Typen von Genkarten, genetische und physikalische. Entscheidend ist letztlich die Übereinstimmung bezüglich der linearen Anordnung der Loci. Die Abstände der Genorte zueinander können zwischen physikalischen und genetischen Genkarten variieren. Die Dichte der als Orientierungspunkt in eine Genkarte eingetragenen Loci bestimmt den Wert von Genkarten.

1.1.6.5.1 Genetische Karten

Ursächliches Phänomen für die Anfertigung von genetischen Karten sind die Rekombinationen zwischen benachbarten Genen, die durch Crossing over entstehen (1.1.2.2). Deswegen sind die Rekombinationsfrequenzen in genetischen Karten der Maßstab. Die Karteneinheit wird in „centi Morgan" (cM) angegeben. Wenn zwei Genorte in der Gametogenese mit einer Häufigkeit von 1 % durch ein Crossing over voneinander getrennt werden, so beträgt der Abstand zwischen diesen beiden Genorten 1 cM. Dies ist der Fall, wenn pro 100 Zygoten eine

Rekombination auftritt. Je größer der Abstand zwischen zwei Genorten ist, desto höher ist die Crossing-over-Häufigkeit und somit der Abstand in cM. Die Häufigkeit des biologischen Meioseereignisses Crossing over ist nicht unabhängig von der Qualität des Erbmaterials. Vielmehr wird die Crossing-over-Häufigkeit durch Familien- und Populationseinflüsse ebenso beeinflußt wie durch Alter und Geschlecht, aber auch von spezifischen Chromosomenabschnitten oder in der Nachbarschaft bereits erfolgter Crossing-over-Ereignissen. Die Folge sind variierende Kartenabstände in genetischen Genkarten, die an unterschiedlichem genetischen Material erarbeitet wurden. Dies ist der Nachteil genetischer Karten.

• Kopplungsanalysen

Ziel der Kopplungsanalyse (1.1.2.1 und 1.1.2.2) ist, abzuklären, welche Loci so eng benachbart in einem Chromosomenabschnitt liegen, daß sie in der Regel gemeinsam als gekoppelte Gene an die Nachkommengeneration weitergegeben werden (Haplotypen). Grundsätzliche Voraussetzungen für Kopplungsanalysen sind die eindeutige Definierbarkeit der betrachteten Erbmerkmale, der polymorphe Charakter ihrer Genorte und die Kenntnis der zugehörigen Erbgänge. Bei Vorliegen dieser Bedingungen können in **informativen Familien** Kopplungszusammenhänge bestimmt werden, wenn für die beiden zu betrachtenden Merkmale eine **Doppelheterozygotie** bei den Elterntieren vorliegt. In diesen Fällen kann ein gemeinsames Segregieren der elterlichen Allele in der nächsten Generation festgestellt werden (1.1.2.1). Bei monomorphen Genen und Erbmerkmalen ist dies nicht möglich. Ebenso gilt dies für Eltern, die für die fraglichen Merkmale homozygot, also nicht informativ sind. In diesen Fällen ist ein Kopplungszusammenhang nicht feststellbar, weil das Segregationsverhalten wegen mangelnder Unterscheidbarkeit der elterlichen Allele nicht bestimmbar ist. Als Erbmerkmale können phänotypische, biochemische oder molekulargenetische Merkmale in Kopplungsanalysen berücksichtigt werden. Als wesentliche neue Möglichkeiten der Genomanalyse ist die Prüfung von Kopplungszusammenhängen zwischen phänotypischen oder biochemisch-physiologischen Erbmerkmalen und molekulargenetisch definierbaren DNA-Sequenzen zu sehen. Vielfach ist dies in der Genomanalyse bei Haustieren der derzeit einzige Zugang zur Molekularstruktur tierzüchterisch bedeutsamer Erbmerkmale. In der Tierzucht können informative Familien grundsätzlich durch die gezielte Anpaarung doppeltheterozygoter Individuen (beide zu untersuchenden Gene oder Merkmale liegen heterozygot vor) erstellt werden (1.1.2.1 Abb. 1-15) Verwendung als informative Familien können auch solche Tierfamilien finden, die sich über mehrere Generationen erstrecken und einen entsprechenden Merkmals- und Gen-(Marker)-Polymorphismus zeigen. Bei Kopplungsanalysen wird von einer Nullhypothese ausgegangen, wonach die Gene nicht gekoppelt sind. In diesem Fall beträgt die tatsächliche Rekombinationsrate $r = 0{,}5$. Bei Annahme einer Kopplung wird in der Alternativhypothese eine Rekombinationsfrequenz von $r < 0{,}5$ angenommen. An den Genotypen der Nachkommen informativer Paarungen kann festgestellt werden, ob die Rekombinationsrate $r < 0{,}5$ ist und entsprechend eine Kopplung vorliegt oder nicht (1.1.2.1).

Als Signifikanzwert für die Kopplung von Erbmerkmalen wird häufig der sogenannte Lod-Score-Wert nach Morton (1955) verwendet. Beim Lod-Score-Test wird innerhalb jeder informativen Familie die Nullhypothese r = 0,5 mit der alternativen Hypothese r_1 = < 0,50 verglichen. Als Rekombinationswerte r_1 werden meist nicht nur ein Wert, sondern die Werte $r_1 = 0,05$, $r_1 = 0,10$, $r_1 = 0,20$, $r_1 = 0,30$, $r_1 = 0,40$ getestet (vertieft in: Brem et al. 1991). Mit Lod-Score-Werten lassen sich Signifikanzen für das Vorliegen von Kopplungszusammenhängen vorgeben. Beim Vorliegen von Lod-score-Werten > 3 wird allgemein ein Kopplungszusammenhang angenommen. Die schrittweise Feststellung von immer größeren Kopplungsgruppen stellt eine interessante Methode zur Genkartierung dar, vor allem wenn derartige Kopplungsgruppen in einem Folgeschritt in die physikalische Genkarte eingeordnet werden.

• QTL-Schätzungen
Bei Kopplungsanalysen werden zwei oder auch mehr monogene Erbmerkmale berücksichtigt. Im genomanalytischen Idealfall wird versucht, einen Kopplungszusammenhang zwischen einer spezifischen DNA-Sequenz mit ihrer phänotypischen Merkmalsausprägung herzustellen. Dabei standen bisher monogene Erbmerkmale im Vordergrund der Betrachtung. Bei der QTL (**Q**uantitative **T**rait **L**oci)-Schätzung wird der Versuch unternommen, den Effekt eines oder mehrerer Genombereiche, der durch meist mehrere DNA-Marker repräsentiert wird, auf die Leistungsausprägung oligo- oder polygen bedingter Merkmale zu erfassen. Hierbei sollen auf der DNA-Ebene eine größere Anzahl von Genorten erfaßt und mit Leistungen auf der Merkmalsebene in Beziehung gesetzt werden. Dies erhöht nicht nur den Untersuchungsaufwand beträchtlich, sondern es verringert auch die Aussagesicherheit über die Beziehungen zwischen Genomregionen und ihren Genwirkungen bei quantitativen, also sehr komplexen Merkmalen. Um derartige genetische Zusammenhänge auffinden zu können, ist ebenso wie bei Kopplungsanalysen ein informatives Familienmaterial, mit möglichst hohem Heterozygotiegrad der Ausgangstiere und einer Vielzahl polymorpher Marker erforderlich. Auch mit diesem Ansatz soll die Genwirkung spaltender Genombereiche auf erfaßbare Merkmalsunterschiede festgehalten werden. In ersten Ansätzen ist dies für Milchleistungsmerkmale (Georges et al. 1995) gelungen. Es erscheint dies ein Weg, für tierzüchterisch interessante, quantitative Merkmale einen Zugang zur Molekularstruktur finden zu können.

1.1.6.5.2 Physikalische Genkarten

Im Gegensatz zu den rekombinationsabhängigen Relativabständen der genetischen Genkarten gelten in physikalischen Genkarten fixe Genabstände als Ausdruck materieller Lokalisationen in bestimmbaren Chromosomenabschnitten oder sehr großen DNA-Fragmenten.

• Somatische Zellhybriden
Genkartierung ist das Vorhaben definierbare Genorte einem bestimmten Genomteil, also einem Chromosom oder Chromosomsegment zuordnen zu können. Unter sorgfältig ausgewählten Versuchsbedingungen bietet hierfür die

Verwendung somatischer Zellhybriden sehr gute Möglichkeiten. Die experimentellen Erfahrungen mit Zellhybriden haben deutlich gemacht, daß sich bei interspezifischen Zellhybriden im Hybridgenom dann eine chromosomale Instabilität einstellt, wenn eine permanente mit einer primären Zellinie fusioniert wird. Wenn als primärer Parentalzelltyp eine Zelle der Kartierungsspezies mit einer permanenten Zellinie, meist von Nagern abgeleitet, fusioniert wird, kommt es im Hybridgenom zum Verlust von Chromosomen des Genoms des Primärzelltyps. Dies bietet die Chance nur noch Teilgenome der Kartierungsspezies, bestehend aus einzelnen Chromosomen, in der Analyse berücksichtigen zu müssen. Eine nicht fusionierte Zelle könnte diesen Chromosomenverlust nicht überleben. Bei der Hybridzelle wird jedoch der durch den Chromosomenverlust eingetretene Genverlust durch das mehr oder weniger vollständige und jedenfalls voll funktionsfähige Genom der permanenten Zelle kompensiert, so daß die Vitalfunktionen der Hybridzelle sichergestellt sind. Der Verlust der Chromosomen der Kartierungsspezies im Hybridgenom scheint zufällig zu erfolgen, so daß Zellen mit einer unterschiedlichen Chromosomenausstattung entstehen. Solche Zellen lassen sich als Hybridzellklonlinien entwickeln. Hat man bei der Zellfusion beispielsweise permanente Mauszellen mit primären Schweinezellen eingesetzt, so werden Hybridzellgenome entstehen, die durch eine sehr verschiedene Ausstattung mit Schweinechromosomen charakterisiert sind. Vergleicht man nun in einer geeigneten Hybridzellklonsammlung mit zwei Dutzend oder mehr verschiedener Zellklonlinien das parallele Auftreten von Genvarianten des Schweines mit einem entsprechenden Vorkommen spezifischer Schweinechromosomen im Hybridgenom, so müßten definierbare Genvarianten und spezifische Schweinechromosomen immer gemeinsam vorhanden oder abwesend sein. Weil Gene und ihre Genorte auf bestimmten Chromosomen lokalisiert sind, bedingt ein Chromosomenverlust im Hybridgenom zwangsläufig den Verlust der auf ihm lokalisierten Gene. Die Feststellung des Vorliegens spezifischer Gene und Chromosomen des Schweines in einer derartigen Hybridzellklonsammlung gibt zuverlässig Aufschluß, welche Gene auf welchen verbliebenen Genomteilen, also Chromosomen der Kartierungsspezies zuzuordnen sind. Sie werden als **Syntäniegruppen** bezeichnet und repräsentieren Gene, deren Genort auf dem gleichen Chromosom liegt, wobei offen bleibt, um welches Chromosom es sich handelt.

• In-situ-Hybridisierung

Bei der In-situ-Hybridisierung werden möglichst große komplementäre Sequenzhomologien zwischen einer DNA-Probe, die das gesuchte Gen darstellt und der nativen DNA-Sequenz des zugehörigen Genortes in einem Chromosom, genutzt. Aus der Doppelstrangnatur der DNA (1.1.5.1) ergibt sich die bekannte Sequenzkomplementarität, mit der sich zwei DNA-Einzelstränge mit komplementärer Sequenz aneinanderlagern. Bei der In-situ-Hybridisierung gilt es, die Reaktionsbedingung für diesen Renaturierungsvorgang zweier spezifischer DNA-Einzelstränge gezielt herzustellen. Dabei wird von der Überlegung ausgegangen, daß der natürliche Genort in den Chromosomen jeder Zelle enthalten ist und somit in jeder Metaphasenplatte eines Chromosomenpräparates, zunächst als doppelsträngige DNA, in jedem der homologen Chromosomen enthalten ist. Durch die nicht sichtbare Auflösung des DNA-Doppelstranges in einem Chromosomenpräparat wird das Gesamtgenom gewissermaßen für einen vollständigen Abtastvorgang verfügbar. Wird ein derartig vorbereitetes Chromosomenpräparat in eine geeignete Reaktionslösung verbracht, die als Genprobe das Einzelstrang-DNA-Fragment des für die Genkartierung ausersehenen Genes enthält, so wird das mobile Einzelstrang-DNA-Fragment in der Lösung das native, homolog komplementäre, am Zielchromosom eines Präparates fixierte DNA-Fragment finden und sich komplementär an dieser Stelle anlagern. Werden die Genproben mit Isotopen oder zunehmend mit Fluoreszenzfarbstoffen markiert kann der Ort der Anlagerung im Chromosomenpräparat sichtbar gemacht werden, der Genort ist damit physikalisch bestimmt.

• Chromosomenmikrodissektion
Die bisher vorgestellten Genkartierungsmethoden haben gemeinsam, daß der zufällige Genort für ein bestimmtes Gen gesucht und gefunden werden kann. Bei der Genkartierungsmethode der Chromosomenmikrodissektion ist der Ausgangsort ein definierter Genombereich und es soll festgestellt werden, welche Genorte er enthält. Die Mikrodissektion ist deswegen als ein reverser Genkartierungsansatz zu verstehen. Das Auflösungsvermögen dieser Methode wird bestimmt durch die Möglichkeiten der Chromosomenbandmusterfärbungen (1.1.4.3) und die technischen Bedingungen der mikrochirurgischen Chromosomendissektion. Die mit diesem Verfahren erfaßbaren Chromosomenabschnitte erreichen eine Größenordnung von 10 bis 20 cM. Die Chromosomenmikrodissektion erlaubt die gezielte Herstellung chromosomenbandspezifischer DNA-Bibliotheken mit ihrem chromosomensegmentspezifischen Gehalt an Genen und polymorphen Markern.

1.1.6.5.3 Bedeutung der Genkartierung

Genkarten stellen ein Orientierungssystem für die lineare Anordnung der im Genom benachbarten Genorte dar. Je dichter Genkarten sind, desto besser geben sie Aufschluß über Kopplungszusammenhänge zwischen Genen in einer Art. Die heutigen Genkarten für Rind und Schwein erreichen inzwischen einen durchschnittlichen Abstand von etwa 20 cM zwischen den Genorten. Da eine durchschnittliche Rekombinationseinheit von 20 cM angenommen wird, müßte bei Verwendung eines DNA-Marker-Sets mit diesem Abstand in einem informativen Familienmaterial ein Kopplungszusammenhang mit allen beobachtbaren Erbmerkmalen bestimmbar sein.

Umfassende Kenntnisse über Kopplungszusammenhänge und dichte Genkarten sind wichtige Hilfsmittel für die genomanalytische Identifikation tierzüchterisch wichtiger Gene. Kopplungszusammenhänge lassen sich ebenso für die markergestützte Selektion nutzen (1.1.9.7)..

1.1.6.6 Einzelgenidentifikation

Während sich die klassische Tierzuchtwissenschaft weitgehend eines genetisch-statistischen Methodenansatzes bedient (1.1.9), ist die Aufgabe der Genomanalyse, molekulare Genstrukturen tierzüchterisch wichtiger Gene offenzulegen. Bei monogenen Merkmalen kann dies naturgemäß leichter gelingen als bei polygenen Merkmalen. Wichtige tierzüchterische Merkmalskomplexe wie Milch-, Fleisch- und Legeleistung oder erbliche Tiergesundheit und Langlebigkeit sind jedoch nach unserem heutigen Verständnis weitgehend polygene Merkmale. Alle an der Ausprägung derartiger Merkmale beteiligten Genstrukturen und -funktionen zu erfassen ist ein noch immer ungewöhnlich schwieriges und aufwendiges Unterfangen, dessen positive Erfolgsaussichten vielfach erhofft werden. Die Identifikation von Genen, die die Ausprägung eines monogenen Erbmerkmals verursachen, gelingen immer öfter. Der hierbei zu leistende Aufwand hängt vom Kenntnisgrad der physiologischen Zusammenhänge beim Zustandekommen eines Erbmerkmales ab.

1.1.6.6.1 Bekannte Proteine als Erbmerkmale

Genprodukte sind Proteine und über sie kommt es zur Ausprägung eines Erbmerkmales. Wenn die biochemische Struktur eines physiologischen Prozesses geklärt ist und die dabei beteiligten Proteine bekannt sind, ist es relativ einfach, die zugehörige molekulargenetische Merkmalsstruktur zu beschreiben. Dies gelingt, weil sich die Aminosäurensequenz von Proteinen grundsätzlich analysieren läßt. Da sich die Aminosäurensequenz mit Hilfe des Triplett-Kodes ausreichend genau in die DNA-Sequenz umchiffrieren läßt, können aus dieser Informationstransformation die entscheidenden Anhaltspunkte für die genaue Aufklärung der Struktur und Funktion der beteiligten Einzelgene abgeleitet werden (1.1.5.6, genetischer Code Tab. 1-10). So war es beispielsweise nur noch eine Frage der technischen Umsetzung, die Defektmutante, die den Erbfehler Zitrullinämie beim Holstein Friesenrind verursacht, zu identifizieren, nachdem der ursächliche Stoffwechseldefekt und die dafür verantwortliche Argininosuccinatsynthetase als Auslöser bekannt war. Sobald entsprechende Stoffwechselprodukte, die sich als Proteine zu erkennen geben bekannt sind, ist der Aufwand, die spezifischen Genvarianten zu identifizieren, gut überschaubar. Derartige Situationen sind allerdings sowohl bei mono-, als auch bei polygenen Merkmalen bei Haustieren, nach wie vor die Ausnahme.

1.1.6.6.2 Kandidatengene

In vielen Fällen sind sogenannte Kandidatengene eine Zwischenstufe zur Einzelgenidentifikation. Von Kandidatengenen spricht man, wenn bereits bekannte Gene als ursächlich für das zu erforschende Merkmal in Frage kommen. Gründe für solche Annahmen können sein: Stoffwechselgegebenheiten, Funktionsfähigkeit von Strukturproteinen, sowie die Lokalisation von Genen in einem bereits erkannten Chromosomenabschnitt. Grundsätzlich sind dabei speziesübergreifende Funktionsvergleiche möglich.

• Vergleichende Genkartierung
Der Vergleich verschiedener Säugergenkarten untereinander hat in den letzten Jahren deutlich gemacht, daß Gruppen gleicher Gene bei verschiedenen Spezies, beispielsweise Mensch, Maus, Rind, Schwein, nicht selten in gleicher oder ähnlicher Anordnung auf einem bestimmten Chromosomenabschnitt lokalisiert sind. Es entsteht dabei der nachhaltige Eindruck, daß während der evolutiven Speziesbildung beim Aufbau der individuellen Chromosomen und der sich daraus ergebenden speziestypischen Karyotypen chromosomale Bausteine eine große Rolle gespielt haben. Demnach dürfte der Gengehalt dieser Bausteine weitgehend erhalten geblieben sein. Die größten Verschiedenheiten in den Genanordnungen finden sich in den Bruch- und Verschmelzungszonen der ursprünglichen Chromosomenblöcke. Aus dem Vergleich mehrerer Säugergenkarten müssen jeweils die Enden solcher Chromosomenblöcke bestimmt werden. Wegen der prinzipiell linearen Anordnung der Gene kann in der Regel dann davon ausgegangen werden, daß Gene eines derart konservierten Chromosomenblockes, die bei einer Spezies innerhalb eines derartig erhaltenen Genblockes liegen, auch bei einer anderen Spezies in diesem Genblock gefunden werden, sofern er dort auch konserviert werden konnte. Im Speziesvergleich kann somit vom Gengehalt dichterer Genkarten, wie sie vor allem für Mensch und Maus vorliegen, auf noch nicht bekannte Genlokalisationen in weniger dichten Genkarten, wie sie noch für Rind und Schwein vorliegen, geschlossen werden. Das heißt, wenn für ein interessierendes Merkmal bei einem Haustier der Genort einem spezifischen Chromosomenabschnitt zugeordnet werden kann, können Gene, die bei anderen Spezies im vergleichbaren Chromosomenabschnitt liegen, als Kandidatengene betrachtet werden. Mit weiterführenden Analysen wird dann geprüft, ob diese Gene als ursächlich für das betrachtete Merkmal gelten können.

• Positionales Klonen
Beim positionalen Klonen handelt es sich nicht um einen uniformen Methodenansatz (Stubbs 1992). Vielmehr können verschiedene Methoden zielführend miteinander verknüpft werden. Gemeinsame Voraussetzung dieses Ansatzes sind bekannte, möglichst eng gekoppelte DNA-Marker zum gesuchten Gen, deren Position im Genom schon bestimmt ist. Je mehr möglichst auf beiden Seiten des gesuchten Genes liegende Marker in enger Kopplung (< 0,4–2 cM) vorliegen, desto aussichtsreicher ist dieser Ansatz. Mit Klonierungsverfahren wie YAC- und Bakteriophagen P1-Bibliotheken, die geeignet sind, sehr große DNA-Fragmente von 100 kb und mehr zu integrieren, wird versucht, gezielt DNA-Fragmente der Analyse zuzuführen, von denen mit großer Sicherheit angenommen werden kann, daß in ihnen das gesuchte Gen seine Position hat. Ein erfolgreicher Ansatz hierzu ist die Verwendung derartiger DNA-Fragmente zur Durchmusterung einer cDNA-Bank, die exprimierte Gene des Organs enthält, in dem sich das interessierende Erbmerkmal ausprägt. Bei dieser gewebespezifischen Genexpression ist nur eine eingeschränkte Zahl der Gene des Gesamtgenoms aktiv. Die im Zielgewebe exprimierten Gene liegen jedoch nicht alle am gleichen Genort. Mit dieser zweifachen funktionalen Eingrenzung möglicher

Gene konnte wiederholt die Anzahl der Kandidatengene so stark eingeschränkt werden, daß das richtige Gen identifiziert werden konnte.

- Transgene Tiermodelle

Die Prüfung, ob ein Kandidatengen wirklich das gesuchte Gen ist, kann grundsätzlich sehr gut mit transgenen Tiermodellen erfolgen. In der Regel sind dies sogenannte Knock-out-Mäuse (s. Gentransfer 1.1.7.4.2 und 1.8), bei denen ein bestimmtes Kandidatengen inaktiviert wurde. Die Wirkungen dieser Geninaktivierung lassen sich dann phänotypisch erfassen. Ergibt sich aus dem so hervorgerufenen Phänotyp transgener Tiere eine hohe Übereinstimmung mit den Erbmerkmalen, deren Gene es zu identifizieren gilt ,so ist darin ein hinreichender Beleg für eine gelungene Genidentifikation zu sehen.

1.1.6.7 Gendiagnose

Die Gendiagnose ist eine Anwendungsform der Genomanalyse. Aufgabe der Gendiagnose ist die Darstellung von Genvarianten. Die Gendiagnose setzt damit die klassische Tierzuchtaufgabe fort, die individuelle genetische Konstitution des Einzeltieres zu erfassen. Ihrem Wesen nach ist damit die Gendiagnose eine neue Form traditioneller Zuchtbewertungen in der Tierzucht. Je mehr Gendiagnoseverfahren für tierzüchterisch relevante Gene verfügbar werden, ein desto dichteres gendiagnostisches Monitoring wird entstehen. Das qualitative und quantitative Fortschreiten der Genomanalyse und ihre Umsetzung in Gendiagnoseverfahren wird darüber entscheiden, welchen Raum diese neue Form der Zuchtbewertung künftig einnehmen wird. Dabei werden bereits jetzt Vorteile erkennbar, die eine weitgehende und rasche Ausdehnung dieser Form der Zuchtbewertung als wünschenswert erscheinen lassen.

1.1.6.7.1 Vorteile der Gendiagnose

Gendiagnostische Untersuchungen basieren auf der DNA selbst. Dies bedeutet, daß die Feststellung der Genvarianten nicht von Genprodukten oder deren Wirkung zu phänotypisch erkennbaren Merkmalen abhängig ist. Die tatsächliche Merkmalsausprägung spielt somit bei der Gendiagnose keine Rolle. Die Gendiagnostik ist demnach unabhängig von der Genexpression. Dies ist der grundlegende Unterschied zu den bisherigen Erhebungen für die Zuchtbewertung. Sie mußten bisher vor allem über phänotypisch feststellbare Leistungseigenschaften vorgenommen werden. Damit sind diese hergebrachten Formen der Zuchtbewertung meist von Alter, Geschlecht, Gesundheitszustand, Ernährungszustand, Haltungs- und Umweltverhältnissen abhängig. Da die Gendiagnose nicht das resultierende Erbmerkmal sondern den verantwortlichen Genstatus direkt erfaßt, wird sie unabhängig von den oben genannten Faktoren erstellt, die ein Merkmal wie im Abschnitt 1.1.1.5 erläutert mehr oder weniger deutlich beeinflussen können. Dies läßt sich beispielhaft an Genen verdeutlichen, die für die Milchleistung oder Milchzusammensetzung wichtig sind. Wie in 2.1.9 dargelegt, wird bei Bullen ein Zuchtwert für Milchleistung geschätzt. Allerdings konnten diese Leistungen natürlich nicht am Bullen selbst, sondern anhand der Leistungen verwandter Tiere (Tiermodell), vor allem der Töchterleistungen geschätzt werden. Auch zur Feststellung der Milchprotein-Genotypen eines Bullen wird herkömmlich auf die Töchtergenotypen zurückgegriffen. Dies bedeutet, daß die Töchter in Milch stehen müssen. Da dies erst im Alter von 5–6 Jahren des Bullen der Fall ist, war bisher keine frühere Feststellung dieser Genotypen bei Bullen möglich. Mit Gendiagnoseverfahren werden die Milchproteingenvarianten am Bullen selbst erfaßt. Dort, wo es nötig ist, können Genvarianten sogar am Rinderembryo, der alle DNA des ausgewachsenen Tieres bereits besitzt, vor dem Transfer bestimmt werden (1.2.4.2).

Eingang in den Embryotransfer beim Rind hat bereits die gendiagnostische Geschlechtserkennung gefunden. Mit Hilfe eines Gendiagnoseverfahrens kann die Existenz von Y-chromosomenspezifischer DNA an wenigen Embryonalzellen festgestellt werden. Bei Vorliegen Y-spezifischer DNA handelt es sich um einen männlichen Embryo und bei Abwesenheit dieser DNA um einen weiblichen.

Für Erbkrankheiten gilt entsprechendes. Erbkrankheiten, die sich erst nach der Geburt in der Jugendentwicklung oder im späteren Leben manifestieren, können mit Hilfe der Gendiagnose bereits am Embryo bzw. beim Neugeborenen festgestellt werden. Beispiele hierfür sind Weaver mit einem Krankheitsausbruch im Alter von 7–30 Monaten oder BLAD mit einem Krankheitsbeginn mehrere Wochen nach der Geburt. In beiden Fällen kann bereits am Embryo, sinnvollerweise nach der Geburt, jedenfalls vor der Feststellung der ersten Krankheitsanzeichen erkannt werden, ob bei dem untersuchten Tier eine dieser Erbkrankheiten auftreten wird oder nicht. Diese Möglichkeit Genvarianten, also Unterschiede in der Genausstattung eines Tieres, unabhängig von der Genexpression und ihren vielfältigen Abhängigkeiten darstellen zu können, ist als eine gravierende Verbesserung in der Zuchtbewertung von Tieren zu bezeichnen.

Ein weiterer entscheidender Vorteil der Gendiagnose ist, daß alle möglichen Genotypen direkt und damit sofort erkannt werden können. Die Heterozygoten lassen sich von den beiden homozygoten Genotypen unmittelbar unterscheiden (wie in 1.1.11.1 erläutert). Ohne Gendiagnose müssen hierfür kosten- und zeitaufwendige Testpaarungen durchgeführt werden. Wegen dieser Schwierigkeit galt bisher der populationsgenetische Grundsatz, daß es sich züchterisch nicht lohnt, gegen rezessive Erbfehlerallele mit niedriger Frequenz zu selektieren, weil der Großteil dieser Defektallele in der Population unerkennbar in den Heterozygoten versteckt sei, wie dies an einem Beispiel aus der BLAD-Diagnostik (Abb. 1.43) unschwer zu ersehen ist; von 1179 untersuchten Tieren waren 1048 Tiere BLAD-frei, 127 Tiere waren Anlageträger und demnach heterozygot für BLAD, hatten also zusammen 127 Defektallele und nur 4 Tiere waren homozygote Merkmalsträger mit zusammen 8 Defektallelen. Da ohne Gendiagnose von den insgesamt 135 Defektallelen nur 8 bei den homozygoten Merkmalsträgern erkannt und ausselektiert werden können, die 127 Defektallele bei den Heterozygoten aber unerkannt bleiben und damit nicht gemerzt werden können, konnte die züchterische Eliminierung eines derartigen Erbfehlers tatsächlich nicht wirksam sein. Vor dem Hintergrund der Gendiagnosemöglichkeit verliert dieser

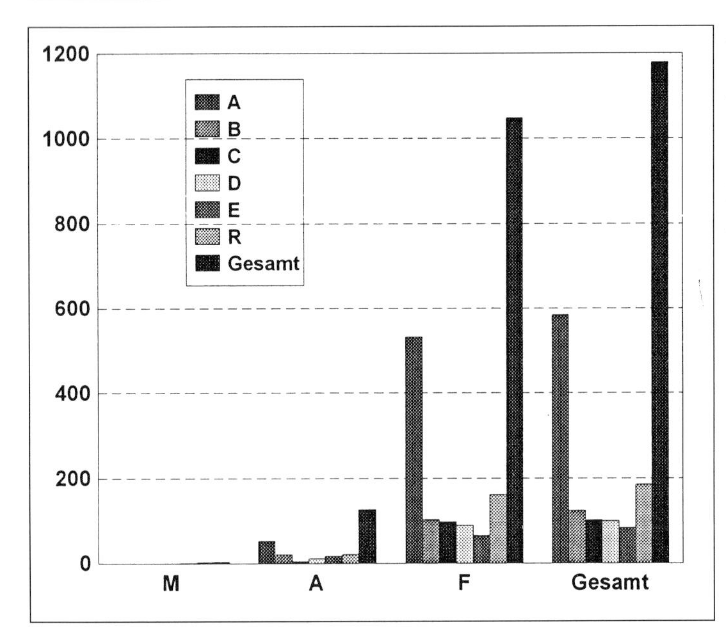

Abb. 1-43 BLAD-Test-Ergebnisse
A, B, C, D, E, R sind Testeinsendungen aus verschiedenen Zuchtgebieten (M = BLAD-Merkmalsträger, A = BLAD-Anlageträger, F = BLAD-freie Tiere)

populationsgenetische Grundsatz jedoch vollständig seine Bedeutung, da auch die Heterozygoten eindeutig erkannt werden und damit vollständig ausselektiert werden können. Mit Hilfe der Gendiagnose kann innerhalb einer Generation eine unerwünschte Genvariante durch strenge Selektion aus einer Population entfernt werden. Diese Beispiele zeigen, daß die neuen und grundlegend verbesserten Möglichkeiten der Zuchtbewertung durch die Gendiagnose weitreichende Veränderungen der Zuchtarbeit erlauben.

1.1.6.7.2 Darstellung von DNA-Varianten

DNA-Varianten resultieren aus punktuellen Sequenzunterschieden oder durch die Deletion oder Insertion von DNA-Fragmenten unterschiedlichster Länge. Hierbei sind DNA-Varianten nichtkodierender Sequenzen von denen kodierender funktional zu unterscheiden. Die molekularen Ursachen und Typen von solchen Mutationen sind jedoch für kodierende und nichtkodierende Sequenzen identisch. Daraus ist abzuleiten, daß die Methoden zur Darstellung von Genvarianten für alle DNA die gleichen sind, daß aber die züchterischen Konsequenzen solcher Mutationsereignisse zwischen kodierenden und nichtkodierenden Sequenzen als unterschiedlich angesehen werden müssen. Mutative Veränderungen können bei kodierenden Sequenzen über ein verändertes Genprodukt eine konkret veränderte erbliche Merkmalsausbildung hervorrufen. Allerdings kann es hier auch zu Mutationen kommen, die sich wegen des degenerierten Triplettcodes (1.1.5.6) nicht auf die Aminosäuresequenz des translatierten Proteins auswirken und deswegen als stille Mutationen bezeichnet werden. Stille Mutationen in kodierenden DNA-Abschnitten und Mutationen in nichtkodierenden DNA-Abschnitten können gendiagnostisch dargestellt werden, obwohl sie keine Merkmalsausbildung beeinflussen und deswegen phänotypisch auch nicht erkennbar sind. Sequenzunterschiede lassen sich durch die Sequenzierung der relevanten DNA-Abschnitte feststellen. Dies ist jedoch einigermaßen aufwendig, so daß dies für die Gendiagnostik in der Routine immer nur die letzte Option sein kann. Vielfach lassen sich DNA-Varianten bereits über DNA-Fragmentlängenanalysen erfassen. Hierfür werden in der Regel Elektrophoresen genutzt, bei denen die fragmentabhängige Mobilität der DNA-Fragmente unter elektrophoretischen Bedingungen im Gel zur Längenbestimmung genutzt wird. Die Darstellung unterschiedlicher Fragmentlängen bei VNTRs ist ein Beispiel hierzu. Durch die Variation der Kopiezahl des Repeatelementes in einem VNTR ergeben sich darstellbare Fragmentlängenunterschiede. In automatischen Sequenzern können DNA-Fragmentlängenunterschiede ab einem Nukleotid dargestellt werden (Abb.1-44). Klassisches Beispiel für geringe, aber darstellbare Fragmentlängenunterschiede sind die Mikrosatelliten. Betrifft eine mutative Veränderung die Erkennungssequenz für ein Restriktionsenzym, so entsteht in der Regel ein Schnittstellenpolymorphismus. Das heißt, es gibt an der Stelle der Erkennungssequenz zwei unterschiedliche Sequenzmotive, wobei in einer Variante die Sequenz vom Restriktionsenzym erkannt und geschnitten werden kann und in der anderen Variante diese Sequenz wegen der Mutation nicht mehr erkannt und somit auch nicht geschnitten werden kann. Sequenzen können durch Mutationen Schnittstellen gewin-

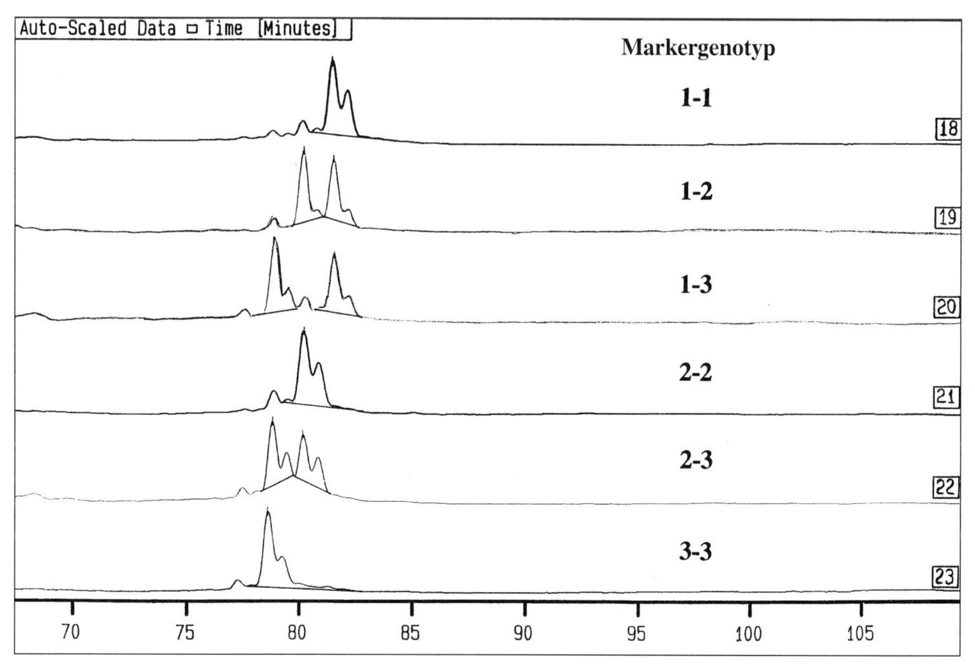

Abb. 1-44 Weaver DNA-Marker mit drei Allelen und sechs Markergenotypen (als Zahlenkode). Darstellung der DNA-Fragmentlängen in einem automatischen DNA-Sequenzer

nen oder verlieren. Schnittstellenpolymorphismen werden in der Regel durch Punktmutationen (1.1.3) verursacht. Haben Mutationen Erkennungssequenzen für Restriktionsenzyme verändert, so führt der Restriktionsverdau eines bestimmten DNA-Abschnittes mit dem entsprechenden Restriktionsenzym zu unterschiedlichen Restriktions-Fragmentlängen (Abb. 1-41). Es liegt also ein Restriktions-Fragmentlängenpolymorphismus (RFLP) vor, mit dem Genvarianten dargestellt werden. RFLPs werden heute in der Gendiagnose hauptsächlich über eine DNA-Restriktion entweder in Kombination mit der Polymerasekettenreaktion (PCR) oder einem Hybridisierungs- und Blottverfahren dargestellt. Immer dann, wenn ein Schnittstellenpolymorphismus in einem DNA-Fragment von 80–100 oder mehr Nukleotiden bekannter Sequenz liegt, wird man mit der PCR dieses Fragment gezielt amplifizieren, das Amplifikat mit dem speziellen Restriktionsenzym verdauen und die Länge der resultierenden Spaltprodukte mit einer Elektrophorese bestimmen. Liegen keine bekannten DNA-Sequenzen vor, so wird die gesamte genomische DNA einer Blut- oder Gewebeprobe des fraglichen Tieres extrahiert, mit dem gewünschten Restriktionsenzym gespalten und ebenfalls einer Elektrophorese zugeführt. Auch hier sortiert die Elektrophorese nach Fragmentlängen, weil die Fragmentlänge die Wanderungsgeschwindigkeit im elektrischen Feld der Elektrophorese bestimmt. Da aber die gesamte genomische DNA in Spaltprodukte verdaut wurde, ist die Anzahl der entstandenen DNA-Fragmente sehr groß und die Fragmentlängen gehen praktisch übergangslos ineinander über. Das elektrophoretische Bild besteht in diesem Fall nicht aus wenigen diskreten Banden, sondern aus einem sogenannten Schmier, der sich über die gesamte Laufstrecke der Elektrophorese zieht. In dieser Ansammlung zahlloser DNA-Fragmente befinden sich auch die Spaltprodukte des DNA-Abschnittes mit dem interessierenden Schnittstellenpolymorphismus, zunächst jedoch unerkennbar. Mit dem anschließenden Hybridisierungsverfahren können die Spaltprodukte eines spezifischen DNA-Abschnittes sichtbar gemacht werden. Dazu wird die DNA im Elektrophoresegel mittels Denaturierung in seine Einzelstränge getrennt und in einem Blottverfahren über eine kapillare Saugwirkung aus dem Gel herausgesaugt, worauf sie sich an einer Membran anheftet. Da die Membran horizontal auf das Gel gelegt wird und die Kapillarwirkung im 90° Winkel zur Membranfläche wirkt, entsteht eine exakte Kopie der im Gel aufgetrennten DNA-Fragmente, die die ursprüngliche Fragmentposition exakt an der Membranoberfläche wiedergibt. Diese exakte Übertragung der Position der DNA-Fragmente vom Gel auf die Membran ist der entscheidende Vorgang beim Blotten. Die DNA-Fragmente sind nun positionsgetreu durch Trocknen an der Membran fixiert, allerdings bereits als Einzelstrang-DNA. Auch dies ist entscheidend. An jedes dieser an der Membran positionsgetreu fixierten einzelsträngigen DNA-Fragmente kann sich ein ebenfalls einzelsträngiges DNA-Fragment mit komplementärer Nukleotidsequenz anlagern, wenn entsprechende Renaturierungsbedingungen hergestellt werden. Verwendet man zur Herstellung solcher Renaturierungsbedingungen eine Reaktionslösung, die nur einzelsträngige DNA des gesuchten DNA-Abschnittes als sogenannte DNA-Probe enthält, so werden diese zugeführten Einzelstrangelemente mit den an der Membran angehefteten Fragmenten mit seinen ursprünglichen Spaltprodukten hybridisieren. Sichtbar werden diese Anlagerungen als Elektrophoresebanden dann, wenn die verwendete DNA-Hybridisierungsprobe mit Isotopen oder Farbstoffen markiert war. So lassen sich die durch den anfänglichen Restriktionsverdau entstandenen Restrikions-Fragmentlängen ebenfalls darstellen und diagnostisch zur DNA-Variantendarstellung nutzen.

1.1.6.7.3 Direkte und indirekte Gendiagnose

Von **direkten** Gendiagnosen wird dann gesprochen, wenn ein Gen molekulargenetisch identifiziert ist und die fraglichen Genvarianten ebenfalls molekular definiert sind. In diesen Fällen werden die Genvarianten direkt durch Gendiagnoseverfahren erfaßt. Unter diesen Voraussetzungen werden die vorhandenen Genvarianten exakt voneinander unterschieden und die entsprechenden Genotypen exakt bestimmt werden. So wird bei Punktmutationen das Ergebnis einer Basentransversion dargestellt, Verlust und Einfügung von DNA-Sequenzen können erkannt werden. Voraussetzung dafür ist eine zumindest punktuell auf das Gen bezogene fortgeschrittene Genomanalyse. Identität, Struktur, Organisation und Funktion eines Genes müssen bekannt sein. Die direkte Gendiagnose benötigt Informationen über kodierende DNA-Sequenzen und ihre Regulationselemente. Die Diagnosesicherheit bei der direkten Gendiagnose ist deswegen sehr hoch. Da die spezifischen Genvarianten direkt dargestellt werden, liegt die Genauigkeit bei 100 %, sofern die Diagnose und Probengewinnung fehlerfrei durchgeführt wird. Die meisten tierzüchterisch interessanten Gene sind jedoch noch nicht molekulargenetisch identifiziert. **Indirekte** Gendiagnosen lassen sich in diesen Fällen dann sinnvoll durchführen, wenn enge Kopplungen (< 5 cM) zwischen DNA-Markern und molekulargenetisch unbekannten Genen vorliegen. Die bei Rind und Schwein zunehmend dichter werdenden Genkarten, in denen die Lage von DNA-Sequenzen im Genom verzeichnet sind, bieten hierbei eine wesentliche Hilfe. Da diese Genkarten (1.1.6.4.1) nicht nur kodierende DNA-Abschnitte (also die eigentlichen Gene), sondern auch polymorphe anonyme Sequenzen enthalten, lassen sich aus ihnen auch DNA-Marker-Genorte herauslesen. Die DNA-Mikrosatelliten sind hier nochmals als besonders geeignete polymorphe DNA-Marker hervorzuheben. Von indirekten Gendiagnosen wird dann gesprochen, wenn nicht die ursächlich verantwortlichen Genvarianten direkt dargestellt werden können, weil das fragliche Gen unbekannt ist, sondern wenn nur Allele gekoppelter DNA-Marker bestimmt werden können. Ein Marker kennzeichnet einen spezifischen Chromosomenbereich. Alle Gene eines derart kurzen Chromosomenbereichs (ca. 10 cM) sind mit dem Marker gekoppelt. Je enger der DNA-Marker mit dem molekular noch nicht identifizierten Gen gekoppelt ist, desto geringer ist die Wahrscheinlichkeit eines Crossing overs zwischen Gen und Marker. Kopplung heißt demnach, daß es eine mehr oder weniger steife, materielle Verknüpfung zwischen Marker und interessierendem Genort gibt. Die „Steifheit" dieser materiellen Verknüpfung hängt von der Entfernung des Markers zum Genort ab und stellt sich als die Häufigkeit von Crossing-over-Ereignissen zwischen Marker und Genort, also der Rekombinationshäufigkeit dar (1.1.2.1 und 1.1.2.2). Die Rekombinationsfrequenz ist direkt proportional zum Abstand zwischen den Genorten und dient gleichzeitig als Längeneinheit in der genetischen Karte. Wenn es zwischen zwei gekoppelten Genorten in unserem Fall zwischen eigentlichem Genort und DNA-Marker-Position eine derartige Steifheit gibt, bedeutet dies auch, daß eine spezifische DNA-Variante des Markers mit einer bestimmten Variante des gesuchten Genes fix verbunden ist. Diese „Fixierung" ergibt eine spezifische Kombination von Markerallel und Allel am gesuchten Genort, die als Phase (Kopplungsphase, Haplotyp 1.1.2) bezeichnet wird. Ist die spezifische Allelkombination bekannt, kann indirekt über das definierte DNA-Markerallel auf das entsprechende spezifische Allel des fraglichen Genortes geschlossen werden. Die Genauigkeit dieser Aussage ergibt sich aus der Wahrscheinlichkeit des Auftretens eines Crossing overs zwischen diesen beiden DNA-Positionen im Chromosom. Die Kopplungsphase ändert sich bei jedem Crossing over, weshalb diese Phase in jeder Familie bestimmt und laufend überprüft werden muß, um fehlerhafte Diagnosen zu vermeiden. Es ist deshalb zwingend, daß indirekte Gendiagnosen nur in Familien durchgeführt werden, in denen die Kopplungsphase bekannt ist und auch fortlaufend kontrolliert wird. Das Ergebnis der indirekten Gendiagnose ist im Gegensatz zur direkten Gendiagnose immer ein Wahrscheinlichkeitsergebnis. Daraus ergibt sich, daß sich die Genauigkeit einer indirekten Gendiagnose durch die Verwendung mehrerer möglichst eng gekoppelter DNA-Marker verbessern läßt, wobei natürlich die Kopplungsphase und der Kopplungsabstand für jeden dieser Marker einzeln bekannt sein muß.

Am leichtesten sind Gendiagnosen für Einzelgenmerkmale durchzuführen. Die Kompliziertheit einer indirekten Gendiagnose für ein polygenes Merkmal sollte nach der soeben gemachten Erklärung einsehbar sein. Da es derzeit keine praktischen Beispiele für Gendiagnosen bei quantitiativen Merkmalen gibt, sind dies derzeit mehr theoretische Überlegungen. Zur gendiagnostischen Erfassung eines polygenen Erbfehlers, wie etwa der Hüftgelenkdysplasie beim Hund oder eines genetisch komplexen Merkmals wie der Milchleistung, sollten diese gendiagnostischen Anforderungen in Betracht gezogen werden, obwohl diese heute noch jenseits des Praktikablen liegen, da noch nicht einmal Kopplungsmarker für derartige Merkmale vorliegen.

1.1.6.7.4 Erbfehlerdiagnose

Die Erbfehlerdiagnose ist in der Tierzucht von großer Bedeutung, wenn die Erbfehler bei den Haustieren das gesundheitliche Wohlbefinden und die Wirtschaftlichkeit der Tierproduktion erkennbar beeinträchtigen. Selbstverständlich spielen züchterische Gesichtspunkte wie Allelfrequenzen und Vererbungsmodus der Defektgene eine entscheidende Rolle. Dies läßt sich bereits an einem monogenen Erbfehler gut darstellen (Abb.1-45). Die züchterische Problematik **dominanter Erbfehler** ist gering, weil die krankheitsverursachenden Defektallele nur im Genotyp solcher Tiere repräsentiert werden, die auch die Krankheitsanzeichen tragen und als Merkmalsträger bezeichnet werden (Abb. 1-12 und 1.1.11). Dies bedeutet bei Merzung aller an einem dominanten Erbleiden erkrankter Tiere das völlige Verschwinden des jeweiligen Defektallels und damit

Abb. 1-45 Abhängigkeit des Krankheitsstatus vom Genotyp (Einzelmerkmal)

	homozygot	heterozygot	homozygot
dominant			
D=Krankheits-ursache	DD	Dd	dd
	Erbfehler-Merkmalsträger		gesund
rezessiv			
r=Krankheits-ursache	RR	Rr	rr
		Anlageträger	Erbfehler-merkmals-träger
	phänotypisch gesund		

die Ausmerzung dieser Erbkrankheit aus einer Population innerhalb einer Generation. Gänzlich anders ist die Situation bei **rezessiven Erbfehlern**. Bei ihnen sind nur die für das Defektallel rezessiv homozygoten Merkmalsträger als erbkrank zu erkennen. Weil die Gendiagnose exakt zwischen den gesunden defektallelfreien und ebenfalls gesunden defektallelbelasteten Anlageträgern unterscheiden kann, ist die Gendiagnose ein besonders wertvolles Hilfsmittel beim verantwortlichen Umgang mit Erbfehlern in der Tierzucht. Gendiagnostische Verfahren sind sowohl für die Darstellung der Genvarianten klassischer Erbfehler geeignet als auch für genetische Krankheitsdispositionen.

In Tab. 1-12 sind die wichtigsten molekulargenetisch definierten Erbfehler bei den verschiedenen Haustierarten zusammengestellt. Wenn man die in dieser Zusammenstellung aufgeführten Erbfehler BLAD, Zitrullinämie, DUMPS und HYPP genauer betrachtet, so haben sie gemeinsam, daß ihre weltweite Verbreitung durch die internationale züchterische Konzentration auf Spitzenvererber mittels künstlicher Besamung und Embryotransfer erfolgte (2.1.8). Diese züchterische Einengung der genetischen Variabilität und die damit verbundene zunehmende Homozygotie von Populationen kann erfahrungsgemäß nach vier und mehr Genrationen zum plötzlichen Auftreten von Erbfehlern führen. Bei MHS (2.2.3.5) und HYPP (2.5.7) besteht eine Assoziation zwischen dem Erbfehlergen und einer züchterisch interessanten Leistungseigenschaft. Durch die Selektion auf das Leistungsmerkmal wurde die Frequenz des Erbfehlergens in der Population erhöht. Dabei ist es nur von graduell unterschiedlicher Bedeutung, ob das Erbfehlergen selbst am Zustandekommen der Leistungseigenschaft beteiligt ist oder sein Genort sehr eng mit dem eines Leistungsgenes gekoppelt ist. Bei HYPP ist die Muskelhypertrophy verbunden mit der Rennleistung über 1/4 Meile beim Quarterhorse der Selektionsanreiz (2.5.7). Gerade in kleineren Zuchtpopulationen spielt eine rechtzeitige Erkennung der Anlageträger und ihr kontrollierter Zuchteinsatz eine besondere Rolle. Nur die Gendiagnose vermag dies ausreichend sicherzustellen, weil Testanpaarungen zur Ermittlung aller Anlageträger zu zeit- und kostenaufwendig sind. Mit Hilfe der Gendiagnose können bekannte

Tab. 1-12 Gendiagnoseverfahren für Erbfehler und genetische Krankheitsdispositionen

	Tierart	Gendiagnoseverfahren
Erbliche Kropfbildung	Rind	direkt
Zitrullinämie	Rind	direkt
BLAD	Rind	direkt
DUMPS	Rind	direkt
Weaver	Rind	indirekt
Maligne Hyperthermie	Schwein	direkt
HYPP	Pferd	direkt

Anlageträger für Erbfehler, deren Genmaterial wertvoll ist, kontrolliert im Zuchteinsatz verbleiben, da sie im Durchschnitt die Defektgenvariante nur an die Hälfte ihrer Nachkommen weitergeben, während die andere Nachkommenhälfte frei von diesem Erbfehler ist und züchterisch ungeschmälert genutzt werden kann. Nur die Gendiagnose kann ohne Testpaarung und Nachkommenprüfung zwischen erbfehlerfreien und erbfehlerbelasteten heterozygoten Tieren unterscheiden, was die Erhaltung der genetischen Vielfalt in Zuchtpopulationen begünstigt.

An zwei Beispielen aus der Rinderzucht soll die gendiagnostische Erbfehleranalyse veranschaulicht werden. Bei dem ersten Beispiel handelt es sich um ein direktes Gendiagnoseverfahren zur Feststellung des Erbfehlers BLAD. Dem wird als zweites Beispiel ein indirektes Gendiagnoseverfahren zur Erkennung des Genstatus für den Erbfehler Weaver gegenübergestellt.

Bovine Leukozyten Adhäsions Defizienz (BLAD)
Bei BLAD handelt es sich um eine umfassende, rezessiv vererbte Störung der Infektionsabwehr. Die Ursache dafür liegt in einer reduzierten Expression des β_2-Integrins, das ein Anheftungsmolekül an Leukozyten ist (Shuster et al. 1992). Ohne dieses β_2-Integrin sind Neutrophile nicht in der Lage an das Gewebe anzudocken um dort eindringende Pathogene unschädlich zu machen. Deswegen leiden Rinder mit BLAD an häufigen und periodisch wiederkehrenden Infektionen.

Die β_2-Integrine setzen sich aus einer α-Einheit, bestehend aus jeweils einem Molekül CD 11a, CD 11b, oder CD 11c und einem Molekül CD 18 als gemeinsame β-Einheit zusammen. Wenn es zur Expression von β_2-Integrin kommt, müssen sich jeweils ein CD 11- und ein CD 18-Molekül assoziieren. Bei BLAD-Kälbern konnte eine Transversion von A nach G bei Nukleotid 383 des CD 18-Genes nachgewiesen werden, die in der Aminosäureposition 128 des CD 18-Proteins zu einem Aminosäureaustausch von Asparagin zu Glycin führt (Abb. 1-46). Dieser Aminosäureaustausch liegt in einem hoch konservierten Abschnitt des CD 18-Proteins, der eine wesentliche Rolle für die Assoziation der CD 11 mit der CD 18-Untereinheiten zur β_2-Integrinbildung spielt. Dies bedeutet, bei mutierten CD 18-Untereinheiten ist die Verknüpfung mit dem CD 11-Protein gestört. Mit einer PCR-Reaktion kann ein CD 18-Genfragment amplifiziert werden, das diese

Abb. 1-46 Mutation im CD 18-Gen des Rindes, die als ursächlich für den Erbfehler BLAD gilt (Hae III Schnittstellenpolymorphismus)

normal	TACCCCATCGACCTATACTACCTG
	TyrProIle *Asp* LeuTyrTyrLeu
BLAD	Hae III
Mutation	TACCCCATCGG!CCTATACTACCTG
	TyrProIle *Gly* LeuTyrTyrLeu

Teilsequenz enthält und durch einen Schnittstellenpolymorphismus des Restriktionsenzyms Hae III können die beiden Allele eindeutig voneinander unterschieden werden (Abb. 1-41).

Weaver (Bovine progressive degenerative Myeloencephalopathie)
Weaver manifestiert sich erst im Alter von 7–30 Monaten und ist ein autosomal rezessiver Erbfehler im Braunvieh. Bei Weaver handelt es sich um einen degenerativen Prozeß in der weißen Substanz des Rückenmarks. In allen Bereichen des Rückenmarks, besonders jedoch in den Brustsegmenten sind Degenerationen, Unterbrechungen und Schwellungen der Axone, sowie ein Abbau des Myelins feststellbar. Purkinjezellen im Kleinhirn sind degeneriert. Afferente und efferente Fasern sind betroffen. Häufig werden kleine Eierstöcke mit unterschiedlich großen Zysten und Hodenatrophie, mit der ein Ausfall der Spermaproduktion einhergeht, angetroffen. Als klinisches Bild sind anfangs eine beidseitige Schwäche der Hintergliedmaßen beim Aufstehen, ungeordnete Bewegungen der Nachhand als schwankender Gang erkennbar. Mit zunehmendem Alter stellt sich eine hochgradige Ataxie an der Hinterhand ein, was schließlich zum Festliegen führt. Bisher gibt es keinerlei physiopathologische oder neuropathologische Vorstellung über die Ursachen dieses Erbleidens. Es fehlt auch eine vergleichbare menschliche Erbkrankheit. Deswegen ist die molekulare Identifikation des für diesen Erbfehler verantwortlichen Gens und seines Defektallels künftiger Forschung vorbehalten. Ein erster Ansatz dazu war die Entdeckung eines gekoppelten DNA-Markers (Georges et al. 1993) und die spätere Einordnung dieses Markers in die Genkarte des Rindes auf Chromosom No 4 (Barendse et al. 1994). Inzwischen konnte die Kopplung weiterer fünf DNA-Marker, in deren Mitte der Weaver-Genort liegt, festgestellt werden. Dies bedeutet, daß nunmehr im Rahmen einer indirekten Gendiagnose der Chromosomenabschnitt des Chromosoms No. 4, in dem das Erbfehlergen liegt, mit sechs verschiedenen hochpolymorphen DNA-Markern gekennzeichnet werden kann. Wie in Abb. 1-47 dargestellt, kann so die konkrete Vererbung dieses Chromosomenabschnittes wie die eines einzelnen Allels beschrieben werden. Da die zu beiden Seiten nächstliegenden DNA-Marker nur etwa 1 cM entfernt sind, läßt sich die Vererbung des Weaverdefektallels unter Berücksichtigung der gegebenen Crossing over-Häufigkeit ausreichend genau verfolgen. Die Kenntnis der Kopp-

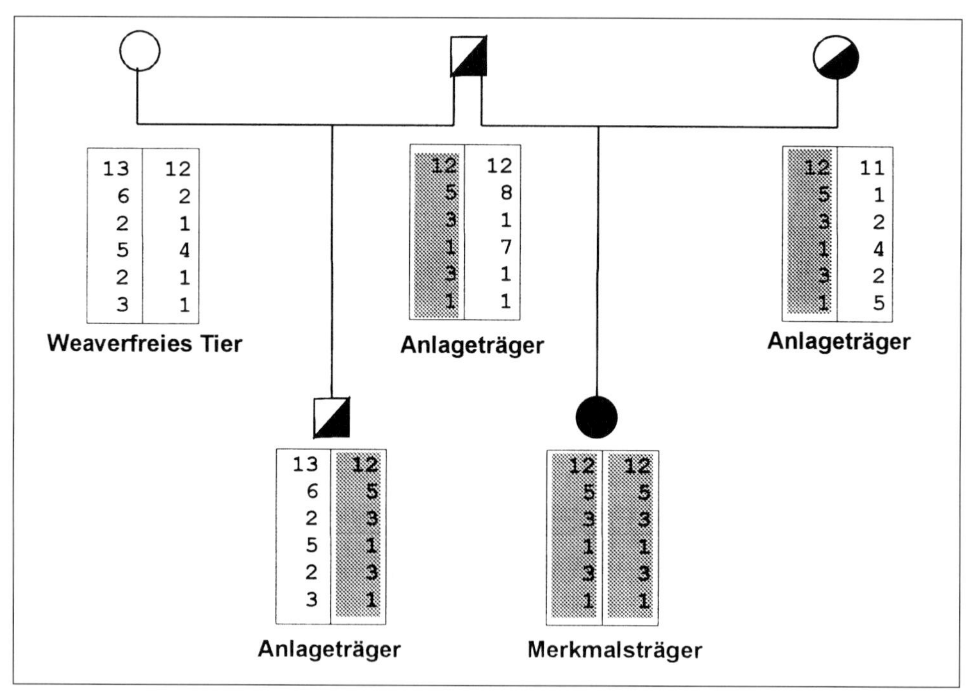

Abb. 1-47 Markergenotypen (als Zahlenkode) bei der indirekten Weaver-Gendiagnose (schraffiert: Weaverhaplotyp)

lungsphase zwischen Weaverdefektallel und den DNA-Marker-Allelen bei den einzelnen Vererbern ist natürlich unabdingbare Voraussetzung. Die Verwendung dieser gekoppelten DNA-Marker erlaubt unter der Berücksichtigung aller mittlerweile bekannten Kopplungsphasen eine Risikoschätzung für das Vorliegen des Weaverdefektallels im Genom eines Probanden mit einer Sicherheit von bis zu 99 %. Die Verfügbarkeit der Haplotypen (1.1.1.5.3) der Vorfahren des Probanden beeinflußt die Durchführbarkeit einer indirekten Gendiagnose wesentlich. In der Regel sollte sie für beide Elternteile erstellbar sein, das heißt, auch von ihnen wird Untersuchungsmaterial benötigt. Manchmal kann auch in gut untersuchten Familien auf das Ergebnis eines der Eltern verzichtet werden, weil dessen elterliche Marker-Haplotypen bereits bekannt sind oder einen in dieser speziellen Eltern-Nachkommensituation unverwechselbaren Haplotypen zeigen. Neben dem Wahrscheinlichkeitscharakter des Ergebnisses einer indirekten Gendiagnose ist also im Gegensatz zur direkten Gendiagnose auch das unverzichtbare Vorliegen von Testergebnissen der Vorfahren charakteristisch.

1.1.6.7.5 Leistungseigenschaften

Nur von wenigen tierzüchterisch interessanten Leistungseigenschaften sind monogene Erbgänge bekannt. Hierzu zählen **Milchproteingenvarianten** beim Rind, die Interesse gefunden haben, da der Einfluß der Kappa-Kasein-Varianten auf die Käsereitauglichkeit der Milch bekannt wurde (s. bei Graml et al. 1988). Mit Hilfe direkter Gendiagnoseverfahren können die Genvarianten A, B, C, D, und E des Kappa-Kaseins und alle β-Laktoglobulinvarianten beim Rind dargestellt werden. Ein weiteres Beispiel ist eine spezifische Genvariante des **Östrogenrezeptorgenes** beim Schwein (Rothschild et al. 1994). Diese Genvariante die bei chinesischen Schweinerassen gefunden wurde, bewirkt, daß mehr Ferkel pro Wurf geboren werden (Tab. 1-13). Über einen Restriktionsfragmentlängenpolymorphismus lassen sich die Varianten des Östrogenrezeptorgenes darstellen.

Für die **Hornlosigkeit**, deren Genort dem Chromosom 1 des Rindes zuzuteilen ist, können in naher Zukunft gekoppelte DNA-Marker erwartet werden.

Ein weiteres Einzelgenmerkmal ist der **Rotfaktor** (2.1.6.1) **bei Holstein- und Angusrindern**, der auf einer Genvariante des Genes für den Rezeptor des melanozytenstimulierenden Hormones beruht und inzwischen direkt diagnostiziert werden kann (Klungland et al. 1995).

Die genannten Beispiele, auch wenn sie teilweise nur bedingt als Leistungsgene einzustufen sind, stellen monogene Erbmerkmale dar und lassen sich einfacher darstellen als oligo- oder polygene Merkmale.

Vereinzelt liegen jedoch erste Versuche zur Erfassung von Loci für quantitative Merkmale (Quantitative Trait Loci: QTLs) vor. Dies setzt umfangreiche genomanalytische Untersuchungen voraus, weshalb QTL-Schätzungen derzeit noch einen erheblichen Aufwand erfordern. Das Prinzip besteht darin, in einem geeigneten Familienmaterial die erbliche Aufspaltung von interessierenden Leistungseigenschaften in Beziehung zu setzen zu Aufspaltung von chromosomalen Haplotypen, die sich mit polymorphen DNA-Markern darstellen lassen. Beim Rind kann dies in einem sogenannten Grand daughter Modell untersucht werden, bei dem Großväter mit jeweils mindestens 30 Söhnen, von denen wiederum jeweils möglichst mehr als 50 Töchter, also Enkeltöchter der Großväter, Leistungsergebnisse haben. Beim Schwein ist die Verwendung einer vollständigen Drei-Generationen-Familienstruktur mit etwa 500 Tieren mit Leistungsergebnissen in der F_2 vorzuziehen. In beiden Fällen ist es wesentlich, so viele polymorphe DNA-Marker einzusetzen, daß ein gleichmäßiges Raster mit einem 20 cM Abstand zwischen den einzelnen DNA-Markern entsteht, mit dem das ganze Genom abgedeckt werden kann. Dies bedeutet für Rind und Schwein, daß etwa 150 Marker, gleichmäßig über das ganze Genom verteilt, in die Untersuchung einzubeziehen sind. Durch diese Markierung aller Chromosomenabschnitte kann das Segregationsverhalten gut verfolgt und zur Vererbung quantitativer Leistungseigenschaften in Beziehung gesetzt werden. Aus der Parallelität des Segregationsverhaltens von spezifischen Markerkombinationen

Tab. 1-13 Effekt der Östrogenrezeptor-Genotypen (nach Rothschild et al. 1994)

Genotyp	N	Ferkel		tgl. Zunahmen	Rückenspeck
		gesamt	lebend	g/Tag	(mm)
AA	32	10,9	10,4	774	24,7
AB	41	12,4	11,4	785	24,2
BB	12	12,2	11,8	762	26,5

Genort	Fragmentlänge in Bp	Allele in Bp			
L1	073-107	099/103	099/099	099/103	099/103
L2	125-135	133/133	129/133	133/133	129/133
L3	091-111	097/107	097/107	107/107	107/107
L4	172-186	176/178	176/176	176/178	176/176
L5	149-167	153/165	153/161	153/167	153/161
L6	157-167	159/163	157/163	159/161	157/167
L7	149-165	151/153	151/151	151/161	149/151
L8	126-144	132/138	136/138	138/142	132/136
L9	214-234	222/228	214/228	228/232	214/220
L10	176-188	182/186	178/186	182/188	178/184
L11	094-108	094/100	094/100	096/100	096/100
L12	113-123	113/113	113/121	113/119	117/121
L13	125-135	129/133	129/131	133/135	127/131
L14	082-104	086/094	086/088	088/094	088/096
L15	203-211	207/211	205/211	205/211	205/209
		Mutter	Nachkomme	mögl. Vater 1	mögl. Vater 2
mögl. Vater 1 muß als tatsächlicher Vater ausgeschlossen werden					

Abb. 1-48 Schema zur Abstammungssicherung

und Leistungseigenschaften lassen sich, ausgehend von den Genorten der involvierten DNA-Marker, Chromosomenregionen beschreiben, die für die spezifische Merkmalsausbildung verantwortliche Genorte enthalten. Solche Genorte werden als quantitative Merkmalsgenorte (QTLs) bezeichnet. Georges et al. (1995) konnten auf den Chromosomen 1,6 und 10 QTLs für Milchleistung beschreiben. Die Erfassung spezifischer Markerallele aus QTLs wäre ein erster gendiagnostischer Ansatz zur Bereitstellung von Selektionsmarkern für quantitative Leistungsmerkmale.

1.1.6.7.6 Abstammungssicherung

Die Abstammungssicherung ist in der Tierzucht von grundsätzlicher Bedeutung. Die Feststellung erblicher Leistungen ist ohne gesicherte Zuordnung von Vorfahren, Eltern und Nachkommen nicht sinnvoll. Diese Funktion müssen die offiziellen Zuchtbescheinigungen erfüllen (2.1.7). Das Grundprinzip der biologischen Abstammungssicherung besteht darin, an einer größeren Anzahl von polymorphen Genorten die Allele bei den Eltern und Nachkommen festzustellen. Nachkommen können nur Allele in ihrem Genom haben, die mindestens bei einem der Eltern vorkommen. Da das Muttertier in der Regel sicher angegeben werden kann, wird meist danach gefragt, ob ein bestimmtes männliches Tier als Vater in Frage kommt. Im Prinzip handelt es sich bei der Abstammungssicherung um ein Ausschlußverfahren. Wenn der fragliche Nachkomme Allele hat, die nicht von der Mutter kommen können und beim angegebenen Vater nicht vorhanden sind, so ist die Elternschaft dieses Vatertieres zu bestreiten, es wird als Vater aus-

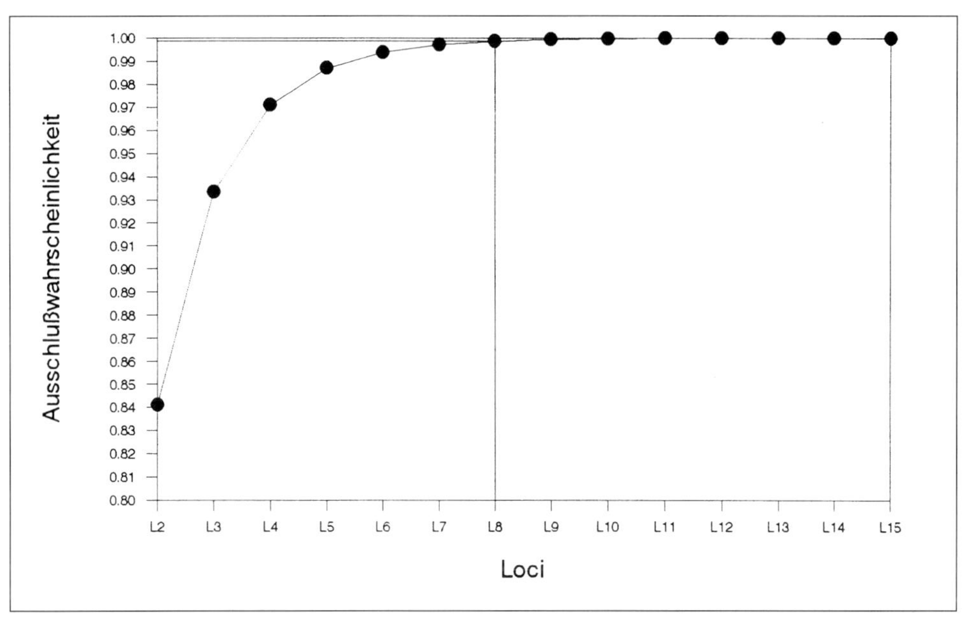

Abb. 1-49 Aussagesicherheit der DNA-Typisierung zur Abstammungssicherung

geschlossen. Da es sich um eine Wahrscheinlichkeitsaussage handelt, hängt die Sicherheit der Aussage von der Anzahl der untersuchten Genorte, dem Polymorphiegrad der Genorte und der Verteilung der Allelfrequenzen ab. Je größer die Anzahl der einbezogenen Genloci, je höher ihre Anzahl an Allelen und je gleichmäßiger die Frequenzen der Allele eines Genortes in der Population vorkommen, desto größer wird die Aussagesicherheit bei der Abstammungssicherung. Dies legt die Frage nahe, wieviele geeignete Marker werden benötigt, um eine Aussagesicherheit zu erreichen, die praktisch nicht mehr als Ausschluß, sondern als positive Identifikation betrachtet werden können, wodurch die Identitätssicherung möglich wäre.

Während bisher vor allem Blutgruppen, Proteinvarianten und Histokompatibilitätsantigene für die Abstammungssicherung bei landwirtschaftlichen Nutztieren verwendet wurden, wird die Nützlichkeit von polymorphen DNA-Markern immer deutlicher. Die gendiagnostische Erfassung der DNA-Marker-Allele über die exakte Bestimmung der DNA-Fragmentlängen erlaubt eine rasche und sichere Genotypisierung der Tiere. In Abb. 1-48 wird ein Beispiel für die DNA-Typisierung von Eltern und Nachkommen mit zwölf Genorten (L_1 – L_{12}) dargestellt. Die Zahlen geben die DNA-Fragmentlängen als Anzahl von Basenpaaren an, so daß jede Fragmentlänge einem Allel entspricht. Der Vergleich der Allele zeigt, welche Tiere auszuschließen sind. In Abb. 1-49 ist der Zusammenhang zwischen der Anzahl eingesetzter Loci und der Aussagesicherheit angegeben. Die ersten Erfahrungen bei der Abstammungssicherung mit DNA-Mikrosatelliten zeigen eine Überlegenheit im Hinblick auf die Aussagegenauigkeiten und geringere Untersuchungskosten im Vergleich zur Blutgruppenuntersuchung.

Rekapitulation (Genomanalyse):

- Genom: Summe aller kodierenden und nicht kodierenden DNA.
- Tandemrepeat: Sequenzwiederholung, bei der das gleiche Sequenzmotiv mehrmals in direkter Folge hintereinander angeordnet ist.
- Einzelkopiesequenz: Eine spezifische Basensequenz ist im Genom nur in einer Kopie vorhanden.
- Genfamilien: Gene, die einer gemeinsamen Genfamilie zugehören, haben sich durch Mutation unterschiedlich stark auseinanderentwickelt, stammen aber vom gleichen Gen ab.
- Genetischer Polymorphismus: Erbliche Vielgestaltigkeit eines definierten Genortes, dessen seltene Genvarianten definitionsgemäß mit einer Frequenz von > 1 % in einer Population auftreten müssen.
- Restriktion-Fragment-Längen-Polymorphismus (RFLP): Unterschiedliche DNA-Fragmentlängen nach einem spezifischen Restriktionsverdau, die elektrophoretisch darstellbar sind.
- Mikrosatelliten: Polymorphe DNA-Abschnitte in Tandemordnung von Nukleotidfolgen von 1 bis ca. 6 oder wenig mehr Basen.
- polymorphe DNA-Marker: Polymorphe DNA-Abschnitte ohne erkennbaren eigenen Informationsgehalt; Mikro- und Minisatelliten finden meist Verwendung als polymorphe Marker.
- Genkartieren: Die lineare Aneinanderreihung von Genorten entsprechend ihrer Lage in einem Genom oder Genomteil (Chromosom).
- Quantitative Trait Loci (QTL): Genombereiche, in denen Gene lokalisiert sind, die am Zustandekommen quantitativer Merkmale beteiligt sind.
- Gendiagnose: Molekulargenetische Darstellung von DNA-Varianten.
- direkte Gendiagnose: Direkte molekulargenetische Darstellung definierter Genvarianten.
- indirekte Gendiagnose: Wahrscheinlichkeitsaussage für das Vorliegen einer molekular noch nicht erfaßten Genvariante mit Hilfe eines bekannten Kopplungsmarkers.
- Erbfehlerdiagnose: Feststellung des Vorliegens eines Erbfehlers.
- Abstammungssicherung: Überprüfung der Elternschaft von Tieren mit genetischen Labormethoden, z. B. DNA-Markern, Blutgruppen oder Proteinvarianten.

Literatur Kapitel 1.1.6

Alexander, L.J. et al. (1995): Porcine SINE-associated microsatellite markers: evidence for new artiodactyl SINES. Mammalian Genome, **6**, 464-468.

Anderson, S. et al. (1982): Complete sequence of bovine mitochondrial DNA. Conserved features of the mammalian mitochondrial genome. J. Mol. Biol., **156**, 683-717.

Barendse, W. et al. (1994): A genetic linkage map of the bovine genome. Nature Genetics., **6**, 227-234.

Brem, G. et al. (1991): Experimentelle Genetik in der Tierzucht. Eugen Ulmer, Stuttgart.

Desjardins, P. and R. Morais (1990): Sequence and gene organisation of the chicken mitochondrial genome: A novel gene order in higher vertebrates. J. Mol. Biol., **212**, 599-634.

Frengen, E. et al. (1991): Porcine sines: characterization and use in species-specific amplification. Genomics, **10**, 949-956.

Georges, M. et al. (1993): Microsatellite mapping of the gene causing weaver disease in cattle will allow the study of an associated quantitative trait loci. Proc. Natl. Acad. Sci., **90**, 1058-1062.

Georges, M. et al. (1995): Mapping quantitative trait loci controlling milk production in dairy cattle by exploiting testing. Genetics 139, **2**, 907-920.

Graml, R., Buchberger, J. und F. Pirchner (1988): Züchtung auf Käsetauglichkeit der Milch. Züchtungskunde, **60**, 11-23.

Hecht, W. (1995): Persönliche Mitteilung.

Hwu, H.R. et al. (1986): Insertion and/or deletion of many repeated DNA sequences in human and higher age evolution. Proc. Natl. Acad. Sci. USA, **83**, 3875-3879.

Jeffreys, A.J. et al. (1985): Hypervariable „minisatellite" regions in human DNA. Nature, **314**, 67-73.

Klungland, H. et al. (1995): The role of melanocyte stimulating hormones (de SH) receptor in bovine coat color determination. Mammalian Genome, **6**, 636-639.

Morton, N.E. (1955): Sequential fat for the detection of linkage. Am. J. Hum. Genet., **7**, 277-318.

Oberbäumer (1994): Mobile Retrogene bei Säugetieren. Bioscope, **6**, 24-29.

Shuster, D.E. et al. (1992): Identification and prevalence of a genetic defect that causes leukocyte adhesion deficiency in Holstein cattle. Proc. Natl. Acad. Sci., **89**, 9225-9229.

Singer, M.F. (1982): Highly repeated sequences in mammalian genomes. Int. Rev. Cytol., **76**, 67-112.

Steinmeyer, K. et al. (1991): Inactivation of muscle chloride channel by transposon insertion in myotic mice. Nature, **453**, 304-308.

Stubbs, L. (1992): Long range walking techniques in positional cloning strategies. Mammalian Genome, **3**, 127-142.

Tautz, D. (1989): Hypervariability of simple sequences as a general source for polymorphic DNA markers. Nucleic Acids Res., **17**, 6463-6471.

Vilotte, G.L. et al. (1987): Complete nucleotide sequence of bovine a-lactalbumin gene: comparison with ist rat counterpart. Biochemie, **64**, 609-620.

Wallace, M.R. et al. (1991): A de nove Alu insertion result in neurobibromatosis type 1. Nature, **353**, 864-866.

Zielenski, J. et al. (1991): Genomic DNA sequence of the cystic vibrosis transmembrane conductance regulator (CFTR) Gene. Genomics, **10**, 214-228.

1.1.7 Reproduktionstechnik

Die wichtigste Reproduktionstechnik im Bereich landwirtschaftlicher Nutztiere ist die künstliche Besamung und die Tiefgefrierkonservierung von Spermien. Diese Biotechnik ist längst zum züchterischen Alltag geworden und wird auch in den nächsten Jahren und Jahrzehnten in weiten Bereichen ihre Bedeutung behalten. Erst seit den 70er Jahren wird der Embryotransfer (ET) bei landwirtschaftlichen Nutztieren bearbeitet, also die Gewinnung von Embryonen aus Spendertieren, die vorübergehende Aufbewahrung in vitro und die Übertragung auf zyklussynchrone Empfängertiere. Bereits die historische Entwicklung des Embryotransfers beim Nutztier zeigt, daß diese Technik von Anfang an in engstem Zusammenhang mit der Tierzucht und der tierischen Produktion gesehen wurde.

Während aber die Biotechnik „Künstliche Besamung" auf der männlichen Seite einen Multiplikator (Anzahl Zuchttiere, die durch den Einsatz einer Biotechnik durch ein einziges Zuchttier ersetzt werden können) von 1000 und mehr erreichen kann (s. 1.2.4.1), erlaubt der Embryotransfer selbst in erfolgreichen Programmen nur einen Multiplikator von 5–10 (s. 1.2.4.2/3). Darüber hinaus sind durch den beträchtlich höheren Arbeits- und technischen Aufwand beim Embryotransfer die zusätzlichen Kosten für Individuen, die mit Hilfe dieser Biotechnik erstellt werden, nach wie vor sehr hoch (Brem 1979, 1985). Diese beiden Faktoren sind auch dafür verantwortlich, daß die Anwendung des Embryotransfers beim Nutztier auf einen geringen Prozentsatz der Zuchttiere (in aller Regel < 1 %) beschränkt geblieben ist. Ökonomisch sinnvoll ist die Biotechnik nur, wenn der höhere Zuchtwert der daraus entstehenden Tiere einen deutlich höheren Verkaufspreis rechtfertigt. In den bislang durchgeführten Programmen konnte in keinem Fall die verbesserte Nutzleistung des aus der Biotechnik entstandenen Individuums die damit verbundenen Kosten direkt decken. Nur durch die Diskontierung der Kosten auf die Nachkommen der Zuchttiere aus ET und die Vermarktung von Zuchttieren aus ET-Programmen sind wirtschaftlich sinnvolle Anwendungen möglich und werden auch praktiziert.

Mit der in-vitro-Produktion von Embryonen zeichnet sich, speziell beim Rind, eine Methode ab, die es erlaubt, ausreichend viele Embryonen kostengünstig zu produzieren und für bestimmte Anwendungsmöglichkeiten zur Verfügung zu stellen. Sollte es in den nächsten Jahren darüberhinaus gelingen, embryonale Stammzellen von Nutztieren zu etablieren und durch Kerntransfer in enukleierte Eizellen den Genotyp dieser Zellen in großer Zahl identisch zu reduplizieren, würde dies völlig neue Strukturen in der Tierzucht erlauben.

Von den verschiedenen Nutztierspezies wird der Embryotransfer beim Rind weltweit am meisten genutzt. An die 150 000 Kälber pro Jahr werden von Empfängertieren nach Embryotransfer geboren. Beim Pferd wird der Embryotransfer wegen der nicht sehr erfolgreich durchzuführenden Superovulation und wegen diverser restriktiver Verbote seitens der Verbände in nur geringem Umfang durchgeführt. Bei kleinen Wiederkäuern und Schweinen spielt die Embryogewinnung für assoziierte Biotechniken eine bedeutendere Rolle als ihr züchterischer Einsatz. Interkontinentaler Transfer von genetischem Material und

Tab. 1-14 Stadien der frühen Embryonalentwicklung bei den wichtigsten landwirtschaftlichen Nutztieren

	Rind	Schaf	Ziege	Schwein*	Pferd	Kaninchen#
1. Teilung der Zygote (Std. nach Fert.)	20–24	20–24	20–24	14–16	23–25	21–24
2. Teilung (Std. nach Fert.)	32–36	32–36	30–32	20–24	30–36	28–32
Beginn der eigenen RNA-Synthese (Zellstadium)	4–8	8–16	2–4	4	8–16	2–16
In vitro Block	8–16	8–16	8–16	4	8	Morula
Zeitpunkt des Eintritts in die Gebärmutter (Tage)	(3)4–5	3	2–4	2–3	5–6	(2)–3
Stadium beim Eintritt in die Gebärmutter	8–16	8–16	8–16	4–8	frühe Blastozysten	Morulae/ Blastozysten
Kompaktierung der Morula (Zellstadium)	32	32	32	16	8–16	32–64
Morulastadium (Tag)	5–6	5 (6)	5–6	5	6	2–3 (60 Std.)
Blastozystenstadium (Tag)	7–8	(5) 6	5–6	5	8	3–4 (72 Std.)
Schlüpfen aus der Zona pellucida (Tag)	9–11	7–8	7–8	6–7	6–8	(3–4 in Kultur)
Beginn der Implantation (Anheftung im Uterus) (Tage)	21–22	14–15	14–15	13–14 (10–13 Elong.)	21–37	7–8

* multiple Ovulation, # Ovulation 8–12 Std. post conceptionem

Sanierung von Beständen sind daneben die hauptsächlichen Anwendungsgebiete bei diesen Spezies. Deshalb wird im folgenden der **Embryotransfer** und die **Embryomanipulation** beispielhaft und schwerpunktmäßig am **Rind** abgehandelt. Die teilweise großen Unterschiede der reproduktionsbiologischen Grundlagen bei den verschiedenen Nutztierspezies sind in Tabelle 1-14 zusammengestellt. Sie geben einen Hinweis darauf, daß die Beeinflußung des Reproduktionsgeschehens bei den einzelnen Nutztierarten erheblicher speziesspezifischer Modifikationen bedarf, um vergleichbar gute Resultate erzielen zu können.

1.1.7.1 Embryotransfer (ET)

Beim Rind erreicht im Normalfall nur ein sehr kleiner Teil der über 200 000 bei der Geburt noch vorhanden primären Eizellen in den Ovarien ein Stadium, in dem sie befruchtet werden könnten. Die im Rahmen des Embryotransfers durchgeführte Superovulation hat zum Ziel, die Eizellen in den Tertiärfollikeln in vivo zu reifen, zu ovulieren und damit das genetische Potential der Spenderkühe intensiver zu nutzen.

Prinzipiell sind für eine erfolgreiche Durchführung des Embryotransfers 5 Arbeitsschritte notwendig (Abbildung 1-50):

- Selektion der Spendertiere (züchterisch und reproduktionsbiologisch)

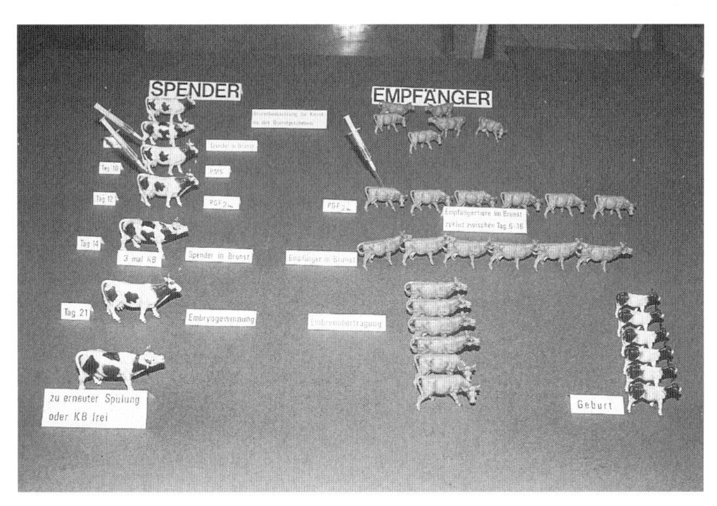

Abb. 1-50 Shema eines ET-Programmes beim Rind

- Zyklussynchronisation und Superovulation
- Embryogewinnung
- Embryobeurteilung und evtl. In-vitro-Kultur, Tiefgefrierung oder Embryomanipulation
- Embryotransfer

Konventionelle Embryotransferprogramme beim Rind umfassen üblicherweise einen biologisch vorgegebenen Zeitraum von wenigstens 3 Wochen ausgehend von der Spenderselektion bis zur Durchführung der Embryoübertragung.

1.1.7.1.1 Spenderselektion

Die **Auswahl** der **Spendertiere** in kommerziellen bzw. Zuchtprogramm-Embryotransferprogrammen erfolgt auf 2 Ebenen, nämlich **züchterisch** und **reproduktionsbiologisch**. Die züchterische Selektion orientiert sich am geschätzten Zuchtwert und dem Exterieur der Muttertiere und dem geschätzten Wert der aus diesem Embryotransfer entstehenden Nachkommen. Nicht selten werden in ET-Programmen nicht nur Embryonen oder Kälber gehandelt, sondern auch bereits vorab Kontrakte auf die aus einer Spülung zu erwartenden Embryonen oder Trächtigkeiten abgeschlossen.

Bei den unter züchterischen Gesichtspunkten ausgewählten Spendertieren erfolgt eine tierärztliche Beurteilung ihres Reproduktionsstatus, also unter Berücksichtigung des Alters des Spendertieres eine solide gynäkologische Untersuchung und eine Feststellung des allgemeinen Gesundheitszustandes und der ET-Eignung des Spenders.

Bis zu einem Drittel der züchterisch selektierten Spendertiere scheidet bereits durch diese reproduktionsbiologische Voruntersuchung aufgrund ungünstiger Vorberichte oder Befunde aus dem Programm aus. Diese Tiere sind ebenso wie die Tiere, die nicht oder nicht ausreichend gut auf eine Superovulationsbehandlung reagieren, im Rahmen der züchterischen Beurteilung des Erfolgs von Embryotransferprogrammen zu berücksichtigen. Die in Modell-Kalkulationen eingesetzte Selektionsintensität basiert auf dem Anteil der für den Embryotransfer züchterisch ausgewählten Spendertiere und nicht auf dem Anteil der erfolgreich benutzten Spendertiere.

1.1.7.1.2 Zyklussynchronisation und Superovulation

Eine wichtige Voraussetzung für die erfolgreiche Durchführung des Embryotransfers ist die Synchronisation des Zyklusablaufes von **Spender-** und **Empfängertieren**. Diese **Zyklussynchronisation** kann beim Rind durch die Verabreichnung von Prostaglandin (PG) oder Gestagenen in Verbindung mit gonadotropen Hormonen erreicht werden. Das beim Rind am häufigsten angewendete Verfahren zur Zyklussteuerung ist die Injektion von Prostaglandin-Analoga während der Gelbkörperphase zur Auslösung der Luteolyse (Rückbildung des Gelbkörpers). Durch die Luteolyse tritt die Brunst in der Regel innerhalb von 2 Tagen nach der Injektion ein.

Durch zweimalige Injektion von Prostaglandin-Analoga im Abstand von 11 Tagen ist es möglich, eine größere Gruppe Rinder ohne vorherige rektale Untersuchung der Eierstockfunktionskörper und Feststellung des Zyklusstandes auf einen einzigen Brunsttermin zu synchronisieren. Die Tiere, die bei der ersten Injektion in der Gelbkörperphase waren, reagieren mit Brunst auf die Behandlung und sind 11 Tage später wieder in der Gelbkörperphase und diejenigen Tiere, die während der 1. Injektion nicht auf Prostaglandin reagiert haben, weil die Injektion um den Zeitraum einer natürlichen Brunst erfolgt ist, sind nach 11 Tagen in der Gelbkörperphase des nächsten Zyklus. Tiere, die einen unregelmäßigen Zyklus zeigen, lassen sich am besten mit einer Gestagenbehandlung in Form von imprägnierten Scheidenspiralen (PRID® Progesterone Releasing Intravaginal Device) oder durch subkutan deponierte Implantate synchronisieren.

Zur Erhöhung der Embryonenausbeute wird bei den Spendertieren eine **Superovulationsbehandlung** vorgenommen, also die Auslösung multipler Ovulationen durch Applikation exogener Gonadotropine versucht. Von den gonadotropen Substanzen, die zur Stimulierung der Eierstöcke geeignet sind (Follikelstimulierendes Hormon [FSH], Pregnant Mares Serum Gonadotropin [PMSG], Humanes Menopausen Gonadotropin [HMG], Horse Anterior Pituitary [HAP]) finden für die Superovulationsbehandlung von Rindern insbesondere FSH und PMSG Verwendung.

PMSG ist ein Glykoprotein mit FSH und LH ähnlichen Wirkungen, das eine relativ lange Halbwertzeit hat und bis 10 Tage nach der Applikation noch nachgewiesen werden kann. Dies hat den Vorteil, daß eine einmalige Injektion ausreicht, aber auch den Nachteil, daß durch die fortgesetzte Stimulierung der Eierstöcke nach der Ovulation das hormonale Gleichgewicht und damit der natürliche Ablauf von Befruchtung und Embryonentransport gestört werden kann. Um diesen nachteiligen Effekt zu reduzieren, kann zum Zeitpunkt der Besamung ein PMSG-Antikörper (Anti-PMSG) verabreicht werden. FSH hat im Gegensatz zu PMSG nur eine Wirkungsdauer von wenigen Stunden und muß deshalb meist über einen Zeitraum von 4 Tagen in 12stündigen Abständen in abfallender Dosierung appliziert werden.

Im Rahmen von ET-Programmen wird die Superovulationsbehandlung mit der **Zyklussteuerung** dahingehend kombiniert, daß die PMSG-Injektion bzw. der Beginn der FSH-Applikation 2–3 Tage vor der Prostaglandininjektion bzw. dem Ende der Gestagenbehandlung erfolgt. Dabei wird in aller Regel darauf geachtet, daß der Behandlungsbeginn zwischen dem 9. und 13. Zyklustag liegt, da in dieser Phase neben dem Blütegelbkörper ausreichend viele Tertiärfollikel vorliegen, die durch die Gonadotropin-Applikation und induzierte Luteolyse zur Weiterentwicklung stimuliert werden können.

Die Superovulation ist immer noch der größte Unsicherheitsfaktor in Embryotransferprogrammen, da die Reaktion eines Einzeltieres von einer Reihe von Einflußfaktoren abhängig und praktisch nicht vorhersagbar ist. Von den nach reproduktionsbiologischen Gesichtspunkten ausgewählten Spendertieren reagieren bis zu 30% nicht mit einer Superovulation, d.h. sie zeigen keine oder nur 1 oder 2 Ovulationen. Nur etwa von einem Drittel aller superovulierten Spendertiere können so viele qualitativ geeignete, d.h. transfertaugliche Embryonen gewonnen werden, daß mit mehr als drei geborenen Nachkommen aus dem ET-Verfahren gerechnet werden kann. Die Variabilität der Reaktion auf die Superovulationsbehandlung wird in erster Linie von endokrinen und individuellen Faktoren beeinflußt. So sind neben der hormonalen Ausgangslage (Progesteron, LH, Östrogen, Wachstumsfaktoren, dominanter Follikel etc.) insbesondere auch individuelle Faktoren (Veranlagung, Gesundheitszustand, Alter, Rasse etc.) von Bedeutung und führen im Wechselspiel mit Umweltfaktoren und zufälligen Einflüssen (z. B. FSH/LH-Verhältnis des injizierten Gonadotropins) zu einem nicht vorhersagbaren Ergebnis.

Während bei **Schaf** und **Ziege** ähnliche Behandlungsschemata angewendet werden wie beim Rind, ist beim Pferd die Superovulation noch nicht befriedigend gelöst. Bei dieser Spezies werden häufig „Single-Embryo"-Spülungen ohne vorhergehende Superovulationsbehandlung durchgeführt. Beim Schwein kann nur PMSG eingesetzt werden, wobei zur termingerechten Ovulationsinduktion zusätzlich HCG (Human Chorionic Gonadotropin) notwendig ist.

1.1.7.1.3 Embryogewinnung

In der auf Superovulation und Zyklussynchronisation folgenden Brunst werden die Spendertiere im Abstand von 12 Stunden 2–3 mal besamt oder belegt. Beim **Rind** erfolgt die erste Teilung der befruchteten Eizellen 20–24 Stunden nach der Befruchtung und nach 3–4 Tagen treten die Embryonen im 8–16 Zellstadium in die Gebärmutter über (Tab. 1-14). Dort entwickeln sie sich weiter bis zur Morula (Tag 6) und nach dem Durchlaufen der verschiedenen Blastozystenstadien (Abb. 1-51) (frühe Blastozyste Tag 7, späte expandierte Tag 8, geschlüpfte Tag 9) kommt es ca. 3 Wochen nach der Befruchtung zur Anheftung an das Gebärmutterendometrium (Gebärmutterschleimhaut). Während der Eileiterpassage können Embryonen grundsätzlich nur chirurgisch/laparoskopisch gewonnen werden. Nach dem Übertritt in die Gebärmutter, ist zumindest bei den großen landwirtschaftlichen Nutztieren, eine unblutige Spülung möglich. Die Entwicklung solcher **transzervikaler Techniken**, also von Spül- und Transferverfahren, die auf

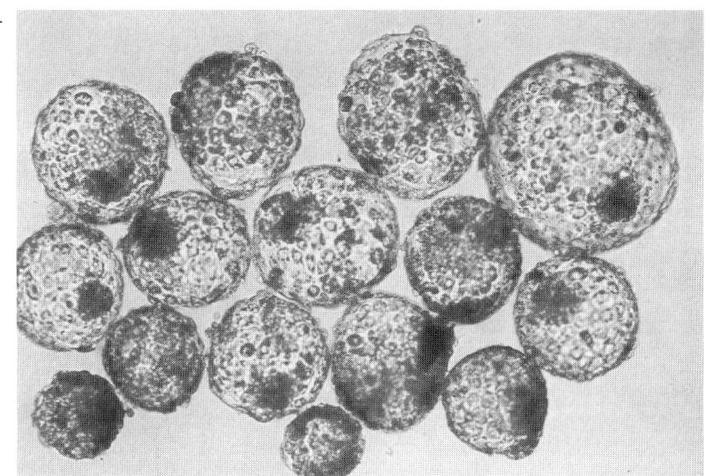

Abb. 1-51 Rinder-Blastozysten

unblutige Weise durchzuführen sind, war ein entscheidender technischer Fortschritt für die Umsetzung des Embryotransfers in die Praxis. Chirurgische Gewinnungs- und Transferverfahren wären beim Rind niemals in größerem Umfange angewendet worden.

Der **Spülkatheter** ist ein Gummi-Instrument mit Spezialkopf, das mit Hilfe eines Mandrins ausgesteift werden kann und das am vorderen Ende eine aufblasbare Manschette besitzt. Der versteifte Gummikatheter wird unter rektaler Kontrolle durch die Zervix in die Gebärmutter eingeführt und unter langsamen Herausziehen des Mandrins bis in das vordere Drittel eines Gebärmutterhorns vorgeschoben. Durch das Aufblasen der Gummimanschette wird der Spülkatheter in seiner Lage fixiert und das Gebärmutterhorn (nach kaudal) abgedichtet. Die Gebärmutterhornspitze wird nun mehrmals mit Spülmedium (Phosphat gepufferte Salzlösung, PBS) gefüllt und wieder entleert (Abb.1-52). Bei Zweiwegkathetern (Schwerkraftspülung) kommt es zu einem kontinuierlichen Medienfluß. Nach der Spülung des ipsilateralen Gebärmutterhornes wird der Katheter in das andere Horn umgesetzt. Nach der Spülung der beiden Gebärmutterhörner werden die Embryonen nach einer gewissen Sedimentationszeit aus dem volumenreduzierten Rest der Spülflüssigkeit unter dem Stereomikroskop herausgesucht und in frisches Medium umgesetzt. Im Durchschnitt werden pro Spendertier 6 transferierbare Embryonen gewonnen.

Beim **Pferd** wird die Spülung wegen der längeren Eileiterpassage des Embryos nicht vor dem Tag 7 vorgenommen. Da beim Pferd in aller Regel keine Superovulation durchgeführt wird, werden die Spülungen in aufeinander folgenden Zyklen wiederholt. Im Gegensatz zum Rind wird beim Pferd die Katheterspitze im Gebärmutterkörper plaziert und nach Abdichtung durch einen Ballon im Muttermund wird 2–4 mal mit insgesamt 2–3 Liter Medium gespült. In 60–70 % der Spülungen wird ein transferierbarer Embryo gewonnen.

Bei **Schafen** und **Ziegen** wird der Embryotransfer meist auf chirurgischem oder laparoskopischem Wege am narkotisierten Tier durchgeführt. Bei den kleinen

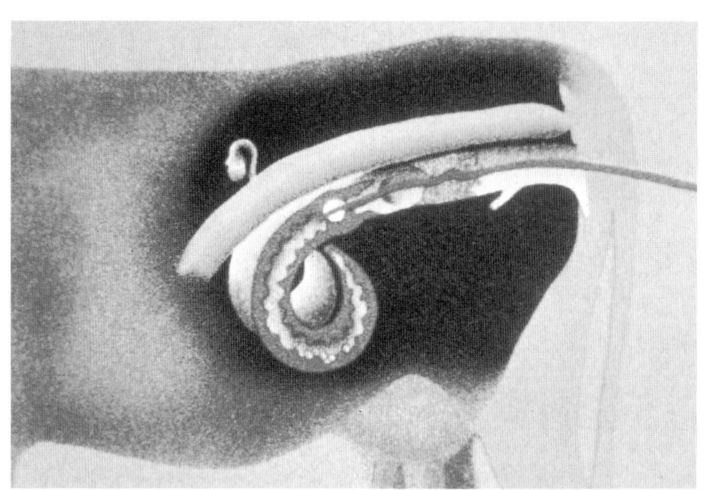

Abb. 1-52 Schematische Darstellung einer Gebärmutterspülung beim Rind

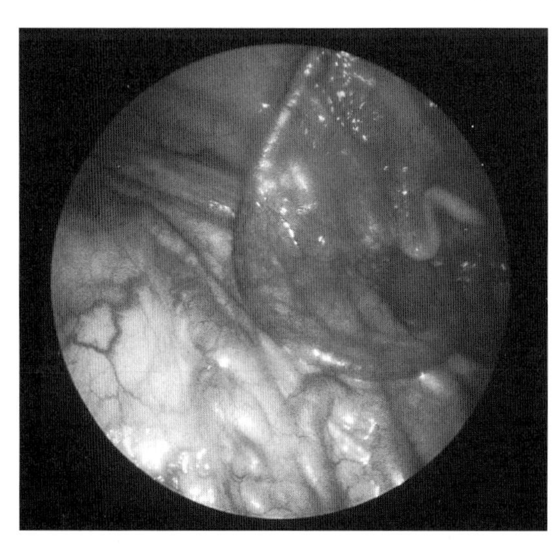

Abb. 1-53 Endoskopisches Bild einer Eileiterspülung beim Schwein

Wiederkäuern ist die Saisonalität im Ablauf der Reproduktionszyklen ein wichtiger Faktor. Die durchschnittliche Gewinnungsrate liegt bei 4–6 Embryonen.

Auch beim **Schwein** wird die Embryogewinnung derzeit meist noch chirurgisch durchgeführt. In Programmen, bei denen die genetische Herkunft der Spender von nachrangiger Bedeutung ist, z. B. für Embryomanipulation, wird die Spülung nach Schlachtung der Spendertiere und Entnahme der Reproduktionsorgane aus dem Schlachtkörper (vor dem Brühen) durchgeführt. Die Gewinnungsraten liegen bei bis zu 90% und pro erfolgreich gespültem superovuliertem Spendertier können 2–3 mal soviel Embryonen (20 bis 30 transferierbare) gewonnen werden, wie nach Spülung ohne Superovulation.

Vor kurzem wurden auch endoskopische Verfahren der Gewinnung von Embryonen aus narkotisierten Spenderschweinen entwickelt (Besenfelder et al.

1997). Sowohl embryonale Stadien, die sich noch im Eileiter befinden, wie auch Morulae und Blastozysten aus der Gebärmutterhornspitze können mit diesem innovativen Verfahren mit gleicher Zuverlässigkeit wie nach laparotomischem Eingriff gewonnen werden (Abb. 1-53). Die Vorteile des Verfahrens sind in erster Linie der geringere Eingriff (keine chirurgische Öffnung des Bauchraumes) und die daraus resultierende Vermeidung von postoperativen Problemen. Außerdem erlaubt diese Technik eine wiederholte Nutzung desselben Tieres, weil es praktisch zu keinen Verklebungen und Narbenbildungen kommt.

1.1.7.1.4 Embryobeurteilung und -kultur

In der Zeit zwischen Gewinnung und Transfer der Embryonen müssen diese außerhalb des weiblichen Genitaltraktes in vitro kultiviert werden. Für die im Rahmen tierzüchterischer Embryotransferprogramme notwendige **kurzzeitige Kultur** genügen in aller Regel relativ einfache Kulturbedingungen. Als Kulturmedien werden physiologische Salzlösungen z. B. PBS (Posphate Buffered Saline) mit 10–20 % Serumzusatz verwendet. Dieses einfache Medium braucht zur pH-Stabilisierung keine Begasung und erlaubt die stabile Aufbewahrung von Rinderembryonen für den Zeitraum von etwa 48 Stunden.

Sollen Embryonen für längere Zeit, also mehrere Tage in vitro kultiviert werden, benötigen sie anspruchsvollere Kulturbedingungen, insbesondere wenn der Embryo den speziespezifischen Zellteilungsblock (Tab.1-15) während der frühen Embryonalentwicklung überwinden soll. Diese Kulturmedien bestehen aus physiologischen Salzlösungen, einem pH-stabilisierenden Puffer (z. B. Karbonatpuffer), Nährsubstraten, Antibiotika und Eiweißkomponenten (inaktiviertes Serum). Wegen des Carbonatpuffers müssen die Medien mit CO_2 begast werden (5 % CO_2 in Luft) und die Kultur erfolgt bei der für die jeweilige Spezies typischen Körpertemperatur.

Um osmotische Veränderungen im Kulturmedium durch Verdunstungsverluste zu vermeiden, werden die in Kulturmedium gelagerten Embryonen bei 100%iger Luftfeuchtigkeit oder in mit Paraffin- bzw. Silikonöl abgedeckten Schalen kultiviert. Für die Überwindung des In-vitro-Zellteilungsblockes (8–12 Zellstadium beim Rind) wurde früher eine In-vivo-Zwischenkultur im Eileiter eines Kaninchens oder Schafes (Zwischenempfänger) durchgeführt. Mittlerweile gibt es gut funktionierende Kokultursysteme mit Granulosa-Eileiterepithel oder anderen Zellen. Auch konditioniertes Medium findet, ebenso wie die seit kurzem etablierten synthetischen Medien, Verwendung.

Die Beurteilung der Weiterentwicklungskapazität von bei der Spülung gefundenen Embryonen erfolgt nach morphologischen Kriterien. Wichtigstes Kriterium ist dabei das Erreichen des dem Alter entsprechenden Entwicklungsstadiums. Zusätzlich werden die Embryonen hinsichtlich Größe, Zustand des Zellverbandes, Intaktheit der Zellen und der Zona pellucida in Gruppen folgender Qualitätsstufen eingeteilt: Sehr gut, gut, schlecht, degeneriert oder untauglich. Unbefruchtete Eizellen werden bereits am Beginn der Beurteilung aussortiert. Nur sehr gute bis gute Embryonen führen nach Transfer zu vernünftigen Trächtigkeitsraten.

1.1.7.1.5 Übertragung von Embryonen

Auch bei den **Empfängertieren** ist eine strenge Selektion nach reproduktionsbiologischen Gesichtspunkten eine wichtige Voraussetzung für das erfolgreiche Durchführen des Transfers. Nur gesunde Tiere mit regelmäßigen Zyklusabläufen (rektale Untersuchung, Progesterontest), die nach der Zyklussynchronisation ein funktionsfähiges Corpus luteum (Gelbkörper) aufweisen, sind geeignete Empfängertiere. Die Übertragung der Embryonen wird beim **Rind** fast ausschließlich unblutig durchgeführt. Zum Transfer wird ein spezieller Katheter, der eine abgerundete Spitze mit seitlicher Austrittsöffnung besitzt unter rektaler Kontrolle durch die Zervix in das ipsilaterale Gebärmutterhorn vorgeschoben. Als ipsilateral bezeichnet man das Gebärmutterhorn, das auf der Seite des Ovars mit dem Gelbkörper liegt.

Bei Übertragung von unbehandelten Embryonen, die nur wenige Stunden in vitro zwischengelagert worden sind, besteht bei gut ausgewählten Empfängertieren und problemlosem Transferverlauf eine Trächtigkeitschance von durchschnittlich 60 %. Damit liegt die Trächtigkeitsrate nach Embryotransfer im Durchschnitt höher als nach einer Erstbesamung (gut 50 %). Zu berücksichtigen bleibt, daß die Abkalberate auf Grund von Resorptionen und Aborten um 5–10 % niedriger liegen kann als die Trächtigkeitsrate. Als Faustregel kann man deshalb davon ausgehen, daß aus zwei transfertauglichen Rinderembryonen im Durchschnitt 1 geborenes Kalb entsteht. Geht man von einer durchschnittlichen Zahl von 6 transfertauglichen Embryonen pro erfolgreich gespültem Spendertier aus, so entstehen durch Embryotransfer 3 zusätzliche Kälber pro Termin.

Bei **Schaf** und **Ziege** wird in aller Regel ein chirurgischer oder laparoskopischer Transfer (Abb. 1-54) am narkotisierten Tier durchgeführt. In eigenen Untersuchungen ist es mittlerweile auch gelungen, bei beiden Spezies laparoskopische Transfers in die Eileiter erfolgreich durchzuführen (Besenfelder et al. 1994a, 1994b, Kühholzer et al. 1996).

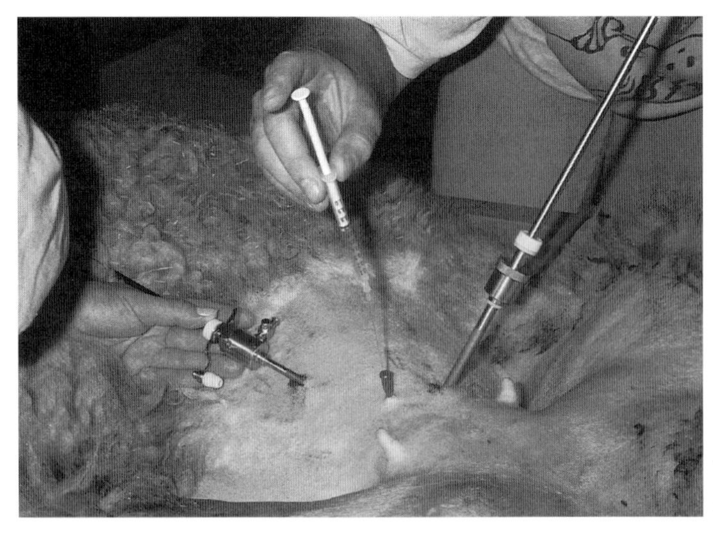

Abb. 1-54 Endoskopischer Transfer beim Schaf

Ähnlich ist die Situation beim **Schwein** mit dem Unterschied, daß hier in allen Fällen sämtliche Embryonen in einen Eileiter oder ein Gebärmutterhorn übertragen werden können. Hier verteilen sich die Embryonen am Tag 8–9 durch Spacing, d.h. gleichmäßiges Überwandern auf beide Gebärmutterhörner.

Auch beim Schwein konnten vor kurzem erste Erfolge mit der Geburt von Ferkeln aus unblutig transferierten Embryonen erreicht werden (Reichenbach et al. 1993).

Beim **Pferd** werden beim transzervikalen Transfer Trächtigkeitsraten von 50–60 % erzielt, beim chirurgischen Transfer kann die Trächtigkeitsrate bis zu 20 % höher liegen.

1.1.7.2 In-vitro-Produktion von Rinderembryonen (IVP)

Mit der methodischen Entwicklung des Embryotransfers beim Rind in den 70er Jahren wurde auch zunehmend versucht, auf dem Gebiet der In-vitro-Fertilisation (IVF) von Rindereizellen erfolgreiche Techniken zu entwickeln. Dabei ist die IVF nicht Selbstzweck sondern als Teil zur Entwicklung eines Verfahrens der In-vitro-Technik, das alle Schritte der Embryonenproduktion bis zu einem unblutig transferierbaren Embryo im Labor gestattet, zu sehen. Während die In-vitro-Reifung von aus Rinderovarien gewonnenen Eizellen bereits in den 60er Jahren erfolgreich durchgeführt wurde (Edwards 1965), gelang es erst 1972 frühe Teilungsstadien des Rindes in der In-vitro-Kultur bis zu Morula/Blastozysten weiter zu entwickeln (Tervit et al. 1972).

Die erste erfolgreiche In-vitro-Fertilisation von in-vivo-gereiften Eizellen gelang der Arbeitsgruppe Brackett, die 1981 ein gesundes Kalb aus einem IVF-Embryo erhielt (Brackett et al. 1982). In weiteren Versuchen verschiedener Arbeitsgruppen wurden dann die In-vitro-Reifung und In-vitro-Fertilisation kombiniert. Die daraus entstandenen Embryonen konnten in einer In-vivo-Zwischenkultur in ligierten Eileitern bis zu transferierbaren Stadien kultiviert werden. Erst Ende der 80er Jahre gelang es verschiedenen Arbeitsgruppen, durch Kokultur von in-vitro-produzierten Embryonen mit diversen Zellen ein sicheres Verfahren der In-vitro-Kultur von Rinderembryonen zu etablieren.

In der Zwischenzeit ist die In-vitro-Produktion von Rinderembryonen in vielen Forschungslabors, aber auch in kommerziellen ET-Stationen erfolgreich etabliert und in Anwendungsprogrammen integriert. Einen schematischen Überblick über den Ablauf der In-vitro-Produktion gibt Abbildung 1-55.

1.1.7.2.1 Punktion von Schlachthofovarien

Die für IVP-Programme benötigten Ovarien (Eierstöcke) werden am Schlachthof nach dem Entweiden der Tiere eingesammelt. Eine vorherige hormonelle Vorbehandlung oder Stimulation der Ovarspender wird nicht durchgeführt. Die Ovarien werden in antibiotikahaltiger Salzlösung meist bei Raumtemperatur in Thermosgefäßen zum Labor transportiert. Vor der **Punktion** werden die Ovarien dreimal mit frischem Transportmedium gewaschen und anschließend mit Hilfe

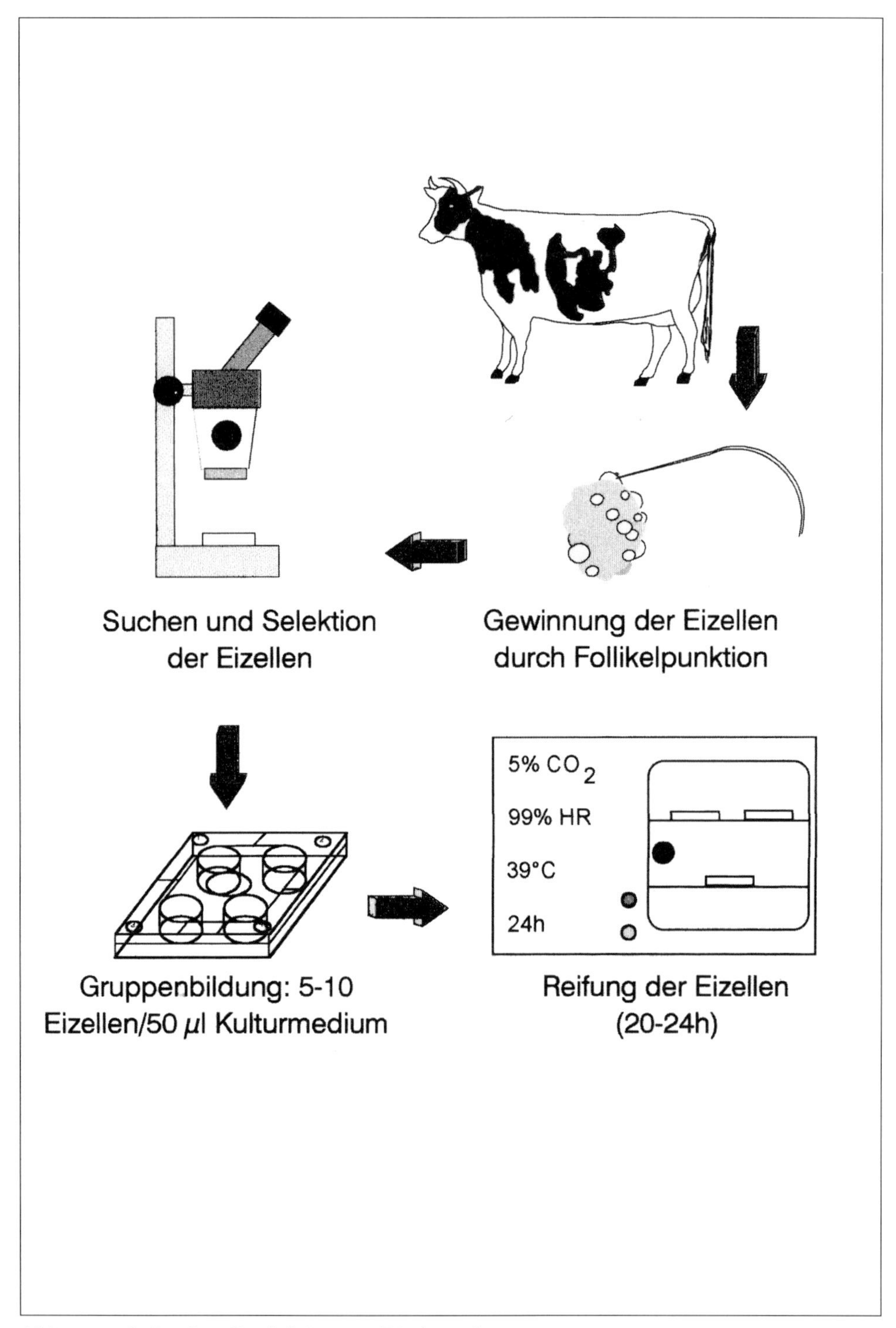

Abb. 1-55 a,b In-vitro-Produktion von Rinderembryonen

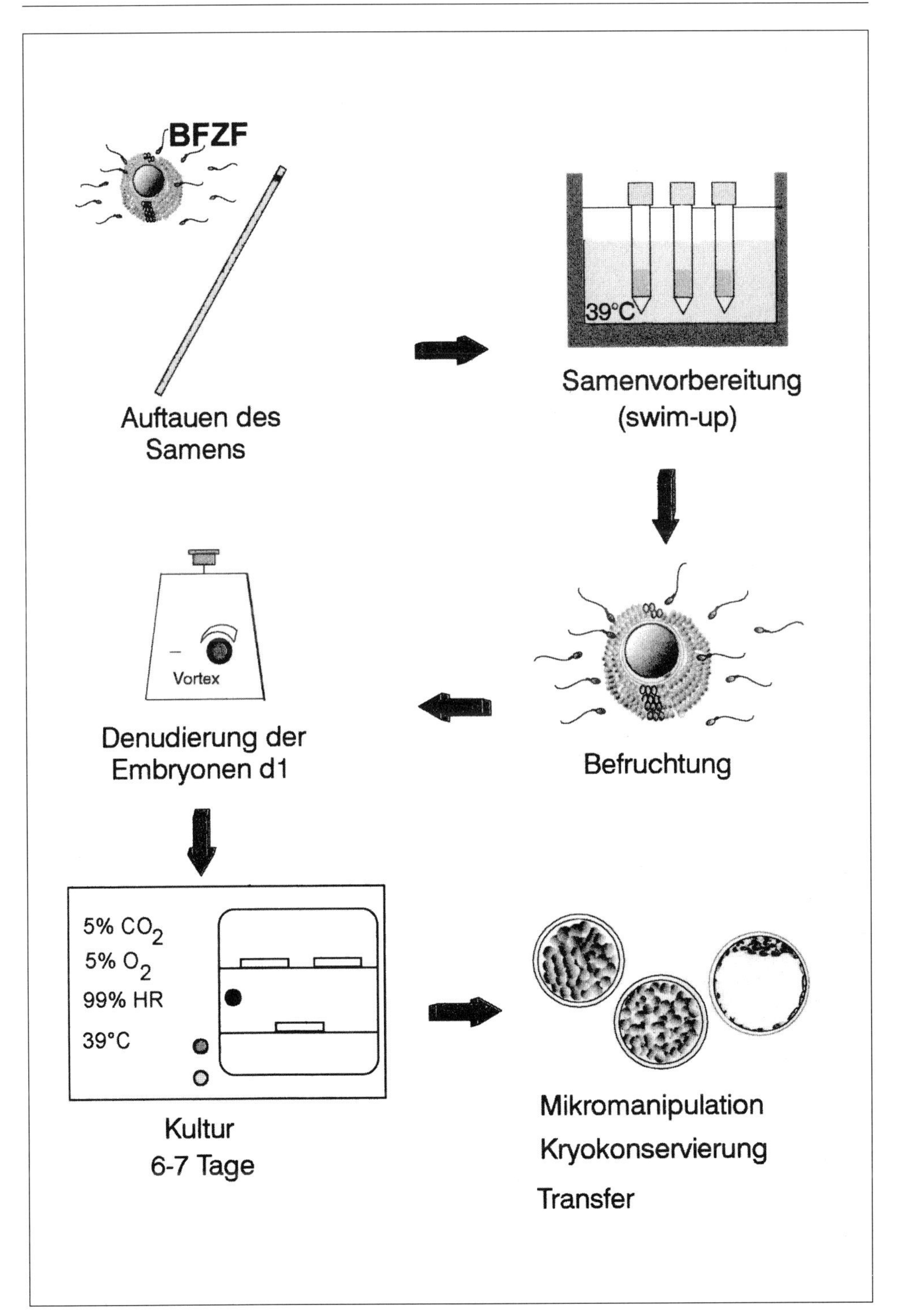
BFZF
Auftauen des Samens
39°C
Samenvorbereitung (swim-up)
Befruchtung
Vortex
Denudierung der Embryonen d1
5% CO_2
5% O_2
99% HR
39°C
Kultur 6-7 Tage
Mikromanipulation
Kryokonservierung
Transfer

Abb. 1-55 b

eines Punktionsgerätes alle Follikel in der Größe von 2–8 mm punktiert. Der Vorteil des Mikro-Makro-Saugers gegenüber einer Punktion mit Spritze und Kanüle (0,9 mm) ist neben der Arbeitserleichterung insbesondere die wegen des konstanten Unterdrucks schonendere Gewinnung der Eizellen.

Nach 15minütiger Standzeit zur Sedimentation werden die Cumulus-Eizellen-Complexe (COC) aus der gesammelten Follikelflüssigkeit isoliert und anschließend zweimal mit Kulturmedium gewaschen. Nur Eizellen mit einem vollständigen dichten Cumulus oophorus und einem dunklen gleichmäßig granuliertem Zytoplasma werden für die weitere Behandlung verwendet. Zur In-vitro-Reifung werden die COC in das Zellkulturmedium TCM 199, das durch Zusatz von Natriumpyruvat, Kalziumlaktat, FSH und Gentamycin sowie durch die Anwendung eines kombinierten Hepes-Carbonat-Puffersystems modifiziert wurde und das 20 % hitzeinaktiviertes Serum von Kühen im Östrus enthält, gesetzt. Jeweils 30 Eizellen werden in 0,4 ml Medium bei maximaler Luftfeuchtigkeit in einer Atmosphäre von 5 % CO_2 in Luft bei 39 °C für 24 Stunden gereift.

Im Rahmen der In-vitro-Fertilisation wird üblicherweise tiefgefrorenes Sperma verwendet. Das Sperma wird nach dem Auftauen einer **Swim-up-Behandlung** (Parrish et al. 1986) unterzogen und auf eine Endkonzentration von 1 Million Spermien pro ml eingestellt. TALP wird als Befruchtungsmedium verwendet, Serumalbumin, Adrenalin, Hypotaurin und Heparin werden zugesetzt. Die Kulturbedingungen während der In-vitro-Fertilisation entsprechen denen während der Reifung.

Nach der IVF werden die Eizellen gruppenweise zusammen mit den Granulosazellen aus dem Cumulus in modifiziertem TCM 199 bei einer Gasatmosphäre von 5% CO_2, 5% O_2 und 90% N_2 bei maximaler Luftfeuchtigkeit und einer Temperatur von 39 °C kultiviert. Die Eizellen werden entweder bereits beim Beginn der Kultur durch Pipettieren oder Schütteln von den Granulosazellen getrennt, aber zusammen mit diesen Zellen kultiviert oder sie bleiben für einige Tage im Verbund erhalten und werden erst 90 Stunden nach der IVF voneinander gelöst. Embryonen und Cumuluszellen bleiben aber auch in diesem Fall zur weiteren Entwicklung (7–9 Tage) im selben Kulturtropfen (Berg und Brem 1989).

Mittlerweile ist eine Reihe von anderen Verfahren zur **In-vitro-Kultur** von Rinderembryonen beschrieben und z. T. auch erfolgreich etabliert worden. Meist werden die Medien mit einem Serumzusatz versehen, d.h. daß fetales Kälberserum oder das Serum von Kühen im Östrus in einer Konzentration zwischen 10 und 20 % zugesetzt wird. Neben den Kokultur-Systemen wird in letzter Zeit auch versucht, definierte serumfreie Medien zu verwenden. Von nicht zu unterschätzender Bedeutung für die Zubereitung von Medien und Zusatzlösungen ist die Wasserqualität. Nach 7tägiger In-vitro-Kultur werden die sich bis zum Morula/Blastozystenstadium entwickelten Embryonen selektiert, beurteilt und entweder frisch oder nach Tiefgefrierung (s. 1.1.7.3) auf synchronisierte Empfängertiere übertragen.

Durch Punktion der Follikel auf der Ovaroberfläche erhält man pro Tier im Durchschnitt 15–20 COCs. Ca. 60–70 % der Eizellen zeigen einen kompakten Cumulus oophorus sowie ein gleichmäßiges dunkles Zytoplasma und können für die weitere In-vitro-Reifung und -Befruchtung selektiert werden. Die Ferti-

Tab. 1-15 Durchschnittliche Ergebnisse der In-vitro-Produktion von Rinderembryonen

Für die Reifung selektierte Eizellen	80 %
Befruchtete Eizellen	70 %
Teilung	60 %
Morulae/Blastozysten	40 %
Trächtigkeiten	20 %

lisationsrate liegt, in Abhängigkeit vom verwendeten Bullen, bei 70–80 %. Unter optimalen Bedingungen können jedoch auch Fertilisations- bzw. Penetrationsraten von über 90% erreicht werden. Die Polyspermierate liegt, in Abhängigkeit von den verwendeten Bedingungen im Normalfall bei 5 bis max. 10 %. Abnormal befruchtete Eizellen (Polyspermie) können sich zwar bis zu unblutig transferierbaren Stadien weiter entwickeln, sind aber nicht in der Lage, Trächtigkeiten zu induzieren.

Bis zu 80 % der für die Reifung eingesetzten Eizellen fangen nach der Fertilisation an, sich zu teilen. In guten Programmen erreichen, bezogen auf die eingesetzten Eizellen, 40 % das Morula/Blastozystenstadium, 30 % entwickeln sich zu Blastozysten weiter und 25 % sind dazu in der Lage, in vitro zu schlüpfen (Tab. 1-15).

Auch von züchterisch interessanten Einzelkühen lassen sich auf dem Weg der **In-vitro-Produktion** gezielt Embryonen produzieren. Im Durchschnitt können pro Tier etwa 4 transferierbare Embryonen erwartet werden. Obwohl auch im IVP-Programm die Variabilität zwischen einzelnen Kühen hoch ist, zeigt ein Vergleich mit den Superovulationsergebnissen von Kühen, daß die Ausfallrate von Individuen im IVP-Programm geringer ist. Berücksichtigt man die nicht erfolgreich superovulierten bzw. gespülten Spendertiere mit, so werden pro ausgewähltem Spendertier ca. 4,5 transfertaugliche Embryonen gewonnen. Im Vergleich dazu bringt die In-vitro-Produktion mit 4 Embryonen ein jedenfalls vergleichbares Ergebnis.

1.1.7.2.2 Ex-vivo-Punktion

Eine wichtige Weiterentwicklung ist die Ex-vivo-Gewinnung von Eizellen (Kruip et. al. 1991). Durch Verwendung von Ultraschallgeräten können die Follikel auf den Ovarien lebender Tiere punktiert und Eizellen gewonnen werden. Dieses Verfahren kann in mehrtägigem bzw. wöchentlichem Abstand wiederholt werden, so daß es möglich ist, eine deutlich größere Anzahl von Eizellen zu gewinnen. Wenn die In-vitro-Produktion von Embryonen aus diesen Eizellen in ähnlich guter Weise funktioniert, wie bei Eizellen aus Schlachthofovarien, könnte auf diesem Weg die Zahl der Embryonen pro Spendertier gegenüber konventionellen Superovulationsbehandlungen deutlich gesteigert werden. In Untersuchungen am Institut für Tierzucht in München wurde ein Alternativverfahren zur Follikelpunktion mit Hilfe der vaginal geführten Laparoskopie entwickelt (Reichenbach et al. 1992), das hohe Eizell-Gewinnungsraten erlaubt (Abb. 1-56).

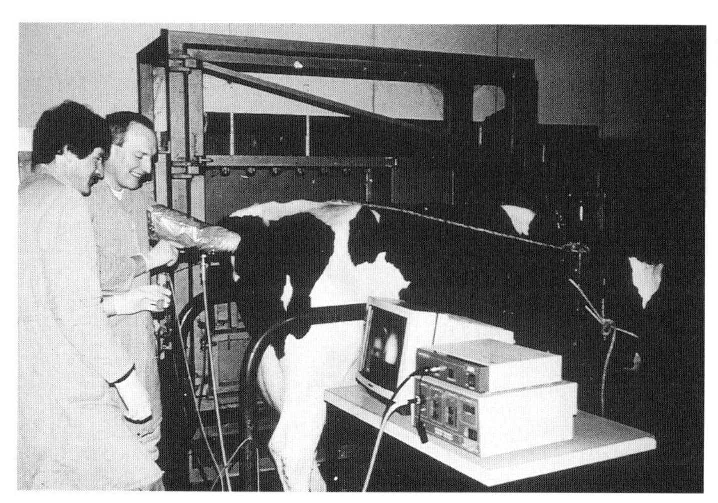

Abb. 1-56 Follikelpunktion beim Rind

Ziel des Verfahrens der In-vitro-Produktion von Embryonen aus ex-vivo-gewonnenen Eizellen ist es, über einen Zeitraum von wenigstens 15 Wochen im Durchschnitt pro Spendertier und Woche eine Trächtigkeit zu erreichen. Wenn es gelingt, dieses Ziel in absehbarer Zeit zu realisieren, würde damit das Ergebnis des konventionellen Embryotransfers um den Faktor 5 verbessert.

1.1.7.2.3 Embryoqualität und Trächtigkeitsraten

Bei der **morphologischen Beurteilung** von in-vitro-produzierten Embryonen fällt auf, daß die Embryonen am Tag 6, an dem sie das Morulastadium erreichen, keine oder nur eine unzureichende Kompaktierung zeigen. Die Beurteilung an Hand von morphologischen Daten ist dadurch sehr erschwert. Obwohl diese Embryonen am Tag 6 im Vergleich zu ex-vivo-gewonnenen Morulae qualitativ wesentlich schlechter aussehen, entwickeln sie sich doch zu einem hohen Prozentsatz zu Blastozysten weiter. Blastozysten aus IVP-Programmen entsprechen weit mehr den erwarteten morphologischen Kriterien von Embryonen dieses Entwicklungsstadiums.

Die Trächtigkeitsraten nach Transfer eines Embryos auf ein Empfängertier betragen bei Embryonen mittlerer bis sehr guter Qualität über 50 %. Embryonen mit morphologisch schlechterer Qualität, die wegen ihres züchterischen Wertes trotzdem übertragen werden, führen zu entsprechend schlechteren Trächtigkeitsraten. Eine bessere Trächtigkeitsrate als 50% kann erreicht werden, wenn die relative Synchronität zwischen Empfänger und Embryo 1 Tag beträgt (Reichenbach et al. 1992), d.h. wenn die Embryonen 1 Tag älter sind als der Abstand des Transfertages vom Brunsttag des Empfängers. Die Trächtigkeitsrate kann in diesem Fall bei 60 % liegen und ist damit vergleichbar mit der Trächtigkeitsrate nach Transfer von ex-vivo-gespülten Embryonen.

Durch Transfer von 2 Embryonen auf 1 Empfängertier können im Durchschnitt in 40 % der trächtigen Empfänger **Zwillingsträchtigkeiten** induziert werden. Dabei zeigt sich jedoch, daß bei ipsilateralem Transfer von jeweils 2 IVP-Embryonen pro Empfänger (beide Embryonen in ein Gebärmutterhorn) eine deutlich höhere Abortrate als bei Normaltransfer oder bei Transfer von jeweils einem Embryo in ein Gebärmutterhorn zu verzeichnen ist.

1.1.7.2.4 Ergebnisse in der Praxis

Die In-vitro-Produktion von Rinderembryonen aus Eizellen, die von geschlachteten Kühen gewonnen werden, ist praxisreif und führt unter optimalen Bedingungen zu 4 transferierbaren Embryonen pro Einzelkuh und Trächtigkeitsraten von 50–60%. Die Kosten für die In-vitro-Produktion von Embryonen sind geringer als die Kosten für die Gewinnung von Embryonen aus superovulierten Spendertieren. Einer Anwendung der IVP von Rinderembryonen im Rahmen der tierzüchterischen Praxis steht nichts im Wege. Bei individuellen Kühen mit hohem Zuchtwert, die aufgrund anderer Ursachen geschlachtet werden müssen, stellt die IVP die letzte Möglichkeit für die Gewinnung wertvoller Embryonen dar. Nur in einzelnen Fällen kann beobachtet werden, daß bei sehr alten Kühen am Ovar keine Follikel mehr zu sehen sind und deshalb keine Eizellen gewonnen werden können.

Die Ex-vivo-Gewinnung von Eizellen aus der Follikelpunktion lebender Kühe zweimal pro Woche ist ebenfalls praxisreif und wird in Holland und Bayern auch bereits im Rahmen von Zuchtprogrammen genutzt. Ziel und derzeit auch erreichbar ist die Produktion von 2 transferierbaren Embryonen bzw. einer Trächtigkeit pro Woche. Da die Punktionen problemlos über einen Zeitraum von 12 Wochen durchgeführt werden können, ist die Effizienz dieser Programme konventionellen Verfahren mitunter überlegen.

Eine interessante Alternative besteht in der Follikelpunktion bei trächtigen Kalbinnen. Der Vorteil ist, daß die Spender bereits trächtig sind und daß durch das Punktionsprogramm eine Verkürzung des Generationsintervalles erreicht werden kann.

Die Eizellengewinnung kann auch bei Ovarien von Kälbern oder gar weiblichen Feten durchgeführt werden. Dabei ist jedoch zu beachten, daß sowohl die Gewinnung der Eizellen (Feten) schwieriger als auch die Entwicklungsraten deutlich schlechter sind als beim vergleichbaren Verfahren mit Ovarien von Kalbinnen oder Kühen. Das größte Problem sind aber die schlechten Trächtigkeitsraten von Embryonen, die aus sehr jungen Spenderovarien stammen.

1.1.7.3 Kryokonservierung von Embryonen

Die Kryokonservierung ermöglicht die langfristige Lagerung von biologischem Material in flüssigem Stickstoff bei Temperaturen von –196°C. Mit dem Begriff **„Tiefgefrierung“** (TG) werden Verfahren bezeichnet, bei denen es zur vollständigen oder teilweisen Kristallisation (Eisbildung) im Medium kommt. Im Gegensatz dazu wird die amorphe Verfestigung, bei der die Kristallisation vollständig ausbleibt, als **„Vitrifikation“** bezeichnet. Der Übergang in den festen Zustand

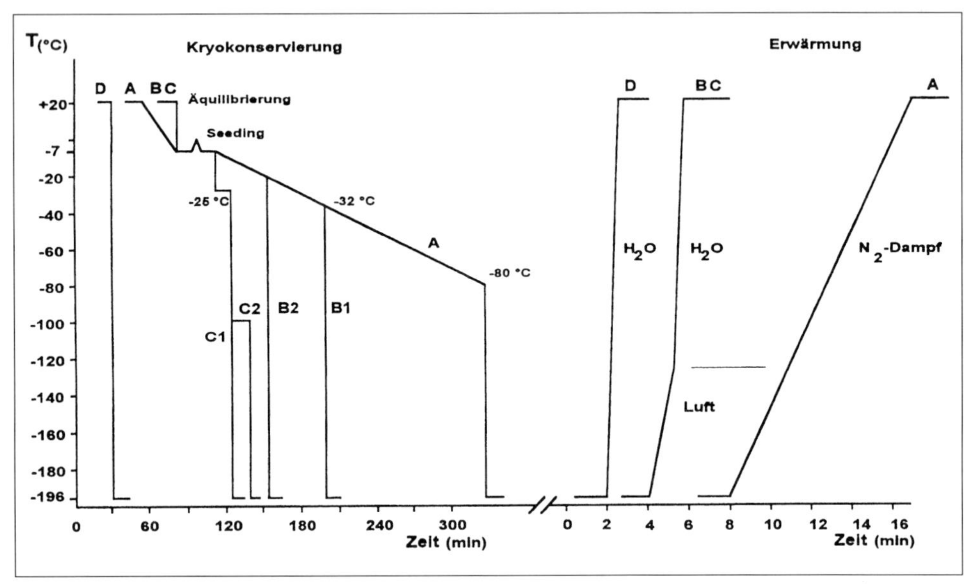

Abb. 1-57 Schematische Darstellung verschiedener Verfahren der Kryokonservierung
A: langsame Tiefgefrierung
B1: konventionelle Tiefgefrierung
B2: konventionelle Tiefgefrierung (mit Prädehydrierung)
C1: Two-step Freezing
C2: Three-step Freezing
D: 1. Schnelle Tiefgefrierung
2. Vitrifikation

erfolgt ohne die Ausbildung einer kristallinen Phase nur durch den Anstieg der Viskosität. Wichtig für das Überleben von biologischem Material bei der Kryokonservierung ist der Schutz vor Schädigungen durch Eiskristallbildung, der durch Verwendung von Kryoprotektiva erreicht wird.

Nachdem Polge et al. (1949) die kryoprotektive Wirkung von Glycerin bei der Tiefgefrierung von Geflügelsperma entdeckt hatten, kamen sie zu dem Schluß, daß erfolgreiche Tiefgefrierung nur durch Anwendung langsamer Abkühlgeschwindigkeit möglich ist. Die verschiedenen Verfahren der Kryokonservierung sind in Abb. 1-57 dargestellt.

Ausgehend von den Erkenntnissen bei der Tiefgefrierkonservierung von Sperma haben Wittingham et al. (1972) erstmals erfolgreich auch Mäuseembryonen tiefgefroren. Das Verfahren ist charakterisiert durch eine langsame Abkühlung (0,3 °C pro Minute), Auslösen der Kristallisation im Gefriermedium (**Seeding**) bei –7 °C, und eine weitere Temperatursenkung auf –79 °C. Nach dem Erreichen dieser Temperatur werden die Embryonen direkt in flüssigem Stickstoff umgesetzt (**Plunging**). Das Auftauen der Embryonen erfolgt langsam mit einer Geschwindigkeit von 27 °C pro Minute mit dem Ziel, daß sich die Embryonalzellen im ständigen osmotischen Gleichgewicht mit dem Extrazellulärraum befinden.

Die Verfahren der **konventionellen Tiefgefrierung** beruhen auf der von Willadsen et al. (1976) entwickelten Technik. Während hier auch am Anfang eine langsame Abkühlgeschwindigkeit verwendet wird, erfolgt das plunging beim

Erreichen einer Temperatur von –32 °C. Die Voraussetzung für den Erfolg ist das schnelle Auftauen (> 200 °C pro Minute), um die Möglichkeit der Rekristallisation des in den Embryonen noch verbliebenen Wasseranteils durch Minimieren der dafür zur Verfügung stehenden Zeit zu vermeiden.

In kommerziellen ET-Programmen beginnt das Tiefgefrieren von Embryonen mit dem Abkühlen auf Raumtemperatur und dem Umsetzen in ein Medium mit Gefrierschutzmittel (1,5 molares DMSO oder 1,4 molares Glycerin). Jeweils 1 Embryo wird in ein Kunststoffröhrchen (Paillette, Straw), das anschließend beidseitig verschlossen wird, aufgezogen. Nach dem Einlegen in die Gefrierapparatur werden die Pailletten auf –7 °C abgekühlt. Nach dem Erreichen dieser Temperatur erfolgt das Seeding, d.h. die Auslösung der Eiskristallbildung durch Berühren der Pailletten mit einer in flüssigem Stickstoff getauchten Pinzette. Nach diesem Seeding erfolgt mit einer Kühlrate von 0,3 °C pro Minute das Abkühlen auf –32 °C. Die Eisbildung in der Paillette schreitet allmählich fort, und aus dem Kristallgitter werden Elektrolyte, Proteine etc. in die verbleibende Restflüssigkeit ausgeschleust und sorgen dort für ein Ansteigen des osmotischen Drucks. Durch diesen erhöhten osmotischen Druck wird den Blastomeren Wasser entzogen, d.h. sie dehydrieren und eine intrazelluläre Eisbildung, die über Zellschädigungen zum Tod des Embryos führen würde, wird verhindert.

Embryonen, die nach diesem Verfahren eingefroren worden sind, können bzw. müssen in körperwarmen Wasser oder in Luft bei Raumtemperatur schnell aufgetaut werden (Auftaugeschwindigkeiten von 800 °C bis 2000 °C/min.). Die aufgetauten Embryonen müssen aus dem Medium mit zytotoxischen Gefrierschutzmittel stufenweise in normales Transfermedium umgesetzt werden.

Eine Modifizierung dieses Tiefgefrierverfahrens ist das sog. **„One-step-Verfahren"**, bei dem die Embryonen nach dem Auftauen nicht mehr aus der Paillette entnommen werden müssen, sondern direkt transferiert werden können. Dazu ist erforderlich, daß die Ausverdünnungslösung bereits vor dem Tiefgefrieren in den Pailletten mitaufgezogen wird. Nach dem Auftauen wird die Mediumsäule mit dem Embryo und der 1,4 molaren Glycerinlösung durch Schütteln der Paillette mit der einmolaren Sucroselösung vermischt. Verwendet man anstelle von Glycerin 1,5 molares Ethylenglycol, kann die Ausverdünnung ohne Sucrose in PBS erfolgen. Die Trächtigkeitsraten nach konventioneller Tiefgefrierkonservierung liegen beim Rind bei etwa 50 % (Tab. 1-16). Beim Einsatz des One-step-Verfahrens werden die Trächtigkeitsraten um 5–10 % reduziert.

Tab. 1-16 Trächtigkeitsraten nach Transfer tiefgefroren gelagerter Rinderembryonen

Verfahren	Trächtigkeitsrate
Ex-vivo-Embryonen	
Konventionelle Tiefgefrierung	30-60 %
Ethylenglykol	55-58 %
Vitrifikation	50 %
In-vitro-produzierte Embryonen	
Konventionelle Tiefgefrierung	30-40 %
Ethylenglykol	50-60 %
Vitrifikation	40-50 %

Bei **Schaf-** und **Ziegen**embryonen gilt das im Prinzip bei Rindern Gesagte. **Pferde**embryonen können am besten im Morula und frühen Blastozystenstadium eingefroren werden. Beim **Schwein** war es lange Zeit überhaupt nicht möglich eine Tiefgefrierkonservierung durchzuführen, da bereits ein Abkühlen der Embryonen auf Temperaturen unter 14–15 °C zum Absterben der Embryonen führt. Inzwischen ist es jedoch gelungen, speziell sehr späte Blastozystenstadien erfolgreich tiefzugefrieren und damit auch für diese Spezies eine Langzeitkonservierungsmöglichkeit zu schaffen. Frühere Stadien können, wie kürzlich von einer japanischen Arbeitsgruppe gezeigt wurde, dann erfolgreich eingefroren und aufgetaut werden, wenn sie vorher zentrifugiert werden und die lipidhaltige Granula aus den Blastomeren abgesaugt wird.

Neben dem konventionellen Tiefgefrieren werden seit einigen Jahren auch vermehrt Versuche mit **ultraschnellen Gefrierverfahren** (hauptsächlich **Vitrifikation**) durchgeführt. Vitrifikation ist ein Vorgang, durch den eine Flüssigkeit bei sehr niedrigen Temperaturen ohne die Ausbildung einer kristallinen Phase erstarrt. Diese amorphe Erstarrung wird als Verglasung bezeichnet. Die Molekül- und Ionenverteilung bleibt trotz der Änderung des Aggregatzustandes unverändert erhalten. Erstmals wurden im Jahr 1985 Mäuseembryonen erfolgreich vitrifiziert (Rall und Fahy 1985). Die Vitrifikation ermöglicht nach der Äquilibrierung der Embryonen, dem nachfolgenden Umsetzen in das Vitrifikationsmedium und Verpacken in Pailletten ein sofortiges Eintauchen der Embryonen in flüssigen Stickstoff. Dadurch ist der zeitliche und technische Aufwand gegenüber der konventionellen Tiefgefrierung deutlich verringert. Das Ausverdünnungsmedium wird in der Regel bereits mit in die Paillette aufgezogen.

Die Vitrifikation gliedert sich in verschiedene aufeinanderfolgende Abschnitte:

- Äquilibrierung der Embryonen (Äquilibrierungsmedium)
- Vitrifikation: ultraschnelles Abkühlen auf –196 °C (Vitrifikationsmedium)
- Lagerung in flüssigem Stickstoff
- Schnelle Erwärmung auf Raum- oder physiologische Temperaturen
- Ausverdünnung des Vitrifikationsmediums (Ausverdünnungsmedium)
- Rehydrierung der Embryonen (Rehydrierungsmedium)
- Kultivierung und Übertragung auf Empfänger

Für die Vitrifikation von Embryonen wurden verschiedene Verfahren entwickelt, die als Methode nach Rall (Rall und Fahy 1985, Rall 1987) und Methode nach Massip (Massip et al. 1986, Scheffen et al. 1986) bezeichnet werden. Eine Variante des Verfahrens nach Massip ist das Ishimori-Verfahren (Ishimori et al. 1992). Bei Mäuseembryonen konnten Überlebensraten von über 80 % bei der Vitrifikation aller Embryonalstadien erreicht werden, während bei **Rind** und **Schaf** nur etwa 40 % der vitrifizierten Morula/frühen Blastozysten in einer sich der Vitrifikation anschließenden In-vitro-Kultur weiterentwickelten.

Bei Vitrifikation nach dem **Massip-Verfahren** lagen die Trächtigkeitsraten bei Transfer vitrifizierter Mäuseembryonen zwischen 50 und bis zu 100 % und die Embryoüberlebensraten zwischen 30 und 64 %. Auch die Trächtigkeitsraten nach Transfer vitrifizierter Rindermorulae und früher Blastozysten (Tab. 1-16) waren bei Vitrifikation nach dem Ishimori-Verfahren mit bis zu 50 % Trächtigkeitsrate und entsprechender Embryoüberlebensrate annähernd in der gleichen Größenordnung wie beim Transfer konventionell tiefgefrorener Embryonen. Es muß beachtet werden, daß die Entwicklungskompetenzen in vitro und in vivo verschieden sind und deshalb für den Trächtigkeitserfolg ein sofortiger Embryotransfer nach dem Auftauen wichtig ist.

Die züchterischen Nutzungsmöglichkeiten von ET werden im Abschnitt 1.2.4.2 behandelt.

1.1.7.4 Embryomanipulation

Die Ursprünge der Mikromanipulation von Säugerembryonen liegen in den 30er Jahren, aber erst in den 50er Jahren wurden die Grundlagen für die erfolgreiche Teilung von Embryonen gelegt. Zu Beginn der 60er Jahre wurden dann erstmals erfolgreich Chimären erstellt. Weiterführende mikromanipulatorische Techniken, wie der Kerntransfer, sind seit Beginn der 80er Jahre auch beim Nutztier in der experimentellen Anwendung. Auch der Gentransfer bei landwirtschaftlichen Nutztieren wurde erstmals Mitte der 80er Jahre erfolgreich durchgeführt.

1.1.7.4.1 Teilung von Embryonen (Monozygote Zwillinge)

Monozygote Zwillinge entstehen natürlicherweise durch spontane Teilung eines frühen Embryonalstadiums. Die beiden entstehenden Hälften und die sich daraus entwickelnden Tiere sind genetisch identisch. Die im Rahmen des Embryotransfers gewonnenen Embryonalstadien enthalten, in Abhängigkeit von ihrem Entwicklungsstadium, totipotente Blastomeren. So ist es grundsätzlich möglich, aus einzelnen Blastomeren (Zellen) eines Embryos im 2- bis 4(8)-Zell-Stadium aufgrund der Totipotenz dieser Zellen Embryonen zu kultivieren und Tiere zu erhalten. In weiter fortgeschrittenen Stadien beginnt eine erste Differenzierung der Zellen, so daß neben totipotenten Zellen, aus denen sich der Embryoblast (Innere Zell Masse) und anschließend der Fetus entwickelt auch Trophoblastzellen herausbilden, die die Grundlage der fetalen Hüllen darstellen.

Im Rahmen von tierzüchterischen ET-Programmen (s. 1.2.4.3) werden 6 bis 7 Tage alte Rinderembryonen geteilt. Zur Durchführung der Teilung von Embryonen (**Embryo-Splitting**) ist eine Mikromanipulationseinheit erforderlich. Eine Manipulationseinheit für die Mikrochirurgie von Rinderembryonen umfaßt ein Stereomikroskop mit bis zu 100facher Vergrößerung, sowie ein oder mehrere Mikromanipulatoren einschließlich der von ihnen geführten Mikroinstrumente. Mikromanipulatoren sind Geräte, bei denen auf mechanischem, elektromotorischem oder hydraulischem Weg die Bewegungen der menschlichen Hand um einen konstanten oder variablen Faktor verkürzt und damit auch bei mikroskopischer Vergrößerung zitterfrei gestaltet werden können. De facto bedeutet dies, daß Fingerbewegungen, die sich in einer Größenordnung von einigen Zentimetern abspielen, durch die Untersetzung des Mikromanipulators zu Bewegungen der Mikroinstrumente werden, die sich im Bereich von Millimetern und Mikrometern abspielen. Unter Zuhilfenahme geeigneter Mikroinstrumente können damit Embryonen, die einen Außendurchmesser zwischen 100 und 150 μm haben, problemlos und zuverlässig mikrochirurgisch behandelt werden.

Die Anfang der 80er Jahre entwickelten Methoden zur Teilung von Embryonen (s. zur Übersicht Brem 1985) waren unter Verwendung mehrerer Mikromanipulatoren und Mikroinstrumente entwickelt worden. Mittlerweile wurde in Routineprogrammen die Ausstattung zur Teilung von Embryonen auf eine Haltepipette und ein Mikromesser reduziert. Die früher verwendeten Arbeitseinheiten waren zwar etwas komplexer und aufwendiger beim Aufbau und bei der Durchführung der Teilung, hatten aber den Vorteil, daß sie die Erlernung und Durchführung der Teilung von Embryonen erleichterten und es erlaubten, sich auch unerwarteten Situationen bei der Teilung anpassen zu können. Durch das Verpacken der Embryohälften in Zonae pellucidae können etwas bessere Trächtigkeitsraten erreicht werden.

Als Beispiel für ein Mikromanipulationsverfahren mit mehreren Manipulatoren und Mikroinstrumenten sei das am Institut für Tierzucht in München entwickelte und mittlerweile auch intensiv in der Praxis genutzte Verfahren beschrieben (Brem et al. 1983, Brem 1985, Lange et al. 1991). Die Arbeitseinheit besteht aus einem Wild-Stereomikroskop, das mit Durchlichtstativ auf einer Platte montiert ist. Auf der linken und rechten Seite des Mikroskops ist jeweils ein Leitz-Mikromanipulator installiert, auf der rechten Seite befindet sich schräg hinter dem Leitz-Mikromanipulator ein elektrisch betriebener Märzhäuser-Manipulator, der mit einem Magnetfuß fixiert ist. Dieser Manipulator kann mittels steuerbaren Elektromotoren in drei Achsenrichtungen bewegt werden. Auf der linken Seite des Mikroskops befindet sich eine einfache Halterung für eine Instrumentenhülse zur Fixierung der Haltepipette.

Folgende **Mikroinstrumente** werden für die Embryoteilung verwendet (Abb. 1-58):
- Haltepipette mit flammenpolierter Spitze, Außendurchmesser ca. 110 μm, Innendurchmesser ca. 25–30 μm
- Mikromesser mit dreieckiger, feiner Spitze (aus Rasierklingen hergestellt)
- Mikrospitze, fein ausgezogene Glasnadel mit einem Spitzendurchmesser von ca. 2 μm
- Mikropistill, fein ausgezogener Glasfaden mit angeschmolzener Glaskugel (Durchmesser ca. 20μm)
- Mikrohaken, gebogene Glasspitze mit einem Hakenradius von ca. 40 μm.

Alle Mikroinstrumente werden aus Glaskapillaren mit Hilfe einer Mikroschmiede, eines Kapillarenziehgerätes und eines Bunsenbrenners hergestellt und in staubfreien Plastikboxen aufbewahrt. Die Positionen der Mikroinstrumente, wie sie für den Teilungsvorgang auf dem Mikroskop eingerichtet werden, zeigt Abb. 1-58.

Der **Teilungsvorgang** läuft wie folgt ab: Der zu teilende Embryo sowie eine unbefruchtete Eizelle oder ein degenerierter Embryo (Zonaspender) werden bei Raumtemperatur im Lichtfeld des Stereomikroskops in der Nähe der Haltepipette abgesetzt. Der Zonaspender wird an der Haltepipette durch Unterdruck so fixiert, daß die Zona pellucida leicht in die Öffnung der Haltepipette eingesaugt wird. Anschließend wird mit dem Mikromesser, das im rechten Winkel zur

Abb. 1-58 Mikroinstrumente zum Teilen und Aggregieren von Embryonen (oben: Haltepipette, Mikromesser, Mikronadel, Mikrohaken; unten: Herstellung eines Mikromessers)

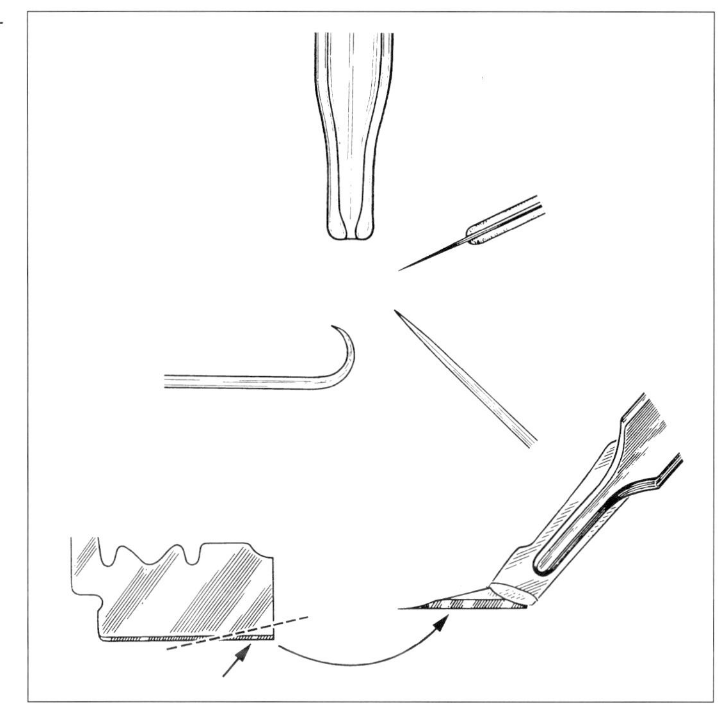

Haltepipette positioniert ist, die Zona zur Hälfte eingeschnitten. Die Öffnung der Zona pellucida wird mit dem Mikrohaken aufgespreizt und der Zelldetritus mit Mikrospitze oder Mikropistill aus der Zona herausgeräumt. Nachdem die leere Zona pellucida von der Haltepipette gelöst ist, wird der zu teilende Embryo (Morula, Blastozyste) solange gedreht, bis bei der Fixierung an der Haltepipette eine für die Teilung geeignete Position erreicht wird. Nun wird die Zona bis zu einem Drittel des Durchmessers mit dem Mikromesser eingeschnitten und der entstandene Schnitt mit Mikrohaken und Mikrospitze aufgespreizt und soweit geöffnet, daß der Embryo zum Teilen außerhalb der Zona entweder unbeschädigt aus der Zona herausbewegt oder innerhalb der geöffneten Zona mit Hilfe des Mikromessers geteilt werden kann (Abb. 1-59). Nach dem Trennen des Embryos in zwei Hälften verbleibt eine Hälfte in der Zona bzw. wird dorthin zurückgeschoben, während die zweite Hälfte in die vorher vorbereitete leere Zona verpackt wird. Nach dem Teilungsvorgang werden die Embryonen bis zum Transfer zwischengelagert. Die Teilung eines Embryos benötigt mit diesem Verfahren nicht mehr als ca. 10 Minuten.

Grundsätzlich ist es so, daß Embryonen, die bereits bis in die Gebärmutter gewandert sind, im Gegensatz zu Embryonen, die sich noch im Eileiter befinden, keine Zona pellucida mehr benötigen. Aus dieser Erkenntnis heraus wurden vereinfachte Formen der Embryoteilung entwickelt. Nach dem Fixieren des Embryos an der Haltepipette kann die Teilung des Embryos durch Absenken oder Vorwärtsbewegung eines entsprechend vertikal oder horizontal positio-

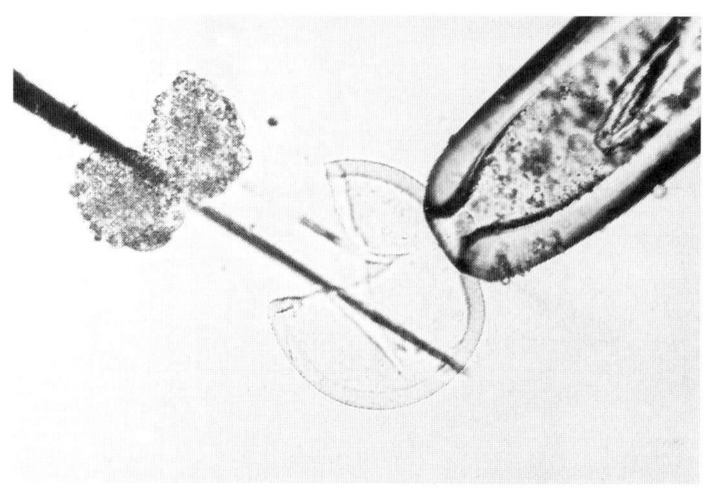

Abb. 1-59 Teilung einer Rindermorula

nierten Mikromessers erfolgen. Der Schnitt wird so durchgeführt, daß der Embryo gegen die Haltepipette oder gegen den Boden der Petrischale durch Druck auf die Schnittkante des Messers in zwei Hälften getrennt wird.

Auch die Teilung von Embryonen mit Hilfe von Mikronadeln, die durch die Zona und den Trophoblast gestochen werden, wird praktiziert. Die Trennung der Embryoteile erfolgt in diesem Fall so, daß durch Absenken der Mikronadel gegen den Boden oder durch Druck gegen die Wand der Haltepipette die Zellen des Embryoblasts (Innere Zell Masse) und anschließend des Trophoblasts durch drückende und schiebende Bewegungen in zwei Hälften getrennt werden.

Bei dieser Art der Teilung muß der Mikromanipulateur über große Erfahrung verfügen, da es relativ leicht passieren kann, daß z. B. ein halber Embryo durch die Haltepipette eingesaugt wird, die Trennung des Embryos in zwei deutlich ungleich große Teile erfolgt, die Teilung im ersten Arbeitsschritt nicht vollständig durchgeführt wird, Embryoteile an Mikroinstrumenten kleben bleiben, oder die Innere Zell Masse nicht genau in der Mitte geteilt wird. Ein gewisser Nachteil ist auch, daß das Arbeiten mit halben Embryonen, die nicht wieder in eine Zona pellucida verpackt worden sind, etwas schwieriger ist. Die Trächtigkeitsrate bei diesem Teilungsverfahren liegt zwischen 45 und 55 %, die Zwillingsrate zwischen 20 und 25 % (Abb. 1-60). Bei dem oben beschriebenen Verfahren werden Trächtigkeitsraten von 60 % (Tab. 1-17) und Zwillingsraten von gut 30 % erreicht (Lange et al. 1991).

Bei der Teilung von Embryonen, die noch nicht kompaktiert sind, können die einzelnen Blastomeren voneinander gelöst, bzw. getrennt werden. Es ist möglich, aus einem Ausgangsembryo bis zu 8 identische Embryonen bzw. Blastomeren zu isolieren. Dieses Vorgehen, das beim landwirtschaftlichen Nutztier von Willadsen (1981) erfolgreich angewendet worden ist, hat für die züchterische Praxis keine große Bedeutung. Dies mag zum einen daran liegen, daß diese frühen Embryonalstadien alle im Eileiter lokalisiert sind und meist nur durch chirurgische Spülung gewonnen werden können. Darüber hinaus ist die Ent-

Abb. 1-60 Monozygotes Rinder-Zwillingspaar aus Embryoteilung

Tab. 1-17 Weiterentwicklungsrate von geteilten Embryonen nach unilateralem Transfer

Stadium	Morulae	Blastozysten	Summe
Geteilte Embryonen	264	64	328
Weiterentwicklung			
keine Hälfte	56 (21 %)	6 (9 %)	62 (19 %)
eine Hälfte	122 (46 %)	35 (55 %)	157 (48 %)
beide Hälften	86 (33 %)	23 (36 %)	109 (33 %)
Anzahl Feten (Trächtigkeitsrate)	298 (56%)	81 (63 %)	379 (58 %)
Anzahl Feten pro Embryo	1.1	1.3	1.2

wicklungsrate von einzelnen Blastomeren in Abhängigkeit von der Zahl identischer Embryonen die erstellt wurden, mitunter deutlich verringert.

Während sich nach Separierung von 2-, 4-, oder 8-Zell Embryonen in identische Zwillingsembryonen jeder Embryo im Vergleich zum Ausgangsembryo mit 75 %iger Wahrscheinlichkeit weiter entwickelt, ist die relative Überlebenschance bei identischen Vierlingen auf die Hälfte und bei identischen Achtlingen gar auf nur ca. 5 % reduziert. Das wesentliche Problem bei der Produktion identischer Embryonen durch Blastomerenisolation ist die notwendige Zwischenkultur, die vor dem Transfer auf endgültige Empfänger durchgeführt werden muß. Dazu gab es früher praktisch keine Alternative zu der In-vivo-Kultur im ligierten Eileiter von Zwischenempfängern. Die manipulierten Embryonen mußten in sog. Agarchips eingebettet und chirurgisch in ligierte Schaf- oder Kanincheneileiter transferiert werden. Nach mehreren Tagen Kultur wurden diese Agarchips wieder chirurgisch zurückgewonnen und die Embryonen, die sich weiterentwickelt hatten, auf endgültige homologe Empfänger transferiert.

Mittlerweile gibt es zwar erste erfolgreiche Ansätze bei der In-vitro-Kultur von frühen Embryonalstadien, aber die Weiterentwicklungsrate isolierter Blastomeren oder von Blastomerengruppen zu transfertauglichen Embryonen ist nach wie vor nicht zufriedenstellend. Deshalb hat sich dieses Verfahren, obwohl es mit guter Wiederholbarkeit zur Erstellung monozygoter Zwillingspaare und im Gegensatz zur mikrochirurgischen Teilung auch in Einzelfällen zur Erstellung von bis zu 5 genetisch identischen Tieren führen kann, in der Praxis nicht durchgesetzt. Dieses Verfahren war aber für die Entwicklungs- und Reproduktionsbiologie sehr wertvoll, da es Aussagen über die Pluri- bzw. Totipotenz von frühen Blastomeren ermöglicht hat und speziell bei der **Chimärenerstellung** (s. 1.1.7.4.2) sehr hilfreich war.

Bei der **mikrochirurgischen Teilung von Morulae und Blastozysten** wird das genetische Potential dieser Embryonen deutlich besser ausgenutzt als nach konventionellem Transfer. Bei technisch einwandfreier Durchführung der Teilung beträgt die Wahrscheinlichkeit, daß zumindest eine Hälfte eines Embryos sich weiterentwickelt, ca. 80 %. Das bedeutet, daß nur 20 % der für die Teilung eingesetzten Embryonen nicht in einem Kalb resultieren und damit dieser Genotyp verloren gegangen ist (Tab. 1-17). Es entwickeln sich im Durchschnitt aus 100 geteilten Embryonen mehr als 110 Feten, so daß pro Embryo, der für die Teilung eingesetzt wird, mehr als 1 Kalb geboren wird. Eine Einschränkung bei der mikrochirurgischen Teilung von Embryonen ist darin zu sehen, daß nicht alle bei einer Spülung gewonnenen Embryonen für die mikrochirurgische Teilung geeignet sind, da bestimmte Qualitätskriterien als Voraussetzung für eine erfolgreiche Weiterentwicklung nach Teilung eines Embryos gelten.

Eine Teilung von Embryonen in mehr als zwei Teile führt nicht zu der gewünschten Erhöhung der Zahl identischer Individuen. Vielmehr läßt die Überlebensrate der Drittel-, Viertel- oder Achtel-Embryonen so stark nach, daß insgesamt weniger Nachkommen geboren werden als nach mikrochirurgischer Teilung in zwei Hälften. Der Grund dafür ist darin zu sehen, daß die Blastomeren eines Embryos nach einer bestimmten Anzahl von Zellteilungen anfangen sich zu differenzieren und durch den Verlust ihrer Totipotenz keine entwicklungskompetenten Embryonen entstehen können.

Die Tiefgefrierkonservierung von geteilten Embryonen ist möglich und führt ebenfalls zur Erstellung von monozygoten Zwillingen. Leider sind die Erfolgsraten, die aus der Kombination der beiden Reproduktionstechniken – Embryoteilung und Embryotiefgefrierung – resultieren, noch so gering, daß sich ein praxisorientierter Einsatz nicht realistisch durchführen läßt.

Auch Embryonen von kleinen Wiederkäuern können erfolgreich geteilt und zur Zwillingserstellung herangezogen werden. Beim **Schwein** ist die Weiterentwicklungsrate nach Embryoteilung deutlich geringer als beim Wiederkäuer. Die Teilung von **Pferde**embryonen, die aus der Gebärmutter gewonnen werden, ist wegen einer zweiten, unter der Zona pellucida gelegenen kapselartigen Eihülle deutlich komplizierter als beim Wiederkäuer.

1.1.7.4.2 Aggregation von Embryonen (Chimären)

Eine **Chimäre** ist ein Individuum, das aus zwei oder mehreren Zellinien besteht, die sich aus verschiedenen befruchteten Eizellen entwickelt haben. Im Gegensatz dazu bezeichnet man ein Tier dann als **Mosaik**, wenn es aus verschiedenen Zellinien besteht, die sich aus einer einzigen befruchteten Eizelle entwickelt haben (1.1.3.1.1). **Hybride** sind Tiere, bei denen durch die Verpaarung von Individuen aus verschiedenen Rassen, Linien oder Stämmen eine Durchmischung der Erbanlagen innerhalb des Zellkerns erfolgt, so daß die ursprünglichen Genotypen in ihrer Komplexität in den Nachkommen nicht wieder auftreten.

Bei Mosaiken und Chimären hingegen erfolgt die Durchmischung nicht innerhalb des Zellkerns, sondern nur innerhalb von Individuen, so daß die Gameten ebenso wie übrige Körperzellen jeweils den Genotyp einer Zellinie repräsentieren. Chimären und Mosaike treten in der Natur bei Haussäugetieren und Mensch nur in seltenen Fällen auf. Chimären haben für die landwirtschaftliche Nutztierzucht keine direkte Bedeutung. Sie sind allerdings für die reproduktionsphysiologische, genetische und tierzüchterische Grundlagenforschung mitunter von erheblicher Bedeutung, da sie ein hervorragendes Modell zum Studium von Zell-Zell- und Genotyp-Umwelt-Interaktionen darstellen, indem sie es gestatten, den Einfluß der zellulären Umwelt genau zu studieren. Dies ist auch der Grund dafür, daß durch Mikromanipulation versucht wird, gezielt Haustier-Chimären zu erstellen.

Insgesamt ist zwischen **primärem** und **sekundärem Chimärismus** zu unterscheiden. Chimären im engeren Sinn, also primäre Chimären sind, wie schon geschildert, Tiere die sich aus unterschiedlichen Zellpopulationen zusammensetzen, die sehr früh in der Entwicklung zusammengekommen sind bzw. zusammengebracht wurden. Im Gegensatz dazu spricht man von sekundären Chimären dann, wenn die zweite oder zusätzliche Zellinien erst relativ spät, also nach der Organogenese oder gar nach der Geburt oder im Erwachsenenstadium in den Organismus aufgenommen werden und dort koexistieren. Sekundäre Chimären weisen nie einen Keimbahn-Chimärismus auf, d.h. der Chimärismus erstreckt sich wie z. B. bei Bluttransfusion oder Organtransplantation ausschließlich auf somatische Körperzellen bzw. Organe.

Wie schon erwähnt, kommt es auch auf natürliche Weise zur Entstehung von Chimären. Das wohl am besten dokumentierte Beispiel sind die **Free-Martins (Zwicken)** beim Rind, die dann entstehen können, wenn während einer Trächtigkeit verschiedengeschlechtliche Zwillinge heranwachsen. In 95 % aller Fälle von zweieiigen Zwillingen kommt es zur Fusion von Blutgefäßen und dem Austausch von Blutstammzellen zwischen den beiden Feten, so daß die Tiere einen Chimärismus aufweisen (1.1.3.1.1).

Zur mikromanipulatorischen Erstellung von Chimären gibt es grundsätzlich zwei Wege, nämlich die Aggregation von ganzen Embryonen oder Embryoteilen oder die Mikroinjektion einzelner Zellen oder Zellverbände ins Blastozoel einer Blastozyste. Das experimentelle Vorgehen bei der Aggregation von Embryoteilen stellt in gewisser Weise den gegensätzlichen Vorgang zur Teilung von Embryonen dar. Durch mikromanipulatorische Eingriffe werden Embryonen oder Embryoteile von verschiedenen Ausgangsembryonen zu einem Embryo aggregiert, indem man sie in eine Zona pellucida verpackt (Abb. 1-61). Dieses Vorgehen ist am einfachsten bei frühen Embryonalstadien bis zum 8-Zeller durchzuführen. Fehilly, Willadsen und Tucker (1984) haben in einer beeindruckenden Serie von Experimenten gezeigt, daß nach der Kombination von Blastomeren des 2-, 4-

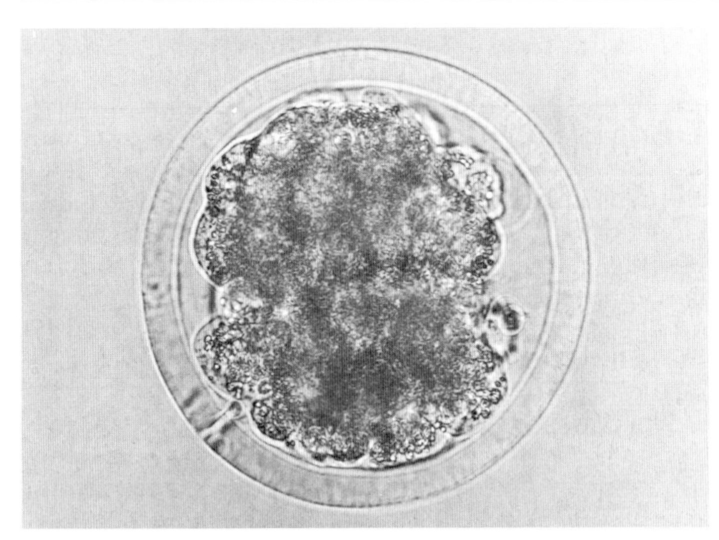

Abb. 1-61 Embryoaggregation (zwei Morulae aus verschiedenen Embryonen sind in einer Zona aggregiert)

oder 8-Zellstadiums in einem guten Prozentsatz die Ausbildung eines Chimärismus bei den geborenen Nachkommen nachgewiesen werden kann. Aber auch durch Aggregation von Teilen aus unblutig gewonnenen Embryonen im frühen Morula-Stadium und Direkttransfer nach der Manipulation ist es möglich, Chimären zu erstellen (Brem et al. 1984). Dieses Verfahren hat den Vorteil, daß die Zwischenkultur entfallen kann (Abb. 1-62).

Neben den innerartlichen Chimären, bei denen Embryonen derselben Spezies miteinander aggregiert werden, erlaubt die Mikromanipulation auch die Kombination von Blastomeren verschiedener Spezies zu einem Embryo. Auf diese Weise ist es möglich, **Interspezieschimären** zu erstellen, die in einem Organismus die Genotypen z. B. von Schaf und Ziege vereinen. Möglicherweise ist auf diesem Weg auch die Koexistenz von Genotypen in einem Organismus möglich, die evolutionär weiter voneinander entfernt sind.

Eine Alternative zur Aggregation von Embryonen ist die Erstellung von Injektionschimären. In diesem Fall werden Zellen aus der Inneren Zell Masse eines Embryos oder möglicherweise sogar aus Zellinien (embryonale Stammzellen bislang nur bei der Maus erfolgreich) in eine Transferpipette aufgenommen und in das Blastozoel eines Empfängerembryos transferiert. Die injizierten Zellen entwickeln sich zusammen mit den originären Zellen der Inneren Zell Masse des Empfängerembryos zum Embryo bzw. Fetus und zeigen bei den geborenen Tieren Chimärismus.

Bislang wurden bei **Schaf, Ziegen, Rind** und **Schwein** Chimären erstellt. Nicht in allen Fällen konnte ein Fell- oder Haut-Farbenchimärismus nachgewiesen werden. Mitunter ist es auch notwendig, zum Beweis der Koexistenz verschiedener Zellinien spezielle Methoden, wie z. B. die Untersuchung von Blutgruppen, Protein-, Enzym- oder DNA-Polymorphismen durchzuführen (s. 1.1.6.4).

Die Injektion von embryonalen Stammzellen in die Blastozyste wird insbesondere bei der Maus bereits sehr häufig und erfolgreich durchgeführt. Embryo-

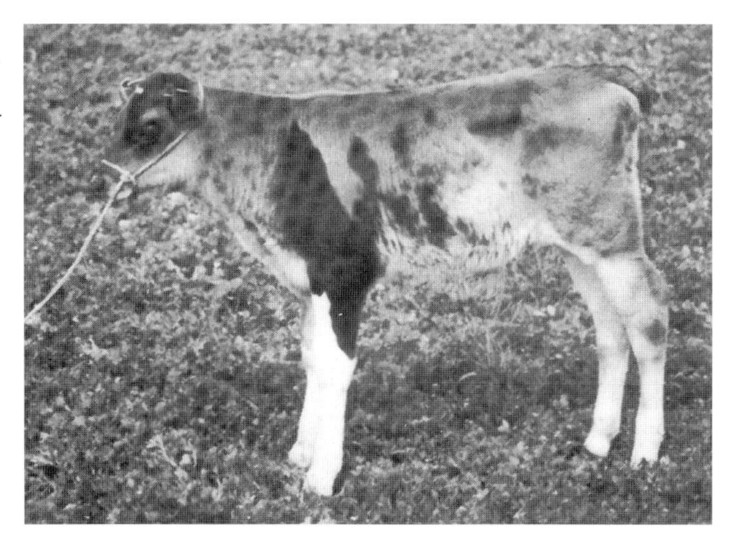

Abb. 1-62 Rinderchimäre (Schwarzbunt-Braunvieh) aus Aggregation unblutig gewonnener Embryonen

nale Stammzellen sind permanente pluripotente Zellinien, die aus der Inneren Zell Masse von Blastozysten kultiviert wurden. Diese Zellen können in Blastozysten injiziert werden und an der Entwicklung des Embryos teilnehmen. Die Zellen der Stammzellinien sind aufgrund ihrer Pluripotenz auch in der Lage, die Gonaden zu besiedeln, so daß Keimbahnchimären entstehen können. Nachkommen dieser **Keimbahnchimären** repräsentieren dann den Genotyp der embryonalen Stammzellinie. Im Rahmen von Gentransfer bzw. Gen „Knock out"-Experimenten (s. 1.1.8) können bei Mäusen auf dem Weg über die Chimärenerzeugung Nachkommen erstellt werden, denen ein definiertes Allel fehlt. Durch Verpaarung solcher heterozygoter Mäuse können homozygote Mäuse gezüchtet werden, bei denen der entsprechende Genort nicht mehr aktiv ist. Dieses Verfahren ist insbesondere für die humanmedizinische Grundlagenforschung von eminenter Bedeutung.

Leider ist man beim Nutztier von einer konsequenten Etablierung und Anwendung embryonaler Stammzellen noch sehr weit entfernt. Es ist zwei Arbeitsgruppen in Madison, Wisconsin, gelungen, auch beim Rind embryonale Zellinien zu etablieren. Sie zeigten die Totipotenz dieser Zellen und nutzten diese in **Klonierungsprogrammen** (Abb. 1-63). Im Gegensatz zur Maus haben sich beim Rind aus Transfer von Kernen embryonaler Stammzellen in entkernte Eizellen, wenn auch zu einem geringen Prozentsatz, Embryonen, Feten und Kälber entwickelt (Sims und First 1993, Strelchenko und Stice 1994). Da die embryonalen Stammzellen permanent in vitro gehalten werden können und ihre Totipotenz erhalten bleibt, sollte es auf diesem Weg grundsätzlich möglich sein, selbst bei geringen Weiterentwicklungsraten eine – für züchterische Aspekte – ausreichend große Zahl von **Klongeschwistern** zu erstellen. Die Klongeschwister, die die phänotypische Ausprägung der genetisch identischen Stammzellinie darstellen, können dann einer umfassenden tierzüchterischen Prüfung unterzogen werden.

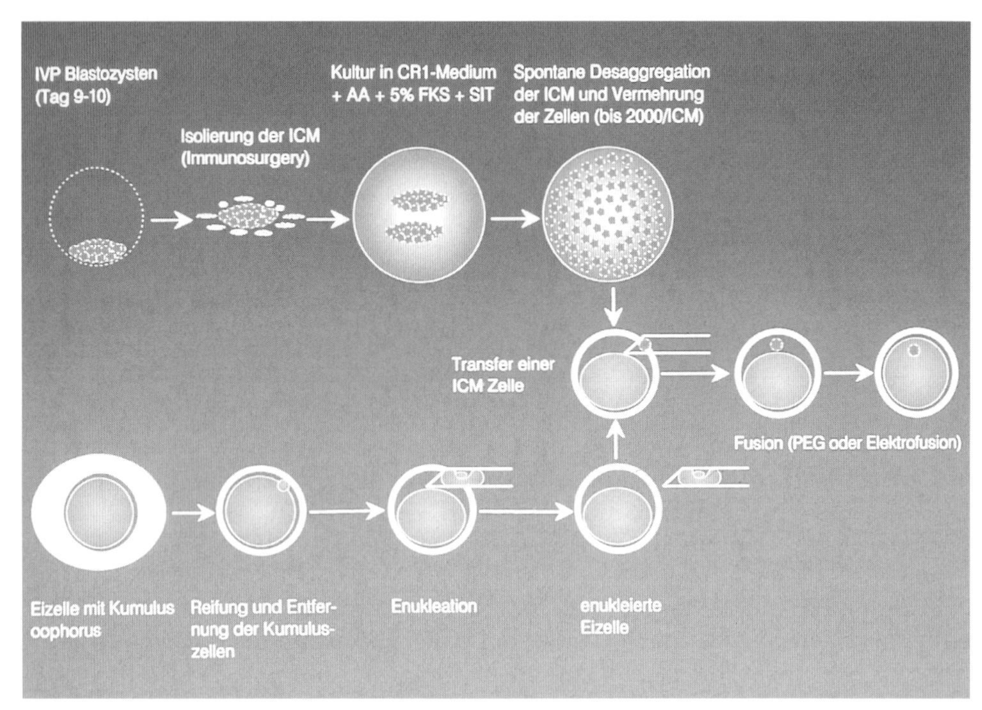

Abb. 1-63 Schematische Darstellung der Etablierung embryonaler Stammzellen beim Nutztier

1.1.7.4.3 Kerntransfer (Klonierung)

Ein **Klon** ist eine ungeschlechtlich aus einem Mutterorganismus entstandene erbgleiche Nachkommenschaft. So spricht man beispielsweise in der Mikro- und Zellbiologie bei Populationen genetisch einheitlicher Mikroorganismen oder Zellen von Klonen. In der Gentechnik sind Klonierungsvektoren, die ein Fremdgen enthalten oder Bakterienkolonien, in denen so ein Vektor enthalten ist, ein Klon. Auch bei Pflanzen sind Klone durchaus verbreitete Phänomene, man denke nur an Kartoffeln, die in aller Regel Klonpopulationen darstellen. Auch im zoologischen Bereich finden sich natürlicherweise Klone, allerdings ist die Zahl der genetisch identischen Individuen immer sehr klein (monozygote Zwillinge, Drillinge). Klone entstehen bei vielzelligen Organismen durch vegetative Vermehrung, also durch Knospung, Sprossung oder durch Regeneration aus Teilstücken.

Bei Säugetieren versteht man unter „Klonieren" in der Embryologie die Erstellung von Embryonen mit identischem Genotyp. Dabei sind folgende Verfahren zu unterscheiden:

1. Mikrochirurgische Teilung von frühen Embryonalstadien (s. 1.1.7.4.1)
2. Mikromanipulatorische Kombination von asynchronen Entwicklungsstadien mit dem Ziel Blastomeren aus Embryonen weiter fortgeschrittener Stadien durch Blastomeren aus früheren Stadien in ihrer Weiterentwicklungskapazität

zu unterstützen und auf diesem Weg identische Viellinge bis zu einer Größenordnung von bisher maximal 5–8 zu erzeugen („Chimeric cloning"). Dieses Verfahren ist aber zwischenzeitlich nicht mehr erfolgreich genutzt worden.

3. Übertragung von Kernen bzw. kernhaltigen embryonalen Zellen (Blastomeren) in enukleierte Eizellen mit Erstellung einer, zumindest bei erfolgreicher Reklonierung, theoretisch unbegrenzten Anzahl identischer Embryonen und Individuen (Embryoklonierung).
4. Übertragung von Kernen aus Zellinien erwachsener Tiere (somatische Kerne), die sich im Ruhestadium befinden (GO-Stadium) in enukleierte Eizellen (Adultklonierung, Wilmut et al. 1997)

Grundsätzlich denkbar sind auch Möglichkeiten, durch parthenogenetische Aktivierung oder durch Verpaarung homozygoter Elterntiere Klone zu erhalten. Diese Verfahren stehen aber beim Nutztier derzeit nicht zur Diskussion.

Das aussichtsreichste Verfahren zur Erstellung einer Anzahl genetisch identischer Embryonen bzw. Tiere ist die **Embryoklonierung mittels Kerntransfer**. Durch Übertragung von Zellkernen, die von mehrzelligen Embryonen stammen, in entsprechend vorbereitete Eizellen können genetisch identische Embryonen erstellt werden. Voraussetzung ist, daß die Eizelle das Metaphase-Stadium in der 2. Reifeteilung (Metaphase II) vollendet hat und die eizelleigene nukleäre DNA entfernt wurde (Enukleation). Eines der wichtigsten Phänomene beim Kerntransfer ist, daß die Kern-DNA reprogrammiert werden muß, d.h. die DNA des übertragenen Kerns muß so aktiviert werden, daß das Teilungsschema des Embryos wieder beim Stadium der Zygote beginnt, obwohl der Kern von einem mehrzelligen Embryo stammt und deshalb bereits einige Teilungszyklen hinter sich hat. Dies ist andererseits aber gerade der große Vorteil der Embryoklonierung mittels Kerntransfer gegenüber dem Chimeric cloning, da bei erfolgreicher Reprogrammierung von Kernen die Anzahl der klonierten Embryonen weit größer sein kann.

Als Empfängerzellen eignen sich beim Rind auch in-vitro-gereifte, unbefruchtete Eizellen, bei denen nach Erreichen der Metaphase II die umgebenen Cumuluszellen entfernt werden. Für die Entfernung der Eizell-DNA gibt es mehrere Möglichkeiten. Am häufigsten angewendet wird die Behandlung der Eizellen mit Cytochalasin B und das anschließende Absaugen des in der Nähe des Polkörpers liegenden Zytoplasmas mit Hilfe einer Enukleationspipette. Die Enukleationsrate ist bei dieser Methode sehr hoch, da die Eizell-DNA zu diesem Zeitpunkt in der Nähe der Polkörperchen lokalisiert ist. Zur Gewinnung der Blastomeren werden Kernspenderembryonen (meist Morulae) entweder nach dem Entfernen der Zona pellucida disaggregiert oder mit Hilfe einer Kerntransferpipette aus dem Spenderembryo abgesaugt. Eine Blastomere wird dann mit Hilfe der Transferpipette unter die Zona pellucida der enukleierten Eizelle geschoben und dort abgesetzt. Zur Integration des Zellkerns dieser transferierten Blastomere in das Zellplasma der Eizelle muß die Membran der Blastomere mit der Membran der Eizelle fusioniert werden. Am gebräuchlichsten ist dazu die Elektrofusion, bei der durch kurzzeitige Gleichstrompulse Poren induziert werden, die ein Zusammenfließen des Zytoplasmas ermöglichen. Die elektrischen Pulse führen außerdem zur Aktivierung der Eizelle.

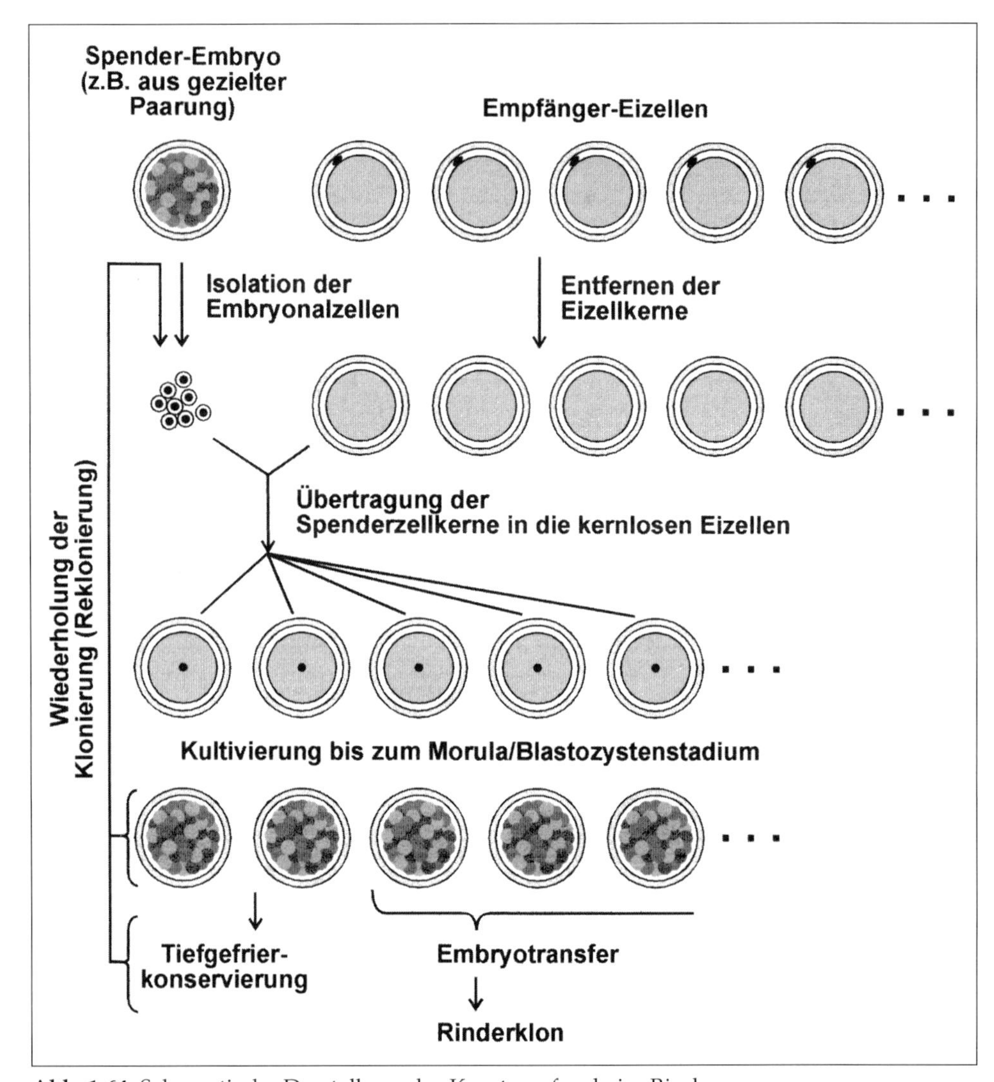

Abb. 1-64 Schematische Darstellung des Kerntransfers beim Rind

Die Aktivierung ist ein wichtiger Schritt, da sie die Voraussetzung für das Ingangkommen der Teilungsaktivität des Fusionsproduktes ist. Nach der erfolgten Fusion müssen die Blastomeren-Eizellenkomplexe (**Kerntransferembryonen**) solange kultiviert werden, bis sie ein Stadium erreichen, das unblutig auf Empfänger transferiert werden kann (Abb. 1-64). Während früher dazu eine In-vivo-Kultur im Zwischenempfänger nötig war, stehen mittlerweile immer besser funktionierende In-vitro-Systeme für die Kultur zur Verfügung (Abb. 1-55). Klonierte Embryonen, die sich bis zum Morula-Stadium entwickelt haben, können als Kernspender herangezogen werden. Im Rahmen dieser Reklonierung kann die Zahl der klonierten Embryonen weiter erhöht werden. Allerdings hat sich gezeigt, daß mit zunehmender Zahl der Reklonierungszyklen die Weiter-

Abb. 1-65 Drei männliche Klongeschwister aus Kerntransfer und in-vitro-Kultur der Fusionskomplexe

entwicklungskapazität der Embryonen sowohl in der In-vitro-Kultur als auch nach Transfer stark zurückgeht.

Die ersten klonierten Nutztiere waren die von Willadsen (1986) publizierten Lämmer, die nach dem Transfer von Kernen aus dem 8-Zell-Stadium in enukleierte Eizellen entstanden waren. Die ersten Kerntransferexperimente beim Rind stammen aus dem Jahr 1987 (Robl et al. 1987). Bei den ersten Experimenten wurde ausschließlich mit ex-vivo-gewonnenen Rinderembryonen als Kernspender und mit In-vivo-Zwischenkultur in Schafeileitern gearbeitet. In den folgenden Jahren konnte auch gezeigt werden, daß das Embryonalklonen beim Rind rein in vitro, also unter Verwendung in-vitro-produzierter Embryonen und in-vitro-gereifter Eizellen, erfolgreich durchgeführt werden kann (Abb. 1-65, Clement-Sengewald et al. 1990, Sims et al. 1991).

In einem großangelegten Klonierungsexperiment mit ex-vivo-gereiften Eizellen und in-vivo-gespülten Spenderembryonen erreichte eine kommerzielle ET-Gruppe beim Transfer von 463 Embryonen aus Klonierung 104 Trächtigkeiten mit 92 lebend geborenen Kälbern (Trächtigkeitsrate 22 %, Kalberate 20 %). Bei tiefgefrorenen/aufgetauten Spenderembryonen lag die Trächtigkeitsrate bei 16 % (Bondioli et al. 1990). In einem anderen Klonierungslabor lag die Trächtigkeitsrate bei 302 Empfängertieren am Tag 35 bei 42 % und am Tag 90 bei 38 %. Die Abkalberate betrug 33 %, wobei auffiel, daß häufig Geburtshilfe erforderlich war und die erschwerten Abkalbungen durch ein hohes Geburtsgewicht der Kälber ausgelöst worden waren (Willadsen et al. 1991).

Mittlerweile sind auch Kälber aus den verschiedenen Reklonierungszyklen geboren, wobei offensichtlich jedoch nach der 4. Reklonierung keine Geburten mehr erreicht werden konnten. Die verschiedenen Einsatzmöglichkeiten der Klonierung werden im Kapitel 1.2.4.3 behandelt.

Einen Überblick der Ergebnisse von Klonierungsexperimenten mittels Kerntransfer beim Rind unter Verwendung von Spenderembryonen, die ex-vivo-

Tab. 1-18 Effizienz der Erstellung klonierter Embryonen und Klongeschwister

	in-vitro-Morulae	ex-vivo-Morulae
Anzahl Blastomeren aus Spenderembryo	35	60
Fusionskomplexe	65 %	65 %
Blastozystenrate	25 %	30 %
Anzahl transfertauglicher Blastozysten pro Spenderembryo	5	11
Trächtigkeitsrate	20 %	20 %
Klongeschwister	1	2

gewonnen oder in-vitro-produziert wurden, gibt Tabelle 1-18. Die Zahl der erwarteten Klongeschwister in dieser Tabelle ist noch recht niedrig. Der für eine Verbesserung der Ergebnisse kritische Faktor ist ohne Zweifel die sehr geringe Trächtigkeitsrate. Wenn es in den nächsten Jahren gelingen sollte, hier Verbesserungen zu erreichen, würde sich die Effizienz dieses Verfahrens schlagartig verbessern und zusätzliche Anwendungsmöglichkeiten eröffnen.

Rekapitulation

- Reproduktionstechniken beim Nutztier
  Künstliche Besamung, Embryotransfer, Embryotiefgefrierung, In-vitro-Produktion von Embryonen, Ex-vivo-Follikelpunktion, Embryomanipulation (mikrochirurgische Teilung, Chimären, Klonierung).
- Arbeitsschritte zur Durchführung des Embryotransfers
  Selektion der Spendertiere, Zyklussynchronisation und Superovulation, Embryogewinnung, -beurteilung, -transfer; Trächtigkeitsrate beim Rind 60-65 %, beim Schwein 70-75 %, beim Pferd 50-60 %.
- Vorteile endoskopische ET-Verfahren
  sehr schonend, keine chrirurgische Öffnung des Bauchraumes, keine postoperativen Probleme, mehrmalige Verwendung der Tiere möglich.
- In-vitro-Produktion von Rinderembryonen
  Punktion von Cumulus-Eizellen-Komplexen aus Tertiärfollikeln, 25 Std. In-vitro-Reifung, anschließend Fertilisation mit kapazitiertem Sperma und In-vitro-Kultur auf Zell-Monolayern oder in speziellen konditionierten oder synthetischen Medien, Selektion für den Transfer nach 7 Tagen Kultur. Fertilisationsrate 80 %, Teilungsrate 80 %, Morula/Blastozystenrate 30-40 %, Trächtigkeitsrate 50-55 %
- Ex-vivo-Gewinnung von Eizellen
  Punktion von Follikeln auf den Ovarien von Spenderkühen in mehrtägigem Abstand für einige Monate möglich, anschließende IVP; eine Trächtigkeit pro Woche soll erreicht werden.

- Kryokonservierung von Embryonen
  Tiefgefrierung von Embryonen durch langsame Abkühlung in Gefriermedium, Seeding bei –6(–7) °C, weitere Temperatursenkung bis –32 °C, Umsetzen und Lagerung in flüssigem Stickstoff bei –196 °C, Trächtigkeitsraten um die 50 %.
- Embryo-Teilung
  mikrochirurgische Teilung von 7 Tage alten (Rinder)Embryonen; Mikroinstrumente, Mikromanipulatoren, Stereomikroskop, Trennung des embryonalen Zellhaufens in zwei Hälften (mittels Mikromesser oder Glasnadel); Trächtigkeitsrate nach Transfer halber Embryonen über 50 %, Zwillingsrate ca. 25-30 %, pro geteiltem Embryo entsteht mehr als 1 Kalb.
- Klon(ierung)
  ungeschlechtliche erbgleiche Nachkommenschaft, in der Zell- Mikro-, Molekularbiologie und bei Pflanzen, bei Tieren seltene Phänomene. Mikrochirurgische Teilung, Kombination asynchroner Entwicklungsstadien („chimeric cloning"), Übertragung von Kernen oder kernhaltigen Zellen. Empfänger-Eizellen werden aktiviert und enukleiert, Transfer der Spenderzellen in den perivitellinen Raum, Fusion durch elektrische Pulse, Kultur in vitro (Effizienz ca. 80 %), Transfer nach 7 Tagen oder Reklonierung. Weiterentwicklung in der Kultur 30-40 %, Trächtigkeitsrate um 20 %.

Literatur Kapitel 1.1.7

Berg, U. and G. Brem (1989): In vitro production of bovine blastocysts by in vitro maturation and fertilization of oocytes and subsequent in vitro culture. Zuchthyg., **24**, 134-139.

Besenfelder, U. et al. (1994a): Laparoscopic embryo transfer into the Fallopian tube in sheep. Theriogenology, **41**, 162.

Besenfelder, U. et al. (1994b): Tubal transfer of goat embryos using endoscopy. Vet. Rec., **135**, 480-481.

Besenfelder, U., Mödl, J., Müller, M. und G. Brem (1997): Endoscopic embryo collection and embryo transfer into the oviduct and the uterus of pigs. Theriogenology, **47**, 1051-1060.

Bondioli, K.R., Westhusin, M.E. and C.R. Looney (1990): Production of identical offspring by nuclear transfer. Theriogenology, **33**, 165-174.

Brackett, B.G. et al. (1982): Normal development following in vitro fertilization in the cow. Biol. Reprod., **27**, 147-158.

Brem, G. (1979): Kostenanalyse über Verfahren und Einsatzmöglichkeiten von Embryotransfer. Diss. med. vet., München.

Brem, G. (1985): Mikromanipulation an Rinderembryonen und deren Anwendungsmöglichkeiten in der Tierzucht. Ferdinand Enke, Stuttgart.

Brem, G. et al. (1983): Zur Erzeugung eineiiger Rinderzwillinge durch Embryo-Mikrochirurgie. Berl. Münch. tierärztl. Wschr., **96**, 153-157.

Brem, G., Tenhumberg, H. and H. Kräußlich (1984): Chimerism in cattle through microsurgical aggregation of morulae. Theriogenology, **22**, 609-613.

Brem, G., Besenfelder, U., Aigner, B., Müller, M., Liebl, I., Schütz, G. und L. Montoliu (1996): YAC Transgenesis in farm animals: Rescue of albinism in rabbits. Mol. Reprod. Dev. 44, 56-62.

Clement-Sengewald, A., Berg, U. and G. Brem (1990): The use of IVM/IVF-bovine embryos in nuclear transfer experiments. Proc. 4th Franco-Czechoslovak Meeting, 14.–15.05.1990, Prague, 54.

Edwards, R.G. (1965): Maturation in vitro of mouse, sheep, cow, pig, rhesus monkey and human ovarian oocytes. Nature, **208**, 349-351.
Fehilly, C.B., Willadsen, S.M. and E.M. Tucker (1986): Interspecific chimaerism between sheep and goat. Nature, **307**, 634-636.
Ishimori, H., Takahashi, Y. and H. Kanagawa (1992): Viability of vitrified mouse embryos using various cryoprotectant mixtures. Theriogenology, **37**, 481-487.
Kruip, T.A.M. et al. (1991): A new method for bovine embryo production: a potential alternative to superovulation. Vet. Rec., **128**, 208-210.
Kühholzer, B. et al. (1996): Endoskopische Embryotransferverfahren bei kleinen Wiederkäuern. Wien. Tierärztl. Mschr. **83**, 366-373.
Lange, H., Wilke, G. und G. Brem (1991): Embryoteilung in der ET-Praxis der Osnabrücker Herdbuchgesellschaft. In: Brem, G. (Hrsg.): Fortschritte in der Tierzüchtung. Eugen Ulmer, Stuttgart, 369-380.
Massip, A. et al. (1986): Pregnancies following transfer of cattle embryos preserved by vitrification. Cryo-Letters, **7**, 270-273.
Parrish, J.J. et al. (1986): Bovine in vitro fertilization with frozen-thawed semen. Theriogenology, **25**, 591-600.
Polge, C., Smith, A.U. and A.S. Porkers (1949): Revival of spermatozoa after vitrification and dehydration at low temperature. Nature, **164**, 666.
Rall, W.F. (1987): Factors affecting the survival of mouse embryos cryopreserved by vitrification. Cryobiology , **24**, 387-402.
Rall, W.F. and G.M. Fahy (1985): Vitrification: a new approach to embryo cryopreservation. Theriogenology, **23**, 220.
Reichenbach, H.D. et al. (1992): Pregnancy rates and births after unilateral or bilateral transfer of bovine embryos produced in vitro. J. Reprod. Fert., **95**, 363-370.
Reichenbach, H.D., Mödl, J. and G. Brem (1993): Piglets born after non-surgical transcervical transfer of embryos into recipient gilts. Vet. Rec., **133**, 3-9.
Robl, J.M. et al. (1987): Nuclear transplantation in bovine embryos. J. Anim. Sci., **64**, 642-647.
Scheffen, B., P van der Zwalmen and A. Massip (1986): A simple and efficient procedure for preservation of mouse embryos by vitrification. Cryo-Letters, **7**, 260-269.
Strelchenko, N. and S. Stice (1994): Bovine embryonic pluripotent cell lines derived from morula stage embryos. Theriogenology, **41**, 304.
Tervit, H.R., Wittingham, D.G. and L.E.A. Rowson (1972): Successful culture in vitro of sheep and cattle ova. J. Reprod. Fert., **30**, 493-497.
Willadsen, S.M. (1981): Micromanipulation of embryos of the large domestic species. In: Mammalian Egg Transfer, CRC Press, 185-210.
Willadsen, S.M. (1986): Nuclear transplantation in sheep embryos. Nature, **320**, 63-65.
Willadsen, S.M., Polge, C., Rowson, L.E.A. und R. Newcomb (1976): Low temperature preservation of cow eggs. In: Rowson, L.E.A. (Hrsg.): Egg transfer in cattle. EEC Seminar, Cambridge EUR 5491, 117-12.
Willadsen, S.M. et al. (1991): The viability of late morula and blastocysts produced by nuclear transplantation in cattle. Theriogenology, **35**, 161-170.
Wilmut, I. et al. (1997) Viable offspring derived from fetal and adult mammalian cells. Nature, **385**, 810-813.
Wittingham, D.G., Leibo, S.P. und P. Mazur (1972): Survival of mouse embryos frozen to -196 °C and -263 C. Science, **178**, 411-414.

Weiterführende Literatur:

Hahn, R., Kupferschmied, H.U. und F. Fischerleitner (1993): Künstliche Besamung beim Rind. Ferdinand Enke, Stuttgart.
Niemann, H. und B. Meinecke (1993): Embryotransfer und assoziierte Biotechniken bei landwirtschaftlichen Nutztieren. Ferdinand Enke, Stuttgart.

1.1.8 Gentransfer (Transgene)

Gentransfer ist die Übertragung von DNA in eine Empfängerzelle und der anschließende Einbau der transferierten DNA in die Erbsubstanz des Empfängerorganismus. Wird dieses Genkonstrukt in das Genom eines Tieres integriert, bezeichnet man es als **Transgen**. Das von diesem Transgen kodierte Protein ist das transgene Produkt. Wenn transgene Tiere das Transgen an ihre Nachkommen vererben, entstehen transgene Linien und Populationen.

Bei der transferierten DNA handelt es sich um ein Genkonstrukt, das normalerweise aus wenigstens 2 Komponenten, dem **Strukturgen** und den regulatorischen Sequenzen besteht (1.1.5.7, Abb. 1-38). Ein Strukturgen (Exon und Introns oder Minigen) enthält die genetische Information für ein Protein. Die regulatorischen Sequenzen sind dafür verantwortlich, daß Gene exprimiert, d.h. abgelesen (transkribiert) und in die entsprechenden Aminosäuresequenzen übersetzt (translatiert) werden. Dabei bestimmen die regulatorischen Sequenzen (Promotoren, Enhancer, Kontrollregionen) die Gewebespezifität, die Menge, die Stabilität und den Zeitpunkt der Genexpression (1.1.5.6).

Wegen der Uniformität der DNA-Doppelhelix und der ubiquitären Gültigkeit des genetischen Codes (Tab. 1-10) können bei der Erstellung von Genkonstrukten DNA-Sequenzen aus verschiedenen Organismen miteinander kombiniert werden (1.1.5.5). Primär sind sicherlich die eukaryotischen Gene und hier vor allem Gene aus dem Bereich der Säuger von vorrangigem Interesse. Mitunter werden aber prokaryotische, virale oder bakterielle DNA-Stücke aus klonierungstechnischen Gründen miteinbezogen. Hierbei muß jedoch berücksichtigt werden, daß die Expression von Genkonstrukten, die prokaryotische Anteile enthalten, im Säugerorganismus zum Teil reduziert oder gar unterbunden werden kann.

Grundsätzlich unterscheidet man bei der Biotechnik **Gentransfer** den Gentransfer in die Keimbahn und den somatischen Gentransfer. Beim **somatischen Gentransfer** werden somatische Zellen, also Körperzellen, durch geeignete Behandlungen genetisch transformiert, so daß diese Zellen bzw. der Anteil der erfolgreich transformierten Zellen und deren Tochterzellen genetisch verändert wird. Gibt man diese transferierten somatischen Zellen in einen Organismus zurück, können sie dort, in Abhängigkeit von ihrer Spezifität kurzzeitig oder auch längerfristig überleben, das Genprodukt (Protein) des Transgens synthetisieren und gegebenenfalls auch die gewünschten biologischen Veränderungen im Organismus bewirken. Eine Weitergabe des Transgens in diesen Zellen im Sinne eines horizontalen Gentransfers an andere Zellen erfolgt nicht (außer wenn virale Vektoren verwendet werden), ebensowenig ist eine Vererbung an die potentiellen Nachkommen des derart behandelten Organismus möglich.

Im Gegensatz zum somatischen Gentransfer ist das Ziel des **Gentransfers in die Keimbahn** die Erstellung von Lebewesen, die das in ihr eigenes Genom integrierte Transgen an ihre Nachkommen weiter vererben sollen (transmittieren). Um dies zu erreichen, muß zumindest ein Teil der Gameten (Spermien, Eizellen) das Transgen enthalten. Da eine direkte genetische Transformation eines ausgewachsenen Individuums, das aus schätzungsweise 20 Billionen Zellen besteht, derzeit nicht vorstellbar ist, wird der Gentransfer in einer Entwicklungsphase durchgeführt, in der der Organismus nur aus einer einzigen Zelle (Zygote) oder aus einigen wenigen embryonalen Zellen (Blastomeren) besteht. Wenn es gelingt, in dieser frühen Phase die Integration eines Genkonstruktes zu erreichen, so wird bei der Teilung der Zellen während der embryonalen bzw. fetalen Entwicklung das Transgen in gleicher Weise wie die zelleigene DNA repliziert und an die Tochterzellen weitergegeben werden. Letztendlich enthält jede Körperzelle, einschließlich der Zellen in den Geschlechtsorganen dieses Transgen im Genom.

Im Bereich der tierischen Produktion ist bislang insbesondere der Transfer in die Keimbahn nachhaltig untersucht und verfolgt worden, da nur dieses Verfahren die Etablierung von transgenen Linien und Populationen ermöglicht. Nachfolgend wird deshalb auf den aus züchterischer Sicht interessanten Keimbahn-Gentransfer eingegangen.

1.1.8.1 Verfahren des Gentransfers

Für den Gentransfer beim Säuger stehen grundsätzlich folgende Verfahren zur Verfügung:

- DNA-Mikroinjektion in den Vorkern von Zygoten (Abb. 1-67)
- DNA-Transfer durch Verwendung von retroviralen Vektoren
- Erstellung transgener Injektions- oder Aggregationschimären mittels genetisch transformierter embryonaler Stammzellen.

Zur Erstellung transgener Nutztiere ist die direkte Mikroinjektion klonierter DNA in Vorkerne von Zygoten nach wie vor das einzige erfolgreiche Verfahren. Die Effizienz der Erstellung transgener Nutztiere ist mitunter jedoch deutlich geringer als das vergleichbare Vorgehen bei der Maus. Die Gründe dafür liegen zum einen in der schwierigeren Durchführung wegen ungünstigerer Verhältnisse bei der Gewinnung, Mikroinjektion und dem Transfer der Zygoten und zum anderen in den geringeren Kenntnissen über die embryologischen und reproduktionstechnischen Grundlagen. Trotzdem ist mittlerweile – nach den ersten Berichten über die erfolgreiche Erstellung transgener Kaninchen,

Tab. 1-19 Erfolgsraten von Gentransferprogrammen bei Nutztieren

	Schwein	Kleine Wiederkäuer	Rind (IVP-Embryonen)
Injizierbare Embryonen pro Spendertier	20	4	6
Trächtigkeitsrate	50 %	60 %	25 %
Geborene Tiere/ injizierte Embryonen	5–8 %	15 %	15 %
Integrationsrate (Transgene Tiere/geborene Tiere)	10–15 %	5–10 %	3–5 %
Gesamteffizienz (Transgene Tiere/injizierte Embryonen)	0,5 %	1 %	0,25 %

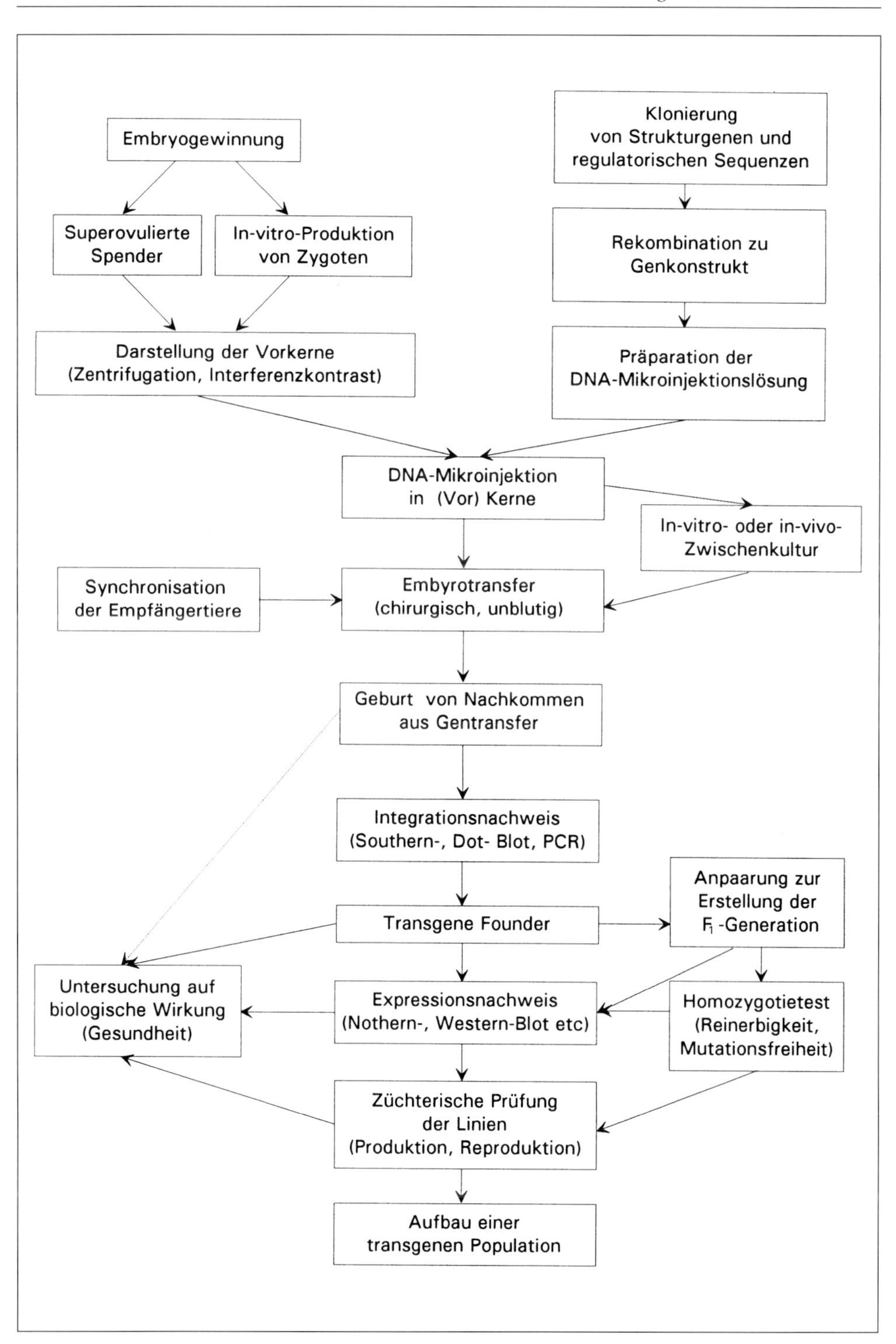

Abb. 1-66 Gentransfer beim Nutztier

Abb. 1-67 Mikroinjektion einer Zygote

Schweine und Schafe (Hammer et al. 1985; Brem et al. 1985) – der Gentransfer bei den wichtigsten landwirtschaftlichen Nutztieren zwar noch nicht zur züchterischen Routine, aber doch zu einem zuverlässigen und mit sicherer Erfolgsrate einsetzbaren Verfahren geworden (Tab. 1-19), das in einer Reihe von Labors weltweit genutzt wird.

Im Prinzip umfaßt ein Gentransferprogramm zur Erstellung transgener Nutztiere durch DNA-Mikroinjektion folgende Schritte (Abb. 1-66):

- Klonierung eines geeigneten Genkonstruktes und Erstellung einer DNA-Lösung für die Mikroinjektion
- Superovulation und Besamung der Spendertiere (Gewinnung der Zygoten, Synchronisation der Empfängertiere)
- Mikroinjektion der DNA-Lösung in die Vorkerne von Zygoten (Abb. 1-67)
- Transfer der mikroinjizierten Embryonen in geeignete Empfängertiere
- Untersuchung der geborenen Tiere auf Integration und Expression des Transgens
- Etablierung homozygot transgener Linien durch konventionelle Zuchtverfahren.

Wenn die für den Gentransfer benötigten DNA-Sequenzen noch nicht kloniert sind, müssen die entsprechenden Gene aus Genbanken isoliert, charakterisiert und sequenziert werden. Normalerweise werden Genkonstrukte für die Mikroinjektion in Plasmiden, Cosmiden oder Lambda-Phagen kloniert. Dadurch ist die Länge der Konstrukte auf 20 bzw. 40 kb limitiert, da längere Fragmente in diesen Vektoren nicht kloniert werden können. In Fällen, in denen längere Fragmente transferiert werden sollen, z.B. um genomische DNA an Stelle von cDNA verwenden zu können oder zur Verbesserung der Expression von Genen die in Clustern angeordnet sind, müssen andere Strategien angewendet werden.

Die einfachste Möglichkeit ist die Koinjektion von 2 oder mehreren verschiedenen Fragmenten. Hierbei nutzt man die präsumptiven Vorgänge bei der

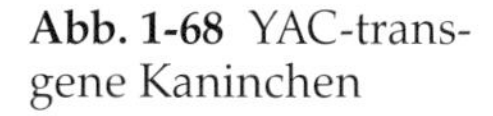

Abb. 1-68 YAC-transgene Kaninchen

Integration der DNA. Normalerweise kommt es an einer einzigen chromosomalen Lokalisation irgendwo im Genom zum Einbau der injizierten DNA. Die genauen Vorgänge bei der Integration sind nicht bekannt. Die Tatsache, daß an einer Stelle mehrere Fragmente hintereinander integrieren, weist darauf hin, daß es vor oder während der Integration zur Ligierung oder Rekombination zwischen den injizierten DNA-Fragmenten kommt. Durch Mikroinjektion von verschiedenen überlappenden Fragmenten eines langen Genkonstruktes, die in geeigneter Weise während der Integration rekombinieren, kann man funktionelle Transgene mit einer Länge von mehr als 40 kb erzeugen.

Eine andere Möglichkeit zur Generierung von Tieren mit Transgenen einer Länge von weit mehr als 40 kb ist die Klonierung der Fragmente in Klonierungsvektoren mit großer Klonierungskapazität (z. B. P_1-Phagen, BACs, YACs) und die anschließende Injektion. Die ersten Vektoren dieser neuen Generation waren die YACs (Yeast Artificial Chromosomes). Schedl et al. (1993) haben die Eignung dieses Vorgehens durch Klonierung eines 35 kb langen YAC-Fragmentes des Tyrosinasegens mit anschließender Erstellung transgener Mäuse demonstriert. Mittlerweile wurden von der gleichen Arbeitsgruppe auch längere YACs erfolgreich transferiert und im Genom von Mäusen integriert. Kürzlich konnte am Beispiel des Kaninchens gezeigt werden, daß auch beim Nutztier erfolgreich YACs in das Genom integriert werden können. Unter Verwendung eines 250 kb langen Tyrosinase-YACs wurden mit Albino-Kaninchen mehrere transgene Linien generiert (Brem et al. 1996). Diese Tiere exprimieren die YAC-DNA und zeigen die durch das intakte Mäuse-Tyrosinasegen erwartete Färbung (Abb.1-68).

Von entscheidender Bedeutung für die Expression eines Transgens ist, wie schon erwähnt, die Kombination des Strukturgens mit geeigneten regulatorischen Sequenzen. Es gibt zunehmend Hinweise, daß außer den in unmittelbarer Nähe eines Strukturgens liegenden Promotorsequenzen im 5′-Bereich und untranslatierten Sequenzen im 3′-Bereich sowie den mitunter weit entfernt liegenden Enhancern (1.1.5.7) auch noch regulatorische Komponenten (matrix attachment region [MAR], locus control region [LCR]) existieren, die mitunter bis zu 100 kb vom eigentlichen Gen-Locus entfernt liegen und die Expression des Gens mitbeeinflussen. Auch aus diesem Grund ist der Transfer großer DNA-Stücke empfehlenswert.

Nach der Klonierung und Rekombination eines Genkonstruktes muß das zu injizierende DNA-Fragment aus dem Vektor herausgeschnitten und abgetrennt werden. DNA-Mikroinjektions-Lösungen müssen steril und absolut frei von Verunreinigungen sein. Üblicherweise wird die Konzentration so eingestellt, daß pro Picoliter ($=10^{-12}$L) etwa 1000 Kopien des Genkonstruktes enthalten sind.

Die für die Injektion benötigten befruchteten Eizellen müssen durch Eileiterspülung gewonnen werden. Zur Erhöhung der Zahl der Eizellen pro Spendertier erfolgt eine hormonelle Superovulation (s. 1.1.7.1). Da bei unbehandelten Nutztierembryonen die Vorkerne z.T. nicht sichtbar sind, müssen die Eizellen zur Darstellung der Vorkerne zentrifugiert werden. Die Mikroinjektion erfordert einen entsprechend eingerichteten Arbeitsplatz. Unter mikroskopischer Kontrolle wird eine Eizelle an einer Haltepipette fixiert. Die mit DNA-Lösung gefüllte Injektionspipette (Außendurchmesser ca. 1 μm) wird mit Hilfe eines Mikromanipulators in einen Vorkern der Eizelle geschoben, und ca. 1–2 pL der DNA-Lösung injiziert. Durch die Mikroinjektion vergrößert der Vorkern sein Volumen um etwa 50 %. Daran ist erkennbar, daß die DNA-Lösung erfolgreich abgesetzt wurde. Nach einer kurzen in vitro Kultur werden die injizierten Embryonen in die Eileiter synchronisierter Empfängertiere übertragen.

Die für den Erfolg des Transfers notwendige Synchronisierung der Reproduktionszyklen der Empfänger- mit denjenigen der Spendertiere erfolgt ebenfalls durch hormonelle Behandlung. Nach der normalen Trächtigkeitsdauer werden von den trächtigen Tieren die Nachkommen aus Mikroinjektion geboren. Bei den aus Gentransfer geborenen Tieren werden kernhaltige Zellen (Gewebe, Blut, Haut, Haarwurzeln oder ähnliches) gewonnen. Die in den Zellkernen enthaltene DNA wird isoliert und mit speziellen Verfahren (Southern- oder Dot-Slot-Blot, PCR) darauf untersucht, ob die injizierte DNA in der genomischen DNA des Tieres vorhanden ist. Im Durchschnitt findet man bei etwa 10 % der Tiere das Transgen (Tab. 1-19).

Um die Frage, ob dieses Transgen auch exprimiert wird, beantworten zu können, müssen aufwendige RNA- und Proteinanalysen durchgeführt werden. Mit Hilfe dieser Analysen kann dann auch gezeigt werden, wann das Genprodukt in welchen Zellen und in welcher Menge entsteht. Die nächste Frage zielt auf die biologische Wirksamkeit ab, d.h. man überprüft, ob das transgene Tier die erwarteten phänotypischen Veränderungen in der Zieleigenschaft, die mit Hilfe des Gentransfers beeinflußt werden sollte, zeigt.

Rekapitulation

- Gentransfer in die Keimbahn
  Übertragung, Integration und Vererbung von DNA in die Erbsubstanz des Empfängerorganismus
- Somatischer Gentransfer
  Transformation von somatischen Zellen
- Arbeitsschritte beim Gentransfer durch DNA-Mikroinjektion
  Klonierung des Konstruktes, Embryogewinnung, Darstellung der Vorkerne, Injektionspipette mit DNA-Lösung, Mikroinjektion, Volumenvergrößerung des injizierten Kerns (1-2 pL), Transfer der Embryonen, Analyse der geborenen Tiere, Züchtung transgener Linien
- Transgen-Nachweis
  Isolation von DNA aus Gewebe, Nachweis der Integration mit PCR, Southern- oder Dot-Slot-Blot

Literatur Kapitel 1.1.8

Brem, G., H. Kräußlich und G. Stranzinger (1991): Experimentelle Genetik in der Tierzucht; Grundlagen für spezielle Verfahren in der Biotechnik. Eugen Ulmer, Stuttgart, 283.
Brem, G. et al. (1985): Production of transgenic mice, rabbits and pigs by microinjection into pronuclei. Zuchthygiene, **20**, 251-252.
Brem, G. et al. (1996): YAC Transgenesis in farm animals: Rescue of albinism in rabbits. Mol. Reprod. Dev. 44, 56-62.
Hammer, R.E. et al. (1985): Production of transgenic rabbits, sheep and pigs by microinjection. Nature, **315**, 680-683.
Schedl, A. et al. (1993): A yeast artificial chromosome covering the tyrosinase gene confers copy number-dependent expression in transgenic mice. Nature, **362**, 258-261.

Weiterführende Literatur:

Brem, G. (1986): Mikromanipulation an Rinderembryonen und deren Anwendungsmöglichkeiten in der Tierzucht. Ferdinand Enke, Stuttgart.

1.1.9 Populationsgenetik

Die Populationsgenetik erfaßt mit statistischen Methoden die phänotypischen und genetischen Variationen innerhalb von Populationen und untersucht die tatsächlichen und die zu erwartenden Veränderungen. Sie sucht Erklärungen, wie diese Variationen und Veränderungen entstehen und erhalten werden können. Dabei spielen die Art und Weise, wie das Erbgut von Generation zu Generation weitergegeben wird, eine wichtige Rolle (Paarungssysteme).

Populationsgenetik ist eigentlich aus dem Bestreben entstanden, die Evolutionstheorie von Darwin mit der von Mendel begründeten Genetik zu verbinden. Die Erforscher der genetischen Grundlagen der Evolution erkannten immer deutlicher, daß die Evolution ein Populationsphänomen ist. Die Anfänge der Populationsgenetik waren geprägt durch die Kontroverse zwischen den Mendelisten (insbesondere Bateson) und den Biometrikern (insbesondere Pearson) (s. Provine 1971; Johansson 1980; Mayr 1984). Beide Gruppen haben sich in wesentlichen Punkten geirrt, die Biometriker im Zweifel an der Gültigkeit der Mendelschen Vererbung auch für quantitative Eigenschaften (z. B. Leistungsmerkmale) und nicht nur für qualitative (1.1.1), die Mendelisten, indem sie die Bedeutung der Statistik in der Vererbungslehre leugneten. Es waren vor allem R. A. Fisher, aber auch J. B. S. Haldane und S. Wright, die die Kontroverse schlichteten und die grundlegenden Theorien der Populationsgenetik formulierten. Die Arbeit eines weiteren Pioniers der Populationsgenetik, A. Weinberg, blieb lange unbemerkt. Als Schüler von Wright hat J. L. Lush die Bedeutung der Populationsgenetik als Basis einer wissenschaftlich gestützten Tierzucht erkannt und die Grundlagen der Tierzüchtung gelegt (Lush 1937). Seit Ende der 30er Jahre haben sich auch Humangenetiker (z. B. Cavalli-Sforza und Bodmer 1971), Evolutionsgenetiker (z.B . Smith 1989) und Wissenschaftler aus anderen Fachgebieten damit befaßt.

1.1.9.1 Individuum versus Population

Bei der Verschmelzung zweier Gameten zu einer lebensfähigen Zygote werden die genetischen Voraussetzungen für ein neues Individuum geschaffen. Alle wichtigen biologischen Lebensvorgänge werden dann gemäß dem klar festgelegten Programm unerbitterlich durchlaufen: Das Lebewesen wächst, reift, pflanzt sich fort und stirbt. Abgesehen von vereinzelten Mutationen behält es sein ganzes Leben hindurch dieselbe genetische Beschaffenheit (Genotyp). Es kann sich vom genetischen Standpunkt aus nicht weiter entwickeln. Jedes Individuum trägt aber mit seinem genetischen Material zum Aufbau des gemeinsamen Genpools der entsprechenden Population bei.

Im Gegensatz zum Individuum kann eine Population während vieler Generationen existieren, und ihre genetische Zusammensetzung kann sich von einer Generation zur anderen mehr oder weniger verändern. Der Genpool einer Population befindet sich somit in einem dynamischen Zustand und unterscheidet sich meist von demjenigen anderer gleichartiger Populationen.

Unter Population wird eine Paarungsgemeinschaft verstanden, die aber nicht näher definiert ist. Zum Beispiel gibt es innerhalb der Gattung *Bos* eine Hausrinder-, eine Balirind-, eine Hausyak- und eine Gayalpopulation (2.1.2). Obwohl Paarungen zwischen diesen Tieren möglich wären, sind sie doch selten. Der Begriff Population läßt sich demnach auch auf eine Herde oder Zuchtlinie anwenden. Im Rahmen der Populationsgenetik wird die Population in der Regel wie folgt umschrieben: Eine Gemeinschaft sich sexuell fortpflanzender Individuen derselben Art, zwischen denen regelmäßige Paarungen auftreten. Diese Gemeinschaft soll während einiger Generationen einen bestimmten Raum besiedeln. Zwischen gleichaltrigen, benachbarten Populationen existieren spürbare Isolationsschranken, die geographisch, ökologisch oder kulturell bedingt sein können.

Der Rassebegriff ist in der Tierzucht ebenfalls nicht eindeutig definiert; er läßt sich wie folgt umschreiben: Rassen sind von Menschen in sexueller Isolation gehaltene Tiere einer Art, die sich in mehreren Merkmalen (Körperform, Haarfarbe, Leistungen usw.) unterscheiden. Meistens nimmt sich eine Zuchtorganisation ihrer an.

1.1.9.2 Beschreibung einer Population

Eine vollumfängliche genetische und phänotypische Beschreibung einer Population ist nicht möglich, denn die Vielzahl von Loci mit all ihren Allelen ergeben eine schier unendliche Zahl von Genotypen. Sind beispielsweise n Loci mit nur zwei Allelen vorhanden, sind 3^n Genotypen möglich, bei m Allelen an einem Locus sind es $m(m+1)/2$ Genotypen. Hinzu kommt noch, daß verschiedene äußere Einflüsse diese Genotypen unterschiedlich beeinflussen und somit eine noch größere Anzahl von Phänotypen ergeben. In der Regel interessiert sich der Forscher aber nur für einige wenige Eigenschaften, was die Beschreibung vereinfacht. Die einzelnen Merkmale können dann auch mit Methoden der beschreibenden Statistik charakterisiert werden (1.1.12 und Essl 1987). Da es selten möglich ist, alle Tiere einer Population zu erfassen, erfolgt die Beschreibung anhand einer repräsentativen Stichprobe. Wie groß der Umfang einer Stichprobe sein soll, hängt im wesentlichen von der Variation innerhalb der Population und von der gewünschten Genauigkeit der Ergebnisse ab.

Die Populationsgenetik teilt die Eigenschaften in zwei Gruppen ein: qualitative und quantitative Merkmale. Eigenschaften, die nur durch ein Gen (monogen) oder wenige Gene (oligogen) beeinflußt werden und an deren Ausprägung Umweltfaktoren praktisch keinen Einfluß haben, werden als **qualitative Merkmale** bezeichnet (1.1.1.2). Es sind eindeutig abgrenzbare Merkmale, deren Phänotypen in zwei oder wenige Klassen eingeteilt werden können, z. B. Blutgruppenfaktoren, Milch- und Serumproteine, Behornung, gewisse Erbfehler, Haarfarbe sowie charakteristische DNA-Fragmente (z. B. Mikrosatelliten). Viele wirtschaftlich wichtige Eigenschaften wie Milchmenge, Gewichtszunahmen, Eigewichte usw. fallen nicht in scharf trennbare Merkmalsklassen, sie sind

Tab. 1-20 Beschreibung von qualitativen und quantitativen Merkmalen (nach Roth 1991)

	Stufe Individuum	Stufe Population
	Qualitative Merkmale	
Phänotyp	kann einer oder wenigen Merkmalsklassen zugeordnet werden	relative Häufigkeit der einzelnen Phänotypen = Phänotypenfrequenzen
Genotyp	ist (zum Teil) bekannt, wobei ein oder nur wenige Genorte beteiligt sind	relative Häufigkeit der einzelnen Genotypen = Genotypenfrequenzen Beziehungen zwischen Genorten durch Kopplungsparameter dargestellt
	Quantitative Merkmale	
Phänotyp	messen oder zählen	phänotypischer Mittelwert phänotypische Streuung phänotypische Korrelationen zwischen mehreren Merkmalen
Genotyp	ist unbekannt, wird durch den Zuchtwert geschätzt	genotypisch bedingter Mittelwert genetische Streuung genetische Korrelationen zwischen mehreren Merkmalen

fließend (kontinuierlich), **quantitativ** nicht qualitativ. Die populationsgenetische Arbeitshypothese für quantitative Merkmale lautet, daß diese Merkmale von vielen Genen mit relativ kleinen Wirkungen bestimmt werden. Zudem werden sie durch viele Interaktionseffekte unter den Genen und Umweltfaktoren (Fütterung, Haltung, zufällige Einflüsse, usw.) modifiziert. Im Gegensatz zu monogen und oligogen gesteuerten Merkmalen kann man daher bei quantitativen Merkmalen nicht mehr direkt vom Phänotyp auf den zugrundeliegenden Genotyp schließen (1.1.10).

Tab. 1-20 gibt eine Übersicht, mit welchen Parametern Populationen beschrieben werden können. Neben dem Stichprobenumfang werden bei qualitativen Merkmalen die relativen Häufigkeiten der verschiedenen Merkmalsklassen angegeben. Quantitative Eigenschaften werden durch Mittelwert und Streuung (Varianz) oder Standardabweichung charakterisiert, wobei, wenn nicht anders vermerkt, angenommen wird, daß die Merkmale (annähernd) normalverteilt sind. Da oft mehrere Merkmale gleichzeitig betrachtet werden, sind bestehende Zusammenhänge zwischen Merkmalen von Interesse, die z. B. bei qualitativen Merkmalen mit Kopplungsparametern, bei quantitativen mit Korrelationskoeffizienten dargestellt werden können (1.1.12).

Die meisten populationsgenetischen Grundlagen können in den folgenden Abschnitten nicht eingehend besprochen werden. Für weiterführende Erläuterungen sind die Bücher von Falconer (1984) Crow (1986) und Lush (1994) zu empfehlen.

1.1.9.3 Genetische Struktur von Populationen

Die Bedeutung populationsgenetischer Untersuchungen von qualititativen Merkmalen besteht nicht nur darin, die Häufigkeit der Allele und Genotypen zu bestimmen (Ist-Zustand), sondern auch die Zusammensetzung der Folgegenerationen vorauszusagen. Voraussetzung ist, daß die Phänotypen eindeutig in Merkmalsklassen eingeteilt und diese wiederum eindeutig Genotypenklassen zugeordnet werden können (1.1.1.2). Wie Genotypen- und Allelfrequenzen in einer diploiden Population an einem bestimmten autosomalen Genort berechnet werden, ist aus Tab. 1-21 ersichtlich. Beim dargestellten Beispiel geht es um die Farbvererbung bei Shorthornrindern die S. Wright (1917) publiziert hat. Am betreffenden Locus sind zwei Allele bekannt, die intermediär vererbt werden (1.1.1.5).

In der untersuchten Population sind 9 % der Tiere homozygot rot, 43% heterozygot rotschimmel und 48 % homozygot weiß (Tab. 1-21a). Die ermittelten Genotypenfrequenzen können auch als Wahrscheinlichkeiten aufgefaßt werden, daß ein zufällig ausgewähltes Individuum aus der Population den betreffenden Genotyp aufweist. Der Anteil des R-Allels an diesem Farblocus beträgt in diesem Fall $p = 0{,}3$ oder 30 % (Tab. 1-21b) mit einem Standardfehler von 0,3 %, wenn es sich um eine sehr große Gesamtpopulation handelt (zum Zeitpunkt der Stichprobeentnahme gab es einige Millionen Tiere der Shorthornrasse). Da an diesem Locus nur zwei Allele vorkommen, kann die Allelfrequenz von r auch durch $q = 1 - p$ berechnet werden; der Standardfehler ist gleich wie der von p.

Tab. 1-21 Berechnung der Genotypen- und Allelfrequenzen bei intermediärer Vererbung: Farbvererbung beim Shorthornrind

a) Genotypfrequenzen

Phänotyp (Fellfarbe)	Genotyp	Anzahl Individuen	Genotypenfrequenz
rot	RR	n(RR) = 756	g(RR) = n(RR)/N = 0,09
rotschimmel	Rr	n(Rr) = 3780	g(Rr) = n(Rr)/N = 0,43
weiß	rr	n(rr) = 4169	g(rr) = n(rr)/N = 0,48
	Total	N = 8705	g(RR) + g(Rr) + g(rr) = 1

b) Allel-(Gen-)Frequenzen

Anzahl R-Allele im Genpool:	n(R) = 2n(RR) + n(Rr) = 1512 + 3780 =	5292
Anzahl r-Allele im Genpool:	n(r) = 2n(rr) + n(Rr) = 8338 + 3780 =	12118
	n(R) + n(r) = 2N =	17410

Frequenz des Allels R:	p = n(R)/2N = 5292/17410 = 0,30	= g(RR) + ½ g(Rr)
Frequenz des Allels r:	q = n(r)/2N = 12118/17410 = 0,70	= g(rr) + ½ g(Rr)

1.1.9.4 Genetisches Gleichgewicht: die Hardy-Weinberg-Regel

Wählt jedes Individuum innerhalb einer großen Population seinen Paarungspartner zufällig, d.h. unabhängig vom Genotyp, dann kann die Häufigkeit jedes Paarungstypes berechnet werden. Beispielsweise ist die Häufigkeit der Paarung zwischen RR und Rr gleich dem doppelten Produkt der Genotypfrequenzen = 2g(RR)g(Rr), da es zwei derartige Paarungen gibt, nämlich RRxRr und RrxRR, jede mit der Wahrscheinlichkeit g(RR)g(Rr) (1.1.1.4). Kombiniert man die Häufigkeit der Paarungen und den Anteil des Genotypes unter den Nachkommen (1.1.1.2), so kann gezeigt werden (Tab. 1-22a), daß nach einer Generation Zufallspaarungen die Frequenzen der Genotypen RR, Rr und rr gleich p^2, 2pq und q^2 sind, und zwar unabhängig von den anfänglichen Genotypenfrequenzen. Die Frequenz des Allels R unter den Nachkommen beträgt $p^2+\frac{1}{2}(2pq) = p(p+q) = p$, also dieselbe Allelfrequenz wie in der vorangegangenen Generation, d.h. die Allelfrequenzen (Tab. 1-22b) bleiben von einer Generation zur anderen unverändert. Die zweite Nachkommengeneration wird deshalb ebenfalls im Verhältnis g(RR) : g(Rr) : g(rr) = $p^2 : 2pq : q^2$ $[=(p+q)^2]$ zusammengesetzt sein. Die Population hat somit bereits nach einer Generation das genetische Gleichgewicht erreicht.

Es waren Hardy (1908) und Weinberg (1908), die unabhängig voneinander diese Gesetzmäßigkeit erstmals beschrieben haben; man spricht deshalb von der Hardy-Weinberg-Regel oder vom genetischen Gleichgewicht. Die Gleichgewichtsregel gilt aber nur für große Populationen bei Abwesenheit von

Tab. 1-22 Ableitung der Hardy-Weinberg-Regel

a) Paarungsfrequenzen in der Elterngeneration und Genotypfrequenzen (g) in der Nachkommen-Generation (g′).

Paarung ♂ ♀	Paarungsfrequenz	Nachkommen RR	Rr	rr
RR x RR	g^2(RR) (0,0081)	g^2(RR) (0,0081)		
RR x Rr	2[g(RR)g(Rr)] (0,0774)	g(RR)g(Rr) (0,0387)	g(RR)g(Rr) (0,0387)	
RR x rr	2[g(RR)g(rr)] (0,0864)		2[g(RR)g(rr)] (0,0864)	
Rr x Rr	g^2(Rr) (0,1849)	¼g^2(Rr) (0,00462)	½g^2(Rr) 0,0925)	¼g^2(Rr) (0,0462)
Rr x rr	2[g(Rr)g(rr)] (0,4128)		g(Rr)g(rr) (0,2064)	g(Rr)g(rr) (0,2064)
rr x rr	g^2(rr) (0,2304)			g^2(rr) (0,2304)
	$[(g(RR)+g(Rr)+g(rr)]^2 = 1$	$[g(RR)+\frac{1}{2}g(Rr)]^2 = g'(RR) = p^2$ (0,093)	$2[g(RR)+\frac{1}{2}g(Rr)][g(rr)+\frac{1}{2}g(Rr)] = g'(Rr) = 2pq$ (0,424)	$[g(Rr)+\frac{1}{2}g(rr)]^2 = g'(RR) = q^2$ (0,483)

( ) Zahlenbeispiel, für die Ausgangsdaten siehe Tabelle 1-21.

b) Allelfrequenzen in der Nachkommengeneration:

$$p' = g'(RR) + \frac{1}{2}\,g'(Rr) = p^2 + pq = p(p+q) = p$$
$$q' = g'(rr) + \frac{1}{2}\,g'(Rr) = q^2 + pq = q(q+p) = q$$

Tab. 1-23 Hardy-Weinberg-Regel bei ungleicher genotypischer Zusammensetzung in beiden Geschlechtern

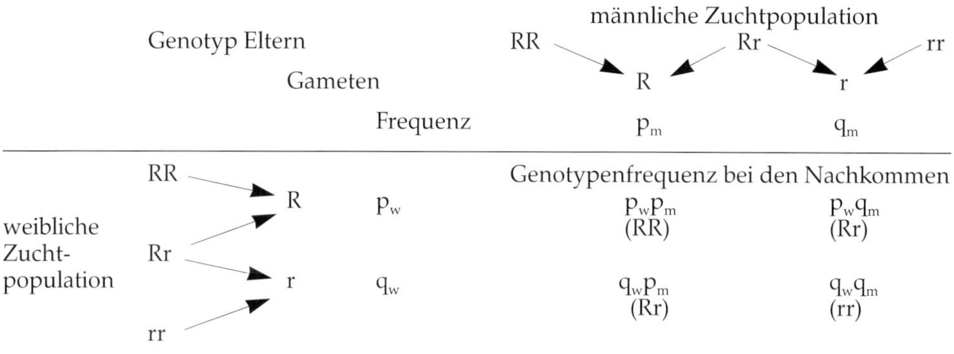

				männliche Zuchtpopulation	
	Genotyp Eltern			RR → R ← Rr	Rr → r ← rr
		Gameten		R	r
			Frequenz	p_m	q_m
				Genotypenfrequenz bei den Nachkommen	
weibliche Zucht-population	RR → R ← Rr	R	p_w	$p_w p_m$ (RR)	$p_w q_m$ (Rr)
	Rr → r ← rr	r	q_w	$q_w p_m$ (Rr)	$q_w q_m$ (rr)

Migration, Mutation, Selektion (gleiche Überlebenschancen aller Genotypen des untersuchten Merkmals) und Panmixie (Zufallspaarungen). Aus dieser langen Liste von Annahmen ist ersichtlich, daß die Hardy-Weinberg-Regel streng genommen nur für ideale Populationen gilt. Der Vergleich einer aktuellen mit einer idealisierten Population kann jedoch aufschlußreich sein. In vielen Fällen kann man, wenigstens kurzfristig, eine aktuelle Population als eine idealisierte betrachten.

Die Hardy-Weinberg-Regel beinhaltet zwei Aussagen:

- $p^2 : 2pq : q^2$ ist eine Gleichgewichtsstruktur, die bereits nach einer Generation erreicht wird. Allel- und Genotypenfrequenzen bleiben konstant.
- Die genotypische Struktur im Hardy-Weinberg-Gleichgewicht ist vollständig durch die Allelfrequenzen festgelegt.

In der Haustierzucht kommt es vor, daß sich die genotypischen Strukturen der weiblichen und männlichen Teilpopulationen unterscheiden. Da das Prinzip der zufälligen Paarung nicht nur für die Individuen gilt, sondern auch auf die Gameten anwendbar ist, kann die Struktur der Nachkommengeneration aufgrund der zufälligen Verschmelzung der Gameten ermittelt werden (Tab. 1-23). Die Genotypenfrequenz in der Nachkommengeneration sind dann wie folgt:

$g'(\mathbf{RR}) = p_w p_m \qquad g'(\mathbf{Rr}) = p_w q_m + q_w p_m \qquad g'(\mathbf{rr}) = q_w q_m$

Die Allelfrequenz in der ersten Nachkommengeneration ist der Mittelwert der entsprechenden Allelfrequenzen der beiden elterlichen Teilpopulationen:

$$p' = p_w p_m + \tfrac{1}{2}(p_w q_m + q_w p_m) = \tfrac{1}{2}(p_w + p_m)$$
$$q' = q_w q_m + \tfrac{1}{2}(p_w q_m + q_w p_m) = \tfrac{1}{2}(q_w + q_m)$$

Im allgemeinen befindet sich diese Generation noch nicht im Hardy-Weinberg-Gleichgewicht: $g'(\mathbf{RR}) \neq (p')^2$, $g'(\mathbf{Rr}) \neq 2p'q'$, $g'(\mathbf{rr}) \neq (q')^2$.

Bei geschlechtsgekoppelten Genen gibt es eine Besonderheit: bei der Paarung von Eltern mit verschiedener Allelhäufigkeit zeigen die männlichen Nachkommen der nächsten Generation die Allelfrequenz ihrer Muttertiere (p_w), während die weiblichen Nachkommen die durchschnittlichen Allelhäufigkeiten der

Tab. 1-24 Prüfung des genetischen Gleichgewichtes hinsichtlich der Farbvererbung bei Shorthornrindern (siehe Beispiel Tab. 1-21)

a) Erwartete Anzahl Individuen in den Genotypen:

$RR = p^2N = (0{,}304)^2\ 8705 = 804{,}5$
$Rr = 2pq\ N = 2(0{,}304)\ (0{,}696)\ 8705 = 3683{,}7$
$rr = q^2N = (0{,}696)^2\ 8705 = 4216{,}8$

b) Vergleich der beobachteten Anzahl Individuen mit den Erwartungswerten

Phänotyp (Fellfarbe)	Genotyp	Anzahl beobachteter Individuen	Anzahl erwarteter Individuen	Differenz beob. – erw.
rot	**RR**	756	804,5	– 48,5
rotschimmel	**Rr**	3780	3683,7	+ 96,3
weiß	**rr**	4169	4216,8	– 47,8
	Total	8705	8705,0	0,0

Elterngeneration aufweisen. Innerhalb jedes Geschlechtes pendelt sich allmählich ein Gleichgewicht ein, das für beide Geschlechter identisch ist.

An einem Locus werden häufig mehrere Allele nachgewiesen (A_1, A_2, A_3 ...A_k), man spricht dann von **multipler Allelie** (1.1.1.5). Sind k Allele vorhanden, so gibt es k homozygote Genotypen (A_iA_i) und k(k-1)/2 heterozygote Genotypen (A_iA_j). Alle Allelfrequenzen summieren sich auch in diesem Fall zu 1 ($= p_1+...+p_i+p_j+...p_k$). Die Hardy-Weinberg-Regel hat auch bei multipler Allelie Gültigkeit:

- Die Häufigkeit der homozygoten Genotypen entspricht dem Quadrat der entsprechenden Allelfrequenz $= p_i^2$.
- Die Häufigkeit der heterozygoten Genotypen entspricht dem doppelten Produkt aus den entsprechenden Allelfrequenzen $= 2p_ip_j$.

Anhand der berechneten Allelfrequenzen können, die Hardy-Weinberg-Bedingungen vorausgesetzt, die erwarteten Genotypenfrequenzen ermittelt und diese mit den beobachteten verglichen werden (Tab. 1-24). Mit dem Chi²-Test (Chi² = (beobachtet – erwartet)²/erwartet, mit k(k-1)/2 Freiheitsgrade (FG), wobei k die Zahl der Allele darstellt) wird dann geprüft, ob die festgestellten Differenzen der Genotypenfrequenzen nur zufällig sind oder nicht (Weir 1996). In diesem Beispiel beträgt der Chi²-Wert 5,984 bei 1 FG und ist klar über der Signifikanzschwelle von 5 % (= 3,841). Somit sind die beobachteten Differenzen größer ausgefallen, als dies durch den Zufall erklärt werden kann. Mögliche Gründe für die Abweichungen: z. B. keine zufälligen Paarungen, die homozygoten Tiere weisen eine schlechtere Überlebenschance auf oder andere zu eruierende Gründe.

Für Merkmale mit intermediärem (in der Immungenetik auch kodominant genanntem) Erbgang kann die Zahl der Allele direkt durch Auszählen ermittelt werden. Bei **dominanter Vererbung** ist das nicht mehr möglich, da nur zwischen dominanten bzw. rezessiven Phänotypen unterschieden wird, z. B. bei Hornlosigkeit, gewissen Haarfarben, Erbfehlern usw. (1.1.1.6). Ist die Population im

Tab. 1-25 Berechnung der Allelfrequenz für die Hornlosigkeit bei Ziegen (P = Hornlosigkeit, dominant; p = Behornung, rezessiv)

Phänotyp	Genotyp	beobachtete Individuen	erwartete Individuen
hornlos	PP oder Pp	$n_{P.} = 462$	$(p^2 + 2pq)N$
gehörnt	pp	$n_{pp} = 108$	q^2N
Total	PP, Pp, pp	$N = 570$	N

genetischen Gleichgewicht, dann beträgt die Häufigkeit der Rezessiven q^2, so daß die Frequenz des rezessiven Allels geschätzt werden kann (Tab. 1-25). Die Kenntnis der Frequenz rezessiver Allele erlaubt die Schätzung des Anteils der Heterozygoten aufgrund der Beobachtungswerte in Tabelle 1-25 wie folgt:

$$q^2 = \frac{n_{pp}}{N} = \frac{108}{570}; \text{ daraus folgt: } q = \frac{108}{570} = 0{,}435$$

$p = 1 - q = 0{,}565$ und die erwartete Verteilung der Tiere ist:

Genotyp PP: $p^2N = 182$
Genotyp Pp: $2pqN = 280$
Genotyp pp: $q^2N = 108$

Bei rezessiven Erbfehlern kann über den Anteil der Merkmalsträger, der Anteil der Anlageträger geschätzt werden, was für die Züchtung von Bedeutung sein kann (1.1.11). Pirchner (1979) zeigt, wie das Hardy-Weinberg-Gleichgewicht bei Merkmalen mit dominantem Erbgang geprüft werden kann.

1.1.9.5 Änderung der genetischen Struktur einer Population

1.1.9.5.1 Mutation (1.1.3)

Hier befaßt sich die Populationsgenetik vorab mit den wiederkehrenden (rekurrenten) Keimbahnmutationen (Tab. 1-26), denn nur diese haben eine Chance, in der Population zu bleiben. Molekulargenetische Befunde zeigen, daß ein nicht zu unterschätzender Anteil der Mutationen, vor allem was molekulare Änderungen betrifft, mehr oder weniger neutral ist. Die phänotypisch wahrnehmbaren Mutationen gehen meist in die unerwünschte Richtung (Mutationsrate u), deutlich seltener umgekehrt (Mutationsrate v in Tab. 1-26). Da u meistens 10 bis 100 mal größer ist als v und q_0 sehr klein ist, kann vq_0 vernachlässigt werden; somit wird $p_1 = p_0 - up_0$.

Betrachtet man diesen Mutationsprozeß über mehrere Generationen, so folgt für die Allelfrequenz von A_1 in der n-ten Generation $p_n = p_0 (1 - u)^n$. Bei einer anfänglichen Frequenz des Allels A_1 $p_0 = 1$ und einer Mutationsrate von $u = 10^{-5}$, braucht es über 10 500 Generationen, um die Allelfrequenz A_2 von 0 auf 0,1 zu erhöhen.

Tab. 1-26 Genfrequenzänderung durch Mutation

	ursprüngliches Allel	mutiertes Allel
	$A_1 \xrightarrow{u} A_2$	
	$A_1 \xleftarrow{v} A_2$	
Genfrequenz vor der Mutation:	p_0	q_0
Genfrequenz nach der Mutation:	$p_1 = p_0 - up_0 + vq_0$	$q_1 = q_0 - vq_0 + up_0$
u = Mutationsrate von A_1 nach A_2	v = Rückmutationsrate von A_2 nach A_1	

Mutationen sind zwar selten, doch bedeutet das nicht, daß die Zahl der unerwünschten Mutanten (letale, semiletale, usw.), die ein Tier trägt, gering ist. Da jedes Tier einige tausend Loci besitzt, kann erwartet werden, daß einige dieser Genorte rezessive Allele im heterozygoten Zustand aufweisen. Andererseits benötigt die Mutation, wenn allein wirksam (Hardy-Weinberg-Bedingungen, 1.1.9.4), sehr große Zeitspannen, um eine einflußreiche Wirkung auf die relative Genotypenverteilung auszuüben, wie das oben angeführte Beispiel zeigt. Die populationsgenetische Bedeutung von Mutationen liegt in der Schöpfung neuer Merkmalvarianten, sie gilt als eigentlicher Antrieb und als Quelle von genetischen Neuerungen, die durch entsprechende Maßnahmen, z. B. Selektion, in einer Population verankert werden können.

1.1.9.5.2 Migration

Die Immigration von genetischem Material hatte und hat für die Bildung der Haustierpopulationen eine große, wenn nicht dominierende Bedeutung. Die Nutzung der genetischen Unterschiede zwischen Zuchtpopulationen ist eine wirkungsvolle Methode, Populationen rasch zu verändern bzw. den aktuellen Marktansprüchen anzupassen. Früher wurde der Genaustausch zwischen Populationen durch geographische, politische und seuchenpolizeiliche Schranken erschwert. Heutzutage erleichtern moderne Reproduktionstechniken wie die Besamung mit tiefgefrorenem Samen und der Embryotransfer das Überwinden dieser Hindernisse.

Innerhalb natürlicher Gesamtpopulationen ist die Aufteilung in Teilpopulationen langfristig vorteilhaft, wenn zwischen den Teilpopulationen ein gewisser Genaustausch stattfindet (Wright's Inselmodell; z. B. Wright 1943, Crow 1986 Kap. 3). Eine Anpassung an veränderte Umweltbedingungen kann dann erleichtert werden, wenn sich eine Teilpopulation bereits an ähnliche Umweltverhältnisse gewöhnt hat und günstige Genkombinationen in die übrigen Teilpopulationen weitergegeben werden.

Die Allelfrequenzänderung in der Empfängerpopulation hängt vom Ausmaß der Immigration sowie vom Unterschied in den Allelfrequenzen zwischen Immigranten und der Empfängerpopulation ab. Die Allelfrequenz in der eingekreuzten Population beträgt nach einer Generation:

$$\mathbf{p_1} = (1 - m)p_0 + mp_i = \mathbf{p_0 - m(p_0 - p_i)}$$

p_0 = Allelfrequenz der Population vor der Immigration
p_1 = Allelfrequenz der Population nach der einmaligen Immigration
p_i = Allelfrequenz der immigrierenden Individuen
m = Anteil der immigrierenden Individuen, bezogen auf die Gesamtpopulation.

Erfolgt die Immigration während t Generationen mit der Rate m, dann gilt

$$p_t = p_i - (1 - m)^t(p_0 - p_i).$$

In einer einheimischen Population werden 20% der weiblichen Tiere (= m) mit importiertem Sperma besamt. Vor der Immigration beträgt die Frequenz eines bestimmten Allels $p_0 = 0{,}3$ in der einheimischen Population und $p_i = 0{,}7$ bei den Immigranten. Da die Einkreuzung aber nur über einem Geschlecht erfolgt, muß anstelle von m mit $\frac{m}{2}$ gerechnet werden:

$p_1 = 0{,}3 - \frac{0{,}2}{2}(0{,}3 - 0{,}7) = 0{,}34$, d.h. die Frequenz dieses Allels ist in der Folgegeneration um 0,04 höher als in der Ausgangspopulation. In der praktischen Tierzucht wird man die Auswirkungen der Migration eher direkt aufgrund der vorhandenen Tiere als anhand der Formel berechnen, da die Verhältnisse in der Regel nicht ideal sind.

1.1.9.5.3 Selektion

Selektion ist gegeben, wenn Individuen eines bestimmten Genotypes im Mittel mehr Nachkommen hervorbringen als Individuen eines anderen Genotyps. Durch die Selektion werden somit die relativen Häufigkeiten derjenigen Allele erhöht, die die Überlebensfähigkeit, die Fruchtbarkeit oder beide zusammen in der aktuellen Umweltsituation positiv beeinflussen. Von natürlicher Selektion spricht man, wenn Genotypen ohne Intervention des Menschen unterschiedliche Nachkommenzahlen haben. Bei künstlicher Selektion entscheidet der Mensch, welche Phänotypen und damit auch Genotypen bevorzugt zur Reproduktion herangezogen werden. Im Zusammenhang mit der natürlichen Selektion wird oft von Fitness (= Selektionswert) gesprochen; darunter versteht man den Beitrag der einzelnen Genotypen an die Folgegeneration.

In Tabelle 1-27 wird die Allelfrequenz in der Folgegeneration nach einer Selektionsrunde abgeleitet, wobei unterstellt wird, daß die Selektion nur auf der unterschiedlichen Lebensfähigkeit der einzelnen Individuen basiert oder/und auf der vom Züchter durchgeführten Auswahl. Die Allelfrequenzen in der Nachkommengeneration (Generation 1) sind dann nach Tabelle 1-21b:

$$\hat{p1} = \frac{p_0^2\, w_{AA} + p_0\, q_0\, w_{Aa}}{\overline{w}} \qquad \hat{q1} = \frac{q_0^2\, w_{aa} + p_0\, q_0\, w_{Aa}}{\overline{w}}$$

Folgende Beispiele zeigen, daß der zu erwartende Selektionserfolg nicht nur von der Selektionsintensität bzw. vom Selektionswert abhängt, sondern auch vom Vererbungsmodus (dominant, intermediär, rezessiv) und den Allelfrequenzen in der Ausgangspopulation.

Tab. 1-27 Änderung der Allelfrequenz nach einer Selektionsrunde (wobei w die Werte $0 \leq w \leq 1$ annehmen kann)

	Genotypen			
	AA	Aa	aa	Total
Ausgangshäufigkeiten	p_0^2	$2p_0\,q_0$	p_0^2	1
Selektionswert (Fitness)	w_{AA}	w_{Aa}	w_{aa}	
Häufigkeiten nach Selektion	$p_0^2\,w_{AA}$	$2p_0\,q_0\,w_{Aa}$	$q_0^2\,w_{aa}$	$\bar{w}$
Relative Frequenz nach Selektion	$\frac{p_0^2\,w_{AA}}{\bar{w}}$	$\frac{2p_0\,q_0\,w_{Aa}}{\bar{w}}$	$\frac{q_0^2\,w_{aa}}{\bar{w}}$	1

Intermediärer Erbgang

Beispiel 1	Selektion auf Fellfarbe beim Rind (homozygoter Genotyp) (s. 1.2.1.1 Zuchtwertschätzung additive Geneffekte)
Ziel der Selektion:	züchten einer Shorthornherde mit nur roten Tieren (= 100% RR Genotypen)
Ausgangslage:	$p_R = 0{,}5$ $p_r = 0{,}5$
Selektion:	Vorab werden die weißen (rr) und dann die rotschimmel (Rr) Tiere ausgemerzt, aber höchstens 25 %.
Resultat:	Selektion bei intermediärer Vererbung ist einfach und führt rasch zum Ziel, weil die Heterozygoten erkannt und somit auch gezielt selektiert werden können (Abb. 1-69a)

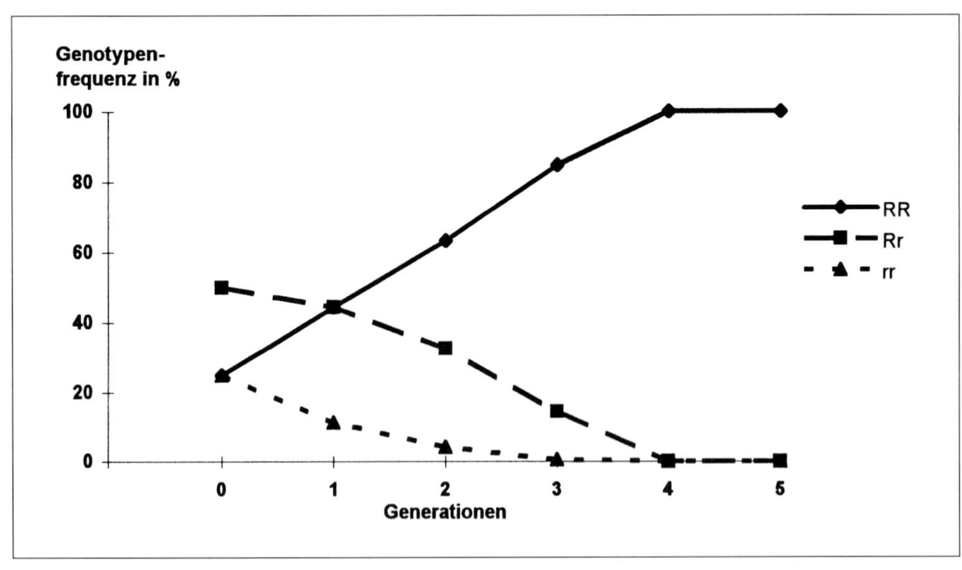

Abb. 1-69a Auswirkungen der Selektion bei verschiedenen Erbgängen: Selektion auf rote Fellfarbe (RR)

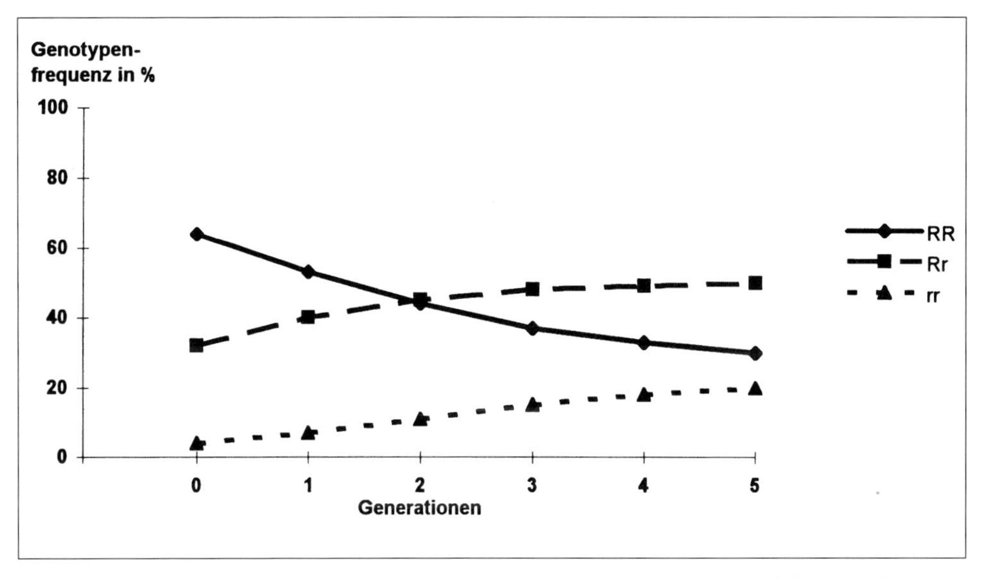

Abb. 1-69b Auswirkungen der Selektion bei verschiedenen Erbgängen: Selektion auf Rotschimmel (Rr)

Beispiel 2	Selektion auf Fellfarbe beim Rind (heterozygoter Genotyp) (s. 1.2.1.1 Zuchtwertschätzung Überdominanzeffekte)
Ziel der Selektion:	in einer Shorthornherde sind die rotschimmel Tiere (Rr Genotypen) erwünscht
Ausgangslage:	$p_R = 0{,}8$ $p_r = 0{,}2$
Selektion:	50% der RR und der rr Tiere werden von der Zucht ausgeschaltet
Resultat:	Selektion auf Heterozygote bleibt auf halben Weg stehen, da in der Population nicht mehr als 50% der Tiere den Genotyp Rr aufweisen können (Abb. 1-69b). Mit gezielten Paarungen kann diese Grenze durchbrochen werden (RR x rr).

Dominanter Erbgang

Beispiel 1	Merzung von Merkmalsträgern für Erbfehlergene
Ziel der Selektion:	ein monofaktorieller, rezessiver Erbfehler (nn) soll durch Selektion ausgemerzt werden
Ausgangslage:	$p_N = 0{,}5$ $p_n = 0{,}5$
Selektion:	alle Rezessiven von der Zucht ausschalten
Resultat:	das Ausschalten der nn Genotypen führt anfänglich zu einem relativ raschen Rückgang der Rezessiven. Auch nach langer Selektion treten aber immer wieder nn Individuen, die von den Nn x Nn Paarungen stammen, auf (Abb. 1-69c).

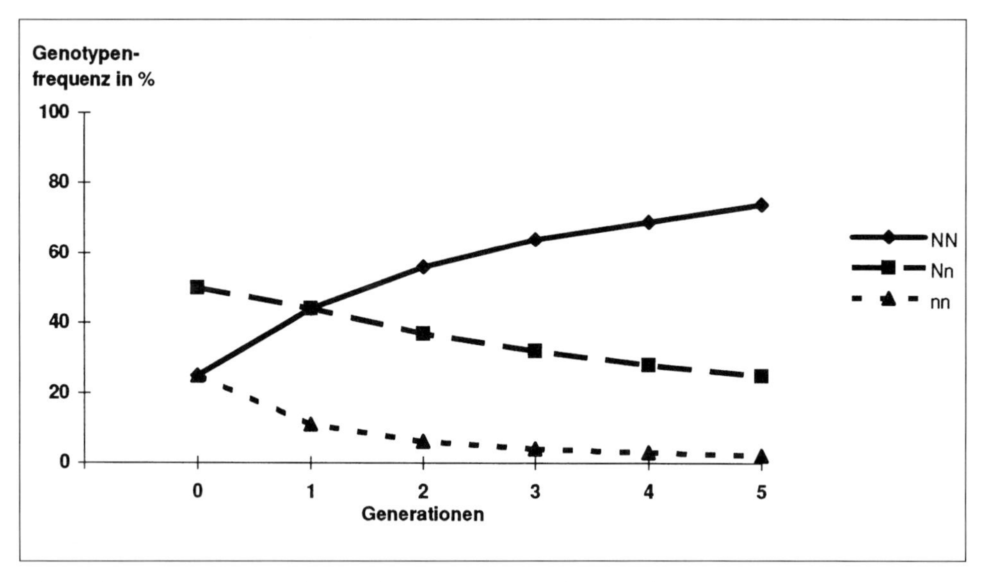

Abb. 1-69c Auswirkungen der Selektion bei verschiedenen Erbgängen: Merzung von Merkmalsträgern (nn) für rezessiven Erbfehler

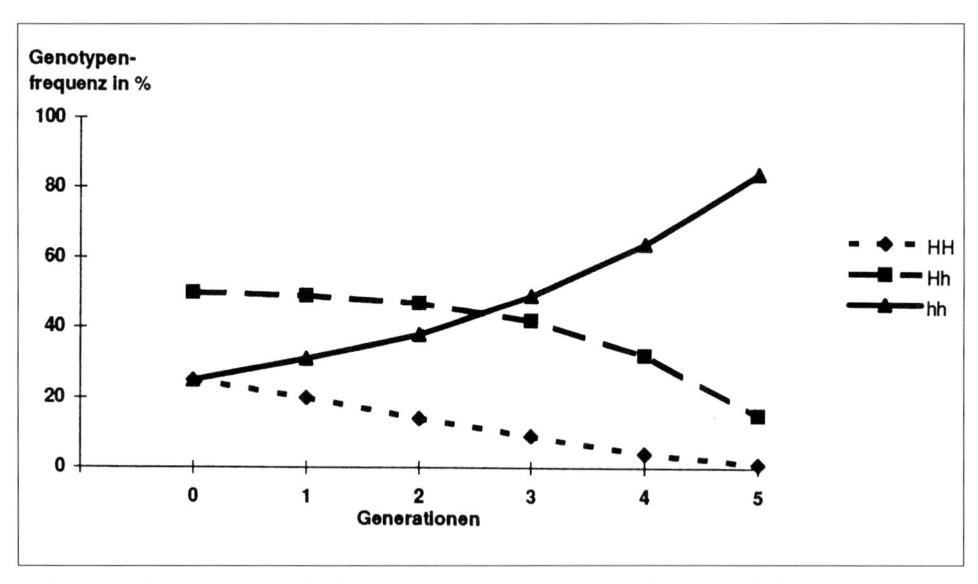

Abb. 1-69d Auswirkungen der Selektion bei verschiedenen Erbgängen: Selektion auf gehörnte Ziegen (hh)

Beispiel 2	Selektion auf gehörnte Ziegen
Ziel der Selektion:	eine Ziegenpopulation mit gehörnten (rezessiv hh) und hornlosen (dominant HH, Hh) Tieren soll sich in eine einheitlich gehörnte Population umwandeln
Ausgangslage:	$p_h = 0{,}5$ $p_h = 0{,}5$

Selektion: hornlose Tiere aus der Zucht nehmen (HH- und Hh-Genotypen), aber höchstens 25 % pro Selektionsrunde

Resultat: durch konsequente Selektion wird das Ziel relativ rasch erreicht, denn der gewünschte Genotyp kann eindeutig identifiziert werden (Abb. 1-69d).

Wie die Beispiele zeigen ist die Selektionswirkung bei sehr niedrigen bzw. sehr großen Allelfrequenzen gering, am höchsten bei mittleren Frequenzen.

1.1.9.5.4 Selektion und Mutation

Die meisten Mutationen sind schädlich, so daß Selektion automatisch gegen mutante Phänotypen mit verminderter Fitness arbeitet. Wenn die Selektion dieselbe Zahl von Mutanten aus der Population entfernt, als durch Mutation in sie hineinkommt, stellt sich ein Gleichgewicht ein, und die Häufigkeit der Mutanten wird stationär bleiben. Ist das Allel rezessiv, so hat es im heterozygoten Zustand keine Wirkung, ist also gegen Selektion gewissermaßen geschützt, da diese sich nur gegen Homozygote auswirken kann. Im Mutation-Selektions-Gleichgewicht beträgt die Allelfrequenz

$$q \approx \sqrt{\frac{u}{1 - w_{aa}}};$$

somit kann die Mutationsrate wie folgt indirekt bestimmt werden: $u = q^2(1\text{-}w_{aa})$, wobei w_{aa} die Fitness der homozygot Rezessiven darstellt. Beobachtet man z.B. in einer Population 1 Mutante auf 20 000 Individuen ($q^2 = 0{,}00005$) und ist die Fitness der Rezessiven gleich 0 (Letalfaktor), so erhält man für die Mutationsrate $u = 0{,}00005(1 - 0) = 0{,}00005$. Die beiden Größen q^2 und w_{aa} sind aber sehr schwer zu bestimmen, wenn nur ein kleiner Bruchteil der Population das entsprechende Merkmal exprimiert.

1.1.9.5.5 Zufällige genetische Drift

In panmiktischen Populationen kann die Nachkommengeneration rein zufallsbedingt von der Elterngeneration abweichende Allelfrequenzen aufweisen. Dieser Vorgang der zufälligen Änderung von Allelfrequenzen wird als zufällige genetische Drift bezeichnet. Er tritt in jeder endlichen Population auf, was mit der Zeit zur Fixierung oder zum Verlust eines Allels führen kann. Die genetische Drift ist umso effektiver, je kleiner die Population ist.

Ist der Beitrag der einzelnen Individuen einer Population der Größe N an der Folgegeneration unterschiedlich, z.B. wenn sich einige Männchen überproportional fortpflanzen, so erhöht sich die Rate der genetischen Drift. Das Ausmaß der Veränderung ist somit von der genetisch wirksamen oder der sog. effektiven Populationsgrösse (N_e) abhängig. Sie berechnet sich aufgrund der aktiven männlichen (N_m) und weiblichen (N_w) Tiere wie folgt:

$$\frac{1}{N_e} \approx \frac{1}{4N_m} + \frac{1}{4N_w} \longrightarrow N_e \approx \frac{4N_m \cdot N_w}{N_m + N_w}$$

Die effektive Populationsgröße N_e wird zusätzlich weiter verkleinert, wenn die Population von Generation zu Generation in der Größe schwankt. Extreme Schwankungen in der Populationsgröße führen Populationen durch sog. Flaschenhälse (bottlenecks), die die genetische Variation drastisch verringern können. Beim Großen Schweizer Sennenhund konnte in einer repräsentativen Stichprobe das Transferrinallel TfM2 nicht nachgewiesen werden, während die Frequenz von TfM2 in den anderen drei Sennenhunderassen ungefähr 0,5 betrug (Meyer 1990). Da die Entwicklugsgeschichte der verschiedenen Sennenhunderassen sehr ähnlich ist, kann man davon ausgehen, daß das genannte Allel ursprünglich beim Großen Schweizer Sennenhund auch mit einer Frequenz von rund 0,5 vorkam. Während des Ersten Weltkrieges entstand für die Rasse des Großen Schweizer Sennenhundes aber eine Flaschenhalssituation, da nur noch einige wenige Zuchttiere gehalten wurden. Der Zufall wollte, daß in dieser kleinen Gruppe von Zuchttieren das TfM2 Allel wahrscheinlich stark untervertreten war, was in der Folge durch die genetische Drift zu einer starken Reduktion, wenn nicht Verlust, geführt hat.

Eine Flaschenhalssituation entsteht auch oft bei der Schaffung neuer Rassen, z. B. bei Hunden und Katzen, die allzu oft auf eine nur sehr kleine Zahl von Gründern aufgebaut werden (Gründereffekt). Alle Allele der entstehenden Population stammen dann von den nur wenigen Allelen der Gründer und von nachfolgenden Mutationen oder Immigrationen ab.

In Haustierpopulationen, die groß genug sind (einige hundert Eltern) kann der Einfluß der genetischen Drift vernachlässigt werden, in kleinen Populationen (weniger als zehn Eltern) kann sie aber bedeutend sein. Folge davon sind Verlust von genetischer Variation und Zunahme der genetischen Diversität zwischen Populationen.

1.1.9.5.6 Inzucht

Die Hardy-Weinberg-Regel geht von einer unendlich großen Population mit Zufallspaarungen aus. Reale Populationen sind jedoch in der Größe endlich, und Paarungen können auf verschiedene Weise nicht zufällig zustande kommen; beispielsweise kann die Paarung zweier Individuen von ihren phänotypischen Ähnlichkeiten abhängen (assortative Paarung). Am häufigsten tritt eine Abweichung von der Panmixie ein, wenn Paarungen zwischen verwandten Individuen (Inzucht) häufiger auftreten. Von Inzucht in Populationen spricht man, wenn die Paarungspartner im Mittel näher verwandt sind, als dies bei zufälliger Paarung zu erwarten wäre, d.h. die Wahrscheinlichkeit, daß ein Nachkomme zwei herkunftsgleiche Allelkopien erbt, größer ist als bei reiner Panmixie. Zwei Allele sind herkunftsgleich, wenn sie durch Duplikation aus demselben Allel eines Vorfahren hervorgegangen sind; damit sind sie auch wirkungsgleich, sofern Mutationen ausgeblieben sind.

Die Theorie der Inzucht geht auf Wright (1921) zurück. Malécot (1948) führte ein neues Konzept ein, das zwar zum gleichen Ergebnis kommt, aber verständlicher scheint und den Wahrscheinlichkeitscharakter des Mendelismus klarer hervorhebt. Er definiert den Verwandtschaftskoeffizienten F_{JK} (Coefficient of kinship bzw. coancestry) der Individuen J und K als die Wahrscheinlichkeit, mit der zwei Allele eines entsprechenden zufälligen Locus von J und K herkunftsgleich sind. In der quantitativen Genetik wird der additive Verwandschaftsgrad (a_{JK}) für die Berechnung wichtiger Parameter benutzt. Dieser entspricht dem doppelten Verwandtschaftskoeffizienten ($a_{JK} = 2F_{JK}$); die Gründe für diese 'Doppelspurigkeit' sind historisch bedingt.

Der Inzuchtkoeffizient F_I eines Individuums I gibt die Wahrscheinlichkeit an, mit der das Individuum I an einem beliebigen autosomalen Locus zwei herkunftsgleiche Allele aufweist. Sind J und K die Eltern von I , dann gilt $F_I = F_{JK}$, da I je einen zufälligen Chromosomensatz von J und K erhalten hat. Analog zum Inzuchtkoeffizienten F_I eines Individuums kann der mittlere Inzuchtkoeffizient der Population F als die Wahrscheinlichkeit definiert werden, mit der die beiden Allele, welche sich an einem beliebigen autosomalen Locus eines zufällig ausgewählten Individuums befinden, herkunftsgleich sind. Die Formel zur Berechnung des Inzuchtkoeffizienten lautet:

$$F_I = \Sigma \left(\frac{1}{2}\right)^{n_1+n_2+1} (1+F_{A_i})$$

n_1 = Anzahl Generationen zwischen Vater und gemeinsamen Ahnen
n_2 = Anzahl Generationen zwischen Mutter und gemeinsamen Ahnen
F_{Ai} = Inzuchtgrad des gemeinsamen Ahnen
Σ = treten mehrere Ahnen auf, so müssen die Inzuchtgrade der einzelnen Ahnen aufsummiert werden.

Die Berechnung des Inzuchtkoeffizienten von **I** (Stammbaum siehe Abb. 1-70) beginnt mit dem Aufsuchen gemeinsamer Ahnen. Der Vorfahre **J** kommt als Vater und als Urgroßvater mütterlicherseits von **I** vor. Er stammt selber aus einer Halbgeschwisterpaarung ab und ist somit mit $F_J = 0{,}125$ ingezüchtet. Die beiden Großmütter **M** und **O** sind Halbgeschwister, sie haben die gleiche Mutter **R**. Daraus ergibt sich:

Gemeinsamer Ahne	n_1	n_2	$(½)^{n1+n2+1}$	$(1 + F_{Ai})$	Total
J	0	2	$(½)^3 = 0{,}125$	1,125	0,1406
R	2	2	$(½)^5 = 0{,}0313$	0	0,0313
				$F_I =$	0,1719

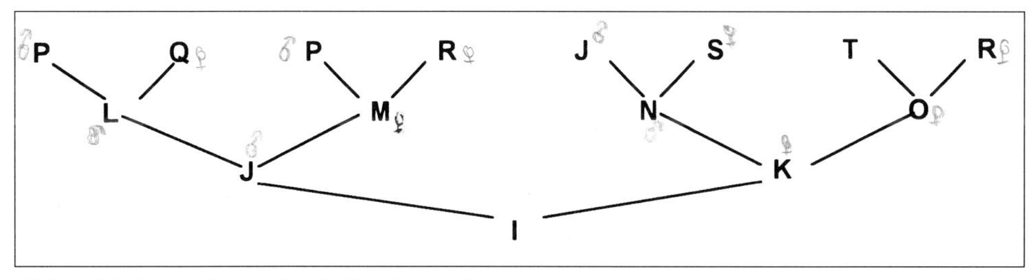

Abb. 1-70 Stammbaum des Individuums I

Tab. 1-28 Genotypische Struktur einer grossen ingezüchteten Population

Genotyp	Genotypenfrequenz allgemein	Genotypenfrequenz in % bei panmiktischen Verhältnissen F = 0	Genotypenfrequenz in % bei einem hohen mittleren Inzuchtgrad F = 0,75
AA	$p^2 + pqF$	16	34
Aa	$2pq + 2pqF$	48 (= H)	12 (= H_{Inz})
aa	$q^2 + pqF$	36	54
	1	100	100

Die Wahrscheinlichkeit, daß das Individuum I an einem beliebigen autosomalen Locus zwei herkunftsgleiche Allele aufweist, beträgt 17 %. Die Berechnung der Inzuchtkoeffizienten wird nur für eine begrenzte Anzahl Generationen durchgeführt, der auf weiter zurückliegenden Ahnen beruhende Inzuchtanteil bleibt unberücksichtigt.

Inzucht ergibt sich in geschlossenen Populationen aufgrund der Paarungssysteme (z. B. Linienzucht) sowie zwangsläufig in kleinen Populationen, was auch bei sorgfältiger Paarung nicht vermieden werden kann. Das Ausmaß der dadurch bedingten Inzuchtsteigerung (ΔF) hängt vornehmlich von der effektiven Populationsgröße (N_e) ab. Die Inzuchtsteigerung kann approximativ wie folgt ermittelt werden:

$$\Delta F \approx \frac{1}{2N_e} \approx \frac{1}{8N_m} + \frac{1}{8N_w} .$$

In einer großen Population ändert die Inzucht die Allelfrequenzen nicht, sofern keine Mutationen oder natürliche Selektion stattfinden. An autosomalen Loci ist eine Umverteilung der Genotypen zu erwarten: Die Homozygoten nehmen zu, und die Heterozygoten (H_{Inz}) sinken entsprechend ab (H_{Inz} = (1-F) H). Das Beispiel in Tabelle 1-28 zeigt, daß die Allelfrequenzen trotz veränderter Genotypfrequenzen gleich bleiben (p = 0,4 und q = 0,6). Werden systematische Paarungssysteme angewendet, z. B. Geschwisterpaarung, so kann eine Population in Teilpopulationen aufgespalten werden, z. B. Inzuchtlinien in der Labortierzucht. Die genetische Variation zwischen solchen Subpopulationen gleicht jedoch die Homogenität der Untergruppen mehr als aus, so daß insgesamt die Variation der Population größer wird.

In kleinen geschlossenen Populationen verändert sich bei zufälliger Paarung der mittlere Inzuchtkoeffizient wie folgt:

$$F_t = 1 - (1 - \Delta F)^t (1 - F_{t=0})$$

F_t = mittlerer Inzuchtgrad in der t-ten Generation
$F_{t=0}$ = mittlerer Inzuchtgrad in der Ausgangspopulation
t = Anzahl Generationen

oder als Veränderung des Heterozygotiegrades

$$H_t = H_{t=0} (1 - \Delta F)^t .$$

Tab. 1-29 Zunahme des Inzuchtgrades bei verschiedenen Populationsgrößen

	Rinderpopulation	Schweinepopulation	Hundepopulation
Anzahl Weibchen	200 000	200	30
Anzahl Männchen	30	15	3
	alle Kühe werden besamt	Natursprung	
Effektive Populationsgröße N_e	120	56	11
Inzuchtsteigerung pro Generation ΔF in %	0,4	0,9	4,6
Mittlerer Inzuchtkoeffizient[1] F in % nach			
5 Generationen	2,0	4,4	21,0
10 Generationen	3,9	8,6	37,6
20 Generationen	7,7	16,5	61,0

[1] Annahme: die Ausgangspopulation ist nicht ingezüchtet ($F_0 = 0$)

In Tabelle 1-29 wird die Zunahme des Inzuchtgrades anhand einiger Beispiele veranschaulicht. Die z. T. drastische Steigerung des mittleren Inzuchtgrades erfolgt nur, wenn die Population geschlossen ist. Durch gelegentliche Immigration von Zuchttieren anderer Populationen und durch kontrollierte Paarungen kann die Zunahme der Inzucht verringert werden. Andererseits steigt der mittlere Inzuchtkoeffizient, wenn gewisse Männchen viel stärker benutzt werden und so eine größere Nachkommenschaft hinterlassen.

Inzucht ermöglicht in Kombination mit Selektion eine rasche Festigung von gewünschten Erbanlagen, die von einem oder wenigen Loci gesteuert werden, und so auch ein schnelles Erreichen großer Ausgeglichenheit in der Rasse (z. B. Exterieurmerkmale). Bei Heimtierrassen wurde deshalb, vor allem in der Phase ihrer Entstehung und zum Zwecke der Konsolidierung, mehr oder weniger intensiv von der Inzucht Gebrauch gemacht.

1.1.9.5.7 Nicht zufällige Paarung aufgrund des Phänotyps

Paaren sich bevorzugt Männchen und Weibchen des gleichen Phänotyps, bezeichnet man dies als **assortative Paarung**. Zum Beispiel heiraten Gehörlose viel häufiger untereinander als andere Partner. Die Konsequenzen der assortativen Paarung mit nur einem Locus erhöht bei den Nachkommen die Genotypenfrequenz der Homozygoten, während die der Heterozygoten sinkt. Die Population wird so in zwei Gruppen unterteilt, und Paarungen erfolgen immer häufiger innerhalb als zwischen den Gruppen. Mit der Zeit erreicht die Population ein Gleichgewicht, bei dem die Genotypenfrequenzen stabil bleiben (Crow 1986). Sind mehrere Loci für den Genotyp verantwortlich, so erfolgt die oben erwähnte Zunahme der Homozygoten langsamer. Ein mit einem ursächlichen Locus nicht gekoppelter polymorpher Locus wird durch assortative Paarung nicht beeinflußt, d.h. nur die Loci werden homozygoter, die mit dem entsprechenden Phänotyp zusammenhängen. Bei der Inzucht hingegen sind alle Loci gleichermaßen betroffen. **Disassortative Paarungen**, d.h. Paarungen vornehmlich zwischen ungleichen Phänotypen, haben generell entgegengesetzte Konsequenzen als assortative.

1.1.9.6 Qualitative Genetik mit zwei oder mehreren Loci

Kopplungsungleichgewicht

Die Erweiterung der Hardy-Weinberg-Regel auf zwei oder mehr Loci ist kompliziert. Das Erreichen des genetischen Gleichgewichtes nach einer Generation Panmixie gilt nur für die einzeln betrachteten autosomalen Loci; für Genotypen, bei denen zwei oder mehrere Loci betrachtet werden, trifft es nicht zu.

Bei zwei Loci mit je zwei Allelen (A,a; B,b) gibt es neun mögliche Genotypen, aber nur vier mögliche Gameten (AB, Ab, aB, ab), die sich zufällig vereinigen (Tab. 1-30). Der Begriff D, definiert als Differenz zwischen tatsächlicher Gametenfrequenz (z.B. g_{AB}) und der entsprechenden Gleichgewichtsfrequenz ($p_A p_B$) (1.1.2.1), wird als **Kopplungsungleichgewicht** bezeichnet. D mißt auch den Frequenzunterschied zwischen parentalen und Rekombinations-Gameten (Crow 1986). Ist eine Population im Kopplungsungleichgewicht der Zufallspaarung unterworfen, so vermindert sich das Ungleichgewicht in den Folgegenerationen. Eng gekoppelte Allele sind länger im Ungleichgewicht als weit entfernte Allele (Abb. 1-71). Die Abnahme des Kopplungsungleichgewichtes folgt folgender Beziehung:

$D_t = (1 - r)^t D_0$, wobei D_t = Kopplungsungleichgewicht in der t-ten Generation
D_0 = Kopplungsungleichgewicht in der Ausgangspopulation
r = Rekombinationsrate zwischen beiden Loci (1.1.2.1)

Für D_0 wurde der Extremwert 0,25 gewählt. Durch Mischen zweier homozygoter, gleichhäufiger Stämme (AABB x aabb), ergeben sich in der Ausgangs(Misch-)population für alle Allele die gleiche Frequenz, nämlich 0,5, es werden aber nur die beiden Gameten (Haplotypen) AB und ab gebildet ($g_{AB} = g_{ab} = 0,5$). Das Kopplungsungleichgewicht D_0 beträgt demnach $g_{AB} - p_A p_B = 0,5 - (0,5 \times 0,5) = 0,25$. Es sinkt, wie Abb. 1-71 zeigt, bei fehlender Kopplung (1.2.1.1) nach 10 Generationen auf 0,0003 und bleibt bei enger Kopplung (r = 0,01) mit 0,2261 fast bestehen. Das Kopplungsungleichgewicht wird in einer ingezüchteten Population langsamer abnehmen, da die Frequenzen der Heterozygoten, bei denen die Rekombination wirksam ist, bei Inzucht vermindert sind.

Tab. 1-30 Unterschiede in den Gametenfrequenzen bei zwei Loci

Gametentypen	AB	Ab	aB	ab	Total
tatsächliche Gametenfrequenz	g_{AB}	g_{Ab}	g_{aB}	g_{ab}	1
Gametenfrequenz im Gleichgewicht	$p_A p_B$	$p_A p_b$	$p_a p_B$	$p_a p_b$	1
Differenz vom Gleichgewicht	D	-D	-D	D	0

$p_A = g_{AB} + g_{Ab}$, $p_a = g_{aB} + g_{ab}$, analog für p_B und p_b

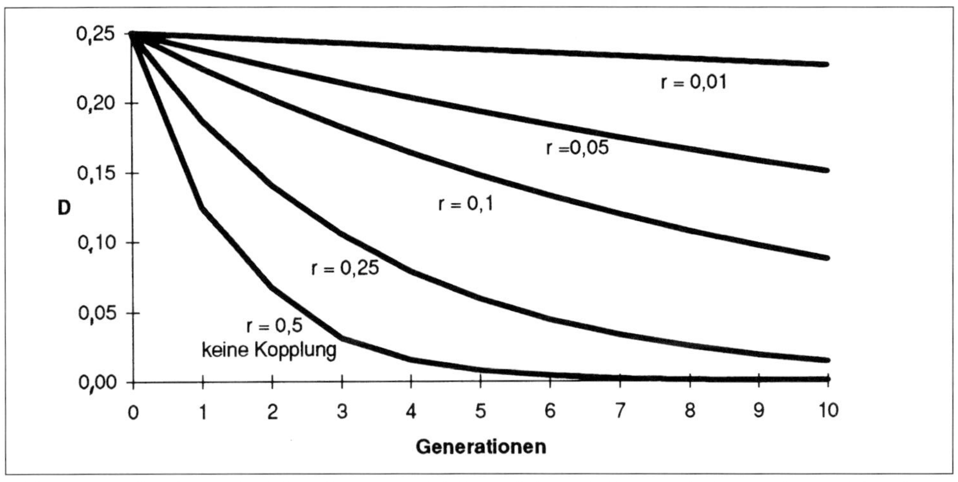

Abb. 1-71 Abnahme des Kopplungsungleichgewichtes bei verschiedenen Rekombinationsraten

Kopplungsungleichgewichte gibt es unabhängig davon, ob Loci gekoppelt sind oder nicht. Solche Ungleichgewichte können durch Vermischen von Populationen mit unterschiedlichen Allelfrequenzen entstehen oder durch Zufall in kleinen Populationen (Falconer 1984). Ungleichgewichte können aber auch Folge von Selektion sein und durch diese erhalten bleiben. Vögeli et al. (1982) konnten beim Schwein (Schweizer Landrasse) zeigen, daß zwischen dem H-Blutgruppensystem und dem Locus für die Halothanempfindlichkeit ein signifikantes Kopplungsungleichgewicht besteht. Sie stellten einen Überschuß an HAL^n-H^a-Gameten (Haplotypen) fest. Halothanempfindliche Schweine (HAL^nHAL^n) weisen häufig eine ungenügende, Heterozygote eine nicht optimale Fleischbeschaffenheit auf. Die Kenntnis dieses Kopplungsungleichgewichtes erlaubte es damals, unerwünschte HAL^n-Träger aufgrund des H^a-Blutgruppen-Markers mit einer großen Wahrscheinlichkeit zu erkennen und im Zuchtprogramm entsprechend zu berücksichtigen. Heutzutage kann die unerwünschte Mutation molekulargenetisch diagnostiziert werden (1.1.6.7). Eng gekoppelte Gene, die zu einem einzelnen Merkmal oder funktionell verwandten Merkmalen beitragen, zeigen oft ein starkes Kopplungsungleichgewicht. Solche Gruppen von Genen werden manchmal Supergene genannt (Histokompatibilitätskomplex MHC, Globingene, Milchproteingene).

1.1.9.7 Bedeutung der Populationsgenetik von qualitativen Eigenschaften

Die in der Molekulargenetik errungenen Erkenntnisse haben auch der qualitativen Genetik zu einer Renaissance verholfen, indem sie in Zusammenhang mit Genomanalysen mit DNA-Markern arbeitet. Diese Marker können in größerem Umfang mit relativ einfachen Labormethoden bestimmt werden (1.1.6). Die meisten dieser Marker sind selektionsneutral, d.h. sie sind nicht direkt als Selektionskriterium benutzt worden und eignen sich deshalb gut, um eine Population genetisch zu beschreiben. Die DNA-Marker, die mit einer wirtschaftlich wichtigen Eigenschaft (ETL: Economic trait loci) gekoppelt sind, können in Zuchtprogrammen für die markergestützte Selektion (MAS: Marker assisted selection) genutzt werden (1.6.5.3).

Im Zusammenhang mit dem steigenden Interesse, die Entwicklungsgeschichte des Menschen und auch die von anderen Lebewesen besser zu ergründen, stützt man sich vorwiegend auf selektionsneutrale Marker. Die genetische Diversität in klassischen Merkmalssystemen wie Blutgruppen-, Enzym- und Serumprotein-Polymorphismen ist nicht neu (Kidd and Pirchner 1971), doch hat sie einen neuen Aufschwung mit den DNA-Markern erhalten.

Populationsgenetische Untersuchungen, die an einer repräsentativen Stichprobe von Populationen oder Subpopulationen durchgeführt werden, müssen mit statistischen Methoden (1.1.12) bearbeitet werden. Die meisten kommerziellen Programmpakete für Statistik eignen sich mehr oder weniger für solche Auswertungen; es gibt aber auch spezifische Programme. Zur populationsgenetischen Evaluation können folgende Bücher empfohlen werden: Weir (1996), Ott (1991) vor allem für Kopplungsstudien und Nei (1987) für phylogenetische Studien (s. weiterführende Literatur).

Rekapitulation

Die Populationsgenetik erfaßt mit statistischen Methoden die phänotypische und genetische Variabilität innerhalb von Populationen und untersucht die tatsächlichen und die zu erwartenden Veränderungen. Von Bedeutung ist dabei, wie das Erbgut von Generation zu Generation weitergegeben wird. Die qualitative Genetik befaßt sich mit eindeutig abgrenzbaren Merkmalen, deren Phänotypen in zwei oder wenige Klassen eingeteilt werden können. Diese Eigenschaften werden nur durch eines oder wenige Gene bestimmt und sind durch Umweltfaktoren praktisch nicht beeinflußbar.

Bei populationsgenetischen Untersuchungen qualitativer Merkmale spielt die Hardy-Weinberg-Regel eine wichtige Rolle.

Die genetische Struktur einer Population kann durch Mutation, Migration, Selektion und die zufällige genetische Drift verändert werden. Die Inzucht hingegen bewirkt eine Umverteilung der Genotypen.

Der Abstand gekoppelter Loci wird mit Hilfe der Rekombinationsfrequenz gemessen.

Literatur Kapitel 1.1.9

Hardy, G.H. (1908): Mendelian proportions in a mixed population. Science, **28**, 49-50.
Johansson, I. (1980): Meilensteine der Genetik. Paul Parey, Hamburg und Berlin.
Kidd, K.K. und F. Pirchner (1971): Genetic relationship of Austrian cattle breeds. Anim. Blood Groups biochem. Genet., **2**, 145-158.

Meyer, B. (1990): The influence of inbreeding on genetic polymorphism in Swiss Mountain Dogs. Dissertation, Veterinärmedizinische Fakultät der Universität Bern.
Roth, H.-R. (1991): Populationsgenetik. Vorlesungsunterlagen, ETH, Zürich.
Vögeli, P. und D. Schwörer (1982): Kopplungsungleichgewicht zwischen dem Malignen Hyperthermie Syndrom (MHD, Halothanempfindlichkeit) und den Phänotypen des H-Blutgruppensystems und des PHI-Enzymsystems beim Schweizerischen Veredelten Landschwein. Züchtungskunde, **54**, 124-130.
Weinberg, W. (1908): Über den Nachweis der Vererbung beim Menschen. Jahreshefte des Vereins für Vaterländische Naturkunde in Württemberg, **64**, 369-382.
Weir, B. (1996): Genetic Data Analysis II. Sinauer Associates, Inc. Publishers Sunderland, Massachusetts.
Wright, S. (1917): Colour inheritance in mammals. Cattle. J. Heredity, **8**, 521-527.
Wright, S. (1921): Systems of mating. Genetics, **6**, 111-178.
Wright, S. (1943): Isolation by distance. Genetics, **28**, 114-138.

Weiterführende Literatur:

Cavalli-Sforza, L.L. und W.F. Bodmer (1971): The Genetics of Human Populations. W.H. Freeman & Company, New York.
Crow, J.F. (1986): Basic concepts in population, quantitative and evolutionary genetics. W.H. Freeman & Company, New York.
Essl, A. (1987): Statistische Methoden in der Tierproduktion. Verlagsunion Agrar, Wien, München, Frankfurt, Bern.
Falconer, D.S. (1984): Einführung in die quantitative Genetik. Eugen Ulmer, Stuttgart.
Lush, J.L. (1937): Animal Breeding Plans. First Edition, The Iowa State College Press, Ames, Iowa.
Lush, J.L. (1994): The Genetics of Populations. Iowa Agriculture and Home Economics Experiment Station, College of Agriculture, Iowa State University, Ames, Iowa.
Malécot, G. (1948): Les mathémathiques de l'hérédité. Masson et Cie., Paris.
Mayr, E. (1984): Die Entwicklung der biologischen Gedankenwelt. Springer, Berlin.
Nei, M. (1987): Molecular Evolutionary Genetics. Columbia University Press, New York.
Ott, J. (1991): Analysis of Human Genetic Linkage. The Johns Hopkins University Press, Baltimore and London.
Pirchner, F. (1979): Populationsgenetik in der Tierzucht. 2. Auflage, Paul Parey, Hamburg und Berlin.
Provine, W.B. (1971): The Origins of Theoretical Population Genetics. The University of Chicago Press, Chicago.
Smith, J.M. (1989): Evolutionary Genetics. Oxford University Press, Oxford.

1.1.10 Phänotyp – Genotyp (quantitative Genetik)

1.1.10.1 Die kontinuierliche Variation

Im Kapitel 1.1.9 wurden nur qualitative Merkmale besprochen. Viele Merkmale können aber nicht einfach in einige wenige Klassen eingeordnet werden, weil sie sich graduell unterscheiden: so kann die Laktationsleistung bei Kühen von einigen hundert bis zu über 20 000 kg Milch gehen, das Geburtsgewicht von Ferkeln zwischen 300 g und 3 kg betragen. Eine Variation ohne natürliche Diskontinuität wird als kontinuierliche Variation bezeichnet und ist auf die Wirkung mehrerer Loci (polygene Vererbung) und den Einfluß nicht genetischer Faktoren (Umweltfaktoren) zurückzuführen (Falconer 1984; Künzi und Stranzinger 1993). Merkmale mit dieser Charakteristik werden als quantitative (metrische) Merkmale bezeichnet. Die quantitativen Merkmale unterliegen grundsätzlich denselben populationsgenetischen Prinzipien der Vererbung wie sie in Kapitel 1.1.9 beschrieben wurden. Da die Segregation der beteiligten Allele aber nicht individuell verfolgt werden kann wie bei qualitativen Eigenschaften, wo vom Phänotyp auf den Genotyp geschlossen wird, mußten für quantitative Merkmale adäquate genetisch-statistische Methoden und Konzepte geschaffen werden, um Populationen genetisch beschreiben zu können (Tab.1-20). Dieser Zweig der Populationsgenetik, der sich mit kontinuierlichen Merkmalen beschäftigt, wird auch **quantitative Genetik** genannt.

Die Arbeitshypothese in der quantitativen Genetik stützt sich auf die Annahme des sogenannten infinitesimalen Modells. Dabei wird davon ausgegangen, daß eine sehr große Zahl an ungekoppelten Loci die genetische Variation beeinflußt. Der individuelle additive Beitrag an die Expression eines Merkmals wird bei allen beteiligten Loci als gleich groß angenommen. Unter dieser Hypothese folgen die Zuchtwerte der Eigenschaften einer Gaußschen Normalverteilung; dies erlaubt, die Errungenschaften sowie Techniken der Statistik voll auszuschöpfen. Die erreichten Selektionserfolge der letzten 50 Jahre zeigen, daß der Ansatz der quantitativen Genetik nicht ganz falsch ist, auch wenn die Anzahl Loci, die eine Eigenschaft beeinflussen, nicht unendlich, sondern beschränkt ist, und die Loci wenigstens teilweise, gekoppelt sein können (z. B. Kasein-Gene). Ferner ist anzunehmen, daß gewisse Loci einen viel stärkeren Einfluß auf das Merkmal ausüben als andere (sog. Hauptgene).

1.1.10.2 Werte, Geneffekte und Varianzen

In der quantitativen Genetik spricht man zwar auch von Phänotyp und Genotyp, in erster Linie aber vom Zuchtwert (1.2.1) eines Individuums. Dieser besitzt in Zusammenhang mit züchterischen Maßnahmen eine zentrale Bedeutung.

Der gemessene phänotypische Wert (kg Milch, g Zuwachs pro Tag usw.) wird als eine Funktion von Genotyp und Umwelt aufgefaßt, wobei die tatsächliche Funktion sicher sehr kompliziert ist. Der Wert des Phänotyps (P_{ij}) eines Individuums i in der Umwelt j kann am einfachsten mit folgendem, additivem Modell beschrieben werden:

$$P_{ij} = M + G_i + U_j$$

M ist dabei der Populationsmittelwert, der allen Individuen gemeinsam ist, G_i stellt den Genotyp des Individuums i dar und U_j den zufälligen Einfluß der Umwelt j, in der die Leistung erbracht wurde. Dabei wird angenommen, daß Genotyp und Umwelt voneinander unabhängig sind. Nur aufgrund eines einzelnen Phänotypwertes können die Komponenten Genotyp und Umwelt nicht geschätzt werden, d.h. der Anteil des Genotyps an der Ausprägung des Merkmals ist nicht eruierbar.

In der klassischen Genetik versteht man unter Genotyp die Summe aller Gene, die ein Individuum besitzt. In der quantitativen Genetik setzt sich der Genotyp, entsprechend der Wirkungsweise der Gene, aus folgenden Komponenten zusammen:

$$G = A + D + I$$

Die Komponente A stellt die additiven Geneffekte, D die Dominanzeffekte und I die epistatischen Effekte dar.

Unter **additiven Geneffekten** versteht man den individuellen Beitrag jedes einzelnen Allels an der Ausprägung eines Merkmals, und zwar unabhängig von

Tab. 1-31 Genotyp und Phänotyp in der quantitativen Genetik, gezeigt an einem fiktiven Beispiel

Merkmal (Milchleistung), das von 5 Loci gesteuert wird				
Loci: Allele	Genwirkung (in kg)			
	additiv		dominant	epistatisch
B: B_1 / B_2	B_1 =	– 30	B_1 / B_2 = + 10	
	B_2 =	+ 30		
C: C_3 / C_5	C_3 =	– 40	C_3 / C_5 = + 20	
	C_5 =	0		
F: F_2 / F_2	F_2 =	+ 30		
	F_2 =	+ 30		
M: M_3 / M_4	M_3 =	+ 10		
	M_4 =	+ 20		M_3 -Q_4 = – 10
Q: Q_1 / Q_4	Q_1 =	– 10		
	Q_4 =	+ 20		
Summe		+ 60 (=A)	+ 30 (=D)	– 10 (=I)
		G = + 60 + 30 – 10 = +80 kg		

Betragen das Populationsmittel für die Laktationsleistung (M) 5000 kg und der Einfluß der Umwelt + 300 kg (die Kuh steht in einem überdurchschnittlichen Betrieb), so erbringt diese Kuh eine phänotypische Leistung P von:

5000	+ 60	+ 30	– 10	+300	= 5380 kg
M	+A	+D	+I	+U	= P

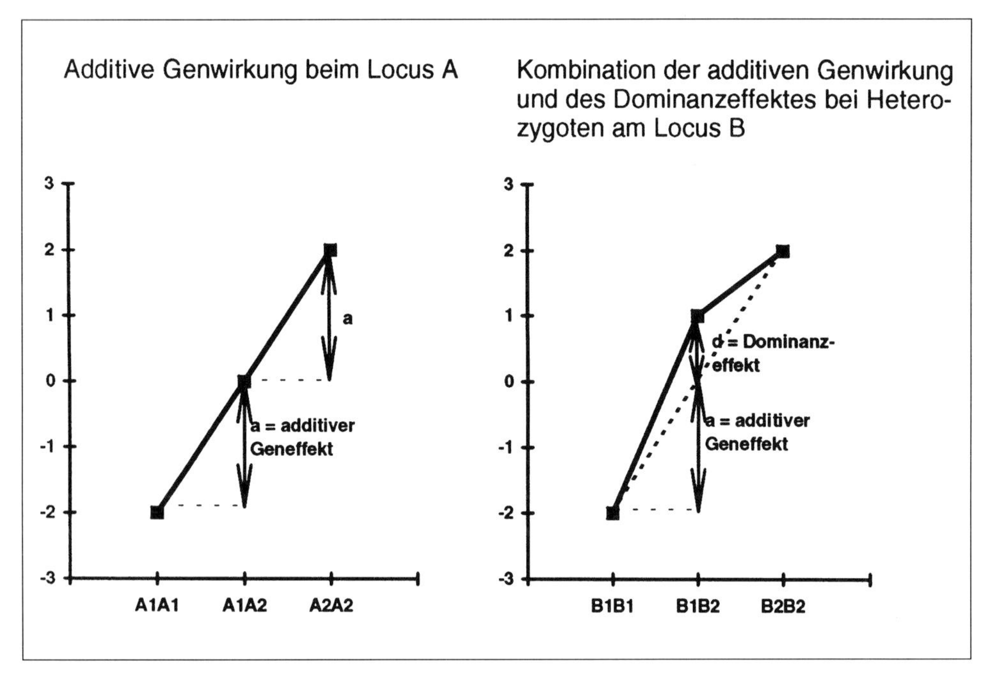

Abb. 1-72 Darstellung der Genwirkungen

den anderen Allelen im Genom (Tab. 1-31). Sie sind es, die die Ähnlichkeit zwischen verwandten Individuen, z. B. zwischen Halbgeschwistern oder zwischen Eltern und Nachkommen, ausmachen. Tiere, die vom gleichen Vater abstammen, haben ähnlichere Leistungen als nicht-verwandte, weil sie wegen ihrer Verwandtschaft teilweise die gleichen Allele erhalten haben. Die Summe aller additiven Geneffekte eines Individuums, die eine Eigenschaft beeinflussen, stellt den **Zuchtwert A_i** des betreffenden Individuums dar:

$A_i = \Sigma \, \Sigma \, a_{ijk}$ a_{ijk} = additiver Effekt des k-ten Allels am j-ten Locus des i-ten Individuums.

Die andern beiden Geneffekte werden auch als nicht-additive genetische Effekte bezeichnet. **Dominanzeffekte** beruhen auf intra-allelen Interaktionseffekten, d.h. wenn am selben Locus zwei verschiedene Allele vorkommen (1.1.1.5), gibt es zu den additiven Genwirkungen einen zusätzlichen Effekt (Abb. 1-72 und 1-8). Bei der Segregation der Gameten wird diese Allelkombination gespalten, der Dominanzeffekt kann also nicht in der bestehenden Form an die Nachkommen weitergegeben werden.

Epistatische Genwirkungen sind inter-allele Interaktionseffekte (1.1.1.5), die durch das Zusammenwirken von verschiedenen Loci entstehen können. Gewisse Arten von epistatischen Effekten können an die Nachkommen weitervererbt werden; deren Quantifizierung ist aber sehr schwierig und und wird äußerst selten berechnet. Der Genotyp einer Eigenschaft wird in erster Linie

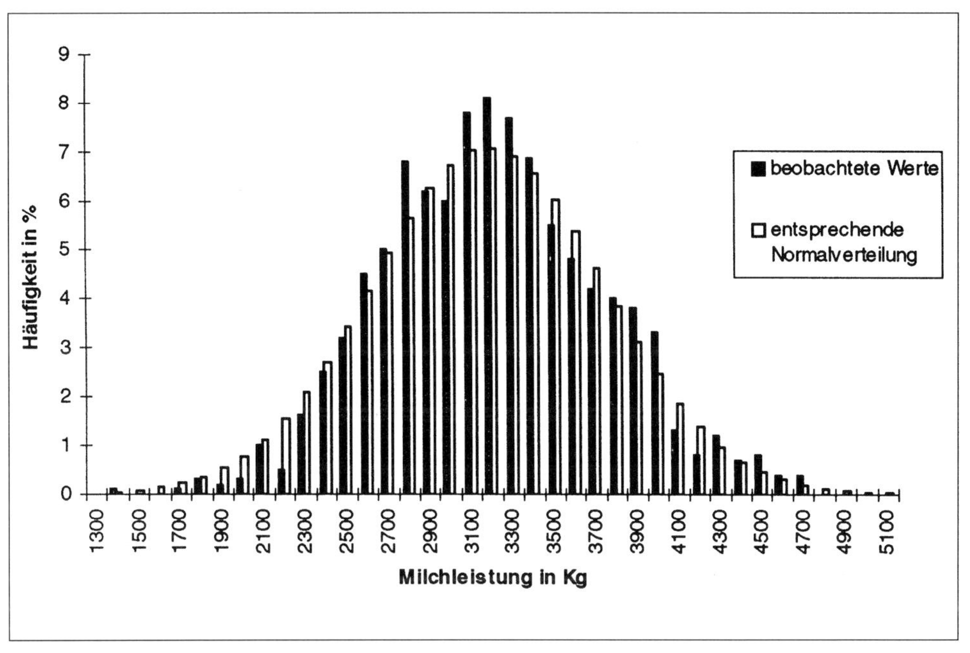

Abb. 1-73 Verteilung der Laktationsleistung bei Erstlingskühen

Anzahl Beobachtungen:	840
Mittelwert	3180 kg
Phänotypische Varianz	315 352 kg^2
Standardabweichung	± 562 kg

durch additive Genwirkungen geprägt, dann kommen Dominanzeffekte hinzu, der Rest wird der Epistasie zugeschrieben.

Die Gleichung für den Phänotypwert P = M + G + U kann nun wie folgt geschrieben werden:

$$P_{ij} = M + A_i + D_i + I_i + U_j \quad \text{(Tab. 1-31).}$$

Ein wichtiges Gebiet der quantitativen Genetik befaßt sich mit der Schätzung der Komponenten, wobei dem Zuchtwert A_i die größte Bedeutung zukommt. Diese Komponente spielt deshalb die wichtigste Rolle, weil sie an die Nachkommen vererbt wird und somit als Grundlage für eine effiziente Selektion dient (1.2.1).

Der weitaus häufigste Parameter, der die Variation zwischen Individuen einer Population charakterisiert, ist die Varianz bzw. die Standardabweichung (1.1.12) (Abb. 1-73). Da die Variation quantitativer Eigenschaften anhand gemessener phänotypischer Werte (P) ermittelt wird, wird sie als **phänotypische Varianz V_P** bezeichnet. Dieser Populationsparameter kann, genügend Beobachtungen vorausgesetzt, ohne großen Aufwand berechnet werden. Das Modell über die Zusammensetzung des Phänotypwertes P erlaubt, auf die Komponenten von V_P zu schließen. Entspechend diesem Modell setzt sich die phänotypische Varianz aus folgenden Varianzkomponenten zusammen:

$V_P = V_A + V_D + V_I + V_U$
V_A = additiv-genetische Varianzkomponente oder Varianz der Zuchtwerte
V_D = dominanzbedingte Varianzkomponente
V_I = auf epistatischen Effekten bedingte Varianzkomponente
V_U = umweltbedingte Varianzkomponente.

Die Summe von $V_A + V_D + V_I$ entspricht V_G, der genotypischen Varianz, somit gilt auch $V_P = V_G + V_U$. In der Regel ist es nicht möglich, V_G und V_U direkt zu schätzen. Varianzanalytische Verfahren erlauben aber aufgrund der phänotypischen Ähnlichkeit zwischen Verwandten z. B. Halbgeschwistern, die additiv-genetische Varianz zu ermitteln (Essl 1987). Zuverlässige Berechnungen der dominanz- und epistasiebedingten Varianzen erfordern ein sehr großes und speziell strukturiertes Datenmaterial. Die Aufteilung der genetischen Varianz innerhalb eines Locus kann mit dem Ansatz der Gensubstitutionswirkung ermittelt werden (1.2.1.1, Falconer 1984).

Das Modell für V_P setzt das Fehlen von Genotyp-Umwelt-Korrelationen und Genotyp-Umwelt-Interaktionen voraus. Eine Genotyp-Umwelt Korrelation liegt dann vor, wenn Tiere mit einem bestimmten Genotyp besser behandelt werden (Pflege, Fütterung, Training, usw.) als andere, z. B. wenn Nachkommen eines berühmten Vatertieres viel besser behandelt werden als die Nachkommen anderer Vatertiere. Die Genotyp-Umwelt-Interaktion wird am Ende dieses Kapitels behandelt.

1.1.10.3 Genetische Populationsparameter

Da es für quantitative Merkmale (noch) keine Möglichkeit gibt, weder die Loci zu erkennen die das Merkmal beeinflussen, noch deren Wirkung auf das Merkmal zu messen, müssen Maßzahlen definiert werden, die die Frage beantworten,

- welcher Anteil der gesamten phänotypischen Varianz auf erblich bedingte Unterschiede zwischen Individuen, d.h. die additiv-genetische Varianz zurückgeführt werden kann

Da in Zuchtprogrammen meistens mehrere Eigenschaften gleichzeitig betrachtet werden, interessiert zudem, ob zwischen diesen Eigenschaften genetische Beziehungen bestehen.

1.1.10.3.1 Heritabilität

Im Gegensatz zum Modell, das den Phänotypwert P beschreibt, können die Komponenten von V_P nur positive Werte einnehmen, somit kann für jede einzelne Komponente der entsprechende relative Beitrag zu V_P berechnet werden:

$$\frac{V_P}{V_P} = 1 = \frac{V_A}{V_P} + \frac{V_D}{V_P} + \frac{V_I}{V_P} + \frac{V_U}{V_P}$$

Der relative Anteil der additiv-genetischen Varianz an der phänotypischen Varianz ist der wichtigste populationsgenetische Parameter zur Beurteilung der

Erblichkeit quantitativer Merkmale und wird als Heritabilität h^2 bezeichnet (h^2 steht für die Heritabilität selbst und nicht für ihr Quadrat):

$$h^2 = \frac{V_A}{V_P}$$

Genau genommen handelt es sich um die Heritabilität im engeren Sinn. Die Heritabilität im weiteren Sinn ist der Anteil der genotypischen Varianz an der phänotypischen $\frac{V_G}{V_P}$. Da der Genotyp der quantitativen Merkmale vorwiegend auf die additiven Genwirkungen zurückgeführt wird, handelt es sich hier, wenn nicht anders spezifiziert, immer um die Heritabilität im engeren Sinn.

Die wichtigste Funktion der Heritabilität für die praktische Tierzucht ist folgende: Sie schätzt, mit welcher Zuverlässigkeit man vom Phänotypwert auf den Zuchtwert schließen kann (1.2.1.1). Der Grad der Übereinstimmung zwischen Phänotyp und Zuchtwert ist für den Erfolg eines Selektionsprogrammes ausschlaggebend (1.2.2.2). Die Wirkung der Heritabilitäten auf den Zuchterfolg ist in Abbildung 1-74 dargestellt. Bei einer Heritabilität von 0 kann es keine genetische Verbesserung in der Nachkommengeneration gegenüber der Ausgangpopulation geben, da in diesem Fall keine additiv genetische Varianz vorhanden ist. Bei $h^2=1$, was praktisch nie vorkommt, wäre der Mittelwert der Nachkommenpopulation mit dem der selektierten Elternpopulation identisch. Die Heritabilität als Grad der Übereinstimmung zwischen Phänotyp und Zuchtwert darf **nicht** so interpretiert werden, daß bei einer Heritabilität von 0,25, eine Laktationsleistung von z. B. 6000 kg, 25 % d.h. 1500 kg Milch erblich und 75 % (4500 kg Milch) umweltbedingt sind. Im einfachsten Fall kann die Heritabilität mit der Abweichung vom Populationsmittel in Verbindung gebracht werden:

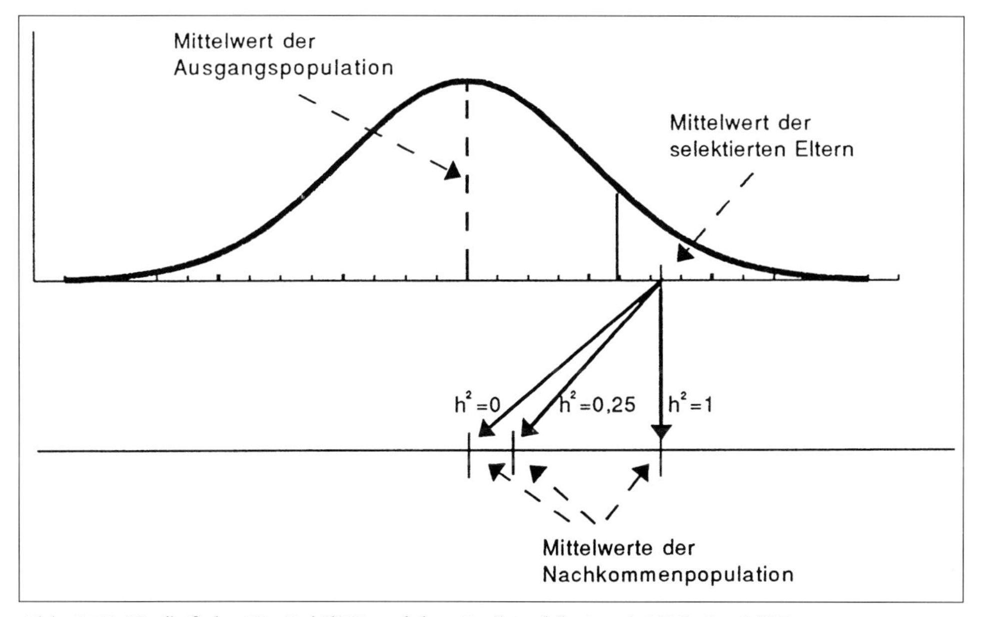

Abb. 1-74 Einfluß der Heritabilität auf den Zuchterfolg (nach Nicholas 1987)

beträgt der Populationsmittelwert 5000 kg, so sind nur (6000–5000)*0,25 = +250 kg Milch erblich bedingt (= Zuchtwert, 1.2.1.2).

Heritabilitätskoeffizienten können nur Werte zwischen 0 und 1 einnehmen und sind genau genommen ausschließlich für die Population gültig, in der sie geschätzt wurden. Selbst innerhalb derselben Populationen können sie sich verändern, da die Varianzverhältnisse im Laufe der Generationen durch Selektion, Migration usw. ständig wechseln.

Die verschiedenen Möglichkeiten, die Heritabilität einer Eigenschaft zu schätzen, stützen sich alle auf die Tatsache, daß die phänotypische Leistung verwandter Tiere je nach Verwandtschaftsgrad mehr oder weniger ähnlich ist, am ähnlichsten bei eineiigen Zwillingen, weniger bei Geschwistern und bei Eltern und deren Nachkommen. Die angewandten biometrischen Verfahren sind Varianz- und Regressionsanalysen (Essl 1987). Im allgemeinen ist die Genauigkeit der Schätzung umso größer, je enger die Verwandtschaft und je größer das Familienmaterial ist. Durch ungenügend berücksichtigte systematische Umwelteffekte oder bei Vollgeschwisteranalysen durch Dominanzeffekte können Heritabilitätsschätzwerte verzerrt werden. Halbgeschwisteranalysen und die Regression der Nachkommenleistung auf die des Vaters sind erfahrungsgemäß am zuverlässigsten. Die Regression der Nachkommenleistung auf die der Mutter ergibt manchmal, als Folge von maternalen Effekten und identischen Umwelteffekten bei Mutter und Nachkommen, zu hohe Werte.

Werden Eigenschaften nach der Höhe der Heritabilität eingereiht, so können grob drei Gruppen gebildet werden (Tab. 1-32):

Niedrige Heritabilitäten (h^2 = 0,01–0,15) zeigen Fitnessmerkmale wie Fruchtbarkeit, Vitalität , Krankheitsresistenz usw.

Mittlere Heritabilitäten (h^2= 0,2–0,4) zeigen Wachstums- und Leistungsmerkmale (Fleisch, Milch, Wolle, Eizahl, usw.).

Tab. 1-32 Einige Heritabilitätswerte, nach Arten getrennt

Art	Merkmal	h^2
Rind	Milchmenge	0,20 – 0,35
	Eiweißgehalt der Milch	0,40 – 0,55
	Zwischenkalbezeit	0,05 – 0,10
	Widerristhöhe	0,45 – 0,55
Schwein	tägliche Gewichtszunahme	0,20 – 0,40
	Futterverwertung	0,30 – 0,50
	Rückenspeckdicke	0,50 – 0,60
	Wurfgröße	0,05 – 0,10
Schaf	Schurgewicht der Wolle	0,25 – 0,35
	Stapellänge	0,40 – 0,50
	Feinheit der Wolle	0,25 – 0,50
	Überlebensrate bis zum Absetzen	0,01 – 0,05
Geflügel	Schlupfrate	0,01 – 0,10
	Legeleistung	0,10 – 0,25
	Eigewicht	0,45 – 0,65

Hohe Heritabilitäten (h^2= 0,45–0,7) zeigen Merkmale der Körperform und der Qualität von Produkten (Eiweißgehalt der Milch, Anteil wertvoller Fleischstücke im Schlachtkörper beim Schwein, usw.).

1.1.10.3.2 Wiederholbarkeit

Können zeitlich wiederholbare Leistungen an Individuen, die für Alter und extreme Umwelteinflüsse korrigiert sind, gemessen werden, so bezeichnet man den Grad der Übereinstimmung der korrigierten Leistungen als Wiederholbarkeit (w). Wiederholbare Merkmale sind z. B. Laktationsleistungen, Wurfgröße, Springresultate usw. Als Maß für diese Größe dient die Korrelation zwischen den einzelnen Leistungen desselben Individuums (Intraklass-Korrelation).

Die Heritabilität einer Einzelleistung in Kombination mit der Wiederholbarkeit wird zur Bestimmung der Heritabilität einer Durchschnittsleistung benutzt. In diesem Zusammenhang müssen die Umwelteinflüsse, die auf die Eigenschaft einwirken, in zwei Klassen unterteilt werden, und zwar in permanente und temporäre Umwelteinflüsse. Somit kann die Umweltkomponente U wie folgt dargestellt werden:

$$U = U_{perm} + U_{temp} \quad \text{bzw.} \quad V_U = V_{U_{perm}} + V_{U_{temp}}$$

Permanente Umwelteinflüsse (U_{perm}) wirken während des ganzen Leistungslebens eines Tieres oder jedenfalls während der ganzen Periode, auf welche sich die Untersuchung erstreckt (Herdenmanagement, Klimazone usw.). Temporäre Umwelteinflüsse (U_{temp}) unterscheiden sich von einer Leistungsperiode zur nächsten und sind voneinander unabhängig. Diese zufälligen Umwelteffekte gleichen sich im Laufe mehrerer Leistungsperioden teilweise aus, d.h. der Anteil der temporären Umweltvarianz wird somit kleiner (Abb. 1-75).

Gestützt auf die Hypothese des Phänotypwertes P, erhält man somit folgende Varianzstruktur:

$$V_P = V_G + V_{U_{perm}} + V_{U_{temp}}$$

Die permanenten Umwelteinflüsse lassen sich oft analytisch nicht vom Genotypwert trennen, sie sind mit ihm vermengt ($V_G + V_{U_{perm}}$). Diese zusammengesetzte Varianz, gemessen an der phänotypischen Varianz, wird in der quantitativen Genetik als Wiederholbarkeit bezeichnet:

$$w = \frac{(V_G + V_{U_{perm}})}{V_P}$$

Die Wiederholbarkeit ist größer als die Heritabilität, außer wenn keine permanenten Umwelteinflüsse auftreten. Je größer der Unterschied zwischen Heritabilität und Wiederholbarkeit, umso größer der Einfluß der permanenten Umwelteffekte. Einige Beispiele:

	h^2	w
Wurfgröße bei Muttersauen	0,10	0,15
Milchleistung bei Kühen	0,25	0,45
Stapellänge der Wolle	0,45	0,65

Beispiel von h^2_n bei unterschiedlicher Anzahl wiederholter Messungen

Anzahl Messungen n	V_A	$V_{U_{perm}}$	$\frac{V_{U_{temp}}}{n}$	$V_{\overline{P}}$	h^2_n
1	4	5	12/1	21	4/21 = 0,19
2	4	5	12/2	15	4/15 = 0,27
6	4	5	12/6	11	4/11 = 0,36

$$V_{\overline{P}} = V_A + V_{U_{perm}} + \frac{V_{U_{temp}}}{n}, \text{ wobei } V_D = 0 \qquad w = \frac{V_A + V_{U_{perm}}}{V_{\overline{P}}} = \frac{4+5}{21} = 0{,}43$$

Durch wiederholte Messungen wird die Schätzung der Heritabilität zuverlässiger, weil der Anteil der temporären Umweltvarianz mit zunehmenden Messungen proportional abnimmt. Die Heritabilität von Durchschnittsleistungen hängt von der Heritabilität der Einzelleistung, der Wiederholbarkeit und der Anzahl der Leistungen ab (Pirchner 1979):

$$h^2_n = h^2 \frac{n}{1 + w\,(n-1)}, \qquad \text{Beispiel für n=6} \qquad h^2_{n=6} = 0{,}19 \frac{6}{1 + 0{,}43\,(6-1)} = 0{,}36$$

Ist die Wiederholbarkeit hoch, so bringen multiple Messungen wenig Gewinn an Zuverlässigkeit. Nur bei niederen w-Werten können wiederholte Messungen zu wertvollem Genauigkeitszuwachs führen, auch wenn mit steigender Anzahl von Messungen der Zuwachs an Genauigkeit abnimmt. Wieviele wiederholte Messungen sinnvoll sind, ist eine Frage der Optimierung von Genauigkeit, Zeit und Wirtschaftlichkeit.

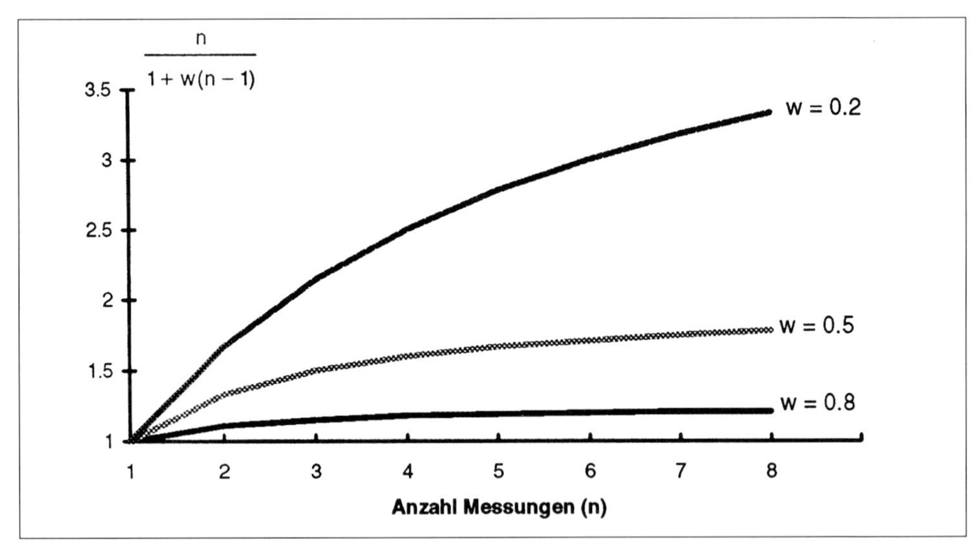

Abb. 1-75 Heritabilität einer Durchschnittsleistung h^2_n

Der Zusammenhang zwischen der Heritabilität einer Durchschnittsleistung und der Wiederholbarkeit ist aus Abb. 1-75 ersichtlich. Die Heritabilität wiederholter Messungen bringt vor allem dann einen wesentlichen Informationsgewinn, wenn die Wiederholbarkeit niedrig ist.

1.1.10.3.3 Genetische Korrelationen

Zwischen Eigenschaften bestehen oft Zusammenhänge, die teils genetisch und teils umweltbedingt sind. Art und Grad der Verbundenheit zwischen zwei Merkmalen wird mit dem Korrelationskoeffizienten gemessen (1.1.12 und Essl 1987). Je mehr sich die Korrelationen den Werten +1 und –1 nähern, umso enger ist die Beziehung zwischen den beiden Merkmalen. Ein Wert von Null bedeutet, daß die beiden Eigenschaften nicht miteinander korreliert sind.

Eine Korrelation, die aufgrund von Phänotypwerten ermittelt wird, z. B. zwischen Körpergröße und Wurfgröße bei Hündinnen, bezeichnet man als **phänotypische Korrelation** (r_p). Die phänotypische Korrelation setzt sich, wie die phänotypische Varianz, aus additiv genetischen, nichtadditiv genetischen und Umweltkomponenten zusammen. Eine ähnliche, aber kompliziertere Formel beschreibt diese Zusammenhänge (Falconer 1984). Die genetischen und umweltbedingten Korrelationen können sich beträchtlich in Größe und sogar im Vorzeichen unterscheiden. Zwei Eigenschaften im selben Individuum können z. B. durch eine gemeinsame Umwelt korreliert sein: eine optimale Fütterung wird sowohl das Wachstum wie auch die Laktationsleistung positiv beeinflussen. Aus der phänotypischen Korrelation kann allerdings nicht ohne weiteres auf Vorzeichen und vor allem nicht auf die Größe der genetischen und der umweltbedingten Korrelation geschlossen werden (Tab. 1-33).

Die **genetische Korrelation** (r_g) – eigentlich additiv genetische Korrelation – ist als Korrelation zwischen den Zuchtwerten definiert. Sie besitzt im Zusammenhang mit Veränderungen, die durch die Selektion herbeigeführt werden, eine zentrale Bedeutung. Während die Selektion den Populationsmittelwert eines Merkmals ändert, nimmt der Populationsmittelwert eines nicht-selektierten Merkmals mehr oder weniger zu oder ab, je nach Vorzeichen und Ausmaß der genetischen Korrelation (= korrelierter Selektionserfolg, 1.2.2). Von besonderer Bedeutung für die Züchtung sind die unerwünschten (antagonistischen) genetischen Korrelationen zwischen wichtigen Eigenschaften, da sie deren gleichzeitige Verbesserung erschweren.

Tab. 1-33 Beispiele für phänotypische (r_p) und genetische (r_g) Korrelationen

Korrelation zwischen:	r_p	r_g
Rind		
Milchmenge – Fettgehalt	– 0,15	– 0,40
Milchmenge – Widerristhöhe	0,20	0,40
Schwein		
Wachstumsrate – Futterverwertung	– 0,55	– 0,45
Wachstumsrate – intramuskuläres Fett	0,05	0,30
Schaf		
Reinwollgewicht – Stapellänge der Wolle	0,30	0,40
Reinwollgewicht – Vliesgewicht	0,80	0,60
Huhn		
Legeleistung – Körpergewicht	0,00	– 0,20
Legeleistung – Eigewicht	– 0,05	– 0,30

Genetische Korrelationen haben zwei Ursachen: Pleiotropie und Kopplungsungleichgewicht. Pleiotropie ist die Eigenschaft eines Gens, zwei oder mehrere Merkmale zu beeinflussen (1.1.1.5). Das Gen, das die Produktion des Wachstumshormons steuert, beeinflußt sowohl die Wachstumskapazität als auch die Milchleistung, wodurch beide Merkmale genetisch korreliert sind. Die durch die Pleiotropie bedingte Korrelation ist ein Maß, inwieweit die beiden Merkmale durch dieselben Gene beeinflußt werden. Die aus der Pleiotropie resultierende Korrelation ist der gesamte Effekt aller segregierenden Gene, die beide Eigenschaften beeinflussen. Manche Gene mögen beide Merkmale gleichgerichtet beeinflussen, während andere das eine Merkmal fördern und das andere hemmen; erstere verursachen eine positive und letztere eine negative Korrelation.

Genetische Korrelationen entstehen auch, wenn einige der verursachenden Genorte auf einem Chromosom so eng beieinander liegen, daß sie meist gemeinsam vererbt werden. Die durch Kopplung verursachte genetische Korrelation ist proportional dem vorhandenen Kopplungsungleichgewicht. In diesem Fall löst sich die Korrelation durch Rekombination im Laufe der Generationen auf (Abb. 1-71).

Die Schätzung der genetischen Korrelationen erfolgt ähnlich wie bei der Berechnung der Heritabilität, nur daß zusätzlich zu den Varianzkomponenten noch Kovarianzkomponenten berechnet werden müssen (Essl 1987).

1.1.10.3.4 Genotyp-Umwelt-Interaktion

Im Abschnitt 1.1.9.2 wurde kurz darauf hingewiesen, daß das Modell für die phänotypische Varianz davon ausgeht, daß keine Genotyp-Umwelt-Interaktionen vorhanden sind. Unter diesem Begriff versteht man das andersartige Verhalten verschiedener Genotypen in unterschiedlichen Umwelten; eine bestimmte Umweltdifferenz kann auf einzelne Genotypen einen größeren Einfluß haben als auf andere (Abb. 1-76). Wie Tabelle 1-34 zeigt, sind Genotyp-Umwelt-Interaktionen vor allem dann zu erwarten, wenn große Unterschiede zwischen Genotypen oder Umweltbedingungen oder beide vorliegen. Praktische Bedeutung haben solche Interaktionseffekte in Zuchtprogrammen in tropischen Klimazonen (Horst 1994), aber auch dort, wo Zuchtwerte von Stationsprüfungen stammen, wobei zwischen den Halte- und Fütterungsbedingungen der Prüfstation und denjenigen der praktischen Landwirte wesentliche Unterschiede bestehen.

Tab. 1-34 Ausmass der Genotyp-Umwelt-Interaktion

Unterschiede in			Interaktion
Genotyp	Umwelt		
klein	klein	Tiere mit ähnlichen Zuchtwerten in Betrieben mit ähnlichem Management	keine
groß	klein	Tiere verschiedener Rassen in Betrieben mit ähnlichem Management	unbedeutend
klein	groß	Tiere mit ähnlichen Zuchtwerten in Betrieben mit sehr unterschiedlichem Leistungsniveau	kleine
groß	groß	Rassen in verschiedenen Klimazonen	bedeutend

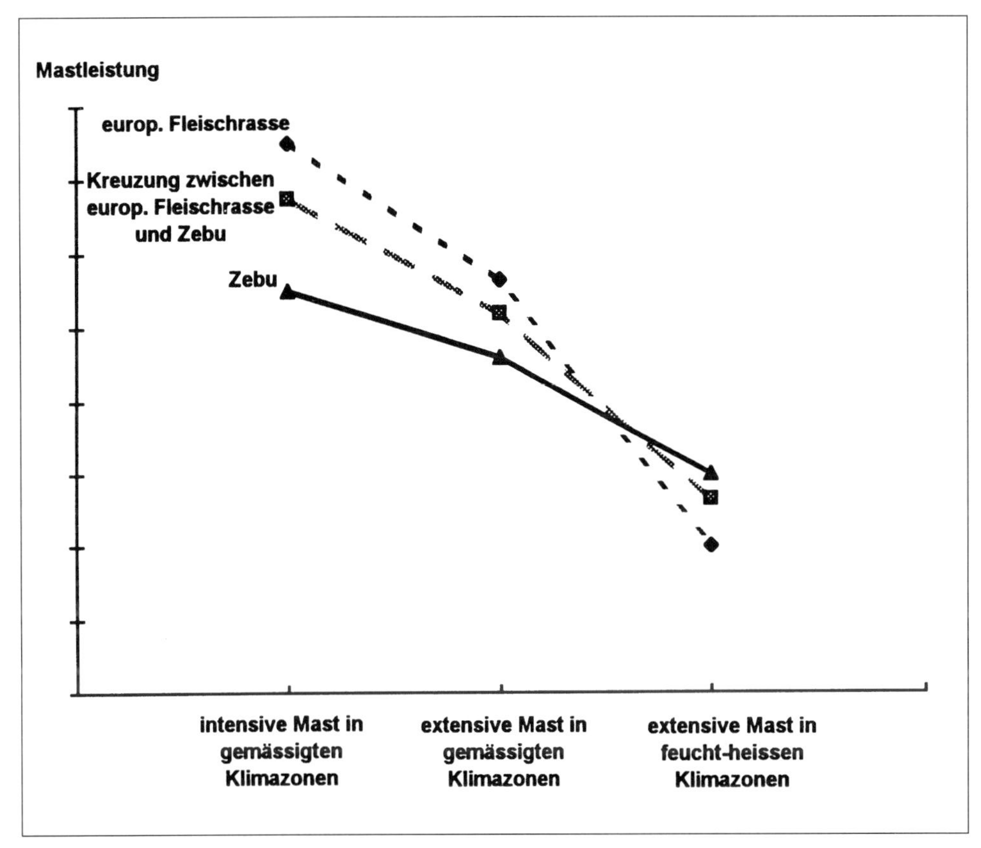

Abb. 1-76 Darstellung der Genotyp-Umwelt-Interaktionen am Beispiel der Mastleistung. Zwischen den drei Rassen und der Art, wie die Tiere in den gemäßigten Klimazonen gemästet werden, sind kleine Genotyp-Umwelt-Interaktionen zu verzeichnen. Die Rangfolge der Rassen ist in beiden Umwelten gleichgeblieben, nur die Unterschiede zwischen den Rassen haben sich verändert. Betrachtet man die Situation zwischen den beiden Klimazonen, kann eine Änderung der Rangfolge beobachtet werden: die Zebus schneiden in den extrem feucht-heißen Klimazonen besser ab, als die europäischen Fleischrassen, die Kreuzungen nehmen eine Zwischenstellung ein.

1.1.10.4 Untersuchungsmethoden in der quantitativen Genetik

Sehr viele Eigenschaften, die man in Zuchtprogrammen berücksichtigt, müssen mit Methoden der quantitativen Genetik bearbeitet werden. Da die Einzelindividuen bei diesen Merkmalen weniger informativ sind als in der qualitativen Genetik, muß die Untersuchungseinheit erweitert werden: Es werden nun Gruppen benötigt, die viele Nachkommen umfassen. Die graduellen Differenzen dieser Eigenschaften bedingen den Einsatz von biometrischen Verfahren (1.1.12). Eine Übersicht dieser Methoden findet sich bei Hammond und Gianola (1990).

Rekapitulation

Die quantitative Genetik geht davon aus, daß eine sehr große Zahl an ungekoppelten Loci die genetische Varianz beeinflußt. Der individuelle additive Beitrag der beteiligten Loci wird als gleich groß angenommen. Die Summe der additiven Geneffekte einer Eigenschaft wird auch als Zuchtwert bezeichnet. Umwelteffekte wie Fütterung, Haltung, Hygiene haben meistens einen großen Einfluß auf das quantitative Merkmal.

Die Heritabilität ist der wichtigste populationsgenetische Parameter zur Beurteilung der Erblichkeit quantitativer Merkmale. Sie ist ein Maß, das angibt, wie zuverlässig man vom Phänotyp auf den Genotyp schließen kann. Die genetische Korrelation charakterisiert die genetische Beziehung zwischen zwei Merkmalen. Sie besitzt im Zusammenhang mit Veränderungen, die durch Selektion herbeigeführt werden, eine zentrale Bedeutung. Als Ursachen der genetischen Korrelation kommen vor allem die Pleiotropie und auch das Kopplungsungleichgewicht in Frage.

Literatur Kapitel 1.1.10

Horst, P. (1994): Zuchtstrategien für tropische Standorte. In: Kräußlich (Hrsg.): Tierzüchtungslehre. Eugen Ulmer, Stuttgart.

Künzi, N. und G. Stranzinger (1993): Allgemeine Tierzucht. Eugen Ulmer, Stuttgart.

Weiterführende Literatur:

Essl, A. (1987): Statistische Methoden in der Tierproduktion. Verlagsunion Agrar, Wien, München, Frankfurt, Bern.

Falconer, D.S. (1984): Einführung in die quantitative Genetik. Eugen Ulmer, Stuttgart.

Hammond, K. und D. Gianola (1990): Statistical methods for genetic improvement of livestock. Springer, Berlin, Heidelberg, New York, London, Paris, Tokyo.

Nicholas, F.W. (1987): Veterinary Genetics. Clarendon Press, Oxford.

Pirchner, F. (1979): Populationsgenetik in der Tierzucht, 2. Auflage. Paul Parey, Hamburg und Berlin.

1.1.11 Vererbung von Mißbildungen und Krankheiten

Eine zentrale Aufgabe der Veterinärmedizin ist die Suche nach Ursachen pathologischer Erscheinungen. Ein möglicher Einflußfaktor kann genetischer Natur sein, indem das pathologische Merkmal erblich beeinflußt oder erblich bestimmt wird. Die Genetik pathologischer Merkmale kann in verschiedene Teilgebiete gruppiert werden (Rieck 1984), z. B. in das der embryonalen Entwicklungsstörungen, der Stoffwechsel- und Funktionsstörungen, der Verhaltensstörungen, der Immunreaktionen und der Pharmakawirkungen. Weitere Fächer, die sich ebenfalls mit diesen Themen befassen und die eben erwähnten Gebiete zum Teil einschließen, sind die medizinische Genetik, die Pathogenetik, die Pharmakogenetik, die Ökogenetik und die genetische Epidemiologie.

Mit wenigen Ausnahmen ist die Ausprägung pathologischer Merkmale recht kompliziert, sie entsteht aus dem Zusammenspiel genetischer und nicht-genetischer (Umwelt-) Faktoren. Anfangs dieses Jahrhunderts glaubte man, daß den Missbildungen vorab eine genetische Ursache zugrunde liegt. Heutzutage weiß man, daß ein großer Teil der pathologischen Erscheinungen stark oder zum Teil sogar ausschließlich auf Umweltfaktoren zurückzuführen ist. Treten in Familien wiederholt dieselben Mißbildungen und/oder Krankheiten auf, kann dies einen genetischen Hintergrund haben. Dabei muß man aber beachten, daß gemeinsame Umweltverhältnisse mehrerer Familienmitglieder eine genetische Ursache auch lediglich vortäuschen können. Das bedeutet, daß die Ätiologie mitunter sehr komplex ist und hier nicht umfassend besprochen werden kann.

Nachfolgend soll in pathologische Erscheinungen, die eher der qualitativen Genetik (z. B. Erbfehler) und solche die eher der quantitativen Genetik (z. B. Krankheiten) zuzuordnen sind, unterschieden werden.

1.1.11.1 Mißbildungen und Letalfaktoren (Erbfehler)

Mißbildungen sind formale Defekte, die außerhalb der normalen Variation einer Art liegen. Sie können alle möglichen Organe und Organsysteme, das Zentralnervensystem, Gliedmaßen usw. erfassen. Die Abweichungen sind vielfältig (Rieck 1984): ein Körperteil oder ein Organ kann in Form und Größe verändert sein (Dysplasie, Hypoplasie, Hyperplasie), ganz fehlen (Aplasie, Agnesie) oder es können einzelne Organe oder Teile eines Organsystems eine falsche Lage einnehmen (Dystopie). Von 'Hemmungsmißbildungen' spricht man, wenn die Entwicklung eines Organs oder Körperteils in irgend einer Phase der Embryonalentwicklung gestoppt oder gehemmt wurde (z. B. Gaumenspalte). Durch Bildungshemmungen können für benachbarte, primär nicht betroffene Teile abnorme Bedingungen geschaffen werden und so sekundär weitere Mißbildungen entstehen (Mißbildungssyndrome, z. B. Arachnomelie-Arthrogrypose-Syndrom). Neben makroskopisch sichtbaren Defekten werden auch Abweichungen, die lediglich histologisch, immunologisch oder biochemisch feststellbar sind, zu den Mißbildungen gerechnet.

Letalfaktoren sind mendelnde Einheiten, die den Tod eines Individuums vor Erreichen des fortpflanzungsfähigen Alters bewirken (Hadorn 1955, 1.1.1.5). Je nach Penetranz des letalen Genotyps unterscheidet man zwischen absoluten Letalfaktoren (Sterblichkeit 100 %), Subletalfaktoren (> 90 %), Semiletalfaktoren (> 50 %) und Subvitalfaktoren (< 50 %).

Die Erbfehler können auch nach dem Zeitpunkt ihrer **Manifestation** in embryonale, postembryonale und postnatale gruppiert werden. Die in der embryonalen Phase wirksamen Erbfehlergene führen in der Regel zum embryonalen Fruchttod, z. B. durch Genommutationen wie Polyploidie (1.1.3.3, Fechheimer 1990), der bei multiparen Tieren zu kleineren Wurfgrößen und bei uniparen zu geringeren Geburtsraten führt. Postembryonale Erbfehler verursachen oft Aborte oder Frühgeburten wie beispielsweise mumifizierte Feten beim Rind (Stevens und King 1968). Ein großer Teil der bekannten Erbfehler manifestiert sich bei oder kurz nach der Geburt (kongenital) wie Gaumenspalte, Wasserkopf usw. oder erst im Laufe der Jugendentwicklung wie die Bovine progressive degenerative Myeloenzephalopathie (2.18, Beginn mit 10–15 Monaten), Epilepsie beim Hund (Beginn mit ca. 12 Monaten) oder die Fohlenataxie (Beginn mit 4–8 Wochen). Im Zusammenhang mit der Manifestation ist das Problem der unvollständigen Penetranz und Expressivität von Bedeutung (1.1.1.5). Von Phänokopien spricht man, wenn nicht-genetische Faktoren zu einem pathologischen Merkmal führen, das sonst nur genetisch bedingt auftritt. Eine falsch-positive Diagnose ist auch eine Phänokopie.

1.1.11.1.1 Vererbung

Dominant letale Erbfehler können nicht weiter vererbt werden, denn die natürliche Selektion verhindert ihre Verbreitung. Bei Erbfehlern mit einem unvollständig dominanten Erbgang wie z. B. dem Merle-Faktor beim Hund, der Schwanzlosigkeit bei Katzen (Manxkatze) ist der homozygot dominante Genotyp oft letal, die Heterozygoten sind dagegen lebensfähig, weisen aber einen eigenen Phänotyp auf (2.7.1 und 2.7.2). Einige Erbfehler, wie beispielsweise die Hämophilie, liegen auf dem weiblichen Geschlechtschromosom (X). Die meisten beschriebenen Erbfehler folgen aber einem autosomal rezessiven Erbgang.

Nur wenige Defekte werden ausschließlich von einem einzelnen Gen (monogen) verursacht. Bei den meisten sind wahrscheinlich einige wenige Loci (oligogen) sowie mehr oder weniger einflußreiche nicht-genetische Faktoren (Umwelt) an der Manifestation des pathologischen Merkmals beteiligt. Familienuntersuchungen haben nämlich häufig Abweichungen von mendelnden Zahlenverhältnissen ergeben, und andere Erbfehler zeigten zum Beispiel je nach Rasse und Umwelt unterschiedliche Ausprägungen.

Es gibt verschiedene Erklärungen, warum Erbfehlergene in Populationen verbreitet werden bzw. bleiben. Die sporadischen Neumutationen leisten diesbezüglich keinen nennenswerten Beitrag, denn die Mutationsraten sind zu gering (1.1.9.5). Eine besondere Rolle spielt der Gründereffekt, d.h. wenn sich die Zucht nur auf einige wenige Stammtiere stützt. In vielen europäischen Braunviehzuchtpopulationen trat das bis zu diesem Zeitpunkt praktisch unbekannte

Arachnomelie-Arthrogrypose-Syndrom auf (König et al. 1987). Wie sich herausstellte, konnten fast alle Fälle auf einen berühmten Brown Swiss Besamungsbullen zurückgeführt werden. Die damals dominierende Stellung dieses Stieres war ihm deshalb zugekommen, weil er hervorragende Leistungsresultate vorweisen konnte. Er und seine Söhne haben die Zucht massiv geprägt, so daß das damals unerkannte Schadgen weit verbreitet wurde. Dazu kommt noch, daß einige Züchter bewußt oder unbewußt Linienzucht (schwache Inzucht, 1.1.9.5) auf dieses Stammtier betrieben haben. Ähnliche Fälle sind bei Hunden bekannt, wo in regionalen Zuchtpopulationen fast alle Züchter ihre Hündinnen vom gleichen, international preisgekrönten Champion-Rüden decken lassen und dies womöglich über mehrere Jahre. In kleinen Populationen kann die Häufigkeit unerwünschter Gene noch durch die genetische Drift empfindlich gesteigert werden (1.1.9.5).

In gewissen Haustierpopulationen werden Erbfehlergene bewußt erhalten, weil sie in der heterozygoten Form oder durch Pleiotropie erwünschte Phänotypen produzieren: Graufaktor beim Karakulschaf, Schwanzlosigkeit bei Katzen, Merlefaktor beim Hund. Erbfehler können ferner unbewußt, jedoch systematisch durch Zuchtmaßnahmen verbreitet werden, wenn erwünschte Gene mit unerwünschten gekoppelt sind: so ist die Züchtung hornloser Ziegen mit Zwitterbildung gekoppelt, und die Zucht auf weiße Kühe erhöhte beim schwedischen Hochlandrind die Häufigkeit der Hypoplasie der Eierstöcke. Die systematische Verbreitung unerwünschter Gene ist gegeben, wenn sie im heterozygoten Zustand Überdominanz hervorrufen. In der Fleischrinderrasse Hereford stieg die Frequenz für Zwergwuchs, weil die Heterozygoten dem Zuchtziel näher kamen als die 'normalen' homozygoten Tiere und somit durch die Seletion begünstigt wurden. Obwohl die Zwerge stets ausgemerzt wurden, konnte sich das unerwünschte Gen ausbreiten. Ein weiteres Beispiel aus der Humangenetik ist die erhöhte Resistenz gegen Malaria bei Heterozygoten, die das unerwünschte Gen für Sichelzellanämie tragen. In diesem Fall wird die natürliche Selektion gegen das Schadgen zu einem großen Teil durch die bessere Fitness der Heterozygoten kompensiert. Dies gilt aber nur in Gebieten, wo die Malaria endemisch vorkommt und die medizinische Betreuung ungenügend ist.

1.1.11.1.2 Erblichkeitsnachweis

Will man Mißbildungen und Mängel mit züchterischen Maßnahmen bekämpfen, so muß der Erbgang dieser pathologischen Erscheinungen bekannt sein. Ohne Kenntnisse des Vererbungsmodus können keine effizienten Selektionsstrategien erarbeitet werden.

Ein genetischer Beitrag zur Ätiologie eines pathologischen Merkmals kann zumindest dann vermutet werden, wenn die Inzidenz in gewissen Familien (Rassen) höher ist als in anderen. Dieser empirische Nachweis sollte aber keinesfalls als Beweis betrachtet werden, da verschiedene Störfaktoren zu Fehlinterpretationen führen können wie gemeinsame Umwelteffekte, (z. B. die ganze Familie im gleichen Zwinger), falsche Diagnosen, nicht gemeldete Fälle, falsche Abstammungen. Ein weiterer wertvoller Hinweis, daß es sich um einen Erbfehler

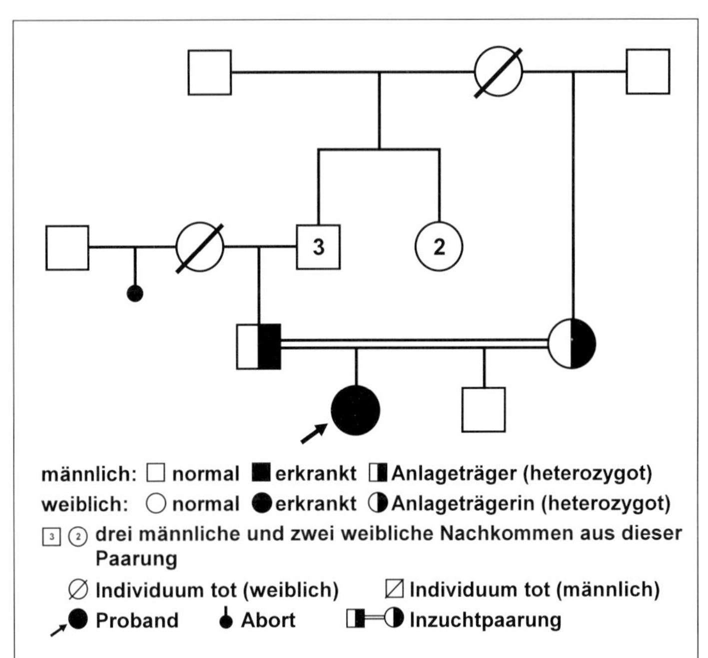

Abb. 1-77 Darstellung einer Familie mit einem autosomal rezessiven Erbfehler

handeln kann, ist das Vorkommen der gleichen Krankheit bei anderen Haustierarten oder beim Menschen, z. B. biochemische Defekte. In diesem Zusammenhang spielt die vergleichende Medizin bzw. Genetik eine wesentliche Rolle (1.1.6.7.4 Erbfehlerdiagnose durch Genomanalyse).

Besteht nach Berücksichtigung der Störfaktoren immer noch der Verdacht auf einen erblichen Hintergrund, kann die eigentliche Prüfung des Erbganges vorgenommen werden. Am besten zeichnet man Stammbäume anhand des Familienmaterials (Abb. 1-77) und testet mit einer Segregationsanalyse, ob das Merkmal nach einem der vier folgenden Mendelmodelle segregiert: autosomal rezessiv, autosomal dominant, geschlechtsgekoppelt rezessiv und geschlechtsgekoppelt dominant. Diese Analyse stützt sich auf genetisch-statistische Modelle (Nicholas 1987; Wiesner und Willer 1993).

Um zuverlässige Resultate zu erhalten, muß der Sammlung der Familiendaten besondere Aufmerksamkeit geschenkt werden. Das Material sollte soweit als möglich frei von den oben erwähnten Störfaktoren sein. Für die Auswertung spielt aber auch die Art, wie das Familienmaterial gesammelt wurde, eine Rolle. Werden beispielsweise bei einem autosomal rezessiven Erbfehler nur die Familien erfaßt, bei denen ein oder mehrere erkrankte Nachkommen diagnostiziert wurden, wird dies zu Verzerrungen führen, da alle Paarungen mit zwei heterozygoten Eltern (Anlageträgern), die nur gesunde Nachkommen haben, nicht in die Auswertung gelangen. Diese Familien fehlen dann, um das erwartete Verhältnis zwischen gesund und krank von 3:1 zu erreichen. Nicholas (1987) sowie Wiesner und Willer (1993) zeigen, wie in solchen Situationen vorgegangen werden kann.

Oft befriedigen die einfachen Segregationsanalysen nicht, weil unvollständige Penetranz vorliegt oder/und die Expression bei unterschiedlichem Alter auftritt oder/und der Erbgang nicht monogen, sondern oligogen ist. In diesen Fällen wendet man am besten sogenannte komplexe Segregationsanalysen an (z.B. SAGE 1994, PAP 1994). Diese Verfahren setzen aber nicht nur leistungsfähige Rechner voraus, sondern auch gute statistische Kenntnisse.

1.1.11.1.3 Prüfung potentieller Anlageträger

Die Diagnose von Trägern unerwünschter Allele ist vorwiegend ein Problem der rezessiven Vererbung. Beim dominanten Erbgang ist sie offensichtlich, wie bei der Schwanzlosigkeit von Katzen (Manxkatzen) oder beim dominanten Weiß des Pferdes. Anlageträger sind Individuen, die das unerwünschte Allel besitzen, aber die pathologische Erscheinung phänotypisch (klinisch) nicht exprimieren.

Die Prüfung, ob ein Individuum ein rezessives Schadgen besitzt (Heterozygotendiagnose), kann auf verschiedene Arten erfolgen:

- Direktbestimmung
- Indirekt mittels Marker
- aufgrund bestehender Familieninformationen (Ahnen, Geschwister, Nachkommen)
- aufgrund geplanter Testpaarungen

Bei einigen wenigen Erbfehlern kann die Mutation, die den Defekt verursacht, **direkt** mit molekularbiologischen Methoden auf der DNA-Ebene nachgewiesen werden (1.1.6.7 und Brem et al. 1991). Dies ist z. B. der Fall bei der Bovinen Leukozyten Adhäsionsdefizienz (BLAD); BLAD wird durch eine veränderte Oberflächenstruktur der Leukozyten verursacht, wodurch diese die Fähigkeit verlieren, die Blutgefäße zu verlassen, um in das von Erregern befallene Gewebe zu gelangen. Ausgelöst wird dieser autosomal rezessiv vererbte Defekt durch eine Punktmutation (Schuster et al. 1992). Die Anlageträger können mit einem Gentest sicher erkannt werden (1.1.6.7.4). Weitere Erbfehler, die mit demselben Verfahren diagnostiziert werden können, sind u.a. das Maligne Hyperthermie Syndrom beim Schwein (Fujii et al. 1991), die Defizienz des Enzyms Uridin-5'-Monophosphat-Synthase beim Rind (Schwenger et al. 1993) und die Defizienz der Phosphofruktokinase beim Cocker-Spaniel (Giger et al. 1992) (1.1.6.7.4).

Gehen unerwünschte Merkmale auf sichtbare chromosomale Veränderungen zurück, so können diese zytogenetisch nachgewiesen werden wie die Robertsonsche 1/29 bzw. 1/25 Translokation beim Rind (1.1.4.4 und Brem et al. 1991).

Bei gewissen Enzymopathien können Anlageträger aufgrund des Gendosis-Phänomens erkannt werden, d.h. bei Heterozygoten wird ungefähr nur die halbe Dosis der normalen Menge des entsprechenden Enzyms gemessen. Beispiele hierzu sind die Anämie infolge Pyruvatkinasemangel in den Erythrozyten bei Basenji-Hunden (Andresen 1977) und der α-Mannosidose-Mangel (Jolly et al. 1974).

Beim Menschen sind einige polymorphe **Marker** bekannt, die mit Erbfehlern eng gekoppelt sind. Je enger der (die) Marker mit der defektverursachenden Mutation gekoppelt ist (sind), umso zuverlässiger ist die Erbfehlerdiagnostik

(1.1.6.7). Bevor der Gentest beim Malignen Hyperthermie Syndrom verfügbar war, wurde bei Schweinen der Schweizer Landrasse mittels der Allele H^a (H-Blutgruppe) und PHI^B (Phosphohexose-Isomerase) gegen Streßempfindlichkeit selektiert. Vögeli et al. (1982) konnten zeigen, daß zwischen diesen Allelen und dem Halothan-Sensitivitätsallel HAL^n ein Kopplungsungleichgewicht besteht (1.1.9.6.). Ein weiteres Beispiel ist die Nutzung der engen Kopplung (Rekombinationsfrequenz 0,03) zwischen dem Mikrosatelliten TGLA116 und der Bovinen progressiven degenerativen Myeloencephalopathie (Weaver) zur Diagnose von Homo- und Heterozygoten; diese kann bereits kurz nach der Geburt erfolgen (1.1.6.7.4 und Georges et al. 1993).

Stehen Angaben über das Auftreten eines Erbfehlers bei Ahnen, Geschwistern und/oder Nachkommen eines Probanden zur Verfügung, so kann mit diesen Informationen das entsprechende Risiko, einen Anlageträger zu haben, geschätzt werden (Wiesner und Willer 1993). Die Zuverlässigkeit einer solchen Schätzung hängt weitgehend von der Vollständigkeit des Familienmaterials ab, d.h., inwieweit und wie umfassend die aufgetretenen Erbfehlerfälle registriert wurden.

Anlageträger durch **Testpaarungen** zu erkennen, wird aus wirtschaftlichen Gründen nur bei Zuchttieren durchgeführt, die sehr wertvoll sind und einen großen Einfluß auf die Zucht ausüben werden wie z. B. Samenspender in der künstlichen Besamung. Dieser Test erfolgt durch Anpaarung des Probanden an geeignete Partner wie

- an bekannte Merkmalsträger (= rezessiv Homozygote, die den Defekt exprimieren)
- an bekannte Anlageträger (= Individuen, die bereits einen Nachkommen mit dem Erbfehler gezeugt haben)
- an Nachkommen bekannter Anlageträger oder an die eigenen Nachkommen (Inzuchttest)
- an eine repräsentative Stichprobe der Population.

Tritt der Erbfehler bei einem Nachkommen der Testpaarungen auf, so ist der Proband als Anlageträger erkannt. Durchläuft ein Proband die Prüfung ohne einen defekten Nachkommen, so ist er mit einer bestimmten Wahrscheinlichkeit kein Träger des unerwünschten Allels (Tab. 1-35). Die in Tabelle 1-35 angegebenen Formeln können auch dazu benutzt werden, die Anzahl Nachkommen bzw. Paarungen zu ermitteln, die notwendig sind, um einen Probanden mit einer vorgegebenen Zuverlässigkeit (Irrtumswahrscheinlichkeit) als Anlageträger zu erkennen. Die Formeln bzw. die Anzahl Testpaarungen, die in den Tabellen 1-35 und 1-36 aufgeführt sind, stimmen aber nur unter der Voraussetzung, daß der Erbfehler monogen, autosomal rezessiv und mit vollständiger Penetranz vererbt wird; der Idealfall also. Somit sind die Angaben über die Anzahl Paarungen als Mindestzahl zu betrachten. Aus Tabelle 1-36 geht zudem hervor, daß die Anpaarung mit zufällig ausgewählten Individuen der Population nicht geeignet ist, wenn der Erbfehler selten vorkommt. Testpaarungen an rezessive Homozygote oder an bekannte Heterozygote sind diesbezüglich effizienter, vorausgesetzt die benötigten Paarungspartner sind verfügbar. Der Inzuchttest (z. B. Vater-Tochter-Paarungen) ist bei sehr niedrigen Allelfrequenzen die einzige Möglich-

Tab. 1-35 Wahrscheinlichkeit für das Auftreten von nur normalen Nachkommen, wenn der Proband ein Anlageträger ist

Anpaarung an	Wahrscheinlichkeit
rezessive Homozygote	$0{,}5^{n \cdot w}$
bekannte Heterozygote	$0{,}75^{n \cdot w}$
Nachkommen von bekannten Anlageträgern oder Nachkommen des Probanden	$\left[\frac{1}{2+q} + \frac{1+q}{2+q} \cdot 0{,}75^{n}\right]^{w}$
Stichprobe aus der Population[1)]	$\left[\frac{1-q}{1+q} + \frac{2q}{1+q} \cdot 0{,}75^{n}\right]^{w}$

n= Anzahl Nachkommen pro Geburt (Wurf);
w= Anzahl Geburten bzw. Würfe
q= Frequenz des rezessiven Allels in der Ausgangspopulation
1) In diesem Fall wird angenommen, daß die homozygot rezessiven Individuen nicht zur Weiterzucht gelangen. Werden diese Tiere zur Weiterzucht benutzt, so gilt für Unipare folgende Formel für die Wahrscheinlichkeit: $(1 - 0{,}5q)^{w}$.

Beispiel: Ein Proband wird mit 10 bekannten Anlageträgerinnen gepaart; alle Nachkommen sind normal. Die Wahrscheinlichkeit, daß der Proband ein Anlageträger ist, beträgt $0{,}75^{10}$ = 0,06 bzw. 6 %, und damit ist die Wahrscheinlichkeit, daß er kein Anlageträger ist, 94 % (100–6).

Tab. 1-36 Benötigte Anzahl normaler Nachkommen bzw. Würfe, um den Probanden bei vorgegebener Irrtumswahrscheinlichkeit als Anlageträger auszuschliessen

Anpaarung an			Erforderliche Anzahl Nachkommen (Würfe) bei einer Irrtumswahrscheinlichkeit von		
			10%	5%	1%
rezessive Homozygote			4	5	7
bekannte Heterozygote			8	11	16
Nachkommen bekannter Anlageträger oder Nachkommen des Probanden	q=0,01	n=1	17	23	35
	q=0,01	n=3	7 Würfe	9 Würfe	14 Würfe
	q=0,01	n=8	4 Würfe	5 Würfe	8 Würfe
Stichprobe aus der Population	q=0,1	n=1	50	65	99
	q=0,05	n=1	96	125	192
	q=0,01	n=1	464	604	928
	q=0,05	n=3	41 Würfe	53 Würfe	82 Würfe
	q=0,05	n=8	26 Würfe	34 Würfe	52 Würfe

n= Anzahl Nachkommen pro Wurf q= Frequenz des rezessiven Allels

keit, die Zuverlässigkeit einer Aussage zu steigern. Er erlaubt auch, die gleichzeitige Prüfung auf mehrere unerwünschte rezessive Allele des Probanden. Allerdings geht es lange, bis Resultate verfügbar sind, da auf die Geschlechtsreife der eigenen Nachkommen gewartet werden muß.

Grundsätzlich müssen bei der Prüfung von möglichen Anlageträgern alle verfügbaren Informationen des Probanden (bereits bestehendes Familienmaterial plus Resultate der Testpaarungen) berücksichtigt werden. Diese Informationen können nach dem Bayes-Verfahren entsprechend kombiniert werden (Roth 1991; Stange 1977).

1.1.11.1.4 Züchterische Maßnahmen gegen Erbfehlern

Die Kontrolle und Bekämpfung von Erbfehlern in Zuchtpopulationen setzt voraus, daß die Verantwortlichen der entsprechenden Rasse sich Gedanken über die Selektionswürdigkeit des Erbfehlers und über die Effektivität züchterischer Maßnahmen machen. Es ist sicher nicht realistisch, neben den anderen (wichtigen) Merkmalen, die das Zuchtziel der Rasse bestimmen, noch alle Erbfehler eliminieren zu wollen. Die Selektionswürdigkeit hängt einerseits von der Häufigkeit und der Schwere der Schadwirkung eines Erbleidens ab, andererseits von den möglichen Alternativlösungen, die Beschwerden zu lindern oder zu korrigieren (z. B. durch kurative oder einfache chirurgische Eingriffe, durch prophylaktische Maßnahmen in Hygiene, Haltung, Fütterung, Auswahl von Zuchttieren). So lassen sich bei einhodigen Ferkeln, bei denen ein Hoden in der Bauchhöhle geblieben ist, dieser ohne besonderen zusätzlichen Aufwand bei der Kastration entfernen und epileptische Hunde durch regelmäsßge Einnahmen von Medikamenten beschwerdefrei machen usw. (Nicholas 1987, Wiesner und Willer 1993). Der Einsatz gentechnologischer Verfahren (somatische Gentherapie, Gentransfer) wird von den Behandlungskosten und der Gesetzgebung abhängen (1.2.5.3).

Van Vleck (1967) und Hanset (1988) konnten anhand von Modellrechnungen zeigen, daß durch konsequente Selektion Zuchterfolge erzielt werden können. Diese Erfolge hängen nicht nur von den genetischen Parametern ab, sondern im besonderem Maße von der gewählten Selektionsstrategie (1.2.2). Züchterische Maßnahmen können aber nur dann erfolgreich sein, wenn sowohl Züchter wie auch die verantwortliche Zuchtorganisation motiviert sind, das Sanierungsprogramm konsequent zu realisieren.

1.1.11.2 Multifaktoriell bedingte Erkrankungen oder Resistenz gegen Erkrankungen

Unter Krankheitsresistenz wird eine vererbte, genetisch determinierte Unempfindlichkeit von Arten, Rassen oder Familien gegenüber ganz bestimmten Mikroorganismen, Parasiten, Toxinen und nicht-infektiösen Krankheitsursachen verstanden. Unterschiedliche Krankheitsresistenz bei Haustieren ist seit einiger Zeit bekannt. Die ersten wissenschaftlichen Studien wurden zu Beginn des 20. Jahrhunderts durchgeführt (Hutt 1958), der neueste Stand wird von Müller und Brem (1991) in einem Übersichtsartikel zusammengefaßt.

Die Krankheitsresistenz wird nicht nur von mehreren Genen mit unterschiedlicher Wirkung beeinflußt, sondern auch von endogenen und exogenen Faktoren wie z. B. Trächtigkeit, Laktation, Ernährungsmangel, Streß die zu einer Herabsetzung der Resistenz führen können. Die Merkmalsbildung ist somit multifak-

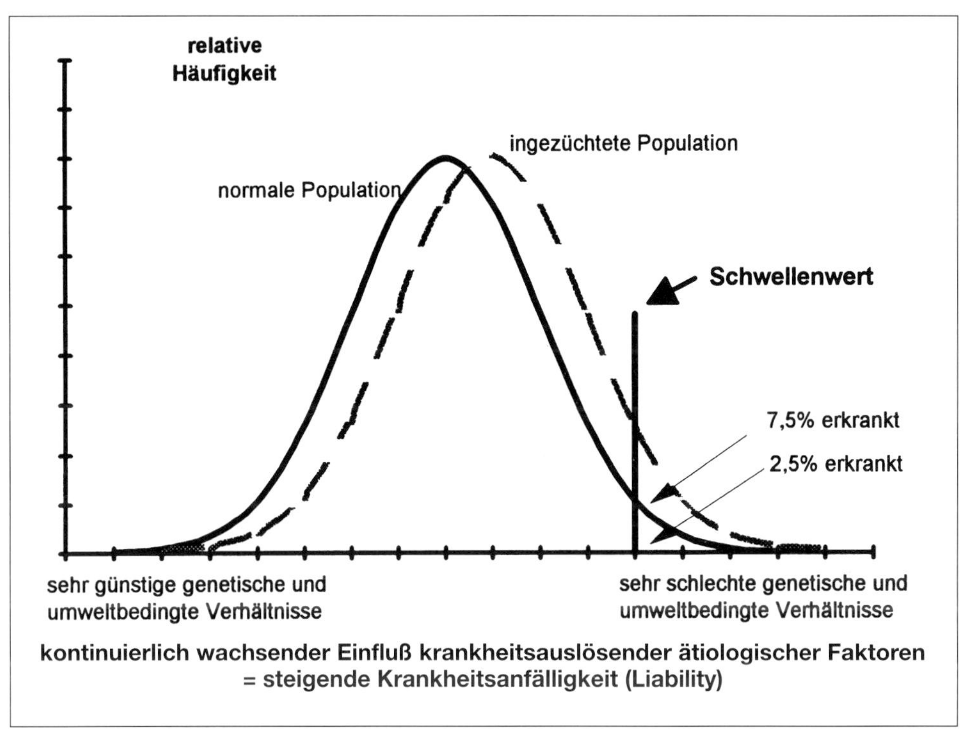

Abb. 1-78 Modell für die multifaktorielle Vererbung von Schwellenmerkmalen
In der normalen Pupulation (keine Inzucht) beträgt die Inzidenz einer Erkrankung 2,5 %. Als Folge der Inzucht (Verlust an Heterozygotie, Inzuchtdepressionen, 1.1.9.5) erhöht sich die Inzidenz auf 7,5 %. Die Kurve verschiebt sich nach der ungünstigen Seite, die Position des Schwellenwertes bleibt aber unverändert.

toriell und entspricht weitgehend dem Modell, mit dem in der quantitativen Genetik gearbeitet wird. Im Gegensatz zu den quantitativen Eigenschaften, die im Kapitel 1.1.10 beschrieben wurden, handelt es sich hier um sogenannte Schwellenmerkmale. Darunter versteht man Merkmale, deren Phänotyp in zwei oder wenigen diskontinuierlichen Kategorien sichtbar wird, denen aber eine mehr oder weniger quantitative Normalverteilung zugrunde liegt (Abb. 1-78). Die X-Achse stellt die Summe der krankheitsauslösenden ätiologischen Faktoren dar; mit steigenden X-Werten nimmt die ätiologische Belastung, d.h. die Anfälligkeit (Liability) zu. Die Faktoren können sowohl Gene als auch Toxine, Alter, Streß und andere Umweltfaktoren sein. Krankheitsanfälligkeit ist ein Beispiel, bei dem nach Überschreiten einer unsichtbaren Schwelle der Phänotyp von gesund (normal) nach krank (befallen) wechselt, d.h. wenn durch Akkumulation mehrerer ungünstiger genetischer und nicht-genetischer Faktoren die Resistenz zusammenbricht. Bei diesem Schwellenmerkmalsmodell können aber auch Individuen mit ungewöhnlich hoher genetischer Disposition unter günstigen Umweltverhältnissen (fehlende Exposition) unauffällig (gesund) bleiben: 'befundfrei' ist nicht gleich 'anlagefrei' zu setzen. Dieses Modell geht auf Wright (1934) zurück, der damit die Vererbung einer bestimmten Form der Polydaktylie beim Meerschweinchen erklären konnte. Es war aber Falconer (1965, 1984), der den populationsgenetischen Ansatz für deren Anwendung entwickelte.

Bei Schwellenmerkmalen wirken die beteiligten Gene oft nicht gleich stark auf die Merkmalsbildung. Neben einem Hauptgen (Major gene) mit einem relativ hohen Effekt auf die Expression des Merkmals (z. B. Krankheitsanfälligkeit) sind mehrere modifizierende Gene beteiligt. Elston (1990) sowie Hill und Knott (1990) geben eine Übersicht der statistischen Verfahren, wie Hauptgeneffekte nachgewiesen werden können (z.B. mit den Programmen PAP 1994, SAGE 1994).

1.1.11.2.1 Funktionelle Grundlagen

Die Krankheitsresistenz umfaßt viele Formen und stellt ein komplexes Gebilde miteinander verflochtener Einzel- und Gemeinschaftsleistungen zahlreicher Komponenten dar. Zwei Arten sind zu unterscheiden (Mayr 1991):

- Anatomische und physiologische Barrieren, die unspezifisch wirken wie z.B. Haut, Schleimhaut, Flimmerepithel, Blut-Hirn-Schranken, pH-Werte, Enzymaktivitäten usw.
- Die Immunabwehr, wobei es zwei Abwehrstrategien gibt:
  - die antigenunspezifische Abwehr mittels Makrophagen, Monozyten des Blutes sowie humorale Faktoren wie Lysozyme, Zytokine usw.
  - die antigenspezifische Abwehr; T-Zellen als Träger der zellulären Immunität und die B-Zellen, die verantwortlich für die Bildung humoraler Antikörper sind. Wesentlich für die Einleitung der spezifischen Immunreaktion ist bei allen höheren Lebensformen die Ausbildung von bestimmten Zelloberflächenproteinen, die durch den Haupthistokompatibilitätskomplex (MHC, Major histocompatibility complex) gesteuert wird.

Die Resistenz gegen einen bestimmten Erreger kann auch innerhalb einer Population auf verschiedenen Genen und Genprodukten beruhen. Nach Senft (1994) können Resistenzgene folgenden Kategorien zugehören:

- Gene, die spezifisch für Merkmale der Krankheitsresistenz kodieren wie z.B. die Klasse 1- und Klasse 2-Gene des MHC;
- Gene mit metabolischer und struktureller Funktion, deren Variation die Krankheitsresistenz mitbeeinflußt;
- Gene, die von Pathogenen selbst stammen und nach ihrer Integration in das Genom des Wirtes dessen Resistenz beeinflussen können.

1.1.11.2.2 Züchterische Aspekte der Krankheitsresistenz

Die Zucht auf eine **allgemeine Krankheitsresistenz** ist bisher nicht gelungen, und es sind bislang auch keine solchen Gene bekannt. Selektionsexperimente haben gezeigt, daß auf Krankheitsresistenz selektiert werden kann, die sich aber nicht unbedingt auf alle Pathogene erstreckt; im Gegenteil, mit der gezielt gesteigerten Immunabwehr kann es sogar zu einer stärkeren Anfälligkeit gegenüber gewissen Krankheiten kommen. Biozzi (1980) wies in umfangreichen Experimenten mit Mäusen nach, daß es bei durch Selektion erzielter Erhöhung der

Tab. 1-37 Assoziation zwischen MHC-Antigenen und Krankheitsresistenz bei Haustieren (nach Müller und Brem 1991)

Arten	MHC Assoziation mit Krankheit
Rind (BoLA)	Enzootische bovine Leukose Lymphosarkom und persistente Lymphozytose Mastitis Bovine Virusdiarrhoe Respiratorische Erkrankungen Zecken (Boophilus microplus) Würmer (Cooperia spp. Haemonchus placei) Karzinome der Augen
Schaf (OLA)	Scrapie Differentielle Immunantworten bei Vakzinationen Gastrointestinale Nematoden
Ziegen (CLA)	Caprine Arthritis-Enzephalitis
Pferd (ELA)	Sarkoide Allergische Erkrankungen
Schweine (SLA)	Ferkelsterblichkeit Differentielle Immunantworten bei Vakzinationen Sinclair maligne Melanome der Haut Trichella spiralis
Huhn (B-Komplex)	Mareksche Lähme Kokzidiose

Antikörperproduktion zu einer verringerten mikrobiellen Aktivität der Makrophagen kam; die zellvermittelte Immunität wurde dabei nicht beeinflußt. Ähnliche Ergebnisse wurden beim Huhn (Siegel und Gross 1980), beim Meerschweinchen, der Ratte, dem Schwein und der Japanischen Wachtel gefunden (Buschmann et al. 1975; Warner et al. 1987). Allgemein scheint bei Genen, die die Immunreaktion beeinflussen, Heterozygotie ein Vorteil zu sein. Dies trifft besonders auf den MHC zu. Zwischen den MHC-Haplotypen und der Krankheitsanfälligkeit bzw. -resistenz wurden einige Assoziationen festgestellt (Tab. 1-37).

Von der Antigen-Drift des Erregers weitgehend unabhängige Krankheitsresistenz wird bei den Trypanosomen-resistenten Rinderrassen wie z. B. die N'Dama beobachtet. Es handelt sich hier um polygen bedingte Resistenzen, die wesentlich von Umweltfaktoren beeinflußt werden.

Spezifische Resistenzen gegen bestimmte Erreger werden zum Teil von einem Hauptgen kontrolliert. Beispiele sind die Resistenz gegen neonatalen Durchfall bei Ferkeln, verursacht von *E.coli* K88 (Sellwood et al. 1975) und die Resistenz von Mäusen gegen Influenza-Viren (Lindemann 1964). Der zugrundeliegende Mechanismus beruht in diesen Fällen auf der An- oder Abwesenheit bestimmter Moleküle im Wirtsorganismus, die die Infektion, Erkennung oder Elimination des pathogenen Organismus beeinflussen.

1.1.11.2.3 Zuchtstrategien

Bevor die Krankheitsresistenz in ein Zuchtprogramm einbezogen wird, ist abzuklären, ob die zur Diskussion stehende Krankheit nicht effizienter mit Präventivmaßnahmen wie Hygiene, Haltung und Fütterung bekämpft werden kann. Kommt die betreffende Zuchtorganisation zum Schluß, die Krankheitsresistenz mit züchterischen Methoden verbessern zu wollen, stehen ihr grundsätzlich drei Strategien zur Verfügung:

- Erfassen von Krankheitsdaten, Schätzen des entsprechenden Zuchtwertes und deren Nutzung in konventionellen Zuchtprogrammen (Distl 1990)
- Direkte Selektion auf diagnostizierbare Resistenzgene oder mit Hilfe der Marker-gestützten Selektion (Brem und Müller 1991; Brem et al. 1991)
- Einschleusen von Resistenzgenen durch Gentransfer (Brem und Müller 1991; Brem et al. 1991)

Für die **Nutzung der genetischen Variation** von Krankheitshäufigkeiten in einem Zuchtprogramm gelten die gleichen Voraussetzungen wie für andere Selektionskriterien (Kap.1.2.2). Eine dieser Voraussetzungen wäre die zuverlässige Erfassung und Sammlung von Krankheitsdaten; diese ist in der Regel nur ausnahmsweise erfüllt. Demzufolge fehlen mehrheitlich auch Angaben über die entsprechenden populationsgenetischen Parameter, die sich zudem mit zunehmendem Alter ändern können. Ferner bestehen antagonistische Beziehungen zwischen Resistenz und gewissen Nutzleistungen, was den Zuchterfolg sowohl für die Bekämpfung der Erkrankung als auch für die anderen Selektionseigenschaften schmälern kann.

Einige Erkrankungen lassen sich durch einfach erfaßbare **Hilfsmerkmale** mehr oder weniger gut charakterisieren, wie z. B. die Zellzahl in der Milch als Indikator für die Mastitis oder der Azetongehalt in der Milch für die Ketose usw. Zumindest eine Möglichkeit, Hinweise über den Resistenzstatus wichtiger Zuchttiere zu bekommen, besteht in der Messung der Reaktion auf eine Vakzinierung mit Test-Antigenen oder durch Messung der Phagozytose- und Lymphozytenaktivität in *in-vitro*-Tests, auch wenn der Zusammenhang mit der Krankheitsresistenz unter Feldbedingungen noch nicht eindeutig nachgewiesen wurde (Senft 1994).

Mit fortschreitender Genomanalyse werden auch bei Haustieren genetische Karten genügender Dichte, vor allem mit polymorphen Markern, vorhanden sein (1.1.6.5), um mittels Kopplungsanalysen genetische Zusammenhänge mit einem Krankheitsbild bzw. Erbfehler zu finden. Dies ist in erster Linie für die Zuordnung von Markern (z.B. Mikrosatelliten) oder das Auffinden von Genen für monogene Erbfehler erfolgversprechend, während das Aufdecken z. B. eines Hauptgens bei komlexeren Erkrankungen sehr viel aufwendiger sein wird (Lander und Schork 1994). Neben dichten Genkarten sind in jedem Fall informative Familien genügender Größe notwendig, um eine zuverlässige Grundlage für die **Marker-gestützte Selektion** zu schaffen. Es empfiehlt sich aber, bevor die Marker-gestützte Selektion oder eine direkte Selektion auf ein Hauptgen in ein Zuchtprogramm aufgenommen wird, zu prüfen, ob noch andere wichtige Gene bzw. Merkmale mit dem Krankheitsmerkmal gekoppelt oder korreliert sind (1.2.2).

Eine weitere Methode, resistente Tiere zu züchten, ist der Einsatz des **Gentransfers** (1.1.8 und 1.2.5). Hierfür bieten sich grundsätzlich Gene an, die an der Regulation der Krankheitsresistenz beteiligt sind wie MHC-, T-Zellrezeptor-, Immunglobulin-, Zytokin- und spezielle Krankheitsresistenz-Gene (Müller und Brem 1991). Eine mögliche Strategie, Resistenzen gegen Viruskrankheiten zu erzielen, könnte durch die 'intrazelluäre und genetische Immunisierung' erreicht werden (Brem et al. 1991). Dabei werden definierte Antiköper- bzw. virale Proteingene in das Genom integriert, so daß eine endogene Expression ausgelöst wird. Bevor eine derartige Zuchtstrategie in der Praxis angewendet werden kann, müssen allerdings noch viele molekulargenetische und immunologische Grundlagenstudien durchgeführt und die Einsatzmöglichkeit transgener Tiere an sich noch geprüft werden (Smith et al. 1987). Darüber hinaus werden nicht nur eine Kosten-Nutzen-Analyse, sondern vor allem auch ethisch-gesellschaftliche Aspekte entscheiden, ob dieses gentechnologische Verfahren in der Praxis Eingang finden wird.

Rekapitulation

Die Verbreitung von Erbfehlern, vorab die mit rezessivem Erbgang, kann einerseits durch eine Zucht, die auf nur wenige Stammtiere zurückgeht, erklärt werden, und andererseits durch Anlageträger (heterozygote Tiere), die den erwünschten Phänotyp exprimieren und somit eine größere Nachzucht hinterlassen. Potentielle Anlageträger eines rezessiven Schadgens können je nach Kenntnisse mit einem Gentest, mit eng gekoppelten Markern, aufgrund bestehender Familieninformationen und/oder aufgrund geplanter Testpaarungen mehr oder weniger zuverlässig diagnostiziert werden.

Die Krankheitsresistenz ist ein multifaktoriell bedingtes Merkmal und entspricht weitgehend dem Modell der quantitativen Genetik. Will man die Krankheitsresistenz mit züchterischen Methoden verbessern, so kann aufgrund entsprechender Zuchtwerte oder mit Hilfe von Markern im Rahmen konventioneller Zuchtprogramme selektiert werden. Das Einschleusen von Resistenzgenen durch Gentransfer ist theoretisch eine weitere Möglichkeit.

Literatur Kapitel 1.1.11

Andresen, E. (1977): Haemolitic anaemia in Basenji dogs. 2. Partial deficiency of erythrocyte-pyruvate kinase (PK.CE.2.7.10.40.) in heterozygote carriers. Anim. Blood Groups Biochem. Genet., **8**, 149-151.

Biozzi, G. et al. (1980): Genetic selections for relevant immunological functions. In: Fougereau, M. and J. Dausset (eds) Immunology 80 – Progress in Immunology. IV, Acad. Press, New York, 432-457.

Buschmann, H. et al. (1975): Untersuchungen über die Immunantwort gegenüber DNP-Hapten in mehreren Schweinerassen. Zentralblatt Vet. Med. B, **22**, 155-161.

Falconer, D.S. (1965): The inheritance of liability to certain diseases, estimated from the incidence among relatives. Ann. Hum. Genet., **29**, 51-76.

Fujii, J. et al. (1991): Identification of a mutation in porcine ryanodine receptor associated with malignant hyperthermia. Science, **253**, 448-451.

Georges, M. et al. (1993): Microsatellite mapping of the gene causing weaver diseases in cattle will allow the study of an associated quantitative trait locus. Proc. Natl. Acad. Sci. USA, **90**, 1058-1062.

Giger, U. et al. (1992): Inherited phosphofructokinase deficiency in an American Cocker Spaniel. JAVMA, **201**, 1569-1571.

Hanset, R. (1988): Gènes récessifs indésirables et insémination artificielle. Ann. Vét. Méd., **132**, 677-686.

Hill, W.G. und S. Knott (1990): 21. Identification of genes with large effects. In: Gianola, D. und K. Hammond (Hrsg.): Statistical methodes of genetic improvement of livestock. Springer, Berlin, Heidelberg, New York, London, Paris, Tokyo, 477-494.

Jolly, R.D., Thompson, K.G. and C.A. Tse (1974): Evaluation of a screening programme for identification of mammosidosis heterozygotes in Angus cattle. New Zealand Veterinary Journal, **22**, 185-195.

König, H. et al. (1987): Prüfung von Schweizer Braunvieh-Bullen auf das vererbte Syndrom der Arachnomelie und Arthrogrypose (SAA) durch Untersuchungen der Nachkommen im Fetalstadium. Tierärztliche Umschau, **42**, 692-697.

Lander, E.S. and N.J. Schork (1994): Genetic dissection of complex traits. Science, **265**, 2037-2048.

Lauvergne, J.J. (1968): Catalogue des anomalies héréditaires des bovins (*Bos taurus* L.). Bull. Techn. Dep. Genet. Anim., **1**, INRA.

Leipold, H.W. (1982): Congenital defects of current concern and interest in cattle: A review. Bovine Pract., **17**, 101-114.

Lindemann, J. (1964): Inheritance of resistance to influenza virus in mice. Proc. Soc. exp. Biol. Med., **116**, 506-509.

Mayr, A. (1991): Neue Erkenntnisse über Entwicklung, Aufbau und Funktion des Immunsystems. Tierärztl. Praxis, **19**, 235-240.

Müller, M. and G. Brem (1991): Disease resistance in farm animals. Experentia, **47**, 923-934.

Ollivier, L. and P. Sellier (1982): Pig genetics: a review. Ann. Genet. Select. Anim., **14**, 481-544.

PAP (1994): Pedigree analysis package. Version 4.0. Hasstedt, S.J., Dep. of Human Genetics, University of Utah, Salt Lake City.

Pidduck, H. (1987): A review of inherited disease in the dog. In: Grunsel, G.S.G., Hill, F.W.G.und M.E. Raw (Hrsg.): The veterinary annual, 27th issue. Scientechnica, Bristol.

Robinson, R. (1989): Genetic defects in the horse. J. Anim. Breeding Genet., **106**, 475-478.

Robinson, R. (1991): Genetic defects in the pig. J. Anim. Breeding Genet., **108**, 61-65.

Roth, H.-R. (1991): Populationsgenetik. Vorlesungsunterlagen, ETH, Zürich.

S.A.G.E. (1994): Statistical analysis for genetic epidemiology. Release 2.2. Computer program package available from the Dept. of Biometry and Genetics, LSU Medical Center, New Orleans.

Schuster, D.E. et al. (1992): Identification and prevalence of a genetic defect that causes leucocyte adhesion deficiency in Holstein cattle. Proc. Natl. Acad. Sci. USA, **89**, 9225-9229.

Schwenger, B., Schöber, St. und D. Simon (1993): DUMPS cattle carry a point mutation in the Uridine Monophosphate Synthase Gene. Genomics, **16**, 241-244.

Sellwood, R. et al. (1975): Adhesion of enthero pathogenic *Escherichia coli* to pig intestinal brushborders: the existence of two pig phenotypes. J. med. Microbiol., **8**, 405-411.

Siegel, P.B. und W.B. Gross (1980): Production and persistence of antibodies in chickens to sheep erythrocytes : 1. directional selection. Poult. Sci., **59**, 1-5.

Smith, C., Meuwissen, T.H.E. und J.P. Gibson (1987): On the use of transgenes in livestock. Animal Breeding Abstracts, **55**, 1-6.

Stevens, R.W.C. und G.J. King (1968): Genetic Evidence for a Lethal Mutation in Holstein-Friesian Cattle. J. Heredity, **59**, 366-368.

Van Vleck, L.D. (1967): Effect of artificial insemination on frequency of undesirable recessive genes. J. Dairy Sci., **50**, 201-204.

Vögeli, P. und D. Schwörer (1982): Kopplungsungleichgewicht zwischen dem Malignen Hyperthermie Syndrom (MHD, Halothanempfindlichkeit) und den Phänotypen des H-Blutgruppensystems und des PHI-Enzymsystems beim Schweizerischen Veredelten Landschwein. Züchtungskunde, **54**, 124-130.
Warner, C.M., Meeker, D.L. and M.F. Rothschild (1987): Genetic control of immune responsiveness: a review of its use as a tool for selection for disease resistance. J. Anim. Sci., **64**, 394-406.
Wright, S. (1934): An analysis of variability in number of digits in an inbred strain of guinea pigs. Genetics, **19**, 506-536.

Weiterführende Literatur:

Brem, G., Kräußlich, H. und G. Stranzinger (1991): Experimentelle Genetik in der Tierzucht. Eugen Ulmer, Stuttgart.
Distl, O. (1990): Zucht auf Widerstandfähigkeit gegen Krankheiten beim Rind. Ferdinand Enke, Stuttgart.
Elston, R.C. (1990): 3. Models for discrimination between alternative modes of inheritance. 22. A general linkage method for detection of major genes. In: Gianola, D. and K. Hammond (eds) Statistical methodes of genetic improvement of livestock. Springer, Berlin, Heidelberg, New York, London, Paris, Tokyo, 41-57 und 495-506.
Falconer, D.S. (1984): Einführung in die quantitative Genetik. Eugen Ulmer, Stuttgart.
Gruhn, R. (1980): Vererbung und Züchtung. In: Haring, F. (Hrsg.): Schafzucht. Eugen Ulmer, Stuttgart.
Hadorn, E. (1955): Letalfaktoren in ihrer Bedeutung für Erbpathologie und Genphysiologie der Entwicklung. Georg Thieme, Stuttgart.
Hammond, K. und D. (1990): Statistical methods for genetic improvement of livestock. Springer, Berlin, Heidelberg, New York, London, Paris, Tokyo.
Hámori, D. (1983): Constitutional disorders and hereditary diseases in domestic animals. Elsevier, Amsterdam.
Hutt, F.B. (1958): Genetic resistance to disease in domestic animals. Comstock Publishing Associates, Ithaka.
Jones, W.E. (1982): Genetics and Horse Breeding. Lea & Febiger, Philadelphia.
Koch, P., Fischer, H. und H. Schumann (1957): Erbpathologie der landwirtschaftlichen Haustiere. Paul Parey, Hamburg und Berlin.
Nicholas, F.W. (1987): Veterinary Genetics. Clarendon Press, Oxford.
Ricordeau, G. (1981): Genetics: Breeding plans. In: Gall, C. (Hrsg.): Goat Production. Acad. Press, London, New York.
Rieck, G.W. (1984): Allgemeine veterinärmedizinische Genetik, Zytogenetik und allgemeine Teratologie. Ferdinand Enke, Stuttgart.
Robinson, R. (1982): Genetics for dog breeders. Pergamon Press, Oxford.
Robinson, R. (1983): Genetics for cat breeders, 2. Auflage, Pergamon Press, Oxford.
Senft, B. (1994): Adaption und Krankheitsresistenz. In: Kräußlich, H. (Hrsg.): Tierzüchtungslehre, 4. Auflage. Eugen Ulmer, Stuttgart, 162-168.
Stange, K. (1977): Bayes-Verfahren: Schätz- und Testverfahren bei Berücksichtigung von Vorinformationen. Springer, Berlin, Heidelberg, New York, London, Paris, Tokyo.
Wegner, W. (1986): Defekte und Dispositionen, 2. Auflage. Schaper, Hannover.
Weyrauch, K.D. (1991): Angeborene Mißbildungen. In: Dürr, U.M. und Kraft, W. (Hrsg.): Katzenkrankheiten, 2. Auflage. Schaper, Hannover.
Wiesner, E. und S. Willer (1974): Veterinärmedizinische Pathogenetik. Gustav Fischer, Jena.
Wiesner, E. und S. Willer (1983): Lexikon der Genetik der Hundekrankheiten. Karger, Basel.
Wiesner, E. und S. Willer (1993): Genetische Beratung in der tierärztlichen Praxis. Gustav Fischer, Jena.
Willis, M.B. (1984): Züchtung des Hundes. Eugen Ulmer, Stuttgart.

1.1.12 Statistische Grundlagen

Alle Informationen, die bei Experimenten oder züchterischen Aktivitäten, gewonnen werden, können letztendlich in Form von Zahlen oder Daten ausgedrückt werden (Essl 1987, 1994). Dabei ist zu berücksichtigen, daß im Bereich der Biologie und Tierzucht der Zufall eine wesentliche Rolle bei der Entstehung der Daten spielt, weshalb hier auch von „Zufallsvariablen" gesprochen wird. Im Gegensatz dazu werden ursächliche Zusammenhänge zwischen Variablen stochastisch genannt.

1.1.12.1 Daten

Die erste Auflistung von Daten ist die Urliste, in der die gewonnenen Daten in der Reihenfolge vorliegen, in der sie entstanden sind. Erst anschließend werden sie geordnet und z. B. mit Hilfe von Skalen systematisch dargestellt.

Bei den Datenarten wird unterschieden zwischen qualitativen und quantitativen Daten. Als **qualitativ** bezeichnet man alle Daten, die nicht in Form von Zahlen darstellbar sind, also nicht quantifizierbar sind. Beispiele wären etwa Klassifizierungen oder Farbausprägung. Sie können in Form von Nominalskalen dargestellt werden, aber es kann z. B. kein Median und kein arithmetisches Mittel für solche Daten bestimmt werden. Qualitative Daten, die in Form von Noten oder Punktewertungen gewonnen oder transformiert werden, können dann einer weiteren statistischen Bearbeitung unterzogen werden.

Quantitative Daten sind meßbar (metrisch) und lassen sich als Zahlen darstellen. Es sind diskrete und kontinuierliche Daten zu unterscheiden. Diskrete Daten sind endlich oder abzählbar und man kann den Daten ganze Zahlen eindeutig zuordnen. Können Daten dagegen jede reelle Zahl annehmen, werden sie kontinuierliche Daten genannt.

Die einfachste Skala, die auch bei qualitativen Daten benutzt werden kann, ist die **Nominalskala**. Nominalskalen enthalten nur Namen, Begriffe o.ä. und es ergeben sich Häufigkeiten durch Abzählen der Elemente der verschiedenen Merkmale (1.1.1.4). Bei einer **Rangskala** oder **Ordinalskala** (nach Zuordnung von Ordinalzahlen zu den Rängen) werden bestimmte (auch qualitative) Merkmale in eine Reihenfolge gebracht. Eine **Intervallskala** ist eine Skala, bei der die Differenz (das Intervall) zwischen jeweils zwei beliebig aufeinanderfolgenden Werten jeweils die gleiche Änderung bedeutet. Eine **Absolute Skala** liegt nur dann vor, wenn die Maßzahlen einer Messung in absoluten Einheiten, also in Größen, die einen absoluten Nullpunkt haben, gemessen werden.

Skalierte Daten können auf verschiedene Art und Weise, graphisch oder in Tabellenform, dargestellt werden (1.1.9, Abb. 1-79). Bei der Tabellenform werden etwa einer Nominalskala relative Häufigkeiten zugeordnet. Bei der graphischen Darstellung gibt es eine Reihe von Möglichkeiten, wie Stabdiagramme, Kreissektoren-Darstellung, Entwicklungskurven, Häufigkeitsdiagramme, Flächendiagramme, Histogramme u.a. mehr.

Eine Größe, über deren Verhalten oder Häufigkeit eine Aussage gemacht werden soll, wird als **Merkmal** bezeichnet. Die Merkmalsausprägung gibt an, wie die Ausprägung bei einem oder mehreren Merkmalsträgern (Beobachtungseinheiten) im Rahmen einer Erhebung oder eines Experimentes ist. Im Rahmen der **Datenerhebung** werden bestehende Zustände analysiert, in einem **Experiment** werden Einflußgrößen variiert und beliebig festgelegt, um ihren Einfluß auf die zu messenden Daten, das Merkmal, zu erfassen.

Die statistisch zu untersuchende Grundgesamtheit weist immer eine Variabilität auf, die sich im allgemeinen aus einem (kleineren) Meßfehler und der zufälligen biologischen Variabilität zusammensetzt. Da in praxi nicht die ganze Grundgesamtheit untersucht werden kann, dient eine zufällige Teilmenge, die Stichprobe (Zufallsstichprobe), als Basis für die Analysen.

1.1.12.2 Beschreibende Statistik

Die Verarbeitung dieser Daten erfolgt in der beschreibenden Statistik, dem älteren und methodisch einfacheren Zweig der Statistik. Mit ihrer Hilfe versucht man, große Datenmengen auf einige wenige Maßzahlen zu reduzieren, um damit komplexe Zusammenhänge transparenter darzustellen. Wenn es aber beispielsweise darum geht, Abhängigkeiten zwischen verschiedenen Merkmalen oder Rückschlüsse von einem Teilmaterial auf die Grundgesamtheit zu ziehen, ist die mathematische oder analytische Statistik gefragt. Diese basiert auf der Wahrscheinlichkeitsrechnung (1.1.1.4) und zeigt, wie man aufgrund empirischer Beobachtungen Wahrscheinlichkeiten bestimmt/schätzt und wie man theoretische Modelle empirischen Sachverhalten anpassen kann.

Eine Grundgesamtheit ist die Menge aller Merkmalsausprägungen. Sie folgt in ihrer Häufigkeit einer bestimmten Verteilung, die durch Parameter (Abkürzung in griechischen Buchstaben) wie Mittelwert (μ), Standardabweichung (σ) usw. charaktersiert werden kann. Eine Stichprobe ist eine zufällig zustandegekommene endliche Auswahl aus einer Grundgesamtheit, in der eine Reihe von empirischen Größen (Abkürzung in lateinischen Buchstaben), wie Mittelwert ($\overline{x}$), Modalwert, Median etc. berechnet werden können.

Im Rahmen der beschreibenden Statistik können repräsentative Lokalisationsmaße (Lagemaße) zur Charakterisierung der Daten ermittelt werden. Es sind dies:

Das **Arithmetische Mittel** ($\overline{x}$) wird berechnet, indem alle Meßwerte addiert werden und die Summe anschließend durch die Anzahl der Meßwerte dividiert wird.

$$\overline{x} = (x_1 + x_2 + \dots x_n) / n$$

$$= \sum_{i=1}^{n} x_i / n$$

Das **Geometrische Mittel** ($\bar{x}_G$) ist die n-te Wurzel aus dem Produkt der Meßwerte.

$$\bar{x}_G = (x_1 \cdot x_2 \cdot \ldots x_n)^{1/n} = \left(\prod_{i=1}^{n} x_i\right)^{1/n}$$

Das **Harmonische Mittel** ($\bar{x}_H$) wird wie folgt errechnet:

$$\bar{x}_H = n / (1/x_1 + 1/x_2 + \ldots 1/x_n) = n / \sum_{i=1}^{n} 1/x_i$$

Der **Median** – oder auch Zentralwert genannt – ist derjenige Wert, der eine nach Rängen geordnete Meßreihe halbiert. Der **Modalwert** oder das Dichtemittel ist der in einer beliebigen Folge von Daten am häufigsten vorkommende Wert (Abb 1-79).

Quantile sind Teilungspunkte von Häufigkeitsverteilungen. Die Quantile geben beispielsweise Grenzen an, innerhalb derer bestimmte Teile der Messung liegen. Ein m'til ist derjenige Wert, für den gilt, daß **ein** m'tel aller Meßwerte kleiner oder gleich diesem sind. Bei Perzentilen wird angegeben, daß x% aller Werte kleiner oder gleich dem x-ten Perzentil sind (Abb. 1-79)

Neben den Lokalisationsmaßen, die eine vorliegende Datenmenge übersichtlich charakterisieren, sind meist Maße für die Streuung der Meßgrößen innerhalb der Meßreihe interessant. Die wichtigsten **Streumaße (Dispersionsmaße)**, die für Intervalle und Absolutskalen berechnet werden können, sind die Spannweite (Variationsbreite), die Streuung (Varianz) und die Standardabweichung sowie der Variationskoeffizient.

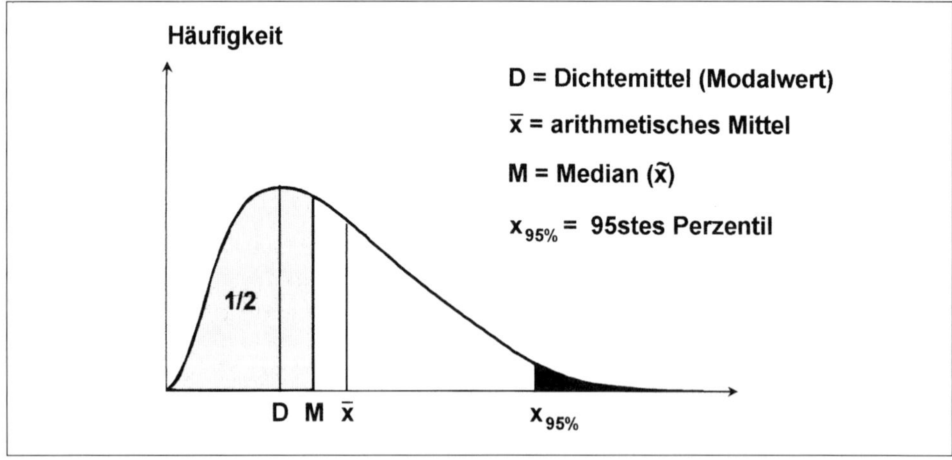

Abb. 1-79 Asymmetrische (rechts schiefe oder positiv schiefe) Verteilung mit Dichtemittel, Median, arithmetischem Mittel und 95 Perzentil

Die **Variationsbreite R (range)** oder Spannweite gibt Auskunft über die Differenz zwischen größtem und kleinstem Meßwert. Dieses Maß ist dabei nicht nur von der Variabilität der Einzelwerte abhängig, sondern auch von der Zahl der Beobachtungen, da bei einer großen Zahl von Daten die Wahrscheinlichkeit für das Auftreten von Extremwerten zunimmt.

Die **Standardabweichung** σ ist ein Maß für die mittlere Abweichung der Meßwerte vom arithmetischen Mittelwert μ. Die **Varianz** $\mathbf{V} = \sigma^2$ ist der Mittelwert der quadratischen Abweichungen aller x der Grundgesamtheit vom Mittelwert μ. Die Standardabweichung σ ist die Wurzel der Varianz, sie besitzt dieselbe Dimension wie x. Die Varianz wird wie folgt definiert:

$$V = \sigma^2 = 1/n \sum_{i=1}^{n} (x_i - \mu)^2$$

Die bisherigen Größen σ und V sind Parameter von Grundgesamtheiten. Bei einer Stichprobe können der Mittelwert $\bar{x}$ und die Standardabweichung s errechnet und als Schätzwerte für die Parameter der Grundgesamtheit benutzt werden. Die Varianz s^2 ist die mittlere quadratische Abweichung aller Einzelwerte vom arithmetischen Mittel. Sie muß durch die Zahl der Freiheitsgrade **(n-1)** dividiert werden (nicht durch „n", weil sonst die Varianz der Grundgesamtheit σ^2 überschätzt werden würde).

$$s^2 = 1/(n-1) \sum_{i=1}^{n} (x_i - \bar{x})^2$$

Der **Variationskoeffizient** $\mathbf{V_K}$ gibt die Standardabweichung in Prozent vom Mittelwert an.

$$V_K = 100 \cdot \sigma/\mu$$

Betrachtet man eine Stichprobe, so ergibt sich der Variationskoeffizient wie folgt:

$$V_K = 100 \cdot s / \bar{x}$$

1.1.12.3 Normalverteilung

Für kontinuierliche Merkmale ist die Normalverteilung (Abb. 1-73) die wichtigste Wahrscheinlichkeitsverteilung für genetische und statistische Auswertungen, da die meisten quantitativen Merkmale normalverteilt sind. Die Normalverteilung umfaßt den Wertebereich von minus bis plus Unendlich und ist durch die Parameter μ und σ vollständig charakterisiert. Der Mittelwert μ bestimmt die Lage der Verteilung im Hinblick auf die x-Achse, die Standardabweichung σ die Form der Kurve. Je größer σ ist, umso breiter und flacher ist der Kurvenverlauf und umso geringer ist die höchste Dichte. Einige wichtige Eigenschaften der Normalverteilung N (μ, σ):

1. Die Kurve liegt symmetrisch um μ als Mittelachse und hat einen Glockenkurvenverlauf (Abb. 1-78).
2. Die höchste Dichte beträgt etwa 0,4, wenn $\sigma=1$ ist; für sehr großes und kleines x geht y gegen Null.
3. Die Standardabweichung der Normalverteilung ist durch die Abszisse des Wendepunktes gegeben. Etwa 2/3 aller Beobachtungen (68,26 %) liegen zwischen den Ordinaten der Wendepunkte, 95,45 % aller Beobachtungen liegen zwischen -2σ und $+2\sigma$ und 99,73 % zwischen -3σ und 3σ.
4. Bei großen Stichprobenumfängen liegen 90 % aller Werte zwischen $-1,645\ \sigma$ und $+1,645\ \sigma$. In den Grenzen $-0,675\ \sigma$ und $+0,675\ \sigma$ liegen etwa 50 % aller Beobachtungen.

Die standardisierte Normalverteilung N(0,1) hat den Mittelwert Null und die Standardabweichung 1.

Abweichungen von der Normalverteilung sind Schiefe (Skewness) und Exzess oder Wölbung (Kurtosis). Eine positive Schiefe oder linkssteile Kurve liegt dann vor, wenn der Hauptteil der Verteilung auf der linken Seite konzentriert liegt. Liegt das Maximum der Kurve höher und ist dadurch der Kurvenverlauf spitzer, spricht man von einer steilgipfligen Kurve oder einem positiven Exzess.

1.1.12.4 Varianzanalyse

Bei der Varianzanalyse geht man davon aus, daß sich die Varianz eines Merkmals aus Teilkomponenten zusammensetzt, die verschiedenen Ursachen zugeordnet werden können. Dabei geht es darum, den Einfluß eines Faktors auf ein Merkmal, also die Zielgröße, zu schätzen und vor allem von anderen zufälligen Resteinflüssen zu trennen. Im Prinzip unterscheidet man drei verschiedene Arten von Modellen bzw. Problemen. Im naheliegensten Fall handelt es sich um ein Modell mit fixen Effekten, d.h. es soll die Wirkung von gezielt ausgewählten Stufen einer Einflußgröße überprüft werden. Werden die Stufen einer oder mehrerer Einflußgrößen zufällig ausgewählt und steht die Ermittlung und der Vergleich von Varianzkomponenten im Vordergrund, die Rückschlüsse auf die Grundgesamtheit ermöglichen, spricht man von einem Modell mit zufälligen Effekten. Die dritte Art von Problemen sind gemischte Modelle mit fixen und zufälligen Einflußgrößen.

Fixe Effekte sind gezielt ausgewählte Stufen von Einflußgrößen, deren Auswirkungen auf ein Merkmal untersucht werden. Zufällige Effekte liegen dann vor, wenn die Stufen von Einflußgrößen variabel sind.

An Hand eines Beispieles aus der Varianzkomponentenschätzung, eines Modelles mit zufälligen Effekten, soll das Vorgehen erläutert werden. Als Merkmal wird die Fettmenge bei Milchkühen gewählt. Die grundsätzliche Datenstruktur bei väterlichen Halbgeschwistern und die Varianzanalyse sind in Tabelle 1-38 zusammengestellt.

Tab. 1-38 Datenstruktur und Durchführung einer Varianzanalyse mittels Halbgeschwistergruppen

Vater 1	Vater 2	Vater 3 ....
Tochter 1 x_{11}	Tochter 1 x_{21}	Tochter 1 x_{31}
Tochter 2 x_{12}	Tochter 2 x_{22}	Tochter 2 x_{32}
Tochter 3 x_{13}	Tochter 3 x_{23}	Tochter 3 x_{33}
⋮ ⋮	⋮ ⋮	⋮ ⋮
Tochter n x_{1n}	Tochter n x_{2n}	Tochter n x_{3n}
x1.	x2.	x3.
	x..	

Die Abweichung eines Einzelwertes vom Gesamtmittel kann wie folgt zerlegt werden:

Varianzursache	Freiheitsgrade	Summe der Abweichungsquadrate (SQ)	mittleres Abweichungsquadrat (MQ)
Unterschiede zwischen den Vätern (V)	$s - 1$	$n\,\Sigma(x_{i.} - x_{..})^2$	$n\Sigma(x_{i.} - x_{..})^2/s\text{-}1$
Unterschiede innerhalb der Väter (R)	$N - s$	$\Sigma\Sigma(x_{ik} - x_{i.})^2$	$\Sigma\Sigma(x_{ik} - x_{i.})^2/N\text{-}s$

s = Anzahl der Väter; N = Gesamtzahl der Beobachtungen; n = Zahl der Beobachtungen innerhalb einer Familie; $x_{i.}$ = Mittelwert der Halbgeschwistergruppe i; $x_{..}$ = Gesamtmittel

Die Berechnung sei am Beispiel der Fettmenge bei Milchkühen (kg/Laktation) demonstriert. Es werden s=4 Väter, n=4 Beobachtungswerte pro Familie und damit insgesamt N=16 Beobachtungen zur Analyse verwendet.

k	Vater 1	Vater 2	Vater 3	Vater 4
1	170	160	170	160
2	165	165	160	150
3	180	175	175	175
4	175	155	175	165
$\Sigma_{xi.}$	690	655	680	650
xi.	172,50	163,75	170,0	162,50

$\Sigma x_{ik} = 2675$ $\quad$ $_{xi..} = 167{,}19$

Die Unterschiede zwischen den Vätern $SQ(V) = n\,\Sigma(x_{i.} - x_{..})^2$ errechnen sich mit 279,9 und die Unterschiede innerhalb der Väter $SQ(R) = \Sigma\Sigma(x_{ik} - x_{i.})^2$ mit 818,8.

Die mittleren Abweichungsquadrate ergeben sich aus 279,9/(4-1) = 93,3 und 818,8/(16-4) = 68,3.

Zur Schätzung der Varianzkomponenten wird zuerst die Vaterkomponente s_V^2 ermittelt.

$$s_V^2 = (MQ(V) - MQ(R))/n = (93{,}3- 68{,}3)/4 = 25/4 = 6{,}25$$

Aus der Restvarianz $s_R^2 = MQ(R) = 68{,}3$ und der Vaterkomponente ergibt sich die Gesamtvarianz s_T^2.

$$s_T^2 = s_V^2 + s_R^2 = 6{,}25 + 68{,}3 = 74{,}55 = V_P$$

Die Restvarianz (innerhalb der Nachkommengruppen) beträgt 68,3/74,55 = 91,6 % der Gesamtvarianz. Die Varianz zwischen den Vätern (Nachkommengruppen) ist 8,4 %.

Abhängigkeiten zwischen zwei Merkmalen können mit Hilfe der Kovarianz (s_{xy}) beschrieben werden. Sie wird errechnet aus der Summe der Produkte der Abweichungen (SP) der Einzelwerte von x und y dividiert durch die Anzahl der Wertepaare minus 1. Die Kovarianz kennzeichnet die gemeinsame Variation der Merkmale x und y

$$s_{xy} = 1/(n-1) \cdot \sum_{i=1}^{n} (x_i - \bar{x})(y_i - \bar{y})$$

$$s_{xy} = \frac{SP_{xy}}{n-1}$$

Die Kovarianz kann, anders als die Varianz, auch negative Werte annehmen. Ist die Kovarianz Null oder nahezu Null so bedeutet dies, daß es zwischen den Merkmalen x und y keine Beziehung gibt.

1.1.12.5 Regression und Korrelation

Wenn zwei Merkmale gemeinsam betrachtet werden, interessiert, in welcher Weise die beiden Größen zusammenhängen. Ist die eine Größe von der anderen abhängig, spricht man von einer – linearen – Regression. Üblicherweise wird x als unabhängige Variable und y als die von x abhängige Variable bezeichnet.

Bei einem linearen Zusammenhang gibt b die durchschnittliche Veränderung einer abhängigen Variablen in Abhängigkeit von einer unabhängigen Variablen im gewählten Maßstab an.

$$y = a + bx$$

a = Achsenabschnitt auf der x-Achse
b = Steigung der Geraden

wobei gilt:

$$b_{yx} = \text{Kovarianz/Varianz von } x = \frac{\Sigma (x_i - \bar{x})(y_i - \bar{y})/(n-1)}{\Sigma (x_i - \bar{x})^2/(n-1)}$$

$$a = (\Sigma y_i - b\, \Sigma x_i)/n$$

Im Gegensatz zu der üblichen Verfahrensweise, bei der die x-Werte festliegen und die y-Werte in bestimmter Weise streuen, können auch die y-Werte festgelegt werden und die x-Werte streuen. Daraus ergibt sich dann eine Regressionsgerade von x nach y.

y auf x ⇒ $b = b_{yx} = SP(x,y)/SQ(x)$ und
x auf y ⇒ $b' = b_{xy} = SP(x,y)/SQ(y)$;

Der Korrelationskoeffizient ist ein Maß für den Zusammenhang zwischen zwei Merkmalen.

$r = (b / b')^{1/2}$;

Korrelationskoeffizient r = Kovarianz xy / $s_x \cdot s_y$ =

$$= \frac{\Sigma (x_i - \bar{x})(y_i - \bar{y}) / (n-1)}{(\Sigma (x_i - \bar{x})^2 / (n-1)\ \Sigma (y_i - \bar{y})^2 / (n-1))^{1/2}}$$

Bestimmtheitsmaß $B = r^2$

Der Korrelationskoeffizient r ist eine Aussage über die durchschnittliche Abweichung der Merkmalswerte von der Regressionsgeraden, also eine Aussage über die Form der Punktewolke. Das Bestimmtheitsmaß B (r^2) besagt, welcher Anteil der Varianz in der abhängigen Variable durch die Varianz in der unabhängigen Variablen x erklärbar ist. Der Wertebereich von B reicht von 0 bis 1.

Der Korrelationskoeffizient r kann zwischen +1 und –1 liegen. Sind die Regressionskoeffizienten b und b´ gleich und positiv, so fallen die beiden Regressionsgeraden zusammen und r besitzt den Wert +1, d.h. es besteht vollständige empirische Determiniertheit zwischen den zwei Variablen. Bei r = –1

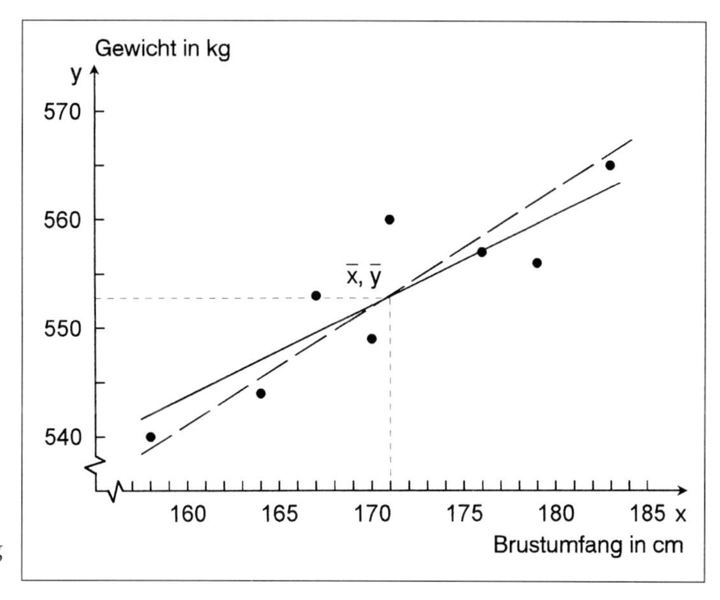

Abb. 1-80 Merkmalswerte von Brustumfang und Körpergewicht

besteht ebenfalls vollständige Bestimmtheit, allerdings entsteht eine Gerade mit negativer Steigung. Wenn r = 0 ist, bedeutet dies, daß es keinerlei Korrelation zwischen x und y gibt (die beiden Regressionsgeraden stehen senkrecht aufeinander).

Anhand eines praktischen Beispiels soll das Vorgehen bei der Ermittlung des Regressions- und Korrelationskoeffizienten demonstriert werden:

In vielen Fällen (z. B. Dosierung von Medikamenten, Futterrationsberechnungen, finanzielle Kalkulationswerte) benötigt man Schätzwerte für das Gewicht von Rindern. Da das tatsächliche Gewicht häufig mangels einer Wiegemöglichkeit nicht bekannt ist, besteht die Überlegung, das Gewicht aus dem – leichter zu erhebenden – Brustumfang zu schätzen. Dies ist aber nur dann sinnvoll, wenn diese beiden Merkmale wirklich deutlich voneinander abhängig sind. Um dies zu überprüfen, wird bei einer Stichprobe von Rindern Brustumfang und Gewicht exakt ermittelt. Stellt man diese Wertepaare graphisch dar (Abb. 1-80), so sieht man, daß mit steigendem Brustumfang das Gewicht zunimmt. Es zeigt sich aber auch, daß es – wie erwartet – offensichtlich noch andere Einflußgrößen gibt, denn die Wertepaare liegen nicht exakt auf einer Geraden.

Es stellen sich nun folgende Fragen:

1. Um wieviel erhöht sich das Gewicht bei Zunahme des Brustumfanges um einen Zentimeter?
2. Wie stark ist die gegenseitige Abhängigkeit der beiden Variablen?

Zur Beantwortung der ersten Frage wird der Regressionskoeffizient des Gewichts auf den Brustumfang ermittelt (b = 0,91). Anschließend kann unter Zuziehung des errechneten Achsenabschnittes a (= 397,39) eine Regressionsgerade für das Gewicht aus dem Brustumfang aufgestellt und zur Gewichtsschätzung verwendet werden (Tabelle 1-39).

Im Prinzip kann auch der Brustumfang aus dem Gewicht geschätzt werden. In diesem Fall wird b´ errechnet:

$$b' = SP_{xy}/SQ_y = 424/484 = 0{,}88 \text{ cm}$$

$$r = (b \cdot b')^{1/2} = (0{,}88 \cdot 0{,}91)^{1/2} = 0{,}89$$

Die Frage der Höhe der gegenseitigen Abhängigkeit beantwortet der Korrelationskoeffizient r, der sich aus der Kovarianz und den beiden Standardabweichungen ergibt. Alternativ kann er auch aus den beiden Regressionkoeffizienten (b, b´) errechnet werden. Die Berechnung des Bestimmtheitsmaßes ergibt, daß 79 % der Gewichtsvarianz durch Unterschiede im Brustumfang erklärbar sind.

Neben den einfachen Regressionen findet man in der Biologie und Tierzucht häufig auch multiple Regressionen, d.h. die abhängige Variable y wird nicht nur von einem sondern von mehreren Faktoren beeinflußt. Die partiellen Regressionskoeffizienten geben die Änderung in y an, wenn die eine unabhängige Variable um eine Einheit steigt und die anderen unabhängigen Variablen konstant bleiben. Hinsichtlich der Durchführung derartiger multipler Regressionanalysen wird auf das weiterführende Schrifttum verwiesen.

Ohnehin ist heutzutage die rechentechnische Seite von statistischen Aus-

Tab. 1-39 Brustumfang (x) und Gewicht (y) bei Rindern

Brustumfang x	Gewicht y	$(x_i - \bar{x})$	$(x_i - \bar{x})^2$	$(y_i - \bar{y})$	$(y_i - \bar{y})^2$	$(x_i - \bar{x}) \cdot (y_i - \bar{y})$
183	565	+12	144	+12	144	144
179	556	+8	64	+3	9	24
176	557	+5	25	+4	16	20
171	560	0	0	+7	49	0
170	549	–1	1	–4	16	4
167	533	–4	16	0	0	0
164	544	–7	49	–9	81	63
158	540	–13	169	–13	169	169
Σ 1368	Σ 4424	0	468	0	484	+424
$\bar{x} = 171$	$\bar{y} = 553$					

$$\Sigma x = 1368$$
$$\Sigma y = 4424$$
$$SQ_x = \Sigma (x_i - \bar{x})^2 = 468$$
$$SQ_y = \Sigma (y_i - \bar{y})^2 = 484$$
$$SP_{xy} = \Sigma (x_i - \bar{x})(y_i - \bar{y}) = 424$$

$$b = \frac{SP_{xy}}{SQ_x} = \frac{424}{468} = 0.91$$

$$a = (\Sigma y - b\Sigma x)/n = (4424 - 0.91 \cdot 1368)/8 = 397{,}39$$

Damit ergibt sich die Regressionsgerade für das Gewicht in Abhängigkeit vom Brustumfang

$$\hat{y} = 397.39 + 0.91\, x$$

Die Korrelation zwischen Brustumfang und Gewicht errechnet sich wie folgt:

$$r = \frac{SP_{xy}}{(SQ_x \cdot SQ_y)^{1/2}} = \frac{424}{(468 \cdot 484)^{1/2}} = 424/476 = 0.89$$

$$B = 0.79$$

wertungen durch den EDV-Einsatz sehr vereinfacht. Komplexe und umfassende Statistik-Programmpakete und leistungsfähige Rechner erlauben es mittlerweile, auch umfangreiche Datensätze mit bestmöglichen Verfahren in kürzester Zeit auszuwerten. Leider wird dadurch aber auch für die Mehrzahl der Anwender, die nicht über hinreichende statistische und mathematische Kenntnisse verfügen, die Transparenz so weit reduziert, daß vielfach nicht mehr genau überblickt wird, was die Ergebnisse tatsächlich bedeuten.

Rekapitulation

- Qualitative (a) und Quantitative (b) Daten
  (a) nicht direkt in Form von Zahlen darstellbar z. B. Klassifizierungen, Farbausprägung, Nominalskalen, (b) meßbar, metrisch, diskret oder kontinuierlich
- Merkmal (a) und Stichprobe (b)
  (a) eine Größe, über deren Verhalten oder Häufigkeit eine Aussage gemacht werden soll,
  (b) zufällig zustande gekommene endliche Auswahl
- Streu-, Dispersionsmaße
  Variationsbreite, Varianz, Standardabweichung, Variationskoeffizient
- Normalverteilung
  symmetrisch, Glockenkurvenverlauf, 2/3 aller Beobachtungen liegen zwischen den Ordinaten der Wendepunkte
- Varianzanalyse
  Zerlegung der Gesamtvarianz in Teilkomponenten, Modelle mit fixen und zufälligen Effekten
- Regression (a) und Korrelationskoeffizient (b)
  (a) lineare Abhängigkeit einer Größe von einer anderen, Regressionsgerade,
  (b) Aussage über die durchschnittliche Abweichung der Merkmalswerte von der Regressionsgeraden, Bestimmtheitsmaß

Literatur Kapitel 1.1.12

Essl, A. (1987): Statistische Methoden in der Tierproduktion. Verlagsunion Agrar, Wien.
Essl, A. (1994): Datenauswertung. In: Kräußlich (Hrsg.): Tierzüchtungslehre. Eugen Ulmer, Stuttgart, 268-280.

1.2 Züchterische Grundlagen

1.2.1 Zuchtwertschätzung

1.2.1.1 Allgemeiner und spezieller Zuchtwert (Grundlagen)

Den **Zuchtwert** (ZW) eines Individuums (Proband) bestimmen die Merkmalswerte seiner Nachkommen (Informanden); die doppelte Abweichung des mittleren Merkmalswertes sehr vieler Nachkommen vom Mittelwert der Population wird als der wahre Zuchtwert bezeichnet. Der Zuchtwert darf nicht mit dem **genotypischen Wert** (G) des Probanden verwechselt werden, da bei geschlechtlicher Fortpflanzung die elterlichen Genotypen nicht direkt an die Nachkommen weitergegeben werden. Die Ursachen sind: Crossing over, zufällige Verteilung der Chromosomen auf die Gameten und Neukombination bei der Befruchtung. Nur bei vegetativer Fortpflanzung, Parthenogenese, Gynogenese, Androgenese oder Klonierung durch Kerntransfer (1.1.7) bleiben die Genotypen beim Übergang zur nächsten Generation erhalten.

1.2.1.1.1 Allgemeiner Zuchtwert

An einem sehr einfachen Beispiel sollen die Beziehungen zwischen dem Genotypwert und dem Zuchtwert des Probanden erläutert werden. Auch wenn die Zuchtwertschätzung in der Praxis nur bei quantitativen Merkmalen von Bedeutung ist, wird aus didaktischen Gründen ein qualitatives Merkmal mit intermediärem Erbgang ausgewählt. Die quantitativen Merkmale werden im Gegensatz zu den qualitativen Merkmalen wesentlich von Umwelteffekten beeinflußt. Die Erfassung und Berücksichtigung von Umwelteffekten ist deshalb ein wesentlicher Bestandteil der Zuchtwertschätzung. Dies wird vorerst ausgeklammert und später behandelt.

Wie bereits in den Abschnitten 1.1.1.5 und 1.1.9.3 erläutert, kommen in Shorthornpopulationen die Fellfarben Rot, Weiß und Rotschimmel vor. Diese Farbmerkmale werden von den Genotypen RR = Rot, rr = Weiß und Rr = Rotschimmel determiniert. In unserem Beispiel werden diesen Farben willkürlich folgende genotypischen Werte zugeordnet: Rot = 4, Rotschimmel = 3 und Weiß = 2. Diese Werte implizieren, daß die Züchter rote Tiere Rotschimmeln und Rotschimmel weißen Tieren vorziehen. Bei intermediärem Erbgang sind genotypische und phänotypische Werte gleich, da bei qualitativen Merkmalen Umwelteffekte keine Rolle spielen.

Um die Beziehungen zwischen dem Genotypwert des Probanden und seinem Zuchtwert zu erläutern, wird ein Rotschimmelbulle (Rr, Merkmalswert 3) in zwei verschiedenen Shorthornpopulationen an eine repräsentative Stichprobe weiblicher Tiere angepaart. DieGenotypfrequenzen einer repräsentativen Stichprobe entsprechen den Genotypfrequenzen der Population. Es wird angenommen, daß sich die Population im Hardy-Weinberg-Gleichgewicht befindet, so daß sich nach Abschnitt 1.1.9.4 die Genotypfrequenzen aus den Allelfrequenzen ergeben ($p^2 + 2pq + q^2$).

Shorthorn-Population 1

Merkmalswerte und Genotypwerte	: Rot = 4, Rotschimmel = 3, Weiß = 2
Genotypwert Bulle	: Rr = 3
Allelfrequenzen Population	: Rot p = 0,3, Weiß q = 0,7
Mittelwert Population (M) =	
Genotypfrequenzen x Merkmalswerte	: $p^2 \times 4 + 2pq \times 3 + q^2 \times 2 = 2{,}60$

Gameten-Frequenzen		Genotyp-frequenzen	Merkmalswerte		Phänotypen
Spermien	Eizellen	Nachkommen	Nachkommen		Nachkommen
0,5 R	0,3 R	0,15 RR	0,15 x 4	= 0,60	Rot
0,5 R	0,7 r	0,35 Rr	0,35 x 3	= 1,05	Rotschimmel
0,5 r	0,3 R	0,15 rR	0,15 x 3	= 0,45	Rotschimmel
0,5 r	0,7 r	0,35 rr	0,35 x 2	= 0,70	Weiß
Mittlerer Merkmalswert der Nachkommen				= 2,80	

Abweichung des mittleren Merkmalswertes der Nachkommen vom Mittelwert der Populationen = 2,80 – 2,60 = 0,20
Doppelte Abweichung des mittleren Merkmalswertes der Nachkommen = Zuchtwert 1 des Bullen = 2 x 0,20 = 0,40

Shorthorn-Population 2

Merkmalswerte und Genotypwerte	: Rot = 4, Rotschimmel = 3, Weiß = 2
Genotypwert Bulle	: Rr = 3
Allelfrequenzen Population	: Rot p = 0,8, Weiß q = 0,2
Mittelwert Population (M)	
Genotypfrequenzen x Merkmalswerte	: $p^2 \times 4 + 2pq \times 3 + q^2 \times 2 = 3{,}60$

Gameten-Frequenzen		Genotyp-frequenzen	Merkmalswerte		Phänotypen
Spermien	Eizellen	Nachkommen	Nachkommen		Nachkommen
0,5 R	0,8 R	0,40 RR	0,40 x 4	= 1,60	Rot
0,5 R	0,2 r	0,10 Rr	0,10 x 3	= 0,30	Rotschimmel
0,5 r	0,8 R	0,40 rR	0,40 x 3	= 1,20	Rotschimmel
0,5 r	0,7 r	0,10 rr	0,10 x 2	= 0,20	Weiß
Mittlerer Merkmalswert der Nachkommen				= 3,30	

Abweichung des mittleren Merkmalswertes der
Nachkommen vom Mittelwert der Populationen = 3,30 – 3,60 = –0,30
Doppelte Abweichung des mittleren Merkmalswertes
der Nachkommen = Zuchtwert 2 des Bullen = 2 x –0,30 = –0,60

1.2.1.1.2 Durchschnittseffekte der Allelsubstitution

Nach Falconer (1984) setzt sich der Zuchtwert nach Anpaarung an eine Stichprobe der Population (Allgemeiner Zuchtwert) aus den Durchschnittseffekten der an der Merkmalsausprägung beteiligten Allele zusammen (1.1.10.1). In unserem Beispiel treffen Spermien des Rotschimmelbullen mit dem Allel R mit der Wahrscheinlichkeit p (Allelfrequenz von R in der Population) auf eine Eizelle mit dem Allel R und bilden den Genotyp RR (Merkmalswert 4) und mit der Wahrscheinlichkeit q den Genotyp Rr (Merkmalswert 3). Entsprechend entstehen aus Spermien des Rotschimmelbullens mit dem Allel r folgende Genotypen: Mit der Wahrscheinlichkeit p Rr (Merkmalswert 3) und der Wahrscheinlichkeit q rr (Merkmalswert 2). Daraus ergeben sich die Durchschnittseffekte der Allelsubstitution wie folgt (DE = Durchschnittseffekt eines Allels, Abw. = mittlere Abweichung vom Populationsmittelwert, M = Populationsmittelwert):

- Population 1 (p = 0,3, q = 0,7)
  Allel R : p x 4 + q x 3 = DE – M = Abw.
  0,3 x 4 + 0,7 x 3 = 3,30 – 2,60 = +0,70
  Allel r : 0,3 x 3 + 0,7 x 2 = 2,30 – 2,60 = –0,30

Summe der Durchschnittseffekte der Allele = +0,40 = Zuchtwert 1

- Population 2 (p = 0,8, q = 0,2)
  Allel R : p x 4 + q x 3 = DE – M = Abw.
  0,8 x 4 + 0,2 x 3 = 3,80 – 3,60 = +0,20
  Allel r : 0,8 x 3 + 0,2 x 2 = 2,80 – 3,60 = –0,80

Summe der Durchschnittseffekte der Allele = –0,60 = Zuchtwert 2

1.2.1.1.3 Additive Geneffekte

Die Addition der Durchschnittseffekte der an der Merkmalsausprägung beteiligten Allele der Probanden ergibt wie oben dargestellt den Allgemeinen Zuchtwert. Wie in Abschnitt 1.1.10.2 erklärt, setzt sich der Genotyp (G) in der quantitativen Genetik entsprechend der Wirkungsweise der Gene aus den Komponenten der additiven Geneffekte (A), der Dominanzeffekte (D) und der epistatischen Effekte (I) zusammen. Es wird angenommen, daß die Durchschnittseffekte der Allele nicht nur innerhalb der Loci additiv verknüpft sind, sondern über alle an der Merkmalsprägung beteiligten Genorte summiert werden können. Der Allgemeine Zuchtwert (ZW bzw. A) eines Tieres ist die Summe der Durchschnittseffekte bzw. die Summe der an die Nachkommen weitergegebenen additiven Geneffekte. Die Varianz (1.1.12) der additiven Geneffekte in einer Population (V_A) und die Varianz der Zuchtwerte (V_{ZW}) sind gleich. Auf den additiven Geneffekten beruht, wie bereits in Abschnitt 1.1.10.2 dargelegt, die genetisch bedingte Ähnlichkeit zwischen verwandten Individuen. Der Allgemeine Zuchtwert eines Probanden kann deshalb über die Ähnlichkeit geschätzt werden, bevor die Ergebnisse der Nachkommenprüfung vorliegen (anhand Abstammung, Geschwisterleistungen etc.), was von großer praktischer Bedeutung ist.

1.2.1.1.4 Dominanzeffekte

Im Abschnitt 1.1.1.5 werden Interaktionen innerhalb Allelpaaren (Dominanz) und zwischen Allelen an verschiedenen Genorten (Epistasie) erläutert. Wird nur ein einzelner Genort betrachtet, besteht der Genotypwert (G) aus dem Zuchtwert (ZW) und der Dominanzabweichung (D): G = ZW + D. Die Dominanzabweichung kann demnach durch Subtraktion des Zuchtwertes vom Genotypwert bestimmt werden. Da der Zuchtwert als Abweichung vom Populationsmittel ermittelt wird, muß der Genotypwert vorher in eine Abweichung vom Populationsmittel überführt werden. Im Modellbeispiel Rotschimmelbulle ergeben sich dann folgende Dominanzabweichungen:

	Population 1	Population 2
Genotypwert (Rotschimmelbulle)	3	3
Mittelwert Population (M)	2,60	3,6
Abweichung des Genotypwertes	0,40	–0,60
Zuchtwert	0,40	–0,60
Dominanzabweichung (Abweichung G – ZW)	0	0

Da das Modell aufgrund ausschließlich additiver Geneffekte ausgewählt wurde, entspricht wie zu erwarten der populationsspezifische Genotypwert dem Zuchtwert, die Dominanzabweichung ist 0 und der Genotypwert bleibt selbstverständlich unabhängig vom Zuchtwert gleich:

$$G_{Pop\,1} = M + ZW + D = 2{,}60 + 0{,}40 + 0 = 3$$
$$G_{Pop\,2} = M + ZW + D = 3{,}60 - 0{,}60 + 0 = 3$$

In Schwarz- und Rotbuntpopulationen ist das Allel für schwarze Haarfarbe in der Regel dominant über das Allel für rote Haarfarbe, wie in Abschnitt 1.1.1.4 Abbildung 1-7 gezeigt. Heterozygote Bullen (Ss) sind Schwarzbunt und werden als Rotfaktorbullen bezeichnet. Rotfaktorbullen mit sehr guter Leistungsvererbung sind derzeit weltweit gefragt, um die Milchleistung in Rotbuntpopulationen zu steigern. Um die Beziehungen der Dominanzabweichung zum Genotypwert zu erläutern, wird ein Rotfaktorbulle an eine Mischpopulation aus Schwarz- und Rotbunten angepaart. Die Allelfrequenz für S entspricht der Allelfrequenz für R in der Shorthorn-Population 1 im vorhergehenden Abschnitt und entsprechend die Allelfrequenz für s der Allelfrequenz für r. Die Merkmalswerte sind 2 für Schwarz (SS und Ss) und 4 für Rot (ss).

Mischpopulation Schwarz- und Rotbunt

Allelfrequenzen: Schwarz $p = 0{,}3$ Rot $q = 0{,}7$
Mittelwert (M): $p^2 \times 2 + 2\,pq \times 2 + q^2 \times 4 = 2{,}98$
Gametenfrequenzen: wie Shorthorn-Population 1

Genotypen	Merkmalswerte Nachkommen	Phänotypen Nachkommen
SS	0,15 x 2 = 0,30	Schwarzbunt
Ss	0,35 x 2 = 0,70	Schwarzbunt
sS	0,15 x 2 = 0,30	Schwarzbunt
ss	0,35 x 4 = 1,40	Rotbunt

Mittlerer Merkmalswert = 2,70

Abweichung des mittleren Merkmalswertes der
Nachkommen vom Mittelwert der Population (M) = 2,70 – 2,98 = –0,28
Zuchtwert des Bullen –0,56
Daraus ergibt sich folgende Dominanzabweichung:
Genotypwert (Rotfaktorbulle) 2
Mittelwert Population (M) 2,98
Abweichung des Genotypwertes –0,98
Zuchtwert –0,56
Dominanzabweichung –0,42
(Abweichung G – ZW)
Der Genotypwert G = M + ZW + D = 2,98 – 0,56 – 0,42 = 2

Erweitert man das Modell nach dem gleichen Prinzip um die **Interaktion** zwischen Allelen (epistatische Effekte) an verschiedenen Genorten, ergibt sich für den Genotypwert: G = M + ZW + D + I

1.2.1.1.5 Überdominanzeffekte

Die ausschließlich additiven Alleleffekte im Modellbeispiel (Fellfarben in den Shorthorn-Populationen) beruhen nicht nur auf dem intermediären Erbgang, sondern auch auf der Zuordnung der Merkmalswerte: Rot = 4, Rotschimmel = 3, Weiß = 2. In der Shorthornzucht gab es eine Periode, in der von den Züchtern die Rotschimmeltiere eindeutig bevorzugt wurden, so daß sich folgende Merkmalswerte ergaben: Rot = 2, Rotschimmel = 4, Weiß = 2. Wird dem heterozygoten Genotyp der höchste Genotypwert zugeordnet (höher als der homozygote Genotyp mit dem höchsten Wert), spricht man von **Überdominanz** (Abb. 1-8). Ob Überdominanz vorliegt, ist somit auch vom Zuchtziel abhängig. Legt man für das Beispiel Überdominanz die Allelfrequenzen in der Shorthorn-Population 1 zugrunde und paart den Rotschimmelbullen (Rr) an eine Stichprobe der Population an, ergibt sich folgender Zuchtwert:

- **Shorthorn-Population 1** (Überdominanz)

Allelfrequenzen:	Rot p = 0,3 Weiß q = 0,7
Mittelwert (M):	$p^2 \times 2 + 2\,pq \times 4 + q^2 \times 2 = 2{,}84$

Genotypen	Merkmalswerte Nachkommen	Phänotypen Nachkommen
RR	0,15 x 2 = 0,30	Rot
Rr	0,35 x 4 = 1,40	Rotschimmel
rR	0,15 x 4 = 0,60	Rotschimmel
rr	0,35 x 2 = 0,70	Weiß

Mittlerer Merkmalswert = 3,00

Abweichung des mittleren Merkmalswertes der Nachkommen vom Mittelwert der Population (M): = 3,0 – 2,84 = 0,16
Zuchtwert des Bullen: = 0,32
Es ergibt sich dann folgende Dominanzabweichung:

Genotypwert (Rotschimmelbulle)	4
Mittelwert Population	2,84
Abweichung des Genotypwertes	1,16
Zuchtwert	0,32
Dominanzabweichung	0,84

1.2.1.1.6 Spezieller Zuchtwert

Dominanzabweichungen wie im vorstehenden Beispiel maskieren die additiven Geneffekte und die Schätzung des „Allgemeinen Zuchtwertes" führt nicht zum Ziel. Die Schätzung des „Allgemeine Zuchtwertes" ist nur dann sinnvoll, wenn eine Rangfolge für die Selektion aufgestellt werden kann. Im Modellbeispiel Überdominanz für Rotschimmel ist aber die Kreuzung von roten (RR) und weißen (rr) Zuchttieren angezeigt, da alle Nachkommen Rotschimmel sind. Dies hat zur Folge, daß bei Überdominanz, deutlichen Dominanz- sowie Interaktionseffekten nicht der allgemeine, sondern der „Spezielle Zuchtwert" (Zuchtwert für eine spezielle Kreuzung) von Interesse ist. Die Paarung roter Bullen mit weißen Kühen bzw. weißer Bullen mit roten Kühen ist in unserem Beispiel das angezeigte Kreuzungsschema. Die „Kreuzungszucht" (1.2.3) erfordert die Reinzucht geeigneter Linien (rote (RR) und weiße (rr) Linie), die nach den „Speziellen Zuchtwerten" ausgewählt werden. Diese Linien haben zwar einen ungünstigen Merkmalswert, aber alle Nachkommen haben den erwünschten maximalen Merkmalswert. Das Modellbeispiel veranschaulicht das Grundprinzip der Kreuzungs- bzw. Hybridzucht (Beispiele 2.2.6 und 2.4.6). Dem speziellen Zuchtwert liegt der durchschnittliche Merkmalswert der Nachkommen aus spezifischen Anpaarungen (spezielle Linien oder Rassen) zugrunde. Die Erweiterung des obigen Beispiels auf alle Genorte, die das Merkmal beeinflussen, ergibt das

Modell zur Schätzung des „Speziellen Zuchtwertes" für polygene Merkmale (quantitative Merkmale).

1.2.1.1.7 Umwelteffekte

Bei quantitativen Merkmalen sind neben genetischen Effekten (Additiv, Dominanz, Epistasie) Umwelteffekte (U) von großer Bedeutung, wie in Abschnitt 1.1.10.2 Phänotyp-Genotyp erläutert wird. Die Definition des Zuchtwertes als doppelter mittlerer Merkmalswert der Nachkommen geht von der Idealvorstellung aus, daß die zu vergleichenden Nachkommengruppen den gleichen Umwelteffekten ausgesetzt waren, so daß die Abweichung des Durchschnitts der Merkmalswerte vom Populationsdurchschnitt herangezogen werden kann. Dies ist in der Regel in der Nutztierhaltung **nicht** der Fall. Für die Praxis gilt deshalb: Der Zuchtwert ist die doppelte Abweichung des Durchschnitts vieler Nachkommen vom Vergleichsdurchschnitt (VG). Für den „Allgemeinen Zuchtwert" ist Voraussetzung, daß die Anpaarung an eine repräsentative Stichprobe der Population erfolgt. Der Vergleichsdurchschnitt soll die **systematischen** Umwelteffekte so weitgehend als möglich erfassen; positive und negative **zufällige Umwelteffekte** können durch die Bildung von Mittelwerten eliminiert werden, sie nähern sich bei großen Gruppen 0 (Gesetz der großen Zahl). Systematische Umwelteffekte werden durch Vergleich (Zeitgefährtenvergleich) der Merkmalswerte der Nachkommen bzw. Geschwister mit dem Vergleichsdurchschnitt (VG) (durchschnittliche Merkmalswerte der Tiere, die ihre Leistungen, im gleichen Jahr, in der gleichen Saison und in der gleichen Herde erbrachten [Herde – Jahr – Saison]) erfaßt. Ein anderer Weg ist die Korrektur auf systematische Umwelteffekte mit statistischen Verfahren. In Stationsprüfungen werden zusätzlich Haltung, Pflege und Fütterung soweit wie möglich standardisiert, um die Umwelteffekte weitgehend auszuschalten bzw. zu standardisieren. Das Problem der Stationsprüfung ist, daß bei zahlenmäßig kleinen Vergleichsgruppen zufällige Effekte eine größere Rolle spielen können. Aus Kostengründen kann meist nur eine begrenzte Zahl von Vergleichen durchgeführt werden. Hinzu kommt, daß sich bei großen Unterschieden zwischen Prüfumwelt (an der Station) und der Praxisumwelt (Feld) Verschiebungen in der Rangfolge anhand der allgemeinen Zuchtwerte ergeben können (Genotyp x Umweltinteraktionen, s. 1.1.10.3). Es ist deshalb wichtig, unter den jeweiligen Bedingungen das optimale Prüfungsverfahren zu finden.

1.2.1.1.8 Zuchtwert für quantitative Merkmale

Wie in Abschnitt 1.1.10.3 „Genetische Populationsparameter" erläutert, ist es für quantitative Merkmale bisher weder möglich, die Loci zu erkennen, die das Merkmal beeinflussen, noch die Wirkung der Allele auf das Merkmal in allen möglichen Genotypen zu messen. Die molekulargenetische Analyse quantitativer Merkmale könnte hier langfristig weiterhelfen. In der „Quantitativen Genetik" geht man zur Zeit von der Hypothese aus, daß die mittlere Abweichung des Durchschnitts vieler Nachkommen vom Vergleichsdurchschnitt der Summe der Durchschnittseffekte aller das zu untersuchende Merkmal beeinflussenden Gene bzw. Allele des Probanden entspricht (1.1.10.2). Die Durchschnittseffekte werden nach dieser Hypothese über die Allelpaare an den Genorten und über die beteiligten Genorte addiert. Ein empirischer Beweis für die Richtigkeit dieser Hypothese ist die Übereinstimmung zwischen erwarteten Selektionserfolgen (aufgrund vorausgeschätzter Zuchtwerte) mit den später realisierten Selektionserfolgen (s. 1.2.2 Selektion).

1.2.1.2 Schätzung des allgemeinen Zuchtwertes für Einzelmerkmale (quantitative Merkmale)

1.2.1.2.1 Heritabilität (h^2) und Zuchtwertschätzung

Die Heritabilität im engeren Sinn (h^2) wurde in 1.1.10.3 definiert. h^2 ist der wichtigste Parameter für die Zuchtwertschätzung bei quantitativen Merkmalen. Für alle relevanten Merkmale wird der Anteil der additiv genetischen Varianz (V_A), die der Varianz der Zuchtwerte gleichzusetzen ist (V_{ZW}) an der gesamten phänotypischen Varianz (V_P, Varianz der Merkmalswerte in der Population) geschätzt:

$$h^2 = \frac{V_A}{V_P} \text{ bzw. } \frac{V_{ZW}}{V_P}$$

Die genetisch bedingte Ähnlichkeit zwischen zwei Individuen beruht auf dem additiven Verwandtschaftsgrad (a_i) und V_A bzw. V_{ZW}: Ähnlichkeit = $a_i \times V_A$ bzw. $a_i \times V_{ZW}$. Die Heritabilität (h^2) eines Merkmals ist deshalb ein Maß für den Grad der Übereinstimmung zwischen dem Merkmalswert und dem Zuchtwert des Individuums. Bei einer Eigenleistung des Individuums (EL) gilt $a_i = 1$ (Vollgeschwister ½, Halbgeschwister ¼, Eltern-Nachkomme ½ etc.) und der Zuchtwert wird für die EL wie folgt geschätzt:

$$\widehat{ZW} = h^2 \times \text{Abweichung vom Vergleichsdurchschnitt}$$

$$\widehat{ZW} = h^2 (EL - VG)$$

Wird ein Merkmalswert ausschließlich vom Zuchtwert bestimmt ($h^2 = 1$), sind Merkmalswert und Zuchtwert gleich. Für Merkmale mit $h^2 = 0$ sind Zuchtwertschätzung und Selektion sinnlos.

Beispiel für Zuchtwertschätzung anhand **einer** Eigenleistung:
Eigenleistungsprüfung von Jungbullen an Station
Merkmal: tägliche Zunahmen 112.–350. Lebenstag

Heritabilität	: 0,30
Eigenleistung	: 1400 g
Vergleichsdurchschnitt	: 1230 g

$$\widehat{ZW} = 0{,}30\ (1400 - 1230) = +51 \text{ g}$$

Die Zuchtwerte dienen der Aufstellung von Rangfolgen für die Selektion. Die Zuchtwertschätzung für ein Individuum beginnt in der Praxis vor der gezielten Paarung (Zuchtwerte der Paarungspartner) und wird nach der Geburt des Tieres wie folgt weitergeführt:

Prüfungsart	Information
Abstammungsbewertung	Mutter M, Vater V Mutters Mutter MM, Mutters Vater MV
Eigenleistungsprüfung	Prüfungen bzw. Beurteilungen am Probanden (EL)
Geschwisterprüfung	Vollgeschwister (VG) und/oder Halbgeschwister (HG)
Nachkommenprüfung	Nachkommen (N) – Leistungen

Erfolgt die Zuchtwertschätzung nach dem **Tiermodell**, so werden dem Probanden alle jeweils verfügbaren Leistungsinformationen von der Abstammungsbewertung bis zur Nachkommenprüfung simultan zugeordnet und zu einem Zuchtwert für das Merkmal zusammengefaßt. Mit dem **Tiermodell** wird die derzeit höchstmögliche Genauigkeit der Zuchtwertschätzung erreicht. Die Genauigkeit der Zuchtwertschätzung (Wiederholbarkeit) kann ebenfalls geschätzt werden. Im Beispiel Zuchtwert tägliche Zunahmen ist die Genauigkeit $\sqrt{h^2} = \sqrt{0{,}30} = 0{,}55$.

Bei Nachkommenprüfung mit großen Nachkommengruppen liegt die Genauigkeit über 0,9.

1.2.1.2.2 Bestimmung der Regressionskoeffizienten (bi) für die Zuchtwertschätzung bei Einzelmerkmalen

In der Regel wird der Zuchtwert für Einzelmerkmale aufgrund **mehrerer Informationen** nach folgendem allgemeinen Index geschätzt:

$$\widehat{ZW} = b_1 \times Abw_1 + b_2 \times Abw_2 + \dots b_n \times Abw_n$$

$$\widehat{ZW} = \Sigma b_i \text{ (Leistung [L] – Vergleichsdurchschnitt [VG])}$$

Bei den Informationen handelt es sich neben wiederholten Eigenleistungen (1.1.10.3 Wiederholbarkeit) vor allem um Leistungen von verwandten Tieren (Vorfahren, Voll- und Halbgeschwister, Nachkommen). Die Regressionskoeffizienten (b_i) (s. 1.1.12.5 Regression) sind abhängig von h^2, a_i (Proband zu Informand), Wiederholbarkeit des Merkmals, Größe (n) der Nachkommen-, Voll- oder Halbgeschwistergruppe (weiterführende Literatur: Falconer, 1984, Glodek, 1994, Künzi und Stranzinger, 1993). Für die durchschnittliche Abweichung der **Nachkommen** vom Vergleichsdurchschnitt ist somit der Regressionskoeffizient von der Heritabilität (h^2) des Merkmals und der Größe der Nachkommensgruppe abhängig. Der Faktor 2 in nachfolgender Formel ergibt sich aus $a_i = ½$ für die Nachkommenprüfung.

$$b_i = \frac{2\,n}{n + k}, \quad k = \frac{4 - h^2}{h^2}$$

Die laufende Berechnung der Indexgewichte (b_i) wird in der Tierzuchtpraxis von Rechenzentren durchgeführt, die die Indexgewichte (b_i) mit Bestimmungsgleichungen über Matrizenrechnung ermitteln:

$$\begin{bmatrix}\text{Phänotypische Varianz-} \\ \text{Kovarianz-Matrix} \\ \\ P\end{bmatrix} \times \begin{bmatrix}\text{Vektor} \\ \text{Index-} \\ \text{gewichte} \\ b_i\end{bmatrix} = \begin{bmatrix}\text{Genotypische Varianz-} \\ \text{Kovarianz-Matrix} \\ \\ G\end{bmatrix}$$

Aus den Tabellen 1-40 bis 1-42 geht hervor, wie sich die Genauigkeit der Zuchtwertschätzung mit der Hinzufügung weiterer Informationen von verwandten Tieren erhöht. Tabelle 1-42 zeigt, wie der Regressionskoeffizient mit steigender Zahl geprüfter Nachkommen ansteigt (höchstmöglicher Wert ist 2,0, d.h. doppelte Abweichung bei sehr vielen Töchtern). Bei kleinen Nachkommengruppen wird der Zuchtwert vorsichtig geschätzt (b_i niedrig) und hohe Zuchtwerte erfordern neben hohen Abweichungen auch große Nachkommengruppen (besonders bei niedrigem h^2).

Tab. 1-40 Zuchtwertschätzung von Zuchtsauen für Wurfgröße anhand einer Eigenleistung (E) und der Leistungen weiblicher Vorfahren (Mutter M, Vaters-Mutter VM, Mutters-Mutter MM).

Heritabilität (Merkmal: Anzahl geborener Ferkel pro Wurf)	$h^2 = 0,20$
Regressionskoeffizient (b_i)	$b_E = 0,19$ $b_M = 0,08$ $b_{VM} = 0,03$ $b_{MM} = 0,03$
Genauigkeit der Zuchtwertschätzung (R)	R = 0.5
Wurfgröße (L)	E = 12 Ferkel; M = 10 Ferkel VM = 11 Ferkel; MM = 14 Ferkel
Vergleichsdurchschnitt (VG)	VG = 11 Ferkel
Zuchtwert $\widehat{ZW}$	$\widehat{ZW}$ = 0.19 (12-11) + 0,08 (10-11) + 0,03 (11-11) + 0,03 (14-11) = + 0,20 Ferkel

Tab. 1-41 Zuchtwertschätzung von Deckbullen für tägliche Zunahmen (Mast) anhand einer Eigenleistung (E) und den Leistungen väterlicher Halbgeschwister (vHG).

Heritabilität (Merkmal: Tägliche Zunahmen in der Mast)	$h^2 = 0.25$
Regressionskoeffizient (b_i)	a) 10 vHG $b_E = 0,231$ $b_{vHG} = 0,308$ b) 20 vHG $b_E = 0,222$ $b_{vHG} = 0,44$
Genauigkeit der Zuchtwertschätzung (R)	a) 10 vHG R = 0,57 b) 20 vHG R = 0,58
Tägliche Zunahmen (L)	E = 1150 g $\overline{vHG}$ = 1100 g (10 bzw. 20)
Vergleichsdurchschnitt (VG)	VG = 1000 g
Zuchtwert $\widehat{ZW}$	a) 10 vHG $\widehat{ZW}$ = 0,231 (1150-1000) + 0,308 (1100-1000) = +65,45 g b) 20 vHG $\widehat{ZW}$ = 0,222 (1150-1000) + 0,44 (1100-1000) = 77,30 g

Tab. 1-42 Zuchtwertschätzung von Besamungsbullen für Erstlaktationsleistung Milchmenge anhand der Mutterleistung (M) und der Nachkommenleistung (N).

Heritabilität (305 Tageleistung)	$h^2 = 0.20$		
Regressionskoeffizient (b_i)	a) 20 Töchter (N)	$b_M = 0{,}05$	$b_N = 1{,}00$
	b) 50 Töchter (N)	$b_M = 0{,}03$	$b_N = 1{,}43$
Genauigkeit der Zuchtwertschätzung (R)	a) 20 Töchter	R = 0,72	
	b) 50 Töchter	R = 0,85	
Erstlaktationsleistungen (L)	M = 7000 kg	N = 4900 kg (20 bzw. 50 Töchter)	
Vergleichsdurchschnitt (VG)	$VG_M = 5000$ kg	$VG_N = 4300$ kg	
Zuchtwert $\widehat{ZW}$	a) 20 Töchter $\widehat{ZW} = 0{,}05\,(7000-5000) + 1{,}0\,(4900-4300) = +\,700$ kg b) 50 Töchter $\widehat{ZW} = 0{,}03\,(7000-5000) + 1{,}43\,(4900-4300) = +\,918$ kg		

1.2.1.2.3 Genauigkeit der Zuchtwertschätzung

Das Maß für die Genauigkeit der Zuchtwertschätzung ist die Korrelation zwischen der phänotypischen Information (Abweichungen vom Vergleichsdurchschnitt) und dem Zuchtwert (ZW). Die Genauigkeit der Zuchtwertschätzung schwankt zwischen 0 und 1; sie ist der Wertmaßstab bei der Beurteilung alternativer Prüfungs- und Zuchtwertschätzverfahren (Beispiele: s. Tabellen 1-40 bis 1-42). Die Genauigkeit der Zuchtwertschätzung ($r_{A,P}$) wird nach genetisch-statistischen Regeln aus den Regressionskoeffizienten errechnet.

Für den Nachkommendurchschnitt gilt:

$$r_{A,P} = \sqrt{b_i \times a_i} = \sqrt{\frac{2\,n}{n+k} \times 0{,}5} = \frac{n}{n+k}$$

Im übrigen wird auf die Tierzüchtungslehre (Glodek, Dempfle 1994) und Künzi und Stranzinger (1993) verwiesen.

1.2.1.2.4 Gleichzeitige Schätzung von Zuchtwerten und Vergleichsdurchschnitten

Leistungsfähige Computer ermöglichen die Anwendung von mathematisch-statistischen Verfahren, die in jeder Situation die höchstmögliche Information herausholen. Für die Zuchtwertschätzung haben sich die BLUP-Verfahren (**B**est **L**inear **U**nbiased **P**redictions) durchgesetzt. Die Einflüsse fixer Effekte (systematische Umwelteffekte wie z. B. Betrieb, Saison, Geschlecht, Alter usw.) auf die Leistungen werden gemeinsam mit den zufälligen Effekten (vor allem Zuchtwerte) in simultanen Gleichungssystemen berechnet. Eine umfassende Darstellung der BLUP und Tiermodell-Zuchtwertschätzungsmethoden wie der Benutzung dieser Methoden in der Parameterschätzung enthält der Beitrag von Dempfle (1994) in der Tierzüchtungslehre.

In Populationen mit saisonaler Bedeckung bzw. Besamung erfolgt die Zuchtwertschätzung meist einmal im Jahr; die Zuchtwerte müssen rechtzeitig vor der Decksaison vorliegen. Sind die Bedeckungen weitgehend gleichmäßig über das Jahr verteilt, wie in vielen Rinderzuchtgebieten, werden die Zuchtwerte mehrmals im Jahr berechnet und veröffentlicht (vierteljährig oder halbjährig). Die Veröffentlichung erfolgt in den Mitteilungsblättern der Besamungsstationen und Züchtervereinigungen sowie in einschlägigen Fachzeitschriften. Kapitel 2 Spezielle Tierzucht einschließlich Tierbeurteilungslehre enthält Beispiele bei den verschiedenen Nutztierarten.

1.2.1.3 Zuchtwertschätzung für mehrere Merkmale (Gesamtzuchtwert)

In der Zuchtpraxis setzt sich mehr und mehr die Schätzung von **Gesamtzuchtwerten** durch, die durch eine lineare Kombination der im Zuchtziel festgelegten Leistungsmerkmale ermittelt werden. Die Zuchtwerte der verschiedenen Merkmale werden mit Wirtschaftlichkeitskoeffizienten gewichtet. Der **Gesamtzuchtwert** (T) definiert das **Zuchtziel** quantitativ und setzt sich aus den mit Wirtschaftlichkeitskoeffizienten (w_i) gewichteten Zuchtwerten (Zw_i) der Einzelmerkmale zusammen:

$$T = w_1ZW_1 + w_2ZW_2 + w_3ZW_3 + ... + w_nZW_n$$

Die **Wirtschaftlichkeitskoeffizienten** sollen gewährleisten, daß bei konsequenter Selektion nach Gesamtzuchtwert (= Zuchtziel) der größtmögliche wirtschaftliche Zuchtfortschritt in der Population erzielt wird. Die Standardmethode zur Bestimmung der Wirtschaftlichkeitskoeffizienten ist die Aufstellung von Produktionsfunktionen und deren Ableitung nach den einzelnen Leistungsmerkmalen (Fewson 1994). In die Produktionsfunktionen gehen möglichst alle im Zuchtziel enthaltenen Leistungsmerkmale mit den pro Einheit zu erzielenden Preisen und den Produktionskosten ein. Der Wirtschaftlichkeitskoeffizient gibt die Erhöhung des Gewinns an, die aus der Steigerung des jeweiligen Leistungsmerkmals um eine Einheit resultiert. Tabelle 1-43 enthält Wirtschaftlichkeitskoeffizienten für die Reinzucht beim Fleischschaf (die zugrundeliegenden Preise und Kosten: nach Fewson 1994) und zeigt, daß Mehrlingsgeburten (Nachkom-

Tab. 1-43 Wirtschaftlichkeitskoeffizienten (w_i) für Reinzucht beim Fleischschaf (nach Fewson 1994)

Leistungsmerkmal	μ	s_A	w (DM)	ws_A (DM)
Ablammungen/Mutterschaf	5	0,5	19,89	9,95
Nachkommen/Ablammung	1,5	0,2	446,30	93,26
Absetzgewicht (kg)	20	1,3	30,00	39,00
Masttagezunahme (g)	300	50	1,34	40,20
Schlachttierpreis je kg (DM)	4	0,25	307,50	76,88
Futterverwertung (kg/kg)	3,2	0,3	–70,87	–21,26

μ = Populationsmittel, s_A additive Standardabweichung = s_{ZW}

men/Abstammung) und gute Schlachtkörperqualität (Schlachtpreis je kg) wirtschaftlich am höchsten gewichtet werden.

Bei Gewichtung von Leistungsmerkmalen für Zuchtlinien in Kreuzungsprogrammen (Schweinezucht, Geflügelzucht, Fleischrinderzucht) werden in Vater- und Mutterlinien die Merkmale verschieden (nach Stellung der Linie im Kreuzungsprogramm) gewichtet. In Mutterlinien werden die Reproduktionsmerkmale besonders hoch gewichtet und in Vaterlinien die Produktionsmerkmale. Bei der Zweilinienkreuzung Piétrain Eber x Landrassesau wird die Schlachtkörperqualität im Gesamtzuchtwert der Piétrain-Linie sehr hoch gewichtet und die Zahl der aufgezogenen Ferkel sowie die Fleischbeschaffenheit in der Landrasselinie (2.2.6). Dieses Prinzip gilt analog für Drei- und Vierlinienkreuzungen (Hybridprogramme).

In den Rechenzentren, die über leistungsfähige Computer verfügen, werden bei der Zuchtwertschätzung für mehrere Merkmale die Schätzungen der Teilzuchtwerte für die verschiedenen Merkmale und die Kombination der Teilzuchtwerte mittels Wirtschaftlichkeitskoeffizienten simultan durchgeführt (mit der BLUP-Methode). Die Erweiterung der Zuchtwertschätzung von einem Merkmal auf mehrere Merkmale erfolgt nach dem gleichen Prinzip wie für Einzelmerkmale. Für die Lösung der Bestimmungsgleichungen müssen die Kovarianzen der Zuchtwerte der **verschiedenen Merkmale** (genetische Korrelationen, s. 1.1.10.3 Phänotyp-Genotyp) und die phänotypischen Varianzen und Kovarianzen (phänotypische Korrelationen) bekannt sein. Die im vorhergehenden Abschnitt 1.2.1.2 unter „Bestimmung der Regressionskoeffizienten (b_i) für die Zuchtwertschätzung“ bei Einzelmerkmalen erläuterten Matrizen P und G müssen um die phänotypischen und genetischen Kovarianzen zwischen Merkmalen erweitert und der Vektor für die Wirtschaftlichkeitskoeffizienten (w_i) hinzugefügt werden.

$$[P] \times [b_i] = [G] \times [w_i]$$

Hierdurch erhöht sich der Rechenaufwand für die Zuchtwertschätzung erheblich. Zusätzlich wird bei großen Tierzahlen die Verwandtschaftsmatrix benötigt, da ansonsten verwandte oder ingezüchtete Elterntiere ausgeschlossen werden müßten, was in vielen Herdbuchpopulationen zu erheblichen Informationsverlusten führen würde.

Die Schätzung von Gesamtzuchtwerten mit dem BLUP-Tiermodell hat folgende Vorteile:

- Durch die Nutzung aller Verwandteninformationen im Mehrmerkmalsmodell steigt die Genauigkeit der Zuchtwertschätzung deutlich an.
- Die systematischen Umwelteffekte und das genetische Niveau der Paarungspartner werden bestmöglich ausgeschaltet.
- Die gleichzeitige Schätzung genetischer und umweltbedingter Trends in der Population ist möglich.
- Die Schätzung genetischer Unterschiede zwischen verknüpften Populationen ist möglich. Die Verknüpfung erfordert die gleichzeitige Zuchtwertschätzung von Vatertieren (Nachkommenprüfung) in zwei oder mehreren Populationen.

Die **Genauigkeit der Zuchtwertschätzung** (r_{TI}) wird nach dem gleichen Prinzip wie beim Zuchtwert für Einzelmerkmale bestimmt; sie ist unmittelbar von der

Standardabweichung (s_i) (1.1.12) der dem Gesamtzuchtwert zugrundeliegenden Indizes abhängig. Indizes mit genaueren Prüfungsinformationen haben eine größere Streuung als weniger genaue Indizes aus stark umweltabhängigen Leistungsinformationen oder aus Hilfmerkmalen von entfernten Verwandten. Die Genauigkeit der Zuchtwertschätzung für den Gesamtzuchtwert schwankt wie bei den Einzelzuchtwerten zwischen Null und Eins.

Gesamtzuchtwerte werden in der Praxis als **standardisierte relative Zuchtwerte** veröffentlicht. Häufig werden zusätzlich Teilzuchtwerte der wichtigsten Merkmale (z. B. beim Rind: Milchwert, Fleischwert, Zuchtleistung) angegeben. Bei relativen Zuchtwerten ist der Mittelwert 100 und die Standardabweichung 20 üblich. Der Züchter kann erkennen, daß Tiere mit dem Zuchtwert 120 um eine Standardabweichung über dem Mittel liegen und zu den besten 16 % aller geschätzten Tiere gehören.

1.2.1.4 Durchführung der Zuchtwertschätzung

Die Durchführung der Zuchtwertschätzung wird am deutschen Beispiel erläutert. Die Unterschiede zu Österreich und der Schweiz sind unwesentlich.

Im Tierzuchtgesetz der Bundesrepublik Deutschland vom 22. Dezember 1989 (§2, Abs. (2)) wird der Zuchtwert für Rinder, Pferde, Schweine, Schafe und Ziegen wie folgt definiert: „Der erbliche Einfluß von Tieren auf die Leistungen ihrer Nachkommen unter Berücksichtigung der Wirtschaftlichkeit". Die Zuchtwertschätzung gemäß obiger Definition, die allgemein gültig ist, wird in folgenden Stufen durchgeführt:

- Feststellung von „Leistungen" mittels Leistungsprüfungen, Tierbeurteilungen, Dokumentation von Diagnosen und Therapien, Labortests, Belastungsprüfungen (Challenge tests) etc.
- Speicherung der „Leistungen" in Datenbanksystemen. Hierfür ist die eindeutige Identifikation der geprüften Tiere Voraussetzung und zusätzlich die Möglichkeit der Zuordnung verwandtschaftlicher Beziehungen.
- Schätzung der Einflußfaktoren und anschließende Korrektur der „Leistungen" für nicht genetische Einflüsse (z. B. Alter, Betriebseinfluß etc.), häufig Abweichung vom Vergleichsdurchschnitt.
- Bestimmungen der Regressionskoeffizienzen (b_i), mit denen die zur Verfügung stehenden Informationen („Leistungen" von Vorfahren, Eigenleistungen, Geschwisterleistungen und Nachkommenleistungen) gewichtet werden. Notwendig für die Bestimmung der b-Werte sind neben den verwandtschaftlichen Beziehungen Heritabilitäten und genetische Korrelationen.
- Schätzen von Zuchtwerten für Einzelmerkmale, z. B. für Eiweißmenge (kg), Nettozunahmen (g) etc.
- Schätzen von Zuchtwerten (Indizes) für Merkmalskomplexe mittels Wichtung durch Wirtschaftlichkeitskoeffizienten (z. B. beim Rind Milchwert: Eiweißmenge, Fettmenge; Fleischwert: Nettozunahme, Fleischanteil, Handelsklasse).
- Schätzen von Gesamtzuchtwerten (Gesamtindex), die möglichst alle im Zuchtziel verankerten Merkmale enthalten.

Rekapitulation

- Wahrer Zuchtwert
  Doppelte Abweichung des mittleren Merkmalswerts sehr vieler Nachkommen vom Mittelwert der Population.
- Allgemeiner Zuchtwert (ZW bzw. A)
  Summe der an die Nachkommen weitergegebenen additiven Geneffekte (Durchschnittseffekte). Dient der Erstellung einer Rangfolge bei Reinzucht.
- Ähnlichkeit verwandter Tiere
  Die genetisch bedingte Ähnlichkeit in einem Merkmal beruht auf den additiven Geneffekten (h^2) und dem additiven Verwandtschaftsgrad (a_i).
- Zuchtwertschätzung
  Der allgemeine Zuchtwert kann anhand der Eigenleistung und der genetisch bedingten Ähnlichkeit verwandter Tiere (Vorfahren, Geschwister, Nachkommen) geschätzt werden.
- Spezieller Zuchtwert
  Basiert auf dem durchschnittlichen Merkmalswert spezifischer Anpaarungen und enthält neben den additiven Geneffekten auch Dominanz- und Epistasie-Effekte.
- Umwelteffekte
  werden bei der Zuchtwertschätzung mit statistischen Korrekturverfahren ausgeschaltet (Abweichungen vom Vergleichsdurchschnitt, BLUP-Verfahren). Die zufälligen Umwelteffekte heben sich bei der Bildung von Mittelwerten in Verwandtengruppen (repräsentative Stichproben) gegenseitig auf.
- Regressionskoeffizienten (b_i)
  Der Zuchtwert für einen Probanden kann anhand der Leistungen von Informanden (verwandter Tiere) mit Hilfe von Regressionskoeffizienten geschätzt werden. Die Regressionskoeffizienten sind abhängig von: Heritabilität (h^2) des Merkmals, additive Verwandtschaft Proband zu Informand (a_i), Wiederholbarkeit des Merkmals (W) und Größe der Verwandtschaftsgruppe (n).
- Genauigkeit der Zuchtwertschätzung
  Beziehung zwischen dem wahren und dem geschätzten Zuchtwert bzw. Wiederholbarkeit des geschätzten Zuchtwertes. Wird aus den Regressionskoeffizienten berechnet.
- Gesamtzuchtwert
  Die Zuchtwerte der im Zuchtziel festgelegten Einzelmerkmale werden mit Wirtschaftlichkeitskoeffizienten (w_i) gewichtet und unter Berücksichtigung der genetischen Korrelationen zum Gesamtzuchtwert (Index) zusammengefaßt.
- Durchführung der Zuchtwertschätzung
  Erfolgt in den Stufen: Leistungsprüfung, Speicherung in Datenbank, Korrektur für nicht genetische Einflüsse, Bestimmung der Regressionskoeffizienten, Zuchtwertschätzung für Einzelmerkmale bzw. Gesamtzuchtwert.

Literatur Kapitel 1.2.1

Dempfle, L. (1994): Zuchtwertschätzung. In: Kräußlich (Hrsg.): Tierzüchtungslehre. Eugen Ulmer, Stuttgart.

Fewson, D. (1994): Zuchtplanung. In Kräußlich (Hrsg.): Tierzüchtungslehre. Eugen Ulmer, Stuttgart.

Weiterführende Literatur:

Falconer, D.S. (1984): Einführung in die Quantitative Genetik. UTB, Stuttgart.

Glodek, P. (1994): Genetik quantitativer Merkmale. In: Kräußlich (Hrsg.): Tierzüchtungslehre. Eugen Ulmer, Stuttgart.

Künzi, N. und G. Stranzinger (1993): Allgemeine Tierzucht. UTB, Stuttgart.

1.2.2 Selektion

In der vom Menschen unbeeinflußten Natur wirkt die **natürliche Selektion**. Die unterschiedliche Fertilität von Tieren der Elterngeneration und die unterschiedliche Vitalität zwischen Tieren der Nachkommengeneration führt zu einer Veränderung der Genfrequenz in Populationen mit natürlicher Selektion. Die tierzüchterische Selektion greift aktiv in das Fortpflanzungsgeschehen unserer Nutztiere ein, indem die Zuchttiere nach von den Züchtern „künstlich" festgesetzten Kriterien ausgewählt werden. Deshalb spricht man in diesen Fällen auch von **künstlicher Selektion**. Im Endeffekt werden die fertilen Eltern in zwei Gruppen eingeteilt, die selektierten (ausgewählten), die sich fortpflanzen können und die gemerzten, die von der Fortpflanzung ausgeschlossen werden (Zuchtwahl).

Die Selektion ist die wichtigste züchterische Maßnahme zur Veränderung der genetischen Zusammensetzung von Populationen mit dem Ziel der Verbesserung der Leistung unter Berücksichtigung der Vitalität (1.1.9.5). Letztendlich sind alle züchterischen Aktivitäten auf dieses Ziel gerichtet, und speziell die im Kapitel (1.2.1) beschriebene Zuchtwertschätzung dient ausschließlich dem Zweck, eine Rangfolge für die Selektion der Elterntiere der nächsten Generation aufzustellen. Sie soll dazu dienen, die Zuchttiere auszuwählen, die den höchsten Zuchtfortschritt bzw. Selektionserfolg erwarten lassen. Für die Züchtung ist entscheidend, inwieweit die elterliche Überlegenheit in der Leistungsveranlagung bei den Nachkommen zum Tragen kommen wird.

Bei der positiven Selektion wird bei den Nachkommen eine Verschiebung des Populations-Mittelwertes in der gewünschten Richtung angestrebt (Abb. 1-74). Dabei darf nicht vergessen werden, daß in Selektionsprogrammen die natürliche Selektion nicht gänzlich ausgeschlossen werden kann, da Merkmale, die die Vitalität und Fertilität von Zuchttieren beeinflussen, die züchterische Nutzung von interessanten Tieren verhindern können.

Selektion kann innerhalb von Populationen oder zwischen Populationen erfolgen. Innerhalb von Populationen wird zwischen Selektion in geschlossenen und Selektion in offenen Populationen unterschieden. Selektion in offenen Populationen beinhaltet – im Gegensatz zur Reinzucht oder auch Inzucht in geschlossenen Populationen – die Einfuhr (Immigration) von Genen, die in unterschiedlich starkem Ausmaß erfolgen kann (Veredlungskreuzung, Kombinationskreuzung, Verdrängungskreuzung). Wenn die Migration von Genen in großem Umfang erfolgt, sind die Grenzen zur Selektion zwischen Populationen fließend. Das Problem der Selektion zwischen Populationen oder Rassen ist meist das Fehlen der direkten Vergleichbarkeit. Im Prinzip sind die erforderlichen Daten nur durch gezielte Programme zu erhalten, bei denen zufällig ausgewählte Tiere (und deren Nachkommen) aus beiden Populationen unter gleichen Bedingungen (am besten als Stationsprüfung) in mehreren Leistungsperioden getestet werden.

Man unterscheidet zwischen drei Formen der Selektion, die

- **gerichtete** Selektion mit Auswahl von Tieren, die in der gewünschten Richtung herausragend sind,

- **stabilisierende** Selektion mit Ausgrenzung der extremen Genotypen zur Beibehaltung der Norm der Population,
- **diversifizierende** Selektion, bei der die Extreme untereinander gepaart werden und die Entwicklung in zwei auseinanderlaufende Richtungen geht.

1.2.2.1 Selektionserfolg

Im einfachsten Fall wird innerhalb einer geschlossenen Population auf ein züchterisch interessantes Merkmal selektiert (Beispiel Englisches Vollblut 2.5.4). In der Population kann dann mit Hilfe von Leistungsprüfungen der Mittelwert und die Variation für das Selektionsmerkmal bestimmt werden. Ein von der Reproduktionsrate abhängiger Prozentsatz (Remontierungsquote) der geprüften Zuchttiere wird als Elterntiere selektiert. Häufig sind dies alle Tiere, deren Leistung über einem festgelegten Mindestwert liegt. Der Durchschnitt der selektierten Tiere soll zumindest über dem Durchschnitt der Population liegen. Die Überlegenheit der Zuchttiere in dem betreffenden Merkmal wird als **Selektionsdifferenz (SD)** oder -differential bezeichnet. Die entscheidende biologische Größe für die Selektion ist somit die **Remontierungsquote (p):**

$$p = \frac{\text{Anzahl der für die Weiterzucht benötigten bzw. selektierten Tiere}}{\text{Anzahl der geprüften, zuchtwertgeschätzten, zuchttauglichen Tiere}}$$

Die Remontierungsquote ist der Anteil an der Gesamtpopulation oder der Herde, der für die Erzeugung der nächsten Generation benötigt wird (Abb. 1-81).

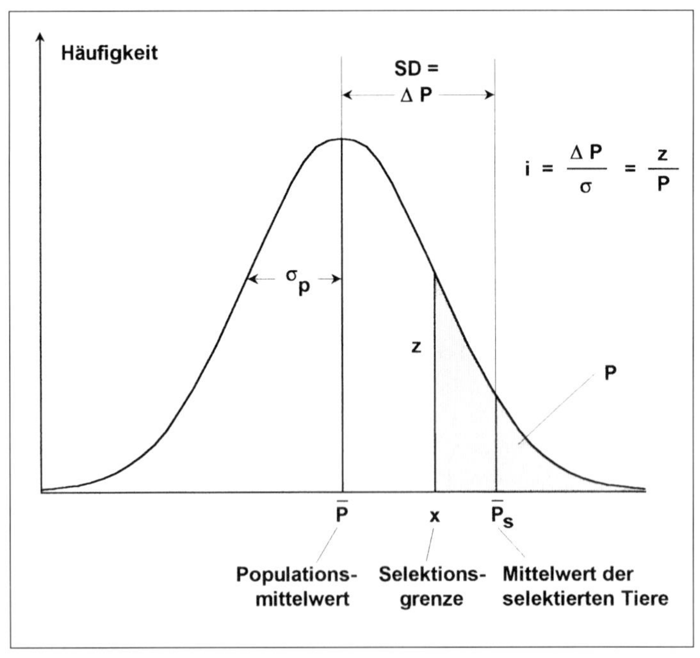

Abb. 1-81 Standardisierte Selektionsdifferenz

Tab 1-44 Remontierungsprozentsatz und Generationsintervall in Nutztierpopulationen

Nutztierart	Remontierung % Elterntiere männlich	Remontierung % Elterntiere weiblich	Generationsintervall (t) in Jahren männl.	weibl.
Milchrind	2-5	50-60	4,5-6,5	5-6,5
Mastrind	3-6	30-50	2,5-4	5-6,5
Schwein	1-2	10-15	1-2	2-3
Schaf	2-4	45-55	3-5	4-4,5
Pferd	2-4	30-45	8-15	8-11

Die Remontierungsquote ist in Nutztierpopulationen bei weiblichen und männlichen Tieren unterschiedlich hoch. Sie kann durch reproduktionsbiologische Techniken (z. B. Künstliche Besamung, Embryotransfer) verändert werden, indem eine Erhöhung der Anzahl Nachkommen pro Elterntier erreicht wird (s. 1.2.4). Die Selektion kann umso effizienter sein, je geringer die Remontierungsquote ist, da dann schärfer selektiert werden kann. In Tabelle 1-44 sind gängige Remontierungsquoten für landwirtschaftliche Nutztiere zusammengestellt.

Als Beispiele für die Errechnung von Remontierungsquoten werden eine Schweinezuchtherde und eine Milchviehherde herangezogen.

In Milchviehherden ist die Remontierungsquote bei weiblichen Tieren abhängig von der Zahl der für den Nachersatz zur Verfügung stehenden weiblichen Kälber bzw. zuchttauglichen Kalbinnen. Sie wird beeinflußt von der Nutzungsdauer (ND) und der Anzahl der überlebenden weiblichen Kälber pro Kuh und Jahr (AWKJ) (2.1.4). Bei einer Nutzungsdauer von 4 Jahren und durchschnittlich 0,45 weiblichen Kälber pro Kuh und Jahr ergibt sich eine Remontierungsquote von

$$p = 1/\, ND \cdot AWKJ$$
$$p = 1/\, 4 \cdot 0{,}45 = 0{,}55 \quad (i = 0{,}72, \text{ nach Tab. 1-45})$$

In einem Zuchtbetrieb mit 50 Zuchtsauen und einer durchschnittlichen Nutzungsdauer von 2,5 Jahren werden pro Jahr 20 Jungsauen zum Ersatz der ausscheidenden Altsauen benötigt. Da in einem guten Zuchtbetrieb von 50 Zuchtsauen etwa 400 für die Aufzucht geeignete weibliche Ferkel pro Jahr zur Verfügung stehen ist die Remontierungsquote von der Prüfungskapazität abhängig. Werden nur 50 Ferkel aufgezogen und geprüft und beträgt der Anteil der zuchttauglichen Tiere 80 %, stehen 40 zuchttaugliche Sauen pro Jahr zur Verfügung. Da 20 Jungsauen benötigt werden, kann die Hälfte selektiert werden und die Remontierungsquote beträgt 0,5 (i = 0,80). Steht eine Prüfkapazität von 250 Tieren pro Jahr zur Verfügung, ist es möglich, die 20 Remontierungssauen aus 200 geprüften zuchttauglichen Tieren auszuwählen und damit die Remontierungsquote auf 0,1 (i = 1,75) zu senken.

Die nächste Frage ist, welcher Selektionerfolg (SE) bei einer bestimmten (von der Remontierungsquote abhängigen) Selektionsdifferenz zu erwarten ist, d.h. wie weit der phänotypische Wert der Nachkommen über dem Mittelwert der

Eltern liegen wird. Da die Regression der Nachkommen auf das Elternmittel gleich der Heritabilität im engeren Sinn ist (s. 1.1.10 und 1.2.1.2) kann bei Selektion aufgrund einer Eigenleistung der Selektionserfolg bzw. der Erwartungswert des Nachkommendurchschnitts wie folgt geschätzt werden:

$$SE = h^2 \cdot SD \qquad \textbf{(1)}$$

Die Heritabilität für das Selektionsmerkmal wird in der Population anhand von Leistungsdaten vorhergehender Generationen geschätzt, z.B. Eltern-Nachkommen-Regression bzw. Geschwisterkorrelation. Änderungen der Heritabilitäten aufgrund selektionsbedingter Veränderungen von Genfrequenzen und wegen der Reduzierung der Varianz werden hier im Interesse der Anschaulichkeit vernachlässigt. In großen Populationen sind diese Änderungen von einer Generation auf die nächste marginal.

Für die Vorausschätzung der Selektionsdifferenz muß vorausgesetzt werden, daß die Phänotypwerte in der Elterngeneration normalverteilt sind und die Selektionsgrenze konsequent eingehalten wird. In diesem Fall ist die SD nur abhängig von der Remontierungsquote und der Standardabweichung des Merkmals (Abb. 1-81). Als Selektionsintensität (i) bezeichnet man die standardisierte Selektionsdifferenz, d.h. SD in Einheiten der Standardabweichung (s_P):

$$SD = i \cdot s_P \qquad \textbf{(2)}$$

$$\Rightarrow SE = i \cdot h^2 \cdot s_P$$

Da gilt $h^2 = s_A{}^2/s_P^2$ ergibt sich aus $h^2 \cdot s_P = s_A{}^2 \cdot s_P/s_P^2 = s_A{}^2/s_P = h \cdot s_A$ (s_A ist die Standardabweichung der allgemeinen Zuchtwerte) und die Formel für den Selektionserfolg kann wie folgt geschrieben werden:

$$\Rightarrow SE = i \cdot h \cdot s_A \qquad \textbf{(3)}$$

Die Selektionsintensität ist gemäß Definition abhängig vom Prozentsatz der ausgewählten Elterntiere.

$$i = \frac{SD}{s_P} = \frac{z}{p} \qquad \textbf{(4)}$$

Der Quotient aus der SD und der phänotypischen Standardabweichung des Selektionsmerkmales (s_P) entspricht dem Quotienten aus der Ordinate (z) der Normalverteilung über der festgelegten Selektionsgrenze (x) und dem Dezimalwert der Remontierungsquote (p) (Abb. 1-81). In Tabelle 1-45 sind für einige Remontierungsquoten die zugehörigen Selektionsintensitäten angeführt. Für die züchterische Praxis muß berücksichtigt werden, daß die theoretisch mögliche Selektionsintensität meist nicht erreicht wird, da neben den im Zuchtziel festgelegten Selektionsmerkmalen bei der Auswahl der Zuchttiere von den Züchtern noch andere Eigenschaften (individuell) berücksichtigt werden.

Die Gleichungen **(1)** bis **(4)** beziehen sich auf den genetischen Fortschritt pro Generation. In vielen Fällen z.B. beim Effizienzvergleich zwischen verschiedenen Zuchtprogrammen, ist der Zuchtfortschritt (SE) pro Jahr wesentlich aussagekräftiger. Um den jährlichen Zuchtfortschritt zu schätzen, muß das Genera-

Tabelle 1-45 Selektionsintensität in Abhängigkeit von der Anzahl selektierter Tiere

Tiere selektiert (%)	Selektionintensität i
80	0,35
60	0,64
40	0,97
20	1,4
10	1,76
5	2,06
3	2,27
1	2,67
0,8	2,74
0,6	2,83
0,4	2,96
0,2	3,17
0,1	3,37
0,01	3,96

tionsintervall (t) einbezogen werden. Das Generationsintervall (s. Tab. 1-44) ist der Abstand in Jahren zwischen zwei aufeinanderfolgenden Generationen, oder anders ausgedrückt, das mittlere Alter der Zuchttiere bei der Geburt der Nachkommen, die sie ersetzen können. Die Länge des Generationsintervalles wird nicht nur vom Alter, in dem die Geschlechts- bzw. Zuchtreife erreicht wird, beeinflußt, sondern auch vom Alter, bei dem die Ergebnisse der Zuchtwertschätzung vorliegen, die für die Selektionsentscheidungen maßgebend sind, sowie vom Alter bei der Durchführung der gezielten Paarung auf dem jeweiligen Selektionspfad.

Der Selektionserfolg pro Jahr ergibt sich aus folgendem Term:

$$SE = \frac{i \cdot h^2 \cdot s_P}{t} \qquad (5)$$

Der Korrelationskoeffizient zwischen Phänotyp und Genotyp ($r_{A,P}$) ist ein Maß für die Genauigkeit der Zuchtwertschätzung. Er ist abhängig von der Genauigkeit der Prüfmethode, der Heritabilität, dem Verwandtschaftsverhältnis zwischen Prüfling und Proband, der Korrelation zwischen den Informationsquellen, der Zahl der Informationsquellen und Umwelteinflüssen (s. 1.2.1.2). Die Berechnung des Selektionserfolges ergibt sich dann wie folgt:

$$r_{A,P} = \frac{s^2_A}{s_A \cdot s_P} = \frac{s_A}{s_P} = h$$

$$SE = \frac{i \cdot h \cdot s_A}{t} = \frac{i \cdot r_{A,P} \cdot s_A}{t} \qquad (6)$$

An einem Beispiel aus der Schweinezucht wird die Berechnung des Selektionserfolges demonstriert. In einer geschlossenen Schweinepopulation werden nur solche Tiere zur Weiterzucht verwendet (männlich und weiblich), die im

Merkmal Rückenspeckdicke besser als der Populationsdurchschnitt sind. Die Remontierungsquote beträgt dann 0,5 ($i = 0,83$); die Heritabilität ist 0,3, die phänotypische Standardabweichung 4 mm und das Generationsintervall 1 Jahr.

$$SE = 0,83 \cdot 0,3 \cdot 4 \text{ mm}/1 = 1 \text{ mm}$$

Zusammenfassend kann also festgestellt werden, daß der Selektionserfolg pro Jahr abhängig ist von
- Selektionsintensität (i)
- Genauigkeit der ZWS ($r_{A,P}$)
- Variabilität der Zuchtwerte (s_A)
- Generationsintervall (t)
- Effektiver Populationsgröße (N_e) (definiert in 1.1.9.5)

Zu beachten ist, daß die geschilderten Zusammenhänge in Populationen mit zu kleiner effektiver Populationsgröße (N_e) nicht gelten. Bei kleiner werdender Populationsgröße sinkt die Selektionsgrenze und der erreichbare Selektionserfolg pro Jahr und das Selektionsplateau wird früher erreicht. Da der Inzuchtkoeffizient steigt, ist auch mit Inzuchtdepression zu rechnen.

Durch Veränderung der Parameter in Formel **(5)** bzw. **(6)** kann der Selektionserfolg beeinflußt werden. Dabei sind die Wirkungen der Veränderung einer Größe auf den Wert der anderen Parameter zu beachten. Wird die Selektionsentscheidung später im Leben der Tiere gefällt, kann eine Nachkommenprüfung durchgeführt werden, wodurch die Genauigkeit der Zuchtwertschätzung steigt. Allerdings führt dies zu einer Verlängerung des Generationsintervalles, die den jährlichen Zuchtfortschritt verkleinert. Zur Optimierung des Selektionserfolges muß $i \cdot r_{AP} / t$ maximiert werden.

In den meisten Fällen ist eine Verlängerung des Generationsintervalls ungünstig. Lediglich bei geschlechtsbegrenzten Merkmalen (Milchleistung) und bei Eigenschaften mit geringer Wiederholbarkeit ist Nachkommenprüfung mit längerem Generationsintervall wegen der sich deutlich erhöhenden Genauigkeit der Zuchtwertschätzung vorteilhaft.

Die in der modernen Tierzucht eingesetzten Reproduktionstechniken (s. 1.1.7) zielen auf eine Steigerung der Selektionsintensität bei konstantem Generationsintervall durch Erhöhung der Zahl an Nachkommen oder auf eine Verkürzung des Generationsintervalles durch frühere Zuchtnutzung. Da bei männlichen Tieren durch den Einsatz der Künstlichen Besamung bereits eine sehr weitreichende Steigerung der Nachkommenzahl erreicht wurde, konzentriert sich die reproduktionsbiologische Forschung derzeit überwiegend auf die weiblichen Tiere.

1.2.2.2 Selektionserfolg in Besamungszuchtpopulationen

In Kapitel 1.2.2.1 wurde unterstellt, daß in beiden Geschlechtern Selektionsintensität und Generationsintervall etwa gleich sind. Wegen der bei einigen Nutztierspezies sehr unterschiedlichen Remontierungsquoten in den Geschlechtern ergibt sich de facto eine unterschiedliche Selektionsdifferenz und auch eine unterschiedliche Selektionsintensität für männliche (m) und weibliche (w) Zuchttiere. Für die Parameter zur Schätzung des Selektionserfolges muß deshalb der Mittelwert für beide Geschlechter herangezogen werden:

$SD_{Eltern} = 1/2\,(SD_m + SD_w)$
und
$i_{Eltern} = 1/2\,(i_m + i_w)$
$t_{Eltern} = 1/2\,(t_m + t_w)$

In Besamungszuchtprogrammen – speziell beim Rind (2.1.10.1, Abb. 2-10 und 2-11) – sind die Verhältnisse komplexer, da die 4 Wege, auf denen der genetische Fortschritt weitergegeben wird, verschieden zum Selektionserfolg beitragen. Rendel und Robertson (1950) haben deshalb das 4-Pfade-Modell konzipiert, in dem sie die 4 Übertragungsmöglichkeiten, vom Vater auf die Söhne (VS) und auf die Töchter (VT) sowie von der Mutter auf die Söhne (MS) und auf die Töchter (MT) getrennt berücksichtigen. Auf jedem dieser 4 Pfade können die Selektionsintensitäten, die Generationsintervalle und die Genauigkeit der Zuchtwertschätzung unterschiedlich sein. Der Selektionserfolg pro Jahr ergibt sich dann aus folgender Formel:

$$SE = \frac{i_{VS} \cdot r_{AP,VS} + i_{MS} \cdot r_{AP,MS} + i_{VT} \cdot r_{AP,VT} + i_{MT} \cdot r_{AP,MT}}{t_{VS} + t_{MS} + t_{VT} + t_{MT}} \cdot s_A$$

1.2.2.3 Indirekter (korrelierter) Selektionserfolg

Die Selektion auf ein Merkmal bewirkt häufig auch Veränderungen in einem oder mehreren anderen Merkmalen. Man spricht in diesen Fällen auch von genetisch korrelierten Merkmalen und von korrelierten Selektionserfolgen. Korrelierte Selektionsergebnisse können günstige und unerwünschte Entwicklungen zur Folge haben (z. B. genetische Antagonismen).

Beispiele für korrelierte Selektionserfolge sind die Verbesserung der Futterverwertung bei Selektion auf Zuwachsleistung beim Broiler und beim Mastschwein. Bei der Selektion auf Hilfsmerkmale werden korrelierte Veränderungen planmäßig genutzt z. B. bei Echolotmessungen der Rückenspeckdicke zur Selektion auf Fettreduktion im Schlachtkörper. Auch bei der Selektion nach Kurzleistungen (z. B. 100-Tage-Leistung der Erstlingskuh an Stelle der gesamten Laktationsleistung oder nach Zellgehalt der Milch zur Verbesserung der Mastitisresistenz) werden genetische Korrelationen im Zuchtprogramm genutzt. Unerwünschte korrelierte Selektionsfolgen sind die Zunahme des Durchmessers der Wollhaare bei Selektion auf höheres Vliesgewicht, die Verminderung der Konzentration der Milchinhaltsstoffe bei Selektion auf Milchleistung oder die (anfangs unerkannte) Zunahme der Streßanfälligkeit beim Schwein durch Selektion auf Muskelfülle (2.2.3.5).

Ursachen für das Auftreten korrelierter Selektionsergebnisse können pleiotrope Wirkungen von Genen sein, wenn ein Gen direkt mehrere Merkmale beeinflußt bzw. sich auf die Expression anderer Gene modifizierend auswirkt (siehe 1.1.8) und genetische Kopplung von Genen bzw. Genorten vorliegt (siehe 1.1.2.1). Je näher benachbarte Genorte auf den Chromosomen beeinanderliegen, umso seltener werden die gekoppelten Allelkombinationen (Haplotypen) durch Crossing over voneinander getrennt. Die Genkopplung wird über Kopplungsmarker zur Selektion genutzt (siehe 1.1.6.7), solange die relevanten Genorte noch nicht identifiziert sind (indirekte Gendiagnose bzw. QTL-Schätzung).

Die Höhe des korrelierten Selektionserfolges ist abhängig von der genetischen Korrelation ($r_{Aij)}$ zwischen den beiden Merkmalen i und j (Tab. 1-33, 1.1.10.3). Die genetische Korrelation ist ein Maß für die Beeinflussung der beiden Merkmale durch dieselben Gene und ihre Größe wird durch populationsgenetische Schätzverfahren ähnlich denen der Heritabilitätsschätzung (s. 1.1.10.3) vorgenommen.

Die Schätzung des korrelierten Selektionserfolges ($SE_{korr.2,1}$= Selektionserfolg im Merkmal 2 bei Selektion auf Merkmal 1) ist abhängig von den beiden Heritabilitätswerten (h_1 und h_2), der genetischen Korrelation ($r_{A1,2}$) zwischen den Merkmalen und der phänotypischen Standardabweichung des korrelierten Merkmals:

$$SE_{korr.2,1} = i \cdot h_1 \cdot h_2 \cdot r_{A1,2} \cdot s_{P2}$$

Im Beispiel wird der korrelierte Selektionserfolg im Merkmal Fettprozent bei Selektion auf Milchmenge geschätzt. Die Selektionsintensität i sei 0,83, die Heritabilität (h^2) für die Milchmenge 0,25 (h = 0,5) und für Fettprozent 0.5 (h = 0,7), die genetische Korrelation zwischen beiden Merkmalen betrage –0,2 und die phänotypische Standardabweichung für Fettprozent 0,3.

$$SE_{korr.\,F\,\%,MM} = 0{,}83 \cdot 0{,}5 \cdot 0{,}7 \cdot (-0{,}2) \cdot 0{,}3\,\% = -0{,}017\,\%$$

Bei alleiniger Selektion auf Milchmenge ist pro Generation eine Senkung des Fettgehaltes um –0,017 % zu erwarten.

Um den Gesamterfolg der direkten Selektion auf Merkmal 1 zu ermitteln, müssen die erwarteten Selektionsergebnisse in den beiden Merkmalen unter Einbeziehung des Grenznutzens monetär gewichtet werden, was bei der Indexselektion gewährleistet ist (s. 1.2.1.3)

1.2.2.4 Selektion auf mehrere Merkmale

Fast immer besteht in der praktischen Tierzucht der Wunsch bzw. die Notwendigkeit, mehrere Merkmale züchterisch zu verbessern. Wenn auf zwei oder mehrere Merkmale gleichzeitig selektiert werden soll, gibt es im Prinzip drei Möglichkeiten: die Tandemselektion, die Selektion nach unabhängigen Selektionsgrenzen und die Selektion nach abhängigen Selektionsgrenzen (Indexselektion).

Bei der **Tandemselektion** wird nacheinander auf die verschiedenen Merkmale selektiert, d.h. in einer Periode, in der Regel über mehrere Generationen, wird nur auf ein Merkmal selektiert ohne Berücksichtigung der anderen Merkmale. Die anderen Merkmale werden in folgenden Generationen ebenfalls einzeln selektiert. Zur Berechnung des Selektionserfolges pro Merkmal und Jahr muß der jeweilige Selektionserfolg durch die Zahl der Merkmale bzw. Generationen dividiert werden.

Bei der **Selektion nach unabhängigen Selektionsgrenzen** wird für jedes Merkmal ein Mindestwert festgelegt, den die Zuchttiere überschreiten müssen um selektiert zu werden. Dabei gilt, daß diese Mindestwerte Ausschlußkriterien sind, d.h. ein Zuchttier muß alle Mindestwerte erfüllen, um nicht gemerzt zu werden (Abb. 1-82). Ein Ausgleich des Nichterreichens des Mindestwertes in einem Merkmal selbst durch eine extrem hohe Leistungsveranlagung in einem anderen Merkmal ist nicht möglich.

Durch die gleichzeitige Berücksichtigung von n Merkmalen sinkt die Remontierungsquote je Merkmal auf $p^{1/n}$. Wird beispielsweise auf zwei Merkmale selektiert und können 20 % (Remontierungsquote 0,20) als Zuchttiere selektiert werden, so ist die Remontierungsquote für jedes einzelne Merkmal nur ca. 0,45 (0,45 · 0,45 = 0,2025). Der Selektionserfolg je Selektionsmerkmal sinkt mit der Zahl der Merkmale, wobei aber zu beachten ist, daß die Reduzierung nicht linear ist (bei p = ,20 beträgt i = 1,4 und bei p = ,45 beträgt i = 0,88).

Die **Selektion nach abhängigen Selektionsgrenzen** (Abb. 1-82) bzw. die **Indexselektion** ist die effizienteste Form der gleichzeitigen Selektion auf mehrere Merkmale. Wie bereits in Kap. 1.2.1.3 ausgeführt, werden bei der Ermittlung des Selektionsindexes die einzelnen Merkmale nach ihrer Heritabilität **und** nach ihrer wirtschaftlichen Bedeutung gewichtet. Außerdem werden auch die indirekten Selektionswirkungen miteinbezogen. Auch bei der Indexselektion wird jedes Einzelmerkmal in geringerem Maße verbessert als bei alleiniger Selektion auf dieses Merkmal. Die Reduzierung des Zuchtfortschrittes pro Merkmal ist abhängig von der Zahl der im Index berücksichtigten Merkmale und beträgt $k^{-1/2}$. So ist beispielsweise bei 2 oder 3 gleich gewichteten Merkmalen der Fortschritt pro Merkmal nur 71 % oder 58 % des maximal möglichen Selektionserfolges bei Selektion auf ein einziges Merkmal. Grundsätzlich muß bei Selektion auf mehrere Merkmale auch berücksichtigt werden, ob diese Selektion wirklich sinnvoll bzw. möglich ist oder ob nicht etwa die gewünschten Merkmale negativ korreliert sind.

In allen Fällen mit Selektion auf mehrere Merkmale ist grundsätzlich der Selektionsindex der Selektion nach unabhängigen Selektionsgrenzen und diese der Tandemselektion absolut überlegen, wobei die relative Überlegenheit unterschiedlich stark ausfallen kann.

An einem Beispiel soll die Auswirkung verschiedener Selektionsverfahren für zwei Merkmale (Abb. 1-82) demonstriert werden. In einer Population sei der Durchschnitt in der Laktationsleistung 4000 kg Milch mit 4 % Fett. Die Grenzwerte bei Selektion nach unabhängigen Selektionsgrenzen sollen 4500 kg bzw. 4,2% betragen. Die Gewichtungsfaktoren für die Indexselektion sollen 3 für Laktationsleistung und 2000 für Fettprozent betragen. Drei Kühe (Kuh 1: 4600 kg, 4,3 %; Kuh 2: 5700 kg, 3,8 % und Kuh 3: 4400 kg, 4,7 %) haben nach den gewichteten Abweichungen folgende Indexwerte:

Kuh 1: 2400 <—-(4600–4000)·3 + (4,3–4,0)·2000 = 1800 + 600 = 2400,
Kuh 2: 4700
Kuh 3: 2600.

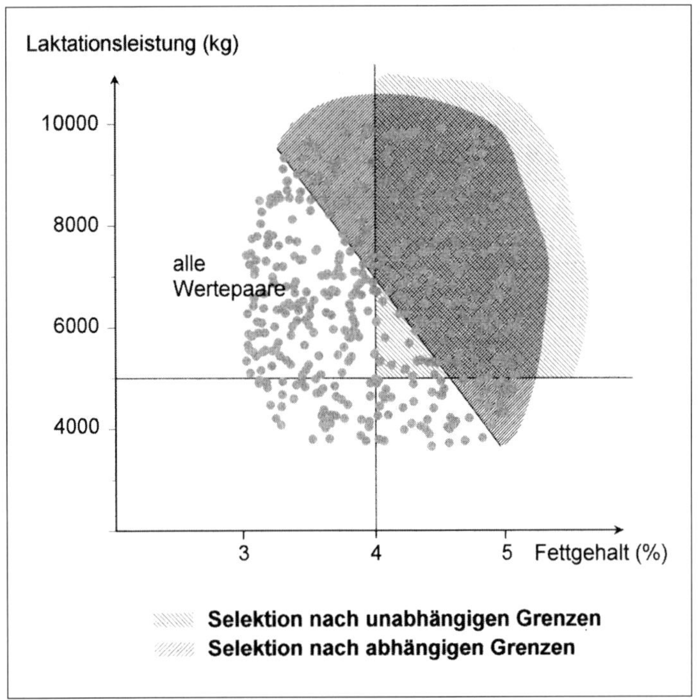

Abb. 1-82 Schematische Darstellung der Selektion nach unabhängigen und nach abhängigen Selektionsgrenzen

Bei Selektion nach unabhängigen Selektionsgrenzen würde Kuh 2 gemerzt werden. Diese Kuh hat aber den höchsten Indexwert, weil sie im Merkmal Milchmenge eine herausragende Leistung aufweist.

1.2.2.5 Selektionsmethoden

Neben den Informationen, die vom Tier selbst vorliegen (z. B. Eigenleistungen), können fast immer Informationen von Verwandten genutzt werden, was in der Tierzucht aus mehreren Gründen sehr wichtig ist:

Bei einer Reihe von Merkmalen kommt es nur bei einem Geschlecht zur Merkmalsausprägung. Das prägnanteste Beispiel ist sicherlich die Milchleistung. Die Selektion von Stieren kann deshalb nicht auf Grund eigener Leistungsdaten erfolgen, weshalb die Daten von verwandten weiblichen Tieren bzw. von den Töchtern eines Stieres für die Selektion verwendet werden. Für viele tierzüchterisch wichtige Merkmale ist die Heritabilität niedrig. In diesen Fällen ist die Einbeziehung von Verwandteninformationen sehr hilfreich, da sie zu einer deutlichen Steigerung der Genauigkeit der Zuchtwertschätzung führen kann.

Wichtige Selektionsmethoden sind die Individualselektion, die Massenselektion, die Familienselektion, die Geschwisterselektion, die Nachkommenprüfung und die Intra-Familien-Selektion.

Bei **Individualselektion** werden Individuen nur aufgrund ihrer eigenen phänotypischen Werte selektiert. **Massenselektion** ist ein anderer Begriff für Individualselektion und wird vor allem dann benutzt, wenn die Tiere zwar nach individuellen Leistungen selektiert worden sind, aber die Selektierten dann zur Erzeugung der nächsten Generation zufällig untereinander verpaart werden.

Wird die Selektionsentscheidung anhand von phänotypischen Familienmittelwerten getroffen und werden ganze Familien selektiert oder gemerzt, handelt es sich um **Familienselektion**. Vor allem bei niedriger Heritabilität ist die Familienselektion vorteilhaft, da die zufälligen Umweltabweichungen der einzelnen Familienmitglieder sich großteils aufheben und das phänotypische Familienmittel ein gutes Maß für das genotypische Familienmittel ist. Wenn allerdings die Leistungen in den einzelnen Familien wesentlich von gemeinsamen Umweltkomponenten beeinflußt werden, werden die genetischen Unterschiede zwischen den Familien maskiert, und die Effizienz dieser Selektionsmethode nimmt stark ab. Auch ist Familienselektion nur dann erfolgreich einzusetzen, wenn die Familiengröße nicht zu klein ist. In kleinen Familien sind die zufälligen Schwankungen, die durch einzelne Familienmitglieder ausgelöst werden können, zu groß und das Familienmittel ist dann kein ausreichend guter Schätzwert für den genotypischen Wert der Familie. Zusammenfassend bleibt festzustellen, daß Familienselektion günstig sein kann, wenn die Heritabilität des Selektionsmerkmals gering ist (z. B. Krankheitsresistenz), die gemeinsame Umweltkomponente klein ist und die Familien ausreichend groß sind.

Das Gegenteil der Familienselektion ist die **Intra-Familien-Selektion**. Selektiert werden dabei diejenigen Tiere innerhalb einer Familie, die die höchste Abweichung vom Familienmittel aufweisen. Die absolute Größe des Familienmittels spielt keine Rolle, da die Selektionsentscheidungen immer nur innerhalb der Familie getroffen werden. In **jeder** Familie wird eine bestimmte Anzahl an Tieren selektiert. Die Intra-Familien-Selektion ist dann vorteilhaft, wenn die Familien großen gemeinsamen Umweltkomponenten unterliegen. Die Familienselektion würde hier zu starken Verzerrungen führen, da die Selektion der besten Familien zu einem großen Teil auf einer günstigen gemeinsamen Umweltkomponente beruhen würde. Bei Selektion innerhalb der Familie spielt die gemeinsame Umwelt aber keine Rolle und die Chance, die genetisch besten Tiere zu selektieren, ist dementsprechend hoch. Auf die möglichen Probleme mit ansteigendem Inzuchtgrad wird hingewiesen.

Geschwisterselektion ist ein Spezialfall der Familienselektion, bei dem die selektierten Geschwister nicht zum Schätzwert des Familienmittels beigetragen haben, weil sie z. B. dieses Merkmal nicht ausprägen können (s. 2.2.5, Geschwisterprüfung an Stationen).

Eine der wichtigsten Selektionsformen in der Tierzucht ist die Selektion auf Grund einer **Nachkommenprüfung**. Das Selektionskriterium ist hier der Mittelwert der Nachkommen eines Tieres. Der große Vorteil der Nachkommenprüfung liegt darin, daß durch die relativ große Zahl der Nachkommen eines (meist männlichen) Individuums sehr gute Schätzwerte für den Zuchtwert des Eltern-Individuums erhalten werden können. Auch kann hier der Nachteil der Nichtausprägung eines Merkmals in einem Geschlecht überwunden werden, indem die Nachkommen mit dem alternativen Geschlechts geprüft werden. Das wichtigste Beispiel für diese Selektionsmethode ist das Nachkommenprüfprogramm von Besamungsstieren zur Ermittlung von Zuchtwerten für Milchleistungsmerkmale und eventuell auch weibliche Fruchtbarkeitsleistung (s. 1.2.1.2 und 2.1.9).

Von Nachteil bei der Nachkommenprüfung ist die erhebliche Verlängerung des Generationsintervalles, da in den meisten Fällen die zur Prüfung benötigten Nachkommen selbst bereits erwachsen sein müssen oder schon wieder Nachkommen haben müssen (z. B. Laktationsleistung der Töchter). Andererseits ist für viele Merkmale die durch die Nachkommenprüfung erzielbare Steigerung der Genauigkeit der Zuchtwertschätzung so groß, daß trotz Verlängerung des Generationsintervalles der erreichbare Selektionserfolg wesentlich gesteigert wird.

Rekapitulation

- Natürliche (a) und Künstliche (b) Selektion
  (a) unterschiedliche Fertilität und Vitalität führen zu Genfrequenzveränderungen,
  (b) aktiver Eingriff in das Fortpflanzungsgeschehen durch Auswahl der Zuchttiere nach „künstlich" festgelegten Kriterien
- Remontierungsquote
  Anteil der Tiere, die für die Erzeugung der nächsten Generation benötigt werden; sie ist abhängig von der Zahl der zur Verfügung stehenden (weiblichen) Tiere und der Prüfungskapazität
- Genauigkeit der Zuchtwertschätzung
  Maß ist der Korrelationskoeffizient zwischen Phänotyp und Genotyp, sie ist abhängig von Prüfmethode, Heritabilität, Verwandtschaftsverhältnissen und Informationsquellen
- Bestimmungsfaktoren des jährlichen Selektionserfolges
  Selektionsintensität, Genauigkeit der Zuchtwertschätzung, Variabilität der Zuchtwerte, Generationsintervall(e), effektive Populationsgröße
- Indexselektion
  Selektion nach abhängigen Selektionsgrenzen, Wichtung der einzelnen Merkmale nach Heritabilität und wirtschaftlicher Bedeutung, Einbeziehung indirekter Selektionswirkungen
- Nachkommenprüfung
  Selektionskriterium ist der Mittelwert der Nachkommen eines Tieres, sehr gute Schätzwerte für den Zuchtwert, Selektion auf Merkmale, die beim Zuchttier nicht ausgeprägt werden können, nachteilig ist die Verlängerung des Generationsintervalles

Literatur Kapitel 1.2.2

Rendel, J. and A. Robertson (1950): Estimation of genetic gain in milk yield by selection in a closed herd of dairy cattle. J. Genet., **50**, 1-8.

1.2.3 Kreuzung

Kreuzung ist die Paarung von Individuen verschiedener Populationen, wobei es sich um verschiedene Linien, Rassen oder sogar Arten handeln kann. Kreuzung ist nach der Selektion (die innerhalb von Populationen stattfindet), die zweitwichtigste Methode zur Nutzung genetischer Variation. Nach dem Dominanzmodell (1.1.10.2 und 1.2.1.1) führt der Heterozygotiezuwachs zu einer zunehmenden Heterosis. Heterosis kann als Gegenteil der Inzuchtdepression aufgefaßt werden. Die Leistungssteigerung durch Heterosis entspricht der durch Homozygotie in den Inzuchtlinien verursachten Inzuchtdepression. Das Phänomen der Überdominanz, also die Überlegenheit der heterozygoten gegenüber den homozygot dominanten Tieren kann bei Einfachkreuzungen als Beitrag zur Heterosis eine Rolle spielen. Insbesondere bei Eigenschaften mit niedriger Heritabilität können Überdominanzeffekte vor allem die Umweltadaptationsfähigkeit verbessern.

Im allgemeinen ist – wie erwähnt – bei Kreuzungstieren der Heterozygotiegrad gegenüber den Ausgangstieren erhöht. Wirkungen günstiger Gene sind meist dominant über die Wirkungen ungünstiger Gene. In Reinzuchtlinien sind nach dem Dominanzmodell viele Genorte homozygot, d.h. in einem Teil dieser Linien sind an diversen Genorten die positiven Gene homozygot, an anderen aber die negativen. Unterstellt man, daß die Genfrequenz der positiven und der ungünstigen Allele in den Ausgangslinien unterschiedlich hoch war, werden die Kreuzungen dieser Linien dann an vielen Genorten heterozygot sein. Die Wirkung der homozygot positiven Genorte bleibt bei Dominanz des positiven Gens auch im Heterozygoten unverändert hoch. An den vorher homozygot negativ besetzten Genorten der einen Ausgangslinie entstehen heterozygote Konstellationen, die einen positiven Phänotyp ausprägen. Daraus ergibt sich, daß die Nachkommen aus der Kreuzung der beiden Ausgangslinien über mehr Genorte verfügen, die zumindest ein günstiges Allel tragen. Dadurch kann die Gesamtleistung dieser Tiere sogar über der des besseren Elternteils (Ausgangslinie) liegen, da die Effekte der ungünstigen Allele reduziert werden. Wenn an einzelnen Genorten Überdominanz auftritt, wird der Heterosiseffekt bei den Kreuzungsnachkommen noch verstärkt.

Im Prinzip sollte es bei Gültigkeit der Dominanzhypothese bei Fehlen von Überdominanz möglich sein, in geschlossenen Populationen durch Inzucht, Selektion, Kreuzung und erneute und wiederholte Inzucht die Frequenz der günstigen Allele soweit zu erhöhen, daß eine derart züchterisch bearbeitete Population in den untersuchten Merkmalen besser ist, als die beste Kreuzung. Damit wäre Kreuzungszucht überflüssig. Als Voraussetzung müßte allerdings unterstellt werden, daß keine Kopplung günstiger und ungünstiger Gene vorliegt. Ein weiterer Nachteil dieses Verfahrens wäre weiterhin der doch ziemlich große Zeitaufwand, der investiert werden müßte, um in einer geschlossenen Reinzuchtpopulation den gleichen Effekt wie in einer Kreuzungsnachkommenschaft nach einer Generation zu erhalten. Von Vorteil wiederum wäre die Stabilität des dann erreichten Selektionserfolges, der von Generation zu Generation weitergegeben werden könnte. Überdominanzeffekte können hingegen nur durch Embryonalklonierung stabil weitergegeben werden (1.1.7.4.3).

Bei Kreuzungen zwischen stark unterschiedlichen Ausgangslinien können zusätzlich auch epistatische Wirkungen (1.1.1.5) eine erhebliche Rolle spielen. Epistatische Wirkungen können aber, vor allem in fortgeschrittenen Kreuzungsgenerationen auch einen Leistungsrückgang zur Folge haben, wenn die ursprünglichen Genkombinationen durch Rekombination voneinander getrennt werden. Diese Verluste von günstigen Epistasieeffekten werden als Rekombinationsverluste bezeichnet.

Bei positiver Heterosis ist die Durchschnittsleistung (bezogen auf ein bestimmtes Merkmal) der Kreuzungsnachkommen besser als der Durchschnitt der beiden Elternpopulationen

$$H = \overline{P}_{AB} - 1/2(\overline{P}_A + \overline{P}_B)$$

H = Heterosis

$\overline{P}_{AB}$ = Durchschnittsleistung der Kreuzungsnachkommen

$\overline{P}_A$, $\overline{P}_B$ = Durchschnitt der Elternpopulationen A bzw. B

Heterosis tritt nur auf, wenn zusätzlich zur additiven genetischen Varianz auch Dominanzvarianz (V_D) und epistatische Varianz (V_I) vorhanden sind (Dominanz- und Überdominanzmodell) (1.1.10.2). Kombinationseffekte beruhen auf der Kombination der Eigenschaften bzw. Leistungen von genetisch verschiedenen Ausgangslinien durch deren Kreuzung. Es werden allgemeine (= additive Genwirkung) und spezifische (= nicht-additive Genwirkungen) Kombinationseffekte unterschieden (1.2.1.1). Deshalb werden an die Vater- und Mutterlinien zur Nutzung der Kombinationseffekte verschiedene Leistungsanforderungen gestellt und bei der Auswahl der Elterntiere bzw. -linien oder -rassen zur Erstellung der Kreuzungsprodukte entsprechend berücksichtigt.

Bei den Heterosiseffekten ist zwischen paternaler (väterlicher), maternaler (mütterlicher) und individueller Heterosis zu unterscheiden, die für die verschiedenen Eigenschaften (Fruchtbarkeit, Vitalität etc.) von Bedeutung ist. Heterosis hat nur mittlere Bedeutung für Wachstumseigenschaften und fehlt oder hat nur geringe Bedeutung für Qualitätseigenschaften wie z. B. Eiqualität, Rückenspeckdicke etc.. Deshalb wird Kreuzungszucht vor allem dann in Erwägung gezogen, wenn Eigenschaften mit deutlichem Heterosiseinfluß von Bedeutung sind. Dies gilt insbesondere für die Erstellung von Mastendprodukten wie z. B. beim Schwein, wo die Fruchtbarkeit und Aufzuchtleistung der Sauen auf der einen und die Mast- und Schlachtleistung der Mastschweine auf der anderen Seite von erheblicher Bedeutung sind (2.2.6), und es gilt für die Legeleistung von Hühnern, die primär ein Merkmal des Reproduktionsgeschehens ist. Deshalb kann durch Kreuzungszucht in diesem Merkmal eine bedeutende Steigerung erzielt und die Produktivität direkt entscheidend verbessert werden..

Grundsätzlich kann man folgende Kreuzungszuchtverfahren unterscheiden:

- Gebrauchskreuzungen
  Diskontinuierliche Kreuzungsverfahren
  Kontinuierliche Kreuzungsverfahren

- Kreuzung in offenen Populationen
  Veredlungskreuzung
  Kombinationskreuzung bzw. Bildung neuer „synthetischer" Rassen
  Verdrängungskreuzung

Naheliegenderweise ist in der Nutztierzucht die Erstellung und Verwendung von speziellen Linien- oder Inzuchtpopulationen anders als etwa in der Versuchstier- oder Pflanzenzucht und wegen der dabei auftretenden Probleme (Zeitbedarf, Inzuchtdepression) nur in seltenen Ausnahmefällen möglich. Die vorhandenen Rassen sind aber ohnehin meist schwach ingezüchtet und unterscheiden sich deutlich genug voneinander, um nach geeigneten Kombinationsmöglichkeiten zu suchen und diese in Kreuzungsprogrammen nutzen zu können.

1.2.3.1 Gebrauchskreuzungen

Grundsätzlich wird bei Gebrauchskreuzungen zwischen diskontinuierlichen und kontinuierlichen Verfahren unterschieden. Diskontinuierliche oder Terminalkreuzungen sind Gebrauchskreuzungen aus zwei oder mehreren Populationen, bei denen das Produkt aus der letzten Kreuzung ein Endprodukt darstellt, das zwar für die Produktion aber nicht für die Weiterzucht verwendet wird. Bei den kontinuierlichen Kreuzungsverfahren wird mit den jeweiligen Kreuzungsprodukten nach Programm weitergezüchtet.

Ziel der Gebrauchskreuzungsverfahren ist sowohl die Kombination guter Leistungseigenschaften der Elternpopulationen, die sich in den Endprodukten in idealer Weise ergänzen, als auch die Nutzung der Heterosis. Vorteile der Gebrauchskreuzungen sind die großen aber nur einmal erreichbaren Zuchtfortschritte bei den Nachkommen gegenüber den Ausgangsherkünften. Nachteilig ist der relativ hohe Aufwand für die Sicherstellung der organisatorischen Abläufe.

1.2.3.1.1 Terminalkreuzungen

Bei den Terminalkreuzungen (Abb.1-83) unterscheidet man u.a. zwischen:
- Einfachkreuzungen bzw. Einfachgebrauchskreuzungen
- Reziproker rekurrenter Selektion auf Kreuzungsleistung
- Rückkreuzung
- Dreifachkreuzung (Dreilinienkreuzung)
- Vierfachkreuzung (Vierlinienkreuzung)

Bei **Einfachkreuzungen** nutzt man neben den additiv genetischen Effekten der Elternpopulationen die jeweiligen maternalen und paternalen Effekte sowie die individuellen Heterosiseffekte. Bei Einfachkreuzungen wird die volle Heterosis für Mastleistung und Vitalität erzielt. So wird beispielsweise eine fruchtbare Mutterlinie mit einer stark bemuskelten Vaterlinie gekreuzt. Dabei ist auch von Bedeutung, welche Rasse als Vater und welche als Mutter Verwendung findet (Stellungseffekte), insbesondere wenn die mitochondriale oder geschlechtschromosomale Vererbung eine Rolle spielen.

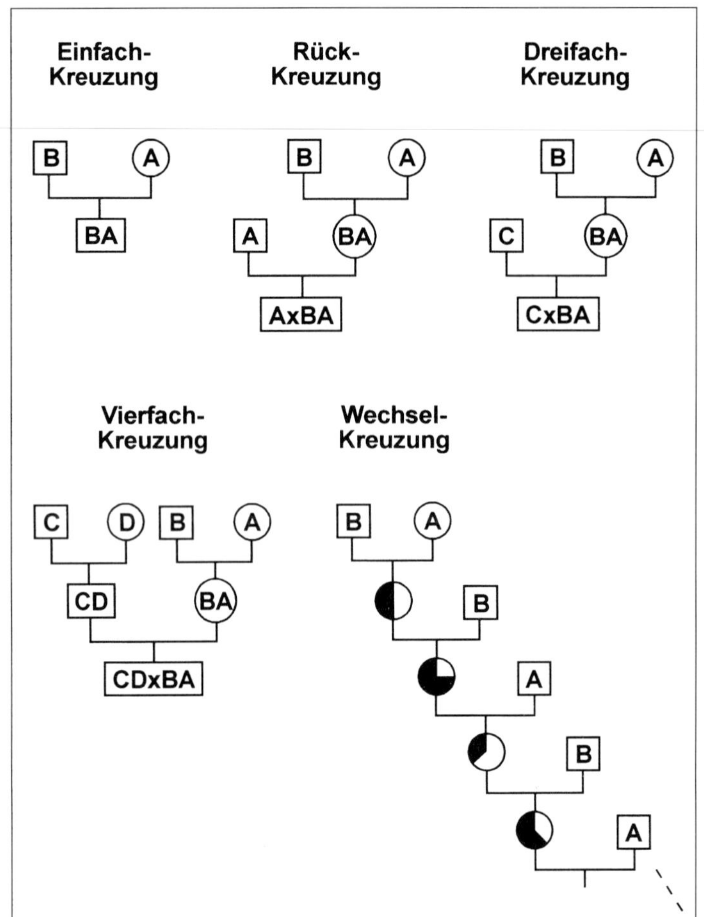

Abb. 1-83 Schematische Darstellung von Terminal- und Wechselkreuzungen

Bei der **Reziproken Rekurrenten Selektion (RRS)** (Abb. 1-84) soll vor allem die nicht-additiv genetische Varianz züchterisch genutzt werden, indem fortlaufend versucht wird, die individuelle Kombinationseignung zu verbessern. Sie ist zweifellos das aufwendigste Kreuzungsverfahren. Im Prinzip wird folgendermaßen vorgegangen:

- Auswahl der Reinzucht-Elterntiere der beiden Rassen in Merkmalen ohne Heterosiserwartung und deren reziproke Testverpaarung. Anschließend Verpaarung der Elterntiere innerhalb der Rassen zur Erstellung von reingezüchteten Nachkommen.
- Aufzucht und Leistungsprüfung der Kreuzungsnachkommen. Selektion der Reinzuchtvorfahren aufgrund der väterlichen und mütterlichen Kreuzungshalbgeschwister in Merkmalen mit Heterosiserwartung und aufgrund von Reinzuchtleistungen in Merkmalen ohne Heterosiserwartung.
- Paarung zur Durchführung der reziproken Testkreuzungen
- Reinzuchtpaarungen zur Reproduktion der Zuchtlinien

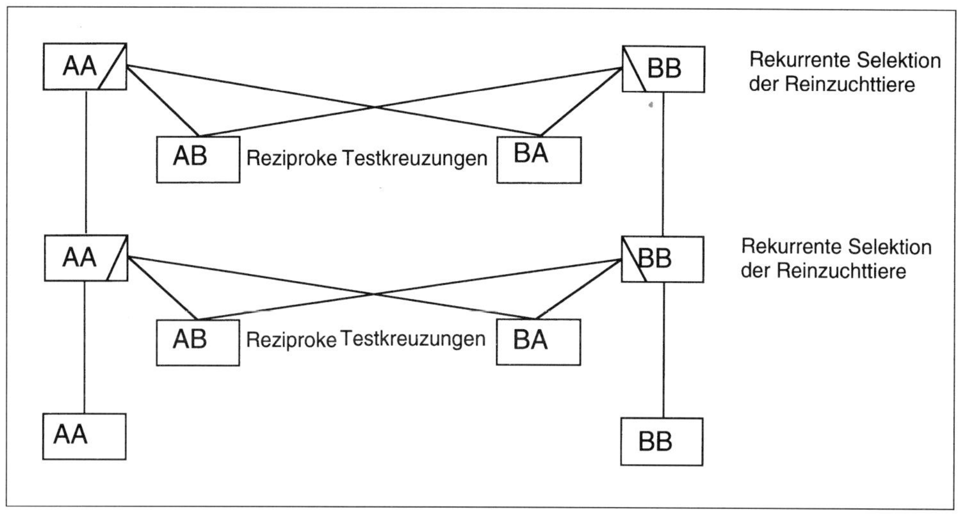

Abb. 1-84 Reziprok-rekurrente Selektion

Die RRS wird vor allem bei Zuchtprogrammen von Legehennen genutzt, weil in diesen Fällen die gesamte Zuchtarbeit in einer Hand, bei einem in aller Regel privatwirtschaftlich geführten Zuchtunternehmen liegt, wodurch die notwendige straffe Planung und Durchführung leichter zu gewährleisten ist (2.4.6).

Rückkreuzungen (Abb. 1-83) sind ebenfalls Zweirassenkreuzungen, bei denen aber im Gegensatz zur einfachen Kreuzung die weiblichen F_1-Tiere an männliche Tiere einer der beiden Elternrassen rückgekreuzt werden. Der Vorteil von Rückkreuzungen ist, daß trotz der Beteiligung von nur zwei verschiedenen Rassen auf der weiblichen Seite maternale Heterosiseffekte beim Muttertier genutzt werden können. Die individuellen Heterosiseffekte der Nachkommen sind allerdings im Vergleich zur Einfachkreuzung reduziert.

Das häufigste Beispiel für Rückkreuzungen findet sich in der Schweinezucht von Ländern, die auf die Bacon-Produktion spezialisiert sind. Einfach-Kreuzungssauen der Rassen Large White oder Landrace mit Yorshire bzw. Edelschwein werden mit Ebern der Rassen Large White oder Landrace belegt. Die Produkte der Rückkreuzungen haben speziell in den Merkmalen Magerfleischanteil, Schlachtkörperwert und Fleischbeschaffenheit deutliche Vorteile.

In der **Dreirassenkreuzung** (Abb. 1-83) werden (weibliche) F_1-Kreuzungstiere mit männlichen Tieren einer dritten Rasse gekreuzt. Bei **Vierrassenkreuzungen** (Abb. 1-83) sind auch die Vatertiere, die an die F_1 weiblichen Tiere angepaart werden, Einfachkreuzungstiere.

Mit Hilfe dieser Mehrfachgebrauchskreuzungen kann eine hohe Ausnutzung der Heterosiseffekte und die Nutzung komplementärer Populationsdifferenzen erfolgen. Diese Kreuzungsverfahren nutzen, wie bereits bei der Rückkreuzung geschildert, die Heterosiseffekte bei Fruchtbarkeit und Aufzuchtleistung der Muttertiere. Bei der Vierrassenkreuzung werden neben der verbesserten Vitalität überdies die paternale Heterosis in Merkmalen, die für Vatertiere typisch sind, also beispielsweise Merkmale der Spermienmenge und -qualität oder der Deckbereitschaft, genutzt. Da der Aufwand für die Erstellung von Kreuzungsvatertieren nicht unerheblich ist, muß deren positiver Effekt tatsächlich auch deutlich genug sein, um den zusätzlichen Aufwand zu rechtfertigen.

Drei- und Vierfachkreuzungen spielen in der Schweinezucht eine große Rolle. So werden beispielsweise F_1-Kreuzungssauen aus Edelschwein und veredeltem Landschwein mit Pietrain-Ebern belegt (2.2.6). Neben der Schweinezucht spielt die Mehrfachgebrauchskreuzung beim Geflügel eine eminent große Rolle (2.4.6).

Auch in der Fleischrinderzucht werden Dreirassenkreuzungen durchgeführt, wobei hier insbesondere kleine Kreuzungskühe aus Angus und Hereford oder Shorthorn mit fleischwüchsigen Vaterrassen wie Fleckvieh oder Charolais verpaart werden. Auch besonders hitzetolerante Kreuzungskühe, die Zebu-Blutanteile enthalten, werden mit fleischbetonten Bullen verpaart.

1.2.3.1.2 Kontinuierliche Kreuzungsverfahren

Bei kontinuierlichen Kreuzungsverfahren (Abb. 1-83) wird grundsätzlich mit den weiblichen Kreuzungstieren weitergezüchtet. Der Vorteil dieser Verfahren liegt deshalb auch im geringeren Aufwand, da zumindest auf der weiblichen Seite keine reinrassigen Tiere mehr gezüchtet werden müssen, sobald das Programm angelaufen ist. Die wichtigsten kontinuierlichen Kreuzungsverfahren sind
- Wechselkreuzung
- Rotationskreuzung
- Terminal-Rotationskreuzung

Ein großer Vorteil dieser Verfahren ist, daß mit weiblichen Tieren vorhandener Rassen begonnen werden kann. Die weiblichen Tieren der jeweiligen Kreuzungsstufe werden immer weiterverwendet, d.h. die Remontierung erfolgt aus dem eigenen Bestand. Insgesamt bleibt ein hoher Heterosisanteil erhalten und selbst die maternale Heterosiskomponente kann bereits in der Wechselkreuzung, also bei nur zwei beteiligten Rassen, genutzt werden.

Die männlichen Tiere stammen bei der **Wechselkreuzung** von zwei verschiedenen Rassen, die abwechselnd in aufeinanderfolgenden Generationen zum Einsatz kommen (Criss-cross). Werden auf der männlichen Seite drei oder mehr verschiedene Rassen genutzt, handelt es sich um eine **Rotationskreuzung**, wobei immer die Vaterrasse eingesetzt wird, deren Genanteil in den Müttern gerade am geringsten ist. Je mehr verschiedene Rassen als Vatertiere eingesetzt werden, umso größer ist der Aufwand, da diese in Reinzucht gezogen werden müssen. Bei Nutztierspezies, in denen erfolgreich mit künstlicher Besamung gearbeitet wird, ist dieser Nachteil nicht so erheblich. Wenn aber die Kreuzungsnachkommen durch Natursprung gezeugt werden sollen, muß die Bereitstellung einer ausreichend großen Zahl geeigneter reinrassiger Vatertiere gesichert sein.

Bedingt durch das Kreuzungsschema haben die Kreuzungsnachkommen jeder Generation wechselnde Genanteile der beteiligten Rassen, so daß die Kreuzungsendprodukte für die Produktion unausgeglichen sind. Dieser Nachteil wird geringer, wenn die am kontinuierlichen Kreuzungsprogramm beteiligten Rassen phänotypisch ähnlich sind.

Eine Sonderform ist die **Terminal-Rotation**, bei der immer dieselbe männliche Rasse zur Erzeugung der Endprodukte eingesetzt wird. Die anderen (zwei) Rassen werden zur Erzeugung der weiblichen Kreuzungstiere im Rahmen einer normalen Wechsel/Rotationskreuzung erzeugt. Dadurch werden wesentliche Vorteile beider Verfahren kombiniert. Die Endprodukte sind einheitlicher, da sie immer 50 % der gleichen Vaterrasse enthalten. Individuelle Heterosis kann voll ausgeschöpft werden. Das Verfahren der Terminal-Rotation hat in der Praxis trotz dieser Vorteile nur beim Schwein eine geringe Bedeutung, da die notwendigen Paarungspläne relativ kompliziert sind.

Ein Beispiel aus der Fleischrinderzucht ist die Rotationskreuzung mit Aberdeen Angus, Brahman und Hereford im Süden der Vereinigten Staaten zur Erzeugung hitzetoleranter Fleischrinder.

1.2.3.2 Kreuzung in offenen Populationen

Während bei der Selektion in geschlossenen Populationen Reinzucht oder Inzucht angewendet werden kann, wird in großen offenen Populationen die Reinzucht oft von einer mehr oder weniger intensiven Einführung (Immigration) von Zuchttieren unterbrochen oder ersetzt. Die dabei möglichen Formen der Kreuzung reichen von der Veredlungskreuzung („Blutauffrischung") über die Kombinationskreuzung oder die Bildung neuer „synthetischer" Rassen bis zur Verdrängungskreuzung. Die Übergänge zwischen diesen Formen sind fließend, insbesondere da oft genug aus einem ursprünglich als Veredlungskreuzung geplantem Programm dann eine Kombinationskreuzung oder gar eine Verdrängungskreuzung werden kann, wenn sich bei der Analyse der Kreuzungsprodukte deren Überlegenheit zeigt.

Das Ziel der **Veredlungskreuzung** ist die gezielte Verbesserung einzelner Eigenschaften bzw. Merkmale in einer Rasse, ohne deren ursprünglichen Charakter wesentlich zu verändern. Die Immigrationsrate sollte im Normalfall 10 % der Vatertiere nicht übersteigen, da sonst zuviel des eigenständigen Genpools der Ursprungsrasse verloren gehen könnte. Gut nachvollziehbare Exempel der Veredlungskreuzung sind die Einkreuzung eines monogenen Merkmals in eine Population oder die ausschließlich auf ein – auch polygen vererbtes – Merkmal fokussierten Programme.

So wurde bei Zweinutzungsrassen die genetische Hornlosigkeit durch Veredlungskreuzung eingeführt. Mittlerweile stehen jedoch beim Fleckvieh auch spontan aufgetretene Hornlosigkeitsmutanten zur Verfügung, aus der eine reinrassige genetisch hornlose Fleckviehlinie aufgebaut wurde. Allerdings gilt auch hier, daß die Umzüchtung von Fleckviehpopulationen auf genetisch hornlose Tiere mit Augenmaß erfolgen muß, um nicht zuviel an genetischer Variabilität zu verlieren.

Ein anderes Beispiel beim Fleckvieh sind die mit Ayrshire durchgeführten Veredlungskreuzungsversuche zur Verbesserung der Exterieurmerkmale des Euters. Bei Schafen wird versucht, die Rasse Ile de France mit Weißen Alpenschafen zu veredeln.

Beim Schwein wurden in den 60er Jahren zur Verbesserung der Rückenmuskelfläche und zur Verringerung der Rückenspeckdicke Tiere der Belgischen Landrasse in die Deutsche Landrasse eingekreuzt. Auch Yorkshire x Edelschwein ist ein Beispiel für Veredlungskreuzung.

In der Pferdezucht wird die Veredlungskreuzung am stärksten genutzt. So sind in den Jahrzehnten nach dem zweiten Weltkrieg Araberhengste in die Haflingerpopulation eingekreuzt worden, um die Rasse leichter, edler und handlicher zu machen. In den meisten Warmblutpopulationen werden in wechselnden Umfang Vollbluthengste eingesetzt, um Eleganz und Leistungsbereitschaft zu verbessern.

Ganz anders als bei der Veredlungskreuzung dient die **Verdrängungskreuzung** (Upgrading) der gänzlichen Umzüchtung einer Rasse in eine andere durch fortgesetzten Einsatz von Vatertieren der anderen Rasse. Wenn dies konsequent durchgeführt wird, sinkt der Genanteil der ursprünglichen, also der zu verdrängenden Rasse, auf $0{,}5^n$ (nur noch 3,125 % Genanteil nach 5 Generationen). Im allgemeinen erfolgt die Verdrängung allerdings etwas verzögert, da nicht auf einen Schlag sämtliche Belegungen mit der Immigrationsrasse durchgeführt werden und außerdem nach zwei bis drei Generationen auch bereits männliche Kreuzungstiere ergänzend eingesetzt werden.

Die Effizienz der Verdrängungskreuzung wurde sehr anschaulich durch konsequente Einkreuzung von Landrasseschweinen in Wildschweine demonstriert. Bereits nach 4 Generationen Rückkreuzung mit Landrasse sind die Nachkommen in ihren Leistungen den reinrassigen Tieren der Verdrängungsrasse vergleichbar. Die nach dem zweiten Weltkrieg in Deutschland verbreitetste Schweinerasse, das veredelte Landschwein, wurde in relativ kurzer Zeit durch Einkreuzung mit Zuchttieren der Landrasse verdrängt.

Das wohl bekannteste Beispiel einer Verdrängungskreuzung ist die weltweite Umzüchtung von Schwarzbunt-Populationen mit nordamerikanischen Holstein-Friesian. Ursprünglich war dies in den meisten Fällen nicht so geplant, sondern man strebte eine Veredlungskreuzung an, die aber aufgrund der durchschlagenden Leistungssteigerung bei den Kreuzungstieren schnell in eine Kombinations- bzw. anschließend Verdrängungskreuzung gemündet ist. Auch beim Deutschen Braunvieh wurde in den 60er Jahren damit begonnen, Brown-Swiss Bullen einzukreuzen. Obwohl z. B. in Deutschland ursprünglich nur 3 Brown-Swiss-Vatertiere eingesetzt wurden, hat sich nach einigen Jahren ebenfalls eine Verdrängungskreuzung durchgesetzt. Die Geschwindigkeit, mit der solche Prozesse ablaufen können, zeigt sich daran, daß bereits Ende der 70er Jahre die letzte reinrassige ins Zuchtbuch eingetragene Braunviehkalbin versteigert worden ist.

Die **Kombinationskreuzung** steht gewissermaßen zwischen Veredlungs- und Verdrängungskreuzung. Das Ziel ist die Schaffung einer Mischpopulation aus einer vorhandenen mit einer oder mehreren Fremdpopulationen. Die gewünschten und wertvollen Eigenschaften der vorhandenen Rasse sollen mit den Vorteilen der Fremdrassen zu einer möglichst einheitlichen neuen Rasse kombiniert (Synthetics) werden.

Die Entwicklung neuer Rassen ist z. B. in Entwicklungsländern vor allem deshalb interessant, weil dort die für Intensivrassen notwendigen Umweltbedingungen in der Praxis nicht vorhanden sind und Gebrauchskreuzungen aus organisatorischen und logistischen Schwierigkeiten scheitern. Da in Kreuzungspopulationen ein hoher Heterosisanteil erhalten bleiben kann, wenn die Gene der beteiligten Rassen in annähernd gleichen Anteilen erhalten werden, ist die Kombinationszucht unter diesen Verhältnissen eine sehr geeignete Alternative. Beim Rind sind hier Bos taurus und Bos indicus Kombinationskreuzungen von großer Bedeutung.

Kombinationskreuzungen sind jedoch auch in Europa verbreitet, wie folgende Beispiele zeigen: In der Fleischrinderzucht entstand das Deutsche Angus aus einer Kombination von englischen Aberdeen Angus mit deutschen Zweinutzungsrassen. Ein bekanntes Beispiel aus der Milchrinderzucht ist die Kombinationskreuzung Schwarzbunte (Zweinutzungsrasse) x Jersey (hoher Milchfettgehalt) und Holstein-Friesian (hohe Milchmengenleistung) in der ehemaligen DDR, die zum Ostdeutschen Milchrind (SMR) führte. Nach Etablierung der neuen Rasse in Stammzuchtbetrieben erfolgte die Umzüchtung der Population durch Verdrängungskreuzung.

Merinoland- und Fleischschafrassen, die heute in Deutschland am verbreitetsten Schafrassen, sind aus Kombinationskreuzungen entstanden.

1.2.3.3 Beispiele aus der praktischen Tierzucht für einfache Gebrauchskreuzungen:

Kreuzung von Milchkühen (Deutsches Braunvieh, Deutsche Schwarzbunte), die nicht zur Remontierung benötigt werden (10 bis 20 % der Herde) mit Bullen von Fleisch- oder Zweinutzungsrassen (Aberdeen Angus, Charolais, Blonde' Aquitaine, Piemonteser, Eringer, Limousin, Fleckvieh) zur Verbesserung der Fitness der Kälber (geringere Aufzuchtverluste) sowie Masteignung und Fleischleistung der Nachkommen. Speziell bei Aberdeen-Angus-Kreuzungen wird wegen dem geringerem Geburtsgewicht und den leichteren Abkalbungen eine Frühbelegung der Rinder ermöglicht (2.1.11).

In der Schweinezucht werden Sauen der Rassen Large White, Deutsche Landrasse, Schwäbisch-Hällisches Schwein oder Edelschwein mit Ebern der Rassen Pietrain oder Belgische Landrasse gekreuzt, um Nachkommen mit hohem Fleischanteil aus Sauen mit guter Fruchtbarkeit zu erhalten (2.2.6).

Anspruchslose Mutterschafe von Landrassen (Merinolandschafe, Rhönschafe, Leineschafe), die gut an extensive Standorte angepaßt sind, werden zur Verbesserung der Fleischleistung der Nachkommen mit Texel- oder Schwarzkopf-Böcken verpaart (2.3.9).

In Zweirassenkreuzungen ohne Selektion auf Kreuzungseignung werden die beiden beteiligten Rassen einmalig am Beginn des Kreuzungsprogrammes nach ihren rassetypischen Merkmalen ausgewählt. Im weiteren Verlauf erfolgt die Reproduktion innerhalb der beiden beteiligten Kreuzungsrassen nur nach Selektion in Merkmalen ohne Heterosiserwartung.

Rekapitulation

- Kreuzung
  Paarung von Individuen verschiedener Populationen
- Rekombinationsverluste
  Verlust der epistatischen Genwirkungen in fortgeschrittenen Kreuzungsgenerationen durch Trennung der ursprünglichen Genkombinationen aufgrund der Rekombination
- Kombinationseffekte (allgemeine und spezielle)
  beruhen auf der durch Kreuzung erreichten Kombination der Leistungen von genetisch verschiedenen Ausgangslinien
- Heterosiseffekte
  paternale und maternale Heterosis bei der Erstellung von Mastendprodukten und bei der Legeleistung
- Terminalkreuzungen
  Einfachkreuzung, Reziproke rekurrente Selektion auf Kreuzungsleistung, Rückkreuzung, Dreifach- oder Vierfachkreuzung
- Einfachkreuzungen
  Nutzung der additiv genetischen und der Heterosiseffekte
- Kontinuierliche Kreuzungsverfahren
  Wechselkreuzung, Rotationskreuzung, Terminal-Rotationskreuzung; weibliche Tiere der jeweiligen Kreuzungsstufe werden immer weiter verwendet
- Veredlungskreuzung (a) und Verdrängungskreuzung (b)
  (a) gezielte Verbesserung einzelner Eigenschaften ohne Veränderung des ursprünglichen Charakters der Rasse (Immigrationsrate < 10 %)
  (b) Umzüchtung in Rasse durch fortgesetzten Einsatz von Vatertieren einer anderen Rasse

1.2.4 Biotechnik und Züchtung

Die in Kapitel 1.1.6 bis 1.1.8 beschriebenen neuen Verfahren der Genomanalyse und der Reproduktionstechniken können im Rahmen von konventionellen Zuchtprogrammen eingesetzt werden. Grundsätzlich kann man beim züchterischen Einsatz von Biotechniken unterscheiden zwischen den Bereichen der Verbesserungszucht (s. 1.2.4 und 1.2.5) und der Erhaltungszucht (s. 1.2.6).

Nicht selten sind diese neuen Techniken Ausgangspunkt für die Entwicklung und Etablierung neuer Zuchtstrategien. Das am besten dokumentierte und erfolgreichste Beispiel dafür ist sicherlich die Künstliche Besamung. Ursprünglich zur Bekämpfung von Deckseuchen eingesetzt ist sie relativ schnell wegen ihrer potentiellen Auswirkungen auf die Selektionsintensität zur wichtigsten Züchtungstechnik überhaupt geworden.

Der Embryotransfer ist noch weit davon entfernt, auf Populationsebene derart umfassend konsequent eingesetzt zu werden. In speziellen Bereichen ist aber die Manipulation der weiblichen Reproduktion bereits Ausgangspunkt für Modifikation und Neukonzeption von integrierten Zuchtprogrammen.

1.2.4.1 Besamungszuchtprogramme

Die traditionellen Herdbuchzuchtverbände sind die ältesten tierzüchterischen Organisationen. Sie wurden im 18. und 19. Jahrhundert in England entwickelt und haben sich von dort aus mehr oder weniger über die ganze Welt ausgebreitet.

Voraussetzungen für die moderne Herdbuchzucht sind:

- Kennzeichnung der männlichen und weiblichen Zuchttiere und deren Nachkommen (Ohrmarken, Tätowierung)
- Registrierung der Bedeckungen bzw. Belegungen (Deck- bzw. Besamungsschein) und der Geburten (Geburtsmeldung)
- Registrierung der Abstammung anhand der Deckscheine und der Geburtsmeldungen (Überprüfung durch Blutgruppenbestimmung bzw. DNA-Fingerprinting)
- Leistungsprüfungen für die im Zuchtziel festgelegten Eigenschaften
- Exterieurbeurteilung nach einem festgelegten Standard
- Selektion (Herdbuchregistrierung) und Paarung der Tiere, die die festgelegten Anforderungen erfüllen.

Ursprünglich war die Erzeugung von Zuchttieren die Hauptaufgabe der Herdbuchbetriebe. Damit war die notwendige Trennung in Zucht und Produktion bereits in dieser frühen Phase vorgegeben. Veranschaulicht wird diese Trennung oder Schichtung in den Zuchtpyramiden. Die Spitze der Pyramide bilden jeweils die genetisch besten Tiere einer Population, die durch intensive Selektion fortlaufend verbessert werden. Von dort erfolgt die Übertragung des genetischen Fortschritts auf die darunter liegenden Schichten. Die Basis der Pyramide bilden die Tiere des Produktionsbereiches. Zwischen den Stufen der Züchtung und Produktion liegt zum Teil die Vermehrungsstufe (Abb.1-85).

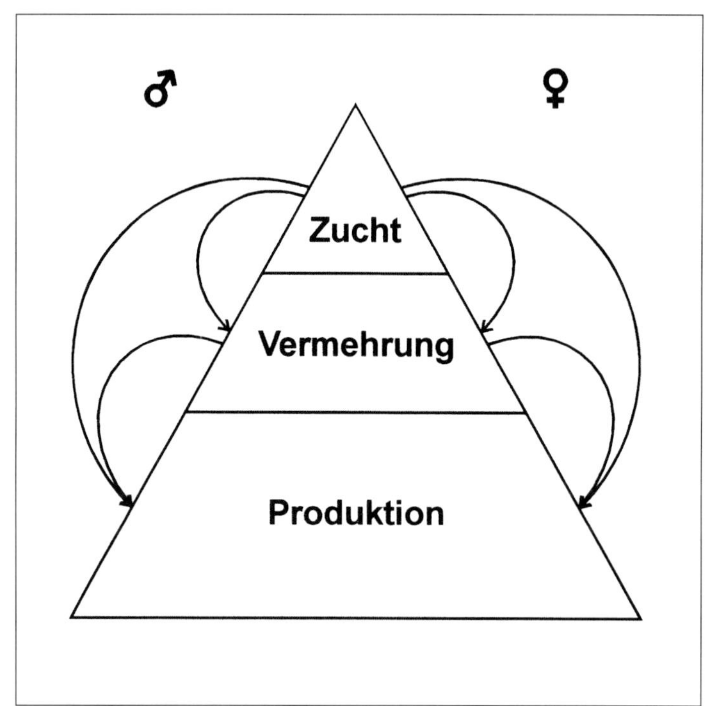

Abb. 1-85 Züchtungspyramide

- Das einfachste Modell ist gegeben, wenn die Übertragung des Zuchtfortschritts aus der Spitze der Pyramide in die Produktionsstufe nur und ausschließlich durch Vatertiere, die für die Belegung der weiblichen Tiere in der Produktionsstufe benutzt werden, erfolgt. Dies wird praktiziert bei Spezies mit geringer weiblicher Reproduktionsrate. Vor allem bei Pferden, Schafen und Fleischrindern werden im Züchtungsbereich die über den Eigenbedarf hinausgehenden männlichen Tiere an die Produktion abgegeben. Dadurch liegt der Produktionsbereich immer mindestens eine Generation hinter dem Zuchtbereich zurück. Die genetische Überlegenheit der Zuchtstufe wird zur Hälfte an die Produktionsstufe weitergegeben.
- In der nächsten Form des Zweistufenmodells werden männliche und weibliche Zuchttiere aus der Zuchtspitze, die dort nicht zur Remontierung benötigt werden, an die Produktionsstufe weitergegeben. Diese Form bei der Herdbuchzucht wurde in der klassischen Geflügelzucht praktiziert und z.T. auch in der Schweinezucht. Der Selektionserfolg ergibt sich aus folgender Formel:

$$\text{SE/Jahr} = \frac{SE_{HV} + SE_{HM}}{t_{HV} + t_{HM}}$$

HV = Herdbuch Vatertiere
HM = Herdbuch Muttertiere
t = Generationsintervall

- Die Einschaltung einer Vermehrungsstufe zwischen Zucht- und Produktionsstufe ist dann notwendig und sinnvoll, wenn im Zuchtbereich nicht ausreichend viele Tiere für die Produktionsstufe erzeugt werden können. In Abhängigkeit von der Remontierungsrate können sich hier auf der weiblichen Seite andere Notwendigkeiten ergeben als auf Seite der Vatertiere (Künstliche Besamung). In geradezu klassischer Weise werden in der modernen Schweinezucht (2.2.7) die drei Stufen der Zuchtpyramide realisiert. Die Sauen und Eber in den Hochzuchtbetrieben sind die genetische Grundlage der Sauen (und Eber) in der Vermehrungsstufe, die wiederum zur Erzeugung der Produktionssauen dienen.

Die Einführung der Künstlichen Besamung beim Rind und die Etablierung der Spermatiefgefrierung haben seit Jahrzehnten neue Möglichkeiten der Zuchtwertschätzung und die Entwicklung von Besamungszuchtprogrammen ermöglicht (2.1.9 und 2.1.10). Die künstliche Besamung beeinflußt das Zuchtgeschehen in zweierlei Hinsicht. Zum einen kann durch diese Reproduktionstechnik mit der Umstellung von einer betrieblichen oder gemeinschaftlichen Stierhaltung auf Künstliche Besamung die Zahl der Nachkommen pro Bullen um den Faktor 1000 erhöht werden. Dies erlaubt eine entscheidende Verbesserung der Selektionsintensität auf der männlichen Seite. Zum anderen ist durch die Spermatiefgefrierkonservierung und die dadurch mögliche zeitliche und örtliche Ungebundenheit des Spermaeinsatzes eine zufällige Verteilung der zu prüfenden Bullen auf eine Stichprobe der Population möglich.

Das heute in nahezu allen Rinder-Besamungszuchtprogrammen benutzte Verfahren der Nachkommenprüfung erlaubt eine sicherere Zuchtwertschätzung (1.2.1.2). Speziell bei geschlechtsbegrenzten Merkmalen (Milchleistung) und bei Merkmalen mit niedriger Heritabilität (z. B. Fruchtbarkeitsparameter), ist eine große Nachkommenzahl die zuverlässigste Möglichkeit, eine sichere Zuchtwertschätzung vorzunehmen. Der dabei auftretende Nachteil einer Verlängerung des Generationsintervalles wird durch die Steigerung bei der Genauigkeit der Zuchtwertschätzung und der Erhöhung der Selektionsintensität deutlich übertroffen.

In Besamungszuchtprogrammen sind Genauigkeit, Selektionsintensität und Generationsintervall unterschiedlich, je nachdem, ob die Zuchttiere zur Erstellung von weiblichen oder männlichen Nachkommen genutzt werden. Rendel und Robertson (1950) haben für die 4 Pfade, auf denen genetischer Fortschritt weitergegeben werden kann, ein Modell konzipiert, das, zumindest bei langfristiger Betrachtung, den tatsächlichen Gegebenheiten weit besser gerecht wird, als das oben gezeigte Herdbuchzuchtmodell (s. 1.2.2.2 und 2.1.10).

Die Zuchtbullen und Zuchtkühe mit überdurchschnittlichen Zuchtwerten werden, wie die traditionellen Herdbuchstiere und -kühe als Kuhväter (VT) und Kuhmütter (MT) selektiert. Die Tiere mit den besten Zuchtwerten (Elitetiere) werden als Bullenväter (VS) und Bullenmütter (MS) bezeichnet. Die Paarung Bullenvater x Bullenmutter dient vor allem der Erzeugung der nächsten Generation von Testbullen (Abb. 1-86 und 2-9). Der Zuchtfortschritt pro Generation bzw. pro Jahr wird vor allem durch die Auswahl der Bullenväter und Bullenmütter bestimmt. Der jährliche Zuchtfortschritt in Besamungszuchtprogrammen kann nach dem oben genannten Modell von Rendel und Robertson (1950) aus der Summe der Selektionserfolge der vier Selektionspfade und der Summe der vier Generationsintervalle vorausgeschätzt werden:

$$SE/J = \frac{i_{VS} \cdot r_{AI,VS} + i_{MS} \cdot r_{AI,MS} + i_{VT} \cdot r_{AI,VT} + i_{MT} \cdot r_{AI,MT}}{t_{VS} + t_{MS} + t_{VT} + t_{MT}} \cdot s_A$$

$$= \frac{SE_{VS} + SE_{MS} + SE_{VT} + SE_{MT}}{t_{VS} + t_{MS} + t_{VT} + t_{MT}}$$

SE/J = Selektionserfolg pro Jahr
i = Selektionsintensität
r_{AI} = Genauigkeit der Zuchtwertschätzung
s_A = additiv genetische Standardabweichung
t = Generationsintervall
VS = Bullenväter
MS = Bullenmütter
VT = Kuhväter
MT = Kuhmütter

Der Selektionserfolg (SE) wird von der Selektionsintensität – die wiederum abhängig ist von der Remontierungsrate –, von der Genauigkeit der Zuchtwertschätzung und von der genetischen Standardabweichung beeinflußt ($i \cdot r_{AI} \cdot s_A$). In Milchrinderpopulationen sind die wichtigsten Selektionsmerkmale nur

Tab. 1-46 Erwarteter Zuchtfortschritt pro Jahr in Besamungszuchtprogrammen für Milchrinder

Ausgangsbedingungen:
Durchschnittsleistung ($\bar{x}$) 5000kg
Heritabilität h^2 0,25
Variationskoeffizient 15%

	Zucht von	
	Bullen	Kühen
Väter Anzahl (Nachkommenleistungen)	50	50
Mütter Anzahl (Eigenleistungen)	3	
Genauigkeit der Zuchtwertschätzung (r_{AI})		
Bullen (%)	88	88
Kühe (%)	66	60
Remontierungsquote (% selektiert)		
Bullen	1:20	1:5
Kühe	1:50	9:10
Selektionsintensität (i)		
Bullen	2,1	1,4
Kühe	2,4	0,2
Generationsintervall (Jahre)		
Bullen	7	7
Kühe	6	4
Erwarteter Zuchtfortschritt/Jahr(%)	1.5	

beim weiblichen Tier ausgeprägt. Für die Zuchtwertschätzung der Bullen erfolgt deshalb die Nachkommenprüfung mit Töchterleistungen, bei der eine Genauigkeit der Zuchtwertschätzung von r = 0,8 bis 0,9 erreicht wird. Allerdings wird das Generationsintervall auf den Pfaden VS und MS von 2–3 Jahren beim Natursprung auf 6–7 Jahre verlängert. Tabelle 1-46 gibt einen Überblick über den zu erwartenden Zuchtfortschritt in Besamungszuchtprogrammen für Milchrinder unter günstigen Bedingungen. Dies bedeutet im Vergleich zu konventionellen Herdbuchzuchtprogrammen etwa eine Vervierfachung des Selektionserfolges.

In der Fleischrinderzucht kann der Zuchtwert der Bullen und Kühe ähnlich wie in der Mastgeflügel-, Schweine- und Schafzucht ausschließlich durch Eigenleistungs- und Geschwisterprüfung ermittelt werden, was ein kurzes Generationsintervall von 2–3 Jahren erlaubt.

1.2.4.2 Züchterische Anwendungsmöglichkeiten des Embryotransfers

Für den Embryotransfer beim Rind gibt es eine Reihe von Einsatzmöglichkeiten in der Produktion, Züchtung und Forschung. Die wichtigsten Aspekte der Erhöhung der Reproduktionsrate der weiblichen Tiere sind u.a. (Brem 1985, 1990):

- Möglichkeit der Steigerung des Zuchtfortschritts in Milch- und Mastleistung durch Erhöhung der Selektionsintensität bei Bullenmüttern
- Steigerung des Zuchtfortschritts in geschlossenen Milchvieh- oder Fleischviehherden
- Erhöhung der Effizienz von Nukleuszuchtprogrammen
- Schnellere Vermehrung exotischer Rassen oder seltener positiver Mutationen
- Erhöhung der Zwillingsrate
- Schnellere und verbesserte Möglichkeiten zur Realisierung von Kreuzungszuchtprogrammen bei Milch- und Fleischrassen
- Möglichkeit der Nachkommenprüfung von Kühen und der Vollgeschwisterprüfung in Kuhfamilien
- Verkürzung des Generationsintervalls
- Geschlechtsbestimmung und -kontrolle
- Schätzung der maternalen Effekte
- Erleichterungen beim Im- und Export von Zuchtmaterial
- Schaffung der Voraussetzung für weiterführende Reproduktionstechniken im Rahmen der Mikromanipulation von Embryonen.

Insbesondere der letztgenannte Aspekt hat in den letzten Jahren zunehmend an Bedeutung gewonnen (s. 1.1.7). Bei den nachfolgenden Beschreibungen der Anwendungsmöglichkeiten des konventionellen Embryotransfers können deshalb einige Überschneidungen mit den Anwendungen der Mikromanipulation nicht immer vermieden werden. Bereiche, die speziell durch die zusätzlich durchgeführte Embryomanipulation die Effizienz des konventionellen Embryotransfers erhöhen, werden an dieser Stelle präsentiert.

Der Einsatz von Embryotransfer in konventionellen Zuchtprogrammen für

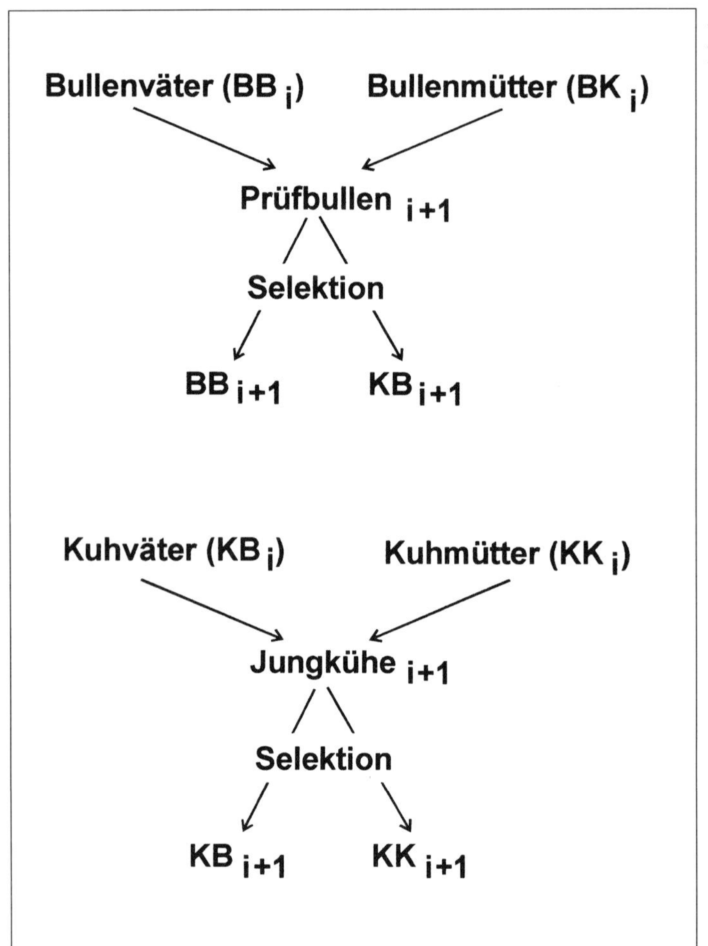

Abb. 1-86 Selektion im 4-Pfade-Modell in Besamungszuchtprogrammen

Milch- und Zweinutzungsrassen kommt vor allem auf dem Pfad Bullenmutter-Prüfbulle in Frage (Abb. 1-86 und 2.1.10.1). Ein potentiell möglicher Einsatz auf dem Pfad Mutter-Tochter zur Erzeugung von genetisch hochwertigen Produktionstieren kommt meist wegen des hohen Aufwandes dieser Biotechnik weniger in Betracht. Grundsätzlich kann man feststellen, daß der direkte zusätzliche Gewinn in Form gesteigerter Produktionsleistungen von Nachkommen aus ET in keinem Fall ausreicht, um zu einem befriedigenden finanziellen Ergebnis zu gelangen. Die zusätzlichen Kosten der Biotechnik können nur dann amortisiert werden, wenn der Züchtungsgewinn diskontiert bzw. wenn über den Verkauf von Zuchttieren eine direkte Realisierung erreicht werden kann.

1.2.4.2.1 Embryotransfer bei Bullenmüttern

Beim ET-Einsatz ist zwischen Ein- (Milch- oder Fleisch) und Zweinutzungsrassen (Milch und Fleisch kombiniert) zu unterscheiden. Weiterhin ist zu berücksichtigen, ob und wann das Selektionsmerkmal direkt am Zuchttier gemessen werden kann (Fleisch).

Milchrassen

Embryotransfer in der Population

Für die meisten Milchviehrassen existieren Besamungszuchtprogramme, in denen Bullen aus gezielter Paarung in sechs Selektionsstufen ausgewählt werden um dann schließlich im Alter von 5 bis 6 Jahren als geprüfte Altbullen für den Besamungseinsatz freigegeben zu werden (s. 1.2.4.1 und 2.1.10, Übersicht 2-8). Prinzipiell ist der zusätzliche Erfolg durch Einsatz des Embryotransfers in konventionellen Besamungszuchtprogrammen um so geringer, je effizienter diese bereits ablaufen (d.h. je höher Intensität der Bullenmütterselektion im Programm ohne ET bereits ist).

Trotzdem ist der Einsatz von Embryotransfer nur in einem straff organisierten Zuchtprogramm zu empfehlen. In suboptimalen Zuchtprogrammen ist es weitaus sinnvoller, erst einmal durch Verbesserung des konventionellen Besamungszuchtprogrammes eine Verbesserung des genetischen Fortschritts anzustreben. Der Embryotransfer erfordert einen hohen Einsatz an Investitionen, laufenden Kosten, spezialisiertem Personal und Organisationsmanagement und hat deshalb höhere Kosten zur Folge als spezifische konventionelle Maßnahmen in Besamungszuchtprogrammen. Der ET-Einsatz kann nur dann züchterisch erfolgreich durchgeführt werden, wenn ein hoch qualifiziertes Team aus Zuchtleitung und technischem Personal mit aufgeschlossenen, fachkundigen und interessierten Tierbesitzern zusammenarbeitet.

Der entscheidende Vorteil des Embryotransfers ist die Möglichkeit der Reduzierung der Zahl der Bullenmütter durch Erhöhung der Zahl der Nachkommen einzelner Tiere. Diese Erhöhung der Nachkommenzahl einzelner Bullenmütter durch ET erlaubt die Erhöhung der Selektionsintensität und führt damit zu einem höheren Zähler in der oben vorgestellten Formel für den Zuchtfortschritt. Außerdem wird das Generationsintervall auf dem Pfad Mutter-Sohn verkürzt, da im allgemeinen in dem Jahr, in dem der ET zum Einsatz kommt, auch mit der Erzeugung eines männlichen Nachkommen gerechnet werden kann. In konventionellen Programmen muß hier im Durchschnitt in 50 % der Fälle eine Verlängerung um 1 Jahr hingenommen werden, wenn das Kalb der als Bullenmutter selektierten Kuh weiblich ist.

In einer Modellrechnung für Milchrinder kommt Skjervold (1974) zu dem Ergebnis, daß die erreichbare Remontierungsrate der Bullenmütter durch ET in konventionellen Programmen von etwa **2 % auf 0,4 % gesenkt** werden kann. Durch die Verminderung der Anzahl der Bullenmütter erhöht sich der Selektionserfolg auf dem Pfad Mutter-Sohn um 20 %. Da jedoch der Bullenmütter-Pfad nur etwa zu einem Viertel zum gesamten genetischen Fortschritt beiträgt, steigt der Zuchterfolg insgesamt nur **um etwa 5% an.**

Nach einer Modellrechnung für Fleischrinder (Land und Hill, 1975) können durch den Einsatz von ET **anstatt 2 % nur 1 % bzw. 1/3 %** der Kühe als Bullenmütter selektiert werden. Dadurch steigt der jährliche Zuchtfortschritt auf dem Pfad Mutter-Sohn im Verhältnis 100:110:125, was einer Zunahme des Selektionserfolgs in der Gesamtpopulation **zwischen 2,5 und 6%** entspricht.

Cunningham (1976) geht bei den Bullenmüttern im Ausgangsprogramm von einer Remontierungsrate von **3 %** aus und unterstellt eine Steigerung der Reproduktionsrate durch Embryotransfer auf das **10fache**, wodurch der genetische Fortschritt um **9 %** steigen würde.

In einem Modell, das die züchterische Auswirkungen des Embryotransfers auf die Milchrinderzucht untersucht, haben Pirchner und Dempfle (1977) unter anderem folgende Varianten geprüft:

- Erhöhung der Reproduktionsrate auf das 4- bzw. 80fache pro Jahr durch Einsatz von ET
- Anwendung von ET nur bei Bullenmüttern bzw. in der gesamten Population.

Durch die Anwendung auf dem **Pfad Mutter-Sohn** kann bei Produktion von zusätzlich **4 bis 10 Kälber pro Jahr und Spenderkuh** eine Steigerung des Zuchtfortschritts von **5 bis 10 %** erzielt werden. Bei Übertragung von 80 Embryonen pro Spenderkuh würde der Zuchterfolg um etwa 17 % ansteigen. Allerdings muß einschränkend erwähnt werden, daß die empirischen Erfahrungen zeigen, daß eine derartige Erhöhung der Reproduktionsrate nicht erreicht werden kann. In den Praxisprogrammen liegt der Multiplikator durch einmaligen ET bei etwa 3 (d.h. 3 zusätzliche Kälber pro Spender).

Die Steigerung des Zuchtfortschritts pro Jahr ist abhängig von der Vermehrungsrate und der Genauigkeit der Zuchtwertschätzung. Für die Modellberechnungen in Tabelle 1-48 und 1-49 (Brem 1979) wurden die in Tabelle 1-47 zusammengestellten Ausgangsdaten zugrunde gelegt. In Tabelle 1-48 sind die absoluten und relativen Werte für die Steigerung des Zuchtfortschritts pro Jahr und Standardabweichung zusammengestellt. Es zeigt sich, daß der Einfluß der Erhöhung der Vermehrungsrate und der Genauigkeit der Zuchtwertschätzung umso größer ist, je größer der Remontierungsprozentsatz in der Ausgangs-

Tab. 1-47 Populationsparameter für ET-Modellkalkualtionen

	r_{AI}	i	t
BB	0,88	2,06	7
BK	0,88	0,93	5,3
KB	0,5	2,27	5
KK	0,5	0,35	4

BB = Vater-Sohn
BK = Vater-Tochter
KB = Mutter-Sohn
KK = Mutter-Tochter
r_{AI} = Genauigkeit der Zuchtwertschätzung
i = Selektionsintensität
t = Generationsintervall

Tab. 1-48 Steigerung des Zuchtfortschrittes durch Einsatz von ET auf dem Pfad Mutter-Sohn in Abhängigkeit von der Genauigkeit der Zuchtwertschätzung (r_{AI})und der Remontierungsquote (p) in der Ausgangspopulation

p (%)	r_{AI}	Bullenkälber pro Kuh			
		0.5	1	2	4
		abs.	%	%	%
1	0,3	0,17	2	4	5
	0,5	0,19	3	5	8
2	0,3	0,17	2	4	6
	0,5	0,19	3	6	9
3	0,3	0,16	2	4	6
	0,5	0,19	3	6	9
5	0,3	0,16	2	4	7
	0,5	0,18	4	6	10
10	0,3	0,16	3	5	8
	0,5	0,17	4	8	11
15	0,3	0,15	3	6	8
	0,5	0,17	5	9	12
30	0,3	0,15	4	7	10
	0,5	0,16	6	11	15

population ist. Werden in der Ausgangspopulation 3 % der Kühe als Bullenmütter selektiert, so steigt der Zuchtfortschritt bei Erhöhung der Vermehrungsrate auf das 8fache (4 Bullenkälber) und bei einer Genauigkeit der Zuchtwertschätzung von 0,5 um insgesamt **9,1 %**. Werden dagegen in der Ausgangspopulation 20 % der Kühe selektiert, so erbringt der Einsatz von ET **13,4 %** Steigerung. Ist die ursprüngliche Genauigkeit der Zuchtwertschätzung 0,3, so beträgt die Steigerung in den beiden Fällen nur **6,1 %** bzw. **8,7 %**.

Durch den Einsatz von ET kann auch das Generationsintervall verringert werden, da von den ausgewählten Bullenmüttern durch die Erhöhung der Vermehrungsrate tatsächlich meist wenigstens ein Bullenkalb pro Jahr gewonnen werden kann. Durch die Verminderung des Generationsintervalls der Bullenmütter von 5 auf 4 Jahre kann der Zuchtfortschritt bei einer Remontierungsrate von 3 % und einer 8fachen Vermehrungsrate (bei r_{IA} = 0,5) um insgesamt **14,4 %** gesteigert werden (Tabelle 1-49). Werden jedoch in der Ausgangspopulation 20 % der Kühe als Bullenmütter selektiert, beträgt die Steigerung **19 %**.

ET in der Herde

Durch die Anwendung des Embryotransfers in einzelnen Milchviehherden wird der Pfad Mutter-Tochter beeinflußt. Cunningham (1976) vergleicht die genetische Überlegenheit der Nachkommen in konventionellen Systemen und ET-Programmen. Werden **59 %** der Kühe zur Erzeugung der weiblichen Nachzucht benötigt, so haben die Nachkommen bei ausschließlicher Selektion auf Milchleistung eine genetische Überlegenheit von etwa **2,2 %**. Bei **2- bzw. 10facher** Nachkommenanzahl pro Kuh kann die genetische Überlegenheit auf **3,8 % bzw. 6,1 %** gesteigert werden.

Tab. 1-49 Steigerung des Zuchtfortschrittes durch Verringerung des Generationsintervalles auf dem Pfad Mutter-Sohn von 5 auf 4 Jahre durch ET-Einsatz in Abhängigkeit von der Genauigkeit der Zuchtwertschätzung (r_{AI}) und der Remontierungsquote (p) in der Ausgangspopulation (bei 0,5 Bullenkälbern: 5 %)

p (%)	r_{AI}	Bullenkälber pro Kuh			
		0,5	1	2	4
		abs	%	%	%
1	0,3	0,18	7	9	11
	0,5	0,20	8	11	13
2	0,3	0,17	7	9	11
	0,5	0,20	8	11	14
3	0,3	0,17	7	9	11
	0,5	0,20	8	12	14
5	0,3	0,17	8	9	12
	0,5	0,19	9	11	15
10	0,3	0,16	8	10	13
	0,5	0,18	9	13	17
15	0,3	0,16	8	11	14
	0,5	0,18	10	14	18
30	0,3	0,16	9	12	15
	0,5	0,17	11	16	21

Wird der ET in der gesamten Population durchgeführt so steigt bei einer **Vervierfachung** der Nachkommenzahl der gesamte genetische Fortschritt um **20 %.** Bei 80 Nachkommen pro Kuh kann der Zuchtfortschritt in der Population um **46 %** gesteigert werden (Pirchner und Dempfle 1977).

Die zukünftige produktionstechnische Nutzung von ET in einer Herde mit 100 Kühen erörtert Kräußlich (1978) unter der Annahme, daß die Graviditätsrate bei unblutigem Transfer 50 % beträgt, 4 Embryonen pro Spender übertragen werden und die Geschlechtsbestimmung praktiziert wird. Die 20 Spender werden mit Spitzenbullen der eigenen Rasse besamt, 2/3 der übrigen Besamungen erfolgen mit Fleischbullen. Das Geschlechtsverhältnis beträgt 1:0,89, 18 % mehr Kälber werden geboren. 40–50 kg Milch wird als zusätzlicher Zuchtfortschritt erwartet.

Fleischrassen

Skjervold (1974) diskutiert den Einsatz von Nachkommenprüfungen bei Fleischrassen. Nach der Feldprüfung werden Kalbinnen vorselektiert, so daß etwa **1/3 als Spender** in das Programm übernommen werden. Durch Schlachtung der Nachkommen wird die Schlachtkörperqualität bestimmt. Da die Nachkommen bereits im Alter von einem Jahr geschlachtet werden können, wird das Generationsintervall der Elterntiere nur wenig verlängert. Deshalb könnte ein Ansteigen des Zuchterfolges um **20% bis 25%** möglich sein.

Die Auswirkungen der Selektion nach Eigenleistung vor dem Erreichen des Fortpflanzungsalters in einem ET-Programm werden von Hill und Land (1975) erörtert. Mit einem Jahr werden die Kalbinnen selektiert, superovuliert, mit selektierten Jungbullen gepaart, gespült und die Embryonen werden auf

Tab. 1-50 Erwarteter Zuchtfortschritt pro Jahr bei Fleischrindern

	Ausgangsbedingungen:			
	Tägl. Zunahmen (TZ)		Muskelfleischanteil (MF)	
Durchschnittsleistung ($\bar{x}$)	1000 g		60 %	
Heritabilität h^2	0,30		0,30	
Variationskoeffizient	10 %		5 %	
	Natursprung		Embryotransfer	
	TZ	MF	TZ	MF
Genauigkeit der Zuchtwertschätzung (r_{AI})	63	55	63	55
Nachkommen pro Kuh	1		4	
Remontierungsquote (% selektiert)				
Bullen	1:10		1:20	
Kühe	1:1		1:3	
Selektionsintensität (i)				
Bullen	1,8		2,1	
Kühe	0,0		1,1	
Generationsintervall (Jahre)				
Bullen	2		2	
Kühe	3		3	
Erwarteter Zuchtfortschritt/Jahr(%)	1,4	0,5	2,6	1,0

Empfängertiere übertragen. Das Generationsintervall beträgt 2–2,5 Jahre. Der Zuchtfortschritt im 400-Tage-Gewicht steigt **von 9 kg auf 16 kg** pro Jahr an.

Pirchner und Dempfle (1977) ermitteln den Zuchtfortschritt in einer Fleischrinderzuchtherde von 2 000 Tieren, wenn alle Nachkommen auf Zuwachs getestet werden (Eigenleistung). Bei einer Heritabilität von 0,36, einem Erstkalbealter von 2 Jahren und einem Remontierungsprozentsatz von 0,5 % bei den Bullen, wird bei einer Senkung des Remontierungsprozentsatzes von 100 % auf 66 % durch ET eine Steigerung des Zuchtfortschritts in Fleischleistung von **33 %** erreicht.

In Modellkalkulationen von Kräußlich wird gezeigt, daß in der Fleischrinderzucht im Merkmal tägliche Zunahmen (etwa gleiche Heritabilität wie Milchleistung) bei Natursprung der gleiche Zuchtfortschritt erzielt wird wie beim Milchrind in Besamungszuchtprogrammen (Tab.1-50). Hauptursache ist das wesentlich kürzere Generationsintervall bei Bullen (2 Jahre beim Fleischrind gegenüber 7 Jahren beim Milchrind). Bei befriedigenden Erfolgsraten ermöglicht Embryotransfer aufgrund der drastischen Erniedrigung der Remontierungsrate eine Steigerung des Zuchtfortschrittes pro Jahr um nahezu **100 %**.

Zweinutzungsrassen

Zweinutzungsrassen werden nach Milch- und Fleischleistungseigenschaften selektiert. Der Selektionserfolg pro Merkmal ist geringer als bei Selektion nach einer Nutzungsrichtung. Kräußlich (1976) errechnet für ein ET-Programm den genetischen Fortschritt pro Jahr. Der Remontierungsprozentsatz der Bullenmütter beträgt im konventionellen Schema 1,3 %, im ET-Modell 0,2 % (h^2_{Milch} = 0,25; h^2_{MEG} = 0,40; $s_{P\,Milch}$ = 700 kg; $s_{P\,MEG}$ = 45 kg). In einem Zuchtschema, in dem nach der Eigenleistungsprüfung im Verhältnis 1:5 selektiert wird, erbringt das ET-Programm einen zusätzlichen genetischen Fortschritt von 5,5 kg pro Jahr in Milch und 0,23 kg pro Jahr in MEG (Mastendgewicht). Insgesamt kam Kräußlich (1976) zu dem Ergebnis, daß der Zuchtfortschritt pro Jahr sowohl im Merkmal Mastleistung als auch in den Merkmalen der Milchleistung um 5 bis 10 % gesteigert werden kann. Die relative Verbesserung gegenüber dem konventionellen Programm beträgt etwa **14 %**.

Pirchner und Dempfle (1977) errechnen, daß bei Berücksichtigung von einer Milch- und einer Fleischeigenschaft mit gleicher Bedeutung, derzeit Steigerungen in der Größe von **5 %** möglich wären. Die Berechnung basiert auf den gleichen Populationsparametern wie in Tabelle 1-47 und geht davon aus, daß der Embryotransfer nur bei Bullenmüttern eingesetzt wird und daß pro Spülung 4 Embryonen übertragen werden. Bei Ausdehnung auf die gesamte Population lassen sich Steigerungen in Höhe von **20 %** erwarten.

1.2.4.2.2 Embryotransfer in (MOET-) Nukleuszuchtprogrammen

Nukleuszucht erfordert den Aufbau von Nukleusherden mit Elitebullen und Elitekühen sowie die Durchführung der Leistungsprüfungen und der Selektion in diesen Herden. Embryotransfer und -teilung kann in Nukleusprogrammen auf verschiedenen Wegen eingesetzt werden:

- zum Aufbau der Nukleusherde, um die besten weiblichen Genotypen im Nukleus konzentrieren zu können.
- zur Erhöhung der Selektionsintensität (i) und der Genauigkeit der Zuchtwertschätzung (r_{AI}) in der Nukleusherde, um den Zuchtfortschritt zu beschleunigen.

In Ländern mit effizienten Besamungszuchtprogrammen bei Milch- und Zweinutzungsrindern (s. 1.2.4.1) wird es schwierig sein, erhebliche Verbesserungen des Zuchtfortschrittes für die Hauptmerkmale (Milchmenge, Milchinhaltstoffe, tägliche Zunahmen, Mastendgewicht) durch Nukleuszuchtprogramme zu erzielen (Cunningham 1976, Kräußlich 1976). Die Vorteile der Nukleuszuchtprogramme liegen in diesen Fällen bei Merkmalen wie z. B. Futterverwertung, Krankheitsresistenz oder Fruchtbarkeit. Diese Merkmale können nur in Betrieben mit ausreichender Sicherheit geprüft werden, deren Haltung und Management von der Zuchtleitung festgelegt und kontrolliert werden kann (Stationsprüfung). Dies ist in Nukleusherden der Zuchtunternehmen in der Geflügel- und Schweinezucht üblich, nicht aber in züchterischen Zusammenschlüssen privater Züchter, wie Herdbuchorganisationen, Leistungsprüfungsorganisationen und Besamungsorganisationen.

Embryotransfer macht es möglich, auch in der Rinderzucht mit Nukleuszuchtprogrammen zu arbeiten. Nukleuszuchtprogramme sind nicht zuletzt für Gebiete mit geringer Dichte von Leistungsprüfung und Besamung geeignet, da sie es ermöglichen, trotz fehlender Infrastruktur ein effektives Zuchtprogramm mit befriedigenden Zuchtfortschritten zu etablieren. Nachfolgend werden einige Formen von MOET-Nukleuszuchtprogrammen besprochen:

- Herdenprogramme mit ET

- Geschlossene Nukleuszuchtprogramme für Fleischrassen
- Geschlossene Nukleuszuchtprogeamme für Milch- und Zweinutzungsrassen
- Offene Nukleuszuchtprogramme

Unter MOET (Multiple Ovulation Embryo Transfer) -Programmen versteht man Nukleuszuchtprogramme, in denen Embryotransfer und assoziierte Biotechniken als zentrale züchtungstechnische Maßnahmen eingesetzt werden. Nukleuszucht erfordert den Aufbau von Nukleusherden mit Elitebullen und -kühen und die konsequente Leistungsprüfung und Selektion innerhalb dieser Herden. Die Übertragung der im Nukleus erreichten genetischen Fortschritte in die Population erfolgt durch die Abgabe von Natursprung- oder Besamungsstieren, mit denen die Belegungen in der Population durchgeführt werden. Deshalb hinkt der Verlauf des Zuchtfortschritts in der Population um eine Generation hinter dem Nukleus her.

Der Aufbau eines Nukleus beginnt mit der Auswahl oder dem Zukauf der besten Kühe aus einer oder auch mehreren (international) vorhandenen Populationen. Die für die Besamung dieser Kühe benötigten Bullen sind interationale Spitzenvererber der jeweiligen Rasse oder Zuchtrichtung. Dieser erste Schritt, also der Aufbau des Nukleus, ist mit größter Sorgfalt zu planen und durchzuführen, denn die genetische Überlegenheit des Nukleus gegenüber der Population wird umso ausgeprägter sein, je konsequenter die Selektion der Primärtiere durchgeführt wird. Eine genetische Überlegenheit der Gründerkühe gegenüber den Zuchtkühen in der Population von 1,5 genetischen Standardabweichungen sollte auf jeden Fall realisierbar sein (Brem 1985).

Herdenprogramme mit ET

In Herdenprogrammen mit ET liegt der züchterische Schwerpunkt für den Einsatz von Embryotransfer auf dem Pfad Mutter-Tochter. Für die Bedeckung bzw. Besamung werden die besten Bullen der gesamten Rassepopulation genutzt. Herdenzuchtprogramme sind für Privatzüchter geeignet, die ihre Herde durch schnellere Vermehrung der besten Kühe züchterisch verbessern wollen. In einem Modell für den Einsatz von Embryotransfer und -teilung in einem Herdenprogramm werden die Spenderkühe aus den für die Embryogewinnung geeigneten Kühen für die Bestandsremontierung selektiert. Die nicht für den ET geeigneten Kühe werden besamt und die nicht für die Embryogewinnung geeigneten Kühe werden ebenso wie die aufgezogenen Kalbinnen als Empfänger verwendet.

Der Selektionserfolg des Programmes im Vergleich zur natürlichen Bedeckung bzw. künstlichen Besamung ist bei gleichem Bulleneinsatz von der Anzahl der pro Spender gewonnenen transfertauglichen Embryonen, der Trächtigkeitsrate (TR) und bei Embryoteilung von der Zwillingsrate (ZR) abhängig (Abb 1-87).

In Tabelle 1-51 wird die Mehrproduktion von Kälbern bei Einsatz von Embryotransfer und -teilung durch Mikrochirurgie (MC) bei verschiedenen Erfolgsraten des ET, sowie verschiedenen Trächtigkeits- und Zwillingsraten angeführt. Mit steigender Erfolgsrate von Embryotransfer sinkt die Remontierungsrate und erhöht sich die Selektionsrate und der Selektionserfolg.

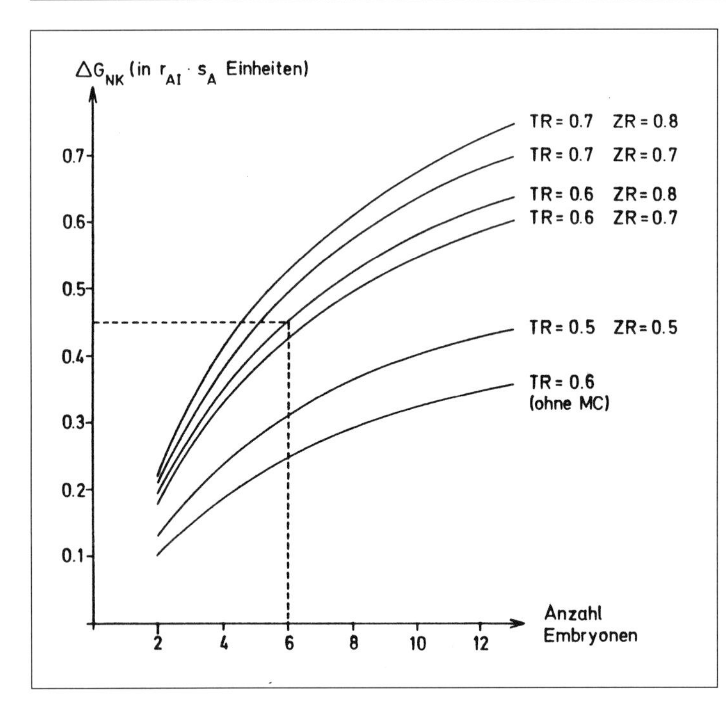

Abb. 1-87 Genetische Überlegenheit der Nachkommen bei Einsatz von ET und Embryomikrochirurgie in einer Milchviehherde

Tab. 1-51 Prozentuale Mehrproduktion an Kälbern durch Einsatz von ET-MC bei verschiedenen Erfolgsraten

Anzahl geeigneter Embryonen	Trächtig-keitsrate	Zwillingsrate		
		0.4	0.5	0.6
2	50%	12.8	16.0	19.2
2	60%	15.4	19.2	23.0
4	50%	15.4	19.2	23.0
4	60%	18.4	23.0	27.7
6	50%	16.5	20.6	24.7
6	60%	19.8	24.7	29.6

Die genetische Überlegenheit der Nachkommen nimmt mit der Effizienz von ET-MC zu und liegt bei 6 Embryonen und einer Trächtigkeits- und Zwillingsrate von 0,5 um 68 % über einem Programm ohne ET und MC.

Der mikrochirurgische Eingriff für die Embryoteilung ermöglicht die gleichzeitige Entnahme von Blastomeren für die Geschlechtsbestimmung mittels PCR-Methode. Dann können innerhalb der Herde in erster Linie weibliche Embryonen übertragen und damit das knappe Empfängerpotential besser genutzt werden. Insgesamt stimmen alle veröffentlichten Arbeiten über Herdenprogramme darin überein, daß der Selektionserfolg auf dem Selektionspfad Mutter – Tochter durch den Einsatz von Embryotransfer wesentlich erhöht werden kann. Als limitierender Faktor sind in der Regel die Kosten des Embryotransfers anzusehen.

Geschlossene Nukleus-Zuchtprogramme für Fleischrassen

Nukleuszuchtprogramme mit Einsatz von Embryotransfer wurden erstmals für die Selektion auf Fleischleistung von Land und Hill (1975) aufgestellt, ausgehend von einer fixen Anzahl an Nukleuskühen und dem Einsatz der nicht für die Embryogewinnung verwendeten Tiere als Empfänger. Die Selektionsintensität auf dem Pfad Mutter-Tochter ergibt sich aus der Zahl der pro Spender gewinnbaren Embryonen und der erzielbaren Trächtigkeitsrate. Die Selektion erfolgt bei beiden Geschlechtern aufgrund der Eigenleistung, so daß das Generationsintervall auf etwa zwei Jahre reduziert werden kann.

In dem vorgestellten ET-Nukleus-Modell kann ein Zuchtfortschritt beim Merkmal Lebendgewicht mit 13 Monaten (Heritabilität = 0,5, Standardabweichung 40 kg) von 16 kg pro Jahr erwartet werden. In einem konventionellen Zuchtprogramm in der Population liegt bei sonst gleichen Bedingungen der Zuchtfortschritt bei 9 kg. Unterstellt man für das ET-Nukleuszuchtprogramm eine Laufzeit von 20 Jahren, so ergibt sich bei einer 500 Kuh-Herde eine jährliche Inzuchtzunahme von nur 0,5 %, wenn pro 8 Spenderkühe ein Stier zum Einsatz kommt.

Für Fleischrassen bzw. ET-Zuchtprogramme zur Verbesserung der Fleischleistung oder anderer Merkmale, die direkt am lebenden Tier erfaßt werden können, kann in Nukleusprogrammen entsprechender Größe (Inzuchtbegrenzung) eine Verdoppelung des Zuchtfortschrittes gegenüber konventionellen Programmen erwartet werden.

Geschlossene Nukleuszuchtprogramme haben vor allem dann Vorteile, wenn in der Population keine oder keine ausreichende Leistungsprüfung etablierbar oder finanzierbar ist. Dies kann Merkmale betreffen, die im Prinzip in der Praxis erfaßbar sind, aber wegen der Betriebsstruktur oder regionaler Schwierigkeiten (z. B. Entwicklungsländer) nicht mit vertretbarem Aufwand erfaßt werden können. Andererseits sind Nukleuszuchtprogramme auch dann von Vorteil, wenn die Merkmalserfassung in der Praxis per se Schwierigkeiten macht, wie z. B. die Erfassung der Grundfutteraufnahme oder die Verfolgung reproduktionsphysiologischer Parameter (durch frequente Blutentnahmen).

Auch in Zuchtprogrammen, die auf die Nutzung bzw. Selektion von einzelnen Hauptgenen ausgerichtet sind (z. B. Hornlosigkeit, Doppellender-Gen, Transgene) und biotechnische Methoden einsetzen wollen (Geschlechtsbestimmung, Klonieren, Genomanalyse, Gentransfer) und ohnehin häufig von privaten Zuchtunternehmen oder -gesellschaften organisiert werden, sind geschlossene Nukleuszuchtprogramme interessant. Herdbuchzüchter hingegen werden Embryotransfer und Mikrochirurgie zur Verbesserung der Selektionsintensität bei Kuh- und Bullenmüttern einsetzen und in der Bullenwahl nach traditionellen Gesichtspunkten vorgehen (Herdenprogramm). Dies hat den Vorteil, daß das Inzuchtproblem von vornherein vermieden werden kann.

Geschlossenes Nukleuszuchtprogramm für Milch- und Zweinutzungsrassen

Das erste Modell für ein geschlossenes Nukleuszuchtprogramm für Milchrassen wurde 1979 von Nicholas vorgestellt. Es ist im Prinzip ähnlich dem von Land und Hill (1975) entworfenen Modell für Fleischrassen. Die heute diskutierten MOET-

Tab. 1-52 Vergleich des juvenilen und des adulten MOET-Schemas nach Nicholas und Smith (1983)

Monat	Juveniles Schema	Adultes Schema
1	Geburt	Geburt
13	Selektion der Ausgangsgeneration nach Pedigree	
14-15	ET in der Ausgangsgeneration	Anpaarung
23-24	Geburt der 1. Generation, ET-Nachkommen	Kalbung
34-35	Abgeschlossene Erstlaktation	Abgeschlossene Erstlaktation
36-37	Selektion der 1. Generation nach Pedigree ET in der 1. Generation	Selektion der Ausgangsgeneration nach Eigen- und Geschwisterleistung ET der Ausgansgsgeneration
44-46	Geburt der 2. Generation ET-Nachkommen	Geburt der 1. Generation ET-Nachkommen

Nukleusmodelle bzw. Programme basieren auf den 1983 von Nicholas und Smith veröffentlichen Modellen. Im juvenilen Modell erfolgt die Selektion bei beiden Geschlechtern im Alter von 12 Monaten aufgrund von Informationen aus der mütterlichen Familie, wie Mutterleistung, Leistungen der mütterlichen Halb- und Vollgeschwister und Leistungen der Großmütter. Im adulten Modell werden die männlichen und die weiblichen Tiere auf der Basis der Leistungen ihrer Vollgeschwister, Halbgeschwister und der Mutterleistungen selektiert. Bei den weiblichen Tieren steht zusätzlich die erste Laktationsleistung zur Verfügung. Das Generationsintervall beträgt beim juvenilen Programm etwa 2 Jahre, beim adulten Programm 3,5 bis 4 Jahre und in einem konventionellen Besamungszuchtprogramm etwa 6 bis 7 Jahre. Tabelle 1-52 enthält die zum Zeitpunkt der Selektion beim juvenilen und adulten Programm für die Zuchtwertschätzung zur Verfügung stehenden Informationen. Die Vorteile der Verkürzung des Generationsintervalles werden mit einer niedrigeren Genauigkeit der Zuchtwertschätzung erkauft.

Aufbau des Nukleus

Der Aufbau des Nukleus kann über die Auswahl der besten Kühe in der vorhandenen Population und/oder durch Zukauf von Spitzenkühen aus anderen Populationen erfolgen. Als Besamungsbullen für die ausgewählten Spenderkühe werden in der Regel die internationalen Spitzenbullen der Rasse ausgewählt. Bei der Auswahl der Töchter der besten Bullenmütter als Gründerkühe für den Nukleus kann die folgende Überlegenheit in genetischen Standardabweichungen gegenüber den selektierten Zuchtkühen (Herdbuchkühe) in der Population der gleichen Generation erzielt werden:

Kühe in der Population	Gründerkühe	Differenz
0.53	1.83	1.30

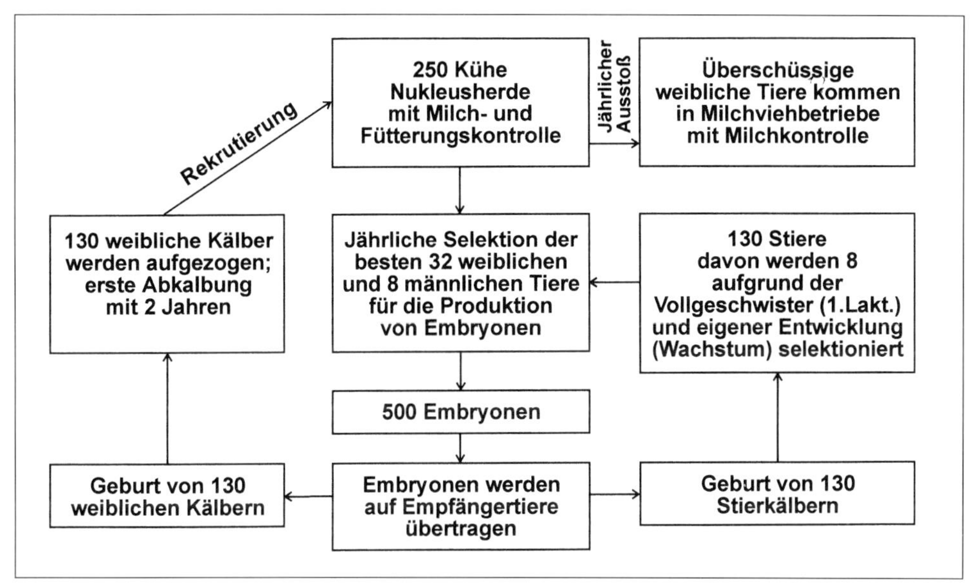

Abb. 1-88 Jährlicher Zyklus der Nukleusherde des Premier MOET-Systems

Daraus ergibt sich, daß die sorgfältige Auswahl der Gründerkühe von entscheidender Bedeutung für den Erfolg des Nukleuszuchtprogrammes ist.

Schema eines geschlossenen MOET-Zuchtprogrammes

Ein Beispiel für den jährlichen Zyklus der Nukleusherde des Premier MOET-Programmes ist in Abbildung 1-88 wiedergegeben. Ausgehend von einer Nukleusherde mit 250 Kühen (andere Programme reichen von 200 bis 500 Kühe) werden pro Jahr die besten 32 (16 bis 64) weiblichen Tiere und die besten 8 (4 bis 8) Besamungsstiere selektiert und zur Embryoproduktion genutzt. Aus dem Transfer von 500 Embryonen (Mehrfach-Superovulation, 16 transferierbare Embryonen pro Spendertier) erwartet man die Geburt von jeweils 130 weiblichen und männlichen Kälbern.

Erwartungswerte für den Zuchtfortschritt in geschlossenenen MOET-Zuchtprogrammen:

Ruane und Thompson (1988) schätzen, daß nach 20 Jahren der Zuchtfortschritt in der Nukleusherde im juvenilen Schema um 55 % und im adulten Schema um 20 % über dem Zuchtfortschritt bei Zucht mit Nachkommenprüfung liegt. Die aufgrund der Verkürzung des Generationsintervalles zu erwartende Erhöhung des Zuchtfortschrittes wird durch die Verringerung der Genauigkeit der Zuchtwertschätzung auf die oben angegebenen Werte gesenkt (Nachkommenprüfung erzielt höchste Genauigkeit, Geschwisterprüfung und Eigenleistungsprüfung nur mittlere Genauigkeiten). Diese Schätzungen mit deterministischen Modellen konnten jedoch in Simulationsstudien nicht bestätigt werden. Ruane und Smith

(1991) fanden, daß die Ergebnisse aus den Simulationsstudien über 6 Generationen nur 60 % (4 Väter im Nukleus) bis 70 % (8 Väter im Nukleus) der Schätzwerte für den Zuchtfortschritt mit deterministischen Modellen erreichen. Die wichtigste Ursache ist die Reduktion der Varianz zwischen Familien als Folge der Selektion. Die Inzuchtraten lagen in den Simulationsstudien nach 6 Generationen bei 4,2–4,8 % mit 8 Vätern und bei 7,4–7,9 % mit 4 Vätern. Dies sind 1,7 bis 2,7 mal höhere Inzuchtraten als im deterministischen Modell zugrundegelegt werden. Die Inzuchtrate kann jedoch durch Einsatz von mehr als einem Bullen pro selektierter Familie wesentlich gesenkt werden (um 24–34 %).

Wray (1989) entwickelte einen deterministischen Algorithmus für Schweinenukleuszuchtprogramme, der die Effekte der Selektion und der Inzucht auf die genetischen Varianzen und die Genauigkeit der Zuchtwertschätzung berücksichtigt. Erste Auswertungen zeigen eine wesentlich bessere Übereinstimmung der Schätzwerte dieses Modells mit den Simulationsstudien. Eine empirische Bestätigung für den höheren Zuchtfortschritt in geschlossenen Nukleuszuchtprogramme gegenüber konventionellen Besamungszuchtprogrammen steht jedoch noch aus. Bisher wurde keine Auswertung mit Daten aus geschlossenen Nukleuszuchtprogrammen vorgelegt.

Offene Nukleuszuchtprogramme

Offene Nukleuszuchtprogramme sind Mischungen aus konventionellen Besamungszuchtprogrammen und geschlossenen MOET-Nukleusprogrammen (Christensen 1987; Colleau 1986). Sie zielen auf die Zucht von Prüfbullen und Bullenmüttern ab. Auf der männlichen Seite wird dabei selektiert wie im normalen KB-Zuchtprogramm, indem die im Nukleus gezüchteten Testbullen in der Population im Rahmen einer Nachkommenprüfung im Feld geprüft werden. Die Haltung der Bullenmütter auf Station (im Nukleus) hat den Vorteil, daß Sonderbehandlungen der herausragenden Kühe durch die Tierbesitzer sicher ausgeschlossen werden können. Durch eine Reduzierung der phänotypischen Varianz in der standardisierten Umwelt sind außerdem höhere Heritabilitätswerte, eine bessere Genauigkeit der Zuchtwertschätzung und damit eine Erhöhung der Sicherheit bei der Bullenmütterselektion erreichbar.

Nach 30 Jahren ist der genetische Stand der Population bei Nutzung eines offenen Nukleuszuchtprogrammes im Vergleich zum üblichen Samenimport aus Fremdpopulationen im Rahmen eines Besamungszuchtprogrammes um 25 % überlegen.

Das ET-Donor Test-Programm der Osnabrücker Herdbuchgesellschaft geht einen völlig anderen Weg der Kombination von KB- und MOET-Programm. Hauptkomponente ist die neutrale standardisierte Leistungsprüfung der potentiellen Bullenmütter in der 2. Laktation um die Sonderbehandlung auszuschließen und zusätzliche Merkmale berücksichtigen zu können. Durch eine Zweistufenselektion kann das Generationsintervall relativ kurz gehalten werden. In einer Vorselektion aufgrund der Einsatzleistung in der ersten Laktation werden 1 % der Tiere ausgewählt und für den Embryotransfer gemeldet. Die in der 2. Laktation durchgeführte Stationsprüfung dient der Auswahl der 20 besten

Bullenmütter aus den 70 vollgeprüften Kühen. Modellkalkulationen von Kandzi und Glodek (1987) ermitteln eine Verdreifachung des Erfolges auf dem Pfad Mutter-Sohn und eine Steigerung des gesamten Zuchtfortschrittes um 20 %.

Zusammengefaßt haben Nukleuszuchtprogramme folgende Vorteile:

- Anhebung des genetischen Niveaus beim Aufbau des Nukleus
- Schnellerer Zuchtfortschritt
- Bessere Kontrolle der Prüfungen und der Tierhaltung (Vermeidung von verfälschenden Behandlungen der Tiere)
- Gezieltere Züchtung auf ökonomische Werte
- Selektion auf Merkmale, die im Feld schwierig zu prüfen sind (z. B. Futterverwertung)
- Konzentration der genetischen Ressourcen
- Möglichkeit, komplizierte und teuere Techniken für die Züchtung zu nutzen
- Ökonomische Ergebnisse werden früher erreicht
- Niedrigere Kosten auf nationaler Ebene
- Getrennte Nukleuseinheiten für verschiedene Zuchtziele für verschiedene Umwelten

Diese deutlichen Vorteilen von Nukleuszuchtsystemen stehen folgende Nachteile gegenüber:

- Krankheits- und Seuchenrisiko (wegen der Konzentration auf einen oder wenige Betriebe)
- Möglichkeit der Genotyp-Umwelt-Interaktion
- Kapitalbedarf für den Aufbau und den Betrieb des Nukleus
- Stärkere Kommerzialisierung der Zucht mit den damit verbundenen Nachteilen

1.2.4.2.3 Schnelle Vermehrung seltener Individuen oder Rassen

Viele Rinderpopulationen sind in dem Land, in dem sie genutzt werden nicht ursprünglich vorhanden gewesen. Die Migration ist ein sehr wichtiger Faktor bei der Veränderung der genetischen Zusammensetzung von Populationen.

Ein Beispiel dafür sind die in den USA als exotische Rassen gehaltenen Simmentaler und Charolais. Sie wurden in den 60er und 70er Jahren interessant für die Rindfleischproduktion in Nordamerika. Da aber nur wenige Tiere zur Verfügung standen und ein neuerlicher Import aufgrund veterinärhygienischer Bestimmungen sehr schwierig zu realisieren gewesen wäre, erfolgte die Vermehrung der vorhandenen Tiere durch Embryotransfer. Der Einsatz des ET in diesem Bereich hat dieser Reproduktionstechnik in Amerika eindeutig zum Durchbruch verholfen. Der züchterische Einsatz des Embryotransfers kam erst in der zweiten Stufe zur Anwendung, nachdem die Vermehrung der seltenen Rassen zu Populationsgrößen geführt hatte, die einen weiteren Einsatz des Embryotransfers nicht mehr erforderlich machten.

Der internationale Austausch von Zuchttieren ist im allgemeinen sehr kostenintensiv und wegen der stringenten Veterinär- und Tierzuchtverordnungen auch schwierig. In diesen Situationen kann der Embryotransfer sehr effizient zur Steigerung der Anzahl Nachkommen von rein gezüchteten Tieren, die

Tab. 1-53 Vermehrung eines einzelnen weiblichen Tieres durch Einsatz des ET in Abhängigkeit von der Anzahl weiblicher Nachkommen pro Spender (Hausmann 1978)

Weibliche Embryonen pro Spender	2	5	10
Jahre		Tiere pro Spender	
4	4	25	100
8	16	625	10000
12	64	15625	1000000

bereits vorhanden sind, verwendet werden. Nach Cunningham (1976) kann ein 500 %iger Anstieg der Reproduktionsrate der importierten Tiere erreicht werden.

Auch seltene Einzeltiere, die interessante genetische Konstellation (z. B. Hornlosigkeit) aufweisen, sind ein wichtiger und interessanter Anwendungsbereich für den Embryotransfer. Haussmann (1978) hat eine Formel entwickelt, mit der die Anzahl an Nachkommen aus einem ursprünglichen Spendertier bei Einsatz der Superovulation berechnet werden kann (Tab. 1-53).

$$N_j = a\,(v \cdot g \cdot q)^{j/T}$$

N_j = weibliche Tiere im Jahr j
a = Anzahl weiblicher Tiere
v = Kälber pro Donor
g = Geschlechtsverhältnis (normalerweise 50:50)
j = Anzahl Jahre seit Beginn des Programms
T = Generationsintervall

Berücksichtigt man, daß heutzutage der Zuchtviehexport in großem Umfang durch tiefgefrorene Embryonen und nicht mehr ausschließlich durch Sperma realisiert wird, stellt die Möglichkeit der Vermehrung der einzelnen aus dem Embryotransfer entstandenen reinrassigen weiblichen Tiere der Importrasse eine hervorragende Möglichkeit dar, in relativ kurzer Zeit eine ausreichend große Population aufzubauen, ohne permanent neue Embryonen importieren zu müssen. Wie die Erfahrung zeigt, stellt dieses Verfahren tatsächlich einen sehr wichtigen Einsatz des Embryotransfers dar.

1.2.4.3 Einsatzmöglichkeiten der Embryomikrochirurgie und Klonierung

Für monozygote Zwillingspaare und Klongeschwister als Produkte der Embryomikrochirurgie gibt es eine Reihe von Anwendungsmöglichkeiten die über die Modellfunktion für Forschungsprogramme hinausgehen und in der Besamungszucht, in Zuchtherden oder bei der Nukleuszucht anzusiedeln sind. Ausgehend von monozygoten Zwillingspaaren aus Embryomikrochirurgie soll deshalb aufgezeigt werden, welche züchterischen Konsequenzen die Erstellung von Kälbern aus klonierten Embryonen haben kann.

1.2.4.3.1 Grundlagenforschung

Die Verwendung von genetisch identischen Tieren führt in Experimenten, die nicht zeitlich wiederholt werden, zu einer konsequenten Verminderung der Fehlervarianz. Durch Verteilung von genetisch identischen Tieren auf verschiedene Behandlungsalternativen ist der Behandlungseffekt genauer schätzbar als bei Verwendung von normalen Versuchstieren. Diese Überlegenheit der monozygoten Zwillinge kann als „Zwillingseffizienzwert" (ZEW) gemessen werden und gibt an, wieviele Versuchstiere in jeder von 2 Gruppen durch ein monozygotes Zwillingspaar ersetzt werden können, ohne daß die statistische Aussagefähigkeit des Tests verringert wird. Dabei ist die Effizienz von Versuchen mit Zwillingen oder Klongeschwistern um so höher, je höher die Heritabilität ist. Ein besonderer Vorteil bei der Nutzung von genetisch identischen Tieren aus Embryomikrochirurgie besteht darin, daß bereits während der Gravidität, im perinatalen Zeitraum und während der ersten Aufzuchtwochen Versuche mit genetisch identischen Tieren durchgeführt werden können.

Zur Untersuchung von Genotyp-Umwelt-Interaktionen sind genetisch identische Tiere sehr gut geeignet, weil die identischen Genotypen auf verschiedene Umwelten verteilt werden können und gleichzeitig durch mehrere Beobachtungswerte in jeder Gruppe über die Innerhalb-Klon-Varianz eine Trennung der Varianzkomponenten erreicht werden kann. Als Beispiel für derartige Untersuchungen sei erwähnt, daß durch Verteilung von Klongeschwistern europäischer Rassen auf subtropische oder tropische Standorte festgestellt werden kann, ob die Rangfolge der Leistungsfähigkeit gleichbleibt oder ob für den Einsatz an extremen Standorten neue Kriterien für die Auswahl der am besten geeigneten Zuchttiere gefunden werden müssen.

Eine weitere Komponente ist die Untersuchung der Genotyp-Jahr-Interaktionen, die durch die Tiefgefrierlagerung und den zeitlich versetzten Transfer von geteilten oder klonierten Embryonen erreicht werden kann. Bei konsequenter Anwendung dieses Verfahrens ist es außerdem möglich, Schätzwerte für den genetisch bedingten Zuchtfortschritt zu erarbeiten.

Auch für die Erfassung und Untersuchung maternaler Effekte sind Tiere, die aus Embryomikrochirurgie und Kerntransfer stammen, ideale Kandidaten. Von maternalen Effekten spricht man dann, wenn Merkmale der Nachkommen nicht nur von ihrem Genotyp und der Umwelt, sondern zusätzlich vom Phänotyp der Mutter, der wiederum genetische und nicht genetische Komponenten enthält, beeinflußt werden. Die genetische Komponente der maternalen Einflüsse kann auf das mütterliche Kerngenom und auf plasmatische Faktoren zurückgeführt werden, wobei sich bei Säugetieren die extrachromosomale Vererbung ausschließlich auf die mitochondriale DNA beschränkt. Bedingt durch die unterschiedliche Art der Erstellung haben identische Zwillingspaare aus Mikrochirurgie nicht nur identische Genotypen sondern auch identische extrachromosomale DNA. Im Gegensatz dazu unterscheiden sich Klongeschwister hinsichtlich der mitochondrialen DNA, da die Kernempfänger-Oozyten von verschiedenen Spendern stammen. Die pränatale und postnatale Umwelt wird durch die notwendige Anwendung des Embryotransfers von der ursprünglichen Fixierung auf die eigene Mutter getrennt. Grundsätzlich lassen sich die maternalen Effekte demnach in folgende Teilbereiche aufgliedern:

- Maternale genetische Effekte
- Extrachromosomale Effekte
- Effekte der uterinen Umwelt
- Postpartale maternale Umwelt während der Säugeperiode.

Die gesamte phänotypische Varianz für ein bestimmtes quantitatives Merkmal setzt sich bei Verzicht der Berücksichtigung epistatischer Genwirkungen aus den direkten und den maternalen, additiven und den dominanzbedingten Komponenten, den mitochondrialen Wirkungen und den Umwelteinflüssen zusammen:

$$V_P = V_{Ga(d)} + V_{Ga(m)} + V_{Gd(d)} + V_{Gd(m)} + V_{Mt(m)} + V_{Ut(m)} + V_{U(m)} + V_{U(d)}$$

Ga = additive Genwirkungen
Gd = dominanzbedingte Genwirkungen
Mt = mitochondriale Wirkungen
Ut = uterine Einflüsse
U = Umwelteinflüsse
(d) = direkte Effekte
(m) = maternale Effekte.

Die einzelnen kausalen genetischen Komponenten können aus den Kovarianzen zwischen entsprechenden verwandten Tieren geschätzt werden (Tabelle 1-54). Auch eine Schätzung der uterinen Einflüsse (maternal) und der maternalen Umwelteinflüsse sowie der direkten Umwelteinflüsse ist durch entsprechende

Tab. 1-54 Koeffizienten der genetischen Kovarianzkomponenten verwandter Tiere (nach Brem 1986, 1990)

Kovarianzen zwischen	Kausale Komponenten				
Varianz	$V_{Ga(d)}$	$V_{Ga(m)}$	$V_{Gd(d)}$	$V_{Gd(m)}$	$V_{Mt(m)}$
Kov MZ	1	1	1	1	1
Kov KG	1	1	1	1	0
Kov VG	1/2	1	1/4	1	1
Kov M NK	1/2	1/2	0	0	1
Kov MHG	1/4	1	0	1	1
Kov V NK	1/2	0	0	0	0
Kov VHG	1/4	0	0	0	0

MZ = Monozygote Zwillinge
KG = Klongeschwister
VG = Vollgeschwister
HG = Halbgeschwister
V = Vater
M = Mutter
NK = Nachkommen
$V_{Ga(d)}$ = Varianz additiver Genwirkungen, **d**irekte Effekte
$V_{Ga(m)}$ = Varianz additiver Genwirkungen, **m**aternale Effekte
$V_{Gd(d)}$ = Varianz dominanzbedingter Genwirkungen, **d**irekte Effekte
$V_{Gd(m)}$ = Varianz dominanzbedingter Genwirkungen, **m**aternale Effekte
$V_{Mt(m)}$ = Varianz mitochodrialer Genwirkungen, **m**aternale Effekte

Konstellationen beim Transfer (1 bzw. 2 Embryonen in 1 bzw. 2 Empfänger) durchführbar.

Für die Untersuchung von Krankheitsdispositionen und Erbfehlern hat die Zwillingsforschung für Mensch und Tier eine lange Tradition. Unter Krankheitsdisposition (1.1.11) versteht man die Empfänglichkeit für Infektionen und die individuelle Neigung für Entgleisungen von Stoffwechselprozessen als Folge von Mangelsituationen. Resistenz ist die Unempfindlichkeit oder die erfolgreiche passive Abwehr gegen oder von pathogenen Agenzien. Resistenz und Disposition sind reziproke Begriffe. Die meisten erblichen kongenitalen morphologischen Anomalien und Krankheiten sind polygenen Ursprungs. Die Schätzung der Heritabilität ist in der Pathogenetik von großer Bedeutung. Sie wird erschwert durch die Tatsache, daß die meisten Mißbildungen und Krankheiten keine kontinuierliche Variation erkennen lassen sondern sich als Schwellenmerkmale präsentieren (1.1.11.2), d.h. nur beim Überschreiten eines bestimmten Schwellenwertes kommt es zur Manifestation. Die Nutzung der Konkordanz monozygoter Zwillinge oder Klongeschwister zur Heritabilitätsschätzung der Krankheitsdisposition vermeidet die Verzerrungen durch die Einbeziehung der gesamten Population wenn gewährleistet ist, daß keine gemeinsamen Familien-Umwelt-Einflüsse wirken.

Durch geeignete Auswahl des Tiermaterials (genetisch identische sowie verwandte Individuen) und der uterinen und postnatalen Umwelt kann abgeklärt werden, ob und in welchem Umfang ein oder mehrere Loci, additive, dominanzbedingte und/oder epistatisch genetische Komponenten, maternale uterine Einflüsse, Penetranz oder Expressivität (1.1.1.5), und umweltbedingte Einflüsse an der Ausprägung des Defektes oder der Disposition mitwirken. Die Realisierung derartiger Untersuchungen wird durch den großen Aufwand bei der Erstellung geeigneten Tiermaterials stark eingeschränkt, aber letztendlich können die entscheidenden Fragen hinsichtlich Krankheitsdisposition und Pathogenetik nur in einem derart konzipierten Modell erarbeitet werden.

1.2.4.3.2 Besamungszucht

Wie schon erwähnt eignen sich genetisch identische Tiere zur Schätzung der genetischen Varianz und der Umwelteinflüsse. Bei entsprechender Konzeption des Tiermaterials ist es auch möglich, Schätzwerte für die Heritabilität im weiteren Sinn zu erhalten (1.1.10.3). Ein weiterer Parameter der die Höhe des Zuchtfortschrittes maßgeblich beeinflußt ist die Genauigkeit der Zuchtwertschätzung. Steigerungen der Genauigkeit bewirken direkte Erhöhungen des Selektionserfolges (1.2.1.2). Während in Besamungszuchtprogrammen auf der männlichen Seite die Zuchtwerte durch die Informationen aus der Nachkommenprüfung sicher geschätzt werden können, liegt die Genauigkeit der Zuchtwertschätzung bei den Kühen deutlich niedriger. Durch das Vorliegen von zwei Eigenleistungen kann bei niedrigen Heritabilitätswerten (< 0,1) die Genauigkeit der Zuchtwertschätzung durch Verwendung von Zwillingsinformationen um bis zu 40 % und bei mittleren Heritabilitätswerten (0,2 bis 0,4) um bis zu 30 % gesteigert werden.

Sehr interessante Aspekte ergeben sich für die Erstellung identischer Tiere bei der Zucht von Prüfbullen. Genetisch identische Tiere können beispielsweise in die Eigenleistungsprüfung auf Station eingestellt werden und am Ende der Prüfung durch Schlachtung eines bzw. mehrerer Tiere Informationen über die Schlachtkörperzusammensetzung und die Fleischqualität erfaßt werden. Aufgrund dieser Daten werden dann die verbliebenen lebenden Tiere selektiert. Gerade für Merkmale mit hoher Heritabilität hat die Information aus einer Eigenleistung eine hohe Bedeutung.

Durch die Kombination mit der Tiefgefrierlagerung von geteilten oder klonierten Embryonen ist es möglich, die Wartebullenhaltung zu reduzieren. Normalerweise müssen Bullen nach ihrem Prüfeinsatz für etwa 3 Jahre als Wartebullen gehalten werden, bis die Nachkommenleistungen vorliegen und die Selektion erfolgen kann. Neben den hohen Kosten, die die Wartebullenhaltung verursacht, sind weitere Nachteile, daß während der Warteperiode relativ viele Ausfälle (20 %) zu verzeichnen sind und daß die selektierten Altbullen nicht mehr in der optimalen Zuchtkondition sind. Durch Frischtransfer von Embryonen und Tiefgefrierlagerung genetisch identischer Embryonen ist es möglich, nach Geburt, Aufzucht und Prüfung der produzierten Tiere eine Selektionsentscheidung zu fällen und dann auf die entsprechenden konservierten identischen Genotypen zurückgreifen zu können.

1.2.4.3.3 Klonierungsprogramme

Bei der Beurteilung der züchterischen Konsequenzen von Klonierungsprogrammen muß sinnvollerweise zwischen dem allgemeinen Zuchtwert und dem Klonwert unterschieden werden. Unter dem allgemeinen Zuchtwert versteht man die Summe der additiven Genwirkungen, die ein Tier bei Anpaarung an zufällig ausgewählte Tiere einer Population an seine Nachkommen weitergibt (1.2.1.1). Der allgemeine Zuchtwert kann nur in bezug auf eine bestimmte Population hin angegeben werden. Der Klonwert ist die Summe aller Genwirkungen (additiv, dominant, epistatisch), die bei Klongeschwistern bei gleicher Umwelt zu weitgehend gleichen Leistungen führt. Da der wichtigste Parameter für den Zuchtfortschritt der allgemeine Zuchtwert ist, erfolgt die Selektion von Bullen und Kühen in erster Linie nach allgemeinen Zuchtwerten.

Beim Einsatz der Embryoklonierung spielt neben der genetischen Selektion, die den Zuchtfortschritt bedingt, die klonale Selektion eine entscheidende Rolle. Aus dem Vergleich von Klonwert und Zuchtwert ergibt sich, daß die Klonierung von Embryonen nicht von vornherein eine Verbesserung des Zuchtfortschrittes bewirkt. Erst die Kombination von genetischer und klonaler Selektion mit optimaler Nutzung der Prüfkapazitäten wird zu einem kumulativen Erfolg führen. Es ist deshalb sinnvoll, die Prüfkapazitäten gleichzeitig für die klonale Selektion und die genetische Selektion zu nutzen. Diese Kombination genetischer und klonaler Selektion ist in Abbildung 1-89 dargestellt.

Der züchterische Erfolg der beiden Selektionsmaßnahmen ist in erster Linie von der Genauigkeit der Zuchtwert- bzw. Klonwertschätzung und der Selektionsintensität abhängig. Das Generationsintervall kann bei Geschwisterprüfung

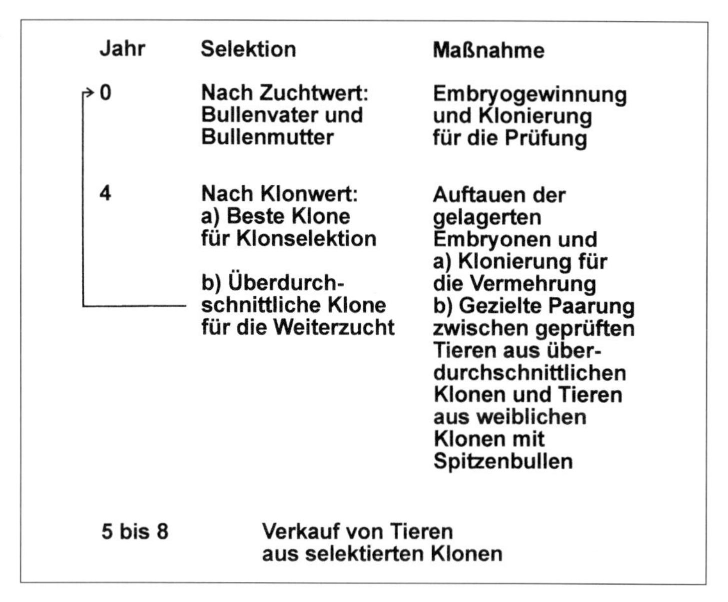

Abb. 1-89 Kombination genetischer und klonaler Selektion

nach dem Muster des adulten MOET-Programmes mit 4 Jahren relativ kurz gestaltet werden. Bei großer Ähnlichkeit zwischen Klongeschwistern reichen 1 bis 2 Prüftiere aus, um die besten Klone herauszufinden. Eine andere Situation ergibt sich bei der Bestimmung der Zuchtwerte der Klone. Mit zunehmender Differenz zwischen Heritabilität und Ähnlichkeit der Klongeschwister nimmt die Genauigkeit der Zuchtwertschätzung ab.

In einem Modellversuch am Institut für Tierzucht in München mit identischen Zwillingen wurde wie folgt verfahren:

- Eigenleistungsprüfung von 4 Zwillingspaaren auf Mastleistung
- Besamungseinsatz der Zwillingsbullen
- Einstellung von 12 Söhnen je Bulle an der Nachkommenprüfstation auf Mast- und Schlachtleistung
- Einstellung von 12 Töchtern je Bulle zur Prüfung auf Mast- und Schlachtleistung
- Vollzerlegung der Bullen nach dem Prüfungseinsatz.

Erwartungsgemäß ergab die Analyse, daß die Ähnlichkeit zwischen den monozygoten Zwillingen in der Mastleistung sehr hoch war. Die Ähnlichkeit zwischen den Zwillingsbullen lag in der Mastleistung zwischen 65 und 80 %, was bedeutet, daß der Test eines Zwillingspartners bereits gute Aussagen über die genetische Veranlagung des anderen Zwillingspaares bzw. eventuell auch der Klongeschwister zuläßt. Die Unterschiede zwischen den Nachkommengruppen (männlich und weiblich) der jeweiligen Zwillingspaare waren in der Mast- und Schlachtleistung äußerst gering. Der statistische Test ergab, daß diese Unterschiede zwischen den Nachkommengruppen der jeweiligen Zwillingspaare nur zufallsbedingt sind und durch die Stichprobenvariation erklärt werden können. Dementsprechend hoch sind die Beziehungen zwischen den Nachkommen der jeweiligen Zwillingspaare.

Wie erwartet spielt es demnach keine Rolle, welcher Zwilling für die Zucht verwendet wird, da die Zuchtwerte aus der Nachkommenprüfung für Zwillinge die selben Resultate erbringen müssen. Sehr hoch sind die Korrelationen zwischen der Eigenleistungsprüfung der Zwillinge und den Ergebnissen der Nachkommenprüfung. Aufgrund dieser Ergebnisse ist anzunehmen, daß der additivgenetische Zuchtwert der Bullen aus der Eigenleistungsprüfung von Zwillingspartnern oder Klongeschwistern relativ gut vorausgesagt werden kann. Dadurch können vorhandene Prüfkapazitäten zur Stationsprüfung auf Mast- und Schlachtleistung durch den Einsatz des Embryotransfers und der Klonierung wesentlich besser genutzt werden als in konventionellen Verfahren.

Teepker und Smith (1990) führten Modellrechnungen über die zu erwartenden Leistungssteigerungen beim Einsatz der Embryoklonierung durch. Im Vergleich zur genetischen Selektion kann die klonale Selektion in einer Selektionsrunde zu einem Leistungssprung von 1,8 Standardeinheiten führen. Dies würde bei der Laktationsleistung etwa 1 500 kg Milch entsprechen. Das würde dazu führen, daß die Leistung der Nutztiere aus den besten Klonen wesentlich über den Leistungen der Zuchttiere der Population läge. Dabei ist zu berücksichtigen, daß die Ergebnisse der Klonselektion wahrscheinlich nicht wie die Zuchtfortschritte über lange Zeiträume kumuliert werden können. Der Zuchtfortschritt pro Jahr

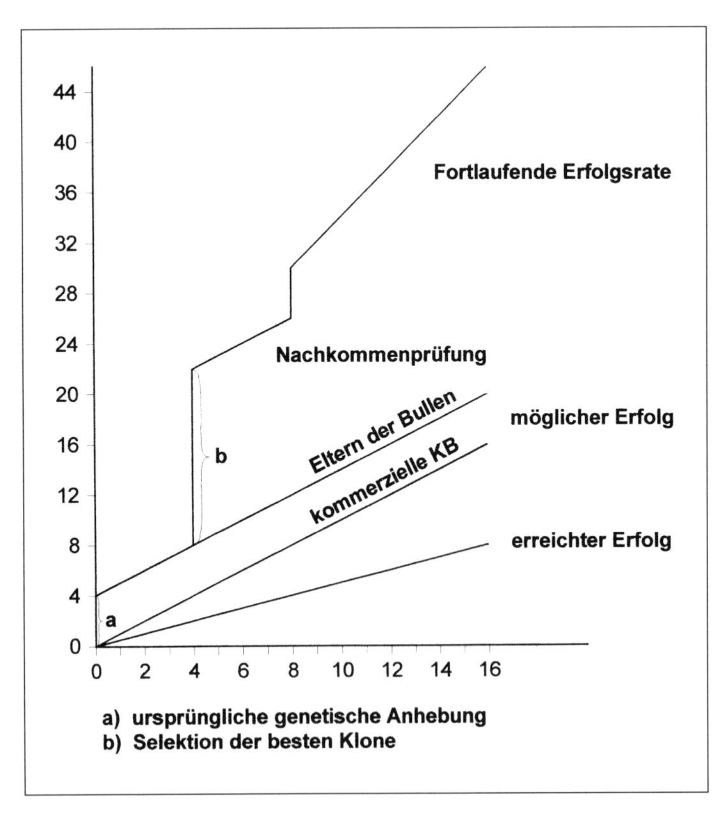

Abb. 1-90 Möglicher genetischer Fortschritt durch die Züchtung und Verwendung von selektierten Klonen im Vergleich zum theoretisch möglichen Fortschritt in konventionellen Nachkommen-Prüfprogrammen

liegt in durchschnittlichen Besamungszuchtprogrammen bei etwa 1 % und bei Programmen mit guter Effizienz bei bis zu 1,5 %. MOET-Programme bei Bullenmüttern oder in Nukleuszuchtprogrammen können zu Zuchtfortschritten von 2 bis 2,4 % führen. Im Gegensatz dazu würde eine Klonselektion einen Zuchtfortschritt von 20 bis 25 % ermöglichen.

Eine der ersten Modellkalkulationen für den jährlichen genetischen Fortschritt durch Einsatz von Embryoklonierung haben Nicholas und Smith (1983) vorgelegt. Sie vergleichen dabei den genetischen Erfolg bei der Erstellung großer Klone mit den in Besamungszuchtprogrammen erreichbaren Erfolg (Abbildung 1-90). Durch die Selektion der Eltern der Klone kann ein anfänglicher genetischer Sprung von 4 Jahren (gemessen am jährlichen theoretischen Zuchtfortschritt in Nachkommenprüfprogrammen) im Vergleich zu den Eltern von Bullen in Besamungszuchtprogrammen erreicht werden. Nach 3 Jahren liegen die Leistungen der Klone vor und die besten Klone können für den Einsatz in der Population selektiert werden. Die im darauffolgenden Jahr geborenen Nachkommen würden dann 13 bis 17 Zuchtjahre vor der Besamungszuchtpopulation liegen. Im selben Jahr werden die besten Klone miteinander verpaart um eine neue Klonierungsrunde im Jahr 8 zur Verfügung zu haben. Nach 16 Jahren würde die Differenz zwischen der Zucht und Benutzung von Klonen und dem Nachkommenprüfungssystem etwa 30 Jahre genetischen Zuchtfortschritt betragen.

Bei der Beurteilung der züchterischen Vorteile von Klonierungsprogrammen sollte zwischen männlichen und weiblichen Klonen unterschieden werden. Männliche Klone ermöglichen eine sichere und effizientere Zuchtwertschätzung auf Mast- und Schlachtleistung bei Zweinutzungsrassen und Fleischrassen. Sie ermöglichen eine bessere und längere Nutzung von herausragenden Spitzenbullen, wenn identische Embryonen erstellt und tiefgefroren wurden. Es gibt die Möglichkeit, die Krankheitsresistenz bzw. -anfälligkeit zu testen und zu berücksichtigen, wenn praxisrelevante Testmethoden entwickelt wurden. Bei weiblichen Klonen ermöglicht die Erzeugung von großen Tiergruppen, die unter definierten Umweltbedingungen in der Leistung um zwei Standardeinheiten über dem Durchschnitt liegen werden. Dies würde z. B. für eine Rasse wie Holstein-Friesian bedeuten, daß eine Leistungsgarantie um 10 000 kg Milch erreicht werden könnte. Beim Fleckvieh würde dies eine Milchleistung von 7 000 kg bei guter Bemuskelung ermöglichen. In der Zukunft könnte die geschickte Kombination genetischer und klonaler Selektion zu einer deutlichen Beschleunigung des Zuchtfortschritts führen.

Rekapitulation

- Voraussetzungen Herdbuchzucht
  Kennzeichnung und Registrierung der Tiere und Abstammungen, Leistungsprüfung, Exterieurbeurteilung, Selektion und Paarung
- Vorteile des ET in Besamungspopulationen
  Reduzierung der Zahl der Bullenmütter führt zur Erhöhung der Selektionsintensität und zu einer Verkürzung des Generationsintervalles auf dem Pfad Mutter-Sohn
- ET in MOET-Nukleuszuchtprogrammen
  Aufbau von Nukleusherden mit Elitetieren, Konzentration der besten weiblichen Genotypen, Erhöhung der Selektionsintensität und der Genauigkeit der Zuchtwertschätzung im Nukleus
- Herdenprogramme mit ET
  Selektionserfolg ist abhängig von der Anzahl der pro Spender gewonnenen Embryonen, der Trächtigkeitsrate und der Mehrproduktion an Kälbern durch Embryomikrochirurgie
- offene Nukleuszuchtprogramme
  Zucht von Prüfbullen und Bullenmüttern, Ausschluß von Sonderbehandlungen bei Bullenmüttern durch Haltung auf Station
- Nachteile von Nukleuszuchtprogrammen
  Krankheits- und Seuchenrisiko, mögliche Genotyp-Umwelt-Interaktionen, hoher Kapitalbedarf, stärkere Kommerzialisierung
- Klonierungsprogramme
  Optimierung der Nutzung von Prüfkapazitäten, Leistungssprung durch klonale Selektion, keine Kumulation über lange Zeiträume möglich, geschickte Kombination genetischer und klonaler Selektion kann zu einer deutlichen Beschleunigung des Zuchtfortschrittes führen

Literatur Kapitel 1.2.4

Brem, G. (1979): Kostenanalyse über Verfahren und Einsatzmöglichkeiten von Embryotransfer. Diss. med. vet., München.

Brem, G. (1986): Mikromanipulation an Rinderembryonen und deren Anwendungsmöglichkeiten in der Tierzucht. Ferdinand Enke, Stuttgart.

Brem, G. et al. (1985): Production of transgenic mice, rabbits and pigs by microinjection into pronuclei. Zuchthygiene, **20**, 251-252.

Brem, G. et al. (1990): Genetische Vielfalt von Rinderrassen – Historische Entwicklung und moderne Möglichkeiten zur Konservierung. Eugen Ulmer, Stuttgart, 136 S.

Christensen, L.G. (1987): MOET-Programmes in Cattle Breeding. 38th Annual Meeting of the European Association for Animal Production, Lissabon, Portugal, 27th September – 1st October 1987.

Colleau, J.J. (1986): Genetic Improvement by embryo transfer within an open selection nucleus in dairy cattle. 3rd World Congress on Genetics applied to Livestock Production, Lincoln, USA, 16. – 22.07.1986.

Cunningham, E.P. (1976): The use of egg transfer techniques in genetic improvement. Agricultural Research Seminar: Egg transfer in cattle, Janssen, EUR 5491, Luxembourg, 345-353.

Haussmann, H. (1978): Verbreitung seltener Anlagen oder seltener Populationen mit Hilfe des Embryotransfers. DGfZ-Ausschuß f. genet.-statist. Methoden in der Tierzucht, Husum, Polykopie.
Kandzi, A. und P. Glodek (1987): Zur züchterischen Wettbewerbsfähigkeit des neuen OHG-Zuchtprogrammes mit bisherigen KB-Zuchtprogrammen und neuzeitlichen Nucleussystemen. Die Osnabrücker Schwarzbuntzucht, **66**, 20-21.
Kräußlich, H. (1978): Produktionstechnische Auswirkungen des Embryotransfers. DGfZ-Ausschuß f. genet.-statist. Methoden in der Tierzucht, Husum, Polykopie.
Land, R.B. und W.G. Hill (1975): The possible use of superovulation and embryotransfer in cattle to increase response to solection. Anim. Prod., **21**, 1-12
Nicholas, F.W. (1979): The genetic implications of multiple ovulation and embryo transfer in small dairy herds. Proc. 30th Annual Meeting of the EAAP, Harrogate, CG1.11
Nicholas, F.W. and C. Schmith (1983): Increased rates of genetic change in dairy cattle by embryo transfer and splitting. Anim. Prod., **36**, 341-353.
Pirchner, F. und L. Dempfle (1977): Züchterische Auswirkungen des Embryotransfers. DGfZ-Ausschuß f. genet.-statist. Methoden in der Tierzucht, Aachen, Polykopie.
Rendel, J. and A. Robertson (1950): Estimation of genetic gain in milk yield by selection in a closed herd of dairy cattle. J. Genet., **50**, 1-8.
Ruane, J. und R. Thompson (1991): Comparison of simulated and theoretical results in adult MOET nucleus schemes for dairy catlle. Livestock Prod. Science, **28**, 1-20
Skjervold, H. (1974): Breeding aspects in case of practical application of egg transplantation. Report No. **75** des SHS, Hallsta, Schweden, 87-102.
Teepker, G. and C. Smith (1990): Efficiency of MOET nucleus breeding schemes in selecting for traits with low heritability in dairy cattle. Anim. Prod., **50**, 213-219.
Wray, N.R. (1989): Consequences of selection in closed populations with special reference to closed nucleus herds of pigs. PhD. Thesis, University of Edinburgh.

1.2.5 Einsatzmöglichkeiten des Gentransfers

Die Möglichkeit, fremde Gene in das Genom eines Tieres via Gentransfer einzuschleusen und erfolgreich zu exprimieren, hat in der genetischen Manipulation von Tieren eine völlig neue Dimension eröffnet. Entwickelt und am intensivsten genutzt wurde und wird die Technik des Gentransfers bei der Maus. Der Gentransfer ist ein ideales Modell zum Studium der Genexpression während der Entwicklung und im adulten Tier. Der Gentransfer ermöglicht die Etablierung von Tiermodellen für menschliche Erkrankungen, die weitergehende Untersuchung von Mutationen und die Verwendung als genetischer Marker.

1.2.5.1 Züchterische Grundlagen des Gentransfers

Von der Entwicklung des Gentransfers bei der Maus bis zu ersten Versuchen bei landwirtschaftlichen Nutztieren vergingen nur wenige Jahre, da sehr schnell klar wurde, daß diese Technik bei landwirtschaftlichen Nutztieren völlig neue Zuchtstrategien und Anwendungsperspektiven ermöglicht. Daß wir trotzdem nach mehr als einem Jahrzehnt seit Beginn des Einsatzes des Gentransfers bei landwirtschaftlichen Nutztieren nur in einigen wenigen Bereichen konkrete Anwendungsbeispiele zur Verfügung haben, liegt sicherlich, neben anderen Faktoren, auch an den grundsätzlichen Problemen beim Arbeiten mit Nutztierspezies.

Landwirtschaftliche Nutztiere haben Generationsintervalle, die im Vergleich zur Maus in Jahren und nicht in Wochen gerechnet werden. Dadurch ist der erforderliche Zeitraum vom Start eines Programmes bis zur potentiellen Nutzung der transgenen Tiere entsprechend lang. Das Problem der langen Zeitabläufe in der Tierzucht kann natürlich auch der Gentransfer nicht lösen. Er unterliegt in diesem Zusammenhang den gleichen Rahmenbedingungen wie konventionelle Selektionsprogramme. Andererseits ist gerade wegen der langen Generationsintervalle die Chance, durch Gentransfer in einer Generation bzw. in wenigen Generationen eine Veränderung zu erzielen, die mit konventionellen Zuchtverfahren viele Generationen und damit Jahrzehnte in Anspruch nehmen würde, besonders reizvoll (Brem 1989).

Für die Anwendung des Gentransfers in der Nutztierzucht ist von entscheidender Bedeutung, daß das transferierte Gen an die Nachkommen vererbt wird. Dazu ist erforderlich, daß in den transgenen Tieren (Tiere aus Genübertragung) auch alle oder doch zumindest ein Teil der Keimzellen das Transgen enthält. Leider ist über die molekularbiologischen Vorgänge, die bei der Integration injizierter DNA im Genom ablaufen, noch sehr wenig bekannt. Wie sich gezeigt hat, entstehen trotz Injektion der DNA in den Vorkern einer befruchteten Eizelle auch Mosaike (s. 1.1.8). Transgene Mosaike haben neben den Zellen, die das Transgen enthalten, auch nicht transgene Zellen. Wenn in den Zellen der Gonaden keine Transgene enthalten sind, können die Nachkommen dieser Tiere das injizierte Gen nicht von ihrem transgenen Elternteil erben.

Tiere, die das injizierte Genkonstrukt stabil in ihr Genom integriert haben und es an ihre Nachkommen vererben, zeigen den Vererbungsmodus eines Mendelschen Gens, weil meist die Integration an einer einzigen Stelle im Genom erfolgt. Definitionsgemäß bezeichnet man solche Tiere als hemizygot-transgen (1.1.2.3), da der Begriff Heterozygot nicht angemessen ist, weil auf dem homologen nicht-transgenen Chromosom das dem Transgen entsprechende Allel fehlt. Erwartungsgemäß sollte die Hälfte der Nachkommen eines transgenen Tieres das Transgen erben. Sind die Gonaden jedoch Mosaike (1.1.3.1.1) aus transgenen und nicht-transgenen Zellinien (ca. 30 % der primärtransgenen Tiere aus Mikroinjektion) so liegt der Anteil der transgenen Nachkommen je nach quantitativer Beteiligung der beiden Zellinien an der Bildung der Gameten zwischen 0 und 50 %.

In einzelnen Fällen wurde auch beobachtet, daß die Integration nicht immer stabil über die Generationen hinweg vererbt wird, sondern aus bislang ungeklärten Gründen wieder verloren gehen kann. Während dieser Vorgang relativ selten ist, wird oft eine große Variabilität der Expression der Transgene beobachtet. Dabei können über die Generationen hinweg alle Formen der Veränderung –Verstärkung oder Abschwächung bishin zum völligen Fehlen – der Expression auftreten. Möglicherweise spielt hier der unterschiedliche Methylierungsgrad der DNA eine Rolle (Genomic imprinting, 1.1.5.7). Relativ selten haben primär transgene Tiere mehrere Integrationsstellen im Genom. Sind diese voneinander soweit entfernt, daß sie zufällig rekombiniert werden können, entstehen bei zwei unabhängigen Integrationsorten 75 % transgene Nachkommen, wobei je 25 % eines der beiden Transgene erben und 25 % beide Integrationsorte im Genom enthalten. Lediglich 25 % der Tiere würden überhaupt kein Transgen erben.

Durch Verpaarung hemizygot transgener Nachkommen entstehen im Normalfall 50% hemizygote, 25 % homozygot-transgene und 25 % negative Tiere. Die Zufälligkeit der Genintegration kann dazu führen, daß das Transgen im Bereich eines wichtigen endogenen Gens integriert. Solange bei hemizygoten Tieren auf dem homologen Chromosom ein intaktes Allel vorhanden ist, führt diese Integrations- oder Insertions-Mutation zu keinen Problemen. Aus der Verpaarung hemizygoter Tiere, die eine Insertions-Mutation enthalten, werden keine homozygot-transgenen Nachkommen geboren, wenn das durch die Insertions-Mutation veränderte Gen essentiell für die Entwicklung des Fetus ist (s. 1.1.1.5, Letalgene). Es wird geschätzt, daß zwischen 5 und 10 % aller transgenen Linien Integrations-Mutationen aufweisen. Deshalb muß vor einer Verbreitung transgener Tiere in der Population geprüft werden, ob diese Linie auch tatsächlich frei von Insertions-Mutationen ist, damit keine zusätzlichen negativen Mutationen in die Population eingeführt werden.

Die züchterische Konsequenz aus der Entstehung von Mosaiken und Insertionsmutanten ist, daß zur Einführung eines bestimmten Genkonstrukts in eine Population die Erstellung eines einzigen transgenen Tieres bzw. einer Linie bei weitem nicht ausreicht. Unabhängig von den auch in diesen Fällen zu berücksichtigenden Inzuchtproblemen ist es erforderlich, daß transgene Linien, die tatsächlich in der Tierzuchtpraxis erfolgreich genutzt werden sollen, folgende Bedingungen erfüllen:

- stabile Vererbung des Transgens an die Nachkommen
- Freiheit von Insertions-Mutationen und somit die Möglichkeit der Erstellung normaler homozygot-transgener Tiere bzw. Linien

- stabile Expression des Transgens und
- positive biologische Wirkungen auf die Zieleigenschaft.

Daraus resultiert, daß erfahrungsgemäß wenigstens 5-10 primär transgene Tiere erstellt werden müssen, damit mit einer ausreichend hohen Wahrscheinlichkeit transgene Linien etabliert werden können, die die genannten Forderungen erfüllen.

Hinsichtlich der Anwendungsmöglichkeiten des Gentransfers beim Nutztier kann man zwischen drei Gruppen unterscheiden:

- Verbesserung der Effizienz und Qualität der tierischen Produktion, Wachstumsbeeinflussung, Krankheitsresistenz, genetische Immunisierung, Produktmodifikation (neue Stoffwechselwege)
- Produktion neuer nutzbarer Proteine (Gene farming)
- Tiermodelle für Humanerkrankungen und Tierorgane für Xenotransplantationen

Die naheliegendste Anwendung des Gentransfers konzentriert sich auf die Optimierung der Produktionsleistung unserer landwirtschaftlichen Nutztiere. Der Grund dafür ist nicht ausschließlich in der Erhöhung der Effizienz aus wirtschaftlichen Gründen zu sehen. Vielmehr führt der exponentielle Zuwachs der menschlichen Weltbevölkerung zu einem sich immer mehr verschärfenden Bedarf an Nahrungsmittel. Sicherlich wird in der Zukunft der Anteil der Pflanzenproduktion an der menschlichen Ernährung steigen. Die laufende Reduzierung der für die landwirtschaftliche Nutzung verfügbaren Flächen legt den Versuch nahe, die Produktivität durch den Gentransfer in Pflanzen zu steigern. Aber auch die tierische Produktion wird spätestens im 21. Jahrhundert mit einem Anstieg an Quantität und Qualität konfrontiert werden. Diesem ist nur durch intensive züchterische Bestrebungen zu begegnen, da die Effekte der Haltungs- und Fütterungsoptimierung nicht unbegrenzt benützt werden können.

Aus genetischer Sicht spielt deshalb die molekulargenetische Analyse der landwirtschaftlichen Nutztiere, die Genkartierung und die Gendiagnose (s. 1.1.6) eine große Rolle. Daneben kommt aber dem Gentransfer, mit dem eine aktive Veränderung von Genotypen möglich ist, eine innovative Bedeutung zu. Es können fast alle Bereiche der tierischen Produktion, Reproduktion, Gesundheit, Qualität und Verarbeitungseignung tierischer Produkte durch Gentransfer verändert werden. Auch wenn die bislang durchgeführten Experimente in diesen Bereichen noch zu keinen übermäßigen Hoffnungen Anlaß geben, steht in Aussicht, daß durch die zunehmenden Kenntnisse über Genomstruktur, Genexpression und die genetischen Wechselwirkungen neue Strategien zur Optimierung von Effizienz und Qualität der tierischen Produktion entwickelt und angewendet werden können. Es muß weiters berücksichtigt werden, daß eine Integration von Genkonstrukten letztendlich zu einer gezielten Erhöhung der genetischen Varianz führt.

Es darf aber nicht unerwähnt bleiben, daß es auch deutliche Probleme und Schwierigkeiten bei der Anwendung dieser Züchtungstechnik gibt. Zum einen sind die Kosten für die Erstellung primär transgener Nutztiere sehr hoch, das Verfahren ist insgesamt relativ kompliziert und wird bislang weltweit nur von wenigen Arbeitsgruppen komplett durchgeführt. Darüber hinaus ist sicherlich ein Nachteil, daß keine generelle Strategie in Sicht ist, die es erlauben würde, durch den Transfer eines oder einiger weniger Transgene eine viele Krankheiten umfassende Resistenz in Tieren zu etablieren (1.1.11). Die zur Zeit nachhaltigste Einschränkung der Verwendung des Gentransfers ist die fehlende Akzeptanz dieser Technik in den deutschsprachigen Ländern. Es ist nicht sinnvoll, an Gentransferprogrammen, die den Einsatz des Gentransfers bzw. transgener Tiere in der Population beabsichtigen, zu arbeiten, solange es nicht möglich ist, die transgenen Tiere als Zucht-, Nutz- oder Schlachttiere erfolgreich in den Handel zu bringen. Erst wenn sich auf diesem Gebiet die Erkenntnis durchsetzt, daß ein transgenes Tier, das ein zusätzliches Stück DNA enthält, keine größere Gefährdung als nicht-transgene Tiere darstellt, wird der Gentransfer zur Verbesserung der Krankheitsresistenz der Nutztiere eingesetzt werden können.

1.2.5.2 Wachstumsbeeinflussung durch Gentransfer

Wachstum ist ein sehr komplexer Vorgang, der in Abhängigkeit von der genetischen Determination durch das Zusammenspiel von Hormonen und auto-/parakrinen Faktoren sowie von Ernährungsbedingungen und Umweltfaktoren beeinflußt wird. In einer Vielzahl von Versuchen wurde gezeigt, daß durch Applikation von diversen Hormonen aus dem Wachstumshormonregelkreis Veränderungen in Wachstumseigenschaften oder Produktionsleistungen erzielt werden können. Insofern war es naheliegend, zu versuchen, durch Transfer von Genen der Wachstumshormonkaskade die Wachstumsleistung von Tieren zu verändern. Das wohl bekannteste Experiment auf diesem Gebiet ist die Erstellung von transgenen Mäusen, die Wachstumshormon überexprimieren und dadurch eine vierfach höhere Wachstumsgeschwindigkeit und ein verdoppeltes Körperendgewicht erreichten (Abb. 1-91).

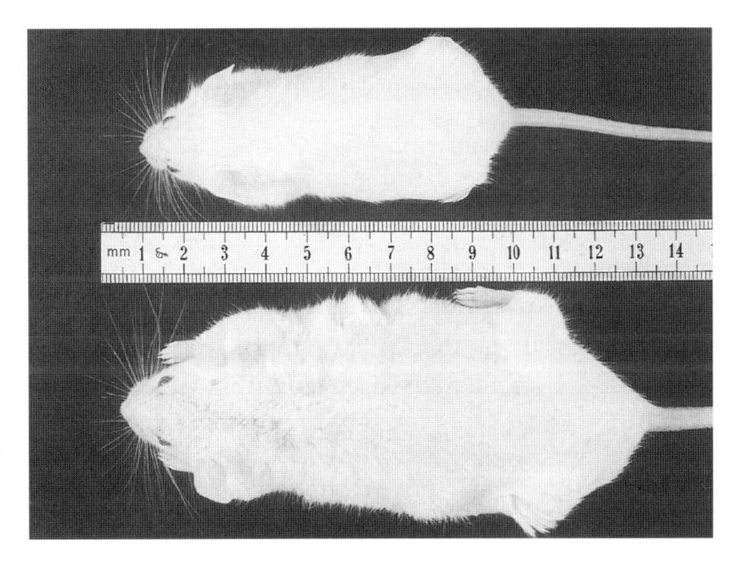

Abb. 1-91 Wachstumshormon – transgene Maus (unten) und Kontrollmaus (oben)

Das Wachstumshormon (GH) wird in den acidophilen Zellen des Hypophysenvorderlappens synthetisiert, besteht aus 190 bzw. 191 Aminosäuren und enthält 2 intramolekulare Disulfidbrücken. Die Synthese und Freisetzung des Wachstumshormons wird durch das Somatoliberin (GHRH) des Hypothalamus, das unter anderem in Abhängigkeit von Serumkonzentrationen des GH- und IGF_1 Hormons sezerniert wird, gesteuert. Die Wachstumshormonausschüttung wird durch Somatostatin (Somatotropin releasing inhibiting factor Hormon) gehemmt. Das in der Hypophyse freigesetzte Wachstumshormon wird auf dem Blutweg im Organismus verteilt und assoziiert mit GH-Rezeptoren an der Oberfläche von Zielzellen. Dem Wachstumshormon nachgeordnet ist das Somatomedin C, ein mitogenes basisches Polypeptid aus 70 Aminosäuren mit einem Molekulargewicht von 7,5 kDa. Es wird neben dem Hauptproduktionsort Leber auch in anderen Organen wie Niere, Lunge, Herz, Hoden, Mamma und den Epiphysenfugen synthetisiert. Es entfaltet sowohl endokrine als auch auto- bzw. parakrine Wirkungen.

Im Gegensatz zu den Ergebnissen mit Wachstumshormon-transgenen Mäusen (Abb. 1-91) und mit parenteraler Wachstumshormon-Applikation bei Nutztieren fanden sich bei Wachstumshormon-transgenen Schweinen und Schafen nicht die gleichen Effekte. Diese Tiere zeigten mit einer Ausnahme (Vize et al. 1988) keine Zunahme der Wachstumsrate und keine Erhöhung des finalen Körpergewichts wie bei den GH-transgenen Mäusen. Ein Problem der Wachstumshormon-transgenen Schweine ist die bis zu 20%ige Depression der Futteraufnahme, die einer Steigerung der Wachstumsleistung entgegensteht. Dieses Phänomen wurde auch bei Selektion auf extrem niedrigen Fettanteil (z. B. bei Pietrain) beobachtet (2.2.3.3). Weiterhin ist das normale Schweinemastfutter nicht optimal geeignet für die Fütterung von Schweinen, die transgenes Wachstumshormon überexprimieren. Wachstumshormon führt nämlich zu einer Reduzierung des Fettansatzes zugunsten des Proteinansatzes. Der normale Fettansatz von Mastschweinen ist wesentlich höher als bei Schweinen mit höheren Wachstumshormonspiegeln, deren Wachstum in erster Linie dem Proteinansatz zugute kommt. Wenn transgenen Schweinen ein proteinreicheres Futter (18 % Rohprotein anstatt 12 bis 14 %) mit zusätzlich mehr Lysin, Mineralstoffen und Vitaminen angeboten wurde, wiesen sie tatsächlich eine um 15 % höhere tägliche Zunahme (Pursel et al. 1988, 1989) und eine bessere Futterverwertung auf.

Wachstumshormon-transgene Schweine haben eine um bis zu 18% verbesserte Futterverwertung. Die massive Reduzierung des Fettanteils von 18 bis 20 mm Rückenspeckdicke auf 7 bis 8 mm und des inter- und intramuskulären Fettanteiles ist der auffälligste – eventuell produktionsrelevante – Befund bei den GH-transgenen Schweinen (Hammer et al. 1986; Pursel et al. 1989; Pursel et al. 1990) und Schafen (Nancarrow et al. 1991). Ohne Zweifel ist das Fleisch solcher transgener Tiere wegen des geringeren Fettgehaltes deutlich energieärmer. Andererseits stellt sich natürlich die Frage nach der geschmacklichen Ausprägung, die bei sehr fettarmen Fleisch sicherlich verändert sein dürfte.

Bei Schweinen mit einer Überexpression von Wachstumshormonen wurden eine Reihe von negativen pathologischen Begleiterscheinungen (Magengeschwüre, Gelenkentzündung, Dermatitis, Nephritis, Pneumonie, reduzierte

Fruchtbarkeit) festgestellt (Pursel et al. 1989). Um die Wachstumshormon-Expression den Erfordernissen besser anzupassen, wurden deshalb andere Regulationselemente verwendet. Versucht wurde insbesondere, die Expression des Transgens nicht wie bei dem ursprünglich verwendeten MT(Metallothionein)-Promoter kontinuierlich ablaufen zu lassen. So verwendete man eine 460 Basenpaar lange 5'-Flankierungssequenz aus dem PEPCK (Phosphor-EnolPyruvate-Carboxy-Kinase-Gen) Promotor der Ratte. Dies führte dazu, daß die Expression bei den bGH-transgenen Schweinen erst nach der Geburt und in geringerer Höhe erfolgte und dadurch weniger negative Begleiterscheinungen auftraten. Trotzdem wiesen diese Schweine eine Reduzierung der Rückenspeckdicke um 40 bis 50 % auf (Wieghart et al. 1990). Bei Verwendung des Prolaktin-Promotors des Rindes hatten die transgenen Schweine bGH-Konzentrationen im physiologischen Bereich von 20 ng/ml, eine nicht kontinuierliche Freisetzung konnte induziert werden und die Tiere zeigten normale Wachstumsraten (Polge et al. 1989).

Ebert et al. (1990) haben das porcine Wachstumshormongen unter die Kontrolle viraler Promotor/Enhancer-Elemente (Moloney murine leukemia Virus [MLV] bzw. humanes Cytomegalovirus [CMV]) gestellt. Beide Transgene führten zu einem konstant erhöhten Spiegel des Wachstumshormons und des IGF-1 im Serum und resultierten in einer Fettreduktion im Schlachtkörper. Die Schweine waren unfruchtbar, hatten Insulinresistenz und zeigten eine vermehrte Bereitschaft zur Entwicklung von Osteochondritis dissecans.

Optimal zur Erstellung transgener Nutztiere mit verbesserten Wachstumsleistungen sind Genkonstrukte, die eine externe oder eine gebunden an spezifische Stoffwechselvorgänge induzierbare Regulation der Genexpression ermöglichen. Damit ließen sich ungewünschte Überexpressionen und deren Folgen vermeiden und eine zeitlich auf die benötigten Produktionsabschnitte befristete Transgenwirkung erreichen.

Beim Geflügel gibt es ein Gen (ski), das für Muskeldifferenzierung verantwortlich ist. In Versuchen mit Mäusen wurde gezeigt, daß die Transgenexpression von ski zu Muskelhypertrophie führte. Pursel et al. (1992) haben ein Genkonstrukt, das dieses Geflügel c-ski-Gen unter der Kontrolle eines viralen Promotors LTR enthielt, zur Erstellung transgener Schweine verwendet. Fünf der transgenen Schweine zeigten verschiedene Grade von Muskelhypertrophie, die erstmals im Alter zwischen 3 und 7 Monaten festgestellt wurden. Bei 2 Schweinen trat die Hypertrophie nur im Schulterbereich auf, bei den anderen 3 Schweinen waren sowohl Schulter als auch Schinken vergrößert. 5 andere c-ski-transgene Schweine litten zwischen Geburt und dem Alter von 3 Monaten an Muskelatonie und Beinschwäche. Die transgene mRNA wurde reichlich in Skelettmuskel und ein geringer Anteil auch im Herzmuskel gefunden, während in anderen Geweben keine transgene RNA nachgewiesen werden konnte. Die histologische Untersuchung des Skelettmuskel zeigte, daß die Muskelfasern hoch vakuoliert waren. Insgesamt ergab sich, daß beim Schwein ähnlich wie bei der Maus, das c-ski-Gen spezifisch in der Skelettmuskulatur exprimiert wird und die Muskelentwicklung in Abhängigkeit vom Expressionsspiegel und der Expressionszeit beeinflussen kann.

Zusammenfassend kann festgestellt werden, daß die Versuche zur Beeinflußung der Wachstumsleistung bislang in keinem publizierten Fall zu den produktionstechnisch gewünschten Ergebnissen geführt haben. Dies liegt zweifelsohne daran, daß durch den Transfer von Genkonstrukten aus dem Wachstumshormon-Regelkreis in massiver Weise in endogene Mechanismen und Regelkreise eingegriffen wird, deren Funktion und Abläufe wir bislang aufgrund unserer noch geringen Kenntnisse nur sehr unzureichend verstehen.

Selbstverständlich werden nirgends auf der Welt transgene Nutztiere, die aufgrund von Überexpressionen Krankheitserscheinungen und Fruchtbarkeitsprobleme zeigen, in der tierischen Produktion eingesetzt.

1.2.5.3 Versuche zur Erhöhung der Krankheitsresistenz

Einen neuartigen Ansatz zur Zucht resistenter Tiere stellt der Gentransfer von Resistenzgenen oder Genen, die die Immunantwort beeinflußen, dar (Abb. 1-92). Im Prinzip kommen folgende Klassen von Genen in Frage:

- Zytokin-Gene
- Zytokinrezeptor-Gene
- Gene intrazellulärer Effektormoleküle (Signaltransduktoren, Transkriptionsfaktoren)
- Gene der Haupthistokompatibilitätskomplexe (MHC)
- T-Zellrezeptor-Gene
- Immunglobulin Gene
- Spezifische Resistenzgene

Nachfolgend werden einige Beispiele dargestellt, in denen bereits versucht wurde und wird, mit Gentransfer Krankheitsresistenz zu beeinflussen (Brem 1992).

Influenza ist eine Krankheit, die auf natürliche Weise zwischen Wirbeltier und Mensch übertragen wird, also eine Zoonose. Gerade zwischen Mensch und

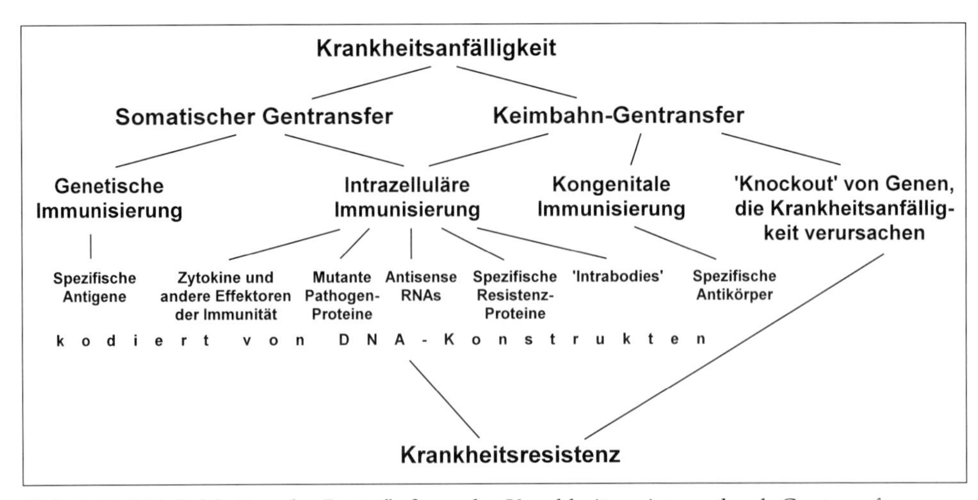

Abb. 1-92 Möglichkeiten der Beeinflußung der Krankheitsresistenz durch Gentransfer

Schwein kommt es bei dieser Krankheit immer wieder zu gegenseitigen Ansteckungen mit z.T. verheerenden Folgen. Genetische Analysen bei Mäusen haben gezeigt, daß der antivirale Status gegen Influenza A- und B-Viren von einem einzigen Genort, dem dominanten Mxl+ Allel kontrolliert wird.

Damit ist das Mx (Myxovirus) Gen der Maus eines der wenigen Beispiele für einen bestimmten Resistenzphänotyp, der von einem einzigen Genort kontrolliert wird. Mittlerweile wurden in vielen Spezies Mx-Gene gefunden (Übersicht bei Müller und Brem 1992) und gezeigt, daß die Expression der Mx-Gene durch Interferon stimuliert wird. Wichtig dabei ist, daß es sich bei der Wirkung der Mx-Proteine um eine direkte Hemmung der Replikation von Influenzaviren handelt und nicht der normale „unspezifische" antivirale Status, der durch Interferon in der Zelle erzeugt wird, für die Resistenz verantwortlich ist. Mx-Proteine wurden in allen untersuchten Wirbeltieren gefunden und biochemisch als Enzym mit GTPase-Aktivität charakterisiert. Es wird angenommen, daß diese Proteinfamilie am intrazellulären Transportsystem und an unspezifischen antiviralen Mechanismen beteiligt ist. Die spezifische Resistenz gegen Influenzaviren wurde, wie oben erwähnt, nur bei Mäusen gefunden. Durch DNA, RNA und Proteinstudien an interferonbehandelten peripheren Blutlymphozyten des Schweines wurde die Existenz von mindestens zwei Mx-Genen nachgewiesen. Die Homologie der Mx-Gene des Schweins mit bekannten Mx-Sequenzen anderer Säugetiere lag bei etwa 80 % (Müller et al. 1992a).

In einer Serie von Gentransferexperimenten beim Schwein wurden drei verschiedene Mx-Genkonstrukte, die die Mäuse-Mxl cDNA und den Metallothionein (MT), das Simian Virus (SV40) oder den Mäuse Mx-Promotor enthielten, verwendet (Müller et al. 1992b). Die Ergebnisse dieser Experimente zeigten, daß die durch den MT- oder SV40Promotor induzierte hohe und permanente Expression des Mxl-Proteins, möglicherweise nachteilige Auswirkungen während der Embryogenese hat. Keines der geborenen Ferkel wies eine Integration auf, die eine normale Aktivität des Transgens hätte erwarten lassen.

Anders war die Situation bei Verwendung des Mx-Promotors, der eine dem natürlichen Mx-Gen entsprechende Expression erwarten läßt. Alle geborenen transgenen Ferkel wiesen eine korrekte Integration auf und in fünf Linien wurde das Transgen an die Nachkommen weitervererbt. Die primär transgenen Tiere hatten zwischen 10 und 30 intakte Kopien integriert. Zum Nachweis der Expression des Transgens wurden periphere Blutlymphozyten gewonnen und mit Interferon stimuliert. Nach der Interferoninduktion wurde die RNA präpariert und im Northern-Blot analysiert. In zwei transgenen Linien konnte eine interferonabhängige Zunahme der transgenen mRNA-Spiegels nachgewiesen werden (Abb. 1-93).

Zur Proteinanalyse der Mxl-Genkonstrukte wurden die kultivierten Blutzellen mit ^{35}S-Methionin markiert. Nach Immunpräzipitation der Proteine mit Antimaus-Mx-Antikörpern und durch indirekte Immunfluoreszenz von Gewebeschnitten von interferonbehandelten Ferkeln konnte jedoch keine spezifische Zunahme des Mäuse Mx1-Proteins in den Zellen oder Geweben nachgewiesen werden. Vermutlich war die Antwort der Transgene auf die Interferonstimulation zu gering oder zu instabil, um in nachweisbaren Proteinmengen zu resul-

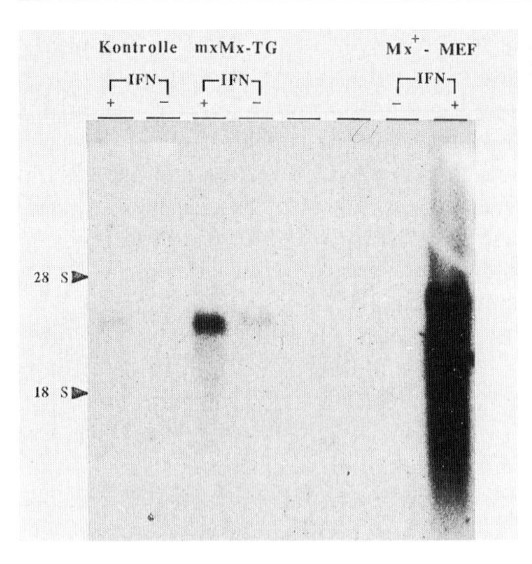

Abb. 1-93 Expression des Mäuse-Mx-Gens in transgenen Schweinen

tieren. Ein Infektionsversuch und die weitere Verwendung der transgenen Schweine konnte aufgrund der durch das deutsche Gentechnikgesetz vorgegebenen Auflagen nicht realisiert werden.

Eine Idee, die Auswirkung der Expression von viralen Genen zu unterbinden, ist die Übertragung und Überexpression von antisense Genen. Im Zellkulturexperiment konnte bereits gezeigt werden, daß antisense RNA-Konstrukte und komplementäre Oligonukleotide in der Lage sind, die Replikation von viralen Genomen und Expression ihrer Gene zu inhibieren. Konsequenterweise wurde daraufhin versucht, den durch Antisense-RNA erzielbaren antivirellen Status aus der Zellkultur auch in transgenen Tieren zu untersuchen.

So haben beispielsweise Ernst et al. (1990) transgene Kaninchen, die ein asRNA gegen Adenovirus H5 enthielten, generiert. Einige der Kaninchen hatten intakte asRNA-Genkopien unter der Kontrolle des MT Promotors integriert und an ihre Nachkommen vererbt. Die Resistenz gegen AD5-Infektionen wurde in primären Nierenzellkulturen der transgenen Kaninchen und nicht transgenen Kontrolltieren getestet. Zellen, die das Antisense-RNA-Transgen korrekt prozessierten, waren zwischen 90 und 98 % resistenter gegen AD5-Viren als normale Nierenzellen. Diese Ergebnisse sind ein erster konkreter Hinweis, daß mit Hilfe der Antisense-Strategie Resistenzen gegen Viren etabliert werden könnten.

Ein anderer interessanter Ansatz für die Etablierung von Resistenzen gegen Virusinfektionen beim Säuger ist die von Baltimore (1988) vorgeschlagene „intrazelluläre Immunisierung" durch Gentransfer. Bei der normalen Immunisierung wird ein extrazelluläres Antigen erkannt, und es werden Antikörper dagegen gebildet. Die Strategie der intrazellulären Immunisierung dagegen geht davon aus, daß durch die Expression des Transgens in der Zelle virale Proteine oder deren mutierte Formen produziert werden, die die Wechselwirkung der entsprechenden Proteine der Wildtypviren mit zellulären Mechanismen stören und so die Vermehrung der Viren verhindern. Der Effekt wäre eine echte Immunisierung, also eine Prophylaxe und keine Therapie. Ein erstes Beispiel wurde von Salter und Crittenden (1989) geliefert, die transgene Hühner erstellten, die das Envelope-Protein des Geflügelleukosevirus exprimierten und dadurch resistent gegen dieses Virus waren.

Eine andere Strategie zum Schutz von Tieren gegen Infektionskrankheiten ist die **kongenitale Immunisierung**. Sie basiert auf der Expression von definierten Antikörpergenen in transgenen Nutztieren. Wie in vielen Untersuchungen gezeigt, werden klonierte Gene von monoklonalen Antikörpern in transgenen Mäusen exprimiert. Diese Tiere produzieren Antikörper gegen spezifische Antigene, ohne jemals zuvor immunisiert oder in Kontakt mit dem Antigen gewesen zu sein.

Durch den Transfer der Gene für die leichte und schwere Kette eines mausmonoklonalen Antikörpers in Mäuse, Kaninchen und Schweine wurde untersucht, ob es in den transgenen Tieren zu einer ausreichenden Expression kommt. Überraschenderweise waren die Serumantikörpertiter bei den transgenen Kaninchen und Schweinen deutlich höher als bei der Maus. In einer transgenen Schweinelinie konnten Konzentrationen von einem Gramm Antikörper pro Liter Serum erreicht werden. Wie durch isoelektrische Fokussierung gezeigt wurde, waren nur einige wenige Banden identisch mit denen der gereinigten Mäuseantikörper (Weidle et al. 1991). Möglicherweise ist es zu einer unzureichenden Expression der Kapakette gekommen. Durch zusätzliche Verwendung von weiteren Enhancer-Elementen (s. 1.1.5.7) sollte dieses Problem jedoch überwindbar sein.

Im Prinzip kann davon ausgegangen werden, daß es möglich ist, in Zukunft Genkonstrukte zu entwickeln, die eine ausreichend hohe Expression in Transgenen erlauben, um Tiere gegen die Infektion mit bestimmten Viren oder Bakterien in ähnlicher Weise zu schützen, wie durch konventionelle Immunisierung. Selbstverständlich kommt diese Strategie nur dann in Frage, wenn gegen eine gefährliche Infektionskrankheit nicht erfolgreich immunisiert werden kann, weil ein geeigneter Impfstoff fehlt oder aus seuchenhygienischen Gründen nicht immunisiert werden darf, weil das Gefährdungspotential durch die Impfung zu hoch wäre. In diesen Fällen müßten die Gene für die Antikörper gegen diese Viren oder Bakterien kloniert und in Tiere transferiert werden.

Zytokine sind extrem potente Modulatoren der unspezifischen wie der spezifischen Abwehrmechanismen des Körpers gegen pathogene Agentien (s. Abb. 1-92). Diese Stoffe bilden ein Netzwerk mit stimulierenden und trennenden, sich überlappenden und spezifischen Eigenschaften. Dadurch ist der Einsatz von Zytokinen in Prophylaxe, Therapie und Gentransfer erschwert, da ein spezifisches Zytokin neben den erwünschten z. B. antiviralen Aktivitäten häufig auch viele unerwünschte Nebenwirkungen ausübt.

So stellt das Interferonsystem nicht nur einen antiviralen sondern generell einen körpereigenen Abwehrfaktor dar, der jedoch auch antiproliferative (wachstumshemmende) Wirkungen hat. Bei Versuchen, zusätzliche Interferone in transgenen Tieren zu exprimieren, darf nicht übersehen werden, daß Interferon in größeren Mengen toxisch auf Zellen und hemmend auf die Zellvermehrung wirkt. Die Aufklärung der intrazellulären Wirkmechanismen der Zytokine und die weitere Charakterisierung des Zytokin-Netzwerkes wird es in

Zukunft ermöglichen, Konzepte zur Erhöhung der Krankheitsresistenz zu entwickeln.

Wegen seiner großen Bedeutung in der Mastitisresistenz wird versucht, durch Gentransfer die Immunantwort zu verbessern. Williamson et al. (Zit. nach Clark et al. 1992) haben transgene Mäuse erstellt, die das Lysostaphin in die Milchdrüse exprimieren. Eine Expression von Laktoferrin in die Milch transgener Rinder wollen Krimpenfort et al. (1991) erreichen. Dieses Laktoferrin soll später aus der Milch isoliert und evtl. in der Babynahrung als Zusatzstoff eingesetzt werden, um unter anderem der Entstehung von Diarrhöen vorzubeugen.

Wie die aufgeführten Beispiele zeigen, gibt es durchaus aussichtsreiche Strategien, mit Hilfe des Gentransfers eine Verbesserung der Krankheitsresistenz unserer Nutztiere zu erreichen.

1.2.5.4 Verbesserung der Qualität tierischer Produkte

Die Verbesserung der Qualität oder Zusammensetzung tierischer Produkte durch Transfer entsprechender Genkonstrukte könnte für die Tierproduktion ebenfalls neue Wege eröffnen. Neben der Produktion von Fremdproteinen (s. Gene Farming 1.2.5.6), die nach Aufreinigung unabhängig von der ursprünglichen Produktionslokalisation verwendet werden können, wird auch an eine Veränderung der Milchzusammensetzung per se gedacht.

So wäre es beispielsweise möglich, die Zusammensetzung der Kuhmilch so zu verändern, daß sie der menschlichen Muttermilch wesentlich ähnlicher wäre, als die native Kuhmilch und damit deutlich besser in der Babyernährung eingesetzt werden könnte. Weiterhin wird versucht, den Laktosegehalt der Milch durch Gentransfer so zu reduzieren, daß auch Laktase-defiziente Menschen, die normalerweise keine Vollmilch verzehren können, die Milch dieser transgenen Rinder ohne Vorbehandlung trinken könnten (Mercier 1987).

1.2.5.5 Neue Stoffwechselwege in transgenen Nutztieren

Ein sehr wichtiges Gebiet, auf dem der Gentransfer die Produktivität zu beeinflussen vermag, ist die Veränderung von Stoffwechselwegen. Ward et al. (1986) denken dabei entweder an die Wiederherstellung von Stoffwechselwegen, die zwar normalerweise vorhanden aber in bestimmten Spezies verloren gegangen sind, oder auch an die Einführung neuer Wege, die bislang nicht vorhanden sind. Dies bedeutet, daß die für diesen Syntheseweg erforderlichen Gene aus anderen Organismen stammen müßten.

Naheliegenderweise konzentriert sich die Veränderung von Stoffwechselwegen in erster Linie auf die Einführung von Biosyntheseverfahren für essentielle Bestandteile. Es ist bekannt, daß die Aminosäure Cystein ein begrenzendes Substrat für die Wollsynthese ist, und daß der Gehalt an Cystein im Serum nicht durch einfache Fütterungsmaßnahmen gesteigert werden kann, da das zusätzliche Cystein im Wiederkäuermagen der Schafe abgebaut wird. Deshalb wäre es von Vorteil, wenn transgene Schafe das Cystein synthetisieren könnten. Dazu mußten die Gene für die Serin-Transacetylase und die O-Acetylserin-Sulfhydrolase z. B. aus E. coli isoliert und mit neuen regulatorischen Elementen versehen in Schafe transferiert werden. Diese Schafe sind dann in der Lage, unter Verwendung des H_2S aus dem Magen im Magenwandephitel Cystein zu synthetisieren, das dann zu den Wollfollikeln der Schafe transportiert wird.

Ein zweiter von Ward et al. (1986) vorgeschlagener Weg ist die Etablierung des Glyoxylat-Stoffwechselweges, der es den Schafen erlauben würde, Glukose aus Azetat zu synthetisieren. Dies ist deshalb interessant, weil alle Wiederkäuer Glukose als Energiequelle benötigen. Azetat ist nicht glukoneogenetisch und in größeren Mengen im Wiederkäuermagen verfügbar.

Es soll nicht unerwähnt bleiben, daß die Einführung solcher neuer Stoffwechselwege nicht trivial ist und daß häufig eine ganze Reihe von Nebenbedingungen berücksichtigt und erfüllt werden müssen; man denke nur an die Lokalisation der Verfügbarkeit der entsprechenden Enzyme.

1.2.5.6 Nutztiere als Produzenten rekombinanter Proteine (Gene Farming)

Durch die Kombination von Strukturgenen mit spezifischen Regulationselementen kann erreicht werden, daß die Genexpression nur in einem bestimmten Organ erfolgt. So ist naheliegend, daß z. B. Gene, die mit Promotoren von Milchproteingenen verbunden sind, in den Zellen der Mamma exprimiert werden. Demnach würde dann, wenn die Translation der mRNA und der Transport der Proteine einschließlich der Abspaltung der Signalpeptide richtig funktionieren, das von diesem Strukturgen kodierte Protein in die Milchalveolen sezerniert und in der Milch als gentechnisches Produkt vorliegen. Es mag sich nun die Frage ergeben, warum man für die Produktion von wichtigen Proteinen den „Bioreaktor" Säugetier wählen sollte und nicht auf die Möglichkeiten der Gentechnik zurückgreift, solche Substanzen einfach z. B. von *E. coli* oder anderen Mikroorganismen bzw. Zellen produzieren zu lassen.

Folgende Argumente sprechen für eine Nutzung der Milchdrüse als Produktionsstätte für Fremdproteine:

- Viele Proteine benötigen für ihre biologische Funktionalität z.T. umfangreiche posttranslationale Modifikationen z. B. Glykosilierung, β-Hydroxylierung oder γ-Carboxylierung. Diese ist in vielen Fällen in den einfachen rekombinanten Produktionssystemen von E. coli bis Saccharomyces cerevisiae nicht oder nicht in ausreichender Präzision möglich, so daß die Proteine einerseits verändert und damit antigen sein können und zum anderen eine veränderte oder fehlende Aktivität haben können. Im Gegensatz zu den prokaryotischen Produktionssystemen sind Säugerzellen in der Lage, die erforderlichen posttranslationalen Modifikationen an den Fremdproteinen durchzuführen. Inwieweit diese z. B. in In-vitro-Zellen oder auch in Milchzellen exakt identisch zu den ursprünglichen Zellen (z. B. in der Leber) erfolgen kann, ist noch nicht endgültig geklärt.

- Die Produktion von Fremdproteinen in die Milch ist ein System, bei dem das Produkt auf konventionelle Weise durch Melken und ohne irgendeine Beeinträchtigung der Tiere gewonnen werden kann.
- Die Syntheseleistung der Mammadrüse für Proteine ist beträchtlich. Die Konzentration der Summe der endogenen Milchproteine liegt je nach Spezies bei 4 bis 6 %. Auch wenn es durch „Gene Farming" in absehbarer Zeit, von Ausnahmefällen abgesehen, sicherlich nicht möglich sein wird, 60 g rekombinantes Protein aus einem Liter Milch zu gewinnen, so sind doch Mengen von 1 bis 2 g/l bereits ausreichend, um bei der hohen Milchleistung zu ganz beachtlichen Mengen von pharmazeutisch wichtigen Proteinen kommen zu können.
- Milch ist ein sauberes und hygienisch einwandfreies Produkt, und bei der Reinigung der Fremdproteine aus der Milch sollten keine unüberwindlichen Probleme oder Schwierigkeiten auftreten, insbesondere würden keine prokaryotischen Reste oder Folgeprodukte in den gereinigten Proteinen zu erwarten sein.

Für eine Nutzung der Mammadrüse als Bioreaktor ist es erforderlich, daß die geeigneten Regulationselemente kloniert vorliegen. Mittlerweile sind die Gene und Promotoren für das α_{S1}-Kasein, β-Kasein, α-Laktalbumin, β-Laktalbumin und Whey Acid Protein (WAP) bei einigen Spezies isoliert worden. Es konnte gezeigt werden, daß fast alle diese Gene auch in transgenen Tieren anderer Spezies gewebespezifisch unter Kontrolle dieser regulatorischen Elemente exprimiert werden. Neben der Maus sind auch in der Milch transgener Kaninchen, Schafe, Ziegen und Schweine aus Transgenen exprimierte Fremdproteine nachgewiesen worden. Zweifelsohne besteht hier noch Forschungsbedarf, aber an der grundsätzlichen Möglichkeit einer nennenswerten Expression kann nicht mehr gezweifelt zu werden.

Als Proteine, die beispielsweise für die Produktion in der Milchdrüse in Frage kommen, seien die Blutgerinnungsfaktoren VIII und IX, das Protein C, α1-Antitrypsin, Interleukin II und Albumin genannt (Clark 1989, Simons et al. 1987, Meade et al. 1990, Hennighausen 1990, Archibald 1990, Bühler et al. 1990). Soweit bisher untersucht, sind die in der Milchdrüse sezernierten Proteine biologisch aktiv. Ob oder inwieweit es dabei zu Modifikationen gekommen ist, ist bislang noch nicht endgültig abgeklärt.

Auch wenn zur Zeit noch keine kommerzielle Anwendung erfolgt, weil entweder die Ausbeute noch zu gering oder Fragen der Reinigung noch nicht endgültig gelöst sind oder die klinische Prüfung noch nicht abgeschlossen ist, kann davon ausgegangen werden, daß diese Systeme in den nächsten Jahren einen bedeutenden Beitrag zur Produktion medizinisch relevanter Proteine leisten können.

1.2.5.7 Tiermodelle und -organe

Der Gentransfer erschließt auch völlig neue Bereiche der Nutzung großer Säugetiere für den Menschen. So können im Rahmen des Gene farming (s. 1.2.5.6) von landwirtschaftlichen Nutztieren Proteine gewonnen werden, deren

Herstellung bislang nicht, nur unzureichend oder nicht in entsprechender Qualität möglich war. Darüberhinaus werden für bestimmte menschliche Erkrankungen auch Tiermodelle bei landwirtschaftlichen Nutztieren neue Chancen für die Erforschung der Ursachen dieser Krankheiten und die Entwicklung von Therapiekonzepten ermöglichen. Dies wird nur für solche Erkrankungen in Anspruch genommen werden, in denen transgene Tiermodelle bei kleinen Säugern nicht hinreichend geeignet sind (z. B. Herz-Kreislauf-Erkrankungen, Stoffwechselstörungen, Transplantationsmedizin).

Ein weiterer und bei erfolgreicher Lösung der anstehenden Probleme medizinisch extrem wichtiger Bereich ist die genetische Veränderung von Tierorganen in der Weise, daß sie im Rahmen von Organtransplantationen auf den Menschen transferiert werden können, ohne vom Empfängerorganismus sofort abgestoßen zu werden (Xenotransplantation). Diese beinahe unerschöpfliche Quelle an Organen würde die Medizin der Zukunft ganz entscheidend beeinflussen. Die bislang mit der Transplantationschirurgie erzielten Erfolge könnten potenziert werden, insbesondere wenn man mitberücksichtigt, daß bei Verwendung geeigneter transgener Nutztierorgane möglicherweise sogar die toxische Dauerimmunsuppression entfallen könnte, die derzeit noch alle Patienten nach Organtransplantation humaner Organe vornehmen müssen.

1.2.5.8 Somatischer Gentransfer

Möglicherweise wird auch der somatische Gentransfer beim landwirtschaftlichen Nutztier einige Bedeutung erlangen. Beim somatischen Gentransfer werden nicht die Keimzellen, sondern gezielt somatische Zellen, also ausschließlich Körperzellen, transformiert. In diesen Fällen wirkt also das Genkonstrukt ausschließlich in den behandelten Tieren, eine Weitergabe an die Nachkommmen ist absolut ausgeschlossen. Somatischer Gentransfer wird beim Menschen im Rahmen der Gentherapie eingesetzt.

Somatischer Gentransfer kann durch die Anwendung neuer Verfahren wie z. B. das Mikro-Bombardemant mit DNA beladenen Gold oder Wolfram-Partikeln oder die Jet-DNA-Injektion von DNA-haltigen Flüssigkeiten erfolgen. Zellverbände können mit dieser DNA-Behandlung effizient und schnell transferiert werden. Seit es diese Wege des somatischen Gentransfers gibt, besteht die Möglichkeit, Tiere direkt genetisch zu immunisieren oder im Rahmen der Immunmodulation entsprechende posititve Veränderungen im tierischen Organismus zu erzielen.

Rekapitulation

- Hemizygot
  es gibt auf dem homologen Chromosom kein entsprechendes Allel
- Expression von Trangenen
  oft variabel, sowohl Verstärkung als auch Abschwächung bis zum Fehlen möglich, Variabilität zwischen Geschwistern und Generationen
- Insertionsmutation
  Integration im funktionellen Bereich eines Gens (5 bis 10 %)
- Testung transgener Nutztierlinien
  stabile Vererbung, Freiheit von Insertionsmutationen, stabile Expression, positive biologische Wirkung auf Zieleigenschaft
- Anwendungsmöglichkeiten des Gentransfers beim Nutztier
  Effizienz und Qualität tierischer Produkte, Wachstumsbeeinflussung, Krankheitsresistenz, genetische Immunisierung, neue Stoffwechselwege, Gene Farming, Organe für Xenotransplantation
- Gene zur Verbesserung der Krankeitsresistenz
  Zytokin-Gene, Zytokinrezeptor-Gene, intrazelluläre Effektormoleküle, MHC, T-Zell Rezeptor, Immunglobuline, Spezifische Resistenzgene
- Gene Farming
  Genkonstrukte aus Promotoren von Milchproteingenen und Strukturgenen für pharmazeutisch wichtige Proteine, Protein-Synthese in der Mammadrüse
- Transgene Tiermodelle
  für die Erforschung der Ursachen und Therapiemöglichkeiten von Krankheiten mittels transgener Tiere, die das Krankheitsbild zeigen
- Transgene Tiere als Organspender für Xenotransplantationen
  genetische Veränderung von Tierorganen in der Weise, daß die Abstoßung durch den Spenderorganismus unterbunden wird

Literatur Kapitel 1.2.5

Archibald, A.L. et al. (1990): High-level expression of biologically active human αl-antitrypsin in the milk of transgenic mice. Proc. Natl. Acad. Sci., **87**, 5178-5182.

Baltimore, D. (1988): Intracellular immunization. Nature, **335**, 395-396.

Brem, G. (1989): Aspects of the application of gene transfer as a breeding technique for farm animals. Biol. Zent. B1, **108**, 1-8.

Brem, G. und B. Brenig (1992): Molekulare Genotyp Diagnostik des Malignen Hyperthermie-Syndroms zur effizienten Zucht streßresistenter Schweine. Tierärztl. Mschr. Wien, **79**, 301-305.

Brem, G. (1992): Neue Wege zur Tiergesundheit – Stand der Biotechnik. Züchtungskunde, **64**, 411-422.

Bühler, Th.A., et al. (1990): Rabbit β-casein promotor directs secretion of human interleucin-2 into the milk of transgenic rabbits. Bio/Technology, **8**, 140-143.

Clark, A.J. et al. (1989): Expression of human anti-hemophilic factor IX in the milk of transgenic sheep. Bio/Technology, **7**, 487-492.

Clark, A.J., Simons, J.P. und J. Wilmut (1992): Germ line manipulation: applications in agriculture and biotechnology. In: Grosveld, F. und G. Kollias (Hrsg.): Transgenic Animals. Acad. Press, London.
Ebert, K.M. et al. (1990): Porcine growth hormone gene expression from viral promoters in transgenic swine. Anim. Biotech., **1**, 145-159.
Ernst, L. et al. (1990): Transgenic rabbits with antisense RNA gene targetted at adenovirus h5. Theriogenology, **35**, 1257-1271.
Hammer, R.E. et al. (1986): Genetic engineering of mammalian embryos. J. Anim. Sci., **63**, 269-278.
Hennighausen, L. (1990): The mammary gland as a bioreactor: Production of foreign proteins in milk. Protein Expression and Purification, **1**, 3-8.
Krimpenfort, P. et al. (1991): Generation of transgenic dairy cattle using „in vitro" embryo production. Bio/Technology, **9**, 844-847.
Meade, H. et al. (1990): Bovine alpha S 1-casein gene sequence direct high level expression of active human urokinase in mouse milk. Bio/Technology, **8**, 443-446.
Mercier, J.C. (1987): Genetic engineering applied to milk producing animals: some expectations. In: Smith, C., King, J.W. und J.C. McKay (Hrsg.): Exploiting New Technologies in Animal Breeding. Oxford University Press, 122-131.
Müller, M. et al. (1992a): Transgenic pigs carrying cDNA copies the murine Mx1 protein which confers resistance to influenza virus infection. Gene, **121**, 263-270.
Müller, M., Winnacker, E.-L. und G.Brem (1992b): Molecular Cloning of Porcine Mx cDNAs: New Members of a Family of Interferon Inducible Proteins with Homology to GTP-Binding Proteins. J. Interferon Research, **12**, 119-129.
Müller, M. und G. Brem (1992): Disease resistance in farm animals. Experientia, **47**, 923-934.
Nancarrow, C.D. et al. (1991): Expression and physiology of performance regulating genes in transgenic sheep. J. Reprod. Fert., **43**, 277-291.
Polge, E.J.C. et al. (1989): Biotechnology in Growth Regulation. Butterworths, London, 189-199.
Pursel, V.G. et al. (1988): Effect of ovum cleavage stage at microinjection on embryonic survival and gene integration in pigs. Congr. Anim. Reprod. & A.I., Dublin, **4**, 480.
Pursel, V.G. et al. (1988): Growth potential of transgenic pigs expressing a bovine growth hormone gene. J. Anim. Sci., **66**, 267.
Pursel, V.G. et al. (1989): Genetic engineering of livestock. Science, **244**, 1281-1288.
Pursel, V.G. (1990): Expression and performance in transgenic pigs. J. Reprod. Fert., **40**, 235-245.
Pursel, V:G. et al. (1992): Transfer of c-Ski Gene into swine to enhance Muscle development. Theriogenology, **37**, 278.
Salter, D.W. und L.B. Crittenden (1989): Artifical insertion of a dominant gene for resistance to avian leukosis virus into the germ line of chicken. Theor. Appl. Genet., **77**, 457-461.
Simons, J.P., Mc Clenaghan, M. and A.J. Clark (1987): Alteration of the quality of milk by expression of sheep -lactoglobulin in transgenetic mice. Nature, **328**, 530-532.
Vize, P.D. et al. (1988): Introduction of a porcine growth hormone fusion gene into transgenic pigs promotes growth. J. Cell. Sci., **90**, 295-300.
Ward, K.A. et al. (1986): The direct transfer of DNA by embryo microinjection. 3rd World Congr. of Genetics applied to Livestock Production, Lincoln (Nebraska), **12**, 6-12.
Weidle, U., Lenz, H. und G. Brem (1991): Genes encoding a mouse monoclonal antibody are expressed in transgenic mice, rabbits and pigs. Gene, **98**, 185-191.
Wieghart, M. et al. (1990): Production of transgenic pigs harbouring a rat phosphoenolpyruvate carboxykinase-bovine growth hormone fusion gene. J. Reprod. Fert., Supplement, **41**, 89-96.

1.2.6 Erhaltungsprogramme und Anlage von Genreserven

1.2.6.1 Gründe für die Erhaltung genetischer Ressourcen

Die Entwicklung der tierischen Erzeugung und Tierzucht hat in den letzten Jahrzehnten insbesondere in den entwickelten Ländern und einigen Schwellenländern gravierende Veränderungen bei der Verteilung der Rassen ausgelöst. Ausgehend von der Einrichtung von Herdbuchverbänden und durch intensive züchterische Bearbeitung haben bei fast allen Nutztierspezies einzelne Rassen, die wegen ihrer zunehmend verbesserten Leistungsveranlagung den anderen Rassen in den gewünschten Merkmalen überlegen waren, eine überregional und auch international starke Verbreitung gefunden. Bedingt durch die intensive Verbreitung dieser wenigen Rassen haben viele bodenständige und autochthone Rassen in gleichem Maße an Bedeutung verloren. Die Zahl der Zucht- und Produktionstiere bei diesen Rassen nahm stark ab und führte letztendlich sogar zu einer Gefährdung des Bestandes dieser Rassen.

Dem Problem dieses schon erfolgten und sich in noch stärkerem Maße abzeichnenden Verlustes an Rassenvielfalt kann man natürlich als gegeben hinnehmen mit dem Argument, daß der Verlust dieser Rassen schon allein deshalb gerechtfertigt ist, weil sie sich ökonomisch nicht halten konnten. Von Menschen gezüchtete Rassen, die sich in einer veränderten Situation nicht mehr bewähren, könnten nach dieser Auffassung mit dem gleichen Recht, mit dem ihre Zucht betrieben wurde, auch dem Verfall preisgegeben werden. Die andere Einstellung ist, daß die kulturhistorische und genetische Bedeutung dieser Rassen anerkannt wird und daß sich deshalb Anstrengungen für deren Erhalt rechtfertigen. Diese Argumentation geht davon aus, daß eine vom Menschen gezüchtete Rasse in gleicher Weise wie ein Kulturgut von erhaltenswerter Einmaligkeit ist, wie z. B. Kunstwerke, Baudenkmäler, alte Bauernhöfe oder -geräte und andere Zeugnisse früherer landwirtschaftlicher Produktionsweise und Lebensart.

Die mittlerweile allgemein anerkannte kulturhistorische und genetische Bedeutung gefährdeter Rassen hat dazu geführt, daß in einer Reihe von Ländern und auch von internationalen Organisationen – wie z. B. der FAO in Rom – vielfältige Anstrengungen unternommen werden, die Erhaltung dieser Rassen oder doch zumindest ihres genetischen Potentials zu sichern.

Unter Rasse versteht man eine züchterisch ganz oder teilweise isolierte Gruppe (Population) von Tieren derselben Art, die auf Grund Ihrer Abstammung, bestimmter körperlicher, morphologischer und/oder physiologischer Eigenschaften und ihres Gebrauchszweckes eine engere Zusammengehörigkeit aufweisen und sich von anderen Populationen unterscheiden. Rassen sind in der zoologischen Nomenklatur nicht enthalten und entsprechen weitgehend der Unterart, sie sind biologisch nicht konstant und die Rassenamen sind willkürlich gewählt. Man unterscheidet Rassen, die einer Herdbucheintragung und einem straffen Zuchtprogramm unterliegen und konsequente Leistungskontrolle haben von Rassen, die einfach Populationen darstellen. Rassen sind somit genetische Gruppen, die sich über mehr oder weniger lange Zeiträume durch Anwendung bestimmter Paarungsschemata oder durch Selektion auf bestimmte Merkmale entwickelt haben und sich an bestimmten Genorten in den Genfrequenzen unterscheiden. So können sich im Extremfall Rassen durch ein Rassenmerkmal unterscheiden, das durch ein einziges Gen determiniert wird (z. B: Holstein-Friesian und Red Holstein durch das rezessiv vererbte Rotallel).

Das Problem der abnehmenden genetischen Ressourcen im Bereich der Haustierrassen wird seit über 2 Jahrzehnten intensiv diskutiert. Der Ausschuß der Deutschen Gesellschaft für Züchtungskunde (DGfZ 1979) für genetisch-statistische Methoden in der Tierzucht nennt folgende Gründe für die Erhaltung gefährdeter Rassen:

- Gefährdete Rassen können über bislang unbeachtete genetisch fundierte Eigenschaften verfügen, die sich unter geänderten Umweltbedingungen, bei veränderten Marktanforderungen oder bei Kreuzung mit anderen Populationen als vorteilhaft gegenüber den vorherrschenden Populationen erweisen.
- Gefährdete Rassen können als Ersatzpopulationen Bedeutung erlangen, wenn die nutzbare genetische Variation in den vorherrschenden Populationen abnimmt.
- Die Haustierrassen waren teilweise mit besonderen geschichtlichen und produktionstechnischen Entwicklungsphasen bäuerlicher Kultur verbunden und sind traditionell in bestimmten Regionen verbreitet.

In einem FAO Trainingskurs über Konservierung und Management genetischer Ressourcen führen Bodo et al. (1984) folgende Argumente für die Erhaltung aus:

- Die zukünftigen Erfordernisse der Menschheit für tierische Produkte oder Änderung in den Produktionssystemen, die durch Änderung der Preisstruktur verursacht werden, können nicht vorhergesagt werden. Deshalb scheint es möglich, daß sich die in der Zukunft erforderlichen Merkmale unserer Tiere von den jetzt verwendeten unterscheiden. Dies könnte vor allen Dingen für Krankheitsresistenz und Anpassungsfähigkeit zutreffen.
- Die domestizierten Nutztierpopulationen und ihre morphologischen und produktiven Merkmale sind das Ergebnis kreativer menschlicher Einflußnahme. Deshalb verdienen sie es, in gleicher Weise erhalten und konserviert zu werden wie dies bei Baudenkmälern der Fall ist.
- Es ist vorstellbar, daß einzelne Rassen zwar in Reinzucht nicht ökonomisch sind, daß sie aber für Kreuzungsprogramme von ökonomischem Wert sind.
- Unter entsprechend rauhen Umweltbedingungen, wie sie z. B. beim Nomadenweidesystem gegeben sind, können angepaßte Rassen, die niedrige Produktionsleistungen haben, häufig mit minimalem Aufwand gehalten werden. Unter diesen Bedingungen können sie möglicherweise sogar mit exotischen Rassen konkurrieren, die wegen ihres hohen Produktionspotentials entsprechend hohe Anforderungen an Management und Ernährung haben.
- Die lokalen Rassen sind in den meisten Fällen mit der Geschichte und dem Charakter einer bestimmten Region eng verbunden. So betrachtet sind sie einzigartig und deshalb erhaltungswürdig.
- Lokale Rassen dienen der Demonstration der historischen Entwicklung der Tierzucht und sind deshalb von erzieherischem Wert.
- Für genetische und physiologische Vergleichsstudien mit derzeitigen Populationen können solche Rassen sehr wertvoll sein.

- Lokale Rassen sind in bestimmten Regionen als Attraktionen zu sehen und haben deshalb eine Bedeutung für den Tourismus.

Ergänzend zu den schon genannten Gründen für die Erhaltenswürdigkeit von Rassen sei noch ein weiterer Aspekt genannt: die neuen Entwicklungen der Tierzucht, die innovative reproduktionstechnische Verfahren nutzen (s. 1.1.7 und 1.2.4), können langfristig auch bei etablierten Rassen zu Veränderungen der genetischen Variabilität führen. Andererseits können möglicherweise seltene Varietäten via Gentransfer aus Genbanken in vorhandene Rassen reintegriert werden.

1.2.6.2 Kriterien für die Gefährdung des Fortbestandes von Rassen

Eine Rasse ist dann in ihrem Fortbestand gefährdet, wenn die Anzahl der zur Weiterzucht zur Verfügung stehenden Tiere unter eine bestimmte Mindestzahl sinkt. Nach Definition des DGfZ-Ausschusses für genetisch statistische Methoden (1979) ist das Kriterium für die Gefährdung einer Rasse das Absinken der Zahl der Vatertiere unter 10. Für die Erhaltung der genetischen Variabilität, die in direkter Beziehung zur Überlebenschance steht, spielt das Verhältnis der Zahl der Väter (N_m) zur Zahl der Mütter (N_w) eine entscheidende Rolle. Die Inzuchtsteigerung (ΔF) in Populationen ist direkt abhängig von der effektiven Populationsgröße (N_e) (1.1.9.5.6).

$$N_e = \frac{4 \cdot N_m \cdot N_w}{N_m + N_w}$$

$$\Delta F = 1/2\, N_e$$

In Tab. 1-55 sind einige Werte für die Inzuchtzunahme bei Zufallspaarung innerhalb einer Generation in Abhängigkeit von der Anzahl weiblicher und männlicher Zuchttiere zusammengestellt. Daraus ist leicht ablesbar, daß es bei kleinen Populationen immer am sinnvollsten ist, möglichst gleich viel männliche und weibliche Zuchttiere zu haben. Entscheidend ist vor allem, daß bei keinem der beiden Geschlechter eine sehr kleine Zahl auftritt. Eine weitere Steigerung der Anzahl Zuchttiere, die sowieso schon in der Überzahl sind (meist die Weiblichen) bringt für die Reduzierung des Inzuchtzuwachses aber keine nennenswerten Vorteile mehr.

Tab. 1-55 Zusammenhang zwischen der Anzahl männlicher und weiblicher Zuchttiere und Inzuchtzunahme

Anzahl männliche Tiere (N_m)	Anzahl weibliche Tiere (N_w)	Gesamtzahl (n)	effektive Populationsgröße (N_e)	Inzuchtzunahme pro Generation (%)
50	50	100	100	0.5
20	80	100	64	0.78
10	90	100	36	1.39
1	99	100	4	12.36
1	51	51	4	12.75

Neben der absoluten Zahl der Tiere ist die Inzuchtzunahme auch von der Art der Verpaarung der Tiere abhängig. Die Zufallspaarung ist bei kleinen Populationen nicht unbedingt die beste Strategie. Vielmehr führt eine gezielte Verpaarung von Tieren, die weniger miteinander verwandt sind, zumindest für einige Generationen zu geringeren Inzuchtzunahmen. Eine weitere Möglichkeit ist die Bildung von möglichst vielen auf der weiblichen Seite getrennten Familien. In jeder Generation wird nur ein Vatertier einer Familie in der nächsten Familie eingesetzt. Dieses Prinzip wird im Rotationsverfahren fortgesetzt, was zur Folge hat, daß entsprechend der Zahl der Familien in ebensovielen Generationen die männlichen Paarungspartner immer von einer anderen Familie stammen.

Ein weiterer Weg, die jährliche Inzuchtzunahme gering zu halten, besteht darin, das Generationsintervall möglichst lange zu halten. Dies ist genau das Gegenteil des Vorgehens, das in der Tierzucht im Rahmen der **Verbesserungszucht** gilt, bei der versucht wird, zur Erhöhung des genetischen Fortschritts pro Jahr das Generationsintervall so kurz wie möglich zu halten. Bei der **Erhaltungszucht** besteht das einzige Bestreben darin, die noch verbliebenen Tiere einer Rasse mit möglichst großer Sicherheit und geringstmöglicher (inzuchtbedingter) Veränderung möglichst lange zu erhalten.

Durch eine Verlängerung des Generationsintervalls reduziert sich die jährliche Inzuchtzunahme. Diese Verlängerung des Generationsintervalles wird dadurch erreicht, daß jeweils die letztgeborenen Nachkommen als Elterntiere der nächsten Generation verwendet werden. Dadurch läßt sich das in der Verbesserungszucht übliche Generationsintervall in der Erhaltungszucht leicht auf den drei- bis vierfachen Wert anheben.

Nach FAO-Definition gibt es drei Klassen von Gefährdungsgraden (Bodo et al. 1984):

- Normaler Rassestatus
  Die fragliche Rasse ist nicht in Gefahr. Sie kann ohne genetischen Verlust reproduzieren und es besteht keine offensichtliche Reduzierung der Populationsgröße, die die Existenz der Rasse gefährden würde.
- Gefährdeter Status
  Eine Rasse ist vom Aussterben bedroht, weil die effektive Populationsgröße so gering ist, daß ein Verlust genetischer Variabilität nicht vermieden werden kann. Durch den unvermeidbar hohen Inzuchtgrad in solchen Populationen ist die Vitalität der Zuchttiere gefährdet und es besteht das Risiko, daß es durch spontane oder gezielte Einwirkungen zu Verlusten kommt.
- Kritischer Status
  In dieser Phase, die auf den Status der Gefährdung folgt, ist die Rasse kurz vor dem Aussterben.

Eine andere Einteilung des Gefährdungsgrades wurde von der American Minor Breed Conservancy (AMBC) vorgeschlagen:

- beobachtungswürdige Rassen
  Rassen, bei denen in den letzten 25 Jahren eine ständige Reduzierung der Registrierung von Tieren zu beobachten war oder bei denen pro Jahr weniger als 5000 Tiere registriert werden.

- Rassen mit geringer Zahl
  Rassen mit weniger als 1000 Registrierungen pro Jahr
- seltene Rassen
  Rassen mit weniger als 200 Registrierungen pro Jahr

Die Entscheidung für die Anlage von Genom- oder Genreserven muß rechtzeitig gefällt werden, also zu einem Zeitpunkt, zu dem die genetische Vielfalt bzw. Variabilität noch nicht zu weit reduziert worden ist. Viele gefährdete Rassen sind bereits soweit in ihrem Bestand reduziert, daß eine zuverlässige Konservierung ihres genetischen Potentials als fraglich bezeichnet werden muß.

Da die Erhaltung von Rassen mit erheblichem finanziellen Aufwand verbunden ist, muß gut geprüft werden, ob eine bestimmte Rasse tatsächlich als erhaltenswert beurteilt werden kann. Nicht selten ist nämlich die Ähnlichkeit zwischen gefährdeten Rassen so groß, daß eine eigenständige Erhaltung nicht notwendig ist, wenn die durch eine Rasse repräsentierte genetische Variabilität geringer ist als die gesamte genetische Variabilität der noch in ausreichender Zahl vorhandenen ähnlichen Rasse.

Es erscheint daher durchaus notwendig, objektivierbare Kriterien für die genetische Eigenständigkeit einer Rasse zu entwickeln. Es bietet sich hier an, mittels molekulargenetischer Methoden Aussagen über die Variabilität auf der Ebene von Mikrosatelliten oder auch der mitochondrialen DNA zu treffen um daraus abzuleiten, inwieweit es sich bei diesen Rassen tatsächlich um genetisch eigenständige und damit erhaltenswerte Entwicklungen handelt.

1.2.6.3 Anlage von Genom- und Genreserven

Einen Überblick der verschiedenen Kompartimente genetischer Information und die für ihre Konservierung erforderlichen bzw. zur Verfügung stehenden Techniken gibt Abbildung 1-94.

Grundsätzlich ist zwischen der Anlage von Genom- und Genbanken zu unterscheiden. Im alltäglichen Sprachgebrauch kommt es hier häufig zu Ungenauigkeiten bei der Verwendung des Begriffes „**Genbank**". Mittels molekulargenetischer Verfahren kann man Genbanken anlegen, die Sammlungen rekombinanter DNA-Moleküle sind. Diese bestehen aus genomischen DNA-Fragmenten eines Organsimus und einem Vektor. Diese Moleküle werden in Bakterien oder andere Wirtssysteme verbracht und können dort beliebig vermehrt und langfristig gelagert werden. Im besten Fall enthält eine genomische Bank alle DNA-Sequenzen, die ein Genom repräsentieren, in einer stabilen Form, als eine handhabbare Anzahl von überlappenden Klonen. Hinsichtlich der Herstellung genomischer DNA- und cDNA-Banken und ihrer Lagerung und Bearbeitung wird auf einschlägiges Schrifttum verwiesen (Brem et al. 1990).

Eine grundsätzliche Aussage ist im Hinblick auf die Beurteilung von Genbanken hinsichtlich ihrer Eignung für die Reaktivierung notwendig: aus Genbanken können niemals wieder komplette Genome oder Organismen reaktiviert werden. Durch die Zerstückelung der chromosomalen DNA bei der Herstellung von Genbanken werden fast alle chromosomalen genetischen Kombina-

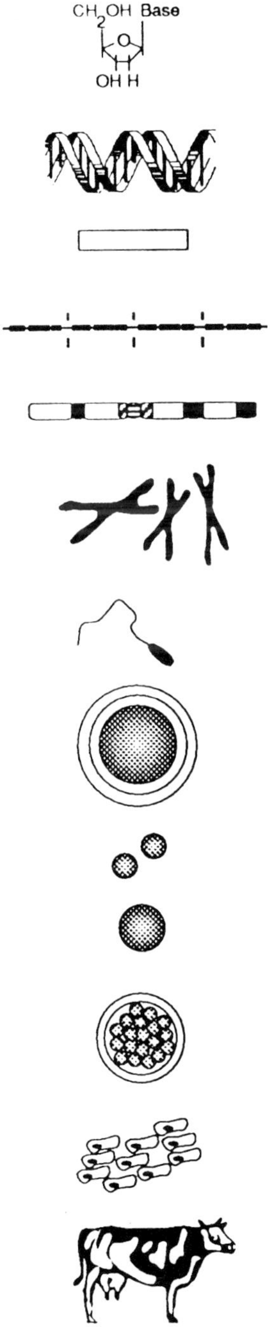

Ebenen der genetischen Information		Anwendungsbereich
CH_2OH Base, OH H	Nukleotid	Biochemie
	Kodon	Biochemie
	Exon	Biochemie, Gentechnik
	Gen-Cluster	Biochemie (in Zukunft), Gentechnik
	Chromosom	Gentechnik, Tiefgefrierung, Mikroinjektion
	Karyotyp -Genom	Mikromanipulation
	Sperma (haploid)	Tiefgefrierung, künstliche Besamung
	Oozyte (haploid)	in vitro Fertilisation
	Pronuklei (haploid)	Mikromanipulation
	Nukleus	Klonen, Mikromanipulation
	Embryo	Tiefgefrierung, Embryotransfer
	Zellen (embryonal)	Klonen, Genbibliothek
	Adulte Tiere	kleine Populationen, Haustierzoo

Abb. 1-94 Möglichkeiten der Erhaltung genetischer Ressourcen

tionen getrennt und können nicht wieder reorganisiert werden. Genbanken sind aber hervorragend dafür geeignet, einzelne Gene zu isolieren und zu charakterisieren.

Zur Ex-situ-Konservierung von gefährdeten Rassen, die im Hinblick auf eine spätere Reaktivierung angelegt werden, kommen nur Verfahren in Frage, bei denen nicht Gen- sondern **Genombanken** angelegt werden. Dies sind insbesondere die Lagerung von Spermien oder Embryonen in flüssigem Stickstoff bei (s. 1.1.7). So weit bisher bekannt, sind diese tiefgefroren gelagerten Zellen weitgehend unbegrenzt haltbar. Nach dem Auftauen können aus den Embryonen innerhalb einer Generation wieder reinrassige Tiere reaktiviert werden. Wurden ausschließlich Spermien eingelagert, so werden einige Generationen Rückkreuzung (1.1.1.1, Abb. 1-1) benötigt, um mehr als 95 % der ursprünglichen Rasse wieder repräsentiert zu haben.

Grundsätzlich unterscheiden sich die in Frage kommenden Möglichkeiten der Bewahrung der genetischen Information einer Rasse hinsichtlich Effektivität, Praktikabilität und Kostenaufwand. Folgende Strategien stehen zur Wahl (Brem et al. 1982):

- Die Haltung kleiner Populationen in Form von Haustierzoos, die durch Gewährung von Haltungsprämien und Anregung von Privatinitiativen gefördert werden kann:
  Männliche und weibliche Tiere werden in einer oder wenigen Herden gehalten.
  Die Zuchtpopulation besteht nur aus weiblichen Tieren, alle Belegungen werden durch TG-Sperma durchgeführt.
- Es wird ausschließlich Sperma tiefgefroren gelagert. Eine gezielte Haltung lebender Bestände erfolgt nicht. Bei einer zukünftigen Reaktivierung der Rasse wird mit dem TG-Sperma durch Verdrängungskreuzung der Anteil der konservierten Rasse laufend erhöht.
- Die Lagerung von tiefgefrorenen Embryonen und Sperma. Bei Bedarf werden durch den Transfer von aufgetauten Embryonen Tiere der betreffenden Rasse wieder erstellt.

Die erwähnten Genbanken können zur Unterstützung der Anlage von Genombanken wertvoll sein, da es, wie einschlägige Modellkalkulationen zeigen, nicht zu erwarten ist, daß spezifische seltenere Varianten in den Genombanken mit zuverlässiger Sicherheit vorhanden sein werden.

Wesentlich ist, daß die Anlage von Genombanken frühzeitig gestartet wird. Ist eine Reaktivierungskapazität von 25 deckfähigen Kalbinnen geplant, kann eine ausreichend große Embryobank nur dann zuverlässig erfolgreich angelegt werden, wenn die Population noch mindestens 1000 Tiere umfaßt. Daraus wird ersichtlich, daß für viele gefährdete Rassen diese Grenze bereits unterschritten ist. Damit muß bei allen Aktivitäten, die zur Erhaltung dieser Rassen durchgeführt werden, klar sein, daß eine zuverlässige Reaktivierung der alten genetischen Vielfalt in der Zukunft nicht sicher garantiert werden kann.

Rekapitulation

- Rasse
  Züchterisch isolierte Gruppe (Population) von Tieren derselben Art, die aufgrund ihrer Abstammung, bestimmter körperlicher, morphologischer und/oder physiologischer Eigenschaften und ihres Gebrauchszweckes eine engere Zusammengehörigkeit aufweisen
- Gefährdungsgrade nach FAO
  normaler Rassestatus (nicht in Gefahr), gefährdeter Status (vom Aussterben bedroht), kritischer Status (Rasse ist effektiv kurz vor dem Aussterben)
- Entscheidung über Erhaltenswürdigkeit
  objektive Kriterien für die genetische Eigenständigkeit, am besten durch molekulargenetische Analysen (Variabilität von Mikrosatelliten, mtDNA)
- Genbank
  Sammlung rekombinanter DNA-Moleküle, die aus genomischen Fragmenten eines Organismus und einem Vektor bestehen; langfristig lagerbar, keine Reaktivierung von Tieren möglich
- Genombank
  Lagerung von Genomen, also von Spermien oder Embryonen
- Bewahrung der genetischen Information
  Haltung kleiner Populationen (Haustierzoos), Lagerung von TG-Sperma oder von TG-Embryonen und Spermien

Literatur Kapitel 1.2.6

Bodo, I., Buvanendran, V. and J. Hodges (1984): Manual for training courses on the animal genetic resources conservation and management. FAO/UNEP/Univ. of Vet. Sci., **1**, Budapest, Hungary.

Brem, G., Graf, F. und H. Kräußlich (1982): Möglichkeiten der Anlage von Genreserven – genetische Probleme und Kosten. Bayer. landw. Jb., **59**, 380-383.

Brem, G. et al (1990): Genetische Vielfalt von Rinderrassen – Historische Entwicklung und moderne Möglichkeiten zur Konservierung. Eugen Ulmer, Stuttgart, 136.

DGfZ (1979): Stellungnahme zur Bildung von Genreserven in der Tierzüchtung. Züchtungskunde, **51**, 329-331.

2 Spezielle Tierzucht einschließlich Tierbeurteilungslehre

2.1 Rinder

2.1.1 Allgemeine Bedeutung

Das Rind ist das bedeutendste Nutztier und dient in erster Linie der Erzeugung von Milch und Fleisch für die menschliche Ernährung sowie als Zugtier in nicht industrialisierten Regionen. Ein wesentlicher Grund für die große Bedeutung der Rinderhaltung ist die Fähigkeit der Wiederkäuer, Erträge des Grünlandes und des Ackerbaus (vor allem Ackerfutterbau), die nicht unmittelbar für die Erzeugung von Lebensmitteln geeignet sind, in hochwertiges tierisches Eiweiß umzuwandeln. Weltweit gibt es etwa 1,3 Milliarden Rinder, wovon pro Jahr rund 246 Millionen geschlachtet werden (51 Mio t Schlachtgewicht). Die rund 227 Millionen Milchkühe produzieren jährlich etwa 454 Mio t Milch. Zusätzlich ist auch die Büffelhaltung von Bedeutung, die in bestimmten Regionen (z. B. Reisanbaugebiete) der Rinderhaltung überlegen ist.

Das in den Vormägen von Rindern gebildete Methan trägt mit rund 12 % zur jährlichen globalen Methanproduktion bei und mit rund 15 % zum Treibhauseffekt (neben Kohlendioxid und anderen Treibhausgasen). Der Großteil des Methans in den Vormägen entsteht aus unproduktiven Erhaltungsfutter, weshalb der Methananfall pro kg erzeugtes Fleisch bzw. pro kg erzeugte Milch mit steigender Leistung pro Tier und Jahr sinkt. Dies hat zur Folge, daß in der intensiven Rinderhaltung die Relation zwischen der Produktion von Nahrungsmitteln aus der Rinderhaltung und der Methanproduktion wesentlich günstiger ist als in der extensiven Rinderhaltung und in der intensiven Haltung von Zweinutzungsrindern am günstigsten ist. Vor diesem Hintergrund und der steigenden Weltbevölkerung sind Leistungssteigerungen beim Rind positiv zu bewerten, solange die biologischen Grenzen der Leistungsfähigkeit der Tiere nicht überschritten werden.

Da rund 1/3 des Weltkuhbestandes in gemäßigten Zonen und 2/3 in Savannen und subtropischen Gebieten gehalten wird, kann die Rinderhaltung in den westlichen Industrieländern nicht als Beispiel für die zukünftige Entwicklung in der Welt gelten. In den feuchten Tropen, Steppen und Wüstengebieten spielt die Rinderhaltung schon immer nur eine geringe Rolle.

Eine Darstellung der gesamten Rinderzucht einschließlich der physiologischen Grundlagen, der Ernährung, des Verhaltens, der Krankheiten und der Haltung enthält das Buch „Rinderzucht“ (Kräußlich 1981).

2.1.2 Domestizierte Arten der Gattung Bos und deren Kreuzungen

Rinder gehören zur Ordnung Artiodactyla, den paarhufigen Säugetieren (Ungulata), zur Familia Bovidae mit der Unterfamilie Bovinae und zur Gattung *Bos* (Übersicht 2-1). Wie Abbildung 2.-1 zeigt, wurde in der Untergattung Bibos der Banteng (*Bibos javanicus*; synonym *B. banteng*, *B. sandaicus*) zum Balirind domestiziert und der Gaur zum Gayal oder Mithan (*Bibos gaurus*). In der Untergattung Poephagus entstand aus dem Wild Yak (*Poephagus mutus*) der Haus-Yak. Der wilde Vorfahre des Hausrindes ist der Ur (Auerochse).

Balirinder werden auf dem Indonesischen Archipel gehalten, wo sie von erheblicher wirtschaftlicher Bedeutung sind, nicht zuletzt als Zugtiere für den Reisanbau. Balirinder (Gewicht 250–450 kg) sind fruchtbar, haben einen hohen Ausschlachtungsprozentsatz, geringen Fettansatz, eine effiziente Wasserverwertung, sind an heißes feuchtes Klima und qualitativ schlechtes Weideland angepaßt. Neben der Zugleistung spielt die Fleischleistung eine wesentliche Rolle (Rollinson, in Mason 1984).

Die Namen **Gayal** (Bengalisch und Hindu) und **Mithan** (Assamesisch) bezeichnen das gleiche domestizierte „Rind" in den Hügelregionen Ostindiens, Bangladesch und Burma. Gaur-Bullen haben eine Widerristhöhe von 150 cm, Kühe sind etwas kleiner und das Gewicht wird mit 400–500 kg angegeben; die domestizierten Tiere (Gayal) sind wesentlich kleiner. Die Nutzung erfolgt bis zur Gegenwart überwiegend als Opfertiere, das Fleisch wird anschließend verzehrt; Schädel mit Hörnern werden an der Veranda befestigt. Der Besitz der Tiere verschafft hohes Prestige. Die Zugkraft und die Milchleistung des Gayal wird nicht genutzt. Mit zunehmenden Kontakten der Bevölkerung im Mithan-Gebiet mit anderen Kulturen ändert sich jedoch das traditionelle System. In Indien wurde ein Zentrum für Mithan-Studien in Arunachal Pradesch errichtet (Epstein und Mason 1984), um die Population zu erhalten und zu nutzen.

Der **Yak** wird der Untergattung Poephagus zugeordnet und im Hochland Zentralasiens gehalten, vor allem auf der tibetanischen Hochebene und den umliegenden Gebieten (meist in Höhenlagen von 3 000 bis 5 000 m NN und darüber). Ausgewachsene Tiere des domestizierten Yaks wiegen 300–550 kg. Die Yak-Milch (Laktationsleistung etwa 600 kg) wird als Trinkmilch, für Butter, Käse

Übersicht 2-1 Taxonomische Zuordnung der Rinder

Kreis	:	Vertebratae
Klasse	:	Mammalia
Ordnung	:	Artiodactyla
Unterordnung	:	Artiodactyla ruminantia
Familie	:	Bovidae
Unterfamilie	:	Bovinae
Gattung	:	*Bos*
Art	:	*Bos primigenius* Boianus, 1827
Wildart	:	*Bos primigenius primigenius* (Ur, Auerochse)

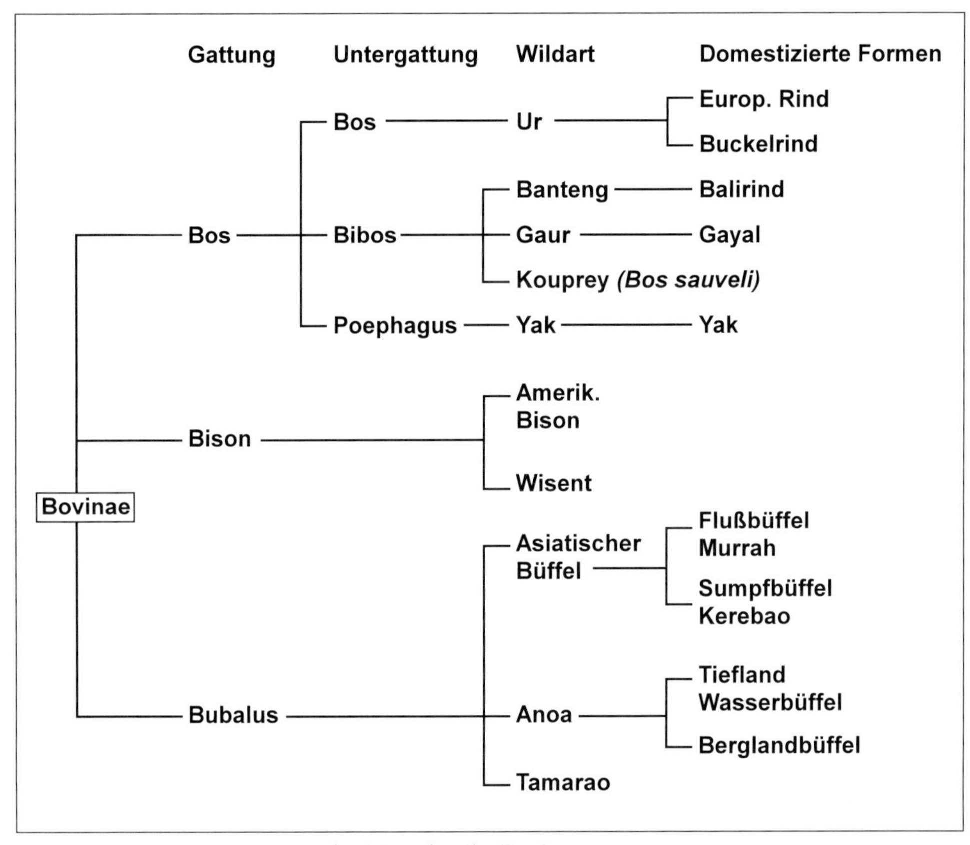

Abb. 2-1 Domestizierte Arten der Unterfamilie Bovinae

und andere Milchprodukte verwendet. Yak-Butter ist in buddhistischen religiösen Zeremonien von Bedeutung (Butterlampen). Aufgrund religiöser Tabus ist die Fleischleistung im buddhistischen Tibet ohne Bedeutung, jedoch in der Mongolei. Das Haar wird im Frühjahr „gezupft" (400–1400 g pro Tier) und zu Seilen, Zelttuch und Filz verarbeitet; der Dung dient als Brennmaterial. Yaks werden auch als Reit- und Tragtiere genutzt. Das Fell wird zu Leder gegerbt und der Schwanz ist begehrt und wird zum Teil zu hohen Preisen verkauft. Die Römer nutzten den Schwanz des Yaks als Fliegenwedel, die Türken als Emblem von Macht und Adel, Buddhisten als religiöses Symbol und Chinesen färbten ihn rot und verwendeten ihn zum Schmuck von Kopfbedeckungen.

Weibliche Nachkommen aus Kreuzungen zwischen **Yak** und den Arten der Gattungen **Bos** und **Bison** sind fruchtbar (Chromosomenzahl 2n = 60), männliche Nachkommen sind steril. Dies gilt für alle Artkreuzungen in der Gattung Bos. Am häufigsten werden *Bos taurus taurus* mit Yaks gekreuzt. Die Eigenschaften der Nachkommen liegen zwischen den Eltern; bei Größe, Gewicht und Milchleistung treten Heterosiseffekte auf. Auf der Südseite des Himalaya werden Kreuzungen mit Zeburindern (*Bos taurus indicus*) bevorzugt.

Bei Kreuzungen Yak x Gayal sind die weiblichen Nachkommen normal fruchtbar, während weibliche Nachkommen aus Paarungen Yak x Amerikanischer Bison (*Bison bison*) deutlich geringere Fruchtbarkeit haben (Epstein und Mason 1984).

Für die Paarung **Hausrind x Amerikanischer Bison** empfiehlt sich, Hausrindbullen mit Bison-Kühen zu paaren, da bei reziproken Kreuzungen hohe Verluste von Kälbern und Kühen aufgrund großer Mengen Fruchtwasser (Eihautwassersucht) auftreten. Die F_1-Kreuzung ist im männlichen Geschlecht steril. Im Cattalo-Zuchtversuch wurde ein Rind x Bison-Hybride mit 1/4 Anteil von Bison-Genen angestrebt und nach Rückkreuzung der F_1 bei 57 % der Jährlingsbullen eine ausreichende Fruchtbarkeit beobachtet (Epstein und Mason 1984).

2.1.3 Domestikation und Zuchtgeschichte

2.1.3.1 Domestikation

Der **Auerochse** oder **Ur**, *Bos primigenius Bojanus*, 1827, ist der Stammvater aller taurinen Hausrinder. Bereits in der Jungsteinzeit wurden neben langhornigen, kurzhornige und hornlose Rinder sowie Buckelrinder nachgewiesen, was die Lösung der Abstammungsfrage sehr erschwerte (Röhrs 1994).

Die Domestikation des Rindes begann nach Röhrs (1994) in Südosteuropa vor etwa achttausend Jahren. Im Hausstand wurde das Rind im Vergleich zur freien Wildbahn völlig neuen Bedingungen unterworfen, dies betrifft vor allem Sozialstrukturen, Fortpflanzung, Ernährung und die restliche Umwelt (Haltung). Die Isolierung kleiner Gruppen von Individuen hatte zur Folge, daß sich nur ein Teil der Tiere fortpflanzte. Hinzu kommt, daß die natürliche Selektion zunehmend durch die künstliche Selektion der Menschen ersetzt wurde und aufgrund der geringen Populationsgröße die Inzucht zunahm.

Für die Rinderzucht sind folgende Veränderungen im Zuge der Haustierwerdung von besonderer Bedeutung:

- Frühe Geschlechtsreife,
- Jahreszeitlicher Fortpflanzungsrhythmus ging weitgehend verloren,
- Steigerung der Milchleistung weit über die Ansprüche des Kalbes hinaus durch Steigerung der Stoffwechselvorgänge vor allem im Euter,
- Anpassung von Subpopulationen an unterschiedlichste klimatische Bedingungen (z. B. Zebugruppe an hohe Temperaturen und starke Sonneneinstrahlung),
- Zunahme der genetischen und phänotypischen Variation im Vergleich zum Wildrind.

Die Schlußfolgerung für die Züchtung ist, daß auch bei extremen Veränderungen das biologische Gleichgewicht zwischen den Tieren und ihrer Umwelt gesichert werden muß, wobei die Nahrungsbedürfnisse und die Verhaltensweisen besonders wichtig sind. Die großen Unterschiede zwischen Intensiv- und Extensivhaltungen bewirken, daß es auch in der Zukunft viele Formen der Rinderhaltung mit verschiedenen Zuchtzielen und Zuchtmethoden geben wird.

2.1.3.2 Zuchtgeschichte

Domestikation und Zuchtgeschichte der Nutztiere und insbesondere der Rinder werden umfassend in „Evolution of domesticated animals“ (Epstein und Mason 1984) beschrieben. Die Ausbreitung der frühen domestizierten Tiere von den Domestikationszentren in Südosteuropa und Südwestasien hatte Kreuzungen mit lokalen Wildrindern (Subpopulationen) zur Folge, die in isolierten kleinen Populationen zur Erweiterung der genetischen Vielfalt führten. Ein Beispiel ist die Variation der Hornbildung. Die archäologischen Knochenfunde ergaben die Unterscheidung von Langhorn- und Kurzhornrindern. Die frühesten domestizierten Rinder waren den wilden Vorfahren (*Bos primigenius primigenius*) ähnliche Langhornrinder. Knöcherne Überreste der Langhornrinder wurden an vielen Fundstellen von Ostasien bis Westeuropa und Nordafrika nachgewiesen, daneben aber auch Kurzhornrinder. In Ägypten wurden in der zweiten Hälfte des fünften Jahrtausends v. Chr. Langhornrinder auf Tongefäßen, bemalten Vasen und auf Grabmalereien dargestellt. Die ersten Darstellungen von Kurzhornrindern (Brachyceros-Typ) stammen aus Mesopotamien und werden auf 3000 v. Chr. datiert. Neben dem auffallenden Unterschied in der Größe der Hörner fällt auf, daß Kurzhornrinder kleiner waren als Langhornrinder. Es wird vermutet, daß Kurzhornrinder bereits in dieser frühen Periode stärker auf Milchleistung selektiert wurden, da kurze Hörner und geringe Körpergröße das Melken erleichterten. Auf Darstellungen aus Ägypten vom 2. Jahrtausend v. Chr. mit Hamitischen Langhorn- und Kurzhornrindern fällt auf, daß bei Kurzhornrindern häufig das Euter betont und Melkszenen dargestellt werden. Die Entstehung von Buckelrindern (Zeburinder) und deren Verbreitung wurde mit archäologischen und neuerdings auch mit gentechnischen Methoden belegt. Zeburinder verbreiteten sich besonders auf dem indischen Subkontinent, wo sie vor allem nach Farbe, Hornform, Zugleistung und Milchleistung selektiert wurden, ab dem 1. Jahrtausend v. Chr. erfolgten mehrere Migrationswellen nach Afrika.

Aus der Periode des klassischen Altertums liegen umfangreiche schriftliche Dokumente über Tierzucht und speziell über Rinderzucht von griechischen und römischen Schriftstellern vor (Baranski 1866; Neudruck 1971), Columella (7. Jahrzehnt n. Chr.) gliedert das sechste Buch – „Über Großvieh" – wie folgt: Prüfung von Ochsen, Zähmung von Ochsen, ihre Pflege und Fütterung, Ochsenkrankheiten und Haltung, Von Zuchtstieren, Von Kühen, Vom Kastrieren der Stiere, Von Pferden, Von ihrer Haltung, Von Maultieren, Heilmittel für Maultiere (Ahrens 1976). Die Gliederung zeigt, daß das Rind in der römischen Zeit mit Abstand das wichtigste Großtier war und die Nutzung als Zugtier im Vordergrund stand.

Die Entwicklung der modernen Rinderzucht begann im 18. Jahrhundert in England. Unter dem Einfluß von R. Bakewell (1725–1775) wurden alte Landrassen durch konsequente Selektion an die Bedingungen des sich entwickelnden Marktes unter Nutzung des intensivierten Futterbaus angepaßt (Berge 1959). In der zweiten Hälfte des 18. Jahrhunderts war die Haustierzucht in England leistungsfähiger als auf dem Kontinent, wo in der vormendelistischen Zeit vor allem ein Streit über ungesicherte Theorien ausgetragen wurde. Die Ursachen der Entwicklung waren neue Rahmenbedingungen: Zunahme der Bedeutung des Pferdes als Zugtier und Rückgang der Bedeutung der Ochsen; Übergang von der mittelalterlichen Dreifelderwirtschaft (Sommergetreide, Wintergetreide, Brache) zur Fruchtwechselwirtschaft mit Hackfrüchten und Klee; steigende Nachfrage nach Lebensmitteln tierischer Herkunft aufgrund der industriellen Revolution.

2.1.4 Nutzungsrichtungen und Rassen

2.1.4.1 Nutzungsrichtungen

Die Nutzungsrichtung wird vom Tierproduktionsmodell bestimmt. Die wichtigsten Nutzungsrichtungen beim Rind sind Zugleistung, Fleischleistung und Milchleistung. Das Tierproduktionsmodell beim Rind ist auf Einnutzung (Milch oder Fleisch), Zweinutzung (Milch und Fleisch) und Dreinutzung (Milch,Fleisch und Arbeit) ausgerichtet. Da die Zugleistung in entwickelten Ländern keine Rolle mehr spielt, sind in Europa nur noch Einnutzung und Zweinutzung von Bedeutung. Für die Wirtschaftlichkeit jedes Tierproduktionsmodells sind der Herdenumtrieb (Abb. 2-2) und die Erträge von lebenden und geschlachteten Tieren (Übersicht 2-2) bestimmend. Neben den in Übersicht 2-2 beschriebenen Ein- und Zweinutzungssystemen ist das „Dairy-Ranching" zu erwähnen, eine Zweinutzung, bei der das Kalb nur eine Euterhälfte der Mutter aussaugt und die andere Euterhälfte gemolken wird. Diese sehr arbeitsintensive Nutzungsform ist in einigen Entwicklungsländern von Bedeutung. Die Wirtschaftlichkeit aller Nutzungsformen ist von den Leistungen der Tiere und von der Effizienz der Bestandsergänzung (Abb. 2.-2) abhängig, die von den Parametern Ergänzungsprozentsatz, Remontierungsrate (1.2.2.1) und Verlustrate (vor allem Kälberverluste) bestimmt wird.

$$\text{Ergänzungsprozentsatz (E)} = \frac{1}{\text{Nutzungsdauer (ND)}}$$

ND = Abgangsalter – Erstkalbealter

Beispiel: Ergebnisse von Milchleistungsprüfungsbetrieben in Bayern 1993

Rasse	Abgangsalter (Jahre)	Erstkalbealter (Jahre)	ND (Jahre)	E (%)
Fleckvieh	5,6	2,5	3,1	32
Braunvieh	6,7	2,7	4,0	25

In der Fleckviehpopulation muß demnach jährlich jede dritte Kuh und in der Braunviehpopulation jede vierte Kuh durch ein erstkalbendes Tier ersetzt werden. Je niedriger der Ergänzungsprozentsatz, desto niedriger die Kosten der Bestandsergänzung. Die Differenz zwischen den Aufzuchtkosten bis zur ersten Kalbung und dem Erlös der Merzkuh (in der Regel Schlachterlös) ist ebenfalls von Bedeutung. Bei Milchrassen ist diese Differenz ungünstiger als bei Zweinutzungs- und Fleischrassen.

$$\underset{\text{(Kuh)}}{\text{Remontierungsrate (R)}} = \frac{1}{\text{Anzahl bis zum Ausscheiden der Kuh aufgezogenen weibl. Tiere}}$$

Werden in einer Herde je Kuh bis zum Abgang durchschnittlich 5 Kälber geboren und 2 weibliche Kälber erfolgreich aufgezogen gilt: R = ½, d.h. die Hälfte der

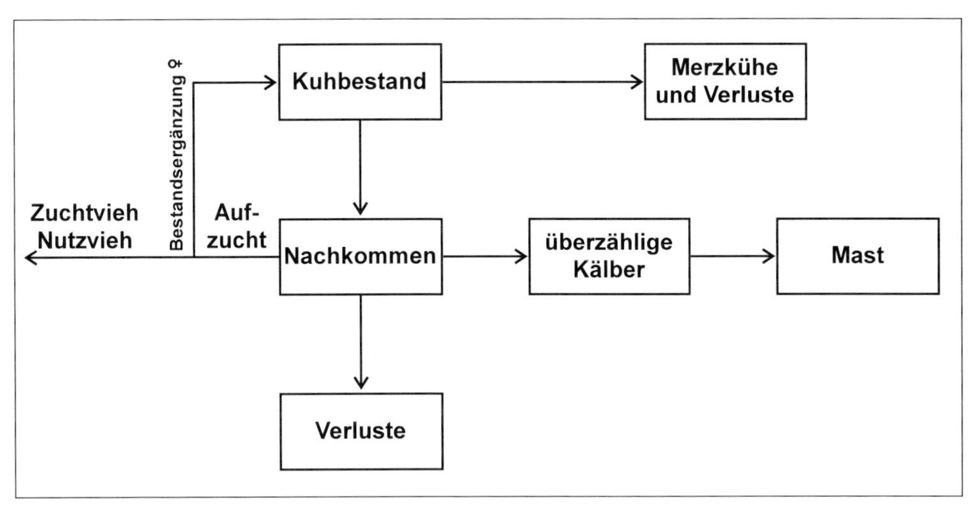

Abb. 2-2 Herdenumtrieb

Übersicht 2-2 Erträge von lebenden und geschlachteten Tieren bei Einnutzung-Milch, Einnutzung-Fleisch und Zweinutzung

	Einnutzung Milch	Einnutzung Fleisch	Zweinutzung
Kuhbestand	Milchkühe (Melken, Verkaufsmilch)	Mutterkühe (Kalb saugt an Mutter)	Milchkühe (Melken, Verkaufsmilch)
Merzkühe	Verkauf zum Schlachten	Verkauf zum Schlachten	Verkauf zum Schlachten
Überzählige Kälber	Verkauf in den ersten Lebenswochen zur Kälbermast; im Extrem Verarbeitung zu Tiermehl	Verkauf nach dem Absetzen (5–10 Mo.) als Fresser, Baby-Beef oder Weitermast im Betrieb	Verkauf (6–8 Wo.) an spezialisierte Mastbetriebe oder Aufzucht und Mast
Bestandsergänzung	Aufzucht im Betrieb: Ergänzungsbetriebe (übliche Form); Zukauf: Durchhalte- oder Abmelkbetriebe	Meist im Betrieb: Ergänzungsbetriebe	Meist im Betrieb: Ergänzungsbetriebe
Zuchtviehverkauf	Mitglieder von Züchtervereinigungen: Bullen und weibl. Tiere	Mitglieder von Züchtervereinigungen: Bullen und weibl. Tiere	Mitglieder von Züchtervereinigungen: Bullen und weibl. Tiere
Nutzviehverkauf	ausschließlich weibl. Tiere, meist tragend oder in Milch	ausschließlich weibl. Tiere	ausschließlich weibl. Tiere, meist tragend oder in Milch

für die Bestandsergänzung verfügbaren Tiere werden für den Nachersatz benötigt. Man geht bei Tierproduktionsmodellen von konstanter Bestandsgröße über längere Zeiträume aus, was den praktischen Verhältnissen entspricht. In den meisten Ergänzungsbetrieben ist die Remontierungsrate relativ hoch und steigt nicht selten bis 100 %. Dies hat zur Folge, daß auf dem Pfad Mutter-Tochter keine Selektion erfolgt. Die Zahl der aufgezogenen weiblichen Kälber pro Kuh ist von der Fruchtbarkeit (Zwischenkalbezeit; es werden 365 Tage angestrebt) und der Nutzungsdauer abhängig, weshalb eine enge Beziehung zwischen Ergänzungsprozentsatz und Remontierungsrate besteht.

Es bedarf keiner Begründung, daß hohe Verlustraten unabhängig von der Nutzungsform eine wirtschaftliche Rinderhaltung unmöglich machen. Die Unterschiede zwischen Betrieben sind vor allem bei den Kälberverlusten erheblich und hängen entscheidend von der Sorgfalt in der Kälberaufzucht ab. Nach Lotthammer und Wittkowsky (1994) verloren 1991 die gut geführten Betriebe Schleswig-Holsteins 2,9 % und die schlecht geführten Betriebe 15,9 % der Kälber

Übersicht 2-3 Beispiele für Produktionssysteme beim Rind

Nutzungsrichtung	Region	Charakteristika
Milch (Einnutzung, milchbetonte Zweinutzung	Nordamerika, Milchgürtel; Niederlande; Niedersachsen; Schleswig-Holstein	Weide, hoher Aufwand für Konservierung von Winterfutter, intensiver Kraftfuttereinsatz, überwiegend mittlere Bestandsgrößen
Milch (Einnutzung, milchbetonte Zweinutzung)	Kalifornien, Israel	Geringer Aufwand für Stallbauten, wenig Wirtschaftsfutter und sehr hoher Anteil Kraftfutter, große Bestände
Milch (Einnutzung, milchbetonte Zweinutzung)	Neuseeland	Ganzjährige Weidehaltung und sehr geringer Aufwand für Stallbauten (vor allem Melkstand), überwiegend mittlere Bestandsgrößen
Milch-Fleisch (Zweinutzung)	Süddeutschland	Hoher Aufwand für Stallbauten, hoher Aufwand für Konservierung von Winterfutter, relativ geringer Kraftfuttereinsatz, überwiegend kleine Milchkuhbestände. Bullenmast in spezialisierten Mastbetrieben mittlerer Größe (Silomais)
Fleisch (Einnutzung)	Nordamerika	Extensive Mutterkuhhaltung in großen Betrieben (Ranch); Endmast von Ochsen in sehr großen, spezialisierten Produktionseinheiten mit hohem Kraftfuttereinsatz (Feed lot).
Fleisch (Einnutzung)	Argentinien, Uruguay, Brasilien	Extensive Mutterkuhhaltung in großen Betrieben; Weidemast von Ochsen

während der Aufzuchtphase (Extreme 2 % und 30 %). Durchschnittlich wurden je Betrieb 57 Geburten registriert und die gut geführten Bestände zogen 7,4 Kälber mehr auf als die schlechten.

Neben den genannten für alle Produktionssysteme wichtigen Parametern bestimmen die Rahmenbedingungen (natürlich, wirtschaftlich, politisch und rechtlich) die Wahl des Produktionssystems. Die Übersicht 2-3 zeigt, daß mit zunehmender Spezialisierung die Betriebe größer werden, was in der spezialisierten Rindermast besonders deutlich ist.

2.1.4.2 Rassen

Wildarten werden nach Linné mit Doppelnamen (Binomie) bezeichnet (Wildrind: *Bos primigenius*). Die evolutionäre Art wird von Ax (1984) wie folgt definiert: „Evolutionäre Arten sind Linien von Populationen mit Individuen im Verhältnis von Vorfahren-Nachkommen, die zu jedem Zeitpunkt ihrer Lebensspanne **geschlossene** Fortpflanzungsgemeinschaften bilden. Arten entstehen durch Spaltung existierender Arten; Arten erlöschen unter Auflösung in Folgearten in einem neuen Speziationsprozeß oder aber durch Aussterben ohne Nachkommen". Arten sind somit keine statischen, sondern dynamische Einheiten, dies gilt um so mehr für Nutztierrassen. Rinderrassen sind Gruppen, die wie Arten in einem historischen Prozeß entstanden sind, der entweder als Paarungsschema oder als Selektionsprozeß beschrieben werden kann. Genetische Drift, künstliche Selektion und natürliche Selektion sind die wichtigsten Ursachen für die Entstehung genetischer Unterschiede zwischen Isolaten und zwischen Rassen (1.1.9.5). Rassen sind im Gegensatz zu Arten in der Regel keine völlig geschlossenen Fortpflanzungsgemeinschaften. Mit Ausnahme von geschlossenen Rassepopulationen, wie dem Englischen Vollblut, ist Genaustausch zwischen verschiedenen Rassepopulationen üblich. Rassepopulationen sind genetisch nicht einheitlich; Unterschiede innerhalb einer Rasse sind gleich groß, häufig sogar größer als Unterschiede zwischen Stichproben verschiedener Rassen. Reinerbig sind Rassen nur für genetisch einfach bedingte Eigenschaften, wie z. B. rassetypische Farbmerkmale. In der Praxis wird durch Konvention bestimmt, welcher Rasse ein Tier zuzuordnen ist (Lerner und Donald 1966), wobei bei Nutztieren vor allem folgendes von Bedeutung ist:

- Merkmale/Leistungen
- Regeln der Herdbuch- bzw. Zuchtbuchführung
- Voraussetzungen für offizielle Registrierung bzw. Anerkennung

Die europäischen Rinderrassen werden von Frahm (1990) und Sambraus (1994) in handlichen Taschenbüchern mit Farbbildern dargestellt und beschrieben. Darüber hinaus enthält die „Rinderzucht" (Kräußlich 1981) und die „Tierzüchtungslehre" (Mayr 1994) einen umfassenden Überblick. Es wird deshalb hier auf die Beschreibung der Rassen verzichtet. Die Rassebestimmung ist für Handel, Gutachten und die tierärztliche Praxis von großer Bedeutung.

2.1.4.2.1 Zuchttiere

Zuchttiere werden in der Europäischen Union in der Richtlinie des Rates der EG vom 18. Juni 1987 definiert. Diese Definition ist international abgestimmt, was Voraussetzung für den Welthandel mit Zuchttieren, Sperma und Embryonen ist. Beschränkungen des Handels mit Zuchttieren beruhen in erster Linie auf seuchenpolizeilichen Vorschriften. Nach den Regeln der Europäischen Union muß für ein „reinrassiges Zuchttier" oder für ein „eingetragenes Zuchttier" die Abstammung über 2 Generationen vorliegen und von der Züchtervereinigung bestätigt werden (Abstammungsnachweis). Das deutsche Tierzuchtgesetz vom 22. Dezember 1989, Erster Abschnitt, § 2, Abs. 1, enthält hierzu folgende Definition:

Zuchttier : ein Tier,

- das in einem Zuchtbuch eingetragen ist (eingetragenes Zuchttier),
- dessen Eltern und Großeltern in einem Zuchtbuch derselben Rasse eingetragen oder vermerkt sind und das dort selbst entweder eingetragen ist oder vermerkt ist und eingetragen werden kann (reinrassiges Zuchttier) oder
- das in einem Zuchtregister eingetragen ist (registriertes Zuchttier).

  Die Züchtervereinigungen der Vereinigten Staaten und Kanadas unterscheiden bei Zuchttieren zwischen „Pure blood" und „Full blood". Bei letzterem müssen fünf Generationen in einem Zuchtbuch derselben Rasse vermerkt oder eingetragen sein. In den südamerikanischen Ländern sind für die Herdbucheintragung 3 Generationen notwendig.

2.1.4.2.2 Nutztiere

Die Zuordnung von Nutztieren zu einer Rasse erfolgt über die Rassebestimmung, die sich beim Rind vor allem an Farb- und Exterieurmerkmalen orientiert. Von wesentlicher Bedeutung ist der „Typ" des Tieres (Gesamterscheinung und Körperbau). Es gibt keinen zuverlässig funktionierenden Bestimmungsschlüssel für die Rassebestimmung beim Rind, wie z. B. bei der Bestimmung von Pflanzen üblich.

2.1.4.2.3 Schlachttiere, Schlachtkörper

Der Schlachtwert ist bei Lebend- und Totvermarktung auch von der Rasse abhängig, der das Tier zugeordnet wird bzw. bei Gebrauchskreuzungen von den Ausgangsrassen. Dies gilt besonders für Markenfleischprogramme, in denen Herkunft, Haltung, Fütterung, Alter, Schlachtkörpergewicht und Rasse bis zum Konsumenten deklariert werden.

Die vor allem in Großbritannien und Irland häufige Gebrauchskreuzung Fleischbulle mal Milchkuh zur Erzeugung von für die Rindermast geeigneten Kälbern wird bevorzugt mit Fleischrassebullen durchgeführt, die „Colour marking" (Farbmarkierung) gewährleisten. Kälber aus der Paarung Herefordbulle x schwarzbunte Kuh mit weißem Kopf (vom Vater) und schwarzem Fell (von der Mutter) sind von jedermann leicht zu erkennen. Kälber und Schlachttiere mit

„Colour marking" erzielen beim Verkauf einen höheren Preis; weibliche Tiere mit „Colour marking" werden vom Milchviehhalter nicht zur Bestandsergänzung aufgezogen.

2.1.4.2.4 Klassifizierung der Rassen

Einen umfassenden Überblick über Rassen, Typen und Linien der Nutztiere enthält Mason (1951) „A World Dictionary of Livestock Breeds, Types and Varieties". Die Klassifizierung der Rinderrassen erfolgt meist nach Nutzungs- bzw. Zuchtrichtung (Übersicht 2-4), zum Teil auch nach der Zuchtgeschichte. Settegast (1868) und von Nathusius (1872) schlugen die „ökonomische" Klassifikation vor:

- Primitive Rassen oder reine, unvermischte Landrassen,
- Veredelte Land- oder Übergangsrassen,
- Kultur- oder Züchtungsrassen.

Im Rahmen der Diskussion über aussterbende Rassen, genetische Varianz und Genreserven schlug Lauvergne (1992) vor, den Begriff „primäre Population" bzw. „traditionelle Population" einzuführen, um eine Verbindung zwischen frühen Populationen (möglichst unmittelbar nach der Domestikation) und den heutigen standardisierten Rassen herzustellen. Er geht davon aus, daß in primären Populationen aufgrund verminderter natürlicher Selektion verstärkt neue Mutanten

Übersicht 2-4 Einteilung der Rinderrassen nach Nutzungs- und Zuchtrichtung

Klein- bis mittelrahmige Milchrassen	Jersey Guernsey Ayrshire
Mittel- bis großrahmige Milchrassen	Holstein-Friesian bzw. Holstein Brown-Swiss bzw. Braunvieh Montbeliard
Zweinutzungsrassen Milch und Fleisch	Fleckvieh [1] Braunvieh [2] Rotbunte [1]
Klein- bis mittelrahmige Fleischrassen	Angus Herford Limousin
Mittel- bis großrahmige Fleischrassen	Simmental bzw. Fleisch-Fleckvieh Charolais Blonde d'Aquitaine
Robustrassen	Highland Galloway Luing
Landrassen	Hinterwälder Grauvieh Eringer

[1] Ohne wesentliche Holstein-Friesian (rotbunte) Einkreuzung
[2] Ohne wesentliche Brown-Swiss Einkreuzung

erhalten und selektiert wurden. Es dürfte jedoch schwierig sein, primäre Populationen zu finden, zu identifizieren, zu beurteilen und gegebenenfalls zu konservieren.

In der Verbesserungszucht (Leistungszucht) hat sich die Klassifizierung nach Nutzungs- und Zuchtrichtung (Übersicht 2-4) durchgesetzt, während für die Erhaltungszucht(1.2.6) noch keine einheitliche Klassifizierung vorliegt

2.1.5 Zytogenetik

Hausrinder besitzen 2n = 60 Chromosomen, wobei alle autosomalen Paare akrozentrisch und die beiden Geschlechtschromosomen metazentrisch sind (Übersicht 2-5). Eine Ausnahme ist das telozentrische Y-Chromosom des Zebubullen.

• Chromosomenanomalien

Aberrationen in der Anzahl der Geschlechtschromosomen (Aneuploidie) führen zu abnormalen Geschlechtsorganen (Tab. 1-9).

Beim Rind sind verschiedene Robertsonsche Translokationen (Zentromerfusionen) beobachtet worden, z. B. zwischen den autosomalen Chromosomen 1/29, 1/25, 2/4, 3/4, 8/9, 13/21, 27/29 (1.1.4), die sich häufig negativ auf die Fruchtbarkeit auswirken.

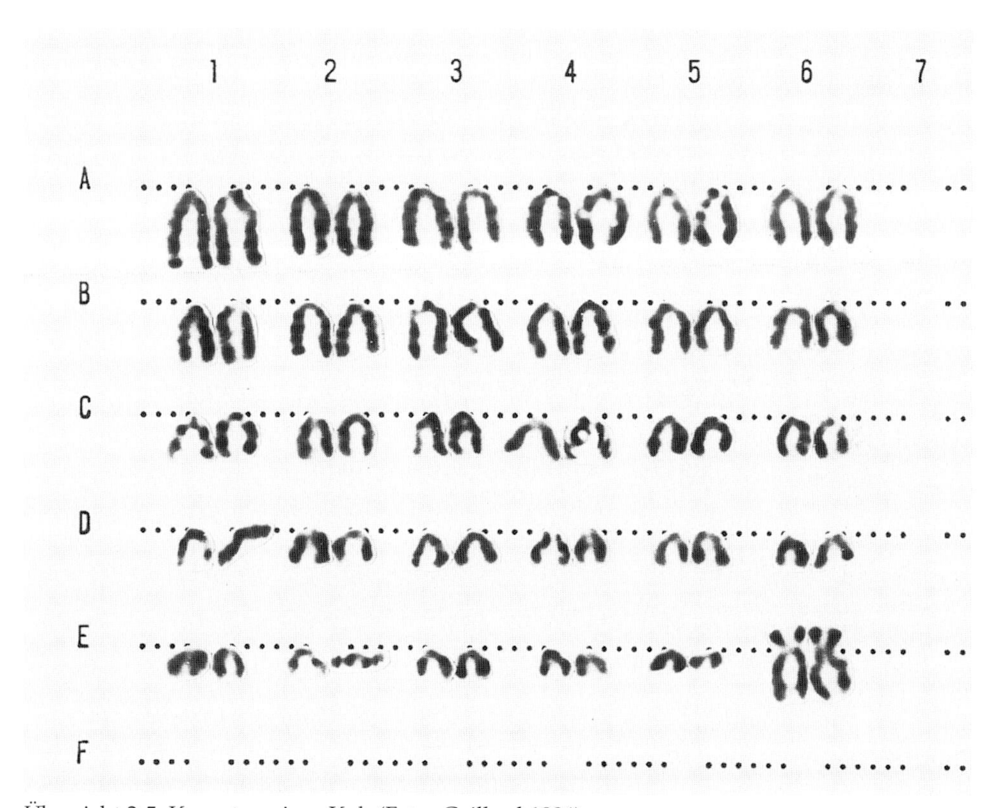

Übersicht 2-5 Karyotyp einer Kuh (Foto: Gaillard 1994)

2.1.6 Merkmalskomplexe (Bedeutung, Leistungsprüfungen bzw. Beurteilung)

Die für die Rinderzucht wichtigen Merkmalskomplexe werden in der Tierzüchtungslehre (Kräußlich 1994) allgemein behandelt. Nachfolgend wird die Bedeutung der wichtigsten Merkmalskomplexe für die verschiedenen Nutzungsrichtungen erläutert und die Leistungsprüfungen bzw. Beurteilungssysteme beschrieben.

2.1.6.1 Farbe und Abzeichen, Hörner

• Bedeutung

Farbe und Abzeichen sind von Bedeutung für Rassebestimmung, für Erkennen und Sicherung der Identität von Einzeltieren (Herdbuchtiere), für den Verkaufswert von Zucht- und Nutztieren und für das Erkennen von Kreuzungsprodukten (Colour marking). Farbe und Abzeichen gehören zu den qualitativen Merkmalen (mono- oder oligogene Vererbung) (1.1.9). Die Farbvererbung des Rindes ist noch nicht völlig abgeklärt (Schlote 1994). Kreuzungstiere aus einfarbigen und gescheckten Rassen sind meist einfarbig, wobei an Gliedmaßen, Bauch und Kopf Flecken auftreten können. Weißköpfigkeit und Rückenblesse werden in der Regel dominant vererbt. Intermediäre Vererbung beobachtet man bei Kreuzungen zwischen Schwarzbunten und Fleckvieh (Simmentaler), wo die Farbtöne von schokoladebraun bis mausgrau variieren. In der Holstein-Friesianpopulation ist die Farbvererbung komplex, zum Teil werden die Kälber rot geboren und verfärben sich innerhalb von 6–7 Monaten schwarz mit rötlichem Aalstrich, Ohren und Flotzmaul. Rotbunte Holstein-Friesian-Tiere sind jedoch reinerbig und werden in Nordamerika in das Red Holstein Herdbuch eingetragen, so daß ein Allel (Genotyp ee) für die Herdbucheintragung entscheidend ist.

Die Vererbung der Fellfarben des Rindes wird zunehmend auf molekulargenetischer Ebene untersucht. Kungland u.a. (1995) analysierten den Extension-Locus, der den Rezeptor für das α-Melanozyten stimulierende Hormon (MSH-R) kodiert, und charakterisierten das Wildtypallel (E^+), eine dominante Mutante (E^d) und eine rezessive Mutante (e). In norwegischen und isländischen Rinderpopulationen fanden sie, daß der Genotyp E^d- schwarze (ausschließlich Eumelanin) und der Genotyp ee- rote (ausschließlich Phäomelanin) Fellfarbe determiniert. Da auch bei den Genotypen E^+e und E^+E^+ rote Fellfarben festgestellt wurden, ist anzunehmen, daß der MSH-Rezeptor von einer dominanten Mutante am Agouti-Locus blockiert werden kann (der Mechanismus ist in Kräußlich, 1996, beschrieben). Schwarzbunte mit Rotfaktor (Heterozygote) können mit dem Rotfaktortest (Kriegesmann et al. 1995), einer direkten Gendiagnose (s. 1.1.6.7.3) erkannt werden.

Zur **Sicherung der Identität** von Herdbuchtieren werden Farbe und Abzeichen (möglichst bald nach der Geburt) beschrieben. Die Kennzeichnung mit Ohrmarken macht dies nicht überflüssig, da hierdurch bei Verlust von Ohrmarken die Identität überprüfbar bleibt. Der **Verkaufswert** von Zucht- und

Nutztieren ist neben Abstammung, Exterieur und Leistung von Farbe und Abzeichen abhängig. So werden beim Export von Fleckvieh (Simmentaler) in Regionen mit starker Sonneneinstrahlung gedeckte Tiere mit dunkler Fellfarbe und pigmentierten Augenringen (Brillen) bevorzugt. „Modefarben" sind in der Rinderzucht ebenfalls von Bedeutung.

Beschreibung von Farbe und Abzeichen
Die Beschreibung von **Farbe und Abzeichen** für die Sicherung der Identität erfolgt durch den Züchter oder eine neutrale Person (Zuchtwart, Probenehmer) bei der Kennzeichnung des Kalbes. Die Farbbeschreibung wird im Jungviehregister eingetragen und mit der Geburtsmeldung an die Herdbuchstelle gemeldet. Farbe und Abzeichen werden darüberhinaus bei Herdbuchaufnahmen (häufig während der ersten Laktation) und bei der Exterieurbeurteilung von Nachkommen von Besamungsbullen beschrieben. Diese Beschreibungen werden in der Herdbuchdatei festgehalten bzw. in den Prüfberichten der Besamungsbullen veröffentlicht.

Die Beurteilung der Einzeltiere enthält Angaben über Grundfärbung, Farbabzeichen am Kopf und am Körper.

Gehörnt bzw. Hornlosigkeit sind ebenfalls qualitative Merkmale. Bei einigen Fleischrassen ist genetisch bedingte Hornlosigkeit auch ein Rassekennzeichen (Aberdeen Angus, Galloway). In anderen Fleischrassen wie z. B. Hereford wurden genetisch hornlose Linien gezüchtet (Polled Hereford), die in ein gesondertes Herdbuch eingetragen werden. Derzeit werden in der bayerischen Fleckviehpopulation genetisch hornlose Linien gezüchtet, entweder durch Selektion von Mutanten oder durch Einkreuzungen mit genetisch hornlosen Tieren anderer Rassen und anschließender Verdrängungskreuzung. Da in Laufställen gehaltene Tiere bei allen Nutzungsrichtungen enthornt werden, sind genetisch hornlose Tiere nur aufgrund der Zuchtbescheinigung oder aufgrund sorgfältiger Adspektion zu erkennen.

2.1.6.2 Exterieurmerkmale

2.1.6.2.1 Bedeutung

Die Exterieurbeurteilung dient der Erfassung der Merkmale der äußeren Erscheinung. Sie erfolgt für die Selektion (Herdbuchaufnahme, Körung, Tierschauen), für die Klassifizierung der Tiere beim Zuchtviehverkauf und für die Bestimmung des Nutz- bzw. Gebrauchswertes von Tieren. Vor der Exterieurbeurteilung ist die Adspektion zur Beurteilung des Gesundheitszustandes des vorgestellten Tieres durchzuführen; kranke Tiere sind bis zur vollständigen Wiederherstellung von der Exterieurbeurteilung zurückzustellen. Zweck der Exterieurbeurteilung ist vor allem die Feststellung nutzungsbeschränkender Mängel, das sind Körpermängel, die die Nutzung bzw. Nutzungsdauer einschränken und zusätzlich die Feststellung der Übereinstimmung der Gesamterscheinung (Typ) mit dem Rassenstandard .

2.1.6.2.2 Beurteilung

Künzi (1994) gibt einen Überblick über die Verfahren der Exterieurbeurteilung und deren geschichtliche Entwicklung. Die Beurteilung soll im Freien bei Tageslicht auf ebenem Boden aus einer Entfernung von mindestens 5 m erfolgen und zwar in folgender Reihenfolge: Signalement (Rasse, Geschlecht, Alter, Identität), Gesamteindruck (Typnote: Vergleich mit dem Rassenstandard), Gewicht und Körpermasse (Rahmen), Körperteile (Form), Bemuskelung, Euter. Die Beurteilungsschemata folgen häufig dem Pauschalverfahren, wobei eine Gesamtnote vergeben wird oder mehrere Noten (z. B. beim Deutschen Fleckvieh für Rahmen, Bemuskelung, Form und Euter). Neuerdings hat sich die **„lineare Beschreibung“** durchgesetzt, die zuerst von der Nationalen Vereinigung der KB-Züchter in den USA entwickelt wurde (ab 1977). Die wichtigsten Grundsätze sind (nach Künzi 1994):

- Es sollen einzelne biologische Merkmale, die zur züchterischen Verbesserung beitragen, d.h. Merkmale von wirtschaftlicher oder funktioneller Bedeutung, unabhängig voneinander bewertet werden.
- Für die Bewertung jedes Merkmals ist eine numerische Skala anzuwenden, die das Merkmal von einem Extrem zum anderen beschreibt („lineare Beschreibung“). Diese lineare Skala (häufig von 1 bis 9) soll das Merkmal in seiner ganzen Ausprägung beschreiben (Beispiel Strichlänge: 1 sehr kurz bis 9 sehr lang). Ob die erwünschte Zuchtrichtung auf dieser Skala nach oben, unten oder in die Mitte geht, wird erst in einem weiteren Schritt festgelegt.
- Die Daten werden in der Regel mit dem BLUP-Verfahren ausgewertet (statistische Methode: Best Linear Unbiased Prediction, s. Essl 1994).

2.1.6.2.3 Beispiele für „lineare Beschreibung“

Die Europäische Vereinigung der Schwarzbuntverbände empfiehlt folgende primären Merkmale zu bewerten: Größe, Körpertiefe, Beckenbreite, Beckenneigung, Hinterbeinwinkelung, Klauen, Euterboden, Vordereuter, Hintereuter, Zentralband, Strichplazierung und Strichlänge. In der Zucht „Deutsche Holstein“ werden folgende zusätzlichen Merkmale fakultativ bewertet: Stärke, Milchcharakter, Vordereuteraufhängung. In den meisten europäischen Ländern reicht die Notenskala von 1 bis 9. Zuchtziel ist für die Merkmale Beckenneigung, Hinterbeinwinkelung und Strichlänge die Note 5, für alle übrigen Merkmale die Note 9.

Die Arbeitsgemeinschaft Süddeutscher Rinderzüchter hat das „Bewertungssystem 87“ beschlossen (Gottschalk 1987). Es enthält die in Abbildung 2-3 enthaltenen Merkmale. Die Notenskala reicht wie bei den Schwarzbunten von 1 bis 9. Es handelt sich aber hier nicht um eine rein biologische Beschreibung der Einzelmerkmale von einem Extrem zum anderen; vielmehr reicht bei einigen Merkmalen die Skala nur von einem Extrem zur normalen Ausprägung wie z. B. beim Sprunggelenk:

- steil bis normal gewinkelt,
- gesäbelt bis normal gewinkelt.

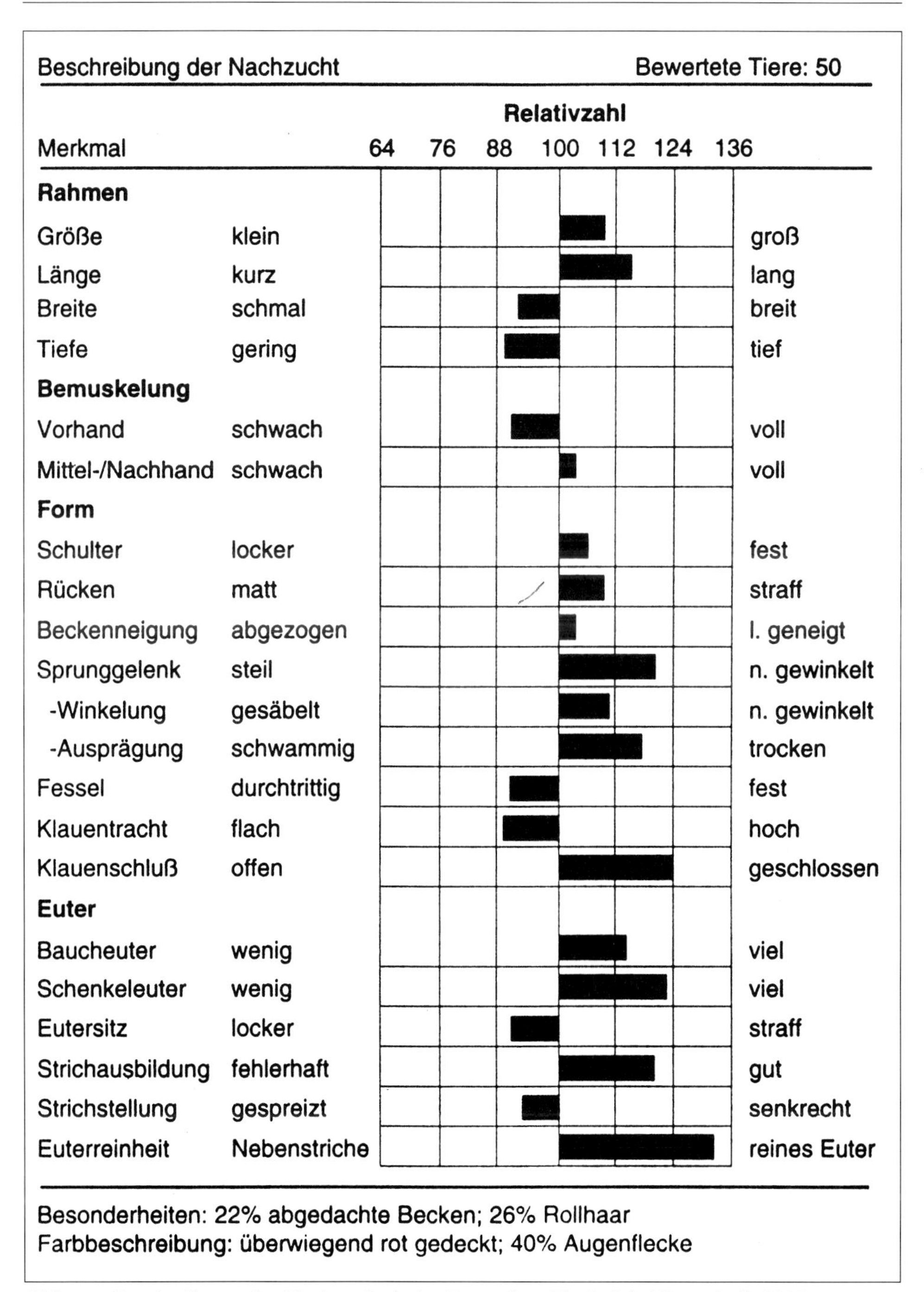

Abb. 2-3 Beschreibung der Nachzucht beim Deutschen Fleckvieh (Gottschalk 1987)

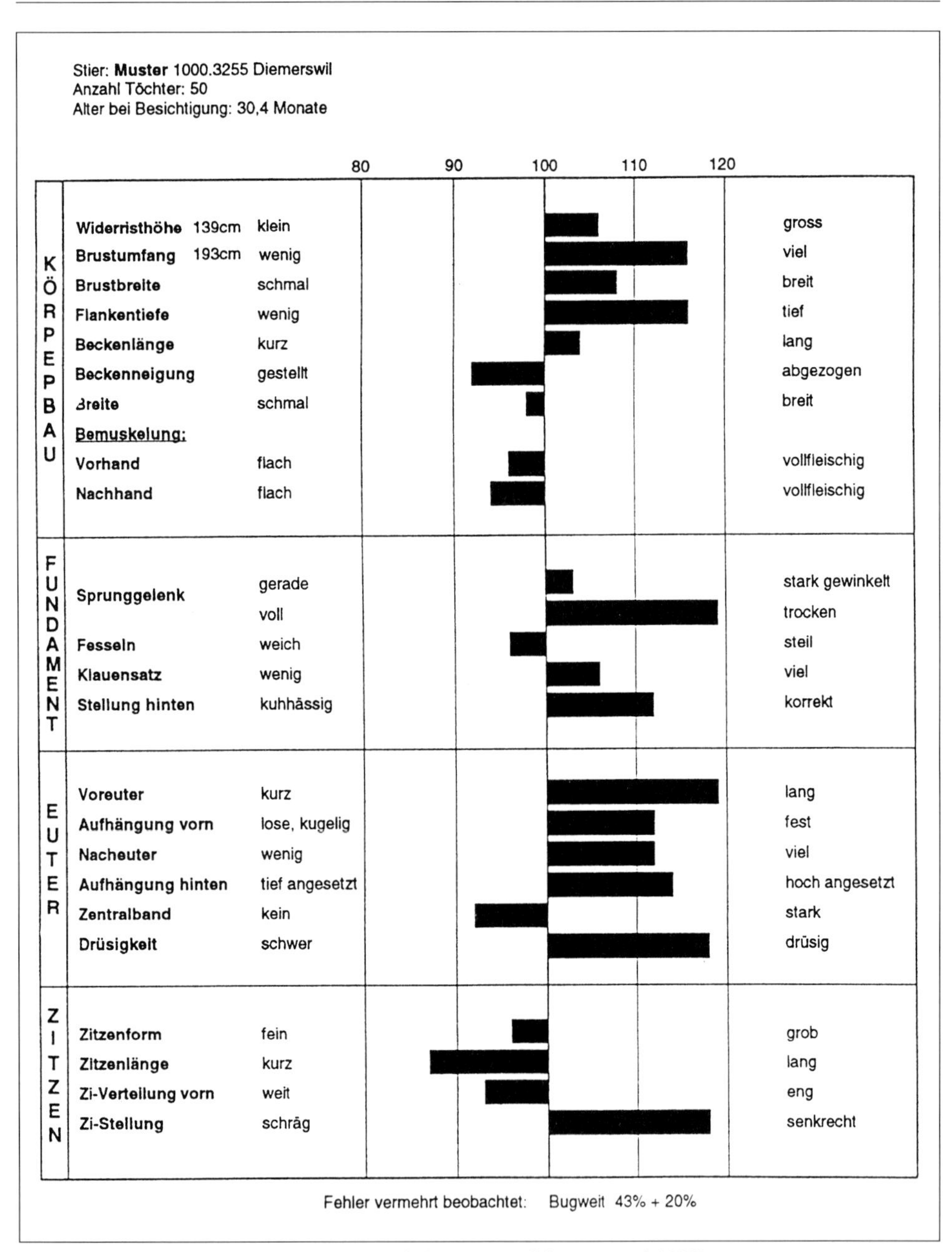

Abb. 2-4 Nachzuchtbeschreibung (nach Steiger undCrettenand 1993)

In der Nachkommenprüfung werden die Durchschnitte der Ergebnisse der Einzelmerkmale in Relativzahlen transformiert (Mittelwert 100, Standardabweichung 12, Spannweite 64–136).

Der Schweizerische Fleckviehverband hat 1992 ein System zur linearen Beschreibung bei den Nachzuchtbesichtigungen und für Kühe in der gezielten Paarung eingeführt. Die Noten 1 bis 9 entsprechen den biologischen Extremen der Merkmale (Steiger und Crettenand 1992). Abb. 2-4 enthält das Muster einer Nachzuchtbeschreibung (Steiger und Crettenand 1993).

Die Merkmale des Exterieur haben bei Ausschöpfung der Notenskala eine hohe Variation. Die Heritabilitäten für Körpergröße und Zitzenmerkmale sind in der Regel hoch, für Fundament-, Klauen- und Eutermerkmale im mittleren Bereich, so daß sie als Selektionsmerkmale gut geeignet sind. Die genetischen Korrelationen zu Merkmalen der Milch- und Fleischleistung sind jedoch meist sehr niedrig bzw. nicht vorhanden.

Auswertungen bei verschiedenen Rassen zeigen, daß Mängel in Fundament-, Klauen- und Eutermerkmalen eine geringere Nutzungsdauer zur Folge haben. In der Holstein-Friesianpopulation wurde z. B. ein Zusammenhang zwischen der Neigung der Linie vom Hüfthöcker zum Sitzbeinhöcker (wünschenswert: Neigung von 4 cm; nicht wünschenswert: Anstieg) und der Geburtenrate festgestellt.

2.1.6.3 Milchleistungsmerkmale

2.1.6.3.1 Bedeutung

Die Laktation ist eine der Ernährung des Kalbes dienende biologische Leistung, die beim Milchrind durch Züchtung zu einem „Produktionsprozeß“ gesteigert wurde, der weit über die Erfordernisse des Kalbes hinausgeht. Die morphologischen Aspekte der Laktation, die Funktion der Milchdrüse, ihre Regulation und physiologische Beeinflussung werden von Karg und Claus (1981) beschrieben. Die wichtigsten Einflüsse auf Milchleistung und Milchzusammensetzung einschließlich die Milchgewinnung beschreibt Gravert (1994).

Die Milchleistung ist in allen Nutzungsrichtungen der Rinderproduktion von großer Bedeutung. In Produktionssystemen, in denen die Kühe gemolken werden (Milch- oder Zweinutzung) ist der Milchverkauf meist die wichtigste Einnahmequelle. Die Wirtschaftlichkeit der Rinderhaltung ist vor allem von der pro Kuh und Jahr erzeugten Milchmenge und der Milchzusammensetzung (Proteingehalt, Fettgehalt) abhängig. Bei Mutterkuhhaltung (Fleischrinder) ist die Milchleistung des Muttertieres von großer Bedeutung für das Absetzgewicht des Kalbes.

In Deutschland halten etwa 60 % aller landwirtschaftlichen Betriebe Milchkühe und 25 % aller landwirtschaftlichen Einnahmen entfallen auf Kuhmilch. In der Schweiz kommt 33,3 % des Gesamtrohertrages der Landwirtschaft aus der Milcherzeugung. Die angelieferte Rohmilch wird in Deutschland zu etwa 35 % zu Butter, 20 % zu Käse und Quark, 16 % zu Trinkmilch, 15 % zu Sahne und 8 % zu Dauerwaren verarbeitet. Die züchterische Bewertung der Milchmenge und der Inhaltsstoffe hängt wesentlich von wirtschaftlichen Faktoren ab. Höhere Milchleistungen senken in einem weiten Bereich die Erzeugungskosten je Kilogramm Milch. Das angestrebte Verhältnis von Eiweißgehalt zu Fettgehalt verschiebt sich aufgrund sich ändernder Verbrauchergewohnheiten zugunsten von Eiweiß.

2.1.6.3.2 Milchleistungsprüfungen

Die Milchleistungsprüfungen erstrecken sich auf Milchmenge und Milchbestandteile. Das „Internationale Komitee für Leistungsprüfungen in der Tierzucht (IKLT)" hat Richtlinien über Prüfungsmethoden entwickelt, deren Einhaltung Voraussetzung für die internationale Anerkennung der Prüfungsergebnisse ist. Die Milchleistungsprüfungen werden regional (Länder, Gebiete) von neutralen Prüfungsorganisationen (in Deutschland Landeskontrollverbände, Milchprüfringe, in anderen Ländern auch Herdbuchorganisationen) organisiert und durchgeführt. Folgende zwei Methoden sind anerkannt:

Methode A (Standardmethode): Prüfung erfolgt durch Prüfungsbeauftragte an mindestens 11 Prüfungstagen im Prüfungsjahr in Abständen von etwa 30 Tagen bei allen Kühen (müssen gekennzeichnet sein) des Bestandes.

Methode B (Besitzerkontrolle): Prüfung erfolgt durch Besitzer und amtliche Prüfer (Kontrollen).

Zusätzlich ist noch die Prüfung mit verlängertem Kontrollintervall (42 Tage, mindestens 8 Probegemelke) möglich.

2.1.6.3.3 Leistungsabschlüsse

An den Prüfungstagen wird die Tagesmilchmenge aus allen Gemelken (meist Morgen- und Abendgemelk) zu den üblichen Melkzeiten ermittelt. Aliquote Teile des Tagesgemelks werden zu einer Probe zusammengefaßt, die der Bestimmung der Milchinhaltsstoffe in Zentrallabors dient (vor allem Fett- und Eiweißgehalt). Aus den Probegemelken werden für jede geprüfte Kuh durch lineare Interpolation Leistungsabschlüsse berechnet, die sich auf folgende Zeiträume beziehen:

- 100-Tage-Leistung bzw. Einsatzleistung = Zeitabschnitt von 100 Tagen nach der ersten Kalbung bzw. Durchschnitt der ersten drei Tagesleistungen.
- 305-Tage-Leistung (Referenzlaktation bzw. Standardlaktation) = Zeitabschnitt von der Kalbung bis mindestens zum 250. und höchstens zum 305. Laktationstag.
- Jahresleistung: Leistung im Kontrolljahr; daraus kann die mittlere Jahresleistung (Durchschnitt der Jahresleistungen bis zum Ende des vorangegangenen Kontrolljahres) der Kuh berechnet werden.
- Lebensleistung: Gesamtleistung von der ersten Kalbung bis zum Abgang der Kuh.

Für die Selektion ist die 305-Tage-Leistung von größter Bedeutung (Zuchtwertschätzung). Aus den Jahresleistungen werden Bestandsdurchschnittsleistungen berechnet; diese Leistungen dienen in erster Linie der Betriebskontrolle.

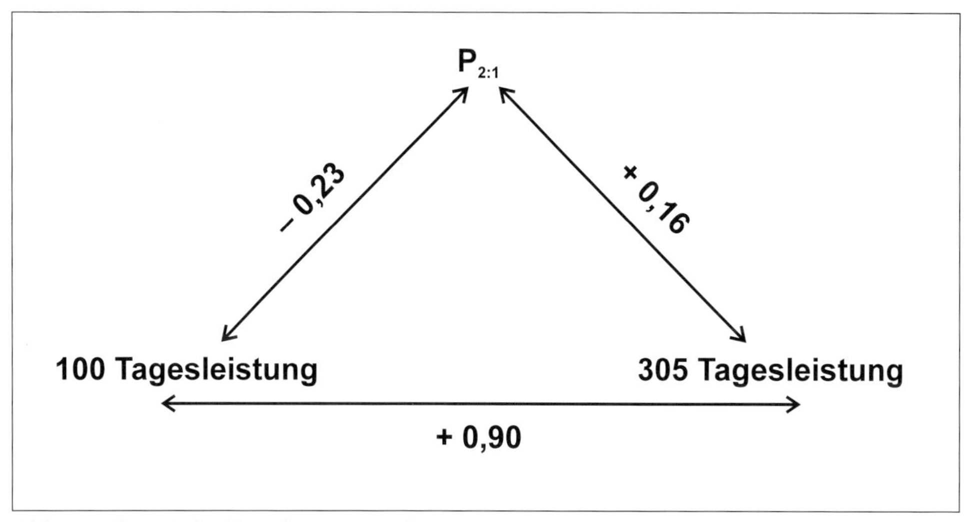

Abb. 2-5 Genetische Korrelation zwischen Persistenz ($P_{2:1}$) und Leistungen

2.1.6.3.4 Laktationskurve, Persistenz

Die höchste tägliche Futteraufnahme erreichen Kühe 8–10 Wochen nach dem Kalben. Da die höchste Milchleistung bereits 5–6 Wochen nach dem Kalben erreicht wird, entsteht bei Kühen mit hoher Leistung zu Beginn der Laktation ein Energiedefizit, das um so größer ist, je höher die Einsatzleistung steigt. Je flacher die Laktationskurve von der Kalbung bis zum Trockenstellen (Optimum waagerechte Linie), desto geringer das postpartale Energiedefizit und desto weniger wird der Stoffwechsel (bei gleicher Leistung) belastet. Die Persistenz $P_{2:1}$ der Laktation ist ein Parameter für den Verlauf der Laktationskurve:

$$P_{2:1} = \frac{\text{Leistung 101. – 200. Laktationstag}}{\text{Leistung 1. – 100. Laktationstag}} \cdot 100$$

Angestrebt wird ein $P_{2:1}$-Verhältnis von mindestens 80, möglichst 90. Wie die genetischen Korrelationen in Abbildung 2-5 zeigen, ist die Selektion auf hohe Einsatzleistungen problematisch.

2.1.6.3.5 Einflüsse auf die Milchleistung

Die über die Milchleistungsprüfungen erfaßbaren Einflußfaktoren werden von Rechenzentren im Rahmen der Zuchtwertschätzung innerhalb Regionen und Rassen mit statistischen Methoden (BLUP) quantifiziert. Hierdurch können in definierten Tiergruppen (z.B. Halbgeschwister) „Umwelteinflüsse" von genetischen Einflüssen getrennt werden. Erfaßbare Faktoren sind:

- **Betriebseinfluß**: wird mittels Herdendurchschnittsleistung bestimmt. Die betriebsspezifischen Einflüsse von Fütterung, Haltung, Betreuung werden im Herdendurchschnitt zusammengefaßt.

- **Erstkalbealter**: Der Einfluß des Erstkalbealters auf die erste 305-Tageleistung steigt im Bereich von 24–36 Monaten um etwa 1 % pro Monat linear an. Bei Tieren, die vor 24 Monaten abkalben, ist die Minderleistung höher und bei nach 36 Monaten Abkalbenden werden nur geringfügige Mehrleistungen beobachtet.
- **Alter**: Es ist eine altbekannte Tatsache, daß die Milchleistung von der 1. bis zur 5. Laktation ansteigt.
- **Kalbemonat** (Kalbesaison): In der Regel werden nach Abkalbungen im Herbst und Frühwinter höhere Leistungen erzielt als nach Abkalbungen im Spätwinter, Frühjahr und Sommer.
- **Zwischenkalbezeit (Serviceperiode)**: Ab dem 6. Trächtigkeitsmonat konkurrieren Fetus und Euter um die verfügbaren Nährstoffe. Bei verlängerter Zwischenkalbezeit steigen Laktationsdauer und Laktationsleistung (auch 305 Tageleistung).
- **Alpung**: Karges Futter und wechselndes Klima führen zu Minderleistungen, die bei der Zuchtwertschätzung zu berücksichtigen sind.
- **Melkzeiten**: Die 305-Tageleistung steigt beim Übergang vom zweimaligen zum dreimaligen Melken um 10 % bis 20 %; der Anstieg ist von der Höhe der Milchleistung abhängig.
- **Körpergröße**: Der Einfluß der Körpergröße auf die Milchleistung ist lange bekannt; größere Kühe geben im Durchschnitt mehr Milch als kleinere. Da der Erhaltungsbedarf mit der Körpergröße eng korreliert ist, führt die Selektion auf größere Tiere primär zur Erhöhung des Erhaltungsbedarfs und nur sekundär zur Erhöhung der Milchleistung. Eine um 100 kg schwerere Kuh muß, um ebenso wirtschaftlich zu sein, 400–600 kg Milch pro Jahr mehr erzeugen.

2.1.6.3.6 Genetische Parameter

Genetisch bedingte Leistungsunterschiede bestehen:

- zwischen Rassen innerhalb Herden (Beispiel: die Erstlaktationsleistungen zwischen reinen Simmentalern und Holsteinkreuzungen (RH) mit mehr als 75 % RH unterscheiden sich in der Schweizer Flachlandregion um über 1000 kg Milch bei etwa gleichem Fettgehalt und um 0,20 Prozentpunkte erniedrigtem Eiweißgehalt)
- innerhalb Rassen zwischen Herden (relativ gering) und
- innerhalb Rassen und innerhalb Herden (relativ hoch).

Heritabilitätsschätzungen sowie Schätzungen der genetischen und phänotypischen Korrelationen gelten nur für die untersuchte Population; die Schätzungen liegen jedoch in der Regel im gleichen Bereich (Kräußlich 1981, Tabelle 2-1).

2.1.6.3.7 Beziehungen zwischen Futteraufnahme und Milchleistung

Das postpartale Energiedefizit der Milchkuh entsteht, weil nach der Kalbung die Milchleistung rascher ansteigt als die Futteraufnahme (maximale Milchmenge nach 5–6 Wochen, maximale Trockensubstanzaufnahme nach 10–12 Wochen). Deshalb ist die genetische Korrelation (r_A) zwischen Futteraufnahme und

Tab. 2-1a) Heritabilitätskoeffizienten, Durchschnitt nach Literaturangaben

Merkmal	Heritabilität		
	Milch kg	Fett %	Eiweiß %
1. Laktation	0,30	0,50	0,50
2. Laktation	0,22	0,50	0,50
Lebensleistung	0,15		

b) Genetische und phänotypische Beziehungen zwischen Milchmenge und Milchinhaltsstoffen

	Milchmenge	Fett %	Eiweiß %
Milchmenge		–0,2	–0,2
Fett %	–0,35		+0,50
Eiweiß %	–0,35	+0,60	

Oberhalb der Diagonalen: phänotypsiche Korrelationen
Unterhalb der Diagonalen: genetische Korrelationen

Milchmenge zu Beginn der Laktation niedriger als in späteren Laktationsabschnitten: Futteraufnahme – Milchmenge vom 31.–60. Tag: $r_A = 0{,}52$. Futteraufnahme – Milchmenge vom 121.–150. Tag: $r_A = 0{,}86$. Bei einer Nährstoffkonzentration, die für eine Tagesleistung von 20 kg FCM (6,5 NEL) ausreicht, kommt es bei 30 kg FCM zu einem Energiedefizit von 8,3 % und bei 40 kg FCM von 12,8 %. Da die Nährstoffkonzentration nicht beliebig gesteigert werden kann (wiederkäuergerechte Ernährung), kann dies zu Stoffwechselstörungen führen.

2.1.6.3.8 Melkbarkeitsprüfung

Das Euter soll mit der Melkmaschine möglichst rasch und vollständig entleert werden, ohne Schaden zu leiden. Die Melkbarkeitsprüfungen werden in der Regel im Betrieb im Rahmen der üblichen Melkroutine durchgeführt. Es werden das durchschnittliche Minutengemelk (DMG in kg), die Viertelverteilung (in %) und das Nachgemelk (Handnachgemelk in kg) festgestellt. Die Melkbarkeitsprüfungen dienen der Eigenleistungsprüfung von Kühen (vor allem Bullenmütter) und der Nachkommenprüfung von Besamungsbullen (häufig als Einfachprüfungen ohne Viertelverteilung). Um vergleichbare Ergebnisse zu erhalten, wird das durchschnittliche Minutengemelk auf eine bestimmte Gesamtmilchmenge standardisiert (z. B. 16 kg Tagesmilchmenge). Ziel der Melkbarkeitsprüfungen ist es, Kühe und Bullen mit zu niedrigen und zu hohen durchschnittlichen Minutengemelken und einer unausgeglichenen Viertelverteilung (Normalbereich DMG zwischen 2,0 und 4,0 kg/min; optimaler Bereich zwischen 2,2 und 3,2, kg/min; Viertelverteilung 45 % Vorderviertelanteil) von der Weiterzucht auszuschließen.

Über die Beziehungen zwischen hohem Milchfluß und erhöhter Frequenz von Euterinfektionen wurden widersprüchliche Untersuchungsergebnisse publiziert. Im normalen Bereich treten in der Regel keine Unterschiede in der Mastitisanfälligkeit auf. Während innerhalb Rassen keine Beziehung zwischen

Tab. 2-2 Rassenvergleich Milchfluß und Zellzahlkonzentration (Schweiz [nach Gaillard 1994])

Rassengruppe	DMG kg/min	Zellzahl pro ml in 1000
Simmentaler	2,67	31,5
1/4 Red Holstein	2,89	36,0
1/2 Red Holstein	3,01	51,2
3/4 Red Holstein	3,07	72,8

DMG und Zellzahlkonzentration besteht, wurden zwischen Rassen, wie die Ergebnisse aus der Schweiz zeigen (Tab. 2-2), deutliche Zusammenhänge festgestellt.

2.1.6.3.9 Leistungsförderer

Als Leistungsförderer für die Milcherzeugung wird seit 1982 das rekombinierte bovine Somatotropin (rBST) diskutiert. Bei Injektion von 500 mg rBST in 14tägigen Intervallen steigt die tägliche Milchleistung um durchschnittlich 2–6 kg. Veränderungen der Zusammensetzung, Qualität und Verarbeitungseigenschaften der Milch wurden in der überwiegenden Zahl der Versuche nicht festgestellt. Rückstandsprobleme entstehen nicht, da rBST bei oraler Aufnahme abgebaut wird. Bei der noch nicht abgeschlossenen Diskussion über die Zulassung in der Europäischen Union geht es vor allem um Fragen der Tiergesundheit (Überforderung), grundsätzliche Vorbehalte gegen hormonale Leistungsförderer („unnatürlich") und ethische Bedenken.

2.1.6.4 Fleischleistungsmerkmale

2.1.6.4.1 Wachstum

Physiologisch gesehen entsteht Wachstum durch das Überwiegen der anabolen (Stoffansatz) gegenüber den metabolen (Stoffumsatz) Prozessen. Auf der Ebene der Zellen gilt:

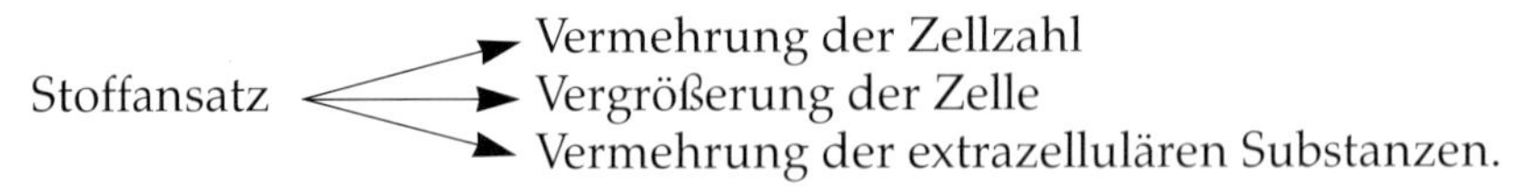

Die Regulation des Wachstums wird vor allem durch Hormone, Chalone (Mitosehemmstoffe) und Umwelteinflüsse (z. B. Ernährung) beeinflußt. Mit der Dichte der Zellen im Gewebeverband nimmt die Chalonkonzentration zu und beendet die Mitoseaktivität. Der Wachstumsverlauf, beginnend von der Konzeption (pränatal) bzw. der Geburt (postnatal), kann in Wachstumskurven dargestellt werden, wie von Schönmuth und Seeland (1994) eingehend erläutert wird.

Tab. 2-3 Vergleich reziproker Kreuzungen zwischen Holstein-Friesian (HF) und Jersey (J).

Paarung Bulle x Kuh	Anzahl	Geburtsgewicht (kg)	Differenz zum Elterndurchschnitt (kg)
HF x HF	84	39,5	–
J x J	82	22,5	–
J x HF	76	32,7	+1,7
HF x J	58	28,7	–2,3

Pränatales Wachstum

Die Unterscheidung von genetischen und nicht genetischen Einflußfaktoren auf das pränatale Wachstum ist problematisch, da das Wachstum des Embryos bzw. Fetus sowohl vom eigenen Genotyp als auch vom Genotyp der Mutter beeinflußt wird. Die uterine Umwelt der Feten (u.a. abhängig von Größe der Mutter, Alter der Mutter, Ernährung der Mutter) hat einen größeren Einfluß auf das Geburtsgewicht der Kälber als der embryonale Genotyp (Tabelle 2-3). Dies ist in der Rinderzucht bei Gebrauchskreuzungen Fleischbulle x Milchrind von praktischer Bedeutung. Die Kreuzung Bulle große Fleischrasse (z.B. Charolais) x Jungrind führt häufig zu Schwergeburten, weshalb für Jungrinder Bullen kleiner Fleischrassen (z. B. Angus, in der Schweiz auch Eringer) bzw. mittelgroßer Fleischrassen (z.B. Limousin) zu empfehlen sind.

Postnatales Wachstum

In der Jungrindermast sind Größen- und Gewichtszunahme, Änderung der Körperproportionen und Änderung der Körperzusammensetzung während der Mastperiode von Bedeutung. Rassebedingte Unterschiede der Gewichtsentwicklung werden in Abbildung 2-6 demonstriert. Veränderungen in den Körperproportionen schwarzbunter Kühe werden in Abbildung 2-7 dargestellt. In der Jungrindermast wird das optimale Endgewicht überschritten, wenn der Eiweißansatz deutlich zurückgeht und der Fettansatz stark ansteigt. Die Wachstumskurve (siehe Abbildung 2-6) flacht in diesem Bereich ab, was bei frühverfettenden Rassen (Aberdeen Angus) bei einem relativ niedrigen Gewicht erfolgt und bei spätreifen Rassen (Charolais) bei relativ hohem Gewicht. Von wesentlicher Bedeutung sind die Veränderungen im relativen Anteil von Fleisch und Knochen.

	Fleisch : Knochenverhältnis
Neugeborenes Kalb:	3 : 1
Schwarzbunter Bulle : (300 kg Schlachtgewicht)	4 : 1
Fleckvieh (Simmentaler) Bulle 300 kg Schlachtgewicht	4,6 : 1
Doppellender (Charolais)	6,8 : 1

Die Wachstumsgeschwindigkeit von Bullen (Stieren, Muni) ist rascher als bei Ochsen und Rindern und die Verfettung erfolgt später.

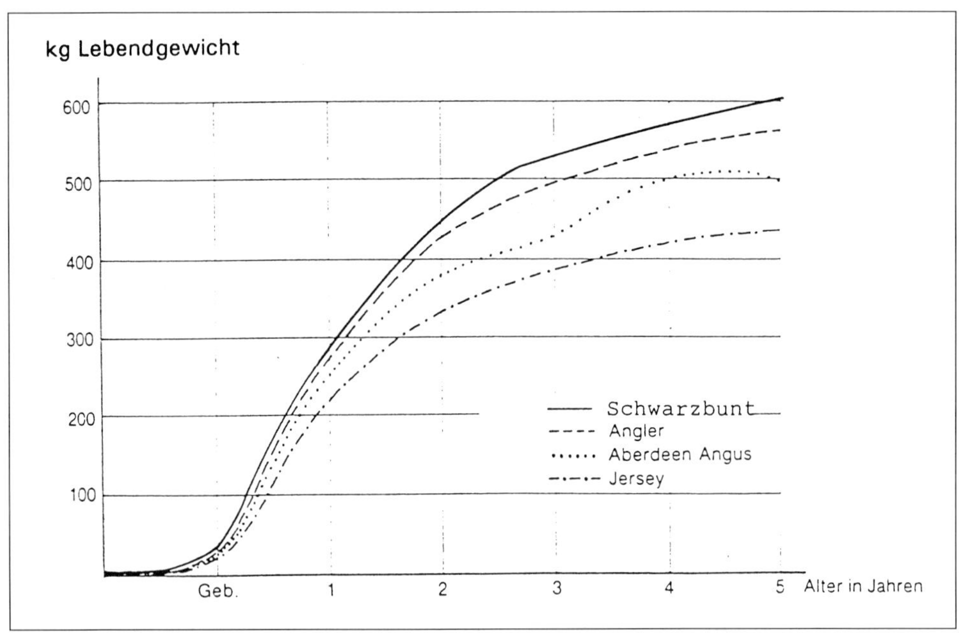

Abb. 2-6 Gewichtsentwicklung von verschiedenen Rinderrassen bis zum Alter von 5 Jahren (nach Huth 1968)

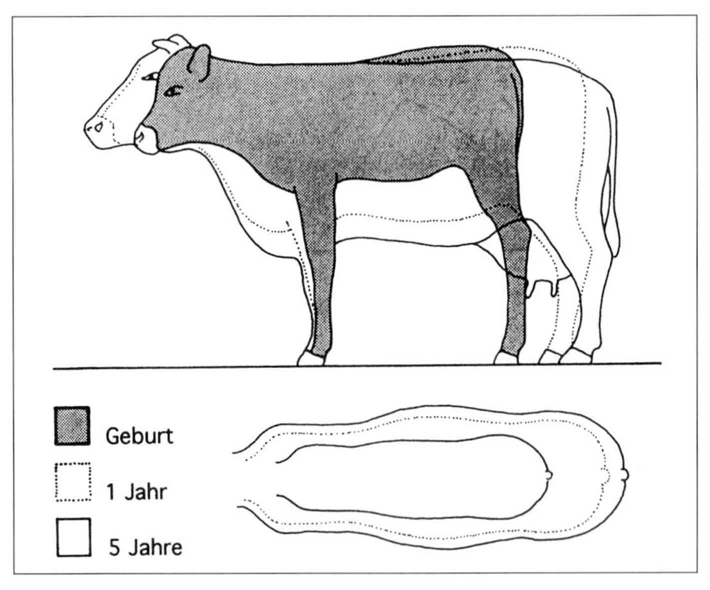

Abb. 2-7 Veränderung der Körperproportionen des Rindes mit zunehmendem Alter (nach Huth 1968)

Bei Gewichtsverlusten (Unterernährung) wird Fett rascher abgebaut als andere Gewebe. Die auf die Gewichtsabnahme folgende Realimentationsphase führt zu überproportionalem Muskelzuwachs bis zu dem Punkt, bei dem das normale Muskel:Knochenverhältnis wieder erreicht ist. Dieses Wachstum nennt man kompensatorisches Wachstum.

2.1.6.4.2 Fleischleistung

Der Begriff Fleisch umfaßt alle eßbaren Teile von Tierkörpern. Häufig bezeichnet man als Fleisch das aus Muskeln, Fett und Knochen bestehende Verkaufsprodukt, zum Teil auch nur die roten Skelettmuskeln.

Fleischleistung ist der Oberbegriff für die zusammenfassende Bewertung von **Mastleistung** (tägliche Zunahme = Zuwachs an Lebendgewicht pro Tag bzw. Nettozunahmen = Zuwachs an Schlachtkörpergewicht pro Tag und Futterverwertung = Futterverbrauch pro kg Lebendgewichtszunahme), **Schlachtkörperwert** (Anteile an Muskeln, Fett Knochen und Konformation = Anteil wertvoller Teilstücke) und **Fleischbeschaffenheit** (Fleischqualität) (sensorische Faktoren, Nährwert, Fleischmängel, wie PSE (Pale, Soft, Exsudative) oder DFD (Dark, Firm, Dry) Fleisch und Hygienefaktoren).

Schlachtkörperwert und Fleischbeschaffenheit werden von genetischen und produktionstechnischen (vor allem Fütterung) Faktoren, von der Behandlung der Tiere vor der Schlachtung, sowie von der Behandlung der Schlachtkörper und des Fleisches beeinflußt.

Fleischleistungsprüfungen

Die Fleischleistungsprüfungen sind bei weitem nicht so gut standardisiert wie die Milchleistungsprüfungen. Sie lassen sich nach Nutzungsrichtungen in Prüfungen für Milch-, Zweinutzung- und für Fleischrinder gliedern, nach Prüfungsart und -intensität in einfache Feldprüfungen, gelenkte Feldprüfungen und Stationsprüfungen sowie nach Eigenleistungs- und Nachkommenprüfung.

Fleischleistungsprüfungen bei Zweinutzungsrindern

Nach Art der Informationserfassung werden **Feldprüfungen** wie folgt gegliedert:

- Erhebung der **Auktionsgewichte** auf Verbandskörungen und Berechnung der täglichen Zunahmen bis zum Auktionstag (nach Abzug des durchschnittlichen Geburtsgewichtes der Rasse) oder der Lebenstagzunahme, sowie die Beurteilung der Bemuskelung (wird je nach Zuordnung der Informationen für Eigenleistungs- und Nachkommenprüfung genutzt).
- Bei der **ungelenkten Feldprüfung** werden unselektierte Stichproben von Testbullennachkommenschaften in Schlachtbetrieben erfaßt. Voraussetzung ist die zuverlässige Kennzeichnung der Nachkommen. Es werden die Nettozunahmen (Schlachtkörpergewicht/Alter) und Handelsklasseneinstufung erfaßt (für Nachkommenprüfung).
- Bei der **gelenkten Feldprüfung** in Ringbetrieben werden Aufstallung und Vermarktung der Testbullennachkommen gesteuert. Der Schweizerische KB-Verband hat 1963 ein Programm eingeführt, in dem von jedem Testbullen 20–30 Nachkommen auf 8 bis 12 Vertragsmastbetriebe verteilt werden. Es werden Nettozunahme und die subjektiv am Schlachtkörper beurteilte Fleischfülle festgestellt (für Nachkommenprüfung).
- Auf von Zuchtverbänden durchgeführten **Kälbermärkten** werden in Bayern das alterskorrigierte Gewicht und der Verkaufserlös je kg erfaßt (teilweise auch eine subjektive Beurteilung der Masteignung) und für die Nachkommenprüfung genutzt.

- Bei der Beurteilung von **weiblichen Testbullennachkommen** werden Körpermaße erfaßt, mit deren Hilfe das Gewicht unter Berücksichtigung von Alter und Trächtigkeits- bzw. Laktationsstadium geschätzt wird. Zusätzlich wird die Bemuskelung beurteilt (für Nachkommenprüfung).

Stationsprüfungen werden als Kurzzeitprüfungen mit konzentrierten Futtermitteln und in praxisnaher Form als Wirtschaftsmast mit Maissilage durchgeführt. Neben dem Wachstum wird nur bei einigen wenigen Stationen die Futteraufnahme gemessen. Bei Aufzucht von potentiellen Besamungsbullen in zentralen Aufzuchtstationen ist die Eigenleistungsprüfung (ELP) das unmittelbare Ziel. DiePrüfdauer der Zweinutzungs- und Milchrinder schwankt zwischen 200 und 308 Tagen und beträgt bei Fleischrindern etwa 135 Tage. Die Eigenleistungsprüfung an Stationen wird im Alter von etwa einem Jahr abgeschlossen, während bei Nachkommenprüfung an Stationen (es werden 10–12 Nachkommen pro Besamungsbulle angestrebt) ein längerer Prüfungsabschnitt Vorteile hat, da die genetische Variabilität von Wachstumsleistung und Fettansatz im Mastabschnitt 365. Tag bis 500. Tag höher ist als in der Prüfung bis zu einem Jahr. Neben der Mastleistung und Schlachtkörperqualität (Anteil wertvoller Teilstücke, Muskelfülle, Verfettung) werden bei der Nachkommenprüfung zunehmend Fleischqualitätsmerkmale berücksichtigt, die für die Qualitätsfleischerzeugung notwendig sind.

Fleischleistungsprüfungen bei Fleischrindern

Es werden überwiegend Feldprüfungen durchgeführt in denen das Absetzgewicht und ein späteres Gewicht, meist das 365-Tage-Gewicht, festgestellt werden. Das Absetzgewicht wird in der Regel nach dem französischen Standard auf 210 Tage korrigiert (Britische Inseln 200-Tagegewicht). Zusätzlich erfolgt die Beurteilung der Bemuskelung (Notenskala meist 1–9) bzw. Fleischanteil.

2.1.6.4.3 Genetische Parameter

Die genetischen Parameter sind von der Prüfungsform (Station oder Feld) abhängig, wie Tabelle 2-4 zeigt.

Tab. 2-4 Heritabilitäten in Stations- und Feldprüfungen

<table>
<tr><th>Merkmal</th><th>Station</th><th>Feld</th></tr>
<tr><td>Tägliche Zunahmen</td><td>0,3–0,8</td><td>0,15–0,5</td></tr>
<tr><td>Nettozunahmen</td><td>0,3–0,8</td><td>0,15–0,4</td></tr>
<tr><td>Futterverwertung</td><td>0,2–0,4</td><td>–</td></tr>
<tr><td>Fleischanteil/Schlachtkörper</td><td colspan="2">0,25</td></tr>
<tr><td>Knochenanteil/Schlachtkörper</td><td colspan="2">0,45</td></tr>
<tr><td>Fettanteil/Schlachtkörper</td><td colspan="2">0,17</td></tr>
<tr><td>Anteil wertvoller Teilstücke</td><td colspan="2">0,3</td></tr>
<tr><td>Fleisch : Knochenverhältnis</td><td colspan="2">0,3</td></tr>
</table>

2.1.6.5 Zuchtleistungsmerkmale

Die Zuchtleistungsmerkmale (Merkmale der Reproduktion) setzen sich aus Fruchtbarkeits- und Geburtsmerkmalen zusammen (Smidt 1994). Es wird z.T. zusätzlich die Nutzungsdauer zugeordnet (Bayern). Die Zuchtleistungsmerkmale können mit den Milch- , Fleischleistungs- und Exterieurmerkmalen in einem Gesamtzuchtwert zusammengefaßt werden. Die nicht zu den Milchleistungs- und Fleischleistungsmerkmalen gehörenden Merkmale werden zum Teil als sekundäre Merkmale bezeichnet. Da dieser Begriff impliziert, daß diese Merkmale von sekundärer Bedeutung sind, sollte er vermieden werden.

2.1.6.5.1 Fruchtbarkeitsmerkmale (Fruchtbarkeitsleistung)

Die Geburt lebens- und nutzungsfähiger Nachkommen ist das Ergebnis komplexer biologischer Vorgänge, die überwiegend oder ausschließlich genetisch verursacht werden können (durch Letalfaktoren verursachter embryonaler Fruchttod), oder sowohl genetisch als auch umweltbedingt, aber auch überwiegend umweltbedingt (Brunsterkennung, zeitgerechte Besamung). Die Erfassung der Fruchbarkeitsmerkmale erfolgt bei Milch- und Zweinutzungsrassen durch integrierte Erfassung von Besamungs- und Milchleistungsprüfungsdaten. Folgende Kriterien sind von Bedeutung (Hahn u.a. 1993):

Rastzeit (RZ) Tage zwischen Kalbung und erster Belegung.

Verzögerungszeit (VZ) (Besamungsintervall): Tage zwischen erster und erfolgreicher Belegung.

Güstzeit (GZ) (Serviceperiode): Tage zwischen Kalbung und Konzeption.

Zwischenkalbezeit: Tage zwischen zwei Kalbungen.

Non-Returnrate (NR): Prozentsatz der Tiere, die in einer festgelegten Frist (Beispiele: 60–90 Tage NR 60–90; 90 Tage NR 90) nicht zur Besamung wiederkehrten (keine Nachbesamung innerhalb dieser Frist).

Besamungsindex (BI): Durchschnittliche Zahl der Besamungen bis zur Konzeption.

Trächtigkeitsrate (TR): Anteil der besamten Tiere, die aufgrund einer Trächtigkeitsuntersuchung als tragend befunden wurden.

Trächtigkeitsdauer (TD): Tage zwischen erfolgreicher Belegung und Abkalbung.

Geburtsrate (GR): Anteil der belegten Tiere, bei denen eine termingerechte Geburt registriert wurde.

Diese Kriterien werden für die Zuchtwertschätzung zu Merkmalen der weiblichen bzw. männlichen Fruchtbarkeit zusammengefaßt. Bei der **männlichen Fruchtbarkeit** werden die Befruchtungsfähigkeit der Spermien und der Einfluß des Spermiums auf den embryonalen Fruchttod beurteilt (Beispiel NR 90 nach Besamungseinsatz eines Bullen). Bei der **weiblichen Fruchtbarkeit** wird die Fähigkeit der Kuh zu konzipieren und die Trächtigkeit zu erhalten, beurteilt. (Beispiel: NR 90 der Töchter eines Besamungsbullen). Die Heritabilitäten der Fruchtbarkeitsmerkmale sind sehr niedrig (0,01 bis 0,1), so daß eine aussagefähige Zuchtwertschätzung nur bei einer großen Anzahl von Beobachtungen möglich ist (mindestens 1 000 erfaßte Erstbesamungen für männliche Fruchtbarkeit und mindestens 100 erfaßte Töchter für weibliche Fruchtbarkeit). Für die Beurteilung der männlichen Fruchtbarkeit werden teilweise noch folgende zusätzliche Informationen erfaßt: Hodenumfang, Libido, Volumen der Ejakulate, Anzahl der Spermien im Ejakulat, Vorwärtsbewegung der Spermien. Die genetischen Korrelationen zwischen männlicher und weiblicher Fruchtbarkeit sind sehr niedrig und ermöglichen keine indirekte Selektion auf Grund der männlichen Fruchtbarkeit, es ist jedoch auch kein Antagonismus zu erwarten.

2.1.6.5.2 Geburtsmerkmale

Ein komplikationsloser und rascher Geburtsverlauf ist eine wesentliche Voraussetzung für die Lebens- und Nutzungsfähigkeit der Kälber sowie die Gesundheit, Fruchtbarkeit und Leistung der Mutter. Der Kalbeverlauf wird im Rahmen der Milchleistungsprüfung bzw. bei Nachzuchtprüfungen von Besamungsbullen erfaßt (z. B. keine Hilfe, ein Helfer, zwei oder mehr Helfer, Tierarzt, Kaiserschnitt). Bei Auswertungen und Veröffentlichungen werden Erstkalbungen, zweite und weitere Kalbungen getrennt ausgewertet. Pro Prüfbulle sollten mindestens 300 Beobachtungen vorliegen, da die Heritabilitäten der Totgeburten- und Schwergeburtenrate niedrig sind (0,01 bis 0,05). Zwischen Schwergeburtenrate und Geburtsgewicht besteht eine enge genetische Beziehung (> 0,9), die bei der Zucht auf Fleischleistung, bei Selektion auf großrahmige Tiere und bei Gebrauchskreuzungen mit Fleischbullen zu beachten ist.

2.1.6.6 Konstitutionsmerkmale

Die Konstitution ist eng mit Adaption und Krankheitsresistenz verknüpft, dies wird von Senft (1994) auf dem neuesten Stand beschrieben. Von wesentlicher Bedeutung für die Konstitution sind die funktionellen Wechselwirkungen und funktionellen Grenzen (Ellendorf 1994). In der Rinderzucht können Konstitutionsmerkmale vor allem durch Erfassung, Dokumentation und Auswertung von **Krankheits- und Abgangsdaten** und deren Verknüpfung mit Leistungsdaten nutzbar gemacht werden (Distl 1990). Wiedererkrankungsraten nach Erstbehandlung sind je nach Art der Erstbehandlung verschieden und nehmen mit dem Alter zu. Tabelle 2-5 gibt die Wahrscheinlichkeit an, mit der eine spezielle Erkrankung in der nächsten Laktation wiederkehrt. Das relative Risiko einer erneuten Erkrankung ist bei Stoffwechselstörungen wesentlich höher als bei Reproduktionsstörungen, was auf eine höhere genetische Bedingtheit schließen läßt.

Für die Züchtung sind Parameter, die es ermöglichen, die Widerstandsfähigkeit gegen Krankheiten zu erkennen, ohne das Tier krankheitsauslösenden Noxen auszusetzen (Indikatoren), besonders attraktiv (s. Distl 1990). In die Praxis hat bisher nur die Zuchtwertschätzung auf **Zellzahl** Eingang gefunden. In Frage kommen noch Exterieurmerkmale, insbesondere bei Euter, Fundament, Klauen; **physiologische Merkmale** (Blutspiegel von Metaboliten, Hormonen, Enzymaktivitäten); immunologische Parameter (Laktoferrin und Lysozymkonzentra-

Tab. 2-5 Wiedererkankungsrate in zwei sich folgenden Laktationen (nach Gaillard 1994)

	erstmals behandelt %	erneut behandelt %	Relatives Risiko (erneut/mehrmals)
Geburtskomplikationen	1,9	4,4	2,3
Geburtsfolgekrankheiten bis 21. Tag p.p.	4,4	12,0	2,7
Fortpflanzungsstörungen	8,2	19,4	2,4
Akute Mastitis	4,4	15,1	3,4
Milchfieber, Tetanien	5,4	27,2	5,0
Azetonämie	3,1	13,7	4,4

tion in der Milch, Phagozytoseaktivität von Granulozyten und Zellzahlkonzentrationen). Genetische Polymorphismen von Krankheitsresistenzgenen ermöglichen die direkte Diagnose genetisch bedingter Widerstandsfähigkeit.

Lebensdauer bzw. Nutzungsdauer von Kühen werden überwiegend von Leistung und Konstitution des Tieres bestimmt, so daß Lebensleistung und Langlebigkeit als Hauptselektionsmerkmale gut geeignet wären (Beispiel: Kühe mit über 100 000 kg Milch Lebensleistung), wenn das Generationsintervall nicht in einem Ausmaß verlängert würde, das in der praktischen Züchtung nicht mehr akzeptabel ist. Ein Kompromiß ist der Parameter **Verbleiberate**, das ist der Anteil der Kühe eines Geburtsjahrgangs, der bis zu einem festgelegten Alter (48 Monate, 60 Monate, 72 Monate) noch nicht abgegangen ist. Die Heritabilität der Verbleiberaten schwankt zwischen 0,05 und 0,10.

2.1.7 Herdbuch

Zu Beginn des 19. Jahrhunderts wurden in England die ersten öffentlichen Herdbücher angelegt; 1808 wurde der erste Band für die englische Vollblutzucht, „The General Stud Book" veröffentlicht und 1822 das erste öffentliche Herdbuch für Rinder, „Coates Herd Book" für die Shorthornrasse. Von 1890 bis zum 1. Weltkrieg entstanden die meisten Züchtervereinigungen (Herdbuchvereinigungen) beim Rind, die zum großen Teil noch heute bestehen. Das **Herdbuch bzw. Zuchtbuch** (§ 2, Abs. 2 Tierzuchtgesetz der Bundesrepublik Deutschland

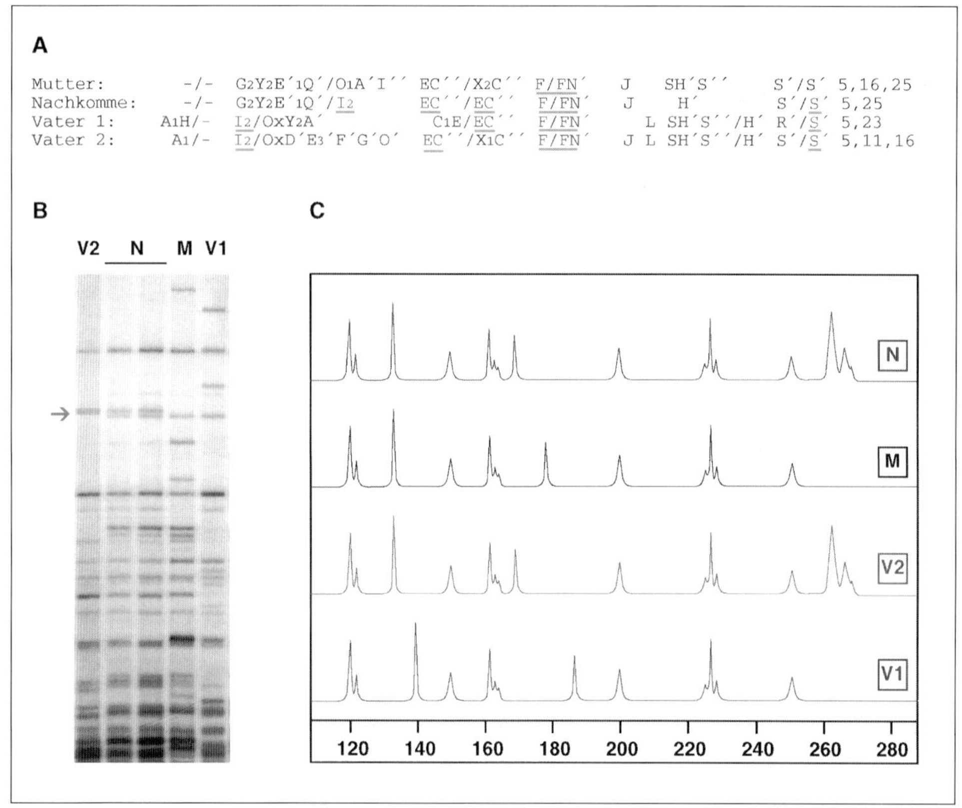

Abb. 2-8 Methoden der Abstammungsüberprüfung.
A = Blutgruppenbestimmung, B = DNA-Fingerprint, C = Mikrosatelliten
Aus den Blutgruppen läßt sich Vater 1 bzw. 2 nicht ausschließen, da die Blutgruppenfaktoren I2, EC", F/FN' und S' (unterstrichen) von beiden Vätern vererbt sein könnten. In (B) ist ein DNA-Fingerprint der entsprechenden Tiere, hybridisiert mit einer $(GTG)_5$-Sonde, dargestellt. Bereits hier läßt sich Vater 1 ausschließen. In (C) ist die Untersuchung der gleichen Tiere mittels Mikrosatelliten dargestellte (Multiplex-PCR mit drei CA-Mikrosatelliten-Loci). Die Proben wurden auf einem automatischen DNA-Sequencer analysiert. Die kleineren gleichmäßigen Peaks sind Größenstandards (150 bp, 200 bp, 250 bp), anhand derer die Längen der Allele bestimmt werden. Bei der Zuordnung der Peaks zeigt sich, daß Allele die nicht von der Mutter stammen immer beim Vater 2 zufinden sind. Damit kann auch von der Mikrosatellitenanalyse Vater 1 ausgeschloßen werden (Brenig, B., Tierärztliches Institut der Universität Göttingen)

Übersicht 2-6 Zuchtbuchordnung der Arbeitsgemeinschaft Süddeutscher Rinderzuchtverbände

Zuchtbucheinteilung EG-Norm	Bezeichnung	Anforderungen Bullen	Anforderungen Kühe
reinrassige Zuchttiere	Herdbuch, Hauptabteilung, Abt. A	• Eltern und Großeltern in einem Zuchtbuch derselben Rasse eingetragen und • Ergebnis der Leistungsprüfung und Zuchwertfeststellung vorhanden und • Bulle gekört (äußere Erscheinung mindestens Note 4) und • Vater in Abteilung A oder C eingetragen	• Eltern und Großeltern in enem Zuchtbuch derselben Rasse eingetragen und • Ergebnis der Leistungsprüfung und Zuchtwertfeststellung vorhanden und • Vater in Abteilung A oder C eingetragen
	Herdbuch, Hauptabteilung, Abt. B	• Eltern und Großeltern in einem Zuchtbuch derselben Rasse eingetragen und • Bulle nicht gekört (äußere Erscheinung kleiner als Note 4) oder • nicht zur Körung vorgestellt oder • Vater in Abteilung B eingetragen	• Eltern und Großeltern in einem Zuchtbuch derselben Rasse eingetragen und • Vater in Abteilung B eingetragen oder • Mängel in der Zuchttauglichkeit am Tier selbst oder Vater oder Mutter (z. B. Erbfehler)
eingetragene Zuchttiere	Herdbuch, Abt. C	• Ergebnis der Leistungsprüfung und Zuchtwertfeststellung vorhanden und • Bulle gekört (äußere Erscheinung mindestens Note 4) a) • Eltern in einem Zuchtbuch derselben Rasse eingetragen oder b) • Eltern und Großeltern in einem Zuchtbuch einer fremden Rasse eingetragen und • Verbandsbeschluß zur Eintragung des Bullen selbst oder c) • Söhne von unter b) eingetragenen Bullen wenn vom Zuchtverband festgelegte Mindestanforderungen erfüllt sind	• Eltern in einem Zuchtbuch derselben Rasse eingetragen und • Ergebnis der Leistungsprüfung und Zuchtwertfestellung vorhanden
	Vorherdbuch (Abt. D)		• Rassetypische Merkmale und • Teilnahme an Leistungsprüfung oder • Abstammungsnachweis nach Eigentümerwechsel liegt nicht vor oder • Mängel in der Zuchttauglichkeit am Tier selbst oder Vater oder Mutter (z. B. Erbfehler)

K. Müller und M. Putz (1990): Leistung fest verankern, Zuchtverbände gestalten ihre Zuchtbuchordnung neu. Bayer. Landwirtschaftl. Wochenblatt, **47** (24. 11. 1990), 22-23 vom 22. Dezember 1989, BGBl I, S. 2493) wird von einer anerkannten Züchtervereinigung (Herdbuchvereinigung) im Rahmen eines **Reinzuchtprogrammes** geführt und dient der Identifizierung der Tiere des Bestandes, dem Nachweis der Abstammung und dem Nachweis der Leistungen der Tiere. Übersicht 2-6 enthält die Zuchtbucheinteilung gemäß Zuchtbuchordnung der Arbeitsgemeinschaft Süddeutscher Rinderzuchtverbände e.V. (ASR). In der Zuchtbuchführung gibt es in den Ländern Österreich, Schweiz und Deutschland keine prinzipiellen Unterschiede. Die Definition der „Rasse" erfolgt durch die Züchterorganisationen, und der Rassebegriff wird sehr verschieden ausgelegt. **Kreuzungszuchtprogramme** werden in Deutschland von Zuchtunternehmen durchgeführt, die ein **Zuchtregister** zur Identifizierung und zum Nachweis der Herkunft der Zuchttiere führen (§ 2, Abs. 9 Tierzuchtgesetz). Die Zuchtbescheinigung (Abstammungsnachweis) ist eine von einer anerkannten Züchtervereinigung ausgestellte Urkunde über die Abstammung und Leistung eines Zuchttieres, während die Herkunftsbescheinigung eine von einer anerkannten Zuchtorganisation (Zuchtunternehmen) ausgestellte Urkunde eines Zuchttieres in der Kreuzungszucht ist. Die Abstammung eines identifizierten Kalbes (Kennzeichnung, seit 28. Oktober 1995 nach der europaweit harmonisierten Viehverkehrsordnung) wird anhand der Deck- oder Besamungsbescheinigungen (Unterschriften von Tierhalter und Inseminator), der Geburtsmeldung (Unterschriften von Tierhalter und Probenehmer bzw. Zuchtwart) gesichert. Die Kontrolle erfolgt mittels vorangegangener Eintragungen im Herdbuch und dem Vergleich mit der rassetypischen Trächtigkeitsdauer. In Zweifelsfällen wird eine Elternschaftskontrolle gefordert, die in der Regel mittels Blutgruppenbestimmung erfolgt. In der Zukunft werden gendiagnostische Verfahren, vor allem DNA-Mikrosatelliten (1.1.6.7.6), eine zunehmende Rolle spielen. Derzeit werden aufgrund der Ergebisse der Blutgruppenbestimmung bei 3 bis 5 % der kontrollierten Abstammungen (Stichproben) die angegebenen Eltern ausgeschlossen. Abb. 2-8 demonstriert, wie die Abstammungsüberprüfung durchgeführt wird.

2.1.8 Erbfehler und Erbfehlerdiagnose

2.1.8.1 Definition und Bedeutung

Die Erbfehlerdiagnose wird in 1.1.6.7.4 und 1.1.11 und in Brem u.a. (1991) ausführlich beschrieben. Die Häufigkeit von angeborenen Mißbildungen in Rinderpopulationen wurde am besten untersucht; sie schwankt von Population zu Population, nicht zuletzt auch aufgrund verschiedener Erfassungssysteme (Spannweite 0,07 bis 3,6 %; in der Regel unter 0,5 %). Etwa ein Drittel der Mißbildungen betreffen das Skelett und die Hälfte bis ein Drittel Zentralnervensystem und Auge; der Rest verteilt sich auf die übrigen Körpersysteme. In neuerer Zeit wurden folgende rezessive Erbfehler durch Einfuhr von Sperma aus Nordamerika (1.1.6.7.4) verbreitet:

2.1.8.2 Verbreitung von Erbfehlern durch Einfuhr von Sperma

- Europäische Schwarzbuntpopulation
  Defizienz der Uridin-5'-Monophosphat-Synthetase (DUMPS), homozygot defekte Individuen sterben aufgrund von Störungen in DNA- und RNA-Synthese bis zum Tag 40 der Trächtigkeit ab.
  Bovine Leukozyten Adhäsions Defizienz (BLAD) (1.1.6.7.4), homozygot defekte Individuen sterben aufgrund von Immunschwäche in der Regel während des ersten Lebensjahrs an Infektionskrankheiten.
- Australische Holstein-Friesianzucht
  Zitrullinämie, homozygot defekte Tiere sterben aufgrund der Blockierung des Harnstoffwechsels innerhalb weniger Tage nach der Geburt.
- Schweizer Fleckviehpopulation (Einkreuzung mit Red-Holstein Bullen)
  Kardiomyopathie, homozygot defekte Tiere leiden im Alter von 24–28 Monaten an tödlich verlaufender Herzkrankheit.
- Europäische Braunviehpopulation
  Arachnomeliesyndrom, bei homozygoten Kälbern treten Dolichostenomelie (Lang-, Dünnbeinigkeit), erhöhte Fragilität der Röhrenknochen (am deutlichsten am Metacarpus), Arthrogryposen, Verkrümmung der Wirbelsäule und Brachygnathia inferior auf. Die Kälber sind nicht lebensfähig, bei der Geburt ist meist tierärztliche Hilfe notwendig und das Muttertier wird häufig verletzt.
  Bovine progressive, degenerative Myeloenzephalopathie (Weaver) (1.1.6.7.4), bei homozygoten Tieren beginnt im Alter von 5–8 Monaten eine auf die Nachhand beschränkte Ataxie.
  Spinale Muskelatrophie (SMA), bei homozygoten Kälbern kommt es ab 4–6 Wochen zu Schwierigkeiten beim Aufstehen und anschließend zu dauerndem Festliegen und Muskelatrophie (Degeneration und Verlust von Motoneuronen in den Ventralhörnern des Rückenmarks).
  Spinale Demyelinisierung (SMD)
  Entmarkung der weißen Rückenmarksubstanz, die die Blockierung der Erregungsleitung verursacht (Untergang der Markscheiden) und damit zu lebens-

bedrohlichen Lähmungserscheinungen und Bewegungseinschränkungen führt.

2.1.8.3 Erbfehlerdiagnose durch Testpaarungen (Heterozygotietest).

Die Bedeutung der sicheren Erkennung von Bullen als Anlageträger steigt mit der Zahl der Nachkommen pro Bulle (Spitzenbullen in KB). Die erforderlichen Nachkommenzahlen bei akzeptablen Irrtumswahrscheinlichkeiten enthält Tabelle 1-36.

2.1.8.4 Erbfehlerdiagnose mit biochemischen Tests

Ein Beispiel ist die Defizienz des Enzyms Uridin-5'-Monophosphat-Synthetase (DUMPS) bei Holstein-Friesian. Es handelt sich um einen autosomal rezessiven Erbgang. Embryonen, die homozygot für das Erbfehlergen sind, sterben um die Zeit der Nidation ab. Anlageträger (Heterozygote) haben die halbe Aktivität des Enzyms UMPS in Erythrozyten, Leber, Milz, Niere, Muskel und Milchdrüse. Dies ermöglicht es, Anlageträger direkt zu erkennen. Inzwischen wurde von Schwenger (1994) ein Gentest zur Erkennung von DUMPS entwickelt, der eine höhere Präzision als der biochemische Test erreicht.

2.1.8.5 Erbfehlerdiagnose mit zytogenetischen Tests

Die zytogenetischen Tests beim Nutztier werden von Stranzinger (1994) beschrieben. Beim Rind ist die Zentromerfusion 1/25, früher 1/29 am häufigsten beobachtet worden (siehe 2.1.5)

2.1.8.6 Erbfehlerdiagnostik durch Gendiagnose

Wird unter 1.1.6.7.4 besprochen.

2.1.9 Zuchtwertschätzung

Die wissenschaftlichen Grundlagen der Zuchtwertschätzung sowie die Definition und Durchführung in der Praxis wird im Abschnitt 1.2.1 behandelt.

Die Zuchtwertschätzung liefert Rangfolgen für die Selektion sowohl für Einzelmerkmale als auch für Merkmalskomplexe sowie für die Gesamtheit der in das Zuchtziel aufgenommenen Merkmale. Die endgültige Selektionsentscheidung trifft der Züchter, da die Zuchtwertschätzung nicht alle relevanten Kriterien erfassen kann. Die für die Zuchtwertschätzung verfügbaren Informationen ändern sich während des Lebens eines Tieres mit jeder neu hinzukommenden Information. Die Sicherheit bzw. Genauigkeit der Zuchtwertschätzung (Bestimmtheitsmaß, Genauigkeitsziffer) steigt mit den verfügbaren Informationen und damit mit dem Alter des Tieres. Die Zuchtwertschätzung beim Rind ist vor allem zu folgenden Zeitpunkten von Bedeutung:

- Bedeckung bzw. Besamung (gezielte Paarung):
  Informationen von Vorfahren (Zuchtwerte der Eltern).
- Kalb (Entscheidung über das Aufstellen zur Zucht oder zur Mast):
  Informationen von Vorfahren und Exterieur des Kalbes sowie die Gesundheit.
- Weibliche Rinder vor dem Belegen (Entscheidung zur Zucht oder zur Färsenmast):
  Informationen von Vorfahren, Eigenleistungen (z.B. Exterieur, Bemuskelung), sowie Geschwisterleistungen.
- Bullen bei und nach der Körung (ab 12 Monaten):
  Informationen von Vorfahren und Eigenleistung (tägliche Zunahme, Bemuskelung) sowie Geschwisterleistungen; Deck- und Befruchtungsfähigkeit (für KB Samenqualität).
- Kühe während oder nach der ersten Laktation:
  Informationen von Eigenleistung und Geschwisterleistungen bei Milchleistungs- und Abkalbemerkmalen.
- Nachkommengeprüfte Bullen (vor allem KB-Bullen):
  Informationen von Nachkommen für alle im Zuchtziel verankerten Merkmale. Die Bullen sind zu diesem Zeitpunkt etwa 6 Jahre alt.
- Kühe mit mehreren Laktationen:
  Informationen zusätzlich zu Milchleistungsmerkmalen: Zwischenkalbezeit, Geburtsverlauf, Exterieurmerkmale, Gesundheitsmerkmale, Verbleiberate.

Je nach Zuchtrichtung (Milch, Milch und Fleisch, Fleisch) werden die Zuchtwertteile Milchleistung, Fleischleistung oder beide Zuchtwertteile sowie der Zuchtwertteil Zuchtleistung festgestellt und zusätzlich die äußere Erscheinung (Exterieur) beurteilt. Die Wichtung der Zuchtwertteile erfolgt nach dem Zuchtziel. Übersicht 2-7 enthält die Teilzuchtwerte für die Zweinutzungsrasse Deutsches Fleckvieh.

Die Zuchtwerte beziehen sich immer auf einen Vergleichswert, die sog. genetische Basis (Nullpunkt). Meist werden dem Nullpunkt 100 Punkte zugeordnet, um Minuswerte bei relativen Zuchtwerten zu vermeiden. Bei Milchleistungsmerkmalen wird entweder die **fixe** Basis oder die **gleitende** Basis festgelegt. Bei der fixen Basis ist der Nullpunkt der Durchschnittswert aller Zuchtwerte eines

Übersicht 2-7 Beispiel für die Veröffentlichung der Zuchtwerte Deutscher Fleckviehbullen

Ergebnisse aus Bayern, Baden-Württemberg und Hessen – Schätzung 8/96

Bulle ZV/HB-Nr.		Milchleistung	Fleischleistung	Zuchtleistung
1	**Egol** 11 7698 15 16 91	**MW 131** 77%	**FW 135** 60%	**F 105** 60% 107 26%
492	V Egel / MV Holb	66 +1008 -0,17 +31 -0,04 +32	ZW +87 -0,20 +4,6	K 101 82% 124 45%
	NZ 50 118 106 99 114 (98) / 136 200	M 49 1,75 +0,00	FF 80 / 73 +71 +5	T 114 82% 116 45%
2	**Horst** 01 21793 06 91	**MW 127** 80%	**FW 130** 56%	**F 85** 63% 102 28%
442	V Horwein / MV Streif	87 +846 -0,06 +31 -0,02 +28	ZW +68 +0,17 +4,4	K 89 84% 115 53%
	NZ 52 113 110 93 120 (125) / 136 201	M 48 1,95 +0,20	FF 70/ 56 +54 +5	T 91 84% 122 53%
3	**Radon** 1652932 15 87 12%RH	**MW 126** 94%	**FW 134** 84%	**F 103** 68% 87 54%
438	V Radi / MV Haxon	573 +1107 -0,48 +16 -0,13 +30	ZW +75 +0,46 +4,2	K 109 99% 77 75%
	NZ 50 115 102 112 128 / 134 196	M 52 1,70 -0,03 ZZ 86 85%	FF 1498/1104 +62 +5	T 93 99% 71 75%
4	**Malf** 10 26857 17 88	**MW 126** 89%	**FW 125** 37%	**F 101** 6% 106 48%
392	V Morello / MV Half	71 +564 +0,20 +35 +0,09 +25	ZW +63 -0,04 +1,1	K 111 53% 102 54%
	NZ 69 135 103 119 116 (117) / 138 198	M 43 1,84 +0,07 ZZ 103 81%		T 119 53% 108 54%
5	**Report** 01 21523 06 89 12%RH	**MW 140** 92%	**FW 100** 40%	**F 95** 67% 92 61%
391	V Renner / MV Horror	158 +1279 -0,01 +52 -0,09 +39	ZW +5 -0,31 -2,6	K 108 98% 104 70%
	NZ 50 126 85 117 135 (100) / 136 195	M 59 1,70 -0,08 ZZ 98 89%	FF 24/15 +5 -3	T 103 98% 100 70%
6	**Radar** 11 7299 17 87 12%RH	**MW 126** 89%	**FW 122** 74%	**F 106** 67% 99 47%
377	V Radi / MV Haxan	60 +482 + 0,40 +42 +0,12 +24	ZW +43 +0,34 +4,4	K 110 99% 93 53%
	NZ 50 97 85 106 115 (103) / 133 191	M 38 1,69 +0,01 ZZ 92 79%	FF 307/ 196 +41 +5	T 97 99% 100 53%
7	**Streit** 09 49911 05 90 6%RH	**MW 131** 84%	**FW 111** 62%	**F 102** 62% 122 49%
370	V Streitl / MV Radi	102 +825 +0,00 +34 +0,04 +31	ZW +34 -0,23 -2,7	K 84 83% 96 59%
	NZ 50 132 89 93 103 (98) / 137 203	M 58 1,90 +0,26 ZZ 103 52%	FF 85/ 80 +32 -2	T 60 83% 97 59%
8	**Romen** 11 7553 15 88	**MW 129** 93%	**FW 109** 49%	**F 109** 67% 102 63%
356	V Rom / MV Harden	163 +864 +0,23 +50 -0,06 +26	ZW +20 +0,06 +0,2	K 107 99% 105 70%
	NZ 51 108 91 109 125 (114) / 134 195	M 87 1,93 +0,34 ZZ 108 90%	FF 41/ 27 +7 +0	T 106 99% 104 70%
9	**Zeuker** 0914416649 28 86	**MW 133** 92%	**FW 098** 74%	**F 98** 35% 99 54%
347	V Zeus / MV	216 +904 -0,09 +31 +0,06 +36	ZW -10 +0,44 +3,4	K 103 97% 105 67%
	NZ 58 123 96 102 109 / 136 200	M 107 1,98 +0,11		T 97 97% 98 67%
10	**Renold** 01 21608 06 89 12%RH	**MW 131** 88%	**FW 104** 42%	**F 79** 67% 99 53%
336	V Renner / MV Streifen	113 +800 +0,11 +40 +0,04 +30	ZW +20 -0,36 -3,4	K 90 97% 95 63%
	NZ 42 116 96 104 126 (105) / 136 204	M 43 1,88 +0,18 ZZ 104 81%	FF 31/ 25 +21 -2	T 100 97% 81 63%

Spalte 1:
Zeile 1: Fortlaufende Reihenfolge, Zeile 2: Ökonomischer Wert

Spalte 2:
Zeile 1: Name, Verband und HB-Nummer des Bullen, Nummern der Besamungsstationen (Prüfstation, Mitbesitzer), Geburtsjahr und Fremdgenanteil
Zeile 2: Vater und Muttersvater des Bullen
Zeile 3: Nachzuchtbewertung, n-Töchter, Relativzahl bzw. Note für Rahmen, Bemuskelung, Form Euter (Eutereinheit), Widerristhöhe und Brustumfang

Spalte 3:
Zeile 1: Milchwert, Sicherheit
Zeile 2: ANzahl Töchter mit 100-Tage-Leistung, Zuchtwerte: Milch-kg, Fett-%, Fett-kg, Eiweiß-%, Eiweiß-kg
Zeile 3: Melkbarkeit: Anzahl Töchter, auf die Standardmilchmengen von 10,0 kg (Bayern) bzw. auf den 100. Laktationstag (Baden-Württemberg) korrigiertes durchschnittliches Minutengemelk, Zuchtwert-Zellzahl, Sicherheit

Spalte 4:
Zeile 1: Fleischwert, Sicherheit
Zeile 2: Teilzuchtwert Nettozunahme, Fleischanteil und Handelsklasse
Zeile 3: FF (Feldprüfung, in Baden-Württemberg in Ringebetrieben) n/Söhne, n/effekt. Söhne, Zuchtwert Nettozunahme und Handelsklasse

Spalte 5:
Zeile 1: Fruchtbarkeit, paternaler Zuchtwert, Sicherheit, maternaler Zuchtwert, Sicherheit
Zeile 2: Kalbeverlauf, paternaler Zuchtwert, Sicherheit maternaler Zuchtwert, Sicherheit
Zeile 3: Totgeburten, paternaler Zuchtwert, Sicherheit maternaler Zuchtwert, Sicherheit

Schlüsselzahlen für die Besamungsstationen:

02 = Greifenberg	06 = Neustadt/Aisch	09 = Marktredwitz	16 = Bauer, Wasserburg	27 = Birkach
03 = Höchstädt	07 = Memmingen	14 = Meggle (vorm Traunstein)	17 = IG Meggle Gervais	28 = Herbertingen
05= Landshut/Rotthalmünster	08 = München-Grub	15 = München-Grub (vorm Tüßling)	26 = Gießen	29 = Bad Waldsee

Auszug aus der 105 Bullen enthaltenden Veröffentlichung im Fleckvieh 3/96, 26–30 oder mehrerer festgelegter (fix) Geburtsjahrgänge. Setzt man einen kontinuierlichen Zuchtfortschritt aufgrund der Selektion voraus, ist zu erwarten, daß die mittleren Zuchtwerte von Jahrgang zu Jahrgang zunehmen. Bei der Zuchtwertschätzung aufgrund fixer Basis bleibt ein mit hoher Sicherheit geschätzter Zuchtwert eines Individuums relativ gleich. Bei der gleitenden Basis wird die Basis laufend dem „Zuchtfortschritt" angepaßt, meist wird der Mittelwert der drei jüngsten geprüften Bullenjahrgänge als Nullpunkt gewählt. Der Zuchtwert eines individuellen Bullen wird sich hier laufend ändern, da die aufeinander folgenden Schätzungen auf verschiedener Basis durchgeführt werden. Aus diesem Grund ist beim internationalen Handel mit „Zuchtprodukten" (Zuchttiere, Sperma und Embryonen) zu beachten, auf welcher Basis, auf welcher Skala (kg, lbs. etc.) und nach welchem Verfahren die Zuchtwerte geschätzt wurden, um Fehlentscheidungen zu vermeiden. Eine internationale Kommission von Fachleuten (Interbull) hat Verfahren entwickelt, mit denen Zuchtwerte aus verschiedenen Regionen, Ländern, Populationen, vergleichbar gemacht werden können, um eine internationale Standardisierung der Zuchtwertschätzung zu gewährleisten (MACE, Multitrait Across Country Evaluation).

2.1.10 Zuchtprogramme

Man unterscheidet Erhaltungszucht- und Verbesserungszuchtprogramme. Bei der Erhaltungszucht (1.2.6) ist das Ziel die Erhaltung bzw. Konservierung eines Genpools. Die Verbesserungszucht strebt Zuchtfortschritt (genetische Veränderung) in den im Zuchtziel festgelegten Merkmalen an. Die Auswahl der Merkmale erfolgt nach Nutzungsrichtung, natürlichen und ökonomischen Rahmenbedingungen und Betriebsstruktur.

2.1.10.1 Verbesserungszucht

Das klassische Zuchtprogramm wurde von Herdbuchorganisationen (Züchtervereinigungen) entwickelt. In der klassischen Herdbuchzucht erfolgt die Paarung durch kontrollierten Natursprung; die väterliche Abstammung wird über Deckschein und Geburtsmeldung gesichert. In der Fleischrinderzucht wird die Herdbuchzucht nach wie vor überwiegend in dieser Form durchgeführt. Der Zuchtfortschritt wird über den Verkauf gekörter Bullen an die Landeszucht weitergegeben.

2.1.10.1.1 Besamungszucht

In Milchrinder- und Zweinutzungsrinderpopulationen werden in den entwickelten Ländern meist Besamungszuchtprogramme durchgeführt. Sie erfordern die Integration von Herdbuchzucht, Leistungsprüfungen, Besamung

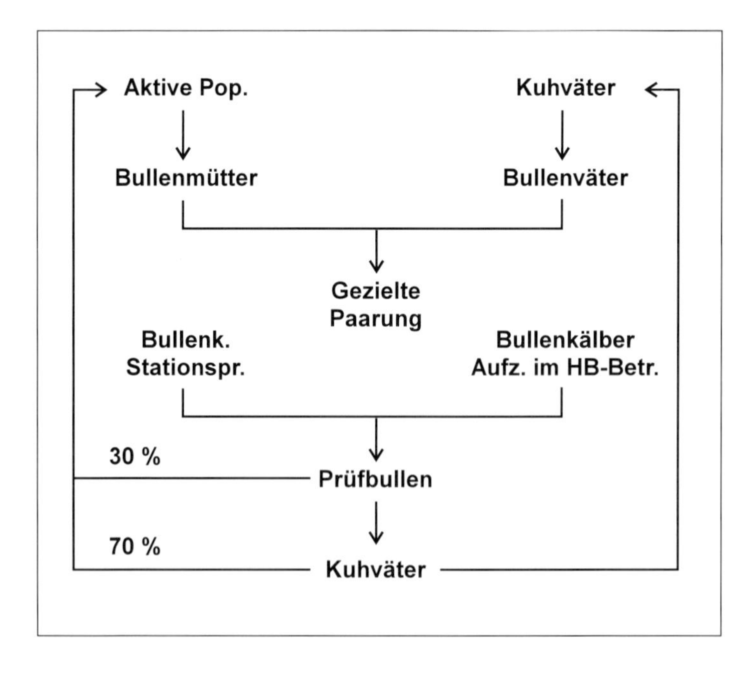

Abb. 2-9 Schema der gezielten Paarung

(Besamungsstationen) und Datenauswertung (Rechenzentren). Die Organisation dieser Zusammenarbeit ist nicht einheitlich und reicht von zentralen Organisationen, die alle Bereiche umfassen, bis zu eigenständigen Organisationen für jeden Bereich, die für die Durchführung des Zuchtprogrammes kooperieren. Trotz dieser organisatorischen Vielfalt sind die Programme einheitlich aufgebaut. (Kalm 1994, Künzi und Stranzinger 1993 und Kräußlich 1981). Die Selektion der Bullen für die künstliche Besamung erfolgt in drei Stufen: Gezielte Paarung von Bullenvätern (Stierenväter) x Bullenmütter (Stierenmütter); Selektion von Jungbullen aus gezielter Paarung für den Prüfungseinsatz in der künstlichen Besamung (Prüfbullen bzw. Testbullen); Selektion der geprüften Besamungsbullen aufgrund des Ergebnisses der Nachkommenprüfung (Zuchtwertschätzung). Geprüfte Besamungsbullen werden als Kuh- bzw. Bullenväter eingesetzt, wenn das Ergebnis der Prüfungen den Anforderungen entspricht (es werden etwa 10 % der geprüften Bullen ausgewählt). Bei der gezielten Paarung (Abb. 2-9) werden Bullenväter und Bullenmütter gepaart. Aus den Kühen unter Milchleistungsprüfung und künstlicher Besamung (aktive Population) werden anhand der Zuchtwerte und der Exterieurbeurteilungen 1 % bis 3 % der Kühe als Bullenmütter ausgewählt. Als Bullenväter werden die Besamungsbullen mit den besten Prüfungsergebnissen innerhalb Rassen und zum Teil auch zwischen den

Übersicht 2-8 Laufbahn eines Besamungsbullen (Zuchtrichtung Fleisch und Milch [nach Kupferschmied, in Hahn et al. 1993])

Alter der Bullen (Jahre)	Ereignisse	Zuchtwertbeurteilung
–1 bis 0	Gezielte Paarung bester Kühe mit nachzuchtgeprüften Bullen	Bewertung aufgrund der Ahnenleistungen
0 bis 1	Gemeinsame Aufzucht der männlichen Kälber	Eigenleistungsprüfung auf Gewichtszuwachs, Größenwachstum und Exterieur
1 bis 2	Beschränkter Prüfeinsatz	Prüfung von Deckverhalten, Samenqualität und Besamungsresultat
2 bis 3	Geburt der Nachkommen; Anlegen eines Samenvorrates	Nachzuchtprüfung auf Erbfehler, Trächtigkeitsdauer, Geburtsgewicht, Schwer- und Totgeburten usw.
3 bis 4	Mastleistungsprüfung von männlichen Nachkommen; Anlegen eines Samenvorrates	Nachzuchtprüfung auf Fleischleistung (Zuwachs und Schlachtkörperwert)
4,5 bis 5,5	Abkalben der ersten Töchter; beginnender KB-Einsatz	Nachzuchtprüfung auf Milch (100-Tage-Leistungen): Exterieurbeurteilung (Typ + Euter); Fruchtbarkeit der Töchter
5,5 bis 6,5	Vorliegen von Standardlaktationen; unbeschränkter KB-Einsatz; beste Bullen > Gez. Paarung	Nachzuchtprüfung auf Milch (305-Tage-Leistungen); Melkbarkeitsprüfung
	Zuchtentscheid = Selektion aufgrund all dieser Ergebnisse	

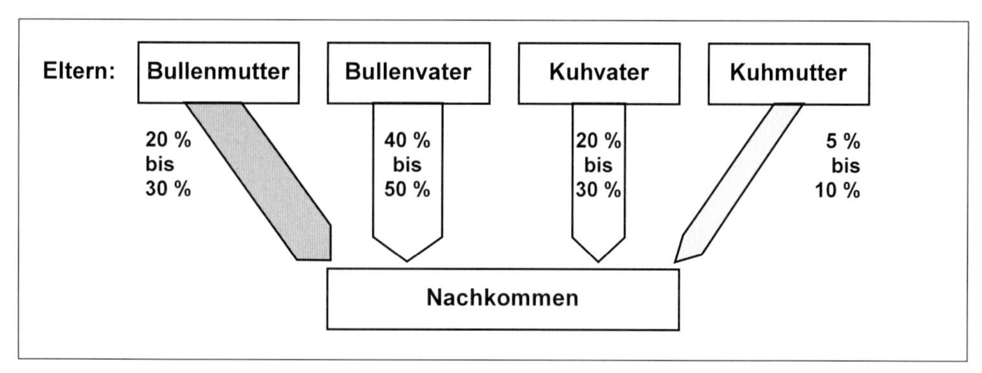

Abb. 2-10 Vierpfademodell (Zuchtfortschritt)

Rassen weltweit für gezielte Paarungen eingesetzt. Kuhväter sind geprüfte Besamungsbullen mit weit überdurchschnittlichen Ergebnissen, deren Samen allen Rinderhaltern des Besamungsgebietes angeboten wird. In Übersicht 2-8 wird die „Laufbahn" eines Besamungsbullen von der gezielten Paarung bis zum Bullenvater in gestraffter Form dargestellt. Bei konsequenter Besamungszucht sind 60 % bis 75 % des Zuchtfortschritts auf die Selektion der Besamungsbullen zurückzuführen. (Vierpfademodell Abb. 2-10). In der EU werden etwa 20 Millionen Besamungen durchgeführt, davon etwa die Hälfte mit Bullen der Schwarzbuntrasse, über 3 Millionen mit Bullen der Fleckviehrasse und jeweils 1,5 Millionen mit Bullen der Rotbunt- und Charolais-Rasse (insgesamt Bullen von 32 Rassen, Mayr 1994).

2.1.10.1.2 Nukleuszucht (MOET)

Nukleuszuchtprogramme wurden in der Pflanzenzucht entwickelt und haben sich auch in der Geflügel- und Schweinezucht durchgesetzt. Die Einführung von Nukleuszuchtprogrammen beim Rind ist eng mit dem Stand der Biotechnik verknüpft, insbesondere mit den Erfolgsraten von Embryotransfer. In der englischsprachigen Literatur werden Nukleuszuchtprogramme beim Rind häufig als MOET-Programme bezeichnet (Multiple Ovulation and Embryo Transfer). Nukleuszuchtprogramme beim Rind werden in den Kapiteln 1.2.4.2.2 und 1.2.4.3 ausführlich beschrieben.

Ziel aller Nukleuszuchtprogramme ist die Beschleunigung und Erweiterung des Zuchtfortschrittes im Vergleich zur konventionellen Besamungszucht über:

- Sprunghafte Erhöhung des genetischen Niveaus der Nukleuspopulation aufgrund scharfer Selektion der Gründertiere.
- Verkürzung des Generationsintervalls bis zu 50 % durch Geschwisterprüfung (Abb. 2-11).
- Erhöhung der Genauigkeit der Zuchtwertschätzung von Bullenmüttern für Milchleistungsmerkmale durch Verhinderung der Sonderbehandlung.
- Aufnahme von Merkmalen in das Zuchtziel, die mit Leistungsprüfungen im Feld nicht erfaßbar sind (z. B. Futteraufnahme bzw. Futterverwertung).

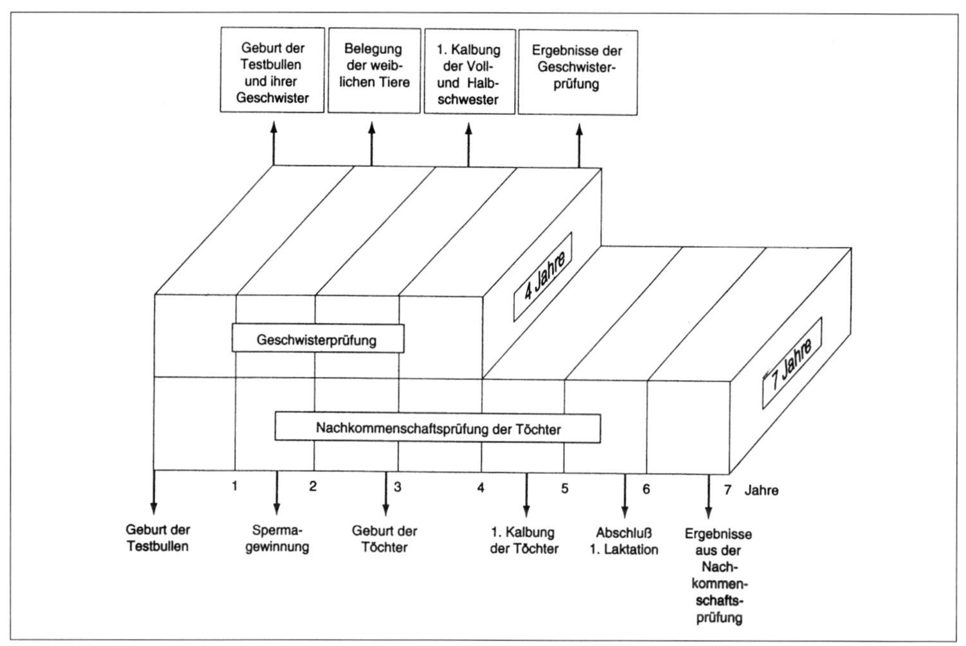

Abb. 2-11 Unterschiede im zeitlichen Verlauf zwischen Nachkommenschafts- und Geschwisterprüfung (nach Kalm 1994)

2.1.10.1.3 Grenzen des Zuchtfortschritts in Verbesserungszuchtprogrammen

Der Übergang von der klassischen Herdbuchzucht zur Besamungszucht führte bei Milchleistungsmerkmalen zu einer vierfachen Erhöhung des Zuchtfortschritts pro Jahr. In den Merkmalen Milch-, Eiweiß-, Fettmenge pro Laktation beträgt der Zuchtfortschritt pro Jahr in Besamungszuchtprogrammen etwa 1 % des Mittelwertes der Population, in sehr effizienten Besamungszuchtprogrammen 1,5 % und in effizienten MOET-Programmen 2,0 %. Die Prognosen für mögliche weitere Steigerungen für den Fall der Entwicklung zusätzlicher praxisreifer Biotechniken, wie z. B. Klonierung, sind im Extrem 25 %. Die Frage nach den „absoluten" biologischen (physiologischen) und wirtschaftlichen Grenzen der Leistungssteigerung ist deshalb wichtig. Für die biologischen bzw. physiologischen Grenzen sind von grundlegender Bedeutung:

- Grenzen der Nährstoffaufnahme
- Grenzen der Fähigkeit zur Metabolisierung der aufgenommenen Nährstoffe.
- Grenzen der Fähigkeit, Dauerbelastung durch hohe Leistungen ohne gesundheitliche Schäden zu verkraften.

Die betriebswirtschaftliche Grenze wird dann erreicht, wenn der zusätzliche Ertrag durch Leistungssteigerungen den zusätzlichen Aufwand nicht übersteigt. Die gesamtwirtschaftliche Grenze deckt sich in Regionen ohne Subventionen mit der betriebswirtschaftlichen Grenze. Durch Subventionierung werden die betriebswirtschaftlichen Ergebnisse von den gesamtwirtschaftlichen Ergebnissen abgekoppelt und die gesamtwirtschaftlichen Verluste werden mit Steuergeldern ausgeglichen.

2.1.10.2 Erhaltungszucht

Verbesserungszuchtprogramme ermöglichen eine rasche genetische Anpassung von Rassepopulationen an spezifische Standortbedingungen. Die bisher vorliegenden Bestandsaufnahmen zeigen aber, daß bei ungehemmter Fortsetzung der derzeitigen Entwicklung die Gefahr besteht, daß die genetische Variation des Hausrindes stark eingeengt und die genetische Anpassung an unvorhergesehene Veränderungen gefährdet wird. Bisher sind die benötigten genetischen Ressourcen ohne menschliche Planung in ökologischen bzw. wirtschaftlichen Nischen entstanden und es mußten lediglich geeignete Tiere ausgewählt und züchterisch sinnvoll eingesetzt werden. Erhaltungszuchtprogramme sollen bewirken, daß die erforderlichen genetischen Reservoirs gezielt und planmäßig erhalten werden (1.2.6).

Die älteste, durch ein Erhaltungszuchtprogramm konservierte Rinderpopulation ist das Chillingham Rind im Vereinigten Königreich. Die Zucht erfolgt seit 1270 n. Chr. in einer geschlossenen Population, bestehend aus ein paar Dutzend Zuchttieren. In einer „Flaschenhals“-Situation bestand die Population aus nur 8 Kühen und 5 Bullen (keine Kälber). Wallis (1986) untersuchte biochemische Polymorphismen in dieser Herde, wobei extreme Homozygotie gefunden wurde.

2.1.11 Zuchtmaßnahmen in verschiedenen Betriebsformen

2.1.11.1 Herdbuchbetriebe

Herdbuchzüchter sind Mitglieder von Züchtervereinigungen und verpflichtet, Leistungsprüfungen durchzuführen (je nach Nutzungsrichtung Milchleistungs- und/oder Fleischleistungsprüfung). Tiere mit Abstammungsnachweis bzw. Zuchtbescheinigung werden über Absatzveranstaltungen der Züchtervereinigung bzw. ab Stall als Zuchttiere verkauft. Voraussetzung ist, daß die Tiere selbst bzw. ihre Eltern im Herdbuch eingetragen sind, so daß mit Herdbuchbullen angepaart werden muß (Natursprung und/oder Künstliche Besamung). Über die Wahl der Paarungspartner entscheidet der Herdbuchzüchter, dies gilt auch in Besamungszuchtprogrammen. Für gezielte Paarungen ausgewählte Bullenmütter werden meist mit einem von der Züchtervereinigung nominierten Bullenvater angepaart. Züchter mit Eigeninitiative paaren aber Bullenmütter auch mit Prüfbullen (Testbullen) mit sehr guter Abstammung in der Hoffnung, daß der favorisierte Prüfbulle nach Abschluß der Prüfung als Bullenvater ausgewählt wird. Ist dies der Fall, können die Söhne aus diesen Paarungen wesentlich früher angeboten werden, was den Zuchtfortschritt beschleunigt und dem Züchter höhere Verkaufspreise bringt. Neben Wissen und Können spielen somit Intuition und Züchterglück auch in der Besamungszucht und Nukleuszucht eine wesentliche Rolle.

2.1.11.2 Nichtherdbuchbetriebe mit Milchrassen oder milchbetonten Zweinutzungsrassen

Bullenkälber dieser Rassen haben eine wesentlich geringere Bemuskelung als Bullenkälber von Fleisch- und fleischbetonten Zweinutzungsrassen und sind in der Mast den Kälbern fleischbetonter Rassen unterlegen, was sich in den Verkaufspreisen bemerkbar macht. Im Vereinigten Königreich und Irland haben sich deshalb bei Schwarzbunten (Friesian) und Jerseys Gebrauchskreuzungen Fleischbulle x Milchkuh durchgesetzt (bis zu 40 % der Anpaarungen). Auch auf dem Kontinent, vor allem bei Schwarzbunten und bei Braunvieh spielen Gebrauchskreuzungen eine gewisse Rolle. Für Jungrinder sollten nur Fleischbullen, deren Kälber ein niedriges Geburtsgewicht erwarten lassen ausgewählt werden (Aberdeen-Angus, Hereford, Limousin und auf Leichtkalbigkeit geprüfte Bullen aller Fleischrassen). Für Kühe werden meist Bullen schwerer Fleisch- oder fleischbetonter Zweinutzungsrassen (Charolais, Fleckvieh) verwendet. Im Ergänzungsbetrieb ist bei Durchführung von Gebrauchskreuzungen darauf zu achten, daß die Remontierung des Bestandes mit reinrassigen Erstlingskühen der jeweiligen Milch- bzw. milchbetonten Zweinutzungsrassen gesichert ist. Da bei einer Nutzungsdauer von 2–3 Jahren durchschnittlich pro Kuh nur ein weibliches Kalb für den Nachersatz zur Verfügung steht, ist eine längere Nutzungsdauer essentiell.

2.1.11.3 Aufzuchtbetriebe

Aufzuchtbetriebe kaufen weibliche Kälber zu, die später als hochtragende Rinder (Kalbinnen, Färsen) vermarktet werden. Um die aufgezogenen Tiere als Zuchttiere verkaufen zu können, müssen Kälber mit Abstammungsnachweis bzw. Zuchtbescheinigung angekauft werden. Es empfiehlt sich zusätzlich, die Rinder mit Herdbuchbullen zu belegen (Natursprung oder Besamung), da der Vater des zu erwartenden Kalbes den Verkaufspreis wesentlich beeinflussen kann.

2.1.11.4 Mutterkuhbetriebe

In der Mutterkuhhaltung ist Natursprung aus arbeitswirtschaftlichen Gründen vorherrschend. In Herdbuchbetrieben wird zum Teil Künstliche Besamung für gezielte Paarungen mit Spitzenbullen eingesetzt. Auf dem Kontinent herrscht beim Fleischrind Reinzucht vor. Auf den Britischen Inseln und in Irland ist hingegen die Dreirassenkreuzung von großer Bedeutung. Weibliche Tiere aus der Gebrauchskreuzung Herefordbulle x Schwarzbuntkühe sind für den Nachersatz von Mutterkühen beliebt und werden mit Bullen anderer Fleischrassen belegt (z. B. Jungrinder mit Aberdeen-Angus und Kühe mit Charolais, Fleckvieh oder Limousin). In Frankreich werden in einigen Regionen an lokale Bedingungen angepaßte Landrassen (z.B. Salers, Aubrac) als Mutterkühe genutzt und mit Bullen gut bemuskelter Fleischrassen belegt (z. B. Charolais). Wenn die Remontierung der Landrasse durch reinrassige weibliche Tiere nicht gesichert ist, kommt es zur Verdrängungskreuzung und zum Aussterben der Landrasse. In Deutschland werden Tiere aus der Kreuzung von Aberdeen-Angus und Zweinutzungsrassen als Deutsche Angus bezeichnet, soweit sie weitgehend einfarbig (rot bis schwarz) und angeboren hornlos sind.

2.1.12 Entwicklung der Rinderhaltung

Die Entwicklung der Rinderhaltung und der Rinderställe ist eng mit der Domestikation und der Geschichte der Rinderhaltung verbunden. Der Mensch nahm seinen wertvollsten Besitz, das zahme Tier, in der kalten Jahreszeit in sein Haus auf. Im Klosterplan von St. Gallen aus dem 8. Jahrhundert sind noch Wirtschaftsgebäude eingezeichnet, in denen Mensch und Tier zusammenhausten. Im Mittelalter begann die räumliche Trennung von Wohnen und Tierhaltung, wobei die Längserschließung das niederdeutsche Haus und die Quererschließung das oberdeutsche Haus bis in unsere Zeit prägt. Aber immer blieb der Pferde- und Rinderstall in direkter Verbindung zum Wohnhaus. Im Zuge der Intensivierung der Landwirtschaft im 18. und 19. Jahrhundert wurde die in der Rinderhaltung vorher übliche Gruppenbucht von der Anbindehaltung abgelöst und in Gebieten mit niedrigen Sommerniederschlägen führte dies zum Übergang zur ganzjährigen Stallhaltung. Die traditionelle Rinderhaltung ist deshalb geprägt:

- durch eine Klimatisierung, die mehr von den Wohnbedürfnissen des Menschen, als von den Bedürfnissen der Rinder ausgeht,
- durch die zunehmende Einschränkung des Bewegungs- und Sozialverhaltens der Tiere,
- durch die Anpassung der Fütterungs- und Melkzeiten an den Arbeitsrhythmus des Menschen (vor und nach der Feldarbeit),
- durch einen hohen Arbeitsaufwand zur Versorgung und Pflege der Tiere, insbesondere der Milchkühe und der Kälber.

Die im Gang befindliche Neuorientierung der Rinderhaltung wird vor allem beeinflußt durch:

- agrarpolitische und daraus resultierende betriebswirtschaftliche Rahmenbedingungen, die zu einer Beschleunigung des Strukturwandels in der Rinderhaltung führen (weniger und größere Herden),
- die Ergebnisse der Verhaltensforschung und die daraus abgeleiteten Mindestanforderungen bezüglich Sozial- und Bewegungsverhalten,
- technische Innovationen, vor allem auf dem Gebiete der elektronischen Steuerung im Rinderstall,
- mit der Leistungssteigerung verbundene wachsende Ansprüche der Tiere an Haltung, Pflege, Fütterung und Gesundheitsfürsorge,
- zunehmende ethische Bedenken der Gesellschaft gegen extreme Formen der Tierhaltung,
- gesetzliche Auflagen bezüglich Emmissionen und Immissionen,
- zunehmende ökonomische Schwierigkeiten der Rinderhalter in Europa.

Allgemein gesehen geht der Trend zum Kalt- und Laufstall, zur elektronisch gestützten Herdenbetreuung und zu weitgehend automatisierten Melk- und Tränkeverfahren.

Züchtung, Haltung und Ernährung der Nutztiere und damit auch des Rindes sind an den Universitäten getrennte Fächer, lassen sich aber in der Praxis nicht trennen. Deshalb müssen Tierhalter und Tierarzt immer das Ganze im Auge behalten.

Literatur Kapitel 2.1

Ahrens, K. (1976): Columella über Landwirtschaft. (aus dem Lateinischen übersetzt), Akademie-Verlag, Berlin.
Ax, P. (1984): Das Phylogenetische System. Systematisierung der lebenden Natur auf Grund ihrer Phylogenese. Gustav Fischer Verlag, Stuttgart, New York.
Baranski, H. (1866): Geschichte der Tierzucht und Thiermedizin im Alterthum. Neudruck 1971, G. Olms, Hildesheim, New York.
Berge, S. (1959): Historische Übersicht über Zuchttheorien und Zuchtmethoden bis zur Jahrhundertwende. In: Hammond, J., Johansson, I. und F. Haring: Handbuch der Tierzüchtung. Paul Parey, Hamburg.
Dempfle, L. (1994): Zuchtwertschätzung. In: Kräußlich, H. (Hrsg.) Tierzüchtungslehre. 4. Auflage, Eugen Ulmer, Stuttgart, 281-304.
Ellendorff, F. (1994): Funktionelle Wechselwirkungen. In: Kräußlich, H. (Hrsg.) Tierzüchtungslehre. 4. Auflage, Ulmer, Stuttgart, 240-248.
Epstein, H. und I.L. Mason (1984): Cattle. In: Mason, I.L. (Hrsg.): Evolution of domesticated animals. Longman, London, New York.
Essl, A. (1994): Datenauswertung. In: Kräußlich, H. (Hrsg.): Tierzüchtungslehre, 4. Auflage. Eugen Ulmer, Stuttgart, 268-281.
Gaillard, C. (1994): Rindviehzucht. Unterlagen zur Vorlesung, Polykopie.
Gottschalk, A. (1987): Tierbeurteilung Rinder. Bewertungssystem '87. Landw. Bildberatungsstelle, München.
Gravert, H.O. (1994): Milch. In: Kräußlich, H. (Hrsg.) Tierzüchtungslehre, 4. Auflage. Eugen Ulmer, Stuttgart, 196-213.
Hahn, R., Kupferschmied, H. und F. Fischerleitner (1993): Künstliche Besamung beim Rind. Enke, Stuttgart.
Herre, H. und M. Röhrs (1958): Die Entwicklung der Haustiere. In: Comberg, G. (Hrsg.): Tierzüchtungslehre, 2. Auflage. Eugen Ulmer, Stuttgart, 15-41.
Huth, F.W. (1968): Zur Frage des Wachstums beim Rind. Züchtungskunde, **40**, 161.
Kalm, E. (1994): Integrierte Zucht- und Produktionsprogramme. In: Kräußlich, H. (Hrsg.): Tierzüchtungslehre, 4. Auflage. Eugen Ulmer, Stuttgart, 397-417.
Karg, H. und R. Claus (1981): Laktation. In: Kräußlich, H. (Hrsg.) Rinderzucht. 6. Auflage. Eugen Ulmer, Stuttgart, 211-223.
Kräußlich, H. (1981): Rinderrassen und Rinderzucht; Züchtung. In: Kräußlich, H. (Hrsg.): Rinderzucht, 6. Auflage. Eugen Ulmer, Stuttgart, 40-164.
Kräußlich, H. (1996): Zur Genetik der Grundfarben beim Pferd. Züchtungskunde, **68**, 1-11.
Kriegesmann, B. et al. (1995): Rotfraktorerkennung ab sofort aus Blut, Gewebe und Sperma möglich. RPN Nachrichten 1995, **1**, 10-12.
Kungland, H. el al. (1995): The role of melanocyte- stimulating hormone (MSH) receptor in bovine coat color determination. Mammalian Genome, 6, 636-639.
Künzi, N. (1994): Exterieur. In: Kräußlich, H. (Hrsg.): Tierzüchtungslehre, 4. Auflage. Eugen Ulmer, Stuttgart, 146-153.
Lauvergne, J.L (1992): Breed development and breed differenciation. In: Simon, D. und D. Buchenauer (Hrsg.): Data collection, conservation and use of farm animal genetic resources. Commission of the European Communities, Agriculture, VI/6960/93-EN.
Lerner, I.M. und H.P.Donald (1966): Modern Development in Animal breeding. Academic Press, London.
Mason, J.L. (1951): A World Dictionary of Livestock Breeds, Types and Varieties. CAB Famham Royal, Slough, Bucks, England.
Mayr, B. (1994): Rassenentwicklung, Nutzungszüchtung und Erhaltung der genetischen Vielfalt. In: Kräußlich, H. (Hrsg.) Tierzüchtungslehre, 4. Auflage. Eugen Ulmer, Stuttgart, 56-66
Müller, K. und M. Putz (1990): Leistung fest verankern, Zuchtverbände gestalten ihre Zuchtbuchordnung neu. Bayer. Landwirtschaftl. Wochenblatt, **47**, 22-23.
Röhrs, M. (1994): Entwicklung der Haustiere. In: Kräußlich, H. (Hrsg.) Tierzüchtungslehre, 4. Auflage. Eugen Ulmer, Stuttgart, 37-56.

Sambraus, H.H. (1994): Atlas der Nutztierrassen. Eugen Ulmer, Stuttgart.
Schlote, W. (1994): Farbe und Abzeichen. In: Kräußlich, H. (Hrsg.): Tierzüchtungslehre, 4. Auflage. Eugen Ulmer, Stuttgart, 139-147.
Schönmuth, G. und G. Seeland (1994): Wachstum und Fleisch. In: Kräußlich, H. (Hrsg.): Tierzüchtungslehre, 4. Auflage. Eugen Ulmer, Stuttgart, 168-194.
Schwenger, B., Tammen, I und C. Aurich (1994): Detection of the homozygous recessive genotype for deficiency of uridine monophosphate synthase by DNA typing among bovine embryos produced in vitro. J. Reprod. Fert., **100**, 511-514.
Senft, B. (1994): Adaption und Krankheitsresistenz. In: Kräußlich, H. (Hrsg.): Tierzüchtungslehre, 4. Auflage. Eugen Ulmer, Stuttgart, 162-168.
Simon, D. (1994): Zuchtmethoden. In: Kräußlich, H. (Hrsg.): Tierzüchtungslehre, 4. Auflage. Eugen Ulmer, Stuttgart, 363-380.
Smidt, D. (1994): Reproduktion. In: Kräußlich, H. (Hrsg.) Tierzüchtungslehre.,4. Auflage. Eugen Ulmer, Stuttgart, 153-162.
Steiger, H.U. von und J. Crettenand (1992): Lineare Beschreibung bei den Nachzuchtbesichtigungen und für Kühe in der gezielten Paarung. Simmentaler Fleckvieh, **8**, 64-72.
Steiger, H.U. von und J. Crettenand (1993): Erste Erfahrungen mit der Linearen Beschreibung. Simmentaler Fleckvieh, **4**, 46-53.
Stranzinger, G. (1994): Zytogenetik. In: Kräußlich, H. (Hrsg.:) Tierzüchtungslehre, 4. Auflage. Eugen Ulmer, Stuttgart, 84-99.

Weiterführende Literatur:

Brem, G., Kräußlich, H. und G. Stranzinger (1991): Experimentelle Genetik in der Tierzucht. Eugen Ulmer, Stuttgart.
Distl, O. (1990): Zucht auf Widerstandsfähigkeit gegen Krankheiten beim Rind. Ferdinand Enke, Stuttgart.
Frahm, K. (1990): Rinderrassen in den Ländern der Europäischen Gemeinschaft. Ferdinand Enke, Stuttgart.
Kräußlich, H. (Hrsg.) (1981): Rinderzucht, 6. Auflage. Eugen Ulmer, Stuttgart.
Künzi, N. und G. Stranzinger (1993): Allgemeine Tierzucht. Eugen Ulmer, Stuttgart.
Lotthammer, K.H. und G. Wittkowski (1994): Fruchtbarkeit und Gesundheit der Rinder. Eugen Ulmer, Stuttgart.
Wallis, D. (1986): The Rare Breeds Handbook. Blandford, Press Poole, New York, Sydney.

2.2 Schweine

Weltweit werden über 800 Millionen Schweine gehalten. Die größten Bestände sind in China zu finden, fast 50 % des Gesamtbestandes. Gebiete mit hoher Schweinekonzentration sind weiterhin Europa und Nordamerika. Innerhalb der EU ist Deutschland das Land mit der höchsten Schweineproduktion und gleichzeitig der größte Konsument von Schweinefleisch. Traditionell stammen in Deutschland etwa 60 % des verzehrten Fleisches vom Schwein. In der EU ist bei Schweinefleisch eine Überschußsituation vorhanden. Dänemark und Holland erzeugen das Mehrfache ihres Eigenbedarfs für den Export.

Der Selbstversorgungsgrad bei Schweinefleisch ist in Deutschland rückläufig, nur 80 % des Bedarfes werden mit einem Bestand von rund 25 Millionen Schweinen derzeit im Inland erzeugt.

2.2.1 Abstammung und Domestikation

Das Schwein gehört ebenso wie das Rind zur Ordnung der Artiodactyla. Die weitere taxonomische Zuordnung ist der Übersicht 2-9 zu entnehmen. Es zählt zur Unterordnung Paarzeher (Suiformes), zur Familie der Schweineartigen (Suidae), und zur Gattung Sus. Der Familie Suidae gehören 6 Gattungen an, von denen die Gattung Sus 3 Arten umfaßt. Die Art Sus scrofa (echte Schweine) hat ihre Verbreitung in China, Südostasien, Europa und Nordafrika. In Australien und Amerika kommen keine Wildschweine vor.

Der gegenwärtige Wissensstand zur Abstammung und Domestikation ist von Herre und Röhrs (1990) zusammengefaßt.

Stammform unserer Hausschweine ist das Wildschwein Sus scrofa. Es kommt in verschiedenen Formen vor, von denen Typen in Europa und Asien die anatomischen Extreme darstellen. Da alle Wildformen miteinander uneingeschränkt fruchtbar sind, muß von Unterarten gesprochen werden. Am bekanntesten sind das europäische Wildschwein Sus scrofa ferus und das asiatische Bindenschwein Sus srofa vittatus.

Aus den Wildschweinformen heraus fand die Domestikation 10 000 bis 8000 v. Chr. in Ostasien und etwa 6000 bis 4000 v. Chr. im Mittelmeer- und Ostseeraum statt.

Gegenüber den Wildformen ist die Variabilität der Hausschweine erhöht. Faktoren des Domestikationsvorganges sind:

- sexuelle Isolation kleiner Gruppen aus der Wildpopulation: führt zu genetischen Aufspaltungen

Übersicht 2-9 Einordnung des Schweines in das Tierreich

Ordnung:	Huftiere	Artiodactyla	
Unterordnung:	Paarzeher	Suiformes	
Familie:	Schweineartige	Suidae	
Gattung:	Die 6 Gattungen der Familie Suidae:		
	• echte Schweine	*Sus*	
	• Pinsel- und Flußschweine	*Potamochoerus*	(Afrika)
	• Waldschweine	*Hypochoerus*	(Afrika)
	• Warzenschweine	*Phacochoerus*	(Afrika)
	• Hirscheber	*Babirussa*	(Ostasien)
	• Zwergwildschwein	*Porcula*	(Himalaja)
Art:	Arten der Gattung Sus:		
	• Wildschwein	*Sus scrofa*	(Europa, Asien, Nordafrika)
	• Pustelschwein	*Sus verricosa*	(Java, Südseeinseln)
	• Bartschwein	*Sus barbatus*	(Indonesien)

- Eingriffe in die natürliche Fortpflanzungsgemeinschaft: führt zu Genfrequenzänderungen
- Änderung der Selektionsbedingungen: führt zur Erhaltung von in der Natur nachteiligen Merkmalen, z.B. weiße Farbe
- Änderung der Sozialstrukturen: führt zur Auflösung der Rotte und der damit vorgegebenen Paarungsstruktur
- Änderung der Umwelt und Ernährung.

Beim Schwein tritt eine Chromosomenpolypmorphie auf. Das europäische Wildschwein hat 2n = 36 und das asiatische ebenso wie die Hausschweine 2n = 38 Chromosomen. Diese unterschiedliche Anzahl Chromosomen hat bei Paarungen von Haus- und Wildschweinen keinen Einfluß auf die Fertilität, da die Variablität durch Fission (Robertsonsche Translokation, 1.1.4.4) eines Chromosoms entsteht. In der Meiose können sich die 2 Teilchromosomen an das homologe anlagern.

Im Hausstand sind vielfältige morphologische, physiologische und psychologische Veränderungen zur Wildform zu beobachten.

Die Körpergröße domestizierter Schweine nahm in vielen Fällen zunächst ab. Bei Wildschweinen im Neolithikum wurde eine mittlere Widerristhöhe von 97 cm festgestellt, die der Hausschweine betrug nur 75 cm (Dannenberg 1990). Veränderungen zeigen sich weiter in den Körperproportionen. Während das Wildschwein eine stärkere Vorhand ausbildet, überwiegt beim Hausschwein die Hinterhand. Vom langen, schmalen Kopf ging die Entwicklung besonders bei asiatischen Hausschweinen zum kürzeren, breiteren Kopf mit zum Teil sogar eingesattelten Profil. Wildschweine haben immer Stehohren, viele Hausschweinrassen dagegen Hängeohren und an Stelle der Wildfarbe weiße, schwarze, rote oder braune Borsten, einfarbig oder mit Sattel oder Abzeichen.

Von den physiologischen Veränderungen durch die Domestikation sind die erhöhte Fruchtbarkeit sowie das Fleisch- und Fettansatzvermögen hervorzuheben. Die monöstrische Bache bringt nur einen Wurf je Jahr mit 4 bis 6 Frischlingen, die Hausschweinsau ist dagegen polyöstrisch und bringt je Jahr 2 Würfe mit über 20 Ferkel. Hausschweine sind frühreifer als Wildschweine.

Beim domestizierten Schwein ist eine Abnahme der Sinnesleistungen zu verzeichnen. Das hängt mit einer Verringerung der Hirngewichte sowie zytoarchitektonischen Veränderungen zusammen. Nach Herre (1980) beträgt die Hirngewichtsabnahme des Hausschweines bezogen auf ein gleiches Körpergewicht 34 %. Die stärksten Abnahmen erfahren Gebiete des Neokortex. Das optische System ist stärker reduziert als das olfaktorische. Sehr starke Abnahmen zeigen sich auch im limbischen System. Diese Veränderungen spiegeln sich auch im Verhalten wider. Die innerartliche Kommunikation der Hausschweine ist vermindert.

Trotz dieser Einbußen in den Sinnesleistungen besitzt das Hausschwein eine hohe Lernfähigkeit und Gedächtnisleistung. Besonders das Gehör und der Geruchssinn sind gut entwickelt.

2.2.2 Zuchtgeschichte und Rassen

Das Schwein genoß bei Kelten und Germanen eine hohe Wertschätzung sowohl als Nahrungslieferant als auch aus mythischer Sicht. Traditionell steht das Schwein für Glück und Fruchtbarkeit. Judentum und Islam sehen es als unrein an und verbieten den Verzehr von Schweinefleisch.

Bis in das 18. Jahrhundert waren die Unterschiede in Exterieur, Leistung und Haltung der Hausschweine nicht sehr unterschiedlich vom Wild. Die Haltung fand überwiegend als Waldhutung statt, Eicheln und Bucheckern waren die Nahrungsgrundlage bzw. Abfälle. Um 1800 erreichten die Schweine in 2 bis 3 Jahren das Schlachtgewicht von 40 kg.

Englische Züchter legten in der 2. Hälfte des 18. Jahrhunderts die Grundlage für die Züchtung leistungsfähiger Kulturrassen. Von entscheidender Bedeutung war das Zusammenführen von frühreifen und fruchtbaren asiatischen Vittatus-Typen mit neapolitanischen und einheimischen englischen Herkünften. Es entstanden Rassen im mittleren und großrahmigen Typ, von denen das Cornwall, Berkshire und Large White oder Yorkshire auch in Deutschland bekannt wurden. Das Large White erlangte weltweit die größte Bedeutung.

Ausgang des 19. Jahrhunderts wurden auch in Deutschland Leistungsrassen benötigt und man nutzte das englische Large White zur Kombinations- bzw. Verdrängungskreuzung mit dem einheimischen Marschschwein.

Die Schwerpunkte der Züchtung sind chronologisch etwa wie folgt zu beschreiben:
- ab 1860 Kreuzung der einheimischen mit englischen Rassen
- ab 1900 Reinzucht und Exterieur
- ab 1930 Einführung der Leistungsprüfungen und Leistungszucht
- ab 1960 Fleischschweinzüchtung
- ab 1970 Hybridzuchtprogramme.

In der Produktionsstruktur nehmen beim Schwein die reinrassigen, im Herdbuch eingetragenen Zuchttiere nur einen Anteil von etwa 3 % ein. Die Anwendung von Kreuzungszuchtprogrammen bewirkt die weitgehende Erstellung von aus Kreuzungen hervorgehenden Mastendprodukten.

Entsprechend der angewandten Kreuzungsprogramme konzentriert sich der Herdbuchbestand auf die 3 Hauptrassen Deutsche Landrasse (59 %), Deutsches Edelschwein (13 %) und Pietrain (20 %). Merkmalsstruktur und Zuchtziele dieser Rassen richten sich nach ihrer Stellung im Hybridzuchtprogramm.

Große Anstrengungen werden von einigen passionierten Züchtern zur Erhaltung vom Aussterben bedrohter Rassen wie die Bunten Bentheimer, Sattelschweine und Schwäbisch Hällische unternommen. Seit der 60er Jahre sind jedoch die Rassen Deutsches Weideschwein, Cornwall, Berkshire und Rotbuntes Schwein ausgestorben.

Neu im Herdbuch sind dagegen die Rassen Duroc und Hampshire, die als Spezialrassen begrenzt in Kreuzungsprogrammen Verwendung finden.

Eine Rassenbeschreibung findet sich bei Schmitten (1989); nur eine kurze Übersicht ist hier möglich.

Die **Deutsche Landrasse** (DL) ist Teil der weltweit verbreiteten Rassengruppe der Landschweine. Sie ist lang und großwüchsig, Haut und Borsten sind weiß, charakteristisch ist das Hängeohr. Bis in die 80er Jahre wurde diese Rasse als Universalrasse gezüchtet, d.h. alle Merkmale sollten möglichst optimal ausgeprägt sein. Mit der Erhöhung des Fleischanteils stellten sich Fleischqualitäts- und Belastbarkeitsmängel ein, die Frequenz der halothanpositiven Tiere stieg an. Im Zusammenhang mit dem Einsatz der DL als Mutterrasse in Kreuzungsprogrammen war unter stärkerer Betonung der Fruchtbarkeit eine konsequente Umzüchtung auf den MHS-Genotyp NN (streßresistent) erforderlich. Die DL-Sauenlinie (DLS) entstand durch Selektion aus der DL-Universal (DLU).

Das **Deutsche Edelschwein** (DE) gehört zur Gruppe der Großen Weißen Schweine mit Stehohr, die im englischen Large White ihren Ursprung haben. Als Mutterrasse weisen die DE beste Fruchtbarkeits- und Mastleistungen auf. Der relativ hohe Fleischanteil ist mit einer guten Fleischqualität verbunden, sie sind praktisch frei vom rezessiven Streßgen.

Mitte der 50er Jahre wurde das **Pietrain** (Pi) aus dem Herkunftsland Belgien nach Deutschland importiert. Es ist derzeit als extreme Fleischrasse Vater von etwa 60 % aller Masthybriden.

Rassekennzeichen sind weiße Haut mit schwarzen Flecken, Stehohren und ein kurzer, breiter Körperbau mit einer auffäligen Bemuskelung. Seine Vorzüge liegen im hohen Fleischanteil, der intermediär auf die Endstufenprodukte übertragen wird, und einer überragenden Futterverwertung. Als Nachteile sind eine schlechte Fleischbeschaffenheit, Belastbarkeit und Fruchtbarkeit sowie niedrigere Zunahmen von etwa 100 g pro Tag zu nennen. Fast alle Tiere sind streßanfällig.

Als weitere Vaterrasse mit geringerer Bedeutung ist die **Landrasse B** zu nennen, die aus der Belgischen Landrasse entstanden ist. Sie hat ein ähnliches Leistungsprofil und Exterieur wie das Pietrain, ist jedoch weiß.

Speziell zu Kreuzungszwecken in verschiedenen Zuchtprogrammen erfuhr die amerikanische Rasse **Hampshire** (Ha) eine weltweite Verbreitung. Sie zeichnet sich durch einen recht hohen Fleischanteil bei guter Fleischbeschaffenheit und Robustheit aus. Die Tiere sind schwarz mit weißem Schultergürtel und haben Stehohren. Beliebt sind F_1-Eber aus der Kreuzung Ha x Pi als Endstufeneber.

Neuerdings wird über einen Fleischfehler dieser Rasse berichtet, den genetisch bedingten Hampshire-Faktor (Abb. 2-12), der die Kochschinkenausbeute deutlich verringert und einen niedrigen End-pH-Wert des Fleisches bedingt (Wassmuth et al. 1991).

Ebenso haben die aus den USA stammenden **Duroc** in Kreuzungsprogrammen eine spezielle Bedeutung. Weltweit wird die Rasse Duroc zur Produktion von F_1-Sauen sowie von F_1-Ebern und auch als Endstufeneber zur Erzeugung von Masthybriden eingesetzt. Ihre Farbe ist einfarbig rotbraun bis rehbraun, sie hat Hängeohren, einen breiten Kopf mit überwiegend eingesattelter Profillinie.

Eine besondere Bedeutung kann dieser Rasse in der Qualitätsfleischproduktion zukommen, weil sie als einzige Rasse einen erwünscht hohen intramuskulären Fettgehalt von über 2 % besitzt.

Die beiden Rassen **Leicoma** und **Schwerfurter Fleischschwein** sind in Deutschland als Spezialzüchtungen der ehemaligen DDR zu sehen. Aus Kreuzungen mit den Rassen Niederländische und Deutsche Landrasse, Duroc,

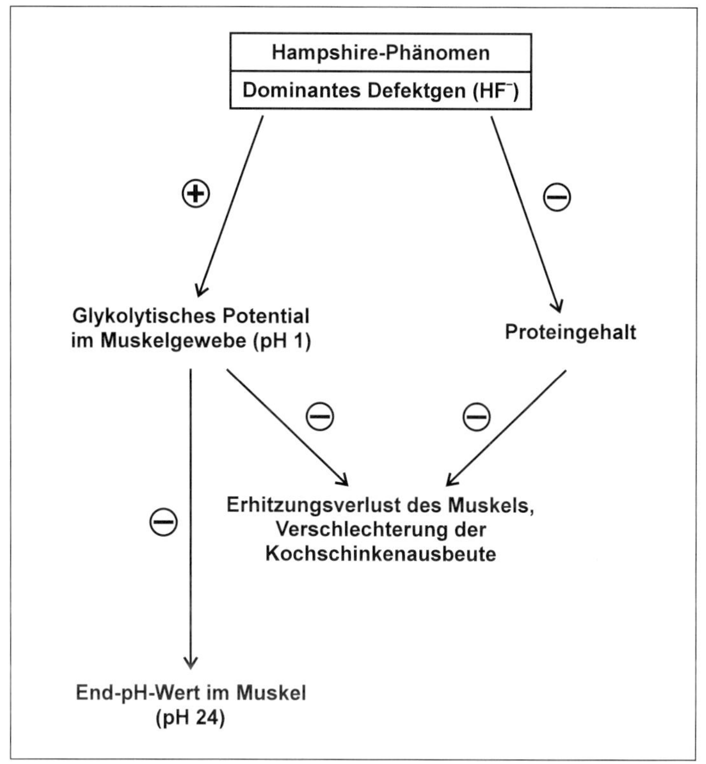

Abb. 2-12 Einflußrichtung des „Hampshire"-Faktors auf Kriterien der Schlachtkörperqualität (Wassmuth, Surmann und Glodek 1991)

Estnische Baconrasse und Sattelschwein entstand die Leicoma als neue Mutterrasse. Aufgrund ihrer sehr guten Fruchtbarkeit und Wachstumsleistung kommt sie weiterhin zum Einsatz. Dagegen reicht der Fleischanteil der Rasse Schwerfurter, die aus Kreuzungen von Belgischer Landrasse, Pietrain und der kanadischen Rasse Lacomb hervorging, nicht mehr das erforderliche Niveau einer Vaterrasse.

Rassen von lokaler Bedeutung sind die Sattelschweine **Angler Sattelschwein**, **Schwäbisch Hällisches Schwein** und das **Deutsche Sattelschwein**, die sich durch gute Konstitution und hervorragende Mutterleistung auszeichnen. Da zwischen den Teilpopulationen ein stärkerer Zuchttieraustausch besteht, können sie im züchterischen Sinne als eine Rassengruppe zusammengefaßt werden. Zusammen mit der Lokalrasse **Bunte Bentheimer** sind diese Rassen für extensive Haltungssysteme geeignet. Nur mit besonderen Vermarktungsstrategien und unter Nutzung von Kreuzungsverfahren für die Produktion von Mastferkeln lassen sich diese Rassen erhalten. Neben der Erhaltung als Kulturgut geht es dabei auch um die Bewahrung von Genen für die zukünftige Schweinezüchtung.

2.2.3 Merkmalskomplexe

Eine Vielzahl von speziellen und allgemeinen Merkmalen ist beim Schwein von wirtschaftlicher Bedeutung. Zwar ist das Schwein ein Einnutzungstier, d. h. alleiniges Ziel ist die Fleischproduktion, doch sind Merkmale wie Fruchtbarkeit, Wachstum, Belastbarkeit und Gesundheit wichtige Kriterien für den Produktionserfolg und daher integraler Bestandteil der Züchtung.

2.2.3.1 Farb- und Exterieurmerkmale

Beim Schwein ist dieser Merkmalskomplex von nicht so vorrangiger Bedeutung wie bei einigen anderen Tierarten.

Die **Haut- und Haarfarbe** besitzt beim Schwein kaum wirtschaftliche Bedeutung, lediglich sind Schlachtschweine mit pigmentierter Haut unerwünscht. Abgeleitet aus Kreuzungsversuchen wurden einige Erkenntnisse über die Vererbung der Farbpigmente, ihrer Intensität und Verteilung bekannt. Nicht alle Fragen sind geklärt.

Nach Schmitten (1989) sind zwei wichtige Allelserien bekannt, die in der Dominanzreihe lauten:

der I-Locus mit den Allelen I = dominant weiß
I^d = verdünnt weiß
i = rezessiv, pigmentiert
der E-Locus mit den Allelen E = dominant schwarz
E^p = partiell schwarz
e = rezessiv rot.

Epistatische (1.1.1.5) Wirkungen bestehen zwischen nichtallelen Loci.

Die Gürtelung pigmentierter Schweine wird durch das dominante Gen S codiert, das ss-Allel steht für einfarbig.
Für die wichtigsten Rassen stehen folgende Farb-Allele:

Landrasse, Edelschwein, Large White (weiß)	E^pE^pIIss
Pietrain (weiß mit schwarzen Flecken)	E^pE^piiss
Duroc (rot)	eeiiss
Hampshire (schwarz mit weißem Gürtel)	EEiiSS.

Zur Bedeutung der **Exterieurmerkmale** beim Schwein gilt das unter dem Abschnitt 2.1 für das Rind Geschriebene.

Die Exterieurbeurteilung wird anläßlich von Körungen/Auktionen und Tierschauen von erfahrenen Fachleuten vorgenommen. Für die Auswahl von Jungsauen zur eigenen Bestandsergänzung muß der Tierwirt in der Lage sein, solche leistungsfähigen Tiere herauszufinden, die aufgrund bestimmter Exterieurmerkmale eine lange Nutzungsdauer erwarten lassen.

Von den allgemeinen Kriterien eines Tieres wie Rasse, Geschlecht und Alter ist die Beurteilung des Gesamteindruckes und der speziellen Merkmale abhängig.

Abb. 2-13 Beurteilung des lebenden Schweines

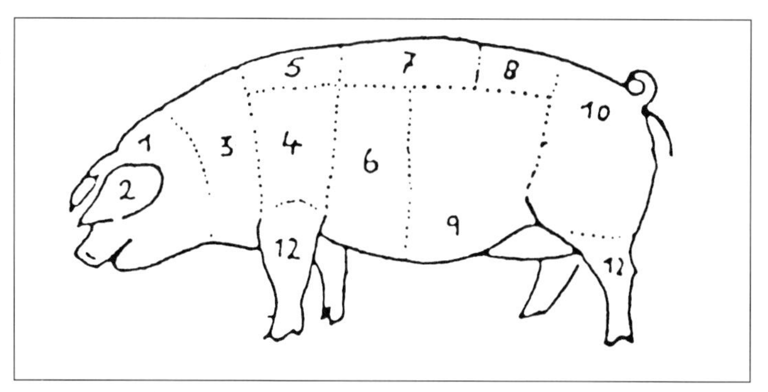

Die Einzelteile des Körpers:

1. Kopf
2. Ohr
3. Hals
4. Schulter/Vorderschinken
5. Widerrist/Kamm
6. Brust
7. Rücken
8. Lende oder Nierenpartie
9. Bauch
10. Schinken
12. Beine

Die Abbildung 2-13 zeigt die zu beurteilenden Körperpartien, übergeordnet steht jedoch die Harmonie des ganzen Tieres.

Für den Gesamteindruck werden Typnoten oder Punkte vergeben, die sich an dem Idealbild für die jeweilige Rasse orientieren. Weitere wichtige Beurteilungsmerkmale sind die Bemuskelung, das Fundament und der Geschlechtausdruck (Übersicht 2-10).

Der gegenwärtige Trend geht bei den Mutterrassen zu langen und großrahmigen Tieren. Rahmige Sauen sollen aufgrund einer besseren Uterus- und Körperkapazität bessere Wurf- und Aufzuchtleistungen bringen. Aus den Erfahrungen zu Beginn der Fleischschweinzüchtung ist bekannt, daß zu große Körperlängen zu Problemen beim Fundament bzw. zum Auftreten von Sprunggelenkarthrosen führen können. Eine extreme, tiefe Bemuskelung führt zwangsläufig zu Tieren mit starkem Breitenwachstum. Daher sind extreme Fleischrassen kurz.

Die Rückenlinie soll eine genügende Spannung aufweisen. Wichtig sind gute Übergänge hinter der Schulter und in der Lendengegend. Die Wirbelsäule bei Fleischschweinen ist in plastisch geformte Muskelstränge eingesenkt.

Eine gute Bemuskelung der Tiere weist auf einen hohen Fleischanteil hin. Insbesondere wird auf eine gut ausgeprägte Hinterhand mit einem langen, breiten und tiefen Schinken, dem wichtigsten Fleischteilstück, geachtet. Tiere mit einer guten Zuchtkondition sitzen fest in der Haut, sie sind trocken, d.h. sie besitzen keine überflüssigen Fettpolster.

Die Nutzungsdauer von Ebern und Sauen ist oft wegen Fundamentschäden begrenzt. Daher muß bei jungen Tieren für die Reproduktion besonders auf korrektes Beinwerk und einwandfreie Bewegungsabläufe geachtet werden. In Abbildung 2-14 sind die wichtigsten Fundamentfehler bei linearer Beurteilung nach van Steenbergen (1989) beschrieben.

Bei der Auswahl von Zuchttieren muß auch auf die Anzahl und Qualität der

Übersicht 2-10 Beurteilungsschema mit Punktbewertung

Bewertungsmerkmale	Höchstpunktzahl
Gesamteindruck – Körperentwicklung: Alter und Rasse entsprechendes Körpergewicht – Typ: Fleischschwein (lang, trocken)	15
Wertvolle Körperteile – Schulter: schräg (steil); festanliegend (lose); breit u. voll bemuskelt (schmal u. flach bemuskelt) – Widerrist: breit (schmal)	10
– Rücken: lang (kurz) breit (schmal) – Lende breit (schmal)	15
– Schinken: von der Seite gesehen: lang (kurz); schwach geneigt (abfallend); voll bemuskelt (flach bemuskelt) von hinten gesehen: breit (schmal); innen u. außen voll bemuskelt (flach bemuskelt)	20
Merkmale für Fettansatz – Backe: trocken (schwammig) – Hals: trocken (schwammig)	5
– Bauch: geräumig (aufgezogen, flach); straff (lose, verfettet)	5
– Innenschinken: trocken (schwammig, fett)	10
Fundament – Beschaffenheit: mittelstark (grob, fein); Gelenke: klar und breit (unklar, schmal); Fesseln: kräftig u. elastisch (lang, kurz, weich, steil); Klauen: gleichmäßig u. fest (ungleichmäßig, gespreizt)	5
– Stellung und Gang: Beinstellung korrekt gerade (zeheneng, zehenweit, x-beinig, o-beinig); Vorderbein: (vorbiegig, rückbiegig); Hinterbein: (zu stark gewinkelt, zu steil, unterständig); Gang: frei (steif); Gang gerade (schwanken)	5
Geschlechtsmerkmale – a) Eber Hoden: gleichmäßig (ungleichmäßig); mittelgroß (zu groß, zu klein); straff aufgehängt (lose) Zitzen: beiderseitig mindestens je 7 vollentwickelte Zitzen – b) Sau Gesäuge: Drüsengewebe (Fettgewebe); gleichmäßig (ungleichmäßig); gesund (krankhaft verändert); Zitzen: beiderseitig mindestens je 7 Zitzen; gleichmäßig verteilt (ungleichmäßig); kräftig entwickelt (zu lang, zu fein, Kraterzitzen)	10
Punktzahl	100

Zitzen geachtet werden. Die Zuchtverbände fordern von Ebern und Sauen in der Regel 7/7 Zitzen; Krater- Stülp- und Zwischenzitzen dürfen nicht vorhanden sein. Van Brevern et al. (1994) fanden an einem repräsentativen Material im Mittel 14,0 Zitzen insgesamt mit 0,34 Zitzenanomalien. Unter Berücksichtigung der Wurfumwelteffekte lag die Heritabilität für die Zitzenmerkmale bei $h^2 = 0,1$.

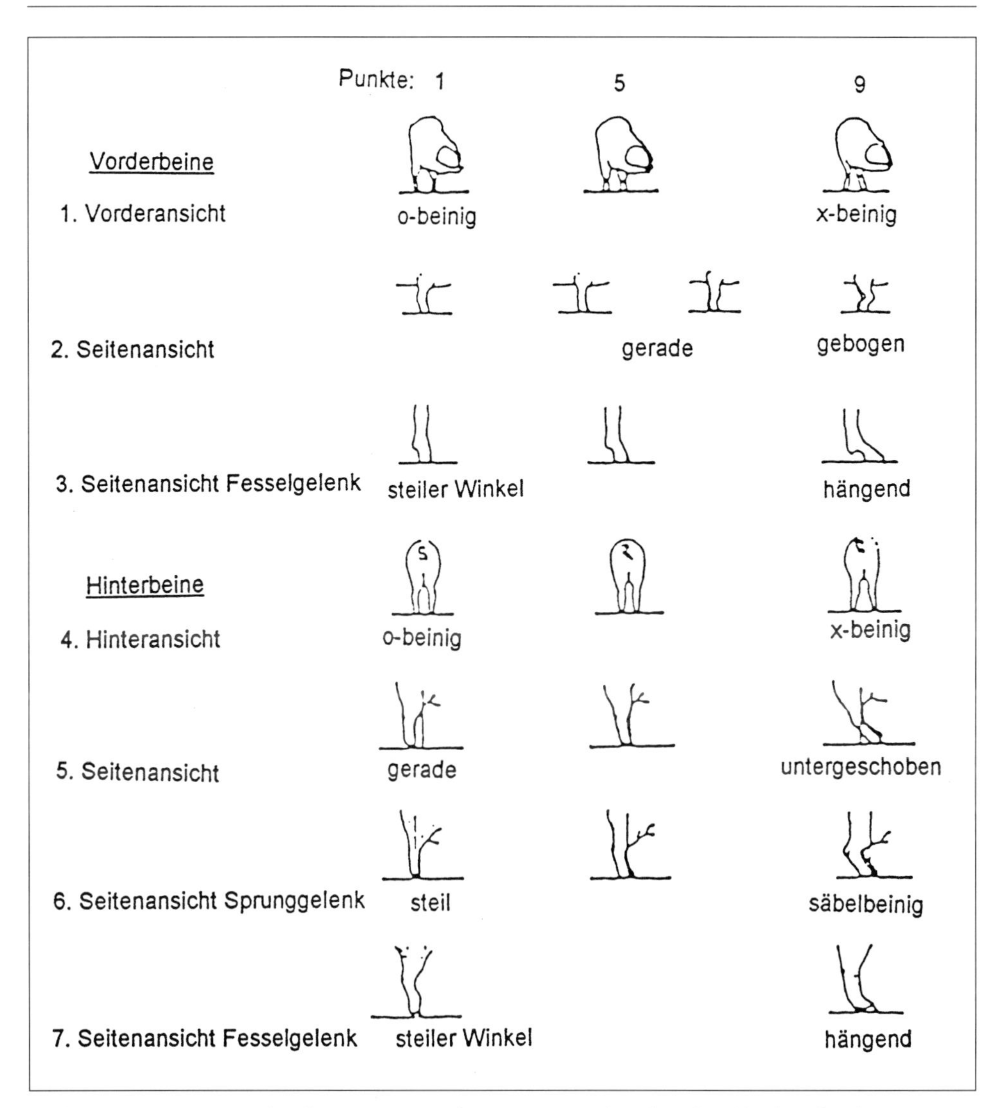

Abb. 2-14 Lineare Beschreibung von Konformationsmerkmalen der Gliedmaßen beim Schwein (nach Steenbergen 1989)

2.2.3.2 Reproduktionsmerkmale

Die Reproduktionsleistungen von Sauen und Ebern sind von hoher wirtschaftlicher Bedeutung und gleichzeitig Voraussetzung für eine effiziente Zuchtarbeit. Der überwiegende Teil der jährlich für Fütterung, Haltung und Betreuung einer Sau anfallenden Kosten sind fixe Kosten, also von der Leistung unabhängig. Je höher die Anzahl der je Jahr und Sau erzeugten Ferkel ist, um so geringer ist die Kostenbelastung je Ferkel.

Die Merkmale der Fortpflanzung sind geschlechtsspezifisch. Allen gemeinsam ist der geringe Erblichkeitsanteil (h^2 = 0,03 bis 0,20) und eine hohe Beeinflussung durch die Umweltgestaltung.

2.2.3.2.1 Reproduktionsmerkmale der Eber

In Abhängigkeit von endogenen und exogenen Faktoren und der hormonellen Steuerung (GnRH, Testosteron) tritt die **Geschlechtsreife** beim Eber im Alter von 4 bis 6 Monaten ein. Erst nach einer weiteren körperlichen Entwicklung erreicht der Jungeber mit einem Alter von etwa 7 Monaten und einem Gewicht von etwa 130 kg die **Zuchtreife**. Für die Zucht ausgewählte Eber, die eine Eigenleistungsprüfung absolviert haben, kommen für den künftigen Einsatz in ferkelerzeugenden Betrieben oder Besamungsstationen zum Verkauf. Zu diesem Zeitpunkt ist die körperliche Entwicklung noch nicht abgeschlossen und das Spermaproduktionsvermögen nicht voll entwickelt. Ein Deckakt oder Ejakulat pro Woche entspricht bei Jungebern der vorhandenen Sexualpotenz.

In einem Alter von 2 bis 3 Jahren sind die Eber ausgewachsen und erreichen dann ihre maximale Spermaproduktion. 2 Sprünge je Woche gewährleisten die höchste Spermienproduktion je Zeiteinheit. Das Ende der **Nutzungsdauer** (ND) eines Ebers ist zumeist nicht biologisch determiniert (5 Jahre sind erreichbar), sondern vielmehr abhängig von züchterischen Aspekten (Gefahr von Inzest; Maximierung des Zuchtfortschrittes in der Zeiteinheit) oder nachlassendes Sprungvermögen und schlechtere Spermaqualität. Einer Analyse von Hahn (1989) zufolge beträgt der jährliche Abgang bei den Besamungsebern rund 40 %, was einer durchschnittlichen ND von 2,5 Jahren entspricht. Die Hauptabgangsursachen waren Samenqualität (43 %) und Deckvermögen (42 %). Spermamerkmale unterliegen dem Einfluß von Rasse, Alter der Eber, KB-Station, Jahreszeit und MHS-Status (Kalchreuter 1985; Gregor und Hardge 1995). In den Sommermonaten ist die Spermiogenese geringer, im IV. Quartal am höchsten. Ursachen dafür werden in der Tagesperiodizität und/oder in den Temperaturen gesehen.

Individuelle Unterschiede bestehen im **Befruchtungsvermögen** der Eber. Es wird gemessen anhand der durchschnittlichen Wurfgröße und der Abferkelrate aller von einem Eber belegten Sauen.

2.2.3.2.2 Reproduktionsmerkmale der Sauen

Mit der ersten Rausche einer Jungsau wird die **Geschlechtsreife** erreicht. Bei Analysen an Feldmaterial tritt die Pubertätsrausche im Mittel um den 200. Lebenstag ein, mit einer erheblichen Streuung. Auf den Eintritt der Geschlechtsreife haben innere und äußere Faktoren wie Rasse, Alter, Gewicht, Jahreszeit, Stallklima, Fütterung und Management Einfluß. Eine Vorverlegung der Pubertät ist durch Eberkontakt, Buchten- und Partnerwechsel möglich und im Interesse einer frühen Zuchtbenutzung erwünscht.

Die **Zuchtreife**, also der Zeitpunkt der tatsächlichen Zuchtbenutzung, wird zu einem späteren Alter erreicht. Sie setzt eine entsprechende körperliche und physische Reife voraus. Jungsauen werden mit einem Alter von etwa 8 Monaten zur Zucht benutzt, wenn sie ein Gewicht von über 110 kg erreicht haben und nachdem sie im Hinblick auf eine höhere Ovulationsrate bereits eine Rausche hatten.

In der Zielstellung soll eine Jungsau im Alter von einem Jahr den 1. Wurf haben und eine lange **Nutzungsdauer** aufweisen. Abgeleitet aus einem etwa 40 %igen jährlichen Ersatz durch Jungsauen errechnet sich eine ND von 2,5 Jahren bzw. 5 Würfe. Mit dem Ausscheiden zu etwa 60 % wegen Fruchtbarkeitsstörungen erreicht die Mehrzahl der Sauen nicht die leistungsstärksten Wurfnummern.

Wesentliche Merkmale der Fruchtbarkeit und Aufzuchtleistung sind:
- insgesamt geborene Ferkel je Wurf (IGF)
- lebend geborene Ferkel je Wurf (LGF)
- totgeborene Ferkel je Wurf (TGF)
- aufgezogene Ferkel je Wurf am 21. Lebenstag oder beim Absetzen (AGF).

Zur Beurteilung der Herdenleistung werden diese Kennzahlen als Mittelwerte berechnet. Weitere Herdenkennzahlen sind:
- Abferkelrate = Anteil der abferkelnden Sauen an den Belegungen
- Serviceperiode = Tage zwischen Absetzen des Wurfes und neuer Konzeption
- Trächtigkeitsdauer = Tage zwischen Konzeption und Wurf
- Wurfabstand = Tage zwischen 2 aufeinanderfolgen Würfen
- Wurfhäufigkeit = durchschnittliche Anzahl Würfe im Jahr je Sau. (365 : Wurfabstand = Wurfhäufigkeit)

In Übersicht 2-11 sind die einzelnen Abschnitte im Reproduktionszyklus der Sau dargestellt. Die Hauptkriterien zur Bestimmung der wirtschaftlichen Zielgröße der Ferkelproduktion „aufgezogene Ferkel je Sau und Jahr" sind die Wurfgröße, die Aufzuchtverluste und der Wurfabstand.

Die **Wurfgröße** ist zunächst genetisch bedingt. Rassen unterscheiden sich in ihren Mittelwerten und Kreuzungssauen besitzen aufgrund von Heterosis eine bessere Veranlagung. Als Folge der starken Umwelteffekte zeigt die Wurfgröße

Übersicht 2-11 Zeitintervalle im Reproduktionszyklus einer Sau

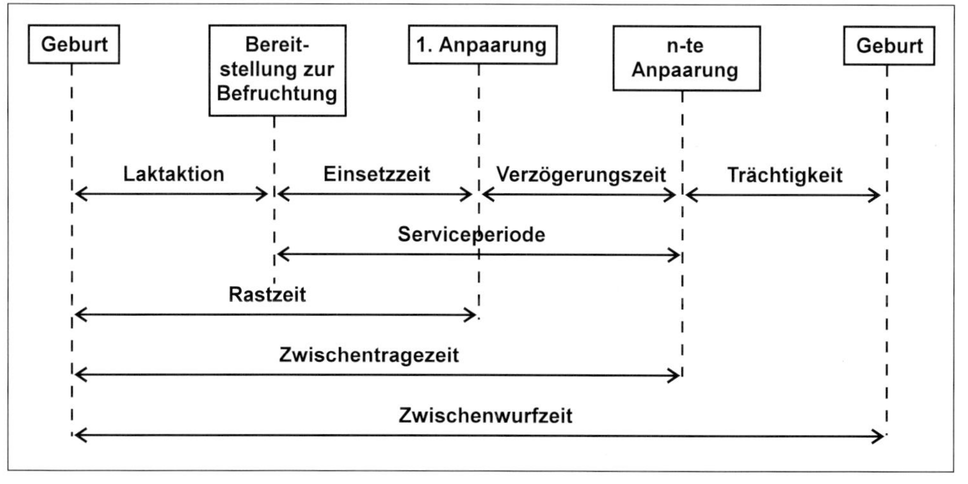

eine hohe Variabilität, 3 bis 20 Ferkel/W treten auf. Zu große Würfe (über 14 LGF) sind unerwünscht wegen der zu niedrigen und auch unausgeglichenen Geburtsgewichte, die hohe Aufzuchtverluste zur Folge haben.

Die Wurfnummer (Parität) hat einen Einfluß auf die Wurfgröße. Würfe von Jungsauen haben 1 bis 1,5 Ferkel weniger als Altsauen. Im 4. bis 6. Wurf erreicht die Ferkelzahl ihren Höhepunkt.

Als oberste Grenze für die Wurfgröße ist die **Ovulationsrate** anzusehen, Altsauen europäischer Rassen ovulieren zwischen 18 und 23 Eizellen (Bauer et al. 1990). Umwelteinflüsse und die Kondition der Sau beeinflussen die Ferkelzahl. Die **Befruchtungsrate** liegt in Abhängigkeit vom optimalen Belegungszeitpunkt bei 95 %. Einen entscheidenden Einfluß auf die Wurfgröße hat die **embryonale Mortalität** in den ersten 4 Wochen nach der Konzeption. Bis zu 30 % der vorhandenen Embryonen sterben in der Nidations- und Implantationsphase ab (König 1982). Nachgewiesen ist ein genetischer Einfluß auf die Höhe der embryonalen Verluste. Streßsituationen erhöhen die intrauterinen Verluste.

Über eine Verkürzung des **Wurfabstandes** sind nachhaltige Verbesserungen der Jahresleistung möglich. Während die Trächtigkeitsdauer, die im Mittel 115 Tage beträgt, biologisch determiniert ist, können die Teilkomponenten Säugezeit und Serviceperiode durch Maßnahmen des Managements variiert werden.

Die **Säugezeit** beträgt traditionell 8 Wochen. Der wirtschaftliche Zwang zur rationellen Nutzung von Sauen und Abferkelställen führt zur Verkürzung der Säugezeit bis auf 21 Tage. Das ist als biologische Grenze zu betrachten, da erst zu diesem Termin die Uterusinvolution abgeschlossen ist und andererseits die Ferkel ein Gewicht von mindestens 6 kg erreicht haben, mit dem eine mutterlose Aufzucht wirtschaftlich zu vertreten ist. Ein extremes Frühabsetzen stellt erhöhte Anforderungen an die Gestaltung der Umwelt und an die Futterqualität für die Absatzferkel sowie an die Fähigkeiten des Tierhalters. Nach ZDS-Angaben (1993) praktizieren 50 % der Betriebe in Deutschland eine Säugezeit von bis zu 4 Wochen.

Während der Säugezeit besteht bei der Sau ein hormonell gesteuerter Laktationsanöstrus.

Die **Serviceperiode** umfaßt zunächst den Zeitraum zwischen dem Absetzen der Ferkel und dem Östrus, der im Mittel 5 Tage beträgt. Diese Zeitspanne erhöht sich durch den Anteil umrauschender und nichttragender Sauen bis zur Konzeption (Verzögerungszeit) oder ihrer Entfernung aus der Herde. Um diese Zeiten zu minimieren ist eine möglichst sichere und frühzeitige Trächtigkeitsdiagnose (Ultraschallverfahren) anzuwenden. Bei einem erhöhten Anteil solcher Problemsauen kann sich die Serviceperiode einer Herde schnell auf 30 Tage steigern, mit entsprechenden Wirkungen auf die Wurfhäufigkeit, die trotz kurzer Säugezeiten im Mittel der Betriebe nur bei 2,0 liegt.

Von der Relation Jungsauen- zu Altsauenwürfe wird die Wurfgröße einer Herde ebenfalls beeinflußt. Je höher der Anteil Erstlingswürfe in einer Herde ist – eine kurze Nutzungsdauer zwingt zu verstärkter Remontierung – um so ungünstiger sind die mittlere Wurfgröße und damit die Erzeugungskosten der Ferkel eines Betriebes.

Langfristig betrachtet hat sich die Wurfgröße europäischer Rassen wenig verändert. Durch verringerte Verluste hat sich dagegen die Aufzuchtleistung ständig verbessert und durch Erhöhung der Wurfhäufigkeit die Anzahl der aufgezogenen Ferkel je Sau und Jahr.

Gegenüber genetischen Effekten dominieren eindeutig die Fortschritte in Technik und Management bei der Erhöhung der Aufzuchtleistung. Zukünftig sind durch die

- Anwendung der BLUP-Zuchtwertschätzung (Röhe und Kalm 1994),
- Nutzung von fruchtbaren chinesischen Rassen (Horst 1988),
- der sog. „Hyperprolific-Selektion" (Loft 1992)
- und einer markergestützten Selektion, z. B. für das Östrogenrezeptorgen (Rothschild et al. 1994) (1.1.6.7.5, Tab. 1-13), deutlich höhere züchterische Fortschritte bei der Verbesserung der Wurfgröße möglich.

2.2.3.3 Mastleistungsmerkmale

In der Schweinemast wird gezielt das Jugendwachstum der Tiere genutzt, wobei hohe Wachstumsleistungen verbunden mit einem hohen Proteinansatz bei günstiger Futterverwertung erreicht werden können.

Endogene Einflüsse auf die Merkmale der Mastleistung sind gegeben durch die genetische Veranlagung z.B. Rasse, Hybriden, Geschlecht, das Alter bzw. das Gewicht der Tiere.

Exogene Einflüsse auf die Mastleistung üben die Intensität und Qualität der Fütterung, die Haltungsverfahren und der Gesundheitszustand aus.

Die Mastleistung beim Schwein wird durch folgende Merkmale charakterisiert:

- Lebenstagszunahme = Lebendgewicht : Alter
- Tägliche Zunahme = Zuwachs im Mastabschnitt : Masttage
- Nettotageszunahme = Schlachtkörpergewicht : Lebensalter
- Futteraufwand oder Futterverwertung = Futterverbrauch je kg Zuwachs
- Futterverzehr oder Futteraufnahme = durchschnittlicher Futterverzehr je Tag.

Das **Wachstum** verläuft nicht gleichförmig. Wie aus der Abb. 2-15 ersichtlich ist, steigt die Wachstumskurve postnatal auf ein Spitzenniveau bei einem Alter von etwa 140 bis 180 Tagen. Das entspricht einem Gewicht von etwa 50 bis 80 kg. Danach fällt die Wachstumskurve stark ab. Weitere Zunahmen bestehen vermehrt aus Fettansatz.

Eber und Kastraten haben in der Mast höhere Zunahmen als weibliche Mastschweine.

Die **Futterverwertung** als wirtschaftlich bedeutendstes Merkmal der Mast steigt progressiv mit dem Gewicht der Schweine. Ferkel haben die günstigste Futterverwertung (unter 2,0 kg Trockenfutter je kg Zuwachs) und schwere Mastschweine benötigen mehr als 5,0 kg Futter /kg Zuwachs (Abb. 2-16).

Ursächlich hängt dieser Tatbestand mit dem höheren Erhaltungsfutteranteil, dem begrenzten Futteraufnahmevermögen und dem progressiven Fettansatz schwerer Schweine zusammen. Die schlechtere Futterverwertung der Kastraten ist auf den höheren Fettanteil im Schlachtkörper zurückzuführen.

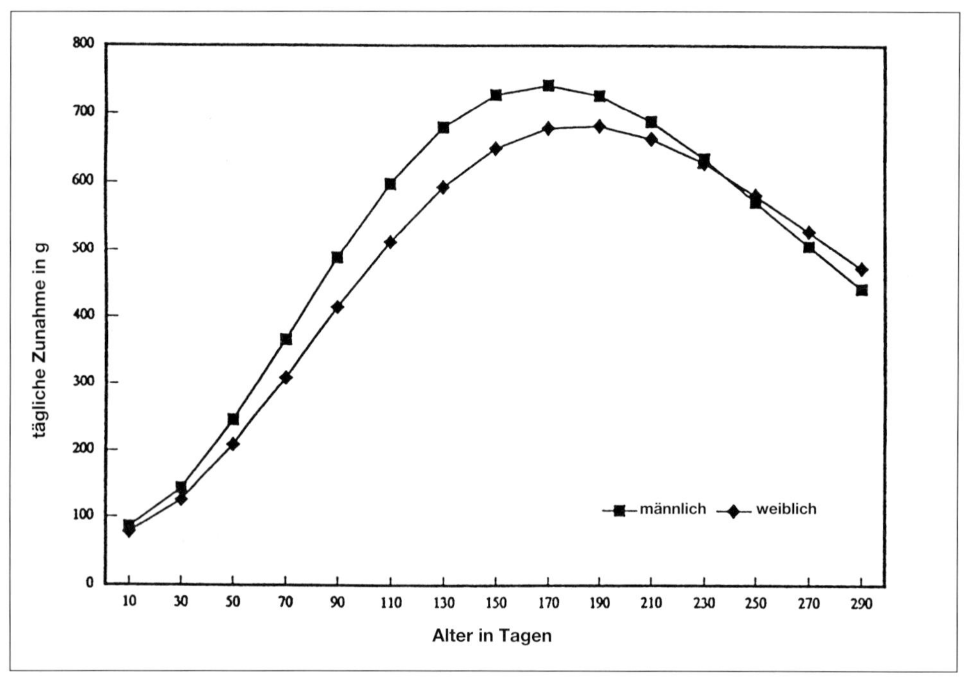

Abb. 2-15 Tägliche Zunahmen in Abhängigkeit vom Alter und Geschlecht (Fuchs 1992)

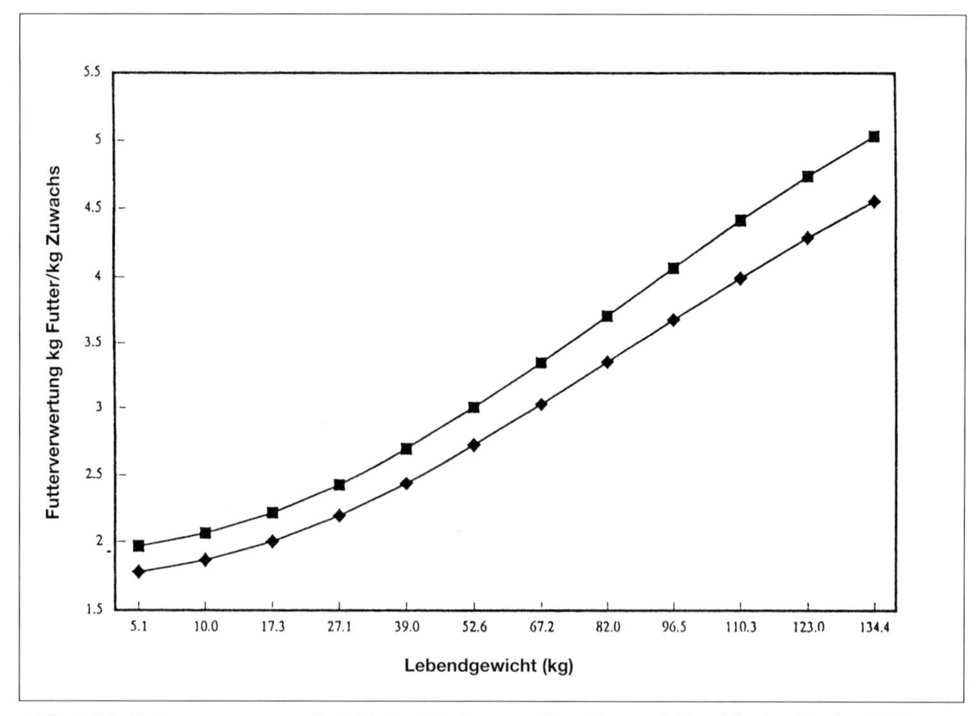

Abb. 2-16 Futterverwertung in Abhängigkeit vom Gewicht und Geschlecht (Fuchs 1992)

Abb. 2-17 Genetische Korrelationen zwischen Merkmalen der Mast- und Schlachtleistung

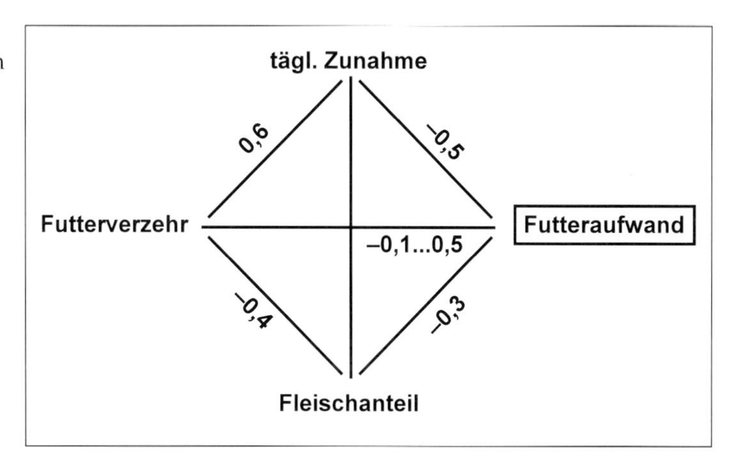

Voraussetzung für eine hohe Zunahme ist ein möglichst hoher **Futterverzehr** je Tag und Schwein. Ausschlaggebend für eine hohe Futteraufnahme ist die Schmackhaftigkeit des Futters und ein hoher physiologischer Nährstoffbedarf. Es ist eine bekannte Tatsache, daß gerade bei extremen Fleischschweinen der Futterverzehr vermindert ist, z. B. bei der Rasse Pietrain. Offenbar ist bei dieser Rasse der Appetit aufgrund des hohen Protein- aber niedrigen Fettansatzes geringer als bei anderen Rassen.

Alle Merkmale der Mastleistung stehen in mehr oder weniger engen Beziehungen. Der Abb. 2-17 ist zu entnehmen, daß eine hohe Futteraufnahme positiv mit der täglichen Zunahme korreliert und diese wiederum die Futterverwertung günstig beeinflußt. Die Korrelation zwischen Futteraufnahme und Futterverwertung ist dagegen nicht eindeutig.

Zum Merkmal Magerfleischanteil bestehen mittlere Beziehungen. Fleischreiche Tiere nehmen demnach weniger Futter auf und haben eine bessere Futterverwertung.

2.2.3.4 Schlachtkörperqualitätsmerkmale

Die Merkmale der Schlachtkörperqualität haben bei der Vermarktung einen großen Einfluß auf den Erlös und umfassen weiterhin Kriterien, die der Wertschätzung des Verbrauchers unterliegen.

In der Übersicht 2-12 wird zunächst ein Überblick über die Begriffe und ihre Einordnung gegeben.

Hauptkriterien der Schlachtkörperqualität sind die Schlachtkörperzusammensetzung, die Beschaffenheit des Fleisches und des Fettes.

2.2.3.4.1 Schlachtkörperzusammensetzung

Eine Zerlegung in die Gewebeanteile bleibt des Aufwandes wegen wissenschaftlichen Untersuchungen vorbehalten. Einfache Messungen von Speck- und

Übersicht 2-12 Übersicht über die Schlachtkörperqualitätsmerkmale

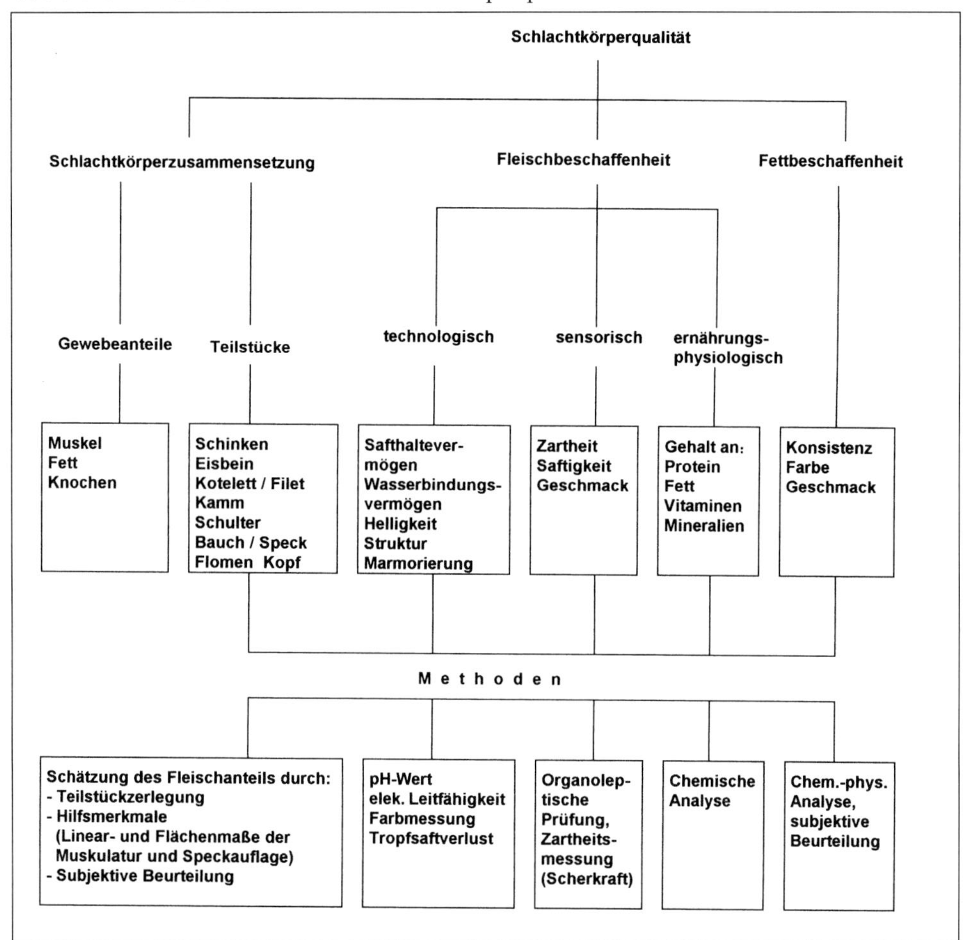

Fleischdicken oder -flächen können als Hilfsmerkmale genutzt werden, um schnell und mit relativ hoher Sicherheit den Fleischanteil des Schlachtkörpers zu beschreiben. Die Korrelation zwischen Hilfsmerkmalen und tatsächlichem Fleischanteil liegt bei r = 0,8.

Insbesondere die Speckdicke über der Rückenmitte, dem Widerrist und dem Lendenmuskel oder seitlich der Rückenmitte an definierten Stellen der Schlachthälfte bzw. die Dicken- oder Flächenmessung des Kotelettmuskels (M. longissimus dorsi) zwischen 13. und 14. Rippe sind übliche und aussagefähige Hilfsmerkmale.

Diese Kriterien können sowohl direkt an der Schlachthälfte als auch am lebenden Tier mittels Ultraschallmeßgeräten ermittelt werden.

Einen endogenen Einfluß auf die Zusammensetzung des Schlachtkörpers haben die Rassenzugehörigkeit, das Geschlecht und das Schlachtgewicht.

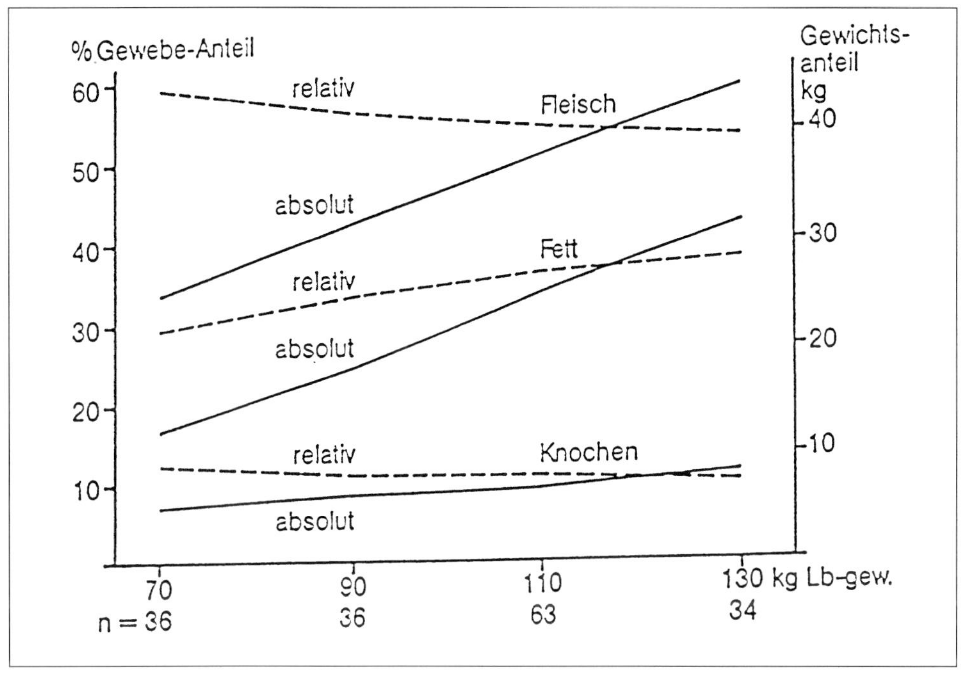

Abb. 2-18 Absolutes und relatives (%) Wachstum von Fleisch-, Fett- und Knochengewebe beim Schwein. Mittelwert aus weiblich, männlich und männlich kastriert (Hansson 1974)

Tab. 2-6 Körperzusammensetzung in Abhängigkeit vom Geschlecht, % Gewebeanteil bei 110 kg (Landrasse, ohne Kopf und Füße) (nach Hansson 1974)

Gewebe	Börge	Sauen	Eber
% Muskelfleisch	51,6	53,2	56,8
% Fett	38,4	36,4	32,4
% Knochen	9,9	10,3	10,7

Durch die Fleischschweinzüchtung hat sich das genetisch bedingte Verhältnis von Fleisch : Fett im Schlachtkörper deutlich zugunsten des Fleischanteils verändert. Pietrain, eine extreme Fleischrasse, erreicht derzeit einen Magerfleischanteil von 64 %. Weitere Selektionserfolge im Fleischanteil sind möglich, aber im Interesse einer guten Konstitution der Tiere kaum zu befürworten.

Mit steigendem Gewicht des Schweines erhöht sich das Gewicht von Fleisch, Fett und Knochen absolut gesehen; der relative Anteil von Fleisch und Knochen verringert sich jedoch. Dagegen nimmt der Fettanteil schwerer Schweine kontinuierlich zu (Abb. 2-18).

Der Einfluß des Geschlechtes auf die Körperzusammensetzung wurde von Hansson (1974) intensiv untersucht. Bedingt durch die anabole Wirkung der androgenen Steroidhormone auf das Muskelwachstum weisen Eber den höchsten Muskelfleischanteil auf. Andererseits haben weibliche Mastschweine einen fleischreicheren Schlachtkörper als Börge (Tab. 2-6).

Die Mast von Ebern, die nach einer EU-Richtlinie ab 1.1.93 bis zu einem Schlachtgewicht von 80 kg erlaubt ist, stößt in der Bundesrepublik auf Ablehnung. Den Vorteilen, wie höhere Zunahmen, bessere Futterverwertung, höherer Fleischanteil und Verzicht auf Kastration stehen Nachteile gegenüber, wie das Auftreten von unakzeptablen Geruchs- und Geschmacksabweichungen durch den Gehalt von Androstenon und Skatol bei einem Teil der Schlachtkörper, den Aufwand einer objektiven Einzelprüfung am Band und die damit verbundenen Mindererlöse.

Von den exogenen Einflüssen auf die Schlachtkörperqualität hat die Fütterungsintensität bzw. Futterzusammensetzung eine ausschlaggebende Bedeutung. Höhere Zunahmen sind in der Regel mit einem höheren Fettansatz verbunden.

Haltungsverfahren üben keinen direkten Einfluß auf die Schlachtkörperzusammensetzung aus. Nur über eine Wirkung auf die Zunahme sind Veränderungen der Schlachtleistung zu erwarten.

Erzeuger erhalten vom Schlachthof einen Erlös entsprechend dem Schlachtgewicht und dem Magerfleischanteil ihrer Schweine. Die Klassifizierung erfolgt auf der Grundlage der Handelsklassen-Verordnung vom 1.1.85 mit der Ergänzung zur einheitlichen EU-Schnittführung vom 1.7.94.

Der Tabelle 2-7 ist zu entnehmen, daß Mastschweine in 5 Handelsklassen, Merzungssauen in 2 und Altschneider in 1 Klasse einzustufen sind.

In den Schlachthöfen wird der Magerfleischanteil mit dem FOM-Gerät (Fat-o-Meater) bestimmt. Es arbeitet auf der Basis der Infrarot-Technik. Eine Sonde wird im Lendenbereich 8 cm seitlich der Trennlinie in die Hälfte eingestochen und

Tab. 2-7 Handelsklassenschema

Handelsklasse	Anforderungen	HK-Anteil 1993* %
	mittels zugelassenem Verfahren ermittelter Muskelfleischanteil des Schweineschlachtkörpers mit einem Schlachtgewicht von 50 kg und mehr, jedoch weniger als 120 kg, in %	
E	55 und mehr	52,1
U	50 und mehr, jedoch weniger als 55	35,0
R	45 und mehr, jedoch weniger als 50	8,5
O	40 und mehr, jedoch weniger als 45	1,1
P	weniger als 40	0,1
M 1	Schlachtkörper von vollfleischigen Sauen	2,8
M 2	Schlachtkörper von anderen Sauen	
V	Schlachtkörper von Ebern und Altschneidern	
Anzahl eingestufter Schlachtkörper 1993: 29.020.345*		

*ZDS – Jahrbuch 1993

durch Reflexion die Muskel- und Fettdicke ermittelt. Aus den Meßwerten schätzt der Rechner mit Hilfe einer multiplen Regression den Magerfleischanteil.

Der Basispreis (veränderlicher Marktpreis) bezieht sich auf einen Fleischanteil von 55 %. Zuschläge werden für einen höheren und Abschläge für einen niedrigeren Fleischanteil gezahlt.

Im Mittel werden mehr als 50 % aller Mastschweine in die Handelsklasse E eingestuft. Der mittlere Magerfleischanteil aller Schlachtschweine liegt derzeit zwischen 55 und 56 %.

2.2.3.4.2 Fleischbeschaffenheit

Die Qualität von Schweinefleisch steht stärker in der Diskussion beim Verbraucher und in der Aufmerksamkeit der Forschung als das Fleisch anderer Tierarten. Im Zusammenhang mit der züchterischen Erhöhung des Fleischanteils trat ein deutlicher Verlust an Fleischqualität und Belastbarkeit beim Schwein ein.

In der Übersicht 2-13 sind die Komponenten der Qualität aus unterschiedlicher Sicht in der linken Spalte dargestellt.

Für den Verbraucher spielen die Inhaltsstoffe des Lebensmittels wie Eiweiß, Vitamine und Mineralstoffe eine positive Rolle; Energie- (Fett), Cholesterin- und Puringehalt sind dagegen negativ belegt. Die hygienisch-toxikologische Qualität wird durch gesetzliche Vorschriften bei der Fleischgewinnung und einschlägige Kontrollen gesichert.

Insbesondere die sensorischen Eigenschaften wie Geschmack, Zartheit und Saftigkeit des Fleisches erfüllen beim modernen Fleischschwein oft nicht die Erwartungen des Konsumenten.

Übersicht 2-13 Einfluß der Produktionsfaktoren und des Verbrauchers auf die Produktqualität (nach Kallweit 1992)

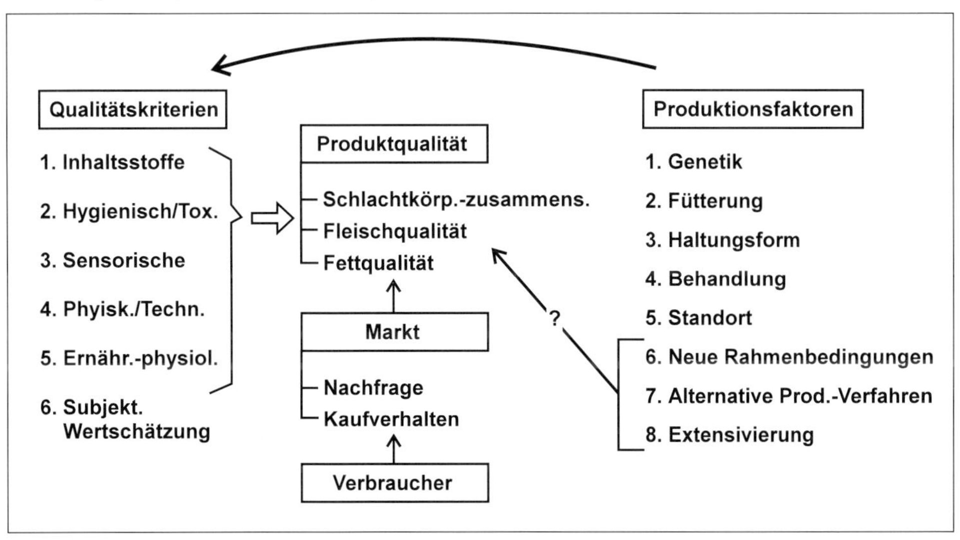

Aus der Sicht der Verarbeitung sind die physikalisch-technologischen Eigenschaften wie Wasserbindungsvermögen, Konsistenz, Farbe und pH-Wert von Bedeutung.

Kallweit (1992) hat als neues Kriterium die subjektive Wertschätzung des Verbrauchers aufgenommen. Traditionell wird diese Komponente z. B. durch soziale Herkunft, Status- und Gesundheitsbewußtsein und kulturelle Einflüsse geprägt. Der Verbraucher entwickelt unter dem Einfluß der Motivation für den Umwelt- und Tierschutz neue Wertkriterien, wie die Frage nach der Herkunft des Lebensmittels, nach der artgerechten Tierhaltung, Fütterung ohne Leistungsförderer und streßarmen Tiertransport.

Mit diesen neuen Qualitätskriterien fordert ein Teil der Verbraucher alternative Produktionsverfahren und eine Extensivierung der Produktion, wie in der rechten Spalte der Übersicht gezeigt wird. Der Einfluß dieser Produktionsverfahren auf die meßbare Qualität ist zweifelhaft und in wissenschaftlichen Untersuchungen negativ beurteilt (z. B. van der Wal 1993). Sie erhöhen jedoch eindeutig die Herstellungskosten des Produktes.

Einfluß auf die meßbaren Produkteigenschaften nehmen die genetische Veranlagung des Tieres, die Fütterung und sehr stark die perimortale Behandlung. Hierzu zählen insbesondere Streß durch Transport und Hitze, ausreichende Ruhezeiten vor der Schlachtung, Betäubung, Schlachtung und Kühlung.

Häufig auftretende Fleischfehler sind PSE- und DFD-Fleisch. Zwischen diesen Extremen existiert eine kontinuierliche Variabilität. Mit dem blassen, weichen und wäßrigen PSE-Fleisch sind erhöhte Dripverluste bei der Lagerung, hohe Substanzverluste, eine zähe Beschaffenheit und geringe Geschmacksausprägung nach Zubereitung und eingeschränkte Verarbeitungseigenschaften verbunden.

Das dunkle, feste und trockene DFD-Fleisch hat eine schlechte Haltbarkeit und ist nach der Zubereitung zäh.

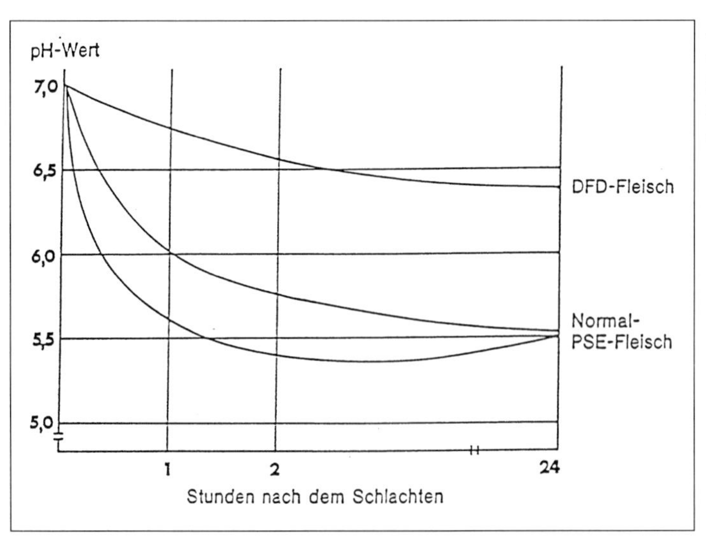

Abb. 2-19 Veränderung des pH-Wertes von Schweinefleisch verschiedener Qualitäten (Schmitten 1989)

Tab. 2-8 Richtwerte zur Beurteilung der Fleischbeschaffenheit (nach Glodek 1992)

Meßmethode		PSE[1]	Normal[1,2]	DFD[2]
pH_1	- Kotelett	< 5,6	> 5,8	--
pH_{24}	- Kotelett	--	> 5,8	> 6,0
pH_1	- Schinken	< 5,6	> 5,8	--
pH_{24}	- Schinken	--	> 5,9	> 6,1
$Göfo_{24}$	- Kotelett	< 55	55–80	> 80
LF_1	- Kotelett	> 8	< 5	--
	- Schinken	> 8	< 5	--
LF_{24}	- Kotelett	> 9	< 6	--
	- Schinken	> 9	< 6	--

[1] nicht aufgeführte Zwischenbereiche sind PSE-gefährdet
[2] nicht aufgeführte Zwischenbereiche sind DFD-gefährdet

Die Ursachen dieser Qualitätsveränderungen liegen in unerwünschten postmortalen Stoffwechselabläufen. Zur Aufrechterhaltung der Temperatur erfolgt nach der Schlachtung eine anaerobe Energiegewinnung in der Muskulatur. Aus dem vorhandenen Glykogen wird Milchsäure gebildet, die zur Senkung des pH-Wertes führt (Abb. 2-19). Ein rascher Abfall des pH-Wertes charakterisiert PSE-Qualität, eine verzögerte Säuerung und ein hoher End-pH-Wert DFD-Fleisch.

Zur objektiven Klassifizierung der Fleischbeschaffenheit werden weiterhin die elektrische Leitfähigkeit (LF) und die Messung der Lichtreflexion bzw. Farbhelligkeit (Göfo) genutzt. Da die Veränderungen zeitabhängig verlaufen, werden die Messungen 45 Minuten und 24 Stunden post morten durchgeführt und die Einstufung nach den Werten in Tabelle 2-8 vorgenommen. Eine Zusammenfassung mehrerer Merkmale zu einem Index stellt die Fleischbeschaffenheitszahl nach Valle-Zarate (1983) dar.

Eine Bezahlung der Schlachtkörper nach der Fleischbeschaffenheit erfolgt bisher noch nicht oder nur in speziellen Qualitätsfleischprogrammen.

Die züchterische Arbeit richtet sich auf die Erhaltung und Verbesserung der Fleischqualität. Aktuelle züchterische Bemühungen zielen darauf ab, mittels Gen-Diagnose und Selektion die schädliche Genvariante des Ryanodin-Rezeptorgens (MHS-Gen) aus den Mutterpopulationen zu eliminieren (1.1.6.7.4). Für die Verbesserung von Fleischqualität und Belastbarkeit hat sich auch die Selektion gegen ein hohes Niveau des Muskel-Enzyms Kreatinkinase als geeignet erwiesen (v. Lengerken et al. 1992).

2.2.3.4.3 Fettbeschaffenheit

Mit dem Anteil ungesättigter und kürzerer Fettsäuren (FS) wird die Konsistenz des Speckes weicher. Farbliche und geschmackliche Abweichungen des Fettes rühren vorrangig von den verabreichten Futtermitteln her (Mais, Fischmehl), da die FS z.T. ohne Umwandlung in körpereigene Fettdepots eingebaut werden.

Zur Bestimmung von qualitativen Unterschieden wird der Schmelzpunkt und die Jodzahl des Fettes herangezogen bzw. das Fettsäuremuster bestimmt.

In der Verarbeitung sind mehrfach ungesättigte FS wegen der mangelnden Oxidationsstabilität unerwünscht, ihr Anteil soll unter 14 % liegen.

Entsprechend der Lokalisation wird zwischen subkutanem Fett (Speck), dem Innenfett (Flomen und Darmfett), dem intra- und intermuskulären Fett (Marmorierung) unterschieden.

Verkostungen haben gezeigt (Brenner und Surmann 1991), daß zwischen dem Gehalt an intramuskulären Fett und der sensorischen Beurteilung eine positive Beziehung besteht. Optimal wird ein intramuskulärer Fettgehalt von 2,0 bis 2,5 % angesehen (Schwörer und Rebsamen 1990). Heutige Hybridmastschweine weisen jedoch nur noch einen Gehalt um 1,0 % auf.

2.2.3.5 Streßempfindlichkeit

Das Schwein ist aufgrund seiner anatomisch-physiologischen Verhältnisse (geringes relatives Herzgewicht, ungünstiges Diastolen-Systolen-Verhältnis, relativ geringes Blutvolumen, hohe Blutviskosität, keine Schweißdrüsen) wenig streßstabil. Durch die Züchtung auf Fleischansatz ist diese Situation verschärft worden.

Ausdruck einer mangelnden Sreßbelastbarkeit sind erhöhte Mast- und Transportverluste; aber auch das verstärkte Auftreten von Fleischbeschaffenheitsmängeln hängt mit mangelnder Reaktionslage gegenüber Belastungen zusammen. Streßempfindlichkeit ist als eine verminderte Anpassungsfähigkeit des Organismus an physische und psychische Belastungen zu definieren.

Bei auftretenden Belastungen wird über neurohormonale Steuerung eine rasche Energiebereitstellung gesichert. Vorrangig werden zur Energiegewinnung die Glykogenvorräte herangezogen. Beim streßstabilen Tier wird es über Glukose und Pyruvat in den Mitochondrien aerob zu CO_2 und H_2O abgebaut mit einer Energieausbeute von 38 Mol ATP je Mol Glukose. Das streßlabile Tier baut dagegen das Pyruvat vermehrt anaerob zu Laktat ab mit einer Energieausbeute von nur 2 Mol ATP. Beim lebenden Tier kann eine sehr hohe Laktatkonzentration zum Exitus führen.

Weitere Einsichten in den Zusammenhang zwischen Fleischanteil und Streßlabilität vermitteln z. B. Untersuchungen von Schlegel (1982), Finger et al. (1986) und Fewson et al. (1993) an den Muskelfaserzellen. Die Vergrößerung des Muskelwachstums durch Selektion beruht auf einer Hypertrophie der Muskelfasern (Tab. 2-9). Bei fleischreichen Rassen sind je Flächeneinheit weniger aber dickere Muskelzellen vorhanden mit entsprechenden Nachteilen für den Muskelstoffwechsel. Die als physiologisch degeneriert anzusehenden Giant-Muskelfasern treten häufiger bei Fleischrassen auf.

Darüber hinaus verändern sich beim Fleischschwein die Anteile der Fasertypen von den roten zu den intermediären und weißen Muskelfasern (Tab. 2-10). Welche Folgen das für den Energiestoffwechsel hat, ist den in Übersicht 2-14 zusammengestellten Eigenschaften dieser 3 Fasertypen zu entnehmen.

Für die Verbesserung der Belastbarkeit und Fleischqualität beim Schwein bietet sich gegenwärtig die MHS-Sanierung an. Die maligne Hyperthermie ist Teil des Porcinen Streßsyndroms (PSS). In der Vergangenheit erfolgte die MHS-Diagnose mittels Halothantest. Die streßanfälligen Tiere zeigten im Test während

Tab. 2-9 Rasseneffekte für die Durchmesser (μm) der vier Fasertypen (nach Fewson et al. 1993)

Herkunft	Rot	Intermediär	Weiß	Giant
PI	63,5	56,0	72,9	99,4
DLS	49,0	42,1	62,2	97,2
LW	49,0	41,4	58,7	72,4
Signifikanz	***	***	***	***

Tab. 2-10 Rasseneffekte für die Anteile (%) der vier Fasertypen (nach Fewson et al. 1993)

Herkunft	Rot	Intermediär	Weiß	Giant
PI	6,54	7,60	84,63	1,22
DLS	8,52	6,05	84,93	0,44
LW	9,46	5,39	84,90	0,15
Signifikanz	*	*	n.s.	***

der Narkose krampfartige Reaktionen und einen Anstieg der Körpertemperatur. Anhand von Kreuzungsversuchen konnte nachgewiesen werden, daß ein autosomal rezessives Gen mit unvollständiger Penetranz für diese Reaktion verantwortlich ist. Der homozygot rezessive Genotyp (nn) ist streßanfällig, der heterozygote (Nn) und der homozygot dominante (NN) sind streßstabil.

Fortschritte in der molekularen Genetik führten zur Entdeckung des Ryanodin-Rezeptorgenes (RYR1), das beim Schwein auf dem Chromosom 6 liegt (Fujii. et al. 1991). Das rezessive Gen n bewirkt eine Fehlregulation des Ca^{2+}-Austausches im sarkoplasmatischen Retikulum der Skelettmuskulatur und ist die Ursache für die maligne Hyperthermie.

Mit dem MHS-Gentest (1.1.6.7.4), der die Unterscheidung der Genotypen NN, Nn und nn beim lebenden Tier ermöglicht, kommt in der praktischen Schweinezucht das erste gentechnische Verfahren zum Einsatz (Brenig und Brem 1992). Das Verfahren wurde unter der Bezeichnung „Toronto Hal-1843 DNA-Test" patentiert und entspricht der ersten molekulargenetischen Lizenz in der praktischen Tierzucht.

Bei den Mutterrassen ist mit einer kurzfristigen MHS-Sanierung zu rechnen.

Übersicht 2-14 Eigenschaften von roten, intermediären und weißen Muskelfasern in fleischproduzierenden Haustieren und Vögeln (nach Kallweit et al. 1988)

Eigenschaften	Rote	Intermediäre	Weiße
Anzahl Mitochondien	hoch	intermediär	niedrig
Größe der Mitochondien	groß	intermediär	klein
Kapillar-Dichte	hoch	intermediär	niedrig
Oxydativer Stoffwechsel	hoch	intermediär	niedrig
Glykolytischer Stoffwechsel	niedrig	intermediär	hoch
Lipid-Gehalt	hoch	intermediär	niedrig
Glykogen-Gehalt	niedrig	hoch	hoch

Tab. 2-11 Einfluß des Ryanodin-Rezeptor- Genotyps (RYR1) auf Merkmale der Mast- und Schlachtleistung (Hardge und Scholz 1994)

LS – Means		RYR – Genotyp		
		NN	Nn	nn
Tägl. Zunahme	(g/d)	746	751	754
Futterverwertung	(kg/kg)	2,86[a]	2,82[ab]	2,68[b]
Magerfleischanteil	(%)	55,7[a]	56,1[a]	57,5[b]
pH 1	(45min p.m.)	6,14[a]	5,78[b]	5,58[c]
Leitfähigkeit	(24h p.m.)	5,68[a]	8,50[b]	10,41[c]
Fleischfarbe		68,9[a]	62,5[b]	57,1[c]

$p < 0{,}05$

Für die Züchtung wichtig sind aber nicht nur die direkten sondern auch die indirekten Effekte von Majorgenen (Hauptgenen). Im Hinblick auf die Leistungen unterscheiden sich die Genotypen wie in Tabelle 2-11 dargestellt. Im Fleischanteil zeigen sich deutliche Differenzen, wobei die streßlabilen nn-Genotypen deutlich höhere Fleischanteile bei gleichzeitig schlechterer Fleischbeschaffenheit aufweisen. Die Heterozygoten nehmen bei den Merkmalen der Schlachtkörper- und Fleischqualität eine intermediäre Stellung ein.

Da die Eber und Sauen der fleischreichen Vaterrassen überwiegend zum streßanfälligen Genotyp nn gehören, ist die gezielten Erzeugung heterozygoter Genotypen (Nn) als Kreuzungsprodukt von wirtschaftlichem Interesse. Als Langzeit-Strategie fordert Webb (1995) die Eliminierung des rezessiven Gens auch in den Vaterlinien.

2.2.3.6 Merkmalsantagonismus

Unter Merkmalsantagonismen sind im züchterischen Sinne negative genetische Korrelationen zwischen wirtschaftlich wichtigen Merkmalen zu verstehen.

Von allen Nutztierarten weist das Schwein, wie auch die Ausführungen im vorangegangenen Kapitel zeigen, die intensivsten antagonistischen Beziehungen zwischen den Selektionsmerkmalen auf. Fewson (1979) hat die Antagonismen beim Schwein und die Möglichkeiten zur Abschwächung ihrer Wirkungen beschrieben.

Vor allem der Fleischanteil bzw. die Muskelfülle korreliert negativ mit allen anderen Merkmalskomplexen. Die engsten Beziehungen bestehen zur Fleischbeschaffenheit ($r = -0{,}3$). Aber auch die Fruchtbarkeit, Wachstumsleistung und Vitalität von fleischreichen Schweinen werden bei steigendem Fleischanteil beeinträchtigt. So hat z. B. das Pietrain als fleischreichste Rasse die schlechteste Fleischqualität und Belastbarkeit , eine deutlich geringere tägliche Zunahme und eine verminderte Wurfgröße.

In Mutter- und Vaterrassen mit komplementären Leistungsstrukturen werden antagonistische Merkmale auf verschiedene Rassen verteilt. Die Merkmalsstruktur bzw. die Selektionsschwerpunkte von Mutter- und Vaterrassen sind in

Tab. 2-12 Merkmalswichtungen bei komplementären Vater- und Mutterrassen

Merkmale	Vaterlinie	Mutterlinie
Schlachtleistung	+++	+
Wachstum	++	+++
Konstitution	+	+++
Sauenfruchtbarkeit	+	+++

+++ = hoch; ++ = mittel; + = niedrig

Tabelle 2-12 dargestellt. In Gebrauchskreuzungen werden spezialisierte Rassen oder Linien in bestimmten Positionen genutzt. Die Ferkelproduktion wird von Mutterrassen mit hoher Reproduktionsleistung und Belastbarkeit gesichert und ein hoher Magerfleischanteil der Mastferkel wird durch die Anpaarung mit fleischreichen Vaterrassen gewährleistet.

2.2.4 Erbfehler und Erbfehlerdiagnose

Mit einer Häufigkeit von 0,6 bis 3,7 % bezogen auf die lebend geborenen Ferkel (LGF) bzw. in 7 bis 25 % aller Würfe treten in den verschiedenen Schweinepopulationen morphologische Anomalien auf (Samuels 1993).

Brüche, Afterverschluß, Zwitter und Kryptorchiden treten am häufigsten auf. In der Nachkommenschaft einzelner Eber kann die Defekthäufigkeit bezogen auf die insgesamt geborenen Ferkel über 10 % liegen.

Eine Beschreibung der Erbfehler und Letalfaktoren beim Schwein ist in der unter 1.1.11 zitierten Literatur zu finden.

Beim Einsatz von Ebern in der Besamungszucht besteht die Gefahr einer Verbreitung von Defektgenen auf eine große Anzahl von Nachkommen und eine Prüfung auf genetische Disposition für Erbmängel ist besonders wichtig (s. 1.1.11).

Einige Zuchtverbände bzw. Besamungsstationen erfassen die Häufigkeit von Defektgenen bei KB-Ebern durch eine „automatische Prüfung" in der Anpaarungspopulation. Bei einer Frequenz des Defektalleles von $q \geq 0{,}02$ und einer mittleren Wurfgröße von 10 Ferkeln sind insgesamt 123 kontrollierte Würfe je Eber erforderlich, um ein Ergebnis mit einer Irrtumswahrscheinlichkeit von < 1 % zu erhalten (Wiesner und Willer 1974). Das Verfahren setzt eine gewissenhafte Dokumentation aller auftretenden Defekte voraus.

Die phänotypische Selektion von Merkmalsträgern führt zu keinem nachhaltigen züchterischen Erfolg, da der größte Teil der Defektgene in heterozygoten Anlagenträgern verankert ist. Ein wesentliches Element künftiger Selektion gegen Erbdefekte dürfte in der Nutzung molekulargenetischer Diagnoseverfahren liegen (Förster 1992), so wie es heute bereits für die Identifizierung des MHS-Gens geschieht (s. Kap. 1.1.6.7.4).

2.2.5 Züchtung

Grundlagen für eine erfolgreiche Züchtung sind die Definition eines Zuchtziels, die Durchführung von Leistungsprüfungen, die Zuchtwertschätzung und die Auswahl und Verpaarung der geeigneten Zuchttiere.

2.2.5.1 Zuchtziele

Bestimmungsgründe für Zuchtziele sind wirtschaftlicher Art. In der Regel bedeutet eine Leistungserhöhung die Reduktion von Kosten und/oder eine Erhöhung der Erlöse. Ausgehend von der Hochzuchtstufe, der die Züchtung obliegt, wird der genetische Fortschritt durch den Einsatz von Ebern bzw. Sperma und zu einem begrenzten Teil durch Sauen in die nachgelagerten Vermehrungs- und Ferkelerzeugerstufe übertragen.

Von der verbalen Beschreibung von Zuchtzielen ging die Entwicklung zur mathematischen Formulierung. Allgemein wird das Zuchtziel als Gesamtzuchtwert (1.2.1.3) mit den relativen ökonomischen Gewichten und den Teilzuchtwerten summiert über alle berücksichtigten Merkmale formuliert. Aus der großen Zahl von Merkmalen, die beim Schwein interessant sind, ist nur eine begrenzte Anzahl nach ihrer wirtschaftlichen Bedeutung und genetischen Fundierung auszuwählen. Je Merkmalskomplex ist zumindest 1 Merkmal im Gesamtzuchtwert enthalten, das zum wirtschaftlichen Erfolg einen bedeutenden Beitrag leistet, leicht zu messen ist und günstige Korrelationen zu anderen Merkmalen aufweist.

Als Selektionskriterien werden die Merkmale direkt oder Hilfsmerkmale gewählt, wie lebend geborene Ferkel/Wurf, tägliche Zunahme, Futteraufwand, Magerfleischanteil oder Fleisch:Fett-Verhältnis und pH1-Wert oder die Fleischbeschaffenheitszahl.

Die ökonomischen Gewichte entsprechen dem Grenznutzen (Grenzleistung abzüglich Grenzkosten) eines Merkmals. Sie sind abhängig vom Leistungsniveau und den Preisen. Ein hohes Leistungsniveau reduziert entsprechend dem Gesetz

Tab. 2-13 Ökonomische Wichtefaktoren, phänotypische Standardabweichung (s_p) und Heritabilität für Selektionsmerkmale (Krieter 1994b)

Merkmal	ME	ökonomische Gewichte DM/ME	s_p	h^2
Lebend geb. Ferkel	St	7,17	2.5	0,10
Lebenstagszunahme	g/d	–	52	0,20
Rückenspeckdicke	mm	–	1.7	0,30
Tageszunahme	g/d	0,22	80	0,35
Futteraufnahme	kg/d	–0,058	210	0,35
Muskelfleischanteil	%	3,76	3.0	0,40
Leitfähigkeit	ms	– 1,50	3.3	0,20
Intramuskuläres Fett	%	–	0,7	0,30

Übersicht 2-15 Veränderung der Bedeutung von Selektionsmerkmalen in drei Jahrzehnten (Krieter, 1994a)

	Jahr 1980	1990	2000
Fruchtbarkeit	0	+	++
Nutzungsdauer	0	+	++
Mastleistung	+	+(+)	++
Schlachtkörperzusammensetzung	++	++	+
Fleischbeschaffenheit			
- technologisch	+	++	++
- sensorisch	0	+	++
Fettqualität	0	0	?

0 = geringe Bedeutung; + = mittlere Bedeutung; ++ = hohe Bedeutung

vom abnehmenden Ertragszuwachs den Grenznutzen. Neben den Heritabilitäten und Standardabweichungen sind in Tabelle 2-13 für die wichtigsten Merkmale aktuelle ökonomische Gewichte dargestellt. Eine Interpretation dieser Zahlen als Beispiel: Die Erhöhung der Wurfgröße um 1 Ferkel/Wurf verbessert das wirtschaftliche Ergebnis der Ferkelproduktion um 7,17 DM/Ferkel bzw. je Mastschwein.

Mit einer Variation der Wichtefaktoren werden differenzierte Zuchtziele (Mutter-/Vaterrassen) erreicht.

In Abhängigkeit von Verbraucherwünschen, Marktanforderungen und Rahmenbedingungen wandeln sich Zuchtziele (Übersicht 2-15). In Planungsrechnungen sind diese Entwicklungen möglichst mehrere Generationen im voraus zu berücksichtigen.

2.2.5.2 Leistungsprüfungen

Ziel von Leistungsprüfungen ist die Ermittlung von Leistungsdaten, auf deren Grundlage für potentielle Zuchttiere genetische Differenzen in der Zuchtwertschätzung (1.2.1) ermittelt werden (zur Erstellung einer Rangfolge).

Im System der Leistungsprüfungen sind verschiedene Unterscheidungen möglich:
- nach den Informationsquellen: Vorfahren-, Eigenleistungs-, Geschwister-, Nachkommenprüfungen
- nach den örtlichen Bedingungen: Stations- und Feldprüfungen.

Die Bedeutung von Eigenleistungsprüfungen ist beim Schwein hoch, weil alle wichtigen Produktionsmerkmale schon vor der Zuchtbenutzung in beiden Geschlechtern geprüft werden können. Vorteilhaft ist auch die Prüfung von Vollgeschwistern, deren Ergebnisse zeitgleich mit der Eigenleistung vorliegen und die für die Zuchtwertschätzung von Ebern auf Auktionen (Körungen) genutzt werden.

Übersicht 2-16 Leistungsprüfungen in der Schweineherdbuchzucht

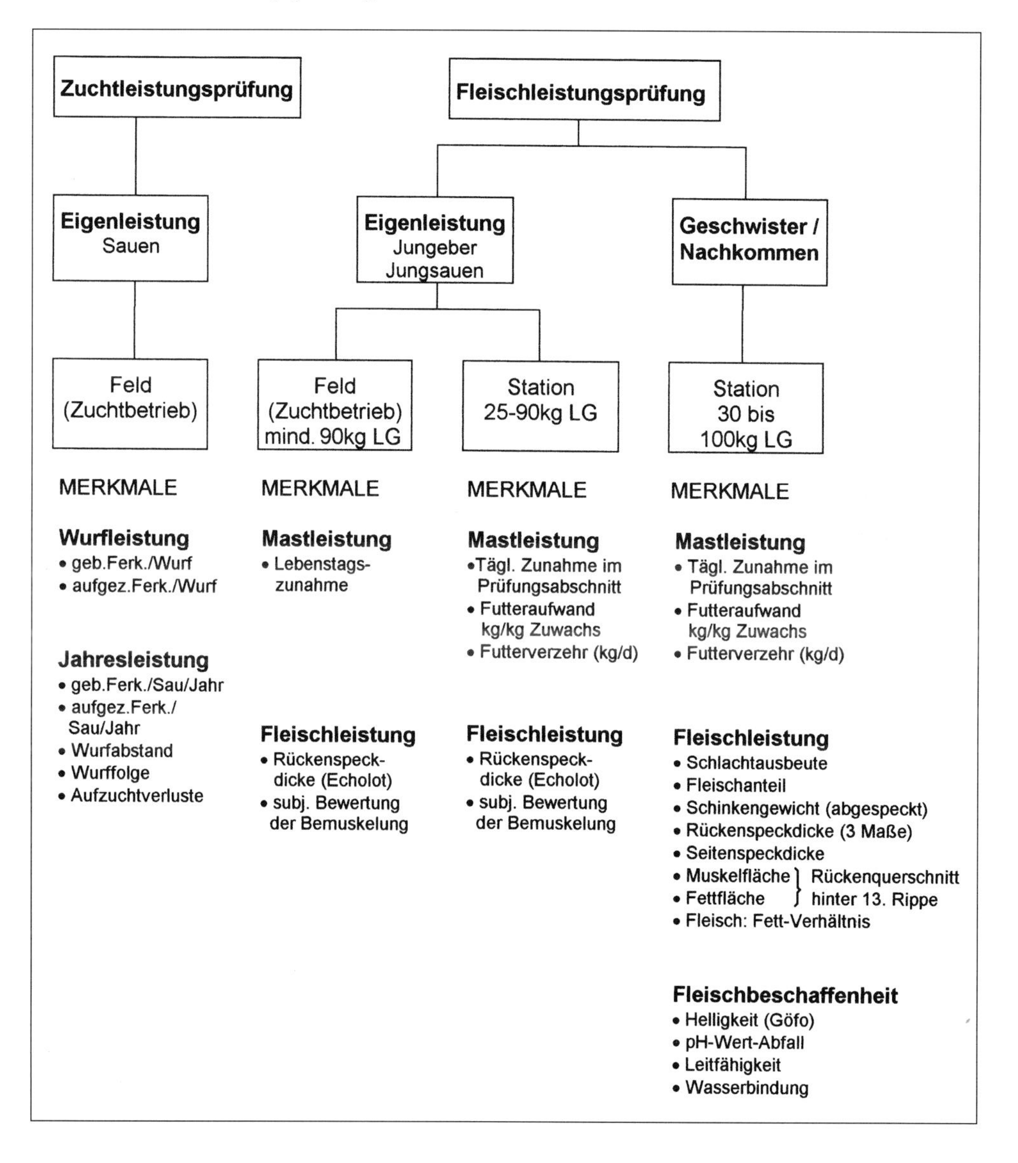

Die verschiedenen Formen von Leistungsprüfungen sind in der Übersicht 2-16 zusammengestellt.

Zuchtleistungsprüfungen werden obligatorisch in Zucht- und fakultativ in Ferkelerzeugerbetrieben durchgeführt. Es handelt sich um eine Eigenleistungsprüfung im Feld. Aufgrund einer niedrigen genetischen und hohen Umweltvarianz sind die Merkmale der Fruchtbarkeit stark von der betrieblichen Umwelt abhängig.

Für die Datenerfassung ist der Züchter selbst verantwortlich, der Zuchtverband oder ein neutraler Kontrollverband nimmt stichprobenartige Kontrollen vor. Größere Betriebe nutzen für die Dokumentation EDV-Sauenplaner, die eine effiziente Auswertung der tier- oder bestandsbezogenen Daten ermöglichen und Unterstützung bei Selektions- und Managementaufgaben bieten.

In jedem Bestand ist die betriebliche Leistungsprüfung Grundlage für die Selektion von Jungsauen. Da nur 10 bis 20 % der geborenen weiblichen Ferkel für die Remontierung benötigt werden, ist eine beachtliche Selektionsdifferenz möglich.

Die **Fleischleistungsprüfung** dient der Verbesserung von Merkmalen der Mast- und Schlachtleistung und wird für die Selektion von Ebern aber auch für Jungsauen genutzt. Sie kann als Eigenleistungsprüfung im Feld bzw. in der Station oder als Geschwister- und Nachkommenprüfung in der Station durchgeführt werden.

Der überwiegende Teil der Jungeber wird einer **Eigenleistungsprüfung** im Zuchtbetrieb unterzogen. In Einzel- oder Gruppenhaltung mit wechselnden Haltungs- und Fütterungsbedingungen schließen Jungeber die Prüfung mit einem Alter von etwa 7 bis 8 Monaten und ein Gewicht um 130 kg ab. Auf der anschließenden Auktion wird die Lebenstagszunahme und mittels Ultraschalltechnik die Speckdicke als Merkmal der Fleischleistung ermittelt. Aus diesen Informationen wird ein Index berechnet und in Verbindung mit einer Exterieurbeurteilung von der Körkommission die Zuchttauglichkeit bestätigt.

Jungsauen sind am Ende ihrer Eigenleistungsprüfung im Mittel 200 Tage alt und haben ein Gewicht von etwa 100 kg.

Die Eigenleistungsprüfung von Ebern in Stationen ist bei den Zuchtverbänden in den letzten Jahren stark rückläufig gewesen. Den Vorteilen der Stationsprüfung, wie höhere Genauigkeit durch standardisierte Umwelt, Prüfung des Futteraufwandes und der Konstitution, stehen Nachteile wie hohe Ausfallraten wegen Fundamentschäden und hygienische Probleme bei der gemeinsamen Aufzucht von Tieren aus vielen Betrieben gegenüber.

Zuchtunternehmen (2.8.1) betreiben jedoch zunehmend Stationen für die Eigenleistungsprüfung von Jungebern.

Als genaueste und umfassendste Prüfung gilt die **Geschwister- und Nachkommenprüfung** in Stationen. Die Informanten werden ad libitum mit einer Standardfuttermischung gefüttert und im Gewichtsabschnitt von 30 bis 100 kg auf Mastleistung geprüft. Die anschließende Schlachtleistungsprüfung der Tiere erfolgt in allen Ländern nach einheitlichen Richtlinien wobei neben den Merkmalen der Schlachtkörperzusammensetzung auch die der Fleischbeschaffenheit erfaßt werden.

Eine Prüfgruppe besteht aus 2 weiblichen Tieren, deren Ergebnisse als Vollgeschwisterinformation für Eber aus dem gleichen Wurf oder als Halbgeschwisterinformation dienen. Werden die Ergebnisse auf die Väter der Prüftiere bezogen, dann handelt es sich um eine Nachkommenprüfung, die für Besamungseber bzw. Eberväter im Umfang von mindestens 4 Gruppen von je 2 Vollgeschwister durchzuführen ist.

Derzeit erfolgt die Leistungsprüfung und Zuchtwertschätzung noch anhand von Reinzuchttieren (allgemeiner Zuchtwert 1.2.1.1). Da die Mastendprodukte jedoch Tiere aus Kreuzungen sind, wird derzeit erwogen, auch Kreuzungstiere zu prüfen, um eine Information über die Kreuzungseignung (spezieller Zuchtwert 1.2.1.1) von Ebern zu erhalten (Kalm 1992).

Von Bedeutung sind weiterhin **Stichproben-** oder **Warentests**, mit denen Herkünfte, insbesondere aus Hybridzuchtprogrammen und Zuchtunternehmen, miteinander verglichen werden. Sie dienen der objektiven Information über die Leistungsfähigkeit von Kreuzungsprodukten. Diese Endproduktprüfung auf Fleischleistung erfolgt in Stationen mit 100 Tieren je Herkunft, die von 50 Müttern und 20 Ebern stammen. Die Zuchtleistung von Mutterlinienkreuzungen wird im Feld an 300 Würfen ermittelt. Den Testabschluß bildet eine wirtschaftliche Gesamtbewertung der Herkünfte.

2.2.5.3 Zuchtwertschätzung

Der Zuchtwert (ZW) eines Tieres entspricht der erwarteten mittleren Leistung seiner Nachkommen und bringt die positive oder negative genetische Abweichung zum Populationsmittel zum Ausdruck (s. Kap. 1.2.1).

Beim Schwein wird die Zuchtwertschätzung noch überwiegend mit Hilfe des Selektionsindexes durchgeführt. Der Übergang zur Schätzung von BLUP-ZW nach dem Tiermodell ist in einigen Zuchtverbänden und Zuchtunternehmen vollzogen (Tholen 1994).

Selektionsindizes (I) haben die allgemeine Form (Gesamtzuchtwert, 1.2.1.3):

$$I = \sum_{i=1}^{n} b_i (P_i - \bar{P}_i) + c$$

Darin sind

- b die genetisch-wirtschaftlichen Indexgewichte, die abhängig sind vom Merkmal, den Informanten und den Korrelationen zwischen den Merkmalen im Index
- $(P_i - \bar{P}_i)$ entspricht der Differenz zwischen dem phänotypischen Wert des Informanten aus der Leistungsprüfung und dem Zeitgefährtenmittel (Vergleichsmaßstab)
- c Addition einer Konstanten (z.B. 100), damit wird der Mittelwert des Indexes vorgegeben.

Selektionsindizes enthalten Merkmale der Fleischleistung, wie im Abschnitt Zuchtziele ausgeführt.

Durch die Nutzung **aller** vorliegenden Informationen erhöht sich bei der BLUP-Zuchtwertschätzung die Effizienz der Selektion gegenüber der Indexmethode. Weitere Vorteile des Tiermodelles liegen in einer Vergleichbarkeit aller Zuchtwerte nach Raum und Zeit; damit ist also auch ein direkter Vergleich des genetischen Wertes von Alt- und Jungebern gegeben. Durch den Jahresvergleich der Zuchtwerte ist eine Schätzung des genetischen Trends in Zuchtverbänden möglich und über eine Rangierung der betrieblichen ZW-Mittelwerte sind Informationen über den genetischen Wert der Herden möglich (Groeneveld 1994).

2.2.5.4 Selektion

Der Zuchtfortschritt (1.2.2) ist proportional der Remontierungsrate, eine qualifizierte Leistungsprüfung und Zuchtwertschätzung mit hoher Genauigkeit vorausgesetzt. Bei der hohen Vermehrungsrate des Schweines bestehen gute Voraussetzungen für eine intensive Selektion. Da die Mast- und Schlachtleistungsmerkmale in beiden Geschlechtern auftreten, wird auch in beiden Geschlechtern selektiert. Üblicherweise kommt ein 3-Pfade-Modell zur Anwendung, d.h. es wird nach Ebervätern, Sauenvätern und Zuchtsauen differenziert. Demzufolge trägt die männliche Seite überwiegend zum Zuchtfortschritt bei.

Einen Überblick über die Selektion gibt Abbildung 2-20.

Ähnlich wie in der Rinderzucht sind in bestimmten Phasen Selektionsentscheidungen zu treffen:

- bei der Anpaarung – für die Zuchttierproduktion (ZW der Eltern bekannt) oder als Prüfanpaarung;
- beim Absetzen des Wurfes – Auswahl der männlichen und weiblichen Zuchttiere nach den Elternleistungen und ihrem Exterieur;
- für Jungsauen mit ca. 100 kg nach der Eigenleistungsprüfung aufgrund des Zuchtwertes und Exterieurs;

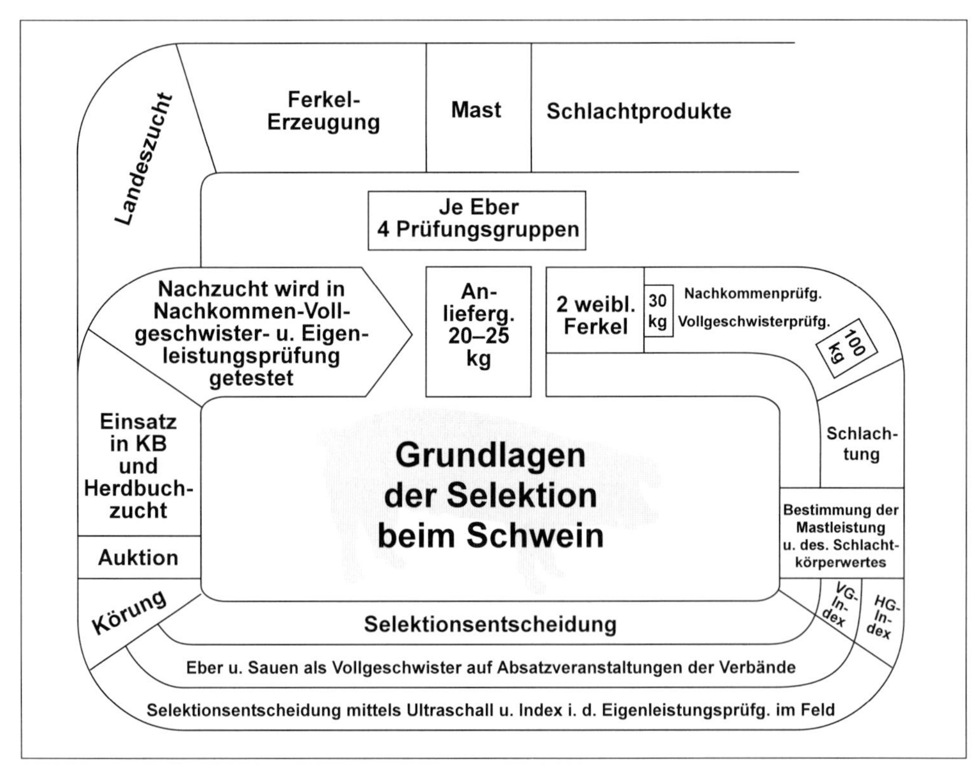

Abb. 2-20 Leistungsprüfung und Selektion beim Schwein (Zentrale Marketinggesellschaft der deutschen Agrarwirtschaft 1989)

- Kriterien der Zuchttauglichkeit von Jungsauen:
  Tägliche Zunahme – Rückenspeckdicke – Wuchs und Rahmen – 7/7 funktionsfähige Zitzen – normale äußere Geschlechtsorgane – Gesundheit (Kopf, Haut)
- für Jungeber im Alter von etwa 7 Monaten nach dem Zuchtwert aus Eigen- und Geschwisterleistung sowie dem Exterieur;
- für Alteber bei Vorliegen von Nachkommenschaftsprüfungen zur Auswahl als Eberväter;
- für Sauen mit 2 Würfen nach den Wurf- und Aufzuchtleistungen zur Auswahl als Sauenmutter.

Zu allen Zeiten der Aufzucht und Nutzung tritt eine nicht zu vernachlässigende natürliche Selektion wegen Fundamentschäden und anderer Erkrankungen sowie durch Fruchtbarkeitsstörungen auf.

2.2.6 Zuchtmethoden

In allen entwickelten Schweinezuchtländern fand der Übergang zur Nutzung von Kreuzungszuchtprogrammen (1.2.3) statt. Zwei Gründe sind dafür wesentlich:

- Auf der Grundlage der Arbeiten von Smith (1964) und Moav (1966) können durch Kreuzung von spezialisierten Vater- und Mutterrassen wirtschaftliche Vorteile genutzt werden, die auf additiver Genwirkung (1.2.1.1) beruhen und somit im voraus auf der Grundlage der Elternleistung berechenbar sind (Zuchtlinien-Positionseffekte). Gleichzeitig lassen sich mit der Entwicklung von leistungsdifferenzierten, komplementären Rassen mögliche Merkmalsantagonismen überwinden.
- Die Nutzung von speziellen Kombinationseffekten, wie die auf Dominanz, Überdominanz und Epistasie beruhende Heterosis (1.2.1.1). Im Falle stark eingeschränkter additiv genetischer Varianz (z. B. bei Merkmalen mit niedriger Heritabilität) steht die Nutzung der nicht-additiven Varianz im Vordergrund.

  Beide Effekte sind in der Schweinezucht von züchterischer Relevanz.

Auch bei Anwendung von Kreuzungsverfahren bildet die **Reinzucht** zur Weiterentwicklung von Zuchtlinien bzw. Rassen eine wichtige Voraussetzung. Der erzielte Leistungsfortschritt in den Ausgangslinien geht in die Leistungsfähigkeit der Kreuzungstiere ein. Gegenstand der Züchtung ist daher die Verbesserung der Rassen.

Unter Nutzung der Eltern-Nachkommen-Ähnlichkeit (additive Genwirkung) werden innerhalb der Rasse die besten Tiere verpaart. Inzucht, als eine Form der Reinzucht, wird beim Schwein wegen der auftretenden Inzuchtdepressionen weitgehend vermieden.

Die Anzahl der Kreuzungsverfahren ist begrenzt. Durch Nutzung der verschiedenen Rassen innerhalb der Verfahren ist jedoch eine große Vielfalt gegeben.

Bei den in der Schweinezucht angewandten Verfahren handelt es sich streng genommen um systematische Gebrauchskreuzungen, mit denen Rassendifferenzen und Heterosiseffekte genutzt werden. Merkmalsspezifisch sind zwischen 5 und 15 % Heterosiszuwachs zu erwarten. Merkmale mit niedriger Heritabilität (Fruchtbarkeit, Fitness) zeigen hohe, solche mit hoher Erblichkeit (Fleischanteil) keine Heterosiseffekte. Bei Mastleistungen sind mittlere nicht-additive Wirkungen nachgewiesen.

Allgemein wird die Höhe der Heterosis von der individuellen genetischen Veranlagung und der genetischen Distanz der Paarungspartner beeinflußt. Unter schlechten Umweltbedingungen sind die Effekte höher. Nur im Kreuzungstest ist die tatsächlich auftretende Heterosis zu bestimmen.

2-, 3- und 4-Linienkreuzungen (Abb. 2-21) haben eine starke Verbreitung und zählen zu den diskontinuierlichen Verfahren. Wenn Zuchttiere ausscheiden, müssen sie durch neue, aus den Ausgangskreuzungen stammende, ersetzt werden. Eine Weiterzucht mit Kreuzungsnachkommen ist nicht möglich.

Bei 2-Rassenkreuzungen wird z.B. eine DL-Sau mit einem Fleischeber der Rasse Pietrain gekreuzt. Dabei entspricht die Wurfgröße dem guten Leistungs-

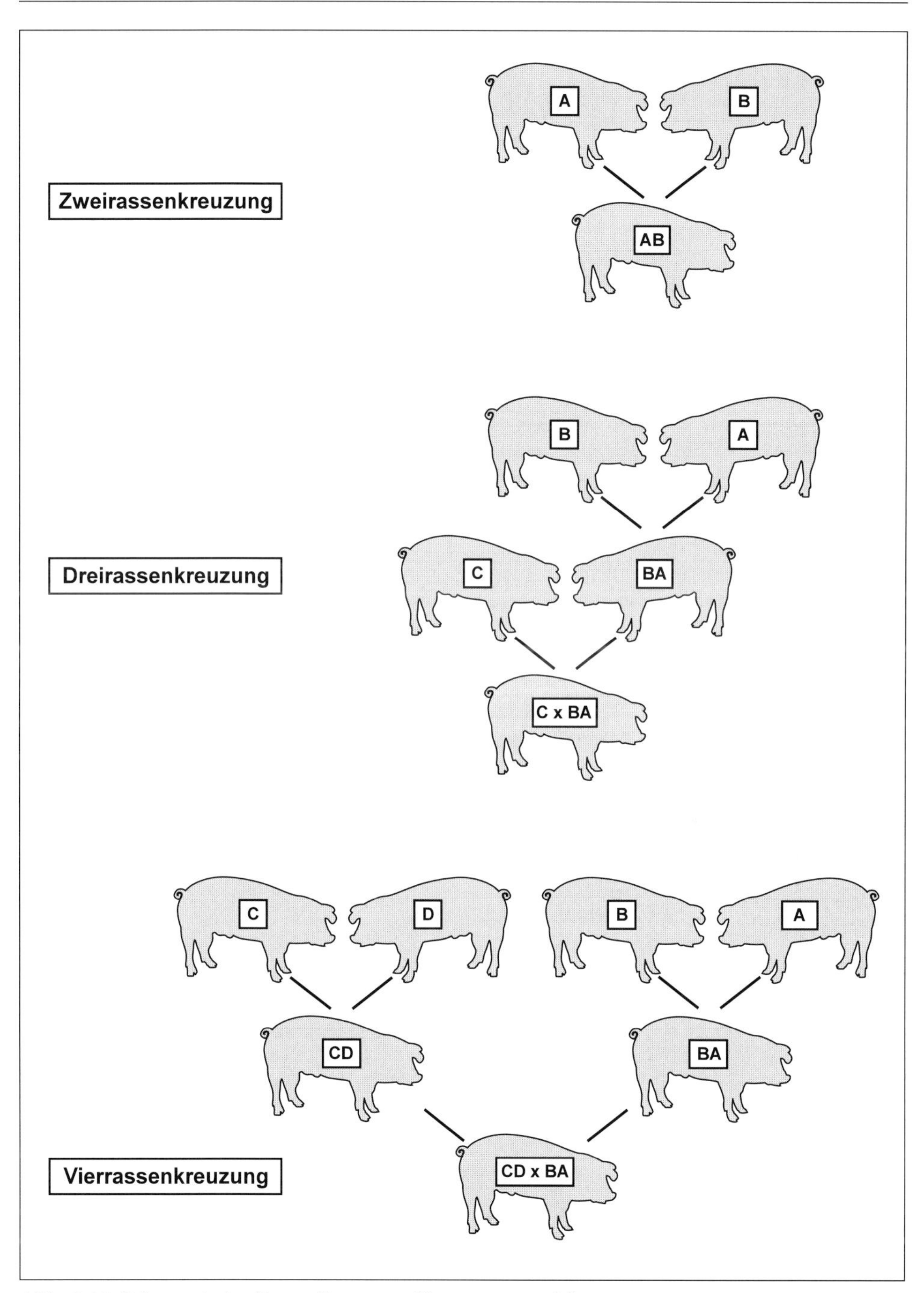

Abb. 2-21 Schematische Darstellung von Kreuzungsverfahren

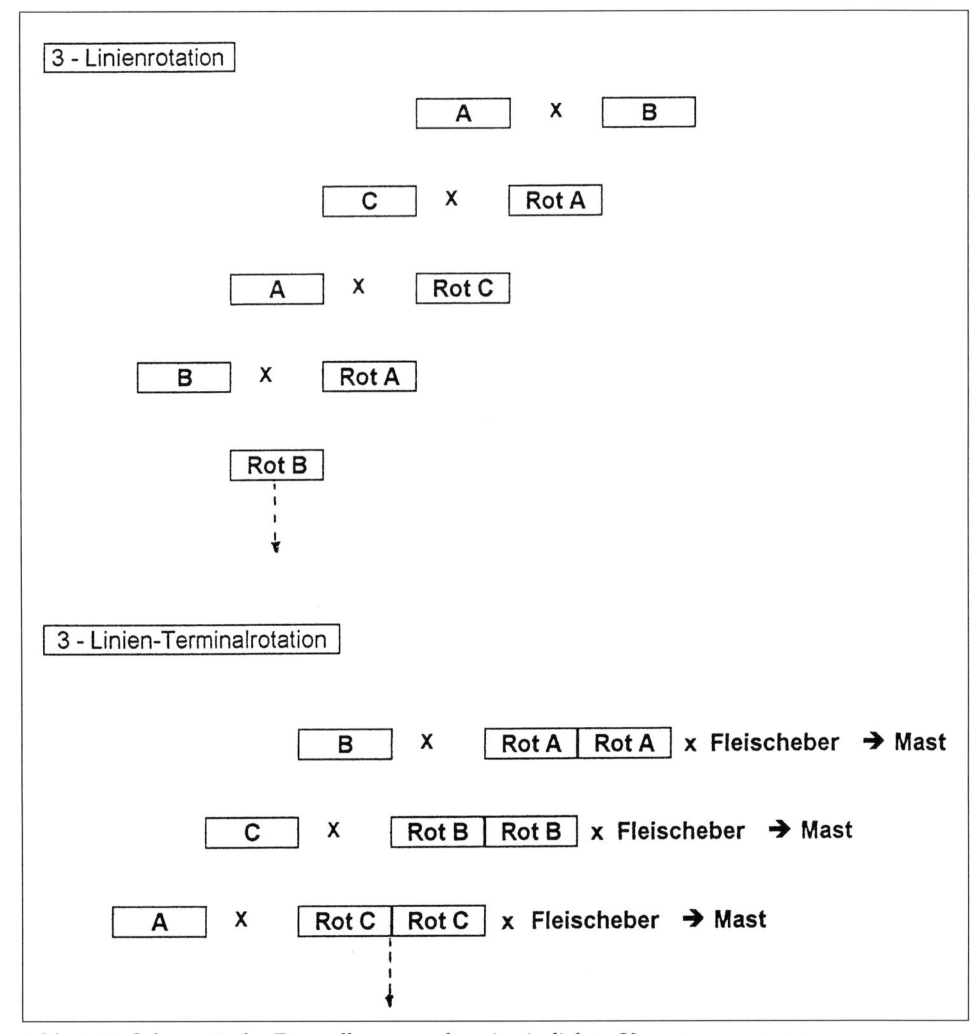

Abb. 2-22 Schematische Darstellung von kontinuierlichen Kreuzungsprogrammen

niveau der Mutterrasse, die Aufzuchtverluste und das Wachstum werden durch die individuelle Heterosis der F_1-Tiere verbessert, der Fleischanteil ist marktgerecht und liegt intermediär zwischen den Ausgangsrassen. Ein Sauenzukauf ist nicht erforderlich, da wenige Reinzuchtwürfe im Bestand für die Reproduktion ausreichen. Allerdings lassen sich maternale Heterosiseffekte bei diesem Verfahren nicht nutzen. Aufgrund der günstigen Nutzung von Komplementäreffekten ist dieses Verfahren jedoch konkurrenzfähig und besonders in Bayern vertreten.

In Niedersachsen überwiegen dagegen die 3- und 4-Rassenkreuzungen. Voraussetzung ist eine zweistufige Hybridisation. In den Vermehrungsbetrieben wird durch die Kreuzung zweier Mutterrassen (DE x DL) eine F_1-Sau erstellt, die dann in den Ferkelerzeugerbetrieben mit einer Fleischrasse gekreuzt wird. In dieser Stufe wird die maternale Heterosis nutzbar, die etwa 1 Ferkel je Sau und Jahr ausmacht.

Die Zuchtunternehmen Bundeshybridzuchtprogramm (BHZP) und Deutsche-PIG (Camborough-Sau) arbeiten mit Kreuzungsebern und wenden demzufolge eine 4-Linienkreuzung an. Als Kreuzungseber erfreuen sich derzeit Pietrain x Hampshire-Eber einer wachsenden Beliebtheit, weil durch das Hampshire eine Verbesserung der Fleischqualität und Belastbarkeit des Endproduktes erreicht wird.

Kontinuierliche Kreuzungsverfahren, wie die 2- und 3-Rassen-Rotation (Abb. 2-22), zeichnen sich durch eine Weiterzucht mit den Kreuzungsprodukten aus. 2 oder 3 Mutterrassen werden nacheinander an die jeweils entstehenden Kreuzungssauen angepaart. Sauenzukauf kann dabei entfallen, was nicht nur zu einer Einsparung von Tierkosten sondern auch zur Minimierung des hygienischen Risikos führt. Nachteilig ist die unvollständige Nutzung der individuellen und maternalen Heterosis, weil schon ein bestimmter Genanteil der Anpaarungsrasse aus vorhergehenden Generationen in den Kreuzungstypen enthalten ist.

Mit der Terminalrotation wird der entscheidende Nachteil von Rotationsverfahren, die Nichtnutzung von komplementären Rasseneffekten, überwunden. Der Einsatz extrem fleischwüchsiger Vaterrassen ist für die Qualitätserzeugung von marktgerechten Ferkeln entscheidend. Anpaarungen in der Rotation dienen der Reproduktion des Sauenbestandes, alle anderen Rotationssauen (bis zu 90 %) erzeugen durch Anpaarung mit einer Fleischrasse Ferkel für die Mast. Vom Organisationsaufwand her sind Rotationsverfahren aufwendiger, bei großen Sauenbeständen stellen sie jedoch eine bedenkenswerte Alternative dar.

2.2.7 Zuchtmaßnahmen in verschiedenen Zuchtstufen

Im Zusammenhang mit der Einführung von Kreuzungsprogrammen entstand in der Schweinezucht eine hierarchische Zuchtstruktur mit 3 oder 4 (einschließlich Mast) Stufen, die in Form einer Pyramide darstellbar ist (Übers. 2-17).

An der Spitze der Pyramide können die traditionellen **Herdbuchzuchtbetriebe**, die in Zuchtverbänden organisiert sind, oder in den Zuchtunternehmen die **Basiszuchtbetriebe** stehen. Nur 2 bis 3 % des gesamten Sauenbestandes stehen in dieser Stufe. Diese Betriebe halten Rassen in Reinzucht und ihnen obliegt die züchterische Weiterentwicklung der Population.

Als Folge einer intensiven Selektion beträgt die durchschnittliche Nutzungsdauer von Ebern und Sauen nur etwa 1 Jahr. Die Zuchtbetriebe ersetzen somit jährlich 100 % des Sauen- und Eberbestandes.

Das enge Eber:Sauen-Verhältnis von 1:10 bis 1:20 ist Ausdruck einer großen Anzahl von Prüfebern und steht im Grunde einem maximalen Zuchtfortschritt entgegen. Während die Erstlingssauen von Prüfebern belegt werden, sollten alle weiteren Würfe von wenigen zuchtwertpositiven Ebern erzeugt werden. Mit der Nutzung der Künstlichen Besamung läßt sich die Selektionsintensität und damit der Zuchtfortschritt weiter erhöhen.

Privileg der Zuchtstufe ist die Produktion von Jungebern, mit denen der Zuchtfortschritt in die nachgelagerten Zuchtstufen übertragen wird. Das gilt ebenso für die Erzeugung von Jungsauen, die in die Vermehrungsstufe abgegeben werden.

Übersicht 2-17 Schematische Darstellung der Zuchtstruktur beim Schwein

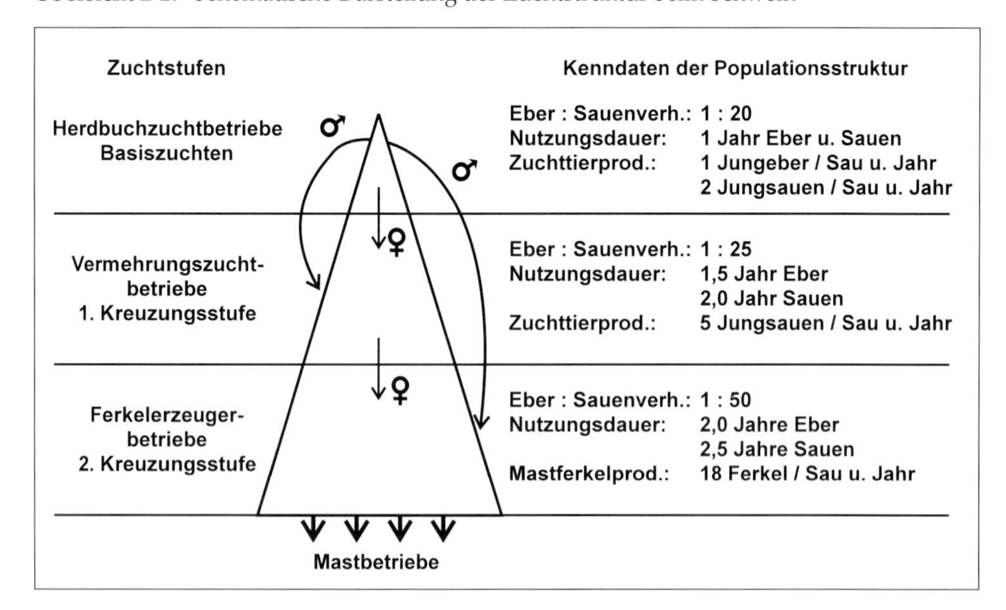

In den **Vermehrungszuchten** entstehen aus der Kreuzung von 2 Mutterrassen F_1-Würfe, aus denen die Kreuzungsjungsauen für die nächste Stufe in Form der Ferkelerzeugerbetriebe ausgewählt werden. Das Eber:Sauenverhältnis von 1:25 entspricht den biologischen Gegebenheiten beim natürlichen Sprung. Die Nutzungsdauer von Ebern und Sauen wird in dieser Stufe durch Selektion kaum beeinträchtigt.

Etwa 80 % aller Sauen stehen in **Ferkelerzeugerbetrieben**. Bei Anwendung eines zweistufigen Kreuzungsprogrammes werden mit fruchtbaren und widerstandsfähigen Kreuzungssauen durch Anpaarung an Eber der Vaterrassen marktgerechte Mastferkel erzeugt.

Das wirtschaftliche Ergebnis dieser Betriebe ist eng an die Aufzuchtleitung bzw. die Verkaufsleistung je Sau und Jahr gebunden. Analysen der Schweineerzeugerringe oder Schweineleistungskontrollvereine in den Betrieben erlauben Rückschlüsse auf günstige Managementverfahren und sind Grundlage für eine Fachberatung.

Auswertungen des Rechenzentrums Verden für das Wirtschaftsjahr 1992/93 umfassen 3572 Betriebe mit durchschnittlich 57 Sauen je Betrieb. Folgende Kennzahlen sind zur Beurteilung des Managements von Interesse:

- die 25 % der besten Betriebe erreichen 20,8 aufgez. Ferkel/Sau und Jahr
- Mehrfachkreuzungen und Hybridzuchtprogramme wenden 64 % der Betriebe an
- Absetzen der Ferkel bis zu 4 Wochen in 50% der Betriebe
- gruppenweises Absetzen zu 41 %
- Haltung mit Einstreu in 62 % der Betriebe
- Haltung der Sauen mit Auslauf in 22 % der Betriebe
- Deckzentrum in 67 % der Betriebe
- Trächtigkeitskontrolle in 49 % der Betriebe
- Anwendung von EDV-Sauenplaner in 28 % der Betriebe.

Die **Mast** erfolgt überwiegend in spezialisierten Betrieben. Nur 27 % der Betriebe mästen selbst aufgezogene Ferkel. Diese Betriebe mit einem geschlossenen System haben allerdings hygienische und biologische Vorteile und dürften zukünftig eine größere Bedeutung erlangen.

In Tabelle 2-14 sind einige Kenndaten zur Mastanalyse des Rechenzentrums Verden zusammengestellt. Die übliche Gruppierung nach den im Deckungs-

Tab. 2-14 Kennzahlen der Schweinemast (ZDS – Jahrbuch 1993)

		Ø	25% beste Betriebe	25% schlechte Betriebe
Mastbeginn	(kg)	26	26	27
Zuwachs	(kg)	86	87	85
Verluste	(%)	3,4	2,5	3,8
tägl. Zunahme	(g)	649	671	644
Futterverbrauch	(kg/kg)	3,08	2,94	3,17
Futterkosten /kg Zuwachs	(DM)	1,28	1,20	1,34
Ferkelkosten	(DM/kg)	3,95	3,88	4,15
Deckungsbeitrag	(DM/100kg)	34,50	51,00	16,00

beitrag 25 % der besten und schlechtesten Betrieben ermöglicht Rückschlüsse auf Einflußfaktoren der Wirtschaftlichkeit.

Die Mast beginnt mit 26 kg und endet bei 112 kg. Bei Masttagszunahmen von rund 650 g pro Tag wird das Endgewicht nach 130 Masttagen erreicht. Niedrige Verluste (unter 3%) und hohe Zunahmen verbunden mit einer günstigen Futterverwertung haben einen positiven Effekt auf das wirtschaftliche Ergebnis. In der Mast machen die Ferkelkosten etwa 50 % und die Futterkosten rund 40 % der zurechenbaren Kosten aus. Ferkelpreise und die Erlöse je kg Schlachtgewicht unterliegen starken Marktschwankungen.

Literatur Kapitel 2.2

Bauer, M., Kahle, H. und N. Parvizi (1990): Mehr Ferkel durch gezieltes Reproduktionsmanagement: Ansätze zur Verbesserung der Reproduktionsleistung. Schweinezucht und Schweinemast, **38**, 68-72.

Brenner, K.-V. und H. Surmann (1991): Eßqualität von Schweinefleisch derzeitiger Mastendprodukte. Schweinezucht und Schweinemast, **39**, 142-145.

Brenig, B. and G. Brem (1992): Molekular cloning and analysis of the porcine „Halothan"-gene. Archiv für Tierzucht, Dummerstorf, **35**, 129-135.

Brevern, N. van et al. (1994): Parameterschätzung für Zitzenmerkmale bei Hybridsauen. Züchtungskunde, **66**, 339-348.

Centrale Marketinggesellschaft der deutschen Agrarwirtschaft (1989): Zuchtschweine aus der Bundesrepublik Deutschland. CMA, Bonn.

Dannenberg, H.-D. (1990): Schwein haben. Gustav Fischer, Jena.

Fewson, D. (1979): Merkmalsantagonismen in der Schweinezucht aus der Sicht des Genetikers. Züchtungskunde, **51**, 442-452.

Fewson, D., Rathfelder, A. und E. Müller (1993): Untersuchungen über die Beziehungen von Fleischanteil, Fleischbeschaffenheit und Streßresistenz bei verschiedenen Schweineherkünften. Züchtungskunde, **65**, 284-296.

Finger, K.W., Dzapo, V. und R. Wassmuth (1986): Morphometrische Untersuchungen am Musculus longissimus dorsi von Schweinerassen unterschiedlicher Konstitution. J. of Anim. Breeding and Genetics, **103**, 59-68.

Förster, M. (1992): Gendiagnostische Erbfehleranalyse zur Verbesserung der Tiergesundheit. Züchtungskunde, **64**, 405-410.

Fuchs, C. (1992): Wo liegt das optimale Mastendgewicht? Schweinezucht und Schweinemast, **40**, 68-75.

Fujii et al. (1991): Identification of a mutation in the Porcine ryanodin receptor that is associated with malignant hyperthermia, Science, **253**, 448-451.

Glodek, P. (1969): Zuchtverfahren zur Ausnutzung der Heterosis und ihre Anwendung in der Schweinezucht II. Ergebnisse aus Schweinezuchtversuchen. Zeitschrift für Tierzucht und Züchtungsbiologie, **86**, 273-288.

Gregor, G. und T. Hardge (1995): Zum Einfluß von Ryanodin-Rezeptor-Genvarianten auf Spermaqualitätsmerkmale bei KB-Ebern. Archiv für Tierzucht, **38**, H 5.

Groeneveld, E. (1994): BLUP im Merkmalsmodell. Das neue Zuchtwertschätzverfahren. 4. Schweineworkshop am 17. und 18. März 1994, Grub.

Hahn, R. (1989): Abgangsursachen für Besamungseber. Schweinezucht und Schweinemast, **37**, 139-142.

Hansson, J. (1974): Effect of sex and slaughter weight on growth, feed efficience and carcass caracteristics of pigs. Institutionen för Husdjursförädling, **5**, Uppsala.

Hardge, T. und A. Scholz (1994): The Influence of RYR-genotype and breed on fattening performance, carcass value and meat quality. 45. Animal Meeting of the EAAP, Edinbourgh.
Herre, W. (1980): Grundlagen zoologischer Domestikationsforschung. Nova Acta Leopoldina, Bd. 52, Neue Folge **241**.
Herre, W. und M. Röhrs (1990): Haustiere zoologisch gesehen, 2. Auflage 1990. Gustav Fischer, Stuttgart.
Horst, P. (1988): Chinesische Lokalrassen als Genreserven für die zukünftige Schweinezüchtung. Schweinezucht und Schweinemast, **36**, 100-105.
Kalchreuter, S. (1985): Einflüsse von Rasse, Alter, Jahreszeit und Umstallung auf Blut- und Spermamerkmale von Besamungsebern. Diss. med. vet. TU München.
Kallweit, E. (1992): Tierhaltung und Produktqualität. Züchtungskunde, **64**, 283-291.
Kalm, E. (1992): Mehr Zuchtfortschritt durch Optimierung der Leistungsprüfung. Schweinezucht und Schweinemast, **40**, 312-313.
König, J.V. (1982): Fortpflanzung bei Schweinen. VEB Deutscher Landwirtschaftsverlag, Berlin.
Krieter, J. (1994a): Zeitgemäße Zuchtzieldefinition in der Schweinezucht. 4. Schweineworkshop am 17. und 18. März 1994, Grub.
Krieter, J. (1994b): Zuchtplanung beim Schwein. Habil.-Schrift, Universität Kiel.
Lengerken, G. von, Maak, S. und M. Wicke (1992): Möglichkeiten zur Erkennung von Streßempfindlichkeit und Fleischbeschaffenheitsmängel am lebenden Schwein. Monatshefte Vet.-med., **47**, 479-486.
Loft, H. (1992): Analyse der Hyperprolific-Selektion und Schätzung von Varianzkomponenten für Fruchtbarkeitsmerkmale beim Schwein. Schriftenreihe des Instituts für Tierzucht und Tierhaltung der Universität Kiel, **67**.
Moav, R. (1966): Spezialized sire and dam lines. Animal Production, **8**, 193-202.
Rothschild, M.F. et al. (1994): A major gene for litter size in pigs. Proc. of the 5th World Congress on Genetics Appl. to Livestock Production Guelph 1994, **21**, 225.
Röhe, R. und E. Kalm (1994): Welchen Nutzen bringt die Einbeziehung von Fruchtbarkeitsleistungen und sonstigen Sekundärmerkmalen. 4. Schweineworkshop am 17. und 18. März 1994, Grub.
Samuels, J. (1993): Die Beziehungen zwischen Wurfgröße und Anomalienfrequenz beim Schwein. Diss. Universtität Göttingen.
Schlegel, O. (1982): Untersuchungen über die Fasertypenverteilung und Faserquerschnittsflächen im Musculus longissimus dorsi und Musculus semitendinosus von trainierten Hausschweinen und mobil gehaltenen Wildschweinen. Diss. TiHo Hannover.
Schmitten, F. (1989): Handbuch Schweineproduktion, 3. Auflage. DLG-Verlag, Frankfurt am Main.
Schönmuth, G. (1988): Kombination von Fleischansatz und Belastbarkeit. Tagungsbericht der AdL der DDR, Berlin, **268**, 17-26.
Schwörer, D. und A. Rebsamen (1990): Zucht auf gute Fleischbeschaffenheit durch Berücksichtigung des Gehalts an intramuskulärem Fett. Schweinezucht und Schweinemast, **38**, 173-176.
Smith, C. (1964): The use of spezialsed sire and dam lines in selection for meat production. Animal Production, **6**, 337-344.
Steenbergen, E.J. van (1989): Description and evaluation of a linear scoring system for exterior traits in pigs. Livestock Production Science, **23**, 163-181.
Tholen, E. (1994): Erfahrungen mit dem BLUP-Tiermodell in der nordrhein-westfälischen Schweineherdbuchzucht. 4. Schweineworkshop am 17. und 18. März 1994, Grub.
Valle-Zarate, A. (1983): Einführung einer Fleischbeschaffenheitszahl. Schweinezucht und Schweinemast, **12**, 400-403.
Van der Wal (1993): Scharrelschweine – ihre Schlachtkörperzusammensetzung und Fleischqualität. Züchtungskunde, **65**, 481-488.
Wassmuth, R., Surmann, H. und P. Glodek (1991): Untersuchung zum „Hampshirefaktor" in der Fleischbeschaffenheit beim Schwein. Züchtungskunde, **63**, 445-455 u. 456-468.
Webb, A.J. (1995): Future Challenges in Pig Genetics. Animal Breeding Abstr., **63**, 731-736.
Wiesner, E. und S. Willer (1974): Veterinärmedizinische Pathogenetik. VEB Gustav Fischer, Jena.

Zentralverband der Deutschen Schweineproduktion (1993): Zahlen aus der deutschen Schweineproduktion. ZDS-Jahrbuch, Bonn.

Weiterführende Literatur:

Glodek, P. (1992): Schweinezucht, 9. Auflage. Eugen Ulmer, Stuttgart.
Kallweit, E., Fries, R., Kielwein, G. und S. Scholtyssek (1988): Qualität tierischer Nahrungsmittel. UTB, Stuttgart.
Kräußlich, H. (1994): Tierzüchtungslehre, 4. Auflage. Eugen Ulmer, Stuttgart.

2.3 Schafe und Ziegen

2.3.1 Allgemeine Bedeutung

Die kleinen Wiederkäuer Schaf und Ziege zeichnen sich aus durch Anpassungsvermögen an natürliche Standortbedingungen von Klima und Nahrung, wobei eine deutliche Konzentration in Gebieten mit trockenem Klima beobachtet werden kann. Der Weltbestand an Schafen (1992: 1 138,4 Millionen; FAO, 1993) ist etwas geringer als der von Rindern und hat in den letzten zehn Jahren um rund 5% zugenommen. Der Anteil in Entwicklungsländern beträgt (nur) 55%. Die Ziegenpopulation ist dagegen knapp halb so groß wie die der Schafe (1992: 574,2 Millionen; FAO 1993), hat aber im letzten Jahrzehnt um rund 25% zugenommen. Diese starke Zunahme erfolgte vorwiegend in Entwicklungsländern, wo 95% der Ziegen gehalten werden. Dies kann als Ausdruck für den Wunsch nach einer besseren Selbstversorgung mit lebenswichtigen Produkten wie Milch und Fleisch sowie als Risikoabsicherung für Kleinbauern interpretiert werden. Ferner wird der Konsum von Ziegen- und Schaffleisch von allen Religionen ohne Bedenken erlaubt. In vielen Ländern werden die kleinen Wiederkäuer als 'Kuh' des armen Mannes bezeichnet, und in Industrieländern werden sie oft nur aus Freude am Tier gehalten (Hobbyzüchter).

Die kleinen Wiederkäuer werden vorwiegend in Hügel- und Berggebieten sowie in Regionen mit landwirtschaftlich extensiv genutzten Flächen (Heiden, Savannen) gehalten. Es sind mehrheitlich Schafe, die man hier antrifft, weil sie in größeren Herden einfacher zu halten sind als Ziegen. Für den starken Rückgang der Ziegenpopulation nach der Jahrhundertwende gibt Ammann (1978) folgende Gründe an:

- Entzug der Futtergrundlage: Der Weidegang in den Wäldern der Alpen wurde gesetzlich verboten; zulässig war (ist) nur noch die Beweidung der Flächen, die mit Gebüsch und kleinen Baumbeständen durchsetzt sind.
- Mit steigendem Wohlstand ging die Funktion als Eiweißlieferant in mittellosen Betrieben verloren.
- Schwierigkeiten, wegen des penetranten Geruches Bockhalter zu finden.
- Die notwendige Infrastruktur und das Interesse an der Veredelung der Ziegenmilch zu Butter und Käse sind bzw. waren eher selten anzutreffen.

In den europäischen Industrienationen ist die wirtschaftliche Bedeutung der kleinen Wiederkäuer relativ gering; gemessen an den Gesamteinnahmen aus der Tierproduktion machen sie hier nur wenige Prozente aus. Anders in den mediteranen Ländern, dort liegt ihr Anteil an den Gesamteinnahmen wesentlich höher. Die kleinen Wiederkäuer werden aber in Zukunft vermehrt zur Landschaftspflege eingesetzt werden (Wassmuth,1994).

2.3.2 Herkunft und Domestikation

Schaf und Ziege unterscheiden sich durch Eigentümlichkeiten in Körper- und Skelettbau, in Drehung und Form der Hörner, im Temperament, in der Stimme, im Geruch, ferner in den nur bei Schafen vorkommenden Tränengruben unterhalb der Augenwinkel und Klauensäckchen zwischen den Klauen sowie hinsichtlich der Schwanzdrüsen und der Chromosomenzahl. Die taxonomische Zuordnung von Schaf und Ziege kann der Tabelle 2-15 entnommen werden.

Trotz unterschiedlicher Chromosomenzahl können Schaf und Ziege gekreuzt werden (Cribu et al. 1988). Paart man Widder (2n = 54) mit einer Ziege (2n = 60), so kommt es meistens zur Konzeption, doch abortieren viele Feten nach 2-monatiger Trächtigkeit. Die wenigen Nachkommen, die überleben, besitzen 2n = 57 Chromosomen. Werden die weiblichen F_1-Tiere mit einem Widder rückgekreuzt, so werden Nachkommen mit 2n = 55 Chromosomen gezeugt (nur wenige Tiere). Bei der Paarung Bock x Aue kommt es selten zur Konzeption und es sind bis heute keine lebenden Nachkommen bekannt.

Entstehung und Geschichte der Haustiere sind in den Büchern von Mason (1984) und von Herre und Röhrs (1990) ausführlich beschrieben. Das Entwicklungszentrum der Gattung *Ovis* liegt in Eurasien, und sie hat sich von dort aus nach Nordamerika ausgebreitet. Die Aufgliederung der Arten wird unterschiedlich vorgenommen und soll hier nicht diskutiert werden.

Die **europäischen Wildschafe (Mufflons)** sind gekennzeichnet durch sichelartig gekrümmte und schneckenförmig gewundene Hörner, die relativ dicht stehende Querfurchungen aufweisen. Die Färbung der Wildschafe liegt zwischen braun-schwarz und grau-gelblich (Agoutifärbung), auf dem Rücken befindet sich oftmals ein heller Sattel, besonders bei Böcken. Der Hals trägt bei vielen Tieren eine Mähne aus dicken Haaren. Der Mufflon hat in der Haustierwerdung der europäischen Rassen sicher eine maßgebende Rolle gespielt. Aus Funden im Iran und in der Türkei ergibt sich, daß Wildschafe bereits vor mehr als 9000 Jahren

Tab. 2-15 Einreihung der Schafe und Ziegen in die zoologische Systematik (nach Grzimek 1973)

Ordnung:	Artiodactyla (Paarhufer)
Familie:	Bovidae
Unterfamilie:	Caprinae
Gattungsgruppe:	*Caprini* (Böcke)
	Ammotragus (Mähnenspringer)
	Hemitragus (Tahre)
	Pseidois (Blauschafe)
	Capra (Ziegen)
	• *Capra ibex* (Steinbock)
	• *Capra pyrenaica* (Iberiensteinbock)
	• *Capra falconeri* (Schraubenziege)
	• *Capra aegagrus* (Bezoarziege)
	Ovis (Schafe)
	• *Ovis ammon* (Wildschafe)
	• *Ovis canadensis* (Dickhornschaf)

domestiziert waren. Der tatsächliche Übergang zum Hausschaf kann sich vor 11 000 Jahren vollzogen haben.

Hausschafe haben wegen ihrer Wirtschaftlichkeit in weiten Gebieten sehr rasch an Bedeutung gewonnen. Primär dienten sie der Fleischversorgung. Nach der Entwicklung eines Wollvlieses, seit mehr als 5 000 Jahren gesichert, steigerte sich ihr Wert. Hausschafe wurden sehr unterschiedlichen Lebensbedingungen unterworfen und verstanden sich anzupassen. Die hohe ökologische Valenz der Hausschafe kommt in der Tatsache zum Ausdruck, daß sie in verschiedenen Kontinenten an Meeresküsten, in Steppen, Halbwüsten, Hochgebirgsregionen und fruchtbaren Ebenen gehalten werden. In Mitteleuropa sind Hausschafe seit 6 000 Jahren bekannt. In Afrika, wo echte Wildschafe offensichtlich nie vorkamen, gibt es ebenfalls seit langem Hausschafe, in Libyen mindestens seit rund 7 000 Jahren, im Niltal seit ungefähr 6 000 Jahren. In der Neuzeit trugen Hausschafe zur Erschließung der Kontinente Südamerika und Australien wesentlich bei.

Im Hausstand verändern sich Körpergröße (eher kleiner), Horngröße (kleiner), Horngestalt sowie die Länge des Schwanzes. Bei einigen Schafen bildeten sich vor mehr als 5 000 Jahren am Schwanz mächtige Fettablagerungen: Fettschwanz- und Fettsteissschafe. Diese Schafe sind durch ihre Nährvorräte befähigt, Gebiete zu nutzen, in denen zeitweise kaum Futter zur Verfügung steht, indem sie von ihren Fettreserven zehren; sie haben wesentlich zur Verbreitung der Schafe in ariden Gebieten beigetragen.

Als besonders wichtiges Domestikationsmerkmal stellten sich bei Hausschafen Abwandlungen im Haarkleid ein. Es entstand Wolle als ein verspinnbares Material. Wollbildung bei Hausschafen gab es in Ägypten bereits vor etwa 5 500 Jahren, und es wurde schon damals Auslese auf Wolle betrieben. Wollschafe breiteten sich in Europa, Nordafrika und Südwestasien rasch aus. Im antiken Griechenland und im römischen Reich entstanden Zuchten feinwolliger Schafe. In heißen Gebieten bestand wenig Interesse an Wolle; so kommen in Teilen Afrikas und Indiens vorwiegend Haarschafe vor.

Kennzeichnend für die **Wildziegen** sind Eigenarten der Gehörne. *Capra aegagrus* (Bezoarziege) hat eine steile Hornstellung, das Horn verjüngt sich gleichmäßig und ist säbelförmig nur wenig nach hinten und außen gebogen. Bei *Capra ibex* (Steinbock) ist der Grundplan ähnlich, das Horn ist jedoch deutlich massiger. Die Hörner von *Capra falconeri* (Schraubenziege) sind um ihre Achse schraubig oder korkenzieherartig gewunden, eine säbelförmige Krümmung fehlt.

Von diesen Gruppen kommt nur die Bezoarziege als Stammform der Hausziege ernstlich in Betracht. Auch wenn nicht auszuschließen ist, daß im Überschneidungsgebiet von Falconeri- und Hausziegen Kreuzungen stattgefunden haben, so haben diese, wenn überhaupt, keine deutlichen Spuren hinterlassen. Aufgrund der Befunde über frühe Hausziegen kommt man, trotz aller noch vorhandenen Unsicherheiten, zum Schluß, daß sie vor mindestens 9 000 Jahren in Kleinasien domestiziert wurden. Meist mit Hausschafen kamen die Hausziegen nach Afrika (vor rund 8 000 Jahren), in den Fernen Osten (vor rund 3 500 Jahren) und nach Nordeuropa (vor rund 5 000 Jahren).

Die Bezoarziegen besitzen eine graue bis rotbraune Grundfärbung, schwarze

Zeichnungselemente im Gesicht, an Ohren und Füßen sowie einen Aalstrich und ein Schulterkreuz. Nur wenige Hausziegen haben diese Kennzeichnung noch, wobei die Farbabwandlungen bereits auf neolithischen Darstellungen in Ägypten wiedergegeben sind. Hornlose Hausziegen sind erstmalig vor 4500 Jahren auf ägyptischen Bildern dargestellt. Über Italien kamen dann die hornlosen Ziegen mit den Römern auch in Gebieten nördlich der Alpen. In Ohrlänge und Schädelform stellten sich bei Hausziegen viele Eigenarten ein, die bisher von der wilden Stammart nicht bekannt sind. Den langen Ohren wird eine Rolle bei der Temperaturregulation zuerkannt (afrikanische und asiatische Rassen).

Ziegen gewannen schon früh nach dem Übergang in den Hausstand eine wichtige Stellung für die Wirtschaft. Ihr Fleisch wurde begehrt, die Häute lieferten wertvolles Leder und Schläuche für den Transport von Flüssigkeiten. Seit mindestens 4500 Jahren werden Hausziegen gemolken. Veränderungen im Haarkleid von Hausziegen führten zu Wolle unterschiedlicher Qualität. Seit wenigstens 4000 Jahren wird Ziegenwolle verarbeitet.

2.3.3 Nutzungsrichtungen und Rassen

Bis Ende des 18. Jahrhunderts entstanden europaweit Landschafe, die an bestimmte Umweltbedingungen und Bedürfnisse des Menschen angepaßt waren und keinen systematischen Zuchteinflüssen unterlagen (Ausnahme: die Merinos). Diese Schafe wurden meist wegen ihrer Wolle gehalten; die Zucht auf Fleisch begann erst gegen Ende des 19. Jahrhunderts in Industrieländer (vor allem England). Früher wurden die Schafe mehr nach Wolltypen eingeteilt, heute mehr nach dem Verwendungszweck, z. B. in Feinwoll-, Fleisch-, Milch-, Land- und Pelzschafe.

Die **Feinwollschafe** werden heute unter dem Namen Merinoschafe zusammengefaßt. Wo Feinwollschafe ihren Ursprung haben, ist noch ungeklärt. Vielfach wird angenommen, daß sie aus Mittel- oder Südwestasien stammen. Als Überreste römischer und phönizischer Kolonisation blieben Feinwollschafe vor allem in Spanien erhalten. Mit Beginn der industriellen Revolution in der Mitte des 18. Jahrhunderts entstand eine große Nachfrage nach feinen Wollen und Tuchen. In Spanien bemühte man sich zunächst um ein Monopol für die dort erhalten gebliebenen und gezüchteten Merinoschafe. Dies gelang nicht, Merinoschafe fanden in allen Kontinenten eine sehr große Verbreitung.

Die Haupteigenschaft der Merinoschafe ist ein einheitlich feines, dichtes und kontinuierlich wachsendes Wollkleid mit gut gekräuselten Einzelhaaren. Die Haut weist eine reichliche Wollfettsekretion auf und neigt zur Faltenbildung, vor allem am Hals. Merinoschafe haben einen offenen Sexualrhythmus, und die Böcke sind während des ganzen Jahres fortpflanzungsfähig. Sie gedeihen vor allem in trockenen Gebieten und sind in der Lage, sich mit rohfaserhaltiger Nahrung von geringem Nährwert zu begnügen. Feuchte Klimate sind ihnen weniger zuträglich, doch können sie sich selbst solchen Umweltbedingungen anpassen.

Die Industrie vermag inzwischen auch aus weniger feiner Wolle gute Tuche herzustellen. Dadurch verminderten sich die Einnahmen einseitiger Feinwollzüchter. Um die Gewinne zu steigern, erstrebte man Schafrassen mit einer Doppelnutzung von Fleisch und Wolle. Typische Vertreter dieses Produktionstyps sind das Merinolandschaf und das Merinofleischschaf.

Die ersten und bekanntesten **Fleischrassen** wurden im 19. und 20. Jahrhundert in England gezüchtet. Es entstanden langwollige, weißköpfige Fleischschafe z.B. Leicester, Lincoln (fruchtbar, hoher Wuchs, widerstandsfähig) und kurzwollige, oft schwarzköpfige Fleischrassen z. B. Southdown, Suffolk, Oxford, Hampshire (mittlere Größe, anpassungsfähig, hochwertiger Schlachtkörper). Weitere bekannte Fleischrassen sind das Schwarz(Braun)köpfige, das Weißköpfige Fleischschaf, das weiße Alpenschaf, das Ile de France und das Texelschaf. Zuchtziele dieser Rassen sind volle Bemuskelung der Keule, langer, breiter Rücken und gute Reproduktionsleistung.

Die ursprünglichen **Landschafe** sind an die mehr oder weniger bescheidenen Umweltverhältnisse ihrer natürlichen Standorte angepaßt. Sie sind oft mischwollig, d.h. Schafe mit feinem Unterhaar und langen markhaltigen Deckhaaren, oder schlichtwollig. Viele lokale Landrassen wurden durch Einkreuzungen mit effizienteren Rassen (Merino, Fleischrassen) veredelt oder verdrängt. Als typische Landrassen, die noch geblieben sind, gelten unter anderem Walliser Schwarznasenschafe, Heidschnucken, Bergschafe, Rhönschafe.

Die **Milchschafrassen** werden vorab auf Milchleistung gezüchtet. Ihre beiden bekanntesten Vertreter sind das Ostfriesische Milchschaf und das Lacaune Schaf aus Frankreich. Milchschafe sind groß, frühreif und sehr fruchtbar.

Als **Pelzschafe** werden vor allem Rassen der asiatischen Fettschwanz- und Fettsteißschafe genutzt. Dem Typ nach sind es grobwollige, hagere Landschafe. Von den ein- bis dreitägigen Lämmern werden wertvolle Felle gewonnen (z. B. Persianer). Die Zucht erfolgt auf die Lammfellqualität. Das Karakulschaf ist der wichtigste Vertreter der Pelzrassen und wird vor allem in Usbekistan, Afghanistan und Südwestafrika gezüchtet.

Der größte Teil der Ziegen sind Milchziegen. In Savannen- und Steppengebieten werden Fleischziegen gehalten, die die Verbuschung von Land unterdrücken können und somit von großer Bedeutung für die Nutzung dieser Gebiete sind. Weitere Spezialrassen werden zur Wollproduktion gezüchtet.

Generelle Zuchtziele der **Milchrassen** sind, eine möglichst hohe Milchleistung mit hohem Fett- und Eiweißgehalt, eine gute Konstitution, robuste und korrekte Gliedmaßen mit gesunden Klauen sowie eine gute Fruchtbarkeit. Ein großer Teil der Ziegenrassen mit hohen Milchleistungen wurde durch die in der Schweiz gezüchteten Rassen beeinflußt. Die bekannteste ist die Saanenrasse, in Deutschland Weiße Deutsche Edelziege genannt, die sich durch ihre weiße Farbe, Größe und ihre sehr gute Milchleistung kennzeichnet. Weitere Rassen sind die Gemsfarbige Gebirgsziege, in Deutschland die Deutsche Bunte Edelziege genannt, und die hellbraune bis mausgraue, z.T. langhaarige Toggenburgerziege. Weitere Milchrassen sind die Muriciana-Granadina- und die Malagaziegen aus Spanien, die Mamberziege aus Kleinasien und die Nubische oder Anglo-Nubische Ziege aus Afrika, England und den USA.

Die bekannteste **Fleischrasse** ist die Burenziege, die aus Südafrika stammt und jetzt auch in Europa rein gezüchtet und für Kreuzungen eingesetzt wird. Eine weitere Rasse dieser Produktionsrichtung ist die westafrikanische Zwergziege (achondroplastischer Zwerg), die aber in Europa mehr aus Liebhaberei und als Versuchstier gehalten wird. Der Zwergwuchs der Hejazziege aus Arabien ist auf eine Hypoplasie der Hypophyse zurückzuführen.

Vertreter der **Wollziegen** sind die im Himalajagebiet und in der Mongolei vorkommende Kaschmirziege und die in der Türkei, in Südafrika und den USA gehaltene Angora- oder Mohairziege.

Die Rassenvielfalt bei den kleinen Wiederkäuern ist sehr groß, deshalb konnten nur einige bekannte Rassen erwähnt werden. Der interessierte Leser findet in folgenden Arbeiten weitere, detailiertere Beschreibungen von Rassen: Haring (1984), Gall (1981), Loftus und Scherf (1993), Simon und Buchenauer (1993) und Sambraus (1994).

2.3.4 Zytogenetik

Die Hausziegen besitzen 2n = 60 Chromosomen, wovon nur das kleine Y-Chromosom metazentrisch, alle andern akrozentrisch, sind. Die Hausschafe besitzen 2n = 54 Chromosomen, wovon 3 Paare metazentrisch und 23 Paare akrozentrisch sind; dazu kommen noch die beiden Geschlechtschromosomen. Bei Wildschafen ist es komplizierter, es werden drei Gruppen unterschieden (2n):

- Wildschafe vom Mittelmeer bis zum nordwestlichen und südlichen Iran (Mufflon) 54
- Wildschafe vom Pamir bis China (Argali) 56
- Wildschafe vom nordöstlichen Iran bis Afghanistan und Nordwestindien (Urial) 58

In Mischgebieten betragen die Chromosomenzahlen 2n = 54, 55, 56, 57, 58. Die Zahl der Chromosomen 2n = 58 wird als primitiv angesehen, die anderen Zahlen werden als Ergebnisse von Fusionen betrachtet. Die Kreuzungen zwischen Mufflon (54) und Argali (56) ergeben Nachkommen mit 55 Chromosomen, die weiblichen Nachkommen aber produzieren Oozyten mit nur 27 Chromosomen.

Die Bandenmuster der Rinder- und der Ziegenchromosomen stimmen mit ganz wenigen Ausnahmen (Inversionen) vollständig überein (Gunawardana 1991). Zwischen Rind und Schaf beobachtet man eine sehr gute Übereinstimmung, wobei den Armen der metazentrischen Schafchromosomen je ein Rinderchromosom zugewiesen werden kann (Hediger et al. 1991).

Zentromerfusionen (Robertsonsche Translokation 1.1.4.4) sind bei kleinen Wiederkäuern bekannt; sie werden nach Mendel weitervererbt. Meistens ist die Fruchtbarkeit der Tiere mit Chromosomenanomalien schlechter. Die Anomalie XXY der Geschlechtschromosomen geht beim Schaf oft mit einer Hodenhypoplasie einher.

2.3.5 Merkmalskomplexe

2.3.5.1 Exterieureigenschaften

Die **Farbe** des Vlieses spielt bei Schafen eine wichtige Rolle; weiße Wolle erzielt die höchsten Preise, weil sie sich färben läßt. Aus Tabelle 2-16 sind einige mögliche Loci der Farbvererbung ersichtlich. Die einheitlich weißen Rassen weisen wahrscheinlich folgenden Genotyp auf: A^{wh}- B- ee, das schwarzköpfige Fleischschaf A^rA^r B- ee (- = irgend ein Allel des betreffenden Locus). Das epistatische E-Allel tritt nur in einigen wenigen (europäischen) Rassen auf wie beim schwarzbraunen Gebirgsschaf (Schweiz), beim Black Welsh Mountain und beim Karakul. Aufgrund der spärlichen Angaben ist es schwer, über die Farbvererbung bei Ziegen annähernd gültige Schlüsse zu ziehen. Die weiße Farbe bei der Saanenrasse scheint durch ein Gen verursacht zu werden, das die Farbpigmente epistatisch mehr oder weniger vollständig unterdrückt.

Die **Hornlosigkeit** der kleinen Wiederkäuer wird wie beim Rind dominant vererbt. Bei einigen Schafrassen weicht die Vererbung in der Behornung von den klassischen Vererbungsregeln ab. Das Jacobsschaf weist z. B. vier Hörner auf, und beim Dorset Horn ist die Expression bei Widdern und Auen nicht gleich (Tab. 2-17).

Bei Ziegen ist die Hornlosigkeit mit einem gehäuften Auftreten von Geschlechtsanomalien wie Zwitterbildung, Kleinhodigkeit und Samenstau gekop-

Tab. 2-16 Einige wichtige Farbloci beim Schaf (zusammengefasst nach Ryder 1980 und Adalsteinsson 1983)

Loci	Allele	
Agouti	A^{wh}	Unterdrückung der Farbpigmente (dominant)
	A^w	unvollständig dominant
	A^r	unvollständig dominant, die Ausbildung von Pigment kann nicht ganz unterdrückt werden und führt zu pigmentierten Köpfen und Gliedmassen
	a	Produktion von Farbpigment (rezessiv)
Braun	B	schwarz (dominant)
	b	braun (rezessiv)
Pigmentbildung	E	Pigmentbildung (dominant), epistatisch über A^{wh}
	e	Pigmentbildung nur wenn aa, keine Pigmentbildung wenn A^{wh} vorhanden
Grautöne beim Karakul	M^k	schwarz
	M^s	Schiras-Faktor
Genotyp:		M^kM^k : schwarze Lämmer
		M^kM^s : graue Haare, lebensfähig
		M^sM^s : graue Haare, Lämmer sterben wenige Wochen nach der Geburt an gastrointestinalen Störungen
Scheckung	S	keine Scheckung
	s	Scheckung (rezessiv)

Tab. 2-17 Genotyp und Phänotyp für die Behornung am Beispiel des Dorset Horn (nach Ryder und Stephenson 1968)

Genotyp	Phänotyp bei Widdern	Phänotyp bei Auen
PP	hornlos, knöcherne Fortsätze bis 1,2 cm	hornlos
Pp	hornlos, manchmal lange Hornstummel	hornlos
PP'	hornlos, mit Stumpen länger als 1,2 cm	hornlos, manchmal Knorpel oder Stumpen
P'P' oder pp	behornt	behornt
P'p	behornt	hornlos, Knorpel oder Stumpen

Es ist nicht erwiesen, daß drei Allele (P, P′, p) für diese Erscheinung verantwortlich sind oder ob ein zweiter Locus mitwirkt.

Tab. 2-18 Einfluß des Allel P für Hornlosigkeit auf die Fruchtbarkeit von Ziegen

Karyotyp		Genotyp	
	pp gehörnt	Pp heterozygot hornlos	PP homozygot hornlos
XY genetisch männlich	alle gehörnten Böcke sind fruchtbar	alle Böcke fruchtbar	ca. 50% fruchtbar, evtl. mit einseitigem Samenstau; ca. 50% unfruchtbar wegen beidseitigem Samenstau
XX genetisch weiblich	alle gehörnten Ziegen sind fruchtbar	alle heterozygot hornlosen Ziegen sind fruchtbar	alle homozygot hornlosen sind steril: - Pseudoböcke (Kleinhodigkeit) - Zwitter oder äusserlich normale Ziegen

- Die **Zwitter** (Intersexe) zeigen kein einheitliches, scharf abgrenzbares Bild. Vielmehr sind bei der Ausbildung der Genitalien alle Übergänge vom weiblichen bis zum männlichen Typ vorhanden. Häufig ist eine stark verdickte Klitoris zu finden, die in einer zum Teil verwachsenen Präputialfalte sitzt. Die Hoden liegen teils außerhalb, teils noch innerhalb der Bauchhöhle. Ihr Gewebe ist infantil, mit wenig differenzierten Zellen. Ursamenzellen sind vorhanden, doch werden keine Spermien gebildet.
- Die **Kleinhodigkeit** zeigt sich schon früh nach dem Austreten der Hoden in den auffällig kleinen Hodensack. Die Hoden sind etwa walnußgroß und weich. Wie bei den Intersexen bleibt das Hodengewebe infantil, so daß kein Samen gebildet wird. Im Harnleiter-Blasenbereich finden sich oft Ansätze zu weiblichen Anlagen. Die Tiere zeigen keinen Sexualinstinkt.
- Der **Samenstau** zeigt sich erst bei der Geschlechtsreife. Die Hoden sind äußerlich normal oder etwas kleiner und weisen eine normale Beschaffenheit auf. Manchmal ist auch das Hodengewebe verkalkt. Im Nebenhodenkopf befinden sich bis nußgroße Knoten, die den Nebenhodenkanal verstopfen. Die Spermaproduktion ist nur in den verstopften Hoden beeinträchtigt. Das Ejakulat steriler Böcke (beidseitiger Samenstau) ist klar, da nur Sekrete der akzessorischen Geschlechtsdrüsen abgegeben werden können; jenes fruchtbarer Böcke ist gelblich trüb. Die Böcke mit Samenstau zeigen einen normalen Sexualinstinkt.

pelt. Solche Probleme einer gestörten Sexualentwicklung sind in gehörnten Rassen praktisch unbekannt. Bei hornlosen Rassen ist die Verschiebung des Geschlechtsverhältnisses die Folge dieser Intersexualität, da viele kleinhodige Tiere aufgrund des Phänotyps zu den Böcken gerechnet werden, obwohl sie genetisch weibliche Tiere sind (Tab. 2-18). Durch Chromosomenanalysen können kleinhodige, hornlose Böcke frühzeitig sicher diagnostiziert und der Mast zugeführt werden. Wie aus Tabelle 2-18 ersichtlich wird, ist auch die Fruchtbarkeit der Böcke beeinträchtigt.

Die **Halsglöckchen** sind kleine Hautanhängsel am Hals der Ziegen, die unseres Wissens keine Funktion besitzen; bei Schafen kommen sie selten vor. Die Ziegen besitzen entweder zwei oder keine, selten nur ein Halsglöckchen. Das W-Allel ('wattle') für die Expression der Halsglöckchen wird dominant vererbt. Der **Bart der Böcke** soll angeblich ein dominantes geschlechts-gebundenes Merkmal sein. Böcke ohne diese Anlage zeigen nur einen kleinen Haarbüschel unter dem Kinn. Weibliche Tiere können ebenfalls einen kleinen Haarbüschel entwickeln. Die **Stummelohren**, z. B. bei der La Mancharasse in den USA, werden gegenüber normalen Ohren rezessiv vererbt, die langen Ohren der Nubier hingegen wie quantitative Eigenschaften. Bei Schafen tritt die Anlage für Stummelohren selten auf.

Familiäre Erbfehler findet man auch bei den kleinen Wiederkäuern. Deren Erfassung ist aber wegen der meist extensiven Haltung erschwert. Hinzu kommt, daß die erfaßten Fälle nicht informativ sind (unbekannte Elternteile); der Nachweis des Erbganges ist deshalb oft nicht zuverlässig geklärt. Häufiger auftretende Erbfehler sind Kieferanomalien, Kryptorchiden, Hämophilie (Schaf), Kupfer-Defizienz (Schaf), Kropf (Ziege) usw. (s. Literaturangaben in Kap. 1.1.11.1).

2.3.5.2 Reproduktionsleistung

Die Fruchtbarkeit ist bei allen kleinen Wiederkäuern ein bedeutender Bestandteil des Zuchtzieles, weil sie die Wirtschaftlichkeit durch die Zahl der verkaufbaren Lämmer, ganz speziell bei Fleischrassen, maßgebend beeinflußt. Die Reproduktionsleistung ergibt sich aus dem Alter bei der ersten Ablammung, der Zwischenlammzeit, der Zahl der Lämmer pro Wurf und den Aufzuchtverlusten. Aus der Tabelle 2-19 geht hervor, daß das Fortpflanzungsgeschehen bei Schaf und Ziege sehr ähnlich ist.

Das Erstablammalter ist einerseits rassespezifisch (früh- bzw. spätreife Rassen) und andererseits von der Ernährung der Tiere abhängig. Jede Beeinträchtigung, in erster Linie durch unzureichende Ernährung, verzögert die Geschlechtsreife. Die Zwischenlammzeiten (6–12 Monate) werden durch das Management (Fütterung, Haltung) und durch die Länge der Zuchtsaison beeinflußt. Die Brunstsaison wird bei den stark saisonal veranlagten Schafrassen durch Veränderungen des Tag-Nacht-Rhythmus ausgelöst. Mit abnehmendem Tageslicht wird die Sexualsaison eingeleitet. Auf der nördlichen Halbkugel liegt deshalb die Paarungszeit im Herbst und im Frühwinter. Männliche Tiere reagieren auch auf den Tag-Nacht-Rhythmus. Bei steigender Tageslichtlänge nimmt die Gesamtspermienzahl pro Ejakulat ab, bei abnehmender Tageslichtlänge nimmt sie zu (Colas et al. 1985). Der saisonale Charakter des Brunstzyklus ist insofern von großer wirtschaftlicher Bedeutung, als er kontinuierliche Ablammungen verhindert, welche für die Mastlammproduktion interessant wären. Da jedoch zwischen Rassen Unterschiede bestehen, ist das Merkmal Saisonalität ein wichtiges

Tab. 2-19 Fortpflanzungsbiologische Daten der kleinen Wiederkäuer

	Schafe	Ziegen
Pubertät	Widder 4–6 Monate Auen 5–10 Monate	Böcke 3–6 Monate, Ziegen 4–7 Monate,
volle Zuchtreife	8–15 Monate	Böcke 8–15 Monate
Zyklustyp	saisonal polyöstrisch, auch ganzjährig möglich	saisonal polyöstrisch, September bis Dezember
Zykluslänge	16–18 Tage	19–23 Tage
Oestrusdauer	24–36 Stunden	24–36 Stunden
Ovulation	gegen Ende des Östrus	gegen Ende des Östrus
Zahl der ovulierten Eier	1 bis 8	1–6
Anzahl Lämmer pro Wurf	1,6 (1 bis 5)	1,8 (1 bis 5)
Trächtigkeitsdauer	142–155 Tage	142–155 Tage
Laktationsdauer	100–180 Tage, bei Milchrassen bis zu 270 Tage	100–300 Tage, je nach Rasse und Haltung

Kriterium bei der Rassenwahl in Einkreuzungsprogrammen. Eine asaisonal veranlagte Rasse ist z. B. das Merinoschaf, Vertreter einer Schafrasse mit einer langen, fruchtbaren Saison ist das Schwarzköpfige Fleischschaf, während das Ostfriesische Milchschaf und das Texelschaf stark saisonal veranlagte Rassen sind. Die Saisonalität der Brunst kann mit mehr oder weniger Erfolg durch hormonelle Brunstsynchronisationen (Scheidenschwämme) künstlich oder z. B. durch folgendes Lichtprogramm induziert werden:

- ab Januar während 60 Tagen 20 Stunden Licht pro Tag (Nacht von 1.00 bis 5.00)
- im März zusätzliches Licht ausschalten
- 7–10 Wochen danach kommen die Ziegen in Östrus. Die so induzierte Brunst ist allerdings kürzer (8–10 h) und nicht deutlich sichtbar; deshalb ist es besser, die Ziegen durch den Bock decken zu lassen, als künstlich zu besamen.

Schaf- bzw. Ziegenböcke können 10–20 Mal pro Tag decken. Beim Sprung aus der Hand rechnet man mit einem Bock für 50 weibliche Tiere, bei extensiver Weidehaltung, je nach Umweltverhältnissen bis 25 weibliche Tiere pro Bock.

Die Verbesserung der Wurfgröße ist eines der ältesten Ziele in der intensiven Schafhaltung. Hohe Mehrlingshäufigkeit ist aber keineswegs für alle Klimate und Haltungsformen gerechtfertigt; unter extensiven Weidebedingungen fürchten Schäfer z. B. eine geringere Robustheit und Widerstandsfähigkeit zu leicht geborener Zwillings- oder Drillingslämmer. Die Anzahl geborener Lämmer je Muttertier steht in direkten Zusammenhang mit der Ovulationsrate, der Befruchtungsrate und dem embryonalen Frühtod. Diese wiederum sind von einer Vielzahl von Umwelteinflüssen abhängig, unter denen der Ernährung und extremer Klimafaktoren eine besondere Bedeutung zukommt. Intensive Fütterung der Auen 3 bis 6 Wochen vor der Deckzeit (Flushing) steigert die Ovulationsrate und somit auch das Ablammergebnis. Bei Booroola-Schafen (Merinos) wird die hohe Lämmerzahl pro Wurf durch ein Hauptgen verursacht, das nach Mendel segregiert (1.1.1.6) (Piper et al. 1985). Die mittlere Wurfgröße bei adulten Muttertieren beträgt bei Schafen rund 1,8 und bei Ziegen 2,0 Lämmer; beim ersten Wurf sind diese Mittelwerte 0,3 bis 0,5 kleiner.

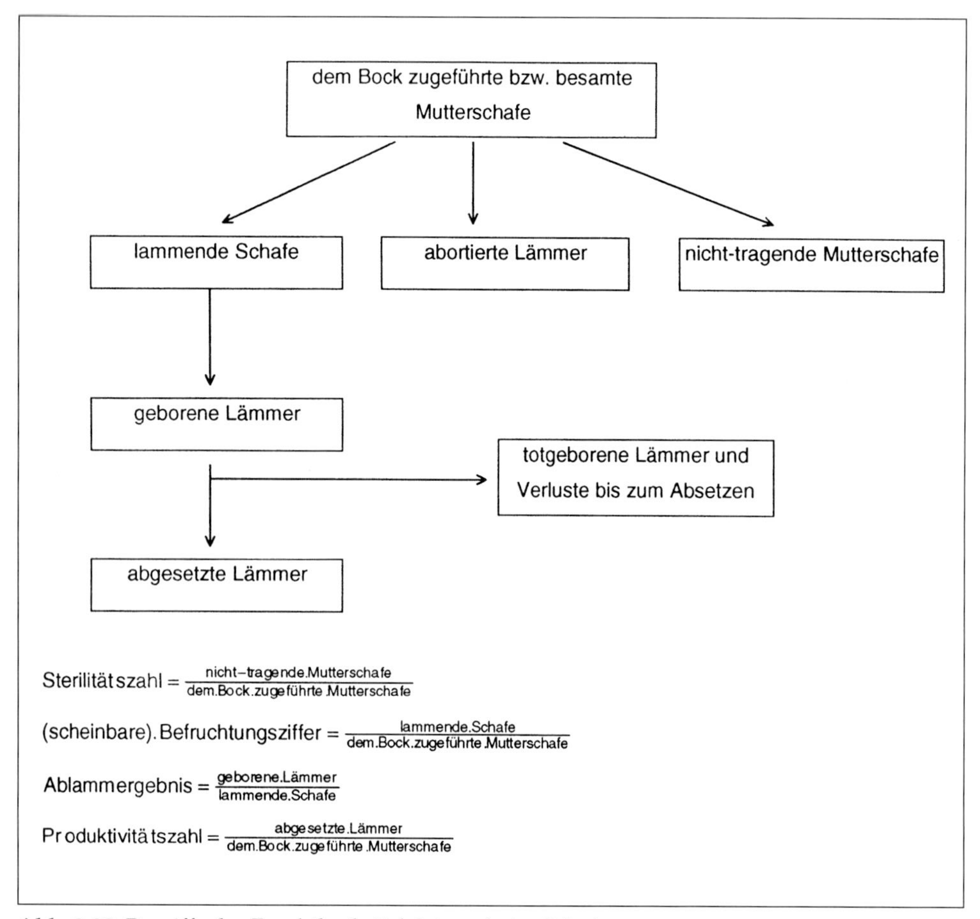

Abb. 2-23 Begriffe der Fruchtbarkeitsleistung beim Schaf

Aufzuchtverluste treten oft durch die zu geringe Vitalität bei Mehrlingslämmern auf (z. B. Drillinge); die Zahl der aufgezogenen Lämmer in Herden mit hohem Mehrlingsanteil ist aber dennoch größer als in solchen mit geringem Anteil von Zwillings- und Drillingslämmern. Die Lämmerverluste zwischen Geburt und Absetzen liegen zwischen 7 % und 15 % und betreffen vor allem die ersten 5 Tage nach dem Ablammen (70 % der Lämmerverluste). Untergewichtige Lämmer haben eine geringere Überlebenschance: bei einem Geburtsgewicht von unter 2 kg beträgt sie nur etwa 35 %, bei einem Gewicht zwischen 4 und 5 kg aber noch 90 %. Lämmer von Altauen (> 7 Jahre) besitzen eine schlechtere Überlebensrate (Houssin und Brelurut 1980). Eine mögliche Erklärung ist die Beobachtung, daß ältere Auen eine deutlich geringere IgG1-Konzentration der Milch aufweisen als jüngere (Villette und Levieux 1981).

Sowohl in der extensiven Schafhaltung als auch bei schlecht gehaltenen Schafen ist der Kältetod der Lämmer kurz nach der Geburt oft ein Problem (Vermorel 1982). Aus diesem Grunde ist es wichtig, daß Lämmer so früh wie mög-

Tab. 2-20 Heritabilitätswerte für Merkmale der Reproduktionsleistung

Merkmal	h^2
Konzeptionsrate	0,00 – 0,10
Wurfgröße bei Geburt (Ovulationsrate)	0,05 – 0,20
Lämmerverlust (direkt, Eigenschaft des Lammes)	0,08
Lämmerverlust (maternal)	0,04

lich Kolostrum aufnehmen, um die eigene Wärmeproduktion in Gang zu bringen. Bei Lämmern mit einem langen und dichten Wollkleid ist die Hypothermie deutlich geringer.

Die für die einzelnen Merkmale der Fruchtbarkeit ermittelten Heritabilitätswerte sind relativ gering (Tab. 2-20). Der individuelle Heterosiseffekt für die Wurfgröße beträgt etwa 3 %, der für die Lämmerverluste zwischen Geburt und Absetzen liegt bei rund –10 %, der für die maternale Heterosis bei ca. –2 %.

Bei Herdbuchtieren wird die Geburt mit der Wurfgröße registriert und in den entsprechenden Zuchtdokumenten festgehalten. Für den Vergleich von Herden oder (Sub)populationen wurden Kennziffern wie Befruchtungskeitsziffer, Ablammergebnis, Produktivitätszahl erarbeitet (Abb. 2-23).

2.3.5.3 Fleischleistung

Die Fleischproduktion ist in den meisten europäischen Ländern die wichtigste Nutzung des Schafes. Die Fleischleistung umfaßt Aufzucht- und Mastleistung sowie Schlachtkörperwert und Fleischqualität.

Die **Aufzuchtleistung**, d.h. das Wachstum von der Geburt bis zum Absetzen, ist zu einem geringeren Maß vom Geburtsgewicht, vor allem aber von der Milchleistung der Mutter (maternaler Effekt) und der Wachstumskapazität des Lammes selbst abhängig. Diese zwei Einflußgrößen sind in der täglichen Zunahme von der Geburt bis zum Absetzen so vermengt, daß es sehr schwierig ist, die beiden Effekte zu trennen. Bei Erstlingsauen spielt auch das mütterliche Verhalten eine gewisse Rolle (Rabenmütter). Die Aufzuchtleistung eines Mutterschafes wird mit dem 30-(CH) oder 42-(D,F) Tage-Gewicht der Lämmer charakterisiert (30-Tage-Gewicht von Einlingen je nach Rasse 14–17 kg, von Zwillingen rund 1,5 kg leichter).

Die **Mastleistung** eines Lammes wird durch die erbliche Veranlagung (Muskelbildungsvermögen) und durch die Nährstoffzufuhr bestimmt. Lämmer von Schafrassen, die einen kleinen Rahmen aufweisen, hören früher auf, Fleisch zu bilden, und lagern gegen Ende des Wachstums früher Fett ein. Lämmer großrahmiger Rassen können auf höhere Mastendgewichte gemästet werden, ohne daß sie verfetten. Die meisten Mastlämmer werden bei einem Lebendgewicht von rund 40 kg zur Schlachtung verkauft. Bei sehr extensiver Haltung (Wanderschafherden) beträgt die tägliche Gewichtszunahme 100 g, bei intensiver Fütterung mit Kraftfutter können Zunahmen von 600 g erreicht werden.

Tab. 2-21 Heritabilitätswerte für die Fleischleistung beim Schaf

Eigenschaft	Station	Feld
Geburtsgewicht		0,15–0,35
Tägliche Zunahme Geburt - Absetzen		0,10
Tägliche Zunahme (20 kg bis 30 kg)	0,25–0,55	
Futterverwertung	0,17	
Subjektive Schlachtkörperbewertung	0,2–0,4	
Keulengewicht	0,25	
Keulenlänge	0,29	
Jährlingsgewicht		0,20–0,70

Der **Schlachtkörperwert** eines Lammes wird durch die Fleischfülle, den Verfettungsgrad und die Fettqualität bestimmt. Die Fettqualität wird mit zunehmendem Alter schlechter, in erster Linie durch die Talgigkeit, die auf einen hohen Palmitin- und Stearin- und einen zu niedrigen Ölanteil der Fettsäuren zurückzuführen ist. Die Schlachtausbeute variiert nach Rasse, Alter und Geschlecht der Lämmer und liegt zwischen 40 und 50%. Der Anteil wertvoller Fleischstücke beträgt bei Lämmern rund 60% des Schlachtgewichtes (Keule, Rücken, Koteletts).

In Deutschland werden beim Schaf Stationsprüfungen auf Fleischleistungen durchgeführt, wobei entweder potentielle Jungböcke auf Eigenleistung (Zuwachs, Futterverwertung, Bemuskelung) oder eine beschränkte Anzahl Nachkommen eines Widders auf Zuwachs, Futterverwertung und Schlachtkörperwert geprüft werden (Prüfabschnitt 20 bis ca. 40 kg). Eine Geschwisterprüfung (Voll- oder Halbgeschwister) ist ebenfalls denkbar, so auch eine mögliche Prüfung von Kreuzungslämmern, um sichere Aussagen über zweckmäßige Kreuzungen zu erhalten.

Bei den populationsgenetischen Parametern der Fleischleistung muß zwischen Stations- und Feldprüfungen unterschieden werden. Die Heritabilitätswerte, die anhand von Stationsdaten ermittelt wurden, sind im allgemeinen etwas höher als bei Felddaten. Einige Werte sind in Tabelle 2-21 zusammengestellt.

Zur Osterzeit ist Ziegenlammfleisch sehr gefragt. Die Lämmer werden mit Milch während 7–8 Wochen bis zu einem Lebendgewicht von rund 14 kg gemästet. Im Mittelmeerraum und in Asien werden Ziegen bis zu 25–30 kg gemästet. Ziegen weisen in der Regel weniger Fettgewebe auf als Schafe, wobei knapp die Hälfte des Fettes bei Ziegen als Körperhöhlenfett, bei Schafen hingegen als intramuskuläres Fett gelagert ist. Die Fleischproduktion mit Ziegen ist von Naudé und Hofmeyr (1981) beschrieben worden.

2.3.5.4 Wolleistung

Unter 'Wolle' versteht man im allgemeinen tierische Haare, die sich zur textilen Verarbeitung eignen. Bei Hausschafen unterscheidet man drei Arten von Haaren:

- Das **Wollhaar** ist ein feines, gekräuseltes, markfreies Haar. Es tritt entweder als ausschließlicher Bestandteil des Vlieses auf (Merino) oder als Unter- oder Flaumhaar unter einem markhaltigen Oberhaar (z.B. Mufflon). Wollhaare unterscheiden sich von den anderen Haartypen aufgrund ihrer Spinnfähigkeit.
- Das **Stichelhaar** ist ein kurzes, ungekräuseltes und dickes Haar mit Markkanal. Bei unseren Rassen findet man Stichelhaare nur an Füßen und Schnauze; bei Haarschafen decken sie den ganzen Körper.
- Das **Grannenhaar** ist ein langes schlichtes Haar, das nur geringe Spuren von Marksubstanz aufweist. Grannenhaare sind stark vertreten bei Rassen in Gebieten mit vielen Niederschlägen, zum schnellen Ableiten des Regenwassers und als besonderer Schutz gegen schroffe Temperaturschwankungen. Grannenhaare sind unerwünscht (ebenso Stichelhaare), weil sie sich schlecht verarbeiten und färben lassen (das Mark dieser Haare läßt sich nicht färben).

Die wichtigsten Eigenschaften der Wolle sind Feinheit, Treue, Ausgeglichenheit, Kräuselung und Länge. Die Feinheit der Wolle variiert je nach Rasse, Alter, Geschlecht, Fütterung und Haltung. Der Durchmesser der Wollhaare der Merino (Superfine) beträgt 14–18 μm, beim Merinofleischschaf 23–26 μm und beim Schwarzköpfigen Fleischschaf 32–36 μm (Wassmuth 1994). Die feinste Wolle des Tierkörpers ist an der Schulter zu finden, während Wolle an der Keule in der Regel gröber ist. Von einer guten Ausgeglichenheit des Vlieses spricht man, wenn 60–70 % der Wollhaare einen bestimmten Feinheitsgrad zeigen. Ist die Feinheit des Haarschaftes über die ganze Länge gleichmäßig, so wird dies als Treue bezeichnet. Eine größere Untreue kann durch Fütterungsfehler, Hunger, längere Krankheit und Einflüsse der Witterung verursacht werden. Die Kräuselung, die neben der Feinheit einen Einfluss auf die Spinnfähigkeit der Wolle hat, gilt als wichtiges Qualitätsmerkmal. Länge und Feinheit der Wolle stehen in einer Wechselbeziehung zueinander: feinere Wolle ist stets kürzer, gröbere Wolle länger.

Aufwendige Wolleistungsprüfungen werden nur noch in beschränktem Rahmen durchgeführt; um eine solche handelt es sich bei der Eigenleistungsprüfungen der Herdbuchwidder in der Schweiz. Sonst beschränkt sich die Prüfung auf die subjektive Beurteilung der Wollqualität und der Wollfehler. Bei letzteren kann zwischen angeborenen (Grannenhaare im Vlies, mischfarbige Wolle, filzige Wolle usw.) und haltungsbedingten Fehlern (verschmutzte Wolle, vergilbte Wolle usw.) unterschieden werden. Der jährliche Schurertrag beträgt bei Merinolandschafen und Fleischschafen 4–5,5 kg; die Stapellänge beträgt bei Halbjahresschur 4–5 cm. Die genetische Variation innerhalb Populationen ist für die meisten Wolleigenschaften günstig (Heritabilitätswerte zwischen 0,25–0,5). Die phänotypischen Beziehungen zwischen Wollmenge und Fleischleistung sind gering ($r = 0{,}05$ bis 0,1).

Mohair sind Unterhaarfasern, die bei Angoraziegen etwas länger und stärker sind als bei Haarziegen; sie sind nicht gekräuselt wie Schafwolle, die Oberfläche ist glatt und glänzend. Angoraziegen können unter guten Produktionsbedingungen zweimal pro Jahr geschoren werden (2,5–3,0 kg pro Jahr). Die Wolle der Kaschmirziegen ist die feinste Wolle, vergleichbar mit einer superfeinen Merinowolle. Die feine Unterwolle wird im Frühsommer herausgekämmt (100–200 g), so daß die darüberliegenden groben und langen Oberhaare am Tier bleiben.

2.3.5.5 Milchleistung

In den meisten Ziegen-Zuchtprogrammen spielen die Milchleistung und die Inhaltsstoffe der Milch eine bedeutende Rolle. Die Leistungsprüfungen werden ähnlich durchgeführt wie bei den Milchviehrassen (s. 2.1.4.3). Die Laktationsdauer von gut gehaltenen Ziegen variiert zwischen 230 und 300 Tagen mit einer Milchleistung, die von 600 kg bis 1000 kg gehen kann; der Fett- (3,2–4,5 %) und Eiweißgehalt (2,5–3,5 %) ist in der Regel tiefer als bei der Kuhmilch. Die teilweise tieferen Leistungen gewisser Rassen sind oft auf extensive Fütterungs- und Haltebedingungen zurückzuführen. Daß aber auch genetische Unterschiede zwischen Rassen bestehen, ist unbestritten. Die populationsgenetischen Parameter für die Laktationsleistungen sind ähnlich wie beim Rind.

Die Ablammsaison beeinflußt die Leistung, denn Ziegen, die im November – Dezember werfen,weisen 80–120 kg mehr Milch pro Laktation auf als Ziegen, die März – April ablammen. Einen kleinen, aber dennoch signifikanten Einfluß hat die Wurfgröße: Ziegen mit einem Lamm haben im Mittel 20–25 kg weniger Milch als die mit Zwillingen. Das Gesamtgewicht und die Anzahl fetoplazentarer Einheiten beeinflussen die Euterentwicklung in der zweiten Hälfte der Trächtigkeit und somit auch die Milchleistung in der folgenden Laktation.

Der Geschmack der Ziegenmilch wird durch Aromastoffe, die im Milchfett enthalten sind, bestimmt (kurzkettige flüchtige Fettsäuren, Capron-, Caryl- und Caprinsäure). Er ist zu Beginn und am Ende der Laktation wenig ausgeprägt, in der Mitte dagegen stärker. Genetische Unterschiede konnten festgestellt werden. Der Zellgehalt der normalen Ziegenmilch (200 000 bis 1,5 Millionen Zellen/ml) ist im allgemeinen deutlich höher als der von Kuhmilch (50 000 bis 180 000 Zellen/ml).

Das Melken ist in zahlreichen Schafrassen dadurch erschwert, daß der Entleerungsreflex durch das Saugen oder zumindest durch die Anwesenheit des Lammes ausgelöst wird. In diesen Fällen ist der Restmilchanteil, der nach dem Melken im Euter bleibt, verhältnismäßig hoch und verkürzt die Laktation. Bei Milchschafrassen bleiben die Lämmer oft während der ersten 2–6 Wochen bei der Mutter, und erst dann wird gemolken. Ostfriesische Milchschafe wiesen 1990 eine mittlere Laktationsdauer von 243 Tage auf, mit einer Milchleistung von 591 kg und 5,5 % Fett (Schlolaut und Wachendörfer 1992).

2.3.5.6 Pelzproduktion

Die bedeutendste Pelzrasse unter allen Schafrassen ist das Karakul. Bei diesen ist das wichtigste Zuchtziel die Beschaffenheit des Lammfelles in den ersten drei Tagen nach der Geburt. Die innerhalb dieser Zeit angefertigten Lammphotos dienen später der Prämierung ausgewachsener Tiere, über deren Lockentyp, Fell- und Haarqualität man dann keine Aussage mehr machen kann.

2.3.6 Herdbuch oder Züchtervereinigungen

Den anerkannten Herdbüchern oder Züchtervereinigungen obliegen die im Gesetz festgehaltenen Aufgaben wie Identifizierung der Tiere, Führung eines Herd- oder Zuchtbuches und das Ausstellen von Abstammungsnachweisen. Herdbücher und Zuchtvereinigungen legen weitgehend auch den Rassestandard und das Zuchtziel der Rasse fest. Die bei der Körung an die Tiere gestellten Anforderungen werden in Verordnungen geregelt. Darüber hinaus vertreten diese Organisationen die Interessen der im entsprechenden Betriebszweig engagierten Betriebe und führen meist auch produktionstechnische Beratungen durch.

2.3.7 Leistungsprüfungen und Zuchtwertschätzung

Leistungsprüfungen sind die Grundlage jeden Zuchtfortschrittes, denn sie dienen als Grundlage zur Ermittlung der entsprechenden Zuchtwerte und somit zur Selektion. Die Definition des Zuchtwertes und dessen Feststellung wird im Tierzuchtgesetz und in entsprechenden Verordnungen geregelt (1.2.1.4). Die theoretischen Grundlagen und die verschiedenen Verfahren der Zuchtwertschätzung sind dem Kapitel 1.2 zu entnehmen. Leistungsprüfungen können unterschiedlich organisiert sein, so können sie in einer Station oder im Feld anhand der Eigenleistung oder der Nachkommen durchgeführt werden. In Tabelle 2-22 sind die Leistungsprüfungen, von kleinen Wiederkäuern zusammengefaßt (2.3.5).

Für die Selektionsarbeit wäre es wünschenswert, die wichtigsten Eigenschaften (Fruchtbarkeit, Aufzuchtleistung, Fleischleistung, Wolle bzw. Milch) in einem Selektionsindex zusammenzufassen (1.2.4). Die Erarbeitung eines solchen Indexes ist bei den kleinen Wiederkäuern deshalb schwierig, weil eine große Vielfalt an Haltungsbedingungen existiert (intensiv bis sehr extensiv innerhalb der gleichen Rasse). Die Anforderungen an die verschiedenen Merkmale, die die wirtschaftliche Effizienz beeinflussen, sind daher sehr unterschiedlich und erschweren somit einen einheitlichen Selektionsindex.

Tab. 2-22 Leistungsprüfungen bei kleinen Wiederkäuern

Merkmalskomplexe	Schaf	Ziege
Reproduktionsleistung	ELP-F bei ♀♀	ELP-F bei ♀♀
Aufzuchtleistung	ELP-F bei ♀♀ (CH)	
Mast- und Schlachtleistung	ELP-F bei ♂♂ (D) ELP-S bei ♂♂ (D) NZP-S bei ♂♂ (D)	
Wolleistung und -qualität	ELP-F bei ♂♂ (CH)	
Wollqualität	ELP-F bei ♂♂ (D) und ♀♀	
Milchleistung	ELP-F bei ♀♀ NZP-F bei ♂♂	ELP-F bei ♀♀ NZP-F bei ♂♂

ELP-F: Eigenleistungsprüfung im Feld
ELP-S: Eigenleistungsprüfung in einer Station
NZP-F: Nachzuchtprüfung im Feld
NZP-S: Nachzuchtprüfung in einer Station

2.3.8 Zuchtprogramme

Zuchtprogramme haben bei den kleinen Wiederkäuern, vor allem bei Ziegen, nicht das Niveau erreicht wie in der Rinder- oder Schweinezucht. Mögliche Gründe: heterogene Züchterschaft (Klein-/Großbetriebe, intensive-extensive Haltung) und die Tatsache, daß die öffentliche Hand vorab Tierproduktionszweige unterstützt, die den Ertrag der Landwirtschaft maßgeblich beeinflussen (Rind, Schwein). Ferner sind Leistungsprüfungen umfangmäßig beschränkt, und die genetisch-statistischen Auswertungen (Zuchtwertschätzungen) werden nur vereinzelt oder vielerorts überhaupt nicht durchgeführt. Gewisse Länder (Deutschland, Frankreich, England) prüfen einen Teil ihrer potentiellen Zuchtwidder in Prüfstationen. In anderen Regionen werden **Prüfringe** für männliche Zuchttiere auf genossenschaftlicher Basis geschaffen (z. B. Norwegen), d.h. Kleinbetriebe bilden Prüfringe mit dem Ziel, Böcke anhand der Nachkommen zu prüfen. Die Testtiere werden während der Decksaison in verschiedenen Kleinbetrieben eingesetzt, was allerdings zu sanitarischen Problemen führen kann. Auf eine ausgewogene Verteilung der Nachkommen auf die Betriebe wird geachtet. Die eingesetzten Böcke werden behalten, bis sie nachzuchtgeprüft sind.

Eine weitere Organisationsform der Zucht ist die **Nukleuszucht** (Barton und Smith 1982), ein ähnliches Programm wie das MOET beim Rind (2.1.8.1). Die Mitglieder dieses Programmes gründen mit ihren besten Tieren eine Nukleusherde mit dem Ziel, positiv leistungsgeprüfte männliche Zuchttiere für die beteiligten Züchter zu produzieren (Abb. 2-24). In einem geschlossenen System erfolgt die Remontierung ausschließlich innerhalb der Nukleusherde; werden hingegen einige wenige bestens ausgewiesene Zuchttiere in die Herde aufgenommen, spricht man von einer offenen Nukleusherde. Die Zuchtwerte werden aufgrund der Eigen-, Geschwister-, Ahnen- und Nachkommenleistungen ermittelt. James (1977) konnte zeigen, daß mit einem solchen Modell der Zuchtfortschritt um bis zu 15 % verbessert werden kann.

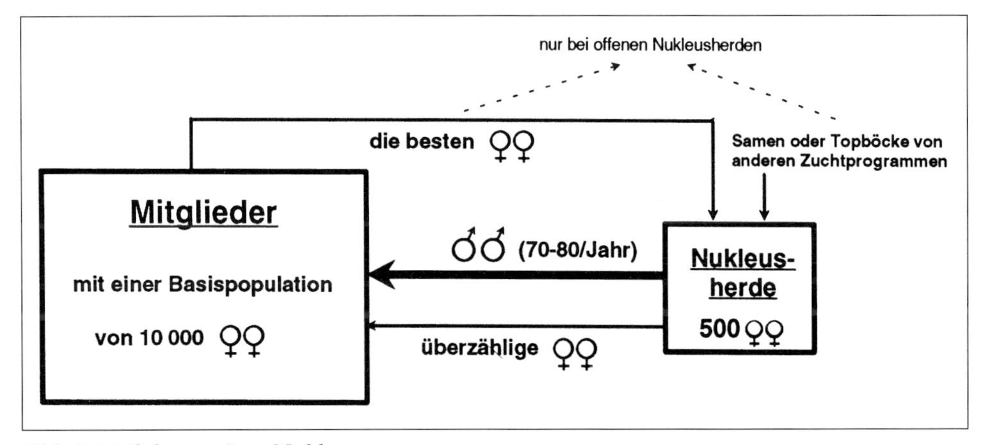

Abb. 2-24 Schema eines Nukleusprogrammes

Die **Besamungszucht** erlaubt eine rasche Verbreitung von Erbgut zuverlässig positiv geprüfter Vererber. Die Künstliche Besamung (1.1.7) bei kleinen Wiederkäuern hat aber nicht den Umfang wie beim Rind angenommen, obwohl in gewissen Regionen Osteuropas ein hoher Prozentsatz von Schafen künstlich besamt wird. Beim Schaf erfolgt die Besamung in der Regel mit Frischsperma mit einem Besamungserfolg von 60–70 % (non-return-Rate); bei Ziegen wird mehrheitlich tiefgefrorener Samen eingesetzt. Nach Brunstsynchronisation liegt der Besamungserfolg 3–6 % tiefer als nach normaler Brunst. Die Besamungszucht muß in ein strukturiertes Zuchtprogramm eingebaut sein.

Wegen der besseren Wirtschaftlichkeit von Hochleistungsrassen besteht die Gefahr, daß einheimische, weniger hochgezüchtete Rassen verdrängt werden, was zu einer Verarmung der Rassenvielfalt führen kann. Verschiedene Institutionen haben deshalb Empfehlungen zur Erhaltung der genetischen Vielfalt erarbeitet (1.2.6).

2.3.9 Zuchtverfahren

Bei den meisten kleinen Wiederkäuern wird in erster Linie **Reinzucht** (2.1.4 und 1.2.2) betrieben. Wird in geschlossenen und umfangmäßig kleinen Populationen gezüchtet (Erhaltungszucht-Programme, 1.2.6), ist die Gefahr von Inzucht akuter, und mögliche Inzuchtdepressionen müssen in Kauf genommen werden (Tab. 2-23). Die Reinzucht ist vermutlich deshalb so stark vertreten, weil die angestammten Rassen nahezu optimal an die lokalen Produktionsverfahren angepaßt sind und die genetische Varianz der Leistungsmerkmale innerhalb der Rassen nach wie vor groß genug ist. Eine weitere Möglichkeit, das Leistungsniveau einer Population zu steigern, ist die Nutzung der genetischen Leistungsunterschiede zwischen Populationen mit ähnlichem Zuchtziel (1.2.3). Anfang dieses Jahrhunderts wurde die **Verdrängungskreuzung** angewendet, wodurch die lokalen Landschläge mit leistungsfähigeren Rassen ersetzt wurden. Bei der **Veredelungs- und Kombinationszüchtung** geht es hingegen darum, die wertvollen Eigenschaften der einheimischen Population zu erhalten und lediglich mit den erwünschten Merkmalen der anderen Population zu kombinieren, z. B. Einsatz von Ile de France Widdern beim Weißen Alpenschaf. Viele bedeutende Schafrassen verdanken ihre Entstehung der Kombinationszüchtung:

- Deutsches Merinofleischschaf: Wollmerino x Leicester
- Corriedale: Lincoln x neuseeländisches Merino
- Columbia: Lincoln x amerikanisches Merino
- Targhee: Lincoln x Rambouillet

Der Zweck von **Gebrauchskreuzungen** (Terminalkreuzungen, 1.2.3) besteht darin, für die jeweiligen Produktionsbedingungen Tiere mit optimalem Leistungsvermögen zu erhalten. Mit diesem Zuchtverfahren läßt sich beispielsweise die Wirtschaftlichkeit der Lammfleischerzeugung steigern, es setzt aber Wissen über Rassenkombinationen und Kreuzungseignung voraus. Die Zweirassen-Gebrauchskreuzung ist die einfachste und wird mehrheitlich dazu benutzt, rustikale einheimische Rassen mit Böcken mit hervorragender Fleischleistung, vor allem Schlachtkörperwert (Schwarzköpfiges Fleischschaf, Texel, Ile de France, Suffolk usw.), zu paaren. Diese Kreuzungsprodukte, die allesamt geschlachtet werden, profitieren zusätzlich noch von der individuellen Heterosis, die sich positiv auf Vitalität, Gesundheit und Leistung auswirkt; man spricht in diesem Zusammenhang auch von Profitheterosis (Wassmuth 1990). In Rassenvergleichsprüfungen konnte gezeigt werden, daß der Schlachtkörperwert je nach Vaterrasse um 6 % bis 11 % gesteigert werden konnte (Schlolaut und Wachendorfer 1992). Die Dreirassen-Gebrauchskreuzung stellt höhere organisa-

Tab. 2-23 Leistungsdepression je 10% Steigerung des Inzuchtgrades (nach Pirchner 1985)

Merkmal	
Jährlingsgewicht	– 1,32 kg
Vliesgewicht	– 0,29 kg
Wollänge	– 0,12 cm

torische Anforderungen und wird vorab dann gewählt, wenn maternale Eigenschaften verbessert werden sollen (Nutzung der maternalen Heterosis), z. B. die Erhöhung der Ablammhäufigkeit durch Verkürzung der Zwischenlammzeit und durch eine möglichst ganzjährige Paarungsbereitschaft. Die Ablammergebnisse von Kreuzungsauen sind je nach Rassenkombination zwischen 5 % und 20 % besser als bei den Müttern der Kreuzung; Mutterschafe mit einem Vater des Finnischen Landschafes (sehr fruchtbare Rasse) erzielen noch höhere Ablammergebnisse (Schlolaut und Wachendorfer 1992). In gewissen Gebieten kann eine regionale Stratifikation der Schafproduktion mit der Dreirassen-Gebrauchskreuzung kombiniert werden (Haring et al. 1984).

Im europäischen Raum sind Gebrauchskreuzungen bei Ziegen nicht weit verbreitet. Am ehesten könnte man sich eine einfache Gebrauchskreuzung zur Erzeugung von Ziegenlämmern mit besseren Schlachtkörpereigenschaften vorstellen (Böcke der Burenziege x einheimische Ziegenrassen).

2.3.10 Pflege und Haltung

Aus klimatischen Gründen werden in der Schweiz die meisten Schafe im Frühling und im Herbst geschoren, in Deutschland meistens nur einmal pro Jahr. Für das Wohlbefinden ist eine regelmäßige Schur von großer Bedeutung, weil dadurch die äußeren Parasiten (Räudemilben, Schaflaus) bekämpft werden. Die Räude ist eine anzeigepflichtige Hautkrankheit, die durch Milben verursacht wird. Bei gemeinsamer Sömmerung ist das Räudebad als Prophylaxe obligatorisch (Alpvorschrift).

Mit einer gezielten Klauenpflege kann die Klauenfäule (Moderhinke) bei Schafen vorbeugend bekämpft werden. Die Klauen sollten viermal im Jahr kontrolliert und geschnitten werden. Nach jedem Schneiden sind die Klauen zu desinfizieren und kranke Tiere bis zur Ausheilung von der Herde zu trennen. Im Stall gehaltenen Ziegen muß man alle 2–3 Monate die Klauen schneiden.

In der Schafhaltung verursachen innere Parasiten die größten wirtschaftlichen Schäden. Um die Schafe vor inneren Parasiten zu schützen, muß unbedingt ein Entwurmungsprogramm erstellt werden. Bei Ziegen empfiehlt sich eine Entwurmung bei Weideantrieb und im Herbst nach dem Einstallen.

Lämmer, welche für die Weidemast bestimmt sind, sollten im Alter von 1–2 Monaten kastriert werden; diejenigen, die für die Stallmast bestimmt sind (Herbst- und Winterlämmer) und im Alter von höchstens 180 Tagen mit einem Gewicht von ca. 40 kg geschlachtet werden, müssen nicht kastriert werden. Kupieren der Schwänze ist notwendig, weil die Tiere sich sonst stark verschmutzen würden (mind. 5 cm lang). Dieser Eingriff sollte zwischen dem 4. und 12. Lebenstag erfolgen.

Für das Wohlbefinden der Tiere ist ein trockener, zugfreier Kaltstall (10°–12°C, für Lämmer 15°C) mit genügend Einstreu bei einer relativen Luftfeuchtigkeit von 60 %–75 % am besten geeignet. Der Laufstallhaltung ist gegenüber der Anbindehaltung der Vorzug zu geben. Um rangniederen Tieren ein Ausweichen vor Angriffen zu ermöglichen, muß genügend Platz vorhanden sein (1,2–1,5 m^2 pro Tier). Für die Geburt sollten Ablammbuchten mit Tiefstreu zur Verfügung stehen (Fläche 2–2,5 m^2 je Muttertier), und später sollten die Lämmer vorzugsweise nicht auf Spaltenboden gehalten werden.

Detailliertere Angaben zu Haltung und Pflege sind in den Büchern von Haring (1984), Gall (1981) sowie Schlolaut und Wachendorfer (1992) enthalten. Die tierärztliche Betreuung der kleinen Wiederkäuer ist, wegen des tieferen monetären Werts des Einzeltieres vorab präventiv und weniger kurativ orientiert.

Literatur Kapitel 2.3

Adalsteinsson, S. (1983): Inheritance of colors, fur characteristics and skin quality traits in North European sheep breeds. Livestock Prod. Science, **10**, 555- 587.

Ammann, P. (1978): Umfang, Bedeutung und Wirtschaftlichkeit der Ziegenhaltung. Schriften der Schweiz, Vereinigung der Tierzucht, **54**, Verlag Benteli AG, Bern.

Colas, G. Guérin, Y and A. Solari (1985): Influence de la durée d'éclairement sur la production

et la fécondance des spermatozoïdes chez le bélier adulte Ile-de-France. Reprod. Nutr. Dévelop., **25**, 101-111.
Cribu, B. et al. (1988): Etude chromosomique d'un hybride chèvre x mouton fertile. Génét. Sél. Evol., **20**, 379-386.
FAO (1993): Food and Agriculture Organisation of the United Nations. Yearbook, **46**, Rome.
Gunawardana, D.A. (1991): Physical mapping of polymorphic DNA markers in the bovidae family. A comparative study in cattle, sheep and goat. Diss., ETH, **9556**, Eidgenössische Technische Hochschule, Zürich.
Hediger, R. Ansari, H.A. and G. Stranzinger (1991): Chromosome banding and gene localisations support extensive conservation of chromosome structure between cattle and sheep. Cytogenet. Cell Genet., **57**, 127-134.
Houssin, Y. and A. Brelurut (1980): Mortalité avant sevrage d'agneaux de différents génotypes dans un troupeau en conduite intensive. Bull. Techn. C.R.Z.V. Theix, INRA, **40**, 5-12.
James, J. W. (1977): Open nucleus breeding scheme. Animal Production, **24**, 287-305.
Loftus, R. und B. Scherf (1993): World watch list for domestic animal diversity. First Edition, Food and Agriculture Organization of the United Nations, Rome.
Naudé, R.T. and H.S. Hofmeyr (1981): Meat production. In: Gall, C. (ed) Goat Production. Acad. Press, London, New York, Toronto, San Francisco, Sydney, 285-307.
Piper, L.R., Bindon, B.M. und G.H. Davis (1985): The single gene inheritance of the higher litter size of the Booroola Merino. In: Land, R.B. und D.W. Robinson (Hrsg.): Genetics of Reduction in Sheep. Butterworths, London, Boston, Durban, Singapore, Sydney, Toronto, Wellington.
Pirchner, F. (1985): Genetic strukture of populations 1. Closed populations or matings among related individuals. In: Chapman (Hrsg.): General and quantitative genetics. Elsevier, Amsterdam, Oxford, New York, Tokyo, 227-250.
Ryder, M.L. (1980): Fleece colour in sheep and its inheritance. Anim. Breed. Abstr., **48**, 305-324.
Ryder, M.L. and S.K. Stephenson (1968): Wool growth. Acad. Press, London.
Sambraus, H.H. (1994): Atlas der Nutztierrassen. Eugen Ulmer, Stuttgart.
Schlolaut, W. und G. Wachendörfer (1992): Handbuch Schafhaltung. 5., überarbeitete und erweiterte Auflage, Verlagsunion Agrar, DLG-Verlag, Frankfurt am Main.
Simon, D.L. und D. Buchenauer (1993): Genetic diversity of European livestock breeds. EAAP Publication, **66**, Wageningen Pers, Wageningen.
Vermorel, M. (1982): La thermorégulation de l'agneau nouveau-né. 7èmes journées de la recherche ovine et caprine. Edition ITOVIC-SPEOC, Paris, 200-215.
Vilette, Y. und D. Levieux (1981): Etude de l'influence de l'âge de la mère sur la transmission de l'immunité passive colostrale. Ann. Rech. Vét., **12**, 227-231.
Wassmuth, R. (1990): Maßnahmen zur Verbesserung der Wettbewerbsfähigkeit der Schafzucht. Züchtungskunde, **62**, 431-440.
Wassmuth, R. (1994): Perspektiven der Schafzucht und -haltung in Deutschland. Arch. Tierz. Sonderheft, **37**, 57-63.
Wassmuth, R. (1994): Wolle. In: Kräußlich, H. (Hrsg.): Tierzüchtungslehre. Eugen Ulmer, Stuttgart.

Weiterführende Literatur:

Barton, R.A. und W.C. Smith (1982): Proceedings of the World Congress on Sheep and Beef Cattle Breeding. Dunsmore Press, Palmerston North, New Zealand.
Gall, C. (1981): Goat Production. Acad. Press, London, New York, Toronto, San Francisco, Sydney.
Grzimek, B. (1973): Grzimeks Tierleben. Enzyklopädie des Tierreiches, Bd. 4, Kindler AG, Zürich, 521-522.
Haring, F. et al. (1984): Schafzucht, 6. Auflage. Eugen Ulmer, Stuttgart.
Herre, W. und M. Röhrs (1990): Haustiere – zoologisch gesehen, 2. Auflage. Gustav Fischer, Stuttgart, New York.
Mason, I.L. (1984): Evolution of domesticated animals. Longman Group Limited, Essex.

2.4 Geflügel

2.4.1 Abstammung und Domestikation der Geflügelarten

Die Hauptgeflügelarten lassen sich auf jeweils eine wilde Stammform zurückführen (Brandsch 1987; Übers. 2-18). Bei der Zuordnung von Arten bzw. Unterarten tauchen in der Literatur jedoch zahlreiche widersprüchliche Angaben auf, so daß polyphyletische Abstammungen nicht ausgeschlossen werden können. Auch die Abstammung der verbreitetsten und wirtschaftlich wichtigsten Geflügelart, des Haushuhnes (*Gallus gallus* f. *domestica*), vom noch heute in Vorder- und Hinterindien, Südchina und auf verschiedenen malayischen Inseln wildlebenden Bankivahuhn (rotes Kamm- oder Dschungelhuhn) ist nicht unumstritten. Auch andere Dschungelhühner, wie das grüne Kammhuhn, kommen als Stammeltern in Frage.

Übersicht 2-18 Abstammung der Geflügelarten (Schwark et al. 1987)

Ordnung	Familie	Stammarten	Verbreitungsgebiet	Haustier
Galliformes (Hühnervögel)	Phasianidae (Fasanenvögel)	Bankivahuhn *Gallus gallus*	Südostasien	Haushuhn *f. domestica*
		Jagdfasan *Phasianus colchicus*	Mittelasien Indien	
		Asiat. Pfau *Pavo cristatus*	Vorderindien	Pfau *f. domestica*
		Wachtel *Coturnix coturnix*	Eurasien	Laborwachtel *C.c. japonica*
	Meleagrididae (Truthühner)	Truthuhn *Meleagris gallopavo*	Mittelamerika	Pute *f. domestica*
	Numididae (Perlhühner)	Helmperlhuhn *Numida meleagris*	Afrika	Perlhuhn *f. domestica*
Anseriformes (Gänsevögel)	Anatidae (Entenvögel)	Stockente *Anas platyrhynchos*	Eurasien Nordamerika	Hausente *f. domestica*
		Moschusente *Cairina moschata*	Südamerika	Moschusente *f. domestica*
		Graugans *Anser anser*	Eurasien	Hausgans *f. domestica*
		Schwanengans *Anser cygnoides*	Ostasien	Höckergans *f. domestica*
Columbiformes (Taubenvögel)	Columbidae (Tauben)	Felsentaube *Columba livia*	Mittelmeergebiet bis Zentralasien	Haustaube *f. domestica*

Als Domestikationszentrum gilt der asiatische Raum. Bereits 2000 v. Chr. gab es Haushühner in Indien, um 1400 v. Chr. traten sie in China auf und haben sich wenig später über Vorderasien in Afrika und Europa verbreitet. Ob Haushühner sich auf dem amerikanischen Kontinent erst nach der spanischen Eroberung verbreiteten oder bereits viel früher über den Pazifik nach Amerika gelangten, ist ebenfalls umstritten. In ähnlicher Weise gilt zwar als gesichert, daß die Hühner sich vom römischen Reich aus massiv nach Nordeuropa verbreiteten, jedoch gibt es auch Anhaltspunkte, daß Hühner bereits vor dem römischen Einfluß in Nordeuropa gehalten wurden.

Die meisten Gänserassen entstanden in Europa und verbreiteten sich von dort aus nach Süden und Osten. Die von der Stockente abstammenden Hausenten haben ihren Ursprung in China, während die Moschus- oder Warzenenten, ebenso wie die Puten oder Truthühner aus Südamerika stammen. Das Perlhuhn ist in Afrika beheimatet, Tauben und Wachteln stammen dagegen wie die Haushühner aus dem ostasiatischen Raum.

2.4.2 Weltweite Verbreitung, Nutzungsrichtungen, Populationen und Produktion der Geflügelarten

Die Verbreitung der Geflügelbestände erstreckt sich über die ganze Welt. Fast die Hälfte des Gesamtbestandes ist auf Asien verteilt, hier nehmen die Bestandszahlen auch am raschesten zu. Dagegen ist der relative Beitrag von Nord- und Zentralamerika sowie Europa rückläufig. Der europäische Raum zeichnet sich aber weiterhin durch eine hohe Dichte der Geflügelbestände aus. Dieses Verteilungsmuster wird bestimmt durch die Hühner. Bezüglich der Enten ist die Dominanz Asiens noch deutlicher, während die Putenbestände sich vorzugsweise in Europa und Nordamerika konzentrieren.

Der größte Teil der Welteierproduktion wird in Asien realisiert, auch weist die Produktion dort die größten Wachstumsraten auf. Die Produktion von Eiern anderer Geflügelarten als Hühner findet vorwiegend in Asien statt. Dagegen wird der größte Teil des Geflügelfleisches in Europa und Nordamerika erzeugt. Aber auch für diese Produkte sind die Wachstumsraten der letzten 15 Jahre am höchsten in Asien, gefolgt von Afrika. In Deutschland zeigen die Bestände an Legehennen und Wassergeflügel einen rückläufigen Trend, während bei Masthühnern und Puten noch leichte Zuwächse zu verzeichnen sind. Die Produktion weist ähnliche Tendenzen auf.

In den Industrieländern erfolgt die Hühnerproduktion fast ausschließlich in intensivster Form unter Verwendung von Zuchtprodukten international tätiger Zuchtunternehmen. Die genaue genetische Zusammensetzung dieser Zuchtprodukte ist meist unbekannt. Jedoch können sowohl Mast- als auch Legehybriden vereinfachend auf einige wichtige früher bereits wirtschaftlich ausgerichtete Rassen zurückgeführt werden (Abb. 2-25). Die Ausgangspopulationen für die Erstellung von Zuchtlinien sind in der Geflügelfachliteratur beschrieben (Scholtyssek und Doll 1978; Schwark et al. 1987).

Allgemeine Leistungsrichtlinien beim Huhn sind Tab. 2-24 zu entnehmen. Im Ziergeflügelbereich gibt es eine Vielzahl weiterer Rassen, auf deren Beschreibung hier verzichtet werden muß (vergleiche u. a. Scholtyssek u. Doll 1978; Schwark et al. 1987). Verwiesen sei auch auf die Beschreibung lokaler genetischer Ressourcen des Huhns in den Tropen bei Horst (1989).

Auch für die Beschreibung der Rassenvielfalt der übrigen Geflügelarten müssen spezielle Fachbücher der Geflügelzucht konsultiert werden, hier kann nur eine Grobcharakterisierung erfolgen. Für die Fleischproduktion sei zunächst ein Vergleich verschiedener Geflügelarten mit Masthühnern herangezogen (Tab. 2-25). Aus dieser Tabelle ist bereits ersichtlich, daß die Einteilung von Wirtschaftsputen nach Gewicht erfolgt (im Gegensatz zur Rasseneinteilung nach Farben). Schwere Puten wiegen bei Mastende mit 20 bzw. 16 Wochen 15–16 kg (♂) bzw. 8–9 kg (♀), mittelschwere mit 18 bzw. 14–15 Wochen 8–10 kg (♂) bzw. 5–6 kg (♀) und leichte mit 14 bzw. 12 Wochen 6–7 kg (♂) bzw. 4–5 kg (♀). Adulte Tiere erreichen jeweils ca. 25 % höhere Gewichte. Der starke Geschlechtsdimorphismus ist am deutlichsten bei den schweren Puten ausgeprägt.

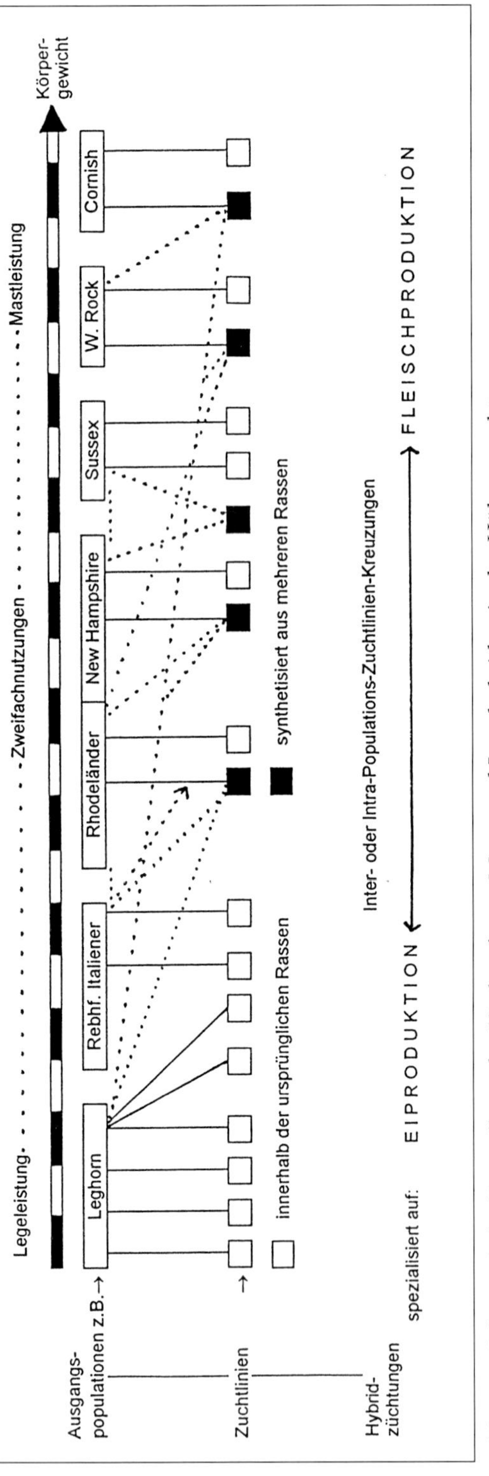

Abb. 2-25 Schematische Darstellung der Herkunft von Mast- und Legehybriden in der Hühnerzucht

Tabelle 2-24 Angestrebte Leistungen beim Huhn

Eigenschaften	Durchschnittliche Leistung
a) Legehennen	
Jahresleistung (je Durchschnittshenne)	310 Eier
Eigewicht (Ø)	65–68 g
Eimasse (je Anfangshenne)	18–22 kg
Legereife	130–140 Tage
Körpergewicht (500.Tag)	1800–2200 g
Futterverwertung	2,0 kg/kg
Bruchfestigkeit	35 N
Sterblichkeit während der Legeperiode (150–500 Tg.)	3 %
Fruchtbarkeit	90–95 %
Schlupffähigkeit	85–90 %
b) Masthühner	
Dauer der Mastperiode	ca. 5 Wochen
Futteraufwand bei 5 Wochen	1,6–1,8 kg / kg Körpergewicht
Aufzuchtsterblichkeit	1–2 %
Körpergewicht bei 5 Wochen	1800 g

Tabelle 2-25 Fleischproduktion mit verschiedenen Geflügelarten

Geflügelart	Mastmerkmale				Angaben zur Reproduktion	
	Mastdauer (Wochen)	Schlacht-gewicht (kg)	Futterver-wertung (1:)	Ausschlach-tungsverluste (%)	Bruteier (Jahr)	Geschlech-terverhält-nis (♀/1♂)
Broiler						
leichter Typ	5- 6	1,5	1,8-2,2	30		
schwerer Typ	8-10	2,5	2,2-2,5	30	180	8 (20)
Puten						
mittelschwerer Typ	10-34	4,5/ 5,8*	2,4/2,2	28	120	20
schwerer Typ	16 bzw. 20	9,0/15,4*	2,4/2,6*	23/25*	90	16
Enten						
Fleisch-Typ (Anas)	7	3,0	3,0	28	250	6
Moschus (Cairina)	8-10	2,5/3,6*	2,4/2,5*	29/26*	110	6 (40)
Gänse						
Fleisch-Typ	9-10	5,3	2,9	25	70	3
Perlhühner	13-14	1,8	3,6	21	150	4 (5)
Tauben	4	0,45		28	18	2
Wachteln (Fleisch-Typ)	6	0,19	3,8	33	250	1

* Geschlechtsdimorphismus: ♀/♂ ( ) Anzahl bei künstlicher Besamung

Bei den Enten weist Tab. 2-25 differenzierte Leistungsniveaus für die Herkünfte aus Stockenten und solche aus Flugenten (Moschusenten, Warzenenten) auf. Die verbreitetste Stockentenrasse ist die Pekingente, die sich zudem durch eine hohe Legeleistung auszeichnet. Flugenten haben zwar höhere Gewichte als Stockenten, zeigen jedoch wesentlich geringere Eileistungen. Durch Kreuzungen zwischen Moschuserpeln und Stockenten versucht man, die differenzierte Vater- und Mutterrasseneignung der beiden Arten auszunutzen. Das Mastendprodukt dieser Kreuzung ist als Mularde bekannt. Schwierigkeiten bestehen bei dieser Zucht durch verminderte Fruchtbarkeit bei der Artenkreuzung. Im europäischen Raum steht die Fleischproduktion im Vordergrund, die Erzeugung von Eiern, Federn und Sonderprodukten hat nur geringe Bedeutung.

Auch in der Gänsezüchtung unterscheidet man leichte und schwere Rassen, die bei der Entwicklung von Hybriden in die Mutter- und Vaterlinien eingegangen sind. Die Hauptnutzungsrichtung ist die Fleischproduktion, eine Sondernutzung besteht in der Produktion von Fettlebern. Bei den Wachteln wurden Legewachteln im leichten Typ und Mastwachteln im schweren Typ entwickelt. Bei den Tauben gibt es zahlreiche Zierrassen, von denen aber die wenigsten bei der Entwicklung von Masttaubenzuchtlinien Verwendung fanden.

Wie bereits bei den Enten erwähnt, sind Kreuzungen zwischen den verschiedenen Geflügelarten möglich und werden mit Anwendung der Künstlichen Besamung auch häufiger durchgeführt. Befruchtung und embryonale Überlebensfähigkeit sind jedoch vermindert, das Geschlechtsverhältnis in Richtung der männlichen Tiere verschoben und die Arthybriden in der Regel unfruchtbar (nähere Angaben bei Engelmann 1975).

2.4.3 Vererbung und Bedeutung von Haupt- bzw. Majorgenen des Huhnes

Das Huhn ist ein beliebtes Objekt zytologischer Forschung. Der Chromosomensatz wird mit 2n = 78 beschrieben, wobei die Unterscheidung von Macro- und Microchromosomen nicht zweifelsfrei ist. Von schätzungsweise 100 000 Genen sind bisher nur ca. 1% bekannt.

Während seit mehreren Jahrzehnten Genkarten (1.1.6.5.1) des Huhnes aufgrund von Kopplungsanalysen (1.1.2.1) veröffentlicht werden, schreitet deren Überprüfung und Ergänzung durch physikalische Kartierung erst in den letzten Jahren voran. Am besten beschrieben ist bisher das Z-Chromosom. Das Z-Chromosom ist beim Hahn als Geschlechtschromosom doppelt vertreten, während die Henne neben einem Z-Chromosom ein sehr kleines, sog. W-Chromosom aufweist und daher als am Geschlechtschromosom hemizygot bezeichnet wird (1.1.2.5).

Bei Hühnern werden häufig natürliche Mutationen und geschlechts-chromosomale Abweichungen registriert. Sogar triploide Hühner ohne Veränderung von Phänotyp und Fruchtbarkeit wurden gefunden (1.1.4.4). Demnach besteht eine hohe Aberrationstoleranz. Andererseits können chromosomale Abnormitäten erwartungsgemäß häufig mit embryonaler Frühsterblichkeit sowie morphologischen und funktionellen Störungen assoziiert werden. Eine ausführliche Beschreibung von Letalfaktoren findet sich bei Somes (1990).

Mutationen und Hauptvarianten sind in der Literatur umfangreich dokumentiert. Insbesondere Gefiederfärbung und Kammform werden häufig zur Demonstration mendelscher Vererbung herangezogen (1.1.1.5, Abb. 1-9). Im folgenden sollen nur Beispiele herausgegriffen werden, die in der kommerziellen Tierzucht von Interesse erscheinen. Zu nennen sind zunächst Markergene, die bei der Geschlechtersortierung von Eintagsküken eingesetzt werden (s. a. 1.1.2.4). Prinzipiell sind hierbei die Mutterlinien mit dem dominanten, die Vaterlinien mit den rezessiven Allelen auf den Z-Chromosomen ausgestattet. Wie in Abb. 2-26 dargestellt, erfolgt beispielsweise der Einsatz des Sperbergens bei Kreuzung von schwarzen Z_bZ_b Hähnen mit Z_BW_- gesperberten Hennen. Während die Töchter aus dieser Anpaarung schwarz sind (Z_bW_-), ist der Sperberfaktor bei den Söhnen (Z_bZ_B) am adulten Gefieder und bereits am Schlupftag an einem weißen Kopffleck erkennbar, der durch das an B gekoppelte Kopffleckgen verursacht wird. Solcherart Markierung über Farbgene setzt allerdings die Ausstattung der beteiligten Populationen mit den entsprechenden Genen voraus, wobei gleichzeitig der Einfluß anderer modifizierender Farbgene ausgeschlossen werden muß. Eine andere Möglichkeit stellt der Einsatz des Gens für Befiederungsgeschwindigkeit (k = schnelle Befiederung, rezessiv; K = langsame Befiederung, dominant) dar, bei denen die Töchter im Genotyp k_- beim Schlupf deutlich längere Schwung- als Deckfedern aufweisen, während bei den Söhnen (Kk) die Schwungfedern noch unterentwickelt sind. Die kommerzielle Anwendung dieses Verfahrens ist allerdings dadurch begrenzt, daß die langsambefiedernden Mutterlinien durch eine Kopplung des K-Locus mit einem Gen für

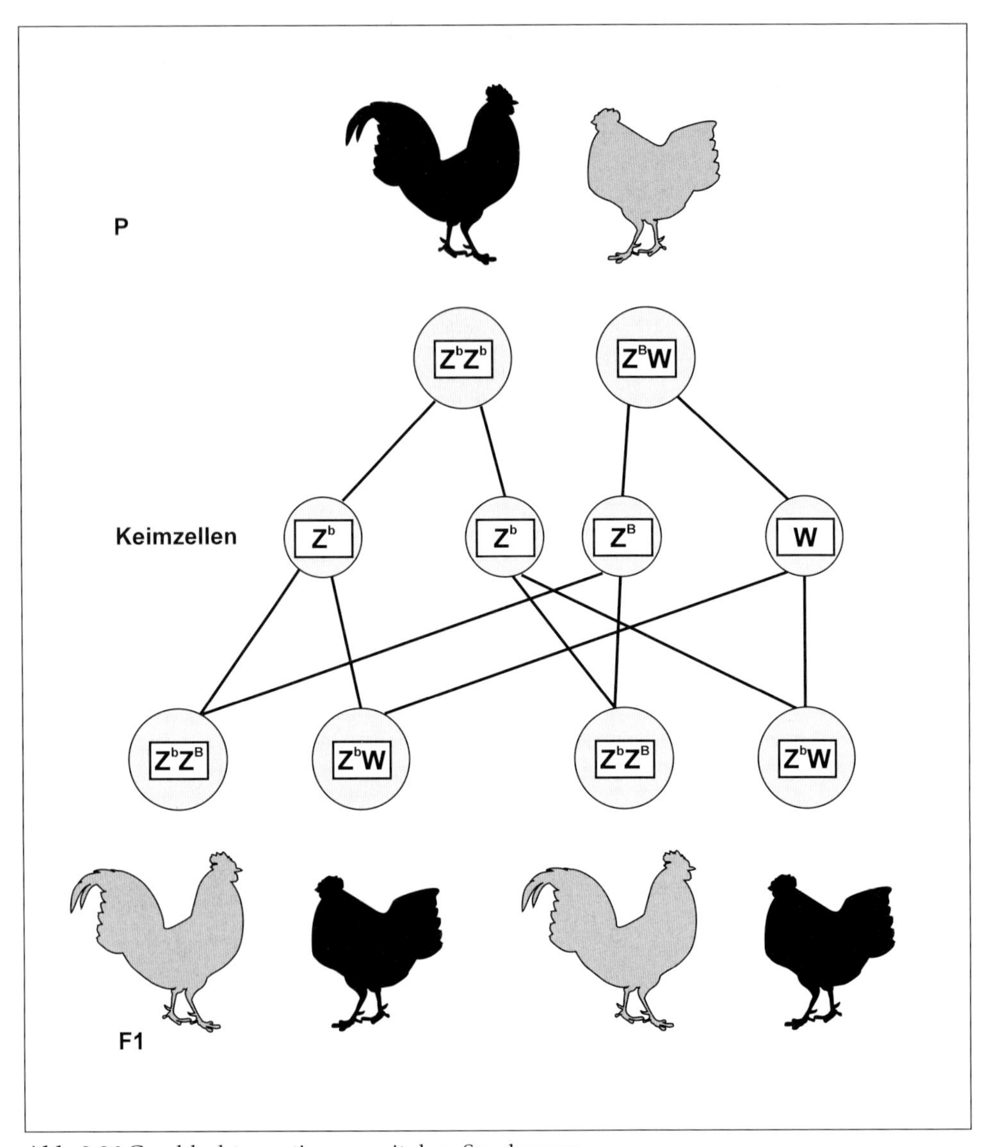

Abb. 2-26 Geschlechtersortierung mit dem Sperbergen

endogene Leukose (ev21) verminderten Immunitätsschutz auf die Nachkommen übertragen.

Eine Zusammenstellung über Majorgene (1.1.1.6), die in der tropischen Geflügelzucht genutzt werden, enthält Übers. 2-19. Von größter praktischer Bedeutung ist das geschlechtschromosomengebundene Verzwergungsgen. Da die Körpergröße wesentlich stärker reduziert wird als die Leistung (vor allem die Eizahl), ist sein Einsatz überall dort von Interesse, wo nicht nur Wärmestreß, sondern insbesondere Futterknappheit von Bedeutung ist. Daher könnte der Einsatz

Übersicht 2-19 Haupt- bzw. Majorgene mit direkter tropischer Relevanz beim Huhn

Gen	Art der Vererbung	direkte Effekte	indirekte Effekte
dw : Zwerg	geschlechtschromosom-gebunden, rezessiv, multiple Allelie	Körpergrößen-reduzierung 30 % (variierend bis 10%)	Reduzierung des Metabolismus, Verbesserung der Fitness
Na : Nackthals	unvollständig dominant	Verlust der Halsfedern, Reduzierung der Federfluren, Verminderung der sekundären Federentwicklung (30%)	Verbesserung der Konvektions-fähigkeit, geringe Höhe der embryonalen Mortalität
F : Lockung	unvollständig dominant	Lockung der Federn, Reduzierung der sekundären Federentwicklung	Reduzierung der Fitness unter gemäßigten Umweltbedingungen
P : Erbsenkamm	dominant	Veränderung der Haut struktur wie: • Verkleinerung der Kammentwicklung • Reduzierung der Federfluren • Entwicklung von Hautwülsten am Brustbein	Verbesserung der Konvektions-fähigkeit, Erhöhung der Brustblasenbildung
K : langsame Befiederung	dominant, geschlechts-gebunden, basierend auf multipler Allelie	verzögerte Befiederung	verminderter Proteinbedarf, verminderter Fettansatz der Jungtiere, verstärkte Wärme-abgabe in der Aufzucht / frühe Wachstumsphase geringere adulte Überlebens-rate (?) verzögerter Immunantwort-mechanismus
fm : Fibromelanose	dominant	Melanineinlagerung in Haut, Bindegewebe, Blutgefäßwänden, Muskeln, Sehnen, Nervenbahnen	Schutz gegen UV-Einstrahlung an gering befiederten Körperregionen
id : unbeschränkte Pigmentierung	rezessiv, geschlechts-chromosom-gebunden	Melanineinlagerung in der Beinhaut	Verbesserung der Abstrahlungsbedingungen an den Beinen

des Zwerggens auch in gemäßigten Breiten wieder Aufmerksamkeit gewinnen, auch unter ökologischen Aspekten der Minimierung von Emissionen und aufgrund der ethologischen Eignung dieser Tiere für die Gruppenhaltung. Die Angaben bezüglich der Krankheitsresistenz und Immunkompetenz von Zwerghühnern sind allerdings bisher widersprüchlich (Mérat 1990).

Von den übrigen in Übers. 2-19 aufgeführten Majorgenen ist der Bedeutung nach das Nackthalsgen vor dem Frizzlegen hervorzuheben. Die Befiederungsreduktion verhindert insbesondere bei mittelschweren und schweren Linien am tropischen Standort eine stärkere Reduktion der Futteraufnahme zum Zweck der Thermoregulation und vermindert damit wärmebedingte Leistungseinbußen. Dagegen findet das Gen P (Übers. 2-19) bisher keinen praktischen Einsatz.

Die für die Melanineinlagerung in verschiedene Körpergewebe verantwortlichen Gene Fm und id sind nur im asiatischen Raum von Bedeutung, wo schwarzfleischige Hühner Sonderpreise erzielen.

Biochemische Varianten (Proteine, Enzyme, Blutgruppen) wurden beim Huhn zwar umfangreich qualitatitiv genetisch untersucht, fanden bisher jedoch kaum züchterische Nutzung, da keine eindeutigen Beziehungen zu quantitativen Merkmalen nachweisbar sind. Es wurden einzelne Korrelationen zwischen Merkmalen der Krankheitsresistenz und Varianten immunologischer Merkmale gefunden (1.1.11.2). Insbesondere gilt dies für Varianten des B-Locus im Haupt-Histokompatibilitätskomplex. Ein bekanntes Beispiel ist die Assoziation zwischen dem B^{21}-Allel und der Resistenz gegen Mareksche Krankheit. Die züchterische Nutzbarkeit wird jedoch generell durch negative Korrelationen einerseits zwischen verschiedenen immunologischen Komponenten und andererseits in bezug zu Leistungsmerkmalen verhindert. Im Bereich der Molekulargenetik überwiegt die Diskussion des potentiellen Nutzens der Kombination von Methoden des Gentransfers (1.1.8) mit konventionellen Züchtungsstrategien. Bisherige Arbeiten konzentrierten sich schwerpunktmäßig auf Proteingene, weil diese besonders günstige Voraussetzungen zur Untersuchung bieten. Bisher sind erst wenige RFLPs (Restriction fragment length polymorphisms, 1.1.6.4.1) bekannt. Der Einsatz des DNA-Fingerprinting und von Monolocussonden zielt vorwiegend auf die Beschreibung evolutionärer Prozesse, die genetische Charakterisierung von Populationen und den Nachweis von Familienstrukturen. Dagegen gibt es keine Ansatzpunkte für die Entdeckung von QTLs (Quantitative trait loci, 1.1.6.5.1) oder Markern, die für die Leistungsselektion relevant sein könnten. Aktuelle Arbeiten konzentrieren sich auf die Entwicklung der Methoden des Gentransfers sowie auf die Verfeinerung von Genkarten.

2.4.4 Phänotypische und genetische Parameter von Leistungsmerkmalen des Huhnes

Für die Nutzgeflügelzucht stehen quantitative Merkmale im Vordergrund des Interesses, die von zahlreichen Genorten gesteuert und außerdem durch Umweltfaktoren beeinflußt werden. Übers. 2-20 gibt Selektionsmerkmale wieder, die aus betriebswirtschaftlichen Kriterien abgeleitet werden und durch die züchterische Bearbeitung in den letzten Jahrzehnten stark verändert worden sind. Aus Tab. 2-26 sind diese Veränderungen für ausgewählte Merkmale der Legehennenzüchtung ersichtlich. Der abnehmende genetische Fortschritt bei den klassischen Leistungsmerkmalen im vergangenen Jahrzehnt gegenüber der vorherigen Dekade sowie veränderte gesellschaftliche und wirtschaftliche Rahmenbedingungen machen periodische Neuorientierungen der Zuchtzielsetzung nötig. So werden in Zukunft Merkmale der Überlebensfähigkeit und Krankheitsresistenz, der Futterverwertung und Emissionsverringerung sowie der Produktqualität stärkere Berücksichtigung finden (Flock 1995). Ferner werden Merkmale künftig stärker beachtet werden, die, wie z. B. die Kammgröße, mit Technopathien in Zusammenhang stehen. Auch Verhaltensmerkmale werden bei einer Trendwende zur extensiveren Haltung von Tieren in größeren Gruppen an Aktualität zurückgewinnen. Doch auch weiterhin wird sich die züchterische Arbeit hauptsächlich auf die klassischen Leistungsmerkmale konzentrieren.

Tab. 2-26 Leistungsentwicklung in deutschen Legeleistungsprüfungen (nach Flock 1995)

	Verluste %	Eizahl je A.H.*	Eigewicht g	Eimasse kg/A.H.*	Endgewicht kg	Futterverwertung kg/kg	Bruchfestigkeit N
weiße Zuchtprodukte							
Mittelwert ($\bar{x}$) 1992 bis 1994	4,6	301	63,2	19,04	1,91	2,27	33,6
Differenz (1982 bis 1984) – (1972 bis 1974)	– 3,3	+ 30	+ 1,0	+ 2,17	– 0,15	– 0,33	– 2,6
Differenz (1992 bis 1994) – (1982 bis 1984)	– 1,0	+ 16	+ 1,9	+1,55	± 0,00	– 0,14	+ 2,8
braune Zuchtprodukte							
Mittelwert ($\bar{x}$) 1992 bis 1994	6,1	296	66,1	19,58	2,21	2,28	34,4
Differenz (1982 bis 1984) – (1972 bis 1974)	– 5,4	+ 44	+ 2,5	+ 3,37	– 0,32	– 0,57	– 0,9
Differenz (1992 bis 1994) – (1982 bis 1984)	+ 2,0	+ 17	+ 2,1	+ 1,74	– 0,24	– 0,25	+ 2,0

*Anfangshenne

Übersicht 2-20 Zuchtziele für Legehybriden und Broiler (Flock 1982)

Selektionskriterium	Determination
Legehybriden	
Reproduktionsphase (Elterntier)	
Anzahl der Eier Brucheieranteil Befruchtung Schlupf Kükenqualität Sexbarkeit der Küken	Kükenkosten
Futterverzehr 0 bis 20 Wochen Überlebensrate	Junghennenkosten
Produktionsphase (Endprodukt)	
20-Wochen-Gewicht Alter bei Legebeginn Legespitze Durchhaltevermögen Eimasse je Anfangshenne Eigewicht Futterverzehr Endgewicht Überlebensrate	Kosten/Ei (kg Eimasse)
Schalenstabilität Schalenfarbe Eiklarhöhe Fleckeneier Eigeruch (TMA)	Eiqualität
Broiler	
Reproduktionsphase (Elterntier)	
Anzahl der Bruteier Eigewicht Futterverzehr Befruchtung Schlupfrate Kükenqualität Sexbarkeit der Küken	Kükenkosten
Produktionsphase (Endprodukt)	
Überlebensrate Futterverwertung Gewicht/ Alter	Kosten / kg Zuwachs
Ausgeglichenheit Konformation Ausschlachtung Befiederung Anteil wertvoller Teilstücke Fett-, Knochenanteil	Schlachtkörper- qualität

Tab. 2-27 Heritabilitäten für Merkmale der Eier- und Fleischerzeugung sowie Hinweise auf Merkmalsantagonismen

Eiererzeugung			Fleischerzeugung			
Merkmal	h2+)	Reproduktions- u. Produktions-antagonismus	Merkmal	h2+)	Reproduktions- u. Produktionsantagonismus ++) maternal	paternal
Eizahl	0,20	–	Körpergewicht (Broileralter)	0,30	+	–
Eigewicht	0,50	–	Futteraufwand	0,20	+	–
Schalenstabilität	0,30	–	Schlachtkörper-qualität		+	–
Körpergewicht	0,50	–	Bruteierleistung	0,25	–	
Futterverzehr	0,20	–	Fruchtbarkeit	0,05	0	+
Innere Eibeschaffenheit	0,50	–				

+) Flock, 1982; ++) züchterischer Widerspruch zwischen Reproduktions- und Produktionsphase
+ → vorhanden; 0 → bedingt oder fraglich; – → nicht vorhanden

Deren Veränderbarkeit hängt zunächst von dem Anteil der genetischen Varianz an der Gesamtvarianz, der **Heritabilität** ab. In Tab. 2-27 werden Merkmale aus dem Bereich der Eier- und der Fleischerzeugung mit Heritabilitätsschätzwerten aufgeführt und gleichzeitig auf Beziehungen zwischen den Merkmalen hingewiesen. Bei der Fleischerzeugung ergeben sich starke Antagonismen zwischen Reproduktions- und Produktionsmerkmalen, die letztlich zu einer differenzierten Entwicklung maternaler und paternaler Zuchtlinien führen (1.2.3). Ein wichtiger Merkmalsantagonismus besteht zwischen der Eizahl und dem Körpergewicht. Während Masthühner sehr einseitig unter Vernachlässigung der Legeleistung auf hohe Zunahmen selektiert werden, wird in der Legehennenzüchtung versucht, das Optimum der kurvilinearen Beziehung zwischen Körpergewicht und Legeleistung zu erreichen. Dieses Optimum ist u. a. abhängig von der Umgebungstemperatur. Je höher die Umgebungstemperatur, desto niedriger ist das Optimalgewicht für die Eiproduktion.

Positive **genetische Korrelationen** (1.1.10.3) begünstigen die gleichzeitige Selektion auf Eizahl sowie Futtereffizienz, Frühreife und Fruchtbarkeit (Befruchtungsrate, Schlupfrate). Gleiches gilt für die Merkmale Körpergewicht und Eigewicht. Dagegen bestehen neben dem bereits genannten Merkmalsantagonismus zwischen Körpergewicht und Legeleistung weitere, züchtungsbiologisch wichtige, negative genetische Korrelationen zwischen folgenden Merkmalspaaren: Körpergewicht und Befruchtungsrate, Eigewicht und Schlupfrate, Eizahl und Eigewicht, Frühreife und Persistenz der Legeleistung, Eigewicht und Bruchfestigkeit sowie Eizahl und verschiedenen Eiqualitätsmerkmalen.

Für den gezielten Einsatz von Zuchtmethoden sind neben der Kenntnis von Heritabilitäten und genetischen Korrelationen Informationen von **Kreuzungsparametern** (1.2.3) wichtig. Tab. 2-28 zeigt Heterosisschätzwerte für ausgewählte Merkmale aus der Legehennenzucht mit Leghorn-Zuchtlinien. Erwartungs-

Tab. 2-28 Schätzwerte für den individuellen Heterosiszuwachs beim Legehuhn (Flock et al. 1991)

Merkmal	h_i %
Körpergewicht (g)	5,6
Eizahl / überlebende Henne	6,6
Eigewicht (g)	3,3
Eimasse / überlebende Henne (g)	9,6
Bruchfestigkeit (kp)	5,0
Überlebensrate (%)	1,4
% befruchtete Eier	0,7
% Schlupf der befruchteten Eier	19,0
% Schlupf der eingelegten Eier	20,0
Anzahl geschlüpfter Küken (n)	20,8

gemäß treten die höchsten Heterosiswerte bei Merkmalen der Reproduktion auf. Auch für die Merkmale Futterverwertung und Frühreife können im züchterischen Sinne positive Heterosiseffekte ausgenutzt werden. Für die Masthühnerzüchtung sind zusätzlich hohe positive Heterosiseffekte auf die frühe Wachstumsentwicklung von Bedeutung. Besonders in der Masthühnerzüchtung werden als weitere Kreuzungszuchteffekte durch gezielte Positionierung der Vater- und Mutterlinien Komplementäreffekte genutzt. Da für einige Merkmale die Heterosis außer auf Dominanz- auch auf Epistasieeffekte (1.1.1.5) zurückgeführt werden kann, kommt es in sekundären Kreuzungsgenerationen zum Auftreten erhöhter Rekombinationsverluste. Aus diesem Grunde und wegen der Bedeutung der Positionseffekte werden in der Hühnerzüchtung vorwiegend diskontinuierliche Kreuzungszuchtmethoden angewandt. Wesentlich höhere als die genannten Kreuzungseffekte werden insbesondere für das Körpergewicht und die Eizahl bei Kreuzungen zwischen sehr unterschiedlichen Ausgangspopulationen gefunden. So wurden Heterosiswerte von bis zu 22 % für Körpergewicht bei 10 Wochen und bis zu 43 % für Eizahl bei Kreuzungen zwischen tropischen Lokalhühnern und importierten Leistungsrassen beobachtet (Horst 1989).

In Ergänzung der zuvor vorwiegend behandelten Hauptmerkmale der Lege- und Mastleistung soll die folgende Übers. 2-21 die Aufmerksamkeit auf verschiedene Maßstäbe der Eiqualitätsbeurteilung lenken. Mit gewisser Ausnahme der Schalenstabilität weisen diese Maßstäbe – ebenso wie die Merkmale der Schlachtkörperqualität – hohe Heritabilitäten und niedrige Heterosiseffekte auf.

Eine ganz andere Situation ergibt sich für den Merkmalskomplex der Krankheitsresistenz. Mit wenigen Ausnahmen (z. B. Marek) ist von sehr niedrigen Heritabilitäten für Überlebensraten, allgemeinen und spezifischen Krankheitsresistenzen auszugehen (Gavora 1990) (1.1.11.2). Durch Kreuzungszucht kann zwar die Fitness, Adaptation und allgemeine Widerstandsfähigkeit der Tiere positiv beeinflußt werden, jedoch sind für spezifische Krankheitsresistenzen keine Heterosisschätzwerte dokumentiert. Nur in Fällen einer Assoziierung von Krankheitsresistenz mit spezifischen Einzelgenwirkungen (s. 2.4.3) ergeben sich Ansatzpunkte zur Selektion. In den meisten Fällen ist jedoch von einer Determination spezifischer Resistenzen durch jeweils mehrere immunologische

Übersicht 2-21 Maßstäbe zur Eiqualitätsbeurteilung

Merkmal	Kriterium	Beziehung zur Qualität	Größenordnungen und Maßeinheiten
Eigröße	Gewicht	Gewichtsklassen-einstufung	50 – 70 g
Eiform	Formindex	Versandeignung	68 – 76
Schalenstabilität	Bruchfestigkeit Druckbelastbarkeit Schalendicke Dichte des Eies	Güteklassen-einstufung und Transporteignung	2,2 – 4,0 kg 50,0 – 120,0 µm/kg 310 – 365 µm 1,075 – 1,087 g/ccm
Anteil der Fraktionen des Eiinhaltes	Eiklaranteil Dotteranteil	Dotterausbeute und Trocknungskosten	57 – 63 % 27 – 33 %
Trockensubstanz der Fraktionen des Eiinhaltes	Trockensubstanz	Trockeneiausbeute und Trocknungs-kosten	Klar = 10,2 – 13,0 % Dotter = 48 – 53 % Gesamtei = 23,5 – 26,0 %
Eiklarbeschaffenheit	Eiklarhöhe Eiklarindex Haugh-Einheit pH-Wert	Frischegrad, Lager-fähigkeit, Aussehen des aufgeschlagenen Eies (Anteil zähen Eiklars; Schaum-beständigkeit)	4,2 - 7,8 mm 35 - 64 75 - 83 8,6 - 9,6
	Schaumbeständigkeit Viskosität	Backqualität Verhalten gegen-über Hitzebelastung	50 - 80% 5 - 8 cmg
Dotterbeschaffenheit	Dotterhöhe Dotterindex pH-Wert Viskosität	Frischegrad Dottergröße Frischegrad Verhalten gegenüber Hitzebelastung	17 - 21,5 mm 41 - 45 5,8 - 6,4 40 - 120 cmg
Dotter-pigmentierung	Gelbfärbung (Farbfächer)	Aussehen des Dotters und Farbvermögen	Fächerskala 1 - 15
Fremdeinschlüsse	Blut- und Fleischflecke	Güteklassenein-stufung (Aussehen)	Größen- < 3 mm durchmesser > 3 mm
Frischegrad	Luftkammergröße (Wasserverlust)	Güteklassenein-stufung	< 6mm (=A)

Mechanismen unter Beteiligung verschiedenster Gene (u. a. sowohl MHC- als auch Nicht-MHC-Gene) auszugehen. Dabei wird vermutet, daß der relative Anteil der Genwirkungen an der Realisierung der Widerstandsfähigkeit bei verschiedenen Linien unterschiedlich ist. Erschwerend kommt hinzu, daß es nur wenige Berichte über positive genetische Korrelationen zwischen Merkmalen der Überlebensfähigkeit und Krankheitsresistenz zu Produktionsmerkmalen gibt. Daher müssen Maßnahmen für diesen Merkmalskomplex grundsätzlich für eine spezifische Population und Umwelt analysiert und entwickelt werden; eine Übertragbarkeit auf andere Situationen ist nicht gegeben.

Trotz ihrer hohen Adaptationsfähigkeit an unterschiedliche Produktions- und Umweltbedingungen weisen Hühner in allen Leistungskomplexen deutliche Genotyp x Umwelt-Interaktionen (1.1.10.3) auf. Daher sind Leistungsprüfungsergebnisse nur aussagefähig, wenn sie auf einem breiten Spektrum an praxisüblichen Haltungsbedingungen beruhen. Genotyp x Umwelt-Interaktionen können durch unterschiedlichste Umweltfaktoren ausgelöst werden. Auch für Heterosis x Umwelt-Interaktionen gibt es zahlreiche Beispiele mit Wirkungen von beträchtlichem Umfang. Generell ist davon auszugehen, daß Heterosiswirkungen bei belastenden Bedingungen höher sind als bei optimaler Umweltgestaltung. Besondere Bedeutung haben Genotyp x Umwelt-Interaktionen für die tropische Geflügelzucht (Horst 1994).

2.4.5 Leistungsprüfungen für Hühner

In der Basiszucht von Zuchtunternehmen sowie in kleineren Privatzuchten werden Tierbeurteilungen und Leistungsprüfungen betriebsintern durchgeführt. Übers. 2-22 gibt Anhaltspunkte für das Aussortieren schlechter Legehennen, die aufgrund von Konditionsmängeln nicht für die Weiterzucht geeignet sind.

Die Leistungsfähigkeit der für Legehennen- und Mastkükenhalter auf dem Markt angebotenen Hybridherkünfte wird in Form von Stichprobenprüfungen unter behördlicher Kontrolle vergleichend ermittelt. Die Prüfungen der Gebrauchstiere werden unter standardisierten Bedingungen in Leistungsprüfungsanstalten durchgeführt und die Ergebnisse veröffentlicht.

Für Legehybridherkünfte erfolgen die **Legeleistungsprüfungen** für jede Herkunft mindestens 2 Jahre hintereinander. Die Teilnahme ist freiwillig. Jeder Teilnehmer schickt 410 Bruteier pro Herkunft zu Jahresbeginn an eine Leistungsprüfungsanstalt. Von den geschlüpften Küken werden 130 Hennenküken individuell gekennzeichnet. Die Aufzucht der Partien erfolgt gleichzeitig in getrennten Abteilen, intensiv am Boden und bei einheitlicher Fütterung, deren Menge kontrolliert wird. Mortalitäten werden registriert und die jeweilige Todesursache in Veterinär-Untersuchungsämtern festgestellt. Mit 8 Wochen wird jede Gruppe in 2 Wiederholungen unterteilt. Die Legeperiode beginnt mit dem 141. Lebenstag und dauert 364 Tage. Bei Käfighaltung werden mindestens 4 Wiederholungen mit mindestens insgesamt 80 Hennen eingestallt. Erfaßt werden: Eizahl (täglich), Futterverzehr (28tägig je Gruppe), Körpergewicht (am 141. und 504. Lebenstag), Eigewichtsklassensortierung (wöchentlich, inkl. Knick- und Brucheier), Zeitpunkt der Legereife (3 Tage hintereinander mindestens 50 % Legeleistung), Eiqualität (Stichproben im 5., 10. und 12. Legemonat), Verluste (inkl. Abgangsursache). Die Veröffentlichung der Ergebnisse erfolgt von jeder Prüfanstalt sowie zusammenfassend nach Ausschaltung systematischer Unterschiede zwischen den Anstalten (angestrebte Leistungen s. Tab. 2-24). Von jedem Zuchtprodukt müssen mindestens fünf Prüfungsgruppen verteilt auf mindestens drei Prüfstationen geprüft werden. Dabei sollte ein möglichst weites Spektrum an Umweltbedingungen bezüglich Haltung, Fütterung und Hygiene abgedeckt werden.

Nur an zwei Prüfanstalten werden auch **Mastleistungsprüfungen** durchgeführt. Der Prüfumfang je Herkunft soll 1200 Mastküken aus mindestens fünf Wiederholungen je 240 Tieren betragen. Die Prüfung erfolgt gemischtgeschlechtlich über 35 Tage in Tiefstreuhaltung bei praxisüblicher Fütterung und Hygieneprogramm. Aufgrund der sehr einheitlichen Leistungsbereitschaft der Mastendprodukte ist eine Herkunftsprüfung der Vermehrer aussagekräftiger für den Erzeuger als ein „Warentest" der Endprodukte. Eine Schlachtkörperbewertung wird in Deutschland nicht regelmäßig durchgeführt.

Übersicht 2-22 Schema für das Aussortieren schlechter Legehennen (Scholtyssek 1968)

Körperteil	Leistungsstarke Tiere	Leistungsschwache Tiere
Kopf	kurzes Gesichtsdreieck, gut durchblutet, wenig befiedert glattes Anliegen der Stirnfedern, kurzer Schnabel, weibliches Aussehen (echte Glatzenbildung hinter dem Kamm)	langes Gesichtsdreieck, blaß, stark befiedert, struppige Stirnfedern (Hungerhaare), grober Schnabel männliches Aussehen
Augen	lebhaft, glänzend, hervortretend, reaktionsfähig, Iriden orangefarbig (bei unseren Wirtschaftsrassen Auflösen der Farbe nach rot und gelb möglich), Pupillen kreisrund und scharf abgegrenzt	matt, trübe, tiefliegend, ohne Reaktion, Iriden graugrün verfärbt oder die Pupillen einengend, Pupillen eingezackt oder in der Abgrenzung verschwommen
Kamm und Kehllappen	hellrot, samtartig (blaue Spitzen zulässig, ebenso ein Blaßwerden vom Kammende her bei der Mauser)	dunkelrot, glänzend, speckig, stark blau oder gleichmäßig graugelb verfärbt
Brust	breit und tief, gut bemuskelt	eng und schmal, mager
Haut	abhebbar und zart	straff anliegend, ledern
Bauch	weit und weich, normale Lage der fühlbaren Eingeweide, weite Abstände zwischen den Sitzbeinhöckern einerseits und den Sitzbeinhöckern und der Brustbeinspitze andererseits (gilt nur während der Produktion), elastische Sitzbeinhöcker, elastische Spannhäute (zwischen Kloake und Sitzbeinhöcker)	eng und hart, pralle, bewegliche Füllung (Wassersucht), feste aber eindrückbare Hautauflagerung (Fett), harte Gebilde (Schichteier oder Gewächse), abnorme Eingeweidelage, enge Abstände (gilt nicht während der Mauser), harte nach innen gekrümmte Sitzbeinhöcker, straffe Spannhäute
Kloake	weit, feucht, rosa gefärbt	eng, trocken, graubelb gefärbt
Ständer	weit gestellt, zart, mit engen Schuppen, ohne Pigment und auffallendem Glanz	eng gestellt, grob pigmentiert auffallend glänzend
Gefieder	etwas struppig	gut gepflegt
Handschwingen	werden zur Mauserzeit spät gewechselt, und zwar von der Axialfeder nach vorn mehrere Federn gleichzeitig	werden zur Mauserzeit schon früh gewechselt, und zwar von der Axialfeder nach vorn nur einzelne Federn

2.4.6 Zuchtverfahren beim Huhn

In der Hühnerzüchtung sind spezialisierte Firmen mit ihren Zuchtprodukten marktbeherrschend. Die Details der Zuchtverfahren unterliegen dem Betriebsgeheimnis. Daher besteht nur eine partielle Transparenz über die Zusammensetzung der Zuchtprodukte. Alle Großunternehmen optimieren ihre Zuchtziele jedoch für eine flächenunabhängige, industriemäßige Produktion und konzentrieren die Selektion auf einzelne Leistungsmerkmale. Im Vordergrund stehen hierbei für die Legehennenzüchtung: Eizahl, Eigrößenverteilung in der Legeperiode, Schalenstabilität, Futterverwertung und ein optimales Körpergewicht; für die Masttierzüchtung: Endgewicht bzw. Mastdauer, Futterverwertung, Verlustrate, Schlachtverluste, Verfettungsgrad und Konformation. Für die Elterntiere kommt es neben der Eizahl auf Bruteieranteil, Befruchtungsrate, Schlupfrate und Kükenqualität an. Neben der genetischen Fundierung der Einzelmerkmale und ihren genetischen Beziehungen untereinander (2.4.4) entscheiden Grenznutzenberechnungen gemäß der jeweiligen wirtschaftlichen Bedeutung über die Gewichtung der Einzelmerkmale in Selektionsindizes.

Prinzipiell erfolgt die Züchtung in vertikaler Integration mit den Stufen Basiszucht (Urgroßeltern), Großeltern und Eltern als Zuchtvermehrer sowie Endprodukte, über deren Leistungsniveau Informationen aus Warentests (2.4.5) erzielt werden. Dabei gibt es für Lege- und Masthybriden jeweils spezielle Zuchtprogramme. In der Basiszucht werden schwach ingezüchtete reine Linien mit spezifischen Zuchtzielen erstellt und durch Probeanpaarungen auf spezielle oder allgemeine Kombinationseignung getestet. Nur die günstigsten Kombinationen werden vermehrt. Insbesondere erfolgt ein Linienaustausch (z. B. zur Anpassung an veränderte Marktbedingungen) erst nach Durchlaufen eines umfangreichen Testprogramms einschließlich der Endproduktstufe. In Abb. 2-27 sind verschiedene Gebrauchskreuzungszuchtverfahren (1.2.3) schematisch dargestellt.

Alle modernen Hybridzuchtverfahren kombinieren die Vorteile von Reinzucht und Kreuzungszucht. Eine Beschränkung auf die Reinzucht erfolgt nur noch im Liebhaberzüchterbereich bei dem großen Kreis der Rassegeflügelzüchter. Hier wird vorwiegend auf formalistische Eigenschaften unter Vernachlässigung aktueller Leistungsmerkmale gezüchtet. Dieser Bereich hat für die Nutzgeflügelzüchtung eine nicht zu unterschätzende Bedeutung im Hinblick auf die Erhaltung der genetischen Vielfalt.

Für den Zuchterfolg im Hybridzuchtbereich ist zunächst die kontinuierliche züchterische Weiterentwicklung der reinen Linien entscheidend. Einige Zuchtunternehmen versuchen den Zuchterfolg darüber hinaus dadurch zu steigern, daß eine direkte Selektion auf Kreuzungseignung erfolgt. So werden bei der reziproken, rückgreifenden Selektion (RRS) (1.2.3.1.1) die Elternlinien unter Berücksichtigung der Töchterleistung aus Kreuzungsanpaarungen selektiert (Abb. 2-27). Bei der einfachen rückgreifenden Selektion (RS) erfolgt die Prüfung der Kreuzungsleistung durch Anpaarung an eine Standard-Testlinie.

Die Struktur der Zuchtpopulationen beim Huhn mit hoher Reproduktionsrate und einfachem Aufbau von Voll- und Halbgeschwisterfamilien begünstigt die

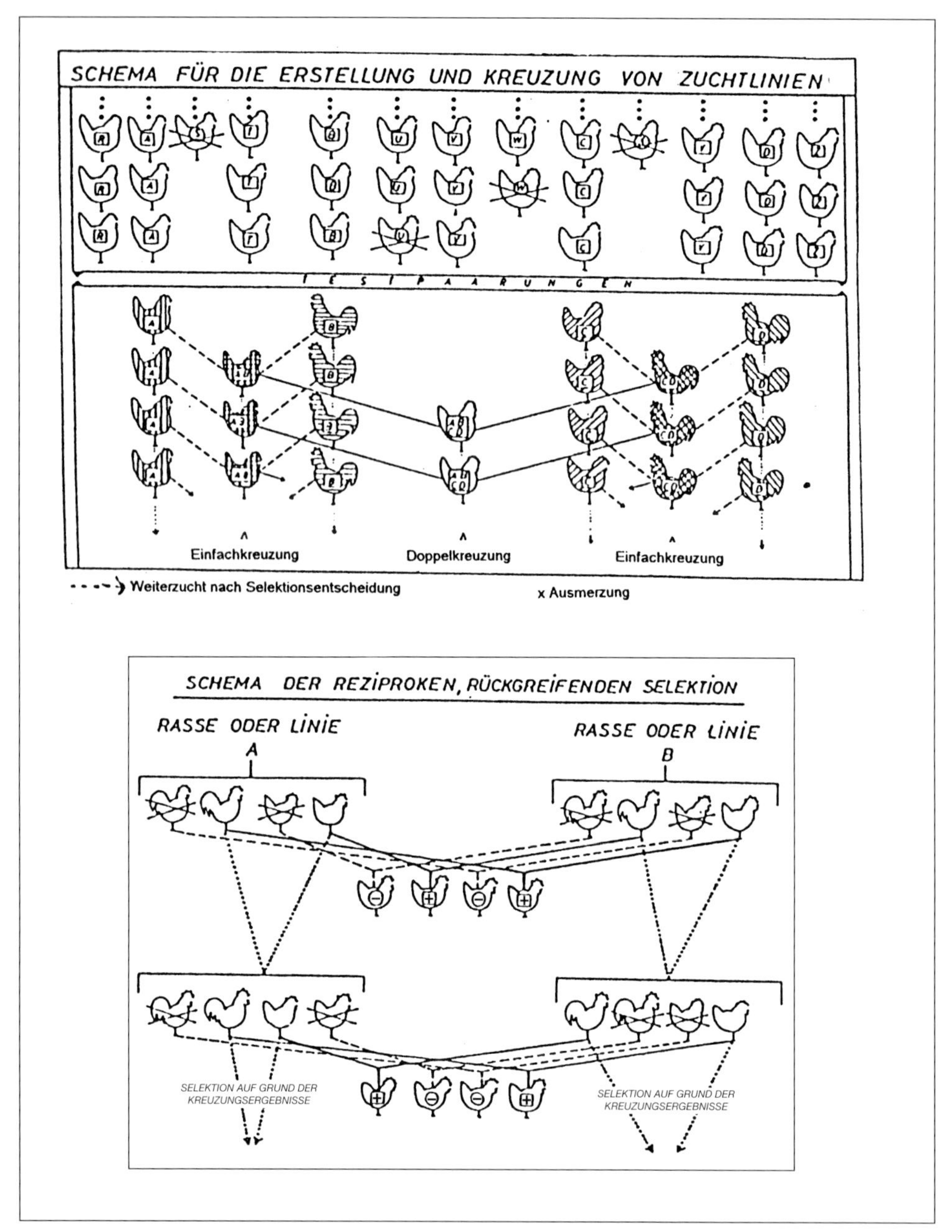

Abb. 2-27 Schematische Darstellung von Gebrauchskreuzungszuchtverfahren beim Huhn

Zuchtwertschätzung (1.2.1) und die Selektion. Die Zuchtwertschätzung erfolgt generell mit BLUP-Tiermodellen, wodurch die Leistungsdaten mehrerer Generationen unter Berücksichtigung aller verwandtschaftlichen Beziehungen verwertet werden können. Als Möglichkeit für einen noch schnelleren züchte-

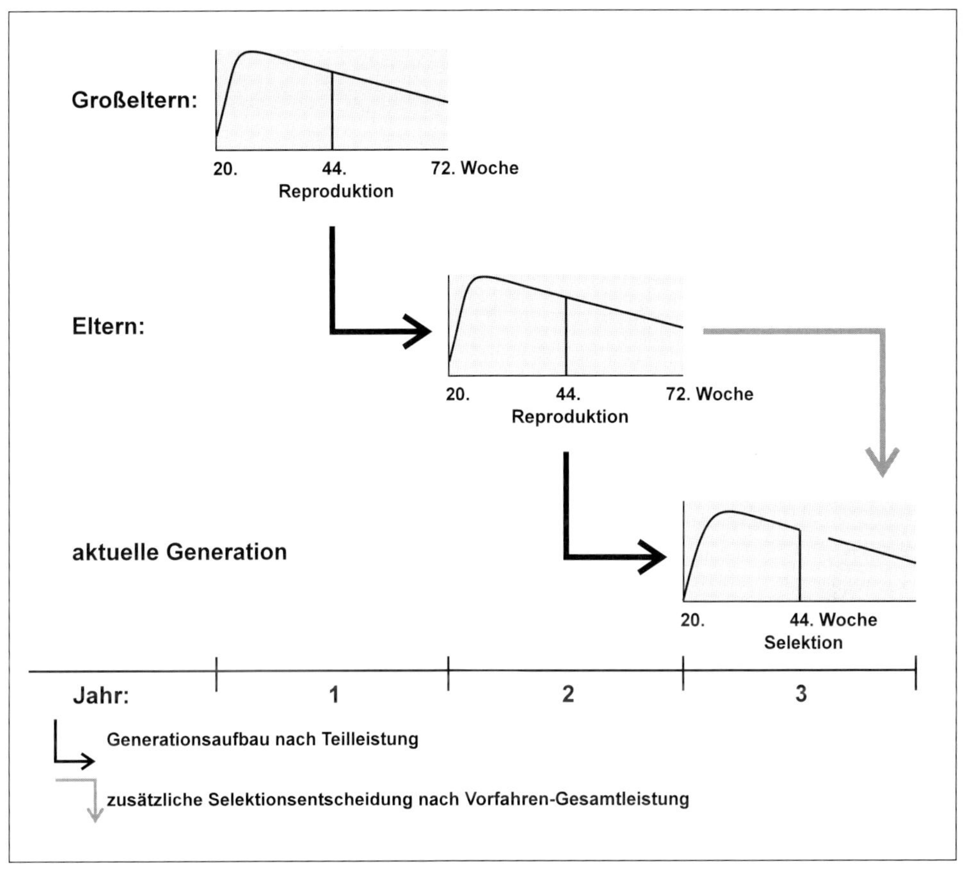

Abb. 2-28 Generationsfolge und Leistungsprüfung am Beispiel der Legerate (nach Preisinger 1994)

rischen Fortschritt wird die Verkürzung des Generationsintervalls in der Legehennenzüchtung gesehen. Eine Beurteilung von Kurzleistungen ist allerdings dadurch beschränkt, daß eine weitere Steigerung der Legerate vorwiegend durch eine Erhöhung der Persistenz der Legeleistung erfolgen muß, da die biologischen Leistungsgrenzen bei der Spitzenleistung in der ersten Hälfte der Legekurve bereits weitgehend ausgeschöpft sind. Außerdem ist die Kontinuität der Eiqualität bis zum Ende der Legeperiode von Bedeutung. Daher basiert der Selektionsentscheid auf der kombinierten Information aus der Langzeitleistung von Großeltern und Eltern und der Kurzleistung (44. Woche) der Töchter (Abb. 2-28). Eine Möglichkeit der Berücksichtigung von Genotyp x Umwelt-Interaktionen ergibt sich aus der Einspeisung von Leistungsprüfungsergebnissen, die unter belastenden Umweltbedingungen von Produktionsstandorten aus verschiedenen Regionen der Welt gewonnen werden. Hierdurch wird die induktive Basis und damit die Praxisrelevanz der Zuchtwertschätzung erhöht.

Übersicht 2-23 Ziele und Anwendungsgebiete der Gentechnologie beim Geflügel

Genomanalyse	(Huhn – 100 000 Gene)
Genkonservierung	(Kryokonservierung von Ejakulaten, Genbanken)
Genmanipulation	
– Genexpression	(Klonierung, definierte Gensequenzen für Produktherstellung)
– Gentransfer	(Klonierung züchterisch wertvoller Gene und Herstellung transgener Individuen)

Nutzanwendungen:

- Krankheitresistenz
  (Marek, Leukose)
- Qualitätsänderung geflügelspezifischer Produkte
  (Eiklarprotein, Schalenstabilität, Schalenpigmentierung, Fleischfärbung)
- Sexbarkeit der Küken
  (geschlechtschromosomgebundene Einzelgene)
- Kostengünstige Broilerkükenproduktion
  (geschlechtschromosomgebundene Zwerggene)
- Tropentoleranz
  (Gene mit Veränderungen in der Befiederungsdichte und -struktur)
- „Gene Farming"
  (Produktion geflügelspezifischer Substanzen über das Ei)

Techniken:

- Mikroinjektion von DNA in Vorkerne befruchteter Eizellen
  (erschwerte Situation beim Vogel infolge Vielzellenstadium – ca. 50 000 Zellen bei Eiablage)
- „Vor"-Insemination mit radioaktivierten Spermien
  (Infertilität bei Polyspermienblock, geringe Transferquote; unspezifische Selektion und Integration von transf. DNA-Sequenzen)
- Retrovirale Vektoren
  (virale RNA-Genome durch reverse Transkriptase in DNA und Möglichkeit zur spezifischen Einlagerung in Genom)

Neue Aufgaben für die Züchtung ergeben sich durch die Erfordernis der systematischen Reduktion der Verlustraten, besonders im Masthuhnbereich. Der Einsatz von Methoden zur Selektion auf Krankheitsresistenz scheitert bisher an hohen Kosten oder negativen Effekten auf Produktionsmerkmale (Gavora 1990). Man hofft, dieses Problem durch Identifikation und Einsatz von molekulargenetischen Markern für Merkmale der Krankheitsresistenz umgehen zu können. Bisher sind Ansätze der markergestützten Selektion (1.1.6.7.5) für die Züchtungsroutine beim Huhn jedoch nicht verfügbar. Mögliche Ziele und Anwendungsgebiete der Gentechnologie beim Geflügel sind in Übers. 2-23 aufgelistet.

In der intensiven Geflügelproduktion am tropischen Standort werden weitgehend die gleichen international verfügbaren Zuchtprodukte eingesetzt wie an gemäßigten Standorten. Dieses impliziert jedoch hohe Anforderungen an Haltung, Fütterung und Management, die häufig nicht langfristig erfüllt werden

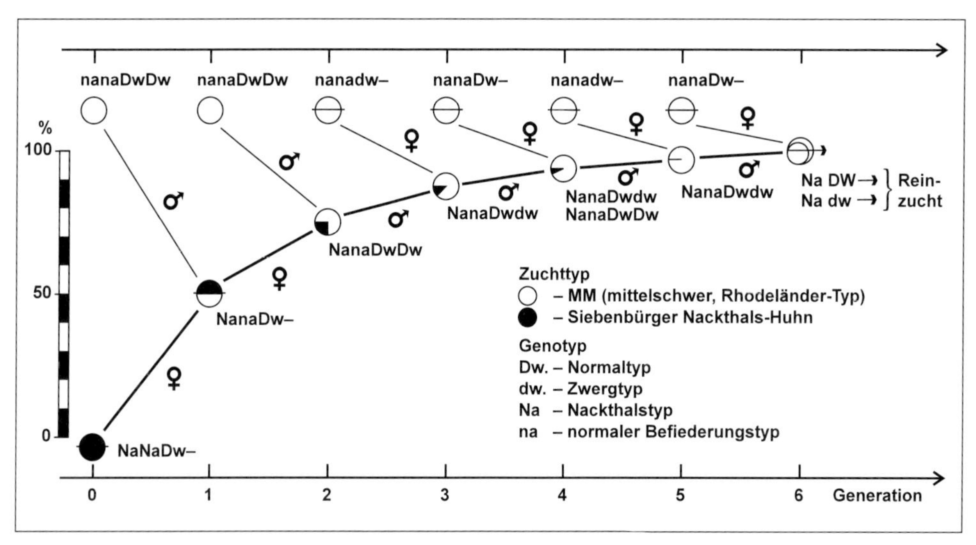

Abb. 2-29 Schematische Darstellung für die Erstellung von Hochleistungszuchtlinien mit Majorgenen durch Verdrängungszüchtung. Beispiel: Mittelschwere Dahlem Red Nackthals-Zuchtlinie (Na) mit Normal-(Dw) und Zwergtyp (dw)

können. An Entwicklungsländerstandorten können alternative Zuchtverfahren für Hühner zweckmäßig sein (Horst 1989, 1994). Perspektiven ergeben sich durch die Ausnutzbarkeit sehr hoher Effekte bei Kreuzungen zwischen Lokalpopulationen und Hochleistungslinien. Eine andere Strategie zielt auf den systematischen Einsatz von tropenrelevanten Majorgenen (2.4.3) im Züchtungsprozeß. In Abb. 2-29 wird dargestellt, wie sich durch konventionelle Verdrängungszüchtung Hochleistungszuchtlinien erstellen lassen (Introgression, 1.1.1.6), die durch ihre Ausstattung mit tropenrelevanten Majorgenen hohes Leistungsniveau mit verbesserten Adaptationseigenschaften unter Wärmestreß vereinen.

2.4.7 Zuchtprogramme und -organisation beim Huhn

Die Basiszuchtbetriebe erfüllen zwei Hauptaufgaben: einerseits die Haltung und Weiterentwicklung der reinen Linien und damit die Generierung von Zuchtfortschritt; andererseits die Produktion von Elterntier-Eintagsküken und damit die Initiierung eines Prozesses der Weitergabe des Zuchtfortschritts und der Produktion, der sich über die Bereiche Vermehrung, Bruteierlieferung, Brüterei bis hin zu den Ablege- und Mastbetrieben fortsetzt.

Für die erste Aufgabe, die Basiszucht, ist eine genau abgestimmte betriebsinterne Organisation erforderlich, die auch bereits die Rückkopplung von Informationen aus den nachgelagerten Stufen erforderlich macht. Aus Übers. 2-24 geht hervor, welche Hilfsmittel und Quellen den Informationsfluß sicherstellen. Im Legehennenbereich sind Datenerfassung, -auswertung und Selektionsschritte meistens auf ein einjähriges Generationsintervall hin organisiert.

Die Multiplikation des genetischen Fortschritts wird in Abb. 2-30 am Beispiel der Broilerproduktion demonstriert. Hieraus wird ersichtlich, daß die Zuchtorganisation auf eine strikte Produktionsplanung in Abstimmung zwischen den

Übersicht 2-24 Logistische Komponenten von Zuchtprogrammen beim Huhn

Spezielle Hilfsmittel für die Zucht	Fußring Kükenmarke – Resimarke Fallennest Zuchttierkäfig Künstliche Besamung	
Zuchtdatenquellen	Mutterleistung Eigenleistung Geschwisterleistung Nachkommenleistung	
Zuchtdatenverarbeitung	Mittelwert und Streuung der Merkmale Populationsgenetische Kennwerte (h^2, r) Selektionsindizes BLUP	
Zuchtorganisation	Stammbaumzucht Herdbuchzucht Anwärterzucht	Zuchtbuch
	Linienzucht Zuchtkette und Stufen • Genreserve • Neuzüchtung • Basiszucht	Rechnergestützte Zuchtanalyse Automatisierte Datenerfassung
Leistungsprüfung	Wettlegen Stichprobenauswahl Herdenleistungsprüfung Hühnerleistungsprüfung	

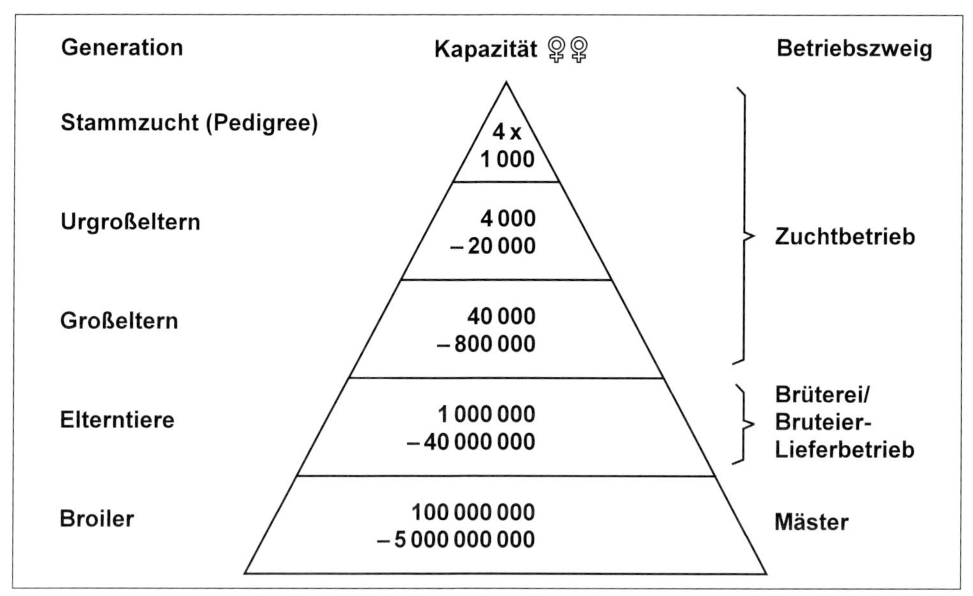

Abb. 2-30 Multiplikation des genetischen Fortschritts in der Broilerproduktion (Flock 1977)

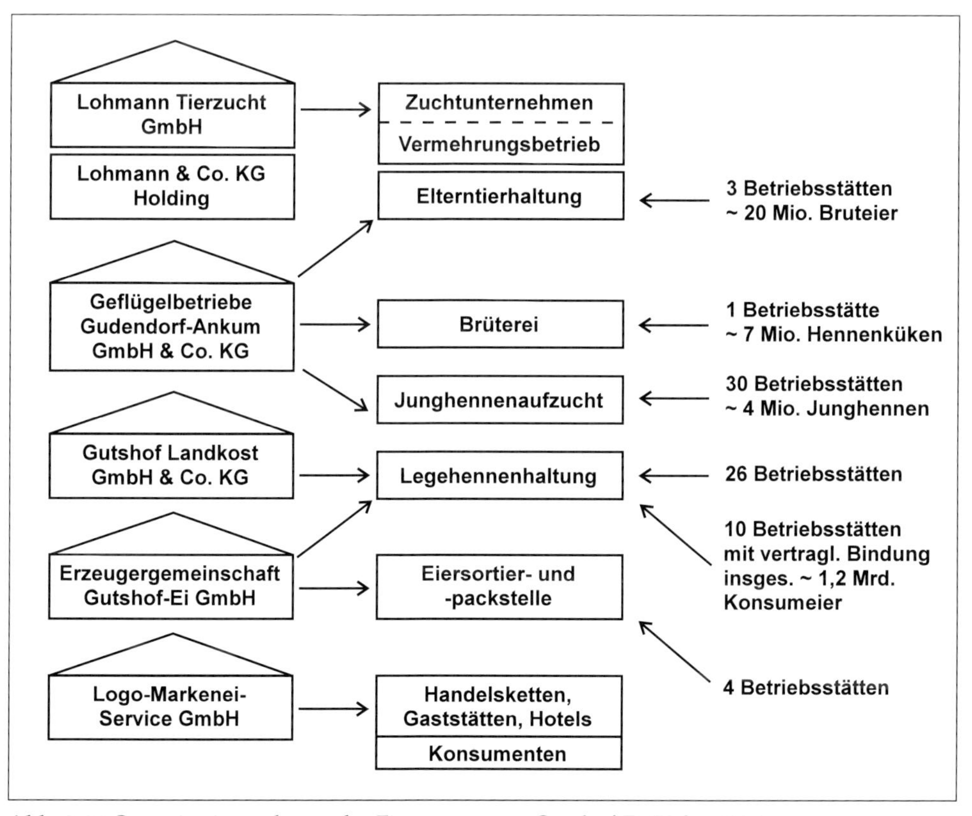

Abb. 2-31 Organisationsschema der Firmengruppe Gutshof-Ei (Kalm 1994)

verschiedenen Stufen der Pyramide angewiesen ist. In der Praxis ergibt sich daraus ein hoher Grad an vertikaler Integration oder vertraglicher Vernetzung zwischen den Stufen. Hierdurch wird die schnelle Weitergabe des Zuchtfortschritts sowie die Bereitstellung und kontinuierliche Auslastung bedarfsgerechter Produktionskapazitäten sichergestellt. Die Organisationsformen der Integrationen variieren von Land zu Land und sind im Masttierbereich meist straffer als bei der Eierproduktion. Im Broilerbereich geht die vertikale Integration häufig von Verarbeitungs- und Vermarktungsunternehmen aus, die die vorgelagerten Stufen der Produktion und Züchtung auf ihre Erfordernisse hin lenken. Die vertikale Integration kann sich aber auch auf Teile der Stufen beschränken und ein Gegengewicht durch horizontale Verbindungen innerhalb der Stufen erfahren. Auch wirkt die Futtermittelindustrie gelegentlich als Integrator zwischen den Stufen. Die Produktionsstufe und damit die Landwirte steuern dagegen nicht das Integrationsgefüge. Mit Ausnahme weniger Handelsketten gilt das gleiche für die Endstufe von Konsumenten.

Ein Beispiel aus der Eierproduktion in Deutschland (Abb. 2-31) verdeutlicht die Organisationsverflechtung zwischen Zuchtunternehmen (2.8.3.1) und Endabnehmern. Hier sind nur in begrenztem Umfang Teilintegrationen vorhanden, ergänzt durch vertragliche Bindungen. Aufgrund der infrastrukturellen Schwierigkeiten in Entwicklungsländern unterhalten internationale Zuchtunternehmen, Handels- oder Restaurantketten dort weitgehend autarke, straff organisierte Logistikstrukturen. Eigenständige nationale oder regionale Zucht- und Produktionsprogramme finden sich nur in wenigen Ländern.

Literatur Kapitel 2.4

Brandsch, H. (1987): Abstammung und Entwicklung der Geflügelarten. In: Schwark, H.-J. et al. Internationales Handbuch der Tierproduktion, Geflügel. VEB Deutscher Landwirtschaftsverlag, Berlin.

Engelmann, C. (1975): Vererbungsgrundlagen und Zuchtmethoden beim Geflügel. Neumann Verlag, Leipzig.

FAO (1993): Production Yearbook., **47**, Rome.

Flock, D. (1977): Was tut der Genetiker für den Hähnchenmäster? Lohmann Information März-April 1977, 3-9.

Flock, D. (1982): Leistungsgrenzen. DGS , **25**, 702-704.

Flock, D. (1995): Neue Akzente für die Legehennenzucht: Rückläufige Leistungssteigerungen zwingen zum Überdenken der Zuchtziele. Arch. Tierz., **38**, 479-488.

Flock, D., Ameli, H. und P. Glodek (1991): Inbreeding and heterosis effects in White Leghorns. British Poultry Science, **32**, 451-462.

Gavora, J. (1990): Disease genetics. In: Crawford, R.D. (Hrsg.): Poultry Breeding and Genetics. Elsevier, Amsterdam.

Horst, P. (1989): Native fowl as reservoir for genomes and major genes with direct and indirect effects on the adaptability and their potential for tropically oriented breeding plans. Archiv Geflügelkrankheiten 53, **3**, 93-101.

Horst, P. (1994): Zuchtstrategien für tropische Standorte. In: Kräußlich, H. (Hrsg.): Tierzüchtungslehre. Eugen Ulmer, Stuttgart.

Horst, P. und P.K. Mathur (1992): Trends in economic values of selection traits for local egg production. Proc. WPSA Congress Amsterdam **2**, 577-583.
Kalm, E. (1994): Integrierte Zucht- und Produktionsprogramme. In: Kräußlich, H. (Hrsg.): Tierzüchtungslehre. Eugen Ulmer, Stuttgart.
Mérat, P. (1990): Pleiotropic and associated effects of major genes. In: Crawford, R.D. (Hrsg.): Poultry Breeding and Genetics. Elsevier, Amsterdam.
Preisinger, R. (1994): Moderne Verfahren der Zuchtwertschätzung und Selektion. Lohmann Information, Januar-April 1994, 5-7.
Scholtyssek, S. (1968): Handbuch der Geflügelproduktion. Eugen Ulmer, Stuttgart.
Scholtyssek, S. (1987): Geflügel. Eugen Ulmer, Stuttgart.
Scholtyssek, S. und P. Doll (1978): Nutz- und Ziergeflügel. Eugen Ulmer, Stuttgart.
Somes, R.G. (1988): International Registry of Poultry Genetic Stocks. Document Number Bulletin 476, University of Connecticut.
Somes, R.G. (1990): Lethal mutant traits in chickens. In: Crawford, R.D. (Hrsg.): Poultry Breeding and Genetics. Elsevier, Amsterdam.

Weiterführende Literatur:

Crawford, R.D. (1990): Poultry Breeding and Genetics. Elsevier, Amsterdam.
Kräußlich, H. (1994): Tierzüchtungslehre. Eugen Ulmer, Stuttgart.
Legel, S. (1993): Nutztiere der Tropen und Subtropen, Bd. 3, Geflügel. Hinzel, Stuttgart, Leipzig, S. 321-622.
Petersen, J. (1996): Jahrbuch für Geflügelwirtschaft. Eugen Ulmer, Stuttgart.
Schwark, H.-J., Peter, V. und A. Mazanowski (1987): Internationales Handbuch der Tierproduktion, Geflügel. VEB Deutscher Landwirtschaftsverlag, Berlin.

2.5 Pferde

2.5.1 Stammesgeschichte

Aufgrund umfangreicher Fossilienfunde, vor allem in Nordamerika, ist die Stammesgeschichte des Pferdes gut erforscht. Übersicht 2-25 enthält die Hauptformen, die zum Pliohippus, dem ersten Pferdevorfahren mit einer huftragenden Zehe führten. Aus kleinen laubfressenden Waldbewohnern entwickelten sich durch genetische Anpassung an veränderte Umweltbedingungen hochgewachsene Steppentiere. Folgende Veränderungen sind besonders gut dokumentiert:

- Starke Ausbildung des mittleren Strahls des Fußes und Rückentwicklung der anderen vier Strahlen (Zehe und Mittelfußknochen). An den zweiten und vierten Strahl erinnern noch die Griffelbeine, die keine Funktion haben.
- Anpassung an das Laufen auf Zehenspitzen durch kurze Oberschenkel, lange Unterschenkel und Polsterung beim Auftritt durch den Huf.
- Anpassung an das Grasen auf der Steppe. Die Zähne werden aufgrund der Vermischung von Gras und Sand wesentlich stärker abgenutzt als beim Rupfen von Laub. Das Ergebnis der Anpassung sind längere Zahnkronen und schmelzfaltige Pflanzenfresserzähne anstelle der schmelzhöckrigen Allesfresserzähne des Eohippus, sowie ein verlängerter Schädel.

Die Evolution vom Eohippus zum Pliohippus verlief nicht so geradlinig wie aus Übersicht 2-25, die nur die unmittelbaren Vorfahren des Pliohippus enthält, gefolgert werden könnte; viele Zwischenformen (Seitenlinien) sind ausgestorben. In der letzten Periode des Pliozän entwickelte sich die Gattung Equus, der die Wild- und Hauspferde taxonomisch zugeordnet werden. Im Pleistozän (vor etwa 1 Million Jahren) breiteten sich die Wildpferde in Nordamerika stark aus und wanderten über die damals noch bestehende Landverbindung in der Beringstraße nach Eurasien, wo sie sich ebenfalls stark verbreiteten und bis an die Südspitze von Afrika vordrangen. In Nordamerika starben die Wildpferde anschließend aus unbekannten Gründen aus.

Übersicht 2-25 Hauptformen in der Evolution des Pferdes

Form	Jahre/Zeit	Zehen (vorne/hinten)	Futter	WH
Eohippus = Hyracotherium	50 Mio. Eocän	4/5	Laub	38 cm
Mesohippus	35 Mio. Oligocän	3/3	Laub	52 cm
Miohippus	25 Mio. Miocän	3/3	Gras	80 cm
Pliohippus	10 Mio. Pliocän	1/1	Gras	110 cm

2.5.2 Arten der Gattung Equus und deren Kreuzungen

Taxonomisch gehört die Gattung *Equus* zur Familie *Equidae* und zur Ordnung *Périssodactyla* (Unpaarzeher); sie umfaßt die Arten Pferd (*Equus przewalskii*), Esel (*Equus africanus*) und Halbesel (*Equus hemionus*), und die Zebras, bei denen drei Arten unterschieden werden: Steppenzebra (*Equus quagga*), Bergzebra (*Equus zebra*) und Grevy Zebra (*Equus grevyi*).

Die Art **Pferd** wird aufgrund der Funde aus dem Pleistozän in zwei Unterarten unterteilt, Taki oder Przewalski-Pferd (*Equus ferus przewalskii*, Poliakoff) und Tarpan (*Equus ferus gmelini*, Antonius). Nach Röhrs (1994) lebten in den Domestikationszentren, deren Verbreitungsgebiet nördlich des Kaukasus lag, nur Przewalski-Pferde (die Variabilität war außerordentlich groß).

Das Pferd unterscheidet sich phänotypisch wie folgt von den anderen Arten der Gattung *Equus*:

- Kastanien an allen vier Extremitäten (Esel nur an den Vorderbeinen)
- Schweif von der Wurzel an behaart (Esel Quastenschwanz)
- kurze Ohrmuschel (Esel lange Ohrmuschel)
- Wiehern.

Das Verbreitungsgebiet des **Wildesels** (*Equus africanus*, Fitzinger) liegt vor allem im Nordosten Afrikas und nach Epstein (1984) besteht die Population aus etwa 500 Tieren. Epstein unterscheidet zwei Unterarten: Nubischer Esel (*Equus asinus africanus*) und Somalischer Esel (*Equus asinus somaliensis*). Die wilde Stammart des Hausesels ist *Equus africanus* (Röhrs 1994).

Der **asiatische Halbesel** bzw. Onager (*Equus hemionus*) kommt von Syrien bis zur Zentralmongolei vor. Es wird zwischen *Equus hemionus* und *Equus kiang* unterschieden. Nach Epstein (1984) wurde der Halbesel in vorgeschichtlicher Zeit domestiziert und als Arbeitstier genutzt, aber später von Pferden verdrängt; dieser Hypothese wird von Herre und Röhrs (Löwe et al. 1988) widersprochen.

Tigerpferde bzw. Zebras leben in Afrika in Gebieten, in denen die Tse-Tse-Fliege verbreitet ist. Die Tse-Tse-Fliege sticht und infiziert bevorzugt Einhufer, meidet aber bewegte Streifenmuster, weshalb Pferde und Esel im Gegensatz zu Tigerpferden in diesen Gebieten stark gefährdet sind. Tigerpferde wurden nicht domestiziert.

Wie Übersicht 2-26 zeigt, ist die **Chromosomenzahl** bei den Equiden sehr unterschiedlich. Die gegenüber den Wildpferden reduzierte Chromosomenzahl der Hauspferde ist die Folge der Verschmelzung von zwei akrozentrischen Chromosomenpaaren zu einem metazentrischen (Wildpferd 24 metazentrische und 40 akrozentrische Autosomen; Hauspferd 26 metazentrische und 36 akrozentrische). Die Summe der Chromosomenarme ist beim Wild und Hauspferd gleich (92 bei XX und 91 bei XY). Hybriden zwischen Wild- und Hauspferden sind fertil und haben den Karyotyp 2n = 65.

Alle Arten der Gattung Equus lassen sich miteinander kreuzen (Übersicht 2-26). Die Kreuzungsnachkommen sind meist unfruchtbar. Kreuzungen zwischen Hauspferd und Hausesel sind beliebte Nutztiere, besonders das Maultier

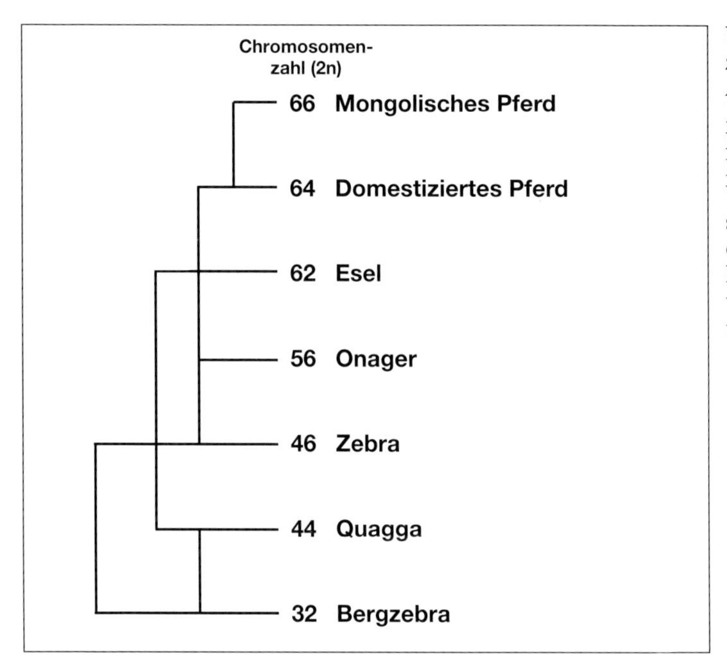

Übersicht 2-26 Kreuzungen zwischen den Arten der Gattung *Equus*
Mit Ausnahme der Kreuzung zwischen Wildpferd und domestiziertem Pferd sind die männlichen Nachkommen völlig und die weiblichen teilweise unfruchtbar

(Eselhengst x Pferdestute) und der Maulesel (Pferdehengst x Eselstute), deren Kraft, Ausdauer, Geländegängigkeit, Genügsamkeit und Duldsamkeit hervorgehoben wird. Maultiere sind stärker verbreitet als Maulesel, da der Eselhengst leichter zum Belegen einer Pferdestute zu bewegen ist als der Pferdehengst zum Decken einer Eselstute und Maultiere größer, kräftiger und pferdeähnlicher sind als Maulesel. Beide Kreuzungen zeigen bessere Anpassungsfähigkeit an ungünstige Umweltbedingungen, (Hitzetoleranz, Krankheitsresistenz) und ruhigeren sichereren Gang in ungünstigem Gelände sowie höhere Langlebigkeit als die Ausgangsarten. In Frankreich wurde die Pferderasse Poitou bzw. Mulassière speziell für die Erzeugung von Maultieren selektiert. Der optimale Paarungsplan für diesen Zweck ist: 25 % der Stuten für die Erzeugung des Nachersatzes (Remontierung) mit Pferdehengsten belegen und 75 % zur Erzeugung von Maultieren mit Eselhengsten. Die Kreuzung Pferd x Zebra (Zebroiden) spielt aufgrund des schwierigen Temperaments keine Rolle.

2.5.3 Domestikation und Zuchtgeschichte

Erschwerend für die Domestikationsforschung beim Pferd ist, daß Knochen von Wild- und Haustieren schwerer zu unterscheiden sind als bei anderen Arten. Die Röntgendiagnose ermöglicht Aussagen über die Nutzung domestizierter Pferde über die Feststellung der Abnutzung der Prämolaren durch das Gebiß (aus Geweihstangen bzw. später Metall). Neben morphologischen Merkmalen berücksichtigt die Domestikationsforschung Herdenstrukturen (nach Altersklassen) und bildliche Darstellungen. Die frühesten Hauspferdefunde kommen aus dem Gebiet zwischen Dnjepr und mittlerer Wolga (Dereivka), sie haben ein Alter von etwa 5500 Jahren. Der Abstand zur Domestikation des Rindes beträgt somit etwa 3000 Jahre (Reihenfolge der Domestikation: Hund, Schaf und Ziege, Schwein, Rind und Pferd). In Dereivka wurden neben Überresten von Knochen sechs Gebisse aus Geweihstangen gefunden; die Röntgendiagnose der Prämolaren läßt auf den Einsatz von Trensen schließen.

2.5.3.1 Domestikation

Die **Wildpferde** Südostasiens zur Zeit der Domestikation werden der Tarpan-Population zugeordnet (Tarpan ist russisches Wort für Pferd), während in Zentral- und Westasien der Taki (Przewalskipferd) verbreitet war.

Der **Tarpan** wird wie folgt beschrieben:
120 cm Widerristhöhe; kräftig gebaut; kurzer Kopf; breite, flache Stirn; Ramsnase; kleine spitze Ohren; mausgraues bzw. aschgraues Fell mit schwarzem Rückenstreifen (im Winter hellgraue Tarnfarbe); kurze Stehmähne; kurzer Schweif mit langen dunklen Haaren. Der Tarpan ist ausgestorben, es ist nur ein komplettes Skelett erhalten (russische zoologische Sammlung). Die Tarpanpopulation in den zoologischen Gärten ist das Ergebnis von Rückzüchtungen (Hauspferde, die dem überlieferten Phänotyp des Tarpan nahekommen).

Der **Taki** wird wie folgt beschrieben:
125 cm Widerristhöhe; untersetzt mit schwerem Kopf; dicker Hals; schwach ausgeprägter Widerrist; Braunfalbe mit schwarzem Rückenstreifen; Schulterkreuz; leichtes Mehlmaul; Stehmähne; dunkler Schwanz und Füße; lange Haare an unterer Schwanzhälfte und kurze an oberer. Der Taki bzw. das Przewalskipferd wird in zoologischen Gärten erhalten (die Population geht auf 12 eingefangene Wildpferde und eine mongolische Hauspferdestute zurück).

Weitere Populationen bzw. Unterarten des Wildpferds, die das Pleistozän überlebt haben waren von geringer Zahl, und es fehlen konkrete Anhaltspunkte über ihre Bedeutung für die Domestikation.

Ursachen und Ausbreitung der Domestikation

Nach Röhrs (1994) dienten Hauspferde ursprünglich als Fleischlieferanten. Ihre Sonderstellung unter den Haustieren gewannen sie erst im Hausstand. Da Beweise für Domestikationszentren in Westeuropa fehlen, nimmt man an, daß sich die Domestikation von der Ukraine nach Westen über Nachkommen domestizierter Tiere und auch über Neudomestikationen von Wildpferden ausbreitete. Am Ende des 4. Jahrtausends v. Chr. drangen Hauspferde bis zum Karpatischen Becken, zum Kaukasus und wahrscheinlich auch bis nach Ost-Anatolien vor. Im 2. Jahrtausend v. Chr. erreichte die zweite Domestikationswelle Süd- und Mitteleuropa, Mesopotamien und andere Regionen des nahen Ostens.

Rekonstruktion der frühen domestizierten Pferde

Da komplette Skelette fehlen, ist die Rekonstruktion unsicher:
Widerristhöhe um 137 cm (im Westen 10 cm kleiner); kräftig gebaut; schwere Knochen; schlanker als Wildpferde; hängende Mähne; Hufe mit gut gewölbter Sohle (Steppenpferde). Nach der Klimaveränderung in der Bronzezeit (kälter, feuchter und darausfolgend zunehmende Bewaldung) werden die Hufe breiter und flacher. Die hängende Mähne gilt als sicherer Beweis, daß es sich um ein Hauspferd handelt.

2.5.3.2 Hauspferd und kulturelle Entwicklung

Schon vor 4000 Jahren wurden Pferde in Südwestasien vor den Kampfwagen gespannt, das Reiten hat eine mehr als 4000jährige Geschichte und Hauspferde kamen auch früh vor Pflug und Wagen. Abbildung 2-32 verdeutlicht, daß die Folgen der Nutzung des Pferdes als Zug- und Reittier mit den Auswirkungen der Motorisierung in der Neuzeit zu vergleichen sind. Die durch das Pferd ermöglichte Erweiterung des Handels und die Veränderung der Kriegsführung hatten große Auswirkungen auf die kulturelle Entwicklung. Das langsame Rind blieb das Zugtier für die Landwirtschaft und wurde in dieser Rolle nur in Europa für eine kurze Periode vom Pferd verdrängt.

Zum Pferd entwickelte der Mensch sehr früh ein engeres persönliches Verhältnis als zu den anderen domestizierten Tieren. Am deutlichsten zeigt sich dies beim Pferd als „Kriegskamerad", von dessen Reaktionen häufig das Leben der Krieger abhing. Das Pferd ist das erste Haustier, das nicht nur als Teil einer Herde wahrgenommen, sondern als Individuum gesehen und behandelt wurde. Für die Tierzüchtung hatte dies die bewußte Paarung ausgewählter Individuen zur Folge, woraus sich später die Zuchtwahl nach klaren Vorstellungen (Zuchtziel) entwickelte.

Von der Domestikation bis zur christlichen Zeit war, wie die Funde zeigen, das Pferd die häufigste Grabbeigabe (Träger der Seelen der Verstorbenen) und das wichtigste Opfertier. Pferdeschädel an Hausgiebeln, unter Türschwellen oder Fußböden sollten die Bewohner schützen. Das Christentum bekämpfte diesen Kult; aus dieser Zeit stammt das Verbot bzw. Tabu des Verzehrs von Pferdefleisch.

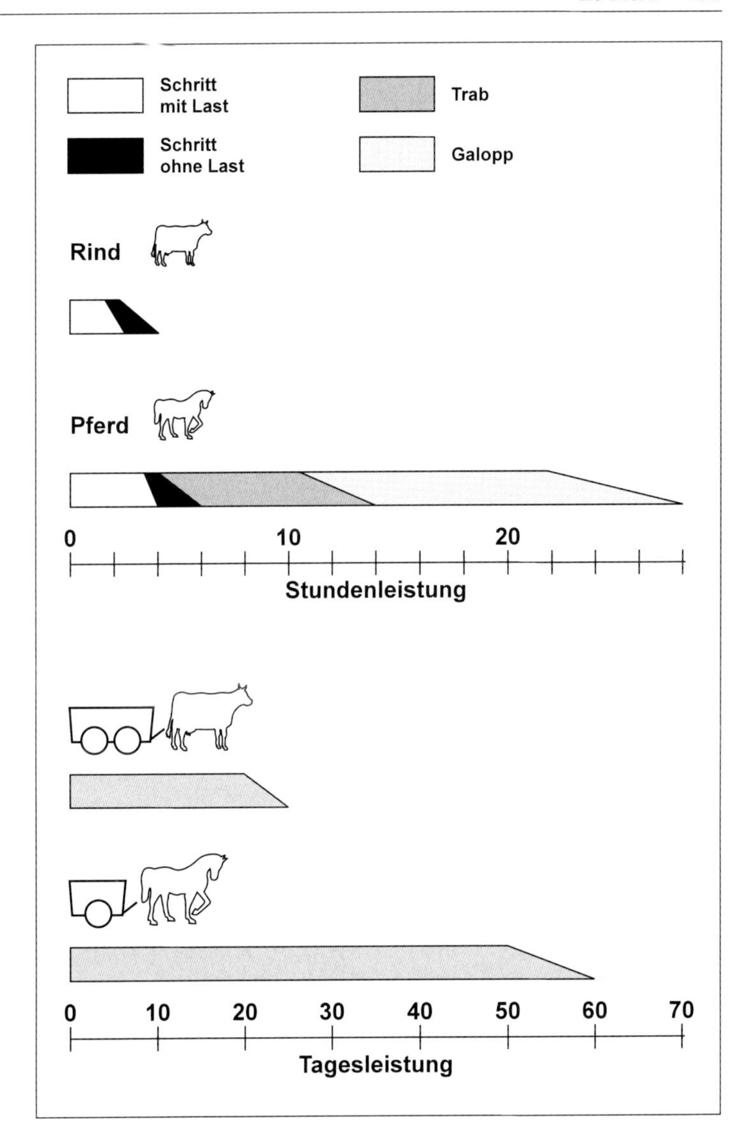

Abb. 2-32 Leistungsvergleich zwischen Rind und Pferd (nach Bökönyi 1988)

Das in der Karolingerzeit entstandene Feudalsystem basiert auf der militärischen Bedeutung des Pferdes. Chevalier (Ritter) konnte nur werden, wer ein Pferd und eine vollständige Rüstung besaß und sich bei einem Grundherrn zum Kriegsdienst verpflichtete.

Die militärische Nutzung des Pferdes war bis zum Ende des zweiten Weltkrieges von großer Bedeutung. Das Militär war über Jahrhunderte der Hauptabnehmer der in der Landwirtschaft nicht benötigten Pferde. Noch während des zweiten Weltkrieges wurden in den Listen der deutschen Wehrmacht insgesamt 2 750 000 Pferde geführt und die Kriegsverluste werden auf 60 % beziffert (Löwe et al. 1988).

Die landwirtschaftliche Nutzung des Pferdes als Zugtier ist in den westlichen Industrieländern aufgrund der Motorisierung nach Ende des 2. Weltkrieges in gleicher Weise wie die militärische Nutzung bedeutungslos geworden. Dies hatte einen starken Rückgang der Pferdebestände zur Folge. Im Gebiet der alten Bundesrepublik Deutschland von 1,5 Millionen 1935/38 auf 0,25 Millionen 1970. Seit 1970 sind die Pferdebestände aufgrund der Beliebtheit des Pferdesports und der Nutzung des Pferdes in der Freizeit wieder angestiegen (etwa 0,5 Mio.)

Obwohl in hochentwickelten Industrieländern das Pferd wirtschaftlich und militärisch heute keine Rolle mehr spielt, ist die enge Verbindung des Menschen zum Pferd geblieben. Die wichtigsten Ursachen sind: Pferdesport, Freizeitreiterei, Pferdespiele, therapeutisches Reiten, Schauwesen und nicht zuletzt das Pferd als Statussymbol.

2.5.3.3 Zuchtgeschichte

Die züchterische Entwicklung der Pferdezucht in Europa wurde in der vorgeschichtlichen und in der geschichtlichen Zeit entscheidend durch **Migrationswellen** von östlichen Pferden geprägt. Bökönyi (1984) analysierte den Einfluß skythischer Steppenpferde, die in der Eisenzeit als Handelsware oder als Beutegut in größerer Zahl bis zur Linie Wien – Venedig vordrangen. Sie waren etwa 10 cm größer (Widerristhöhe durchschnittlich 137 cm) als die keltischen Pferde (Widerristhöhe durchschnittlich 127 cm) und auch edler. Da die heimischen keltischen Pferde den skythischen Pferden sowohl als Reit- als auch als Zugtiere unterlegen waren, wurden skythische Pferde, wie die Grabbeigaben zeigen, rasch verbreitet und mit keltischen Pferden gekreuzt. In der geschichtlichen Zeit waren folgende Migrationswellen mit östlichen Pferden von Bedeutung: Völkerwanderung (germanische Pferde), Ungarneinfälle (9. Jahrhundert), Mongoleneinfälle (12. und 13. Jahrhundert). Die keltischen Pferde konnten sich nur in Randgebieten einigermaßen rein erhalten. Das Exmoor-Pony soll dem keltischen Pferd noch am ähnlichsten sein.

Die **Selektion** der Pferde in Europa wurde im **Mittelalter** von den Ansprüchen des Ritters an das Pferd wesentlich beeinflußt. Gewünscht wurde ein schweres Pferd, das Reiter und Rüstung (insgesamt etwa 200 kg) mühelos tragen kann. Hieraus entstanden später die schweren Zugpferderassen (Kaltblutrassen). Der Ardenner soll den ursprünglichen Typ des schweren Pferdes des Mittelalters noch am besten verkörpern.

Für die Entwicklung der europäischen Pferdezucht vom **späten Mittelalter bis zum 19. Jahrhundert** waren sich ändernde militärische Anforderungen entscheidend. Das schwere Ritterpferd versagte bereits in den Kämpfen gegen die Araber während der Kreuzzüge. Die Kreuzritter waren von den edlen orientalischen Pferden beeindruckt und brachten sie nach Europa. Mit zunehmender Bedeutung der Kavallerie stieg die Nachfrage nach edlen Pferden, die während der Türkenkriege (Araber, Berber, z.T. auch Turkmenen) in größerer Zahl nach Europa kamen. Aufgrund der großen militärischen Bedeutung des Pferdes in dieser Zeit begannen die Landesfürsten die Hengsthaltung straff zu organisieren, um die züchterische Entwicklung in ihrem Sinne zu steuern. Ab dem 16. Jahrhundert wurden fürstliche und staatliche Gestüte gegründet, die entweder geeignete Hengste ankauften und der Landeszucht zum Decken zur Verfügung stellten (Landgestüte) oder zusätzlich Stuten hielten, um Hengste zu züchten (Haupt- und Stammgestüte). Die Gestüte setzten häufig orientalische Hengste ein (Veredler), um edle Reitpferde für die Kavallerie (Remonten) zu züchten. Da die Landwirtschaft und das Transportgewerbe ein schweres (Zugpferd) bzw. mittelschweres Pferd (Kutschpferd) benötigten, konnte aber die Zucht nicht einseitig ausgerichtet werden; so entstand das traditionelle Warmblutpferd (Mehrzweckpferd).

Die **Methoden der modernen Pferdezucht** wurden im 18. Jahrhundert in England entwickelt. Die Antriebsfeder waren weder militärischer noch wirtschaftlicher Nutzen, sondern der beliebteste Freizeitsport der englischen Adeligen, Pferderennen. Im Zuge der Züchtung der Pferderasse **„Englisches Vollblut"** wurden Methoden und Strategien der modernen Tierzucht entwickelt, die heute bei allen anderen Nutztierarten angewendet werden. Die Entwicklung verlief in folgenden Stufen:

- Ab 1709 offizielle und objektive Aufzeichnung der Rennergebnisse und zunehmende Standardisierung der Rennbedingungen (objektive Leistungsprüfung).
- Ab 1727 Dokumentation der Rennergebnisse im Rennkalender und 1793 Herausgabe des ersten Bandes des „General Stud Book", das die Abstammung der Pferde dokumentiert (lückenlose Aufzeichnung und Auswertung der Leistungen und Registrierung der Abstammung der Zuchttiere = Herdbuchführung).
- In das Herdbuch eingetragen und damit für die Zucht ausgewählt wurden Hengste und Stuten, die über mehrere Jahre in Rennen erfolgreich waren (Selektion und Paarung aufgrund objektiver Leistungsprüfungen).

Retrospektiv zeigte sich, daß nur Nachkommen von drei orientalischen Hengsten den Anforderungen genügten (Byerley Turk, Darley Arabian und Godolphin Barb). Das „Englische Vollblut" ist heute über die bei Galopprennen üblichen Distanzen allen anderen Pferden überlegen und hat die orientalischen Hengste als „Veredler" in der Reitpferdezucht verdrängt.

Die Pferdezucht hat nach dem Zweiten Weltkrieg die Führungsrolle in der Tierzüchtung verloren, die sie über Jahrtausende innehatte. Die wichtigsten Ursachen sind, daß objektive Leistungsprüfungen beim Pferd nur bei den Rennpferderassen konsequent genutzt werden (Englisches Vollblut und Traber), in der Geflügel-, Schweine-, Schaf- und Rinderzucht aber allgemein üblich sind. Hinzu kommt, daß die Erkenntisse der Populationsgenetik (Zuchtwertschätzung, optimale Zuchtplanung etc.) und die Möglichkeiten der Biotechnik (z. B. künstliche Besamung) in den anderen Nutztierarten wesentlich konsequenter genutzt werden. Dafür gibt es eine Reihe sachlicher Gründe:

- Das Pferd hat relativ zu anderen Nutztierarten eine niedrige Fortpflanzungsrate und ein langes Generationsintervall, was populationsgenetisch ausgerichtete Zuchtprogramme erschwert.
- Relativ kleine Zuchtpopulationen und ungünstige Zuchtstrukturen (z.B.

kleine Herdengröße) erschweren die Anwendung populationsgenetischer Prinzipien.
- Bei Reitpferden (Sport, Freizeitbeschäftigung) ist die Definition von Zuchtzielmerkmalen schwierig, da Reiteignung und andere wertbestimmende Eigenschaften nicht objektiv erfaßt werden können.

Populationsgenetisch ausgerichtete Zuchtprogramme gewinnen aber trotzdem in der Pferdezucht laufend an Bedeutung.

2.5.4 Nutzungsrichtungen und Rassen

Zur Definition der Begriffe Nutzungsrichtungen und Rassen wird auf Abschnitt 2.1.3 verwiesen. In der „Pferdezucht" (Löwe et al. 1988) und der „Tierzüchtungslehre" (Mayr 1994) werden die wichtigsten europäischen Pferderassen und die Nutzungsrichtungen beschrieben. Nachfolgend können nur die allgemeinen Grundlagen dargelegt werden.

Da in den entwickelten Ländern die militärische und die landwirtschaftliche bzw. gewerbliche Nutzung des Pferdes keine Rolle mehr spielen, sind für die **Nutzungsrichtungen** vor allem folgende Bereiche von Bedeutung: Sport (Rennsport, Reitsport, Spiele, z. B. Polo), Freizeitbeschäftigung, therapeutisches Reiten und „reine" Liebhaberei (häufig verbunden mit Prestige). Übersicht 2-27 vermittelt einen Überblick.

Die Definitionen der Begriffe Rasse, Zuchttier, Nutztier enthält Abschnitt 2.1.3. Bei den Pferderassen wird – wie Übersicht 2-28 zeigt – zwischen **Großpferden** und **Ponys, bzw. Kleinpferden** (bis 148 cm Stockmaß) und **Spezialrassen** unterschieden. Die Klassifizierung der Rassen erfolgt je nach Zweck und Einstellung nach verschiedenen Kriterien. Landrassen (geographische Rassen) sind in einem bestimmten Gebiet entstanden bzw. wurden dort über einen längeren Zeitraum

Übersicht 2-27 Nutzungsrichtungen Pferd

1. Sport	Rennsport	Galopp Trab Paß
	Turniersport	Reiten Fahren
	Freizeitsport	Reiten Fahren
	Spiele	Jagd Polo Voltigieren Zirkus Jöring
2. Arbeit	Zugtier	Landwirtschaft, Forstwirtschaft Transportgewerbe
	Tragtier	
	Therapeutisches Reiten	Hippotherapie Heilpädagogisches Reiten Behindertenreiten
	Stock Horse	
3. Rohstoffe	Fleisch Milch (Konsum, Kosmetik) Serum (Rotlauf, Schlangen-Gegengifte, PMS)	
4. Liebhaberei (Spezialrassen)	Repräsentation allgemein Hobby	

Übersicht 2-28 Einteilung der Pferderassen (nach Löwe et al. 1988)

1. **Großpferde**

1.1 Araber (Typ, Schönheit)
Abteilungen: Vollblut (AV, OX), Araber (A), Shagya-Araber (SH), Anglo-Arabisches Vollblut (AAV, X-) und Anglo-Araber (AA)

1.2 Englisches Vollblut (Thorough-bred, pur sang) (Galopprennen)
Geschlossenes Herdbuch

1.3 Traber (Trabrennen)
Traberrassen: Orlow-Traber, Amerikanischer Traber, (Standard-bred), Französischer Traber

1.4 Warmblut (vielseitig verwendbar für Reiten und Fahren)
Beispiele: Trakehner, Deutsches Warmblut (Sammelbegriff), Österreichisches Warmblut, Lippizaner, Schweizer Warmblut

1.5 Kaltblut (Zugpferde mit starker Bemuskelung)
Beispiele: Schleswiger, Rheinisch-Deutsches Kaltblutpferd, Süddeutsches Kaltblut, Noriker, Schwarwälder Füchse, Freiberger

2. **Ponys und Kleinpferde** (Stockmaß bis 1,48 m; Einteilung nach Systematik in Deutschland seit 1985)

2.1 Shetland-, einschließlich Mini-Ponys

2.2 Reitponys
Beispiele: Deutsches Reitpony, Connemara-Pony, New-Forest-Pony, Welsh-Pony, Dartmoor-Pony

2.3 Kleinpferde
Beispiele: Norwegisches Fjordpferd, Isländer, Haflinger

2.4 Sonstige
Dülmener-Wildbahn-Pony, Exmoor-Pony, Gotland-Pony, Bosniaken, Hutulen, Carmargue-Pferd

3. **Spezialrassen** in Deutschland, Stand 1994 (Jahresbericht FN)
Achal-Tekkiner, Aegidienberger, American Saddle Horse, Andalusier, Anglo-Argentino, Appaloosa, Berber, Carmargue, Criollo, Dales, Exmoor, Falabella, Fellpony, Finnpferd, Fox Trotter, Freiberger, Friesen, Hackney, Highlandpony, Huzule, Kabardiner, Karabach, Kinsky, Kladruber, Knabstrupper, Konik, Lewitzer (Pinto Typ), Lippizaner, Lusitano, Mangalarga Marchador, Merens, Morgan, Nonius, Orlow, Pait Palomino, Paso, Percheron, Pinto, Quarter Horse, Rottaler, Sarvar, Tarpan, Tennessee Walking, Tersker, Tuigpaarden

gehalten und sind an die Umwelt (Boden, Klima, Struktur etc.) sehr gut angepaßt, jedoch nicht intensiv züchterisch bearbeitet. **Kulturrassen** wurden über eine ausreichende Anzahl von Generationen auf ein Zuchtziel hin selektiert, das nach wirtschaftlichen Bedürfnissen oder nach den Vorstellungen von Liebhabern ausgerichtet wurde.

Weitere Kriterien für die Einteilung von Pferderassen sind:

- **Nutzungsrichtung**
  Rennpferd, Reitpferd, Dressur- und Springpferd, Wagenpferd, Zugpferd, Stock Horse, Eignung für Haltungsverfahren (Robustpferde).

- **Abstammung und Typ**
  Vollblut, Halb- bzw. Warmblut, Kaltblut
- **Herkunft**
  Zuchtgebiet: Hannoveraner, Holsteiner, Westfale
  Ursprungsgestüt: Lippizaner, Trakehner, Kladruber
  Hengstlinie: Nonius, Furioso, Gidran, Przedswit, Maestoso, Neapolitaner
- **Gangart**
  Traber, Galopper, Zelter (Tölt)
- **Farbe**
  Pinto, Paint, Knabstrupper
- **Verhalten**
  Verwilderte Hauspferde: Mustang, Brumby

Die wichtigsten Pferderassen werden beschrieben in: Atlas der Nutztierrassen, Sambraus (1994), Gefährdete Nutztierrassen, Sambraus (1994), Deutsche Pferdezucht,von Stenglin (1994).

Die zweifelsfreie Feststellung der Rasse eines Pferdes erfordert die Identifizierung des Tieres und den Abstammungsnachweis einer anerkannten Züchtervereinigung (Zuchtbescheinigung). Die Züchtervereinigung entscheidet, welcher Rasse ein bestimmtes Tier zugeordnet wird (allgemeine Prinzipien s. 2.1.4.2). Da sich die Regeln für die Registrierung im Zuchtbuch (Hengst-Stut-, Stammbuch) zwischen Rassen, Ländern und Züchtervereinigungen wesentlich unterscheiden, werden nachfolgend einige Beispiele gebracht:

Englisches Vollblut (weltweit)

Eintragungsbestimmungen seit 1949:
„Jedes Pferd, das in das Generalstutbuch eingetragen werden soll, muß 1. in allen Punkten seiner Abstammung auf Vorfahren zurückgeführt werden können, die bereits in früheren Bänden des Generalstutbuchs vorkommen, oder 2. acht bzw. neun Generationen reinen Blutes hinlänglich nachweisen, die mindestens über ein Jahrhundert zurückverfolgt werden können. Außerdem müssen sich in seiner Verwandtschaft ausreichende Leistungen feststellen lassen, durch die das Vertrauen in die Reinblütigkeit des Pferdes bestätigt wird."

Reinzucht und Leistungszucht in einer weitgehend geschlossenen Population.

Arabisches Vollblut (weltweit)

Von der WAHO (World Arabian Horse Organisation) 1974 festgelegte Definition des Vollblutbegriffs:

„Ein Volblut-Araber ist ein Pferd, das in einem von der WAHO akzeptierten Vollblut-Araber-Stutbuch oder Register eingetragen wurde".

Erhaltung und Reinzucht des Wüstenarabers.

Pinto (USA)

Die Züchterorganisation (The Pinto Organisation of America, Inc.) registriert Pferde verschiedenen Typs mit Tobiano- bzw. Overo-Scheckung. Ein Anteil von etwa 50 % weißem Fell ist wünschenswert. Um Pferden möglichst vieler Rassen den Zugang zum Pinto-Register zu ermöglichen, ist das Farb-Register in folgende Abteilungen untergliedert: Pleasure-Type, Stock-Type (Quarter Horse), Hunter Type, Saddle-Type (Warmblut), Pony-Type.

Zucht auf Tobiano- bzw. Overo-Scheckung.

Trakehner (Deutschland)

Der Verband der Züchter und Freunde des Warmblutpferdes Trakehner Abstammung erkennt reingezüchtete Trakehner (Vater und Mutter im Trakehner-Zuchtbuch eingetragen) und Hengste („Veredler") sowie auch Stuten der Rassen Englisches Vollblut, Arabisches Vollblut, Shagya und Anglo-Araber an.

Zucht eines wettbewerbsfähigen Warmblutpferdes mit einem möglichst hohen Anteil Trakehner Abstammung.

Deutsches Reitpferd

Die FN (Deutsche Reiterliche Vereinigung = Fédération Équestre Nationale) beschloß 1975 folgende Anforderungen für die Registrierung:

„Ein Pferd, das mindestens 75 % Blut der nachfolgend aufgeführten Rassen führt: Englisches Vollblut, Arabisches Vollblut, Anglo-Araber, Trakehner, Holsteiner, Hannoveraner, Westfalen."

Einheitliches Zuchtziel der deutschen Warmblutverbände unter dem Oberbegriff „Deutsches Reitpferd" ohne Aufgabe der Selbständigkeit der regionalen Züchtervereinigungen.

Die Beispiele zeigen, daß Herdbücher je nach Zielsetzung entweder geschlossen sein können (Englisches Vollblut) oder offen (Pinto) mit allen Übergängen und deshalb die Anforderungen an die Registrierung sehr verschieden sind.

Die Zuordnung von Tieren zu einer Rasse bzw. Rassegruppe anhand des Phänotyps wird erleichtert, wenn zuverlässige **„Leitmerkmale"** vorhanden sind. Typische Leitmerkmale sind die gespaltene Kruppe und der Kötenbehang des Kaltblüters. Da diese Merkmale auch für einige Ponyrassen typisch sind und bei der Warmblutrasse Friesen der Kötenbehang rassetypisch ist, sind die Leitmerkmale nicht hinreichend; das Pferd muß in der Gesamterscheinung der Rassegruppe entsprechen.

2.5.5 Merkmalskomplexe (Bedeutung, Leistungsprüfungen, Beurteilungen)

2.5.5.1 Identifikation

Die unverwechselbare dokumentarisch festgelegte Identität eines Pferdes ist für Zucht-, Renn- und Turnierpferde obligatorisch und darüber hinaus für Handel, Seuchenbekämpfung und Gutachten von Bedeutung. Nachfolgend einige Beispiele:

Der Hauptverband für **Traber-Zucht** und -rennen e.V. (HVT) fordert zur Gewährleistung der Identität aller am Zucht- und Rennbetrieb teilnehmenden Traber: Alle Fohlen ab dem Geburtsjahrgang 1992, die in das Geburtenregister eingetragen werden sollen, müssen von einem Vertragstierarzt des HVT, vor Ort und bei Fuß ihrer Mutter, aufgenommen werden. Dieser stellt Geschlecht, Zahnalter, Farbe und Abzeichen fest, implantiert einen elektronischen Transponder zur lebenslangen, unverwechselbaren Kennzeichnung und Identifizierungsmöglichkeit und entnimmt eine Blutprobe für die blutgruppenserologische Abstammungsüberprüfung (zukünftig auf DNA-Ebene). Das Fohlen wird nur dann eingetragen, wenn das Ergebnis dieser Abstammungsüberprüfung, die bei einem etwaigen Ausfall des Transponders auch zur Identitätsüberprüfung genutzt wird, mit positivem Ergebnis abgeschlossen ist (Abb. 2-33).

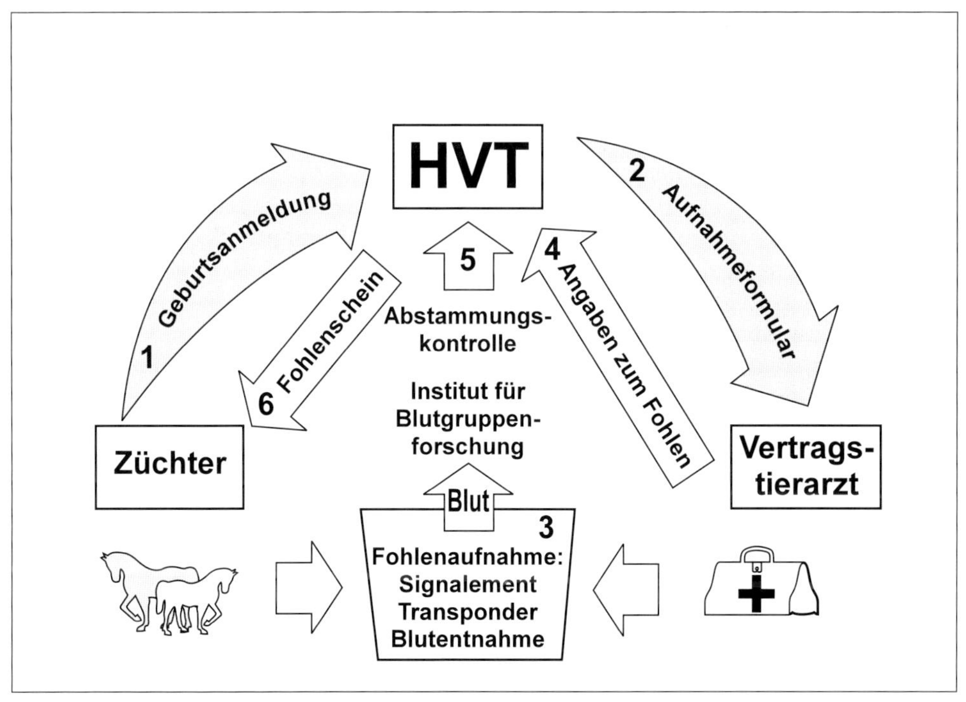

Abb. 2-33 Fohlenaufnahme beim Traber in Deutschland

Es ist zu erwarten, daß sich beim Pferd die **elektronische Tierkennzeichnung** mit Implantaten bzw. Injektaten allgemein durchsetzen wird. Folgende Vorteile sind gegeben:
- Einführung eines international abgestimmten Kennziffernsystems (ISO-Standard);
- Automatisches Ablesen, in der Regel problemlos lesbar;
- Automatisches Übertragen von Daten zur EDV möglich;
- Identitätskontrolle erleichtert und verbessert.

Nach der **Zuchtverbandsordnung der Deutschen Reiterlichen Vereinigung e.V.** (ZVO Stand 1995) erfolgt die Identifizierung der Pferde durch die Zuchtverbände mit Hilfe der folgenden Methoden:
- Angabe des Geschlechts, Beschreibung von Farbe und Abzeichen
- Vergabe einer Lebensnummer (9 Ziffern) bei der Geburtsregistrierung der Fohlen, spätestens bei der Eintragung in ein Zuchtbuch
- Vergabe eines Namens bei der Eintragung in das Zuchtbuch
- Vergabe des Fohlen- und Eintragungsbrandes. Alle Fohlen erhalten zusätzlich mit dem Fohlenbrand den Nummernbrand, der sich aus der Lebensnummer ergibt.

Zusätzlich kann der Zuchtverband das Ergebnis einer blutgruppenserologischen Abstammungsüberprüfung verlangen. Bei der Vorstellung zur Körung und bei der Eintragung von Hengsten ist eine Bluttypenkarte der Mutter und des Vaters des Hengstes vorzulegen und zur Abstammungsüberprüfung wird eine Blutgruppenuntersuchung des Hengstes durchgeführt.

Pferde, die an internationalen Turnieren teilnehmen, benötigen einen **Ausweis der Fédération Équestre Internationale** (FEI) oder einen Ausweis der entsprechenden nationalen Vereinigung (Deutschland FN). Die Beschreibung des Pferdes muß von einem Tierarzt oder einem von der FEI bzw. der nationalen Vereinigung anerkannten Fachmann nach den Regeln der FEI (FN, 1981) dokumentiert werden und enthält:
- Geschlecht (Hengst, Stute, Wallach) und sexuelle Anomalien
- Geburtsjahr (wenn nicht bekannt aus dem Zahnalter, geschätzt)
- Widerristhöhe (Stockmaß des unbeschlagenen Pferdes)
- Farbe (bestimmt durch Schutz- und Deckhaar)
- Unverwechselbare Abzeichen (Wirbel und weiße Abzeichen)
- Besonderheiten des Kopfes (Glas-, Fischauge, Verlust eines Auges, Zahnunregelmäßigkeiten, Überbeißer, Schlappohren, Einbuchtung des Nasenrückens, ungewöhnliche Farbe des Mauls etc.)
- Besonderheiten des Felles (stichelhaarig, gesprenkelt, Flecke, Aalstrich)
- Art und Lage von Brandzeichen bzw. Tätowierungen unter der Schweifwurzel oder in der Ober- bzw. Unterlippe

2.5.5.2 Identifikationsmerkmale

Beschreibung von Farbe und Abzeichen

Farbe und Abzeichen sind beim Pferd in der Regel keine Rassenmerkmale (Ausnahmen: Gidran und Frederiksborger sind Füchse; Kladruber Schimmel oder Rappen; Knabstrupper Tigerschecken; Paint und Pinto sind Tobiano- bzw. Overo-Schecken). Grundfarbenträger sind Fuchs, Rappe, Brauner, Schimmel, Falben, Isabell. Die Grundfarben werden mit Schutz- und Deckhaaren unterschieden. Als Schutzhaare bezeichnet man die Haare von Schopf, Mähne, Schweif und Kötenbehang, sowie die Tasthaare an den Augenlidern, Nüstern und am Maul. Füchse haben rotes Deckhaar und im Schutzhaar dürfen keine schwarzen Haare vorkommen; Braune haben schwarzbraunes, braunes bis rotes Deckhaar, das Schutzhaar ist schwarz. Da die Abzeichen weitgehend unabhängig von der Farbe vererbt werden, ist eine große Zahl von Variationen möglich, die durch Haarwirbel, Muskeleindellungen und andere bleibende Merkmale (z. B. Narben) erweitert werden. Meyer (1981) gibt in „Farbe und Abzeichen bei Pferden" eine ausführliche Anleitung für die Farbbeschreibung mit Definitionen und Abkürzungen. Die Feststellung der Merkmale Farbe und Abzeichen wird in der Regel in nachstehender Reihenfolge vorgenommen:
- Farbe (Deckhaar, Schutzhaar)
- Abzeichen am Kopf
- Abzeichen an den Gliedmaßen
- sonstige unveränderliche Kennzeichen (z. B. Wirbel und Narben, Brände, Muskeldelle)

1981 hat die Deutsche Reiterliche Vereinigung die Broschüre Kennzeichnung von Pferden (FN-Verlag, Warendorf) herausgegeben, die die Regeln der FEI enthält. Danach wird auf einem Formblatt mit schwarzem bzw. rotem Kugelschreiber (nicht Tinte) eine genaue Beschreibung des Pferdes vorgenommen, wobei alle weißen Stellen mit roter Farbe und Wirbel, schwarze Flecken, Narben, Brandzeichen, Zebrastreifen, Aalstriche mit schwarzer Farbe kenntlich gemacht werden. Die Graphik und die Beschreibung müssen völlig übereinstimmen. Nach EU-Bestimmungen ist für ab 1. Januar 1996 geborene Pferde in den Abstammungspapieren zusätzlich zur Farbbeschreibung die graphische Darstellung vorgeschrieben.

Kastanien

Kastanien (Night eyes, chestnut) sind verhornte, irreguläre Wucherungen der Haut unmittelbar über den Karpalgelenken; sie ermöglichen ähnlich wie der Fingerabdruck beim Menschen die eindeutige Identifizierung.

Genetische Polymorphismen

Der **Blutgruppentest**, bei dem antigene Determinanten auf der Oberfläche der roten Blutkörperchen (Erythrozyten) erfaßt werden, wird in der Pferdezucht routinemäßig zur Identitäts- und Abstammungssicherung genutzt. Der Elternschaftsnachweis erfolgt beim Blutgruppentest nach dem Ausschlußprinzip, d.h. eine falsche Elternschaft wird ausgeschlossen, die Sicherheit liegt bei 90 %. Bei fast allen Züchtervereinigungen ist der Blutgruppentest für Hengste und Hauptstammbuch-Stuten obligatorisch und es werden laufend Überprüfungen durchgeführt. Beim Traber erfolgt die Identitätsbestimmung aller geborenen Fohlen durch Blutgruppentest routinemäßig, in anderen Verbänden ist sie für aus Künstlicher Besamung stammende Fohlen obligatorisch.

DNA-Marker (1.1.6.7.6) (z. B. Mikrosatelliten) werden die blutgruppenserologische Identifikation zukünftig ersetzen. Sie haben den Vorteil, daß der DNA-Polymorphismus ausgeprägter ist als der Blutgruppenpolymorphismus und die Abstammung direkt bestätigt werden kann. Ein standardisiertes Verfahren für Pferde wird in Deutschland ab 1995 angeboten.

2.5.5.3 Exterieurmerkmale (morphologisch) und Interieurmerkmale (physiologisch, psychologisch)

Die Tierbeurteilung steht in der Pferdezucht mit Ausnahme der Rennpferde (Englisches Vollblut, Traber) bei der Zuchtwahl an erster Stelle. Die Berücksichtigung der Beziehungen zwischen Form und Funktion (korrekte Form als Voraussetzung für gute Leistungen ohne vorzeitige Abnutzung) sollen ein möglichst früh erfaßbares und objektives Urteil über den Gesamtwert eines Pferdes ermöglichen. Zusätzlich spielt die Schönheit des Pferdes eine wichtige wirtschaftliche Rolle (Übersicht 2-29). Die Tierbeurteilung erfordert neben theoretischen Kenntnissen in erster Linie viel praktische Erfahrungen. Wiederholte Beurteilungen und Vergleiche sind erforderlich, um das geschulte kritische Auge zu erwerben.

Übersicht 2-29 Bewertung der äußeren Erscheinung des Reitpferdes

1	**Exterieurmerkmale (morphologisch)**
1.1	Direkt bedeutsam: Gesundheit, Größe, Elastizität, Raumgriff und Takt der Bewegungen, Farbe, Schönheit, Eleganz u. a.
1.2	Indirekt als Indikator für Reitpferdeeigenschaften bedeutsam: Winkelung, Mechanik und Korrektheit des Skeletts, Format und andere formalistische Kriterien
2	**Interieurmerkmale (physiologisch, psychologisch)**
2.1	Physiologisches Leistungsvermögen: Schritt-, Trab-, Galopp- und Springvermögen, Ausdauer, Regenerationsvermögen, Futterverwertung u. a.
2.2	Psychologische Leistungsbereitschaft: Rittigkeit (teilweise vom Exterieur abhängig), Umgänglichkeit, Charakter, Temperament und Manier in der Arbeit

Beurteilung der äußeren Erscheinung

Die Beurteilung des Pferdes beginnt mit dem Identifizieren (s. 2.5.5.1) und der Beurteilung des Gesundheitszustandes des Tieres. Kranke Tiere werden von der Beurteilung der äußeren Erscheinung ausgeschlossen. Die Beurteilung wird vor allem bei folgenden Anlässen durchgeführt: Aufnahme in das Zuchtbuch bzw. Herdbuch (Körung), Material- und Eignungsprüfungen, Zuchtpferdeschauen, Verkaufsveranstaltungen (Fohlen, Jungpferde, Stuten und Hengste), Erstellen eines Gutachtens, Pferdekauf.

Zu einer ordnungsgemäßen Beurteilung gehört ein ebener, gerader Vorführplatz mit geeignetem Untergrund, am besten ein fester Sandplatz. In der Regel gehört hierzu eine Dreiecksbahn und eine Aufstellfläche, die im Abstand von ca. 5 Meter von dem Beurteilenden entfernt ist.

Führen des Pferdes
Bei der Aufstellung steht der Führende vor dem Pferd und gibt diesem den Hals frei. Als Zäumung wird in der Regel eine Trense mit Reithalfter verwendet. Das Pferd wird zum Betrachter „offen" aufgestellt, d. h. mit der linken Brustseite dem Betrachter zu mit allen vier sichtbaren Beinen. In der Bewegung wird mit der rechten Hand des Führers das Pferd am halblangen Zügel auf der linken Seite des Kopfes zunächst im Schritt ca. 10Meter vom Betrachter weg und dann nach einer Rechtswendung wieder gerade auf ihn zurückgeführt, ehe auf der Dreiecksbahn im Uhrzeigersinn das Pferd im Trabe vorgestellt wird. Nach der Vorstellung in der Bewegung wird das Pferd mit der rechten Seite zum Betrachter „offen" abschließend aufgestellt.

Beurteilung der Gesamterscheinung

Beim Vormustern des Pferdes auf der Dreiecksbahn kann die Gesamterscheinung optimal beurteilt werden. Zur Gesamtbeurteilung gehören:

- **Typ**
  Bei der Typbeurteilung wird das Pferd auf Übereinstimmung mit dem Zuchtziel beurteilt, man berücksichtigt:
  Rassetyp
  Der Grad der Übereinstimmung mit dem Rassestandard
  Geschlechtstyp
  Das Pferd soll das Geschlecht (männlich, weiblich) deutlich erkennen lassen
  Leistungstyp
  Ist bei einseitigem Zuchtziel (Rennpferd) identisch mit dem Rassetyp; bei Mehrnutzungsrassen (Warmblut) unterscheidet man Springpferd, Vielseitigkeitspferd, Wagenpferd etc.
  Adel bzw. Ausdruck
  Gehört zum Typ, wird aber z.T. gesondert beurteilt. Es werden folgende Merkmale berücksichtigt: Trockenheit der Textur von Haut und Haar, besonders an Kopf, Hals, Gelenken; Ausdruck der Augen, Ohrenspiel, Manieren („les allures") als Ausdruck von Charakter und Temperament. Der Vollblut-Araber repräsentiert das edle Pferd am besten; bei der Tierbeurteilung hat jedoch die Bewertung innerhalb der Rasse zu erfolgen.

- **Rahmen, Format und Kaliber**
  Der **Rahmen** wird bestimmt durch die Widerristhöhe (Stockmaß), die Körperlänge (Buggelenk bis Sitzbeinhöcker), die Breite (Brust, Rippe, Hüfte) und Brusttiefe (Verhältnis Widerristhöhe zu Bodenfreiheit). Die Einteilung in klein-, mittel- und großrahmige Tiere erfolgt innerhalb Rasse bzw. Population. Bei Tieren, die positiv auffallen, sprechen die Beurteiler von bedeutenden Rahmen, großen Linien bzw. herausragenden Konturen (Umrisse).
  Das **Format** wird durch das Verhältnis von Rumpflänge zur Widerristhöhe bestimmt. Man unterscheidet:
  Rechteckformat – z. B. Englisches Vollblut
  Quadratformat – z. B. Arabisches Vollblut
  Das **Kaliber** ergibt sich aus der Relation von Widerristhöhe und Körpergewicht, das vom Beurteiler geschätzt wird. Man teilt die Pferde nach Kaliber in die Klassen Leicht, Mittel und Schwer ein.

- **Kondition und Konstitution**
  Kondition bezeichnet das von Fütterung, Haltung, Pflege und Training geprägte Erscheinungsbild. Man unterscheidet u.a.: Zuchtkondition, Rennkondition (allgemein Leistungs- bzw. Gebrauchskondition), Mastkondition, Unterernährung.
  Konstitution wird nicht einheitlich definiert. In der Pferdebeurteilung wird die Gesamterscheinung zum physischen Leistungsvermögen in Beziehung gesetzt und als Konstitution beurteilt. Da diese Beziehung schwer zu beurteilen und nicht so straff ist, wie in der älteren Literatur angenommen, spielt die Bewertung der Konstitution am Exterieur heute eine geringere Rolle als früher. Für eine objektive Beurteilung der Konstitution ist die zusätzliche Erfassung der Gesundheit und Dauerleistung notwendig. Wenn die Konstitution über die Tierbeurteilung erfaßt wird, unterscheidet man:
  starke, derbe, robuste, harte Konstitution
  weiche, schwache, schwammige, anfällige Konstitution
  feine, edle und im Extrem überbildete Konstitution

Beurteilung der Körperteile

Für die Beurteilung der Körperteile im Stand teilt man den Pferdekörper in Regionen ein: **Gebäude**, bestehend aus Kopf, Hals, Körper (Vorhand, Mittelhand und Nachhand), und **Fundament** (Gliedmaßen) sowie Schwanz. Für die Beurteilung der Körperteile und der Gesamterscheinung sind die **Körperproportionen** von Bedeutung. Eine „harmonische" Dreiteilung der Rumpfregion in Vorhand (Begrenzung: gedachte senkrechte Linien durch Bugspitze und Widerristende), Mittelhand (Widerristende bis Hüfthöcker) und Hinterhand (Hüfthöcker bis Sitzbeinhöcker) ist nach der klassischen Proportionslehre gegeben, wenn Vor-, Mittel- und Hinterhand die gleiche Länge haben (Idealgestalt). In der Praxis zeigte sich jedoch bald, daß die Körperproportionen je nach Nutzungstyp verschieden sind und es keine einheitliche Idealgestalt gibt.

In der Reitpferdezucht wird heute meist das Rechteckformat angestrebt, das aber nicht durch eine lange Mittelhand erreicht werden soll, sondern durch gleich lange Ausprägung von Vorhand, langer Widerrist (schräg liegende, lange und breite Schulter) und Mittelhand (langer Rücken) und Nachhand (lange Kruppenpartie). Für die „großen Linien" ist zusätzlich ein langer Hals erforderlich.

Bei der Beurteilung einzelner Körperteile (Adspektion, Palpation) tritt der Beurteiler näher an das Pferd heran, um Einzelheiten wie Hufbildung, Ausprägung der Gelenke etc. näher zu erfassen. Der Bau des Skeletts, die Stärke, Stellung und Winkelung der Gliedmaßen, die Ausbildung und Prägnanz der Gelenke, die Form der Hufe, die Härte der Sehnen und Bänder sowie die Ausprägung der Muskulatur sind Grundlagen der Bewegung, und deutliche Abweichungen von der „Norm" erhöhen die Abnutzung bei Belastung, was häufig zu Erkrankungen der Knochen, Sehnen und Bänder führt (**nutzungsbeschränkende Mängel**).

Beurteilung in der Bewegung

An die Beurteilung im Stand schließt sich die Beurteilung in der Bewegung an (Schritt, Trab, Galopp, Tölt und Paßfußfolgen). Bei der Vorstellung an der Hand können Schritt und Trab gezeigt werden, die auf der Dreiecksbahn von hinten, von vorne und von der Seite zu sehen sind. Bei der Beurteilung geht es um den Raumgriff (erzielter „Bodengewinn"), die **Mechanik und Korrektheit des Ganges** und den **Gangschwung** (Eleganz). Erwünscht sind:

- Gerade Gänge. Das Pferd tritt da auf, wohin der Huf zeigt. Die Vorderbeine verdecken die Hinterbeine und umgekehrt.
- Harmonische, ohne Zwang ablaufende natürliche Bewegungen.
- Mächtiger Schub, der sich aus einer kräftigen, aktiven Hinterhand bei schwingendem Rücken entwickelt.
- Ein langer, nicht am Boden klebender Schritt (Viertakt). Die Hinterhufe fußen vor den Spuren der Vorderbeine.
- Taktmäßiger, raumgreifender Trab (Zweitakt). Die Hinterhufe fußen auf den Vorderfußspuren.
- Weit ausgreifende, lange Galoppsprünge (Dreitakt). Nur ruhige, mühelos erscheinende Galoppsprünge bringen genügend Bodengewinn, ohne die Pferde stark zu ermüden (Beurteilung frei oder im Sattel).

Beurteilung von Temperament und Charakter

Für die Beurteilung der „Pferdepsyche" nach der äußeren Erscheinung dienen vor allem das Ohrenspiel, die Reaktionen der Augen und die Bewegungsaktivitäten des Körpers. Wichtig ist, daß Pferde im Stall, auf der Koppel und Weide und im Umgang mit dem Menschen keine Untugenden zeigen, sie müssen stallfromm und schmiedesicher sein. Die Ursachen von Untugenden sind meist unsachgemäße Haltung und Behandlung. Da die Veranlagung aber nicht bedeutungslos ist, sollte sie beurteilt und bei der Zuchtwahl berücksichtigt werden. Leider ist die objektive Beurteilung schwierig und deshalb in der Regel ungenau. Von Renn- und Turnierpferden fordert man Leistungsbereitschaft und Leistungswillen. Freizeit-, Schul- und Kinderpferde müssen vor allem gutartig, fromm, ruhig und unkompliziert sein, da sie auch von Anfängern genutzt und betreut werden.

Beurteilungsschemata

Das Beurteilungsschema wird von der Züchtervereinigung festgelegt. Die Einzelmerkmale und ihre jeweilige Gewichtung werden im Zuchtziel festgelegt. Die Einzelmerkmale werden benotet und in der Reitpferdezucht werden mindestens folgende Merkmale berücksichtigt: Rasse- und Geschlechtstyp; Qualität des Körperbaus; Beschaffenheit der Gliedmaßen und Hufe; Stellung der Gliedmaßen; Trab (Schwung, Elastizität); Schritt (Takt und Raumgriff). Bei den neueren Schemata erfolgt die lineare Beschreibung (Künzi 1994) (s. 2.1.6.2.2), bei der jedes Merkmal auf einer numerischen Skala bewertet wird, die von einem Extrem zum anderen reicht (z. B. Halslänge von kurz bis lang von 1 bis 10 Punkten mit dem Mittelwert 5). In der Schweiz wurden bereits die ersten Erfahrungen mit einer linearen Beschreibung des Exterieurs beim Pferd gesammelt. Die lineare Beurteilung ermöglicht einen relativ objektiven Vergleich gleichaltriger Pferde der gleichen Zuchtrichtung, allerdings wird die Notenskala von den Beurteilern häufig nicht voll ausgenutzt und deshalb die Variation künstlich verringert. Die Ergebnisse der linearen Beschreibung können leicht auf EDV übertragen werden; sie erleichtern die Schätzung von Heritabilitäten und Zuchtwerten.

Im Verband Hannoverscher Warmblutzüchter werden die Exterieurbeurteilungsnoten bei der Stutbuchaufnahme vergeben, die vor der Stutenleistungsprüfung erfolgt. Weymann und Glodek (1993) analysierten die Ergebnisse der Stutbuchaufnahmen von 1979 bis 1989 (28 403 Stuten) und ermittelten die in Tabelle 2-29 aufgeführten Heritabilitäten. Sie stellten fest, daß die Notenskala nur unzureichend ausgenutzt wird. Noten von 1–3 oder 10 werden nur in wenigen Fällen vergeben.

Tab. 2-29 Geschätzte Heritabilitäten für Beurteilungsskala bei der Stutbuchaufnahme (Notenskala 1-10)

	Merkmal	Heritabilitäten
1.	Kopf	0,37
2.	Hals	0,25
3.	Sattellage	0,35
4.	Rahmen	0,18
5.	Vordergliedmaßen	0,21
6.	Hintergliedmaßen	0,21
7.	Qualität des Körperbaus (1.-6.)	0,22
8.	Rasse und Geschlechtstyp	0,27
9.	Gesamteindruck und Entwicklung	0,20
10.	Korrektheit des Ganges	0,13
11.	Schwung und Elastizität (Trab)	0,22
12.	Schritt	0,17
13.	Gesamtbewertung (7.-12.)	0,23

2.5.5.4 Leistungsprüfungen für Rennpferde

Galopprennen

Das im 18. Jahrhundert in England entwickelte Rennsystem ist international standardisiert. Überwiegend werden Flachrennen ausgeschrieben, aber auch Hindernisrennen. Die Länge der Rennstrecke ist in der Ausschreibung festgelegt und für die Zulassung der Pferde werden je nach Rennen Bedingungen gestellt an Alter, Leistungsklasse, z.T. auch Geschlecht (Stutenrennen). Bei Zuchtrennen starten Pferde des gleichen Jahrgangs (bei den klassischen Zuchtrennen Dreijährige) mit gleichen Gewichten (Stuten tragen 2 kg weniger als Hengste). Bei Ausgleichsrennen (Wettbetrieb, Totalisator) starten in einem Starterfeld nur Pferde der gleichen Leistungsklasse mit verschiedenen Gewichten (Handicap). Die Gewichte werden vor dem Rennen so festgelegt, daß alle Pferde des Starterfelds gleiche Gewinnchancen haben.

Das Selektionskriterium in der Zucht des Englischen Vollbluts ist der Erfolg auf der Rennbahn; deshalb sind die Rennen im Sinne des Tierzuchtgesetzes Leistungsprüfungen. Die bei **Ausgleichsrennen** erbrachte Rennleistung der Vollblüter wird in Deutschland im „Generalausgleichgewicht" (GAG) zusammengefaßt. Das GAG wird am Ende jedes Rennjahres für alle Pferde, die an Ausgleichsrennen teilgenommen haben ermittelt und im Rennkalender veröffentlicht. Das GAG eines Pferdes ist ein Leistungsindex (Gewicht, das dem Pferd aufgrund der im Rennjahr erbrachten Leistungen zugeordnet wird). Das GAG hat eine Spannweite von 40 kg bis über 100 kg. Die tatsächlichen Gewichte, die Pferde bei Ausgleichsrennen tragen liegen nur zwischen 47 und 62 kg. Bei fehlerfreier Zuordnung der Ausgleichsgewichte sollten in einem hypothetischen Starterfeld zu Beginn der folgenden Rennsaison, in dem alle Pferde ihr Ausgleichsgewicht tragen, alle Pferde gleichzeitig im Ziel eintreffen. In der Zucht des Englischen Vollbluts in Deutschland wird die Rangfolge für die Selektion nach dem GAG festgelegt. Spitzenhengste liegen über 100 kg GAG, und für Herdbucheintragungen beim Englischen Vollblut werden mindestens 95 kg gefordert, für den Deckeinsatz in der Warmblutzucht mindestens 80 kg.

Zuchtrennen sind spezifische Leistungsprüfungen die in besonderem Maße der Selektion dienen. In allen Ländern mit etablierter Zucht der Rasse Englisches Vollblut werden jedes Jahr für die besten Dreijährigen die klassischen Zuchtrennen ausgeschrieben: St. Leger (seit 1776) 2900 m, Oaks (seit 1779) 2400 m (nur für Stuten), Derby (seit 1780) 2400 m, Two Thousand Guineas (seit 1809) 1600 m, 1000 Guineas (seit 1814) 1600 m (nur für Stuten). Die Sieger in diesen Rennen werden anschließend bevorzugt zur Zucht eingesetzt, wodurch das Generationsintervall verkürzt wird. Gewinnt ein Pferd alle 3 klassischen Rennen in einer Saison, nennt man das Triple Crown. Pferde, die überwiegend auf langen Strecken gewinnen, bezeichnet man als **Steher** und Pferde, die auf kurzen Strecken überlegen sind, als **Speeder**. Diese spezielle Veranlagung ist erblich, wie die Zucht des Renntyps beim Quarter Horse zeigt. Die konsequente Selektion der Pferde mit den besten Rennergebnissen über die Strecke von einer Viertel (quarter) Meile, bewirkte, daß das Quarter Horse dem Englischen Vollblut über diese Distanz überlegen ist.

Die Zuchtwertschätzung mit dem Tiermodell (1.2.1.3), die sich in Deutschland beim Englischen Vollblut in der Erprobungsphase befindet, ermöglicht die Wichtung der festgestellten Merkmale je nach Zuchtziel. Das Ergebnis der Zuchtwertschätzung ist Grundlage der Körung (Verbandskörung) der Vollbluthengste. Als Zuchttiere werden alle im Herdbuch registrierten Tiere anerkannt, aber nur die Nachkommen gekörter Hengste erhalten die Züchterprämie.

Trabrennen

Die Durchführung von Trabrennen wird in Trabrennordnungen (TRO) geregelt. Für die Zulassung von Rennen sind von Bedeutung: Alter, Geschlecht, Rekord (schnellste Zeit bei Rennen), bisherige Gewinnsumme, Nationalität (Herkunftsland). Zwei- bis vierjährige Traber werden zu Jahrgangszuchtrennen nur zugelassen, wenn der Vater gekört ist; Ausnahme sind Tiere mit überdurchschnittlicher Eigenleistung. In Trabrennen laufen die Pferde vor dem Sulky, am häufigsten ist Autostart, und die üblichen Distanzen schwanken zwischen 1 600 bis 2 600 m (bis 3 200 m). Es wird zwischen Standardrennen (Dotation ab 26 000 DM) und Zuchtrennen (Dotation ab 50 000 DM) unterschieden. Trabrennen sind Leistungsprüfungen nach dem Tierzuchtgesetz, die Leistungsmerkmale sind 1 000-m Zeit und Gewinnsumme. Für die Körung müssen inländische Hengste die vom Verband festgesetzte Mindestanforderung im Eigenleistungsindex (2.5.8 Zuchtwertschätzung) erfüllen. Bis zur Einführung der Zuchtwertschätzung war der Rekord (schnellste Rennleistung) das wichtigste Leistungsmerkmal. Die Zuchtwertschätzung basiert hingegen auf korrigierten Durchschnittsrennzeiten in den Altersstufen (Korrektur auf Rennbahn, Bahnqualität, Rennlänge und Startart) und der Gewinnsumme. Diese Leistungsmerkmale haben wesentlich höhere Heritabilitäten als die Rekorde.

2.5.5.5 Leistungsprüfungen für Warmblut- und Kaltblutpferde sowie Ponys

Die Leistungsprüfungen werden im Feld oder an Prüfungsstationen durchgeführt. In Deutschland sind die Rahmenrichtlinien für Zuchtstutenprüfungen (Station und Feld) und für Hengstleistungsprüfungen (Station) in der Zuchtverbandsordnung (ZVO) der Deutschen Reiterlichen Vereinigung e.V. vom 1. Januar 1990 festgelegt, die laufend ergänzt wird. Die gesetzliche Grundlage der ZVO ist das Tierzuchtgesetz vom 22. Dezember 1989 und die Verordnung über Leistungsprüfungen und Zuchtwertfeststellung bei Pferden vom 27.10.1992. In der Schweiz wurden am 1. Januar 1994 Richtlinien in Kraft gesetzt für: Feldtest für Freiberger, Haflinger und Maultiere, Feldtest für inländische Reitpferde, Ausbildungsprüfung für inländische Reitpferde (Organisation: Schweizerischer Pferdezuchtverband) kombinierte Prüfungen (Dressur, Springen) für inländische Reitpferde. Wie in Deutschland werden auch in der Schweiz und in Österreich stationäre Hengstleistungsprüfungen beim Warmblut durchgeführt (in der Schweiz HLP I für drei- oder vierjährige Hengste und HLP II noch übergangsweise für fünfjährige und ältere Hengste). In Österreich werden die Zuchtstutenprüfungen in Verbindung mit Materialprüfungen im Feld durchgeführt und in die Hengstleistungsprüfung an Station werden drei- und vierjährige eingestellt. Die Durchführung und Auswertung der Prüfungen erfolgt in diesen Ländern nach gleichen Grundsätzen.

Stationsprüfungen

Die Prüfungsdauer ist je nach Nutzungsrichtung und Land verschieden, z. B. Warmbluthengste in der Schweiz 30 Tage, in Deutschland und Österreich 100 Tage.

Zielgruppen für Stationsprüfungen sind dreijährige und vierjährige Hengste und mindestens dreijährige Stuten. Die Anforderungen für die Zulassung zur Stationsprüfung sind z. B. in der Schweiz wie folgt:
- offizieller Abstammungsnachweis
- Gesundheitsatteste (Laryngoskopie, Röntgenuntersuchung u.s.w.)
- wenn vorhanden, beglaubigte Leistungsausweise (Eigen-, Mutter-, Vollgeschwisterleistungen etc.)

Der Ablauf der Hengstleistungsprüfung für die Zuchtrichtung Reiten (Rasse Deutsches Reitpferd) und die in der Prüfung erfaßten Merkmale enthält Übersicht 2-30 und für Reiten und Fahren (Rasse Haflinger) Übersicht 2-31. Die Bewertung der Einzelmerkmale erfolgt mit Noten von 1–10, wobei nur ganze Noten zulässig sind (10 ausgezeichnet, 1 sehr schlecht oder nicht ausgeführt). Die Übersichten 2-32 enthält die Gewichte für die Ermittlung des Gesamtergebnisses für jeden geprüften Hengst. Die relativen wirtschaftlichen Gewichte werden im Zuchtziel festgelegt und mit den Noten für die Einzelmerkmale multipliziert

Übersicht 2-30 Hengstleistungsprüfung – Station der Zuchtrichtung Reiten

Rasse: Deutsches Reitpferd
Dauer: 100 Tage

Vorprüfung:
Bewertung der Hengste vor Beginn des abschließenden Leistungstests vom Trainingsleiter in folgenden Merkmalen:
- Interieur: Charakter, Temperament, Leistungsbereitschaft, Konstitution
- Grundgangarten: Schritt, Trab, Galopp
- Rittigkeit
- Springanlage (Frei- und Parcoursspringen)

Leistungstest:
Bewertung der Hengste in den abschließenden Leistungstests von der Richtergruppe bzw. Testreitern in folgenden Merkmalen:
- Grundgangarten: Schritt, Trab, Galopp
- Rittigkeitsprüfung
- Springanlage: a) Freispringen
b) Parcoursspringen
- Geländeprüfung: 4000 m, 450 m/min, 10 Sprünge
- Zusätzlich erfolgt die tierärztliche Verfassungsprüfung

Übersicht 2-31 Hengstleistungsprüfung – Station der Zuchtrichtung Reiten und Fahren

Rasse: Haflinger
Dauer: 50 Tage

Vorprüfung
Bewertung der Hengste vor Beginn des abschließenden Leistungstests vom Trainingsleiter in folgenden Merkmalen:
- Umgänglichkeit
- Lern- und Leistungsbereitschaft
- Leistungsfähigkeit
- Grundgangarten: Schritt, Trab, Galopp
- Reitanlage
- Springanlage
- Fahranlage

Leistungstest
Bewertung der Hengste im abschließenden Test von der Richtergruppe in folgenden Merkmalen:

a) Reiten:
- Grundgangarten: Schritt, Trab, Galopp
- Reitanlage
- Springanlage: Freispringen
- Geländeprüfung: 1500 m mit 6 bis 8 Hindernissen, davon 1 Wassereinsprung; Hindernishöhe bis 80 cm

b) Fahren:
- Grundgangarten: Schritt, Trab
- Fahranlage (Aufg. EF 1)
- Zugwilligkeit (25 % des Körpergewichts über 600 m)

(Teilindices, Gesamtindex). Stationsprüfungen für Hengste und Stuten und Stutenleistungsprüfungen im Feld sind Eigenleistungsprüfungen, die Ergebnisse können aber auch für Zuchtwertfeststellungen mit Geschwister- und Nachkommenleistungen herangezogen werden.

Feldprüfungen (Eigenleistungsprüfungen)

Alternativ zur Hengstleistungsprüfung werden in Deutschland **Turniersporterfolge** von Hengsten als Leistungsnachweise anerkannnt. Folgende Ergebnisse werden für die Zulassung gefordert:
- die fünfmalige Placierung an 1. bis 3. Stelle in Dressur oder
- Springen der Klasse S oder
- die dreimalige Placierung an 1. bis 3. Stelle in der Vielseitigkeit der Klasse M oder S.

Die **Stutenleistungsprüfung im Feld** wird für die Zuchtrichtung Reiten als eintägige Prüfung und für die Zuchtrichtung Reiten und Fahren als zweitägige Prüfung durchgeführt.

Übersicht 2-32 Merkmalsgewichtung und Ergebnisermittlung Zuchtrichtung Reiten (Deutsches Reitpferd) (Bayer. Landesamt für Pferdezucht und Pferdesport, München)

Merkmale	Gewichtungsfaktor Gesamtindex			Dressurindex			Springindex		
	TL*	SV*	TR*	TL*	SV*	TR*	TL*	SV*	TR*
Interieur									
Charakter	0,5	–	–	0,5	–	–	0,5	–	–
Temperamtent	0,5	–	–	0,5	–	–	0,5	–	–
Leistungsbereitschaft	0,5	–	–	0,5	–	–	0,5	–	–
Konstitution	0,5	–	–	0,5	–	–	0,5	–	–
Grundgangarten									
Schritt	0,25	0,25	–	0,5	0,5	–	–	–	–
Trab	0,25	0,25	–	0,5	0,5	–	–	–	–
Galopp	0,25	0,25	–	0,5	0,5	–	–	–	–
Rittigkeit	1,5	–	1,5	2,0	–	3,0	–	–	–
Springanlage	0,75	–	–	–	–	–	3,0	–	–
Freispringen	–	0,75	–	–	–	–	–	1,75	–
Parcoursspringen	–	–	1,0	–	–	–	–	–	1,75
Geländeprüfung									
Springmanier	–	0,5	–	–	–	–	–	0,75	–
Galoppiervermögen	–	0,5	–	–	–	–	–	0,75	–
Gesamt	5,0	2,5	2,5	5,5	1,5	3,0	5,0	3,25	1,75

*TL = Trainingsleiter, SV = Sachverständige, TR = Testreiter

Die Prüfung gilt als bestanden, wenn mindestens 80 Punkte als Gesamtindex oder in einem Teilindex Springen oder Dressur mindestens 100 Punkte erreicht wurden. Die Anerkennung der Prüfung obliegt jedoch den Zuchtverbänden.

In der Schweiz wird der **Feldtest für inländische Reitpferde** in enger Anlehnung an den Abschlußtest in der Stationsprüfung gestaltet.

Auf breiter Ebene werden in Deutschland **Basis- und Aufbauprüfungen** durchgeführt, die der Förderung der Warmblutzucht dienen sollen. Zu den Basisprüfungen gehören **Materialprüfungen** für drei- und vierjährige Deutsche Reitpferde. Es wird die Anlage zum Reitpferd beurteilt (keine Bewertung des Ausbildungsstandes), wobei die natürlichen Bewegungen in den drei Grundgangarten, das Gebäude und der Gesamteindruck einschließlich des Temperaments berücksichtigt werden. Die Beurteilung erfolgt unter dem Reiter und an der Hand. Basisprüfungen für vier- bis sechsjährige sind **Eignungsprüfungen**, wobei die Eignung des Reitpferdes zum sofortigen Gebrauch beurteilt wird. Bewertet werden Rittigkeit einschließlich Temperament anhand einer vorgeschriebenen Aufgabe und das unmittelbar nachfolgende Springen unter dem Reiter. In **Aufbauprüfungen** wird die Eignung der Pferde für turniersportliche Disziplinen beurteilt (Dressur, Springen). Die Ergebnisse der Basis- und Aufbauprüfungen werden nicht zentral erfaßt und können deshalb in der Zuchtwertschätzung nicht berücksichtigt werden.

In der Schweiz werden **Ausbildungsprüfungen für inländische Reitpferde** durchgeführt. Diese Prüfungen umfassen Gesamteindruck, Grundschulung (z. B. Reaktion des Pferdes auf elementare Hilfen, Vertrauen und Gehorsam) und Springausbildung.

Feldprüfungen (Nachkommenprüfung im Turniersport)

Die Ergebnisse der nach den Regeln der Leistungsprüfungsordnung (LPO) in den Kategorien C (geringster Schwierigkeitsgrad), B (mittlerer Schwierigkeitsgrad) und A (Spitzensport) durchgeführten Turniersportprüfungen werden in Deutschland zentral erfaßt und für die Zuchtwertschätzung von Hengsten genutzt (2.5.8)

Zugwilligkeitsprüfungen

Die Zugleistung wird durch Zugwiderstandsprüfung vor einem Zugschlitten oder ein entsprechendes Zugprüfungsgerät im Schritt mit dreimaligem Anhalten und sofortigem Anziehen bestimmt. Dabei geht es weniger um Leistungen, sondern in erster Linie um die Feststellung der Zugwilligkeit. Für Hengste von Kaltblutrassen fordert man folgende Zugleistung:

- 1500 m in 19 Minuten bei einem Zugwiderstand von 20 % des Körpergewichts oder
- 1000 m in 12,5 Minuten bei einem Zugwiderstand von 25 % des Körpergewichts.

2.5.5.6 Fleischleistung

Das Pferd gehört zu den Nutztieren und wird geschlachtet, sobald die Nutzung nicht mehr möglich oder nicht mehr erwünscht ist. Kaltblutpferde werden z.T. als Masttiere gehalten und gefüttert. Tabelle 2-30 enthält Mastdaten aus der Schweiz.

Tab. 2-30 Mastdaten aus der Schweiz (Gaillard 1995)

	Warmblut		Freiburger
Anzahl	877	68	66
Alter bei Schlachtung, Tage	200 ± 31	554	205 ± 34
Lebendgewicht in kg	284 ± 38	408	277 ± 39
Tageszunahme in g	1143	637	1112

Geburtsgewicht: Freiburger 55 kg, Warmblut 50 kg
Ausbeute der Saugfohlen: 60 % ± 2,4 %
Zusammensetzung des Schlachtkörpers bei älteren Tieren:
58 % Bankfleisch 8 % Fett
13 % Hundefleisch 18 % Knochen

2.5.5.7 Milchleistung

Über die Milchleistung von Stuten orientiert Tabelle 2-31. Die Leistung nimmt vom 1. bis 3. Laktationsmonat deutlich zu und geht dann wieder zurück. Bei großen Rassen (> 500 kg) erreicht die Milchleistung rund 2–3 % der Lebendmasse; bei Ponys sind diese Werte wesentlich höher (5–7 %). Die Stutenmilch zeichnet sich durch einen hohen Laktosegehalt (6–6,5 %), aber einen eher niedrigen Fett- und Eiweißgehalt (1,5–2,0 % Fett, 2,0–2,5 % Eiweiß) aus.

Tab. 2-31 Milchmenge pro Tag von Stuten

Laktationsmonat	Shetlandpony 220 kg LG	Warmblut 600 kg LG	Kaltblut 700 kg LG
1.	10 kg	14 kg	15 kg
2.	12 kg	16 kg	17 kg
3.	16 kg	17 kg	18 kg
4.	10 kg	15 kg	17 kg
5.	10 kg	11 kg	17 kg

2.5.5.8 Zuchtleistungsmerkmale

Goetze hat beim Englischen Vollblut in Deutschland systematische Herbstuntersuchungen eingeführt, die aus Fruchtbarkeits- und Gesundheitskontrollen bestehen. Diese regelmäßigen Bestandsuntersuchungen haben sich sehr bewährt und werden seit mehr als vier Jahrzehnten von Kliniken der tierärztlichen Fakultäten in Gießen, Hannover und München regelmäßig durchgeführt. Nach Merkt et al. (1993) werden durchschnittliche Trächtigkeitsraten über 70 % erzielt.

Uphaus und Kalm (1994) analysierten die Reproduktionsparameter hannoverscher Warmblutstuten anhand der Deck- und Zuchtdaten von 1978 bis 1991. Von 1987 bis 1991 stieg die Abfohlrate von 56,7 auf 61,4 %. Der Anteil der im Natursprung gedeckten Fohlen ging im gleichen Zeitraum von 90,5 % auf 46,3 % zurück, entsprechend stieg der Anteil der Besamungen mit Frischsperma von 7,4 % auf 52,5 % (Tiefgefriersperma 1987: 2,0 %; 1991: 1,2 %) Die Besamung mit Frischsperma ist mit 59,4 % Abfohlrate dem Natursprung mit 55,7 % überlegen, was auf den wachsenden Anteil an Besamungen mit vorhergehender Follikelkontrolle zurückzuführen sein dürfte. Die Abfohlrate nach Besamungen mit Tiefgefriersperma war mit noch 31,5 unbefriedigend. Mit zunehmender Bedeutung der Besamung wird auch beim Pferd die systematische Erfassung und Analyse der Besamungsergebnisse mit anschließender Zuchtwertschätzung, die beim Rind (2.1.9) bereits etabliert ist, eingeführt werden. Eingetragene Zuchtstuten, die in der Fruchtbarkeit überdurchschnittlich sind (Zuchterfolge) können in das Leistungsbuch der FN, Abteilung D, eingetragen werden.

2.5.6 Herdbuch (Zuchtbuch)

Die Herdbuchführung erfolgt in Deutschland bei allen Rassen mit Ausnahme Englisches Vollblut und Traber nach der Zuchtverbandsordnung (ZVO) der Deutschen Reiterlichen Vereinigung e.V. in der Schweiz nach den Richtlinien der Zuchtkommission des Schweizer Pferdezuchtverbandes unter Berücksichtigung der gesetzlichen Grundlagen und ist in Österreich analog geregelt. Die Grundsätze sind international relativ einheitlich und werden anhand der ZVO dargelegt.

Einteilung in Abteilungen

Die Zuchtbücher werden nach Hengsten und Stuten getrennt und in verschiedenen Abteilungen geführt. In der Warmblutzucht werden eine Mindestnote für Exterieur gefordert und Mindestanforderungen an die Abstammung gestellt:

- Hengstbücher: Hengstbuch I (Abb. 2-36)
Hengstbuch II
- Stutbücher: Hauptstutbuch (H), (Abb. 2-37)
Stutbuch (S), Abb 2-38), Vorbuch 1 (V 1), (Abb. 2-39) und Vorbuch 2 (V 2).

In der Schweiz müssen eidgenössisch anerkannte Hengste für Warmblut mindestens 4 Generationen und für Freiberger mindestens 5 Generationen im Abstammungsnachweis nachweisen und die Mindestanforderungen in Exterieur und Leistung erfüllen.

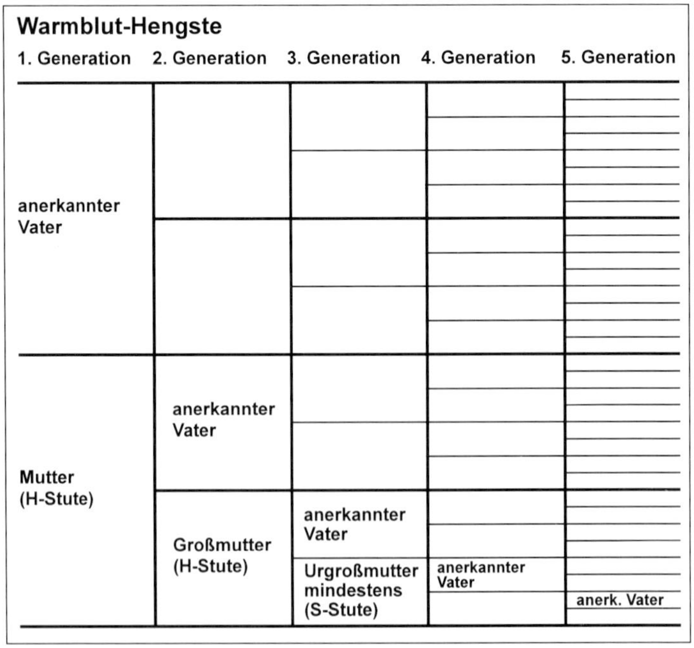

Warmblut-Hengste

1. Generation	2. Generation	3. Generation	4. Generation	5. Generation
anerkannter Vater				
Mutter (H-Stute)	anerkannter Vater			
	Großmutter (H-Stute)	anerkannter Vater		
		Urgroßmutter mindestens (S-Stute)	anerkannter Vater	anerk. Vater

Abb. 2-36 Zuchtbuch (Deutsche Reiterliche Vereinigung FN, Warendorf)

Abb. 2-37

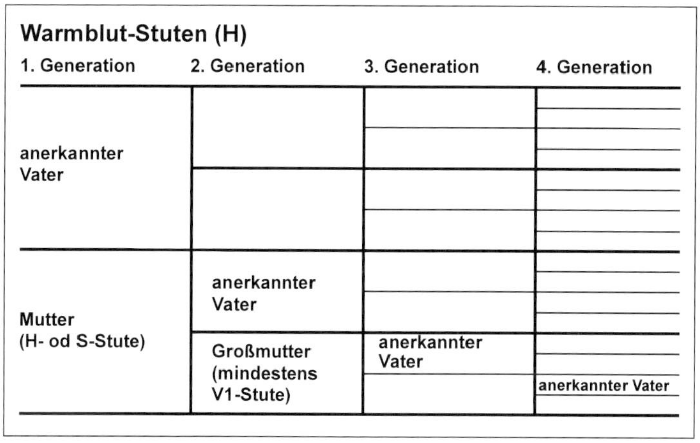

Warmblut-Stuten (H)

1. Generation	2. Generation	3. Generation	4. Generation
anerkannter Vater			
Mutter (H- od S-Stute)	anerkannter Vater		
	Großmutter (mindestens V1-Stute)	anerkannter Vater	anerkannter Vater

Abb. 2-38

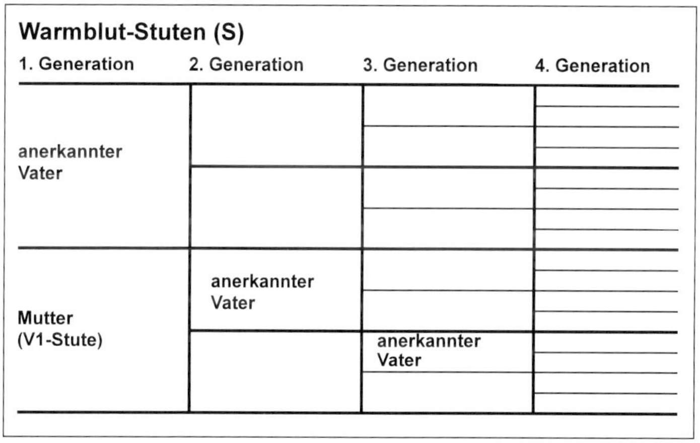

Warmblut-Stuten (S)

1. Generation	2. Generation	3. Generation	4. Generation
anerkannter Vater			
Mutter (V1-Stute)	anerkannter Vater		
		anerkannter Vater	

Abb. 2-39

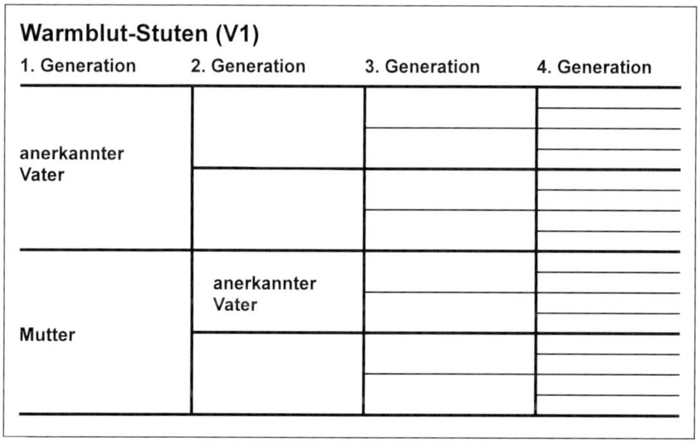

Warmblut-Stuten (V1)

1. Generation	2. Generation	3. Generation	4. Generation
anerkannter Vater			
Mutter	anerkannter Vater		

Eintragung in das Zuchtbuch (Zuchtpferd)

Ein Zuchtpferd ist ein Pferd:
- dessen Eltern und Großeltern in einem Zuchtbuch derselben Rasse eingetragen oder vermerkt sind und das dort selbst entweder eingetragen ist oder vermerkt und eingetragen werden kann (**reinrassiges** Zuchtpferd) oder
- das im Zuchtbuch einer anerkannten Züchtervereinigung eingetragen ist (**eingetragenes** Zuchtpferd).

Die Eintragung des Zuchtpferdes in die entsprechende Abteilung des Zuchtbuches erfolgt, wenn die Identität zweifelsfrei sichergestellt ist (2.5.5.1) und die Anforderungen an die Merkmale der äußeren Erscheinung (Exterieur) und an die Leistung erfüllt sind. Die Eintragung muß auf dem Abstammungsnachweis vermerkt werden.

Abstammungsnachweis, Geburtsbescheinigung (Zuchtbescheinigung)

Abstammungsnachweise und Geburtsbescheinigungen sind von einer anerkannten Züchtervereinigung ausgestellte Urkunden über die Abstammung und Leistung eines Zuchtpferdes. Der **Abstammungsnachweis** gilt als Zuchtbescheinigung (Tierzuchtgesetz) und wird ausgestellt, wenn folgende Voraussetzungen erfüllt sind:
- Eltern und Großeltern in einem Zuchtbuch derselben Rasse eingetragen sind oder eingetragen werden können,
- die Abfohlmeldung innerhalb von 28 Tagen nach der Fohlengeburt vorgelegt wurde,
- die Identifizierung des Fohlens bei Fuß der Mutter durch den Zuchtleiter, oder einen Beauftragten erfolgte oder anderweitig gesichert wurde.

Die **Geburtsbescheinigung** wird ausgestellt, wenn die Bedingungen für einen Abstammungsnachweis nicht erfüllt sind, jedoch folgende Voraussetzungen gegeben sind:
- mindestens ein Elternteil in einem Zuchtbuch eingetragen ist, bzw. eingetragen werden kann,
- für die Abfohlmeldung und die Identifizierung des Fohlens gelten die gleichen Anforderungen wie für den Abstammungsnachweis.

Für jedes zur Eintragung vorgestellte Pferd bzw. zu registrierende Fohlen kann der Zuchtverband eine blutgruppenserologische **Abstammungsüberprüfung** (bzw. Überprüfung auf DNA-Ebene) fordern; dies muß erfolgen, wenn an der angegebenen Abstammung Zweifel bestehen (s. 2.5.5.1).

Züchter eines Pferdes ist der Eigentümer der Stute zum Zeitpunkt der zur Befruchtung führenden Bedeckung oder Besamung. Traber- und Vollblutzüchter erkennen den Stuteneigentümer zum Zeitpunkt des Abfohlens als Züchter an.

Für die **Jahrgangszugehörigkeit** (Einjährige, Zweijährige etc.) gilt von im November und Dezember geborenen Pferden der 1. Januar des folgenden, bei allen anderen Pferden der 1. Januar des Geburtsjahres als Stichtag. Bei Vollblütern und Trabern gilt für alle in einem Jahr geborenen Pferde der 1. Januar des Geburtsjahres als Stichtag.

In Deutschland werden **Ergebnisse von Leistungsprüfungen anerkannt**, die nach der Leistungsprüfungsordnung (LPO) der Deutschen Reiterlichen Vereinigung (FN) und dem Reglement der Fédération Équestre Internationale (FEI) durchgeführt wurden oder vom zuständigen Zuchtverband und der FN anerkannt sind.

2.5.7 Erbfehler und Erbfehlergene

In Abschnitt 1.1.11 wird die Vererbung von Mißbildungen und Krankheiten behandelt und die einschlägige Literatur angegeben (einschließlich Spezialliteratur Pferd). Beim Pferd sind mehr als 100 angeborene Defekte bekannt, die vererbt werden oder eine vererbbare Komponente haben. Viele Störungen eliminieren sich frühzeitig von selbst, da die betroffenen Pferde nicht arbeitsfähig sind (z. B. Tiere mit angeborenem Herzfehler, Immunodefiziten u. a.) und deshalb vor der Zuchtverwendung gemerzt werden. Bei rezessivem Erbgang sind die heterozygoten Pferde normal arbeitsfähig und das Erbfehlergen bleibt in der Regel in der Population (in den Anlageträgern) erhalten. Seltene rezessive Erbfehler und Neumutationen werden meist nach mehreren Generationen erst dann entdeckt, wenn gehäuft homozygote Genotypen auftreten (**Merkmalsträger**). Bei schmaler Zuchtbasis bzw. enger Linienzucht treten Erbfehler bzw. Erbkrankheiten häufig rassespezifisch auf. Ein Beispiel ist die nur bei Arabern beobachtete kombinierte Immunschwäche (Combined Immune Deficiency, CID), eine Defizienz der B- und T-Lymphozyten. Heterozygote Anlageträger sind klinisch gesund und homozygote Merkmalsträger sterben in der Regel bis zum 5. Lebensmonat an banalen Infektionen. Nach Jones (1982) waren in den USA in den 70er Jahren etwa ein Viertel der Araber Anlageträger und es starben 2,5% der geborenen Fohlen an kombinierter Immunschwäche.

Erbfehlerdiagnose mit Testpaarungen (Heterozygotietest)

Aus Testpaarungen mit Anlageträgern (bekannte Heterozygote) müssen mindestens 16 normale Nachkommen geboren werden, um bei monogenem Erbgang und vollständiger Penetranz mit einer Irrtumswahrscheinlichkeit von 1 % auszuschließen, daß der Proband ein Anlageträger ist, während ein Merkmalsträger ausreicht, um ein Pferd als Anlageträger zu enttarnen.(s. 1.1.11, Testpaarungen). Der Aufwand für den Heterozygotietest ist erheblich und lohnt sich nur bei stark eingesetzten Vatertieren; er erfordert die vollständige und zuverlässige Erfassung der Fohlen. Testpaarungen setzen sich deshalb in der Praxis nicht durch.

Erbfehlerdiagnose durch Gendiagnostik

Hier ist die direkte und die indirekte Gendiagnose (s 1.1.6.7.3) zu unterscheiden. Mit der direkten Gendiagnose werden Anlageträger **sicher** erkannt, da die DNA-Sonde die Mutation direkt anzeigt. Das erste praktische Beispiel für die direkte Gendiagnose beim Pferd ist die Hyperkalämische Periodische Paralyse (HPP, HYPP) beim amerikanischen Quarter Horse (1.1.6.7.4). Die Erkrankung wird durch eine Punktmutation (Austausch von Phenylalanin durch Leucin in einer Untereinheit (4. Domäne) des Natrium-Kanals in der Skelettmuskelzelle verursacht (Rudolph et al. 1992). Die Vererbung ist autosomal dominant. Die Mutation führt zu einer gestörten Funktion des Natrium-Kanals, die sich klinisch in periodischer Muskelschwäche (Paresis) bis zum Festliegen manifestiert. Zwischen den Anfällen, die tödlich sein können, erscheinen die Tiere normal. Streßfaktoren provozieren Anfälle und die Erhebungen bei den Tierbesitzern ergaben, daß etwa 10 % der positiven Pferde nie einen klinisch erkennbaren Anfall hatten (Serumhyperkalämie verursacht die meisten klinischen Symptome). Symptomatische Behandlung kann bei entsprechender Fütterung und Haltung erfolgreich sein. Die Abstammungsanalyse hat ergeben, daß alle positiven Tiere auf den Hengst „Impressive" zurückgehen. 1993 hatten von 2,6 Mio. registrierten lebenden Quarter-Horse-Tieren 55521 „Impressive" im Pedigree. Die außergewöhnliche Verbreitung von „Impressive" dürfte auf die von den Züchtern gewünschte betonte Bemuskelung (Muskelhypertrophie) der Nachkommen zurückzuführen sein. Wie bei der Malignen Hyperthermie beim Schwein ist die rasche Verbreitung der Hyperkalämischen Periodischen Paralyse eine unerwünschte Nebenwirkung der Selektion. Die Gendiagnose ermöglicht es, das Gen rasch zu eliminieren und trotzdem die erbgesunden Nachfahren von „Impressive" in der Zucht zu nutzen.

Kontrollsystem zur Erfassung von erblichen Erkrankungen

In Schweden werden für alle beim „Swedish Horse Board" (Züchterorganisation) registrierten Pferden neben Exterieurbewertungen und Leistungsprüfungen regelmäßig tierärztliche Untersuchungen durchgeführt. Die Befunde werden nach Richtlinien einer Veterinärkommission bewertet und analysiert. Dies ermöglicht eine Liste der vererbten Erkrankungen zu erstellen, die auch Erkrankungen enthält, deren Vererbung noch nicht nachgewiesen ist. Bei folgenden Befunden (Beispiele) wird der Hengst nicht zur Zucht zugelassen:

- Kryptorchismus
- Hodenveränderungen
- Inguinalhernie
- Luxation der Kniescheibe
- Hufrehe (bei Ponys)
- Osteochondrose
- Spat
- Verknöcherung des Hufknorpels
- Chronisch obstruktive Lungenerkrankung (Jungtiere)
- Hemiplegia laryngis
- Strahlbeinlahmheit
- Schlechte Hufqualität

Bei anderen Befunden werden weitere Untersuchungen durchgeführt bzw. ein beschränkter Zuchteinsatz bis zur Nachkommenprüfung bewilligt. Diese Entwicklung ist nicht abgeschlossen, sondern im Fluß, die Berücksichtigung der Gesundheit wird zunehmend Bedeutung gewinnen.

2.5.8 Zuchtwertschätzung

Definition und Durchführung

In Abschnitt 1.2.1.1 wird der Zuchtwert definiert. Zweck der Zuchtwertschätzung ist die Erstellung einer Rangfolge für die Selektion, weshalb in der Pferdezucht die aktuellen Zuchtwerte der Hengste rechtzeitig vor der Decksaison den Züchtern vorliegen müssen, damit sie bei der Zuchtwahl berücksichtigt werden können.

Die Durchführung der Zuchtwertschätzung für Einzelmerkmale erfolgt in den in Abschnitt 1.2.1.4 erläuterten Stufen:

In der Pferdezucht sind die Voraussetzungen bei Rennpferden am besten erfüllt, da die Rennleistungen objektiv und genau festgestellt werden.

Ziele und praktische Anwendung

Traber

Die Zuchtwertschätzung ist in der Traberzucht am weitesten fortgeschritten. In Deutschland werden die Leistungen aller zwei- bis vierjährigen Traber erfaßt und die Zuchtwertschätzung wie folgt durchgeführt:

Merkmale:

Jahresdurchschnittsrennzeit und Jahresgewinnsumme (quadratwurzeltransformiert)

Heritabilitäten:	Altersstufe	Rennzeit	Gewinnsumme
	2 j	0,42	0,15
	3 j	0,38	0,24
	4 j	0,35	0,27
	2–4 j	0,41	0,22

Jahresdurchschnittsrennzeit:
mindestens 2 auswertbare Rennzeiten für Zweijährige, mindestens vier auswertbare Rennzeiten für Drei- und Vierjährige; Korrektur der Einzelrennzeiten auf Rennbahn, Bahnqualität, Rennlänge, Startart; Zusammenfassung zur Jahresdurchschnittsrennzeit.

Jahresgewinnsumme
Berücksichtigung **aller** Altersstufen / **aller** Pferde; bei der Eigenleistung: Jahre ohne Starts gewertet, bei der Nachkommenleistung: Merzquote berücksichtigt

Index: Zusammenfassung der standardisierten Zuchtwerte Jahresdurchschnittsrennzeit und Jahresgewinnsumme im Verhältnis 1:1; Standardisierung auf Mittelwert 100, Standardabweichung 20.

Zuchtwertschätzmodell:
Eigenleistung: Indizes für Hengste und Stuten eines Jahrganges.

Nachkommenleistung: univariates BLUP-Modell:
Geschlecht, Alter, Rennjahr, Gruppe-Vater (Geburtsjahr x Herkunft), Vater innerhalb Gruppe, Gruppe-Mutter (Geburtsjahr x Herkunft), Mutter innerhalb Gruppe, Gruppe mütterlicher Großvater, mütterlicher Großvater innerhalb Gruppe.

Tab. 2-32 Beurteilung der Hengste im Deckhengstregister 1993 (10 von 129 Hengsten, nach Rängen geordnet)

Name	Gesamtleistung der 2-4jährigen Nachkommen		gestartete Nachkommen bis		
	Index	Rang	zweijährig	dreijährig	vierjährig
Diamond Way	161,6	1	26 % v. 440	57 % v. 256	80 % v. 157
Graf Zeppelin	151,5	2	28 % v. 98	65 % v. 69	77 % v. 60
Cheetay	148,8	3	27% v. 530	62 % v. 463	79 % v. 406
Coogee	147,4	4	20 % v. 74	64 % v. 55	74 % v. 31
Gridiron Lad	147,3	5	22 % v. 129	62 % v. 103	73 % v. 90
Speedy Crown	145,1	6	38 % v. 16	71 % v. 14	71 % v. 14
Pride of Cortina	144,1	7	15 % v. 39	67 % v. 12	80 % v. 10
Wildfang	143,4	8	24 % v. 55	62 % v. 53	84 % v. 43
Shane Scottseth	142,7	9	13 % v. 4	63 % v. 19	0 % v. 0
Speedy Soma	142,0	10	21 % v. 42	50 % v. 30	71 % v. 14

Die Ergebnisse werden jährlich rechzeitig vor der Decksaison veröffentlicht. Tabelle 2-32 demonstriert die Form der Veröffentlichung.

Englisches Vollblut

Das Direktorium für Vollblutzucht und Rennen, Köln, hat beschlossen, die Zuchtwertschätzung auf der Basis aller in Deutschland durchgeführten Flachrennen zu etablieren.

Merkmal:
Rangfolge der Pferde eines Starterfeldes beim Einlauf in das Ziel. Leistungsmerkmal ist der Rang des Pferdes (1 bis 10), unabhängig von der Gewinnsumme. Die Starter jedes Rennens werden somit direkt verglichen.

Zuchtwertschätzmodell:
Tiermodell (Wiederholbarkeitsmodell):
Faktoren: Rennen, Geschlecht, Alter, Trainer, getragenes Gewicht.
Basis: Durchschnittlicher Zuchtwert der 1988 geborenen Pferde (fix).

Reitpferd (Turniersportprüfungen)

Die Ergebnisse werden von der Deutschen Reiterlichen Vereinigung (FN) seit 1991 jährlich veröffentlicht (zusätzlich zum Jahrbuch Zucht).

Merkmale:
Durchschnittlicher Geldpreis einer Plazierung bei Turniersportprüfungen für Springen und Dressur (allerdings nur 33 % eines Jahrgangs plaziert) auf der Basis der Lebensgewinnsumme.

Heritabilitäten:

Gewinnsumme (ln)	Springen	0,12
Plazierung (ln)	Springen	0,18
Plazierung (ln)	Dressur	0,16

Index:
Zusammenfassung der standardisierten Zuchtwerte Springen und Dressur im Verhältnis 1:1; Standardisierung auf Mittelwert 100, Standardabweichung 20.

Tiermodell (BLUP)
Faktoren: Alter, Geschlecht, Geldpreisniveau der Veranstaltung, Leistungsklasse des Reiters.
Basis: Zuchtwerte der Turnierpferde des Jahrgangs 1983.

Reitpferd (Exterieurmerkmale)

In Kapitel 2.5.5.3 (Exterieurmerkmale) werden im Abschnitt Beurteilungsschema die geschätzten Heritabilitäten für Beurteilungsergebnisse bei der Stutbuchaufnahme (Tabelle 2-29) besprochen. Weymann und Glodek (1993) empfehlen die Exterieurzuchtwertschätzung für folgende Beurteilungsmerkmale:

- Rasse und Geschlechtstyp
- Korrektheit des Ganges
- Gesamteindruck und Entwicklung
- Sattellage
- Vordergliedmaßen
- Hintergliedmaßen

Diese sechs Einzelzuchtwerte sollen für den standardisierten Exterieurindex mit Mittelwert 100 und Standardabweichung 20 gleich gewichtet werden.

Problematik der Zuchtwertschätzung beim Pferd

Die unverzerrte Schätzung der Zuchtwerte ist beim Pferd aus folgenden Gründen schwieriger als bei den anderen Nutztierarten:

- Die Hengste werden für die Prüfung nicht zufällig an die Population angepaart.
  Hengste mit guter Abstammung und/oder hohen Einkaufspreisen werden an vorselektierte Stuten angepaart.
- Die Leistungen (Rennleistung, Turniersportprüfungen) werden von vorselektierten Tieren erbracht und die Ergebnisse sind nicht immer vollständig (es werden z. B. nur die jeweils 10–15 besten Pferde registriert).
- Die Leistungsmerkmale sind nicht normal verteilt (Rangfolge, Gewinnsumme, Beurteilungsnoten), was statistische Transformationen erfordert.
- Der Einfluß des Reiters/Fahrers und des Trainers läßt sich nur schwer ausschalten.

Beim Reitpferd ist das Zuchtziel nicht immer eindeutig, es bestehen verschiedene Meinungen, ob die Reit- und Springleistung stärker betont werden soll, um den Anforderungen an Sportpferde entgegenzukommen, oder das Exterieur, da schöne Freizeitpferde gewünscht werden.

2.5.9 Zuchtprogramme

Die Zuchtplanung, die dem Zuchtprogramm vorausgeht, befaßt sich mit der Entwicklung und Optimierung von Zuchtprogrammen für bestimmte Populationen (z. B. Herdbuchverband), wobei zu berücksichtigen ist:

- Zuchtziel
- Zuchtmethoden (Reinzucht, Kreuzung, Blutauffrischung)
- Leistungsprüfungen
- Populationsparameter (Heritabilitäten der Merkmale, genetische Korrelationen zwischen den Merkmalen).
- Selektion und Paarung.

In Abb. 2-40 wird die Rahmenplanung beim deutschen Reitpferd dargestellt. In den Stufen 1 und 2 erfolgt die Beurteilung nach Abstammung und Exterieurbeurteilung einschließlich Grundgangarten. In Stufe 3 wird der Zuchtwert anhand von Eigenleistungsprüfungen geschätzt (Station, Turniersport) und in Stufe 4 erfolgt die Zuchtwertschätzung aufgrund von Turniersportleistungen der Nachkommen. Abb. 2-41 (nach Uphaus und Kalm 1994) enthält die Grunddaten für die Zuchtplanung in der hannoverschen Warmblutpopulation in der die Zuchtwertmerkmale die Turniersporteignung in den Disziplinen Springen und Dressur sind. Der Selektionserfolg (Zuchtfortschritt pro Jahr) innerhalb der

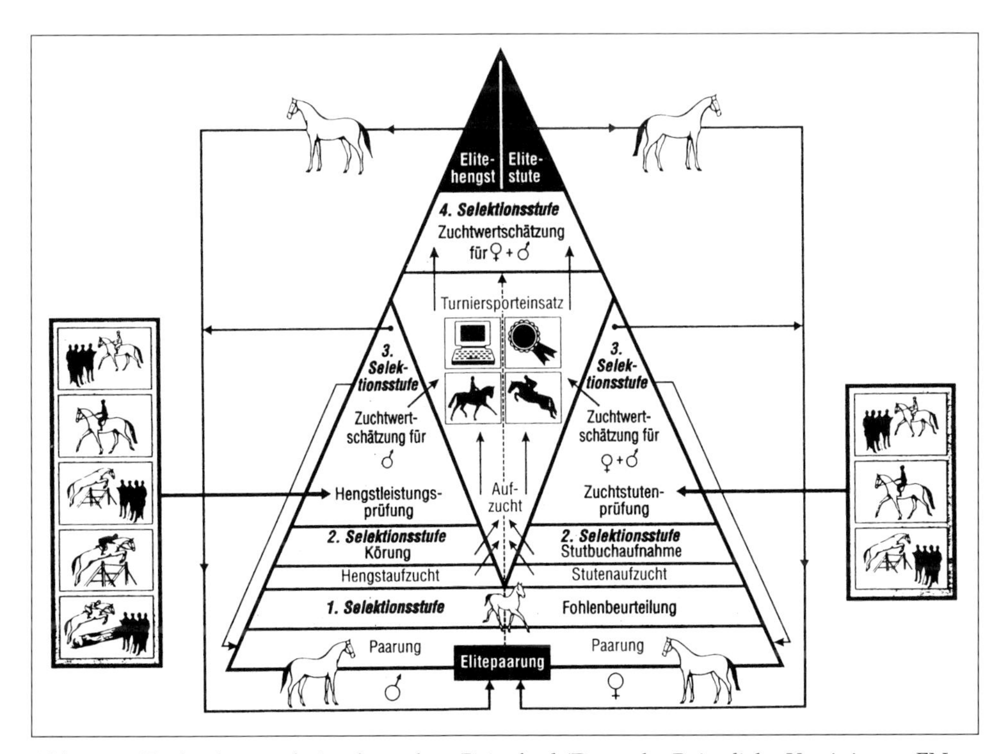

Abb. 2-40 Zuchtplanung beim deutschen Reitpferd (Deutsche Reiterliche Vereinigung FN, Warendorf)

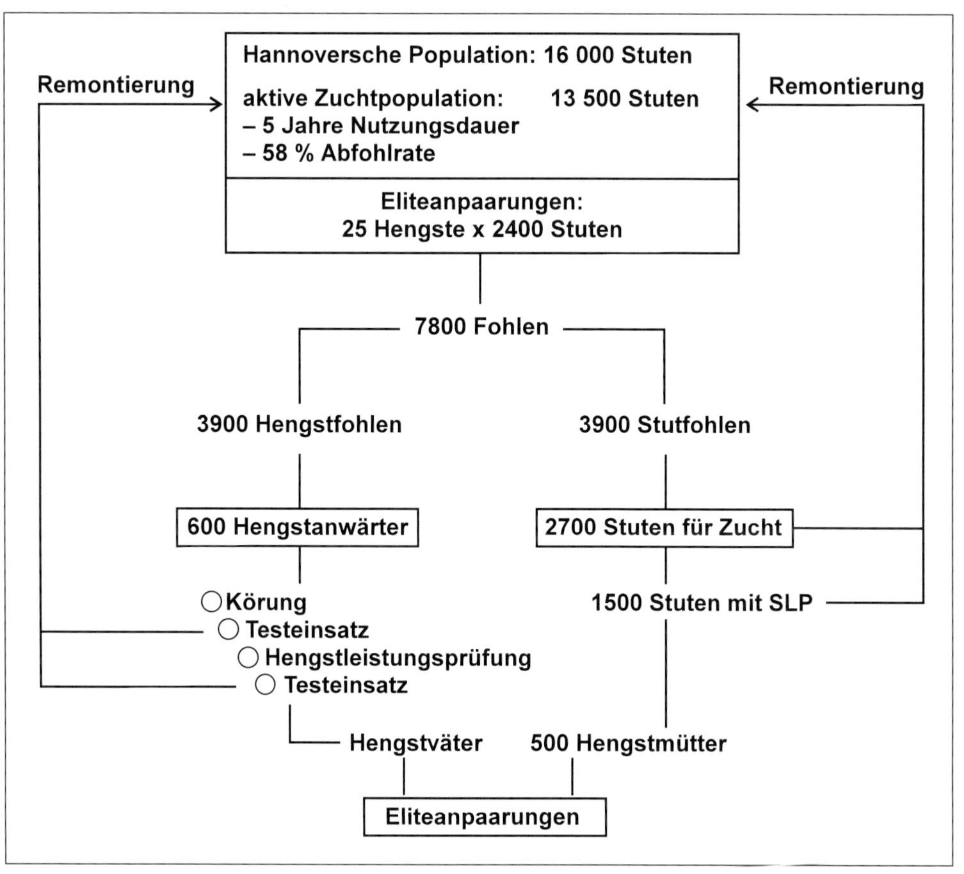

Abb. 2-41 Zuchtplanungsmodell für die Stuten der hannoverschen Warmblutpopulation (Uphaus und Kalm 1994)

Population (s. 1.2.2) ist abhängig von der Selektionsintensität, der Genauigkeit der Zuchtwertschätzung und dem Generationsintervall. In Warmblutpopulationen kann für diese Parameter von folgenden Werten ausgegangen werden:

- Generationsintervall ~ 10 Jahre
- Genauigkeit der Zuchtwertschätzung der Hengste (Turniersportergebnisse von 5 Nachkommen und 20 väterlichen Halbgeschwistern) etwa 50 % (r_{TI} = 0,5)
- Selektionsintensität: 30 % der geprüften Hengste (Eigenleistungsprüfung) werden nicht zur Zucht zugelassen (i = 0,5).

Unter diesen Voraussetzungen ist der zu erwartende Zuchtfortschritt sehr niedrig und dürfte den nicht unerheblichen Aufwand für Leistungsprüfungen und sonstige Aufwendungen kaum lohnen. Eine Erhöhung des Zuchtfortschrittes ist von folgenden Maßnahmen zu erwarten:

- Erhöhung der Zahl der Prüfplätze in der Hengstleistungsprüfung, um den Anteil der nach der Eigenleistungsprüfung selektierten Hengste von derzeit etwa 70 % auf 16 % zu senken, was die Selektionsintensität erhöht.

- Erhöhung der Zahl der Prüfplätze in der Stutenleistungsprüfung (Station und Feld), um den Anteil der nach der Eigenleistungsprüfung selektierten Stuten (Hengstmütter) auf 33 % zu senken. Neben der Erhöhung der Selektionsintensität wird die Genauigkeit der Zuchtwertschätzung anhand der Nachkommenprüfung der Hengste durch Einbeziehung zusätzlicher weiblicher Nachkommen erhöht.
- Erhöhung der Bedeckungen/Besamungen im Prüfeinsatz der nach den Ergebnissen der Hengstleistungsprüfung selektierten Junghengste auf 100. Die Zahl der Nachkommen mit Turniersportleistungen würde hierdurch von rund 5 auf 10–20 erhöht (erhöhte Genauigkeit der Zuchtwertschätzung) und das Generationsintervall würde gesenkt.
- Fünfjährige Wartezeit (Turniersporteinsatz) nach dem Prüfungseinsatz der Hengste. Dies bewirkt zusammen mit der scharfen Selektion nachkommengeprüfter Hengste erhöhte Vererbungssicherheit der Althengste und signifikante Verbesserung des genetischen Niveaus. Bei entsprechender Anpaarung besteht keine Inzuchtgefahr.
- Schärfere Selektion zwischen den nachkommengeprüften Hengsten für den zweiten Einsatz (25 %) erhöht die Selektionsintensität.
- Bessere Ausnutzung der selektierten nachkommgeprüften Hengste.

Das Beispiel zeigt, daß konsequent durchgeführte Zuchtprogramme die züchterische Entwicklung in der Pferdezucht in gleicher Weise beschleunigen können, wie dies in anderen Nutztierarten bereits der Fall ist. Dies gilt nicht nur für die Warmblutzucht, sondern für alle Nutzungsrichtungen, in denen eine zuverlässige Zuchtwertschätzung möglich ist.

Literatur Kapitel 2.5

Bökönyi, S. (1984): Horse. In: Mason, I.L. (Hrsg.): Evolution of domesticated animals. Longman, London and New York, 162-173.

Bökönyi, S. (1988): Von kupferzeitlichen Schafen und Pferden in Macht, Herrschaft und Geld. In: Thein, P. (Hrsg.): Handbuch Pferd, 5. Auflage. BLV-Verlag, München.

Deutsche Reiterliche Vereinigung (FN): Zuchtbuch. FN-Verlag, Warendorf.

Deutsche Reiterliche Vereinigung (FN): Zuchtplanung beim Deutschen Reitpferd. Informationsmaterial.

Deutsche Reiterliche Vereinigung FN (1981): Federation Equestre Internationale (FEI), Kennzeichnung von Pferden durch Beschreibung und graphische Darstellung. 1. Auflage, von der FEI autorisierte Übertragung aus der englisch/französischen Originalfassung durch die FN, Warendorf.

Epstein, H. (1984): Ass mule and onager. In: Mason, I.L. (Hrsg.):Evolution of domesticated animals. Longman, London and New York, 174-184.

Hauptverband für Traber-Zucht und -Rennen, HVT (1993): Hengste- und Stutenbeurteilung.

Jones, W.E. (1982): Genetics and Horse Breeding. Lea and Febiger, Philadelphia.

Künzi, N. (1994): Exterieur. In: Kräußlich (Hrsg.): Tierzüchtungslehre, 4. Auflage. Eugen Ulmer, Stuttgart.

Mayr, B. (1994): Rassenentwicklung, Nutzungszüchtung und Erhaltung der genetischen Vielfalt. In: Kräußlich (Hrsg.): Tierzüchtungslehre, 4. Auflage. Eugen Ulmer, Stuttgart, 56-66.

Meyer, E. (1981): Farbe und Abzeichen bei Pferden, 4., neu bearbeitete Auflage, (Nachdruck FN). Schaper-Verlag, Hannover.
Merkt, H. et al. (1993): Bericht über die Herbstuntersuchung 1992 in der Bundesrepublik. Vollblut-Zucht und Rennen, **134**, 36-40.
Röhrs, M. (1994): Entwicklung der Haustiere. In: Kräußlich (Hrsg.): Tierzüchtungslehre, 4. Auflage. Eugen Ulmer, Stuttgart.
Rudolph, J.A. et al. (1992): Periodic paralysis in Quarter horses: a sodium channel mutation disseminated by selective breeding. Nature Genetics, **2**, 144-147.
Sambraus, H.H. (1994): Atlas der Nutztierrassen. Eugen Ulmer, Stuttgart.
Stenglin, Ch. von (1994): Deutsche Pferdezucht. FN-Verlag, Warendorf.
Uphaus, H und E. Kalm (1994): Feld- und Stationsprüfung für Stuten, 2. Mitteilung: Nutzung im Rahmen eines Zuchtprogrammes. Züchtungskunde, **66**, 268-286.
Weymann, W. und P. Glodek (1993): Zuchtwertschätzung für Exterieurmerkmale aus Stutbuchaufnahmen bei Reitpferden. Züchtungskunde, **65**, 161-169.

Weiterführende Literatur:

Künzi, N. und G. Stranzinger (1993): Allgemeine Tierzucht. Eugen Ulmer, Stuttgart.
Löwe, H. Hartwig, H. und E. Bruns (1988): Pferdezucht, 6. Auflage. Eugen Ulmer, Stuttgart.
Sambraus, H.H. (1994): Gefährdete Nutztierrassen. Eugen Ulmer, Stuttgart.

2.6 Damtiere

2.6.1 Nutzung von Grenzertragsböden durch alternative Haltungsformen

Im allgemeinen werden für die Haltung von landwirtschaftlichen Nutztieren Flächen benutzt, die entweder Acker- bzw. Futterbauflächen sind oder als intensiv genutztes Dauergrünland eine maschinengerechte Bewirtschaftung bei der Bearbeitung und Werbung von Winterfuttermitteln ermöglichen. Neben diesen relativ intensiv nutzbaren Flächen, die, von Land zu Land unterschiedlich, etwa 60 bis 80 % der Gesamtfläche ausmachen, gibt es sog. Öd-, Brach- oder andere Problemflächen. Diese Grenzertragsböden zeichnen sich dadurch aus, daß sie wegen der Güte/Wertigkeit des Bodens, ihrer Höhenlage, der Hangneigung der Flächen, der Niederschläge im Gebiet, der Höhe des Grundwasserstandes oder anderer Gründe nur zur Wald- oder extensiven Dauergrünlandnutzung geeignet sind.

Eine Nutzung von Problemflächen durch Tiere kann auch mit gängigen Nutztierspezies erreicht werden. So sind etwa die Mutter- oder Ammenkuhhaltung, die Hüte- oder Koppelschafhaltung sowie die Ziegen- und Pferdehaltung auf den meisten Grenzertragsböden erfolgreich möglich. Allerdings ist für diese Haltungsformen meist ein mehr oder weniger aufwendiger Stall für die Winterhaltung nötig.

Deshalb wurde und wird seit einigen Jahrzehnten nach Alternativen gesucht, d.h. nach anderen Tierarten, die sinnvollerweise auf diesen Böden bei ökonomisch vertretbaren Ergebnissen gehalten werden können. In Frage kommen für diese Haltungsformen entweder Tiere, die zwar bei uns nicht heimisch sind, aber in anderen Ländern oder Kontinenten unter vergleichbaren klimatischen Bedingungen bereits erfolgreich genutzt werden, oder bei uns heimische Tiere, die noch nicht domestiziert sind.

Zu den domestizierten Tierarten, die bei uns nicht heimisch sind, zählen u.a. Wasserbüffel, Zwergzebus, Rentiere, Kamele und Yaks. Wildtierarten, für die es in Gefangenschaft bzw. Gatterhaltung bereits eine Tradition gibt, sind u.a. Wildschweine, Rehe, Rothirsche, Karibus, Wapitis, Sikahirsche, Maral, Rusahirsche, Elche, Bisons, Moschusochsen, Elen- und Oryx-Antilopen, Gazellen oder Damtiere.

Dabei sei nur am Rande bemerkt, daß einige dieser Spezies nicht nur wegen der Fleischproduktion gehalten werden, sondern auch deshalb, weil Teile der Tierkörper als Ausgangstoffe für Arzneimittel genutzt werden. Insbesondere die östliche Medizin verwendet z.B. Hornleim, Zähne, Knochen, Fleisch, Fett, Knochenmark, Gehirn, Blut, Nieren, Galle, Sehnen, Haut, Milch und fetale Gewebe (sogar fetalen Darminhalt). Eine sicherlich noch mehr in den Bereich des

Mystizismus einzuordnende Nutzung ist die Verwendung von Extrakten aus unverknöcherten Panten als Tonikum und Aphrodisiakum in Fernost. Die Erträge für die Produzenten aus diesen Verwertungsbereichen übersteigen mitunter diejenigen, die mit der Fleischnutzung derselben Tiere zu erzielen sind.

Um aus diesem Spektrum in Frage kommender Tierarten die für die jeweilige Situation geeignete Spezies herauszufinden, müssen neben der im Lande in vorhandenen Betrieben verfügbaren Erfahrung und Vertrautheit mit dieser Produktionsform einige Kriterien bei der Auswahl zu Rate gezogen werden. Folgende Eigenschaften sind bei alternativen Tierarten erforderlich oder werden gewünscht:

- kein Genehmigungsverbot der Haltung oder Nutzung
- Winterfestigkeit (ganzjährige Haltung im Freien)
- geringer Futterbedarf (vor allem im Winter)
- gute Futterverwertung
- Widerstandsfähigkeit gegen Erkrankungen
- Gutartigkeit gegenüber Mensch und Artgenossen
- Langlebigkeit der weiblichen Tiere
- Frühreife der weiblichen Tiere
- hervorragende Fruchtbarkeit
- keine bzw. wenig Geburtsschwierigkeiten
- hervorragende Fleischqualität
- hoher Anteil wertvoller Teilstücke
- gute Ausschlachtungsergebnisse
- gute Absatzmöglichkeiten

Unter Berücksichtigung dieser Kriterien sind Damtiere für die meisten Standorte eine gut geeignete und mittlerweile auch immer häufiger genutzte Alternative. Damwild hat gegenüber Rotwild u.a. den Vorteil, daß die Einstellung der Jägerschaft eine landwirtschaftliche Haltung von Damwild eher akzeptiert, als die von Rotwild. Ferner ist beim Damwild zusätzlich von Vorteil, daß es mit einer niedrigeren Umzäunung gehalten werden kann als das Rotwild und die Fleischqualität besser ist.

Nach anfänglichen Widerständen von Jägerschaft und Behörden konnte die Damwildhaltung deshalb seit Anfang der siebziger Jahre etabliert werden. Seit 1985 gibt es als Dachorganisation für die gegründeten Landesverbände in Deutschland einen Bundesverband.

2.6.2 Errichtung und Betrieb von Damtierhaltungen

Erste Funde zeigen ein Auftreten des Damwildes in Europa vor 2 Millionen Jahren. Das Verbreitungsgebiet erstreckte sich von Europa bis Asien. Aus großen Teilen Mitteleuropas wurde es durch die letzte Eiszeit verdrängt. Der Damhirsch ist eine mittelgroße Hirschart mit einer Widerristhöhe von 75 bis 105 cm, einer Körperlänge von 130–175 cm und einem Körpergewicht von 40 bis 50 bei weiblichen und 70 bis 100 kg bei ausgewachsenen männlichen Tieren. Die Farbvariation ist relativ groß, charakteristisch ist rostbraunes Sommerhaar mit hellen, cremefarbenen Tupfen.

Männliche Tiere bilden ab Anfang April ein Geweih, bis August ist das Kolbenwachstum abgeschlossen, von Ende August bis Anfang September erfolgt das Verfegen, also die Befreiung des Geweihes vom Bast. Im Frühjahr wird das Geweih abgeworfen. Das voll ausgebildete Geweih hat eine Länge von 70 bis 80 cm, wiegt bis zu 4 kg und trägt eine charakteristische schaufelartige Verbreiterung mit vielen Enden und Augsprossen.

Zoologisch als Damhirsch – Dama dama – bezeichnet, hat sich für die in landwirtschaftlicher Haltung überwiegend weiblichen Tiere der Begriff Damtier und demzufolge die dazugehörige Betriebsform als Damtierhaltung eingebürgert (Reinken 1987). Damtiere sind (noch) nicht domestiziert und nach übereinstimmender Rechtsauffassung handelt es sich um eine landwirtschaftliche Nutzung gefangen gehaltener wilder Tiere, die sich in einem laufenden Domestikationsprozeß befinden. Das Fleisch von Tieren aus der Damtierhaltung ist qualitativ dem Fleisch von Nutztieren gleichzusetzen und qualitätsmäßig dem Wildfleisch überlegen. Bei der Vermarktung sollte deshalb zur klaren Abgrenzung nicht der Begriff Damwildfleisch sondern Damtierfleisch Verwendung finden (Reinken 1987).

In Deutschland gibt es einen freilebenden Damwildbestand von mehr als 80 000 Tieren. In Österreich hat Damwild nur eine geringe, in der Schweiz keine Bedeutung. In den Wildgehegen in Deutschland werden etwa 10 000, in Österreich und der Schweiz unter 1000 Damtiere gehalten. Die Zahl der Tiere in der landwirtschaftlichen Damtierhaltung beträgt in Deutschland über 40 000, in Österreich unter 10 000 und in der Schweiz über 2000.

Damwild steht in einem laufenden Domestikationsprozeß. Für die landwirtschaftliche Tierhaltung ist es vor allem wegen folgender Eigenschaften geeignet: Damtiere sind winterhart, anspruchslos, widerstandsfähig, frühreif, haben eine gute Fruchtbarkeit und Fleischqualität. Damwildfleisch ist von edlem Geschmack, kurzfaserig, zart, fettarm und besonders eiweißreich und wird deshalb auch häufig in der Gesundheits- und Schlankheistkost verwendet. Damtiere haben eine geringe Aggression gegen den Menschen, gewöhnen sich rasch an eine neue Umgebung und sind einfach zu ernähren bzw. zu füttern.

Vor der Einrichtung eines Damtierbetriebes ist sorgfältig zu prüfen, ob der Standort geeignet ist. Damtiere lieben parkähnliche Landschaften mit aufgelockertem Waldbestand und Wiesenflächen. Aus klimatischer Sicht ist zu beachten, daß bei Jahresniederschlägen von mehr als 1000 mm ein einfaches Dach mit einer die Hauptwindrichtung abschirmenden Wand zu errichten ist.

Wie viele andere Nutztiere auch vertragen Damtiere trockene Kälte und Schnee gut, sind aber empfindlich gegen feuchte Niederschläge mit starkem Wind. Die Hangneigung spielt eine untergeordnete Rolle, zu bemerken ist in diesem Zusammenhang aber, daß die Beweidung durch Damtiere im Unterschied zu Rotwild wegen der kleinen Klauen zu einer Verfestigung des Bodens beiträgt und dadurch die Erosionsneigung reduziert wird. Ungeeignet sind anmoorige oder feuchte Flächen. Die Einbeziehung von Wald ist wegen der Schäl- und Fegeschäden mitunter nicht unproblematisch. Enorm wichtig ist die Sicherstellung einer ganzjährigen Wasserversorgung, optimal ist das Vorhandensein eines fließenden Gewässers in das Gelände der Gehegeanlage.

Zu beachten ist ferner, daß die Damtierhaltung fast immer genehmigungspflichtig ist. Die Genehmigungsbehörden (Landratsämter) machen die Zustimmung von einer Reihe von Auflagen abhängig, die Einzelheiten der Einfriedung und Ausstattung des Geheges (Höhe und Art des Zaunes, Wasserversorgung, Unterstände, Futterplätze etc.), des Managements (Gehegebuch, Markierung der Tiere, Geweihentfernung, Schlachtung, Beratungsverpflichtung), der Fütterung u.ä. betreffen.

Bei der Anlage des Geheges ist eine zentrale Einheit als Futter- und Behandlungszentrum vorzusehen. Die einzelnen Weiden sollten eine Größe von wenigstens 2 bis 3 ha haben. Die Behandlungseinrichtung muß so geplant und gebaut werden, daß ein zuverlässiges und möglichst streßarmes Einfangen aller Tiere und die Fixierung von einzelnen Tieren in einem Sortier- und Behandlungskasten möglich ist.

Zur Schlachttötung der Tiere ist der waidmännische Schuß innerhalb des Geheges, bevorzugt auf Kopf oder Hals die geeignetste, weil streßärmste (Einfangen und Betäuben mit Bolzenschußapparat) und rückstandsfreie (Betäubungsmittel haben eine Wartezeit von wenigstens 3 Tagen) Methode. Jagd- und waffenrechtliche Vorschriften sind dabei zu beachten.

Im Gehege werden bei entsprechender Größe neben den weiblichen Tieren zwei (1 Althirsch und 1 Junghirsch) oder mehrere Hirsche gehalten. Das Geschlechterverhältnis, das in normalen Betrieben besteht, reicht von 20:1 bis 30:1. Damtiere werden mit etwa eineinhalb Jahren geschlechtsreif. Die weiblichen Tiere werden in der darauffolgenden Deckperiode belegt, junge männliche Tiere kommen in der Regel beim Vorhandensein eines Althirsches nicht zum Zug. Die Hauptbrunft, also die Belegungszeit, ist zwischen Anfang September und der zweiten Oktoberhälfte. Damtiere sind polyöstrisch, die Zyklusdauer beträgt 22 bis 24 (26) Tage, nicht erfolgreich belegte weibliche Tiere werden in den folgenden Brunften erneut belegt. Die Trächtigkeitsdauer ist 7,5 Monate, so daß die Geburten zwischen Mai und August liegen mit Schwerpunkt im Juni. Das durchschnittliche Geburtsgewicht der Kälber wird mit ca. 5 kg angegeben.

2.6.3 Züchtung und Selektion von Damtieren

Auch bei Damtieren ist als Voraussetzung für jede konsequente Züchtung und Selektion eine individuelle Markierung und Kennzeichnung bzw. Beschreibung der Tiere notwendig und Voraussetzung für die Merkmalserfassung.

Als selektionswürdige Merkmale kommen die schon mehrfach angesprochenen Kriterien der Eignung von Tierarten für alternative Haltungsformen in Frage, von denen die meisten einen direkten Einfluß auf die Wirtschaftlichkeit haben: Frühreife, Größe, Gutartigkeit, Widerstandsfähigkeit, Fleischbildung, Ausschlachtung, Fruchtbarkeit und Futterverwertung. Leider ist über die genetische Variabilität und Heritabilität dieser Merkmale bei Damtieren wie bei anderen Wildtieren wenig bekannt. Allzugroße Hoffnungen sind bei konventionellen Maßnahmen nicht berechtigt. Wie Erfahrungen und Modellüberlegungen zeigen, bringt beispielsweise selbst der seit vielen Jahrzehnten geübte selektiv merzende waidmännische Abschuß zur Verbesserung der Geweihausbildung bei Reh- und Rotwild nicht den gewünschten Erfolg (Brem 1983).

An dieser Stelle ist auch in Erinnerung zu rufen, daß bei gleichzeitiger Selektion auf mehrere Merkmale der theoretisch mögliche Zuchtfortschritt pro Merkmal stark reduziert wird (1.2.2). Demzufolge kann ein vernünftiges Vorgehen nur so aussehen, daß man sich bei einzelnen Merkmalen, wie beispielsweise Gutartigkeit, auf eine Merzung von Negativvarianten beschränkt, um die Frequenz des Auftretens zu reduzieren. Tiere, die sich infolge unzureichender Widerstandsfähigkeit (Krankheitsanfälligkeit, Parasitenbefall) oder schlechter Futterverwertung zu Kümmerern entwicklen, müssen ohnehin gemerzt werden und finden deshalb für die Weiterzucht keine Verwendung.

Bei dem verbleibenden Selektionspotential, das – wie bei allen extensiven Produktionsformen – direkt von der Remontierungsquote der weiblichen Tiere abhängig ist, muß eine Konzentration auf Merkmale erfolgen, die züchterisch sinnvoll bearbeitet werden können. Dazu ist erforderlich, daß eine zuverlässige Leistungsprüfung erfolgen kann und auch durchgeführt wird. Weiterhin sollte für die auszuwählenden Merkmale aus Zuchterfahrungen bei etablierten Nutztierspezies eine hinreichende genetische Variabilität und Heritabilität abgeleitet werden können. Aus dieser Sicht kommen Frühreife, Frohwüchsigkeit und Ausschlachtungsergebnisse (Fleischanteil, Anteil wertvoller Teilstücke, Fleischqualität) als einzelne Selektionsmerkmale in Frage.

Eine gleichzeitige Selektion auf mehrere Merkmale wird in normal großen Herden zu keinem nennenswerten Zuchtfortschritt führen. Die für ein derartiges Zuchtprogramm notwendige Indexselektion ist für die Produktionsform Damtierhaltung noch nicht etabliert und gegebenfalls auch nur mit erheblichen Schwierigkeiten zu organisieren. Wenn überhaupt, dann kann vor allem über die konsequente Selektion der Vatertiere, die auf Grund des Geschlechtsverhältnisses von 1:20 bis 1:30 als Einzeltiere einen wesentlichen Teil zur genetischen Zusammensetzung der Nachkommenschaft beitragen, eine Verbesserung erreicht werden. Dazu wäre aber erforderlich, daß eine Geschwister- oder besser noch Nachkommenprüfung durchgeführt würde.

Wegen des häufig anzutreffenden Aufbaus der Herden durch die Vermehrung und Nachkommenschaft einiger weniger Zuchttiere ist zu erwarten, daß in vielen Beständen ein höherer Inzuchtgrad als in Nutztierherden oder -populationen anzutreffen ist. Die Konsequenzen der in geschlossenen Herden im Laufe der Jahre zunehmenden Inzucht können eine Verbesserung in den genannten Leistungsmerkmalen einschränken und letztlich verhindern. Darüber hinaus muß mit einer Inzuchtdepression bei Fruchtbarkeit und Vitalität gerechnet werden.

Ein interessanter Zuchtansatz ist die gezielte Bearbeitung qualitativer Merkmale. In Frage kommen genetisch bedingte Horn- bzw. Geweihlosigkeit oder bestimmte Farbvarianten. Da in diesen Fällen erfahrungsgemäß nur ein oder einige wenige Genorte beteiligt sind, kann mit guten Selektionserfolgen in überschaubaren Zeiträumen gerechnet werden, wenn entsprechende Mutanten gefunden und gezielt in Zuchtprogrammen vermehrt und getestet werden. Geweih- oder hornlose Tiere (Hummeln) treten als Mutation bei praktisch allen Spezies auf. Durch genetische Fixierung dieser Mutationen könnte das aufwendige und streßreiche Ausbrennen der Geweihanlage bei jungen männlichen Tieren entfallen. Erfahrungen mit dem Aufbau homozygot hornloser Fleckviehherden (Brem et al. 1983, Lange et al. 1990) zeigen aber, daß hier sehr konsequent über mehrere Generationen selektiert und geprüft werden muß, um das angestrebte Ziel zu erreichen und gleichzeitig das Leistungsniveau der Population in anderen Merkmalen zu erhalten.

Erschwerend ist bei Damtieren, daß das Merkmal bei den weiblichen Tieren nicht ausgeprägt wird und dadurch eine Prüfung geweihloser männlicher Tiere extrem erschwert wird. Vielleicht können hier in Zukunft die molekulargenetische Entwicklungen (s. 1.1.5 und 1.1.6) hilfreich eingesetzt werden. Wenn es gelingen sollte, die beim Rind gesuchte und bereits durch Kopplungsmarker diagnostizierbare vorliegende Mutation molekulargenetisch zu charakterisieren und diese Erkenntnisse auf das Damtier zu übertragen, wäre eine sehr konsequente und fehlerfreie Selektion bei beiden Geschlechtern ohne Zuchtversuche möglich.

Eine Eigenschaft, die für die Wirtschaftlichkeit von Damtierbetrieben entscheidende Bedeutung hätte, ist die Zwillingshäufigkeit. Ein einschlägiger Zuchtversuch in der Lehr- und Versuchsanstalt Haus Riswick mußte nach mehreren Jahren wegen des Fehlens des Auftretens von Zwillingsgeburten abgebrochen werden. Auch die Erfahrungen aus entsprechenden speziellen Rinderzuchtprogrammen lassen keine zu großen Erwartungen zu. Eine Erfassung von Mehrfachovulationen durch endoskopische Untersuchungen oder Ultraschall-Scanning könnte die Chance für eine Selektion der richtigen weiblichen Tiere erhöhen. Dies ist aber wohl in praxi in Damtiergehegen wegen des dazu notwendigen mehrmaligen Einfangens und Fixierens oder Immobilisierens der Tiere problematisch und nicht leicht durchführbar.

Zur Erhöhung des Körpergewichts und einer Verbesserung der Frühreife wäre auch eine Kreuzungszucht, die als Veredlungskreuzung (s. 1.2.3) anzulegen wäre, überlegenswert. Kreuzungen von Damwild mit dem mesopotamischen Damhirsch oder Axishirsch waren in einzelnen Gehegen oder Zoos erfolgreich (Reinken 1987). Auch andere Kreuzungspartner sind denkbar, aber eine konsequente Kreuzungsstrategie liegt noch nicht vor.

Entscheidend für die züchterische Entwicklung von Damtierbeständen ist der rechtzeitige Zukauf von (geprüften) genetisch wertvollen Vatertieren aus anderen Gehegen. Damit kann sichergestellt werden, daß die genetische Variabilität in der Herde groß genug bleibt und inzuchtbedingten Schäden vorgebeugt wird. Außerdem wird durch die Erhöhung der genetischen Variabilität die Grundlage für erfolgreiche Selektionsmaßnahmen verbessert.

Insgesamt muß aber gesagt werden, daß bislang die entscheidenden Impulse für die Wirtschaftlichkeit von Damtierbetrieben von einer Optimierung der Betriebsführung und des Herdenmanagements und nicht von züchterischen Maßnahmen ausgegangen sind.

Literatur Kapitel 2.6

Brem, G. (1979): Kostenanalyse über Verfahren und Einsatzmöglichkeiten von Embryotransfer. Diss. med. vet., München.

Brem, G. (1983): Vererbung des Geweihgewichts beim Reh. Tierärztl. Praxis, **11**, 393-398.

Brem, G., Karnbaum, B. und E. Rosenberger (1983): Zur Vererbung der Hornlosigkeit beim Fleckvieh. Bay. Landw. Jahrbuch, **59**, 688-695.

Lange, H. et al. (1990): Untersuchungen über die Hornlosigkeit beim Deutschen Fleckvieh. Bay. Landw. Jahrbuch, **67**, 16-68.

Reinken, G. (1987): Damtierhaltung. Eugen Ulmer, Stuttgart, 320.

Sambraus, H.H. (1991): Nutztierkunde. Eugen Ulmer, Stuttgart, 374.

2.7 Kleintiere

Die für den heutigen Tierarzt existentiell bedeutsamen „Kleintiere" sind insbesondere die unter dem Begriff „Gesellschafts- oder Heimtiere" subsumierten Arten, von denen nur einige, z. B. Kaninchen, auch als „Nutztiere" im klassischen Sinne gelten. Praxen für „überwiegend Kleintiere" figurieren mit 2453, „Gemischtpraxen" mit 4150 vor 1696 Praxen für „überwiegend Großtiere" in der Gesamt-BRD (Schöne und Ulrich 1993). Hier kann nur über die wichtigsten Spezies referiert werden. Kleintierzucht ist – bis auf einige Bestimmungen über Geflügel- und Bienenzucht in Bayern – durch das Tierzuchtgesetz nicht geregelt, was sich vielfach – insbesondere auch für die Tiere – nachteilig auswirkt und durch künftige Legislativen korrigiert werden sollte, z. B. durch die Verabschiedung eines Heimtierzuchtgesetzes.

2.7.1 Hunde

Canis lupus, der Wolf, ist der Ahnherr des Haushundes, Canis lupus f. familiaris; aufgrund des identischen Karyotyps (2n = 78) und bedingter Hybridisierbarkeit erscheinen sporadische Genimporte von Schakalen und Kojoten denkbar, aber eher unwahrscheinlich. Frühe Domestikationen erfolgten in Eurasien vor etwa 10 000 Jahren – von dort auch Immigrationen nach Australien, Amerika und Afrika. Initiale Domestizierungen wurden offenbar durch die Eigenart der Carnivoren begünstigt, als Abfallvertilger dem Menschen zu folgen, um dann zunächst selbst erbeutet und Fleischlieferant zu werden, beim Hund aber auch durch seine soziale Organisation als Rudeltier; dies ermöglichte erst seine vielfältige Verwendung als Wächter von Haus und Herde, als Jagd- und Kampfgefährte sowie als Objekt der Zuneigung und des „Hundesports".

Kenndaten:
Maße: ≤ 1 kg (Chihuahua) – 100 kg und mehr (Doggenartige) Körpergewicht
≤ 19 cm–100 cm und mehr Widerristhöhe (Irischer Wolfshund)
Reproduktion: Geschlechtsreife mit 3/4 Jahr, Trächtigkeitsdauer bei 63 Tagen, Wurfgröße 2 (Zwerge) – 9 (Riesen) Welpen (± 3)
Lebensspanne: Große und Extremzwerge eher < 10 Jahre.
Kleine und Mittelgroße eher > 10 Jahre.

2.7.1.1 Population, Zuchtorganisation

In der Gesamt-BRD gibt es gut 2,6 Mio. versteuerte Hunde (1992) mit einem Steueraufkommen von 274 Mio. DM; natürlich ist dies nur ein Bruchteil der tatsächlich gehaltenen Hunde, die in Stichprobenerhebungen – vor allem der Futtermittelindustrie – auf ca. 4 Mio. geschätzt wurden. Die schweizerische Hundepopulation wurde 1993 auf rund 450 000 Tiere geschätzt. Im internationalen Vergleich hinsichtlich Hundedichte liegt Deutschland damit (neben Japan) weit abgeschlagen hinter den Spitzenpositionen z. B. von USA, Frankreich, Australien und Kanada. Systematische Effekte (negative Korrelationen Einwohnerdichte/Hundedichte, sozioökonomische Faktoren) bedingen zudem, daß in ländlichen Gebieten die Zahl der Hunde auf 1000 Einwohner sehr viel höher liegt als in Großstädten; aber auch innerhalb dieser Gruppierungen gibt es recht konstante Unterschiedlichkeiten, liegen einige Städte permanent in der Spitzengruppe (z. B. Berlin, Duisburg, Hamm), andere aber am Ende der Liste hinsichtlich gemeldeter Hundedichte (z. B. Stuttgart, Heidelberg).

Der VDH (Verband für das deutsche Hundewesen, Sitz in Dortmund, der Fédération internationale cynologique, FCI, angeschlossen) stellt mit ihm angehörenden ca. 130 Rassezuchtvereinen die größte Zuchtorganisation dar – mit insgesamt über 600 000 eingetragenen Mitgliedern. Daneben gibt es den IRJGV (Internationaler Rasse-Jagd-Gebrauchshunde-Verband, Gergweis) und andere Vereine. In der Schweiz haben sich die meisten Rasseclubs und Lokalsektionen in der Schweizerischen Kynologischen Gesellschaft, ein Mitglied der FCI, zusammengeschlossen.

Diese Züchtervereinigungen regeln durch ihre Satzungen, Schauen, Zucht- und Leistungsprüfungen die Zucht nach festgesetzten Rassestandards; bei Gebrauchshunderassen (Jagd-, Hüte, Dienst-, Schutzhunde) und solchen, die sich davon herleiten, sind diese Standards i.a. der Funktionalität, Anatomie und Physiologie des Hundes angepaßt, bei reinen Hobbyrassen leider nicht immer: Hier überwiegt oft das geschäftstüchtige Bestreben, dem unvernünftigen Wunsch von Käufern nach dem „Besonderen, Exotischen" zu entsprechen, wobei man teilweise vor Defektzuchten nicht zurückschreckt; dies gilt aber nicht nur für Hunde.

2.7.1.2 Rassen

Eine bereits bei Wildhunden (Wölfen) vorliegende Variabilität (z. B. in Größe und Farbe) erfuhr durch die menschliche Zuchtwahl und Mutationsbereitschaft dieser Caniden im Haushund eine enorme Steigerung, wie die oben angeführten Kenndaten ausweisen. Dies besonders deswegen, weil aus den oben angedeuteten Motivationen auch extreme Verzwergung einerseits und ein Hang zum Gigantismus andererseits zu „wünschenswerten" Zuchtzielen deklariert wurden – mit allen für die Tiere nachteiligen Konsequenzen. Wie bei analogen Tendenzen in anderen Haustierarten bietet der § 11 b Tierschutzgesetz bisher leider nur wenige (und vor allem zu wenig genutzte) Ansätze zur Verhinderung unguter Zuchtpraktiken.

Tab. 2-33 Die laut Welpenstatistik (VDH) im vergangenen Jahrzehnt beliebtesten Hunderassen (Walz 1993)

1986	%	1991	%	1994	Welpen
Deutscher Schäferhund	32,5	Deutscher Schäferhund	26,7	Deutscher Schäferhund	28730
Teckel	19,3	Teckel	16,3	Teckel	14018
Boxer	3,7	Deutsch Drahthaar	3,1	Deutsch Drahthaar	3603
Cocker Spaniel	2,3	Pudel	3,0	Pudel	3061
Rottweiler	2,2	West Highland White Terrier	2,4	Rottweiler	2800
Yorkshire Terrier	2,0	Boxer	2,3	West Highland White Terrier	2738
Pudel	2,0	Cocker Spaniel	2,2	Boxer	2524
Foxterrier	1,9	Rottweiler	2,1	Cocker Spaniel	2387
Riesenschnauzer	1,8	Yorkshire Terrier	1,8	Yorkshire Terrier	2096
Deutsche Dogge	1,6	Collie	1,8	Riesenschnauzer	1899

Tab. 2-34 Rassenrangfolge nach Angaben der Interessengemeinschaft Deutscher Hundehalter (Interessengemeinschaft Deutscher Hundehalter 1993)

Mischling
Deutscher Schäferhund
Dackel
Pudel
Yorkshire Terrier
West Highland White Terrier
Cocker Spaniel
Schnauzer
Collie
Spitz

Statistische Analysen von Vereinsunterlagen ergeben nur ein Bild der Rasseverteilung und des Beliebtheitsgrades von Rassehunden – und auch dies ist starken modischen Schwankungen unterworfen, wie man aus einer Gegenüberstellung einer VDH-Welpenstatistik aus 1986 und 1991 ersehen kann (Walz 1993). Stichprobenerhebungen in der Gesamtpopulation (Effem, IDH) oder in Kliniken weisen jedoch regelmäßig **Mischlingen** den Spitzenplatz zu (Tab. 2-33, Tab. 2-34).

Legt man dagegen Ausstellungen zugrunde, z. B. nationale oder internationale Rassehund-Zuchtschauen, auf denen ein CACIB vergeben wird (Certificat d'aptitude au championat international de beauté), so präsentiert sich wieder eine andere Situation, da hier stets einige, insbesondere „exotische" Rassen überrepräsentiert werden, Rassevertreter von reinen Gebrauchsrassen offenbar dagegen weniger an der Zurschaustellung, am reinen Vorzeigen ihrer Tiere interessiert sind. England hatte im vorigen Jahrhundert wie bei manch anderen Haustierarten so auch bei Hunden, eine Vorreiterrolle in der Zucht, was vereins- und stammbuchmäßige Organisationen, Leistungsprüfungen und Abhalten von Shows, leider auch was Exorbitanzen in der Formulierung und Auslegung von Rassestandards anging.

2.7.1.2.1 Schäferhunde, Hütehunde

Diese Gruppe von Hunden hat sich trotz aller Heterogenität in Körpergröße, -bau und -funktion noch nicht so weit vom Wildhund entfernt wie andere Rassen. So präsentiert sich der stockhaarige **Deutsche Schäferhund** als eine der weltweit verbreitetsten Rassen (Verein für Deutsche Schäferhunde, SV; Sitz in Augsburg, über 100 000 Mitglieder, jährlich etwa 29 000 neu eingetragene Junghunde) mit einer Widerristhöhe von etwa 63 cm (Rüden) bzw. 57 cm (Hündinnen) in schwarzgelben, schwarzen und wolfsgrauen Varianten. Langhaarige („altdeutsche") und weiße („amerikanische") Schläge werden von anderen Vereinen betreut. Dieser um 1900 vor allem durch Max von Stephanitz aus thüringischen und württembergischen Linien konsolidierte Hund ist inzwischen weitgehend zu einem Wach-, Schutz- und Diensthund umfunktioniert worden – nur ein geringer Prozentsatz wird noch zum Hütehund ausgebildet, was natürlich auch mit dem Rückgang der Wanderschäferei zu tun hat. Dagegen werden jedes Jahr über 30 000 Hunde der verschiedenen Altersklassen den Leistungsprüfungen für den Schutz-, Fährten- und Diensthundgebrauch unterzogen. Dies ist jedoch kein Widerspruch in der Veranlagung, denn schon immer hatten Hirtenhunde ja nicht nur die Herde zusammenzuhalten, sondern auch die Funktion, sie vor räuberischen Übergriffen zu schützen. In den Händen umsichtiger, kompetenter Züchter und Halter kommen diese Anlagen voll positiv zur Geltung, so daß „German Shepherds" heute in Ländern wie England, Frankreich, Australien und USA Spitzenpositionen in der Häufigkeit einnehmen. Läßt das Züchter- und/oder Besitzerprofil zu wünschen übrig, so ist es allerdings eine statistische Unausweichlichkeit, daß eine so verbreitete Rasse auch als Schadensverursacher, Angstbeißer etc. in die Schlagzeilen gerät.

Daneben resultieren Zuchtprobleme beim Deutschen Schäferhund – noch mehr aber bei Doggenartigen – insbesondere aus erblich-dispositionellen Gelenkerkrankungen, vor allem HD (Hüftgelenkdysplasie). Seit 1966 finden im Verein für Deutsche Schäferhunde Röntgen-Selektionsprogramme gegen diese mittelgradig erbliche Hüftgelenkdysplasie (h^2, Heritabilität 10–50 %) statt, die zwischenzeitlich zweifellos Erfolge zeitigten. Sie wären nach Auffassung des Verfassers wahrscheinlich noch erfolgreicher gewesen, wenn man nicht gleichzeitig mit der „modischen" Favorisierung einer „harmonisch abfallenden Rückenlinie" bei weit nach hinten verlagerter Fußung eine Kontraselektion auf „hyänenhaft" abgeschlagene Kruppe mit der Gefahr der unbewußten Bevorzugung lendenlahmer Tiere betrieben hätte. Weitere Probleme treten darüber in den Hintergrund, so die oft im Verein mit HD oder auch isoliert auftretende ED (Ellenbogengelenkdysplasie), die durch den breiten Schwanzansatz geförderte Analfurunkulose sowie tiefe Pyodermien (eitrige Hautentzündung), das Hammelschwanzsyndrom und überwiegend monogenisch fixierte, liniengehäufte Pankreasatrophien (Bauchspeicheldrüsendysfunktion), Hämophilien (Bluterkrankheit) und hypophysärer Zwergwuchs.

Die den Deutsche Schäferhunden zweifellos verwandten **Belgischen** (Tervueren, Malinois, Groenendal etc.) und **Französischen Schäferhunde** (Beauceron, Briard etc.) spielen bei uns eine untergeordnete Rolle, dagegen sind die

Schottischen Schäferhunde (Collie, Sheltie) und der Old English Sheepdog (Bobtail) verbreiteter, erwähnenswert sind auch die **Ungarischen Hirtenhunde** (Komondor, Kuvaczs). Bei einigen der genannten Rassen ist der „Rassestandard" ebenfalls für bedenkliche, der Erbgesundheit abträgliche Tendenzen verantwortlich: Bei den Franzosen wird ein „Doppelsporn" an den Hinterläufen verlangt (atavistische, verletzungsbegünstigende Polydaktylie), die britischen Hütehunde werden fast ausnahmslos auch als „Bluemerle"-Varianten gezüchtet, und bei den Ungarn fördert man als Zuchtziel teilweise einen exzessiven Haarwuchs (Hypertrichie), so daß man sie erst nach der Schur von den Schafen unterscheiden kann, die sie ursprünglich einmal bewachten. Die Zucht mit dem unvollkommen dominanten, eine „erwünschte" Harlekin-Sprenkelung erzeugenden Merlefaktor ist eine Ordnungswidrigkeit nach § 11 b Tierschutzgesetz. Bei Homozygotie resultieren schwerste Defekte bis hin zur Taubblindheit, aber auch heterozygote „Standardtiere" können mit weniger auffälligen Formen der Sinnesverluste geschlagen sein.

2.7.1.2.2 Laufhunde

Zu dieser ursprünglich zur Sicht- und Hetzjagd, aber auch schon früh für Wettrennen genutzten Rassengruppe gehört auch Deutschlands noch vor dem Schäferhund beliebtester Rassehund, der **Teckel**, denn er leitet sich zweifelsohne u.a. von Bracken her, wurde aber schon vor langer Zeit gezielt (chondrodystroph) verzwergt, um ihn besser für die Erdjagd (Fuchs, Dachs) gebrauchen zu können. Kurzhaar ist die ursprünglichste Jagdteckel-Variante, in die modischen Rauhhaar- und Langhaarformen wurden Terrier, Schnauzer bzw. Spanielartige eingekreuzt.

Betreuende Klubs sind vor allem der DTK (Deutscher Teckelklub im VDH, Sitz in Duisburg) und der Teckelklub Gergweis (EHU = Europäische Hunde-Union), die in ihren Satzungen immer noch das „jagdliche Element" hochhalten, in Wahrheit aber vorwiegend Liebhaberhunde erzüchten. Jährlich werden allein vom DTK ca. 17 000 Welpen eingetragen, überwiegend Rauhhaar (75 %). Die Merlevariante (Tigerteckel) fand vernünftigerweise nur wenig Anklang. Erkrankungsdispositionen dieses Hundetyps hängen im Grunde mit seiner Chondrodystrophie und seinem Status als Gesellschaftstier zusammen: Bandscheibenerkrankungen (Teckellähme), Diabetes und Harnsteine sowie eine Tendenz zu erworbenen Herzfehlern; ihnen wird man mehr mit Haltungs- und Fütterungsmaßnahmen als selektiv begegnen können, wenn man nicht auf diese eigenwilligen Kurz- und Krummbeiner ganz verzichten will.

Da Parforcejagden bei uns seit langem verboten sind, gerieten die eigentlichen Brackenschläge stark in Rezession; auch einige andere Laufhunde wurden phänotypisch und anatomisch zu Begleit- und Modehunden umfunktioniert, so z. B. **Dalmatiner** und **Bassethounds**. In ersteren gibt es – wie in vielen anderen gesprenkelten, gescheckten Rassen – eine ungute „Fehlfarben"-Problematik sowie analog, aber nicht so kraß wie beim Merlefaktor, eine Kopplung zwischen Pigmentschäden und Taubheit, in letzteren eine indiskutable Schlaffheit von Haut und Behängen, die diese Tiere zu Ektropium (Klaffen der Lidspalte), chronischer Konjunktivitis (Bindehautentzündung) und Ohrproblemen prädisponiert – die Bodenfreiheit einiger Exemplare nähert sich Null. Während sich der Deutsche Dalmatiner-Club beispielsweise durch Reihen-Audiometrien (Hörtests) bemüht, die Probleme züchterisch anzupacken, reagierten die Bassetleute bislang refraktär.

Der „Jagdhund des kleinen Mannes" in England schließlich, der **Beagle**, in Tri- und Bicolorvarianten, wurde gerade wegen seiner relativen Robustheit und Verträglichkeit weltweit zum nachgefragten Versuchshund – zum Leidwesen der Tierschützer. Immerhin: Physiologische Referenzdaten, die neben den Durchschnittswerten auch die Varianzen und Varianzkomponenten angeben, existieren nur aus solchen standardisierten Versuchszuchten – was im übrigen für Katzen und andere Kleinsäuger in ähnlicher Weise gilt.

Auch der **Windhund**-Rennsport endlich, vorwiegend mit Greyhounds und Whippets, stellt weniger bei uns als in angelsächsischen Ländern „Big Business" dar. Er zählt dort nach den Pferderennen zu den beliebtesten Wettsportarten. Gewinnstreben und eine rigorose Selektion mit Zuchtwertschätzungen über Eigenleistungs- und Nachkommenprüfungen sorgen hier ständig für eine hohe Zahl früh ausrangierter Streuner und Tierheiminsassen – sowie für kriminelles Doping. Doch auch in Deutschland war jüngst in einer Titelrennen-Stichprobe ein knappes Drittel der Tiere gedopt.

2.7.1.2.3 Jagdhunde

Vorsteh-, Apportier- und Stöberhunde fallen, neben den schon genannten Laufhunden und Terriern, vornehmlich unter diese Gruppe, wobei in England anders als hierzulande weniger „Allround"-Hunde als vielmehr Spezialisten im Vorstehen (**Pointer, Setter**), Apportieren (**Retriever**), Stöbern (**Spaniels**) und auf der Fährte (**Bluthund**) gefragt waren. Die in Deutschland verbreitetsten Jagdhunderassen **Deutsch Drahthaar, Deutsch Kurzhaar** und **Langhaar**, sowie **Münsterländer** und **Weimaraner** sollen diese Leistungen jedoch möglichst in sich vereinen. Die Leistungszucht fördernde, populationsgenetische Analysen fanden auch in die Jagdkynologie Eingang; insbesondere bei Wesensmerkmalen kamen sie naturgemäß zu recht niedrigen Heritabilitäts-Schätzwerten, da Jagdeignungsleistungsprüfungen an einem heterogenen Feldmaterial und unter stark umweltabhängigen Feldbedingungen stattfinden; dies gilt besonders bei

Tab. 2-35 Erblichkeitsgrade verschiedener Eigenschaften bei Jagdhunden (Geiger u. Wiedeking 1974; Kock 1984)

Merkmal	h^2 (%)
Hasenspur	3
Nase	1
Suche	0
Vorstehen	12
Führigkeit	1
Schußscheue	2
P1-Fehler	11

Schätzungen über die väterliche, additiv-genetische Komponente (Rüden-Nachkommenschaften), was Tabelle 2-35 verdeutlichen soll. Vollgeschwister-Analysen (maternale Effekte) brachten dagegen regelmäßig überhöhte Werte.

Solche Schätzparameter werden zudem permanent infolge **Vorselektion** durch Züchterhand beeinträchtigt: So gehen z. B. extrem schußscheue (und auch schon früh schwer an HD erkrankte) Individuen gar nicht erst in diese Erhebungen mit ein. Im übrigen verhindert aber gerade eine stramme Leistungszucht das Überhandnehmen von Erbschäden in Gebrauchslinien. Dies ändert sich, wenn Jagdhunde der Hobbyzucht „anheimfallen", wie beispielsweise bei Retrievern und Spaniels zu vermerken: Bei ersteren treten heute vermehrt Gelenk- und Augenschäden, bei letzteren Haut- und Wesensprobleme auf.

2.7.1.2.4 Doggenartige

Diese früher ebenfalls für die Jagd („Saupacker") oder im Altertum auch als Kampfhunde genutzten großen, wehrhaften Rassen zeichnet im allgemeinen ein eher phlegmatisches, gutmütiges Naturell aus; selektiv auf niedrige Reizschwelle gezüchtet – wie bis vor kurzem noch beim Fila Brasileiro der Fall – und noch dazu in falsche Besitzerhände gelangt, können sie aber ein Gefahrenpotential darstellen, und Zwischenfälle mit ihnen heizen dann die leidige „Kampfhund-Diskussion" an. In einer Zeit wachsender Gewaltkriminalität ist es zudem fast zwangsläufig, daß große Hunde (nicht nur Doggenartige) vermehrt in die Hände von Leuten gelangen, die nicht über den rechten „Hundeverstand" zu ihrer Sozialisierung verfügen – was insgesamt dem Image der Hundehaltung schadet.

Ohnehin ist ein Zuchtziel „je größer desto besser" (Gigantismus) aus anderen Gründen abzulehnen. Probleme sind übergroße Würfe (Welpenschwemme) und gesteigerte Anfälligkeit zu Gelenk- und Knochenerkrankungen. Daß ein Bernhardiner mit einem „Mastendgewicht" von über 100 kg nicht mehr recht beweglich ist, nimmt nicht wunder – zudem ist die Lebensdauer verkürzt. **Boxer** sind hierzulande zweifellos die beliebtesten in dieser Gruppe; ursprünglich aus Bullenbeißerschlägen in verschiedenen Farben erzüchtet (einfarbig mit „Maske", gestromt, gescheckt),, sind sie heute eher freundliche, z.T. auch verspielte Begleit- und Schutzhunde, die allerdings viel unter einem bornierten Farbformalismus zu leiden haben: Boxer mit mehr als einem Drittel Weiß fallen der „Merze" anheim. Trotz gebremster Brachyzephalie (Kurz- und Rundschädel), aber wegen Selektion auf „birnenförmigen" Rumpf ist außerdem die Schwergeburtenrate mit zwischen 10 und 20 % immer noch zu hoch. Boxer sind überdies offenbar zugleich die Hunderasse mit der höchsten Tumordisposition.

Brachyzephalie, Dyspnoe (Atemprobleme) und Dystokie (Schwergeburten) sind noch mehr Stigmen eines nahen Verwandten des Boxers, des **Englischen Bulldogs** (und der Französischen Bouledogue), von dem selbst ein angelsächsischer Genetiker meinte, es sei an der Zeit, ihm aus seinem Zustand herauszuhelfen.

Die auf einen exklusiven Besitzerkreis (mit viel Platz in Heim und Auto) beschränkte **Deutsche Dogge**, in englischsprachigen Ländern fälschlich „Great Dane" genannt, fällt dagegen stark ab in der Häufigkeit. Auch bei ihr führt das

„Fehlfarben"-Problem in der „Gesprenkelt-Reinzucht" (Harlekin- oder Tigerdoggen) zu noch makabereren, tierschutzrelevanten Ausfallraten: So wurden von 8,03 Welpen pro Wurf nur 3,59 in die Zuchtbücher eingetragen. Die Semiletalität des Merlefaktors hat daran ihren Anteil und bedingt zusätzlich die Gefahr, daß große, potentiell gefährliche Hunde mit Sinnesverlusten z. B. in Familien mit kleinen Kindern kommen, wodurch Zwischenfälle geradezu vorprogrammiert sind.

Wie bei **Bernhardinern** (in stock- und langhaarigen Varianten) wird heute leider auch bei den verwandten **Leonbergern**, ja selbst bei **Landseern** und **Neufundländern** das Massige mit ausgeprägtem Stop auf Kosten des ursprünglich trockenen, beweglichen Gebrauchstyps favorisiert; das gilt übrigens auch für Rottweiler, und so spielt HD in diesen Rassen eine beträchtliche Rolle.

Den **Hovawart** schließlich (blond, schwarz, schwarzlohfarben) kann man heute kaum noch den Doggenartigen zuordnen, da er neuerdings dazu tendiert, immer feiner, setterähnlicher zu werden, was die HD-Frequenz nur positiv beeinflussen dürfte. Dieser „Germanenhund" wurde zu Beginn des Jahrhunderts als Kunstrasse aus einheimischen und ausländischen Rassen konzipiert.

2.7.1.2.5 Treibhunde, Pinscher, Terrier

Schweizer Sennenhunde, Rottweiler und **Dobermann** bilden hier eine funktionell, z.T. auch verwandtschaftlich verbundene Abteilung; sie werden heute allerdings kaum noch zum Viehtrieb oder vor dem Ziehkarren genutzt, sondern mehr als Begleit-, Schutz- oder Diensthunde. Aufgrund einer zweifelhaften Selektion auf „Kampftrieb" – beim Rottweiler zusätzlich unter Betonung eines massigen Phänotyps – fanden die beiden letztgenannten im In- und Ausland viel Anklang bei Leuten mit einem vermehrten Schutzbedürfnis. Leider auch bei solchen, die sie als Imponiermittel und „Waffe" mißbrauchen – oft bei gleichzeitigen Defiziten in Haltung und Ausbildung. Dies kann dem Ruf dieser Rassen stark schaden und sollte Anlaß für neue selektive Ansätze und eine bessere Durchleuchtung des Besitzertyps sein. Aufgrund seines leichten Kalibers ist der Dobermann Pinscher mit HD tendenziell weniger behaftet.

Die „rauhhaarigen Pinscher", die **Schnauzer**, demonstrieren in ihrer Größenvarianz vom Zwerg- zum Riesenschnauzer die Anpassungsbereitschaft der Spezies Canis an züchterische Bestrebungen im Verlauf der Domestikation und auch die damit verbundenen Nachteile: Skelett- und Gelenkprobleme sowohl bei Riesenwuchs als auch bei extremer Verzwergung; bei Zwergen mit Tendenz zu „Apfelkopf" zudem Augen- und Hautprobleme. Aufgrund ihres lebhaften, bellfreudigen Temperaments sind allerdings die kleinen Varianten bei Pinschern, Schnauzern (und Spitzen) in den letzten Jahrzehnten stark in Rezession geraten.

Nicht so bei den **Terriern**: Diese ursprünglich ähnlich den Dackeln zur Jagd genutzten Hunde fanden in kleinen, handlichen Formaten starke modische Verbreitung als Gesellschaftstiere. Gefönte „Super-Mini-Yorkies" (**Yorkshire Terrier**) und wuselige Whities (**West Highland White Terrier**) sind ja der

Fernsehnation ein Begriff und heizten ungute „Massenproduktionen" an – mit allen vorstellbaren Nachteilen für Anatomie und Physiologie der Tiere. Genau wie beim mexikanischen Taschenterrier (**Chihuahua**) erreichen ausgewachsene Yorkie-Hündinnen oft nicht einmal ein Körpergewicht von 1 kg und zeigen Verknöcherungsinsuffizienzen des Schädelskeletts (Lückenschädel, persistierende Fontanellen, Zahnschäden etc.)

Der einzige bei uns noch überwiegend einer Jagdnutzung zugeführte Terrier, der Jagdterrier, stellt eine Farbvariante des hierzulande seltener gewordenen Foxterriers dar. Auch die größte Terrierrasse, der **Airdale**, findet sich eher in der Nutzung als Schutz- und Wachhund. Es konnte nicht ausbleiben, daß die „angewölfte" Rauflust dieses Hundetyps – zunächst in angelsächsischen Ländern – zu seiner Züchtung und Abrichtung für Hundekämpfe (auch gegen andere Arten) im „Pit" und zur Erzielung hoher Wettgewinne mißbraucht wurde, so daß Rassen wie Bullterrier, Staffordshire Terrier und Pitbull neben Mastiffähnlichen die „Kampfhundszene" bereicherten. Auch in Deutschland wurden in jüngster Vergangenheit unter Förderung des VDH das preistreibende „Bissig-Image" dieser Rassen gepflegt und in unter seinem Patronat vertriebenen Büchern eine Auflistung und Beschreibung „moderner Kampfhundrassen" gegeben, während Verbandsfunktionäre im selben Atemzug „Kampfhund" zum „Unwort" des Jahres erklärten. Das sind Einstellungen, die den Tieren und dem Bild der Hundehaltung in der Öffentlichkeit stark schaden.

2.7.1.2.6 Pudel und Kleinhunde

Während der Groß-(Königs-) oder Arbeitspudel noch starke Bezüge zu Jagd- und bärtigen Hütehunden hatte, sind die **Klein- und Zwergpudel** (in modischer Karakulschur) nebst anderen Miniaturrassen in Zucht und Haltung einer starken Vermenschlichung unterworfen – nicht immer zu ihrem Vorteil. So werden in den Pudelklubs überwiegend die verzwergten Formen gezüchtet – in der Reihenfolge schwarz, silbergrau, weiß etc.: in diese Reihe gehören weitere Schoßhündchen (**Bichons**), die – nebst Gespielinnen – als Malteser, Bologneser, Havaneser schon Rokokomaler begeisterten. Neben Verhaltensstörungen, die oft durch den Besitzer/innen-Typ geprägt sind, wird die Selektion auf „primatenähnlichen Rundkopf" mit verkürzter Nase und vorquellenden Augen bei ihnen und Rassen wie Pekinesen, Toy-Spaniels und tibetanischen „Löwenhündchen" vielfach so weit getrieben, daß – wie schon anderenorts beschrieben – vermehrt Augen-, Haut-, Atem- und Geburtsprobleme resultieren. Anders als bei krassen Verstößen gegen § 11 b infolge Organverlusts wie z. B. bei Nackthunden und -katzen, ist solchen Dispositionen nur durch Änderung des Rassestandards beizukommen. Fortschritte sind hier wie bei anderen Mißständen jedoch kaum zu erwarten, solange nicht ein Heimtierzuchtgesetz verabschiedet wird, das einen gesetzlichen Rahmen für Zucht, Haltung und Populationskontrolle bei Heimtieren schafft.

2.7.2 Katzen

Die Hauskatze *(Felis silvestris f. catus)* ging aus der nordafrikanischen bzw. nahöstlichen Falbkatze *(Felis silvestris lybica)* hervor – mit wohl nur wenigen Blutanteilen der europäischen Wildkatze, wenngleich alle drei genannten Subspezies mit 2n = 38 einen identischen Karyotyp haben und miteinander fertil sind. Im alten Ägypten zunächst als Schädlingsvertilger förmlich verehrt, war die Katze später, z. B. im Mittelalter, Opfer vielfacher Pogrome, und noch heute wird sie als wildernder Streuner im Zuge der „Raubzeugbekämpfung“ vom Jäger verfolgt. Dies wird durch verantwortungslose Katzenbesitzer verschuldet, die ihre Tiere ohne Beaufsichtigung und geordnete Versorgung sich unkontrolliert fortpflanzen lassen. Insofern ist die an der größeren Häufigkeit gemessene stärkere „Beliebtheit“ der Katze (im Vergleich zum Hund) zu relativieren. Dennoch gehört diese Haustierart als relativ bequem zu haltendes Gesellschaftstier zu den häufigsten Patienten in der Kleintierpraxis. Genaue Populationsangaben fehlen, aber man schätzt die Katzenbevölkerung in Deutschland auf ca. 5,7 Mio. Doch nur unter 10 % davon sind Rassekatzen, die einer kontrollierten Züchtung, z.T. auch einer systematischen Verzüchtung unterliegen:

Kenndaten:
Ein mittleres Körpergewicht liegt bei 4,2 kg, doch gibt es geringe Geschlechts- und Rassenunterschiede („Plumptyp“ Kurzhaar, Schlanktyp Siam etc.), zierliche Rex- und „waschbärenähnliche“ Maine Coon-Katzen.

Reproduktion: Nach 1/2 Jahr erste Raunze der Kätzin, Kater im allgemeinen mit 3/4 Jahr geschlechtsreif, Trächtigkeitsdauer bei 63–66 Tagen, Wurfgröße im Mittel bei 3–4 Welpen. Lebensdauer bei 10–12 Jahren, doch vor allem Kastrate oft wesentlich länger lebend.

2.7.2.1 Population, Zuchtorganisation

Bei den Rassekatzen sind – nicht nur hierzulande – die Perser, d.h. Langhaarkatzen modisch „in“ und machen etwa 70 % des Bestandes aus, Siamesen und andere Kurzhaarrassen stellen den Rest. Sie werden betreut durch Zuchtvereine wie den 1. Deutschen Edelkatzenzüchter-Verband und die Deutsche Rassekatzen-Union (Köln), die zu den größten gehören. Nur ein kleiner Teil der rund 960 000 in der Schweiz lebenden Katzen (1993) sind als Rassekatzen im Helvetischen Katzenverband (Fédération Féline Helvétique, FFH) eingetragen. Diese Vereine sind Mitglieder der Fédération Internationale Féline d'Europe (FIFE). Ins Deckkaterverzeichnis werden nur mit „vorzüglich“ bewertete Tiere aufgenommen, nach 8 Jahren automatisch gestrichen. Es ist klar, daß – wie schon bei Hunden besprochen – in diesen Fancy-Zuchten starke Gewichtung phänotypischer Merkmale wie Farbe, Haarkleid, Gebäude, Kopfform erfolgt, was leider oft zu „Übertypisierungen“ führt; Wesensmerkmale werden dagegen – völlig zu Unrecht und sehr zum Schaden einer potentiellen Verträglichkeit des „Stubentigers“ – vernachlässigt. Auch eine Selektion auf Gebrauchswert im Sinne einer „Rattentüchtigkeit“ im Club du chat ratier (Frankreich) war wohl eher die Ausnahme.

2.7.2.2 Rassen

Rassenvielfalt bei Katzen wird vor allem durch eine Variabilität von Fellfarbe und -beschaffenheit bedingt. So unterscheiden sich die mittlerweile über 300 bei der FIFE registrierten rassischen Varianten oft nur in einem Farballel.Die rezessive Langhaar-Mutante ist zudem Basis der Perserkatzen.

Die multiple Allelie (1.1.1) an verschiedenen Farbgenorten (Albinoserie: Siam-, Burmese-, Chinchilla-Locus; Agouti-, Scheckungs- und Streifungs-, Tigerungsgene etc.) bieten Populationsgenetikern interessante Ansatzpunkte für Genfrequenzermittlung und für die Errechnung genetischer Distanzen zwischen geographischen Katzenpopulationen, die von 0,009 bis zu 0,198 betragen (zur westdeutschen Population); denn unter landläufigen „Hauskatzen" herrscht ja weitgehende Panmixie (Zufallspaarung). Bei solchen Erhebungen ist allerdings zu beachten, daß Rassekatzen in Klinik- und Praxiskontingenten regelmäßig zahlreicher anzutreffen sind als in „Street"- bzw. Tierheimpopulationen. Wie man sieht, bedingt einerseits besonders das Allel für tabby blotched (marmorierte Stromung) die größere genetische Distanz zwischen Festlandeuropa und Südengland, andererseits die hohe asiatische Frequenz des x-chromosomal vererbten Orange jene zwischen Fernost und Europa, was einen Hinweis auf den Ursprung dieser Allelemutationen darstellt. In panmiktischen Populationen dominieren regelmäßig Kombinationen der Wildfarbe/Tigerung mit der partiell dominanten Weißscheckung, aber diese Phänotypen stellen natürlich auch „Rassen" bei Persern und Europäisch Kurzhaar dar. In diesen Edelkatzen wurden zudem Mutanten favorisiert, die anderenfalls einem natürlichen Selektionsdruck unterlägen:

Siamkatzen sind Partialalbinos, die ihren Akromelanismus (Pigmentbildung nur an Körperspitzen) einer thermolabilen Tyrosinase (s. 1.1.3.1.3) verdanken, ihre Benennung richtet sich nach der Farbe der „Points" (Seal-point, red-point, tabby-point etc.). Wie schon für Pigmentanomalien beim Hund gesehen, ergeben sich auch bei der Katze Probleme für die Sinnesorgane: Eine Tendenz zu amblyopisch (schwachsichtig) bedingtem Augenzittern und zu neurogenem Schielen (Strabismus) bei Siamesen, ausgelöst durch Fehlprojektionen ins Sehzentrum infolge aberranter Sehnervfaserverläufe. Auch Knickschwänze – angeblich dadurch bedingt, daß die Katzen zu lange „mit untergeschlagenem Schweif vor den Tempeln ihrer Heimat gesessen" hätten – stellen liniengehäufte Fehler dar.

Dominantes Weiß (W) gar – eine in fast allen Rassengruppen nachgefragte Mutante – hätte in freier Wildbahn kaum Überlebenschancen, da, nicht nur in blauäugigen oder odd-eyed Typen, eine starke Veranlagung zu Taub- oder Schwerhörigkeit besteht. Hier stellte ein grundsätzlich wichtiges Urteil jüngst klar, daß die bewußte Inkaufnahme dieser Schäden durch den Züchter ein Verstoß gegen § 11 b Tierschutzgesetz ist.

Perserkatzen schließlich nehmen nicht nur durch ihre „Haarpracht", sondern auch durch die mehr und mehr zu beobachtende Tendenz zur Zucht auf Brachyzephalie, auf primatenähnlichen Rundkopf mit verkürzter Nase und verbreitertem Schädel, einen derzeit modisch privilegierten Sonderstatus ein: Augen-, Haut-, Atem- und Geburtsprobleme häufen sich. **Halblanghaar**-Rassen wie die Birma, die recht große Maine Coon und die Somali lassen ähnlich wie beim Hund intermediäre Erbgänge bezüglich Haarlänge vermuten. Daneben gibt es Hypotrichie (Fellausdünnung) und Nacktheit verursachende Mutationen, die man sich gleichfalls nicht scheute, zur Etablierung „exotischer Rassen" zu mißbrauchen (Rex- und Sphinxkatzen).

Stummelschwänzige **Manxkatzen**, schlappohrige „Pudelkatzen", Dackelkatzen und sog. „Superscratcher", denen man Extrazehen anzüchtete, stellen gleichfalls Monstrositäten dar, deren Urhebern man amtstierärztlich bzw. staatsanwaltschaftlich auf den Leib rücken sollte.

Schildpattkatzen mit ihrer Melange aus Orange und Nichtorange (z. B. Schwarz) in der Fellfärbung (englisch Tortoise shell) stellen zudem ein klassisches Beispiel für geschlechtsgebundenen Erbgang (1.1.2.4) und Chromosomen-Aberrationen dar: Normalerweise nur **Kätzinnen** – da nur sie zwei X-Chromosomen und somit Platz für beide Farballele haben (oft auch mit autosomalem Weiß als sog. Tricolor- oder „Blitzkatzen") – kommen doch seltene Schildpattkater vor, die aberrante, zusätzliche X-Chromosomen besitzen. In Analogie zum Klinefelter-Syndrom des Menschen (XXY-Konstellation) sind sie meist steril (Beyer et al. 1991).

2.7.3 Kaninchen

Oryctolagus cuniculus L., das Wildkaninchen – zu den Lagomorpha zählend –, ist die Stammart des Hauskaninchens (*Oryctolagus cuniculus f. domestica*, Herre und Röhrs 1990). Ausgehend von Spanien und anderen Mittelmeerländern wurde es im Altertum zunächst in Gehegen (Leporarien) gehalten, um dann schließlich im Mittelalter in ganz Europa domestiziert zu sein: Auf Inseln oder anderen Kontinenten ausgesetzt, konnten sich Kaninchen schnell zur Plage entwickeln, so z. B. in Australien. Die 1949 dort zur Bekämpfung freigesetzte Myxomatose war infolge der Entwicklung resistenter Kaninchen und der Erregerabschwächung nur anfänglich eine sehr wirksame „biologische Waffe" (Meyer und Wegner 1973). Beim „Stallhasen" (Diploider Chromosomensatz 2n = 44, mit echten Hasen, 2n = 48, nicht kreuzbar) ist die ambivalente Einstellung des verstädterten Wohlstandsbürgers zum Haustier noch nicht so einseitig in Richtung Heimtier, Gesellschaftstier verschoben wie etwa beim Hund; obwohl auch in letztgenannter Form verbreitet, wird es doch auch – selbst bei hobbymäßiger Zucht – durchweg als Nutz-, sprich Schlachttier goutiert – insbesondere unter diätetischen Aspekten. Und während seit etwa 10 Jahren der Hund per Gesetz hierzulande kein schlachtbares Haustier mehr ist, wurde beim Kaninchen die Fleischbeschau für die kommerzielle Vermarktung gerade erst eingeführt. „Traditionell" ist der Kaninchenkonsum dagegen nur in den südeuropäischen Ursprungsländern (Lebas und Colin 1992).

Kenndaten: Größenschwankungen zwischen 0,7 (Zwerge) und 8 kg (Riesen).

Reproduktion: Geschlechtsreife mit 3–4 Monaten, große Rassen im allgemeinen etwas später, Tragzeit im Mittel 31 Tage = 1 Monat.
Wurfgröße 1–12 und mehr, 9,0 ± 2,6 bei mittelgroßen Hybriden.
Lebensspanne: bis 15 Jahre, in der Regel maximal 5 Jahre Zuchtnutzung.

2.7.3.1 Population, Bedeutung

Die etwa 200 000 im ZDK (Zentralverband Deutscher Kaninchenzüchter, Mönchengladbach) organisierten Rassekaninchenzüchter bringen jährlich über 1 Million Kaninchen zu Ausstellungen; eine mindestens gleichgroße Anzahl von Tieren wird in der Hand nichtorganisierter Züchter und Halter angenommen. Daneben wurden schon vor 20 Jahren 300 000 Zwergkaninchen in Heimtierhaltung veranschlagt. Hinzu treten die in etwa 50 Intensiv-Mastbetrieben erzeugten ca. 200 000 Jungtiere sowie 63 000 Versuchskaninchen. Man geht also nicht fehl in der Annahme, wenn man die Gesamtzahl der in Deutschland gehaltenen Kaninchen auf 3 Millionen und mehr schätzt. Wie die Zahlen verdeutlichen, steht auch in diesem Tierzuchtzweig bei uns die Hobbyzucht aus Liebhaberei im Vordergrund. Es werden insgesamt weniger als 50 000 t Fleisch jährlich produziert (in der Schweiz 1 500 t, nur landwirtschaftliche Betriebe berücksichtigt). Demgegenüber rekrutieren sich von den weltweit erzeugten 1,2 Mio. t Kaninchenfleisch 70 % allein aus den Ländern Italien, Frankreich, ehemalige UdSSR, China und Spanien. Der jährliche Pro-Kopf-Verbrauch in Deutschland liegt bei 0,3, in der Schweiz bei 0,7, in Frankreich aber bei 5,2 kg. Jüngere Zahlen beziffern gar die Kaninchenfleischerzeugung nur in Frankreich auf 730 000 t, in Italien auf 300 000 (Sinquin 1993; Colin 1992). Nicht nur Deutschland, auch USA, England und Nordeuropa fallen demgegenüber stark ab.

Mehr und mehr wird Kaninchenhaltung auch in Entwicklungsländern propagiert und gefördert, da dieses Haustier relativ problemlos zu halten (außer bei großer Hitze) und von Grünabfällen ernährbar, somit kein Nahrungsmittelkonkurrent des Menschen ist (Lukefahr und Cheeke 1992; Finzi 1992).

2.7.3.2 Wirtschaftskaninchen

Schon in frühen Mastleistungsprüfungen auf dänischen Versuchsstationen wurde deutlich, daß nicht die großen, sondern eher mittelgroße Rassen wie Neuseeländer, Wiener und Kalifornier gute Voraussetzungen für eine Wirtschaftsmast mit brauchbarer täglicher Zunahme, Futterverwertung und einem marktkonformen Schlachtkörper von 2–3 kg erbringen. Diese Wirtschaftsrassen werden heute z.T. untereinander u.a. mit großrahmigeren **hybridisiert**, um die auch beim Kaninchen für Reproduktions- und Fitneßkriterien zu konstatierenden Heterosiseffekte zu nutzen. Dies verdeutlicht die Recherche von Lier (1993, Tab. 2-37).

Verglichen mit anderen Nutztieren stellen natürlich eine mittlere tägliche Zunahme von 35 g, eine Futterverwertung von 4,0 und eine Schlachtausbeute von 55 % eher bescheidene Werte dar. Die Möglichkeit der „permanenten Zuchtbenutzung" optimal versorgter Zuchthäsinnen infolge höchster Konzeptionsbereitschaft unmittelbar nach dem Werfen schafft jedoch die Option von 45 aufgezogenen und geschlachteten Jungtieren und mehr pro Jahr und Häsin – wenn man dies denn will (Koehl 1992). Dergestalt vermarktete Tiere sind bevorzugt farblos weiß – zumindest am Rumpf –, um der Pelzindustrie ein beliebig einfärbbares Fell zu liefern.

Die **Angorazucht** verkörpert in diesem Zusammenhang einen Spezialsektor: Vorwiegend weiße, albinotische, langhaarige Angorakaninchen mit stetig abwachsendem Haarkleid (rezessiver Vererbungsmodus) wurden zur Produktion von Angorawolle erzüchtet. Deutsche Angoras werden zur Gewinnung einer Feinwolle meist geschoren, in französischen wird die etwas stärkere („bor-

Tab. 2-37 Mittlere Heterosis (%) beim Kaninchen

Konzeptionsrate	18,3 %
Wurfgröße bei der Geburt	15,9 %
Wurfgröße beim Absetzen	17,0 %
Wurfabsetzgewicht	13,0 %
Geburtsgewicht	6,2 %
Tägliche Zunahme	5,6 %
Schlachtkörpergewicht	4,3 %

stigere") Faser durch Zupfen gewonnen. Haupterzeugerland ist China (Lebas 1992). Hierzulande achten die Angorawollproduzenten auf Rahmigkeit ihrer Tiere und eine Wollfaserlänge von mindestens 6 cm; so können Jahresleistungen von 1 kg Wolle und mehr pro Tier erreicht werden (Anon 1989). Weltweit liegt die Produktion bei 10 000 t (Rochambeau und Thebault 1990; Schlolaut 1992).

2.7.3.3 Rassekaninchen

2.7.3.3.1 Albinoserie

Die „rotäugigen" Totalalbinos (cc) werden vornehmlich durch die z.T. schon erwähnten Neuseeländer, Angoras sowie weißen Deutschen Riesen gestellt. Sie verdanken ihre Pigmentlosigkeit einer totalen Tyrosinaseblockade (1.1.1.5), was sie von den „Partialalbinos" unterscheidet, die – ähnlich den Siamkatzen – aufgrund einer thermolabilen Enzymvariante nur an den Körperenden, den Akren (mit niedriger Hauttemperatur) pigmentiert sind, wie z. B. bei den Russen- und Kalifornier-Kaninchen (c^h). Weitere, diffus grau silbrig aufgehellte Teilalbinos sind die Chinchillas (c^{ch}), die mit der bolivianischen Wollmaus nur den Namen und die Fellfärbung gemein haben. Die Dominanzreihe lautet

C (Nichtalbino)$\rightarrow c^{ch} \rightarrow c^h \rightarrow$ c (Albino).

So können aus heterozygoten Nichtalbinos (z. B. Cc) jederzeit Partial- und Vollalbinos fallen, aus Chinchillas Russen und Albinos, aus Russen nur Albinos, während diese rein weiterzüchten (cc).

2.7.3.3.2 Schecken

Sowohl die großflächige Weiß- als auch die Punktscheckung zeigen eine starke polyfaktoriell geprägte Variabilität von vorwiegend weiß bis vorwiegend schwarz; dabei ist der Erbgang gegenüber Einfarbigkeit bei der Plattenscheckung (Holländer) rezessiv, bei der Punktscheckung intermediär (unvollkommen dominant) geprägt. Dieser breiten biologisch/genetisch bedingten Variation in den gescheckten Kaninchenrassen tragen die meisten Rassen-"Standards" nicht Rechnung, so daß bornierte Farbformalisten makabre Triumphe feiern: Nicht der Standard wird an die natürlichen Varianten angepaßt, sondern die Tiere haben sich an ein vorgegebenes, rigides Farbverteilungsmuster anzupassen, sollen sie ausstellungsfähig und preisverdächtig sein. Das ist regelmäßig nur ein Bruchteil der Nachzucht (Grün 1995), die Masse ist „Ausschuß", was ständig zu tierschutzrelevanten Merzungsprozessen führt (Gerlitz 1992). Hinzu kommt, daß Kopplungs- oder Pleiotropie-Effekte (1.1.2.1 und 1.1.1.5) bei einigen Genotypen Subvitalität bewirken, so eine Disposition zu „Akrobatismus" und Augenabweichungen bei Holländern, Semiletalität bei der homozygoten Punktschecke („Chaplins", Weißschecken) mit ausgeprägter Anfälligkeit für Megakolon (Obstipation, Stase im Dickdarm; Wieberneit et al. 1991).

Punktgescheckte Rassen sind beispielsweise die **Deutschen Riesenschecken** sowie die **Englischen Schecken**. Aus der Kombination von Holländer- und Punktscheckung entstanden die **Weißen Hoots** – weiß mit schwarzen Augenringen. Die **Japanerkaninchen** repräsentieren eine weitere, eigenartige Form der Gelb/schwarz-Scheckung, die sich zwar nicht wie das Schildpattmuster der Katze x-chromosomal vererbt, aber ähnliche Interaktion mit Weiß (Klarheit der Zeichnung) sowie analoge Tendenz zu asymmetrischer Mosaikbildung zeigt (Searle 1968).

2.7.3.3.3 Mutanten

Wie überall in der Fancyzucht konnte es nicht ausbleiben, daß auch beim Kaninchen auftretende Mutanten (1.1.3) fortgezüchtet wurden, selbst wenn sie am Rande oder jenseits der artgemäßen Normalität lagen. So werden bei **Widdern** übergroße (partielle Dominanz), schlaff herabhängende Löffel favorisiert, die insbesondere bei Englischen Widdern eine Länge von 65 cm und mehr erreichen können (Schley 1985; Grün 1995) und sehr hinderlich sind. Die **Rexkaninchen** verdanken ihr kurzes samtenes Fell und das Interesse der Pelzindustrie einer rezessiv-autosomal vererbten Hypotrichie (Verminderung und Verkürzung der Deck- und Grannenhaare); nach diversen Berichten sei dies ein Subvitalfaktor (Nachtsheim 1929; Henriksen 1982), wenngleich Züchter das bestreiten. In der Tat wird aber versucht, kleinen Würfen und hoher Mortalität (Tao 1992) durch Selektionsprogramme entgegenzuwirken (Rochambeau et al. 1992). Die **Zwerge** schließlich fanden, meist in Form des Hermelinkaninchens und der Farbzwerge, viel Anklang als Heimtiere, da nur wenige Tierfreunde wissen, daß das Zwergwuchsgen homozygot letal ist und somit bei Reinzucht kleine Würfe und große Nestlingssterblichkeit vorprogrammiert sind. Auch die „Typenzwerge" haben verstärkt unter Geburtsschwierigkeiten, Zahn- und Kieferfehlern zu leiden. Ruft man verantwortlichen Züchtern den § 11 b Tierschutzgesetz ins Gedächtnis, ist die Reaktion mindestens so refraktär (Hollmig 1993) wie bei Extremzüchtern von Hunden und Katzen.

Literatur Kapitel 2.7

Anonym (1989): Zuchtwertprüfungen Kaninchen. Jb. Bay. Land.anst. Tz., Grub, **28**, 43.
Beyer, D., Lindhoff, S. und W. Wegner (1991): Zum Phänomen steriler Schildpattkater. VET 6, **9**, 33-35.
Colin, M. (1992): La cuniculture italienne. Cunicult., **107**, 231-248.
Finzi, A. (1992): Rabbit production in developing countries. J. appl. rab. res., **15**, 86-94.
Geiger, G. und J.F. Wiedeking (1974): Populationsanalyse beim deutsch-drahthaarigen Vorstehhund. Zeitschr. Jagdwissensch., **20**, 125-149.
Gerlitz, S. (1992): Untersuchungen zur Variabilität der Punktscheckung sowie einiger Parameter des Sehorgans zweier Kaninchen-Scheckenrassen unter Berücksichtigung tierschützerischer und tierzüchterischer Aspekte. Dissertation TiHo Hannover.
Grün, P. (1995): Kaninchen halten. Eugen Ulmer, Stuttgart.
Henriksen, P. (1982): Survey of post-mortem findings in rabbits. Nord. vet. med., **198**, 388-393.
Hollmig, K. (1993): Qualzüchtung Zwergkaninchen? Dt. Kleint.-zücht., **10**, 6.

Kock, M. (1984): Statistische und erbanalytische Untersuchungen zur Zuchtsituation, zu Fehlern und Wesensmerkmalen beim Deutsch-Langhaarigen Vorstehhund. Diss. TiHo Hannover.
Koehl, P.F. (1993): GTE nationale 1992. Cunicult., **113**, 247-251.
Lebas, F. und M. Colin (1992): World rabbit production and research situation in 1992. J. appl. rab. res., **15**, 29-54.
Lier, B. (1993): Kreuzungszucht beim Kaninchen (Oryctolagus cuniculus f. domestica). Ergebnisse einer Literatur-Recherche und eigene Untersuchungen an einer Zweirassenkreuzung. Diss. TiHo Hannover.
Lukefahr, S.D. und P.R. Cheeke (1992): Rabbit project development strategies in subsistence farming systems. Wdl. anim. rev., **69**, 26-35.
Nachtsheim, H. (1929): Das Rexkaninchen und seine Genetik. Z. ind. Abst. Vererb. I., **52**, 1-51.
Rochambeau, H. and R.G. Thebault (1990): Genetics of the rabbit for wool production. An. breed. abstr., **58**, 1-15.
Rochambeau, H. et al. (1992): Selection for total litter weight at weaning per doe and per year in two Rex rabbit strains. J. appl. rab. res., **15**, 1606-1614.
Schlolaut, W. (1992): Evaluation of the quality of Angora rabbit wool. J. appl. rab. res., **15**, 1623-1628.
Schöne, R. und H. Ulrich (1993): Statistische Untersuchungen über die Tierärzteschaft in der Bundesrepublik Deutschland. Deutsch. Tierärztebl., **5**, 382-388
Searle, A.G. (1968): Comparative genetics of coat colour in mammals. Acad. Press, New York.
Sinquin, J.P. (1993): La France cunicole 1992. Cunicult., **109**, 14-24.
Tao, Y. (1992): A survey of rex breeding in China. J. appl. rab. res., **15**, 1651-1657.
Walz, P. (1993): Untersuchung über 25 Jahre Hundezucht im Spiegel relativer Ausstellungsaktivitäten (VDH) sowie über aktuelle Zuchtziele im Hinblick auf „Übertypisierung" und Krankheitsdispositionen. Dissertation TiHo Hannover.
Wegner, W. (1991): Tierschutzaspekte in der Tierzucht. Dt. tierärztl. Wschr., **98**, 6-9.
Wegner, W. (1993): Tierschutzrelevante Mißstände in der Kleintierzucht – der § 11b des Tierschutzgesetzes greift nicht. Tierärztliche Umschau, **48**, 213-222.
Wegner, W. (1994): Defektzucht bei Katzen – ein aktuelles, prinzipiell wichtiges Urteil. Schweiz. Katzen-Magazin 14, **3**, 64-65.
Wegner, W. (1995): Ist gesetzeskonforme Zucht gesprenkelter und depigmentierter Rassen möglich? Schweiz. Tierschutz 122, **4**, 23-28.
Wegner, W. (1995): Kleine Kynologie. Anhang: Katzen. 4 Auflage, Terra-Verlag, Konstanz.
Wegner, W. (1995): Kritische Überlegungen zur Züchtung mit Farbgenen. Our Cats 3, **4**, 24-27.
Wieberneit, D. et al. (1991): Zur Problematik der Scheckenzucht bei Kaninchen. 1. Mitt. Dt. tierärztl. Wschr., **98**, 352-354.
Wolff, R. (1984): Katzen. Eugen Ulmer, Stuttgart.

Weiterführende Literatur:

Herre, W. und M. Röhrs (1990): Haustiere – zoologisch gesehen. Gustav Fischer, Stuttgart.
Meyer, H. und W. Wegner (1973): Vererbung und Krankheit bei Haustieren. Schaper-Verlag, Hannover.
Robinson, R. (1977): Genetics for cat breeders. Pergamon Press, Oxford.
Schley, P. (1985): Kaninchen. Eugen Ulmer, Stuttgart.
Wegner, W. (1986): Defekte und Dispositionen, 2. Auflage. Schaper-Verlag, Hannover.
Wegner, W. (1995): Kleine Kynologie, 4. Auflage. Terra-Verlag, Konstanz.

2.8 Organisation und Tierzuchtgesetz

Schutz und Förderung der Tierproduktion durch staatliche und private Maßnahmen sind in Europa seit Ende des 19. Jahrhunderts üblich. Die staatlichen Maßnahmen dienen dem Schutz von Mensch und Tier vor Krankheiten (Zoonosen, Tierseuchen, Lebensmittelhygiene, Tierschutz u.a.), der Erhöhung der Wirtschaftlichkeit der Tierproduktion und der Verbesserung der Qualität tierischer Erzeugnisse (Zuchtförderung, Förderung von Qualitätskontrolle und Vermarktung, allgemeine Subventionen zur Förderung der Landwirtschaft, Schule und Beratung). Eine der ersten staatlichen Maßnahmen zur Zuchtförderung war die Gründung von Staatsgestüten, die im 16. Jahrhundert begann. Die für den heutigen Stand der Tierzucht entscheidende Entwicklung begann im 19. Jahrhundert mit der Einrichtung von Zucht-, Herd-, bzw. Stammbüchern; die meisten Herdbuchverbände bzw. Zuchtverbände in Mitteleuropa wurden um die Jahrhundertwende gegründet. Es folgte die Gründung von Leistungsprüfungsorganisationen als von den Zuchtverbänden unabhängige Organisationen (Landeskontrollverbände in Deutschland und Österreich) oder die Übernahme der Leistungsprüfungen durch die Zuchtverbände (Schweiz). Die rasche Ausbreitung der Künstlichen Besamung (KB.) beim Rind nach dem zweiten Weltkrieg führte zur Gründung von Besamungsstationen, die meist unabhängig von den Zuchtverbänden entstanden. Embryotransfer (ET) führte bisher nicht zur Gründung selbständiger Organisationen, sondern wird von bestehenden Besamungsstationen oder von praktischen Tierärzten angeboten (in der Schweiz Arbeitsgemeinschaft ET, AET). Die Entwicklung von „Züchtungstechniken" ist noch nicht abgeschlossen und der Einfluß neuer Verfahren auf die Organisationsstruktur im Züchtungsbereich ist kaum vorauszusehen. Neben den traditionellen Organisationen entwickeln sich zunehmend kommerzielle Unternehmen. Diese Entwicklung begann in der Wirtschaftsgeflügelzucht, ging dann auf die Schweinezucht über und beginnt in der Rinderzucht. Im Unterschied zu den erwähnten Zuchtorganisationen befassen sich Erzeugerringe und Erzeugergemeinschaften mit Wirtschaftlichkeits- und Qualitätskontrollen im Produktionsbereich und der Vermarktung der Verkaufsprodukte. Die Gründung dieser Organisationen begann um 1960 und wird vom Staat und von der Europäischen Union gefördert.

2.8.1 Tierzuchtgesetze

In Deutschland, Österreich und der Schweiz wird der Züchtungsbereich gesetzlich (Tierzuchtgesetze und Verordnungen) geregelt:

Deutschland:
- Tierzuchtgesetz vom 22. Dezember 1989 in der Neufassung vom 01. April 1994
- Verordnung über Leistungsprüfungen und Zuchtwertfeststellung bei Rindern vom 28. September 1990
- Bayerisches Tierzuchtgesetz vom 10. August 1990
- Verordnung über den Vollzug des Tierzuchtrechts vom 7. September 1990, geändert durch Verordnung vom 18. November 1994

Österreich:
- Tierzuchtgesetze der Bundesländer z. B. in Niederösterreich ausgegeben am 21. September 1994.

Schweiz:
- Bundesgesetz über die Förderung der Landwirtschaft und die Erhaltung des Bauernstandes (Landwirtschaftsgesetz) vom 03. Oktober 1951
- Verordnung über die Rindvieh- und Kleinviehzucht vom 29. August 1958 (Stand 1. Januar 1995).
- Verordnung über Rindvieh- und Kleinviehzucht (Tierzuchtverordnung), Änderung vom 17. Mai 1995

In Deutschland gilt das Tierzuchtgesetz für die Zucht von Rindern, Schweinen, Schafen, Ziegen und Pferden; in Österreich für die Zucht von Equiden (insbesondere von Pferden), Rindern, Schweinen, Ziegen und Schafen und in der Schweiz für die Züchtung und Haltung von Rindern, Schweinen, Ziegen und Schafen. Ziel dieser Gesetze ist die Förderung der Leistungsfähigkeit und Gesundheit (Vitalität) der Tiere, der Qualität der von den Tieren gewonnenen Erzeugnisse und die Wirtschaftlichkeit (Wettbewerbsfähigkeit) der Tierproduktion. Die in den Gesetzen und Verordnungen festgelegten Maßnahmen zur Erreichung dieser Ziele sind in den drei Ländern einheitlich und umfassen vor allem folgende Bereiche:

2.8.1.1 Anerkennung von Zuchtorganisationen

In den Tierzuchtgesetzen (Deutschland, Österreich) werden zwischen Züchtervereinigungen und Zuchtunternehmen unterschieden, und in der Schweiz werden neben den Zuchtverbänden auch Zuchtgenossenschaften anerkannt. Züchtervereinigungen (Zuchtverband, Herdbuchverband) führen Zuchtprogramme durch (meist Reinzucht) und Zuchtunternehmen Kreuzungsprogramme zur Züchtung auf Kombinationseignung von Zuchtlinien (Nutzung der Kombinationseignung in den Endprodukten). Voraussetzungen für die Anerkennung von Zuchtorganisationen sind mit den Zielen der Gesetze zu verein-

barende Zuchtziele und Zuchtprogramme. In folgenden Bereichen werden Mindestanforderungen festgelegt:
- für die Zuchtbuchführung (Herdbuchführung in Züchtervereinigungen) und die Führung des Zuchtregisters (in Zuchtunternehmen),
- für die Eintragung in das Zucht- bzw. Herdbuch,
- für die Herdbuchberechtigung männlicher und weiblicher Zuchttiere und
- für das Ausstellen von Zucht- bzw. Abstammungsbescheinigungen (Züchtervereinigungen) oder Herkunftsbescheinigungen (Zuchtunternehmen), die öffentliche Urkunden sind.

Mitglieder von Züchtervereinigungen (Herdbuchzüchter) müssen sich folgenden Regeln der Zuchtorganisation unterwerfen: Zuchtziel, Kennzeichnung der Tiere, Führung von Stallbüchern, Durchführung von Leistungsprüfungen, Mindestanforderungen an männliche und weibliche Zuchttiere für Herdbuchberechtigung, Verkauf von Zuchttieren mit Zuchtbescheinigung (Abstammungsnachweis). Die Paarungsentscheidungen im eigenen Bestand fällt der Züchter, die Züchtervereinigung wird lediglich beratend tätig.
In **Zuchtunternehmen** entscheidet die Zuchtleitung des Unternehmers, welche Paarungen durchzuführen sind. Die Vertragsbetriebe sind somit Vermehrer und Aufzüchter und nicht Züchter im ursprünglichen Sinn.

2.8.1.2 Anerkennung von Besamungsstationen

Besamungsstationen sind Einrichtungen, in denen männliche Zuchttiere zur Gewinnung, Behandlung und Abgabe von Samen zur künstlichen Besamung gehalten werden. Besamungsstationen bedürfen in Deutschland, Österreich und der Schweiz einer **staatlichen Betriebserlaubnis** und unterliegen in züchterischer und veterinärhygienischer Hinsicht der staatlichen Überwachung. Sie müssen von einem Tierarzt (Stationstierarzt, Vertragstierarzt) fachtechnisch geleitet werden. Die Tätigkeitsbereiche anerkannter Besamungsstationen sind gemäß Tierzuchtgesetz bzw. Verordnung räumlich beschränkt. Innerhalb der Europäischen Union (EU) wird ein Kompromiß zwischen freiem Samenhandel und Gebietsabgrenzung angestrebt. Die Neufassung des deutschen Tierzuchtgesetzes vom 01. April 1994 (Anpassung an EU-Recht) berücksichtigt dies wie folgt:
Für die Anerkennung von Besamungsstationen muß sichergestellt sein, daß:
- der abgegebene Samen überwiegend aus der Erzeugung der von der Besamungsstation gehaltenen männlichen Zuchttiere stammt und
- die Besamungsstation sich an den Zuchtprogrammen der in ihrem sachlichen und räumlichen Tätigkeitsbereich bestehenden anerkannten Züchtervereinigungen beteiligt, soweit eine Beteiligungspflicht besteht.

Der Samenhandel soll hierdurch auf einen Anteil beschränkt werden, der die regionalen Zuchtprogramme nicht gefährdet.

2.8.1.3 Besamungsvertrag

Der Besamungsvertrag gestaltet die Rechtsbeziehungen zwischen Besamungsstation, Tierhalter (Mitglied) und Tierarzt bzw. Besamungstechniker. Die bürgerlich rechtliche Vertrags- und Gestaltungsfreiheit wird durch die Tierzuchtgesetzgebung eingeschränkt. Samen darf nur von anerkannten Besamungsstationen in **Verkehr gebracht** und an Tierhalter, Gemeinden, Gemeindeverbände und anerkannte Zuchtorganisationen **abgegeben** werden. Die **Auslieferung** des Samens erfolgt nur an Personen, die zur Durchführung der Besamung berechtigt sind, das sind Tierärzte, Besamungstechniker (Fachagrarwirte für Besamungswesen, Besamungsbeauftragte) und Eigenbestandsbesamer (Laienbesamer, die an einem Lehrgang erfolgreich teilgenommen haben). Dieser Personenkreis darf (Beispiel Schweiz) nur Samen aufbewahren und übertragen, der vom Konzessionär (Besamungsorganisation) vermittelt worden ist. Der zur Durchführung der Besamung berechtigte Personenkreis ist verpflichtet, den Samen ordnungsgemäß zu behandeln, zu verwahren, zu verwenden, die vorgeschriebenen Aufzeichnungen zu machen (Führung von Besamungsstallbuch bzw. -kartei, Ausstellen der Besamungsscheine) und alle Beobachtungen zu melden, die zur Erkennung von Erbfehlern geeignet sind. Nach der Bayerischen Tierzuchtverordnung (repräsentatives Beispiel) soll der Besamungsschein folgende Angaben enthalten:

- Name und Anschrift oder Ordnungsbegriff der Tierhalter,
- Nummer und – soweit bekannt – Name des weiblichen Tieres und seines Vaters,
- Besamungsdatum (Tag, Monat, Jahr),
- Name und Nummer des männlichen Tieres, von dem der Samen stammt,
- Zahl der durchgeführten Besamungen (1., 2., 3.),
- Unterschrift des Tierarztes, Fachagrarwirts für Besamungswesen, Besamungsbeauftragten oder Eigenbestandsbesamers auf dem Besamungsschein.

Der Besamungsschein ist in Verbindung mit der Geburtsmeldung des Landwirts für die Anerkennung der Abstammung der Nachkommen durch die Herdbuchstelle maßgebend.

2.8.1.4 Besamungserlaubnis

Die Besamungserlaubnis wird von den zuständigen Behörden ausgestellt. Die Besamungsstation darf Samen an Empfänger im Geltungsbereich der jeweiligen Gesetze nur ausgeben, wenn für das Zuchttier, von dem der Samen stammt, eine Besamungserlaubnis erteilt ist. Für die Erteilung der Besamungserlaubnis wird gefordert:

- Gesicherte Abstammung und Identität des Tieres (Blutgruppe, DNA-Test),
- Keine Anzeichen für Erbfehler,
- Veterinärhygienische Mindestanforderungen,
- Mindestanforderungen bezüglich Zuchtwert.

2.8.1.5 Anerkennung von Embryotransfereinrichtungen und Durchführung von Embryotransfer (Eizellen und Embryonen)

Voraussetzung für die Anerkennung von Embryotransfereinrichtungen sind: Tierärztlich-fachtechnische Leitung, Erfüllung der seuchenhygienischen Anforderungen, Vorhandensein der erforderlichen Einrichtungen und Geräte. Eizellen und Embryonen dürfen nur von Tierärzten, Fachagrarwirten für Besamungswesen sowie von Besamungsbeauftragten (Besamungstechnikern), die an einem Lehrgang über Embryotransfer mit Erfolg teilgenommen haben, übertragen werden. Im übrigen sind die Anforderungen den Richtlinien für die Samenübertragung analog.

2.8.1.6 Leistungsprüfungen, Zuchtwertschätzung

Leistungsprüfungen sind Verfahren zur Ermittlung der Leistungen von Tieren einschließlich der Qualität der Erzeugnisse im Rahmen der Feststellung des Zuchtwerts sowie für betriebswirtschaftliche und fütterungstechnische Zwecke. In der Schweiz sind die Träger der Leistungsprüfungen im Feld (in landwirtschaftlichen Betrieben) die Zuchtverbände, in Deutschland und Österreich die Landeskontrollverbände (von den Zuchtverbänden unabhängige Organisationen). Die Leistungsprüfungen sind nach in Durchführungsverordnungen festgelegten Regeln durchzuführen und werden in Deutschland, Österreich und der Schweiz durch Bereitstellung öffentlicher Mittel gefördert.

Die Feststellung der Zuchtwerte hat auf der Grundlage einer objektiven und sachgerechten Ermittlung der Ergebnisse in einem anerkannten Prüfungsverfahren zu erfolgen. Der Zuchtwert wird als der erbliche Einfluß von Tieren auf die Leistungen ihrer Nachkommen unter Berücksichtigung ihrer Wirtschaftlichkeit definiert (s. 1.2.1). Die Ergebnisse der Leistungsprüfungen und Zuchtwertschätzungen müssen veröffentlicht werden.

2.8.2 Tierzuchtrechtliche Regelungen der Europäischen Union (EU)

Das Tierzuchtrecht in der EU ist „Richtlinienrecht“, das nicht unmittelbar angewendet wird, sondern in nationales Recht umgesetzt werden muß. Die tierzüchterischen Richtlinien werden von der EU getrennt nach Tierarten herausgegeben. Ziel der Rechtsharmonisierung ist der freizügige Handel mit Zuchttieren, Sperma und Embryonen innerhalb der Mitgliedsländer der EU unter Wahrung der Qualität der Zuchtprodukte. Die im früheren deutschen und österreichischen Recht verankerte staatliche Körung (Beurteilung und Zulassung bzw. Nicht-Zulassung männlicher Zuchttiere) mußte gemäß der Richtlinie des Rates vom 18. Juni 1987 über die Zulassung reinrassiger Zuchtrinder zur Zucht aufgegeben werden. Die Körung wird jetzt von den Züchtervereinigungen auf privatrechtlicher Grundlage durchgeführt.

2.8.3 Organisationen

2.8.3.1 Zuchtorganisationen

Die Züchtervereinigungen sind in Deutschland und Österreich traditionell regional organisiert und in der Schweiz nationale Vereinigungen (die durch die Kantone anerkannten örtlichen Zuchtgenossenschaften führen die Zuchtbücher). Die Aufgaben der Züchtervereinigungen können wie folgt zusammengefaßt werden:
- Festlegung des Zuchtziels,
- Planung und Lenkung des Zuchtprogramms,
- Festlegung der Herdbuchordnung (Zuchtbuchordnung) einschießlich der Anforderungen für die Eintragung in die Abteilungen des Zuchtbuchs,
- Beratung der Mitglieder in züchterischen Fragen,
- Organisation des Absatzes von Zuchttieren und von Embryonen einschließlich Werbung,
- Durchführung von Zuchttierschauen.

Besamungszuchtprogramme erfordern die Etablierung zuchtverbandseigener Besamungsstationen oder die Kooperation mit vom Zuchtverband unabhängigen anerkannten Besamungsstationen. Wie unter 2.8.1 erläutert (Anerkennung von Besamungsstationen) sind nach deutschem Tierzuchtgesetz die anerkannten Besamungsstationen zur Kooperation mit den in ihrem Tätigkeitsbereich etablierten Züchtervereinigungen verpflichtet.

Zuchtunternehmen werden wie folgt definiert: „Ein Betrieb oder vertraglicher Verbund mehrerer Betriebe, der ein Kreuzungszuchtprogramm zur Züchtung auf Kombinationseignung von Zuchtlinien durchführt". Zuchtunternehmen sind meist Kapitalgesellschaften, die national oder international tätig sind. Zuchtunternehmen haben in der Hühnerzucht (Nutzgeflügel) eine beherrschende Marktstellung. In der Schweinezucht ist ihr Marktanteil bedeutend. In der Rinderzucht ist die Entwicklung im Anfangsstadium (Hybridzucht). Die Aufgaben der Zuchtunternehmen lassen sich wie folgt zusammenfassen:
- Festlegung des Zuchtziels
- Planung und Durchführung des Zuchtprogramms einschließlich Besamung, Leistungsprüfungen, Paarungsentscheidungen durch die Zuchtleitung.
- Führung des Zuchtregisters,
- Kontrolle der vertraglich gebundenen Vermehrungsbetriebe in Züchtung, Fütterung, Haltung und Gesundheit,
- Festlegung der Preise und Organisation des Absatzes
- Werbung und Verkaufsberatung

Zuchtunternehmen sind somit straff organisierte Wirtschaftsunternehmen an die sich Tierhalter vertraglich binden können.

2.8.3.2 Besamungsorganisationen

Historisch gesehen sind Besamungsorganisationen eine Weiterentwicklung der Bullenhaltungsgenossenschaften (Stierenhaltungsgenossenschaften). Am weitesten verbreitet ist die Künstliche Besamung in Milchrinder- und Zweinutzungrinderpopulationen, während in der Fleischrinderhaltung (Mutterkuhhaltung) der Natursprung vorherrscht und die Besamung vor allem für gezielte Paarungen genützt wird. In der Schweinezucht ist die Frequenz der Künstlichen Besamung in kleinen und mittleren Ferkelerzeugungsbetrieben, die Gebrauchskreuzungen durchführen (z. B. Piétraineber x Landrassesau) besonders hoch. In der Pferdezucht ist die Besamung in Warmblutpopulationen (z. B. Hannover) von zunehmender Bedeutung. In Deutschland und Österreich haben sich regionale Besamungsorganisationen etabliert, in der Schweiz arbeitet der Schweizerische Verband für künstliche Besamung auf nationaler Ebene (für Rind, Schwein und Ziege).

Besamungs- und Zuchtorganisationen sind entweder in einer gemeinsamen Organisation integriert oder getrennte Organisationen. Die Besamungsstationen benötigen in jedem Fall eine Betriebserlaubnis und Besamungserlaubnis für die Samenspender (s. 2.8.1). Die Besamungserlaubnis ist für das Anbieten und Abgeben von Samen im Bereich des jeweiligen Tierzuchtgesetzes notwendig; bei Samenexporten sind die Bedingungen der Importländer maßgebend. Die Besamungsstationen beteiligen sich zumindest wie folgt an den Zuchtprogrammen in ihrem Tätigkeitsbereich (s. 2.8.1):

- Bereitstellung und Abgabe von Samen nach den Erfordernissen des Zuchtprogramms,
- Zur Verfügung stellen der Aufzeichnungen aus der künstlichen Besamung (Besamungsdaten) für das Zuchtprogramm,
- Beteiligung am Gesamtaufwand des Zuchtprogramms.

Die große Bedeutung der Künstlichen Besamung für die Rinderzuchtprogramme in Europa geht aus nachfolgender Aufstellung über die Nachkommenprüfung von Jungbullen (Stieren) im Jahr 1993 in sieben EU-Ländern hervor (Belgien, Dänemark, Deutschland, Frankreich, Italien, Luxemburg, Niederlande):

Rasse	Erstbesamungen total in 1.000	Prüfbullen Anzahl	Erstbesamungen je Prüfbulle
Schwarzbunt	7.707	2.412	3.195
Fleckvieh	2.763	675	4.093
Rotbunt	1.361	405	3.360
Braunvieh	579	162	3.574

Der länderübergreifende Austausch von Samen von Spitzentieren erforderte standardisierte **Zuchtwerte** (Vergleichbarkeit). Beim Rind veröffentlicht die INTERBULL-Rechenstelle in Uppsala, Schweden, international vergleichbare Zuchtwerte. Diese werden auf der Grundlage der von den nationalen Rechenzentren veröffentlichten Zuchtwerten ermittelt.

Die Bedeutung des **internationalen Spermahandels** ist von 1983 bis 1993 pro

Jahr um 12 % gestiegen (das Handelsvolumen hat sich fast verdreifacht). 1993 wurden weltweit 250 000 Zuchttiere und über 9 Millionen Samenportionen exportiert und importiert, so daß der internationale Spermahandel genetisch gesehen weit bedeutender ist als der Zuchtviehhandel. In Ländern, in denen mehrere Besamungsorganisationen bestehen wurden z.T. **nationale Spermavertriebsorganisationen für den Export** gegründet wie z. B. Holland Genetics, Sersia in Frankreich, World Wide Sires in USA und Semex in Kanada, die in wichtigen Importländern Vertretungen unterhalten, wie z. B. Semex, Germany oder World Wide Sires, Germany.

Embryotransfer ist nur in der Rinderzucht von Bedeutung (1993 wurden in Europa etwa 20 000 Rinderembryonen übertragen) und hat in der Regel den Zweck, die Zahl der Nachkommen von Bullenmüttern zu erhöhen. Man unterscheidet Service-Programme, in denen der Züchter die Initiative selbständig ergreift und die Chancen und Risiken alleine trägt und MOET-Programme (Multiple Ovulation and Embryo-Transfer), in denen Zuchtorganisationen und Besamungsstationen Embryotransferprogramme im Rahmen der Zuchtprogramme organisieren und fördern. Für den Embryotransfer wurde in der Schweiz eine nationale Arbeitsgemeinschaft (AET) gegründet, in Deutschland und Österreich bestehen Embryotransfereinrichtungen an Besamungsstationen oder von privaten Tierärzten.

2.8.3.3 Leistungsprüfungsorganisationen, Rechenzentren

Die sogenannten **Feldprüfungen** werden entweder von eigenständigen Organisationen (z. B. Landeskontrollverbände in Deutschland und Österreich) oder direkt von den Zuchtorganisationen durchgeführt. Die wichtigsten Feldprüfungen sind: Milchleistungsprüfung, Stallprüfungen in der Bullen- und Schweinemast, Prüfungen in der Mutterkuhhaltung (z. B. Absetzgewichte), Erfassung und Auswertung von Schlachthofergebnissen (z. B. Nettozunahmen, Handelsklasseneinstufung der Schlachtkörper), Erfassung von Auktionsergebnissen (Alter und tägliche Zunahmen von Bullen, Ebern und Schafböcken), Gewinnsummen im Turniersport, Zeiten und Rangfolgen im Rennsport u.s.w. Die Leistungsprüfungsorganisationen führen die Prüfungen durch (Kennzeichnung der Tiere, Erfassung und Zuordnung der Leistungsdaten u.s.w.) und die Rechenzentren analysieren die von den Leistungsprüfungsorganisationen und den Züchtervereinigungen (z. B Abstammungen der Tiere) zur Verfügung gestellten Daten.

Neben den Feldprüfungen werden sog. **Stationsprüfungen** durchgeführt, wobei Träger der Staat sein kann oder Organisationen wie Landwirtschaftskammern oder der Schweizerische Verband für Mast- und Schlachtleistungsprüfungen beim Schwein. Beispiele sind: Mast- und Schlachtleistungsprüfungen bei Schwein, Rind und Schaf, Hengstleistungsprüfungen, Eigenleistungsprüfungen für Bullen (Stiere) und Schafböcke.

2.8.3.4 Zusammenschlüsse von Zuchtorganisationen

In Deutschland und in Österreich sind die regionalen Zuchtorganisationen zu Dachverbänden zusammengeschlossen, was in der Schweiz nicht notwendig ist, da nationale Zuchtorganisationen bestehen. Die Dachverbände beim Pferd sind die Deutsche Reiterliche Vereinigung (FN), Abt. Zucht e.V. und die Zentrale Arbeitsgemeinschaft Österreichischer Pferdezüchter (ZAP), ähnliche Dachverbände bestehen bei den Tierarten Rind, Schwein, Schaf, Ziege, Wirtschaftsgeflügel und Bienen.

2.8.3.5 Erzeugerringe und Erzeugergemeinschaften

Ziel der **Erzeugerringe** ist die Verbesserung der Wirtschaftlichkeit und der Qualität der Endprodukte der Tierproduktion. Die Erzeugerringe sind nach Betriebszweigen organisiert: Ferkelerzeugung, Schweinemast, Jungrindermast, Lämmermast u.s.w. Es werden die Leistungs- und Verkaufsdaten der Mitgliedsbetriebe erfaßt, ausgewertet und Qualitätskontrollen durchgeführt. Zusätzlich werden Futterkosten, Spezialkosten, Arbeitsstunden und Nettoerlös ermittelt sowie Wirtschaftlichkeitsberechnungen durchgeführt. Die Ergebnisse sind Grundlage der züchterischen, produktionstechnischen, hygienischen und vermarktungstechnischen Beratung der Mitglieder. Zusätzliche Auswertungen ermöglichen repräsentative Vergleiche zwischen Haltungsformen, Fütterungsverfahren und Herkünften.

Erzeugergemeinschaften sind Vermarktungsorganisationen, deren Mitglieder über Erzeugerringe oder direkt angeschlossene landwirtschaftliche Betriebe sind. Ziel der Erzeugergemeinschaften ist es, Tierhalter gegenüber den Marktpartnern der Handels- und Verarbeitungsstufen eine vorteilhaftere Stellung zu verschaffen. Dies soll durch folgende Maßnahmen erreicht werden:

- Verbesserung der Qualität des Angebots,
- Konzentration des strukturell bedingten zersplitterten Angebots,
- gleichmäßige Belieferung des Marktes mit einheitlichen Partien.

In den EU-Mitgliedstaaten werden die Erzeugergemeinschaften finanziell gefördert, soweit sie von der zuständigen Landesbehörde anerkannt sind.

2.8.4 Staatliche Tierzuchtverwaltung

Die staatliche Tierzuchtverwaltung wurde im 19. Jahrhundert vor allem von Tierärzten aufgebaut. Zu ihren Aufgaben gehören neben der Durchführung bzw. Überwachung gesetzlich vorgeschriebener Maßnahmen (s. 2.8.1) u.a.: gezielte Förderungsmaßnahmen für die Tierzucht; Beratungsdienst in Züchtung, Haltung und Fütterung von Nutztieren; Berufsausbildung und Fortbildung in Züchtung, Haltung und Fütterung von Nutztieren und Tätigkeiten in Gestüten, Prüfungsanstalten und Versuchsanstalten (angewandete Forschung und Demonstration).

Die staatliche Tierzuchtverwaltung besteht in Deutschland, Österreich und der Schweiz aus Institutionen auf folgenden Ebenen:

2.8.4.1 Bundesebene

Abteilung im Landwirtschaftsministerium bzw. im Eidgenössischen Volkswirtschaftsdepartement.

2.8.4.2 Landesebene

Soweit in Deutschland Landwirtschaftsministerien auf Länderebene bestehen, Tierzuchtabteilungen bzw. Referate in den Ministerien, ansonsten Tierzuchtdirektoren (Österreich) bzw. Kantonale Tierzuchtsekretariate (Schweiz).

2.8.4.3 Regional

In den alten Bundesländern Deutschlands Tierzuchtämter oder Tierzuchtabteilungen in Landwirtschaftsämtern, die für Beratung und Ausbildung auf dem Gebiet der Tierproduktion zuständig sind. Die Leiter der Tierzuchtämter sind z.T. in Personalunion Zuchtleiter der Züchtervereinigungen in ihrem Tätigkeitsgebiet.

Literatur Kapitel 2.8

Deutschland

Organisation und Tierzucht. Tierzuchtgesetz vom 22. Dezember 1989, BGBl. I, S. 2493.

Verordnung über Leistungsprüfungen und Zuchtwertfeststellungen bei Rindern vom 28. September 1990, BGBl. I, Nr. 52, S. 2145.

Bundesländer

Bayerisches Tierzuchtgesetz vom 10. August 1990, GVBl., S. 291.

Verordnung über den Vollzug des Tierzuchtrechtes vom 7. September 1990, GVBl., geändert durch Verordnung vom 18. November 1994, GVBl., S. 1035.

Schweiz
Bundesgesetz über die Förderung der Landwirtschaft und die Erhaltung des Bauernstandes (Landwirtschaftsgesetz) vom 3. Oktober 1951, SR 916.310.
Verordnung über die Rindvieh- und Kleinviehzucht (Tierzuchtverordnung) vom 29. August 1958, Stand am 1. Januar 1995, SR 1995, 2110-25452
Verordnung über die Rindvieh- und Kleinviehzucht (Tierzuchtverordnung), Änderung vom 17. Mai 1995, SR 1995, 348

3 Allgemeine Landwirtschaftslehre

Ein wesentlicher Teil der tierärztlichen Tätigkeit spielt sich im landwirtschaftlichen Bereich oder in den nachgelagerten Ebenen der Nahrungsmittelverarbeitung ab. Das Kennenlernen der Rahmenbedingungen, in denen sich Landwirtschaft vollzieht, erleichtert es dem Tierarzt, seiner Tätigkeit qualifiziert nachgehen zu können, weil er so die in der Landwirtschaft Handelnden besser verstehen kann. Erfolgreiche Landwirtschaft setzt heute ein breites Können seitens des Landwirtes voraus. Der erfolgreiche Landwirt weiß, daß er neben einer guten eigenen Ausbildung, Beratung und Hilfe von außen benötigt. Er wird diese Dienstleistungen immer mehr von den Fachleuten abrufen, bei denen er die fundiertesten Kenntnisse und auch ehrliches Interesse und Verständnis für seine Tätigkeit und Probleme als Landwirt vorfindet. Kenntnisse in der allgemeinen Landwirtschaft sind geeignet, die Schaffung eines Vertrauensverhältnisses zwischen Tierhalter und Tierarzt zu erleichtern, das für die erfolgreiche Zusammenarbeit zwischen Tierarzt und Landwirt notwendig ist.

3.1 Aufgaben der Landwirtschaft

Wenn sich auch die Bedeutung und das Gesicht der Landwirtschaft im Laufe der Zeit ständig gewandelt hat, so lassen sich dennoch einige grundsätzliche Aufgabenstellungen der Landwirtschaft benennen. Die Gewichtung dieser Aufgaben hängt mehr vom Zeitenwandel ab als die Grundaufgaben selbst.

3.1.1 Sicherung der Ernährung

Die Versorgung der Bevölkerung mit Nahrungsmitteln stellt die Primäraufgabe der Landwirtschaft dar, was in Krisenzeiten besser verstehbar ist als in Zeiten eines Nahrungsmittelüberflusses. Der Gesichtspunkt der vollständigen Eigenversorgung hat heute in den stark arbeitsteiligen Industrienationen keine hohe gesellschaftliche Priorität mehr. Eine gewisse Grundversorgung wird jedoch weiterhin angestrebt. Immer bedeutender wird jedoch die Versorgung mit hochwertigen und produktionstechnisch kontrollierten Nahrungsmitteln definierter Qualität.

3.1.2 Erwerbsmöglichkeit

Landwirtschaftliche Tätigkeiten dienen in der Regel der Erzielung einer befriedigenden Rendite und sind damit auch unter dem Gesichtspunkt angemessener Entlohnung zu sehen. Wenn Geldtransferleistungen der öffentlichen Hand nicht das agrarpolitische Totalziel sind, so steht die Landwirtschaft auch weiterhin unter der Erfordernis, selbsterwirtschaftbare Einkommenschancen im ländlichen Raum bereitstellen zu können.

3.1.3 Kulturlandschaftserhaltung

Die Landschaft, in der wir leben, ist durch die Landbewirtschaftung geprägt. Die Erhaltung und Pflege einer lebenswerten Umwelt ist für alle Teile der Gesellschaft von größter Wichtigkeit. Die Bedeutung der Bereitstellung von Lebens-, Erholungs- und Freizeitraum für die nicht in der Landwirtschaft Erwerbstätigen und ihre Angehörigen hat mit Abnahme des in der Landwirtschaft tätigen Bevölkerungsanteils zugenommen. Aber auch für die Landwirte hat die Pflege der Kulturlandschaft im Sinne der Nachhaltigkeit der Landbewirtschaftung einen höheren Stellenwert als dies in der Vergangenheit immer erkennbar war.

3.1.4 Bedeutung der bäuerlichen Landwirtschaft

In Landwirtschaften, die durch eine breite Eigentumsverteilung des Bodens charakterisiert sind, hat sich eine spezifische Lebensform entwickelt, in der Arbeits- und Lebensraum identisch und von der Naturabhängigkeit geprägt sind, wie in keinem anderen Gesellschaftsteil. Vielfach wurde deshalb gefordert, diese spezifische Lebenskultur aus gesamtgesellschaftlichen Gründen zu schützen. Wenn die wirtschaftliche Grundlage für die Einheit von naturabhängiger Arbeits- und Wohnstätte verlorengeht, kann dies jedoch nicht gelingen. Ob es in Zukunft noch möglich sein wird, diese spezifische Erfahrungswelt ohne Sentimentalität in einer pluralistischen Gesellschaft zu erhalten, ist heute kaum zu beantworten.

3.2 Agrargeschichtliche Entwicklung

Die Bedeutung der Landwirtschaft ist ein Spiegelbild des gesellschaftlichen Wandels. Die Begriffe Agrar- und Industriegesellschaft machen dies augenfällig. Die Landbewirtschaftung und die sich daraus ergebenden Wirtschaftsmöglichkeiten und Lebensverhältnisse unterlagen Änderungen in wechselnden Zeitabständen und Intensitäten. Agrargeschichtliche Betrachtungen können helfen, die jeweilige Situation innerhalb und außerhalb der Landwirtschaft besser zu verstehen.

3.2.1 Vorzeit

Bis zur Jungsteinzeit lebten die Menschen als Jäger und Sammler in einer sogenannten Aneignungswirtschaft. In der Jungsteinzeit reifte bei einzelnen Menschen oder menschlichen Lebensgemeinschaften der Entschluß heran, sich den Zufälligkeiten der Nahrungsmittelversorgung aus der freien Natur entgegenzustellen. Die Verknappung der jagdbaren Tiere und sammelbaren Pflanzen durch die Bevölkerungszunahme oder aber auch nur die Unbequemlichkeiten und Unsicherheiten dieser Form der Nahrungsmittelversorgung für die Menschen könnten als Motive für diese Verhaltensänderung der damaligen Menschen ausschlaggebend gewesen sein.

Der Wunsch, dieses Abhängigkeitsverhältnis bei der Nahrungsmittelversorgung zu lockern, führte zur Entwicklung von Ackerbau und Viehzucht. Dadurch entstand eine bessere Verfügbarkeit von größeren Tier- und Pflanzenbeständen. Frühe Formen der Landbewirtschaftung entstehen sowohl in nomadisierenden als auch in seßhaften Gesellschaftsverbänden. In abgewandelter Form ist dies heute noch in den Tropen bei der Wanderbrandrodung und folgender Ackerbaunutzung für den Pflanzenbau ebenso zu beobachten wie bei der Herdenhaltung bei Nomaden. Die Bodenbearbeitung begann zunächst mit dem Grabstock, der durch die Hacke abgelöst wurde. Der sogenannte Hackbau ist heute noch in weiten Teilen Mittel- und Südamerikas sowie in Afrika und Asien in der Landwirtschaft ebenso verbreitet wie in unserer Hausgartenkultur. Einen weiteren entscheidenden Entwicklungsschritt stellt der Wechsel von der Hacke zum gezogenen Haken dar, der den Einsatz der Zugkraft bei der Bodenbearbeitung ermöglichte. Dem Ackerbau wurde dadurch eine neue Dimension eröffnet, auch wenn zunächst nur die menschliche Arbeitskraft als Zugkraft zur Verfügung stand. Die Verwendung des gezogenen Hakens zur Bodenbearbeitung ist die Geburtsstunde des Pfluges. Aus dem einfachen Holzpflug entwickelten sich die Pflüge mit Scharen bis hin zu modernen Pflugformen, mit denen die Scholle gewendet werden kann. Später wurden Pflüge von Tieren und

Traktoren gezogen, und die Bodenbewirtschaftung veränderte sich mit dieser sogenannten Pflugkultur, die eine spürbare Ausweitung der Landbewirtschaftung ermöglichte.

3.2.2 Dorf- und Flurentwicklung

3.2.2.1 Flurformen

Einer der zentralen Punkte in der Agrargeschichte jeden Landes, mit vielfältigen Auswirkungen bis weit über die Gegenwart hinaus, ist die Landnahme. Die Landnahme ist der Prozeß, bei dem ursprünglich freies Land einer bewußten Bodennutzung unterzogen wird, aus der ein Nutzungs- und Eigentumsanspruch durch den oder die Nutzer abgeleitet wird. Deswegen setzt Landnahme besitzlose Landflächen voraus, was bei geringen Besiedlungsdichten in früheren Zeiten gegeben war. In unseren Breiten war dies wohl am Ende der Völkerwanderung um 500 n. Chr. der Fall. Die damaligen Wanderungsströme von Volksgruppen fanden in entsprechenden Landnahmen ihr Ende. Die daraus entstandenen Siedlungsverhältnisse wirken sich bis heute vielfältig aus.

Zur damaligen Zeit stand der Boden für die Landbewirtschaftung mehr oder weniger frei zur Verfügung. Es gibt Hinweise, daß zu dieser Zeit in Deutschland nur etwas mehr als 500 000 Menschen gelebt haben. Siedlungsschwerpunkte scheinen Mainfranken, die Schwäbische Alb und Süddeutschland insgesamt gewesen zu sein. Zunächst war das bewirtschaftete Land kein persönliches Eigentum. Eigentum konnte nur an Vieh, Geräten, Haus und Hof erworben werden. Die Wirtschaftsflächen waren Gemeineigentum. Häufig waren sie in gemeinsamen Rodungsanstrengungen urbar gemacht worden. Die Bewirtschaftung von Gemeinschaftsfluren war meist sogenannten Markgenossenschaften übertragen. In diesen Genossenschaften fanden sich die Siedler oder frühen Bauern mit eigener Hofstelle zusammen. Die Nutzungsrechte am Gemeinschaftsbesitz waren meist an die Hofstelle gebunden und deswegen auch nicht allein veräußerlich. Diese Genossenschaften setzten die Fruchtfolge und die Weidenutzung fest und sorgten für die Sicherung dieser Flächen durch Einfriedungen. Privates Land konnte ein Bauer damals durch die eigenständige Rodung und Kultivierung von freiem Land erwerben.

Die Landnahmemaßnahmen führten zu verschiedenen Flurformen. Dem gemeinsam genutzten Gemeineigentum der sogenannten Allmende stand das selbst gerodete Privatland gegenüber. Häufig bestand das Gemeinschaftsland aus Weide- und Waldflächen und das Privatland zunehmend aus frisch gerodeten Ackerflächen. Siedlungsformen beeinflußten auch die Flurformen. Einzelgehöfte lagen meist in Blockfluren. Die Flurstücke sind dort eher quadratisch und von allen Seiten zugänglich. Im Gegensatz dazu wurden bei einer Dorfbildung häufig Langstreifenfluren angelegt. Die Flächen waren langgestreckte Streifen parallel nebeneinander, jeweils hinter den Gehöften liegend. Möglicherweise wählte man eine derartige Landaufteilung, um beim Pflügen mit großen Ochsengespannen möglichst lang durchpflügen und selten umständlich wenden zu müssen. Insgesamt waren die intensiv bewirtschafteten Ackerflächen näher an den Hofstellen und dann kamen das extensive Weide- und Waldland. Mit einem zunehmenden Bevölkerungswachstum stieg aber der Bedarf an Ackerland, so daß die extensiven Wald- und Weideflächen weiter nach außen verlegt wurden und das Ackerkernland vergrößert wurde. Diese alten Nutzungsflächen wurden die Altgewanne genannt. Konnte in den Altgewannen der durch Neuansiedlungen entstandene Flächenbedarf nicht geschaffen werden, so wurde dieser über Neurodungen durch den Neuansiedler geschaffen. Es entstanden sogenannte Rodegewanne, die aber sofort in das Eigentum der rodenden Bauern übergingen. Wenn für weitere Zuwanderer oder den Nachwuchs neue Hofstellen gebildet werden mußten, war eine Zersplitterung der Flur oftmals der einzige Ausweg. Grundstücksverkäufe und Erbgang taten ein übriges. Dies führte auch zu einer sehr ungleichen Verteilung hoch- und niedrigwertiger Flächen. In manchen Gegenden versuchte man eine möglichst gerechte Landverteilung dadurch zu erreichen, daß die ursprünglich geschlossenen Fluren (Gewannfluren) mit jeweils relativ einheitlicher Qualität gleichmäßig auf die einzelnen Höfe verteilt wurden. Ein Hof mußte so Flächen in den verschiedenen Gewannfluren unterschiedlicher Qualität bearbeiten. Die Dorffluren waren zersplittert, was als Gemengelage bezeichnet wird. In der Gemengelage haben die Einzelflurstücke keine eigenen Zufahrten mehr. Deswegen mußten hier einheitliche Bearbeitungstermine und Fruchtfolgen gemeinschaftlich festgelegt werden. Es entstand der Flurzwang. Derartige Flurzersplitterungen, womöglich verstärkt durch eine Realteilung beim Erbgang, bereiten bis in die Gegenwart große Schwierigkeiten bei einer heute angemessenen Bearbeitung durch Maschinen. Diese Flurzersplitterungen sind häufig Ursache für die Durchführung von Flurbereinigungsverfahren.

3.2.2.2 Dorfformen

Der Zwang, Bewirtschaftungsmaßnahmen aufeinander abzustimmen, ein natürliches Schutzbedürfnis und sonstige Vorteile des gesellschaftlichen Zusammenlebens haben zur Dorfbildung beigetragen. Sehr alte Dörfer sind aus Einzelgehöften und Weilern gewachsen. Neuansiedlungen ab etwa dem 12.Jahrhundert wurden nicht selten planmäßig angelegt. Manchmal kann man heute noch solche alten Dorfstrukturen erkennen. Einzelne Dorfformen bilden sogar regionale Vorkommensschwerpunkte. **Haufendörfer** sind charakterisiert durch die unregelmäßige Anordnung der Gassen und Gehöfte und finden sich bevorzugt in Süd- und Westdeutschland. Östlich der Saale-Elbe wurden häufig **Straßendörfer** mit planmäßiger Anordnung von Gehöften beidseitig der Straße angelegt. Das **Angerdorf** unterscheidet sich vom Straßendorf durch eine Gabelung der Straße im Ortsbereich. Die Gabelung umschließt den Dorfanger mit Kirche, Friedhof und anderen öffentlichen Einrichtungen. Bei den **Rundlingen** gruppieren sich die Höfe Giebel an Giebel um einen mehr oder weniger runden Anger. Die alleinige Hofzufahrt war giebelseitig zum Anger ausgerichtet, wodurch sich eine verbesserte Schutzwirkung für ein derartiges Dorf und seine Bewohner ergab. Bei großflächigen Waldrodungen entstanden auch **Waldhufendörfer**. Hierbei stehen die Gehöfte in größerem Abstand entlang der Straße. Die zu den Gehöften gehörenden Flächen liegen direkt hinter diesen und reichen in der Abstandbreite zum jeweiligen Nachbarn bis an die verbleibende Waldgrenze.

3.2.2.3 Feldwirtschaftssysteme

Wird ein Acker mehrere Jahre hintereinander genutzt und dann ohne Nutzung der Selbstbegrasung überlassen, so ist dies eine **Feldgraswirtschaft**.

Wenn dies rotierend über die ganze Betriebsfläche praktiziert wird, können alle Böden einer natürlichen Regenerationsphase zugeführt werden. Die Feldgraswirtschaft stellt eine extensive Frühform der Landnutzung dar bei reichlicher Flächenausstattung. Bei Flächenverknappung und dadurch notwendiger Intensivierung der Landbewirtschaftung stellt die Dreifelderwirtschaft seit Karl dem Großen die nächste Intensivierungsstufe dar. Eine Flur wird dabei in drei etwa gleich große Flächen unterteilt und in systematischer Folge jährlich wechselnd zuerst mit Winterfrüchten (z. B. Roggen, Dinkel, Winterweizen), im Folgejahr mit einer Sommerfrucht (z. B. Hirse, Hafer, Gerste, Bohnen und Erbsen) bebaut, im 3. Jahr jedoch einer Brache überlassen. Die Brache diente der natürlichen Bodenregeneration. Intensivkulturen wie Flachs, Hanf und Kohlgemüse wurden auf hofnahen Flächen angebaut. In der sogenannten – heute durchaus noch zutreffenden – verbesserten Dreifelderwirtschaft wird das ursprüngliche Brachfeld mit dem seit dem 17. Jahrhundert bekannt gewordenen Feldklee- oder Kartoffelanbau bedacht. Die verbesserte Dreifelderwirtschaft ist dann die erste vollständige Fruchtfolgewirtschaft mit weiterer Intensitätszunahme.

Die Ertragssituation in diesen frühen Bewirtschaftungssystemen war sehr niedrig. Wegen der extensiven Tierhaltungen standen nur geringe Mengen an Wirtschaftsdünger zur Verfügung. Zur damaligen Zeit war die Erzeugungsleistung an Wirtschaftsdünger der Tierbestände eine bedeutende Einflußgröße auf den Wirtschaftserfolg eines Hofes. Deswegen galt ein großer Misthaufen als Anzeichen eines wohlhabenden Hofes. Auch die Wiesen erbrachten nur geringe Erträge. Diese Ertragsmengen reichten meist nicht für die Heuwerbung zur Winterfuttergewinnung aus. Deswegen wurde im Winter an die Tiere Stroh und trockenes Laub gefüttert. Als Folge dieser Mangelernährung hungerten die Tiere bis ins Frühjahr hinein häufig weitgehend aus, sie wurden regelrecht durchgehungert. Es herrschte eine Selbstversorgungswirtschaft vor.

3.2.3 Landwirtschaft im Mittelalter

3.2.3.1 Grundherrschaften

Auch in den frühen Siedlungsgemeinschaften gab es natürlich Standesunterschiede, so zum Beispiel die Sippenältesten. Nicht selten verfügten diese über einen größeren Grundbesitz. In den frühen bäuerlichen Gemeinschaften bestand für die Bauern Kriegspflicht. Diese galt als Recht und Pflicht eines freien Bauern. Während der Kriegszeiten wurden vielfach Unfreie als Abhängige mit den Hofarbeiten betraut.

Im Mittelalter kam es zur Standesbildung: Adel und Kirche – freie Bauern – unfreie Bauern. Adel und Kirche hatten bereits große Ländereien und mußten in einem agrarisch geprägten Land davon leben. Da Land ohne Bewirtschafter wertlos ist, vergaben es die Grundherren zur Bewirtschaftung an Bauern. Ein Bauer auf eigenem Land und der vom Grundherrn mit Land ausgestattete Bauer blieben zum Kriegsdienst verpflichtet. Die vielen Kriege und die teure, selbst zu finanzierende Kriegsausstattung wurden für viele zu einer schweren Last. Neben freien gab es aber auch immer unfreie Bauern. Das freie Bauerntum konnte sich in Oberbayern, Tirol und der Schweiz sehr lange halten. Es ist bis heute „bewaffnet" geblieben, denn die alpenländischen Gebirgsschützenkompanien sind nichts anderes als die Zusammenschlüsse der waffentragenden freien Bauernleute. Heute sind die Schützenkompanien natürlich vom Brauchtumsgedanken durchdrungen und auch der nichtbäuerlichen Bevölkerung zugänglich. Da im Mittelalter bereits kein freies Land mehr zu verteilen war, wurden die Höfe durch die Erbfolge geteilt. Die Lasten wurden größer, der Kriegsdienst kostete viel Geld und Zeit. Um sich von ihm zu befreien, unterstellten sich viele freie Bauern mit ihrem Eigentum den Grundherren. Sie mußten Abgaben leisten und der Grundherr übernahm dafür die Verpflichtungen für den Heeresdienst gegenüber dem König. Vielfach war dies tatsächlich zum gegenseitigen Vorteil für Bauern und Grundherrschaft. Probleme entstanden dort, wo die Forderungen der Grundherren die Belastbarkeit der Bauern überstiegen. Wenn die Grundherren als königlichen Lohn für besondere Verdienste zusätzlich die niedrige Gerichtsbarkeit und damit die politische Obrigkeit übernehmen konnten, führte dies nicht selten zu krassen Abhängigkeiten. Manche Grundherren versuchten, die Bauern zu enteignen, hinderten sie aber gleichzeitig am Verlassen des Herrschaftsgebietes, um die Bewirtschaftungsfähigkeit ihrer Ländereien abzusichern. Es entstand eine starke Standesschichtung: Freie mit Bodeneigentum, Halbfreie mit Wirtschaftsland gegen Abgaben – und Leibeigene.

Der Christianisierung, vor allem durch die frühen Klostergründungen, muß eine tragende Rolle bei der Landwirtschaftsentwicklung zugeschrieben werden, weil die Klöster Musterlandwirtschaften einrichteten und so entscheidende Impulse für die Landwirtschaftskultur und Tierzucht lieferten. Die Klöster wurden von den Bauern als Grundherrschaften gegenüber den weltlichen bevorzugt, da sie den Bauern in der Regel mehr entgegenkamen.

3.2.3.2 Konsolidierung im Mittelalter

Das Spätmittelalter des 13. und 14. Jahrhunderts war durch eine relative wirtschaftliche Blüte gekennzeichnet. Die Bevölkerung hatte deutlich zugenommen, und es kam zu Stadtgründungen mit der Entstehung eines geregelten Handwerks und einer entsprechenden Bürgerschicht.

Weil die Stadtgemeinden von den umliegenden Bauern mit landwirtschaftlichen Produkten versorgt werden mußten, kam es zur Marktbildung. Seitdem produzierte der Bauer über seinen Eigenbedarf hinaus, die reine Selbstversorgungswirtschaft ging mehr und mehr zurück. Der Bauer konnte auf dem Markt landwirtschaftliche Produkte verkaufen und handwerklich hergestellte Waren einkaufen. Dies war der Beginn geordneter Wirtschaftsbeziehungen zwischen Landwirtschaft, Handwerk und Gewerbe. Der Preis für landwirtschaftliche Produkte wird eine entscheidende wirtschaftliche Größe für den landwirtschaftlichen Betrieb. Seit diesem Zeitpunkt beeinflußten hohe und niedrige Getreidepreise die wirtschaftliche Situation in der Landwirtschaft wesentlich und die Agrarmärkte wurden existenzbestimmend für die Landwirtschaft.

3.2.3.3 Bauernunruhen und Kriegswirren

Von 1347–1352 starb etwa ein Drittel der Menschen in Deutschland an der Pest, was einen allgemeinen Niedergang der Wirtschaft bewirkte. Ein vehementer Nachfragerückgang nach Agrarprodukten führte zu ihrem Preisverfall, wogegen Löhne und Preise für andere Gewerbeerzeugnisse stiegen. Dies wirkte sich direkt auf die Wirtschaftslage der Grundherrschaften aus, die ihre finanziellen Schwierigkeiten durch Erhöhung der Abgabelast zu verbessern suchten. Dadurch kam es in einigen Regionen zu schweren Notlagen bei den Bauern, was zu Unruhen und zur Bildung von Geheimbünden führte. Es folgten Bauernaufstände und 1525 brach der Bauernkrieg aus, der seine Schwerpunkte im Südwesten, in Mainfranken und Thüringen hatte. Die Bauern hatten keine Chancen gegen die Streitmacht der Landesherren und Städte. Nach den verlorenen Bauernkriegen war die soziale Situation der Bauern in den Kriegsgebieten schlechter als vorher. Altbayern blieb von den Bauernkriegen verschont, weil sich die bayerischen Herzöge und ihre Bauern miteinander ausreichend über die Gemeinsamkeiten verständigen konnten. Ohne ausreichende Erholung von diesen schweren Zeiten begann 1618 der Dreißigjährige Krieg und forderte wieder größte Opfer. Drei Achtel der Bevölkerung starben, das Land wurde so sehr verwüstet, daß sich ganze Landstriche entvölkerten, was wiederum einen Niedergang der Landwirtschaft zur Folge hatte.

3.2.4 Epoche der Landwirtschaftsreformen

Da die Bevölkerung in Deutschland nach dem Dreißigjährigen Krieg von etwa 16 auf 10 Millionen Menschen gesunken war, kam es zur großflächigen Renaturierung von Acker-, Wald- und Weideflächen. Ein erneut einsetzendes Bevölkerungswachstum erreichte bis Mitte des 18. Jahrhunderts wieder etwa 18 Millionen Einwohner. Als Folge davon stiegen die Nachfrage und die Preise. Diese neue Blüte der Landwirtschaft fällt diesmal jedoch in eine Zeit geistiger Aufgeschlossenheit, in die sogenannte Aufklärung, die die Vernunft und Selbstverantwortlichkeit in den Mittelpunkt rückte. Diese Geisteshaltung war die Voraussetzung für die Entstehung landeskultureller Reformbewegungen. Die Aufklärung förderte die Einsicht in die Notwendigkeit eines sozialen, politischen und wissenschaftlichen Fortschrittes und seiner Chancen. Die Landwirtschaft und die bäuerlichen Angelegenheiten insgesamt vermochten ein zunehmendes Interesse auf sich zu ziehen. Die Bedeutung des Bauernstandes für die Gesellschaft wurde bewußter wahrgenommen. Die mittelalterliche Agrarverfassung und Standesordnung, in der die soziale und rechtliche Stellung der Bauern festgeschrieben war, wurde als änderungsbedürftig erkannt. Die Landesherren nahmen die Bauern teilweise gegen die Interessen der Grundherrschaft in Schutz und stärkten die Rechtsstellung und die Wirtschaftslage der Bauern, beispielsweise durch Schutz vor Überschuldung. Schließlich begann 1781 in Österreich die Bauernbefreiung. Es kam mit ihr zur Übertragung des Erbrechtes und zur Abschaffung der Leibeigenschaft und damit zur Auflösung der grundherrschaftlichen Bindung für die Bauern. Damit hatten die Bauern Zugang zum allgemeinen Recht. Eine Ausnahme war das Erbrecht, das sich in den beiden Formen Anerbenrecht und Realteilungsrecht entwickelte und bis heute seine Gültigkeit beibehalten hat. Bei der Realteilung bekommen alle Erben gleiche Anteile. Bei dieser Rechtsform sollen alle abgefunden werden, auch wenn dabei eine Zersplitterung des Hofes unvermeidbar wird. Beim Anerbenrecht steht die geschlossene Vererbung des Hofes im Vordergrund und die weichenden Erben müssen deutliche Härten in Kauf nehmen. Das Erbrecht hat die Agrarstruktur in seinen jeweiligen regionalen Gültigkeitsbereichen stark geprägt. Das weiter zunehmende Bevölkerungswachstum erforderte die Ausdehnung der landwirtschaftlich genutzten Flächen und die Intensivierung der Landwirtschaft. Dies konnte beispielsweise über Moorkultivierungen, Meliorationen, die Einführung der Fruchtwechselwirtschaft und der Agrikulturchemie mit dem Einsatz mineralischer Dünger ab dem 18. Jahrhundert erreicht werden. In dieser Zeit entstanden die Landbauwissenschaften.

3.2.5 Industrialisierung

Anfang des 19. Jahrhunderts war Deutschland ein Agrarland. Die Dampfmaschine ist das Symbol für das im 19. Jahrhundert anbrechende Maschinenzeitalter. Entsprach bisher die für Bewegung nutzbare Energie vornehmlich der vielfach sehr umständlich handhabbaren Zugleistung von Tieren, so konnten jetzt plötzlich unverhältnismäßig höhere Energieleistungen in stationären oder mobilen Einheiten bereitgestellt werden. Dies eröffnete den Übergang von der handwerklichen zur maschinenorientierten Arbeit und von der Agrar- zur Industriegesellschaft. Die Entwicklung der Eisenbahn veränderte die Transportsituation größerer Gütermengen ebenfalls grundlegend. Die entstehenden Fabriken benötigten Arbeitskräfte, die vom Land kamen. Die Landwirtschaft konnte keine vergleichbaren Einkommen und Arbeitsbedingungen bieten, es setzte eine regelrechte Landflucht ein. Die industrielle Entwicklung konzentrierte sich zunächst auf Gebiete mit Kohlevorkommen oder günstiger Verkehrslage (z.B. an Eisenbahnlinien und Wasserstraßen).

Einerseits führte die starke Abwanderung von Arbeitskräften zu einem Mangel an Arbeitskräften, andererseits stieg die Nachfrage nach Agrarprodukten, zumal die Transportmöglichkeiten auch die Belieferung weiter entfernter Märkte zuließ. Die höhere Kaufkraft der Menschen in der Stadt führte zu gesteigerter Nachfrage und besseren Preisen für Agrarprodukte und kam so der Landwirtschaft zugute. Durch den Mangel an Arbeitskräften entstand ein Mechanisierungszwang in der Landwirtschaft. Mit der Industrieproduktion von besseren Betriebsmitteln konnte dieser Arbeitskräfteabbau verkraftet werden. Die Technisierung von Arbeitsvorgängen, die Anwendung von Mineraldüngern und die Verbesserung des Zuchtmaterials in Tier- und Pflanzenzucht führte zu einer spürbaren Verbesserung der Arbeitsproduktivität. Die Flächenerträge und tierischen Leistungen nahmen deutlich zu. Da sich weltweit eine vergleichbare Entwicklung zeigte und durch leistungsfähige Eisenbahnen und Transportschiffe ein Weltmarkt mit freiem Handel entstanden war, kam es zu einem Getreideüberangebot mit nachfolgender Absatzkrise. Selbst bei Niedrigstpreisen konnten die Agrarprodukte kaum mehr abgesetzt werden. Der heute noch intensive Gemüsebau der Holländer und der Aufbau einer intensiven tierischen Veredelungswirtschaft in Dänemark waren damals die Auswege für diese Länder aus der Agrarkrise, was sich bis heute im Agrargeschehen der Europäischen Gemeinschaft niederschlägt. In Deutschland schützte man den Getreidebau durch hohe Schutzzölle.

3.2.6 Landwirtschaftliche Gegenwartsgeschichte

Während des ersten Weltkrieges kam es zur Isolation Deutschlands, und die Versorgung des Landes hing damit für jeden deutlich sicht- und spürbar von der Leistungsfähigkeit der eigenen Landwirtschaft ab. Die Folgen dieses Krieges, die anschließende Weltwirtschaftskrise mit ihrer uferlosen Geldentwertung und die gleichzeitige Steigerung der Weizenerzeugung in den USA führten letztlich über einen Kaufkraftmangel bei gleichzeitiger Überproduktion zu einer schweren Agrarkrise. Dies vernichtete die Existenz vieler Betriebe, was erhebliche Unruhen in der Landwirtschaft auslöste. In dieser für die Landwirtschaft sehr schwierigen Situation übernahmen die Nationalsozialisten die Macht in Deutschland und erließen das Reichserbhofgesetz. Höfe zwischen 7,5 und 125 ha durften nicht mehr geteilt, belastet oder verkauft werden. Die Erbfolge wurde auf die männliche Linie beschränkt. Dies bedeutet eine wesentliche Einschränkung der Verfügungsberechtigung der Bauern über ihr Eigentum zum angeblichen gesellschaftlichen Vorteil, womit der sozialistische Ansatz erkennbar wird. Es kam zu gravierenden Nachteilen und familiären Ungerechtigkeiten. Fremdkapitalbeschaffungen zur Wirtschaftsführung waren wegen mangelnder Hypothekenabsicherungen nicht mehr möglich. Neffen des Bauern konnten den Hof erben, aber nicht die eigenen Töchter. Mit der Bildung des sogenannten Reichsnährstandes kam es zur Einführung einer Marktordnung, zu Preisfestsetzungen auf der Erzeuger- und Vermarktungsstufe, zu zwangsläufigen

Eingriffen in den Produktionsablauf und damit zu einer regelrechten Planwirtschaft. Politisches Ziel war eine autarke deutsche Lebensmittelproduktion und das Ende dieser Entwicklung war die Zwangswirtschaft des zweiten Weltkrieges.

Nach dem 2. Weltkrieg mußte zunächst zur Ernährungssicherung die zwangswirtschaftliche Ablieferungspflicht und das Bezugsscheinsystem beibehalten werden. Nach der Währungsreform wurden die Bezugsscheine zum 1.März1950 endgültig abgeschafft. Auch nach dieser Zeit kam es zu gesetzlichen Eingriffen in das Landwirtschaftsgeschehen.

In der damaligen DDR verlief die Landwirtschaftsentwicklung gänzlich anders. Mit der Bodenreform wurden Ländereien über 100 ha ersatzlos enteignet. Später wurden die Kollektivierung erzwungen und landwirtschaftliche Produktionsgenossenschaften gegründet, um die traditionelle landwirtschaftliche Produktion in eine sozialistische Industrieproduktion überzuleiten. Diese Umwandlung der landwirtschaftlichen Kultur hatte weitreichende Folgen nicht nur für die Tier- und Pflanzenproduktion, sondern auch für die Kulturlandschaft. Die ideologische Vorstellung von einer allseitigen, angeblich politisch begründbaren Machbarkeit fand in der Landwirtschaft seinen deutlich erkennbaren Niederschlag.

3.3 Agrarsoziologie

Die Agrarsoziologie versucht die Bedingungen, Muster und Formen des Zusammenwirkens und -lebens von Menschen in der Land- und Forstwirtschaft systematisch zu erfassen und zu erklären. Dabei sind alle land- und forstwirtschaftlichen Berufszugehörigen Gegenstand der Untersuchungen. Die Lebensbedingungen dieser Bevölkerungsgruppe werden hauptsächlich bestimmt durch:

- ihr Verhältnis zum Boden (Bodenordnung)
- ihre beruflichen Beziehungen zueinander (Arbeitsordnung)
- Wirtschafts- und Gesellschaftssystem (Herrschaftsordnung)

Unter dem rechtlich-sozialen Ordnungsgesichtspunkt wird das als Agrarverfassung bezeichnet.

3.3.1 Der ländliche Raum

Der ländliche Raum ist sehr stark von der Agrarwirtschaft geprägt. Das äußere Erscheinungsbild wird durch die land- und forstwirtschaftliche Bodennutzung gestaltet. Aus ihr ergaben sich die Siedlungsformen. In unterschiedlichen Landschaften herrschten ursprünglich jeweils verschiedene Siedlungstypen vor. Dies können Einzelhof- oder Dorfstrukturen sein. Durch den Rückgang der in der Landwirtschaft direkt Beschäftigten entstehen vor allem in den Dorflagen Wohngebiete für außerlandwirtschaftlich Erwerbstätige und ihre Familien. Durch diese Siedlungstätigkeit haben sich die Dorfstrukturen teilweise sehr verändert. Dennoch prägen die Landwirtschaft und die ihr direkt nachgelagerten Erwerbszweige (Land- und Maschinenhandel, Nahrungsmittelverarbeitungsbetrieb usw.) noch immer den ländlichen Raum sehr stark. Deswegen ist auch für die außerlandwirtschaftlichen Landbewohner der jahreszeitliche Arbeitsrhythmus der Landwirtschaft noch direkt erlebbar. Je kleiner die ländlichen Siedlungen sind, desto stärker ist der Einfluß einer landwirtschaftlichen Lebensweise, die sich durch ihre völlig andersartige Strukturierung von der in der Stadt unterscheidet. Ein verdichtetes Wohnen in der Stadt und ein besonders ausgeprägtes arbeitsteiliges Wirtschaften mit der Notwendigkeit der Spezialisierung führten letztlich zu eigenständigen Vorstellungen über Wertsysteme, Rangordnungen, Möglichkeiten der sozialen Mobilität, Lebensstandard und Bildung. Bei genauerer Betrachtung bestehen aber bereits in diesen Fragen vielfach unterschiedliche Wertungen zwischen den Landbewohnern ohne direkten Bezug zur Landwirtschaft und den von der Landwirtschaft lebenden Menschen. Nicht selten erwuchs daraus das Mißverständnis von der Rückständigkeit der Bauern und der Landbevölkerung. Dieses Mißverständnis findet sich als belastender Teilaspekt im sogenannten **Stadt-Land-Problem** wieder. In diesem sogenannten Stadt-Land-Problem schlagen sich vor allem bewertende Einschätzungen dieser beiden Lebensräume und ihrer Funktionen und Beziehungen zueinander nieder. Vielfach wurden hier sehr unterschiedliche Modelle zur Darstellung dieser Stadt-Land-Unterschiede entworfen. Sie gehen von der gegenseitigen Abhängigkeit von Stadt und Land aus. Eingeführt sind hier das Zentrale-Orte-Modell, das Hinderlandmodell und das Umlandmodell. Beim **Zentrale-Orte-Modell** ist die Stadt das Versorgungszentrum des Landes. Dieses Modell ist von der Vorstellung beherrscht, daß sich in den ursprünglichen bäuerlichen Einzelwirtschaften das Bedürfnis entwickelt, verschiedene Arbeitsvorgänge auszulagern und arbeitsteilige Lösungen der Arbeitserledigung als zweckmäßig zu betrachten. Diese Funktionen werden von Handwerksbetrieben und Dienstleistungseinrichtungen örtlich zentralisiert aufgenommen. Derartige Orte gewinnen einen Bedeutungsüberschuß und heben sich aus dem verbleibenden Agrarland heraus. Die Entfernung solcher Zentren voneinander geben Auskunft über die Transportmöglichkeit zur Zeit ihrer Entstehung. Aus dem Vorliegen mehrerer solcher zentraler Orte ergeben sich weitere Spezialisierungszwänge und der Bedarf an höherwertigen Gütern. Dies führt zur Bildung von Mittel- und Oberzentren, die meist in günstiger Verkehrslage entstanden sind. Diese grundsätzliche Untergliederung in Klein-, Unter-, Mittel- und Oberzentren im Hinblick auf die Versorgungsfunktion des Landes ist bis heute ein wichtiges Prinzip der Raumordnungspolitik.

Im **Hinterlandmodell** ist das Land der Versorgungsraum der Stadt. In dieser Vorstellung ist wenig Platz für eigenständige Interessen des Hinterlandes. Es ist vielmehr ganz auf die Bedürfnisbefriedigung seiner Stadt ausgerichtet.

Beim **Umlandmodell** ist das Land bereits direkter Funktionsraum der Stadt. Die Flächen der selbständig verbliebenen Umlandgemeinden dienen nicht mehr oder nur noch vorläufig der Nahrungsmittelerzeugung, sondern sind neben der Funktion als erweiterte Wohngebiete Reserveflächen zur Befriedigung städtischer Raumansprüche, sei es für Industrie, Gewerbe, Handel oder auch Erholung.

3.3.2 Ländliche Institutionen

Unter soziologischen Gesichtspunkten versteht man unter Institutionen Formen genormten Verhaltens. In der Regel werden nur für die Gesellschaft bedeutsame Verhaltensweisen durch Formalisierung, Objektivierung und Organisation institutionalisiert. In Abhängigkeit von der Wichtigkeit menschlicher Bedürfnisse lassen sich verschiedene bedeutsame Institutionskategorien erkennen. Den drei Basisinstitutionen Familie, Wirtschaft und Religion sind die drei elementaren menschlichen Bedürfnisse Fortpflanzung, Daseinsvorsorge und Lebenssinn zugeordnet. Als weitere Basisinstitution kommt die der Machtverteilung mit ihrer Gestaltung des öffentlichen Lebens und dem Schutz vor Gewalt und

Angriffen hinzu. Erziehung, Bildung, Verkehr, Kommunikation, Gesundheit, Freizeit und Erholung sind Nebeninstitutionen, die natürlich mit den Hauptinstitutionen einer Gesellschaft eng verflochten sind. Nicht immer sind institutionalisierte Verhaltensmuster leicht in Einklang zu bringen. Wirtschaftliches Erfolgsstreben und Tierschutzverantwortung, ökonomisches Verhalten und ökologische Verantwortung könnten vordergründig jeweilige Gegensatzpaare sein. Ein Mensch, der die Normen beider derartiger Institutionen erfüllen will, kann durchaus in einen inneren Zwiespalt gelangen. Er wird sein Verhalten mehr an den Institutionen orientieren, die in seiner direkten Gesellschaft von zentraler Bedeutung sind. In der Agrargesellschaft haben Haus, Hof, Acker und Vieh die zentrale Bedeutung. In derartigen Gesellschaften überragt die Bedeutung der Situation und des Sozialsystems ganz allgemein das des personellen Systems.

3.3.2.1 Familie als soziale Institution

Auch auf dem Land entwickelt sich die Familienstruktur hin zu Kleinfamilien mit nicht mehr als 2–3 Kindern. Allerdings leben noch relativ häufig die vormaligen Hofbesitzer, meist die Eltern der Bäuerin oder des Bauern mit auf dem Hof. Familien unterliegen vor allem in ihrer Größe und ihren Strukturen einem zyklischen Geschehen. Dieser Familienzyklus ergibt sich aus der Abfolge von Hofübernahme, Aufwachsen und Heranreifen der Kinder und des Vorhandenseins eines Austragsbauernehepaares.

Innerhalb der Familien besteht ein enges Beziehungsgeflecht, das nicht dem Belieben des Einzelnen unterliegt. Innerhalb der verschiedenen Familienbeziehungen sind die Zweierbeziehungen (Mutter–Kind, Eltern zueinander, Geschwister zueinander) vielfach besonders stark und dauerhaft. Bei bäuerlichen Familien jedoch haben Eltern-Kind-Beziehung häufig verschiedene Qualitäten. Das Verhältnis zum oder zur Hofübernehmer(in) ist vom Bewußtsein der gegenseitigen Abhängigkeit geprägt. Das daraus resultierende Gemeinsamkeitsbewußtsein und Spannungspotential ist in dieser Beziehung stärker ausgeprägt als in der zu den anderen Kindern. Heute leben die weichenden Erben zwar noch häufig auf dem Hof, aber ihre Berufsausbildung und ihre Lebensorientierung sind bereits nach außen gerichtet. In früheren Zeiten wurden gerade auf kleineren Höfen die Kinder frühzeitig als Arbeitskräfte auf anderen Höfen untergebracht. Es stand bei diesen Kindern von Anfang an fest, daß sie außerhalb ihrer Herkunftsfamilien leben mußten und diese nur noch ihre Besuchsfamilien sein konnten.

3.3.2.2 Religiöse Institutionen

Je mehr eine Gesellschaft noch traditionell gelenkt ist, desto größer ist die Schlüsselfunktion der religiösen Institution. Die religiösen Institutionen setzen auch moralische und ethische Maßstäbe für den Alltag. Sie helfen den Menschen bei der Lebensorientierung und dem Finden der Sinnhaftigkeit des Lebens, so daß sie insgesamt praktische Lebenshilfe sein können. Der Ausbau der meisten Religionen erfolgte in Agrargesellschaften. Deswegen beziehen sich religiöse Vorstellungen häufig auf die Beantwortungen der Grundfragen des Landlebens und hierbei vor allem auf das Unerklärliche und dem Menschen Unverfügbare. Das Lebenlernen mit dem für den Menschen Unverfügbaren bewahrt die bäuerliche Lebensgemeinschaft vor einem ungeschützten Glauben an die umfassende Machbarkeit aller Dinge durch den Menschen. Dies hält die religiöse Empfindungsfähigkeit auf dem Land lebendiger als in der Stadt. Deswegen ist die Gläubigkeit als solche auf dem Land größer. Diese Gläubigkeit kann aber durchaus auch den Aberglauben mit einschließen. Von diesem höheren Maß an Gläubigkeit werden auch in einem gewissen Umfang die verschiedenen Autoritätsinstanzen und -personen profitieren können.

Natürlich bleibt das Land und die Landwirtschaft von der zunehmenden allgemeinen Verweltlichung (Säkularisation) nicht verschont. Der gesellschaftliche Wertewandel erfaßt auch das Land und richtet sich so verzögert auch gegen die religiösen Institutionen auf dem Land.

3.3.2.3 Politische Institutionen

Das Zusammenleben in einem Dorf setzt die Einhaltung einer sozialen Ordnung voraus. Dies heißt die prinzipielle Sicherstellung folgender Sachverhalte:
- Besitzstandswahrung der Gemeinschaft im allgemeinen
- Besitzstandswahrung der eingesessenen Familien
- Wahrung der öffentlichen Moral

In dieses innere politische System greifen aber politische Gewalten wie Polizei- und Militärwesen, Rechtspflege, Verwaltung und Bildungswesen von außen ein. Nicht selten werden diese deswegen als störende Eingriffe in die eigene Ordnung empfunden. Da heute auf dem Lande die politischen Gemeinden häufig nicht mehr identisch mit den tatsächlichen Dorfgemeinschaften sind, müssen sich die Dorfbewohner zwangsläufig bereits außerhalb ihres Lokalsystems orientieren. Dadurch wird die Verbindlichkeit des Lokalsystems als politische Institution geschwächt.

Im traditionellen Dorf bäuerlicher Prägung bedeutet Besitz gleichzeitig auch Macht. Selbst in Dörfern mit einem hohen Anteil nichtbäuerlicher Bevölkerung ist der Landbesitz eines der wichtigsten Machtinstrumente, da die Boden- und Baulandpolitik einen beträchtlichen Teil der Lokalpolitik ausmacht.

3.3.3 Bodenordnung

Unter Bodenordnung versteht man die durch Sitte und Gesetz geregelten Beziehungen der Menschen zum nutzbaren Boden. In der Bodenordnung sind Aufteilung und Nutzung des Bodens (Flurordnung), die Verfügungsgewalt über den Boden (Eigentumsordnung) und die Übertragung der Verfügungsgewalt über den Boden (Grundstückverkehrsordnung) zusammengefaßt. Durch das Recht, über den Boden eigennützig verfügen zu können, werden durch die Bodenordnung auch die Beziehungen zwischen den Menschen festgelegt. Während diese Eigennutzung die Anerkennung dieses Rechtsanspruches durch Dritte erfordert, werden bestimmte Verhaltenserwartungen an den Bodeneigentümer herangetragen. Die Bodenordnung beeinflußt sehr stark das Handeln der Menschen auf dem Land. Aus ihr entstehen vielfältige soziale Probleme. Sie ist Bestandteil einer jeden Kultur. Die Bodenordnung ist die Grundlage aller sozialen Systeme in der Landwirtschaft. In wasserarmen Ländern hat die Wasserordnung eine vergleichbare fundamentale Bedeutung für die Gesellschaft. Boden ist grundsätzlich nicht vermehrbar. Im Vergleich zur gesamten Landfläche ist der fruchtbare Boden knapp. Er bildet jedoch die Grundlage für die nachhaltige Versorgung des Menschen mit Nahrungsmitteln. Deswegen ist die Verfügbarkeit über den Boden und seine Erträge ein Maßstab für soziale Sicherheit und Unabhängigkeit. Im Kampf des Bauern um Bodeneigentum spiegelt sich nicht selten sein Kampf um seine persönliche Freiheit wieder. Weil die Größe und das Maß der Verfügbarkeit in einer Agrargesellschaft die Leistungsfähigkeit und Einkommenshöhe eines Betriebes bestimmen, sind sie auch Bestimmungsgrößen für Ansehen, sozialen Rang und Macht in einer derartigen Gesellschaft. Neben der rein wirtschaftlichen Bedeutung müssen dem Boden noch zusätzliche Werte sozialer und kultureller Art zugemessen werden. Im Verhaftetsein mit dem Boden kommt für den Menschen, der vom Boden lebt, eine tiefe Gefühlsbeziehung zum Vorschein. Grundzüge der Landteilung, die sich teilweise bis auf die Ursprünge der Landnahme zurückführen lassen, haben wir bereits im agrargeschichtlichen Überblick kennengelernt. Auch Flurformen beeinflussen das soziale Geschehen in der bäuerlichen Lebenswelt. Ob Bauern während ihrer Feldarbeit miteinander in Kontakt treten können, hängt stark von den historisch geprägten Flurformen ab.

Eine wichtige Funktion der Bodenordnung hat die Landvermessung. Da mit ihr die Besitzgrenzen festgelegt werden, müssen ihre Ergebnisse eindeutig und beständig sein. Grenzstreitigkeiten sind häufig ein Störfaktor des sozialen Friedens. Unter diesem Gesichtspunkt kommt der Landvermessung eine große Bedeutung im sozialen Gefüge einer Agrargesellschaft zu, weil sie Besitzansprüche absichert. Deswegen werden zu den vielfach noch amtierenden ehrenamtlichen Feldgeschworenen, die amtliche Feldvermessungen bezeugen, nur anerkannte Personen einer Gemeinde bestimmt. Ihre Integrität ist unbestritten und sie sind angesehene Mitglieder der Dorfgemeinschaft.

3.3.3.1 Eigentumsordnung

Gemeinschaftseigentum ist eine frühe Form des privaten Grundeigentums. Im Staatseigentum befindliche Flächen dienen hauptsächlich dem öffentlichen Bedarf. Dies können Erholungsflächen, Naturschutzflächen, regionale Schutzzonen, öffentliche Anlagen oder einfache Bodenreserven sein. Während beim privaten Kleingrundeigentum die Idee verwirklicht ist, wonach dem das Land gehört, der es mit eigenen Händen bebaut, erfolgt beim Großgrundeigentum die Bewirtschaftung nicht mehr durch den Eigentümer, sondern durch von ihm Abhängige.

Weil die Verfügungsgewalt über den landwirtschaftlich nutzbaren Boden eine Angelegenheit von existentieller Bedeutung ist und soziale Sicherheit und Macht über andere verleiht, ist die Verteilung des Grundeigentums ein wichtiger sozialer Faktor. Breitgestreutes privates Eigentum an Grund und Boden ist demnach ein sozialer Positivfaktor.

Vererbung von Grundeigentum

Da beim Erwerb von landwirtschaftlichem Eigentum die Vererbung von überragender Bedeutung mit weitreichenden sozialen Konsequenzen ist, spielt der Vererbungsmodus in einer Agrargesellschaft eine große Rolle. Die Erbfolge ist in Erbgesetzen und vielfach noch älteren Erbsitten festgelegt. Bei der Erbfolge lassen sich zwei Grundtypen unterscheiden. Dies ist zum einen die Vererbung durch Erbteilung (z. B. Realteilung), bei der das Wohl der Erben im Vordergrund steht. Dies muß zu Lasten der Existenzfähigkeit des Hofes gehen, weil dies eine wiederholte Zersplitterung des Grundeigentums über Generationen hinweg bedeutet. Zum anderen gibt es die geschlossene Vererbung des Hofes an eine Person (Anerbenrecht), bei der die Existenzfähigkeit des Hofes ausschlaggebend ist.

3.3.4 Arbeitsordnung

Die Landarbeit wird gekennzeichnet durch die Arbeitsvoraussetzungen und Arbeitsbedingungen. Arbeitsvoraussetzungen in der landwirtschaftlichen Produktion hängen vom Standort und der Bodenbeschaffenheit, vom biologischen und klimatischen Rhythmus, vom genetischen Potential der Tiere und Pflanzen und den Naturkräften ab. Als anthropogener Faktor kommt noch die jeweilige kulturelle Tradition hinzu.

Landbewirtschaftung und Tierbetreuung sind körperlich anstrengende, jeweils nicht immer exakt abschätzbare, beschwerliche und vielfach auch schmutzige Arbeiten, die ein gewisses Maß an Unfallträchtigkeit und Gesundheitsgefährdung bedingen. Landwirtschaftliches Arbeiten ist grundsätzlich nicht genau berechenbar, weil es der produktive Umgang mit dem Lebendigen ist. Landwirtschaftliches Arbeiten ist unterstützendes Arbeiten bei der Sicherung von biologischen Lebensabläufen, die ihren eigenen Gesetzmäßigkeiten folgen.

Diese Gesetzmäßigkeiten des Lebens werden in physiologischen Rhythmen und biologischen Zyklen andeutungsweise erkennbar. Der menschliche Arbeitsrhythmus in der Landarbeit muß sich wie kein anderer an diese autonomen Rhythmen und Zyklen des Lebens angleichen, um gedeihlich sein zu können. Damit sind die Arbeitsabläufe grundsätzlich nicht am menschlichen Bedürfnis, sondern an unverrückbaren Lebensrhythmen der Natur gebunden. Dieses von der Natur abhängige Arbeiten bringt die Vielschichtigkeit, den Abwechslungsreichtum und den hohen Erlebniswert des Arbeitens in der Landwirtschaft mit sich.

Ausgeprägt ist im landwirtschaftlichen Leben immer noch die geschlechtsspezifische Arbeitszuteilung. Diese ist nicht immer an den biologischen Besonderheiten von Frau und Mann orientiert, sondern an kulturellen Mustern.

Die drei Hauptformen der landwirtschaftlichen Arbeitsverfassung sind die Familien-, Fremd- und Kooperativarbeitsverfassung. Die Familienarbeitsverfassung gilt als die älteste und bei uns häufigste. Ihre Überlegenheit liegt in der Übereinstimmung von Eigen- und Betriebsinteressen. Arbeitsqualität, Arbeitsreserven und Anpassungsfähigkeit an den Arbeitsbedarf sind weitere entscheidende Vorteile. Eine ausschließliche Fixierung der Familienmitglieder an der Erwerbsmöglichkeit innerhalb des Betriebes kann allerdings durchaus zur Unwirtschaftlichkeit führen, sowohl in Form einer mangelnden Arbeitskräfteauslastung als auch einer Arbeitsüberlastung. Wenn gleichberechtigte Partner längerfristig betrieblich zusammenarbeiten und dafür womöglich auch spezifische Arbeitsstrukturen aufgebaut haben, dann spricht man von einer kooperativen Arbeitsverfassung. Kooperationsmöglichkeiten bestehen vielfältig durch arbeitsteilige Produktionsverfahren oder im Bereich gemeinsamer Vermarktungsbemühungen. Kooperationsmodelle haben unterschiedliche soziale Konsequenzen. Entlastungswirkungen stehen Spezialisierungschancen bei spezifischen Neigungen ebenso gegenüber wie gesicherte Arbeitserledigung trotz eines dann möglichen Freizeit- und Urlaubsanspruches. Diese Arbeitsform wird künftig auch in der bäuerlichen Landwirtschaft große, vielleicht sogar existenzsichernde Bedeutung erlangen. Bei einer Fremdarbeitsverfassung übt der Betriebsinhaber selbst die Anordnungen aus oder läßt diese bereits durch einen Betriebsleiter vornehmen. Die Arbeit selbst wird dann von Lohnarbeitern ausgeführt.

3.3.5 Agrartechnische Systeme

Es gilt inzwischen als gesicherte Erkenntnis, daß es sich bei agrartechnischen Systemen nicht nur um unterschiedliche Technisierungsstufen von Produktionsverfahren handelt, sondern ein Zusammenhang zwischen dem Lebensstandard einer Agrarbevölkerung und ihrer Agrartechnik besteht. Einfache Arbeitsmethoden sind so von einem niedrigen Lebensniveau begleitet. Bei der bereits bekannten Folge agrartechnischer Systeme von der Schlick-, über die Brand-, Hack- und Haken- zu den verschiedenen Pflugkulturen und der abschließenden Motorkultur darf nicht nur die technische Entwicklung gesehen werden. Diese

Entwicklung ist ohne starke Vermehrung an technischem Wissen und arbeitsteiliger Spezialisierung undenkbar, dennoch ist die tragende Entwicklungskomponente die Art und Weise, mit welcher Fremdenergie in diese Agrarsysteme eingeführt werden kann. Damit ist die eingeführte Fremdenergiemenge ein entscheidender Faktor. Um diese Fremdenergie einführen zu können, ist ein ausreichendes Kapital erforderlich. Da ein höherer Lebensstandard höhere Kapitalmengen voraussetzt, ergibt sich hieraus auch eine Beziehung zwischen Lebensstandard und agrartechnischem Niveau. Daß die Verlagerung der Energiebeschaffung weg von der unmittelbaren menschlichen Arbeitskraft bis hin zur Motorkraft augenfällig weitreichende soziale Folgen hat, kann als trivial gelten. Verstärkt werden die sozialen Konsequenzen durch die Zunahme der Ertrags- und damit Einkommenshöhe.

Folgen der Motorisierung

Durch die Motorisierung der Landwirtschaft haben sich tiefgreifende Veränderungen in der Beziehung der Menschen zu Boden, Pflanzen und Tieren ergeben. Nicht ausgeschlossen von dieser Entwicklung blieben aber auch die Beziehungen der Menschen zueinander. Entscheidende Auswirkungen hat die deutliche Zunahme der Arbeitsintensität und -produktivität, die sich direkt in einer Abnahme der Zahl der erforderlichen Arbeitskräfte auswirkt. Dies führt dazu, daß der Arbeitskräftebedarf beim Durchschnittsbetrieb über die Familie bisher abgedeckt werden konnte. Der anhaltende Technisierungszwang erzwingt aus Rentabilitätsgründen jedoch die Vergrößerung der Betriebe. Dies verschärft den Zwang zur Agrarstrukturverbesserung mit weniger, aber größeren und leistungsfähigeren Betrieben. In agrarwirtschaftlich dominierenden Gebieten führt der Rückgang an Beschäftigungsmöglichkeiten in der Landwirtschaft zu einer Abwanderung und somit zur Bevölkerungsausdünnung auf dem Land, was den teilweisen oder vollständigen Verlust sozialer Institutionen wie Schulen, eigenen Pfarreien oder örtlichen Vereinen bewirken kann.

Auch an den Familienstrukturen sind die Spuren der Motorisierung zu erkennen. Die ehemals kinderreiche, aus mehreren Generationen zusammengesetzte bäuerliche Großfamilie entwickelt sich mehr und mehr zur Kleinfamilie mit wenigen Kindern. Bei den maschinenorientierten Arbeitsabläufen verlieren die alten Arbeitserfahrungen und damit die Autorität der Älteren an Bedeutung. Gebraucht werden reaktionsschnellere, neuerungsfreudige und technikbegeisterte jüngere Menschen. Dies führt zu einem größeren Mitspracherecht der Jüngeren auf dem Hof. Der höhere Aufwand für den Schriftverkehr und die Buchführung im Betrieb hat vielfach den Frauen ein weiteres Tätigkeitsfeld eröffnet, was ihren Anteil an den Betriebsentscheidungen erhöht und zu einer egalitär-partnerschaftlichen Familienverfassung beiträgt.

Die Verwendung von Maschinen hat eine gravierende Veränderung der körperlichen Arbeitsbelastung gebracht. Körperliche Kraftanstrengungen sind rückläufig, Haltungs- und Geräuschbelastungen stark zunehmend. Auch die nervliche Beanspruchung steigt bei den höheren Arbeitsgeschwindigkeiten. Der Maschineneinsatz erhöht das Unfallrisiko sowohl qualitativ als auch quantitativ.

Auffallend ist der Zwang zur vertraglichen Formalisierung der nachbarschaftlichen Zusammenarbeit im Zuge der verstärkten Technisierung. Die Maschinenringe verdeutlichen dies. Die Technisierung der Agrargesellschaften lockert die persönlichen Beziehungen der landwirtschaftlichen Betriebe untereinander. Während man früher ausschließlich auf nachbarschaftliche Hilfe in Notfällen oder Ausnahmesituationen angewiesen war, fällt diese Aufgabe heute vermehrt dem Kundendienst oder überörtlichen Maschinenringen zu. Die neuen technischen Möglichkeiten bieten neue Entscheidungsfreiheiten und machen unabhängiger von altväterlichen Arbeitsweisen und der traditionellen Schicksalsergebenheit. Aus dieser Bereitschaft, sich im Arbeitsleben auf Neues einzulassen, erwächst auch die Bereitschaft zu ähnlichem Handeln im sozialen Bereich.

Der grundlegende Faktor der Technisierung liegt darin, daß mit ihr die in Bewegung umsetzbare Energie dem Betrieb als Fremdenergie zugeführt werden kann. Diese Energieform war zu Beginn der frühgeschichtlichen Landbewirtschaftung die menschliche Arbeitskraft, um dann wesentlich durch die Arbeitskraft von Tieren erweitert zu werden. Vor der Technisierung war die Zugkraft der Arbeitstiere und ihr Erhalt von zentraler Bedeutung für die Wirtschaftsfähigkeit eines landwirtschaftlichen Betriebes. Die starke emotionale Bindung und in der Regel auch individuelle Beziehung zum Einzeltier war eine natürliche Folge dieser Abhängigkeit vom Tier. Am stärksten war dies beim reinen Zug- und Transporttier, dem Pferd, der Fall, weil dieses nicht etwa noch anderweitig, wie beispielsweise das Rind zur Milch- und Fleischnutzung, herangezogen wurde. Der Verlust der Bedeutung von Arbeitstieren durch die Einführung der Maschinenkraft setzte betriebliche Produktionskapazitäten für Verkaufsprodukte wie Milch, Fleisch, Wolle, Eier und Verkaufsfrüchte frei. Die landwirtschaftliche Produktion erfuhr so eine noch stärkere Orientierung hin zum Markt. Wirtschaftsweise und Lebenseinstellung in der Agrarwirtschaft näherten sich in den Grundzügen der Industrieproduktion an. Maschinen, Geräte, Düngemittel, Futtermittel, Saatgut, Jungtiere und immer mehr Güter des täglichen Bedarfs werden in einer technisierten, arbeitsseitigen Wirtschaft zugekauft. Dies bewirkt ein Verhalten, das sich vom vormaligen Selbstversorgungsbestreben stark wegentwickelt hat und im Zuge der Motorisierung einen starken Mentalitätswechsel in der bäuerlichen Welt sichtbar macht.

3.3.6 Wertordnung

Wertordnungen verstärken oder vermindern bestimmte Handlungsweisen und stabilisieren sich teilweise selbst, so daß sich ihr Wandel meist langsam vollzieht.

Wertänderungen werden auch von Ideologien beeinflußt, die Folge einer Flucht aus der Realität sind, wenn sich theoretische Vorstellungen und Gedankenreihe nicht mehr mit der Wirklichkeit in Deckung bringen lassen. Wie alle Ideologien haben Bauerntumideologien eine starke Verharrungskomponente. Bauerntumideologien attestieren den bäuerlichen Menschen besondere Eigenschaften wie: Besonnenheit, Fleiß, Selbstbeherrschung und -achtung, Zurückhaltung, Verständnis für das Wachsen, Gemeinschaftssinn, Rechtsempfinden,

Achtung vor Rangordnungen, Verständnis für die Balance von Ratio und Emotion, Selbständigkeitsbewußtsein und gläubiger Verbundenheit mit Gott und Zugang zur Welt des Gewachsenen. In der Bauerntumideologie gelten diese Werte als Basiselemente für die Gesamtgesellschaft. Es wird gefolgert, daß die bäuerlich geprägten Menschen für den Erhalt und die Erneuerung der Gesellschaft unverzichtbar seien und dieser Menschentypus in einer Stadtgesellschaft lediglich verbraucht, aber nicht aus ihr hervorgehen kann.

In der bäuerlichen Welt herrscht vielfach eine spezifische **Berufsethik** vor. Das Bauernsein wird vielfach als Berufung verstanden, das mehr Lebensinhalt als Lebensunterhalt sein soll. Hierin kommt das besondere Verpflichtetsein gegenüber dem Beruf zum Ausdruck, das das bewußte Übernehmen von Verantwortung über den Hof als Betriebsstätte hinaus beinhaltet. Neben Familie, Vieh, Haus und Hof umfaßt dieser Verantwortungsbereich auch den gesamtgesellschaftlichen Aspekt der Landschaftserhaltung und Nahrungsmittelversorgung. Diese Verpflichtung erschwert vielen Bauern einen Berufswechsel. Aus diesem Verständnis müssen die grundsätzlichen Hemmungen, in der Landwirtschaft Bodeneigentum zu verkaufen, gesehen werden. Das Aufrechterhalten des Betriebes als Zu- oder Nebenerwerbsbetrieb trotz häufiger Arbeitsüberbelastung ist ein Indiz dafür.

Wertewandel

Das Ziel des Bauern ist häufig nach wie vor nicht die Einkommensmaximierung, sondern das standesgemäße Auskommen, von dem die soziale Stellung abhängt. Natürlich finden auch in der bäuerlichen Gesellschaft die Statussymbole der Konsumgüterwirtschaft (Auto, Wohneinrichtung, Kleidung, Hausgeräte und Teilnahme am Kulturgeschehen) eine immer größere Beachtung und verdrängen dabei allmählich das Produktions- und Betriebseigentum als Wertschätzungsgrößen. Darin drückt sich der Beginn einer Loslösung der Beziehung zu Boden, Pflanze, Tier und Betrieb aus. Der Wertewandel schlägt sich in der zunehmenden Bereitschaft des Bauern nieder, sich dann von diesen Dingen zu lösen, wenn das Mißverhältnis zwischen emotionalem und materiellem Wert zu groß wird.

3.4 Agrarpolitik

Unter Agrarpolitik werden alle staatlichen und berufsständischen Maßnahmen verstanden, die zur Gestaltung der Lebensbedingungen der Landwirtschaft und der dazugehörigen Rahmenbedingungen erforderlich sind. Die Erfüllung dieser Aufgabe hängt in Qualität und Quantität mit der Bedeutung der Landwirtschaft in der jeweiligen Gesellschaft zusammen.

3.4.1 Bedeutung der Landwirtschaft im Wirtschaftsgefüge

Die Landwirtschaft ist ein Teil der Gesamtwirtschaft und trägt als solche zur volkswirtschaftlichen Leistung bei. So konnte in der BRD die Landwirtschaft beispielsweise im Jahr 1993/94 einen Produktionswert von ca. 60 Mrd. DM erwirtschaften, etwa 1,1 % der Gesamtwirtschaft in der BRD. Im Zeichen einer weit fortgeschrittenen gesamtwirtschaftlichen Arbeitsteilung entfallen allerdings von dieser Summe etwa 32 Mrd. DM auf die Begleichung von Vorleistungen, die die Landwirtschaft aus anderen Wirtschaftsbereichen zukauft. Dies macht auch deutlich, daß die Landwirtschaft Waren und Dienstleistungen in der Höhe von etwa 32 Mrd. DM aus anderen Wirtschaftsbereichen abnimmt und somit durchaus auch unter diesem Gesichtspunkt ein Wirtschaftspartner ist. Wenn es um wirtschaftliche Wertschöpfung geht, so ist die Bruttowertschöpfung pro Arbeitskraft ein aussagefähiger Parameter. In der Landwirtschaft betrug diese im Vergleichsjahr 1990/91 in der BRD 38719 DM/AK und im übrigen Wirtschaftsbereich 74078 DM/AK. Diese Werte veranschaulichen die unterschiedlichen Produktivitätsmöglichkeiten innerhalb und außerhalb der Landwirtschaft. Ein derartiger Produktivitätsunterschied wirkt sich auch auf die Einkommensmöglichkeiten, vor allem auch von lohnabhängigen Arbeitskräften negativ aus. Die Folge ist eine Abwanderung von Arbeitskräften aus der Landwirtschaft in die übrige Wirtschaft. Dies wird an der Entwicklung der Anteile der in der Landwirtschaft Erwerbstätigen erkennbar. Sie betrug in der BRD 1992 3,4 %, während es im Jahr 1970 noch 8,5 % waren.

3.4.2 Ziel der Agrarpolitik

Wesentlicher Bestandteil der Agrarpolitik in Europa ist die Zielvorgabe, der Landwirtschaft die Beteiligung an der wirtschaftlichen Gesamtentwicklung zu ermöglichen. Dies schließt die Bereitschaft ein, die strukturell und naturbedingt geringeren Produktivitätsmöglichkeiten mit wirtschaftspolitischen Maßnahmen abzufedern, um den in der Landwirtschaft Erwerbstätigen einen angemessenen sozialen Lebensstandard zu sichern. All dies setzt jedoch voraus, daß die Existenz der heimischen Landwirtschaft als unverzichtbar angesehen wird.

Daraus lassen sich verschiedene Teilziele ableiten, deren Gewichtung sich in den letzten Jahrzehnten verschoben hat. Heute hat die Verbesserung der Lebensverhältnisse der in der Landwirtschaft Beschäftigten und darüber hinaus der Menschen im ländlichen Raum einen hohen Stellenwert. Dies setzt die Beteiligung dieser Menschen an der allgemeinen Einkommens- und Wohlstandsentwicklung voraus. Produktivitätssteigerungen können die einzelbetriebliche Wirtschaftlichkeit verbessern, woraus sich Verbesserungen der Lebensverhältnisse ergeben können. Bei übersättigten Agrarmärkten werden jedoch die gesamtwirtschaftlichen Probleme sichtbar, die Produktivitätssteigerungen auch hervorrufen können. Deswegen wird der Produktionssteigerung als einer auf Wachstum ausgerichteten Zielvorstellung heute eine geringere Bedeutung zugemessen als in früheren Jahren. Die Förderung von Produktivitätsverbesserungen wird deswegen kritisch gesehen. Allerdings gibt es in dieser Bewertung deutliche Unterschiede zwischen den verschiedenen EU-Staaten. Ein weiterhin wichtiges agrarpolitsches Ziel ist die Versorgung der Gesellschaft mit Produkten aus der heimischen Agrarwirtschaft. Von Anfang an war es agrarpolitische Zielvorgabe, Nahrungsmittel zu angemessenen Preisen dem Verbraucher anbieten zu können. Diese bis heute gültige Vorstellung orientiert das Preisniveau an der Versorgung der Bevölkerung und somit nicht an Marktpreisen oder kostendeckenden Preisen, sondern an möglichst günstigen Verbraucherpreisen. Durch diese agrarpolitische Vorgabe sollen die Lebenshaltungskosten niedriger gehalten werden. Dies wird auch dadurch deutlich, daß der Anteil eines Durchschnittseinkommens, der für den Nahrungsmittelverbrauch aufgebracht werden muß, prozentual geringer wird. Dies ist ein bewußter agrarpolitischer Beitrag zur Minderung der allgemeinen Lebenshaltungskosten und ein Beitrag zur Preisstabilität. Vor diesem Hintergrund sind die unter betriebswirtschaftlichen Gesichtspunkten gerechtfertigten Forderungen nach höheren Agrarpreisen nicht durchsetzbar. Solange die Agrarpreise in der EU über den Weltmarktpreisen liegen, wird vielmehr über eine weitere Absenkung der europäischen Agrarpreise folgenwirksam nachgedacht. Dadurch geraten die produktionsbedingten Einkommensmöglichkeiten weiter unter Druck, weil die Produktionsstrukturen in den verschiedenen Regionen Europas meist nicht die Produktion zu Weltmarktpreisen erlauben. Mit der zusätzlichen Forderung an die Landwirtschaft, qualitativ hochwertige Produkte zur Versorgung der Bevölkerung bereitzustellen, soll die Bereitschaft des Verbrauchers, höhere Preise zu akzeptieren, geweckt werden. Qualitätsprogramme sind deswegen zu agrarpolitischen Instrumenten geworden. Im Sinne einer Versorgung der Verbraucher mit Produkten hoher Qualität ist dies ein wirksames agrarpolitisches Instrument. Wenn sich diese Aktivitäten positiv auf Absatzmengen und Erzeugerpreise bei der Landwirtschaft auswirken, sind dies sinnvolle agrarpolitische Maßnahmen. Auch bei einem weiteren wichtigen agrarpolitischen Teilziel, der Pflege von Landschaft und Natur, stehen einzelbetriebliche ökonomische Gesichtspunkte häufig nicht im Vordergrund der Betrachtung. Förderungswürdig ist unter einzelbetrieblichen Gesichtspunkten nicht das Nutzungsmaximum, sondern das Nutzungsoptimum. Das am Betriebserfolg orientierte Nutzungsoptimum wird jedoch nicht immer identisch sein mit der Nutzungsintensität, die aus gesellschaftlicher Sicht als erstrebenswert gilt, denn aus dieser Sicht sind Landschafts-, Arten- und Tierschutz eigenständige Werte. Die Realisierung dieser nicht landwirtschaftlichen Werte kann durchaus zu Einschränkungen der Landwirtschaft führen, die sich ungünstig auf die Einkommens- und Besitzverhältnisse der Landwirtschaft auswirkt, da sie mit deutlichen Produktionsbeschränkungen einhergehen. In dieser Zusammenstellung wird die starke Reglementierung der landwirtschaftlichen Produktion deutlich. Bereits die Einbettung in die Abläufe natürlicher Lebenszyklen und unkalkulierbarer Witterungsverhältnisse schränken die Verfügungsmöglichkeiten des Landwirtes im Sinne einer Verengung von wirtschaftlichen Handlungsspielräumen ein und stellen damit eine spürbare Benachteiligung der landwirtschaftlichen Produktion im Vergleich zur Industrieproduktion dar. Die Vorgabe der Bereitstellung von Agrarprodukten hoher Qualität zu angemessenen Preisen, also einer Preisorientierung, die nicht vorrangig an gegebenen Produktionsstrukturen und -kosten ausgerichtet ist, sondern einseitig am Käuferinteresse, beeinträchtigt ebenfalls die Einkommenschancen der Landwirtschaft grundsätzlich. Hinzu kommen gesellschaftliche Ansprüche auf die Verminderung der Bewirtschaftungsintensität, die oftmals unterhalb der Möglichkeiten nachhaltiger Landwirtschaft liegen. Dennoch wird die heimische Landwirtschaft bei der Bereitstellung höherwertiger, weil besser kontrollierbare und somit gesunde Nahrungsmittel weiterhin eine große Bedeutung haben.

Die Landwirtschaft ist zudem als landeskultureller Faktor ersten Ranges ein unverzichtbares Stabilisierungselement für den ländlichen Raum, der auch als Ausgleichsraum für die städtische Bevölkerung von Bedeutung ist. Die Existenzsicherung der Landwirtschaft bleibt deshalb Grundanliegen einer gesellschaftsrelevanten Agrarpolitik. Die Ergänzung des selbsterwirtschafteten Betriebseinkommens durch staatliche Transferleistungen ist weiterhin unverzichtbar. Arbeits- und Lebensbedingungen, die das Niveau anderer Bevölkerungsgruppen deutlich unterschreiten, können der landwirtschaftlichen Bevölkerung auf Dauer nicht zugemutet werden. Hierbei ist die Landwirtschaft, wie jede andere Minderheitengruppe, auf das Verständnis der Gesamtgesellschaft angewiesen. Die notwendige agrarpolitische Abstimmung einzelbetrieblicher Interessen mit den gesellschaftsrelevanten landeskulturellen Aufgaben der Landwirtschaft bedarf weiterhin erheblicher Anstrengungen in einer freiheitlich orientierten Gesellschaft, die als tragende Richtgröße die Sozialverträglichkeit, auch für zahlenmäßige Minderheiten, anerkennt.

3.4.3 Instrumente der Agrarpolitik

Die Agrarpolitik läßt sich derzeit in 4 wesentliche Teilbereiche aufgliedern. Dies sind Markt- und Preispolitik, Agrarstrukturpolitik, Agrarsozialpolitik und Agrarumweltpolitik. Die Agrarpolitik ist geprägt durch die Aufgabenverteilung zwischen der Agrarpolitik der Europäischen Union und den Agrarpolitiken der einzelnen Nationalstaaten. Hauptziel der gemeinsamen Europäischen Agrarpolitik ist die Schaffung eines gemeinsamen Marktes für die wichtigsten landwirtschaftlichen Erzeugnisse. Das Hauptaugenmerk der Europäischen Agrarpolitik ist deswegen auf die Markt- und Preispolitik gerichtet. Durch die Bildung eines gemeinsamen Marktes konnten natürlich nicht die regional sehr unterschiedlichen Agrarstrukturen vereinheitlicht werden, so daß die Notwendigkeit entstand, auch die Agrarstrukturpolitik europaweit in Angriff zu nehmen. Die Nationalstaaten und Regionen haben dabei allerdings einen deutlich größeren Gestaltungsspielraum als dies im Bereich der Markt- und Preispolitik möglich ist. In jüngerer Zeit wird eine enge Verknüpfung der Agrarstrukturpolitik mit der Agrarsozialpolitik sichtbar, die weitgehend in der nationalen Verantwortlichkeit verblieben ist. Die Agrarumweltpolitik beruht in erster Linie auf Produktionsauflagen, die von den einzelnen Mitgliedstaaten erlassen werden. Wenn dabei Ausgleiche für Produktionsbeschränkungen notwendig werden, die Transferleistungen erfordern, ist die Zustimmung der Europäischen Union unausweichlich. Die Gewährung solcher Beihilfen wirkt sich auf den Wettbewerb innerhalb der Europäischen Agrarwirtschaft aus und darf den innergemeinschaftlichen Wettbewerb nicht verschieben. Deswegen sind alle Einkommensbeihilfen in den Mitgliedstaaten durch die Europäische Union zu genehmigen.

3.4.3.1 Gemeinsame Agrar- und Agrarpreispolitik

Der gemeinsame Agrarmarkt wird von 3 Elementen getragen. Dies sind:
- die Einheit des Marktes
- die Gemeinschaftspräferenz
- die finanzielle Solidarität

Durch die Einheit des Marktes entsteht ein freier Warenaustausch von Agrarerzeugnissen zwischen den Mitgliedstaaten ohne Zölle, Subventionen und Handelshemmnisse. Dies setzt gemeinsame Preise und Wettbewerbsregeln voraus. Für die Festsetzung gemeinsamer Preise ist die Aufrechterhaltung stabiler Währungsparitäten Grundvoraussetzung. Ebenso wichtig sind weitgehend einheitliche gesundheits- und veterinärpolizeiliche Vorschriften innerhalb des Geltungsbereiches des gemeinsamen Agrarmarktes. Unter Gemeinschaftspräferenz wird die Bevorzugung innergemeinschaftlich erzeugter Produkte gegenüber Drittlandsimporten verstanden, was den Schutz gegenüber Einfuhren zu niedrigeren Preisen aus Drittländern bedeutet. Aus dieser Verpflichtung zu einem gemeinsamen Markt ergeben sich notwendigerweise erhebliche finanzielle Aufwendungen, die nach dem Grundsatz finanzieller Solidarität von allen Mitgliedstaaten gemeinsam zu tragen sind. Die finanzielle Solidarität bedeutet dennoch, daß die Ausgaben, die sich auch den agrarpolitischen Zielsetzungen ergeben, bezahlt werden, unabhängig in welchem Mitgliedsland sie durch die Produktion von landwirtschaftlichen Erzeugnissen verursacht werden.

Die Entwicklung des gemeinsamen Marktes führte zu gemeinsamen Marktordnungen, die sich heute auf die meisten landwirtschaftlichen Produkte innerhalb der europäischen Gemeinschaft beziehen. Da das innergemeinschaftliche Preisniveau für Agrarerzeugnisse meist über dem des Weltmarktes liegt, wird für jedes Produkt ein sogenannter Schwellenpreis festgesetzt, der dem Preisniveau innerhalb der Europäischen Union entsprechen soll. Der Unterschied zwischen dem Weltmarktpreis als Angebotspreis und dem Schwellenpreis der Europäischen Union wird als Abgabe („Einfuhrzoll") abgeschöpft und fließt der Europäischen Union zu. Bei Ausfuhren wird der Unterschied zwischen dem Marktpreis innerhalb der Europäischen Union und dem Weltmarktpreis den Exporteuren als Exporterstattung vergütet. Die Abschöpfungen und Erstattungen sollen den Marktpreis innerhalb der Europäischen Union stabilisieren. Wenn es zu hohen Überschüssen innerhalb der Europäischen Union kommt, sind die Exporterstattungen wesentlich höher als die Abschöpfungen und die Kostenbelastung der EU steigt dramatisch. Zusätzlich sind entwicklungspolitische Gesichtspunkte von Bedeutung, bei denen Entwicklungsländern gezielt Handelschancen mit der Europäischen Union eingeräumt werden sollen. Der Europäische Agrarbinnenmarkt wird zusätzlich über Richtpreise, das sind agrarpolitisch gewünschte Preise, reguliert. Unterschreitet der Preis eine festgesetzte Schwelle, greift die Europäische Union in das Marktgeschehen ein und kauft über staatliche Interventionsstellen dieses Agrarprodukt zum sogenannten Interventionspreis an. Das Aufkaufen derartiger Überschußmengen ist ein wesentlicher Kostenfaktor der gemeinsamen europäischen Agrarpolitik. Zur Begrenzung dieser Kosten wurden für einige Agrarprodukte Mengenreglementierungen, sogenannte Kontingentierungen eingeführt. Beispiele sind die Milchquotenregelung und die Kontingentierung der Zuckerrübenlieferrechte. Wirksame Mengenbeschränkungen lassen sich nur dort realisieren, wo über bestehende Verarbeitungsstrukturen die Produktionsmengen erfaßt werden können. Bei der Milchquotenregelung nehmen diese Funktion die Molkereien wahr und bei der Zuckerverarbeitung die Zuckerfabriken. Insgesamt haben die Preisstützungsmaßnahmen die Überschußproduktion innerhalb der Europäischen Union ständig verschärft. Deshalb wurde im Jahre 1992 eine grundlegende Reform der Agrarpolitik von der Europäischen Union durchgeführt, deren Ziel es ist, die Agrarpreise allmählich den Weltmarktpreisen anzugleichen. Seitdem wird die für die heimische Landwirtschaft notwendige Unterstützung in Form von Flächen- und Tierprämien gewährt. So werden mittlerweile in der Getreideproduktion in Abhängigkeit von dem Ertragsniveau der Böden Flächenprämien gezahlt, die in der Größenordnung von etwa 600 und mehr DM pro ha liegen. Im Bereich der Veredelungswirtschaft wurde im Zuge dieser Maßnahmen der Interventionspreis für Rindfleisch deutlich gesenkt und dafür Ausgleichszahlungen in der Höhe bis zu etwa DM 200,– pro Rind gewährt. Dies bedeutet, daß wesentliche Teile des landwirtschaftlichen Einkommens inzwischen über direkte Geldtransferleistungen zustande kommen. Ohne diese Beihilfen ist innerhalb der Europäischen Union eine flächendeckende Landwirtschaft weiterhin nicht aufrechtzuerhalten.

3.4.3.2 Agrarstrukturpolitik

Da die Grenzen der Finanzierbarkeit des gemeinsamen Agrarmarktes und die Folgen der internationalen Handelsverpflichtungen der EU immer deutlicher offenliegen, gewinnt die Bedeutung der Agrarstrukturpolitik zunehmend an Interesse. Die Flächenausstattung der Betriebe, Viehbestandsgrößen und die Besitzverhältnisse kennzeichnen die Agrarstruktur eines Landes oder einer Region. Die europäische Landwirtschaft ist in der Regel gekennzeichnet durch kleine Betriebseinheiten, die unter dem Gesichtspunkt der Produktion mehr Nachteile als Vorteile bieten. Neben ungünstigen Boden- und Klimaverhältnissen wirken sich vor allem kleinräumige Agrarstrukturen nachteilig auf die Landwirtschaft aus. Nach Ausschöpfung der absetzbaren Produktmengen sind bei festen Preisen einzelbetriebliche Einkommensverbesserungen vielfach nur noch durch flächenbezogenes Wachstum realisierbar. Daraus ergibt sich der Zwang zur Strukturanpassung durch einen Strukturwandel, bei dem die Verteilung der gesamten Agrarfläche auf weniger rentable Betriebe erfolgt. Erfolgreiche Agrarstrukturpolitik erfordert Maßnahmen zur sozialverträglichen Abwanderung von Arbeitskräften aus der Landwirtschaft. An Standorten, an denen eine wirtschaftliche Landbewirtschaftung nicht mehr möglich ist, muß die Landwirtschaft dennoch unter dem Gesichtspunkt der Landschaftspflege eine Landbewirtschaftung aufrechterhalten. Dazu sind gezielte Fördermaßnahmen zur Kulturlandschaftspflege erforderlich. Eine derartige Förderungsmaßnahme ist beispielsweise das sogenannte Bergbauernprogramm. Einzelbetriebliche Investitionsförderungen dienen hingegen der Umstellung zur qualitativen Verbesserung der Erzeugung, der Senkung der Produkionskosten, der Verbesserung der Arbeitsbedingungen, sowie Energieeinsparungen und einer erhöhten Umweltverträglichkeit der Produktion in überlebensfähigen Betrieben. Eine überbetriebliche Maßnahme ist die Flurbereinigung, bei der heute Gesichtspunkte des Landschafts- und Naturschutzes stärker berücksichtigt werden als dies in der vergangenen Zeit der Fall war. Insgesamt läßt sich sagen, daß die neue Agrarstrukturpolitik versucht, extensivere Bewirtschaftungsweisen stärker in den Vordergrund zu stellen, was jedoch eine Vergrößerung der Betriebsflächen pro Betrieb erfordert, wenn ein zufriedenstellendes Einkommen erwirtschaftet werden soll. Auch wenn das Leitbild der Agrarstrukturpolitik nicht ein garantiertes Vollzeiteinkommen für ein durch eine zu kleine Betriebsstruktur bedingte Teilzeitbeschäftigung sein kann, so bedarf die Strukturanpassung der Sozialverträglichkeit für die von ihr Betroffenen.

3.4.3.3 Agrarsozialpolitik

Die Gestaltung der Agrarsozialpolitik obliegt innerhalb der Europäischen Union ausschließlich den Mitgliedstaaten. Die Schaffung eines eigenständigen Versicherungssystems für die Altersversorgung und die Versorgung im Falle von Krankheit und Unfällen stellt in der Bundesrepublik Deutschland die wesentliche Maßnahme der Agrarsozialpolitik dar. Eine eigenständige Altersversorgung für die aus der aktiven landwirtschaftlichen Beschäftigung aussteigenden Personen ist ein wichtiger sozialpolitischer Beitrag. Diese Altersabsicherung wirkt sich günstig auf die Bereitschaft zur Hofübergabe oder auch zur Aufgabe wenig rentierlicher Betriebe im Altersfall aus. Leider wurde jedoch diese Altersversorgung als eigenständiges Rentensystem für die Landwirte aufgebaut, wodurch sich die Schwierigkeit ergibt, daß bei zunehmender Abwanderung von Erwerbstätigen aus der Landwirtschaft das Verhältnis von Erwerbstätigen zu Rentenbeziehern ständig ungünstiger wird, so daß dieses Rentensystem nur aufrechterhalten werden kann durch nennenswerte Bundzuschüsse, die beispielsweise im Jahre 1992 bereits 72 % der Gesamtausgaben betrugen.

3.4.3.4 Agrarumweltpolitik

In Abhängigkeit der bisher gültigen agrarpolitischen Vorgaben war es einzelbetrieblich sinnvoll, Einkommensverbesserungen durch verstärkte Produktionsintensitäten zu erwirtschaften. Je geringer die Flächenausstattung eines Betriebes war, desto stärker war der Zwang zur Intensivierung. Nicht selten führte dies zu einer starken Beanspruchung des Bodens und ebenso zu einer starken Beanspruchung der Tiere. Eine neu entstehende Agrarumweltpolitik versucht diese Schwierigkeiten zu vermindern. In der allgemeinen Umweltdiskussion findet dies eine große Beachtung. Eine Schwierigkeit ist, spezifische Umweltbelastungen, die durch individuelle Entscheidungen des Produzenten ausgelöst werden, einem einzelnen Verursacher zuzuordnen. In der Landwirtschaft mit staatlich kontrollierten Preisen können auch die Kosten für die Vermeidung von Umweltbelastungen nicht auf den Verbraucher abgewälzt werden. Agrarumweltpolitik bedeutet vielfach eine Produktionseinschränkung unter dem Gesichtspunkt des Naturerhaltes. Vielfach ist sie mit Einkommensverzichten und auch mit Minderungen des Verkehrswertes von Grundstücksflächen verbunden. Deswegen ergibt sich aus der Agrarumweltpolitik und der Agrareinkommenspolitik vielfach ein Zielkonflikt. Aus der Landwirtschaft entsteht deswegen die Forderung nach Übernahme eines Teiles dieser Belastungen in Form von Ausgleichszahlungen durch die Allgemeinheit.

3.4.4 Träger der Agrarpolitik

Es sind die Träger der Agrarpolitik, die agrarpolitisches Geschehen planen, festlegen und umsetzen. Den weitestgehenden Einfluß auf die Agrarpolitik übt inzwischen in Europa die Europäische Union selbst aus. Ihnen stehen die nationalen Entscheidungen gegenüber. Die Bundesrepublik Deutschland hat einen eigenständigen Agrarhaushalt und eine an die Rahmenvorgaben der Europäischen Union angelehnte Agrargesetzgebung, die im Zusammenwirken von Bundestag und Bundesrat genutzt wird. Mit ihr werden vor allem Maßnahmen zur Agrarstrukturverbesserung im Rahmen der Gemeinschaftsaufgabe von Bund und Ländern und Fragen des Natur- und Umweltschutzes festgelegt. Neben diesen staatlichen und europäischen Einflußträgern der Agrarpolitik gibt es weitere privat orientierte Organisationen, die deutlichen Einfluß auf die Agrarpolitik nehmen. Dies sind die berufsständischen Vertreter der Landwirtschaft, in der Regel die Bauernverbände, ebenso die Verbraucherverbände und schließlich die Agrargenossenschaften und ihre Dachverbände, deren Anliegen der Agrarhandel ist. Neben den praktisch orientierten Trägern der Agrarpolitik gestalten auch wissenschaftliche Einrichtungen die Agrarpolitik mit.

3.5 Landwirtschaftliche Betriebslehre

3.5.1 Der Landwirt als Unternehmer

In den westlichen Ländern ist der Landwirt in der Regel privatwirtschaftlicher Unternehmer. In den ehemals und noch verbliebenen kommunistischen Ländern liegt die Landwirtschaft noch überwiegend in staatlicher Hand. In einer privatwirtschaftlich orientierten Landwirtschaft kann eine höhere Eigenverantwortlichkeit des Landwirtes oder der Landwirtin und damit ein größeres individuelles Risiko festgestellt werden. Individuelle Verantwortungsfähigkeit und -bereitschaft sind dabei genauso wichtig wie vielfältige Managementfähigkeiten und fachliche Fertigkeiten.

Wenn es gilt, die Aufgaben des Landwirtes als Unternehmer zu erfassen, dann ist zu unterscheiden zwischen Betrieb und Unternehmen. Die Erzeugung landwirtschaftlicher Produkte ist Hauptaufgabe des landwirtschaftlichen Betriebes. Damit ist der Betrieb eine produktionsbezogene Einheit. Der Betriebsleiter hat die Arbeitskräfte und materiellen Produktionsfaktoren so zu ordnen, daß sie zweckbestimmt unter Einbeziehung der weiteren Produktionsmittel eine optimierte Produktionstechnik erlauben. Betriebsleiteraufgaben sind, geeignete Produktionstechniken zur Erzielung landwirtschaftlicher Erträge und Leistungen sicherzustellen. Aus unternehmerischer Sicht kommt die Notwendigkeit der Produktverwertung und die damit einhergehende Notwendigkeit zur Einkommenserzielung durch unternehmerische Tätigkeiten zu den Betriebsleitertätigkeiten hinzu. Der Verkauf der Produkte und die Einbeziehung der Kostenfrage in die Produktion sind unternehmerische Elemente. Ein landwirtschaftlicher Betrieb, dessen Ziel die Produktion von vermarktungsfähigen Gütern als Erwerbsvorstellung hat, ist ein landwirtschaftliches Unternehmen. Ein landwirtschaftliches Unternehmen kann aus einem oder mehreren Betrieben bestehen. Dieser Einteilung folgend kann zwischen den Aufgaben der Unternehmensführung und der Betriebsleitung unterschieden werden. Zu den Unternehmeraufgaben gehört: Zielvorgaben für den Betrieb zu erstellen, deren organisatorische Realisierung, die Festlegung finanzieller Rahmenbedingungen unter Ausschöpfung der jeweiligen Möglichkeiten des Marktgeschehens und die erforderliche finanzielle Erfolgskontrolle.

Landwirtschaftliche Unternehmensformen

Von besonderer Bedeutung ist der **Familienbetrieb**.
Dieser ist eine sozialökonomische Einheit in der die soziale Einheit „Familie" mit der wirtschaftlichen Einheit „Unternehmen" vereinigt ist. Familieninteressen sind in diesem Fall gleichzeitig Unternehmerinteressen. Das Interesse der gesam-

ten Familie am Wirtschaftserfolg des Unternehmens sichert die Unterstützung durch die Familienangehörigen. Dies bedeutet eine günstige Unternehmersituation, weil innerhalb der Familie entschieden wird, welche Mittel im Betrieb jeweils verbleiben und welche Arbeitskräfte einsetzbar sind oder ob mit den Arbeitskräften auch außerbetriebliche Einkommen erzielt werden sollen. Dies ermöglicht eine flexible Anpassung an die sich ändernden Bedingungen in der Landwirtschaft.

Diesen Vorteilen des bäuerlichen Familienbetriebes stehen aber auch Nachteile gegenüber. Hierzu gehört die Betriebsgröße, die von einem Familienbetrieb bewirtschaftet werden kann. Moderne Produktionsverfahren erfordern zunehmend Einsatzmengen, die die Möglichkeiten des Einzelbetriebes übersteigen. Der wirtschaftliche Einsatz von Großmaschinen macht dies deutlich. Der bäuerliche Familienbetrieb kann diesen Strukturnachteil durch Kooperation mit anderen Betrieben ausgleichen. Die Stellung des Betriebsleiters als Unternehmensleiter und Hauptarbeitskraft des Betriebes in einer Person ist typisch für den bäuerlichen Betrieb. Hieraus ergibt sich aber auch das Problem, daß der Ausfall des Betriebsleiters wegen Unfall, Krankheit oder gar Tod eine besondere Schwierigkeit für den Betrieb darstellt. Insgesamt stellt die hohe Arbeitsbelastung in der Regel für alle Familienmitglieder durchaus eine soziale Benachteiligung dar. Wenn der ererbte Betrieb zu klein ist und nicht in erforderlichem Maße erweitert werden kann, reichen die Einkommensmöglichkeiten nicht mehr aus. Nur eine vorsorgende Berufsausbildung, auch für die nachfolgende Generation, kann das Problem lösen. Denn diese bietet der oder dem Betriebsleiter(in) eine Chance, einem qualifizierten Nebenerwerb nachzugehen. Je nachdem, wie stark der Wille und die Fähigkeit ist, den Betrieb weiter zu bewirtschaften, wenn die außerbetrieblichen Einkommen höher und die möglichen Lebensgestaltungen außerhalb des Betriebsgeschehens attraktiver werden, wird dann über die Weiterführung des Betriebes entschieden.

3.5.2 Produktionsfaktoren

Die Herstellung landwirtschaftlicher Produkte beansprucht sogenannte Produktionsfaktoren. In der landwirtschaftlichen Betriebslehre gelten als Produktionsfaktoren: Betriebsleitung, Güter, Dienste und Rechte. Unter diesen Oberbegriffen sind unterschiedlich viel einzelne Produktionsmittel zusammengefaßt. Sie werden in verschiedener Kombination durch die jeweiligen Produktionsverfahren in Anspruch genommen oder verbraucht. Die Ausstattung eines landwirtschaftlichen Betriebes mit Produktionsfaktoren ist immer begrenzt. Die Produktionsfaktoren stellen die Ressourcen eines Betriebes dar. Wirtschaftliches Handeln erfordert die beste Verwertung der grundsätzlich knappen Produktionsfaktoren.

3.5.2.1 Betriebsleitung

Bei einem Wirtschaftlichkeitsvergleich von Betrieben mit einer weitgehend ähnlichen Ausstattung von Produktionsfaktoren zeigen sich regelmäßig große Unterschiede zwischen der Gruppe der schlechtesten und der besten Betriebe. Als wesentlicher Grund hierfür gilt der Produktionsfaktor Betriebsleitung. Weil durch ihn der Betriebsablauf und damit die Planung, Abstimmung, Durchführung und Kontrolle der Produktionsverfahren abgedeckt werden, spiegelt sich seine gesamte Tätigkeit im Betriebserfolg wider. Wegen der grundlegenden Bedeutung für die landwirtschaftliche Produktion wird die Betriebsleitung seit einiger Zeit in der landwirtschaftlichen Betriebslehre als eigener Produktionsfaktor bewertet.

3.5.2.2 Güter

Die als Güter bezeichneten Produktionsfaktoren können nach verschiedenen Gesichtspunkten untergliedert werden. So kann zwischen Boden- und Besatzvermögen unterschieden werden. Das Bodenvermögen besteht aus dem Boden als Fläche und seiner bodenkulturellen Ausstattung, wie in Drainagesystemen, der künstlichen Verstärkungen der Mutterbodenschicht oder der Entfernung von Steinen aus den Ackerflächen. Unter dem Begriff Besatzvermögen werden alle anderen Güter, mit denen der Boden „besetzt" wird, zusammengefaßt. Dies sind Gebäude, Maschinen, Vieh und Feldinventar usw. Ein anderer Unterteilungsgesichtpunkt hängt von der Nutzungsart der Güter ab. Güter wie Boden, bauliche Anlagen, Maschinen und Geldanlagevermögen werden über längere Zeiträume genutzt. Sie stellen das Anlagevermögen dar. Es gibt natürlich auch Güter, die in einem Produktionsverfahren kurzfristig verbraucht werden. Dies sind Vorräte, Feldfrüchte, Düngemittel, Energie oder auch Geldvermögen. Diese Güter werden als Umlaufvermögen bezeichnet. Schwierig ist die Einordnung des Viehvermögens. Zuchttierbestände und Tiere, die mehrere Jahre genutzt werden, wie Milchkühe oder Zuchtsauen sind wohl eher dem Anlagevermögen zuzuordnen. Masttiere, Schweine und Geflügel sind wohl besser als Umlaufvermögen zu werten. Die Abgrenzungen hierbei sind nicht immer einfach.

3.5.2.3 Dienste

Von ganz entscheidender Bedeutung ist der Produktionsfaktor Arbeit. Dabei geht es um die menschliche Arbeitskraft, also die Verrichtung von Tätigkeiten durch den Menschen selbst.

3.5.2.4 Rechte

Während traditionell die Produktionsfaktoren in Arbeit, Boden und Kapital eingeteilt werden, ist inzwischen eine umfassendere begriffliche Strukturierung erfolgt. Als neue Gruppe von Produktionsfaktoren kommen Rechte hinzu. Im

Sinne von Produktionsfaktoren ermöglichen oder begrenzen sie das Produktionsvolumen. Verschiedene Rechte wie Weide- und Wegerechte, Wasser-, Fischerei-, Jagd- und Brennereirechte stellen Nutzungsrecht dar, die die Produktion ermöglichen. Lieferrechte (Milchquote, Zuckerrübenkontingent usw.) garantieren den Marktzugang für definierte Produktionsmengen. Gesetzliche Umweltauflagen sind vielfach Nutzungseinschränkungen, also das Produktionsvolumen begrenzende Rechte.

3.5.3 Wirtschaftliches Handeln

Entscheidend für wirtschaftliches Handeln sind die jeweiligen materiellen und ideellen Zielvorstellungen. Landwirtschaft ist vor allem eine Erwerbsmöglichkeit in den beiden vorrangigen Aufgabenfeldern Rohstoffversorgung und Kulturlandschaftspflege. Gewinnerzielung ist ein vorrangiges Ziel wirtschaftlichen Handelns. Die erzielten Gewinne stellen die Entlohnung des Arbeits- und Kapitaleinsatzes sowie der Inanspruchnahme von Rechten der auf den Betrieben Beschäftigten und des Eigentümers dar. Kostenminimierung im Sinne des Sparsamkeitsprinzips und Gewinnmaximierung im Sinne des Erwerbsprinzips sind dabei gleichberechtigte Handlungsmaximen, die sich wechselseitig ergänzen. Die Berücksichtigung von Wirtschaftlichkeitsprinzipien und -gesetzmäßigkeiten ist Voraussetzung für eine nachhaltige Erwerbsmöglichkeit. Bei den ideellen Zielvorstellungen spielen vor allem Fragen der individuellen Lebensgestaltung eine große Rolle. Hierzu gehören Freizeitbedürfnisse ebenso wie die Umsetzung individueller Wertvorstellungen. Ideelle Zielvorstellungen beeinflussen die Verwirklichung der materiellen Zielvorgaben wesentlich, obwohl sie selbst rechnerisch kaum erfaßbar sind. Der derzeit auch in der landwirtschaftlichen Welt ablaufende Wertewandel hat dazu geführt, daß heute der landwirtschaftliche Betrieb in der Regel kein Selbstzweck mehr ist, sondern als eine Erwerbsmöglichkeit für die Unternehmerfamilie zur Befriedigung ihrer Lebensbedürfnisse angesehen wird. In der Vergangenheit jedoch haben die bäuerlichen Familien nicht selten mehr für den Betrieb als vom Betrieb gelebt.

3.5.3.1 Produktionsverfahren

Die pflanzliche und tierische Erzeugung beansprucht dabei spezifische Mengen und Kombinationen von Produktionsfaktoren in Gestalt von verschiedenen Produktionsmitteln. Für diese Kombination von Produktionsmitteln ist deren zeitliche und mengenmäßige Verfügbarkeit von besonderer Wichtigkeit. Grundsätzlich wird zwischen Produktionsfaktoren, die gebraucht werden, und solchen, die verbraucht werden, unterschieden. Boden, Gebäude oder auch Nutzungsrechte werden gebraucht. Da diese Produktionsfaktoren im Betrieb nur schwer verändert werden können, werden sie als fixe Produktionsfaktoren bezeichnet. Variable Produktionsfaktoren sind beispielsweise Futtervorräte, Düngemittel, Saatgut, Viehbestände, Spezialmaschinen und -geräte. Aus der

Kombination dieser Produktionsfaktoren ergibt sich ein definiertes Produktionsverfahren zur Erzeugung eines bestimmten Agrarproduktes. Ein Produktionsverfahren ist immer durch ein spezifisches Erzeugnis gekennzeichnet. Da im Produktionsverfahren die Aufwands- und Ertragszusammensetzung konstant ist, führt eine veränderte Zusammensetzung zu einem neuen Produktionsverfahren. Für die Charakterisierung eines Produktionsverfahrens sind die Kenngrößen Produktionsertrag (z. B. in dt, m^3, KstE), Produktionsmittelaufwand (z. B. in ha, Akh, Stallplatz) und Produktionseinheit (1 Stück Vieh, 1 ha LN) unabdingbar. Gleiche Erträge können durch qualitativ und quantitativ verschiedene Kombinationen der eingesetzten Produktionsfaktoren erreicht werden. So kann eine bestimmte Milchmenge beispielsweise über die Nutzung einer kleineren Anzahl von Kühen mit hohen Leistungen oder einer größeren Anzahl von Kühen mit niedrigen Leistungen erbracht werden. Produktionsfaktoren sind vollständig oder teilweise austauschbar. Beispiele für die vollständige Austauschbarkeit von Produktionsfaktoren sind Nährstoffkomponenten in Futterrationen. Der benötigte Eiweißbedarf in einer Mastration kann durch verschiedene Proteinträger, z. B. Sojaprotein oder tierisches Eiweiß jeweils vollständig gedeckt werden. Sojaprotein oder tierisches Eiweiß sind demnach gegenseitig vollständig austauschbar. Teilweise austauschbar sind in der Aufzuchtleistung pro Sau und Jahr die Fruchtbarkeit der Elterntiere mit der Managementqualität des Betriebsleiters. Die Fruchtbarkeit der Elterntiere kann mangelnde Managementqualitäten teilweise, aber nicht vollständig ersetzen und umgekehrt. Die Faktorenaustauschbarkeit wird unter wirtschaftlichen Gesichtspunkten weiterhin stark von der Preiswürdigkeit beeinflußt. Dies läßt sich am Beispiel der Austauschbarkeit der Nährstoffkomponente verdauliches Eiweiß darstellen. Wenn die Einheit verdauliches Eiweiß bei Sojaprotein und Fischmehl einen unterschiedlichen Preis hat, was bekanntlich der Fall ist, so besteht ein Austauschdruck in Richtung der Bevorzugung der preiswürdigeren Proteinkomponente. Fischmehl wird deswegen durch das preiswürdige Sojaprotein ersetzt.

Im landwirtschaftlichen Betrieb konkurrieren die unter den jeweiligen betrieblichen Gegebenheiten realisierbaren Produktionsverfahren untereinander. Der Bewertung verschiedener Kombinationen von Produktionsverfahren zur Erzielung des günstigsten Betriebsergebnisses dient die Deckungsbeitragsrechnung. Sie führt zu betriebsspezifischen Deckungsbeiträgen der einzelnen Produktionsverfahren. Diese Deckungsbeiträge werden in Geldwerten ausgedrückt und sind deswegen unmittelbar zwischen den verschiedenen Produktionsverfahren vergleichbar. Als Deckungsbeitrag wird die Marktleistung eines Produktionsverfahrens minus der sogenannten variablen Kosten definiert. Die Marktleistung ergibt sich aus allen Erträgen eines Produktionsverfahrens, multipliziert mit den jeweiligen Erzeugerpreisen. Für das Produktionsverfahren „eine Milchkuh" macht die Menge verkaufter Milch multipliziert mit dem Molkereiauszahlungspreis pro kg, plus den Erlös für das vermarktungsfähige Kalb (Lebendgewicht x Kilopreis) je Jahr, sowie die anteilige finanzielle Verwertung der Altkuh (Schlachtpreise geteilt durch die Zahl durchschnittlicher Nutzungsdauer in Jahren) zusammen die Marktleistung aus.

Die variablen Kosten sind die einem spezifischen Produktionsverfahren direkt zuteilbaren Kosten. Dies sind im Falle „Milchkuh" die Futterkosten für die Kuh und ihr Kalb, Bestandsergänzungskosten (siehe 2.1.4), Kosten für tierärztliche Betreuung, Deckgeld, Hygienemaßnahmen, Kontrollgebühren, Energie- und Wasserkosten, Versicherungen und sonstige direkt zuteilbare Kosten. Bei der Deckungsbeitragsrechnung müssen von der Differenz zwischen Marktleistung und variablen Kosten die Fixkosten und der Unternehmergewinn, der im Falle der bäuerlichen Familienbetriebe den Lohnanspruch der mitarbeitenden Familienmitglieder enthält, abgegolten werden.

Während die variablen Kosten eines Produktionsverfahrens meist sehr genau zugeteilt werden können und damit in der Regel ziemlich betriebsneutral sind, hängen die Fixkosten sehr vom Einzelbetrieb ab. Generell fallen die Fixkosten unabhängig von der Aufnahme eines bestimmten Produktionsverfahrens an. Die Flächenausstattung, sowie die Gebäude, Maschinen und Geräte sind Voraussetzung für die Aufnahme des jeweiligen Produktionsverfahrens. Diese Voraussetzungen für die Arbeitsfähigkeit verursachen sogenannte Bereitstellungskosten, die eben auch anfallen, wenn nicht produziert wird. Weil sich die Fixkosten stark zwischen den verschiedenen Betrieben unterscheiden, sind allgemeine Deckungsbeitragsrechnungen grundsätzlich nicht zum Heranziehen von Gewinnaussagen geeignet. Mit der Deckungsbeitragsrechnung werden auch die Faktoransprüche eines Produktionsverfahrens ermittelt. Dies ist eine wichtige Funktion für die Betriebsplanung, weil sie ermöglicht, die wirtschaftlichste Nutzung der vorhandenen Faktorkapazitäten zu ermitteln. Der Deckungsbeitrag ist somit keine Grundlage zur Kalkulation des Betriebsgewinnes, sondern er ist der betriebsinterne Wettbewerbsmaßstab für eine optimale Kombination von Produktionsverfahren im Rahmen einer wirtschaftlich orientierten Betriebsplanung. Die Höhe des Deckungsbeitrages und die Faktorinanspruchnahme eines Produktionsverfahrens entscheiden unter ökonomischen Gesichtspunkten über ihren Einsatz im Betrieb.

3.5.3.2 Wirtschaftlichkeitsparameter der Produktion

Für Wirtschaftlichkeitsbetrachtungen ist beim Einsatz von Produktionsmitteln die Berücksichtigung der Parameter Intensität, Produktivität und Rentabilität unerläßlich. Allgemein geläufig sind die Begriffsgegensätze intensiv und extensiv. Unter einer intensiven Produktion versteht man die Nutzung hoher Einsatzmengen (z. B. hoher Kraftfutteraufwand, hoher Düngemittelaufwand) und bei extensiver Produktion handelt es sich um niedrige Einsatzmengen. Genau betrachtet ist die **Intensität** das Verhältnis der Einsatzmenge eines Produktionsfaktors zu der eines anderen Produktionsfaktors. Damit ist die Intensität nichts anderes als ein Produktionsfaktorverhältnis. Da Produktionsfaktoren in spezifischen Maßeinheiten wie Arbeitskraftstunde (Akh), Hektar (ha) Großvieheinheit (GV) oder in Geldeinheiten (DM) angegeben werden, erfolgen Intensitätsberechnungen in monetären oder naturalen Einheiten. Eingeführt sind die Begriffe Flächenintensität (Einsatzmenge/Flächeneinheit), Arbeitsintensität (Arbeitszeitbedarf/Flächen- oder Großvieheinheit) und Kapitalintensität (Kapitalaufwand/Flächeneinheit oder Stalleinheit oder Arbeitskraft usw.) oder Viehintensität (Viehbesatz/Flächeneinheit oder Stalleinheit). Spezielle Intensitäten lassen sich durch die Betrachtung der Einsatzmengen beispielsweise von ertragssichernden und ertragssteigernden Produktionsmitteln wie Kraftfutter, Arzneimittel, Dünge- oder Pflanzenschutzmittel als kraftfutterintensiv, arzneimittelintensiv, dünger- und pflanzenschutzintensiv bezeichnen.

Die **Produktivität** ist ein Maßstab für die technische Ergiebigkeit des Produktionsmitteleinsatzes. Da es nicht möglich ist, den Einsatz verschiedener Produktionsmittel zusammenzuzählen, kann die erzeugte Produktmenge nur auf jeweils einen an der Herstellung beteiligten Produktionsfaktor bezogen werden. Dabei werden sogenannte Teilproduktivitäten ermittelt. Dies sind Arbeitsproduktivität (Ertrag/Arbeitskrafteinheit), Flächenproduktivität (Ertrag/Einheit landwirtschaftlicher Nutzfläche) und Kapitalproduktivität (Ertrag/Gebäudeeinheit, umlaufende Geldmengeneinheit oder Vieheinheit). Je nach Verfügbarkeit der Produktionsfaktoren werden verschiedene Betriebstypen unterschiedliche Produktivitätsoptima haben. Der kleine bis mittlere bäuerliche Familienbetrieb hat meist eine relativ gute Ausstattung mit Arbeitskräften (Familienmitglieder), jedoch häufig wenig Flächen. Deswegen werden in diesen Betriebstypen die arbeitsintensiveren Produktionsverfahren der tierischen Veredelung eine größere Verbreitung haben. In größeren Betrieben mit guter Flächenausstattung, aber im Verhältnis zur Flächenausstattung geringem Arbeitskräftebesatz werden deswegen die arbeitsextensiven Produktionsverfahren des Marktfruchtbaues eine vorrangige Berücksichtigung finden.

Im Gegensatz zur technischen Ergiebigkeit und der zugehörigen Produktivität erlaubt die **Rentabilität** eine Aussage über die ökonomische Ergiebigkeit der Produktion. Die Maßeinheit von Wirtschaftlichkeits- oder Rentabilitätsberechnungen sind Geldeinheiten. Hierdurch wird die Zusammenfassung des Produktionsfaktoreinsatzes möglich, so daß es um die ökonomische Ergiebigkeit der Produktion und nicht nur um die Ergiebigkeit des Produktionsmitteleinsatzes geht. Bei Rentabilitätsrechnungen wird grundsätzlich zwischen Ertragsaufwands- und Leistungskostenrechnungen unterschieden. Gewinn- und Verlustrechnungen, bezogen auf den Zeitraum eines Wirtschaftsjahres, sind die bekanntesten Arten zeitraumbezogener Ertragsaufwandsrechnungen. Wenn in der Agrarproduktion Produktionsabläufe jedoch den Zeitraum eines Wirtschaftsjahres übersteigen, sind meist objektbezogene Erfolgsrechnungen informativer. Sie sind produktbezogene Leistungskostenrechnungen, bei denen die Länge der Produktionsperiode keine Rolle spielt. Die Unterschiedlichkeit in der Rentabilitätsrechnung setzt sich bei den Rentabilitätskennzahlen fort. Dies ist bei der zeitraumbezogenen Ertragsaufwandsrechnung der Gewinn und bei der Leistungskostenrechnung der Deckungsbeitrag.

3.5.3.3 Kostenanalyse

Durch den Verbrauch von Produktionsmitteln entstehen Kosten. Die Gesamtkosten der Produktion setzen sich aus Festkosten und veränderlichen Kosten zusammen. Wegen der direkten Zuteilbarkeit der veränderlichen Kosten einer Produktion und ihrem Umfang besteht eine enge Abhängigkeit zwischen der Erzeugungsmenge und der Höhe der veränderlichen Kosten. Der Verlauf der Kostenentwicklung wird durch die jeweilige Aufwand-Ertrag-Beziehung bestimmt. In der Agrarproduktion haben die lineare Aufwand-Ertrag-Beziehung und das Gesetz vom abnehmenden Ertragszuwachs für die Kostenentwicklung bei zunehmender Produktionsintensität Gültigkeit. Wird bei einer linearen Aufwands-Ertrags-Beziehung die Aufwandsmenge in gleichen Einheiten gesteigert, so nimmt auch der Ertrag in gleichbleibendem Umfang so lange zu, als die Aufwandssteigerung anhält. Dies bedeutet, zu jedem Zeitpunkt der Produktion ergibt sich aus einer definierten zusätzlichen Aufwandsmenge immer ein gleich großer Ertragszuwachs. Es spielt demnach keine Rolle, ob wenig oder bereits viele Aufwandseinheiten eingesetzt wurden, der Ertragszuwachs jeder einzelnen Aufwandseinheit bleibt gleich. Ein Beispiel aus der Tierproduktion verdeutlicht dies. Es ist bekannt, daß mit 1 kg Kraftfutter gleichbleibend etwa 2 kg Milch in der Milchviehhaltung erzielt werden können. Sieht man einmal von dem Milchertrag, der über die Grundfutterration erzielt werden kann ab, so kann durch den Kraftfuttereinsatz die Milchmenge linear gesteigert werden. Dies gilt innerhalb der Leistungsgrenzen der jeweiligen Kuh, die durch ihre erbliche Leistungsveranlagung und ihr Gesamtfutteraufnahmevermögen festgelegt sind. Diese lineare Beziehung zwischen Kraftfutteraufwand und Milchertrag gilt in allen bisher untersuchten Leistungsklassen. Von der linearen Aufwand-Ertrag-Beziehung unterscheidet sich das Gesetz vom abnehmenden Grenzertrag, weil diesem eine nicht lineare Aufwand-Ertrag-Beziehung zugrunde liegt. Deswegen lassen sich mit dem Gesetz vom abnehmenden Grenzertrag die biologischen Zusammenhänge der landwirtschaftlichen Produktion in den allermeisten Fällen besser erfassen. Die ökonomische Betrachtung von Wachstumsvorgängen ist innerhalb der Gültigkeit des Gesetzes vom abnehmenden Grenzertrag durchaus sinnvoll, während dies unter dem Gesichtspunkt linearer Aufwands-Ertrags-Beziehungen meist nicht der Fall ist. Wenn bei Vorliegen der Gesetzmäßigkeit vom abnehmenden Ertragszuwachs die Aufwandsmenge in gleichen Einheiten zunimmt, nimmt der Ertragszuwachs jeder zusätzlichen Aufwandseinheit ab. Mit anderen Worten, mit den anfänglich eingesetzten Aufwandseinheiten läßt sich ein höherer Ertragszuwachs erzielen als mit den nachfolgenden weiterhin gleichgroßen Aufwandseinheiten. Der Ertragszuwachs je Aufwandseinheit nimmt in diesen Fällen ständig ab. Am Höchstpunkt der Ertragskurve ist der erzielbare Ertragszuwachs null und er kann sogar bei fortgesetztem Aufwand negativ werden, weil das Ertragsmaximum überschritten ist und sich die Gesamtertragskurve wieder neigt.

Der Einsatz von Aufwandsmengen jeder Art verursacht Kosten. Kosten sind ganz allgemein Aufwandsmengen, multipliziert mit dem Preis je Aufwandseinheit. Die Gesamtkosten lassen sich in Festkosten und veränderliche Kosten unterteilen. Die Fest- oder Fixkosten fallen, wie bereits erläutert, durch die Nutzung dauerhafter Produktionsfaktoren, wie Gebäude, Flächen und allgemein eingesetzte Maschinen, wie z. B. Traktoren, an. Sie ergeben sich hauptsächlich aus den Abschreibungs- und den Verzinsungskosten des eingesetzten Kapitals. Die Höhe der Festkosten ist über längere Zeiträume unverändert und unabhängig von der Erzeugungsmenge, weil der Anschaffungspreis und der sich daraus ergebende Kapitaldienst bei langlebigen Gütern für den gesamten Nutzungszeitraum gilt, unabhängig von der Beanspruchung dieser Güter. Festkosten müssen auch dann aufgebracht werden, wenn beispielsweise vorhandene Gebäude oder Maschinen nicht genutzt werden. Fixkosten sind auch die erläuterten Bereitstellungskosten. Die veränderlichen Kosten variieren mit der Produktionshöhe. Die Ausdehnung der Produktion erhöht die veränderlichen Kosten. Weil es sich dabei um Kosten für kurzlebige Produktionsmittel handelt, entsprechen diese Kosten dem Preis dieser Produktionsmittel. Die Preisschwankungen kurzlebiger Produktionsmittel beeinflussen deshalb die veränderlichen Kosten in stärkerem Maße als dies bei den langfristig kalkulierbaren Festkosten der Fall ist. Der zwangsläufige Kostenanstieg bei zunehmender Erzeugungsmenge verläuft bei einer linearen Aufwand-Ertrag-Beziehung proportional und bei Gültigkeit des Gesetzes vom abnehmenden Grenzertrag progressiv zur Erzeugungsmenge. Für Wirtschaftlichkeitsbetrachtungen sind die Durchschnitts- und Grenzkosten sehr hilfreich. Mit den Durchschnittskosten wird die Kostenbelastung der produzierten Stückeinheit bei einer definierten Produktionsmenge erfaßt. Als Grenzkosten werden die Kostenänderungen bezeichnet, die für eine zusätzliche Erzeugungseinheit aufgebracht werden müssen. Auch die Entwicklung der Durchschnitts- und Grenzkosten bei zunehmender Erzeugungsmenge hängt vom Vorliegen des Gesetzes vom abnehmenden Ertragszuwachs oder von einer linearen Aufwand-Ertrag-Beziehung ab. Bei linearem Ertragsverlauf fallen die Durchschnittskosten, bei abnehmendem Ertragszuwachs steigen sie.

Grundsätzliche Kostenentwicklungen im landwirtschaftlichen Betrieb ergeben sich bei verschiedenen Produktionsveränderungen. Solche Produktionsveränderungen können die Veränderung der Intensität, die Ausdehnung der Produktion oder Verfahrensänderungen sein. Die Intensität wurde als Verhältnis der Produktionsfaktoren zueinander bereits dargestellt. Werden bei konstanten Fixkosten zunehmend ertragssteigernde, variable Produktionsfaktoren eingesetzt, so erhöht sich die Erzeugungsmenge. Je stärker die Erzeugungsmenge zunimmt, desto geringer wird die Belastung der erzeugten Stückeinheit mit Fixkosten, weil sich die anfallenden Fixkosten auf immer mehr Stückeinheiten verteilen. Bei hohen Fixkosten, wie sie in Ackerbau und Viehzucht eher die Regel als die Ausnahme sind, fördert dies die Intensitätssteigerung. Bei Vorliegen einer linearen Aufwand-Ertrag-Beziehung ergibt sich daraus ein stetiger wirtschaftlicher Zwang zur Intensivierung. Bei Gültigkeit des Gesetzes vom abnehmenden Ertragszuwachs jedoch wird die Degression der Stückkosten durch die bessere Aufteilung der Fixkosten zunehmend von den proportional steiler ansteigenden variablen Kosten aufgefangen, bis der Anstieg der variablen Kosten den Einspareffekt bei den Fixkosten pro Stückeinheit übersteigt. Sobald die variablen

Kosten die Höhe der fixkostenbedingten Degression erreichen, steigen bei weiterer Zunahme der Erzeugungsmenge die Stückkosten wieder an. Bei der Produktionsausdehnung jedoch wird von einer fixierten optimalen Intensität, also einem konstanten Produktionsfaktorverhältnis ausgegangen. Es findet dabei eine konstante Vermehrung bzw. Beanspruchung aller beteiligten Produktionsfaktoren statt. In diesem Falle wird die Produktionsausdehnung unter wirtschaftlichen Gesichtspunkten bis an die Kapazitätsgrenzen der Faktorausstattung vorgenommen. Solche Kapazitätsgrenzen können Lieferkontingente (Milchkontingent), vorhandene Flächen, Stallplätze oder Arbeitskräfte sein. Auch hierbei ergeben sich durch die bessere Ausnutzung der festen Produktionsfaktoren Kostendegressionseffekte, die zur Stückkostensenkung führen. Diese Kostenminderungen können innerhalb der gegebenen Kapazitätsgrenzen so lange aufrechterhalten werden, als die optimale Intensität für die gesamte Produktionsmenge beibehalten wird. Wird beispielsweise die Arbeitskraftkapazität überschritten, so daß die Produktionsqualität nicht mehr aufrechterhalten werden kann, dann könnten die Vorteile der Produktionsausdehnung verlorengehen.

Änderungen der Verfahrenstechniken sind häufig die Folge einer insgesamt verbesserten Faktorausstattung wie beispielsweise Flächen- oder Bestandsaufstockungen, denen keine Aufstockung des Arbeitskräftebesatzes folgt. Ziel der Verfahrensänderungen sind in der Regel Einsparungen des Arbeitszeitbedarfs und damit Lohnkosteneinsparungen. Leistungsfähigere Arbeitsverfahren erfordern jedoch in der Regel einen höheren Technisierungsgrad. Kostenvorteile ergeben sich dann, wenn zusätzliche Technisierungskosten geringer sind als die Höhe der eingesparten Lohnkosten.

Der technische Fortschritt wirkt sich auf die Wirtschaftlichkeit der Agrarproduktion aus. In der Landwirtschaft tritt der technische Fortschritt in drei Formen in Erscheinung: der mechanisch-technische, der organisatorisch-technische und der biologisch-technische Fortschritt. Für die Tierzucht ist vor allem der biologisch-technische Fortschritt von Interesse. Züchtungsmaßnahmen sind der wesentliche Teil des biologisch-technischen Fortschrittes. Die ökonomische Funktion der Züchtung besteht in einer Niveauanhebung der Ertragskurven durch Verschiebung des Anfangsertrags und eine Veränderung der Ertragsverlaufskurve. Daraus ergibt sich zum einen, daß mit dem gleichen ertragssteigernden Produktionsmitteleinsatz ein höherer Ertrag erzielt werden kann (Anhebung der Ertragskurve), und zum zweiten ergibt sich eine Verschiebung des Optimums beim Einsatz ertragssteigernder Produktionsmittel. Dies ermöglicht einen höheren Einsatz von ertragssteigernden Produktionsmitteln. Züchtungserfolge haben deshalb häufig eine intensitätssteigernde Wirkung. Der biologisch-technische Fortschritt muß sein Intensitätsoptimum in den Grenzen der Tiergerechtheit finden und verläßt damit in seiner Begründung die Einseitigkeit ökonomischer Betrachtungsweisen.

3.6 Marktlehre

3.6.1 Grundlagen des Agrarmarktes

Auch der Agrarmarkt entsteht durch das Zusammentreffen von Angebot und Nachfrage. Die entscheidenden Marktmechanismen sind das Entstehen des Angebotes, der Nachfrage, die Preisbildung und die Besonderheiten bei der Vermarktung von landwirtschaftlichen Produkten. In einer freien Wirtschaft hat der Markt folgende Aufgaben:

- Aufeinandertreffen von Angebot und Nachfrage
- Ausscheiden nicht marktgerechter Produkte
- Qualitätsvergleich
- Mengenregelung von Angebot und Nachfrage
- Realisierung der Arbeitsteilung
- Gewinnbildung

Wie sich durch den Zusammenbruch der östlichen Planwirtschaften gezeigt hat, kann nur ein funktionierender Markt mit seinen vielfältigen Wirkungsmechanismen diese für ein funktionierendes Wirtschaftssystem unentbehrlichen Aufgaben erfüllen.

Die **Angebotsstruktur** auf Agrarmärkten unterscheidet sich zum Teil erheblich von der anderer Märkten. Die standortgebundene Agrarproduktion bedingt sehr ungleichmäßige Produktionsverhältnisse. Nicht nur die unterschiedlichen Bodenverhältnisse tragen dazu bei, sondern auch der jahreszeitlich bedingte Witterungsverlauf. Das Angebot an Agrarprodukten ist deshalb unausgeglichen, vielfältig zersplittert und saisonabhängig. Die Produktivitätsverbesserungen durch bessere Betriebsleiterausbildung, verbessertes Tier- und Pflanzenzuchtmaterial, verbesserte Tier- und Pflanzenernährung, Produktionshygiene, sowie die Mechanisierung von Arbeitsverfahren bewirken spürbare Steigerungen der Angebotsmengen. Auch wenn es nur sinnvoll ist, die Produktmenge auf den Markt zu bringen, für die eine ausreichende Nachfrage besteht, ist die mengenmäßige Marktanpassung bei Agrarprodukten aufgrund der sehr unterschiedlichen Verhältnisse schwerer als bei anderen Marktprodukten. Hinzu kommt die Verderblichkeit vieler Agrarprodukte, die die Lagerfähigkeit erheblich einschränkt und die Produkte deswegen verteuert. Deswegen ist eine ausreichende Nachfrage unabdingbar, um einen raschen Warendurchsatz innerhalb der Haltbarkeitszeit sicherzustellen. Die Angebotsmenge am Markt ist einer der wichtigsten Preisbildungsfaktoren. Andererseits wirkt der Marktpreis für ein Produkt direkt auf seine Produktionshöhe zurück. Steigende Agrarpreise verbessern die Ertragssituation und bilden einen Anreiz zur Steigerung des Mengenangebotes, sinkende Agrarpreise bewirken das Gegenteil. Bei Überschußproduktion nach zu starken Agrarpreissteigerungen kommt es in der Regel zu Preiszusammenbrüchen. Wegen der spezifischen landwirtschaftlichen Produktionsweisen können derartige Mengenanpassungen an die Preisverhältnisse am Markt nur immer verzögert vorgenommen werden. Angebotssteigerungen stoßen jedoch vielfach an die jeweiligen Produktionsgrenzen, weil unter intensiven Produktionsbedingungen die knappen Produktionsfaktoren, wie beispielsweise die Flächen, in der Regel vollständig genutzt werden. Agrarprodukte sind aus diesen Gründen nicht beliebig vermehrbar. Die Kontingentierung der Produktionsmengen verhindert bei Produkten wie Zuckerrüben und Milch eine Mengenausdehnung gänzlich.

Die **Nachfrage nach Agrarprodukten** wird von einer Reihe von Faktoren bestimmt. Die Bevölkerungsentwicklung in Deutschland ist gleichbleibend bis rückläufig. Die Zuwanderung von Ausländern hat diesen Prozeß gebremst. Bevölkerungsrückgang kennzeichnet generell die industriell hochentwickelten Länder. In den Entwicklungsländern hält hingegen die Bevölkerungszunahme unvermindert an.

Der Nahrungsbedarf hängt stark von der Alterszusammensetzung einer Gesellschaft ab, da er bei 18- bis 65jährigen höher ist als bei den anderen Altersklassen. Zusätzlich schlägt sich auch die Beschäftigungsstruktur der Bevölkerung im Nahrungsbedarf nieder. Ein Schwerarbeiter mit körperlicher Tätigkeit hat einen höheren Energiebedarf als ein Büroarbeiter.

Wesentlich wird die Nachfragemenge von der Einkommenshöhe und der Kaufkraft breiter Bevölkerungsschichten bestimmt. Es ist nicht zu übersehen, daß der Anteil der Ausgaben für Nahrungsmittel mit steigendem Einkommen abnimmt. Dies dürfte sich aus der Tatsache erklären, daß mit steigendem Einkommen zunächst der Nahrungsbedarf befriedigt wird und dann stabil bleibt oder sogar zurückgeht, obwohl das Einkommen weiter steigt. Allerdings nimmt bei steigendem Einkommen die Nachfrage nach höherwertigen Nahrungsmitteln zu, obwohl diese in der Regel auch teurer sind.

Die unterschiedlichen **Lebens- und Verzehrgewohnheiten** führen zu sehr verschiedenen Verbrauchsmengen von einzelnen Nahrungsmitteln. Deswegen variiert der Pro-Kopf-Verbrauch einzelner Nahrungsmittel beispielsweise zwischen den Ländern der Europäischen Union erkennbar.

3.6.2 Preisbildungsgeschehen

Eine funktionierende Wirtschaft kann sich nur herausbilden und erhalten, wenn es zu einer marktkonformen Preisbildung kommt. Mit dem Preis werden Aussagen über den Wert einer Ware oder Dienstleistung in einer spezifischen Währungseinheit gemacht. An den Preisen richtet sich die Wirtschaft aus, deshalb hat der Preis folgende wesentliche Funktionen: Regelung der Produktions- und Verbrauchsmenge, Motivation zum Güteraustausch und Bedarfsdeckung, Ablehnung zu teuerer Güter, Ordnen und Leiten des Marktablaufes.

Der Funktionsrahmen für diese Aufgaben ist eine freie Wettbewerbswirtschaft. Auch für die meisten landwirtschaftlichen Produkte gelten trotz verschiedener

Markteingriffe Wettbewerbsverhältnisse mit den daraus abgeleiteten Preisbildungsmechanismen. Der Preis hängt ab von der Angebotsmenge und Angebotskonzentration, der Konstanz des Angebotes, der Qualität des Produktes, der Nachfragekraft und Nachfragekonzentration, der Dringlichkeit des Bedarfs, der Kaufkraft der Verbraucher und dem akzeptierten Nutzwert des Produktes.

Die Preisfindung ist schließlich der Interessenausgleich zwischen Verkäufer und Käufer und der bezahlte Preis der monetäre Ausdruck dieses Interessenausgleiches. Natürlich spiegelt sich die Stärke oder Schwäche der einen oder anderen Marktseite in der Preisfindung wieder. Bei einem Mangelangebot eines Produktes, das vom Käufer dringend benötigt wird, ist er bereit, höhere Preise zu bezahlen (Verkäufermarkt). Auf dem Käufermarkt mit einem Überangebot wird der Verkäufer Preissenkungen akzeptieren müssen. Die Mechanismen der wettbewerbsorientierten Preisfindung sind dort außer Kraft gesetzt, wo es Angebots- oder Nachfragemonopole oder vergleichbare Formen der Ausschaltung gegenseitiger Konkurrenz gibt. Da die Konzentration von Marktteilnehmern, Marktbeherrschung und Marktmißbrauch die Wirksamkeit eines freien Wettbewerbmarktes erheblich stören können, soll dies die Kartellgesetzgebung verhindern. Bei Marktprodukten tierischen Ursprungs (Milch, Fleisch, Eier) sind derartige Konzentrationen auf der Abnehmerseite durch die Einkaufsmacht der großen Ladenketten oder bei Molkereien zu beobachten. Die Erzeugerpreise steigen auf dem Agrarmarkt deutlich langsamer als die entsprechenden Verbraucherpreise für Nahrungsmittel. Dies bedeutet, daß der Zwischenhandel und das verarbeitende Gewerbe einen immer höheren Anteil an den Verbraucherpreisen zu Lasten der Landwirtschaft beanspruchen.

3.6.3 Landwirtschaftliche Marktförderung

Marketingmaßnahmen haben die Stabilisierung und Ausdehnung des Absatzes sowie bessere Preise beim Warenabsatz zum Ziel. Erfolgreiche Marketingstrategien müssen verschiedene Gesichtspunkte, wie Produktpolitik (Produktqualität und werbewirksames Aussehen), Preispolitik (Preise, Mengenrabatte, Zahlungsbedingungen), Verteilungspolitik (Warenverteilung im Händlernetz, Angebotskonstanz) und Werbemaßnahmen beinhalten.

In der Landwirtschaft wird über die Centrale Marketinggesellschaft der Agrarwirtschaft (CMA) bundesweit Werbung für Agrarprodukte getrieben. Dieses Marketing kann und muß durch regionales und einzelbetriebliches oder unternehmenseigenes Marketing ergänzt werden.

Für die Funktionsfähigkeit der Agrarmärkte ist die **Markttransparenz** von besonderer Bedeutung. Die Agrarproduktion ist in der BRD derzeit auf knapp 600 000 Betrieben verteilt, wodurch die Markttransparenz sehr erschwert wird, da die Überschaubarkeit fehlt. Aufgrund spezifischer Produktionsbedingungen (Lebenszyklen, Witterung) besteht eine mangelnde Vorausschaubarkeit des Angebots bei verschiedenen Agrarprodukten. Dies verhindert nicht selten eine rechtzeitige marktkonforme Produktionsänderung. Mangelnde Überschaubarkeit am Markt kann die Marktkräfte punktuell schwächen, wenn sich wegen mangelnder Transparenz leistungsfähige Außenseiter nicht durchsetzen können und leistungsschwache über längere Zeit am Markt existieren können. Die Verbesserung der Markttransparenz ist deshalb gerade auch für Agrarmärkte, ihre Marktteilnehmer und die Verbraucher von Interesse. Eine aus allen landwirtschaftlichen Marktpartnern zusammengesetzte amtliche Notierungskommission beobachtet wichtige Agrarmärkte hinsichtlich Angebot, Nachfrage und Preisen. Diese Informationen sind vielfach Grundlage von Marktberichten der Organisationen und Medien. Die umfassenden Statistiken über die Entwicklung der Erzeugung, der Bevorratung, des Verbrauchs und der Preise sind Hilfsmittel für Marktregelungen der Privatwirtschaft. Gerade weil sich die Landwirtschaft wegen der längerfristigen Produktionsabläufe nicht auf kurze, sondern nur mittel- und langfristige Marktentwicklungen einstellen kann, sind derartige Statistiken sinnvoll. Gewinnen kann die Marktübersicht durch Einführung von Qualitätsnormen wie Handel- oder Güteklassen.

Der zersplitterten Zugangssituation landwirtschaftlicher Erzeuger zum Markt wird verstärkt durch freiwillige Zusammenschlüsse in Erzeugerringen und Erzeugergemeinschaften (s. 2.8) entgegengewirkt. Erzeugerringe für bestimmte Produkte sollen helfen, die Produktionskosten zu senken, Leistungsprüfungen durchzuführen und die Qualitätserzeugung zu unterstützen. Dies dient der Qualitätsverbesserung und Produktvereinheitlichung. Bei den Erzeugergemeinschaften steht die Bereitstellung größerer Marktpartien, die marktgerechte Mengen- und Qualitätsbeschickung, sowie die Erzielung günstiger Erzeugerpreise im Vordergrund der Bemühungen. Eine gegenseitige Absicherung der Marktpartner durch den sogenannten Vertragsanbau, bei dem feste Anlieferungs- und Abnahmewerte zu meist festen Preisen vereinbart werden, erfreuen sich steigender Wertschätzung, weil sie die Überschaubarkeit für die Beteiligten wesentlich verbessern können. Der Wettbewerb ist hierbei auf das Niveau der Vertragsbedingungen verlagert.

3.6.4 Vermarktung

Als Vermarktung wird der Abschnitt zwischen der Erfassung der Agrarprodukte und seiner Abgabe an den Verbraucher bezeichnet. Zwischenhandels-, Be- und Verarbeitungsstufen sind dabei eingeschlossen. Dabei gibt es mehrere Vermarktungswege, die in ihrer Effizienz miteinander im Wettbewerb liegen. Dies sind in der Landwirtschaft:

- Direktvermarktung
- Vermarktung über Erzeugergemeinschaften
- Vermarktung über Privathandel und Genossenschaften

Bei der **Direktvermarktung** liegt die Produkterzeugung und die Abgabe in einer Hand. Dies bedingt eine nennenswerte Verschiebung der Aufgaben hin zu Vermarktungsaktivitäten, die bei der Arbeitsteilung von Produktion und Verkauf nicht gegeben sind. Andererseits fehlt der sonst übliche Zwischenhandel und

Verarbeitungsbereich. Da festzustellen ist, daß der Anteil der Erzeugerpreise am Verbraucherpreis rückläufig ist, liegen hier Einkommensreserven für den landwirtschaftlichen Betrieb. Zur Realisierung dieser Einkommensreserven müssen allerdings spezifische Aufwendungen, wie Lager-, Verpackungs- und Transportmöglichkeiten, ein vermehrtes kaufmännisches Risiko und eine persönliche Bereitschaft zum Umgang mit Kunden aufgeboten werden. Besonders sind die strengen Auflagen der Lebensmittelhygiene und des Gesundheitsschutzes zu beachten. Dies spielt eine besondere Rolle bei Milch und Fleisch und den daraus gewonnenen Erzeugnissen. Für die Vermarktung von Fleisch- und Fleischerzeugnissen müssen die Erfordernisse der Fleischbeschau erfüllt werden, die Schlachtung selbst ist an die Fachkunde gebunden, sie hat in geeigneten Räumen stattzufinden und die Hygienebedingungen bis hin zur Abgabe an den Verbraucher sind einzuhalten. Bei „Ab-Hof"-Verkauf von Milch oder Milcherzeugnissen müssen die gesetzlichen Bestimmungen des Milchgesetzes, der Verordnung über Milcherzeugnisse, der Käse- und Butterverordnungen eingehalten werden. Bei einer Abgabe- oder Verarbeitungsmenge von 10 Ltr. Rohmilch/Tag oder mehr gelten weitreichende Bestimmungen:

- Mindestanforderungen der Produkte bezüglich Keimzahl, Aussehen, Geruch, Geschmack und Rückständen
- tuberkulose- und bruccelosefreie Rinderbestände, sowie Freiheit von auf den Menschen übertragbaren Krankheiten und gesunde Euter
- Gesundheit und Reinlichkeit bei Personal, Gebäuden, Einrichtungen und Wasser.

Bei Vorzugsmilch kommen weitere Anforderungen hinzu. Genehmigungsbehörde ist die Kreisverwaltungsbehörde.

Die zunehmende Beachtung der Direktvermarktung beim Verbraucher ist aus der besseren Transparenz der Entstehung seiner Nahrungsmittel erklärlich. Für die Landwirtschaft ist dies eine Möglichkeit des Ausbaues des Vertrauensverhältnisses zwischen Landwirtschaft und Verbraucher. Für Landwirte in Verbrauchernähe ist dies durchaus eine gewisse Chance. Allerdings wird mit der Direktvermarktung immer nur der kleinere Teil der Agrarprodukte absetzbar sein, so daß andere zufriedenstellende Vermarktungsmöglichkeiten genutzt werden müssen.

Als Selbsthilfeeinrichtungen betreiben **Erzeugergemeinschaften** den Absatz der Produkte der Mitgliedsbetriebe. Es kann eine Andienungspflicht der Mitglieder bestehen. Die Erzeugergemeinschaften haben bei den Landwirten ein zunehmendes Interesse erwecken können, weil sie zu leistungsstarken Marktpartnern geworden sind. Die Stärkung der Marktmacht durch größere Angebotsmengen, stärkere Vereinheitlichung, gezielte Marktbeschickung und rationelle Vermarktung sind Stärken der Erzeugergemeinschaften.

Der dritte Vermarktungsweg geht über den **privaten oder genossenschaftlichen Landhandel**. Hier gibt es Handelspartner von sehr unterschiedlicher Größe und verschiedener Qualität für den Landwirt. Der Landwirt kann die starke Wettbewerbssituation zwischen diesen Handelsunternehmen untereinander versuchen zu seinem Vorteil zu nützen.

Vermarktungswechsel bei Tieren

Bei der Schlachttiervermarktung nimmt die sogenannte Totvermarktung ständig zu Lasten der Lebendvermarktung zu. Bei ihr ist im Gegensatz zur Lebendvermarktung der fertige Schlachtkörper die Bezahlungsgrundlage.

Dies erlaubt eine exaktere Qualitätsbeurteilung und stellt damit eine objektivere Bezahlungsgrundlage her. Dabei steht der Schlachtbetrieb möglichst im Erzeugergebiet, so daß der Transport zunehmend über die Schlachtware und weniger über das lebende Schlachtvieh erfolgen muß. Deswegen ist diese Vermarktungsform sowohl für den Tierhalter als auch für die Tiere selbst zu bevorzugen.

3.7 Wirtschaftliche Bedeutung der Tierproduktion

In früheren Zeiten lag die betriebswirtschaftliche Bedeutung der Tierproduktion zu einem wesentlichen Teil in der Bereitstellung tierischer Arbeitskraft. Mit ihr wurde Landbewirtschaftung überhaupt erst möglich. Die Bereitstellung von Arbeitstieren, vor allem von Pferden, Ochsen und Arbeitskühen beanspruchte einen wesentlichen Teil der Betriebsanstrengungen. Erst mit dem Abschluß der Motorisierung in den 50er und 60er Jahren dieses Jahrhunderts verlor die Tierproduktion diese grundlegende Bedeutung im landwirtschaftlichen Betrieb. Es verblieb die Funktion, pflanzliche Produkte, die nicht anders oder besser wirtschaftlich verwertbar sind, im wirtschaftlichen Sinne zu veredeln. Hieraus hat sich der noch heute gültige Begriff der „tierischen Veredelung" ergeben.

Der wirtschaftliche Zweck der Tierproduktion innerhalb eines landwirtschaftlichen Betriebes besteht heute darin, das Wirtschaftsergebnis des Betriebes zu verbessern. Die Veredelung nicht marktgängiger pflanzlicher Produkte, wie Futterpflanzen, Gras, Rübenblatt usw. zur Produktion von Produkten tierischer Herkunft (Fleisch, Milch, Eier, Wolle) stellt landwirtschaftliche Erwerbschancen dar. Wenn die Veredelung von marktfähigen Produkten (z. B. Getreide) zu Erzeugerpreisen führt, die die Summe aus den Veredelungskosten und den Erzeugerpreisen der Marktfrüchte übersteigt, so sind auch hierbei verbesserte landwirtschaftliche Einkommenschancen gegeben. Überall dort, wo der Beitrag der tierischen Veredelung langfristig niedriger wird als die Alternativproduktionen der primären Pflanzenproduktion, verliert er seinen betriebswirtschaftlichen Zweck. In jüngster Zeit tritt jedoch ein weiterer Gesichtspunkt hinzu. Vielfach ist die gesellschaftlich erwünschte Offenhaltung und Pflege der Kulturlandschaft nur durch unterschiedlichste Form der Tierproduktion möglich. Die sogenannten Grünlandgürtel im Voralpenland und im Küstengebiet sind ebenso wie Dauergrünlandflächen und Grenzertragsflächen in den Mittelgebirgen sinnvoll nur über Weidenutzung und Futterwerbung für Tiere nutzbar. Dort wo die Verwertung dieser Flächen selbst keinen angemessenen wirtschaftlichen Beitrag erbringt, kann die Tierproduktion nur erhalten werden, wenn sie mit angemessenen direkten Geldtransfers unterstützt wird.

Die wirtschaftliche Verwertung von Futtermitteln ist demnach Voraussetzung für die tierische Erzeugung. Hierbei sind die voluminösen Grün- und Rauhfaser-Futtermittel wie Gras, Heu, Silage u. a. von den konzentrierten Futtermitteln mit sehr hoher Energiedichte und Proteinanreicherung auf Getreidebasis zu unterscheiden. Da erstere vorwiegend standortgebunden und weitgehend nur von Rindern, Schafen und Pferden verwertet werden können, ergibt sich hieraus eine flächenabhängige Tierproduktion. Schwein und Geflügel verwerten weitestgehend Kraftfutter auf Getreidebasis, das eine hohe Transportfähigkeit hat und deswegen auch flächenunabhängig in der tierischen Veredelung eingesetzt werden kann. Die flächenunabhängige Tierproduktion stellt damit eine Umgehung der Knappheit des Produktionsfaktors Boden im landwirtschaftlichen Betrieb dar, weil auf diesem Weg durch Futtermittelzukauf diese Knappheit teilweise behoben werden kann.

Es wird deutlich, daß die vielfältigen Produktionsverfahren innerhalb der Tierproduktion sehr unterschiedliche Ansprüche an die verschiedenen Produktionsfaktoren stellen. So ist die Milchviehhaltung wegen der erforderlichen täglichen arbeitsaufwendigen Melkzeiten besonders arbeitsintensiv. Die Produktionsverfahren zur Rindfleischerzeugung stellen bereits erkennbar geringere Anforderungen an die Arbeitsausstattung. Die Bereitstellung und Versorgung mit Silage- und Rauhfutter läßt sich weniger gut technisieren als der Einsatz von Futtermittelkonzentraten in der Schweine- und Geflügelproduktion. Die Flächenverwertung beispielsweise durch die Fohlenproduktion, die Milchkuhhaltung oder die Bullenmast auf Maissilagefütterung ist durch deutliche Unterschiede gekennzeichnet. Der Investitionsbedarf pro Stallplatz nimmt in folgender Reihe ab: Milchkuh, Muttersau, Mastbulle, Mastschwein, Schaf. Die Ausstattung eines Betriebs mit Produktionsfaktoren ist somit eine entscheidende Einflußgröße bei der Wahl der Produktionsverfahren. Eine wirtschaftliche Betriebsplanung wird grundsätzlich das Produktionsverfahren mit der besten Faktorverwertung so lange nutzen, bis es an die Grenze eines Produktionsfaktors stößt. Vielfach ergibt sich hierbei eine Planungshierarchie, die zunächst von der Boden- über die Gebäude- und Arbeitskraft bis zur Kapitalausstattung abläuft. Nach der zunehmenden verfahrenstechnischen Optimierung der Produktionsverfahren und deren Kombination beschränken sich Wirtschaftlichkeitsreserven immer stärker auf die Verbesserung der Bestandsstrukturen. Die wirtschaftlichen Vorteile größerer Tierbestände entstehen durch deren degressiven Effekt auf die Festkostenbelastung. Je größer der Preisdruck wird, desto stärker wird der Druck zur Strukturveränderung. Soweit es sich um flächenabhängige Produktionsverfahren der tierischen Veredelung handelt, hat dies bei der großen Bedeutung der Tierproduktion innerhalb der gesamten Agrarproduktion naturgemäß weitreichende Folgen für die Notwendigkeit der Strukturanpassung.

Tierische Veredelung ist jedoch nicht nur eine Möglichkeit zur Verbesserung der Wirtschaftlichkeit landwirtschaftlicher Betriebe. Tierische Veredelung bedeutet auch eine Produktveredelung. Mittels derartiger Veredelungsprodukte können nicht selten auch beim Verbraucher höhere Preise durchgesetzt werden. Dies setzt allerdings eine entsprechende Kaufkraft beim Verbraucher voraus. Die positive wirtschaftliche Entwicklung im Mitteleuropa der letzten Jahrzehnte steigert die Kaufkraft bei breiten Bevölkerungsschichten. Dadurch konnte es zu einer entsprechenden Ausdehnung der tierischen Erzeugung kommen, weil der Verbrauch hochwertiger Nahrungsmittel auf einem hohen Niveau stabilisiert werden konnte. Die Tierproduktion nutzte diese Absatzchancen in jüngerer Zeit, jedoch geht der Fleischverbrauch langsam zurück. Die Gründe hierfür sind vielfältig.

Anteil der Tierproduktion am landwirtschaftlichen Gesamterlös

Der prozentuale Anteil, den die Landwirtschaft an der nationalen Bruttowertschöpfung in der BRD erzielt, hat sich von 5,8 % im Jahre 1960 auf 1,1 % im Jahre 1994 verringert. Dieser wirtschaftliche Bedeutungsverlust hat viele Gründe. Ein Grund liegt sicherlich in der Wirtschaftsentwicklung einer hochentwickelten Industrienation. Im genannten Zeitraum hat sich der Anteil an der Bruttowertschöpfung, der vom gesamten produzierenden Gewerbe erbracht wurde, verringert und der des Dienstleistungsbereiches erhöht. Die Agrarproduktion gehört überwiegend zum Produktionsbereich und befindet sich in Übereinstimmung mit dieser rückläufigen Entwicklung. Ein weiterer Grund ist die generelle Sättigung des Marktes für Nahrungsmittel. In einer Gesellschaft, die zahlenmäßig eher abnimmt als steigt und deren Nahrungsbedarf weitestgehend gedeckt ist, ist keine mengenmäßige Steigerung zu erwarten, höchstens über den Absatz hochwertiger Nahrungsmittel. Diese Entwicklung wird durch den Altersaufbau mit einem zunehmenden Anteil älterer Menschen und damit einem geringeren pro-Kopf-Verbrauch an Nahrung weiter verstärkt.

Im Wirtschaftsgebiet der Bundesrepublik Deutschland entfallen im längerfristigen Durchschnitt etwa zwei Drittel der gesamten Bruttowertschöpfung der Landwirtschaft auf die Tierproduktion. Dies waren im Jahre 1994 36,5 Mrd. DM. Allein 42,6 % werden davon durch die Milchproduktion erzielt. Weitere 22 % steuert die Rindfleischproduktion bei, so daß 64,2 % der Bruttowertschöpfung aus dem Rindersektor erzielt werden. Die Schweineproduktion hielt 1994 einen Anteil von 22,5 %. Mit 9,7 % ist die Geflügelwirtschaft beteiligt und die restlichen verbleibenden Anteile teilen sich in die Produktionsbereiche Pferde, Schafe und Bienen.

Mit dieser knappen Übersicht wird deutlich, daß die Tierproduktion den wesentlichen Anteil am Einkommen in der Landwirtschaft ermöglicht.

Literatur Kapitel 3

Anonym (1993): Die Landwirtschaft. Wirtschaftslehre. BLV-Verlag, München.
Planck, U. und J. Ziche (1979): Land- und Agrarsoziologie. Ulmer, Stuttgart.
Reisch, E. und G. Knecht (1995): Betriebslehre. Ulmer, Stuttgart.
Reisch, E. und J. Zeddies (1992): Einführung in die landwirtschaftliche Betriebslehre. Spezieller Teil. UTB, Ulmer, Stuttgart, 617.
Steinhauser, H., Langbehn, C. und U. Peters (1992): Einführung in die landwirtschaftliche Betriebslehre. Allgemeiner Teil. UTB, Ulmer, Stuttgart, 113.

Sachwortverzeichnis

B

C

L

M